广东省土木建筑学会专家文集系列丛书

U0265323

莫海鸿文集

广东省土木建筑学会 编

中国建筑工业出版社

图书在版编目（CIP）数据

莫海鸿文集/广东省土木建筑学会编. —北京：中国建筑工业出版社，2018.1
（广东省土木建筑学会专家文集系列丛书）
ISBN 978-7-112-21516-4

Ⅰ.①莫… Ⅱ.①广… Ⅲ.①建筑学-文集 Ⅳ.①TU-53

中国版本图书馆CIP数据核字（2017）第278226号

责任编辑：杨　杰
责任校对：李美娜

广东省土木建筑学会专家文集系列丛书
莫海鸿文集
广东省土木建筑学会　编
*
中国建筑工业出版社出版、发行（北京海淀三里河路9号）
各地新华书店、建筑书店经销
北京科地亚盟排版公司制版
河北鹏润印刷有限公司印刷
*
开本：880×1230毫米　1/16　印张：27¼　插页：8　字数：891千字
2018年3月第一版　2018年3月第一次印刷
定价：**168.00**元
ISBN 978-7-112-21516-4
（31172）
版权所有　翻印必究
如有印装质量问题，可寄本社退换
（邮政编码100037）

主编单位

广东省土木建筑学会

协办单位

广州市吉华勘测股份有限公司

广州市泰基工程技术有限公司

广州市胜特建筑科技开发有限公司

《莫海鸿文集》编审委员会

主　任：

徐天平　广东省建筑工程集团有限公司总工程师、

　　　　广东省土木建筑学会理事长、教授级高级工程师

副主任：

王　离　广东省土木建筑学会顾问、教授级高级工程师

丘建金　深圳市勘察测绘院有限公司技术总监、中国勘察设计大师

委　员：

彭炎华　广州市吉华勘测股份有限公司董事长、高级工程师

倪光乐　广州市泰基工程技术有限公司董事长、总经理、高级工程师

吴如军　广州市胜特建筑科技开发有限公司董事长、高级工程师

梁伟雄　广东省土木建筑学会秘书长、教授级高级工程师

潘　泓　华南理工大学土木与交通学院教授、博士

陈俊生　华南理工大学土木与交通学院副教授、博士

莫海鸿教授近照

莫海鸿简历

1955年出生于广州

1978年2月～1982年1月在武汉水利电力学院（现武汉大学）水利水电工程建筑专业学习，获工学学士学位；

1982年1月～1982年8月在广东省水利水电勘测设计院工作；

1982年8月～1985年6月在武汉水利电力学院岩石力学专业攻读硕士学位，获工学硕士学位；

1985年9月～1988年6月在武汉水利电力学院岩土工程专业攻读博士学位，获工学博士学位；

1988年9月～1990年10月在同济大学土木、水利博士后流动站从事博士后研究，在站期间1990年晋升为副教授；

1990年10月～现在，华南理工大学土木工程系任教；

其中：1994年8月至1996年9月在美国俄克拉荷马大学岩石力学研究所做高级访问学者；

1995年4月晋升为教授；

2000年7月被聘为博士生导师；

曾兼任：

中国人民政治协商会议广东省第8、9、10、11届常务委员会委员；

《岩石力学与工程学报》编委；《地震工程与工程振动》编委；

《广州建筑》编委；《岩土工程师》编委；

中国水利学会水工专业教学指导委员会委员；

中国岩石力学与工程学会工程实例专业委员会委员；

广东省水利学会理事；

广东省岩土力学与工程学会常务理事；

广东省土木建筑学会常务理事；

广州市建筑科学技术委员会地基基础专业委员会委员；

广东省土木建筑学会建筑物诊治专业委员会常务委员；

中国岩石力学与工程学会动力学专业委员会委员。

前　言

广东省土木建筑学会在2006年已经开始编辑出版《广东省土木建筑专家文集》系列丛书，承蒙学会领导和各位同行的错爱，将我也添列其中。

回顾几十年的学术生涯，参编和主审了几本省级规范，主编了两本教材和一本会议论文集。主编的本科生教材被选入“面向21世纪课程教材”、“十・五、十一・五、十二・五普通高等教育本科国家级规划教材”、“普通高等教育土建学科专业十二・五”、高校土木工程专业指导委员会规划教材，为许多高等院校土木工程专业选用，迄今已售出20多万册。

在公开发表的370多篇论文中选出了60篇，分成六个部分：隧道类、地基处理类、基坑与边坡、渡漕的动力性能、特殊混凝土与岩石力学等结集成此文集。

岩石力学部分是我早年求学以及出国学习时的一些研究成果，主要是用中文发表的一些论文，若干篇在国际期刊上发表的论文没有包含在内。

渡槽的固液耦合方面的论文是2000年前后与我的学生和一些水利界的前辈合作研究的成果，主要是讨论了地震作用下渡槽内的水体与结构相互作用的响应。

高性能混凝土方面的论文是我与课题组的同事以及广东省水利厅的相关专家针对广东省沿海水工建筑物抗氯盐腐蚀性能的研究成果，这些成果反映了室内试验、现场试验和工程应用的成果。经历了近十年的理论研究、试验和工程试验及应用，取得了相当好的结果，延长了沿海水工建筑物的工作寿命，节省了大量投资。研究成果被成功应用在广东省大量沿海水利工程中，并获得了广东省科技进步二等奖。

基坑与边坡工程方面的论文主要来自工程实践中的一些课题，涉及了支护结构分析、模袋沙围堰的稳定分析以及边坡稳定分析等内容。

隧道工程包含了沉管隧道和盾构隧道的一些内容，涉及衬砌的内力和变形分析、接头刚度的影响，沙流法处理沉管隧道地基的试验结果和理论分析结果。

软基处理方面的论文数量最多，我和我的研究生以及课题组的同事以及校外同行在这方面做了大量的理论分析、室内试验和现场试验，揭示了大量前人没有注意到或没有发现的现象和规律，研究注意到了矿物成分、沉积条件的差异对软基处理效果的影响，主要包括排水固结法和水泥搅拌桩处理两大部分的内容。真空预压过程中排水板的变形和淤堵对处理效果的影响、固结范围应当是圆锥体而不是以往假定的圆柱体等内容，修正了规范公式的计算。

本文集的顺利出版得到了广州市吉华勘测股份有限公司、广州市泰基工程技术有限公司和广州市胜特建筑科技开发有限公司的大力支持。学会秘书处领导及工作人员为论文集的出版做了大量的工作。在论文录入及整理过程中得到了我的学生们的协助。没有他们，就没有这本论文集。在此一并表示深切的谢意！

莫海鸿

2017年10月

序

我很高兴为莫海鸿教授的文集作序。

莫海鸿教授和我是同事，他是华南理工大学土木工程系岩土工程学科的带头人，为学科的发展做出了突出贡献。

莫海鸿教授学术功底深厚。他是我国恢复高考后的第一届本科生，于1978年春进入武汉水利电力学院水利水电工程建筑专业学习，毕业之后，陆续攻读了岩石力学专业的硕士学位和博士学位，师从陶振宇教授。取得博士学位后，进入同济大学博士后工作站做博士后研究，师从中国科学院院士孙钧教授。博士后出站后，来华南理工大学工作至今。期间，1994年至1996年，国家公派到美国俄克拉荷马大学做高级访问学者。莫海鸿在一流大学求学，接受名师的指导，为其后成为一代优秀学者打下了厚实的基础。

莫海鸿教授在我系工作的20多年来，在教学、科研和工程实践等方面做了大量工作，取得了很大的成绩，教学科研硕果累累，桃李芬芳。

莫教授开设了多门本科生和研究生课程，亲自讲授，特别是主编了两部本科生教材，该教材被全国许多大学的土木工程专业长期采用，彰显了莫教授在我国岩土工程学科的学术影响力和对培养岩土工程人才的突出贡献。

莫教授科研成果丰富，公开发表的论文有370多篇，其中许多论文发表在诸如《岩石力学与工程学报》、《中国公路学报》、《计算力学学报》等影响力很高的学术期刊中，其研究成果数量之大、质量之高给我留下深刻的印象，不禁赞叹其超强的科研能力和勤奋努力的工作态度。

由于篇幅所限，文集仅收入文章60篇，这些文章内容丰富，涉及的研究领域宽广，既有岩土工程课题，又有岩石力学和渡槽固液耦合动力响应一类侧重于基础理论和力学分析的课题，还有抗氯盐腐蚀高性能混凝土这一侧重试验研究的课题，作者对这些课题均有很好的论述。其中高性能混凝土研究过程延续10年，对解决沿海的高氯盐腐蚀问题，延长混凝土的使用寿命有重要意义，获得了广东省的科学技术奖励。

文集主要篇幅侧重于岩土工程。岩土工程是一门实践性很强的学科，既需要理论基础，更离不开工程经验。莫海鸿教授作为一名大学老师，除了从事教学和理论研究外，难能可贵的是能够积极参与我省大量工程的研究和咨询工作，由此积累了丰富的实践经验。他所发表的论文，是理论与实践相结合的成果，其中不少论文对工程问题提供了解决方案，并已被应用于工程实践。

收入文集的岩土工程论文有43篇之多，内容涵盖隧道、基坑工程、边坡稳定、软基处理等等复杂的问题，文章既有理论高度，又有实际工程的数据论证，反映了作者在对岩土工程的种种复杂问题的不倦探索中，所发现的新规律，所形成的新的理论见解，所提出的新的解决方案。这批岩土工程论文具有很高的理论和工程应用价值。

我深信，《莫海鸿文集》的出版，对岩土工程和土木工程界的同仁和学生们将大有裨益。

韩大建

2017年10月

韩大建：女，1940年生，北京大学固体力学专业毕业，1963年分配到华南工学院土木系任教，1980年到美国普渡大学土木系做访问学者，后转读研究生，1982年获硕士学位，1984年获博士学位，同年回华南理工大学继续工作，任教授、博士生导师，后升任副校长、广东省政协副主席。

编 者 序

为了将专家们的智慧结晶留存在我省乃至我国土木建筑行业的科技宝库中，以便传承他们的宝贵经验、弘扬他们的敬业精神，我们从2007年开始组织策划了《广东省土木建筑学会专家文集》系列丛书的编辑出版工作，至今已经出版了《林培源文集》、《张旷成文集》、《陈之泉文集》、《韩大建文集》、《吴硕贤文集》五本专家文集。

本书为《广东省土木建筑学会专家文集》系列丛书之六——《莫海鸿文集》。

莫海鸿教授是华南理工大学土木与交通学院土木工程系教授、博士生导师，他既有国内知名学府的博士研究经历，又有国外留学背景；既注重理论研究，又重视工程实践，多年来专注教学研相结合，成为华南地区知名的岩土工程专家。

莫海鸿教授在多年的教学与科研中，不仅培养了一大批专业技术人才，还注重理论与实践相结合取得了丰硕的科研成果。本文集将精选了莫教授在岩石力学、土力学、隧道工程、基坑工程、软土地基处理、微观土力学等方面的论文60余篇，其内容是莫教授多年的科研与实践的总结，能够为广大科研和工程专业人员提供参考和借鉴。

莫海鸿教授1955年出生于广州，当别人都响应国家号召浩浩荡荡上山下乡时，他因中学成绩特别突出，被留下来到师范（中专）读书；1977年国家恢复高考，他成为“万人挤独木桥”中的一员，由于有平时的自学基础，顺利地考上了武汉水利电力学院（现武汉大学），先后完成了本科、研究生、博士学业；1988年，入选到同济大学土木、水利博士后流动站，师从著名岩石力学专家、中国科学院院士孙钧教授，从事博士后研究，成为同济大学的第四个博士后；1990年，调入华南理工大学土木工程系任教；1993年，被选拔为国家“21世纪学术人才留学计划”人才，前往美国俄克拉荷马大学岩石力学研究所做高级访问学者；1996年回到华南理工大学土木工程系任教，致力于培养专业技术人才；1995年晋升为教授，2000年被聘为博士生导师。

近半个世纪的历程中，莫海鸿教授一直专注于岩土工程的教学研和实践，读书期间，他的研究论文被选刊在国际权威学术期刊上；任教期间，由他主编的本科教材《基础工程》被收进教育部21世纪系列教材和教学指导委员会推荐教材，被多个大学选为必修课用书；在岩土工程材料基本力学性质和新型建筑材料的研究中，为了获取准确的数据，莫教授和同事们总是不厌其烦地反复试验；在工程实践中，他认为并不是简单地将书本上学到的理论知识生硬地搬到实践中去，而是针对某个工程的实际情况选择性地将理论用于实践，并在实施的过程中进行必要的改进与创新，才能获得最好的处理效果甚至是最大的经济效益。

莫教授长期担任广东省土木建筑学会常务理事，长期担任广州市建设科学技术委员会工程咨询和基坑评审专家，也担任了一些企业的技术顾问，如广州市吉华勘测股份有限公司的顾问和董事。经他参与评审和咨询的工程项目超过上千项，足迹遍布国内和广东省各县市，还涉足多个援外工程。

无论去到世界的哪个角落，莫海鸿教授研究和分析当地的地质情况成为一种职业习惯。岩土工程是一个神秘的领域，地质情况的千差万别，处理方法也不尽相同，因为有深厚的积累，在每一个工程实践中，莫教授都能把准脉，为行业提供技术支持。

莫教授研究的范围较宽广，所取得的研究成果丰硕，公开发表的论文有370多篇，其中许多还是用英文写的，既有纯理论型又有应用型，收录到文集中的论文有60篇，其中应用性的文章有40多篇，还有一些重要的有代表性的学术论文，适合各种专业的读者选读。

本书的编辑出版工作得到了广州市吉华勘测股份有限公司、广州市泰基工程技术有限公司和广州市胜特建筑科技开发有限公司的大力支持，在此表示衷心的感谢！因时间关系，如有错漏或有何改进意见，请与学会秘书处联系，电话：020-86665529，传真：020-86678317，E-mail：gdtjxh@163.com。

王　离

（广东省土木建筑学会顾问）

2017年11月

目　　录

基坑与边坡

渡槽的动力性能

特殊混凝土

岩石力学

隧道类

近距离下穿盾构隧道对上覆运营地铁隧道的影响研究

杨春山[1,2] 莫海鸿[2] 陈俊生[2] 李亚东[2] 侯明勋[2]
（1. 广州市市政工程设计研究总院，广州 510060；2. 华南理工大学土木与交通学院，广州 510641）

【摘 要】 盾构隧道掘进对邻近建筑物影响问题一直是个工程难题。文章采用有限元法对近距离下穿盾构隧道施工进行模拟，分析了新建隧道动态掘进时既有隧道的位移变化规律。基于双面弹性地基梁理论与盾构隧道纵向等效连续化模型，推导了既有地铁隧道受新建盾构隧道开挖影响管片张开量的计算公式，计算分析了管片张开量分布规律。分析结果表明：盾构掘进时对上覆斜交隧道影响区域主要在新建隧道轴线两侧 $2D$（盾构直径）范围内；既有地铁的竖向位移主要分布在盾构掘进面前方 $2D$ 和盾尾后 $1.5D$ 范围内产生；既有地铁盾构隧道管片在新建隧道轴线正上方左右两个接头处张开显著，出现塑性变形。工程中需以既有地铁与下穿隧道相交处为轴，对既有地铁隧道侧向 $2D$ 范围及两隧道间土层进行局部加固，以防新建隧道掘进引起既有地铁隧道纵向变形与张开过大。

【关键词】 盾构隧道；近距离下穿既有隧道；位移影响；管片张开量；数值模拟；双面弹性地基梁；等效连续化模型

1 引 言

近年来，随着城市建设的发展，经常会在已有建筑（构）物附近进行隧道工程开挖。新建隧道的施工会改变既有结构物的受力状态，从而对既有结构物产生各种不利影响[1]。在复杂施工环境下，确保新建隧道施工质量和施工进度的同时，控制新建隧道施工所引起的周围环境的扰动及保护邻近建（构）筑物的安全就显得尤为重要。

目前，针对新建隧道对邻近各种建筑物的影响问题已引起了国内外专家学者的重视，也开展了相关的研究。C. W. W、Loganathan 等[2,3]通过离心机试验指出：隧道开挖对邻近桩基引起比较明显的轴力和弯矩，尤其是在软土中影响更为显著。倪安斌[4]采用数值法模拟泥炭质土层中盾构掘进对邻近桥梁的影响，并基于隧道与桥梁不同距离提出了相应的加固思路。张顶立等[5]用现场实测统计和理论分析方法，揭示了隧道施工影响下建筑物的变形规律、破坏模式，提出以差异沉降和裂缝开展为主的建筑物变形控制标准。Loganathan、李早等[6,7]采用两阶段分析方法，提出了隧道开挖对群桩竖向位移和内力影响的解析算法。魏刚、郭典塔等[8,9]分别通过案例实测数据统计分析与数值计算研究了基坑开挖对周围建筑物的影响，提出了预测公式与防治措施。

本文以广州某盾构隧道工程为背景，借助大型有限元软件，建立了新建盾构隧道开挖过程计算模型，得到了盾构掘进对既有运营地铁隧道的位移影响规律。基于双面弹性地基梁理论与盾构隧道纵向等效连续化模型，推导得到既有地铁受到影响后管片张开量的理论计算公式，并计算得到管片张开量主要影响区域。研究结论可为该项目施工加固提供依据，也为类似工程施工提供借鉴。

2 数值计算模型

2.1 工程简介

广州某盾构隧道下穿运营地铁五号线隧道，最近相距 3.9m，如图 1 所示。该盾构工程共设三井两区间，设始发井一座，吊出井两座。区间盾构衬砌管片外直径 6m，内直径 5.4m，厚 30cm，宽 1.5m。该场地地层物理力学计算参数如表 1 所示，既有地铁盾构隧道部分结构参数如表 2 所示。

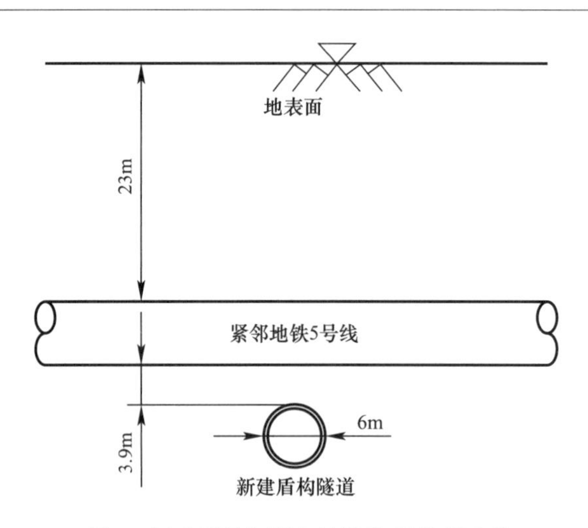

图 1　新建隧道与既有地铁位置关系示意

Fig. 1　Diagram of the relationship between the new shield tunnel and the existing metro tunnel

2.2　数值模型的建立

模型边界取大于 2～3 倍隧道直径[10]，模型几何尺寸取长、宽、高分别为 90m，80m 和 70m。模型中土体与注浆体采用三维实体单元，盾壳和管片采用壳单元模拟。土层采用 Mohr-Coulomb 理想弹塑性本构模型，盾壳与管片结构体系采用弹性模型。总体计算模型与隧道位置模型如图 2、图 3 所示，计算模型含 45820 个单元，9152 节点。以广州地铁以往的施工经验，管片的等效直接头刚度取 5.4×10^7kPa，施工阶段管片环缝面承受的压力为 1600kN/m[11]。此处将千斤顶力简化为作用于环缝垫板上的压力荷载，其等效压力为 5400kPa。注浆压力管片顶部为 0.3MPa，底部则为 0.45MPa，中间呈线性变化[12]。根据实际土层情况，掌子面支护压力取 120kPa。

根据实际施工步骤，定义计算工况如表 3 所示。其中，工况 2 位移清零表示历史上土层自重应力与地铁施工产生的位移已经稳定，本文意在分析后续新建隧道开挖引起的增量位移，故进行位移清零。

土层物理力学参数　　表 1

Physico-mechanical parameters of the soil layers　　Table 1

土层编号	时代成因	岩土名称	状态	重度 γ/(kN/m³)	抗剪强度		压缩模量 E_x/MPa	变形模量 E_O/MPa
					内摩擦角 φ/(°)	粘聚力 c/kPa		
①1	Q_4^{ml}	杂填土	松散—压实	19.5	15.0	10.0	—	—
②2		淤泥质粉细砂	松散	19.0	24.0	0.0	—	—
③1	Q_3^{al}	粉细砂	松散—稍密	19.5	26.0	0.0	—	—
④1	Q^{el}	粉质黏土	可塑	18.5	17.0	15.0	5.00	15.0
⑤1	K_2S^{2a}	泥岩	全风化	20.0	25.0	25.0	—	78.0
⑤2		泥岩、碎裂岩	强风化	21.0	30.0	50.0	—	150.0

既有地铁隧道部分结构参数　　表 2

Parameters for structures of the existing metro tunnel　　Table 2

外径 D/m	内径 d/m	环宽 l_x/m	E_c/kPa	螺栓直径 d/mm	长度 l/mm	螺栓个数	螺栓弹性模量 E_j/kPa
6	5.4	1.6	3.45×10^7	30	400	11	2.06×10^3

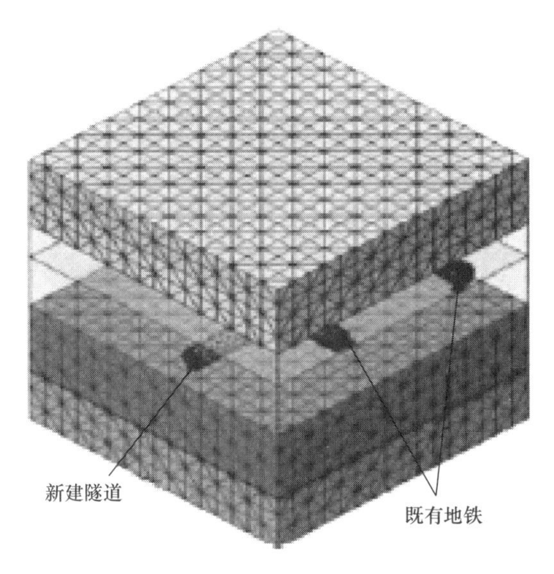

图2 总体计算模型（局部透视效果）
Fig. 2 General calculation model (Local perspective effect)

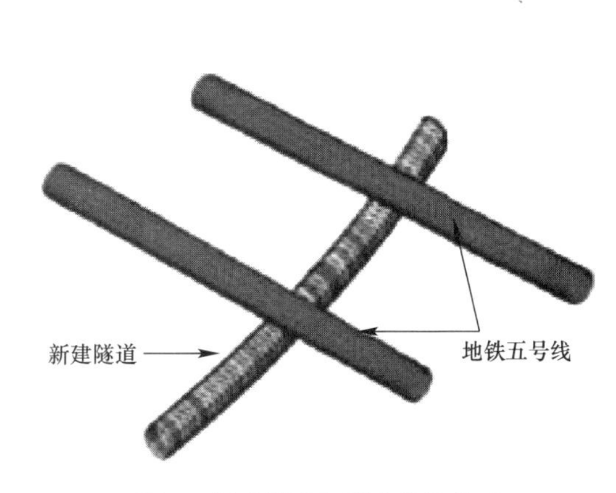

图3 新建隧道与既有地铁模型
Fig. 3 Modeling of the new shield tunnel and the existing metro tunnel

模型计算工况 表3
Calculation conditions for the model Table 3

计算工况	模拟情况
1	初始自重应力分析
2	既有地铁隧道开挖与衬砌施工，且位移清零
3～67	盾构隧道开挖步长1.5m，共开挖60次，第n（$4<n\leqslant60$）步隧道开挖具体施工模拟包括：盾构支护下第n步隧道开挖，施加第n个开挖面支护压力，钝化第n-4个质壳，激活第n-3个管片，施加n-4个注浆压力以及施加第n-3个千顶压力

3 计算结果与分析

3.1 计算值与实测值对比分析

为验证本文模型的合理性，进行数值计算结果与实测结果对比分析。既有地铁现场实测项目包括隧道断面收敛位移、竖向位移及水平位移监测。取左侧局部隧道拱底竖向位移实测结果与计算值进行对比分析，图4为盾构施工完竖向位移对比曲线。

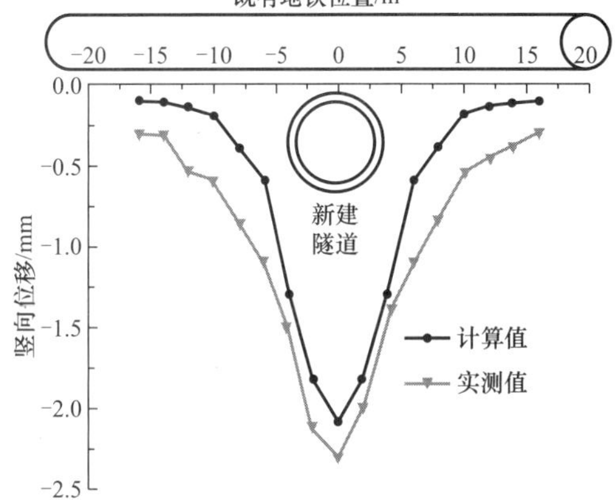

图4 既有地铁隧道竖向位移对比曲线
Fig. 4 Comparative curves of the vertical displacements of the existing metro tunnel

由图4可知，既有运营地铁竖向位移呈现类似于概率论中正态分布的图形，数值计算结果反映了地铁竖向位移趋势，与实测值较为吻合。计算最大位移为2.21mm，较实测最大值2.32mm小，实测值总体比计算值大，影响范围亦更广。这是因为数值计算未考虑运营环境及长期循环荷载的影响。图4显示，数值计算所得既有地铁竖向位移由新建隧道轴线向两侧逐渐衰减，大于1.3D（隧道直径）距离后趋于稳定，即垂直于掘进向主要影响范围在以新建隧道轴线为中心±1.3D，而实测主要影响范围为±1.7D。此外，根据松动土压力理论[13]计算洞顶松动半宽为：

$$B_1 = R_0 \cot\left(\frac{\pi/4 + \varphi/2}{2}\right) \tag{1}$$

式中：R_0 为管片外半径（m）；φ 为土体的内摩擦角（°）。将表 1 中相关参数代入公式（1）计算可得 $B_1=5.93$m，约为 1D 的影响宽度，与数值计算结果较吻合。因松动土压力理论考虑了土拱效应，所以计算影响宽度相对更小。综合上述分析，认为本文模型具备合理性。

3.2 既有地铁隧道位移结果分析

考虑到新建盾构隧道与既有地铁隧道是上下相互交错关系，分析其受力特点可知，既有地铁隧道受到新建盾构施工影响效应主要为竖向上抬或者下沉，故本文主要分析既有地铁隧道的竖向位移。定义位移向上为正，向下为负。

图 5 为新建隧道施工完成后既有地铁隧道竖向位移云图。从图中可知，既有地铁最大竖向位移均出现在新建隧道正上方相应位置，左线与右线地铁隧道最大竖向位移分别为 2.21mm 与 2.14mm，均为向下沉降。这是因为下方隧道开挖，应力释放，引起新开挖隧道拱顶向临空面移动，进而带动上覆土层与既有地铁隧道向下移动。

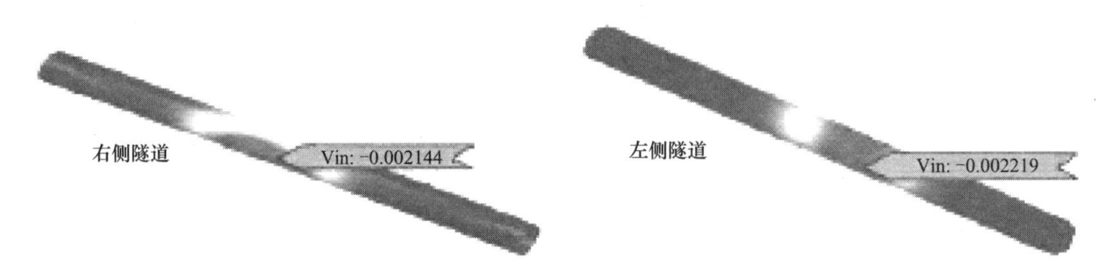

图 5　既有地铁隧道竖向位移云图（单位：m）

Fig. 5　Contour of the vertical displacements of the existing metro tunnel (Unit: m)

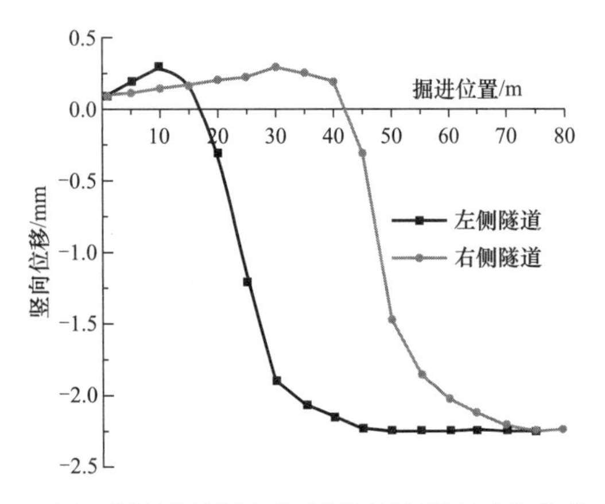

图 6　既有地铁竖向位移随盾构掘进的变化曲线

Fig. 6　Curves of the existing metro tunnel's vertical displacement changing with shield driving

图 6 为盾构不同施工推进阶段时，新建隧道正上方处既有隧道的竖向位移。由图可知，由于受到盾构顶进力的作用，上覆土层隆起，进而引起既有地铁上抬；当盾构掘进面推进到距左侧隧道约 2D（开挖隧道直径）的位置时，隧道竖向上抬量最大。随后隧道上抬量逐渐减小，当掘进面距左侧隧道约 1D 位置时，既有地铁开始产生沉降；当掘进面到达左侧隧道时，既有地铁沉降已经完成约 35%；当盾尾通过左线隧道 1.5D 后，隧道竖向位移趋于稳定。右线隧道与左线隧道相距约 30m，故两隧道变形叠加效应很小。因此，右线隧道与左线隧道竖向位移随掘进面位置呈现相同的变化规律。由上述分析可知，既有地铁的竖向位移主要在盾构掘进面前方 2D 和盾尾后 1.5D 范围内产生，建议施工时宜对该区域进行必要的局部加固处理，以确保运营地铁安全。

3.3 基于双面弹性地基梁管片张开量计算

由上述分析可知，上覆运营地铁隧道变形范围主要在新建盾构轴线两侧约 2D(12m) 范围内，该范围以外影响很小，可近似认为主要影响区域外不产生位移。基于这一考虑，以弹性地基梁理论[14]与等效连续化模型[15~17]为基础，采用双面弹性地基梁理论计算既有地铁隧道由新建隧道开挖引起的管片张开量。假设既有地铁为一无限弹性地基梁，新开挖隧道施工对既有地铁隧道主要影响相当于一位移 Δ 作用于地基梁上，运营地铁隧道主要受到土层弹簧与新建隧道开挖位移的影响，两者及土层相互作用模型如图 7 所示。

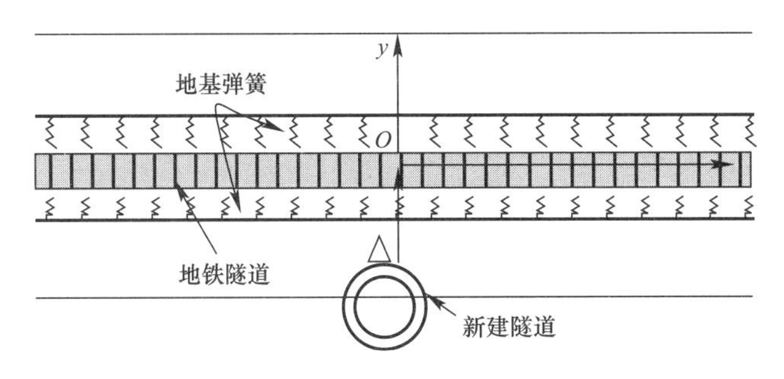

图 7 盾构隧道开挖对既有地铁隧道影响计算模型

Fig. 7 Calculation model for the influence of shield tunnelling on the existing metro tunnel

根据受力平衡可推导基本微分方程（2），该方程是一个四阶常系数线性非齐次微分方程，式中包含参数 $\alpha=\sqrt[4]{(k_1+k_2)/4EI}$，该系数与局部弹性地基梁特征系数相对应，相对应地有特征长度 $l=1/\alpha=\sqrt[4]{4EI\ (k_1+k_2)}$。

$$\frac{\mathrm{d}y^4}{\mathrm{d}x^4}+4\alpha^4 y=\frac{q(x)}{EI} \tag{2}$$

基本微分方程（2）的解可由齐次方程 $\mathrm{d}y^4/\mathrm{d}x^4+4\alpha^4 y=0$ 通解和非齐次方程特解组成。解齐次方程得到通解为：

$$y=e^{\alpha x}(A\cos\alpha x+B\sin\alpha x)+e^{-\alpha x}(C\cos\alpha x+D\sin\alpha x) \tag{3}$$

式中：A，B，C 和 D 为常数，由边界条件计算确定；k_1 与 k_2 分别为地铁上覆与下卧土层弹簧系数，由于地铁处于同一层土，故 $k_1=k_2$。

由式（2）可知，当 $q(x)$ 是四次以下的多项式时，非齐次方程的一个特解为：

$$y_1(x)=\frac{q(x)}{k_1+k_2} \tag{4}$$

由此可以得到双面弹性地基梁的基本微分方程通解为：

$$y=e^{\alpha x}(A\cos\alpha x+B\sin\alpha x)+e^{-\alpha x}(C\cos\alpha x+D\sin\alpha x)+\frac{q(x)}{k_1+k_2} \tag{5}$$

定性分析既有地铁隧道的变形特点可知，在附加位移 Δ 两侧，既有地铁隧道变形应是对称的。设位移作用点 O 作为坐标原点，利用对称性取右半边梁进行计算。因为梁上没有产生其他（附加）荷载的变化，故取 $q(x)=0$，则式（5）可以写成如下形式：

$$y=e^{\alpha x}(A\cos\alpha x+B\sin\alpha x)+e^{-\alpha x}(C\cos\alpha x+D\sin\alpha x) \tag{6}$$

右半边梁在土层中可以按半无限长梁处理。则当 $x\to\infty$ 时，$y(x)=0$ 代入式（6）可得：$\infty\cdot(A\cos\alpha x+B\sin\alpha x)=0\Rightarrow A=0$ 与 $B=0$，代入基本方程，可得：

$$y=e^{-\alpha x}(C\cos\alpha x+D\sin\alpha x) \tag{7}$$

根据对称性可知，当 $x=0$ 时，$\mathrm{d}y/\mathrm{d}x=\theta=0$ 与 $y=\Delta$，代入式（7）解方程得到：

$$\begin{cases}D-C=0\\ \Delta=C\end{cases}\Rightarrow D=C=\Delta$$

所以最终的先隧后井施工中盾构隧道纵向变形曲线为：

$$y=\Delta e^{\alpha x}(\cos\alpha x+\sin\alpha x) \tag{8}$$

取衬砌环结合面为中心的一个管片的变形来考虑，当这个管片环单元受到弯矩 M 时，在环向接缝处相邻管片的两个平面之间有相对转角 θ，θ/l_s 相当于梁弯曲的曲率。由等效连续化理论，根据变形协调条件及力的平衡条件可得管片中性轴位置的角度 φ 满足下列方程[18]：

$$\cot\varphi + \varphi = \pi\left(\frac{1}{2} + \frac{k_{j1} l_s}{E_c A_c}\right) \tag{9}$$

$$k_{j1} = nE_j A / l \tag{10}$$

式中：k_{j1} 为纵向接头弹性刚度；E_j 为螺栓弹性模量；n 和 A 分别为纵向螺栓总数和单个螺栓的截面积；l_s 为管段的长度（m）；r 为隧道管片中心半径（m）；x 与 φ 分别表示管片受弯中性轴的位置和角度，其中 $x=r\sin\varphi$。

根据力学知识可推求环向接缝张开量为：

$$\delta = \frac{Ml_s}{E_C I_C}\frac{\pi\sin\varphi}{\cos^3\varphi}(r+x) \tag{11}$$

利用曲率与弯矩间的物理关系式 $K=M/EI$，结合 $EI=\eta_m E_C I_C$ 与公式（11）得到管片张开量计算公式：

$$\delta = \frac{\pi\sin\varphi K l_s}{\cos^3\varphi}\eta_m(r+x) \tag{12}$$

式中：η_m 为隧道纵向弯曲刚度折减系数，参考文献［19］利用公式（13）计算：

$$\eta_m = \frac{k_m}{k_m + \dfrac{E_C I_C}{l_s}\left(1-\dfrac{1}{n}\right)} \tag{13}$$

式中：E_C 为管段截面弹性模量（kPa）；I_C 为管段混凝土的截面惯性矩（m^4）；n 为管片环数；k_m 为纵向接头的抗弯刚度。从几何方面来看，平面曲线的曲率为 $K=\pm y''/(1+y'^2)^{3/2}$，代入式（12）可得环向管片张开量：

$$\delta = \pm\frac{l_s\pi\sin\varphi}{\cos^3\varphi}\frac{y''}{(1+y'^2)^{3/2}}(\sin\varphi+1)r\eta_m \tag{14}$$

上式张开量正负号表示隧道隆起与下沉引起的管片顶部和底部张开。由前分析可知，新建盾构隧道对既有地铁隧道的主要影响效应为沉降，即管片底部张开相对明显，所以仅需计算下沉引起的张开量，其代表了隧道隆起与下沉中更不利情况的张开量值。数值计算与实测最大位移相近，两者约差 4.5%，故影响位移可取实测竖向位移最大值代入式（8），获得变形曲线方程。

由数值计算结果分析可知，管片最大张开量出现在 $x=\pm1.5$m 处（图 7）；由式（9）和曲率计算公式计算得到该接头处曲率 $K=1/2325$。根据表 3 及公式（11）计算单个螺栓的弹性刚度 $k_{j1}=192284.7$kN/m，代入式（10）得到中性轴位置的角度 $\varphi=1.18$；地基反力 $k_1=k_2=20$MPa/m，则特征系数 $\alpha=0.2$。试验取 20 环管片长 30m 盾构隧道为研究对象，荷载作用点到两端距离满足一侧小于特征长度，另一侧大于特征长度半无限弹性地基梁要求；将表 2 参数及管片环数代入公式（13）计算得到 $\eta_m=0.0114$。把以上计算参数代入式（14）可以算出管片张开量为 1.96mm。相同原理可计算得到图 8 所示其他管片张开量。

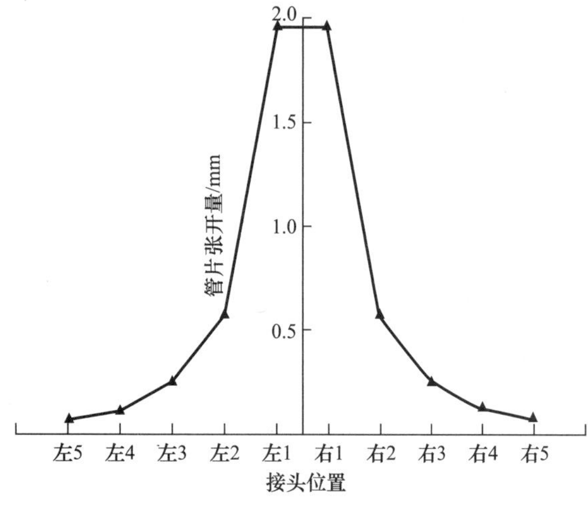

图 8　既有地铁左线隧道局部管片张开量

Fig. 8　Local segment openings of the left line of the existing metro tunnel

由图 8 可知，张开量分布规律类似于竖向位移，由新建隧道轴线向两侧减小，到两侧第 4 个接头处张开量趋于稳定，即第 5 环管片（7.5m=1.25D）后纵向曲率趋于稳定，该结论与前述既有地铁轴向影响范围 1.3D 吻合。

图 8 显示，管片张开量最大值为 1.96mm，出现在新建盾构隧道正上方两个螺栓处，已超过螺栓弹性

极限变形 1.11mm[20]，螺栓产生了塑性变形，但小于广州地铁接头纵缝张开量控制值 3mm[21]，管片未出现渗漏。上述分析表明，既有盾构隧道管片主要在新建隧道轴线正上方相邻两个接头处明显张开，出现了塑性变形；下穿盾构掘进过程中宜对该区域进行加固处理，以防引起运营地铁张开过大，引起渗漏，影响地铁运营安全。

4 结论与建议

（1）盾构掘进时对上覆斜交既有地铁隧道主要影响区域在新建隧道轴线两侧 1.3*D* 范围内。考虑运营环境与长期循环荷载影响，结合实测结果，认为主要影响范围在新建隧道轴线两侧 2*D* 范围内。

（2）既有地铁隧道受新建盾构隧道影响，竖向位移主要在盾构掘进面前方 2*D* 和盾尾后 1.5*D* 范围内产生。

（3）根据竖向位移实测结果，以等效连续化模型为基础，运用双面弹性地基梁理论可以计算既有盾构隧道管片张开量。本例既有盾构隧道管片张开主要在新建隧道正上方左右侧接头处。

鉴于该交叠盾构隧道距离小，下穿盾构掘进过程中易引起上覆地铁较大的纵向变形，进而引起管片张开渗漏，影响地铁运营安全。因此，建议对既有地铁与下穿隧道相交处侧向 2*D* 范围及底部土层进行局部加固，以防引起运营地铁过大变形和张开，确保地铁运营安全无病害。

参考文献（References）

[1] 赵旭峰，王春苗，孙景林，等. 盾构近接隧道施工力学行为分析 [J]. 岩土力学，2007，28（2）：409-414ZHAO Xufeng，WANG Chunmiao，SUN Jinglin，et al. Analysis of Mechanical Action of Shield Driving for Approaching Excavation [J]. Rock and Soil Mechanics，2007，28（2）：409-414

[2] C. W. W. Ng，H. LU，S. Y. Peng. Three-Dimensional Centrifuge Modeling of the Effects of Twin Tunneling on An Existing Pile [J]. Tunneling and Underground Space Technology，2012，35：189-199

[3] LOGANTHAN N，POULOS H G，STEWART D P. Centrifuge Model Testing of Tunneling-Induced Ground and Pile Deformation [J]. Geotechnique，2000，50（3）：283-294

[4] 倪安斌. 泥炭（质）土层中盾构法施工对邻近桥梁的影响分析 [J]. 现代隧道技术，2014，51（3）：168-172NI Anbin. Analysis of the Influence of Shield Tunnelling in Cumulosol Strata on Adjacent Bridges [J]. Modern Tunnelling Technology，2014，51（3）：168-172

[5] 张顶立，李鹏飞，侯艳娟，等. 城市隧道开挖对地表建筑群的影响分析及其对策 [J]. 岩土工程学报，2010，32（2）：296-302ZHANG Dingli，LI Pengfei，HOU Yanjuan，et al. Influence due to Urban Tunnel Excavation on Ground Buildings and Its Countermeasures [J]. Chinese Journal of Geotechnical Engineering，2010，32（2）：296-302

[6] LOGANTHAN N，POULOS H G，XU K J. Ground and Pile-Group Response due to Tunneling [J]. Soils and Foundation，2001，41（1）：57-67

[7] 李早，黄茂松. 隧道开挖对群桩竖向位手多和位移影响分析 [J]. 岩土工程学报，2007，29（3）：398-402LI Zao，HUANG Maosong. Analysis of Settlement and Internal Forces of Group Pile due to Tunneling [J]. Chinese Journal of Geotechnical Engineering，2007，29（3）：398-402

[8] 魏刚. 基坑开挖对下方既有盾构隧道影响的实测与分析 [J]. 岩土力学，2013，34（5）：1421-1428WEI Gang. Measurement and Analysis of Impact of Foundation Pit Excavation on below Existed Shield Tunnels [J]. Rock and Soil Mechanics，2013，34（5）：1421-1428

[9] 郭典塔，周翠英. 基坑开挖对近接地铁车站的影响规律研究 [J]. 现代隧道技术，2015，52（1）：156-161GUO Dianta，ZHOU Cuiying. Influence of Foundation Pit Excavation Approaching a Metro Station [J]. Modern Tunnelling Technology，2015，52（1）：156-161

[10] 陈健云，刘金云. 地震作用下输水隧道的流固耦合分析 [J]. 岩土力学，2006，27（7）：761-766CHEN Jianyun，LIU Jinyun. Fluid-Structure Coupling Analysis of Water-Conveyance Tunnel Subjected to Seismic Excitation [J].

Rock and Soil Mechanics，2006，27（7）：761-766

[11] 陈俊生，莫海鸿. 盾构隧道管片施工阶段力学行为的三维有限元分析 [J]. 岩石力学与工程学报，2006，25（增2）：3482-3489CHEN Junsheng，MO Haihong. Three-Dimensional Finite Analysis of Mechanical Behaviors of Shield Tunnel Segment during Construction [J]. Chinese Journal of Rock Mechanics and Engineering，2006，25（Supp. 2）：3482-3489

[12] YANG Chunshan，MO Haihong，CHEN Junsheng. Selection of Reasonable Scheme of Entering into a Working Well in ShieldConstruction [J]. Electronic Journal of Geotechnical Engineering，2013，18：3987-3998

[13] YANG Chunshan，MO Haihong，CHEN Junsheng. Numerical Study on Material Optimization of the Composite Lining of Shield Tunneling [J]. Electronic Journal of Geotechnical Engineering，2013，18：3813-3824

[14] 龙驭球. 弹性地基梁的计算 [M]. 北京：人民教育出版社，1981LONG Yuqiu. Calculation of Elastic Foundation Beam [M]. Beijing：People's Education Press，1981

[15] 志波由纪夫川島一彦. ツールドトンネルの耐震解析に用いる长手方向覆工刚性の评価法 [A]. 见土木学会論文集 [C]. [s. l.]：[s. n.] 1988. 319-327SHIBA Y Kawashima T. The Evaluation of the Duct's Longitudinal Rigidity in the Seismic Analysis of Shield Tunnel [A]. In Proceedings of the Civil Academy [C]. [s. l.]：[s. n.]，1988. 319-327

[16] 志波由纪夫川島一彦. 応答変位法応答変位法によるツ-ルドトンネルの地震时断面力の算定法 [A]. 见土木学会論文集 [C]. [s. l.]：[s. n.]，1988. 385-394SHIBA Y Kawashima T. Calculation of Internal Force of Structure during Earthquake Using Response Displacement Method [A]. In Proceedings of the Civil Academy [C]. [s. l.]：[s. n]，1988. 385-394

[17] CHEN B，WEN Z Y. Elastoplastic Analysis for the Effect of Longitudinal Uneven Settlement [A]. Proceedings of the ITA World Tunnelling Congress 2003 [C]. Amsterdam：[s. n.]，2003：969-974

[18] 朱令，丁文其，杨波. 壁后注浆引起盾构隧道上浮对结构的影响 [J]. 岩石力学与工程学报，2012，31（增1）：3377-3382ZHU Ling，DING Wenqi，YANG Bo. Effect of Shield Tunnel Uplift Caused by Back-filled Grouting on Structure [J]. Chinese Journal of Rock Mechanics and Engineering，2012，31（Supp. 1）：3377-3382

[19] 何川，苏宗贤，曾东洋. 盾构隧道施工对已建平行隧道变形和附加内力的影响研究 [J]. 岩石力学与工程学报，2007，26（10）：2063-2069HE Chuan，SU Zongxian，ZENG Dongyang. Research on Influence of Shield Tunnel Construction on Deformation and Secondary Inner Force of Constructed Parallel Tunnel [J]. Chinese Journal of Rock Mechanics and Engineering，2007，26（10）：2063-2069

[20] 郑永来，韩文星，童琪华，等. 软土地铁隧道纵向不均匀沉降导致的管片接头环缝开裂研究 [J]. 岩石力学与工程学报，2005，24（24）：4552-4558ZHENG Yonglai，HAN Wenxing，TONG Qihua，et al. Study on Longitudinal Crack of Shield Tunnel Segment Joint due to Asymmetric Settlement in Soft Soil [J]. Chinese Journal of Rock Mechanics and Engineering，2005，24（24）：4552-4558

[21] 胡国新，刘庭金，陈俊生，等. 基坑三维渗流对紧邻区间隧道影响的数值分析 [J]. 铁道建筑，2007，（7）：42-44HU Guoxin，LIU Tingjin，CHEN Junsheng，et al. Numerical Analysis of Influence of Three Dimensional Seepage of Deep Foundation Pit on Adjacent Tunnels [J]. Railway Engineering，2007，（7）：42-44

电力隧道先隧后井施工中简易井应用的若干问题研究

莫海鸿[1,2] 杨春山[1,2] 陈俊生[1,2] 鲍树峰[1,2]
（1. 华南理工大学 土木与交通学院，广东 广州 510641；
2. 华南理工大学 亚热带建筑科学国家重点实验室，广东 广州 510641）

【摘 要】 针对电力隧道，提出一种无内支撑、节约高效的圆形简易工作井建设思路，开展简易工作井与常规方案对比分析，借助有限元法分析开口环管片变形对简易工作井参数的敏感性，探讨简易工作井结构设计中的关键技术。研究结果表明：简易工作井施工工艺、可行性及对周围环境影响等方面均优于常规工作井，其造价仅为常规方案的7%，极大节约了成本。简易工作井施工过程中，局部管片破除形成了开口的非稳定结构，导致管片变形显著增大，影响范围主要体现在开口环及其两侧2环管片上，故施工时需对开口环及影响明显的4环管片设置临时支撑，以确保结构安全稳定。管片变形受工作井壁厚与周围软弱土层影响显著，其中最大位移值随井壁厚度的增加近似呈二次方增长，而井的直径与管片开口环数则对管片变形影响较小，工作井尺寸应在满足整体刚度与净空要求的前提下不宜取大。

【关键词】 隧道工程；电力隧道；先隧后井；简易井；管片变形影响；关键技术；有限元法

1 引 言

电力隧道施工过程中，频繁遇到盾构机通过竖井的情况，盾构机每过一个工作井就涉及盾构机进出洞的问题，如果采用先开挖竖井后施工隧道的常规方案，需要采用大量的进出洞辅助措施，且风险大，施工工期也长。因此，近几年电力隧道先隧道施工后工作井开挖工法（先隧后井）法得到了广泛的应用[1]。

目前，电力隧道先隧后井施工中工作井设计大多参照地铁隧道相关标准，而忽视了电力隧道本身的特点，致使工作井造价高昂，占地空间大，极大的制约了其发展，如广州地区工作井埋深一般十多米，其单个造价可高达500万～1000万元。事实上，电力隧道长期处于无人状态，其工作井距离短、数量多，消防通风标准显然不同于地铁隧道；笔者认为除有放电缆与风机设备要求的部分井外，其余可用一种小尺寸简易井代替，以显著降低工程造价。基于此，本文针对电力隧道特点，提出了简易工作井的设计新思路。与常规方案进行了对比分析，借助有限元软件重点分析了开口环管片变形对简易工作井主要设计施工参数的敏感性，且探讨了简易工作井结构设计中的关键技术。研究目的在于无先例的情况下，提出一种适用于先隧后井工法，无内支撑，更为节约高效的电力隧道圆形简易工作井建设思路。

2 简易工作井与常规方案对比

2.1 工程概况

广州某220kV电缆隧道，共有6回路220kV电缆线，11回路110kV电缆线。全长980m，其中长约912m采用盾构法施工，盾构段包括始发井共计4个工作井，隧道顶面覆土均为8m，隧道内径为5.4m，外径为6m，厚300mm。为了探索电缆隧道简易工作井的应用情况，该项目选取第二个工作井用以简易工作井试验，采用简易工作井代替常规工作井方案。常规工作井开挖坑深17.8m，采用地下连续墙＋内支撑＋锚索支护体系，图1为常规工作井支护方案。拟用简易工作井方案如图2所示，该方案为无内支撑圆形小直径工作井，最大开挖深度约为8.17m。

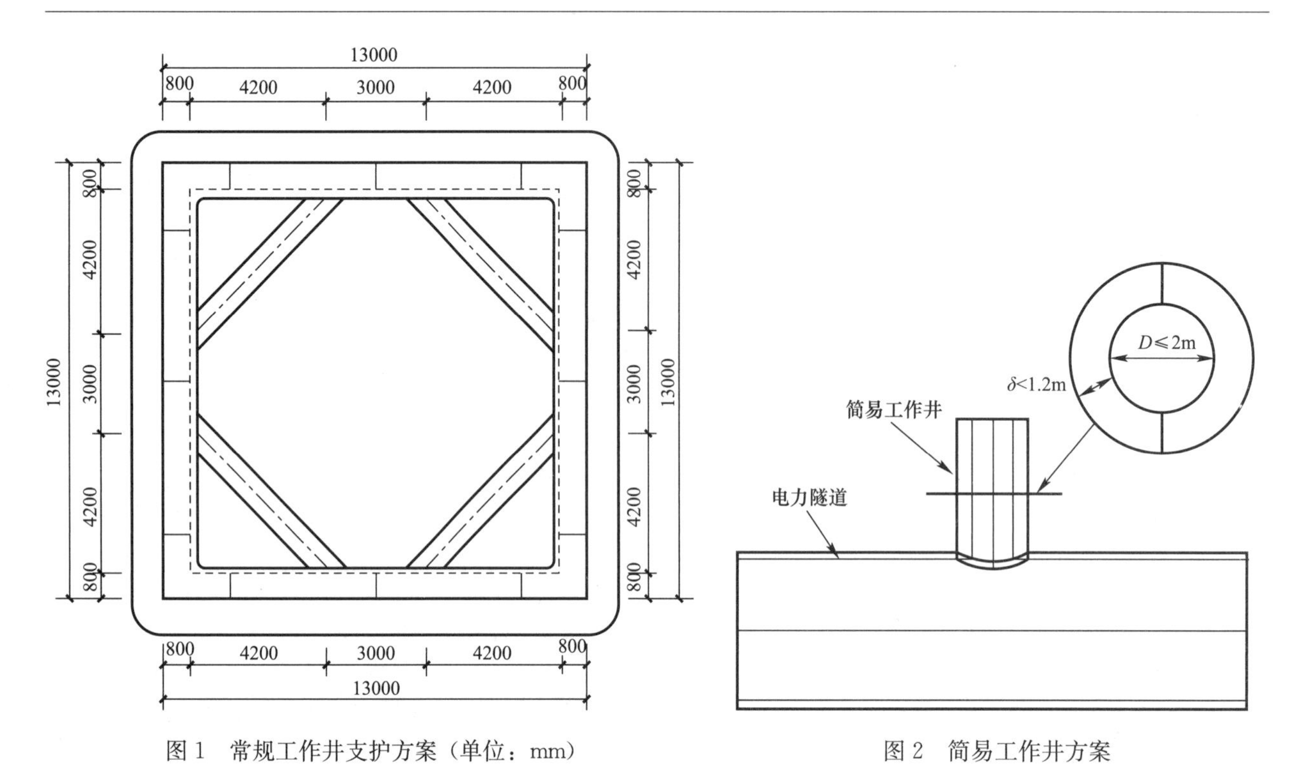

图 1　常规工作井支护方案（单位：mm）

Fig. 1　The conventional scheme of working well (unit: mm)

图 2　简易工作井方案

Fig. 2　The simply-constructed scheme of working well

根据该项目初、详勘钻孔资料可知，场地主要土层有人工填土层、冲洪积成因的淤泥及淤泥质土层、粉细砂层、中粗砂层、（粉质）黏土层、残积成因的粉质黏土层，具体的土层物理力学参数如表 1 所示。项目场地的地貌单元处于典型珠江三角洲冲、洪积平原，地势较平坦，因此场地的稳定地下水位埋深总体变化不大，处于 1.25～2.70m 范围内。

土层物理力学参数　　**表 1**

Physico-mechanical parameters of soil layers　　**Table 1**

岩土分层	岩土名称	密度 ρ/(g·cm^{-3})	固结快剪		压缩模量/MPa	静止侧压力数 K	泊松比 μ	土层厚度/m
			黏聚力 c/kPa	内摩擦角 φ/(°)				
<1>	人工堆填土	1.64	8.0	10.0	2.49	0.42	0.39	1.5
2-1B	淤泥质土	1.67	8.6	5.2	2.41	0.43	0.42	2.5
<3-1>	中粗砂	2.05	0.0	30.0	6.52	0.33	0.25	3.0
<4-1>	粉质黏土	1.96	23.0	25.0	5.89	0.49	0.33	4.3
<5>	全风化泥质粉砂岩	2.07	36.1	31.5	12.05	0.30	0.22	6.0
<6>	中风化泥质粉砂岩	2.10	—	—	—	—	0.20	6.0
<7>	微风化泥质粉砂岩	2.20	—	—	—	—	0.20	8.7

2.2　简易工作井参数取值

对一定的地层结构条件与施工工艺而言，简易工作井的材料和力学参数应该是一定的。简易工作井材料同于常规工作井，为钢筋混凝土材料；采用的截面形式为圆形，其力学参数主要包括厚度与直径。

（1）简易工作井厚度。简易工作井类似于无内支撑，封闭性好的连续墙。参见广州区建筑基坑支护技术规定[2]壁厚不宜小于 600mm；同时考虑到实际的施工情况，当连续墙厚度大于 1200mm 时，属于大厚度连续墙，连续墙的成槽过程非常困难，会提高相应的机械费用，工期也会延长，故简易工作井壁厚取值宜在 600～1000mm 范围内。

（2）简易工作井直径。电力隧道工作井尺寸大多参照地铁建设标准，考虑了通风、消防及人员逃生；实际上，电力隧道长期处于无人状态，且不同于地铁隧道受列车通行引起的活塞风，故人员逃生、消防及通风标准明显不适合参照地铁标准。针对电力隧道自身特点，排除人为因素外，消防与通风要求可以抽象概括为通风要求，因为电缆火灾大多是因长期运行受热、受潮引起的，而排除热量、降低湿度是通风主要解决的问题。赵辉[3]的分析结果表明，自然通风法一般无法满足电缆隧道要求，必须采用机械通风，故不设有机械通风功能的工作井尺寸对隧道通风影响很小。基于上述分析，综合规范[4]对工作井净宽、人员检修空间要求及工程经验取净直径为 1.6～2.0m。

2.3 方案对比分析

常规工程井方案时基坑开挖深度为 17.8m，工作井宽为 13m，基坑采用厚 800mm、埋深 25.8m 的连续墙＋内支撑（800mm×900mm）＋26m 长锚索的支护形式。取简易工作井上限尺寸，即取简易工作井井壁厚度为 1.0m，井的直径为 2m，与常规工作井从施工工艺、工程造价、可行性、用途等方面进行对比分析（见表 2）。

简易与常规工作井方案对比 表 2

Comparison between sinply-constructed well and conventional well Table 2

内容	简易工作井（小井）	常规工作井（大井）
施工工艺和对盾构隧道结构的影响	采用先隧后井工法，盾构机先行贯通工作井，然后拆除部分管片进行工作井施工，该方案减少了盾构机的拆卸组装及转场次数，缩短了工期，延长了盾构机的寿命，降低了工程造价；但因工作井施工过程中需对局部管片开口，隧道结构受到较大的扰动，局部管片出现了较大的变形，且易引起管片张开渗漏	采用先井后隧工法，盾构从始发井开始，接下来遇到工作井需反复拆卸组装，需要大量的进出洞辅助措施，降低了施工速度，增加了安全隐患，缩短了盾构机的使用寿命；虽不受后续工作井施工扰动，但盾构进出洞形成较大的水土压力差，易引起围护结构局部变形过大，需要进行局部加固处理
工程量与造价	简易工作井方案基坑最大开挖深度约为 8.17m；土方开挖量为 51.3m^3，圆形工作井围护墙混凝土量为 77m^3，钢筋用量约为 14.7×10^{3}kg，破坏 3 环管片部分块，总的造价约为 20 万元	常规工作井方案土方开挖量约为 2924m^3，连续墙混凝土约为 988m^3，支撑梁混凝土量约为 29.2m^3，连续墙和支撑钢筋量约为 139.3×10^{3}kg，锚索长度为 1248m。总造价约为 285 万元
用途及可行性	该方案可供施工、运行人员及材料进出隧道，也可以当突发事件逃生出口。该方案占地面积小，对于公用设施密集，交通繁忙的城市来说，可行性明显优于常规大型工作井	该方案可供人员、材料进出隧道，也可以当突发事件逃生出口，同时可作为机械通风口，该方案平面尺寸较大，占地面积大，施工对地面交通、环境影响大，可行性相对更差

由表 2 可知，简易工作井在施工工艺、工期、工程造价、施工引起的扰动、可行性方面均优于常规工作井，尤其工程造价，仅为常规方案的 7%；这种全新的隧道工作井可以极大地节约工程投资，也减少了建设对城市环境的影响。

3 盾构管片变形对工作井参数的敏感性分析

简易工作井施工工序为盾构隧道开挖→施作工作井→开挖井内土体→破除管片→浇筑管片与工作井连接接头。从受力特性来看，部分管片拆除阶段，盾构隧道由原来的整环受力变成了开口状的非稳定结构，在非软弱土中要承受水土压力及部分井重力；遇软弱土层，如淤泥层，工作井与土层摩擦力很小，开口环管片要承受水土压力与井的重力。因此，后续施工势必引起局部管片应力场的改变，导致管片变形，而工作井尺寸及管片开口环数在某种程度上将决定其变形水平。因此有必要分析盾构管片变形对工作井参数的敏感性，分析工作井参数的变化对管片变形的影响程度。

本文借助有限元软件建立电缆隧道施工过程的三维计算模型，分析工作井参数对管片变形的影响。根据工程经验，基坑开挖影响宽度为基坑开挖深度的 3～5 倍，影响深度为开挖深度的 2～4 倍[5]，故计算模型几何尺寸取 X，Y，Z 分别为 54m，54m，32m。模型中土体、工作井、管片及注浆体采用三维实体单元，盾壳采用壳单元模拟。土体采用 Mohr-Coulomb 理想弹塑性模型，盾壳、工作井与管片采用弹性模型；三维计算模型如图 3 所示。管片等效直接头刚度为 5.4×107kPa，将千斤顶力简化为作用于环缝垫板上的压力荷载，其等效压力为 5400kPa[6]；注浆压力作用在管片和土层上，底部为 0.3MPa，顶部为 0.45MPa，中间呈线性变化[7-8]。作用在隧道掘进面的支护压力在 70～190kPa 范围内[9]，结合实际土层情况，本文取 120kPa。

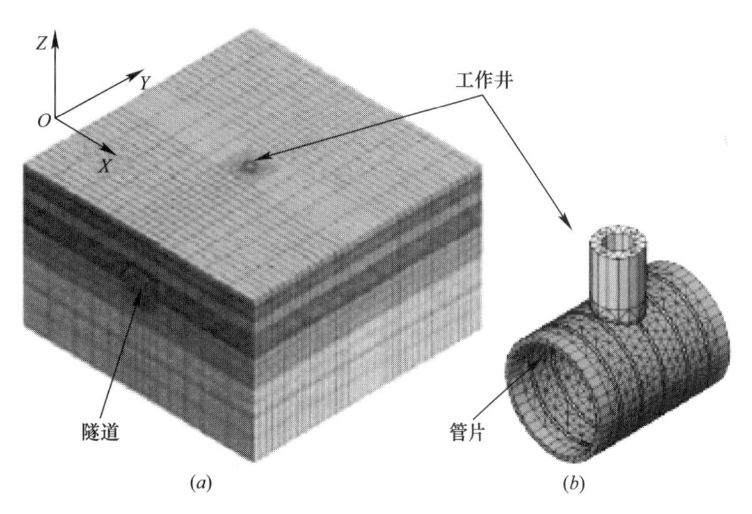

图 3　三维计算模型

Fig. 3　Three-dimensional calculation models

(a) 总体计算模型；(b) 管片与工作井连接模型

根据上述分析，采用表 3 所示的计算工况。初始阶段位移清零，认为自重引起的位移已经稳定。本文旨在分析后续工作井施工对管片的影响，分析简易工作井施工引起的增量位移，故对隧道施工引起的位移进行清零。取 7 种工作井不同的参数组合方案进行管片变形分析，其参数组合与各组合计算的管片变形结果列于表 4 中，并以组合方案 1 为标准，其他情况与此进行比较；其中方案 7 表示隧道上覆有 4m 的软弱层。

模型计算工况　　**表 3**

Calculation conditions of model　　**Table 3**

工况	内容	备注
1	初始应力计算	计算自重应力，不考虑构造应力，位移清零
2	盾构隧道的施工	位移清零，以获取后续增量位移
3	施工工作	—
4	工作井内土层开挖	—
5	工作井与管片连接	—

各种组合情况管片变形最大值　　**表 4**

The maximal deformation of segment under different conditions　　**Table 4**

方案编号	开口环数	井壁厚度/mm	圆井直径/m	管片最大位移/mm	误差%
1	3	600	1.6	−3.10	—
2	3	600	1.8	−2.44	−21
3	3	600	2.0	−2.34	−25
4	3	800	1.6	−4.29	38
5	3	1000	1.6	−6.59	113
6	2	600	1.6	−2.94	−5
7（软弱层）	3	600	1.6	−4.06	31

图 4 为方案 1 中工况 3～5 位移结果曲线。对比图中工况 5 水平和竖向位移可知，简易工作井施工对前期盾构管片影响规律体现为竖直方向（D_Z）＞垂直于隧道轴线的水平向（D_X＝0.31D_Z）＞平行于隧

道轴线的水平向（$D_Y=0.08D_Z$），平行于隧道轴线方向几乎没有影响，这是因为工作井施工时管片主要受到竖向与垂直于隧道轴线水平向荷载作用；其中竖向影响最为显著，且影响范围主要在开口环两侧2环管片范围内（见图5），即方案1主要影响范围共计7环管片。图4表明，工作井施工引起的竖向位移是1.26mm，井内土体开挖及管片破除阶段竖向位移为3.06mm，为前一阶段的2.43倍，而井与管片连接完后管片竖向位移为3.1mm，较前一阶段仅增长1.3%，各个阶段竖向位移均向下，且最大值都出现在工作井正对开口环管片上（见图5中1号管片）。上述竖向位移对比结果表明，工作井施工阶段受成槽影响，土层产生了一定的扰动，对管片产生一定的影响；管片破除阶段，因形成了开口的非稳定结构，竖向位移显著增大，而接头施工完，工作井与管片形成了一个闭合的受力结构，位移趋于稳定。

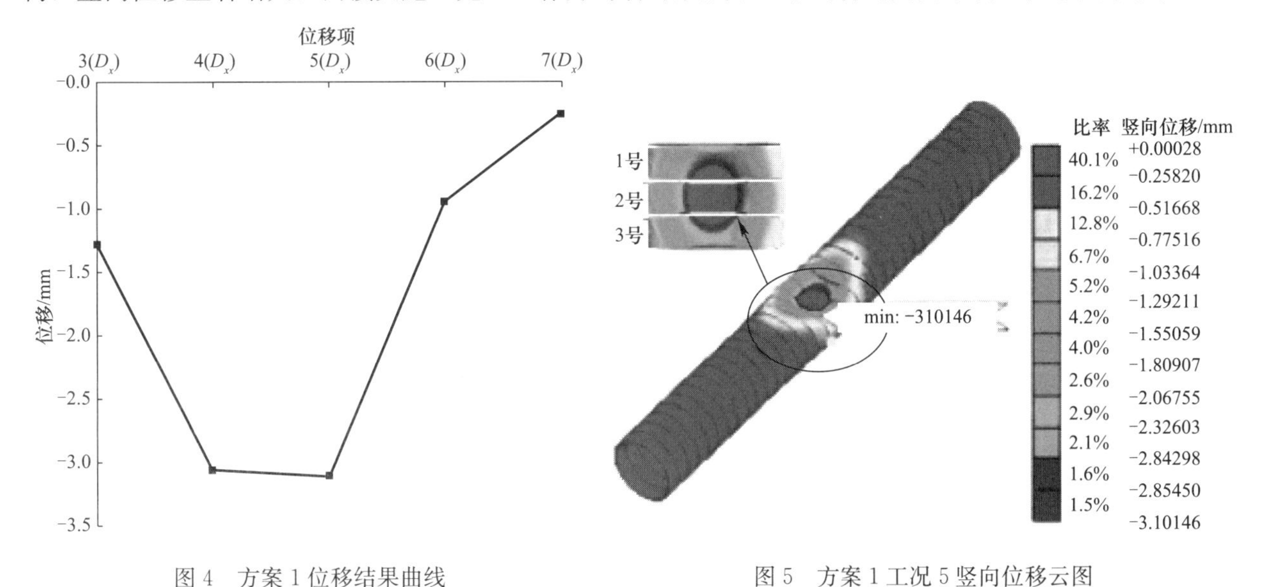

图4 方案1位移结果曲线

Fig. 4 Displacement curves of scheme 1

图5 方案1工况5竖向位移云图

Fig. 5 The vertical displacements of condition 5 of scheme 1

表4中列出了各种方案管片最大竖向位移，图6～8为不同组合情况下1号管片竖向位移曲线。表4及图6显示，随着工作井直径的增大，管片竖向位移减小；虽然井直径的增大，使井的重力有所增加，但井壁与土摩擦力得到了相应增大，且2号与3号管片（见图5）分担了更多的顶部竖向荷载，故出现在1号管片的最大位移值减小。当两侧2号和3号管片开口范围超过环宽1/2后，井直径的增大对管片竖向位移贡献甚微。

由图7可知，井壁厚度对管片变形产生了显著的影响，最大位移随着壁厚的增大近似呈二次方增长，这是因为壁厚的增大，使井的整体重力明显增大，井向下移动趋势增强，带动周边一定范围土体产生大的剪切变形，引起整体竖向位移增大，因此工作井在满足整体刚度的前提下尽量减小壁厚。

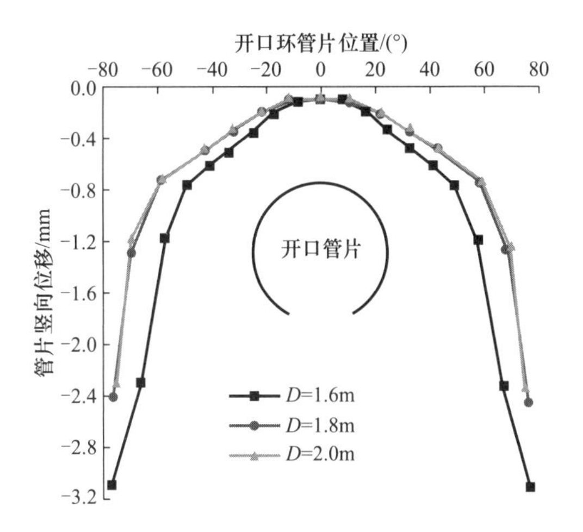

图6 不同直径井管片竖向位移图

Fig. 6 The vertical displacements under different diameters

井周边存在软弱土层时，因土体的极限剪应变很小，井土之间很容易出现相对滑移破坏，土层对井的竖向约束降低，使开口管片承受了更多的竖向荷载，导致位移增大。由表4和图8可见，实例8m覆土中考虑4m软弱土层时，管片竖向位移增加了31%，因此工作井周围存在遇软弱土层时，建议进行必要的局部土体加固。从图8还可看出，开口环数的增多，使开口管片产生了更大的局部变形；且增加了工程造价，因此对应一定尺寸的工作井宜连接少的管片环。综合上述分析，项目最终采用开口环数为2环，井壁厚度为600mm，井直径为1.6m的简易工作井，即方案6的组合参数。

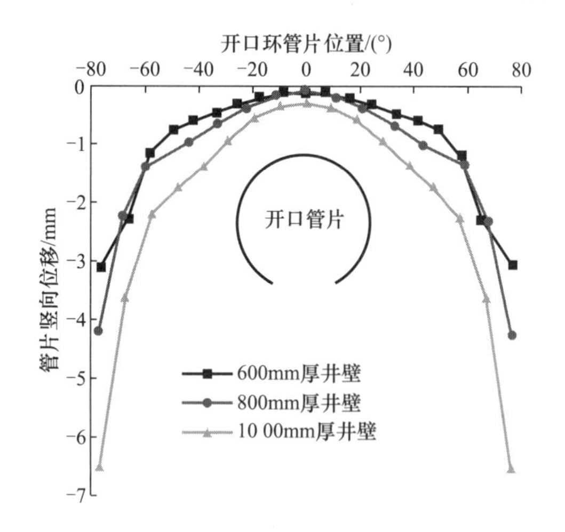

图 7 不同井壁厚度井管片竖向位移

Fig. 7 The vertical displacements under different thicknesses

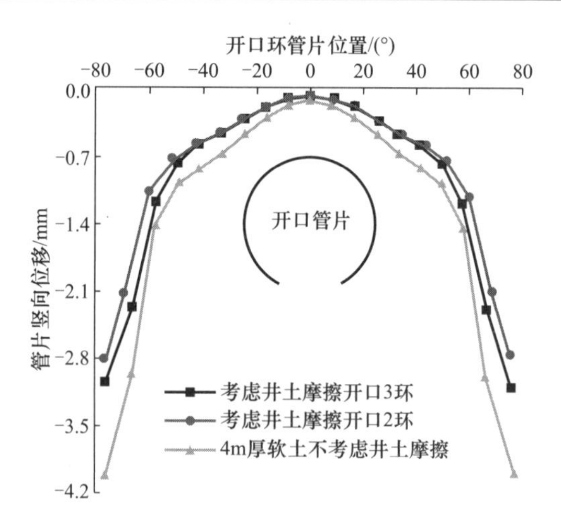

图 8 考虑软土与不同开口环对应的管片竖向位移

Fig. 8 The vertical displacements when considering soft and different spilt rings

4 简易工作井关键技术探讨

4.1 管片拆除临时支撑设计

为了防止管片开口时产生较大的变形，有必要对局部管片设置临时支撑。该实验段管片开口临时支撑系统采用整圆器+井架钢架构+型钢形式（见图 9）。

考虑到管片拼装误差，内支撑整圆器半径比管片内半径设计值小 20mm，采用钢板加工成等同于 H20 钢，横撑与立柱均采用 I22a 工字钢，节点位置垫板采用 10mm 厚钢板。以方案 6 结果为基础，对影响较大的 6 环管片范围内设置临时支撑，计算管片最大竖向位移为 1.15mm，与未加支撑的位移结果对比如图 10 所示。由图可见，加了临时支撑管片最大位移约减小了 60%，说明管片开口阶段加临时支撑可以有效地控制开口管片的变形。

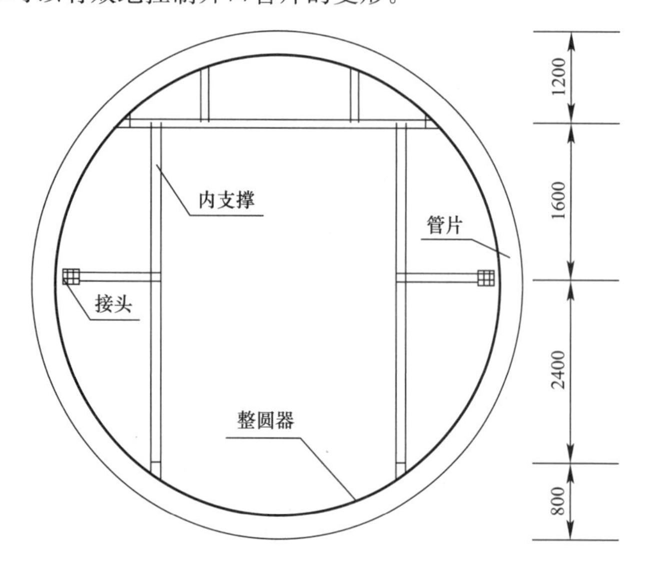

图 9 盾构隧道临时支撑布置示意图（单位：mm）

Fig. 9 The schematic plan of temporary supporting of shield funnel (unit: mm)

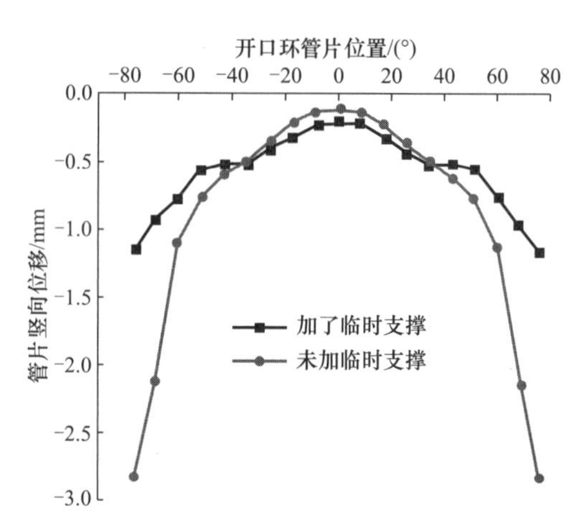

图 10 加临时支撑与否管片竖向位移

Fig. 10 The vertical displacements of segment when add temporary support or not

4.2 盾构管片与连接接头设计

采用简易工作井的电缆隧道结构设计除了上述工作井设计外，管片与连接接头的设计合理性直接影响到盾构管片与工作井受力、防水等性能，也是简易工作井应用的关键问题之所在。

4.2.1 盾构管片设计

电力电缆隧道采用简易工作井时，盾构管片的设计主要包括开口段管片形式与管片拼装方式。为了便于拆除管片，并最大限度地实现管片的回收利用，对管片拆除面预埋钢板，并使用螺栓连接（见图 11）；管片拆除时，先取出螺栓，卸载管片环向应力，后进行管片与工作井的连接。

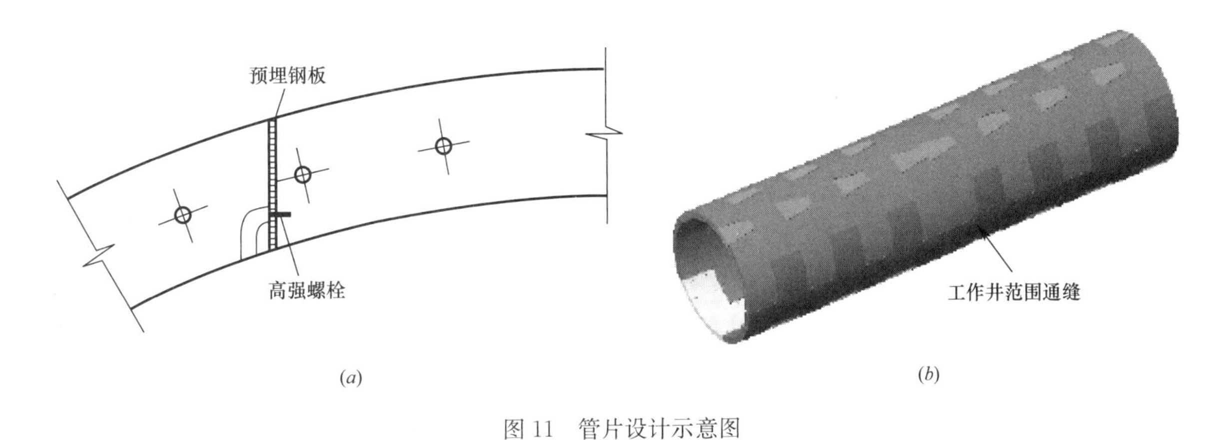

图 11　管片设计示意图

Fig. 11　The design drawings of segment

(a) 开口管片设计形式；(b) 错缝与通缝拼装管片

目前，广州地区盾构施工大多采用错缝拼装方式，受力较通缝拼装均匀，总体变形较小[10]。对于简易工作井施工，如果隧道全部采用错缝，有利于开口范围内管片与区间隧道衔接，但这样会引起相邻环所切割和拆除的管片部位不一致，对特殊管片块的设计和施工带来了不必要的麻烦，故开口环范围内管片采用通缝拼装方式，如图 11 所示。

4.2.2　盾构管片与主体结构连接设计

简易工作井施工中，管片部分块拆除形成了非稳定结构，管片结构承载能力显著降低，必须通过与工作井结构连接重新形成一个闭合的受力系统，将管片破除引起的附加内力传递到工作井。工作井与管片之间刚度存在较大差异，两者变形特性也有很大不同，其连接设计合理与否直接影响到两者间荷载传递与接缝防水效果。以组合参数 6 尺寸简易工作井为例进行连接接头设计说明。

连接方案设置盾构隧道管片标准块位于隧道顶部，拆除部分标准块形成与其上侧的工作井结构连接开口，如图 12 所示。

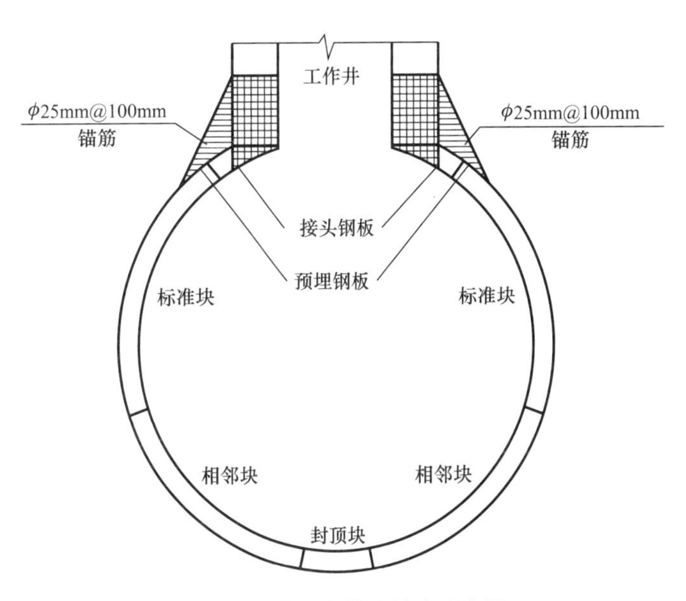

图 12　工作井与管片接头示意图

Fig. 12　The connection joint between working well and segments

此类接头方案将工作井钢筋与管片预埋钢板焊接，使节点具有足够的刚度传递荷载，并使工作井与管片形成一个完整的受力体系，不仅可以减小管片变形，也有利于接头处的防水处理。

4.3　连接结构防水方案研究

与地铁隧道相比，电力电缆隧道运行中不受列车循环荷载作用，接头防水效果受到的不利影响更小，但电力电缆隧道中一旦有水渗入，会使隧道内部长期受潮，导致电缆绝缘层损坏发生短路，进而引发电缆火灾。因此有必要采取有效的综合预防措施，预防管片与工作井连接处渗漏。

（1）设置搅拌桩止水帷幕。盾构隧道施工前，沿着简易工作井周边施工一圈 ϕ600mm@400mm 单排水泥土搅拌桩。桩长应深入隧道以下；隧道施工时直接破除搅拌桩通过，以减小隧道和后续工作井施工过程中发生渗漏的可能性。

（2）设置遇水膨胀止水条与注浆嘴。在管片与工作井连接处设置遇水膨胀止水条与注浆嘴（见图 13）。遇水膨胀止水条应采用与结构接触面密贴性和黏结性好的非定型类遇水膨胀止水条，避免浇筑止水条脱落影响止水效果[11]。工作井施工过程中如果连接处出现渗漏，可依靠注浆嘴进行及时注浆堵漏。

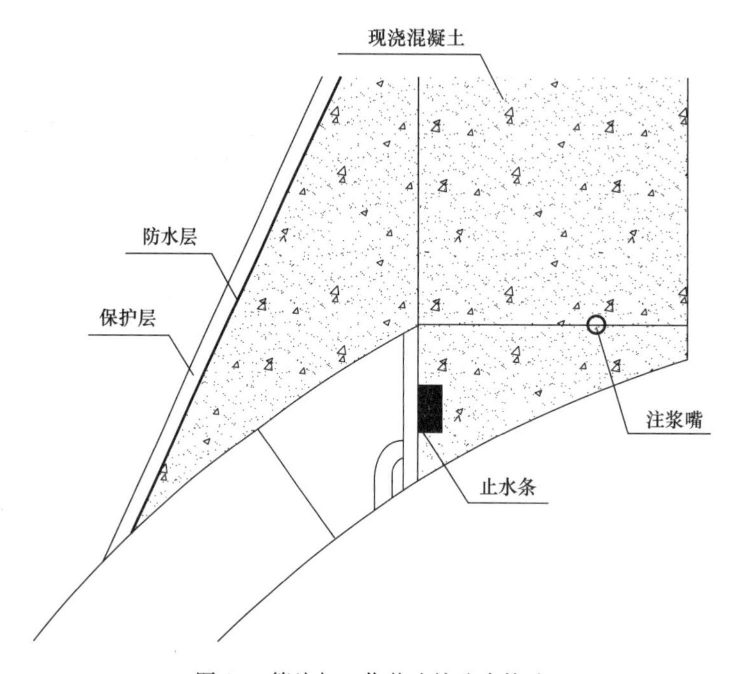

图 13　管片与工作井连接防水构造

Fig. 13　The waterproof structure of connection between working well and segments

5　结　　论

本文在分析电力隧道特点的基础上，提出了一种更节约、环保、高效的电力隧道工作井建设思路。主要得到如下认识：

（1）简易工作井在施工工艺、工程造价、可行性及对周围环境的影响方面均明显优于常规方案，且其工程造价有很大的优越性。

（2）简易工作井施工过程中，局部管片开口形成了非稳定受力结构；在外部荷载作用下，部分管片变形显著增大，影响范围主要体现在开口环及其两侧 2 环管片上。

（3）管片变形受工作井井壁厚度与周围软弱土层影响显著，而井的直径与管片开口环数则对管片变形影响很小，工作井尺寸应在满足整体刚度与净空要求的前提下不宜取大。

（4）简易工作井施工过程中，临时支撑、开口环管片、管片与工作井连接接头及其防水的设计都至关重要。其中临时支撑的设置使管片最大位移减小了 60%，因此有必要对开口环及两侧影响较大的 4 环管片设置临时支撑。

参考文献（References）

[1] YANG C S，MO H H，CHEN J S. Selection of reasonable scheme of entering into a working well in shield construction [J]. Electronic Journal of Geotechnical Engineering，2013，18：3987-3998.

[2] 中华人民共和国行业标准编写组. GJB 02—98 广州地区建筑基坑支护技术规定 [S]. 广州：[s. n.]，1998.（The Professional Standards Compilation Group of Peoples Republic of China. GJB 02—98 Code for technique of building foundation pit engineering in Guangzhou [S]. Guangzhou：[s. n.]，1998（in Chinese））

[3] 赵辉. 城市电力电缆隧道的通风设计 [J]. 华北电力技术，2009，(6)：11-13.（ZHAO Hui. Ventilation design of urban power cable tunnel [J]. North China Electric Power，2009，(6)：11-13.（in Chinese））

[4] 中华人民共和国国家标准编写组. GB 5027—2007 电力工程电缆设计规范 [S]. 北京：人民出版社，2007.（The National Standards Compilation Group of Peoples Republic of China. GB 5027—2007Code for design of cables of electric engineering [S]. Beijing：People' s Publishing House，2007（in Chinese））

[5] 杜金龙，杨敏. 邻近基坑桩基侧向变形加固控制分析 [J]. 结构工程师，2008，24（5）：93-99.（DU Jinlong，YANG Min. Deflection control analysis of pile adjacent to deep excavation [J]. Structural Engineers，2008，24（5）：93-94.（in Chinese））

[6] CHEN J S，MO H H. Mechanical behavior of segment rebar of shield tunnel in construction stage [J]. Journal of Zhejiang University，2008，9（7）：888-899.

[7] 陈俊生，莫海鸿. 盾构隧道管片施工阶段力学行为的三维有限元分析 [J]. 岩石力学与工程学报，2006，25（增2）：3482-3489.（CHEN Junsheng，MO Haihong. Three-dimensional finite analysis of mechanical behaviors of shield tunnel segment during construction [J]. Chinese Journal of Rock Mechanics and Engineering，2006，25（Supp. 2）：3482-3489.（in Chinese））

[8] 张海波，殷宗泽，朱俊高，等. 盾构法隧道衬砌施工阶段受力特性的三维有限元模拟 [J]. 岩土力学，2005，26（6）：990-994.（ZHANG Haibo，YIN Zongze，ZHU Jungao，et al. Three-dimensional FEM simulation of shield-driven tunnel lining during construction stage [J]. Rock and Soil Mechanics，2005，26（6）：990-994.（in Chinese））

[9] 杨春山，莫海鸿，陈俊生，等. 盾构隧道先隧后井施工法对管片张开量的影响研究 [J]. 岩石力学与工程学报，2014，33（增1）：2 870-2 877.（YANG Chunshan，MO Haihong，CHEN Junsheng，et al. Study the influence on segment opening of shield tunneling by tunnels followed by well excavation [J]. Chinese Journal of Rock Mechanic sand Engineering，2014，33（Supp. 1）：2 870-2 877.（in Chinese））

[10] 黄钟晖，廖少明，侯学渊. 错缝拼装衬砌纵向螺栓剪切模型的研究 [J]. 岩石力学与工程学报，2004，23（6）：952-958.（HUANG Zhonghui，LIAO Shaoming，HOU Xueyuan. Research on shear model of ring joint bolts in stagger-jointed segmental linings [J]. Chinese Journal of Rock Mechanics and Engineering，2004，23（6）：952-958.（in Chinese））

[11] 张新金，刘维宁，路美丽，等. 盾构法与明挖法结合建造地铁车站的结构方案研究 [J]. 铁道学报，2009，31（6）：83-90.（ZHANGXinjin，LIU Weining，LU Meili，et al. Research of metro station structure scheme by enlarging shield tunnel with open cut method [J]. Journal of the China Railway Society，2009，31（6）：83-90.（in Chinese））

沉管隧道管节沉放过程中河流环境对管节附加压力的影响分析

莫海鸿[1,2]　李亚东[1,2]　陈俊生[1,2]

（1. 华南理工大学 土木与交通学院，广东 广州　510641；
2. 华南理工大学 亚热带建筑科学国家重点实验室，广东 广州　510641）

【摘　要】 管节在沉放过程中受河流环境影响较大，现运用计算流体力学方法，数值实现管节在不同流速、水位等河流工况下沉放的全过程，得出沉管隧道管节下沉过程中管节侧壁的附加压强等数据。分析结果表明：在管节下沉过程中，管节一半进入基槽时为特殊位置，此时上下、左右压力差值出现较大波动；左右侧压力差作用点上移，上下面最小压力差作用点之间的距离随管节沉放达到最大，此时管节在上下面作用力下受到的弯矩最大；河流水位对管节侧壁附加压力影响不显著，对最大压力差作用点位置产生对应的提前、延缓；河流流速对侧壁附加压力差影响显著，得出管节进入特殊位置前后管节侧壁压强差值变化梯度与河流速度的关系，并给出拟合曲线。该分析结果可为管节沉放提供借鉴。

【关键词】 隧道工程；沉管隧道；管节沉放；河流环境；附加压力；数值模拟

1 引　　言

沉管隧道具有众多优点，在国内外水下隧道工程中得到广泛应用[1-3]。而管节在河流沉放过程中受河流水平向阻力、竖直向升力等作用，其作用形式复杂，并将最终决定隧道管节能否平稳准确的就位、管节接头间隙大小以及基槽场地地基处理的密实度等相关问题，从而引起后续处理工序复杂与繁琐。因管节在河流中下沉的理论研究并不完善，在管节沉放过程中往往忽略管节附加压力影响，故尽可能选择在简单河流环境下作业，但具体的影响因素与程度未有实质性的探讨。

目前，针对沉管隧道下沉过程的作用力研究主要采取试验与数值模拟 2 种手段。D. X. Zhan 和 X. Q. Wang[4]对大型管节水面浮运及沉放进行了数值模拟；Y. Zhou 等[5]在完成沉管隧道管节沉放试验基础上，得出管节沉放过程中管节的受力情况；张庆贺和高卫平[6]对沉管隧道施工不同阶段进行了受力分析，得出出坞与拖运、管段沉放与水下对接等工况下管节的受力特点；朱升等[7]通过数值模拟沉管隧道浮运过程中水动力学性能，并就其结果与试验进行对比；陈智杰[8]通过试验与数值分析对沉管管节在波浪作用下的沉放过程进行了研究。以往的研究均比较集中在整体宏观以及缆绳的受力研究，对于河流环境对管节沉放的影响并未进行深入的讨论，因此有必要就河流环境的改变分析其对管节附加压力产生的影响。

本研究基于流场引起的附加压强变化，得出较为准确的附加压强值，推出管节侧壁附加压力与作用点位置变化情况。该内容以广州洲头咀沉管隧道为依托，基于 RNG k-ε 紊流模型，运用计算流体力学（CFD）方法，通过数值模拟隧道管节在不同河流速度、水位工况下管节沉放的全过程，得出侧壁受到水流附加压力的变化规律，为隧道的沉放寻找最合适的沉放工况，同时为沉管隧道管节沉放提供指导性的意见。

2　沉管沉放数值模拟实现

2.1　工程背景及模型介绍

以广州洲头咀穿越珠江隧道段[9]中的一段管节为基础模型。其管节长约 80.0m，高 9.7m，宽 30.4m，管节距基槽底部间隙为 1.0m。沉放速度为 0.5m/min，从管节完全淹没至就位全程 9.56m，进口流速为涨潮最大流速 $V=0.9\text{m/s}$，就位后水流距管节顶部距离为 7.5m，基槽边坡斜率为不同岩层确定的坡率为 1∶1，1∶2。由于须满足通航要求，河流最低水位为 5.5m。管节沉放就位时截面见图 1。

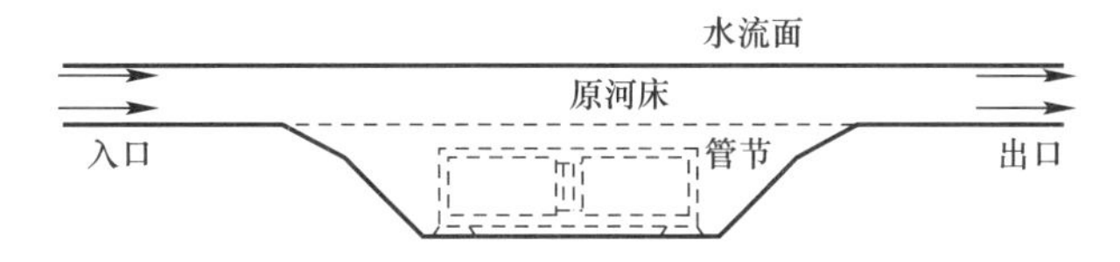

图 1　沉管隧道就位时截面

Fig. 1　Cross-section of immersed tube tunnel in place

河流环境包括河流的流速、水位等。为研究各工况影响，根据基础模型考虑流速 $V=0.3$，0.6，0.9，1.2m/s，水位分别考虑 $H=5.5$，7.5，10m 等工况。因其沉管下沉速度远小于水流速度，故可在流场分析中不考虑管节沉放速度，由管节每下沉 1m 得出一组数据，管节完全淹没后下沉 1m 时的工况如图 2 所示。

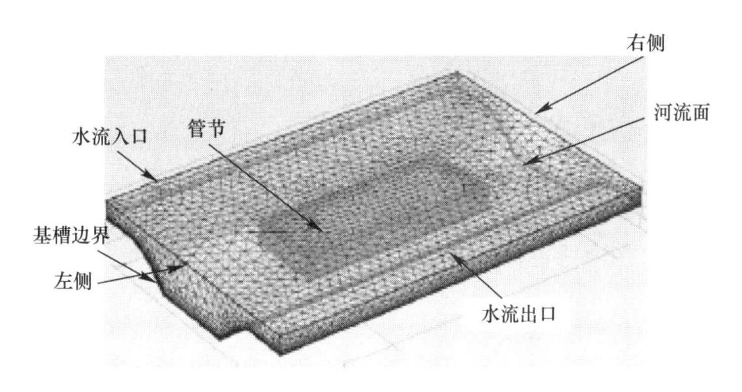

图 2　沉管隧道网格划分

Fig. 2　Mesh generation of immersed tube tunnel system

2.2　控制方程

本文运用数值仿真软件 COMSOL 中 CFD 方法为处理工具，选用的紊流模型为 V. Yakhot 与 S. A. Orszag[10-11] 基于重整化群理论提出的 RNG k-ε 紊流模型，此模型考虑了湍流旋涡，能提高计算精度，同时能较好地适用于高雷诺数与低雷诺数流体。具体方程如下：

（1）动量控制方程

$$\rho\frac{\partial u}{\partial t}+\rho(u\cdot\nabla)u=\nabla\cdot\left[-\rho I+(\mu+\mu_{\mathrm{T}})(\nabla u+(\nabla u)^{\mathrm{T}})-\frac{2}{3}\rho kI\right]+F \tag{1}$$

（2）连续方程

$$\rho\nabla u=0 \tag{2}$$

（3）湍流动能方程

$$\rho\frac{\partial k}{\partial t}+\rho(u\cdot\nabla)k=\nabla\cdot\left[\left(\mu+\frac{\mu_{\mathrm{T}}}{\sigma_{\mathrm{k}}}\right)\nabla k\right]+P_{\mathrm{k}}-\rho\varepsilon \tag{3}$$

（4）湍流耗散方程

$$\rho\frac{\partial k}{\partial t}+\rho(u\cdot\nabla)\varepsilon=\nabla\cdot\left[\left(\mu+\frac{\mu_{\mathrm{T}}}{\sigma_{\varepsilon}}\right)\nabla\varepsilon\right]+C_{\varepsilon1}\frac{\varepsilon}{k}P_{\mathrm{k}}-C_{\varepsilon2}\rho\frac{\varepsilon^{2}}{k} \tag{4}$$

其中，

$$\left.\begin{aligned}&\varepsilon=C_{\mu}^{3/4}\frac{k^{3/2}}{l},\quad \mu_{\mathrm{T}}=\rho C_{\mu}\frac{k^{2}}{\varepsilon}\\&P_{\mathrm{k}}=\mu_{\mathrm{T}}[\nabla u:(\nabla u+(\nabla u)^{\mathrm{T}})],I=0.16Re^{-I/8}\end{aligned}\right\} \tag{5}$$

式（1）～（5）中：σ_μ 为一无因次常数；ρ 为流体密度；t 为时间；u 为速度场；P 为压力；F 为高斯随机力；k 为湍流动能；ε 为湍流耗散率；l 为紊流长度；μ 为无衰减湍流动力学黏度；μ_T 为涡流粘滞系数；I 为湍流强度；Re 为雷诺数；σ_k，σ_e，C_{e1}，C_{e2}均为系数。

2.3 边界条件

假设河流流速、湍流动能及其耗散率为均匀分布。河流表面为自由水面，设定为开边界，模型左右边界侧设为对称边界。河流河床外围边壁、管节外壁等均为固壁，其边界条件按固壁定律处理，所有固壁处的节点为无滑移条件，对靠近壁面的第一个网格节点采用标准壁函数方法[12]。

3 分析结果与讨论

水流对管节侧壁产生压强，管节侧壁为平面，故附加压强分布决定附加作用力形式，因此根据计算结果中管节壁面压强差分布规律，来研究管节侧壁附加压力与作用点位置。

3.1 侧壁附加压力分布形式

图 3，4 分别为管节下沉 4m 时左右侧壁、上下壁面对应位置压强差分布曲线。由图 3 可知，迎水面受到水流的冲击而呈抛物线分布，而背水右侧壁尾部产生"静水"区域，因此左右侧压强差呈抛物线分布，压强差最大值出现在管节侧壁偏上，靠近管节上表面处。水流被管节左侧面分成上下两股，同时上下面在靠近迎水左壁形成类似于"尾迹"的负压区，由于上下河流环境不同而产生不同的负压区，因此在管节近左侧壁附近产生类似"脉冲"的负压，最小值靠近管节左壁背水面附近，如图 4 所示。

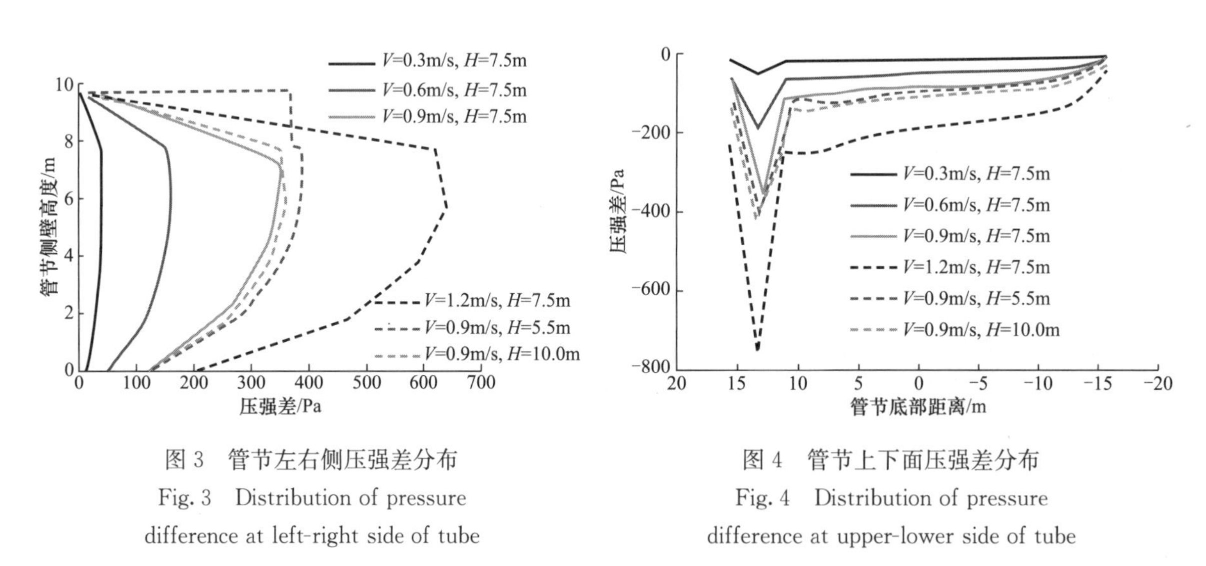

图 3 管节左右侧压强差分布

Fig. 3 Distribution of pressure difference at left-right side of tube

图 4 管节上下面压强差分布

Fig. 4 Distribution of pressure difference at upper-lower side of tube

由分析结果可知，不同流速作用下，侧壁产生的压力分布形式相近，但最大、最小差值大小差异较大；在 0.9m/s 流速作用下，不同水位对应的压力差分布形式相同、大小接近。结合管节面积与压力分布形式，可得在 0.9m/s 时刻，左右压力差达到 2640kN，上下侧压力差达到 5760kN，故有必要对管节沉放过程中侧壁附加压力进行研究，以探明管节下沉过程中受力特点。

3.2 河流水位对隧道侧壁附加压力差的影响

通过上节的讨论，管节左右侧附加压力差以正值为主，而上下面压力差则以负压为主，这 2 个附加压力是影响管节平衡的主要作用力。故以下内容，主要针对这 2 个附加压力作相应探讨。

图 5 为不同河流水位工况下左右侧最大压强差随下沉距离的分布情况，可知，在不同水位时，最大

压强差先减小，当到达就位前5～6m处，压强差出现拐点，随后3条曲线呈近似直线下降，且减小梯度接近。图6为不同河流水位工况下上下面最小压强差随下沉深度的关系，可知，河流水位对上下面压强差影响并不是很大，5.5与10.0m水位的压力最小值围绕在7.5m附近波动。

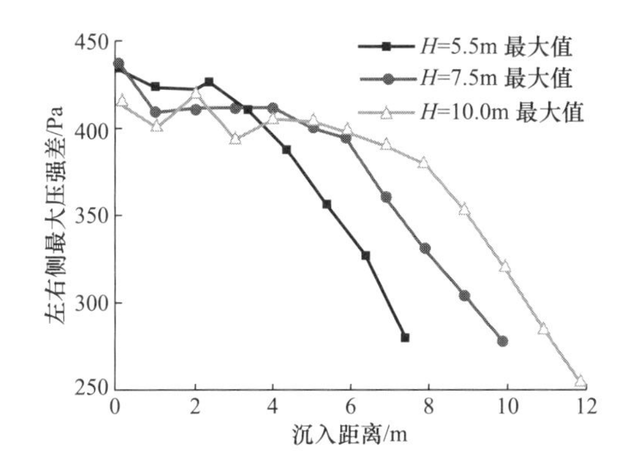

图5 不同水位下左右侧最大压强差与沉入距离的关系
Fig. 5 Relationship between left-right maximum pressure difference and immersed distance under different water levels

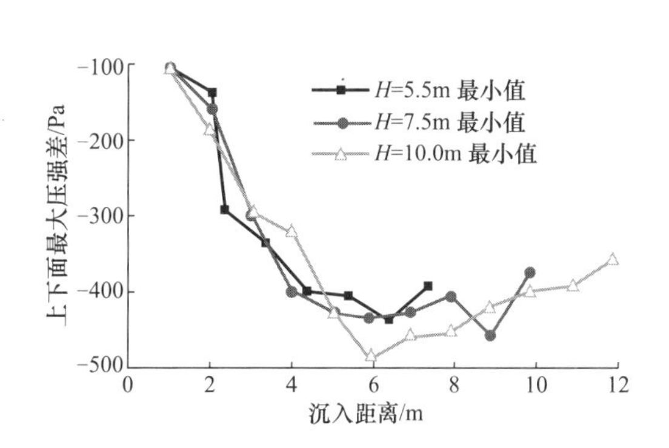

图6 不同水位下上下面最大压强差与沉入距离的关系
Fig. 6 Relationship between upper-lower maximum pressure difference and immersed distance under different water levels

分析可得，管节沉入基槽在就位前5～6m处，即管节一半进入基槽时，各水位压力差明显下降；较深水位下，左右侧压力差只是在沉入前期波动时间较长；随水位上升左右侧压力差就位后的最大值减小，而上下面压力差受其影响不显著。故可以得出河流水位对于沉管左右侧附加压力差的影响不大，主要影响集中在一半管节沉入基槽内至沉管就位这段距离，其值将产生较大变化。

3.3 流速对隧道侧壁附加压力差的影响分析

各河流流速工况下，管节沉入深度与其外壁附加最大压强差的关系如图7，图8所示。由图7可知，0.9m/s流速下，随管节的沉入附加最大压强差均减小，在管节刚进入河流时，出现较为明显的波动，随后进入平稳过程，当管节沉入5m时，即管节一半沉入基槽时，管节的左右侧附加最大压强差呈线性递减，由400.6Pa减小到278.4Pa。其他流速的压强差进入河流时分别为47.8，193.6，777.8Pa，曲线类似于0.9m/s工况结果。由图8可知，0.9m/s流速工况下，上下面附加压强在河流沉入5m前呈线性减小，由−109.7Pa减小到−426.6Pa，达到5m处的最小值后而趋于平稳波动，其他流速工况下均呈现类似的规律。

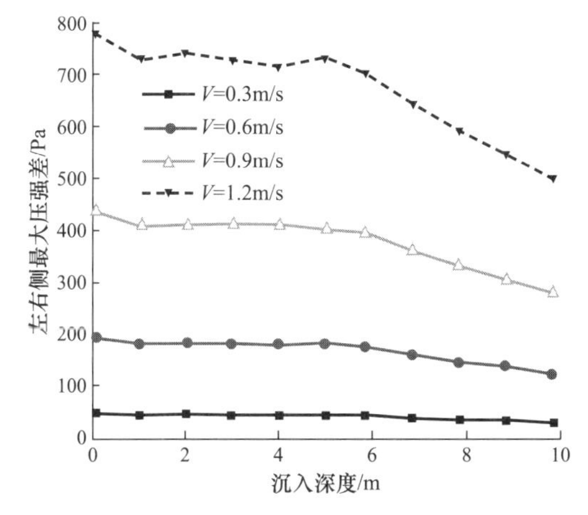

图7 各流速下左右侧最大压强差随沉入深度的关系
Fig. 7 Relationship between left-right maximum pressure difference and immersed distance under different flow velocities

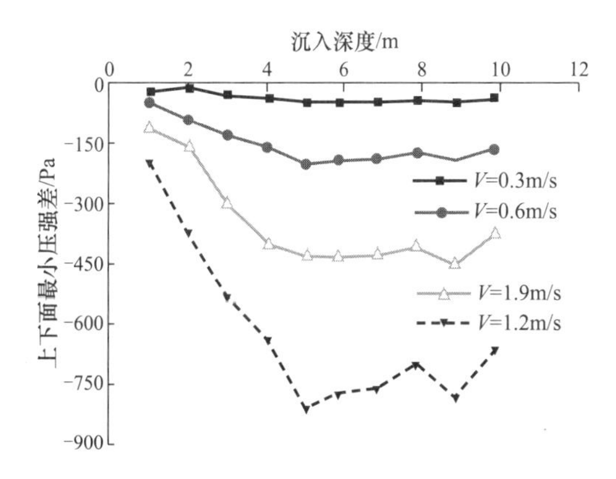

图8 各流速下上下面最小压强差随沉入深度的关系
Fig. 8 Relationship between upper-lower minimum pressure difference and immersed distance under different flow velocities

分析对比可得，管节进入一半基槽时附加压力出现拐点，此时左右侧压力差显著减小，而此时上下面压力差则趋于稳定。当然河流速度对附加压力影响尤为显著，如 0.3m/s 流速下，管节下沉前 5m 产生的左右侧最大压强差达 44.7Pa，上下面压强差由－20.8Pa 减至－47.3Pa，减小梯度为 5.3Pa/m；而在 1.2m/s 流速下对应的左右侧最大压强差为 777.8Pa，上下面压强差则由－195.5Pa 减至－808.1Pa，减小梯度为 122.5Pa/m；在 0.6，0.9m/s 流速下，上下面压强差减小梯度为 30.4 与 64.5Pa/m。在沉入 5m 后，0.3m/s 流速下左右侧压强差由 44.7Pa 减至 30.2Pa，减小梯度为 2.9Pa/m；而 1.2m/s 流速下则由 732.4Pa 降至 497.3Pa，减小梯度为 47.02Pa/m；0.6，0.9m/s 流速下左右侧压强差的减小梯度分别为 12.4 与 24.4Pa/m；而上下面压强差则在此后进入较平稳阶段。

综上可得，应重点分析管节一半沉入基槽前后的压强差减小梯度变化，得出沉入后半程左右侧压强差减小梯度与流速的关系，见图 9 左侧，并给出相应的二次拟合方程。管节沉入前半程上下面压强差减小梯度与流速关系以及二次拟合方程见图 9 右侧。

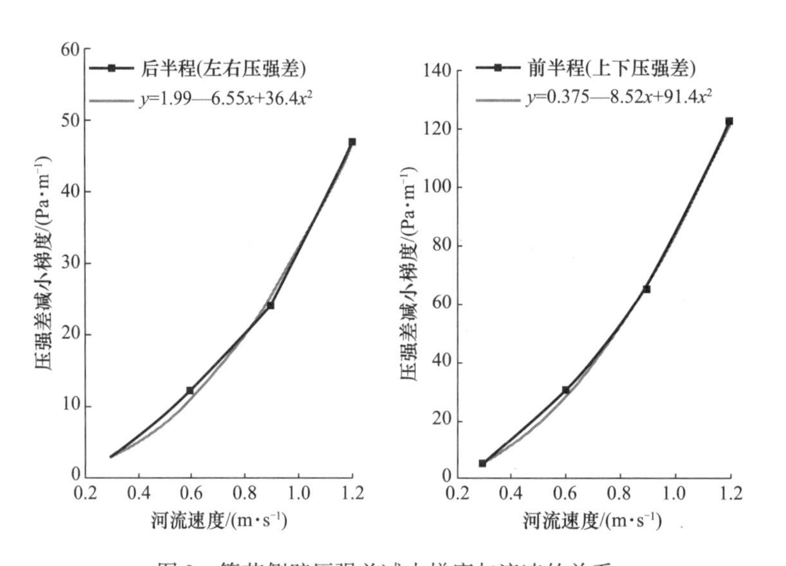

图 9　管节侧壁压强差减小梯度与流速的关系

Fig. 9　Relationship between reduction gradient of pressure difference and flow velocity around tube

3.4　流场环境对侧壁附加压力作用点的影响

河流中管节壁上压力差作用点的位置变化与众多因数有关，如河流流速、水位以及管节沉入的深度，为分析管节壁上最大、最小压力差在不同流速、水位河流环境下的作用点位置进行了以下研究。

图 10，图 11 分别为左右侧最大压强差、上下面最小压强差与沉入距离的关系。由图可得：在 7.5m 水位河流下，流速 0.3m/s 对应的作用点关系曲线，随管节沉入深度左右侧最大压强差作用点位置由 4.78m 沿管节侧壁上移至 7.21m，与 0.9m/s 流速下结果近似；而上下面最小压强差在沉入 8.0m 处的作用点位置最大接近左壁为 14.68m，其与 0.9m/s 流速下作用点位置形式相同（管节底部中点为 0 基点，管节横截面左右放置）。5.5m 水位下，作用点曲线与 7.5m 形式相同，但忽略了 7.5m 水位下的前 2.0m 增幅较小的过度距离；10m 水位下，相应的前期过度时间延长。

结合以上作用点最大位置处的分析得出，河流水位对附加压力差最值位置在时间上作相应前后移动，并没有影响到具体位置。而河流流速对管节侧壁压力差作用点影响不大，形式接近。

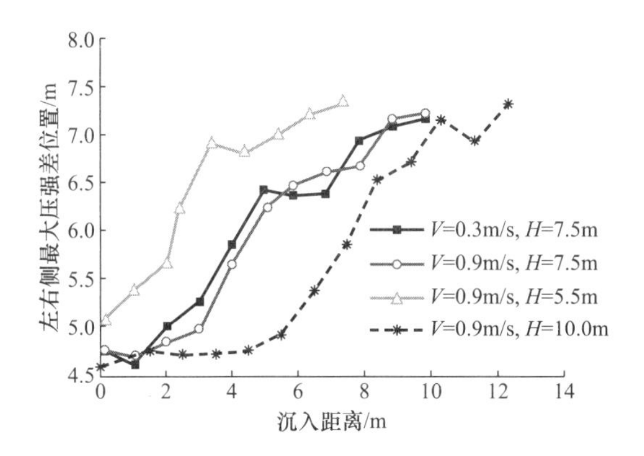

图 10 左右侧最大压强差位置与沉入距离的关系

Fig. 10 Relationship between position of left-right maximum pressure difference and immersed distance

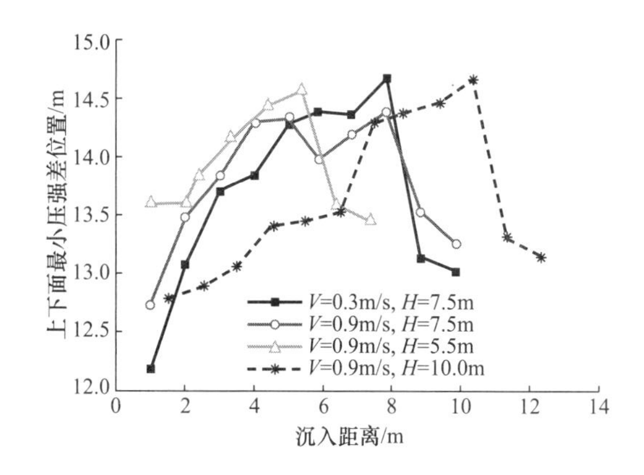

图 11 上下面最小压强差位置与沉入时间的关系

Fig. 11 Relationship between position of upper-lower minimum pressure difference and immersed distance

4 结 论

数值模拟沉管隧道管节沉放的全过程，分析了管节沉放过程中河流水位、流速对管节沉放的影响，并讨论了最大压力差与作用点位置变化情况，得出以下结论：

（1）在沉管过程中，由于管节面积较大，附加压力对管节的平衡影响显著，作用力形式最复杂时刻为管节一半进入基槽时，具体表现在左右侧附加压力最大值加速减小，上下面附加压力增加。在下沉管节时应注管节此时的平衡。

（2）河流水位对管节的沉放影响较小，主要表现在管节开始下沉时至管节一半进入基槽这段时间里波动时间长短的影响，河流水位对管节侧壁的影响有限，可以不予考虑。

（3）较大河流流速在管节沉放过程中产生的附加压力很大，如流速 1.2m/s 工况下的左右侧附加压强差最大值接近 800Pa，在 800m^2 的侧面上，作用力接近 4000kN。同时得出流速对附加压强差最值减小的梯度影响显著，得出管节一半进入基槽前后附加压强差减小梯度与流速的关系。故在较大流速工况下管节沉放过程中附加压力应给予考虑。

（4）在不同水位工况下，管节侧壁上附加压力差最值作用点在时间上做相应前后移动，而在管节侧壁上的相对位置并未产生显著位移，具体表现在水位越深到达管节侧壁相对位置时间越长。而河流流速对作用点的位置影响不显著，作用点变化形式非常接近。

参考文献（References）

[1] 孙钧. 海底隧道工程设计施工若干关键技术的商榷 [J]. 岩石力学与工程学报，2006，25（8）：1513-1521.（SUN Jun. Discussion on some key technical issues for design and construction of undersea tunnels [J]. Chinese Journal of Rock Mechanics and Engineering，2006，25（8）：1513-1521.（in Chinese））

[2] 王梦恕. 水下交通隧道发展现状与技术难题——兼论“台湾海峡海底铁路隧道建设方案”[J]. 岩石力学与工程学报，2008，27（11）：2161-2172.（WANG Mengshu. Current developments and technical issues of underwater traffic tunnel—discussion on construction scheme of Taiwan strait undersea railway tunnel [J]. Chinese Journal of Rock Mechanics and Engineering，2008，27（11）：2161-2172.（in Chinese））

[3] 俞国青，傅宗甫. 欧美的沉管法隧道 [J]. 水利水电科技进展，2000，20（6）：11-14.（YU Guoqing，FU Zongfu. Tunnels built by immersed tube method in Europe and America [J]. Technology of Water Resources，2000，20（6）：11-14.（in Chinese））

[4] ZHAN D X，WANG X Q. Experiments of hydrodynamics and stability of immersed tube tunnel on transportation and

immersing [J]. Journal of Hydrodynamics. 2001，2 (13)：121-126.

[5] ZHOU Y，TAN J H，YANG J M，et al. Experimental investigation on element immersing process of immersed tube tunnel [J]. China Ocean Engineering，2001，4 (15)：531-540.

[6] 张庆贺，高卫平. 沉管隧道施工阶段不同工况的受力性态研究 [J]. 工程力学，2003，(增1)：301-305.（ZHANG Qinghe，GAO Weiping. The stress research of Immersed tube tunnel in different working conditions [J]. Engineering Mechanics，2003，(Supp. 1)：301-305. (in Chinese)）

[7] 朱升，毛军，郗艳红，等. 沉管隧道浮运水动力学性能的数值分析 [J]. 北京交通大学学报，2010，34 (1)：25-34.（ZHU Sheng，MAO Jun，XI Yanhong，et al. Numerical simulation of the hydrodynamic characteristics of the immersed tube tunnel in tugging [J]. Journal of Beijing Jiaotong University，2010，34 (1)：25-34. (in Chinese)）

[8] 陈智杰. 波浪作用下沉管管段沉放运动的试验与数值研究 [博士学位论文] [D]. 大连：大连理工大学，2009.（CHEN Zhijie. Experimental and numerical investigation on the immersion motion of tunnel element under wave actions [Ph. D. Thesis] [D]. Dalian：Dalian University of Technology，2009. (in Chinese)）

[9] 郭建民，魏立新，杨文武. 广州市洲头咀隧道工程设计简介 [J]. 现代隧道技术，2008，(增1)：317-321.（GUO Jianmin，WEI Lixin，YANG Wenwu. Designing introduction of the Guangzhou Zhoutouzui immersed tube tunnel [J]. Modern Tunneling Technology，2008，(Supp. 1)：317-321. (in Chinese)）.

[10] YAKHOT V，ORSZAG S A. Renormalization group analysis of turbulent 1. basic theory [J]. Journal of Scientific Computing，1986，1 (4)：3-5.

[11] YAKHOT V，ORSZAG S A. Development of turbulent models for shear flows by a double expansion technique [J]. Phys Fluid A，1992，7 (4)：15-19.

[12] VERSTEEG H K，MALALASEKERA W. An introduction to computational fluid dynamics the finite volume method，2/E [M]. England：Pearson Education India，1995：268-280.

沉管隧道底板面材质对砂流法地基影响的模型试验研究

莫海鸿[1,2] 黎 伟[1,2] 房营光[1,2] 陈俊生[1,2] 谷任国[1,2]
（1. 华南理工大学 土木与交通学院，广东 广州 510641；
2. 华南理工大学 亚热带建筑科学国家重点实验室，广东 广州 510641）

【摘 要】通过沉管隧道足尺砂流法模型试验中采用不同模型板底面材质，获得砂盘扩展半径、压砂系统水压力、模型板底水压力随时间变化的关系曲线。分析表明：不同管节底面材质条件下，各方向试验砂盘半径扩展趋势均为二次曲线。光滑材质条件下，砂盘扩展速度较快，均衡性及充满度更佳，其砂盘最大半径可达879cm，砂盘顶面充满度达99.3%；工程实践中为简化施工可适当增大砂盘设计半径。材质条件及砂盘扩展不影响压砂系统水压力，但对模型板底面处水压力有影响。

【关键词】隧道工程；沉管隧道；地基处理；砂流法；足尺模型试验；底板面材质；表面粗糙度

1 引 言

沉管隧道[1]是由若干个预制的管节通过浮运、沉放、水下对接、地基处理及回填而形成的水下隧道。沉管隧道在越江（海）工程中具有盾构隧道等无法比拟的优越性[2-4]，在全世界得到了蓬勃发展[5-7]。

沉管隧道通常安置于事先挖好的水下基槽中，其地基处理是指对基槽底面和隧道底面之间的基槽间隙进行处理，方法有多种，其中的砂流法（又称“压砂法”）因诸多优点而成为当今的主流工法之一[8-9]。砂流法地基处理过程中，砂盘扩展尺寸、设计参数及施工控制措施是设计、施工中的难点，直接决定了沉管隧道砂流法地基处理的效果和隧道的运营安全，一般通过砂流法模型试验确定。

1973年在横越荷兰Westerschelde河时首次采用砂流法处理了Vlake隧道地基[10]。施工前通过模型试验初步探索了砂流法机制及施工参数。施工时监测记录注料孔水压力、混合料的含砂量、供砂量等参数。黎志均[11]在建造珠江隧道时通过10m×10m大比尺模型试验研究，指出随着砂盘半径的扩大，注料孔出口压力、沉管浮托力增大；提出了砂流法施工工艺及技术参数，为沉管隧道砂流法施工提供了技术依据。郑爱元等[12]在建造广州生物岛—大学城隧道时基于相似理论进行1∶5的缩尺模拟试验，对砂流法的砂盘半径、砂盘孔隙比与密实度、压砂压力等参数进行了研究，对原设计与施工方案进行了验证分析。房营光等[13]通过足尺砂流法模型试验，得到了砂盘扩展过程的规律及砂盘的特征，分析了施工参数及边界条件对砂盘扩展的影响，并为工程实践提出了建议。

沉管隧道工程中，为防止混凝土沉管隧道管节在运营阶段渗漏水，普遍采取两种措施：一是通过施工措施预防混凝土收缩裂缝而达到结构自防水效果；二是在隧道管节表面外包“薄膜”防水[14-16]。前述试验研究检验了砂流法地基的设计参数，为隧道工程设计、施工提供了技术指引。但是，考虑采取管节防水措施后的沉管隧道底板面材质对砂流法地基处理的设计参数及施工参数的影响方面尚无细致研究。

本文以广州市洲头咀变截面沉管隧道地基砂流法处理工程为背景，基于模拟水下基槽环境的足尺砂流法物理模型试验，通过人为改变模型板底面粗糙度来研究隧道底板面采用不同材质时对砂流法地基处理的影响。本模型试验获得了砂盘扩展半径、压砂系统水压力、模型板底水压力随时间变化的关系曲线。从砂水流的水力特性角度，分析了模型板底面材质对砂流法地基处理时，压砂系统水压力、砂盘扩展的影响，为工程实践提出了建议，对沉管隧道底板面处理和砂流法地基处理具有实际指导作用。

2 工程简介

广州洲头咀沉管隧道[17]全长 340m，其最终江中管节为：E1(85m)，E2(85m)，E3(79.5m)，E4(90.5m）管节；其中 E1 和 E4（E4-1＋水下接头＋E4-2）管节为变截面管节。洲头咀沉管隧道工程平面图如图 1 所示。

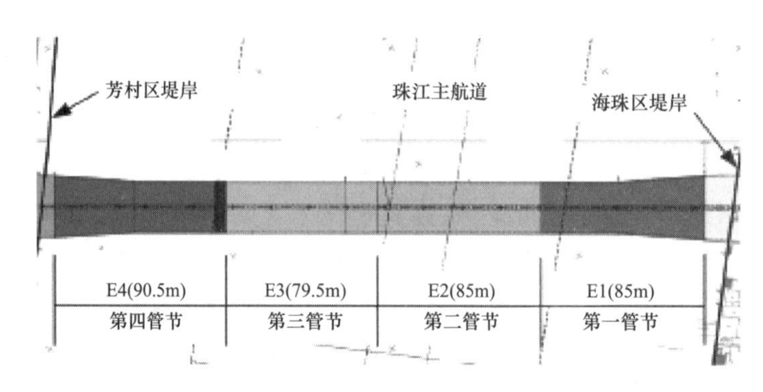

图 1 洲头咀沉管隧道工程平面图

Fig. 1 Plan of Zhoutouzui immersed tunnel

每节管节沉放完毕后，进行砂流法地基处理施工，用砂料填充隧道底部的基槽间隙以形成人工砂盘地基。设计管节底注料孔口标准间距为 10.0m，设计砂盘的有效扩展直径为 15.0m。E4-2 管节尺寸及设计砂盘布置如图 2 所示。

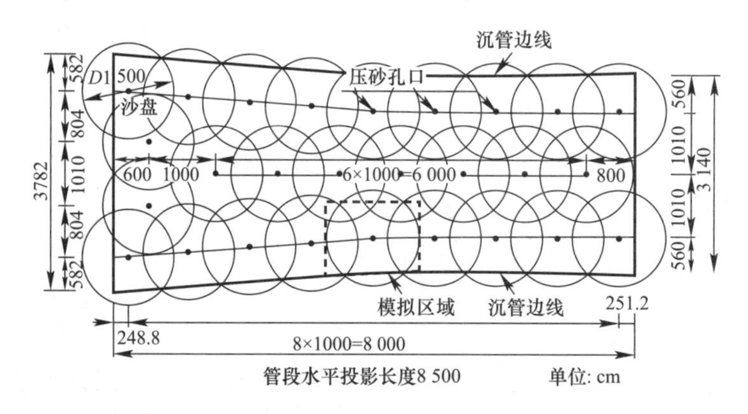

图 2 E4-2 管节及设计砂盘示意图

Fig. 2 Sketch of E4-2 pipe and designed sand-deposit

洲头咀沉管隧道砂流法地基处理的设计要求为：

（1）砂、水混合物在进入管道之前应充分拌和，在泵送管道内具有良好的流动性且不产生离析。

（2）砂流法施工应从管节对接端向自由端的方向按排数顺序压注，在同一排的 3 个孔中，按照先中间后两边的顺序压注。自由端尾部留有一排压砂孔不施工，待下一个管节沉放后施工。

（3）砂料的泵入压力应能保证砂盘的有效扩展直径大于 15.0m。

（4）边孔施工结束之后，派潜水员潜水探视管节底部两侧的砂盘扩展情况。

（5）在砂流法施工时，应实时监测垂直千斤顶的顶力及管节的纵、横向姿态；一旦发现垂直千斤顶的顶力达到警戒值或管节纵、横向姿态发生变化，应立即暂停施工并采取应急措施保证管节的抗浮稳定。

（6）每孔砂流法施工结束后，采用强度等级为 C40 的无收缩细石混凝土充填砂盘中的冲积坑和泵送管道。每一节管节压砂施工完毕后，应拆除竖向支撑千斤顶使管节完全坐落在砂垫层上。

（7）施工前需通过砂流法模型试验确定砂流法施工的扩展半径、压砂时间、压砂压力等参数；在有可靠试验数据保证的情况下，可调整设计砂盘半径。

3 砂流法模型试验

3.1 试验模型

为研究沉管隧道底板不同材质（不同的表面粗糙度）对沉管隧道地基砂流法处理的影响，建造沉管隧道底板模型[18]进行砂流法模型试验。砂流法试验模型系统包含模型板、试验水池和循环水池等（见图 3）。考虑到设计隧道板底注料孔口标准间距（10.0m）及砂盘有效扩展直径（15.0m），建造模型板为 8.2m×15.2m 现浇钢筋混凝土板，并利用混凝土柱架设于试验水池中；考虑到沉管隧道侧壁与基槽边坡的间距，设定模型板边缘与试验水池的水平距离为 0.8～1.3m，四周敞开以足尺模拟水下环境中单个压砂孔等效范围内的沉管隧道底板。

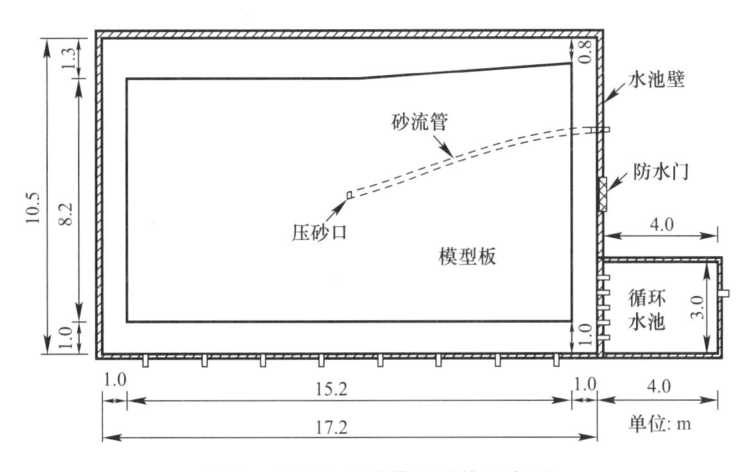

图 3 砂流法试验模型系统示意图

Fig. 3 Sketch of test model system for sand-flow method

试验设备系统由定量输水、定量输砂、砂水压注、控制四大部分组成，包括水泵、输砂皮带机、储砂器、砂料分配器、砂水混合器、控制柜、砂泵等设备，能为试验提供与施工流量相当的稳定的砂水流。

3.2 探测仪器

试验砂盘形成、扩展的实时数据由砂盘探测器探测获得。在模型的对称性及水力条件一致性的基础上，为兼顾砂盘探测的完备性与经济性，将探测器安装于模型板面的 X，N，L，Y，M 轴线上，其平面布置如图 4 所示。

压砂系统中的砂泵出口处、压砂管起始端、压砂管终端的水压力分别由水压表及水压力计测得。基槽间隙中的水压力由安装于模型板底的水压力计测得。水压力计平面布置如图 5 所示。

3.3 试验砂料

本模型试验用砂的相对密度为 2.6417，中值粒径 $D50=0.61$mm，自然休止角为 33.4°。砂料的颗粒级配曲线如图 6 所示。根据规范[19]可知，该砂料分类为含砾粗砂，与设计要求砂料类别相同。

3.4 试验参数

共进行 2 次对比模型试验，试验编号分别为 SFMT-R 和 SFMT-S，分别对应于相对粗糙和相对光滑

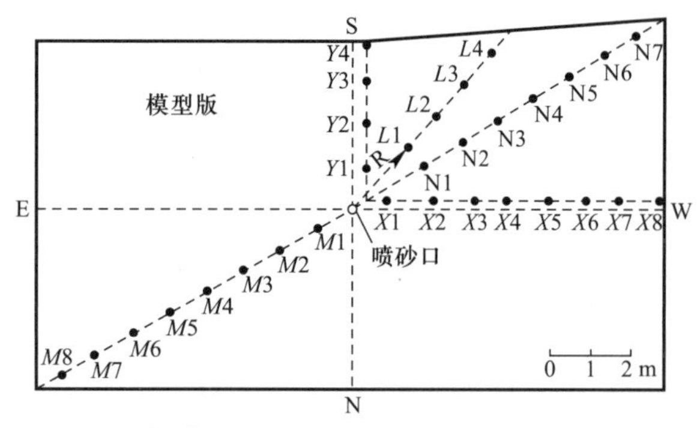

注：图中"X1"表示X轴的1号探测器，其余类似。

图 4 砂盘探测器布置图

Fig. 4 Layout of sand-deposit detector

注：图中"256"等表示水压力计编号。

图 5 模型板底水压力计布置图

Fig. 5 Layout of hydro-dynamic gauges under model board

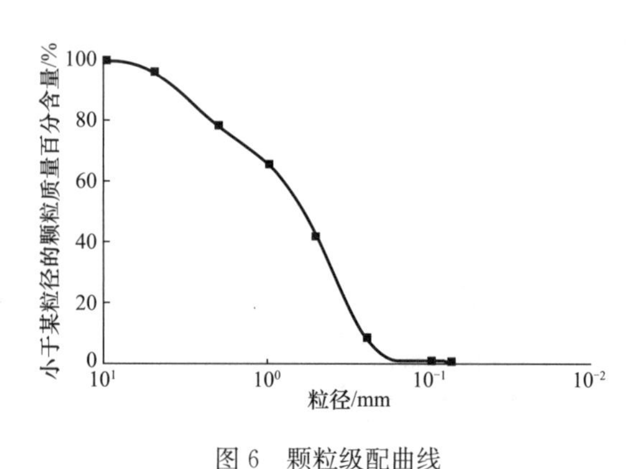

图 6 颗粒级配曲线

Fig. 6 Particle size distribution of test sand

模型板底条件下的砂流法模型试验。

现今的沉管隧道地基处理设计中，砂水比一般为1∶10～1∶8，基槽间隙一般为0.6～1.0m[8]。本模型试验中，设定2次试验砂水比均为1∶8（质量比），由试验设备系统控制；模型板（沉管底板）与地面（基底）之间预留0.8m空隙，以模拟沉管隧道底部的基槽间隙。模型板底面材质分别为：

（1）SFMT-R试验中，模型板底面为清水混凝土面，分布有大量蜂窝且整体上呈小幅度不规则的起伏状，对应于沉管隧道工程结构自防水工况（板底面粗糙度大）。测得其湿润表面的钢-混凝土摩擦因数为0.24，呈相对粗糙状（见图7（a））。

（2）SFMT-S试验前，将模型板底面光滑化：首先打磨板底起伏处以提高平整度；其次涂刮腻子以填充表面蜂窝；最后再次打磨后涂刷环氧树脂以建立光滑耐磨底面，对应于沉管隧道工程环氧树脂涂层防水工况（板底面粗糙度小）。经处理后测得其湿润表面的钢-环氧树脂摩擦因数为0.16，摩擦因数较处理前减小了1/3，呈相对光滑状（见图7（b））。

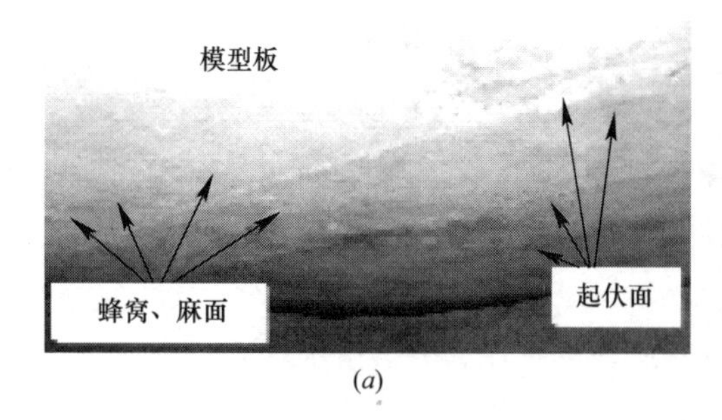

(a)

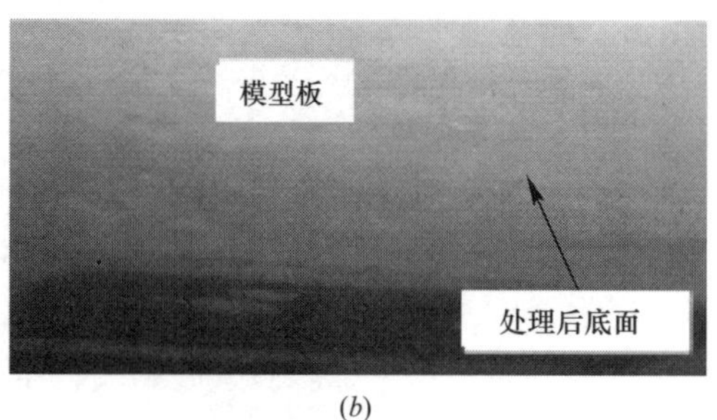

(b)

图 7 SFMT-R，SFMT-S试验模型板底面实物图

Fig. 7 Photos of bottom surface of model board in SFMT-R and SFMT-S

（a）SFMT-R；（b）SFMT-S

4 试验结果与分析

在SFMT-R，SFMT-S试验过程中，分别测得试验砂盘扩展半径、压砂系统及模型板底各处的水压力。试验后开挖观察试验所得砂盘形状及尺寸。

4.1 砂盘扩展半径对比分析

SFMT-R，SFMT-S 试验中，各轴向砂盘半径扩展情况对比曲线如图 8 所示。

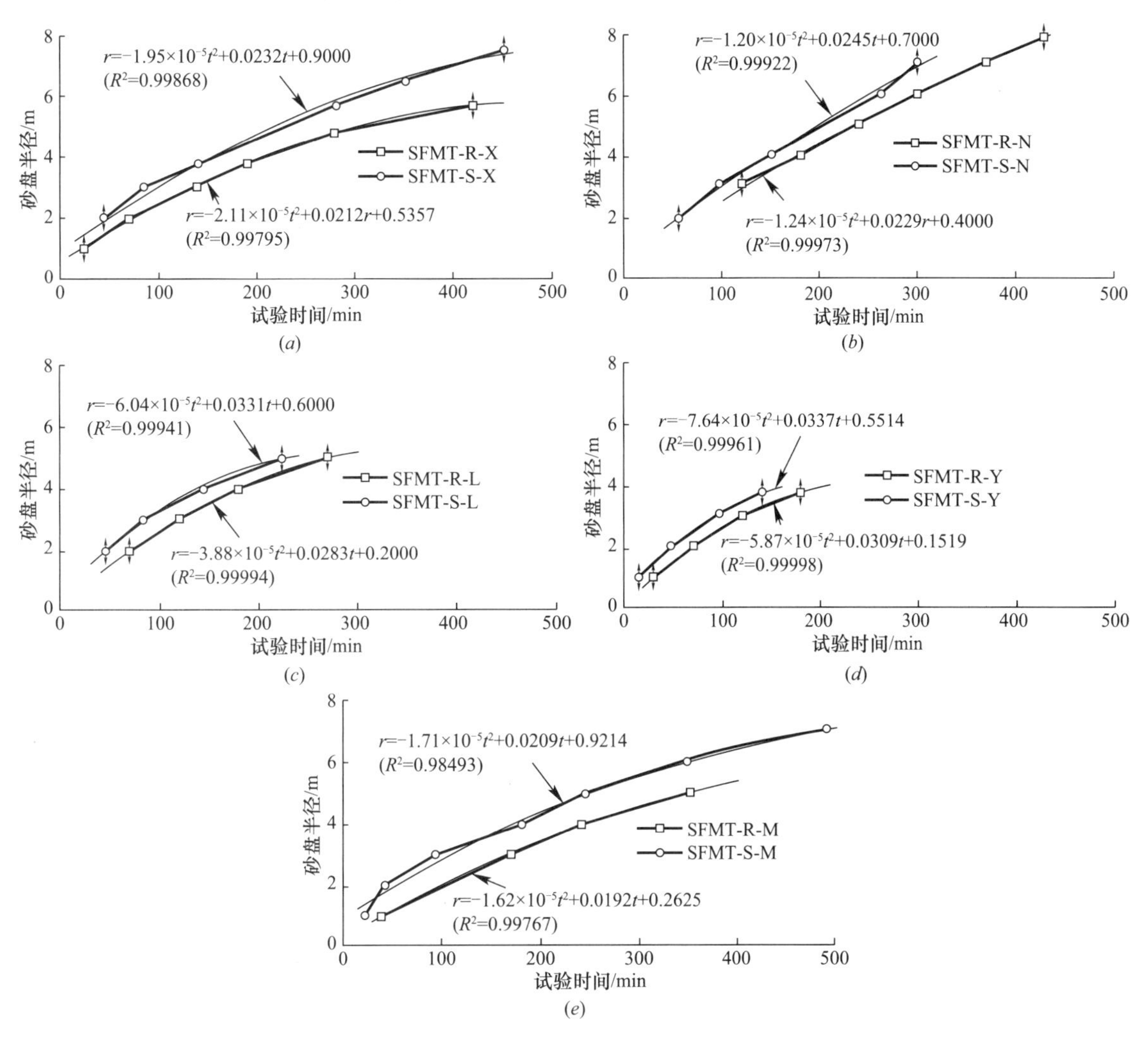

图 8 SFMT-R 和 SFMT-S 试验中各轴向砂盘半径扩展时程曲线（2）

Fig. 8 Time-history curves of sand-deposit radius on each axis in SFMT-R and SFMT-S

(*a*) *x* 轴；(*b*) *N* 轴；(*c*) *L* 轴；(*d*) *Y* 轴；(*e*) *M* 轴

（1）对 SFMT-R，SFMT-S 试验各轴向砂盘扩展半径数据进行回归分析，可得试验中各向砂盘半径扩展趋势关系式为

$$r = at^2 + bt + c \tag{1}$$

式中：r 为砂盘半径；t 为试验时间；a，b，c 均为拟合参数。各轴向砂盘扩展半径的拟合参数汇总结果如表 1 所示。

各轴向砂盘半径扩展拟合参数表 **表 1**

Fitting parameters of sand-deposit radius on each axis in SFMT-R and SFMT-S **Table 1**

砂盘轴号	SFMT-R				SFMT-S			
	$a/10^{-5}$	b	c	R^2	$a/10^{-5}$	b	c	R^2
X	−2.11	0.0212	0.5357	0.99795	−1.95	0.0232	0.9000	0.99868
N	−1.24	0.0229	0.4000	0.99973	−1.20	0.0245	0.7000	0.99922
L	−3.88	0.0283	0.2000	0.99994	−6.04	0.0331	0.6000	0.99941
Y	−5.87	0.0309	0.1519	0.99998	−7.64	0.0337	0.5514	0.99061
M	−1.62	0.0192	0.2625	0.99767	−1.71	0.0209	0.9214	0.98493

各拟合曲线的相关系数的平方 R^2 均在 0.98 以上，相关性极好，各轴向砂盘半径随时间的扩展符合二次函数关系。

表 1 中的 a 值均为负数，即拟合曲线均为凸曲线，表明砂盘半径越大（试验时间增长），其扩展速率越缓慢，这与砂盘单位时间内半径增量（扩展速度）因砂泵输砂流量恒定及砂盘逐渐扩展而减小这一实际情况相符。

（2）对比各组拟合曲线可知，试验前期（砂盘的半径较小时），2 次试验所得的半径曲线近似平行，且相差较小；如 t=100min 时，SFMT-R，SFMT-S 试验中的砂盘在 X，N，L，Y，M 轴向扩展半径分别为 2.4，2.6，2.6，2.7，2.0m 和 3.0，3.0，3.3，3.2，2.8m，2 次试验中的同轴向砂盘半径差异为 0.4～0.8m，SFMT-S 试验中砂盘扩展速度比 SFMT-R 中稍大。

试验中、后期（砂盘的半径较大时），2 次试验的半径曲线差异逐渐增大：SFMT-R 试验中曲线上升速率慢，而 SFMT-S 试验中曲线上升速率相对较快；如 t=350min 时，SFMT-R，SFMT-S 试验中的砂盘在 X，N，M 轴向（由于 L，Y 轴较短，该轴向砂盘在 230min 前已充满，如图 9 所示，故不列入）扩展半径分别为 5.4，6.9，5.0m 和 6.6，7.8，6.1m，各次试验中的同轴向砂盘半径差异为 0.9～1.3m，SFMT-S 试验的砂盘扩展速度比 SFMT-R 中快，且二者的差值随试验时间的增长（砂盘半径的增大）而增大。

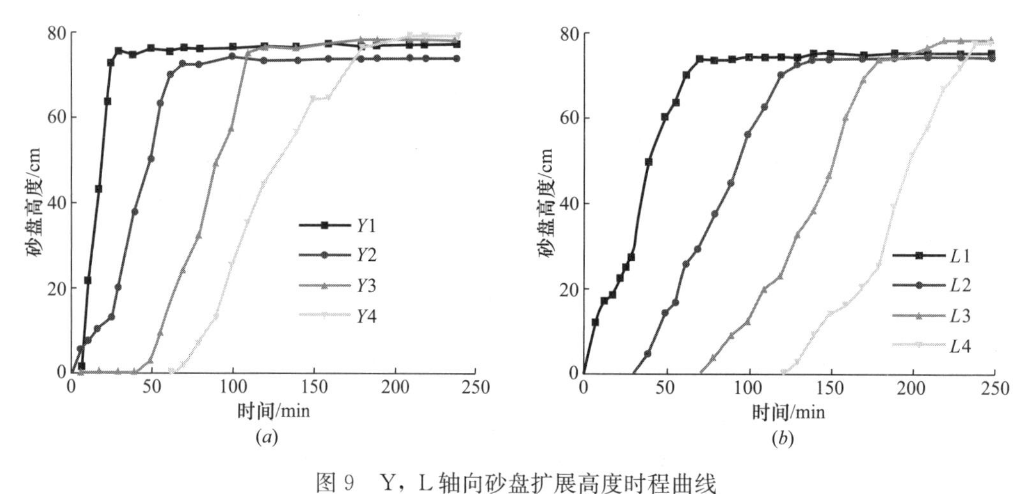

图 9 Y，L 轴向砂盘扩展高度时程曲线

Fig. 9 Time-history curves of sand-deposit height on Y and L axes

(*a*) Y 轴；(*b*) L 轴

分析认为，当模型板底面处形成砂盘及冲积坑后，砂水流通过流缝、流槽[13]往砂盘外缘输送，流槽呈窄间隙不规则通道状，其中的砂水流类似于有压管流，而模型板底面及砂盘顶面则成为管流的管壁。SFMT-R 试验中的模型板凹凸起伏面及蜂窝麻面在流槽中起到了径向涡发生器[20]的作用，成为模型板底天然的扰流元件，其通过改变流槽中主流的流动状态而诱导出二次流动，形成径向涡，阻碍了砂水流的流动。而 SFMT-S 试验中模型板底人为消除了明显的凹凸面及孔洞，其较好的平整度极大地降低了砂水流在板底面处形成径向涡的概率；而其较小的粗糙度既避免了水流及砂颗粒冲入蜂窝中导致动能损失，流速剧减的可能，又减小了流体在其表面的流动摩擦因数。

当砂盘半径较小时，流缝较宽，砂水流在模型板底的流动路径较短，径向涡的分布范围窄，模型板底粗糙度对砂水流的影响不显著，故不同粗糙度条件下试验砂盘扩展速度相差不大。当砂盘半径较大时，砂水流在模型板底的流动路径随砂盘半径增大而增长，径向涡的分布范围增大，模型板底粗糙度对砂水流的影响不断累积，故此时不同粗糙度条件下试验砂盘扩展速度差异明显，SFMT-S 试验中砂盘扩展速度比 SFMT-R 试验中更快。

（3）据表 1 中的拟合参数可知，试验砂盘在 X，N，L，Y，M 轴向的扩展半径关系式均有一定差别。如，SFMT-R 试验中在 t=100，350min 时砂盘各向半径之间的最大差值分别为 0.7，1.9m；SFMT-S 试验中在 t=100，350min 时砂盘各向半径之间的最大差值分别为 0.5，1.7m。随砂盘半径的增大，砂盘各向扩展速度及形状逐渐不均衡。

每次试验结束后，所得砂盘在各方向的最终半径测量值如表 2 所示，表 2 中，由于 S，N 侧为模型板的短边，被试验砂盘完全充满，故表中未列出 R_S，R_N 值；砂盘超出模型板边时，计该方向砂盘半径等于模型板半径；R_E，R_{EN}分别表示砂盘东向、东北向的半径值，其余同。

砂盘在各方向的最终半径值 **表 2**

Terminal sand-deposit radius on each axis **Table 2**

试验编号	试验砂盘在各方向的最终半径值/cm					
	R_E	R_{EN}	R_{ES}	R_W	R_{WN}	R_{WS}
SFMT-R	760	870	855	710	726	834
SFMT-S	760	780	870	760	870	879

对比表 2 中砂盘的最终半径值可知，SFMT-R 和 SFMT-S 试验中所得的砂盘半径分别为 710～870，760～879cm，且 SFMT-R 中砂盘未充满方向较多。这表明：试验砂盘半径最大能达 879cm，砂盘最小半径仅 710cm；砂盘最终形状不规则，呈类圆台状，各向半径扩展不均衡；总体上 SFMT-S 试验中砂盘扩展速度及均衡性优于 SFMT-R 试验中；典型试验砂盘效果如图 10 所示。

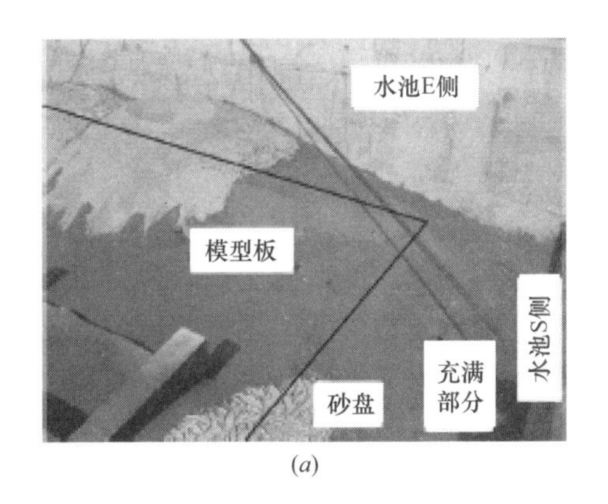

(a)

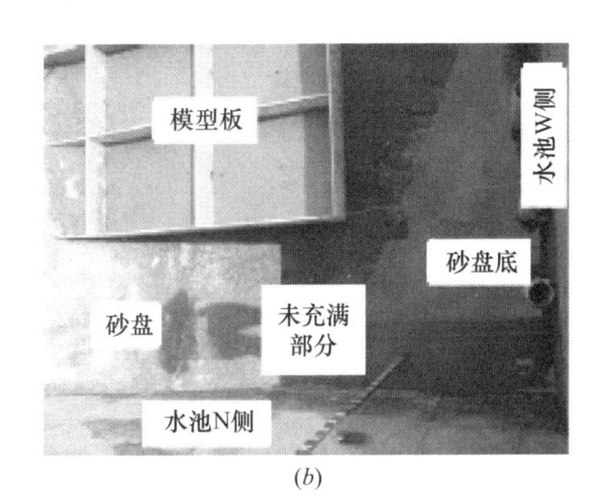

(b)

图 10 试验砂盘效果图

Fig. 10 Photos of sand-deposit

(a) 充满部分；(b) 未充满部分

(4) 由于最终砂盘形状不规则，故有必要通过砂盘顶面充满度考察试验砂盘对模型板底的充填情况。定义砂盘顶面充满度为忽略砂盘内部特征间隙（如冲积坑、流缝、流槽等）影响的模型板范围内砂盘顶面外轮廓线围成面积（砂盘有效顶面积）与模型板底面积之比值，表达式为

$$f_A = A_{sd}/A_{mb} \times 100\% \tag{2}$$

式中：f_A 为砂盘顶面充满度，A_{sd}为砂盘有效顶面积，A_{mb}为模型板底面积。

据式（2）计算得 SFMT-R，SFMT-S 试验中砂盘顶面充满度分别为 95.9%，99.3%。由此可知，SFMT-S 试验中所得砂盘充满度略高，但 2 次试验中均能达 95%以上，模型板底粗糙度对砂盘的充满度影响很小。换言之，砂盘各方向半径基本达设计半径时，即能获得很高的砂盘顶面充满度。模型板底典型未充满部分如图 10（b）所示。结合上述分析可知，模型板底较光滑时，试验后期的砂盘扩展速度更快。故工程实践中，可在浇筑沉管隧道管节时采取措施保证管节底面的平整度和光滑度，采用摩擦因数小的外包防水材料有利于砂盘的扩展。在不同的粗糙度条件下，砂盘基本能满足现阶段常规设计半径（5.0～7.5m）；其最大半径可达 879cm，沉管隧道设计中可在保证砂盘均衡性的前提下增大砂盘设计半径，简化施工。

4.2 压砂系统水压力分析

以试验时间为横坐标，以 SFMT-R，SFMT-S 试验中压砂系统的砂泵出口、压砂管路起始端、压砂管路终端的实时水压力值为纵坐标，得到水压力时程曲线如图 11 所示，图中，“S”，“R”分别表示

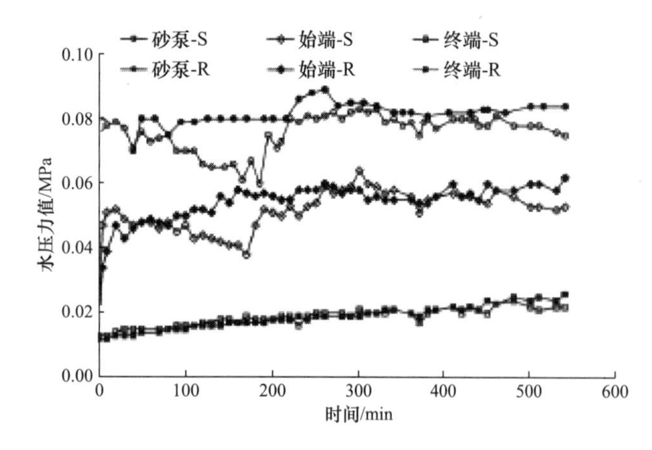

图 11 SFMT-R，SFMT-S 试验中压砂系统水压力时程曲线

Fig. 11 Time-history curves of water pressure of test system in SFMT-R and SFMT-S

SFMT-S，SFMT-R 试验；“砂泵”表示砂泵出口水压力；“始端”表示压砂管路起始端水压力；“终端”表示压砂管路终端水压力。

砂水流由砂泵泵出后，通过压砂管路输送至模型板底基槽间隙中，输送路径为“砂泵出口→压砂管路起始端→压砂管路终端→基槽间隙”。由图 11 可知，在砂水流输送路径上测得的各试验中水压力均为 $P_{砂泵}>P_{始端}>P_{终端}$，呈现明显的规律性。

(1) 图 11 中的“砂泵-R”、“砂泵-S”曲线表明，SFMT-R，SFMT-S 试验中砂泵出口处水压力在试验开始后均立即升至 0.078MPa，并在随后的整个试验过程中保持在 0.081MPa 附近波动，其具体特征为：SFMT-R 和 SFMT-S 试验中泵口水压力的起始值～终止值分别为 0.077～0.084，0.074～0.080MPa，绝对增幅分别为 0.007，0.006，相对增幅分别为 9%，8%。

据试验观察可知，SFMT-S 试验过程中（175min 左右），砂泵进料管道出现异物堵塞现象，砂泵抽吸砂水量不足，导致砂泵出口处水压力大幅度降低，故曲线“砂泵-S”在 175min 附近有较大波动。除此之外，2 次试验实测的砂泵出口处水压力值相近且变化趋势相同。

上述表明，2 次试验中的砂泵出口处水压力在试验过程中总体呈平直线发展趋势，而不出现上升或下降趋势，即不受模型板底材质的影响。泵口水压力由其本身的功率及其水力特性决定。

(2) 图 11 中的压砂管路起始端水压力特征与砂泵口水压力相似：2 次试验的起始端水压力在砂泵开机后均迅速上升至 0.047MPa 附近，随后的整个试验过程中在 0.047～0.060MPa 范围呈小幅度波动，均值都为 0.055MPa；在 SFMT-R，SFMT-S 试验中的绝对增幅分别为 0.013，0.011MPa，相对增幅分别为 28%，23%。由此可知，不同管节底部材质条件下，压砂管路起始端水压力变化趋势及数值相近，均为在试验过程中呈缓慢上升趋势，但增幅很小。

2 次试验中，压砂管路起始端水压力均值均比砂泵出口处水压力均值降低了 0.026MPa，占砂泵口水压力的 32%，这是砂泵口与管道起始端之间 90°弯管处的局部水头损失及沿程水头损失造成的。

(3) 由图 11 可知，SFMT-R，SFMT-S 试验中压砂管路终端水压力曲线重叠，即不同板底材质条件下的压砂管路终端水压力值及其发展趋势一致：2 次试验中水压力的起始值～终止值分别为 0.012～0.025，0.012～0.024MPa，绝对增幅分别为 0.013，0.012MPa，相对增幅分别为 108%，100%。结合试验实测可知，试验水深约 110cm（静水压力水头 0.011MPa），对应于管路终端水压力初值。这表明，砂泵口处水压力经局部水头损失、沿程水头损失及管嘴水头损失后损失殆尽，与压砂管路终端水压力已没有必然联系。管路终端水压力随试验时间的增长而持续增大，最终增幅达 100%以上。

4.3 模型板底水压力

SFMT-R，SFMT-S 试验中的模型板底 0.5，2.0，3.5，6.5m 半径处不同方向的水压力曲线分别如图 12，图 13 所示，图中，图例 1056-0.5-E 表示模型板东向 0.5m 半径处水压力计 1056 测力计的测量值，其余同。

(1) 综合图 12，图 13 可知，两试验中模型板底水压力初值（即静水压力值）均为 0.011MPa。试验开始后各半径处水压力依次上升（上升时刻见表 3）。模型板底各处水压力值在总体上随试验时间而增大。由表 3 知，砂盘到达各半径处的时间比相应位置处水压力开始上升的时间少 12～25min，模型板底各处的水压力在砂盘扩展至该处并持续一段时间后才开始波动、上升。分析认为，砂水流喷入模型板底的基槽间隙后，过流面积剧增，水流速度和压力急剧降低，砂颗粒沉积，水向模型板四周流动，模型板底各处水压力基本维持静不变。基槽间隙中逐渐形成砂盘的过程中，压砂口下方的空间减小，逐渐形

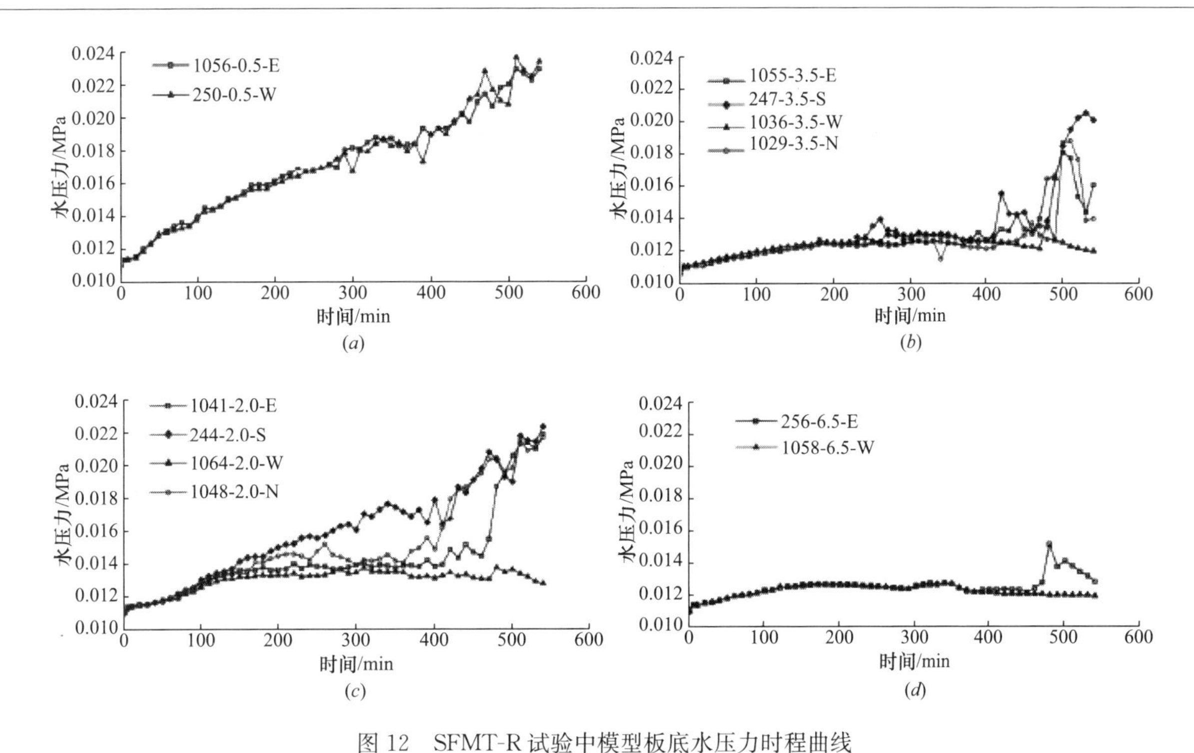

图 12 SFMT-R 试验中模型板底水压力时程曲线

Fig. 12 Time-history curves of water pressure under model board in SFMT-R

(*a*) 半径 0.5m (*b*) 半径 2.0m；(*c*) 半径 3.5m；(*d*) 半径 6.5m

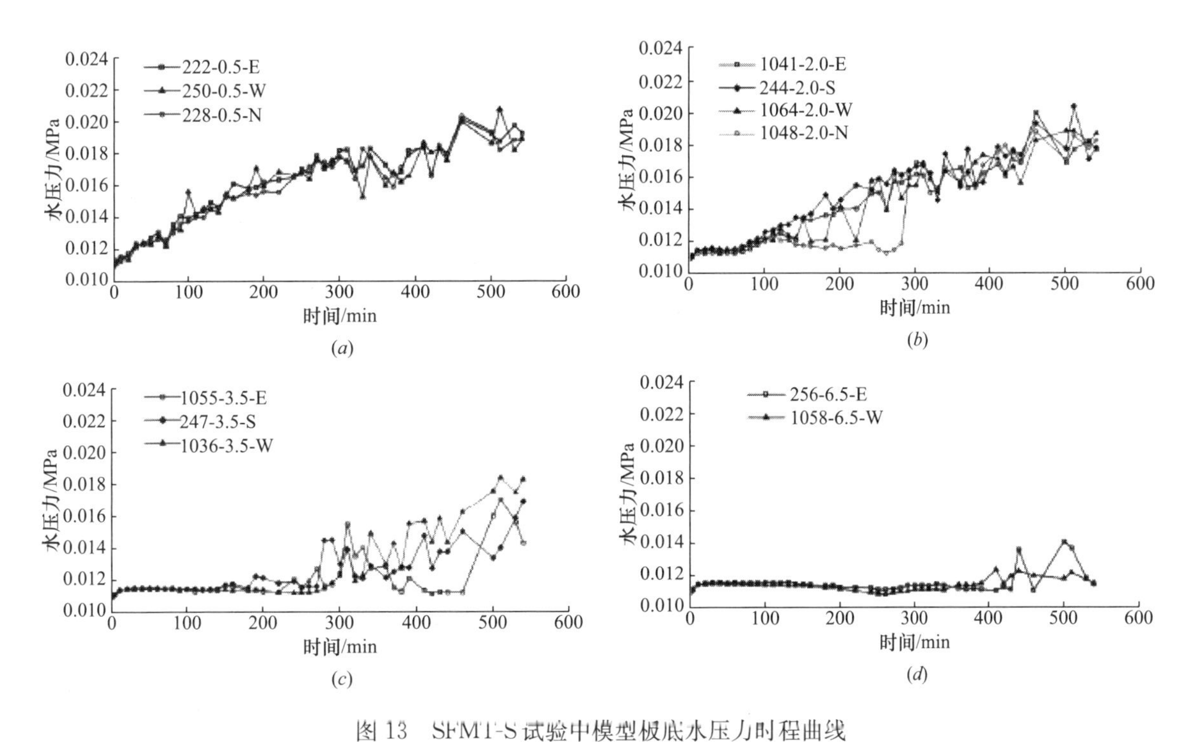

图 13 SFMT-S 试验中模型板底水压力时程曲线

Fig. 13 Time-history curves of water pressure under model board in SFMT-S

(*a*) 半径 0.5m；(*b*) 半径 2.0m；(*c*) 半径 3.5m；(*d*) 半径 6.5m

成近似封闭的空间，水流向模型板底四周流动的过流断面减小，故冲积坑中（0.5m 半径处）的水压力在试验开始约 20min 后开始升高。同理，砂盘扩展至不同半径处并持续扩展一段时间后，砂盘在该处模型板底下形成近似封闭的空间，该处水压力开始升高。

砂盘到达各半径处及对应水压力变化时刻表　表 3

Times for arrival of sand-deposit to different radius and corresponding water pressure changes　Table 3

半径/m	SFMT-R 试验		SFMT-S 试验	
	砂盘扩展时刻/min	水压力上升时刻/min	砂盘扩展时刻/min	水压力上升时刻/min
2.0	78	90	47	70
3.5	165	190	122	140
6.5	328	400	345	360

随着砂盘半径不断扩展，已有砂盘和模型板形成的近似封闭空间的封闭程度越来越高，且流缝、流槽路径增长，使得流体阻力不断增大，从而导致砂盘内部的水压力持续升高。

(2) 对比 2 次试验水压力曲线可知，0.5m 半径处的各方向水压力曲线重叠，各方向水压力差异很小；而半径越大处，各向水压力差异越大。对于同一半径处，SFMT-S 比 SFMT-R 试验在各方向上的水压力差异较小，而交替变化的频率较快。据水压力与砂盘关系分析认为：砂盘顶部形成的近似封闭空间导致水压力升高，0.5m 半径处处于冲积坑中，各向水压力均等；当砂盘半径较大时，砂盘顶部的流槽在局部区域不断出现堵塞和冲开现象，存在流槽处的水压力升高，流槽被堵塞处的水压力停滞增长，这就导致了砂盘各向的水压力差异明显、波动更剧烈，同时影响到冲积坑中的水压力变化。这与 0.5m 半径处水压力曲线在 300min 后的波动加剧现象吻合。

光滑材质板底条件下的流槽上边界光滑，流体在模型板底面处产生的径向涡少，紊流程度较小，砂颗粒的输送更容易，砂盘扩展速度较快，这导致输送砂水流的流缝、流槽因砂盘扩展而改变方向的时间更短，故 SFMT-S 试验中的各向水压力交替变化较频繁；同时，这也导致模型板底水压力波动较 SFMT-R 试验中的要剧烈。

(3) 各半径处的水压力峰值如图 14 所示。由图 14 可知，2 次试验中模型板底各处的水压力峰值均为模型板中心区域大，外围区域小，水压力峰值随砂盘半径近似呈线性降低关系。对应于同一半径位置，SFMT-S 试验中的模型板底水压力峰值较 SFMT-R 的低约 0.002MPa。分析认为，SFMT-S 试验中虽然砂盘总体扩展速度较快，但光滑板底降低了流槽中流体的紊流程度，减小了流体碰撞变向的概率，从而使得水流阻力小，相同半径处的水压力较粗糙板底条件下偏低。

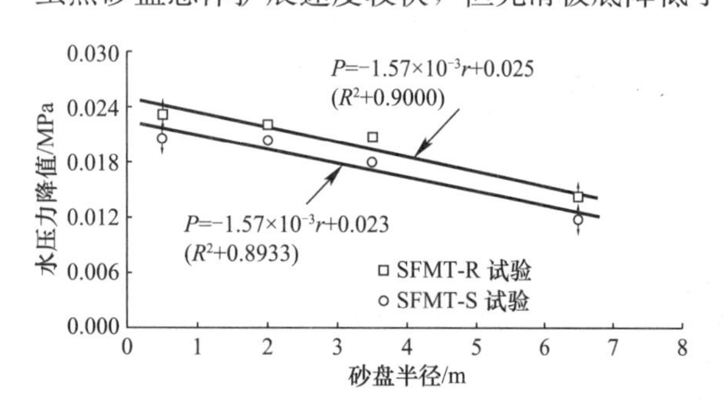

图 14　模型板底水压力峰值

Fig. 14　Water pressure peak under model board

(4) 结合图 11，图 12 (*a*) 及图 13 (*a*) 可知，模型板底水压力受砂盘影响而波动上升，但压砂系统水压力大小由砂泵特性及压砂管路特性决定，对模型板底水压力变化没有影响，反之，模型板底水压力的上升、波动对压砂系统水压力亦无明显影响；且 2 次试验的压砂系统中均无偏离水压力扩展趋势较大的瞬时峰值出现，即模型板底面粗糙度对压砂系统中的水压力峰值无影响。

5　结　　论

(1) 不同沉管管节底面材质（粗糙度）条件下的砂流法形成砂盘的半径扩展趋势均为二次曲线。砂盘半径越大，光滑材质条件下的砂盘扩展速度较粗糙材质条件下的更快，且均衡性更佳。工程中可采取充分措施保证管节底面的平整度和光滑度；采用摩擦因数小的外包防水材料有利于砂盘扩展。

(2) 在不同管节底面材质条件下，砂盘均能满足现阶段常规设计半径（5.0～7.5m）及充满度（95％以上）要求；光滑材质条件下的最大砂盘半径可达 879cm，砂盘顶面充满可达 99.3％。可适当增大砂盘设计半径，简化施工。

(3) 管节底面材质条件不影响砂泵口、压砂管路起始端及管路终端水压力的扩展趋势及峰值；砂泵口水压力在试验过程中总体呈平直线发展趋势；管路终端处水压力随试验时间的增长而持续增大，最终增幅达 100%以上。监控砂泵口、压砂管道起始端水压力可了解砂泵运行状态。

（4）模型板底各处的水压力在砂盘扩展至该处并持续扩展一段时间后开始波动、上升。对于同一半径处，光滑材质条件下的各方向水压力差异较小而交替变化的频率快；其水压力峰值较粗糙材质条件下低约 0.002MPa。

（5）试验条件下的模型板底各处的水压力峰值均为模型板中心区域大，外围区域小，随砂盘半径近似呈线性降低关系。由于试验条件的限制，文中尚未得到模型板底面摩擦因数与砂盘扩展、水压力之间的数学关系式。

致谢 本课题得到了广州市中心区交通建设有限公司的资助，得到了广州市市政工程设计研究院、中交第四航务工程局有限公司、交通运输部广州打捞局等单位在资料方面的帮助，在此深表感谢！

参考文献（References）

[1] JAN S，GRANTZ W C. Structural design of immersed tunnels [J]. Tunnelling and Underground Space Technology，1997，12 (2)：93-109.

[2] 孙钧. 海底隧道工程设计施工若干关键技术的商榷 [J]. 岩石力学与工程学报，2006，25 (8)：1513-1521.（SUN Jun. Discussion on some key technical issues for design and construction of undersea tunnels [J]. Chinese Journal of Rock Mechanics and Engineering，2006，25 (8)：1513-1521.（in Chinese））

[3] 王梦恕. 水下交通隧道发展现状与技术难题——兼论"台湾海峡海底铁路隧道建设方案" [J]. 岩石力学与工程学报，2008，27 (11)：2161-2172.（WANG Mengshu. Current developments and technical issues of underwater traffic tunnel—discussion on construction scheme of Taiwan strait undersea railway tunnel [J]. Chinese Journal of Rock Mechanics and Engineering，2008，27 (11)：2161-2172.（in Chinese））

[4] KUESEL T R. Alternative concepts for undersea tunnels [J]. Tunnelling and Underground Space echnology，1986，1 (1)：283-287.

[5] 王艳宁，熊刚. 沉管隧道技术的应用与现状分析 [J]. 现代隧道技术，2007，44 (4)：1-4.（WANG Yanning，XIONG Gang. Application and state of the art of immersed tube tunnels [J]. Modern Tunnelling Technology，2007，44 (4)：1-4.（in Chinese））

[6] 俞国青，傅宗甫. 欧美的沉管法隧道 [J]. 水利水电科技进展，2000，20 (6)：11-14.（YU Guoqing，FU Zongfu. Tunnels built by immersed tube method in Europe and America [J]. Advances in Science and Technology of Water Resources，2000，20 (6)：11-14.（in Chinese））

[7] 杨文武. 沉管隧道工程技术的发展 [J]. 隧道建设，2009，29 (4)：397-404.（YANG Wenwu. Development of immersed tube tunneling technology [J]. Tunnel Construction，2009，29 (4)：397-404.（in Chinese））

[8] 陈韶章，陈越，张弥. 沉管隧道设计与施工 [M]. 北京：科学出版社，2002：278-312.（CHEN Shaozhang，CHEN Yue，ZHANG Mi. Immersed tube tunnel design and construction [M]. Beijing：Science Press，2002：278-312.（in Chinese））

[9] 张庆贺，高卫平. 水域沉管隧道基础处理方法的对比分析 [J]. 岩土力学，2003，24（增 2）：349-352.（ZHANG Qinghe，GAO Weiping. Comparison analysis on treatment methods of pipe-sinking tunnels [J]. Rock and Soil Mechanics，2003，24 (Supp. 2)：349-352.（in Chinese））

[10] IR. H. VAN TONGEREN. The foundation of immersed tunnels [C]// Delta Tunnelling Symposium. Amsterdam：[s. n.]，1978：48-57.

[11] 黎志均. 珠江隧道工程基础灌砂试验研究 [J]. 中国港湾建设，2001，(1)：18-20.（LI Zhijun. Study of sand filled foundation for underwater tunnel crossing Pearl River [J]. China Harbour Engineering，2001，(1)：18-20.（in Chinese））

[12] 郑爱元，谭忠盛，李治国. 沉管隧道基础灌砂模拟试验 [J]. 中国工程科学，2009，11 (7)：81-85.（ZHENG Aiyuan，TAN Zhongsheng，LI Zhiguo. Simulation experiment of pumped sand on immersed tunnel [J]. Engineering Sciences，2009，11 (7)：81-85.（in Chinese））

[13] 房营光，黎伟，莫海鸿，等. 沉管隧道地基砂流法处理的砂盘扩展规律试验与分析 [J]. 岩石力学与工程学报，

2012，31（1）：206-216.（FANG Yingguang，LI Wei，MO Haihong，et al. Experiment and analysis of law of sand deposit expansion in foundation of immersed tube tunnel treated by sand flow method [J]. Chinese Journal of Rock Mechanics and Engineering，2012，31（1）：206-216.（in Chinese））

[14] GRANTZ W C，TAN L，BURGER H，et al. Waterproofing and maintenance [J]. Tunnelling and Underground Space Technology，1997，12（2）：111-124.

[15] 王怀东，彭红霞. 伦头—生物岛沉管隧道浅谈混凝土管节的防水设计 [J]. 现代隧道技术，2006，43（3）：18-22.（WANG Huaidong，PENG Hongxia. Waterproofing concrete tube sections for Luntou-Biologic Island submerged tunnel [J]. Modern Tunnelling Technology，2006，43（3）：18-22.（in Chinese））

[16] 陆明，朱祖熹. 沉管隧道防水防腐设计的优化及其探讨 [J]. 中国建筑防水，2010，（2）：13-18.（LU Ming，ZHU Zuxi. Optimization and discussion of waterproofing and anticorrosion design of immersed tunnel [J]. China Building Waterproofing，2010，（2）：13-18.（in Chinese））

[17] 洲头咀隧道介绍广州市市政工程设计研究院，茂盛（亚洲）工程顾问有限公司. 广州市洲头咀隧道工程施工图设计 [R]. 广州：广州市市政工程设计研究院，茂盛（亚洲）工程顾问有限公司，2008.（Guangzhou Municipal Engineering Design and Research Institute，Maunsell Consultants Asia Limited. Construction documents design of Guangzhou Zhoutouzui tunnel [R]. Guangzhou：Guangzhou Municipal Engineering Design and Research Institute，Maunsell Consultants Asia Limited，2008.（in Chinese））

[18] 莫海鸿，房营光，黎伟，等. 砂流法处理沉管隧道地基的模型试验方法 [J]. 广东土木与建筑，2011，18（3）：14-17.（MO Haihong，FANG Yingguang，LI Wei，et al. Model test method for the foundation of immersed tunnel tube treated by sand flow method [J]. Guangdong Architecture Civil Engineering，2011，18（3）：14-17.（in Chinese））

[19] 中华人民共和国国家标准编写组. GB 50021—2001 岩土工程勘察规范 [S]. 北京：中国建筑工业出版社，2009.（The National Standard Compilation of the People's Republic of China. GB 50021—2001 Code for investigation of geotechnical engineering [S]. Beijing：China Architecture and Building Press，2009.（in Chinese））

[20] 马建，黄彦平，黄军. 窄间隙矩形通道单相水纵向涡可视化实验研究 [J]. 核动力工程，2011，32（1）：85-88.（MA Jian，HUANG Yanping，HUANG Jun. Visual experimental investigations on single-phase flow in narrow rectangular channel with longitudinal vortex [J]. Nuclear Power Engineering，2011，32（1）：85-88.（in Chinese））

港珠澳大桥沉管隧道管节预制厂选址研究

陈俊生[1,2] 莫海鸿[1,2] 刘叔灼[1] 冯德率[1]
(1. 华南理工大学土木与交通学院，广州 510640；2. 亚热带建筑科学国家重点实验室，广州 510640)

【摘 要】 文章主要介绍了港珠澳大桥工程概况和沉管隧道管节预制厂的选址过程。港珠澳大桥沉管隧道管节预制厂可供选择的场地有广州南沙龙穴岛及伶仃洋桂山岛。根据沉管隧道预制厂的概况、生产流程，及其对港珠澳大桥项目的重要性，明确了选址需要考虑的因素；通过对比和分析南沙龙穴岛与伶仃洋桂山岛的地理位置及交通情况。以及地质与岩土工程方面存在的问题，本着工程安全为最重要因素的思路，选择了伶仃洋桂山岛为港珠澳大桥沉管隧道管节预制厂厂址。

【关键词】 港珠澳大桥；沉管隧道；管节预制厂；选址

1 概 况

1.1 港珠澳大桥工程

港珠澳大桥（Hong Kong-Zhuhai-Macao Bridge）东接香港特别行政区，西接广东省（珠海市）和澳门特别行政区，是国家高速公路网规划中珠江三角洲地区环线的组成部分和跨越伶仃洋海域的关键性工程，将形成连接珠江东西两岸新的公路运输通道（图1）。

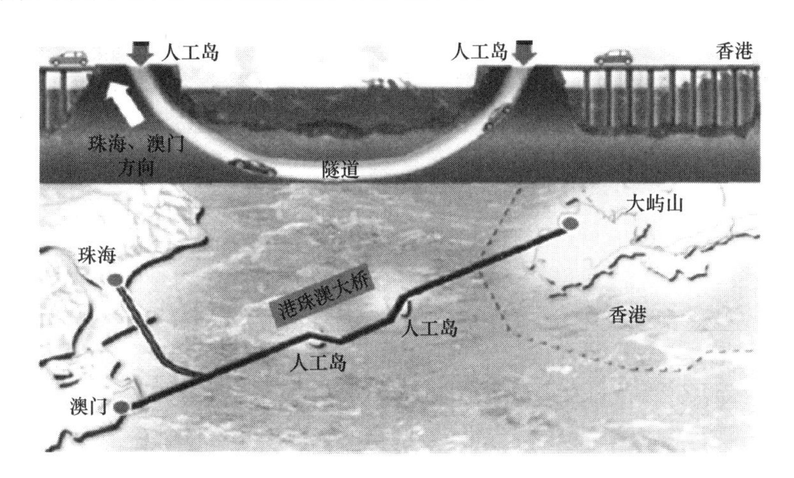

图1 港珠澳大桥地理位置示意

Fig. 1 Geographic position of HZM Bridge

港珠澳大桥工程包括三项内容：一是海中桥隧工程；二是香港、珠海和澳三地口岸；二是香港、珠海、澳门三地连接线。根据粤、港、澳三地政府达成的共识，海中桥隧主体工程（粤港分界线至珠海和澳门口岸段，下同）由粤港澳三地共同建设；海中桥隧工程香港段（起自香港石散石湾，止于粤港分界线，下同）、三地口岸和连接线由三地各自建设。海中桥隧工程采用石散石湾一拱北/明珠的线位方案，路线起自香港石散石湾，接香港口岸，经香港水域，沿23DY锚地北侧向西，穿（跨）越珠江口铜鼓航道、伶仃西航道、青州航道、九州航道，止于珠海/澳门口岸人工岛，全长约35.6km，其中香港段长约6km；粤港澳三地共同建设的主体工程长约29.6km。主体工程采用桥隧结合方案，穿越伶仃西航道和铜鼓航道段约6.7km采用隧道方案，其余路段约22.9km采用桥梁方案[1]。

1.2　沉管隧道管节预制厂概况及生产流程

沉管隧道管节预制厂设计占地 72.5 万 m^2，建设两条独立沉管预制流水作业线，每 2 个月可预制两节管节，预制采用工厂化流水作业。参考厄勒海峡沉管隧道管节预制厂的组成情况[2-4]，及现阶段港珠澳大桥沉管隧道管节预制厂的初步设计方案，沉管隧道管节预制厂包含了码头区、预制厂房、堆场与搅拌站、浅坞和深坞区、坞口区（即通向大海的接口）五大部分，预制厂房与浅坞区之间采用滑移坞门分隔，深坞区与坞口区之间采用浮坞门分隔。沉管管节预制厂如图 2 所示，图中箭头标示了从建筑材料运输至沉管管节出厂的顺序。

图 2　管节预制厂示意

Fig. 2　Schematic diagram of the tunnel element prefabrication factory

预制厂中的两套模板系统是技术核心，该设备由德国 PREI 公司设计，上海振华公司负责制造，每套模板由构成核心的内模和底模、侧模等 6 部分构成，两套模板总重 7000t，是各自独立的两条生产线，价值共计 2 亿多元。沉管隧道管节预制流程包括钢筋加工及绑扎、节段混凝土挠筑、节段顶推、管节起伏出坞等工序，节段混凝土能连续浇筑而不中断。全长 7440.5m 的岛隧工程沉管隧道由 33 个管段组成，每个管段 180m，每个管段又分为 8 个管节，标准管节长 22.5m，宽 37.95m，高 11.4m。每个管段重达 6.9 万 t 全部隧道结构的混凝土浇筑方量达 89 万 m^3。如此规模的沉管预制厂属国内第一，世界第二。港珠澳大桥施工顺利结束后，该预制厂还可能会继续承担珠三角其他大型工程预制构件的建造。

1.3　沉管隧道管节预制厂的重要性

沉管预制厂计划于 2010 年 12 月动工，2012 年 3 月开始沉管试制，2012 年 7 月底前完成第一排管节预制，2012 年年底前完成港珠澳大桥第一个沉管的沉放，2015 年 3 月份左右将完成整条沉管隧道的施工。

港珠澳大桥共有四个主要的施工点同时推进：最先开工的是珠澳口岸人工岛、岛隧工程的东西人工岛以及香港段。从整个港珠澳大桥项目的计划可知，沉管隧道管节预制厂是整个项目的节点性工程，是控制工程最终能否顺利完成的关键之一，具体表现在如下两个方面：

（1）工程可靠性

预制厂的选址需要选择在无地质灾害、地基稳定性高的地点。工程在安全上或稳定性上出现问题，无论是预制厂本身还是管节，对整个项目的影响是不言而喻的。

（2）时间可靠性

若管节在生产周期上出现延误，则沉管隧道部分无法如期施工，整个项目的工期就会拖延下来，进而导致整个项目的费用大大增加。

1.4　沉管隧道管节预制厂选址情况

沉管隧道管节预制厂的结构及生产工艺的可靠性，已经在厄勒海峡沉管隧道管节预制厂的应用中得到了验证。对于沉管隧道管节预制厂的选址，并无很好的经验可以借鉴。粤、港、澳三地政府非常重视沉管隧道管节预制厂的选择问题，并委托港珠澳大桥前期工作协调小组办公室（现为港珠澳大桥管理局）对预制厂地点进行了大量的调查，从工程、经济、政治等几个角度，最终圈定了广州南沙龙穴岛、珠海市挂山岛两个地点作为沉管隧道管节预制厂地点的备选对象。港珠澳大桥管理局委托华南理工大学为研究单位，荷兰隧道工程咨询公司（TEC）作为选址研究的咨询单位。对上述两个地点进行论证，给出合理化建议，为粤、港、澳三地政府的最终决策提供依据。

2 选址需考虑的因素

参考管节工厂化预制流程及管节拖运情况，沉管预制厂选址需考虑如下因素[4-8]：

（1）场地地基承载力

对于钢筋厂房、混凝土挠筑厂房及浅坞滑移区，作用在基础上的荷载主要是沉管管节的自重及各种模板、配套机械的自重，作用于基础上的荷载约为 140kN/m^2。

（2）场地地基的地基稳定性

地基稳定性包括坞墙、坞门、厂房、天车的沉降与不均匀沉降问题以及深坞基坑的稳定性、深坞围堪的稳定性问题等。根据文献[2]提供的数据，混凝土浇筑厂房及滑梁部分，水平位移差值为±2mm，竖向沉降差值为±6mm。

（3）施工难度

现有的地基处理、基础工程设计、施工技术能否满足沉管预制厂的使用要求，相应的工期是开满足主体工程进度，都是投资方非常关心的问题。

（4）“时间窗口”及预制厂与隧址的距离

沉管隧道管节在预制厂完成所有制作工艺后，需要拖运至指定位置并沉放。按计划沉管隧道施工将于 2012 年进行。需要在 3 天内拖到指定位置，由此涉及到“时间窗口”的问题。“时间窗口”这个概念常见于卫星发射过程，指的是天气情况良好，允许发射的阶段。沉管隧道管节在拖运期间对海风、海浪和海流条件都有较高要求，同样也有类似的“时间窗口”。由于“窗口时间”难以选择和控制，如果沉管预制厂的位置距离过远，拖运的时间拉长，则“窗口时间”的控制难度将进一步提高。

3 可供选择的场地

3.1 桂山岛

桂山岛位于珠海万山区桂山镇，面积约 7.8km^2，处于中国四大群岛之一的万山群岛之中（图 3）。与北面的桂山岛及东南的大小蜘洲、隘洲、三门、外伶汀诸岛成向外凸出的弧形，环绕于香港及其岛屿的西南。岛上地层较简单，从上往下为：

①-1 人工堆积块石，呈稍密状；①-2 人工堆积碎石，呈松散—稍密状；①-3 人工堆积岩屑，呈松散—稍密状；②-1 淤泥质粉质黏土，呈流塑状，分布零星，厚度小；③-1 粉质黏土和③-2 碎块石，分布不均、强度不高；④-1 强风化花岗岩，呈土状、砂砾状、碎块状，分布零星，风化强烈，强度不高；④-2 中风化花岗岩，致密坚硬，裂隙较发育。桂山岛无大的不良地质发育，适宜场地建设。

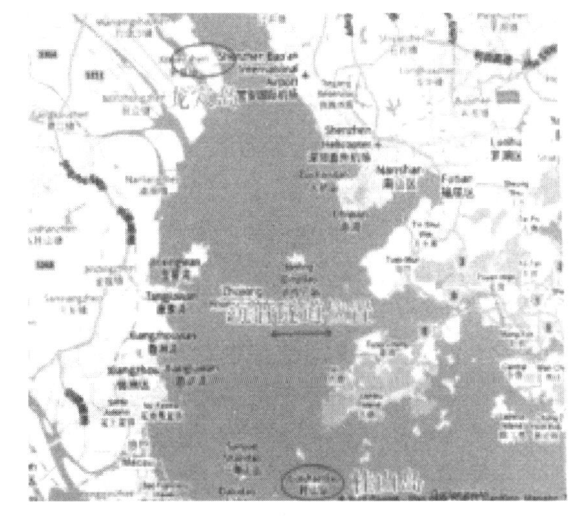

图 3 可选择场地的地理位置与港珠澳大桥沉管隧道段的相对位置

Fig. 3 Relative location of the proposed site positions to the immersed tunnel

3.2 龙穴岛

龙穴岛位于广州市南沙区，处于广州的东南部（图 3），广义上的大南沙面积为 797km^2，包含沙湾水道以南、虎门水道以西、洪奇沥以东的珠江水域及陆地，包括原番禺南部黄阁、东涌、鱼涡头、横沥、万顷沙（新垦）、大岗（潭州）、灵山、榄核等十个镇和南沙经济技术开发区以及珠江管理区（龙穴岛）等地。

南沙位于广州的南部，濒临珠江口伶仃洋，为珠江三角洲冲积平原的前沿地带，土层多为第四系沉积物。在长期的河流和海潮的综合作用下，该地区沉积了深厚的海陆交互相软黏土夹粉细砂层，厚度可达 40m，夹层厚薄不一，层数不等。南沙软黏土的工程特性可归纳为表 1 所列的物理力学指标[9]。

南沙地区软土物理力学指标　　表 1

Physical mechanics index of soft clay in the Nansha area　　Table 1

统计项目	ρ/(g·cm^{-3})	w/(%)	e	I_P	I_L	a_{1-2}/MPa	E_{s1-2}/MPa	快剪试验指标		固结系数 l_l/(cm^2·s^{-1})	
								φ/(°)	c/kPa	100kPa	200kPa
最大值	1.67	122.0	2.94	20.1	5.1	4.500	3.470	9.50	27.00	0.008	0.005
最小值	1.43	45.1	1.52	10.3	1.3	0.747	0.970	3.00	2.100	0.001	0.001
平均值	1.55	74.2	1.95	14.1	3.2	1.937	1.637	4.44	7.845	0.003	0.003
标准差	0.068	14.42	0.317	1.382	0.752	0.589	0.413	1.409	2.410	0.002	0.001
变异系数	0.044	0.194	0.162	0.098	0.236	0.304	0.252	0.317	0.412	0.713	0.433
修正系数	0.990	1.044	0.964	0.978	0.947	1.069	0.957	0.901	1.128	1.446	1.271
统计个数	465	465	465	465	465	465	465	162	162	30	30
标准值	1.53	77.4	1.88	3.0	3.0	2.069	1.557	4.00	6.594	0.005	0.004

4 选址过程

4.1 地理位置及交通情况

桂山岛到隧道位置的距离约为 12km，龙穴岛约为 46km。考虑到“时间窗口”的问题，沉管预制厂选址在桂山牛头更为合适。

4.2 地质与岩土工程问题

由于管节尺寸较大而制作精度要求较高，根据文献[2,4]提供的数据。混凝土浇筑厂房及滑梁部分，水平位移差值为±2mm 竖向沉降差值为±6mm。

(1) 桂山岛地质条件

根据 3.1 节对桂山岛地质条件的描述及评价，场地地层简单，基岩埋藏浅，强度高，无大的不良地质现象发育，地基承载力较高，码头区、预制厂房、坞墙与坞门、堆场与搅拌站等重荷载区域不存在稳定性问题。

浅坞和深坞区均需要提供较大的蓄水空间以进行沉管的拖放和栖装，故浅坞和深坞区或者进行深基坑开挖，或者砌筑土石坝进行蓄水。对于桂山岛的地质条件，无论是进行深基坑开挖还是砌筑土石坝，从地质稳定性及承载力来讲都没有问题。花岗岩类地质的抗渗透破坏的能力较强，只需要根据深坞围堤的受力工况设计基础，根据蓄水时的水头差设计围堤底部的防渗墙，即可保证深坞围堤底部、围堤及坞墩的稳定性，同时水平位移差值及竖向沉降差值均可控制在允许的范围内。

(2) 龙穴岛地质条件

龙穴岛属于软土地区，淤泥呈流塑状，地基承载力小于 40kPa，不满足“上述选址需考虑的因素”提及的 140kN/m^2 标准，直接影响沉管预制厂各部分的地基稳定性，也导致沉管预制厂各部分可能产生较大的沉降，必须进行地基处理。由于软土层深厚（20～30m），固结排水法（堆载预压、真空预压或真空堆载联合预压）无法满足加固深度的要求，同时地基处理的时间需要 6～8 个月，无法满足工期的要求。若采用水泥土搅拌桩进行加固，水泥土搅拌桩同样无法达到加固所需深度；对于软土地基，需要达到合适的地基承载力和压缩性，搅拌桩之间的净距不应超过 1m。由于沉管预制厂需要加固的面积较大，包括预制厂房、堆场与搅拌站、浅坞滑移区等重荷载区域，搅拌桩数量大，总体造价高。水泥土搅拌桩在软土层内不含酸性物质的情况下，达到设计强度需要 80～90 天，无法满足工期的要求。较为可行的办法是在预制厂房、堆场与搅拌站、浅坞滑移区、采用桩＋筏板基础，用厚混凝土板将混凝土浇筑厂房、浅坞滑移区连成整体。围堤采用桩基础，但存在如下问题：

（1）将混凝土浇筑厂房、浅坞滑移区的底板用混凝土浇筑成整体（或薄混凝土板＋双向肋梁），混凝土方量大，造价高，对工期要求高[10]。

（2）大量使用桩基础，工程造价高。由于场地地基承载力不足，无论采用预制管桩还是灌注桩，都需要对浅表层进行处理（如铺碎石垫层），施工机械才能进入场地施工。

广州南沙软土地区已有相当多的基坑开挖导致的坑底大量隆起、周边地面下沉甚至滑塌的例子，且坑深一般只有 4～5m，花了极大的代价才最终把基坑及地下室结构完工。若在南沙软土中进行深开挖或砌筑土石坝，均存在基坑稳定性、地基稳定性问题，且经济及时间代价巨大。同时，根据以往的施工经验，在淤泥层内做防渗存在较大的施工困难；在深厚软土地区建设沉管预制厂，今后的浅坞及深坞的防渗也比较困难[11]。

因此，从地质与岩土工程问题的角度讲，沉管预制厂选址在桂山岛更为合适，可以参照已经成功厄勒海峡沉管预制厂的工程案例实施。

4.3 物资供应情况

后备物资包括水、电、燃料、建筑材料（砂、混凝土、钢筋等）及施工人员的生活物资。

（1）水、电和燃料及施工人员的生活物资

由桂山岛的地理位置（图 3）可知，桂山岛位于珠海市伶仃洋畔，距离大陆有一定的距离。岛上虽然已有人类活动（采石场）但在预制厂建设及运营过程中需要的大量后备物资，无法仅靠岛上原有的物资维持，故需要从大陆以船运的方式运输燃料及岛上施工人员的生活物资，同时通过建设火力发电厂发电以维持预制厂的运营；必要时需要建设海水淡化厂以保证管段生产及岛上施工人员的生活需要。需要注意的是，沿海地区夏季台风频繁，在台风来临时，岛上与大陆之间的运输需停止 3～4 天，严重影响岛内生产及生活需要。

龙穴岛位于广州市南沙区，不存在物资短缺的问题，虽然珠江口沿岸没有桂山岛上建设预制厂那样存在物资短缺的问题，但仍存在一定的淡水、电供应不足的问题，可能需要铺设专用电力线路或自行发电，淡水供应也需要敷设专用的管线。

（2）建筑材料（碎石、砂、混凝土、钢筋等）

根据沉管预制厂的初步设计情况，在桂山岛上建设沉管预制厂需要进行深坞区开挖作业，总计开挖方量约 120 万 m^3。虽然岩石爆破方量较大，但开挖的岩石可作为深坞围堤（堆石坝）和浅坞围堤（堆石坝）的筑坝材料；爆破碎石经分选后，有可能作为今后预制厂生产各类混凝土构件的粗骨料，也可能适合于隧道管节基础或者人工岛陆域形成。除此以外，砂、混凝土、钢筋等建筑材料需要从大陆供应。

龙穴岛属于软土地区，没有就地直接使用的建筑材料，所有建筑材料均需要外面的供应。

综合上述两点，从物资供应情况的角度讲，沉管预制厂选址在龙穴岛更为合适。

4.4 选址情况汇总

上述三个方面的比较，简单汇总如表 2 所示，表中“√”说明条件更优。

港珠澳大桥沉管隧道管节预制厂选址情况汇总 **表 2**

Summary of the site selection of the segment prefabrication factory for the HZM Bridge **Table 2**

<table>
<tr><th colspan="2">项目</th><th>桂山岛</th><th>龙穴岛</th><th>选址情况</th></tr>
<tr><td rowspan="2">地理位置及交通情况</td><td>与隧道位置的距离</td><td>√</td><td></td><td rowspan="2">龙穴岛</td></tr>
<tr><td>管节存储</td><td></td><td>√</td></tr>
<tr><td rowspan="3">物资供应情况</td><td>水、电和燃料及施工人员的生活物资</td><td></td><td>√</td><td rowspan="3">龙穴岛</td></tr>
<tr><td>建筑材料（碎石）的供应</td><td>√</td><td></td></tr>
<tr><td>建筑材料（砂、混凝土、钢筋等）</td><td></td><td>√</td></tr>
<tr><td rowspan="5">地质与岩土工程问题</td><td>地基承载力</td><td>√</td><td></td><td rowspan="5">桂山岛</td></tr>
<tr><td>地基稳定性</td><td>√</td><td></td></tr>
<tr><td>施工难度</td><td>√</td><td></td></tr>
<tr><td>工期</td><td>√</td><td></td></tr>
<tr><td>工程造价</td><td>√</td><td></td></tr>
</table>

5 结　论

港珠澳大桥沉管预制厂厂址的选择涉及地理位置及交通情况、地质与岩土工程及物资供应情况（由于不是岩土工程问题，故本文不赘述）三个方面的问题，由于工程的重要性及对整个工程进度的影响，预制厂的安全运转，即预制厂区稳定性、不均匀沉降问题是最为重要的。最终将港珠澳大桥沉管预制厂选在桂山岛，也是考虑到在深厚软土中进行工程建设存在的困难及可靠性问题。今后沉管隧道的通航将由交通运输部海事局、珠海市人民政府、澳门港务局、广东海事局、深圳海事局、珠海海事局、港珠澳大桥管理局以及相关的建设工程公司联合组织预警警戒船、拦截警戒船，开辟临时巷道，保证沉管管节的顺利浮运。

至 2011 年底，港珠澳大桥沉管预制厂基本建成，已开始制作 1∶1 的沉管模型，有望于 2012 年 3 月进行首次沉管试验。

参考文献（References）

[1] N. Hussain Carlos Wong，Malt Carter，Samuel Kwan，Tak-Wah. Mak. Hong Kong-Zhuhai-Macao Link [J]. Procedia Engineering，2011，14：1485-1492

[2] Chris Marshall. The Oresund Tunnel-Making a Success of Design and Build [J]. Tunneling and Underground Space Technology. 1999，14 (3)：355-365

[3] 中铁西南科学研究院信息研究室译. 厄勒海峡沉管隧道会议论文集 [C]. 2003
Technical Information Research Department，China Railway Southwest Research Institute CO.，Ltd (Translated). Proceedings of Oresund Immersed Tunnel Conference [C]. 2003

[4] Niels J Gimsing Claus Iversen，Development and Design of Casting Yard [C]. //The Oresund Technical Publications，2001

[5] Fernando Hue Guillermo Serrano，Juan Antonio Bolan. Oresund Bridge-Temperature and Cracking Control of the Deck Slah Concrete at Early Ages [J]. Automation in Construction，2000，9 (5-6)：437-445

[6] Jan Saveur Walter Grantz. Structural Design of Immersed Tunnels [J]. Tunneling and Underground Space Technology，1997，12 (2)：93-109

[7] Hiroshi Kishimoto. Rokkasho：Japanese Site for ITER [J]. Fusion Engineering and Design. 2003，69 (1-4)：553-561

[8] M. Medrano C. Alejaldre，J. Doncel. ITER Site Selection Studies in Spain [J]. Fusion Engineering and Design. 2003，69 (1-4)：537-544

[9] 刘勇健，李彰明，伍四明，等. 南沙地区软土物理力学性质指标与微结构参数的统计分析 [J]. 广东工业大学学

报，2010，27 (2)：21-26Liu Yongjian，Li Zhangming，Wu Siming，et al. Statistic Analysis of Physical-mechanical Indexes and Microstructure Parameters of Soft Soil in Nansha Area [J]. Journal of Guangdong University of Technology，2010，27 (2)：21-26

[10] Ahmet Gokce Fumio Koyama，Masahiko Tsuchiya. The Challenges Involved in Concrete Works of Marmaray Immersed Tunnel with Service Life Beyond 100 Years [J]. Tunneling and Underground Space Technology，2009，24 (5)：592-601

[11] Keqian Zhang Yiqiang Xiang，Yingllang Du. Research on Tubular Segment Design of Submerged Floating Tunnel (1). Procedia Engineering，2010，(4)：199-205

砂流法处理沉管隧道地基的模型试验方法

莫海鸿[1,2] 房营光[1] 黎 伟[1] 陈俊生[1,2] 谷任国[1]
(1. 华南理工大学 土木与交通学院，广州 510640；2. 华南理工大学 亚热带建筑科学国家重点实验室，广州 510640)

【摘 要】 介绍了针对广州市洲头咀变截面沉管隧道地基砂流法处理而设计的足尺砂流法试验模型，用于验证砂流法施工工艺设计并确定合理的施工参数，详细介绍了该模型、试验方案、试验参数、试验过程以及试验中的水压力和砂盘发展半径的量测方法及其测点布置等，并给出了试验测取的模型板底处的水压力-时程典型曲线、砂盘发展半径-时程典型曲线以及试验后砂盘效果图，该模型试验为国内为数极少的沉管隧道地基处理模型试验之一，并且是首个变截面沉管隧道地基的足尺模型试验。

【关键词】 沉管隧道地基；变截面；砂流法；足尺模型试验；试验方法

1 引 言

广州市洲头咀隧道[1]位于广州市西南部地区三江交界处的白鹅潭南端800m处的珠江主航道上，是连接海珠区与荔湾区芳村之间的一条重要过江通道。工程起点为芳村的花蕾路，穿越珠江后止于海珠区的规划T13路。隧道总体呈东西向，全长3253m，其中珠江段340m长为沉管隧道采用沉管法施工，沉管隧道地基采用砂流法处理。

虽然隧道所接内环线立交的主、匝道纵坡已采用较大值，但由于立交节点距珠江堤岸较近，匝道接主线渐变段仍无法避免进入沉管范围。因此沉管段出现了变截面，即变截面管段E1和E4-2（图1）。

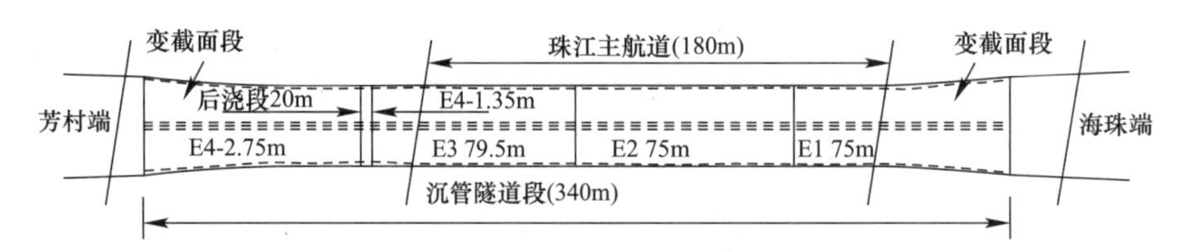

图1 广州市洲头咀沉管隧道平面图

随着全球城市化进程的加快，沉管隧道因诸多优点而在世界各国得到长足的发展并逐渐成为大型水下隧道工程的首选施工方法。沉管技术在显示出蓬勃的生命力的同时在技术上也向我们提出了严峻的挑战，其中地基处理技术是国内外关心和研究的重点。我国自20世纪90年代以来为满足城市交通迅猛发展的需要，也已建设了多条沉管隧道[2]，其中珠江隧道开创了国内沉管隧道砂流法地基处理的先河，2001年黎志均等人对之进行了大比尺模型试验研究，属国内首次砂流法试验研究[3]；2009年王光辉、郑爱元等人对生物岛—大学城沉管隧道也采用1∶5的实物缩尺相似模拟模型进行了砂流法地基的试验研究[4,5]；这些试验研究在一定程度上为工程应用提供了有益的参数及建议。但由于当时试验条件及测试手段的限制，使其试验结果具有较大的局限性，无法推广应用，且其研究内容均不涉及变截面管段。就目前而言，洲头咀沉管隧道中出现的变截面管段在国内尚属首例，国外也鲜见报道[6]，故其砂流法施工工艺、参数（如砂水比、砂流压力、砂盘半径等）及施工效果无法完全参考以往的试验研究成果和施工经验，有必要结合本工程实际，在前人的研究基础上通过试验研究取得。

受广州市中心区交通建设有限公司委托，华南理工大学岩土工程团队承担了洲头咀沉管隧道地基砂流法处理的足尺模型试验研究任务。

本文针对上述研究任务，设计了足尺试验模型，利用该模型进行了砂流法试验并得到了模型板底处的水压力-时程典型曲线、砂盘发展半径-时程典型曲线以及试验后砂盘效果图；验证了砂流法施工工艺设计并确定了合理的施工参数。该模型试验为国内为数极少的沉管隧道地基处理模型试验之一，并且是首个变截面沉管隧道地基的足尺模型试验。

2 砂流法足尺试验模型介绍

选择沉管隧道等截面与变截面交界处管段制作模型并进行砂流法足尺模型试验。

将沉管隧道模型化时，遵循以下原则：①模型板在形状和面积上相当于一个砂积盘范围内的沉管管节底板，以足尺模拟单孔灌砂施工时流体的顶部边界条件；②模型板边与水池侧壁间的距离模拟沉管管节侧墙与水下基槽壁之间的距离，以近似模拟灌砂施工时流体的侧面边界条件；③对模型板底间隙侧面封堵后，能模拟存在临近已成型砂盘时的灌砂施工状态；④试验水深与施工水深能进行静水头换算，且砂水流在2种条件中的流体性状相同；⑤设备系统功率与施工设备功率近似，且能提供与施工流量相当的稳定砂水流；⑥量测系统能进行准确持续的量测且不影响试验的进行。基于上述原则进行砂流法足尺试验模型设计，能保证试验的有效合理性。

2.1 沉管隧道模型系统

采用现浇钢筋混凝土模型板模拟某个砂流孔范围内的沉管隧道底板，尺寸为8.16m×15.2m，厚0.1m，现浇成倒梁楼盖形式，板底与地面的间隙为1.0m，模拟沉管隧道基底间隙高度。板的S侧边线从中点处往W方向进行变截面；板中心预埋6寸钢管砂流喷嘴；板面中心线上设置观察兼取样孔，间距0.5m。

模型板外围建造试验水池，尺寸为10.8m×17.3m，高2.5m，蓄水时模拟水下基槽及水下环境。水池壁距模型板边约1.0m，分别在0.2m、1.5m高处设置泄水孔，2.0m高处设置溢流孔。水池W侧设置可拆卸密封防水门和循环水池（尺寸为4.0m×3.0m，高2.1m），其一侧通过联通孔与试验水池相通，另一侧通过软管与水泵相连，是实现水循环的主要构筑物。地下水库位于试验场底下，试验时为水池供水。

2.2 试验设备系统及砂料

试验设备系统由输水、输砂、控制三部分组成，具有砂水输入、比例控制、混合、输出、系统控制等功能。输水部分由循环水池、水泵、抽水软管等组成；输砂部分由输砂平台、一次传送带、储料筒、分砂器、二次传送带、砂水混合器、砂泵及若干软管组成；控制部分即总控制电柜，综合所有电动机的配电开关并配置总电压表、总电流表、砂泵电流表，可在试验过程中实现设备的统一控制和对电流、电压进行实时量测。沉管隧道砂流法试验模型系统及设备系统的布置如图2所示。

试验用砂的主要物理力学参数如下：砂粒密度2.6417g/cm^3，有效粒径D10为0.27mm，中值粒径D50为0.53mm，自然休止角33.4°。粒径大于0.5mm的颗粒含量超过全重的50%，该砂粒为粗砂。

2.3 试验量测系统

试验量测分同步量测和后续量测两部分，其中同步量测内容包括水压力、砂盘发展半径；后续量测内容包括砂盘形状、砂盘半径、砂盘各处密实度。模型板底水压力计、砂盘发展半径触探器的布置分别如图3～图4所示。

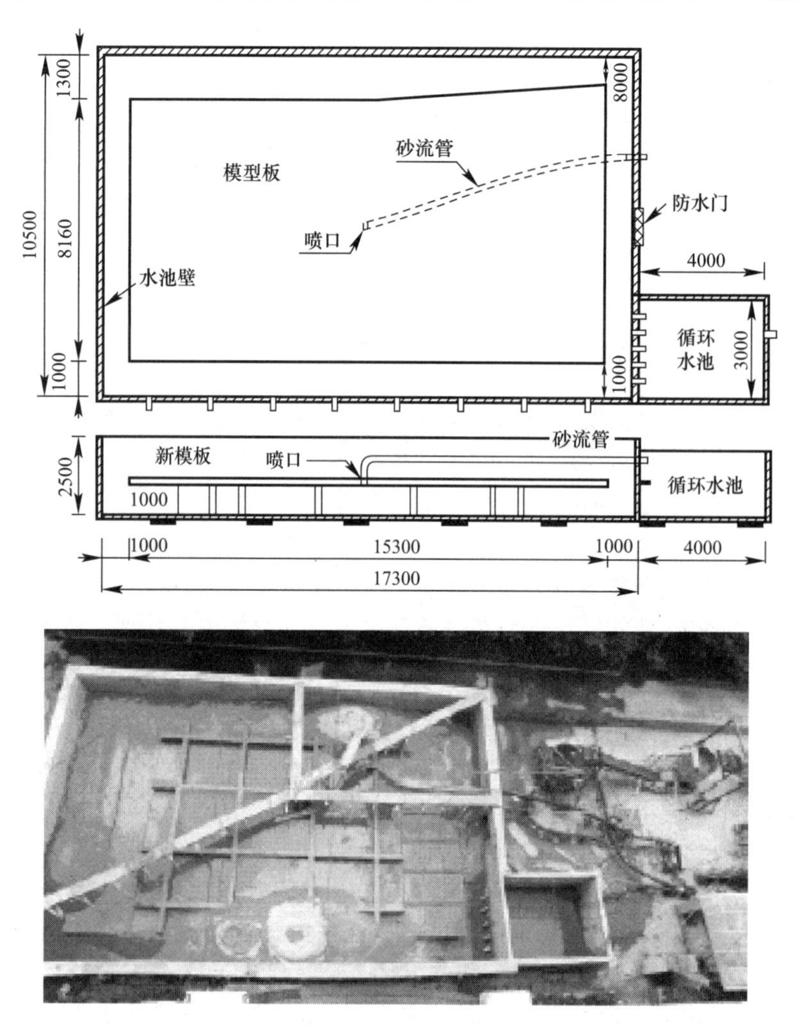

图 2　模型及设备布置图

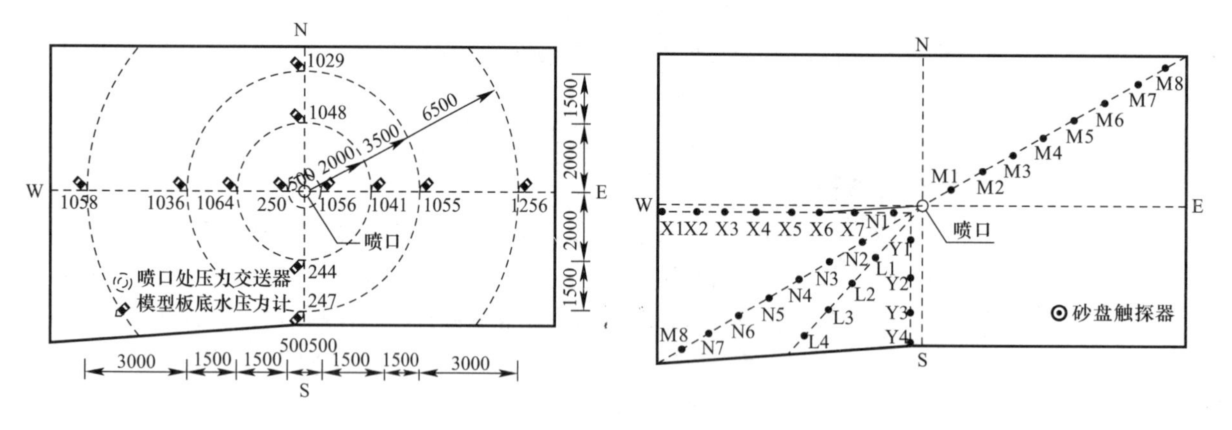

图 3　模型板底水压力计平面布置图　　　　图 4　砂盘发展半径触探器平面布置图

3　试验方案及参数

3.1　试验方案

拟进行 8 次砂流法试验，编号依次为“SFMT-1、SFMT-2、……、SFMT-8”（SFMT 为“Sand

FlowMethod Text”的缩写)。

将拟进行的 8 次试验分 4 组进行对比研究,分别为:

(1)对比不同砂水比条件下的砂流法试验效果,试验次为 SFMT-1、SFMT-2、SFMT-3;

(2)对比不同模型板底间隙高度条件下的砂流法试验效果,试验次为 SFMT-3、SFMT-4;

(3)对比存在不同临近已成型砂盘条件下的砂流法试验效果,试验次为 SFMT-4、SFMT-5、SFMT-6、SFMT-7;

(4)对比不同板底粗糙度条件下的砂流法试验效果,试验次为 SFMT-4、SFMT-8。

3.2 试验参数

试验中拟变化的参数有:模型板底间隙高度(m)、砂水比、边界条件(边界封堵情况)、模型板底相对粗糙度。试验参数设计详见表 1。

各次试验的设计参数 表 1

试验编号	板底间隙(m)	砂水比(质量比)	边界封堵情况	板底粗糙度
SFMT-1	1.0	1∶9	无	粗糙
SFMT-2	1.0	1∶10	无	粗糙
SFMT-3	1.0	1∶8	无	粗糙
SFMT-4	0.8	1∶8	无	粗糙
SFMT-5	0.8	1∶8	S 侧	粗糙
SFMT-6	0.8	1∶8	S、E 侧	粗糙
SFMT-7	0.8	1∶8	S、E 侧	粗糙
SFMT-8	0.8	1∶8	无	光滑

4 试验过程及方法

试验前完成场地的规划布置、砂水等材料的准备、模型板块和试验水池的建造、试验设备的安装调试、量测仪器的安装和标定等工作。

试验前一天,利用潜水泵从地下水库抽水约 300m^3 至试验水池中,水面升至模型板底面以上 1.0m,以模拟水下环境。

记录各量测仪器在静水中的初始读数后正式开机进行试验。砂从堆砂场、输砂平台上经一次传送带、储料桶、分砂器、二次传送带按设计流量进入砂水混合器;水从循环水池中由水泵按设计流量抽入砂水混合器;砂、水在混合器内充分混合后被砂泵抽取并泵入模型板底。砂颗粒沉积形成砂盘,水通过联通孔由试验水池进入循环水池循环使用。

在试验过程中,每隔 5min 记录一次水压力,并随时记录所出现的最大值;每隔 15min 测记一次砂盘发展半径;每隔 15min 测记一次砂泵电流及总电流。

砂流法试验完成后,沉淀砂颗粒,放干池内水,进行后续量测。

5 试验结果

5.1 模型板底水压力典型曲线

以模型板底面为零位置水头平面,对各水压力值调整后的模型板底各半径处水压力-时程典型曲线如图 5。其中,水压力计 250#、1056# 对应 0.5m 半径;1041# 对应 2.0m 半径;1029#、1055#、1036#、247# 对应 3.5m 半径;256# 对应 6.5m 半径的模型板底水压力。水压力计 245#、243# 则分别对应于 0.5m、3.5m 半径处基底的水压力。水压力计具体布置如图 3 所示。

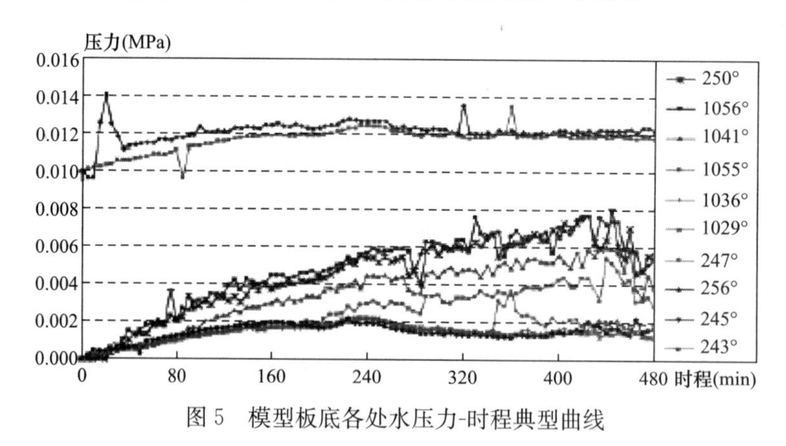

图 5　模型板底各处水压力-时程典型曲线

5.2　砂盘发展半径典型曲线

图 6 为模型板面 N 轴上不同时刻砂盘形状剖面图。图 7 为 X、Y、L、N、M 五条轴线上砂盘发展半径与试验时间的典型曲线图。

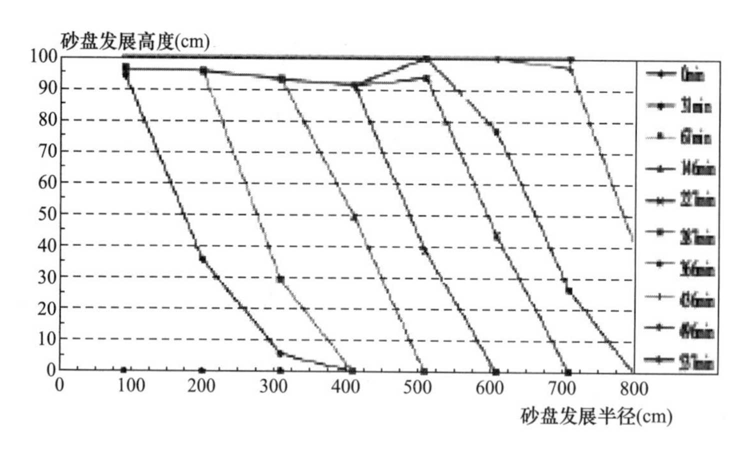

图 6　N 轴不同时刻典型砂盘形状剖面图

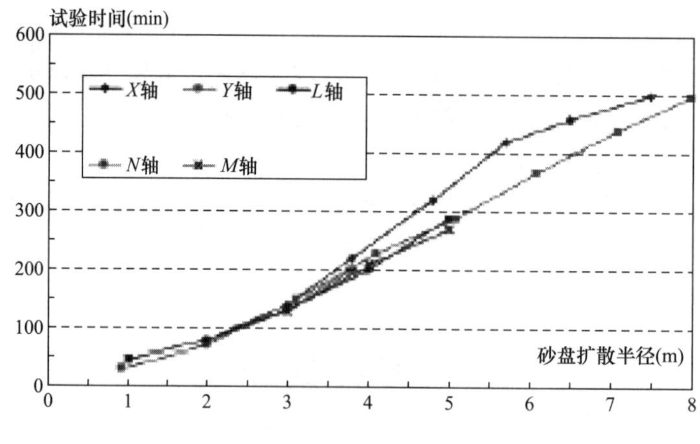

图 7　砂盘扩散半径-时间典型曲线

5.3　典型砂盘效果图

图 8 为放干池内水后拍摄的试验砂盘全貌图，图中黑色线示出模型板边位置。

图 8　典型砂盘效果图

6 结　　语

本文根据广州市洲头咀沉管隧道的特点，为验证隧道地基砂流法施工工艺设计并确定合理的施工参数而设计了砂流法足尺试验模型。该模型包括沉管隧道模型系统、试验设备系统、试验量测系统三大系统。

文中详细介绍了砂流法试验模型、试验方案、试验参数、试验过程以及水压力和砂盘发展半径的适时量测方法及其测点布置等试验内容，最后给出了通过试验测取的模型板底处的水压力-时程典型曲线、砂盘发展半径-时程典型曲线以及试验后砂盘效果图。

该模型试验为国内为数极少的沉管隧道地基处理模型试验之一，并且是首个变截面沉管隧道地基的足尺模型试验。本模型系统及试验方法可对洲头咀沉管隧道砂流法地基进行模拟试验，且可为今后类似科研试验提供借鉴。

本研究课题为广州市中心区交通建设有限公司资助项目（合同编号 GTCC 2008—253）。

参考文献（References）

[1]　魏立新，郭建民，刘宇晨等. 广州市洲头咀隧道工程总体设计 [J]. 城市道桥与防洪，2007（5）
[2]　傅琼阁. 沉管隧道的发展与展望 [J]. 中国港湾建设，2004（5）
[3]　黎志均. 珠江隧道工程基础灌砂试验研究 [J]. 中国港湾建设，2001（1）
[4]　王光辉，李治国，程晓明等. 生物岛-大学城沉管隧道灌砂试验及结果分析 [J]. 隧道建设，2009（2）
[5]　郑爱元，谭忠盛，李治国. 沉管隧道基础灌砂模拟试验 [J]. 中国工程科学，2009（7）
[6]　陈韶章，陈越，张弥. 沉管隧道设计与施工 [M]. 北京：科学出版社，2002

Numerical Study On Crack Problems In Segments Of Shield Tunnel Using Finite Element Method

J. S. Chen[a,b,*], H. H. Mo[a]

[a] Department of Civil Engineering, South China University of Technology, Guangzhou 510640, China[b] State Key Laboratory of Subtropical Building Science, South China University of Technology, Guangzhou 510641, China

【Abstract】 Crack problems of segments of shield tunnel are analyzed under the conditions of construction stage and service stage. 3D Finite element method was adapted to establish elaborate numerical models of segments. For crack problems in construction stage, two models were used to analyze the following contents: (1) crack states of segments under jacking forces; (2) crack states of segments when two segments relatively twist. For crack problems in service stage, First, different external forces acting on segments are abstracted to seven computational models, then crack distribution of these models were analyzed. The analysis results indicate, in construction stage and service stage, cracks mainly appear in circumferential seam, bolt holes and hand holes of segments. Under normal load level, no cracks appear in inner arc and outer arc of segment surfaces. Improving the anti-crack performance of concrete near hand holes and bolt holes, the probability of crack and breakage can be effectively reduced, which can save maintenance expense in service period

【Keywords】 Crack problem Segment Shieldtunnel Finite element method

1 Introduction

Construction method of shield tunnel is special. During the process of production, transportation, erection and normal service, cracks are likely to appear on segments. Percentages of different reasons which can cause segment crack are showed in Fig. 1 (Wu, 2004). Crack distributions are showed in Fig. 2. Cracks will markedly reduce the durability of concrete segment, and finally in fluence the entire durability of shield tunnel. Therefore, study on crack form, distribution and origin will be helpful to strengthen the weak part of segment, and effectively improve the durability of shield tunnel.

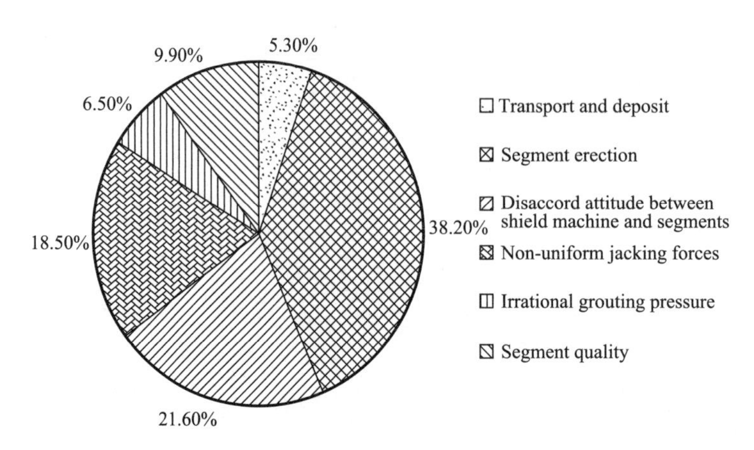

Fig. 1 Reasons of segment cracks

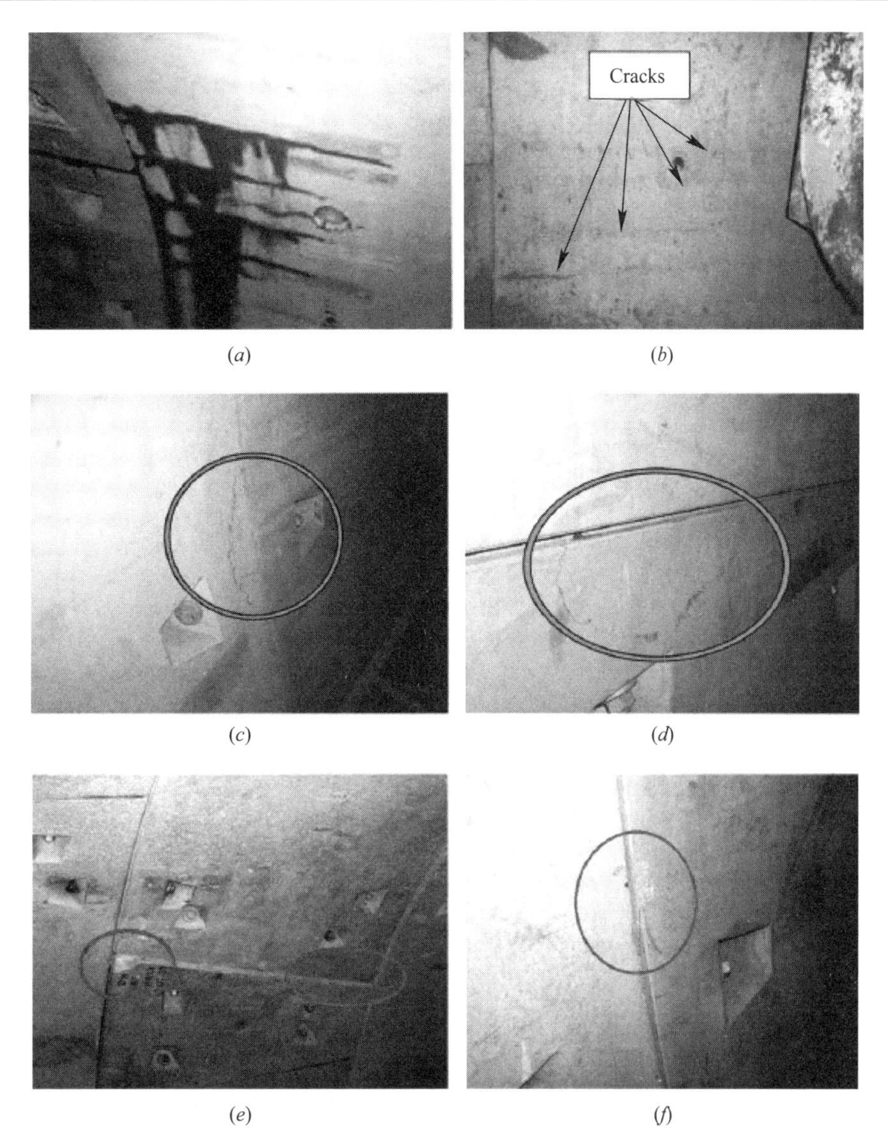

Fig. 2 Cracks distribution on segments in shield tunnel

(*a*) longitudinal cracks (State 1); (*b*) longitudinal cracks (State 2)

(*c*) local cracks (State 3); (*d*) local cracks (State 4)

(*e*) local breakage (State 5); (*f*) local breakage (State 6)

Former research seldom deals with crack problems in segment. Zhu and Ju (2003) analyzed the reasons of cracks in segment in process of manufacture, erection and regular service. Mo and Chen study on inner force and dislocation of segments caused by shield machine attitude (Mo and Chen, 2007). Chang, et al. (2001) research the repair scheme of displaced shield tunnel of Taipei rapid transit system due to adjacent construction. Most research focus on stress and displacement of segment but not crack problems (Blom et al., 1999; Lee et al., 2001).

In this paper, 3D finite element program, ADINA, was used to establish elaborate numerical models of segments which were adopted to analyze segment crack states in construction stage and regular service stage.

2 Segment dimensions and detailed construction

Segment arrangement, numbering and dimensions are showed in Figs. 3-5. Segment external diameter is 6 m; internal diameter is 5.4 m; width is 1.5 m; and thickness is 0. 3 m (Fig. 3). One segment ring consists of 1 key segment (KP), 2 adjacent segments (BP and CP) and 3 standard segments (A1P-A3P). Segment dimensions are showed in Fig. 4. The key segment deviates 180 from vertical direction (Figs. 3 and 5). The tunnel structure is erected by staggered format (Fig. 5). Each segment is connected by M24 curved bolts. Pretightening twist moment of each curved bolt is 300 N m (Design Institute of Guangzhou Metro Corporation, 2002). Detailed construction of joint type (flat face with rabbet, dowel pad and sealing rod, etc.) and segment are showed in Figs. 3-10.

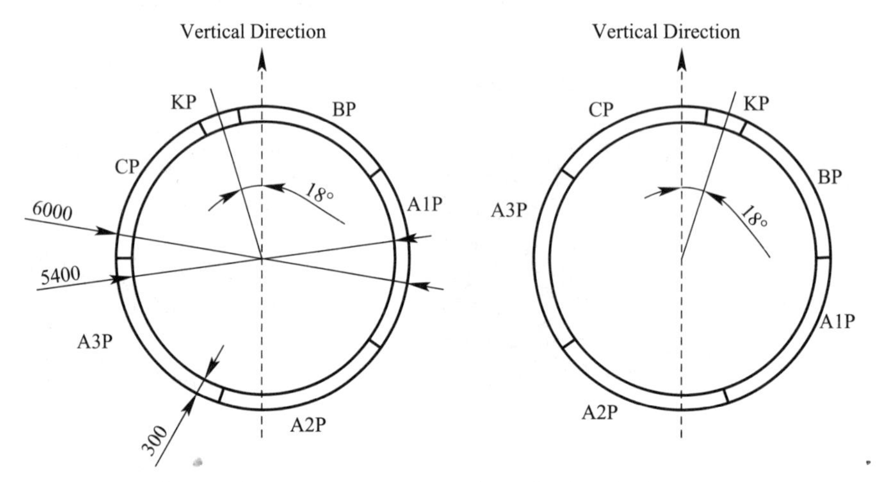

Fig. 3　Segment arrangement and numbering (unit: mm)

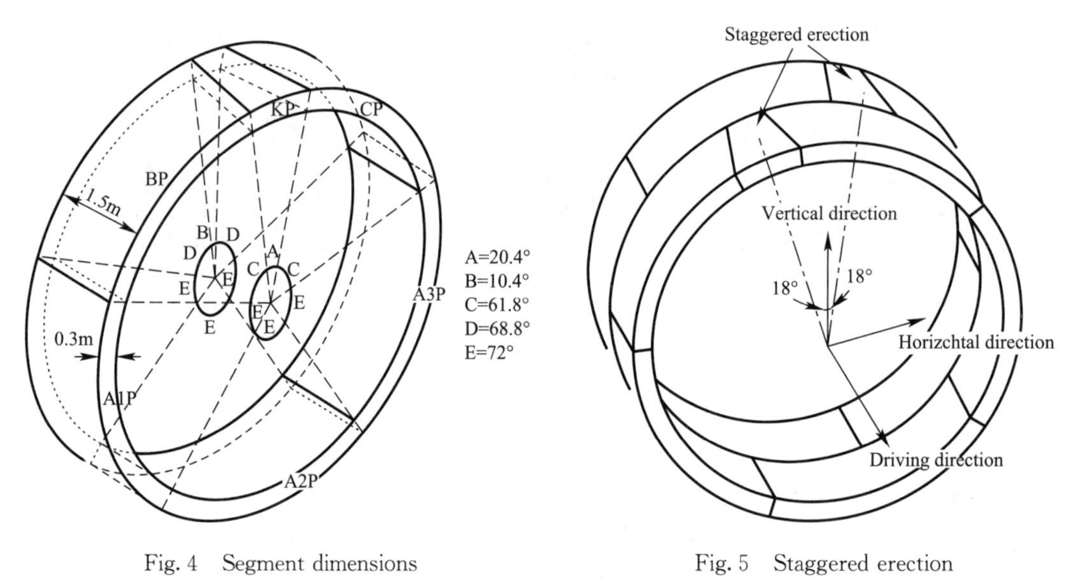

Fig. 4　Segment dimensions　　　　Fig. 5　Staggered erection

Wall thickness of bushing=3mm　Bolt hold　　Wall thickness of bushing=3mm　Bolt hold　Driving direction

(a)　　　　(b)

Fig. 6　Hand hole construction (unit: mm)

(a) Longitudinal seam; (b) Circumferential seam

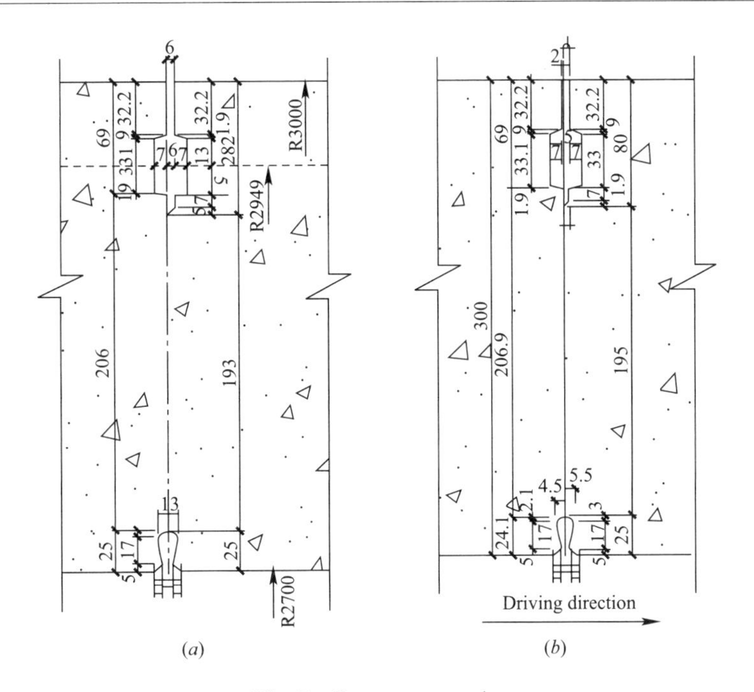

Fig. 7 Seam construction

(a) Longitudinal seam; (b) Circumferential seam

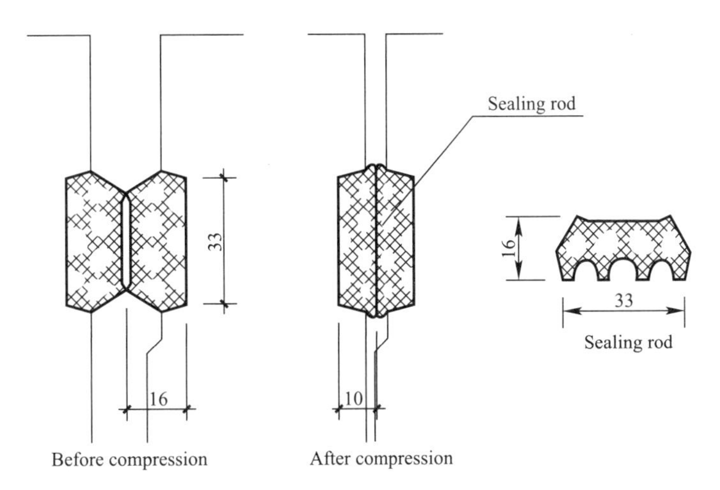

Fig. 8 Construction of sealing rod (unit: mm)

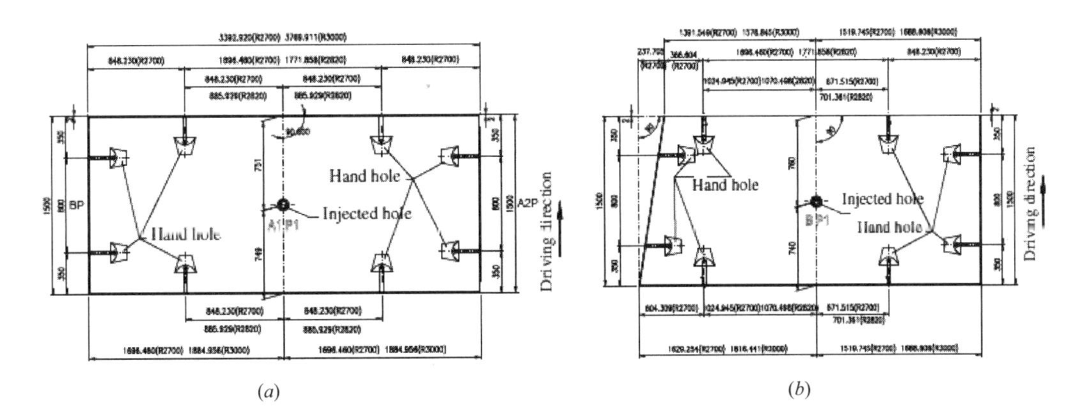

Fig. 9 Segment construction (unit: mm) (1)

(a) Standard segment; (b) Adjacent segment; (c) Key segment

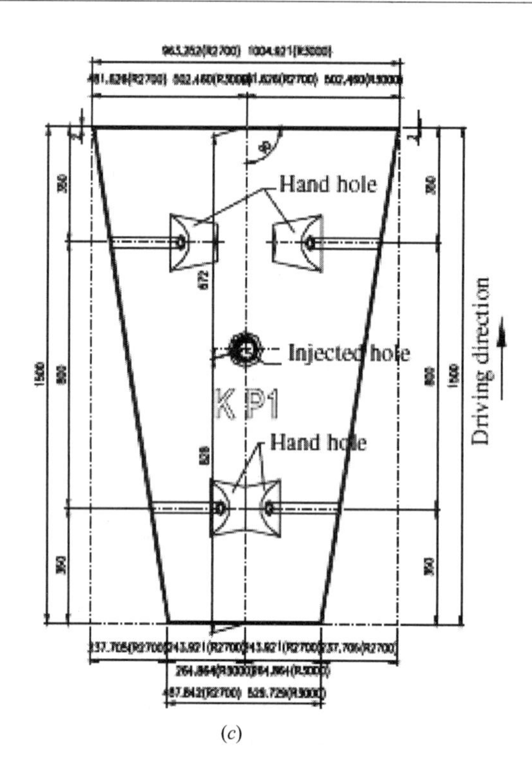

(c)

Fig. 9　Segment construction (unit: mm) (2)

(a) Standard segment; (b) Adjacent segment; (c) Key segment

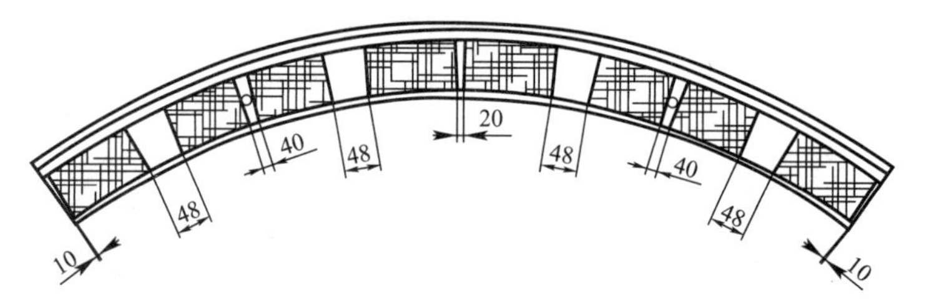

Fig. 10　Detailed construction of dowel pad (unit: mm)

3　Crack problems in construction stage

3.1　Crack states of segments under jacking force

3.1.1　Loads and boundary conditions

When shield machine drives forward, jacking forces act on dowel pads (Fig. 11). The dowel pads transfer jacking forces to segments through contact surfaces between dowel pads and circumferential seam of segments (Fig. 12a). Then segment transfers jacking forces to other dowel pads which stick on another circumferential seam of segments. Thus an integrated force system is composed. If gaps between segments which are caused by production tolerance or erection tolerance exist, jacking forces transferred by segments will be different due to different initial clearance distance. Under jacking forces, the dowel pads which do not directly bear jacking forces, have the possibility that some of the dowel pads have not contacted with circumferential seam of segment yet. Therefore, jacking forces transferred by segments become different due to different force magnitude and different initial clearance distance. In order to simulate the situation mentioned above, gaps were intentionally imported between circumferential seam of segments and dowel pads when establishing 3D numerical model. Interaction between these two parts can be treated as contact problem. Contact surfaces are circumferential seam of segments and dowel pads (Fig. 12). Contact forces, including normal force and sliding-frictional force, are automatically calculated by ADINA program through iterative process. In common condition, the friction coefficient of concrete is 0.3-0.4, but the dowel pad is very smooth which reduces the friction coefficient between dowel pad and segment. Therefore, the friction coefficient between dowel pad and segment is set to 0.3. The material of dowel pad is rubber. The accurate constitutive model is Mooney-Rivlin. In order to simplify the simulation and reduce the computational time, elastic model is applied to substitute Mooney-Rivlin model. Therefore, the Young's module is 4700 kPa and Poission's ratio is 0.4.

In the work conditions mentioned above, in longitudinal direction, one circumferential seam of segment bears jacking forces, and another circumferential seam of segment is supported by circumferential seam of previous segment ring.

Generally, circumferential seam bear jacking force of 1600 kN/m (Li, 2001). Arc length of standard segment is 3.4 m, and 8 pieces of dowel pad stick on circumferential seam of standard segment (Fig. 11). So, each dowel pad bears 680 kN jacking force. In this paper, jacking forces were set to two times larger than normal situation, namely, 1360 kN, which can approximately simulate the force status when shield machine turns or other unpredictable status. Boundary condition of longitudinal seam of segment is complicated. The longitudinal seam perhaps extrude or separate from adjacent segments due to load type and value which segment bears. Thereby, longitudinal seam of segment is not hinge or fixed end. Two support pedestals were established to simulate the complicated boundary condition of longitudinal seam (Fig. 13). Contact surfaces were set between longitudinal seam of segment and support pedestal which were employed to simulate the interaction (Fig. 13). Since the boundary condition of longitudinal seam is complicated, in order to simplify the computation model and time consuming, another side of pedestal is fixed.

Fig. 11 Standard segment and dowel pads

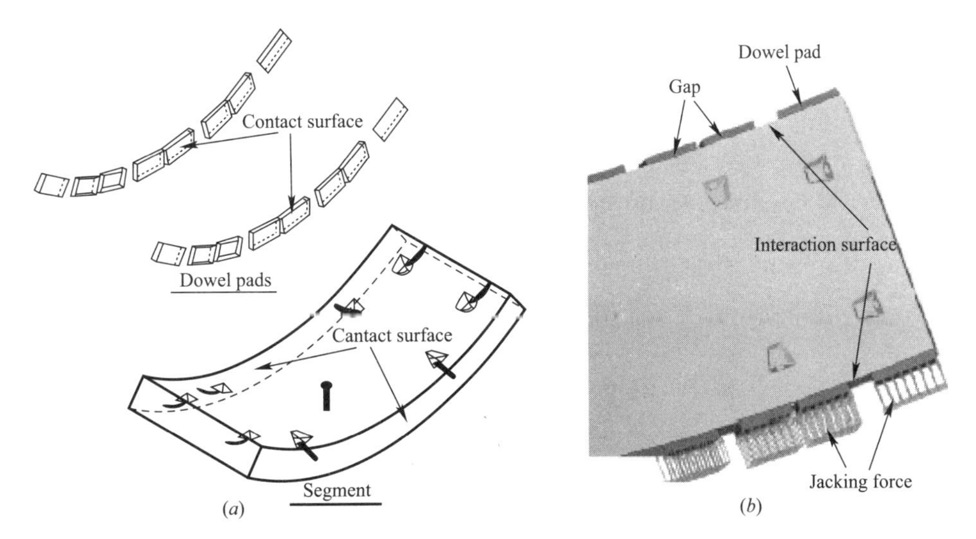

Fig. 12 Interaction dowel pads and segments

(a) contact surfaces; (b) interaction surface

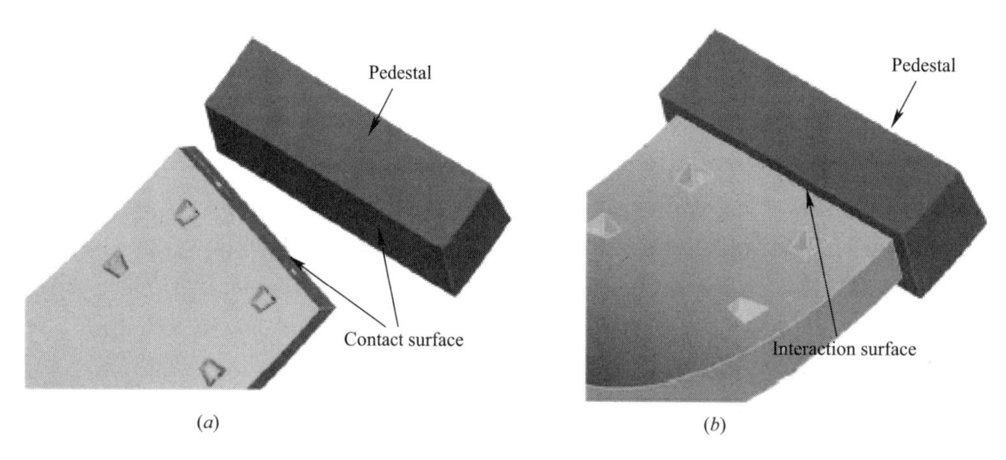

Fig. 13　Interaction between support pedestals and segments
(a) contact surfaces; (b) interaction surface

As mentioned above, the friction coefficient of concrete is 0.3-0.4. Pedestal is concrete. In order to simulate the interaction between two concrete segments and reflect the general situation, average value was selected, which means 0.35.

3.1.2　Constitutive model and parameters of concrete

ADINA provides concrete constitutive model which includes the following basis features (ADINA R&D Inc., 2005): (1) nonlinear stress-strain relation is used to simulate softening feature under increasing compressive stress; (2) failure envelope is used to define the feature that concrete cracks under tension stress and crushes under compressive stress; (3) the constitutive model can simulate concrete features after cracking or crushing. The general multiaxial stress-strain relations are derived from a uniaxial stress-strain relation. A typical uniaxial stress to uniaxial strain relation is showed in Fig. 14. $\tilde{\sigma}_c$ is maximum uniaxial compressive stress. $\tilde{\sigma}_u$ is ultimate uniaxial compressive stress. ${}^t\tilde{e}$ is uniaxial strain. $\tilde{e}_c$ is uniaxial strain corresponding to $\tilde{\sigma}_c$. $\tilde{e}_u$ is ultimate uniaxial compressive strain. $\tilde{\sigma}_t$ is uniaxial cut-off tensile strength. $\tilde{e}_t$ is uniaxial crack strain. $\tilde{\sigma}_{tp}$ is post-cracking uniaxial cut-off tensile strength (ADINA R&D Inc., 2005).

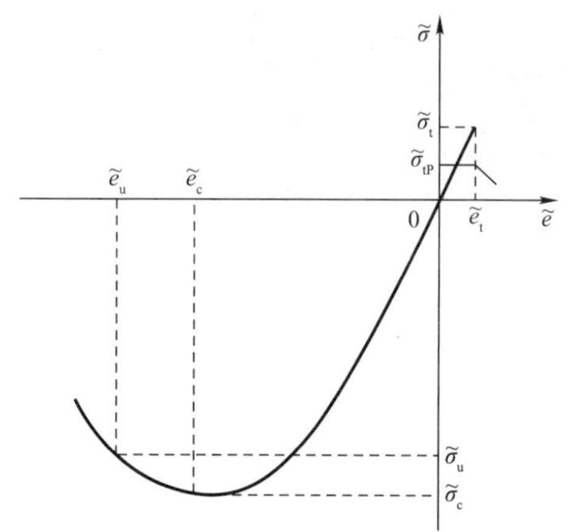

Fig. 14　Uniaxial stress-strain relation

Fig. 14 indicates three strain phases; namely, ${}^t\tilde{e}\geqslant 0$, $0>{}^t\tilde{e}\geqslant\tilde{e}_c$, and $\tilde{e}_c>{}^t\tilde{e}\geqslant\tilde{e}_u$. If $\tilde{E}_0>0$, the material is in tension and the stress-strain relation is linear until tensile failure at the stress $\tilde{\sigma}_t$. For ${}^t\tilde{e}\leqslant 0$, the following relation is assumed

$$\frac{{}^t\tilde{\sigma}}{\tilde{\sigma}_c}=\frac{\left(\dfrac{\tilde{E}_0}{\tilde{E}_s}\right)\left(\dfrac{{}^t\tilde{e}}{\tilde{e}_c}\right)}{1+A\left(\dfrac{{}^t\tilde{e}}{\tilde{e}_c}\right)+B\left(\dfrac{{}^t\tilde{e}}{\tilde{e}_c}\right)^2+C\left(\dfrac{{}^t\tilde{e}}{\tilde{e}_c}\right)^3}\tag{1}$$

and hence

$${}^t\tilde{E}=\frac{\tilde{E}_0\left[1-B\left(\dfrac{{}^t\tilde{e}}{\tilde{e}_c}\right)^2-2C\left(\dfrac{{}^t\tilde{e}}{\tilde{e}_c}\right)^3\right]}{1+A\left(\dfrac{{}^t\tilde{e}}{\tilde{e}_c}\right)^2+B\left(\dfrac{{}^t\tilde{e}}{\tilde{e}_c}\right)^2+C\left(\dfrac{{}^t\tilde{e}}{\tilde{e}_c}\right)^3}\tag{2}$$

where

$$A=\frac{\left[\left(\frac{\widetilde{E}_0}{\widetilde{E}_a}\right)+(p^3-2p^2)\frac{\widetilde{E}_0}{\widetilde{E}_s}-(2p^3-3p^2+1)\right]}{(p^2-2p+1)p}$$

$$B=2\frac{\widetilde{E}_0}{\widetilde{E}_s}-3-2A \tag{3}$$

$$C=2-\frac{\widetilde{E}_0}{\widetilde{E}_s}+A$$

The parameters, including $\widetilde{E}_0$, $\widetilde{\sigma}_c$, $\widetilde{e}_c$, $\widetilde{E}_c=\widetilde{\sigma}_c/\widetilde{e}_c$, $\widetilde{\sigma}_u$, $\widetilde{e}_u$, $p=\widetilde{e}_u/\widetilde{e}_c$, $\widetilde{E}_u=\widetilde{\sigma}_u/\widetilde{e}_u$ can be obtained from uniaxial test or empirical formula.

In this paper, parameters need to be inputted in ADINA program and relevant values are listed in Table 1 (ADINA R&D Inc., 2005).

3.1.3 3D Numerical model

Loads and boundary conditions discussed in Section 3.1.1 were abstracted to 3 numerical models listed in Table 2. The maximum allowable value of initial gaps is 2 mm in Guangzhou Metro. In general, the initial gaps is less 1 mm. Hence, in Table 2, maximum value of initial gaps is 1 mm.

Finite element models of Cons 1-3 are showed in Figs. 15 and 16.

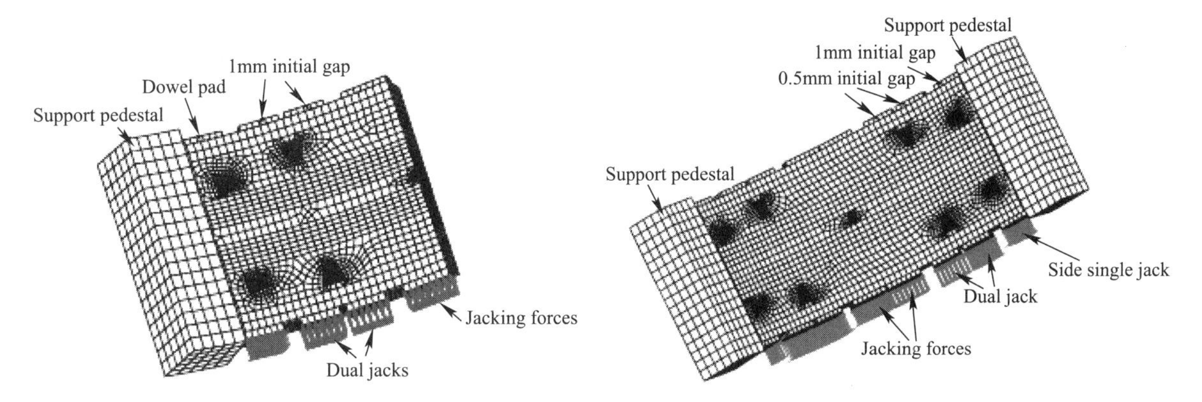

Fig. 15 Mesh of Con 1 and Con 2

Fig. 16 Mesh of Con 3

Constitutive model parameters of concrete **Table 1**

Parameter	Magnitude
Poission's ration	0.2
Tangent modulus at zero strain	3.45×10^7 kPa
Uniaxial cut-off tensile stress	6072kPa
Uniaxial maximum compressive stress	−60.720kPa
Uniaxial maximum compressive strain at uniaxial maximum compressive stress	−0.002028
Uniaxial ultimate compressive stress	−30.360kPa
Uniaxial ultimate compressive strain is	−0.005075

Computation model **Table 2**

Number	Numerical model	Situation
Con 1	Half standard segment	There are no toler ances or gaps between dowel pads and circumferential seam of segments
Con 2	Half standard segment	There is 1mm initial gap between dowel pads and circumferential seam near position of dual jacks
Con 3	Full standard segment	There is 1mm initial gap between dowel pads and circumferential seam near position of side single jack There is 0.5mm initial gap between dowel pad and circumferential seam near position of dual jacks

3.1.4 Results and analysis

Crack distributions of Cons 1-3 are showed in Figs. 17-19. Red flags denote open crack. Purple flags denote closed crack.

Figs. 17-19 indicates that crack distribution of each model concentrate on circumferential seam, bolt holes and hand holes. No crack appears on intrados or outer surface of segment. There is no crack which expands to interior part of segment. Cracks are mainly open state. In Con 1, cracks mainly distribute on lateral surface of segment which does not contact with dowel pads. The direction of cracks is longitudinal direction of tunnel. In Con 2, the crack distribution is similar with Con 1, but the cracking situation of Con 2 is more serious than that of Con 1, and Con 3, especially in dorsal surface of segment (Fig. 18). Therefore, Con 2 is the most adverse work condition under jacking forces. The crack distribution of Con 3 is similar with Con 1.

The crack distribution of Con 1 (Fig. 17) is similar with that of Con 3 (Fig. 19), but the actual deformation of these two work condition is different. In Con 1, segment is compressed in longitudinal direction by jacking force, and the deformation is uniform. The cracks mainly distribute on lateral surface of segment. In Con 3, the deformation is warping (Fig. 20) which can cause through cracks on segment. Since large quantity of cracks make the finite element computation diverge, the distribution of through cracks can not obtained. Therefore, the crack distribution of Con 1 is actually different with that of Con 3.

Irregular circumferential seam of segment induces gap between dowel pads and segment. Under jacking force, cracks in driving direction of shield machine appear. According to Figs. 17-19, it can be known that improving the production tolerance and erection tolerance of segment is helpful to release the stress concentration and crack problems.

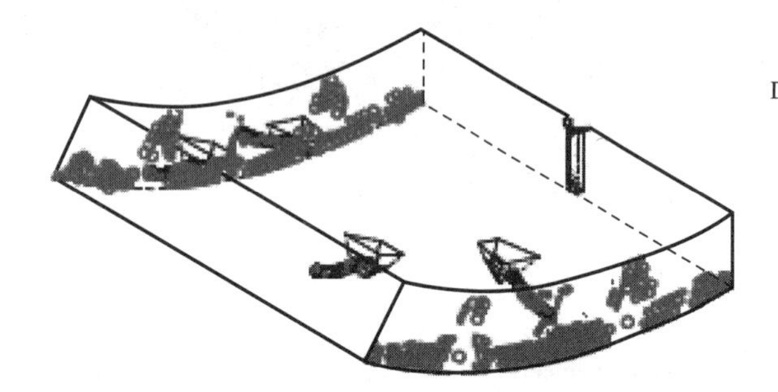

Fig. 17 Crack distribution of Con 1

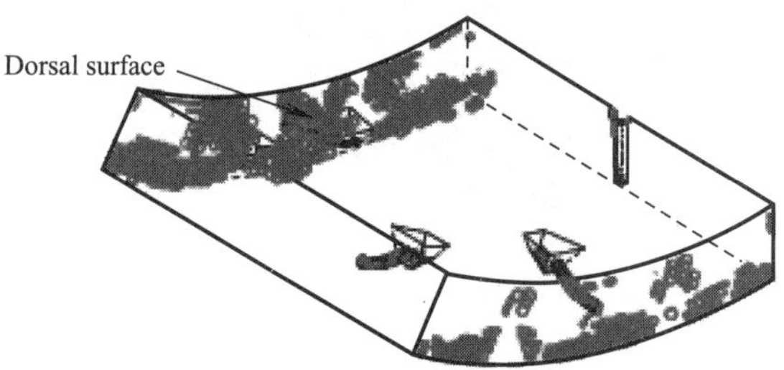

Fig. 18 Crack distribution of Con 2

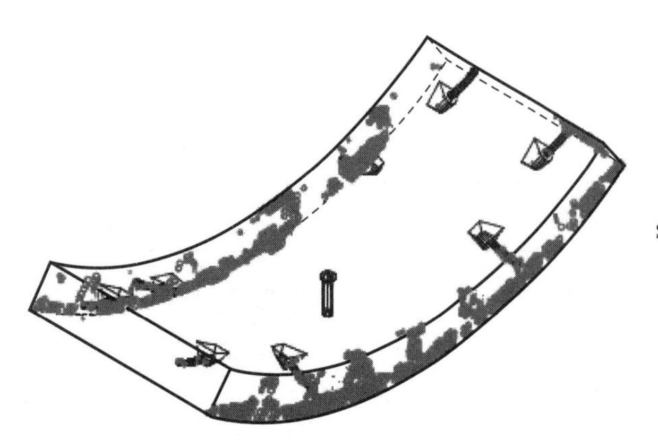

Fig. 19 Crack distribution of Con 3

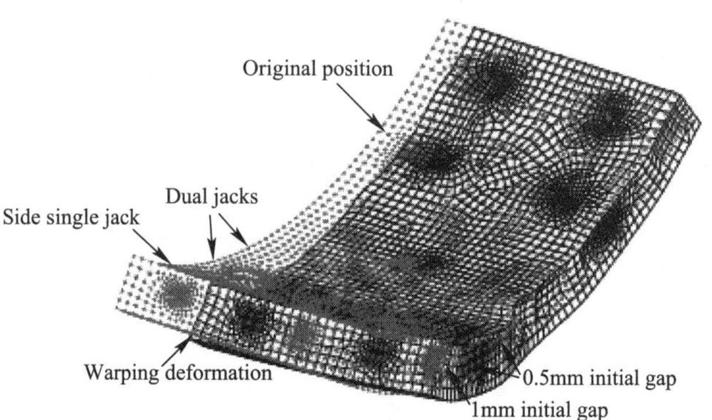

Fig. 20 Warping deformation of Con 3

3.2 Crack states of segments when two segments relatively twist

3.2.1 Loads and boundary conditions

Four following aspects of construction stage have been studied by author formerly, including: (1) indoor bending test of segment joint; (2) mechanical behavior of segment in normal construction state; (3) effect of different driving attitude of shield machine on segment stress and dislocation; (4) effect of erection tolerances on segment ring. From the research results, it can be presumed that relative torsion between two segments causes cracks showed in Fig. 2c and Fig. 2d. In order to verify the presumption, a 3D finite element model of two standard segments was established to analyze stress distribution when two segments relatively twist. The computation load case was separated to two steps, including: (1) apply pretightening bolt forces, the pretightening twist moment is 300 N m; (2) apply loads. Relative torsion 0.02 rad was applied to edge of segment (Fig. 21).

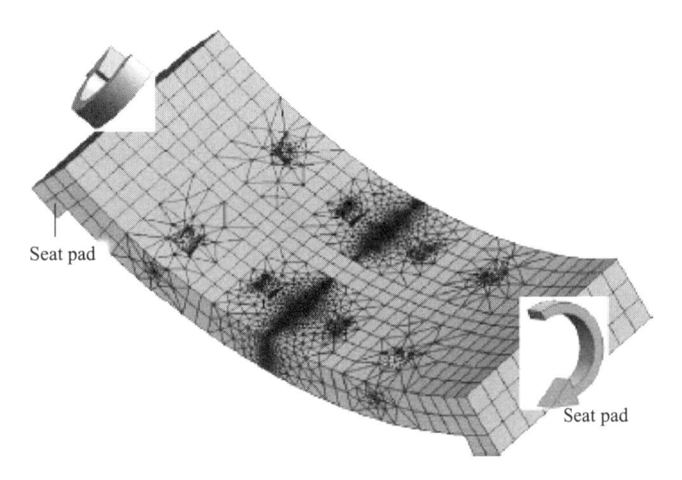

Fig. 21 Displacement load acting on segments

3.2.2 Numerical model

In order to reduce computation scale, only part of the segment which is near segment joint was included in the numerical model. One seat pad sticks on each standard segment (Fig. 23a). The intersect surfaces of seat pad and segment shared the same nodes which means the seat pad and segment was united with shared nodes. The relative torsion was applied to seat pad to avoid stress concentration on segment. Contact surfaces (ANSYS Inc., 2004) were set between surfaces of longitudinal seams, bolts and segments (Fig. 22). The finite element model is showed in Fig. 23.

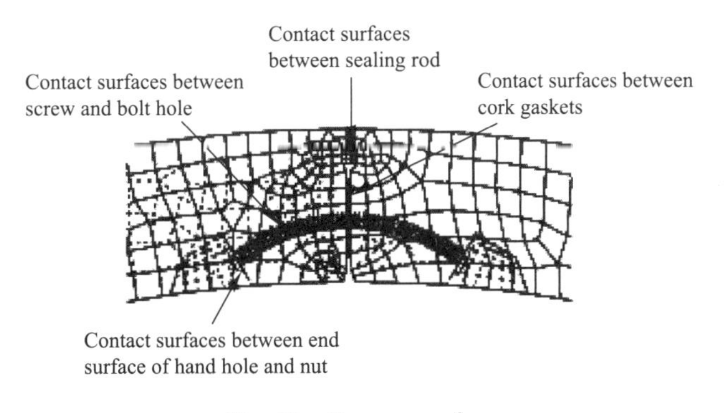

Fig. 22 Contact surfaces

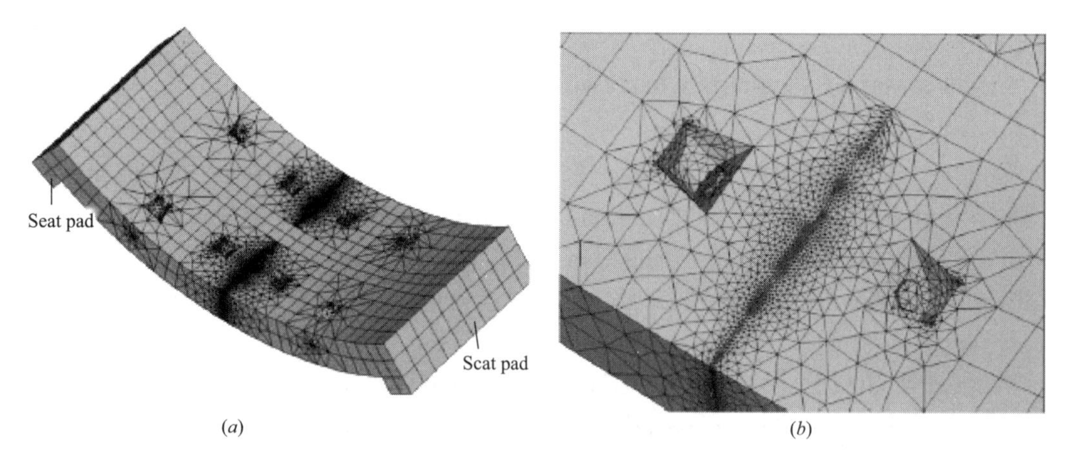

(*a*) (*b*)

Fig. 23 Finite element model

(*a*) entire model; (*b*) local amplifying model

In order to simplify the simulation and reduce the computational time, elastic model is applied to substitute concrete model. Therefore, the Young's module and Poission's ratio are the same as tangent modulus at zero strain and Poission's ratio in Table 2, respectively. The constitutive model of bolt is elasticity. The Young's module and Poission's ratio are 2.06×108 kPa and 0.167, respectively.

3.2.3 Results and analysis

The area of stress concentration (the area enclosed by a red circle in Fig. 24) indicates relative torsion between two segments causes apparently stress concentration near bolt holes (Figs. 24and 25). The position and distribution of stress concentration are in accord with that of local cracks in segment (Fig. 2c and Fig. 2d).

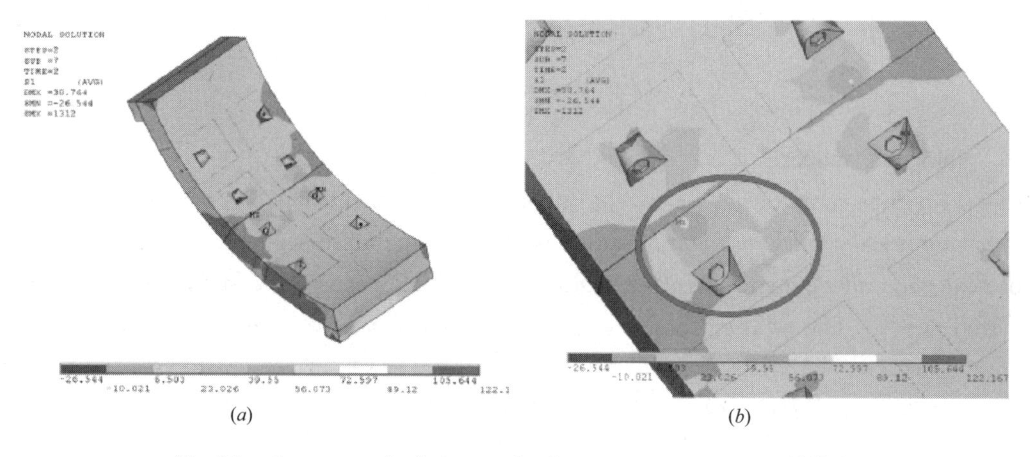

(*a*) (*b*)

Fig. 24 r1 contour of relative torsion between two segments (MPa)

(*a*) σ_1 distribution of inner arc; (*b*) σ_1 distribution near bolt holes

The stress distribution in Fig. 24 indicates squeezing action between segment and curved bolt causes stress concentration, and finally results in cracks showed in Fig. 2c and Fig. 2d. The stress con-centration area bears three external forces, including: extrusion force from curved bolt (F_1), interaction between segments (F_2), pretightening force from bolts (F_3) (Fig. 26). The combined action of F_2 and F_3 causes biggish tensile strain in F_1 direction. Once the tensile strain exceeds ultimate tensile strain of concrete, cracks appear. Due to non-homogenous feature of concrete, cleavage surfaces represent irregular oblique angle (Fig. 2c and d).

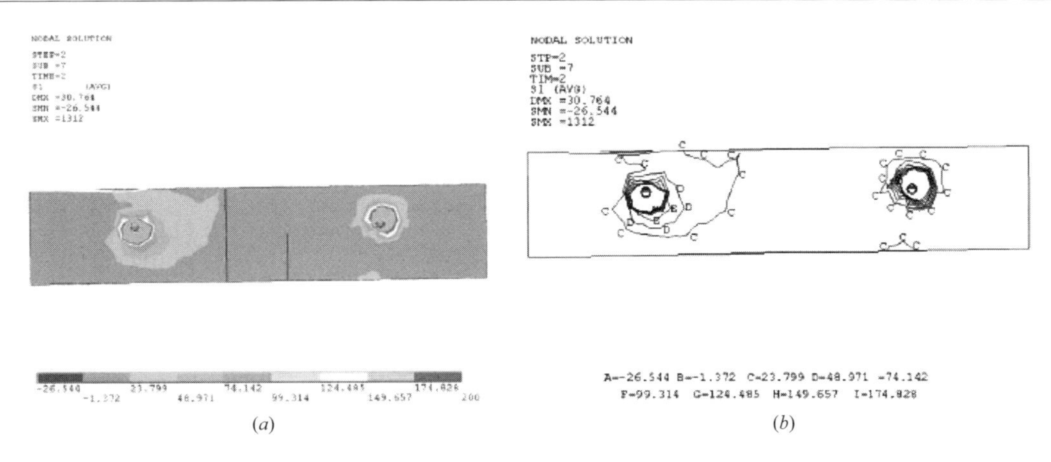

Fig. 25 r1 section contour of relative torsion between two segments (MPa).
(*a*) σ_1 section contour; (*b*) σ_1 section isogram

4 Crack problems in regular service stage

4.1 Numerical models

In regular service stage, each segment bears actions from adjacent segments and surrounding soil stratum. Action of soil stratum includes soil pressure, groundwater pressure and ground reaction. Ground reaction is assumed to have a value that corresponds to tunnel deformation and displacement and modeled as ground springs located along the whole periphery of the tunnel. Actually, ground reaction is passive earth pressure acting on exterior surface of segment. Therefore, computation pattern of soil pressure, groundwater pressure and ground reaction are the same. In situ observations indicated that the normal loads on the tunnel lining is between 12.5 kPa and 650 kPa and the distribution pattern of pressure is parabola (Protosenya and Lebedev, 2002). From the distribution pattern of soil pressure mentioned in reference (Protosenya and Lebedev, 2002), variational loads which single segment bears in regular service stage were abstracted to seven computation models listed in Table 3. Load distribution of Loads 1-7 are showed in Fig. 27. In Table 3 and Fig. 27, the loads acting on segment is larger than 650 kPa which is mentioned above. The purpose of acting such large loads is to obtain the ultimate load of segment.

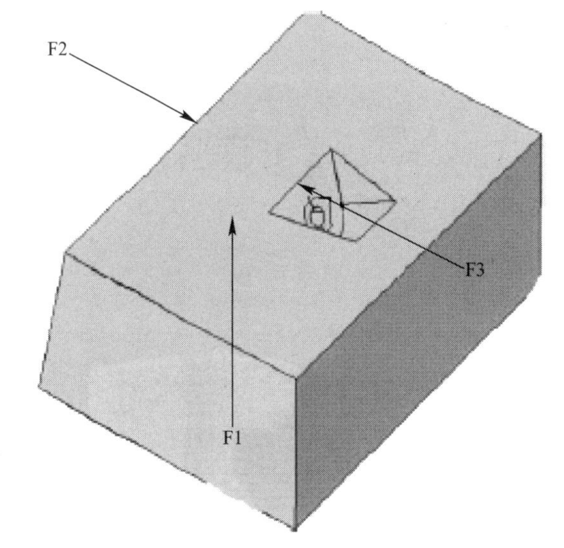

Fig. 26 Force diagram near the bolt hole.

Due to the same reaction mentioned in Section 3.1.1, support pedestals were established to simulate the complicated boundary condition of longitudinal seam. Contact surfaces were set between longitudinal seam of segment and support pedestal which were employed to simulate the interaction (Fig. 28). The friction coefficient between support pedestal and segment is set to 0.35. 3D solid elements were employed to model each part of segment, including segment and seat pad. Finite element meshes of Loads 1-7 are showed in Figs. 28 and 29.

Computation models　　**Table 3**

Number	Load type	Segment model	Loads and boundary conditions
Load 1	Uniform pressure	Half standard segment	Uniform pressure is 45000kN/m^2
Load 2	Variable pressure in are length dircetion	Full standard segment	Load ratio in arc length direction is 1 : 3 : 1. The peak Nalue is in central line of arc length direction. The peak value is 4500kN/m^2
Load 3	Variable pressure in are length direction	Full standard segment	Load ratio in are length direction is 1 : 6 : 3 : 1. The peak Value is 6000kN/m^2
Load 4	Variable pressure in arc length direction	Full standard segment	Load ratio in arc length direction is 3 : 2 : 1. The peak Nalue is in edge of longitudinal seam. The peak value is 4500kN/m^2
Load 5	Variable pressure in width direction	Full standard segment	Load ratio in width direction is 1 : 3 : 1. The peak value is in central line of width. The peak Value is 6000kN/m^2
Load 6	Variable pressure in width direction	Full standard segment	Load ratio in width direction is 1 : 4. The peak value is in edge of circumferential seam. The peak value is 4000kN/m^2
Load 7	Variable pressure in arc length and width direction	Full standard segment	Load ratio in arc length direction is 1 : 4 : 1. Load ratio in width direction is 1 : 4. The peak value is in the middle of segment. The peak value is 4000kN/m^2

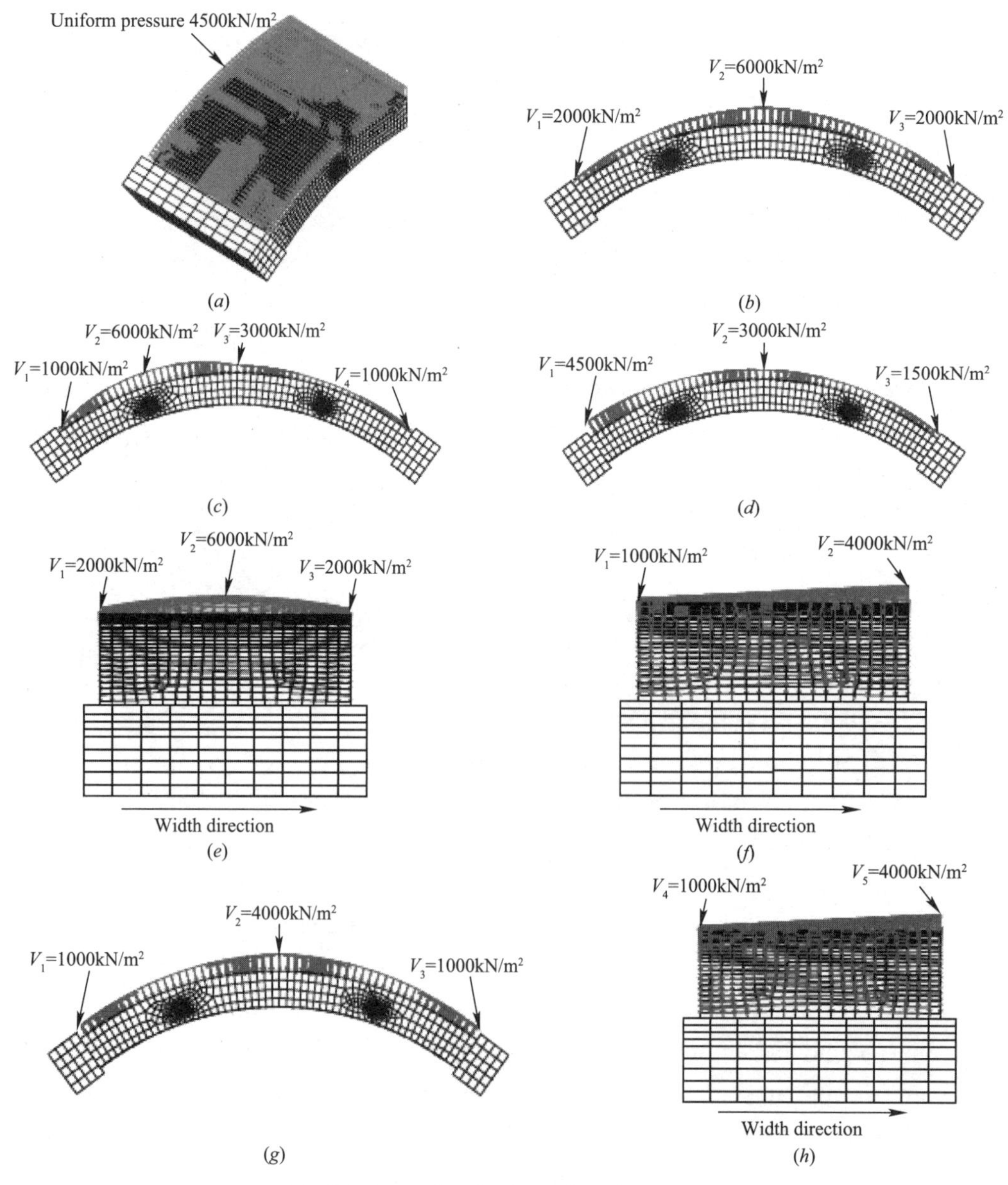

Fig. 27　Load distribution of Loads 1-7. (1)

(a) load 1; (b) load 2; (c) load 3; (d) load 4; (e) load 5; (f) load 6

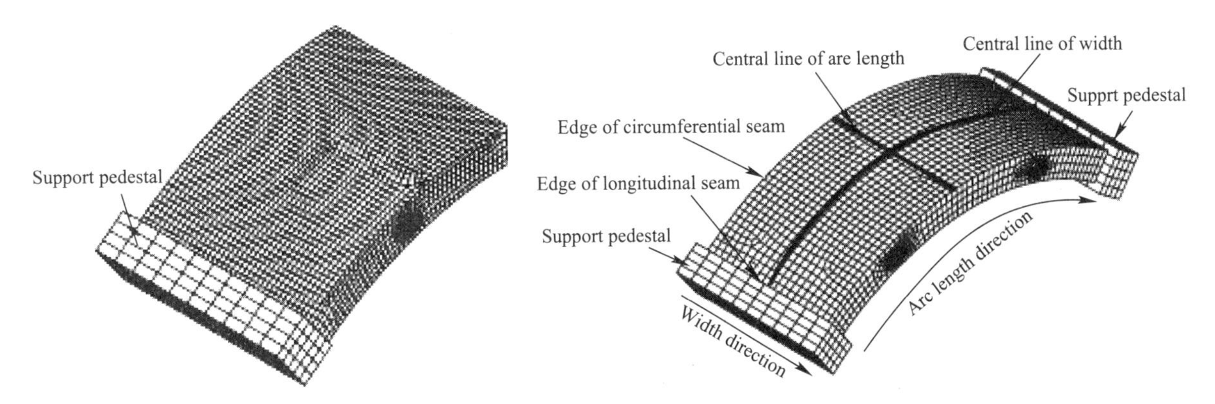

Fig. 28 Finite element model of Load 1

Fig. 29 Finite element model of Loads 2-7

4.2 Results and analysis

The computational results are showed in Table 4. Crack distribution of each model is showed in Fig. 30.

Computation results **Table 4**

Number	Load at first crack	Ultimate load	Area of crack distribution
Load 1	235.0kN/m^2	3750.0kN/m^2	Area near hand holes and bolt holes
Load 2	22.50kN/m^2 (peak value)	3544.0kN/m^2 (peak value)	Compare with Load 1. cracks are apparent. Crack positions are hand holes and bolt holes. Some scattered cracks appear on inner are of segment
Load 3	30.31kN/m^2 (peak value)	3528.0kN/m^2 (peak value)	Compare with Load 2. cracks are more apparent. Crack expand from hand holes and bolt holes to inner are and outer are of segrment. The crack positions are wide
Load 4	22.5kN/m^2 (peak value)	3094.0kN/m^2 (peak value)	Compaer with Load 3. the load distrbution type is similar. but no crack appears on outer are of segment Crack sate of inner arc is similar to Load 2. Cracks basically locate in hand holes and bolt hloes. The carck problems of hand holes and bolt holes apart from peak value are more serious than other parts
Load 5	30.0kN/m^2 (peak value)	3375.0kN/m^2 (peak value)	Cracks basically locate in inner arc of corresponding position to peak vatue. Cracks are connected. Large quantity of cracks appears near hand holes and bolt holes
Load 6	614.0kN/m^2 (peak value)	3750.0kN/m^2 (peak value)	Cracks mainly locate in hand holes and bolt holes. Crack distribution is similar to Load 3. Large quantity of cracks appears near hand holes and bolt holes of corresponding position to peak value
Load 7	614.0kN/m^2 (peak value)	3750.0kN/m^2 (peak value)	Crack distrbution is similar to Load 6. Some scattered cracks appear on inner arc of segment

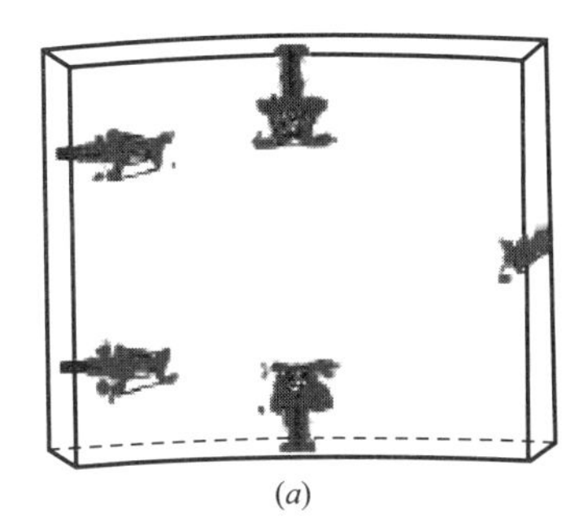
(a)

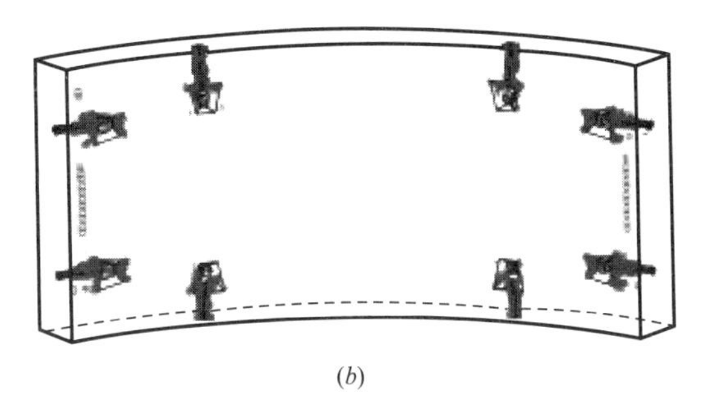
(b)

Fig. 30 Crack distribution of Load 1-7 (1)

(a) crack distribution of Load 1; (b) crack distribution of load 2;

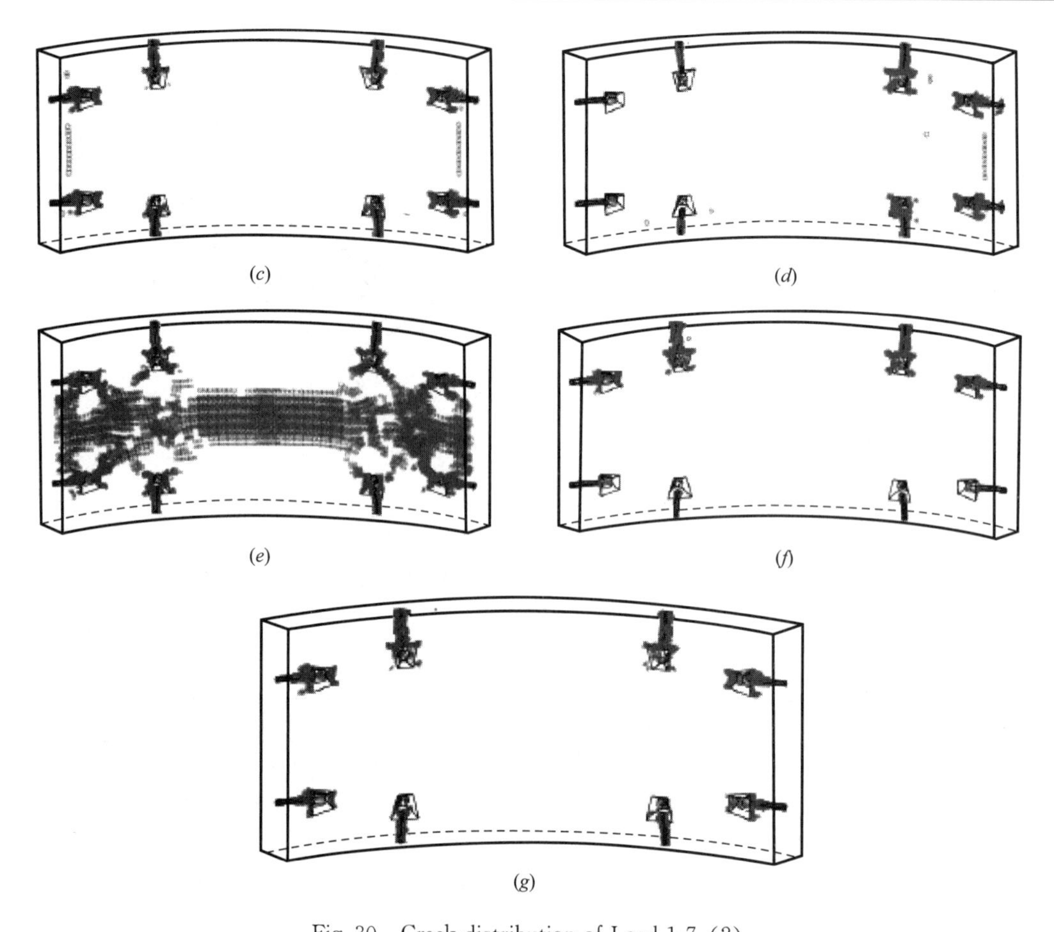

Fig. 30 Crack distribution of Load 1-7 (2)

(*c*) crack distribution of Load 3; (*d*) crack distribution of load 4;
(*e*) crack distribution of Load 5; (*f*) crack distribution of load 6; (*g*) crack distribution of Load 7

Table 4 and Fig. 30 indicates, in regular service stage, crack distribution has the following features:

(1) Only in Load 3 model, cracks appear on outer arc of segment. Ratio of maximum pressure and minimum pressure is 6. Actually, it is impossible to appear such great different non-uniform pressure in single segment in regular service stage. So, it is considered that no crack appears on outer arc of segment in regular service stage.

(2) Pressure in Load 5 is variable in width direction. The pressure load cause large quantity of cracks in arc length direction. Load ratio in width direction is 1 ∶ 3 ∶ 1. The segment width is only 1.5m. Actually, and it is impossible to appear such great different non-uniform pressure in single segment in such a short distance. So, it can be considered that no penetrating crack appears on inner arc of segment in regular service stage.

(3) Except Loads 3 and 5, in other models, namely, Loads 1, 2, 4, 6 and 7, cracks just appear in hand holes and bolts holes. Strengthening the local strength of weak area can effectively restrain cracks in regular service stage.

Three features mentioned above indicate cracks mainly appear near bolt holes and hand holes. These areas are plain concrete where can not be protected by steel bar. Strengthening the local strength of weak position can obviously restrain crack appearance and expansion of cracks

5 Conclusions

Crack problems of segments in construction stage and regular service stage were studied in this paper. The research results indicate segment cracks mainly concentrate on circumferential seams, hand holes and bolt holes. Under normal load level, no crack appears on inner and outer arc of segment. Improving the anti-crack performance of concrete near hand holes and bolt holes, the probability of crack and breakage can be effectively reduced, which can save maintenance expense in service period. Steel fiber can effectively improve the local mechanical performance of segment sur-faces, hand holes and bolt holes (Mo et al., 2007). Hence, adding steel fiber into segment concrete will distinctly improve the anti-crack performance of segment.

References

ADINA R&D Inc., 2005. Theory and Modeling Guide, vol. I. ADINA Solids & Structures, Watertown.

ANSYS Inc., 2004. Release 8.1 Documentation for ANSYS: Structural Analysis Guide.

Blom, C. B., van der Horst, M. E. J., Jovanovic, P. S., 1999. Three-dimensional structural analyses of the shield-driven "Green Heart" tunnel of the high-speed line south [J]. Tunneling and Underground Space Technology 14 (2), 217-224.

Chang, Chi-Te, Wang, Ming-Jung, Chang, Chien-Tzen, et al., 2001. Repair of displaced shield tunnel of the Taipei rapid transit system [J]. Tunnelling and Underground Space Technology 16, 167-173.

Design Institute of Guangzhou Metro Corporation, 2002. Construction Documents Design of Line 3 of Guangzhou Track Traffic 2002 (in Chinese).

Lee, K. M., Hou, X. Y., Ge, X. W., et al., 2001. An analytical solution for a jointed shield-driven tunnel lining [J]. International Journal for Numerical and Analytical Methods in Geomechanics 25, 365-390.

Li, Z. N., 2001. Discussion on manufacture tolerance of segment of shield tunnel. Papers of 14th Meeting of Council of Fast Track Communication of China Civil Engineering Society 2001 (in Chinese).

Mo and Chen, 2007 Mo, H. H., Chen, J. S.. Study on inner force and dislocation of segments caused [J]. Tunneling and Underground Space Technology10. 1016/j. tust. 2007. 06. 007.

Mo, H. H., Chen, J. S., Liang, Song, et al., 2007 Improvement of local mechanical properties of concrete segment by steel-fiber reinforcement Journal of South China University of Technology (Natural Science Edition) 35 (7), 116-121 (in Chinese).

Protosenya, A. G., Lebedev, M. O., 2002. Calculation of the loads on linings of subway tunnels constructed in physically nonlinear soil masses. Journal of Mining Science 38 (5), 418-424.

Wu, M. Q., 2004. Application study on steel fiber concrete segment in metro tunnel engineering. Guangdong Building Materials 3, 6-8 (in Chinese).

Zhu, W. B., Ju, S. J., 2003. Causes and countermeasures for segment cracking in shield-driven tunnel. Modern Tunnelling Technology 40 (1), 21-25. (in Chinese).

Study on inner force and dislocation of segments caused by shield machine attitude

H. H. Mo, J. S. Chen*

Department of Civil Engineering, South China University of Technology, Guangzhou, China Received 20 July 2006; received in revised form 30 January 2007; accepted 19 June 2007 Available online 21 August 2007

【Abstract】 Attitude deflection of shield machine is inevitable in process of driving forward, therefore, the tail brush, circular shape retainer and even shell of shield machine will extrude the exterior surfaces of segments. The squeezing action acting on segments causes dislocation, stress concentration and even crack in segments. Finite element code, ADINA, was used to analyze numerical tunnel model of 9 segment rings. The loads acting on different segment rings included squeezing action of tail brush under four attitude deflection, jacking forces, grouting pressure and earth pressure. The aspects of analysis included displacement feature and stress distribution. The analysis results indicate attitude deflection of shield machine causes biggish dislocation between segments, and the key segment is the most affected and weakest part in same ring which causes irregular displacement and dislocation in whole tunnel structure. In general, under squeezing action induced by shield machine, circumferential seam is much more affected than longitudinal seam. The squeezing action causes the segment dislocation exceed the limiting dislocation value which means curved bolt has extruded bolt hole and crack or breakage frequently concentrates in key segment and adjacent segment. Deflection of shield machine attitude is inevitable, but two deflection attitudes, including shield machine attitude deviates right direction and the head of shield machine goes down, should be avoided.

【Key words】 Shield tunnel; Shield machine attitude; Dislocation; Crack; Finite element analysis.

1 Introduction

In construction stage of shield tunnel, there are inevitable tolerances between driving route of shield machine and design axis of tunnel, especially when shield machine turns or adjust its attitude (Sramoon and Sugimoto, 2002; Qin et al., 2004). If space between exterior surface of segments and tail brush (Fig. 1) is not enough, shield machine can extrude segments during driving forward. The squeezing action from shield machine frequently causes segment dis-location. When dislocation capacity exceeds certain value, cracks arise in dislocation position. After several times driving and injection, the voids of tail brush fill with grouting material which is injected into gaps between tunnel segments and soil stratum. After the grouting material hardens, the stiffness of tail brush apparently increases. Simultaneously, grouting material flows down under gravity action. So, for the same tail brush, stiffness of lower part is larger than that of upper part. The uneven-stiffness tail brush applies non-uniform squeezing action to seg-

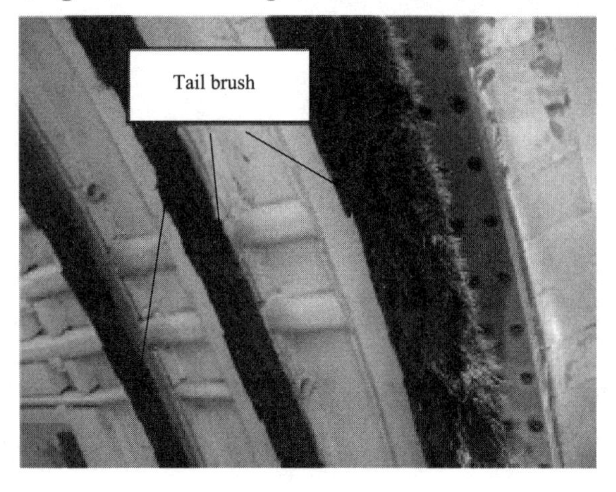

Fig. 1　Tail brush of shield machine

ment exterior surfaces which can aggravate crack problem of segment.

Since the attitude deflection of shield machine is inevitable, Research on segment mechanical behavior caused by improper shield machine attitude has important signification which will help to understand segment stress distribution and dislocations, and provide basis for optimizing the construction parameters.

For a shield tunnel, three factors, including different loads along longitudinal direction, different constraint condition and different type of loads, cause the stress analysis of construction stage become a complete three-dimensional problem (Blom et al., 1999; Zhang et al., 2005). Based on results of actual measurement, Qin et al. (2004) analyzed interaction between shield machine and segments, and research segment dislocation and crack caused by incoordination of shield machine attitude and tunnel axis. Blom et al. (1999) and Zhang et al. (2005) established a three-dimensional numerical model which considered 8-10 segment rings, jacking forces, grouting pressure and earth pressure. And they analyzed stress feature of segments in construction stage.

In this paper, based on research results of Blom et al. (1999); Sramoon and Sugimoto (2002); Qin et al. (2004), and Zhang et al. (2005), finite element code, ADINA, was used to establish a three-dimensional numerical model of shield tunnel of Guangzhou metro. Load-structure theory was applied in this paper. Longitudinal bolts, circumferential bolts, sealing rod key segment and tail of shield machine were taken into account. Segment stress and dislocation under squeezing action of different shield machine attitude was analyzed.

2 Loads acting on segments in process of driving

2.1 Squeezing action induced by shield machine

Tail brush showed in Fig. 1 is composed of steel wire. The stiffness of new tail brush is small, and the tail brush does not apparently extrude segments. After many times driving and injection, voids of tail brush fill with grouting material. After grouting material hardens, the stiffness of tail brush apparently increases. The squeezing action of tail brush becomes larger and larger. When shield machine adjust its attitude, turn or drive with deflection, the space between exterior surface of segments and tail brush could be not enough. If attitude adjustment does not match curved figure of segment or the deflection angle is too larger, tail brushes and shield shell would extrude the exterior surfaces of segments (Zhu and Ju, 2003) (Figs. 2 and 3).

Motion attitude of shield machine has two extreme conditions (Sramoon and Sugimoto, 2002; Qin et al., 2004): (1) when shield machine begins to drive forward, forces induced by shield machine include (Fig. 3a): (a) contact force in point A (the segments are just erected, so the contact force is small. The contact force can be set to 0); (b) forces from tail brush; (c) jacking forces; (2) after one driving cycle, jacks draw back. The forces induced by shield machine include (Fig. 3b): (a) contact force in point C (Since segments have to resist the deviation of shield machine, shield shell applies large forces on segments); (b) space between tail brush and exterior sur-

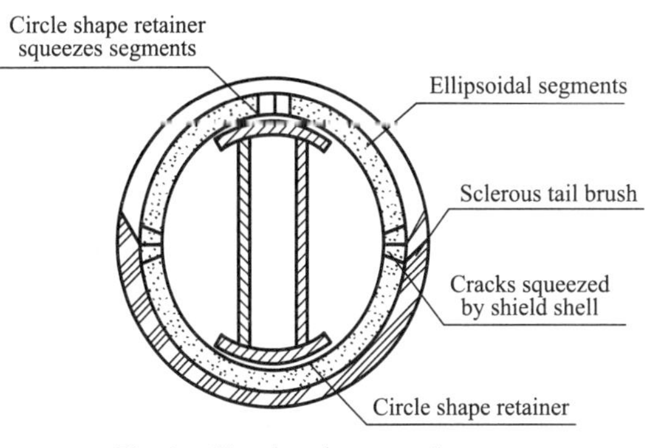

Fig. 2 Circular shape retainer

faces of segments decreases, the extrusion forces enlarge. Horizontal direction is assumed to be X-axis. Vertical direction is assumed to be Y-axis. Driving direction of shield machine is assumed to be Z-axis. The irregular motion attitude of shield machine can be simplified to four deflection model: (1) Model 1: rotate 0. 10 about positive direction of Y-axis (Fig. 4b); (2) Model 2: rotate 0. 1° about negative direction of Y-axis (Fig. 4c); (3) Model 3: rotate 0. 1° about positive direction of X-axis (Fig. 4d); (2) Model 4: rotate 0. 1° about negative direction of X-axis (Fig. 4e).

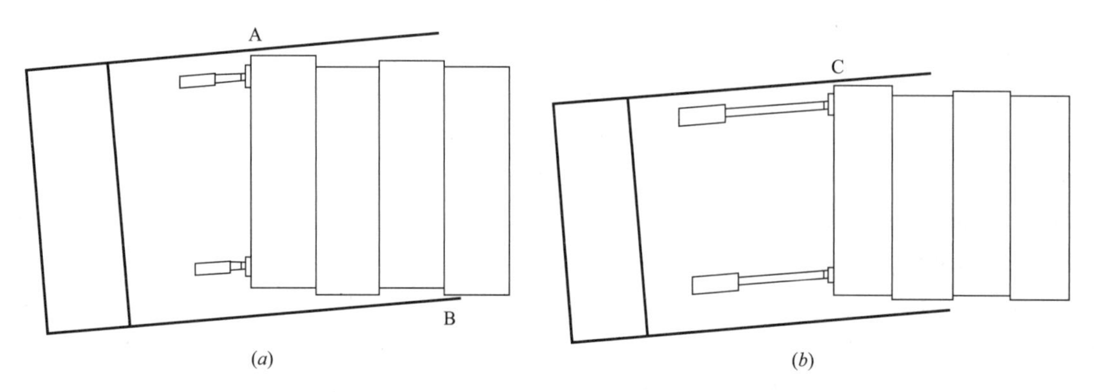

Fig. 3 Squeezing action on segments in process of driving forward

(a) extreme condition 1; (b) extreme condition 2

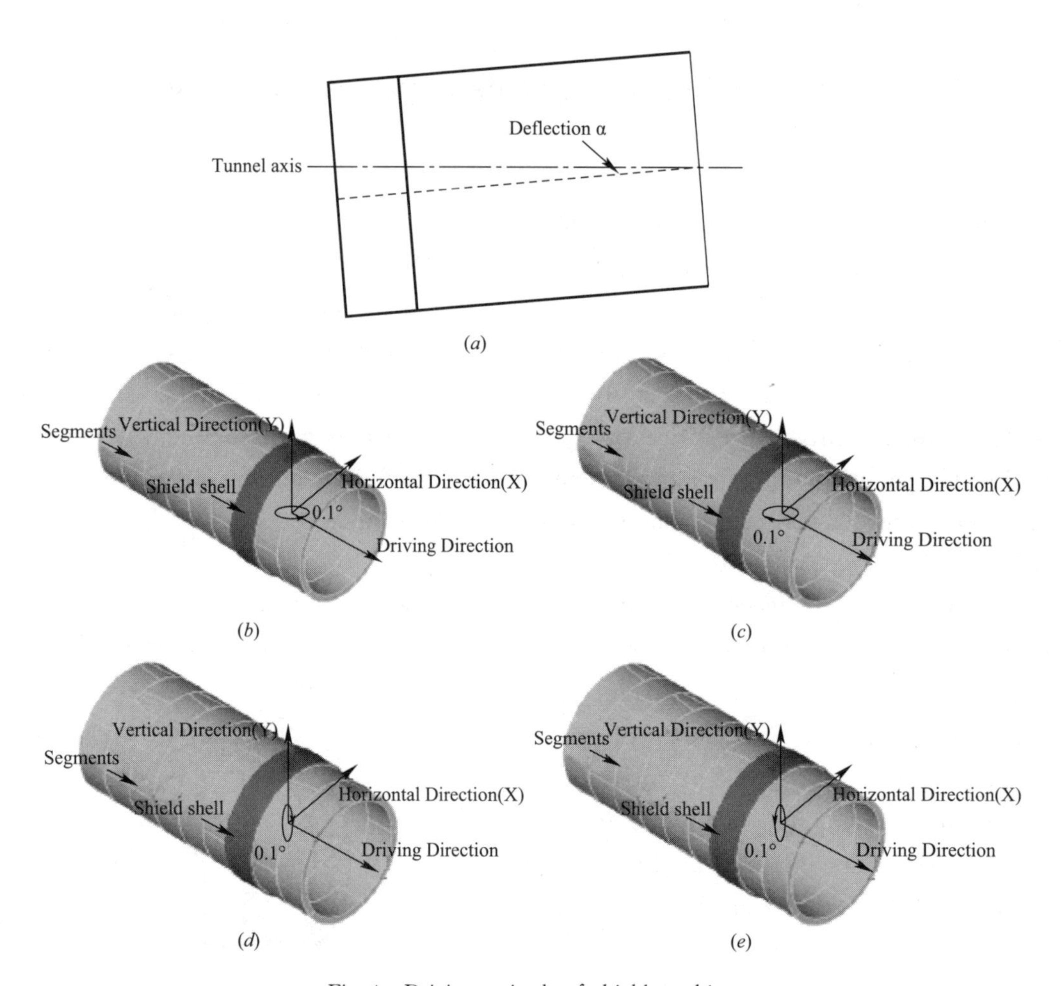

Fig. 4 Driving attitude of shield machine

(a) Abstract mode; (b) Model 1; (c) Model 2; (d) Model 3; (e) Model 4

Squeezing action can be modeled as contact interaction between tail brush and segments. Contact surfaces were set between inner surfaces of tail brush and segment exterior surfaces (Fig. 5). When shield machine drives with deflection, contact forces, including normal force and sliding-frictional force, which come from tail brush, are automatically calculated by ADINA program through iterative process. Thus contact interaction can simulate squeezing action. The friction coeffcient of tail brush and segment is set to 0.3.

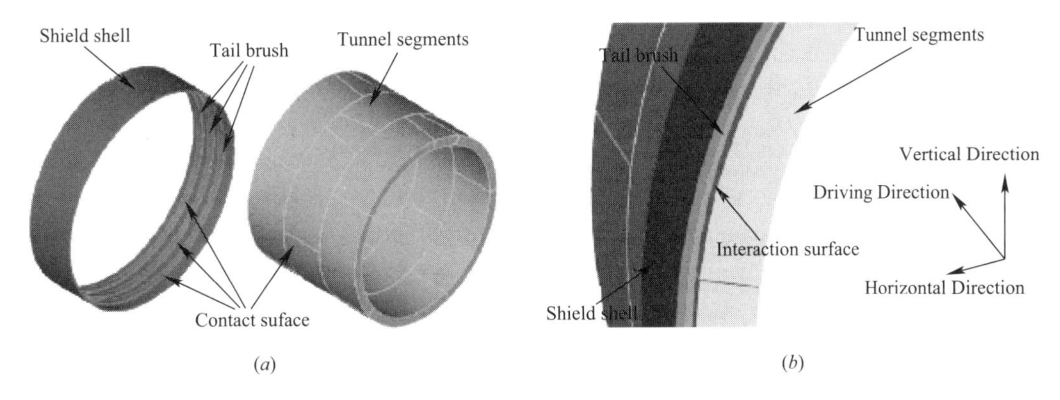

Fig. 5 Interaction between tail brush and segments (*a*) and (*b*)

2.2 Jacking force

Jacking force is one of the main loads in construction stage (Working Group No. 2. International tunneling association, 2000). And it can cause cracking in segments especially when circular seam of segment is out-of-flatness caused by construction and manufacture tolerances. Even the roughness is only 0.5-1.0 mm, it can cause huge cleavage moment in next ring. Simultaneously, eccentric jacking force also cause craze in segments (Li, 2001). In Guangzhou metro, segment circular seam bears 1600 kN/m pressure along circumferential direction in construction stage (Li, 2001). In present work, jacking forces were simplified to pressure acting on circular pad. And the equivalent pressure is 5400kN/m^2.

2.3 Grouting pressure

Grouting pressure distribution is complicated. Uneven grouting pressure would cause segment dislocation and even crack. In this paper, grouting pressure was assumed that the pressure magnitude linearly decreased along tunnel axis and finally became equal to earth pressure (Zhang et al., 2005). In this paper, P_{in1} was assumed to be 0.30 MPa, and P_{in2} was assumed to be 0.45 MPa (Fig. 6).

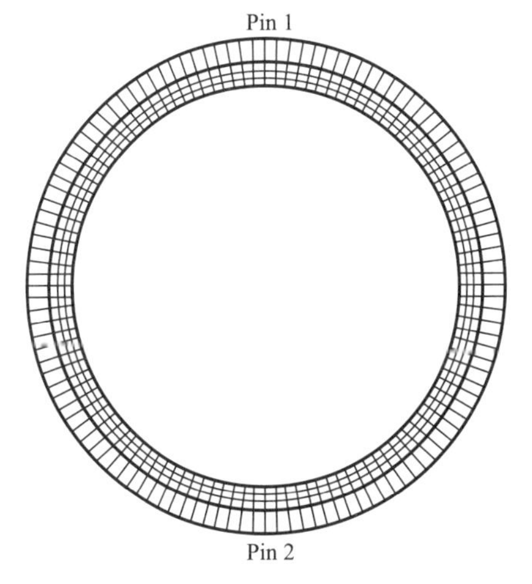

Fig. 6 Grouting pressure acting on the segments

2.4 Earth pressure

Earth pressure pattern is showed in Fig. 7. Fig. 8 shows stratum surrounding tunnel structure.

In Fig. 7, P_1 is overlying earth pressure and water pressure acting on top of segment ring. P_2 is vertical soil resisting force and vertical water pressure acting on bottom of segment ring. P_3 is lateral earth pressure and water pressure acting on horizontal surface of arch crown. P_4 is lateral earth pressure and water pressure acting on horizontal surface of arch bottom. P_5 is self weight of segments. Resisting forces due to deformation of segment are discussed in Section 2. 5. The theory of Terzaghi loosening earth pressure was used to calculate P_1 to P_4 showed in Fig. 5. The half loosening range:

$$B_1 = R_0 \cot\left(\frac{\pi/4 + \varphi/2}{2}\right) \tag{1}$$

where R_0 is outer radius of segment, φ is internal friction angle of soil. Loosening height of soil:

$$h_0 = \frac{B_1\left(1 - \frac{c}{B_{14}}\right)}{K_0 \tan\varphi}\left(1 - e^{-K_0 \tan\varphi \cdot \frac{H}{B_1}}\right) + \frac{P_0}{\gamma} e^{-K_0 \tan\varphi \cdot \frac{H}{B_1}} \tag{2}$$

where K_0 is ratio of horizontal earth pressure and vertical earth pressure, $K_0 = 0.50$, c is soil cohesion, φ is soil self weight, H is overlying soil thickness, P_0 is ground over loads.

Related parameters mentioned above were substituted into formulas (1) and (2), so $B_1 = 6.25\text{m}$, $h_0 = 15.37\text{m} > 2R_0 = 12\text{m}$, hence

$$P_1 = h_{0\gamma} = 15.05 \times 20 = 307.4\text{kN/m}^2$$

$$P_2 = P_1 + \pi g = 307.4 + 3.14 \times 7.5 = 331.0\text{kN/m}^2$$

where g is soil deadweight.

$$P_3 = \lambda P_1 = 153.7\text{kN/m}^2$$

$$P_4 = \lambda(P_1 + \gamma R_0) = 213.7\text{kN/m}^2$$

where λ is lateral coeffcient of earth pressure. According to Terzaghi et al. (1996), $\lambda = 0.50$.

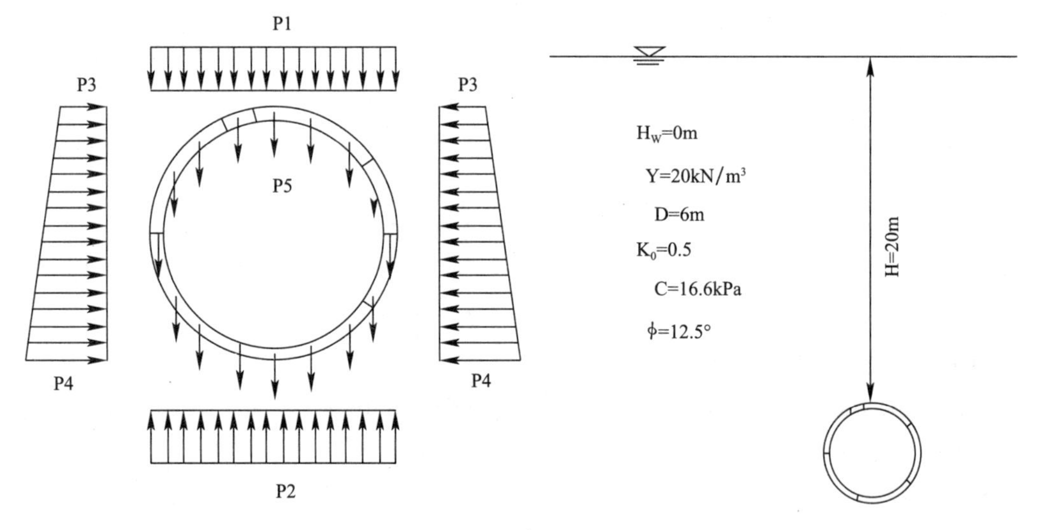

Fig. 7 Earth pressure distribution of lining

Fig. 8 Stratum conditions

2.5 Ground reaction

In traditional load-structure model, ground reaction is assumed to have a value that corresponds to tunnel deformation and displacement and modeled as ground springs located along the whole periphery of the tunnel (Koyama, 2003; Mashimo and Ishimura, 2003) (Fig. 9).

In this paper, a solid mass surrounding the tunnel was employed to simulate the ground reaction. Contact surfaces were set between inner surfaces of solid mass and segment exterior surfaces (Fig. 10). When the tunnel structure deforms due to earth pressure, contact interaction between the solid mass and segments can restrict the tunnel deformation. Contact force, including normal force and sliding-frictional force, are automatically calculated by ADINA program through iterative process. Therefore, solid mass with contact surfaces can substitute the radial ground reaction spring and the tangential ground reaction spring which are in traditional load-structure model. The spring stiffness of traditional model is substituted by Young's modulus in solid mass, and Young's modulus changes with different soil stratum. Since first 3 segment rings still in shield machine before shield machine drivers forward, the solid mass just surrounds last 6 segment rings of the tunnel (Fig. 10*b*). The friction coeffcient of soil and segment is set to 0.3. The solid mass was used only to simulate the ground reaction, so the deadweight of the solid mass was neglected.

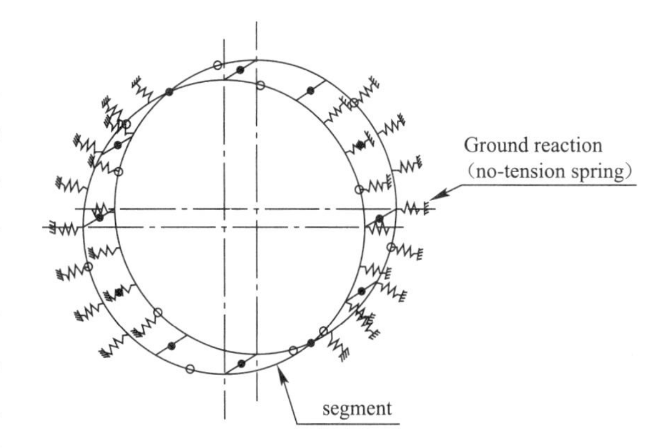

Fig. 9 Spring in traditional load-structure model

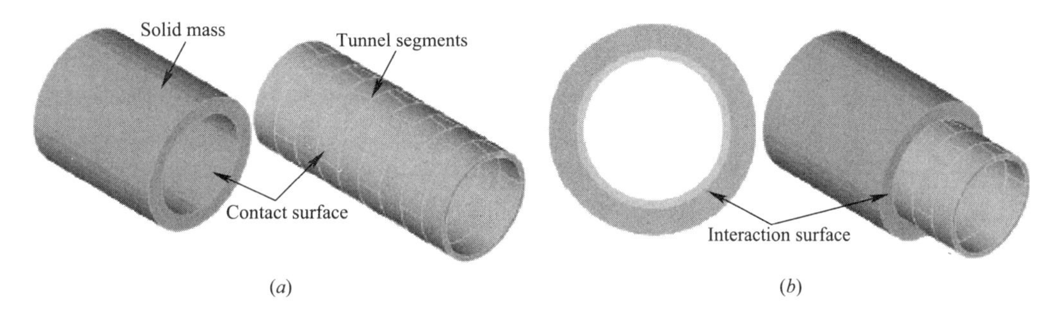

Fig. 10 Contact surfaces between solid mass and tunnel segments (*a*) and (*b*)

2.6 Load distribution along driving direction

Based on the discussions from Section 2.1 to Section 2.5, the loads distribution along driving direction is summed up as Fig. 11.

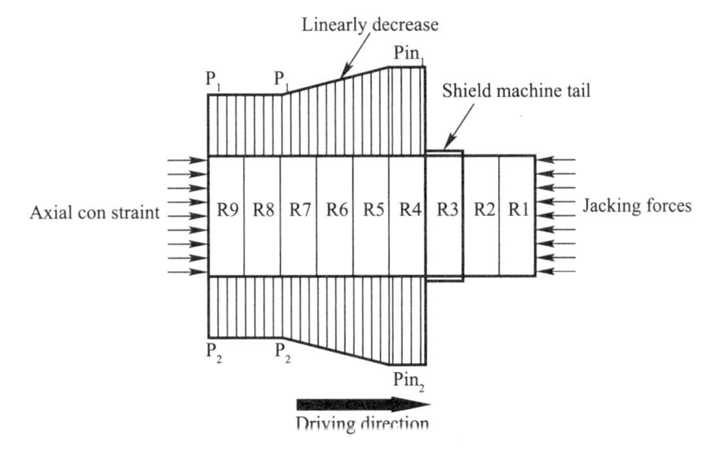

Fig. 11 Loads distribution along longitudinal direction

When one driving cycle begins, Ring 1 (R1) erection is just completed, and shield machine tail locates on Ring 3 (R3). Then shield machine drives forward and stops at Ring 2 (R2). The jacks draw back. One driving cycle completes. Fig. 11 shows the state which a driving cycle begins. During driving, R1 just bears jacking forces. R2 bears extrusion forces which are from tail brush. R3 gradually leaves shield machine tail and bears increasing grouting pressure. The grouting pressure gradually reaches P_{in1} and P_{in2}. Grouting materials surrounding Ring 4-7 (R4-R7) gradually solidify. Hence, in this paper, or R4-7, grouting pressure was assumed to linearly decrease from P_{in1} to P_1 and P_{in2}-P_2 (Fig. 9). For Ring 8 and 9 (R8 and R9), the grouting materials are assumed to be concretionary, and earth pressure directly acts on exterior surfaces of R8 and R9 (Zhang et al., 2005), as showed in Fig. 7.

3 Numerical model

3.1 Dimensions of segment and shield machine tail

Segment arrangement and numbering are showed in Figs. 12 and 13. Segment dimensions are displayed in Fig. 13. Segment external diameter is 6 m; internal diameter is 5.4 m; width is 1.5 m; and thickness is 0.3m (Fig. 12 and 13). One segment ring consists of 1 key segment (KP), 2 adjacent segments (BP and CP) and 3 standard segments (A1P-A3P). The key segment deviates 18° from vertical direction (Figs. 12 and 14). The tunnel structure is erected by staggered format (Fig. 14) (DIGMC, 2002). Internal diameter of tail brush is 5.99m. Internal diameter of shield shell is 6.13m. Thickness of shield shell is 40mm.

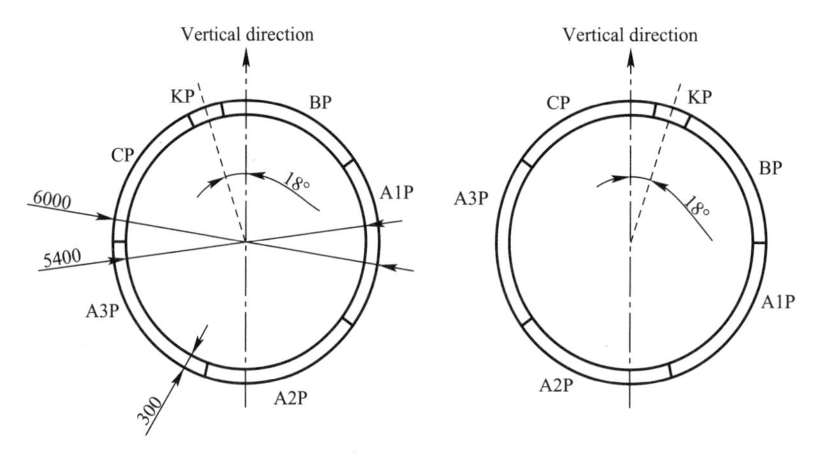

Fig. 12　Segment arrangement and relative numbering (unit: mm)

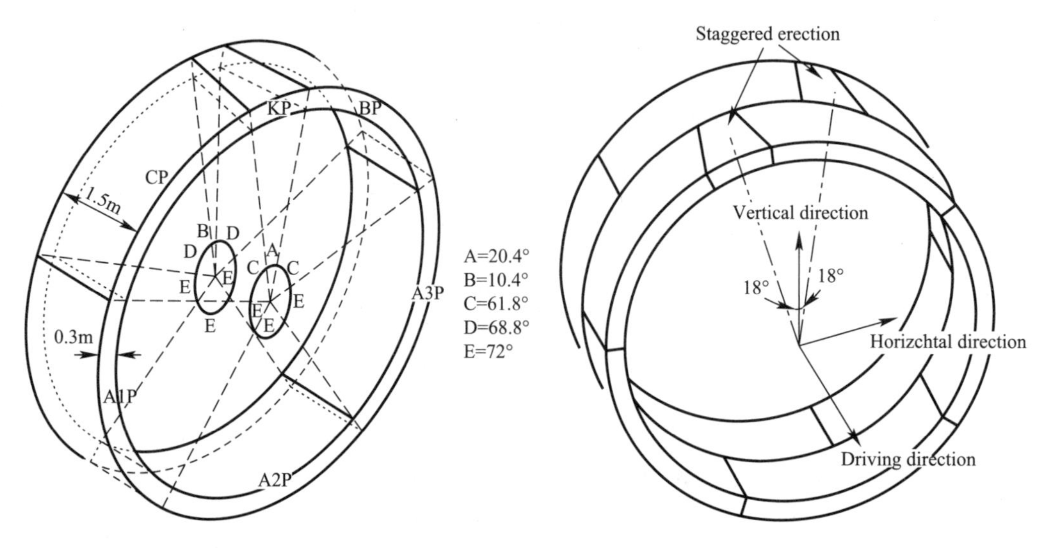

Fig. 13　Segment dimensions　　Fig. 14　Staggered erection

Material models and parameters **Table 1**

Type	Material	Constitutive model	Material parameters
Segment	Concrete	Elastic	$E=3.45\times10^7$kN/m^2, $\mu=0.2$, $\gamma=25$kN/m^3
M24 Bolt	Steel	Elastic	$E=5.4\times10^7$kN/m^2, $\mu=0.167$
Sealing rod cork gasket	Rubber	Mooney-Rivlin	$C_1=561$kPa, $C_2=225$kPa
Shield shell	Steel	Eiastic	$E=2.06\times10^8$kN/m^2, $\mu=0.167$
Tail brush (upper part)	—	Elastic	$E=4.0\times10^4$kN/m^2, $\mu=0.2$
Tail brush (lower part)	—	Elastic	$E=3.45\times10^5$kN/m^2, $\mu=0.2$
Solid mass	—	Elastic	$E=2.0\times10^4$kN/m^2, $\mu=0.3$

3.2 Material model and parameters

Material models used in the numerical model are listed in Table 1.

In common computation, Young's modulus of steel is 2.06×10^8kPa. But in Table 1, Young's modulus of M24 bolts is 5.4×10^7kN/m^2 since straight bolts were used to simulate curved bolts in this paper. Obviously, stiffness of straight bolt is larger than that of curved bolts when bearing axial tensile force. If Young's modulus of straight bolt is unchanged, the stiffness would be larger than practical situation. Hence, in order to obtain the equivalent Young's modulus of straight bolt, same axial tensile force was applied to straight bolt and curved bolt. Through adjusting the Young's modulus of straight bolt, the displacement of straight bolt is the same with curved bolt, and the Young's modulus of straight bolt is 5.4×10^7kPa. Grouting material can flow down after being injected into gaps between tunnel segments and soil stratum. The grouting material can fill voids of lower part of tail brush. Therefore, for the same tail brush, Young's modulus of lower part is larger than that of upper part (Table 1).

3.3 Three-dimensional finite element model

The numerical model consists of 9 segment rings. Whole model, including segments, bolts, sealing rods, pads, shield shell, tail brush and soil stratum, were meshed by 8-node three-dimensional solid element. Contact function was used to simulate the interaction of each sealing rod (friction coefficient is 0.1). Squeezing action induced by shield machine and ground reaction were also simulated with contact function (see Sections 2.1 and 2.5). Each segment is jointed by M24 straight bolts. Initial strain was added to bolt elements to simulate pretightening twist moment 300Nm. Fig. 15 shows the numerical model. Horizontal direction is X-axis. Vertical direction is Y-axis. The driving direction of shield machine is assumed to be Z-axis. The numerical model includes 42996 elements and 74519 nodes.

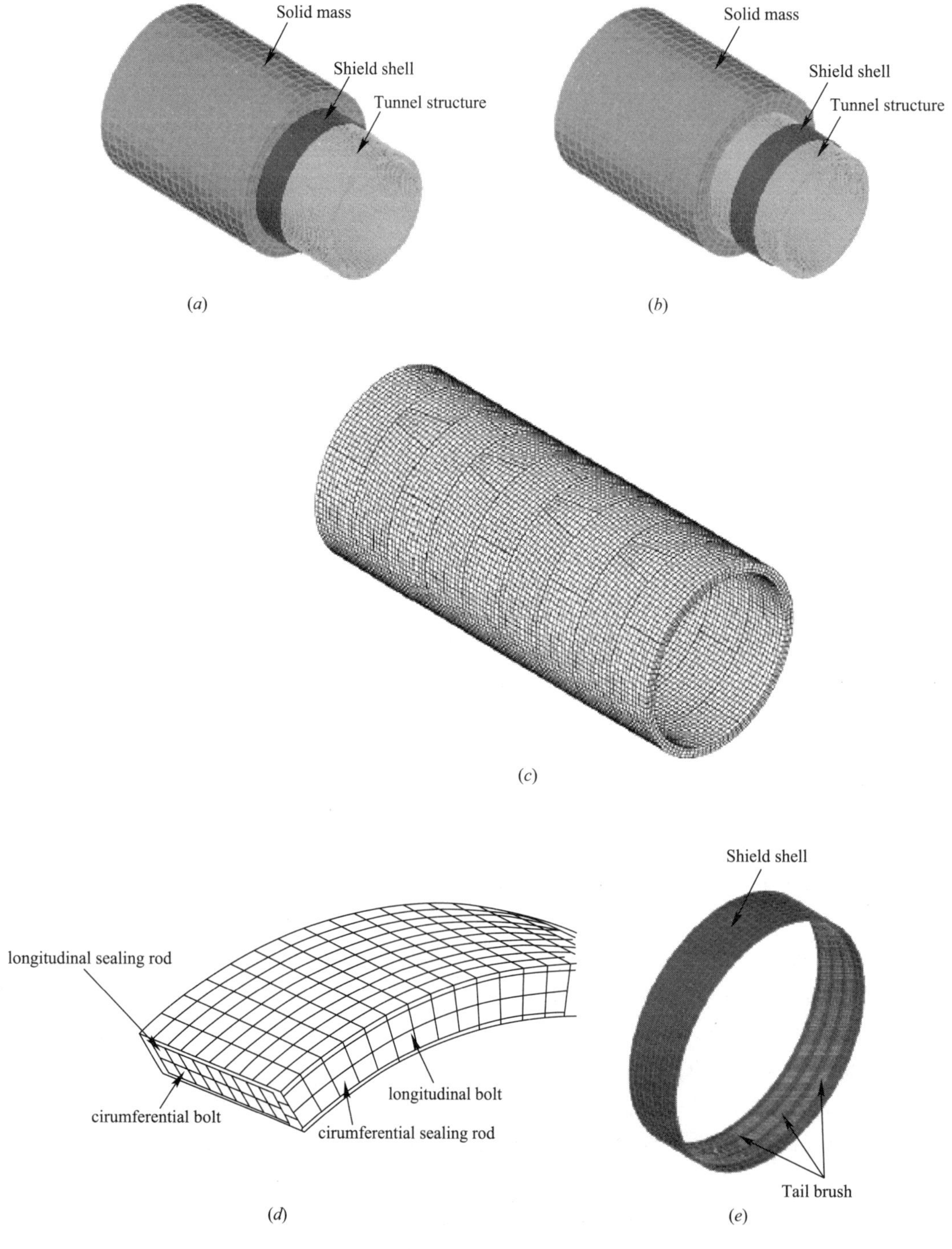

Fig. 15　Finite element mesh of numerical model

(*a*) whole model (before driving cycle); (*b*) whole model (after driving cycle);
(*c*) tunnel model; (*d*) bolts and sealing roads; (*e*) shield tail

4　Results and analysis

Jacking force direction is parallel to driving direction of shield machine. If shield machine drives with deflection, jacking force acting on R1 would become eccentric force, and then the eccentric jacking force would cause segment dislocation become larger. Hence, computational results in the following part just include the situation when shield machine stops at R2 and jacks have not been drawn back. In this situation, R3 has just completely leaved shield machine, and R8 and R9 bears earth pressure in regular service (Fig. 7). Actual function of R8 and R9 is providing appropriate boundary for R1-7, so computational results in following part neglect the results of R8 and R9.

4.1 Displacement and dislocation

Fig. 16 shows displacement contours of Model 1-Model 4. Fig. 17 shows displacement of R1-4 in Model 1-4. The red dash lines in Fig. 17 are initial position of segments.

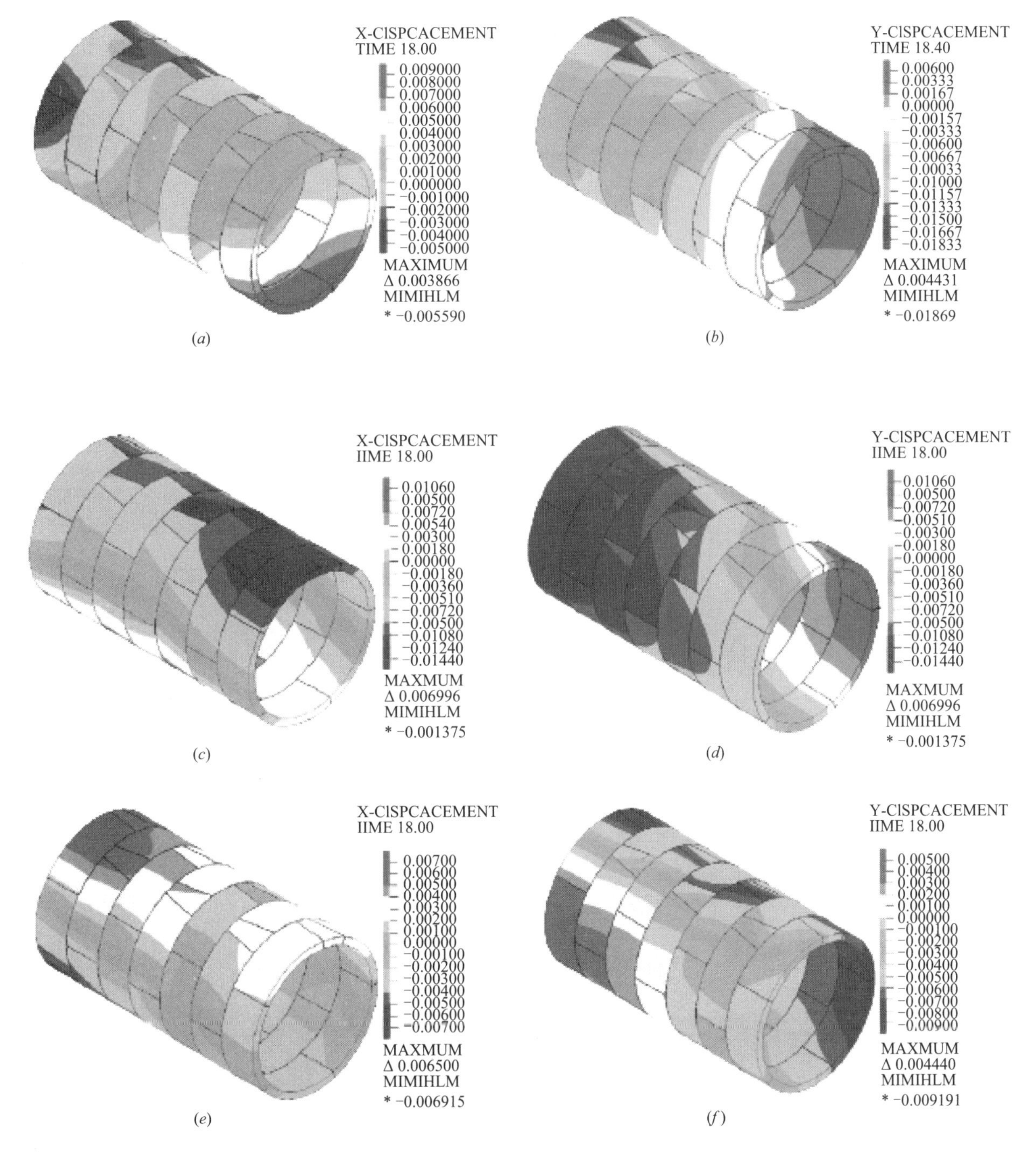

Fig. 16 Displacement contour of model 1-4 (m) (1)

(*a*) horizontal displacement of Model 1; (*b*) vertical displacement of Model 1;
(*c*) horizontal displacement of Model 2; (*d*) vertical displacement of Model 2;
(*e*) horizontal displacement of Model 3; (*f*) vertical displacement of Model 3

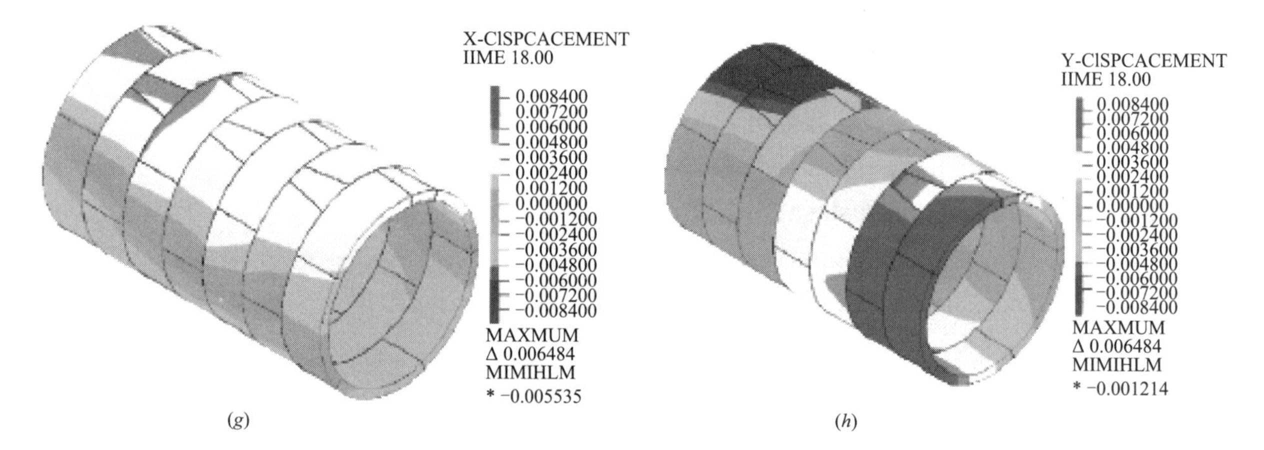

Fig. 16　Displacement contour of model 1-4 (m) (2)

(*g*) horizontal displacement of Model 4; (*h*) vertical displacement of Model 4

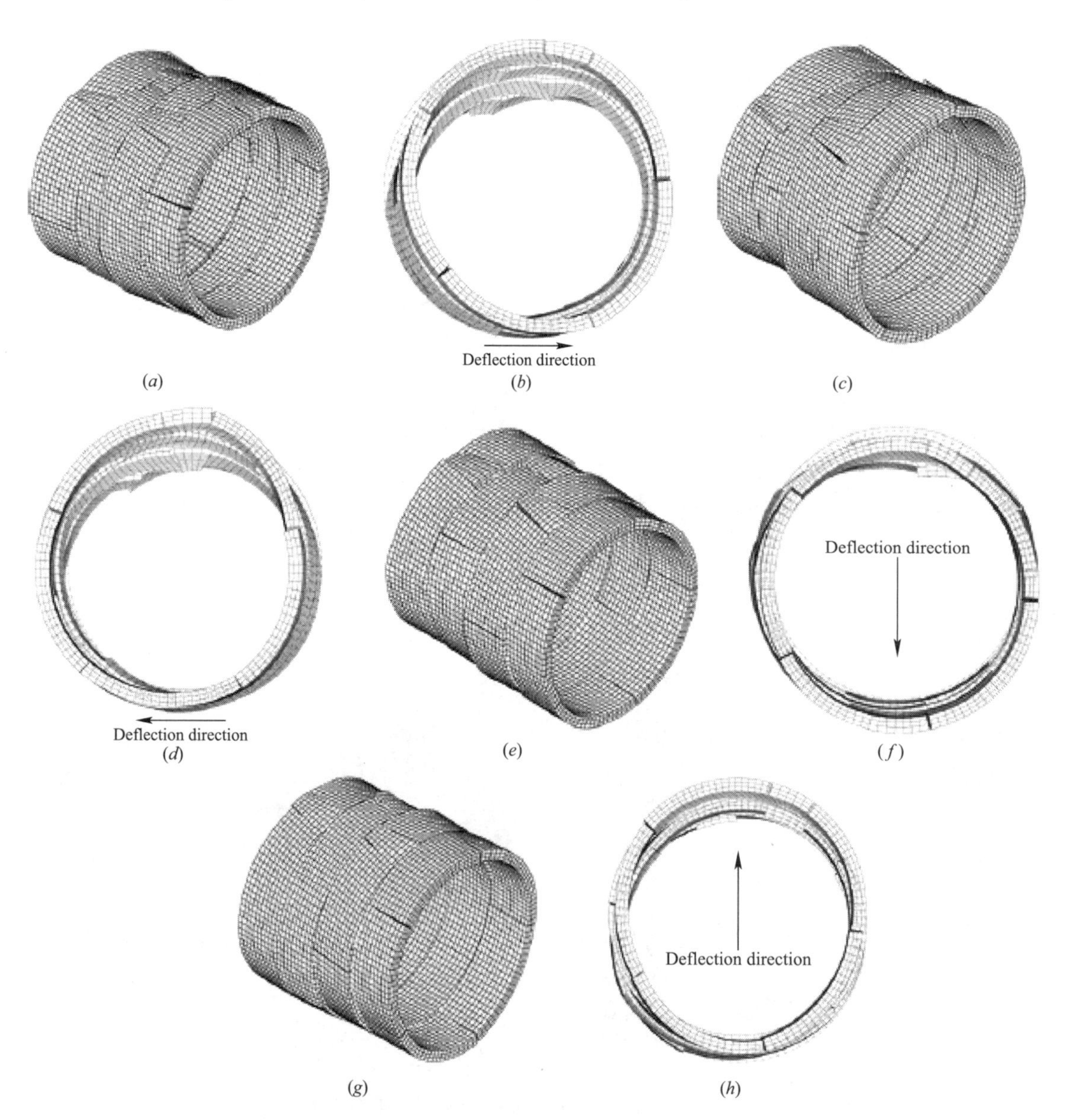

Fig. 17　Displacement of ring 1-4 in model 1-4 (enlarged 80 times)

(*a*) Model 1 (perspective view); (*b*) Model 1 (front view); (*c*) Model 2 (perspective view); (*d*) Model 2 (front view)
(*e*) Model 3 (perspective view); (*f*) Model 3 (front view); (*g*) Model 4 (perspective view); (*h*) Model 4 (front view)

As showed in Figs. 16 and 17, under different deflection angle, squeezing action of shield machine causes apparently irregular displacement in R1-R4. The position of maximum displacement is also irregular. In order to clarify the irregular displacement state, displacement of Model 3 is showed in side view (Fig. 18). The red dash lines denote initial position of segments. The deformation mesh of tunnel indicates the entire displacement tendency is bending about horizontal axis. But for one segment, the displacement is irregular (Figs. 16-18).

Though no regularity exists in 16 and 17, Fig. 16 shows that the maximum displacement of Model 2 is larger than other models. This indicates if driving deflection of shield machine cause circumferential seam of right adjacent segment (CP) be in compression, the entire displacement of tunnel is biggish. Model 2 denotes the attitude that shield machine attitude deviates right direction (Fig. 19).

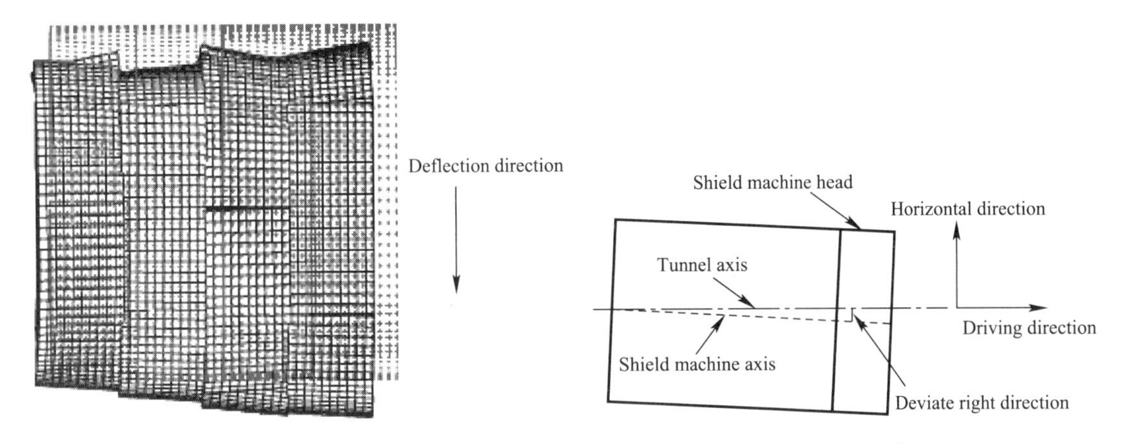

Fig. 18 Displacement of model 3 (side view) (enlarged 120 times)

Fig. 19 Attitude of model 2

Actually, the most important influencing factor to tunnel structure is not the entire deformation, but dislocation which includes relative torsion or extrusion. Dislocation between segments enlarges open value of segment joint which causes problems including waterproof and stress concentration. Table 2 lists maximum dislocation of four models.

Maximum capacities of dislocation **Table 2**

Model	Longitudinal seam		Circumferential seam	
	Dislocation (mm)	Position	Dislocation (mm)	Position
1	0.68	Between R2 KP and R2 CP	0.61	Between R2 BP and R3 KP
2	0.43	Between R2 KP and R2 CP	0.06	Between R2 BP and R3 KP
3	2.42	Between R3 KP and R3 CP	3.54	Between R2 BPand R3 KP
4	0.52	Between R3 KP and R3 CP	3.03	Between R2 BP and R3 KP

Table 2 indicates different deflection attitude has different effect on dislocation capacity. In general, circumferential seam is much more affected than longitudinal seam. In four models, key segment is the weakest part which is apparently affected by deflection attitude. Fig. 20 shows the practical situation of vicarious key segment. Maximum capacity of dislocation appears in Model 3 which means if driving deflection of shield machine cause circumferential seam of standard segment be in compression, the segment dislocation is maximum. The attitude of Model 3 denotes a familiar work condition that the head of shield machine goes down when driving (Fig. 21).

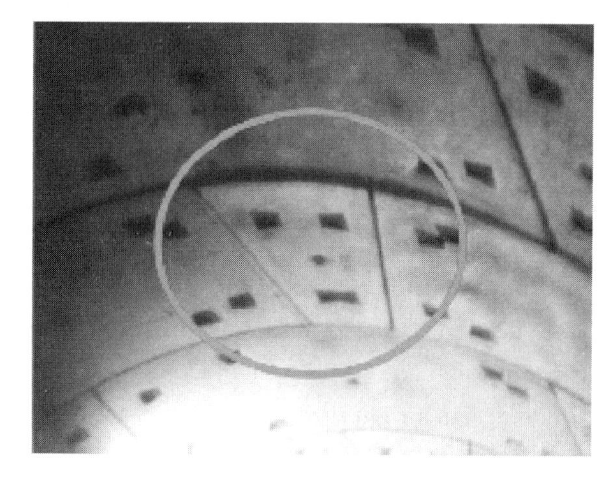

Fig. 20　Vicarious key segment

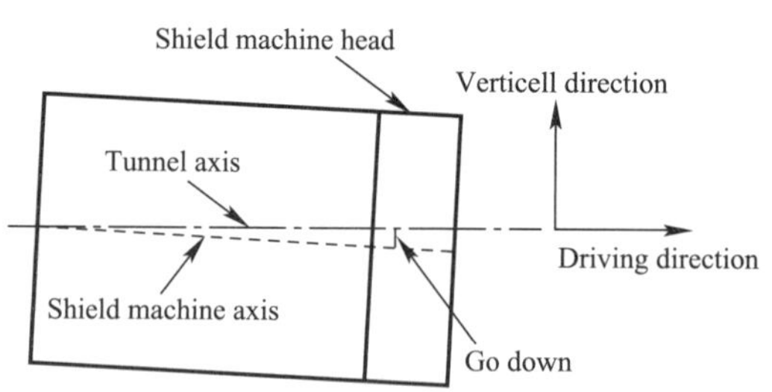

Fig. 21　Attitude of model 3

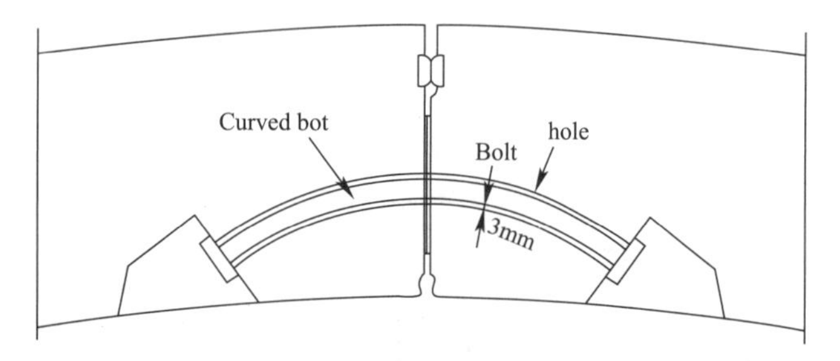

Fig. 22　Segment joint.

There exists 3 mm gap between curved bolt and bolt hole which can be regarded as limiting dislocation value (Fig. 22). If dislocation exceeds 3 mm, curved bolt begins to extrude bolt hole, and stress concentration appears near the bolt hole. Since key segment is the most affected part of tunnel structure, it can be presumed that crack or breakage frequently concentrate near key segment ring and adjacent segment

4. 2　Stress distribution

It is obvious that stress concentration area is the same as maximum dislocation area. Table 1 indicates the maximum dislocation appears in R2 and R3, therefore, the following figures just shows the first principal stress in R2 and R3.

Fig. 23 indicates that stress concentrates near bolt hole of key segment. Result of driving attitude without deflection is showed in Fig. 24. Compare Fig. 23 with Fig. 24, stress distribution in Fig. 23 is more intensive than that in Fig. 24, and the stress peak values in models with deflection are much larger than that in model without deflection.

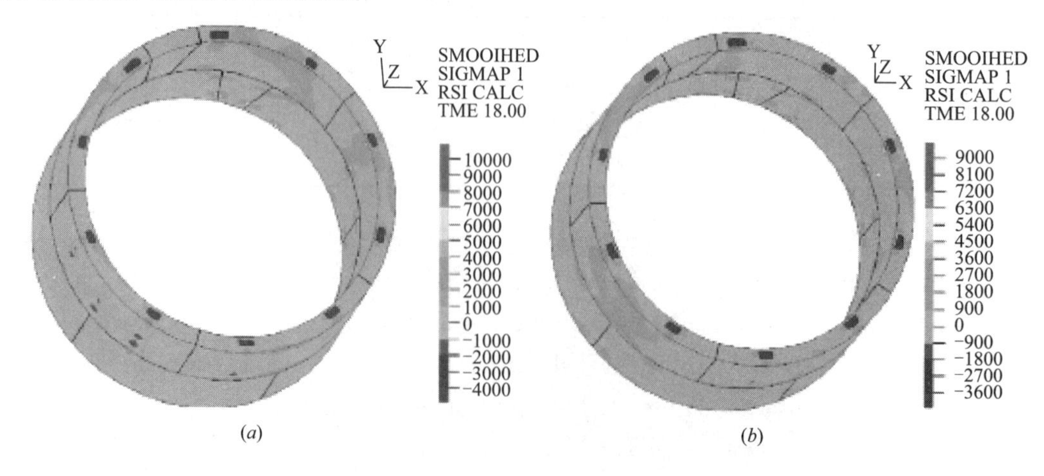

Fig. 23　r_1 Contour of R2 and R3 (kN/m^2) (1)

(*a*) Model 1; (*b*) Model 1

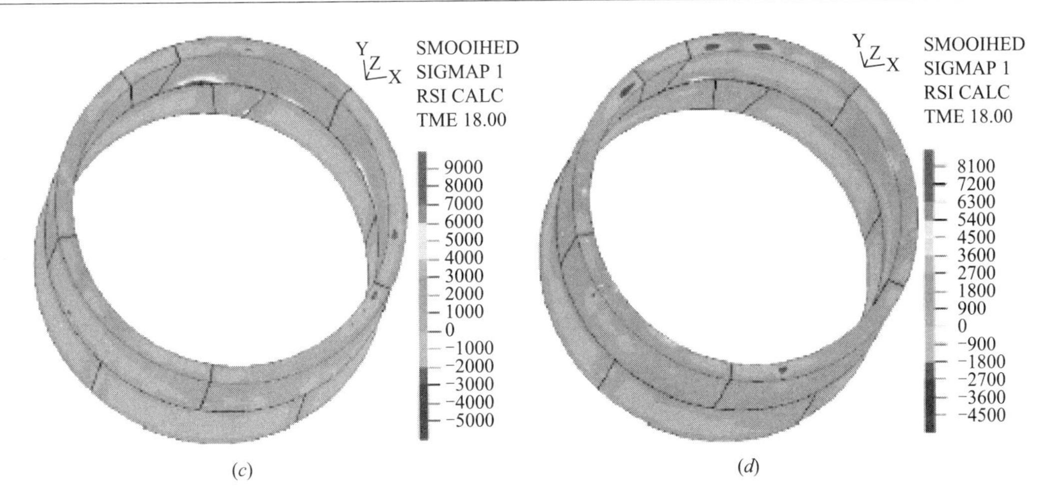

Fig. 23 r_1 Contour of R2 and R3 (kN/m^2) (2)

(c) Model 3; (d) Model 4

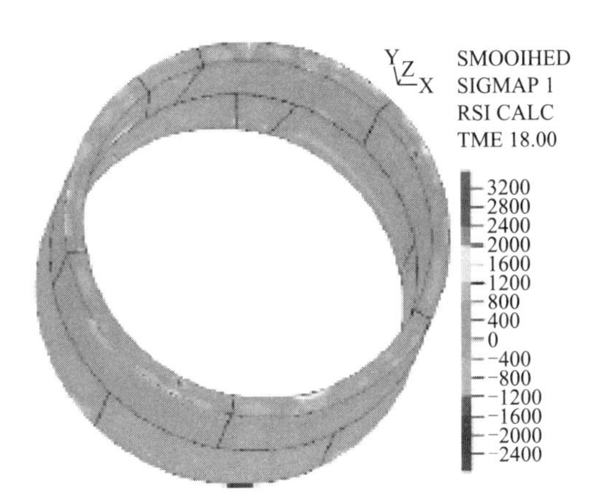

Fig. 24 r_1 Contour of ring 2 and 3 without driving deflection (kN/m^2)

5 Conclusions

After analyzing a three-dimensional model of 9 segment rings, the main results obtained from the study are as follows.

1. The key segment is the most affected and weakest part of shield tunnel structure. The special constitution of key segment induces out-of-plane displacement even under uniform loads which causes irregular displacement and dislocation in whole tunnel structure.

2. In general, under squeezing action induced by shield machine, circumferential seam is much more affected than longitudinal seam. If driving deflection of shield machine cause circumferential seam of right adjacent segment (CP) be in compression, the entire displacement of tunnel is biggish. If driving deflection of shield machine cause circumferential seam of standard segment be in compression, the segment dislocation is maximum.

3. Under squeezing action induced by shield machine, dislocation of key segment generally exceeds the limiting dislocation value which means curved bolt has extruded bolt hole, therefore, the crack or breakage frequently concentrates in key segment and adjacent segment.

4. Deflection of shield machine attitude is inevitable, but two deflection attitudes, including shield machine attitude deviates right direction and the head of shield machine goes down, should be avoided.

References

Blom, C. B. M., Horst, E. J. V., Jovanovic, P. S., 1999. Three-dimensional structural analyses of the shield-driven green heart tunnel of the high-speed line south. Tunneling and Underground Space Technology 14 (2), 217-224.

DIGMC (DesignInstitute of Guangzhou Metro Corporation), 2002. Construction documents design of Line 3 of Guangzhou track traffc (in Chinese).

Koyama, Y., 2003. Present status and technology of shield tunneling method in Japan. Tunneling and Underground Space Technology 18, 145-149.

Li, Z. N., 2001. Discussion on manufacture tolerance of segment of shield tunnel. In: Papers of 14th Meeting of Council of Fast Track Communication of China Civil Engineering Society (in Chinese).

Mashimo, H., Ishimura, T., 2003. Evaluation of the load on shield tunnel lining in gravel. Tunneling and Underground Space Technology 18, 233-241.

Qin, J. S., Zhu, W., Chen, J., 2004. Study of dislocation of duct pieces and crack problems caused by shield attitude control. Construction Technology 33 (10), 25-27 (in Chinese).

Sramoon, A., Sugimoto, M., 2002. Theoritical model of shield behavior during excavation. Journal of Geotechnical and Geoenviornmental Engineering (2), 138-165.

Terzaghi, K., Peck, R., Mesri, G., 1996. Soil mechanics in engineering practice. John Wiley and Sons.

Working Group No. 2. International tunneling association, 2000. Guide-lines for the design of shield tunnel lining. Tunneling andUnder-ground Space Technology 15 (3), 303-331.

Zhang, H. B., Yin, Z. Z., Zhu, J. G., Li, C. X., 2005. Three-dimensional FEM simulation of shield-driven tunneling during construction stage. Rock and Soil Mechanics 26 (6), 990-994 (in Chinese).

Zhu, W. B., Ju, S. J., 2003. Causes and countermeasures for segment cracking in shield-driven tunnel. Modern Tunnelling Technology 40 (1), 21-25 (in Chinese).

Mechanical behaviour of segment rebar of shield tunnel in construction stage*

Jun-sheng CHEN*, Hai-hong MO
(Department of Civil Engineering, South China University of Technology, Guangzhou 510640, China)
(State Key Laboratory of Subtropical Building Science, South China University of Technology, Guangzhou 510640, China)

【Abstract】 In this paper, a 3D finite element (FE) program ADINA was applied to analyzing a tunnel with 9 segment rings. The loads acting on these segment rings included the squeezing action of tail brush of shield machine under attitude deflection, the jacking forces, the grouting pressure and the soil pressure. The analyses focused on the rebar stress in two statuses: (1) normal construction status without shield machine squeezing; (2) squeezing action induced by shield machine under attitude deflection. The analyses indicated that the rebar stress was evidently affected by the construction loads. In different construction status, the rebar stress ranges from −80MPa to 50MPa, and the rebar is in elastic status. Even some cracks appear on segments, the stress of segment rebar is still at a low level. It is helpful to incorporate a certain quantity of steel fiber to improve the anti-crack and shock resistance performance.

【Key words】 Shield tunnel, Construction, Segment, Rebar, Finite element (FE) analysis

INTRODUCTION

Segment is the basic structure unit of a shield tunnel. Rebar is the main part of the segment (Fig. 1). The mechanical behavior of the rebar affects the form of reinforcement, the ratio of reinforcement and the cost of whole tunnel. In China, the ratio of reinforcement of finished shield tunnel is 128~165kg/m^3. According to Guangzhou Metro, the different ratio of reinforcement causes about 4 million RMB differences in the investment of the shield tunnel (Li and Chen, 2003). Therefore, it is significant to clarify the mechanical behavior of rebar in construction stage, which can save the engineering investment and op-timize the segment design.

Foregoing researches (Blom *et al.*, 1999; Nomoto *et al.*, 1999; Sramoon and Sugimoto, 2002; Koyama, 2003; Kasper and Meschke, 2004) seldom involve the mechanical behavior of segment rebar. At present, the methods of research on segment rebar are mostly limited in the indoor full size experiments plus some field measurements. Zhang *et al.* (2002) tested the rebar stress of segment joints through indoor experiments. Chen *et al.* (2004) performed a field measurement on one section of shield tunnel in Guangzhou Metro and researched the property of rebar in different work conditions. Dobashi *et al.* (2004) researched the rational design of steel segmental lining in Central Circular Shinjuku Route. Due to the various types of loads and the complicated boundary conditions, it is very difficult to simulate the actual loads and boundary

Fig. 1 Segment reinforcement stacked on the ground

conditions in indoor experiment. If the loads and boundary conditions are not precisely simulated, the rebar stress measured indoors may have rather large errors. Field meas-urement may be quite precise for rebar stress. However, for different tunnels, the limited test results cannot reflect the whole picture of their rebar's mechanical behavior under different construction and geological conditions.

In this paper, a load-structure theory was applied. Based on the research of Zhang *et al.* (2002), Chen *et al.* (2004), and Dobashi *et al.* (2004), a finite element (FE) program of ADINA was adopted to establish a 3D numerical model for the shield tunnel of Guang-zhou Metro. In order to simulate the actual situation precisely, the longitudinal bolts, circumferential bolts, longitudinal sealing rod, circumferential sealing rod, key segment and tail of shield machine were considered. The rebar stresses in the normal construction stage and under a squeezing action of shield machine were analyzed.

CONSTRUCTION STATUS OF SHIELD TUNNEL

Normal construction status

Normal construction status denotes an ideal status of shield tunnel construction, which means no erection tolerance in segments, a uniform grouting pressure within allowable range, the appropriate jacking forces acting on central line of segment circumferential seam and shield machine attitude with no deviation. Though it is impossible to obtain ideal status, the rebar stress of ideal status is basal value which can be benchmark comparison of other construction status.

Driving attitude of shield machine with deviation

In the construction stage of a shield tunnel, tolerances between driving route of a shield machine and the design axis are inevitable. It causes the relative position between segment rings and shield machine not be able to maintain in a perfect state, especially during the process of turn and attitude adjustment of the shield machine (Blom *et al.*, 1999; Qin *et al.*, 2004; Li *et al.*, 2006) (Fig. 2).

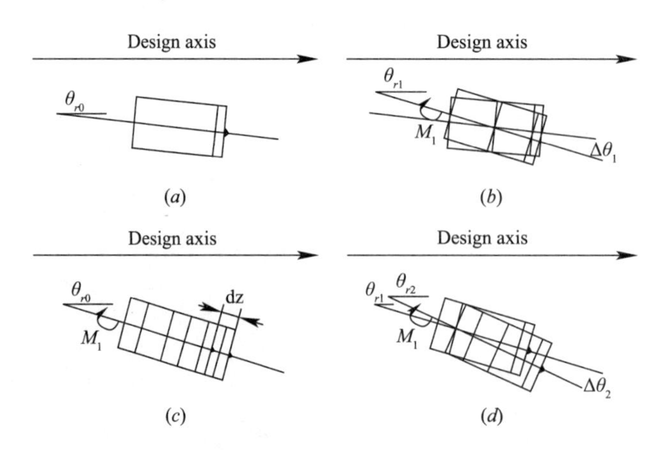

Fig. 2　Angle changes between shield machine and design axis

(*a*) Deviation between design axis and shield machine axis; (*b*) Shield machine rotates around center of itself; (*c*) Shield machine drives with deviation between design axis and shield machine axis; (*d*) The combined situation of (*b*) and (*c*)

PRIMARY LOADS ACTING ON SEGMENTS WHEN SHIELD TUNNEL CONSTRUCTION

Jacking forces

Jacking force is one of the primary segment loads in the construction stage (Working Group No. 2, International Tunneling Association, 2000), which can cause segment cracking, especially when the circular seams of segments are out-of-flatness due to construction and manufacture tolerances. An out-of-flatness of 0.5mm to 1.0mm can lead to a huge cleavage moment in next ring. Simultaneously, the eccentric jacking force also causes segment cracking (Li, 2001). If the shield machine axis is not consistent with design axis (Fig. 2), the jacking force may become eccentric pressure acting on circular seams obliquely. In Guangzhou Metro, the segment circular seam bears 1600kN/m pressure along circumferential direction in construction stage (Li, 2001). In present work, jacking forces were simplified to the pressure acting on a circular pad, and the equivalent pressure is $5400kN/m^2$.

Grouting pressure

Grouting pressure distribution is complicated. Uneven grouting pressure would cause segment dislocation and even crack. In this paper, it was assumed that the grouting pressure linearly decreased along tunnel axis from Ring 5 (R5) to R7 and finally reached to earth pressure (Zhang *et al.*, 2005) (Fig. 3*a*). According to some results of actual measurement in Guangzhou and Zhang *et al.* (2005), the grouting pressure is between 0.1MPa and 0.5MPa. In this paper, P_{in} denotes grouting pressure. In order to re-flect general situation, P_{in1} was assumed to be 0.30MPa, and P_{in2} to be 0.45MPa (Fig. 3b).

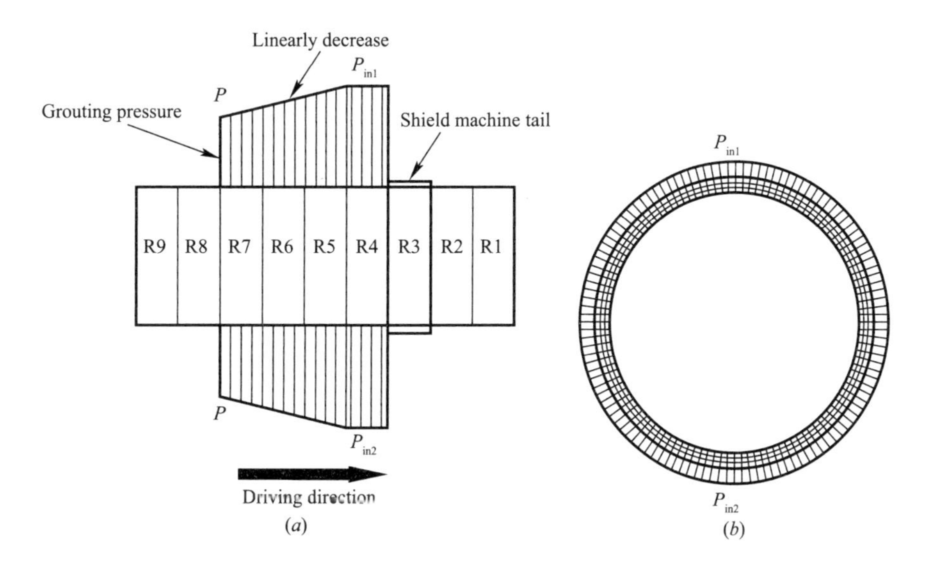

Fig. 3 Grouting pressure acting on the segments.
(*a*) Axial distribution; (*b*) Cross-section distribution

Earth pressure

Earth pressure pattern is showed in Fig. 4 (Mashimo and Ishimura, 2003). Fig. 5 shows the stratum surrounding tunnel structure.

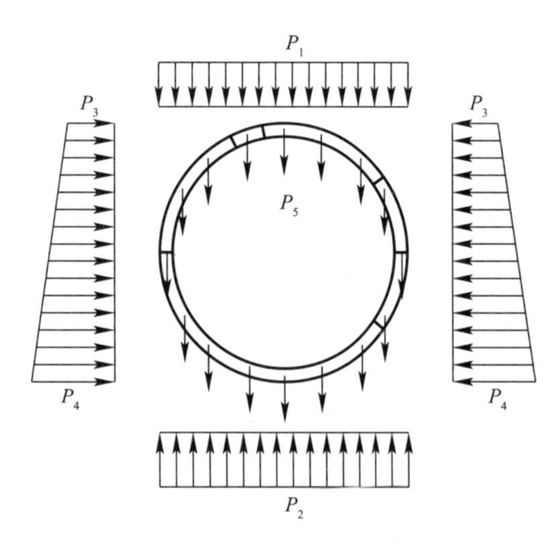

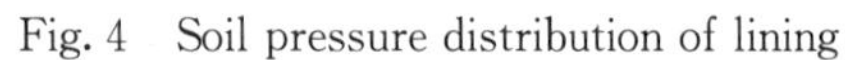

Fig. 4　Soil pressure distribution of lining

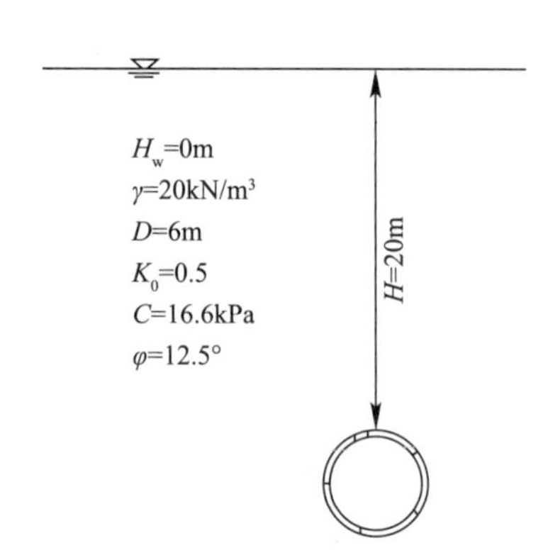

Fig. 5　Stratum conditions including depth of shield tunnel and soil parameters

In Fig. 4, P_1 is the overlying earth pressure and water pressure acting on the top of segment ring. P_2 is the vertical soil resisting force and vertical water pressure acting on the bottom of segment ring. P_3 is the lateral earth pressure and water pressure acting on the horizontal surface of arch crown. P_4 is the lateral earth pressure and water pressure acting on the horizontal surface of arch bottom. P_5 is the self weight of segments. Resisting forces due to deformation of segment are discussed in subsection "Ground reaction". Water pressure was not considered separately. The action of water pressure was included in P_1 to P_4, which is called total stress.

The theory of Terzaghi loosening earth pressure was used to calculate P_1 to P_4 showed in Fig. 4 (Terzaghi et al., 1996). The half of loosening range

$$B_1 = R_0 \cot[(\pi/4 + \varphi/2)/2] \tag{1}$$

where R_0 is the outer radius of segment, φ is the internal friction angle of soil. Loosing height of soil

$$h_0 = \frac{B_1[1 - c/(B_1\gamma)]}{K_0 \tan\varphi}(1 - e^{-K_0 \tan\varphi(H/B_1)}) + \frac{P_0}{\gamma} e^{-K_0 \tan\varphi(H/B_1)} \tag{2}$$

where K_0 is the ratio of horizontal earth pressure and vertical earth pressure, $K_0 = 0.5$, c is soil cohesion, γ is soil deadweight, H is overlying soil thickness, P_0 is ground over loads.

Parameters mentioned above were substituted into Eqs. (1) and (2), so $B_1 = 6.25$m and $h_0 = 15.37$m. h_0 is larger than $2R_0$ which is equal to 12m. Hence

$$P_1 = h_{0\gamma} = 15.37 \times 20 = 307.40\text{kN/m}^2,$$

$$P_2 = P_1 + \pi g = 304.40 + 3.14 \times 7.5 = 330.95\text{kN/m}^2$$

where g is soil deadweight.

$$P_3 = \lambda P_1 = 153.70\text{kN/m}^2,$$

$$P_4 = \lambda(P_1 + \lambda R_0) = 213.70\text{kN/m}^2$$

where λ is lateral coefficient of earth pressure. According to Terzaghi *et al*. (1996), $\lambda = 0.50$.

Ground reaction

In traditional load-structure theory, the ground reaction is assumed to have a value that corresponds to tunnel deformation and displacement and modeled as ground springs located along the whole periphery of the tunnel (Koyama, 2003; Mashimo and Ishimura, 2003) (Fig. 6).

In this paper, a solid mass surrounding tunnel structure was employed to simulate the ground reaction. Between soil and linings a hydrating grout material exists. It is very difficult to ascertain the stiffness of the hydrating grout material. Simultaneously, the thickness of this hydrating grout material is relatively thin and unclear. So, the hydrating grout material was not considered when simulating the interaction between tunnel linings and soil. Grouting pressure mentioned in subsection "Grouting pressure" was adopted to account for actions acted by hydrating grout material (Fig. 3).

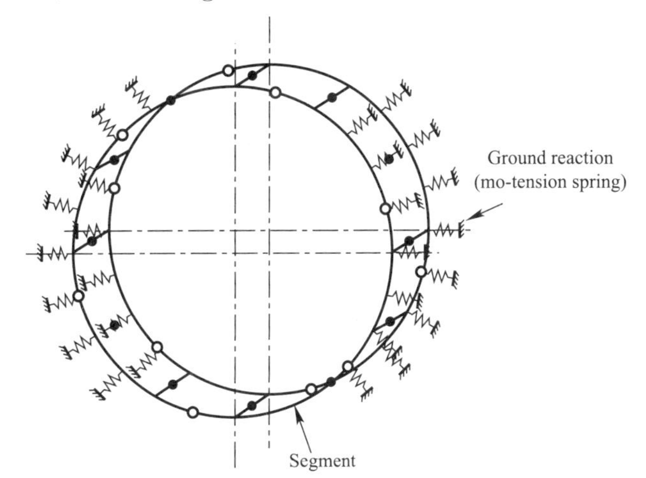

Fig. 6 Spring in traditional load-structure model

Contact surfaces were set between inner surfaces of solid mass and segment exterior surfaces (Fig. 7). When the tunnel structure deforms under the earth pressure, the contact interaction between the solid mass and segments can restrict the tunnel deformation. Contact forces, including normal force and sliding-frictional force, are automatically computed by ADINA program through iterative process. Therefore, solid mass with contact surfaces can substitute radial ground reaction spring and tangential ground reaction spring which are in traditional load-structure model. The spring stiffness of traditional model is substituted by Young's modulus of solid mass, and Young's modulus changes with different soil stratum. Since the first three segment rings are still in shield machine before shield machine drivers forward, the solid mass just surrounds last six segments of the tunnel (Fig. 7b). The friction coefficient of soil and segment is set to be 0. 3. The solid mass was used only to simulate the ground reaction, so the deadweight of the solid mass was neglected.

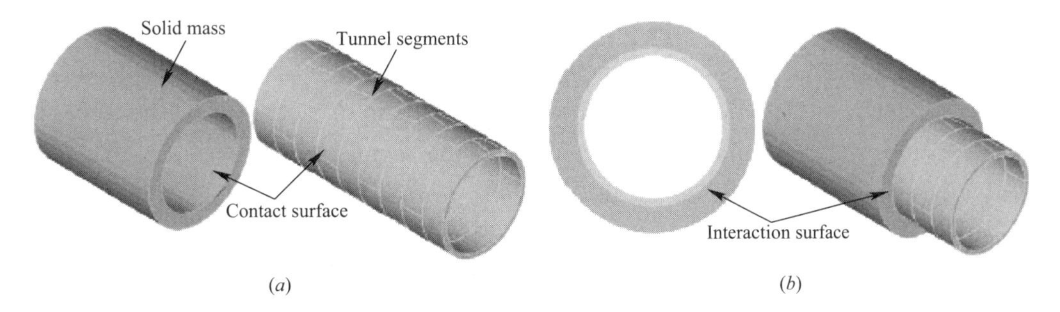

Fig. 7 Contact surfaces between solid mass and tunnel segments.
(*a*) Decomposition map of contact surfaces; (*b*) Front view of contact surfaces

Squeezing action induced by shield machine

Tail brush showed in Fig. 8 is composed of steel wire. The stiffness of new tail brush is small, and the tail brush does not apparently extrude segments. After many times of driving and injecting, the voids of tail brush fill with grouting material. After grouting material hardens, the stiffness of tail brush apparently increases. The squeezing action of tail brush becomes larger and larger. When the shield machine adjusts its attitude, turns or drives with deflection, the space between exterior surface of segments and tail brush could not be enough. If the attitude adjustment does not match the curved figure of segment, or the deflection angle is too large, the tail brushes and shield shell would extrude the exterior surfaces of segments (Zhu and Ju, 2003) (Figs. 9 and 10).

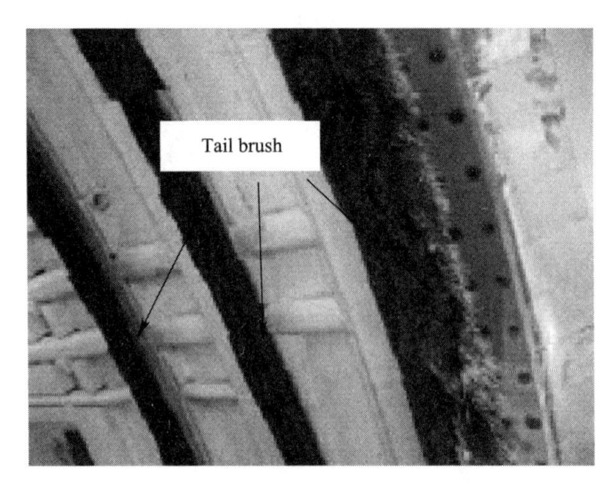

Fig. 8　Tail brush of shield machine

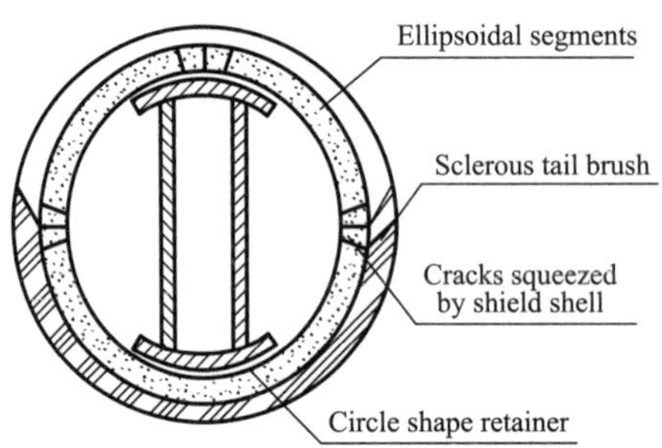

Fig. 9　Interaction between segments and equipment of shield machine end part

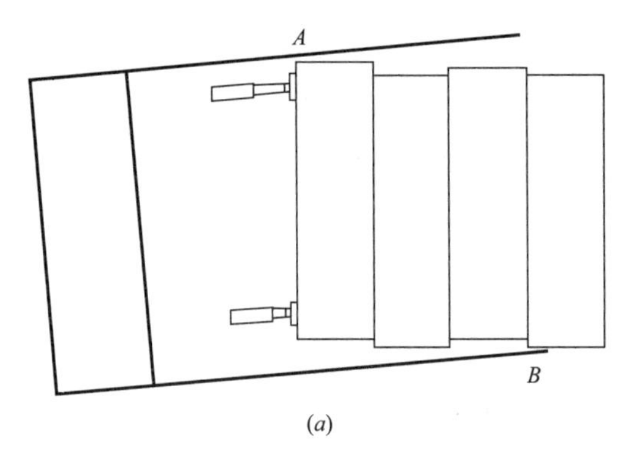

(*a*)

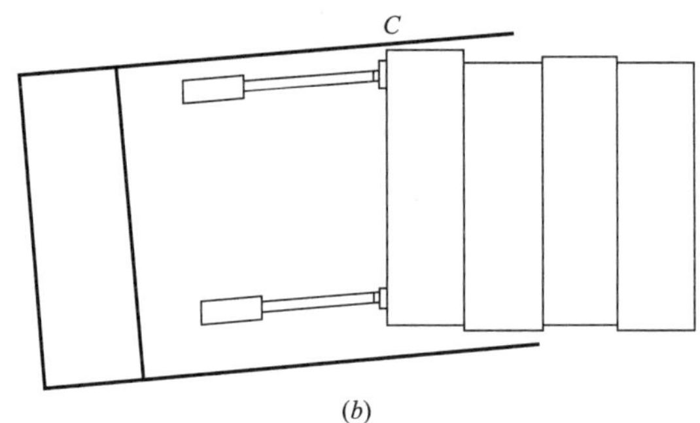

(*b*)

Fig. 10　Squeezing action on segments in process of driving forward.
(*a*) Extreme condition 1; (*b*) Extreme condition 2

The motion attitude of a shield machine has two extreme conditions (Sramoon and Sugimoto, 2002; Qin *et al.*, 2004). (1) When the shield machine begins to drive forward, the forces induced by shield ma-chine include: (a) Contact force in point *A* (the segments are just erected, so the contact force is small. the contact force can be set to 0); (b) Forces from tail brush; (c) Jacking forces (Fig. 10*a*); (2) After one driving cycle, jacks draw back. The forces induced by the shield machine include: (a) Contact force in point *C* (since segments have to resist the deviation of shield machine, shield shell applies large forces on segments); (b) The space between tail brush and exterior surfaces of segments decreases, the extrusion forces enlarge (Fig. 10*b*).

The maximum deflection angle of a shield machine is $\pm 0.3°$ (Zhang *et al.*, 2005). In normal circumstances, the deflection angle can be controlled within $\pm 0.1°$. Therefore, in this paper, in order to reflect the general situation, the deflection angle was assumed to be $\pm 0.1°$. Horizontal direction is assumed to be *X* axis. Vertical direction is assumed to be *Y* axis. Driving direction of shield machine is assumed to be *Z* axis. The irregular motion attitude of shield machine can be simplified to four deflection model: (1) Dev 1: rotate 0.1° about positive direction of *Y* axis (Fig. 11*b*); (2) Dev 2: rotate 0.1° about negative direction of *Y* axis (Fig. 11*c*); (3) Dev 3: rotate 0.1° about positive direction of *X* axis (Fig. 11*d*); (2) Dev 4: rotate 0.1° about negative direction of *X* axis (Fig. 11*e*).

Squeezing action induced by a shield machine can be modeled as the contact interaction between tail brush and segments. Contact surfaces were set between the inner surfaces of tail brush and segment exterior surfaces (Fig. 12). When the shield machine drives with deflection, the contact forces, including normal force and sliding-frictional force are automatically computed by ADINA program through iterative process. Thus the contact interaction can simulate squeezing action. The friction coefficient of tail brush and segment is set to 0. 3.

Based on discussions from subsection "Jacking forces" to subsection "Squeezing action induced by shield machine", the load distribution along driving direction is summed up as Fig. 13.

When a driving cycle begins, R1 erection has just been completed, and the shield machine tail locates on R3. Then the shield machine drives forward and stops at R2 and, the jacks draw back. A driving cycle completes. Fig. 13 shows the state when a driving cycle begins. During driving, R1 just bears jacking forces. R2 bears extrusion forces of tail brush. R3 gradually leaves the shield machine and bears increasing grouting pressure. The grouting pressure gradually reaches P_{in1} and P_{in2}. Grouting materials surrounding R4~R7 gradually solidify. Hence, in this paper, for R4~R7, it was assumed that grouting pressure linearly decreases from P_{in1} to P_{in2} and then from P_{in2} to P_2 (Fig. 4). For R8 and R9, it was assumed that the grouting materials have been concretionary, and the earth pressure directly acted on exterior surfaces of R8 and R9 (Zhang *et al.*, 2005) (Fig. 4). Generally, the load-structure theory and the load distribution in this paper are approximate to practical situation, and these two methods are adequate to the main research aspect of this paper. Only the elaborate ground-structure method (Kasper and Meschke, 2004) can account for the complex interactions at the construction stage.

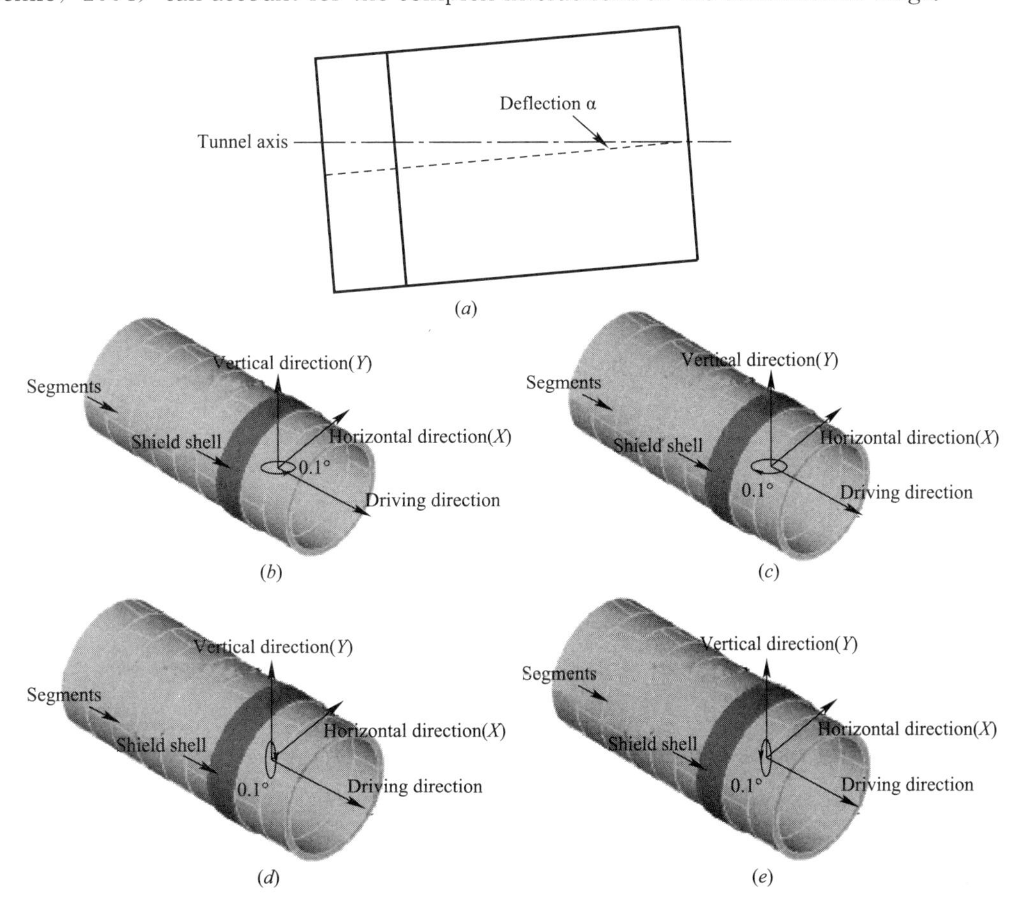

Fig. 11 Driving attitude of shield machine.
(*a*) Abstract model; (*b*) Dev 1; (*c*) Dev 2; (*d*) Dev 3; (*e*) Dev 4

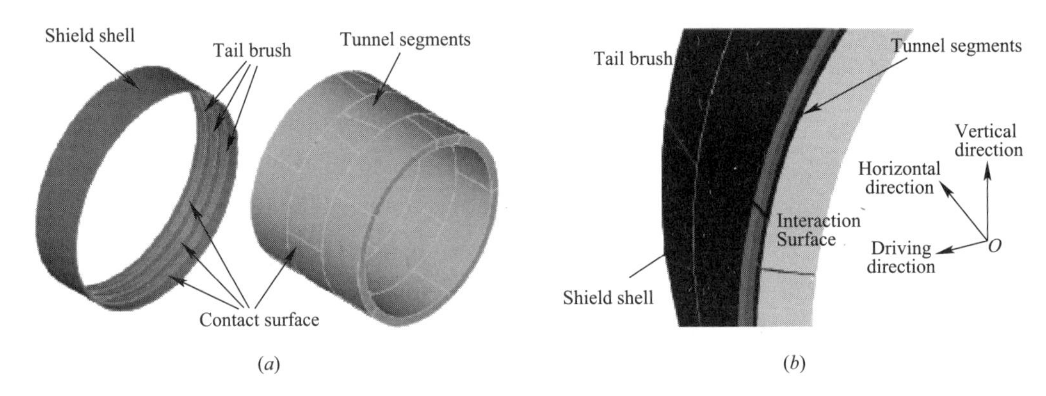

Fig. 12　Interaction between tail brush and segments.

(a) Contact surfaces between tail brush and tunnel segement; (b) 3D position relation of contact surfaces

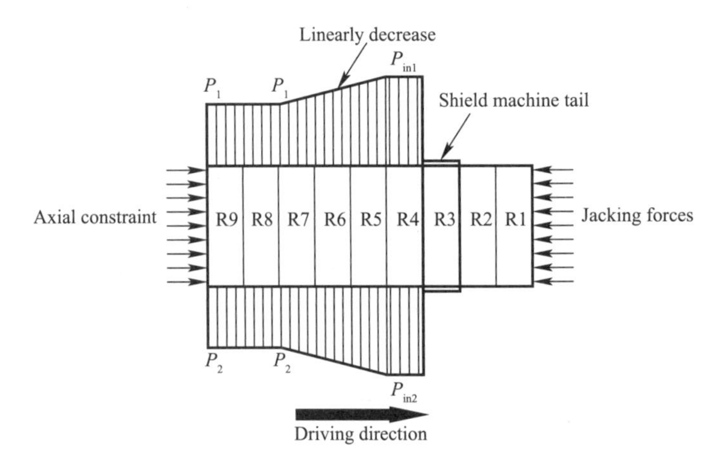

Fig. 13　Loads distribution along longitudinal direction

FINITE ELEMENT MODEL

Dimensions of segment and shield machine tail

The segment arrangement and numbering are showed in Figs. 14 and 15. The segment dimensions are displayed in Fig. 15. Segment external diameter is 6m; internal diameter is 5.4m; width is 1.5m; and thickness is 0.3m (Figs. 14 and 15). A segment ring consists of one key segment (KP), two adjacent segments (BP and CP) and three standard segments (A1P～A3P). The key segment deviates 18° from vertical direction (Figs. 14 and 16). The tunnel structure is erected by staggered format (Fig. 16). Internal diameter of tail brush is 5.99m. Internal diameter of shield shell is 6.13m. Thickness of shield shell is 40 mm.

Material model and main parameters

Material models used in the numerical model are listed in Table 1.

In common computation, Young's modulus of steel is 2.06×10^8kPa. However, in Table 1, Young's modulus of M24 steel bolts is 5.4×10^7kPa. In this paper, straight bolt was applied to simulate curved bolt. Obviously, stiffness of straight bolt is larger than that of curved bolt when bearing tensile force。If Young's modulus of straight bolt is unchanged, the stiffness would be larger than practical situation. Hence, in order to obtain the equivalent Young's modulus of straight bolt, the same tensile force was applied to the straight bolt and curved bolt. Through adjusting the Young's modulus of straight bolt, the displacement of straight bolt is the same as that with curved bolt, and the Young's modulus of straight bolt is 5.4×10^{7} kPa. Grouting material can flow down after being injected into gaps between tunnel segments and soil stratum. The grouting material can fill the voids of lower part of tail brush. Therefore, for the same tail brush, Young's modulus of lower part is larger than that of upper part (Table 1).

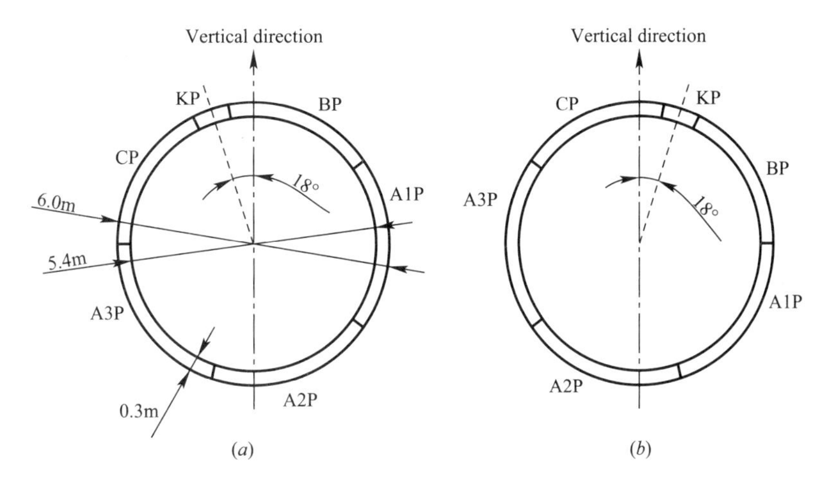

Fig. 14 (*a*) Segment arrangement and (*b*) relative numbering. KP, BP and A1P～A3P denote segment number

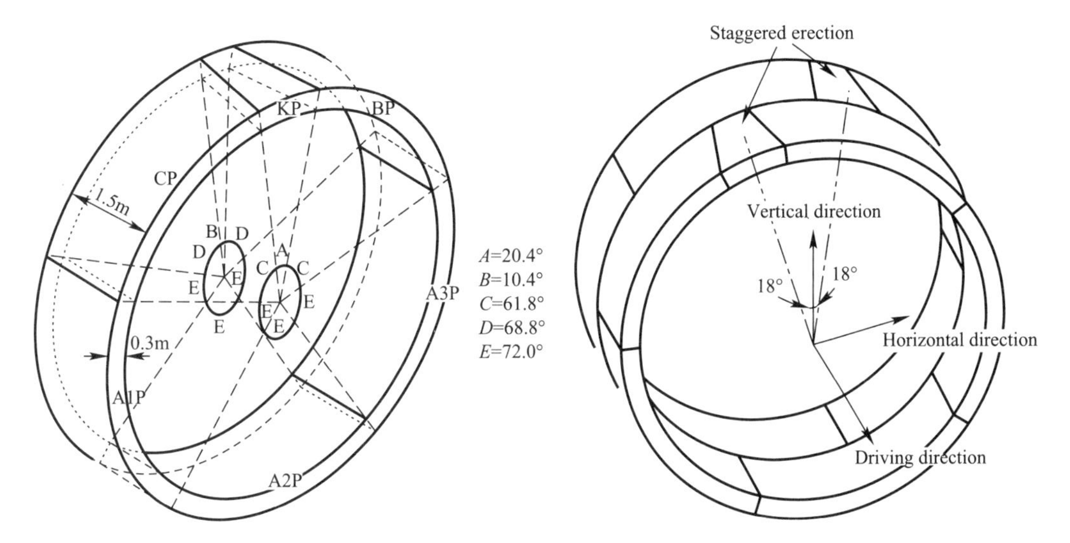

Fig. 15 Segment dimensions. *A* to *E* denote segment central angle

Fig. 16 Staggered erection. 18° is staggered angle used in Guangzhou Metro

3D FE model

The numerical model consists of nine segment rings. The whole model, including segments, bolts, sealing rods, pads, shield shell, tail brush and soil stratum, were meshed by 8-node 3D solid element. When creating an input file for computational solver, ADINA preprocessing program automatically uses 3D truss elements to mesh the lines, which are des-ignated as rebar elements. Simultaneously, for each rebar line, the ADINA preprocessing program finds the intersections of rebar line and the faces of 3D solid elements. Then the preprocessing program generates nodes at these intersections and generates truss elements that connect the successive nodes. The pre-processing program also defines constraint equations between the generated nodes and three corner nodes of the 3D solid element faces (ADINA R&D Inc., 2005). Fig. 17 shows the changes of rebar elements before and after creating ADINA input file.

Contact function was applied to simulate the interaction of each sealing rod (friction coefficient is 0.1). Squeezing action induced by shield machine and ground reaction was also simulated with contact function (subsections "Ground reaction" and "Squeezing action induced by shield machine"). Each segment is jointed by M24 straight bolts. Initial strain was added to bolt elements to simulate the pretightening twist moment of 300N · m.

The numerical model included 60600 elements and 93266 nodes (Fig. 18). The horizontal direction is X axis, the vertical direction is Y axis, and the driving direction of shield machine is assumed to be Z axis.

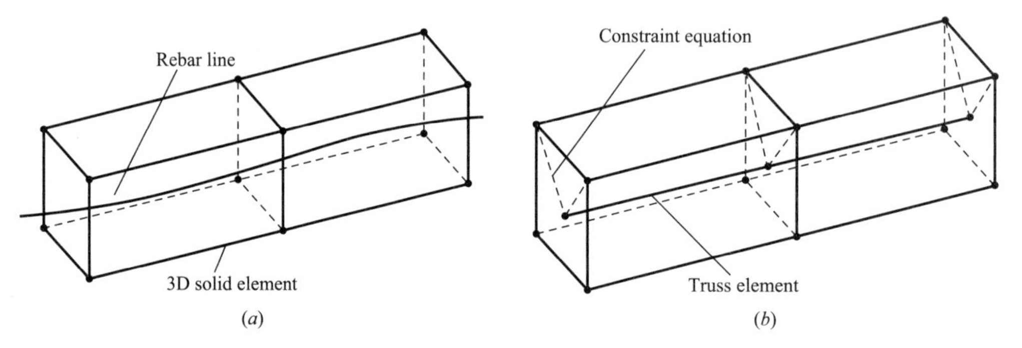

Fig. 17　Rebar in 3D solid element of ADINA model

(a) Status before creating input file; (b) Status after creating input file

RESULTS AND ANALSIS

The present paper focuses on rebar stress, so the descriptions and analysis only related to the rebar stress which would be shown in the following parts. The segment displacement, stress and strain are neglected. The positive value represents tension stress, while the negative value represents compression stress.

Normal construction status

Stress distribution of rebar is showed in Fig. 19. The peak values of rebar stress of R1 to R9 are showed in Fig. 20. Compressions A and B denote compression stresses after and before jacking apparatus moves backward, respectively; Tensions A and B denote tension stresses after and before jacking apparatus moves backward, respectively.

Material models and parameters　　**Table 1**

Type	Material	Constitutive model	Material parameter
Segment	Concrete	Elasticity	$E=3.45\times10^7$kPa, $\upsilon=0.2$, $\gamma=25$kN/m^3
Rebar	Steel	Elasticity	$E=5.4\times10^7$kPa, $\upsilon=0.167$
M24 Bolt	Steel	Elasticity	$E=5.4\times10^7$kPa, $\upsilon=0.167$
Sealing rod cork gasket	Rubber	Mooney-Rivlin	$C_1=561$kPa, $C_2=225$kPa
Shield shell	Steel	Elasticity	$E=2.06\times10^8$kPa, $\upsilon=0.167$
Tail brush (upper part)	—	Elasticity	$E=4.0\times10^4$kPa, $\upsilon=0.2$
Tail brush (lower part)	—	Elasticity	$E=3.45\times10^5$kPa, $\upsilon=0.2$
Solid mass	—	Elasticity	$E=2.0\times10^4$kPa, $\upsilon=0.3$

E is Young's modulus v is poisson's ratio; γ is volume weight C_1 and C_2 are parameters of Mooney-Rivlim model

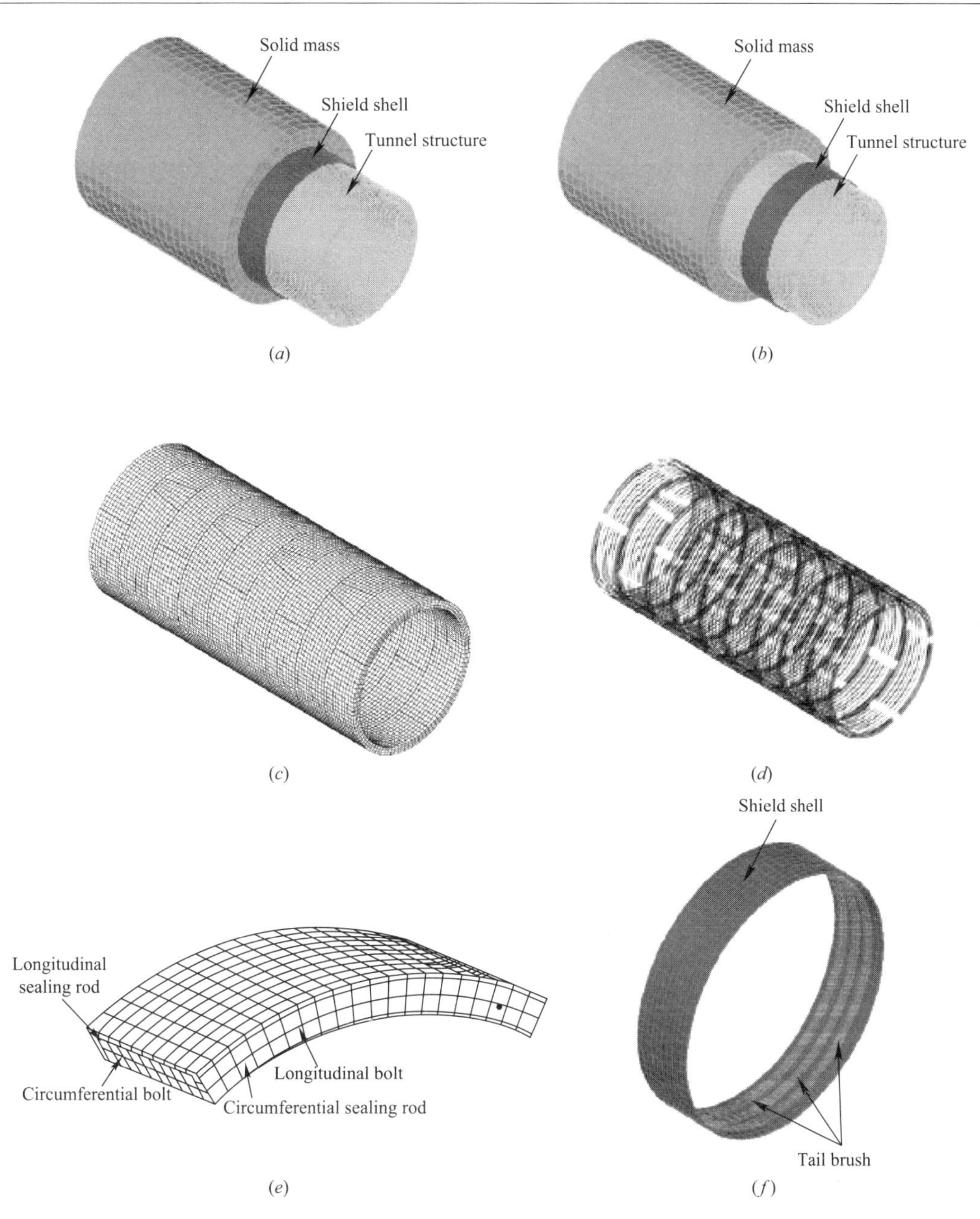

Fig. 18 Finite element mesh of numerical model

(*a*) Whole model (before driving cycle); (*b*) Whole model (after driving cycle); (*c*) Tunnel model; (*d*) Rebar elements of whole tunnel; (*e*) Bolts and sealing rods; (*f*) Shield tail

Fig. 19 indicates that tension stress only appears in R1, R2, R8 and R9. Comparison of the rebar stresses before and after jacking apparatus moves backward shows that jacking forces cause rebar in R1 and R2 to bear tension force. After jacking apparatus moves backward, the rebar stress of R2 becomes compressive stress. The peak values in Fig. 20a indicate that the maximum values of compression and tension stresses are 21.2% and 6.0% of the rebar design strength, respectively. The general stress level is lower.

The peak stresses of R1~R2 indicate that the jacking forces just affect R1 and R2. R1 just bears jacking forces, thereby the tension stress ratio before and after jacking apparatus moves backward reaches 11.8 and the relevant compression stress ratio reaches R3 to R7 bear grouting pressure and the effects of jacking forces on R3 to R7 gradually weakened. For R3~R7, the tension stress ratio before and after jacking apparatus moves backward is between 1.04 and 1.23, and the relevant compression stress ratio is between 1.06 and 1.1. The stress range is −65MPa to 20MPa. The general stress level is lower. The rebar is in elastic status.

The rebar stress measured in Guangzhou Metro is showed in Fig. 20b (Chen *et al.*, 2004). The number, such as 73#, represents the monitoring point inside segment. The computation results of rebar stress approach the actual measurement results.

Driving attitude of shield machine with deviation

Due to the similarity of stress distribution of shield machine model with an inclination (Dev model), this section just presents the rebar stress of Dev 1 (Fig. 21). The peak values of rebar stress of all Dev model are showed in Fig. 22. In Fig. 22, Dev 1 Tension *B* denotes the tension stress of model Dev 1 before jacking apparatus moves backward. Dev 1 Compression *A* denotes the compression stress of model Dev 1 after jacking apparatus moves backward. Other symbols use the same rule. The differential values (DV) compared to the results of normal con-struction status are showed in Fig. 23. The values of Fig. 23 are the differential values which are the results of Dev model subtract the results of normal construction status. Therefore, for tension stress, the larger positive value deviates the normal construction status further. For compression stress, the lesser negative value deviates the normal construction status further.

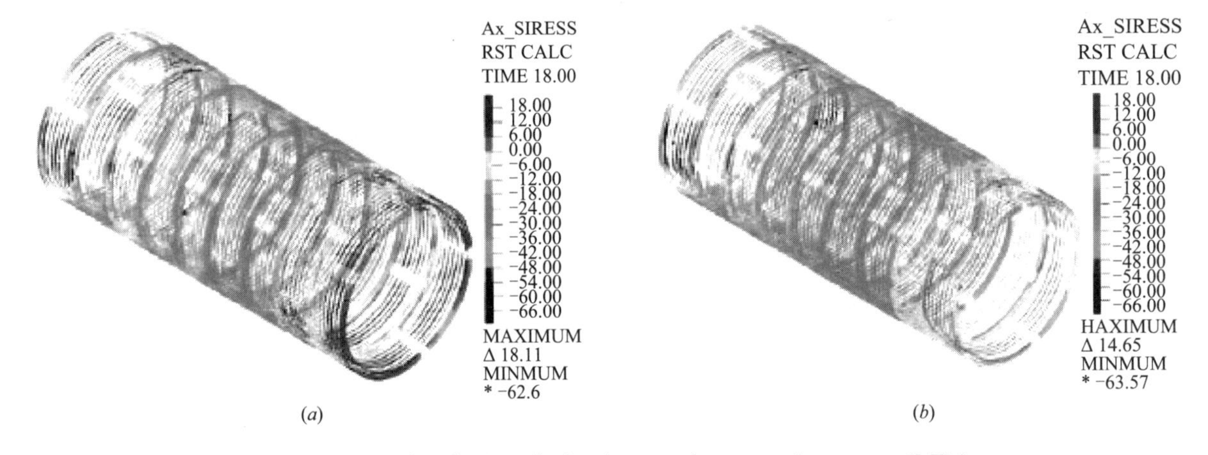

Fig. 19　Stress distribution of rebar in normal construction status (MPa).
Stress before (*a*) and after (*b*) jacking apparatus moves backward

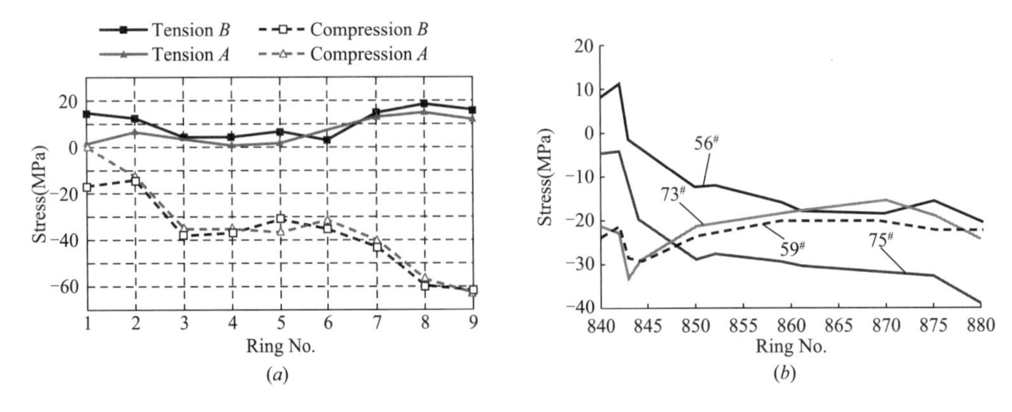

Fig. 20　Peak value of rebar stress in normal construction status
(*a*) Results of this paper; (*b*) Actual measurement results of Guangzhou Metro

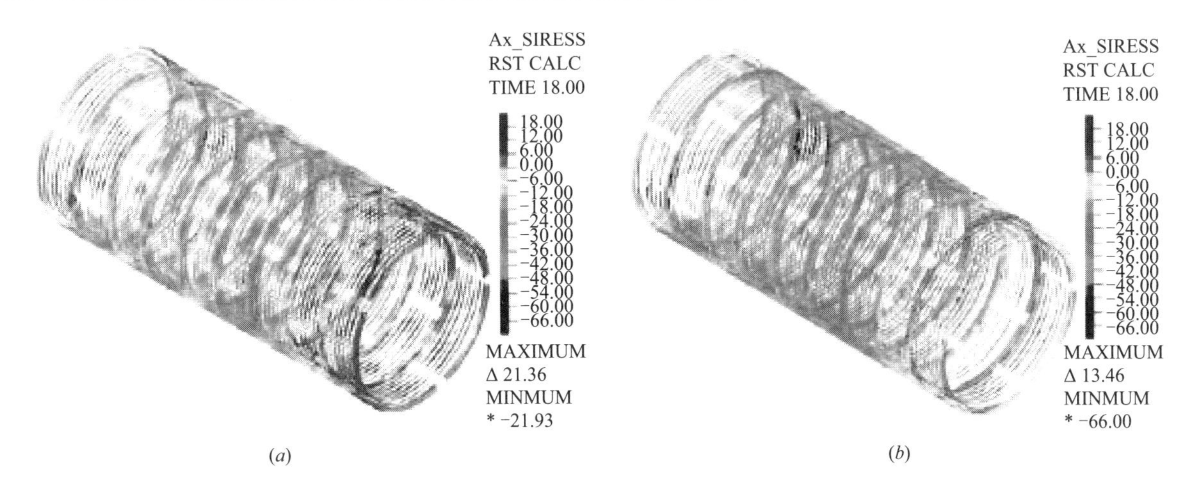

Fig. 21 Stress distribution of rebar in Dev 1 (MPa). Stress before (*a*) and after (*b*) jacking apparatus moves backward

Figs. 20 to 23 indicate that the deviation of shield machine attitude apparently influences rebar stress, especially rebar stress of R1～R7 before jacking apparatus moves backward. In Dev model, influence of jacking force expands to R4. Tension stress appears in R1 to R4, R8 and R9.

Before the jacking apparatus moves backward, the maximum amplitude of compression stress is 71.93MPa which is twice of that in the normal construction status and the maximum amplitude of tension stress is 42.95MPa which is three times of that in the normal construction status. Fig. 22 indicates that the influence range of jacking forces expands from R1～R2 to R1～R4. When the driving attitude of a shield machine deviates, the action direction of jacking forces that R1 bears is not along the tunnel axis which further enlarges the differential values. For R1～R2, the tension stress ratio before and after jacking apparatus moves backward reaches 34.9, and the relevant compression stress ratio reaches 34.9. For R3～R7, the tension stress ratio before and after jacking apparatus moves backward is between 1.0 and 9.6, and the relevant compression stress ratio is between 1.0 and 1.5. The stress range is −80MPa to 50MPa. The general stress level is lower. The rebar is in elastic status. The results of rebar stress approach actual measurement results (Chen *et al.*, 2004).

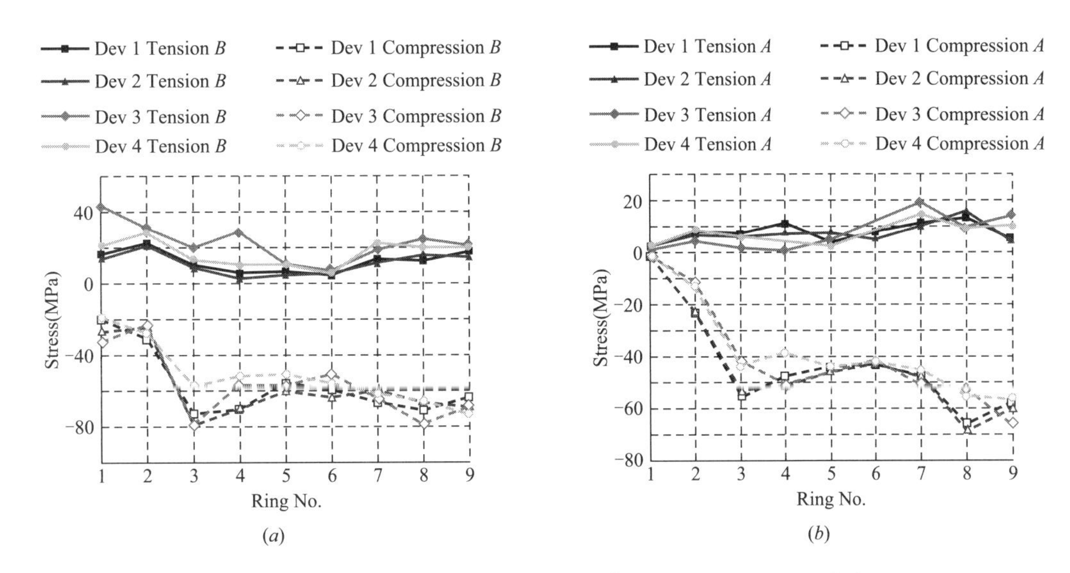

Fig. 22 Peak value of rebar stress in deflection status. Stress before (*a*) and after (*b*) jacking apparatus moves backward

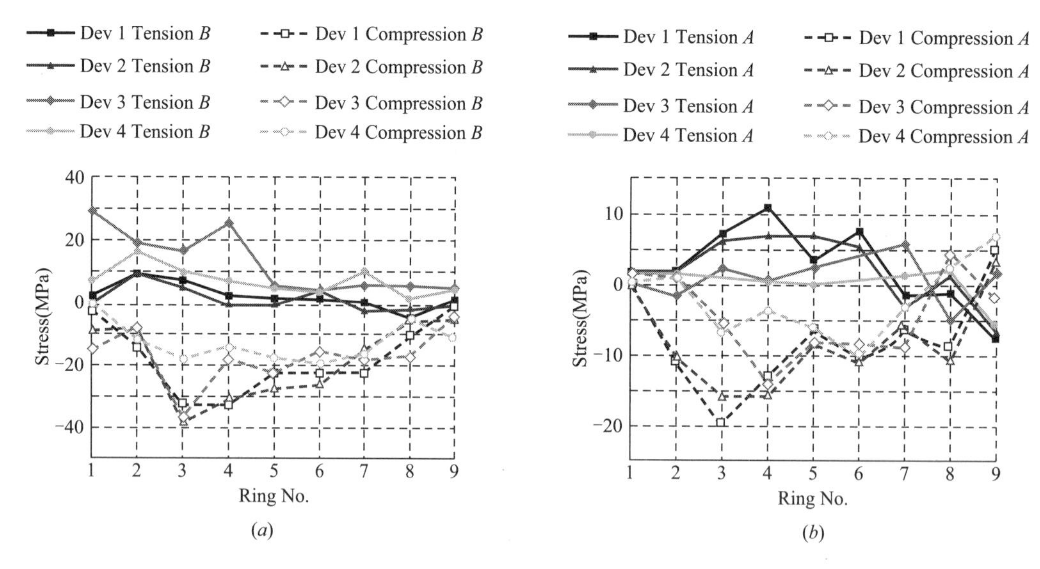

Fig. 23 Differences between rebar stress compare to normal construction status.
Stress before (*a*) and after (*b*) jacking apparatus moves backward

CONCLUSION

Through analyzing rebar stress of a 3D shield tunnel numerical model with 9 rings, some conclusions are drawn as follows:

(1) In normal construction status, the rebar of segment is in elastic status and its stress is between −65MPa and 20MPa.

(2) When shield machine drives with deviation, the stress of segment rebar is between −80MPa and 50MPa, and the rebar is in elastic status. Driving attitude of shield machine has effect on rebar stress distribution and peak value. Comparison of the rebar stress before and after the jacking apparatus moves backward shows that the stress increment after jacking apparatus moves backward is between 0 and 20MPa. In general, the rebar is in elastic status.

(3) The stress of segment rebar is at a low level, which accords with actual measurement. Even as some cracks appear on segments, the stress of segment rebar is still at a low level. That is to say, the segment rebar cannot protect the plain concrete covering layer of segment. Certain impact force or tension stress causes the crack of the thick plain concrete covering layer. It is helpful to incorporate a certain quantity of steel fiber to improve the anti-crack and shock resistance performance.

References

[1] ADINA R&D Inc., 2005. Theory and Modeling Guide Volume I: ADINA Solids & Structures. Watertown, MA.
Blom, C. B. M., Horst, E. J. V., Jovanovic, P. S., 1999. Three-dimensional structural analyses of the shield-driven "Green Heart" tunnel of the high-speed line south. *Tunnelling and Underground Space Technology*, **14** (2): 217-224. [doi: 10.1016/S0886-7798 (99) 00035-8]

[2] Chen, W., Peng, Z. B., Tang, M. X., 2004. Testing study on working property of shield segment. *Chinese Journal of Rock Mechanics and Engineering*, **23** (6): 959-963 (in Chinese).

[3] Dobashi, H., Kawada, N., Shiratori, A., 2004. A rational design of steel segmental lining in large dimensional shield tunnels for rapid post-excavation method. *Tunnelling and Underground Space Technology*, **19** (4-5): 457-458. [doi: 10.1016/j.tust.2004.02.065]

[4] Kasper, T., Meschke, G., 2004. A 3D finite element simulation model for TBM tunnelling in soft ground. *International Journal for Numerical and Analytical Methods in Geomechanics*, **28** (14): 1441-1460. [doi: 10.1002/nag. 395]

[5] Koyama, Y., 2003. Present status and technology of shield tunneling method in Japan. *Tunnelling and Underground Space Technology*, **18** (2-3): 145-149. [doi: 10.1016/S0886-7798 (03) 00040-3]

[6] Li, H. P., An, H. W., Xia, M. Y., 2006. Analysis of dynamic character of tunneling shield machine. *Chinese Journal of Underground Space and Engineering*, **2** (1): 101-103 (in Chinese).

[7] Li, Z. N., 2001. Discussion on Manufacture Tolerance of Shield Tunnel Segment. Papers of 14th Meeting of Council of Fast Track Communication of China Civil Engineering Society, Beijing, p. 308-312 (in Chinese).

[8] Li, Z. N., Chen, L. N., 2003. Discussion on Form of Reinforcement in Segment of Shield Tunnel. Papers of 15th Meeting of Council of Fast Track Communication of China Civil Engineering Society, Chengdu, p. 73-75 (in Chinese).

[9] Mashimo, H., Ishimura, T., 2003. Evaluation of the load on shield tunnel lining in gravel. *Tunnelling and Under-ground Space Technology*, **18** (2-3): 233-241. [doi: 10. 1016/S0886-7798 (03) 00032-4]

[10] Nomoto, T., Imamura, S., Hagiwara, T., Kusakabe, O., Fujii, N., 1999. Shield tunnel construction in centrifuge. *Journal of Geotechnical and Geoenvironmental Engineering*, **125** (4): 289-300. [doi: 10. 1061/(ASCE) 1090-0241 (1999) 125: 4 (289)]

[11] Qin, J. S., Zhu, W., Chen, J., 2004. Study of dislocation of duct pieces and crack problems caused by shield attitude control. *Construction Technology*, **33** (10): 25-27 (in Chinese).

[12] Sramoon, A., Sugimoto, M., 2002. Theoritical model of shield behavior during excavation. *Journal of Geotechnical and Geoenviormental Engineering*, (2): 138-165.

[13] Terzaghi, K., Peck, R., Mesri, G., 1996. Soil Mechanics in Engineering Practice. John Wiley and Sons, New York, p. 104-105.

[14] Working Group No. 2, International Tunneling Association, 2000. Guidelines for the design of shield tunnel lining. *Tunnelling and Underground Space Technology*, **15** (3): 303-331. [doi: 10. 1016/S0886-7798 (00) 00058-4] Zhang, H. B., Yin, Z. Z., Zhu, J. G., Li, C. X., 2005.

[15] Three-dimensional FEM simulation of shield-drivern tunneling during construction stage. *Rock and Soil Me-chanics*, **26** (6): 990-994 (in Chinese). Zhang, H. M., Guo, C., Fu, D. M., 2002. Study on load test of segment joint in shield driven tunnel. *Modern Tunnelling Technology*, **39** (6): 28-33 (in Chinese).

[16] Zhu, W. B, Ju, S. J., 2003. Causes and countermeasures for segment cracking in shield-drivern tunnel. *Modern Tunnelling Technology*, **40** (1): 21-25 (in Chinese)

盾构隧道管片接头三维有限元分析

陈俊生　莫海鸿　黎振东

（华南理工大学 广州　510640）；（广州安德建筑构件有限公司　511430）

【摘　要】 钢筋混凝土管片作为盾构隧道最基本的结构单元，其承载力影响管片环的整体性能。接头对管片环有削弱作用，使得对接头力学行为的分析显得尤为重要。通过对盾构隧道管片接头进行精细的三维有限元分析，得到接头的极限荷载及极限荷载下的应力、裂缝分布。研究发现，正弯矩作用下的接头强度取决于接头的局部强度；接头极大降低了管片环的整体承载能力；螺栓等连接件与管片混凝土之间的强度匹配也影响了管片接头强度。

【关键词】 盾构隧道　管片接头　三维有限元分析

0　前　　言

盾构技术在地下空间开发中逐步得到应用[1,2]。盾构隧道装配式管片接头在很大程度上控制着衬砌结构整体的变形和承载能力，其强度计算是整个结构计算中的重点内容。

接头强度计算一般近似地按钢筋混凝土截面计算[3]，即采用以管片边缘为回转中心的模型计算螺栓的应力；而混凝土管片则按螺栓被视为受拉钢筋的钢筋混凝土截面来设计[4]。这种方法虽然简单，但计算误差较大。足尺管片试验由于各种原因不易进行，故采用有限元方法分析隧道衬砌受力已越来越受到重视[5-9]。下面以盾构隧道管片接头部分为研究对象，用有限元软件 ADINA 对其进行三维有限元分析，重点研究接头及手孔附近危险应力区的应力分布规律，为校核接头强度和合理配筋提供依据。

1　有限元分析模型的建立

1.1　管片尺寸

管片环外径 6m，内径 5.4m；管片宽度 1.5m，厚度 0.3m。衬砌环由 1 块封顶块（KP），2 块邻接块（BP，CP），3 块标准块组成（A1P～A3P）。封顶块的位置偏离正上方±18°。封顶块圆心角 10.4°，邻接块圆心角 66.8°，标准块圆心角 72°，如图 1 所示。管片之间由弯曲螺栓连接，为避免接头漏水以及防止管片接头端面接触面压碎，在接头中设有橡胶止水条和软木衬垫，如图 2 所示。

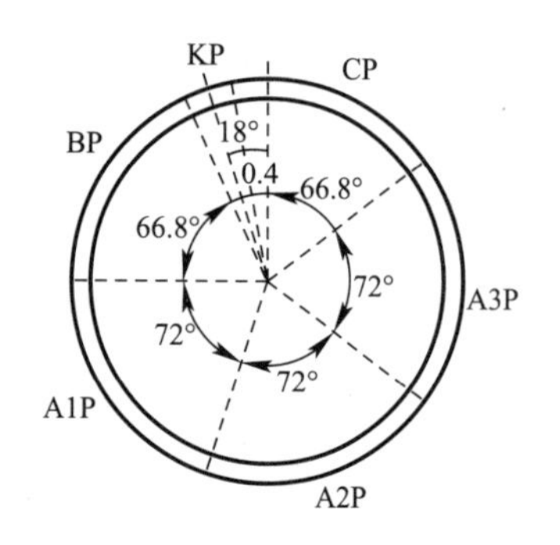

图 1　管片布置及编号

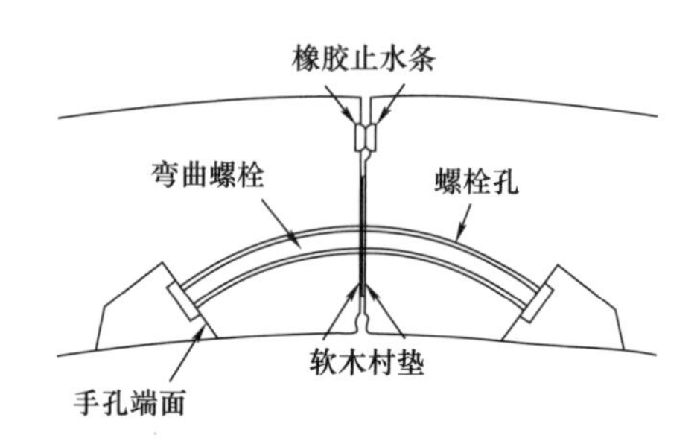

图 2　地铁管片纵缝接头

1.2 材料参数

管片的混凝土为C50，泊松比0.20，弹性模量为3.45×10^7kPa，极限抗拉强度6072kPa，极限抗压强度为60720kPa，极限抗压强度对应的应变为－0.002，残余抗压强度为－30360kPa，残余抗压强度对应的应变为－0.005[10,11]。弯曲螺栓的弹性模量为2.0×10^8kPa，泊松比取0.25。支座的弹性模量为3.45×10^7kPa，泊松比0.20。橡胶止水条采用三元乙丙橡胶，硬度为（邵尔A）68度，采用Mooney-Rivlin一阶本构模型，$C_1=561$kPa，$C_2=225$kPa[12]。软木衬垫和管片螺栓孔套筒的弹性模量取7800kPa，泊松比为0.47。

1.3 采用的单元及考虑的因素

混凝土管片、弯曲螺栓、支座、橡胶止水条及软木衬垫均采用三维实体单元。两块管片的橡胶止水条、软木衬垫之间，管片螺栓孔与弯曲螺栓之间以及管片手孔端面与弯曲螺栓的螺帽之间均设置了接触面[6-9]。

由于垂直于接头中线两侧的管片结构和所受荷载均对称，故取1/2结构进行分析，整个模型共划分为46475个单元，24521个节点。有限元模型见图3。

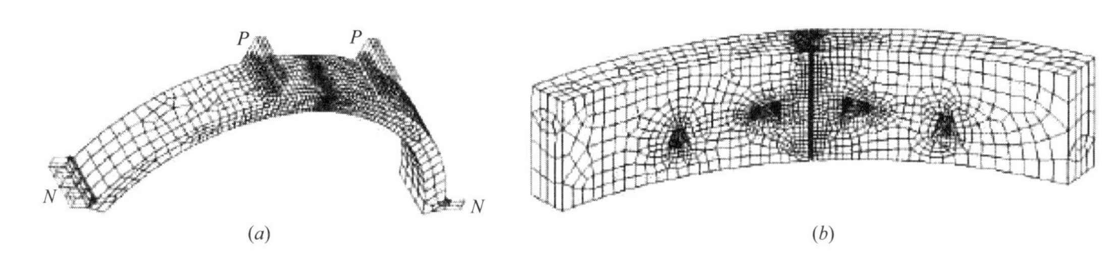

图3 管片整体、接头部分三维有限元网格及加载形式

（a）整体有限元网格；（b）接头附近网格

1.4 加载等级设计及边界条件

管片环的最不利受力截面位于管片接头处[6,13]，考虑一定安全度并参考管片的设计经验后，取其内力组合为轴力400kN，接头弯矩70kN·m。通过调整水平力N和竖向力P（图3（a）），可使接头的内力达到设计受力组合。有限元分析中，特意加大了荷载的加载等级，取N＝800kN，M＝140kN·m，以求得接头极限荷载。

按偏心距加荷，偏心距定义为轴力与接头弯矩之比，引入偏心距后就可用轴力与偏心距的乘积表示弯矩。习惯上约定：使内弧面（管片手孔所在面）受拉的弯矩为正弯矩，对应的偏心距为正偏心距，反之为负偏心距。已知N，M，通过计算可以得到P值。为避免试件未加载到设计值就破坏，N必须分122级逐步增大。分析的荷载组合计算结果见表1。

正、负偏心距接头荷载加载等级（kN） 表1

偏心距	加载等级	1	2	3	4	5	6	7	8
正	N	100	200	300	400	500	600	700	800
	P	118.0	236.0	354.0	472.0	590.0	708.0	826.0	944.0
负	N	100	200	300	400	500	600	700	800
	P	67.3	159.7	252.1	344.6	437.0	529.5	620.0	714.4

由正、负弯矩的变形可知，在正弯矩作用下，接头向内张开，管片接头的极限荷载由混凝土在荷载作用下出现裂缝，并且不能继续承受荷载的条件决定；在负弯矩作用下，接头向外张开，此时接头的极限荷载由混凝土强度以及接头张开量共同决定。根据文献[14]的规定，纵缝张开量应控制在1～2mm[14]。总体上看，接头张开量与压缩量通常在0.5～3mm之间，显然不满足文献[14]的要求。但对于设有防水

弹性密封垫的接头，实际工程中接头的允许张开量可放宽到 5～6mm[13]。

按工程惯例对弯曲螺栓施加 300N·m 的预紧力。

2　计算结果分析

2.1　正弯矩计算结果

正弯矩计算中，在 N=621.88kN，P=733.82kN 时，接头不能继续承受荷载，接头轴力达到 621.88kN，弯矩达到 139.92kN·m。接头部分第一主应力最大值为 12.12MPa，出现在弯曲螺栓的螺母与管片手孔端面的接触面上。接头的裂缝分布见图 4。由于是对称接头，故只显示半个接头的计算结果。

由于加载形式的影响（图 3），管片纵向螺栓的手孔附近出现了应力集中，但从图 4 可见，该应力集中并不引起很明显的裂缝，可见管片的主体部分整体强度高于环向接头部分。在正弯矩作用下，弯曲螺栓起着类似于受拉钢筋的作用。在荷载作用下，弯曲螺栓的螺母对管片环向螺栓的手孔产生了强大的挤压作用，使得手孔端面不但产生了应力集中，还产生了大量的张开裂缝（图 4）。同时，随着接头向内张开，弯曲螺栓被拉直，最终与管片螺栓孔之间的相互挤压造成了螺栓孔开裂，如图 5 所示。

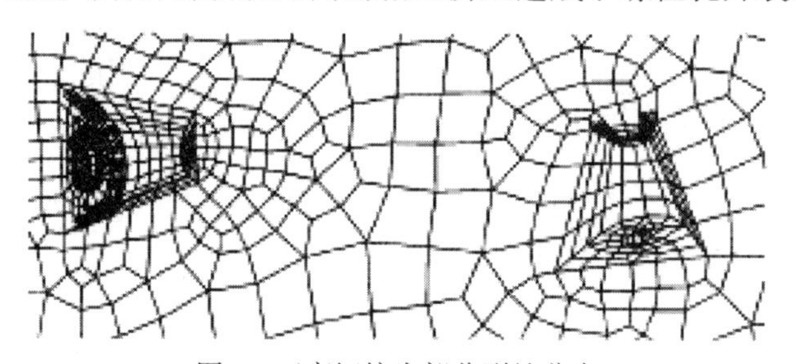

图 4　正弯矩接头部分裂缝分布

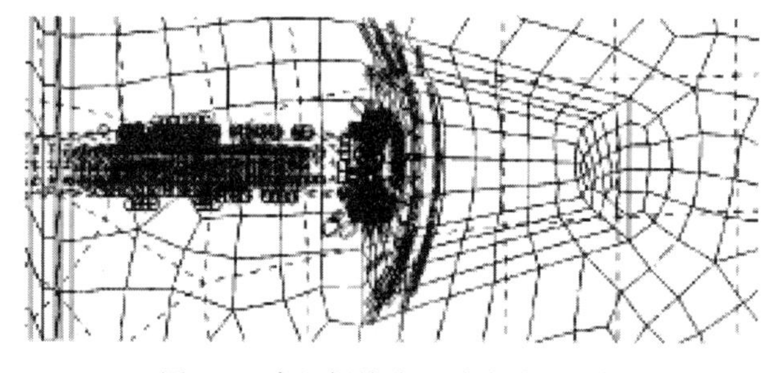

图 5　正弯矩螺栓孔及手孔裂缝分布

2.2　负弯矩计算结果

负弯矩计算中，计算荷载达到 N=220.0kN，P=153.0kN 时，接头张开量达到 6.0mm，接头轴力为 220.0kN，弯矩为 49.5kN·m。按照 1.4 节中的论述，这就是负弯矩的极限荷载。该荷载条件下的第一主应力最大值为 7.71MPa，位置仍在弯曲螺栓的螺母与管片手孔端面的接触面上，相应的裂缝分布见图 6。

与正弯矩计算不同的是，负弯矩荷载下的加载并没有使管片产生明显的应力集中。弯曲螺栓在一定程度上也起着类似于受拉钢筋的作用，在环向螺栓的手孔端面产生应力集中，也产生了一定数量的闭合裂缝（图 6）。

以上仅讨论了 N=220.0kN，P=153.0kN 时的计算结果。实际上，在负弯矩分析中，荷载能达到如表 1 所示的最大荷载。由于有限元模拟中没有计及弯曲螺栓在施工过程中的二次预紧，故螺母与混凝土手孔端面的挤压力随着荷载的增加逐渐下降为零，与文献［13］在小偏心距试验时，螺栓变松，拉力减小的结果相符。

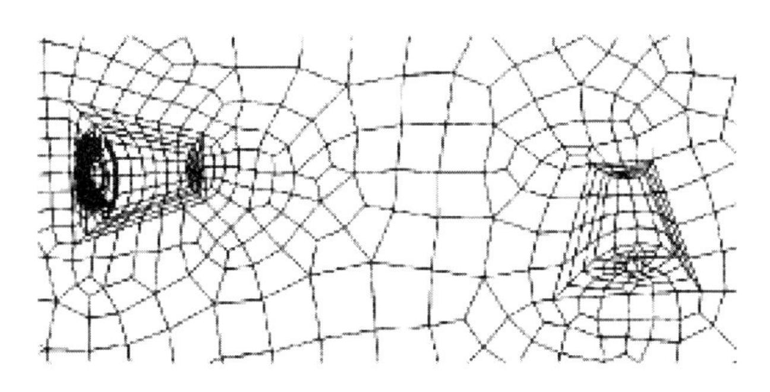

图 6　负弯矩接头部分裂缝分布

3 结　　论

（1）在有限元分析中没有考虑钢筋的影响，但正弯矩作用下该素混凝土管片最终失效的原因是由于管片局部开裂造成的，故不妨推断，对于管片环这种圆形结构，环向钢筋的存在并不能很好地提高管片的最终承载能力。提高管片环最终承载能力的关键是通过改善管片局部钢筋构造，提高管片薄弱部位的局部强度。负弯矩作用下的极限荷载由接头的张开量控制，几乎可以忽略钢筋的作用。

（2）接头的存在大大降低了管片环的整体承载力。分析所得的正弯矩下接头极限轴力为 621.88kN，弯矩为 139.92kN·m。广州安德建筑构件有限公司对单块管片进行了荷载试验，管片承受的极限弯矩为 388.02kN·m。由此再次证明，接头部分是盾构管片环的最薄弱部分，其力学行为仍需进一步研究。

（3）螺栓等连接件与管片混凝土之间的强度匹配对管片环承载力也起着重要作用。弯曲螺栓对混凝土螺栓孔以及螺母对手孔端面的挤压，造成了混凝土管片的严重开裂。由此说明，弯曲螺栓的刚度及强度与混凝土相比过高，极易造成管片混凝土在与螺栓的相互作用中过早开裂破坏。

参考文献（References）

[1] 朱伟，陈仁俊. 盾构隧道施工技术现状及展望（第 3 讲）——盾构隧道应用前景及发展方向 [J]. 岩土工程界，2002，5（1）：18-21.

[2] 袁敏正，竺维彬. 盾构技术在广州地铁的应用及发展 [J]. 广东土木与建筑，2004，8：3-7.

[3] 刘建航，侯学渊. 盾构法隧道 [M]. 北京：中国铁道出版社，1991.

[4] ［日］土木学会编. 隧道标准规范（盾构篇）[M]. 朱伟译. 北京：中国建筑工业出版社，2001.

[5] 张厚美，张正林，王建华. 盾构隧道装配式管片接头三维有限元分析 [J]. 上海交通大学学报. 2003，37（4）：566-569.

[6] 谢小玲，苏海东. 穿黄隧道双衬砌结构平面非线性有限元分析 [J]. 长江科学院院报. 2002，19（增刊）：61-63.

[7] 曾东洋，何川. 盾构隧道管片环向接头力学行为研究 [C]. 成都：地下铁道新技术文 2003——中国土木工程学会隧道及地下工程学会地下铁道专业委员会第十五届学术交流会论文选集，2003：49-53.

[8] 曾东洋，何川. 地铁盾构隧道管片接头抗弯刚度的数值计算 [J]. 西南交通大学学报，2004，39（6）：744-748.

[9] 张海波，殷宗泽，朱俊高等. 盾构法隧道衬砌施工阶段受力特性的三维有限元模拟 [J]. 岩土力学，2005，26（6）：990-994.

[10] 过镇海，时旭东. 钢筋混凝土原理和分析 [M]. 北京：清华大学出版社，2003.

[11] 江见鲸，陆新征，叶列平. 混凝土结构有限元分析 [M]. 北京：清华大学出版社，2005.

[12] 郑明军，王文静，陈政南等. 橡胶 Mooney-Rivlin 模型力学性能常数的确定 [J]. 橡胶工业，2003（50）：462-465.

[13] 张厚美. 装配式双层衬砌接头荷载试验与结构计算理论——南水北调中线穿黄隧洞结构计算模型研究 [D]. 上海：同济大学，2000.

[14] 北京城建设计研究总院等. 地铁设计规范（GB 50157—2003）[S]. 北京：中国计划出版社，2003：69-70.

营运期地铁盾构隧道动力响应分析

莫海鸿[1] 邓飞皇[1] 王军辉[2]
（1. 华南理工大学 建筑学院，广东 广州 510640；2. 上海申通地铁集团有限公司，上海 200031）

【摘 要】 采用三维动力有限差分法，考虑接缝、管片分块和软土地层等因素，对广州地铁四号线埋置于深厚软土地层之中的盾构隧道在地铁营运期间动力响应进行深入分析，并对考虑管片接缝与否两种计算模式进行比较分析。研究结果表明，地铁列车动载作用下，隧道动力响应自底部向顶部逐渐衰减，强烈区主要集中在下半部。管片环动力响应与接缝分布有关，临近接缝部位的动力响应值比远离接缝部位的动力响应值要大些。隧道基土动力响应强烈区主要分布于贴近管片环外围的一定范围内，越接近管片环、愈接近隧道底部，基土动力响应愈为强烈。地层动力响应由隧道壁往外快速衰减，受振区主要集中在距隧道中心约 2 倍隧道直径范围的近域地层内。当针对管片衬砌结构本身进行动力响应分析时，若把管片衬砌当整体考虑则会引起较大误差，故应考虑管片接缝；当针对地层进行动力响应分析时可不考虑接缝而把管片衬砌当成整体考虑，由此带来的误差在一般情况下可忽略不计。
【关键词】 隧道工程；动力响应；盾构隧道；接缝；管片；数值分析

1 引　　言

近年来，随着城市轨道交通的迅猛发展，地铁营运引起的隧道振动和噪音干扰问题越来越受到人们的关注，对列车动载作用引起的盾构隧道动力响应问题的研究具有重要意义，并有不少学者在相关方面进行研究。张玉娥和白宝鸿[1]针对高速铁路振动问题，采用弹塑性本构关系和 Mohr-Coulomb 屈服准则，应用有限元模型在时域内对隧道结构及其周围岩体进行动响应分析。当两隧道相距较近时，振动波会出现相互干扰现象，陈卫军和张璞[2]采用 ANSYS 软件对南浦大桥近距离交叠隧道在列车振动荷载作用下动力响应进行有限元分析。李德武[3]根据隧道的测试结果，在有限元法的基础上，分析在列车竖向振动荷载作用下隧道衬砌的响应。在公路或铁路建设中，往往会遇到大断面隧道的建设问题，李亮等[4]运用弹塑性有限元法对大断面隧道结构在列车动载作用下的动响应进行深入的分析。宫全美等[5]分析地铁运营荷载引起的隧道地基土动力响应问题。

然而，这些研究均把隧道衬砌结构当成一个完整体来考虑，即使是由许多管片（块）拼装而成的盾构隧道，亦把管片衬砌结构视为一个无缝的筒状完整体。事实上，就盾构隧道而言，其衬砌结构是由管片和接缝共同组成的，隧道结构上有规律地分布着纵横接缝。由于块间接缝的存在，将成为盾构隧道衬砌结构的极薄弱体，又由于振动波在交界面处具有反射和透射的特性，研究穿越软土地层的盾构隧道结构的细观动力响应问题时是否应考虑管片接缝值得探讨。

广州地铁四号线呈 SN 向，靠近珠江入海口布置，线路某区段采用盾构隧道形式穿越 30～50m 厚的珠三角海相沉积软土地层，隧道埋深约为 18m。本文采用三维动力有限差分法，针对盾构隧道管片接缝的问题，就该地铁线路在营运期列车振动荷载作用下动力响应问题进行细观分析，以期对该线日后运营期隧道动力响应状况进行合理地预测。

2 计算模型及列车荷载

2.1 计算模型

为客观反映盾构隧道结构的动力响应特征，拟建立三维动力有限差分分析模型。限于动力瞬态分析对计算机性能的要求较高，本模型沿隧道横向取为 60m（即左右两侧各为 5D，D 为隧道直径），沿隧道纵向取 90m（即考虑 60 环管片），自地表往下 35m 为模型底部边界，模型上表面为地表自由面，隧道埋深为 18m。三维模型网格如图 1 所示。

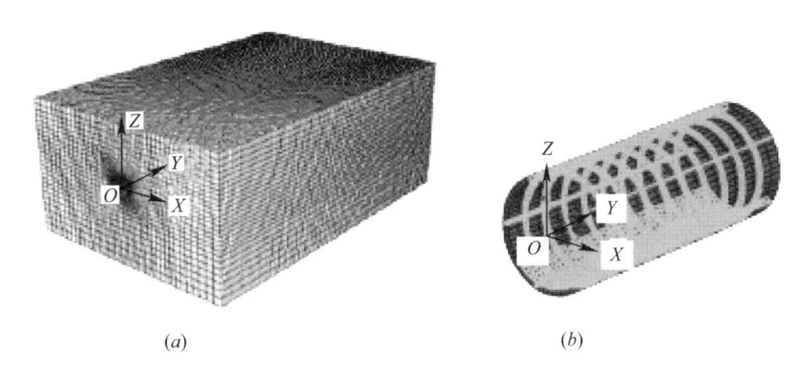

图 1 三维模型网格图

Fig. 1 Three-dimensional grids of model

(a) 三维模型网格；(b) 管片和接缝网格

对管片和接缝，本文分别采用两种方式建立管片衬砌模型：第 1 种按盾构管片衬砌标准参数建立，考虑管片接缝；第 2 种不考虑接缝，把全环当成一个筒状整体。本文重点分析第 1 种管片建模方式即考虑接缝，第 2 种方式只是用来作对比分析。模型中管片环外径 6.0m，内径 5.4m；管片宽度 1.5m，厚度 0.3m。第 1 种方式中管片衬砌环由 1 块封顶块，2 块邻接块，3 块标准块组成。管片环按封顶块以逆时针方向偏离正上方 18°，使块间接缝呈非水平对称布置。封顶块圆心角 10.4°，邻接块圆心角 66.8°，标准块圆心角 72.0°。管片、道渣和地层用 brick 实体单元模拟，管片块间的纵横接缝及管片与地层间的注浆层用 interface 界面单元模拟。管片和接缝网格如图 1（b）所示。

分析中采用 Mohr-Coulomb 屈服准则和材料的弹塑性本构关系。地层考虑的是深厚均匀软土地层；管片采用等级强度 C50 混凝土和 HRB335ϕ16 钢筋，计算时将混凝土和钢筋合为一体考虑；管片块间的螺栓连接件和止水带统一按接缝考虑。

计算模型中地层为深厚软土，土性较均匀，地层初始应力场为

$$\left.\begin{aligned} G &= \rho g h \\ k_0 &= \frac{\lambda}{1-\lambda} \\ F &= k_0 G \end{aligned}\right\} \tag{1}$$

式中 G 为计算点地层垂直地应力；ρ 为地层密度；g 为重力加速度，取 9.81m/s^2；h 为计算点埋深；k_0 为侧压力系数；λ 为泊松比，取 0.3；F 为计算点地层侧应力。材料物理力学参数见表 1。

材料物理力学参数 **表 1**

Physico-mechanical properties of materials **Table 1**

材料类型	体积模量 K/MPa	剪切模量 G/MPa	密度 ρ/(kg·m^{-3})	黏聚力 c/kPa	内摩擦角 φ/(°)	阻尼比系数	
						α	β
地层	20.12	9.24	2100	15	30	0.085	0.0045
管片	4.00×10^4	3.00×10^4	2600	550	60	0.045	0.0025
道床	1657.00	759.00	2210	200	40	0.060	0.0300

对于隧道衬砌结构，沿隧道轴向给衬砌结构施加隧道埋深处地层初始侧应力 F，沿隧道横向在垂直和水平两个方向分别给衬砌结构施加隧道埋深处地层垂直应力 G 和侧应力 F，由轴向和横向所施加的应力共同构成衬砌结构的初始应力场。另外，对于考虑接缝计算模式，本文还通过表 2 所列参数调整 interface 界面单元力学参数来考虑由施工残余应力和螺栓牵拉力带来的接缝应力。

根据地质勘查报告及相关文献资料，交界面物理力学参数见表 2。

交界面物理力学参数 **表 2**

Physico-mechanical properties of interfaces **Table 2**

交界面类型	法向劲度系数 k_n/(MPa · m^{-1})	切向劲度系数 k_s/(MPa · m^{-1})	抗拉强度 T/MPa	黏聚力 c/kPa	内摩擦角 φ/(°)
纵横接缝	3.2×10^5	1.0×10^5	100	20	10
注浆层	6.1×10^2	4.0×10^2	30	450	40

采用 Rayleigh 阻尼，其表达式[6,7]为

$$[C]=\alpha[M]+\beta[K] \tag{2}$$

式中：$[C]$ 为阻尼矩阵，$[M]$ 为质量矩阵，$[K]$ 为刚度矩阵，α 为质量相关阻尼系数，β 刚度相关阻尼系数。

根据振型正交条件，待定系数 α，β 与阻尼比之间应满足：

$$\xi_k=\frac{\alpha}{2\omega_k}+\frac{\beta\omega_k}{2}\quad(k=1,2,\cdots,n) \tag{3}$$

式中：ξ_k 为阻尼比，ω_k 为固有频率。

由体系的自由振动方程求出两个固有频率 ω_i 和 ω_j，并根据试验或现场测试可知两个阻尼比 ξ_i 和 ξ_j，由式（3）可求得 α 和 β。若 $\omega_i=\omega_j$，则可得

$$\left.\begin{aligned}\alpha&=\xi_0\omega_0\\ \beta&=\xi_0/\omega_0\end{aligned}\right\} \tag{4}$$

式中：ω_0 为系统的基频，ξ_0 为相应振型的阻尼比。

为消除散射波在人工边界上的反射，较好地模拟远场地球介质弹性恢复性能，分析时采用 Lysmer 和 Kuhlemeyer（1969）提出的静态阻尼器人工边界条件，阻尼器分别提供法向和切向牵引黏滞力[6]，即

$$\left.\begin{aligned}t_n&=-\rho_0C_Pv_n\\ t_s&=-\rho C_Sv_s\end{aligned}\right\} \tag{5}$$

式中：v_n，v_s 分别为法向和切向速度分量；ρ_0 为边界材料密度；C_P，C_S 分别为 P 波和 S 波波速。

2.2 列车荷载

列车在不平顺的轨道上行驶，竖向激振荷载可用一个激振力函数来模拟[4,8]，其表达式为

$$F(t)=p_0+p_1\sin(\omega_1t)+p_2\sin(\omega_2t)+p_3\sin(\omega_3t) \tag{6}$$

式中：p_0 为车轮静载；p_1，p_2，p_3 分别为①按行车平顺性、②按作用到线路上的动力附加荷载和③波形磨耗 3 种控制条件（下称"控制条件①，②，③"）的振动荷载典型值。令列车簧下质量为 M_0，则相应的振动荷载幅值为

$$p_i=M_0a_i\omega_i^2\quad(i=1,2,3) \tag{7}$$

式中：a_i（i=1，2，3）为典型矢高，i=1，2，3 分别对应于控制条件①，②，③（以下同）；ω_i（i=1，2，3）为对应车速下不平顺振动波长的圆频率，故有

$$\omega_i=2\pi v/L_i\quad(i=1,2,3) \tag{8}$$

式中 v 为列车的运行速度；L_i（i=1，2，3）为典型波长。

根据有关资料[4,8,9]，取单边静轮重 p_0 为 8.0×10^3kg；簧下质量 M_0 为 750kg。取其典型的不平顺振动波长和相应的矢高为：L_1=10m，a_1=3.5mm；L_2=2m，a_2=0.4mm；L_3=0.5m，a_3=0.08mm。该线列车最高时速达 120km/h，本文取 v=108km/h。由此得到的前 0.3s 的列车振动荷载 $F(t)$，激振力曲线如图 2 所示。计算过程中施加如图 2 所示的列车振动荷载，采用张璞[10]所述的简化计算方法进行动载施加。

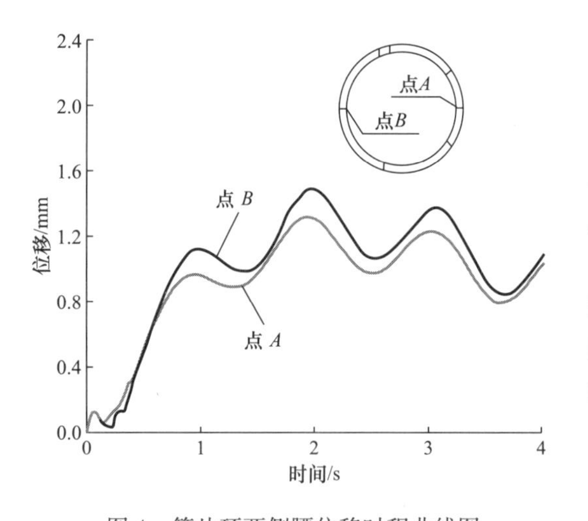

图 4　管片环两侧腰位移时程曲线图

Fig. 4　Time-dependent curves of displacement of points A and B

3.2　管片环位移时程分析

图 4 为管片环两侧腰位移时程曲线图，也即左右两侧水平对称位置上的 A，B 两点的位移时程曲线，其中 A 点位于右侧标准块中部，点 B 位于左侧标准块与邻接块的接缝部位。由图可知，A，B 两点的位移时程曲线变化规律基本相同，但是，点 B 位移时程波峰值比点 A 位移时程波峰值高，说明接缝处由于振动波的部分反射而导致振动加强。

3.3　隧道基土动力响应分析

管片环振动引起环周基土受振，基土振动出现土动力反应，直接影响到隧道的安全与稳定，因而有必要研究隧道基土的动力响应。经计算，得到考虑管片接缝时隧道基土振动速度等色图和剪应变率曲线图，如图 5、图 6 所示。

由图 5 可知，隧道基土动力响应较为强烈的区域主要分布于贴近管片环的一定范围内，越接近管片环，振动响应越为强烈，同时，越接近隧道底部，基土动力响应越为强烈，隧道底部局部范围内（$\theta=100°\sim260°$）的基土出现较为强烈的振动响应现象，也即是基土最可能出现变形的部位。

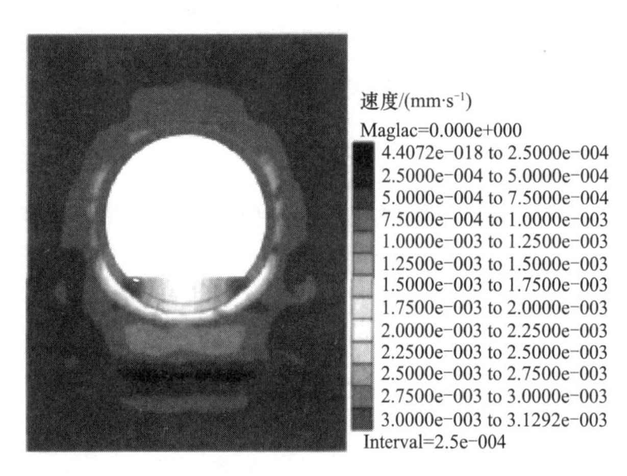

图 5　考虑管片接缝时隧道基土振动速度等色图

Fig. 5　Contour of velocity response of joint-considered foundation soil

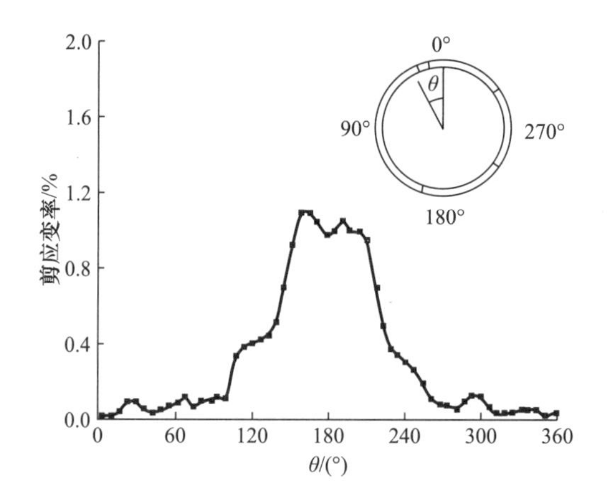

图 6　考虑管片接缝时洞周基土受振剪应变率曲线图

Fig. 6　Shear strain rate response curve of joint-considered foundation soil

土体剪应变率是土体发生剪切变形的程度，能较好地反映出隧道基土的振动响应状态。图 6 为考虑管片接缝时洞周基土受振剪应变率曲线图，单元位置以圆心角表示（同上）。由图 6 可知，基土剪应变率在隧道上半部基土剪应变率小，而隧道腰部以下 $\theta=100°\sim260°$范围内基土剪应变率较大，在底部稍偏左位置即两标准管片块接缝处附近基土的剪应变率最大。

3.4　地层动力响应分析

列车动载作用于轨道，引起衬砌结构受振动，进而促使周围地层出现动力响应现象。为描述动力响应在地层的分布情况，分别观测考虑管片接缝与把管片衬砌当整体考虑两种情况下某时刻在过隧道中心的纵横两个方向上地层的位移和速度动力响应情况，考虑管片接缝与否时地层动力响应对比曲线如图 7 所示。

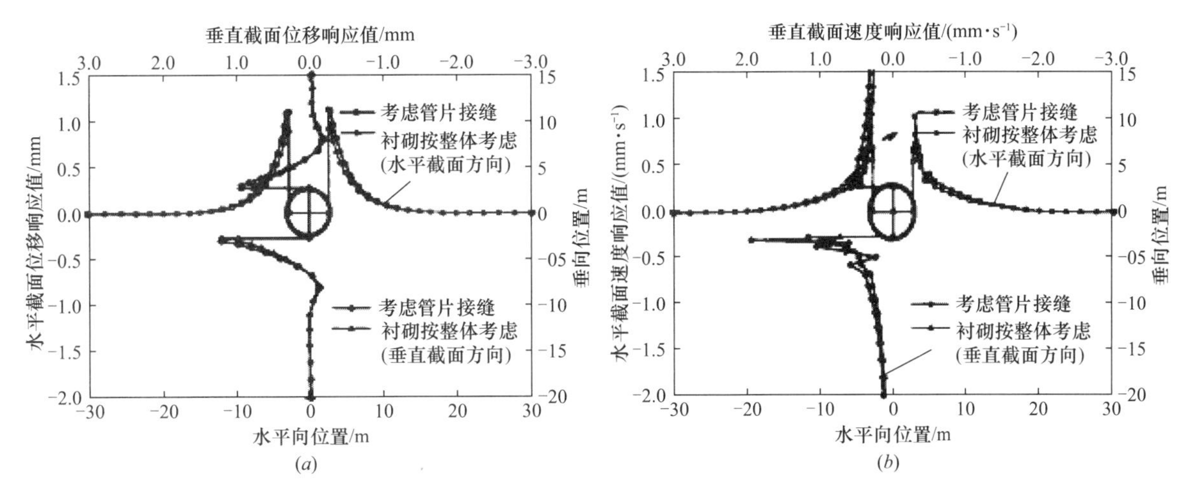

图 7　考虑管片接缝与否时地层动力响应对比曲线

Fig. 7　Comparative curves of stratum dynamic response for joint-considered and non-joint-considered foundations

(*a*) 地层位移响应曲线；(*b*) 地层速度响应曲线

由图 7（a）、（b）可知，考虑管片接缝与否对地层动力响应的影响不大，二者规律较相近，即列车动载引起的地层动力响应由隧道壁往外快速衰减，受振区主要集中在距隧道中心约 2 倍隧道直径范围的近域地层内，临近管片环的地层响应下部大于上部。但是二者亦存在差别，考虑管片接缝时引起的地层动力响应略大于衬砌按整体考虑时的动力响应，越靠近管片环，这种差异表现越明显。管片衬砌按整体考虑时所形成的地层动力响应左右完全对称，而考虑管片接缝时临近管片环的地层动力响应受管片接缝分布的轻微影响，接缝部位比非接缝部位地层动力响应略强。

4　结　　语

本文对穿越深厚软土地层的广州地铁四号线盾构隧道一区段在营运列车动载作用下隧道动力响应进行三维数值分析，得到以下相关结论：

（1）地铁列车动载作用下，管片环动力响应自环底向环顶逐渐衰减，强烈区主要分布在管片环下半部。考虑接缝时，管片环动力响应受到接缝分布的影响，水平对称位置上接缝部位比非接缝部位动力响应强烈，而衬砌按整体考虑时所得管片环动力响应呈水平对称分布且响应值偏小。

（2）隧道基土动力响应强烈区主要分布于贴近管片环外围的一定范围内，越接近管片环，基土动力响应越为强烈。同时，愈接近隧道底部，基土动力响应愈为强烈，底部两标准管片块接缝处基土的剪应变率最大。

（3）地层动力响应由隧道往外快速衰减，受振区主要集中在距隧道中心约 2 倍隧道直径范围的近域地层内，底部近域地层比顶部地层动力响应大。考虑接缝时接缝附近地层比非接缝附近地层动力响应大，而衬砌按整体考虑时地层动力响应呈水平对称分布，但两种情况下地层动力响应数值相差不大。

（4）当针对管片衬砌结构本身进行动力响应精细分析时，若把管片衬砌当整体考虑则会引起较大误差，故应考虑管片接缝；当针对地层进行动力响应分析时可不考虑接缝而把管片衬砌当成整体考虑以提高效率，由此带来的误差在一般情况下可忽略不计。

参考文献（References）

［1］ 张玉娥，白宝鸿．高速铁路隧道列车振动响应数值分析方法［J］．振动与冲击，2001，20（3）：91-93，102．(Zhang Yu'e，Bai Baohong．Studyon vibration response of tunnel subjected to high speed train loading［J］．Journal of Vibration and Shock, 2001, 20 (3): 91-93, 102. (in Chinese))

[2] 陈卫军，张璞. 列车动载作用下交叠隧道动力响应数值模拟 [J]. 岩土力学，2002，23 (6)：770-774. (Chen Weijun, Zhang Pu. Numerical simulation of dynamic response of overlap tunnels in close proximity due to train's vibrating load [J]. Rock and Soil Mechanics, 2002, 23 (6): 770-774. (in Chinese))

[3] 李德武. 列车振动对隧道衬砌影响分析 [J]. 兰州铁道学院学报，1997，16 (4)：24-27. (Li Dewu. An analysis of dynamic response of tunnel lining to train vibration [J]. Journal of Lanzhou Railway Institute, 1997, 16 (4): 24-27. (in Chinese))

[4] 李亮，张丙强，杨小礼，等. 高速列车振动荷载下大断面隧道结构动力响应分析 [J]. 岩石力学与工程学报，2005，24 (23)：4259-4265. (Li Liang, Zhang Bingqiang, Yang Xiaoli, et al. Analysis of dynamic response of large cross-section tunnel under vibrating load induced by high speed train [J]. Chinese Journal of Rock Mechanic sand Engineering, 2005, 24 (23): 4259-4265. (in Chinese))

[5] 宫全美，徐勇，周顺华. 地铁运行荷载引起的隧道地基土动力响应分析 [J]. 中国铁道科学，2005，26 (5)：47-51. (Gong Quanmei, Xu Yong, Zhou Shunhua. Dynamic response analysis of tunnel foundation by vehicle vibration in metro [J]. China Railway Science, 2005, 26 (5): 47-51. (in Chinese))

[6] Itasca Consulting Group Inc.. FLAC3D (Version 3.0) online manual table of contents [R]. Minnesota, USA: Itasca Consulting Group, Inc., 2005.

[7] 张汝清，殷学纲，董明. 计算结构动力学 [M]. 重庆：重庆大学出版社，1987. (Zhang Ruqing, Yin Xuegang, Dong Ming. Computational Structural Dynamics [M]. Chongqing: Chongqing University Press, 1987. (in Chinese))

[8] 梁波，蔡英. 不平顺条件下高速铁路路基的动力分析 [J]. 铁道学报，1999，21 (2)：84-88. (Liang Bo, Cai Ying. Dynamic analysis of subgrade of high speed railways in geometric irregular condition [J]. Journal of the China Railway Society, 1999, 21 (2): 84-88. (in Chinese))

[9] 张庆贺，朱合华，庄荣. 地铁与轻轨 [M]. 北京：人民交通出版社，2002. (Zhang Qinghe, Zhu Hehua, Zhuang Rong. Metro and Light-rail [M]. Beijing: China Communications Press, 2002. (in Chinese))

[10] 张璞. 列车振动荷载作用下上下近距地铁区间交叠隧道的动力响应分析 [博士学位论文] [D]. 上海：同济大学，2001. (Zhang Pu. Dynamic response of two shield tunnels driven up and down in close proximity due to subway train's vibrating loads [Ph. D. Thesis] [D]. Shanghai: Tongji University, 2001. (in Chinese))

桩对隧道影响的分析模型比较

刘力英[1] 莫海鸿[1] 周汉香[2] 阎晓铭[1]

（1. 华南理工大学建筑学院土木工程系 广州 510640；2. 华南理工大学建筑设计研究院 广州 510640）

【摘　要】 针对新设桩基对既有隧道的影响，分别采用三维实体模型和平面应变模型进行分析，并结合平面应变问题的基本理论和附加应力扩散原理，说明平面应变分析的不足和三维分析的合理性，同时利用对称性讨论三维模型的简化问题。

【关键词】 平面应变；附加应力；对称性

1 引　言

近年随着城市建设的快速发展，城市用地日趋紧张，建筑物以及地下构筑物的密集程度不断提高，在城市建设中往往会遇到以下问题，即在拟建建筑物下面存在20世纪60～70年代修建的人防隧道或近年修建的地铁隧道；或者在拟建地铁隧道上面存在大型建筑物，由于体型巨大的建筑物往往采用桩基础，因此工程中涉及桩与隧道的相互影响问题。

对于这类问题的研究，由于平面较简单，故以往较多采用平面应变法进行分析[1]，但桩在荷载作用下使桩周土和桩端土产生附加应力，并在一定空间范围内扩散，而采用平面应变分析法来模拟这一空间力学行为，有可能会造成较大的误差。本文将通过一个具体算例来分析此类问题，同时讨论三维模型的简化问题。

2 具体算例

2.1 工程概况

某人防隧道高3.2m，宽3.2m，隧道顶平均埋深40m，场地由上至下各土层分布及其物理力学参数见表1。拟建于隧道上的工程基坑开挖深度12.8m，采用人工挖孔桩基础，桩径1.6m，桩距8.0m。假设桩身为C25混凝土，弹性模量$E=2.8\times10^7$MPa，泊松比$n=0.17$，重度$g=25\text{kN/m}^3$。根据设计图纸提供的数值，并按最不利情况计算，桩顶荷载$N=12000$kN压力，桩端与隧洞的水平和垂直净距均为3.2m。

2.2 有限元计算模型[2]

（1）三维模型

完整的计算区域在平面上可简化为如图1（*a*），由于全模型在尺寸和承受荷载上均具有两个方向的对称性，因此可以建立如图1（*b*）所示的1/4模型，同时建立如图1（*c*）所示的8m桩距模型，以便与1/4模型进行比较。本计算模型分别给4个竖向面及底面的法线方向施加约束。

（2）平面应变模型

在8m桩距模型的基础上进一步简化为平面模型，按平面应变进行分析。

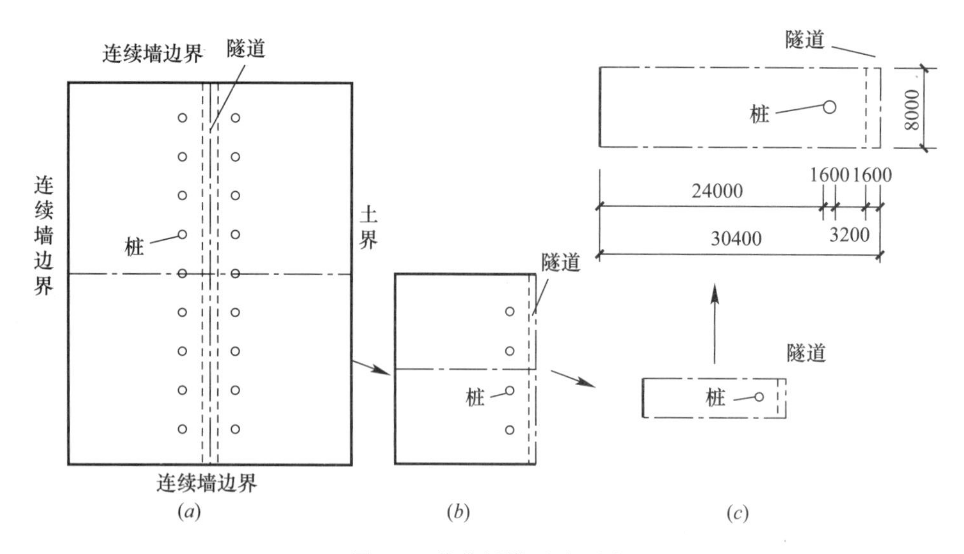

图 1　三位分析模型平面图

(a) 全模型；(b) 1/4 模型；(c) 8m 桩距模型

本工程首先进行多种三维计算模型下的弹性和弹塑性分析对比，弹塑性分析表明，一方面隧道周边土体单元未出现塑性区，更未出现塑性区连通；另一方面桩周土体的剪应力值也不大，说明桩土仍处于弹性状态，因此以下三维模型和平面应变模型的对比讨论均从弹性分析出发。

各岩土层物理力学参数　　**表 1**

土层名称	厚度（m）	粘聚力 c（kPa）	内摩擦角 j（°）	变形模量 E_s（MPa）	泊松比 n	重度 g(kN/m^3)
淤泥质土（局部中细砂）	12.8	16	14	3.2	0.40	17.0
粉质黏土（可塑-硬塑）	9.6	40	20	6.5	0.30	19.5
强风化粉砂岩（硬塑-坚硬）	9.6	45	22	9.12	0.28	20.0
中风化岩	32.0	450	27	2.28×10^3	0.28	24.0

2.3　计算结果

经多种模型（尤其以三维模型为准）的计算分析，在土自重和桩荷载共同作用下隧道周边岩土总应力并不大，隧道处于安全状态。但由于本文目的不在于鉴定该实例中的隧道是否安全，而在于比较此类问题采用不同计算模型时计算结果的差异，因此此处只给出桩顶受荷计算工况下引起的土中附加应力 ΔSY（垂直应力）云图，如图 2～图 3 所示。

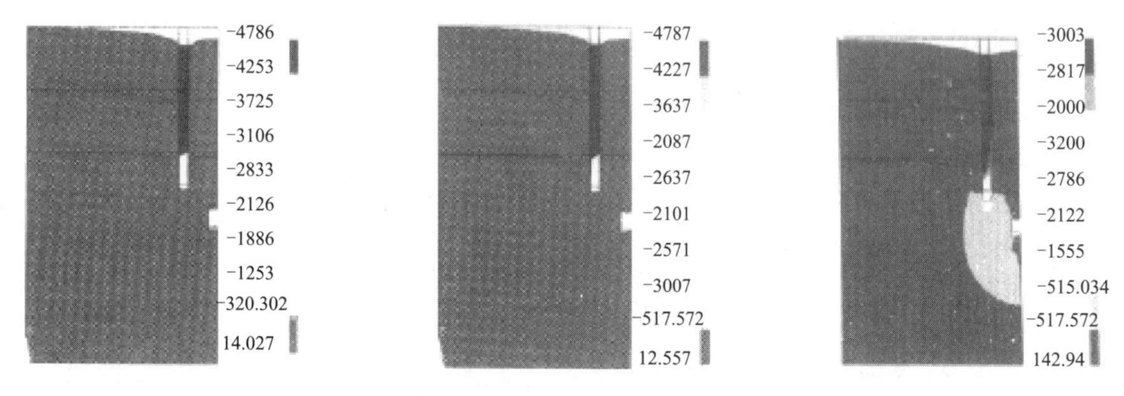

图 2　桩受荷后产生的附加应力 ΔSY 计算结果（kPa）

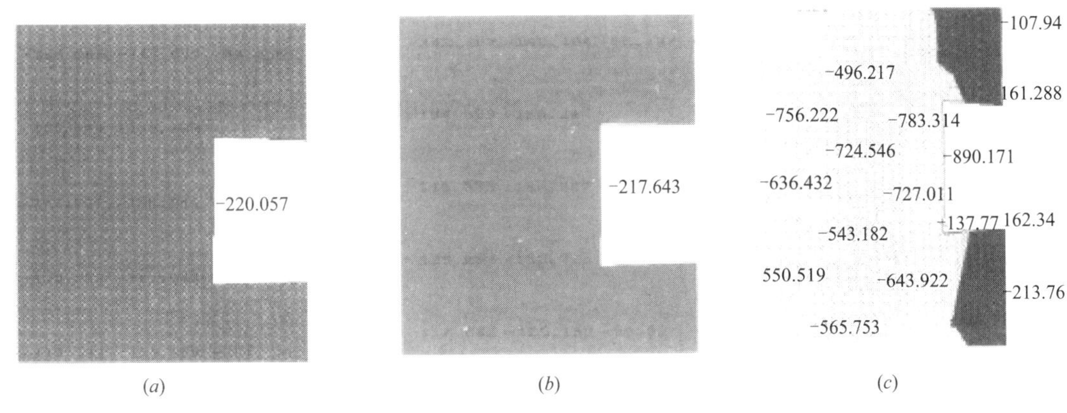

(a) (b) (c)

图 3　隧道附近的附加应力 ΔSY 计算结果（kPa）

3　差异讨论

由图 2～图 3 中可见，1/4 模型和 8m 桩距模型的计算结果非常接近，而采用平面应变模型计算的桩底附加应力则大得多，如图 2（c）桩底出现明显的应力泡，图 3（c）中的数据也比图 3（a）（b）中的数据大3～5 倍。

首先，1/4 模型和 8m 桩距模型的计算结果非常接近，经分析其原因在于计算区域中每根桩的属性和所受荷载相同，每根桩对桩周土的影响也就相同，也即每片桩间土以中间平面为对称面，两侧土的受力行为一样，中间平面成为一个沿隧道方向不动的面，因此可以“不动面”为边界建立 8m 桩距模型。将类似问题简化为桩距模型代替 1/4 模型，既可满足精度要求又可大为节省建模和计算时间，节省计算机容量。

其次，采用平面应变模型计算所得的结果明显偏大，其原因可以根据平面应变基本理论和应力扩散理论进行讨论：

一个可简化为平面应变问题分析的结构必须具备两个条件：①结构的长度远大于横截面尺寸；②所受的荷载作用沿长度方向不变且平行于横截面。在岩土和水利工程中，许多问题可简化成平面应变问题，如单纯的挡土墙、边坡、隧道、重力坝等。但对于由几种材料组成的结构，若有一种材料不沿长度方向连续均匀分布，则难以用平面问题较准确地模拟。如本文算例的结构，岩土和人防隧道结构基本满足平面应变问题的条件，但由于桩沿长度方向只是以一定的距离成列分布，而不沿长度方向连续均匀分布，因此不满足平面应变问题条件，整个结构也就不满足平面应变问题的条件。

本算例中把问题简化为平面应变模型进行计算，相当于把原结构看成如图 4 所示的结构，混凝土桩变成沿长度方向连续布置的混凝土墙，其刚度明显增大。

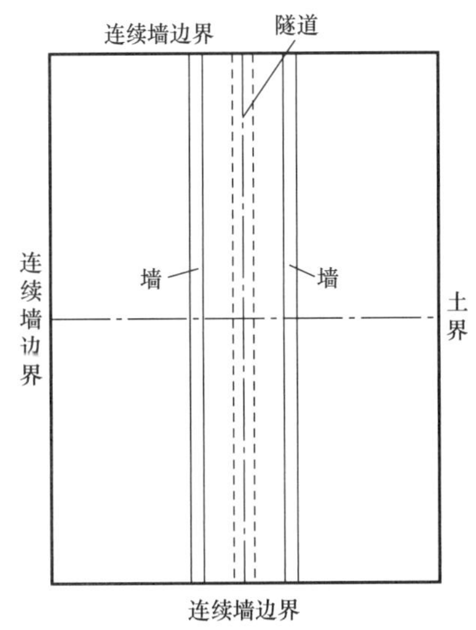

图 4　墙土平面图

从应力扩散方面考虑，算例中把问题简化为平面应变模型进行计算，则桩荷载引起的附加应力只能在平面内扩散，而不能向平面外扩散，无疑平面内所得的应力偏大。另外图 5 中当荷载密度相同时，条形荷载下地基附加应力的影响范围要比方形荷载下地基附加应力的影响范围大得多[3]。与此相类似，以端承为主的墙下地基附加应力的影响范围要比端承桩下地基附加应力的影响范围大得多，或者把墙看成无间距的桩密排组成，其应力偏大则也可从应力迭加的角度得到解释。

综上所述，类似本算例的问题按平面应变法进行分析，其结果会明显偏大，特别当桩距较大时，其结果甚至大几倍，严重超出允许误差范围，有可能出现同一隧洞的鉴定结果采用三维分析安全而采用平面应变分析时不安全的现象。如果只采用平面应变法进行计算分析，得出隧洞不安全这一错误结论，则应要求新建工程桩挖至洞底才能收桩，使施工难度增大，工期延长并导致工程造价的提高。

文献［1］采用平面应变法分析程序进行了隧道开挖方式对建筑物桩基影响的研究，也存在类似的问题，采用平面应变法分析时桩实际上变成了墙，刚度明显增大，计算隧道开挖引起桩基变形就会偏小，偏于不安全。同样，文献［4］也把打桩对周围土体影响的问题简化为平面应变问题，却夸大了打桩对周围土体的影响范围，均不能反映真实情况。

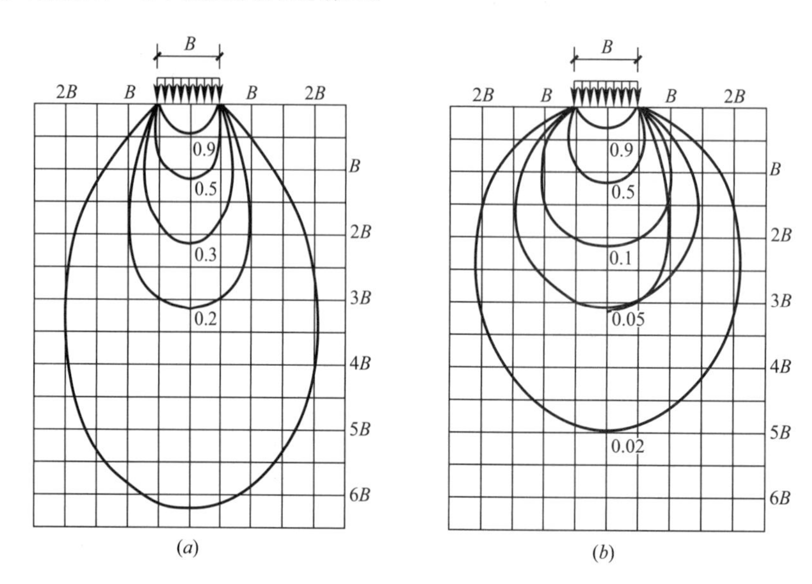

图 5　地基附加应力 σ_i 等值线图

(a) 条形荷载；(b) 方形荷载

4　结　　论

通过对具体算例的计算分析，根据对称性、平面问题的基本理论和附加应力扩散原理，我们可以得出以下结论：

（1）在弹性分析范围内，可以利用对称性把模型简化为桩距模型或 1/4 模型，尤其是前者既满足精度要求又可大为节省建模和计算时间以及计算机容量。

（2）对于有桩参与的岩土问题，不宜简化为平面问题进行分析，否则计算结果将与实际情况相差甚远，尤其当桩距较大时这种差异会超出允许误差范围。

参考文献（References）

［1］　茵勇勤等．隧道开挖方式对建筑物桩基影响的数值模拟分析．岩石力学与工程学报，2003（5）.

［2］　王涣定，吴德伦，林家骥等．有限单元法及计算程序．北京：中国建筑工业出版社，1997.

［3］　华南理工大学等．地基及基础（第三版）．北京：中国建筑工业出版社，1998.

［4］　李世芸，樊江．有限元方法仿真承载桩对其周围土体的影响．昆明理工大学学报，2001（5）.

广州地铁盾构施工阶段管片开裂原因初探

梁仲元[1,2] 陈俊生[2] 莫海鸿[2] 竺维彬[1]
（1. 广州市地下铁道总公司 广州 510030；2. 华南理工大学 广州 510640）

【摘 要】 管片作为盾构隧道的最基本结构单元，其破损和开裂必将导致隧道质量问题，并最终影响隧道的使用寿命。本文通过对实际管片破损和裂缝的分析和有限元模拟，计算出相关的应力集中区域，推断出典型破损和裂缝的产生原因，并为下一步裂缝试验分析提供依据。

【关键词】 盾构隧道；管片破损与裂缝；有限元分析；应力、应变

1 前 言

目前国内盾构隧道主要采用钢筋混凝土管片，但我们在工程实践中发现部分盾构管片在施工阶段出现破损或开裂等现象。以广州地铁盾构隧道为例，一号线黄沙站～长寿路站区间共安装管片581环，其中存在宽度≤0.3mm裂缝的就有419环，开裂且渗水的有93环，占管片总环数的16.0%；二号线赤岗站～鹭江站盾构区间隧道开裂管片数占总数的3.4%。由于盾构管片的开裂问题直接影响到盾构隧道的耐久性，这就使得对盾构管片在施工过程中的受力过程和受力特性的进一步分析研究显得尤为重要。

2 施工荷载及裂缝

2.1 设计中考虑的施工荷载

目前施工荷载主要考虑不均匀注浆压力和千斤顶顶力，其他复杂施工状态下管片结构的分析仅通过限定荷载取值进行考虑，而对实际施工过程中不同工况下管片的内力分析尚未有深入研究和计算。由于设计考虑的使用和施工阶段的荷载及边界条件不同，管片设计配筋量差异较大，为129～180kg/m^3。

2.2 实际施工过程中的荷载和裂缝

从管片开裂的现象中可以推测，管片的受力状态与设计所考虑的不完全一致。在盾构机掘进过程中，盾构隧道承受着千斤顶顶力、盾构机盾尾密封刷对管片的作用力及注浆压力等，这些荷载在规范允许的管片制作精度（单块管片宽度±0.3mm；弧弦长1.0mm；环向螺栓孔及孔位1.0mm；厚度1.0mm）、管片安装精度（每环相邻管片平整度4mm；纵向相邻环面平整度5mm；衬砌环直径椭圆度5‰）、盾构掘进中线平面位置和高程偏离纠正（中线平面位置和高程允许偏差±50mm）等因素的相互影响下，使盾构管片出现了不同的受力特征，如环向和纵向的轴压及偏心受压、剪切和扭曲等，造成不同性状的管片破损和裂缝，如图1所示。虽然出现在盾构隧道内弧面的裂缝对隧道耐久性的影响不大，但是否已出现外弧面的裂缝，以至于严重影响隧道的防水和耐久性，还有待进一步的研究。实际上，在图1的隧道中，螺栓孔已有向外爆裂的现象，严重影响隧道的施工和耐久性。

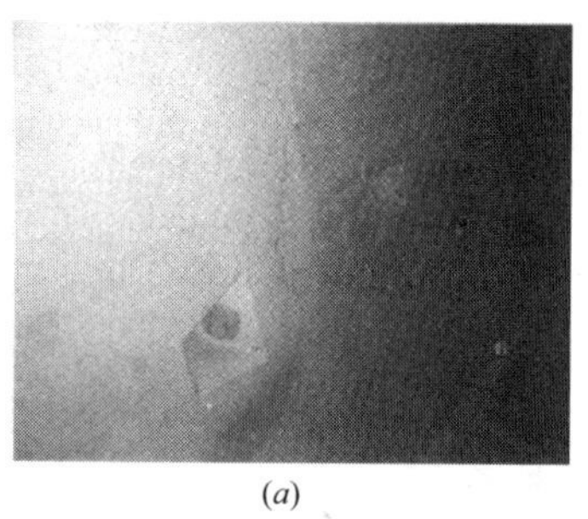
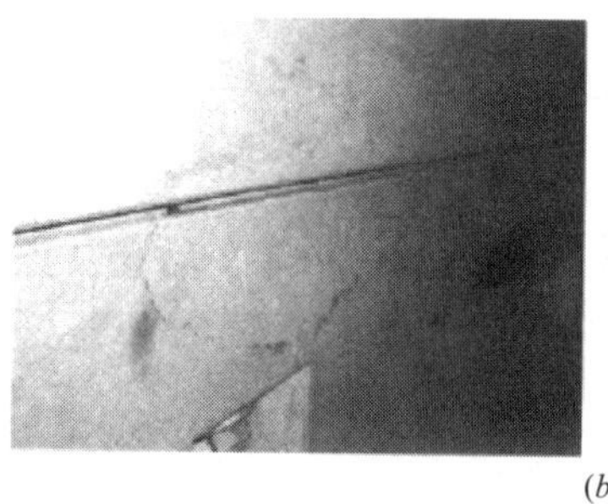
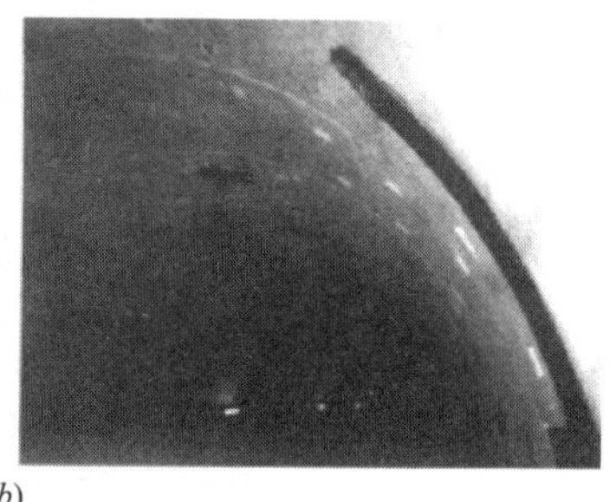

(a)　(b)

图1　广州地铁三号线某段隧道管片裂缝及渗漏情形

(a) 裂缝形态；(b) 因螺栓孔外弧面裂缝导致渗漏

3　裂缝的分析

3.1　三维有限元分析

（1）有限元分析模型

通用有限元程序 ANSYS 进行三维有限元分析，主要目的是模拟实际出现的应力集中和裂缝形态，获得出现图 1 的裂缝形态时管片之间的相对位移和应力分布。

为了减少计算量，我们先分析一对标准块，且每一标准块各取半块，忽略离螺栓孔较远的部分。在模型的细部处理方面，管片模型均按照实际尺寸建模。为了不影响分析的主要方面且提高计算效率，对螺栓部分作了一定简化。在支承条件方面，在管片底面加上垫块，将所有约束加在其上，从而避免了管片在支座附近的应力集中，并为下一步室内试验的设计提供方便。在管片接触面之间、弯螺杆与管片螺栓孔之间均设置了接触单元（Contact&Target），以模拟上述面之间互相挤压和滑移。

（2）有限元分析的加载

计算按荷载分为两步，即：①施加螺栓预紧力，按广州地铁的施工习惯，施加 2500～3000N；②施加荷载，因所要模拟的裂缝均在施工过程中出现，为便于分析的结果有助于改善施工参数，这里施加的荷载是管片间的相对位移（如相对平移、相对扭转或者上两者共同作用）。

由于施工情况复杂，螺栓施加的预紧力也会有所不同，故有限元分析也分两个模型进行，模型 1 是螺栓预紧力均取 2750N；模型 2 是螺栓预紧力分别取 2500N，3000N；通过对比可得到不同螺栓预紧力对应力集中区域的影响。

（3）计算结果及分析

① 模型 1 的分析结果

当相邻两块管片产生相对扭转时，在管片螺栓孔附近产生了应力集中，如图 2 所示，其位置与管片裂缝位置相同，说明了从整体变形角度来说，图 1 的裂缝的确是因相邻管片相对扭转而产生的。同时，在管片背面也出现了应力集中，但没有相关实物参照，故尚未能认为有相关的开裂形态，需经试验验证。

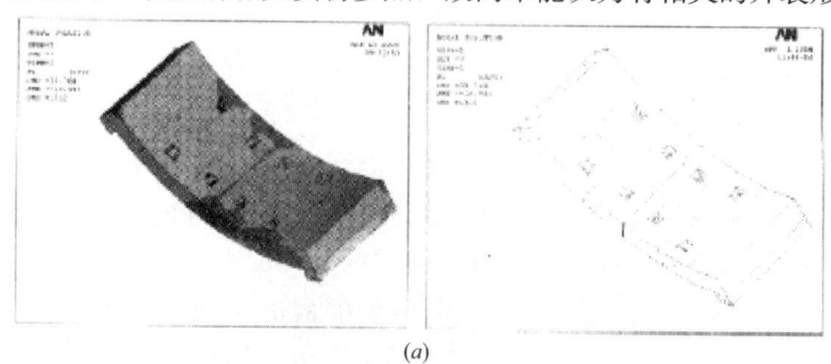

(a)

图2　模型 1 相邻两管片产生 0.02 弧度相对扭转时的 σ_1 云图与等值线图（一）

(a) 总体内弧面应力分布；

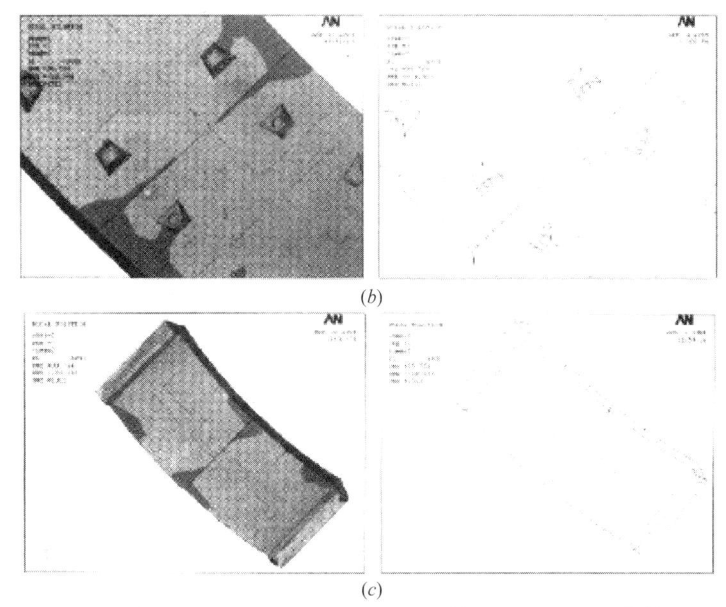

(b)

(c)

图 2　模型 1 相邻两管片产生 0.02 弧度相对扭转时的 σ_1 云图与等值线图（二）
(b) 螺栓孔附近应力分布；(c) 总体外弧面应力分布

② 模型 2 的分析结果

通过计算可得到与模型 1 相同的结论，即裂缝是由于相邻管片的相对扭转而产生。通过与模型 1 计算结果对比，发现在螺栓预紧力不相同时，其应力分布和大小均基本相同，也就是说裂缝出现的主要原因是管片间相对位移时接触面的互相挤压和螺栓杆对管片螺栓孔的挤压。

3.2 施工状态的分析

对于管片的应力集中区域来说，其所受外力有 3 个，即相邻管片发生相对扭转时弯螺栓对管片螺栓孔的挤压力 F_1、管片间的相互挤压力 F_2 和螺栓预紧力 F_3，它们的作用方式如图 3 所示。在 F_2 和 F_3 的共同作用下，在 F_1 方向产生较大的拉应变，当该拉应变超过了混凝土的极限拉应变时就会产生裂缝，由于混凝土的非均质性，粗骨料形状、大小和分布的随机性，劈裂面就产生了不规则的倾斜角（图 1）。又由于管片接触面的不平整、螺栓杆与管片螺栓孔净距仅 5mm，管片在受到各种施工荷载而产生整体变形时很易产生 F_1，F_2 和 F_3。

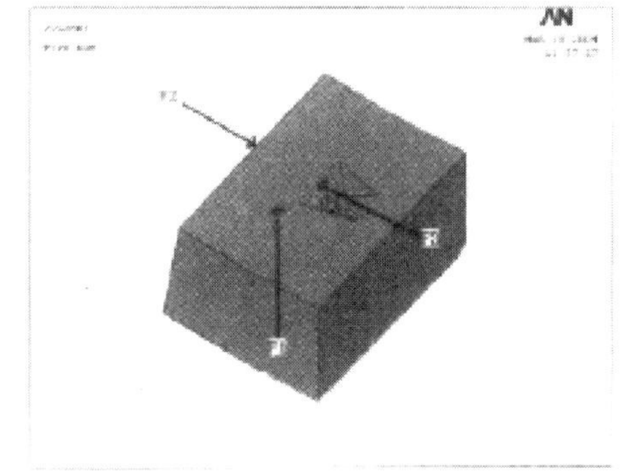

图 3　螺栓孔附近管片受力简图

从图 3 和图 4 螺栓孔附近的应力分布来看，螺栓孔完全可以产生裂通管片的裂缝，使得管片的防水条失去作用，地下水从裂开的螺栓孔进入隧道，如图 2 所示。

基于以上的分析，可以认为，在文献［1］中提到的总推力过大、管片环面不平整和千斤顶撑靴重心偏位、盾构机姿态控制与曲线段不匹配和出盾尾管环的变形这四大因素的综合下，产生了图 1 和图 2 所示的裂缝形态。在实际施工过程中，当盾构机需要转弯时，盾壳就有可能通过盾尾刷对管片产生挤压。从而产生整环的总体变形。就更加大了由于管片环面不平整和千斤顶撑靴重心偏位而产生的劈裂力矩；同时，由于盾构机都是分两段，段与段之间的液压千斤顶可以容许 1.5°的偏转角，在施工过程中，管片是否能承受由于这个角度产生的挤压，尚需要进一步的研究。

4 结　　语

通过有限元分析，得到了如图 1 所示的管片裂缝基本成因，是由于管片间相对扭转时，管片间相互挤压和螺栓对螺栓孔挤压造成的应力集中。同时，在管片外弧面也出现了相应的应力集中，也能引起裂缝，有待进一步研究。

参考文献（References）

[1] 竺维彬，鞠世健. 盾构隧道管片开裂的原因及相应对策 [J]. 现代隧道技术，2003

嵌固深度对圆形工作井应力与变形的影响

任风鸣[1]　莫海鸿[2]
（1. 广东工业大学 建设学院，广州　510643；2. 华南理工大学 建筑学院，广州　510640）

【摘　要】 利用有限元程序，研究了不同土层条件下顶进过程中嵌固深度的改变对圆形工作井应力和水平位移的影响。
【关键词】 顶管法；工作井；嵌固深度；水平位移

1 前　言

近年随着我国经济的高速发展，城市地下管线的长度不断增大，使地下管线工程的设计与施工变得尤为重要。非开挖技术因不会破坏环境、不影响交通、施工周期短、综合成本低等优点而逐渐被人们所接受，而顶管法就是其中应用较广的一项新技术。

顶管法施工就是借助液压千斤顶及管道中继间的推力，以工具头为先导，将预制管节按设计轴线逐节顶入土层中，直至工具头后第 2 段管节的前端进入下一工作井的进口[1]。工作井是安放所有顶进设备的场所，也是顶管掘进机或工具头的始发地，同时又是承受主顶油缸反作用力的构筑物，因此工作井的设计与施工是工程中的一个重要环节。

目前对工作井通常是按支护结构对其进行结构设计，考虑顶推阶段时，通过计算土压力，验算后背土体的稳定性[2]。但是施工中往往由于担心顶进过程中工作井会产生过大的变形，而通常会增大工作井的嵌固深度。国家规范中对此并没有专门的条文说明，绝大部分地方性规范对此也没有说明，上海的地方性条文中也只有一些简要说明，建议参照上海市标准《地下工程施工及验收规程》[3]。

本文利用 ansys 有限元程序对工作井进行了三维受力分析，研究了不同土层条件下嵌固深度的变化对工作井的应力和变形的影响。

2 算例分析

2.1 算例 1

某圆形工作井，井深为 10m，内径为 10m，顶进洞口外径为 4m，顶力为 1500t，地面以下 16m 处为岩层，其上分为 2 个土层，本文的计算考虑以下 2 种不同情况，即：(1) 上层为填土（$E_s=4\times10^6\,N/m^2$），下层为淤泥（$E_s=0.7\times10^6\,N/m^2$），简称为上硬下软；(2) 上层为填土（$E_s=4\times10^6\,N/m^2$），下层为中细砂（$E_s=4\times10^7\,N/m^2$），简称为上软下硬。利用有限元程序进行实体建模计算（如图 1），土体的计算范围取工作井圆心为中心 40m×40m，厚度取至岩石层（即 16m）。

图 2 是在两种不同的土层条件下得出的不同嵌固深度工作井对称轴位置的应力与变形曲线（曲线①—⑥分别为嵌固深度分别为 1，2，3，4，5，6m 的情形。）

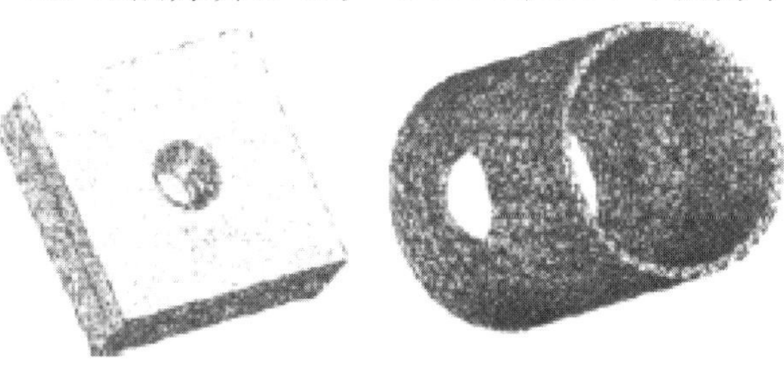

图 1　实体模型

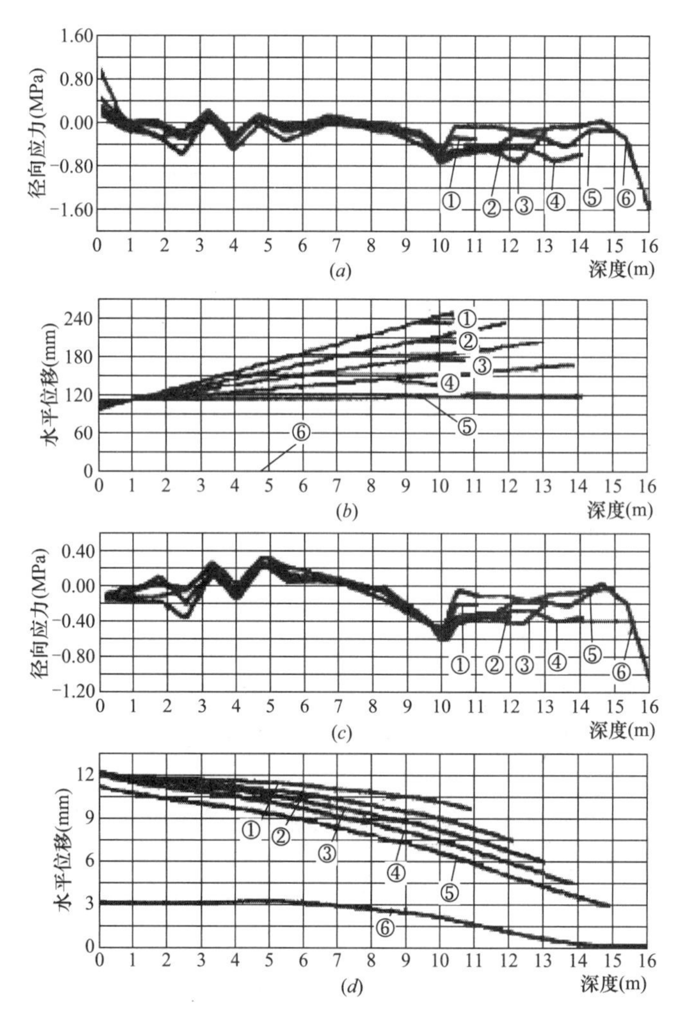

图 2　不同土层条件和不同嵌固深度时工作井对称轴处的应力与变形曲线

(a) 径向应力（上硬下软）；(b) 水平位移（上硬下软）；(c) 径向应力（上软下硬）；(d) 水平位移（上软下硬）

从图 2（a）、(c) 可以看出，嵌固深度的改变对工作井的径向应力没有明显的影响，由于工作井为圆形，因此，大部分位置为压应力。第 1 种土层情况（上硬下软）下，最大拉应力位于工作井对称轴顶部；第 2 种土层情况（上软下硬）下，最大拉应力位于两种土的交界位置。

从图 2（b）、(d) 可以得出，嵌固深度的改变对工作井的水平位移有较明显的影响，水平位移随嵌固深度的增大而减小。第 1 种土层情况下，最大水平位移位于工作井底部，最大水平位移随嵌固深度的增大有明显的减少，当工作井底部进入岩石时，由于岩石刚度较大，水平位移更有大幅度的降低；第 2 种土层情况下，最大水平位移位于工作井顶部，虽然水平位移随嵌固深度的增大有减小，但最大位移的改变并不明显，直到工作井进入岩石，最大位移才有大幅度的降低。

从两种情况的比较可以看出，土体刚度较大时，工作井的水平位移较小。当后背土分层时，上下土层的刚度比不同，最大水平位移的位置也有所不同。

2.2　算例 2

从算例 1 的结果看来，若工作井下不深即到岩石层，则工作井入岩与不入岩相比，最大水平位移有很大的降低，因此本文又进行了算例 2 的计算，即工作井井底入岩但嵌固深度不同，其他条件与算例 1 相同。

图 3 是在两种不同的土层条件下，井底入岩时不同嵌固深度的工作井对称轴位置的应力与变形曲线（曲线①～④的嵌固深度分别为 1，2，4，6m）。

从图 3 可以看出，当工作井底部入岩时，嵌固深度的改变对工作井径向应力没有明显的影响，但对工作井对称轴位置的水平位移的大小有较大的影响，水平位移随嵌固深度的增大而增大。第 1 种土层情况下，最大水平位移位于工作井顶部；第 2 种土层情况下，最大水平位移位于土层交界位置，即两种情况的最大水平位移都位于较硬土层的顶部。

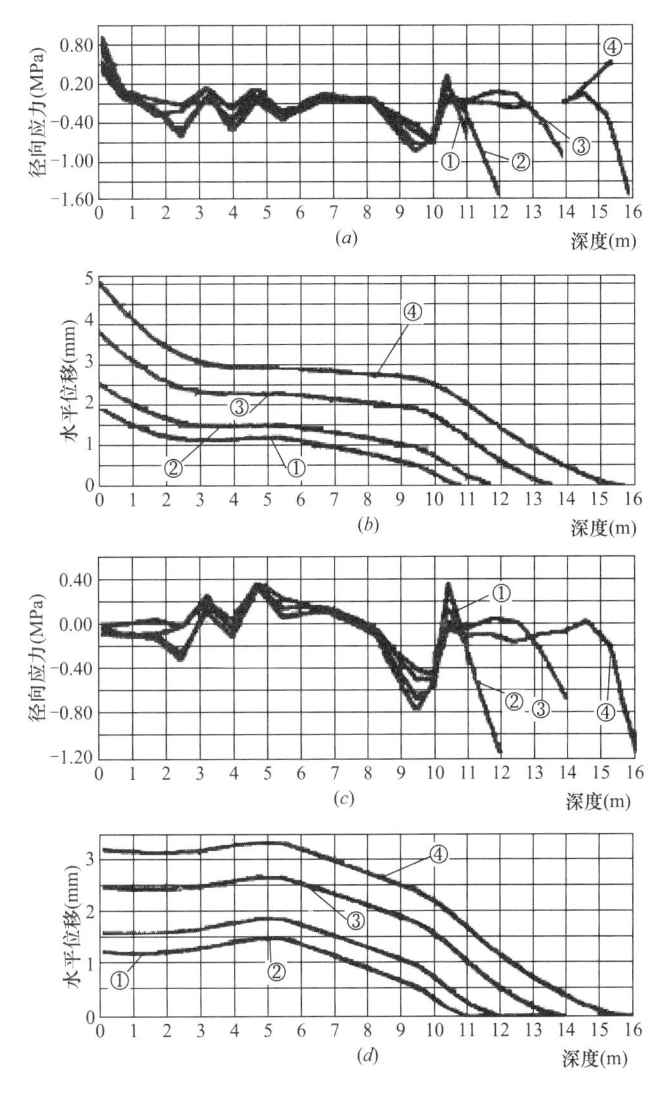

图 3 不同土层条件、不同嵌固深度时井底入岩的工作井对称轴处的应力与变形曲线

(*a*) 径向应力（上硬下软）；(*b*) 径向应力（上软下硬）；(*c*) 水平位移（上硬下软）；(*d*) 水平位移（上软下硬）

以算例 2 为例，在上硬下软土层的情况下，工作井最大径向拉应力为 905.78kPa，最大水平位移为 4.85mm；在上软下硬土层的情况下，最大径向拉应力为 324.78kPa，最大水平位移为 3.31mm，因此工作井后背土土体整体刚度较大时，工作井的水平位移值及径向应力值较小；算例 1 也有相同的规律。

通过上述两算例的比较可以发现，当土层条件相同时，工作井底部是否入岩、嵌固深度的大小对工作井的应力曲线基本没有影响。

3 结 论

3.1 土层条件不变时，工作井是否入岩、工作井嵌固深度的大小，对工作井对称轴位置应力曲线没有明显的影响，最大应力值及其位置没有大的改变。

3.2 若工作井井底入岩，在土层条件相同的情况下，水平位移随嵌固深度的增大而成比例地减小。

3.3　若工作井下不深即为岩石，则尽可能使工作井入岩，从而大幅度地降低工作井的水平位移，对应力却没有大的改变。

3.4　当后背土刚度比变化时，即土层条件不同时，工作井应力及水平位移曲线形状也将发生变化，最大水平位移和最大应力的位置也有所不同。

3.5　本文的计算结果表明，当工作井入岩时，最大应力与最大水平位移均处于较硬土层的顶部位置。

3.6　当工作井后背土土体整体刚度较大时，工作井的水平位移值及径向应力值较小，这样当施工中需要降低位移或应力时，可通过增大后背土的刚度来达到要求。

参考文献（References）

[1]　余彬泉，陈传灿. 顶管施工技术. 北京：人民交通出版社，1998.
[2]　夏明耀，曾进伦. 地下工程设计施工手册. 北京：中国建筑工业出版社，1999.
[3]　上海市市政工程管理局. 市政排水管道工程施工及验收规程. 1996.

地基处理类

真空预压下考虑排水板淤堵行为的修正砂井固结理论

陈俊生[1,2] 莫海鸿[1,2] 李晋骅[3]
(1. 华南理工大学 土木与交通学院，广东 广州 510640；2. 亚热带建筑科学国家重点实验室，广东 广州 510640；
3. 中交四航工程研究院有限公司，广东 广州 510640)

【摘 要】从准三维固结理论出发，根据排水板在地基排水固结中的空间性及特殊荷载条件，推导出真空预压条件下的砂井固结理论。考虑到实际工程中排水板的淤堵行为对地基固结存在影响，分别进行梯度比试验及单井模型试验，结合试验结果建立考虑淤堵行为影响的修正砂井固结理论。通过对比理论计算值与模型试验实测值，验证土体的超孔压实测变化曲线与理论曲线有良好的吻合度，理论计算公式能有效反映排水板在不同淤堵程度下对地基固结发展的影响。提出的修正砂井固结理论可为相关真空预压软基处理工程推广使用，做出更贴近实际的理论计算。

【关键词】真空预压；淤堵行为；砂井固结理论；排水板；地基处理

真空预压是较常见的地基处理方法，一般采用袋装砂井或排水板作为竖向排水体，通过在排水体内抽真空形成负压，促使土体往排水板处发生渗流，加快地基的固结。在理论研究中，Barron[1]最早系统地研究砂井地基固结问题，建立了砂井固结方程的最初形式；随后，Hansbo[2]及谢康和[3]则在考虑排水体实际施工中出现的井阻作用及涂抹效应的情况下，建立了进一步修正的砂井固结公式。由于上述公式均是建立在堆载条件下的砂井固结理论公式，并不适用于真空预压的情况，近年来，Indraratna[4]、董志良[5]、周琦[6]等分别基于上述砂井固结理论，推导出真空预压条件下的砂井固结公式，并考虑了排水体内真空负压的衰减分布情况。

上述公式均没有考虑真空预压过程中排水板淤堵行为对地基固结的影响。在实际工程中，地基中土颗粒有可能会随渗流发生迁移，从而造成排水板滤膜或芯板处的淤堵，使排水板通水能力减弱，显著延缓地基的固结。本文通过对不同类型排水板进行一系列模型试验，推导出考虑排水板淤堵作用的修正固结理论，使其计算更符合实际情况，同时为相关真空预压软土地基处理工程提供借鉴作用。

1 真空预压下砂井固结理论

1.1 计算模型

在设有排水体的地基中，在排水体内主要发生垂直方向的渗流，而土体中则主要发生排水体的水平渗流。以砂井中心为中轴线，其有效影响范围可看作是一个轴对称的圆柱体（图 1）。其中，r_w、r_s 及 r_e 分别为砂井半径，涂抹区半径及有效排水影响区半径；k_w、k_s 及 k_h 分别为砂井的渗透系数，涂抹区的渗透系数及未扰动土层区的渗透系数；u_s、u_h 分别为涂抹区及未扰动土层区的超孔压；r，z 分别为砂井地基的径向与纵向坐标值。

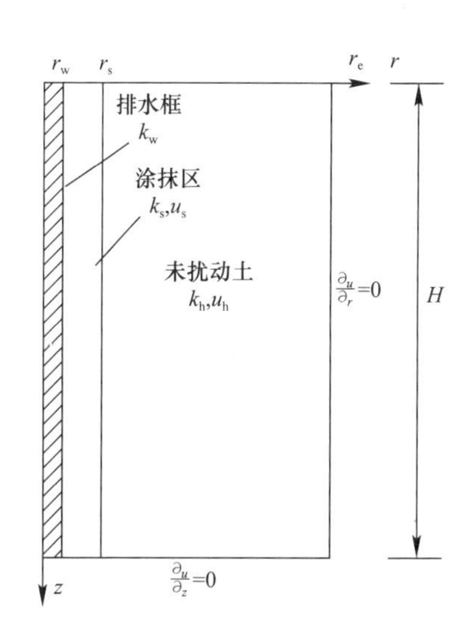

图 1 砂井地基计算模型

1.2 计算公式

根据上述砂井固结理论的主要假定可求得：

$$u_s = -p_v\left[1-\frac{k_h}{r_e^2 k_s F}\left(r_e^2\ln\frac{r}{r_w}-\frac{r^2-r_w^2}{2}\right)e^{-\frac{8T_h}{F}}\right] \quad (r_w \leqslant r \leqslant r_s) \tag{1}$$

$$u_h = -p_v\left\{1-\frac{1}{r_e^2 F}\left[r_e^2\ln\frac{r}{r_s}-\frac{r^2-r_s^2}{2}+\frac{k_h}{k_a}\cdot\left(r_e^2\ln\frac{r_s}{r_w}-\frac{r_e^2-r_w^2}{2}\right)\right]\cdot e^{-\frac{ST_A}{F}}\right\} \quad (r_s \leqslant r \leqslant r_e) \tag{2}$$

式中 p_v 为真空度；T_h 为时间因素，$T_h=\frac{C_h t}{4r_e^2}$，其中 C_h 为径向固结度，t 为时间；F 为系数，其表达式为：

$$F = \left(\ln\frac{n}{s}+\frac{k_h}{k_s}\ln s-\frac{3}{4}\right)\frac{n^2}{n^2-1}+\left(1-\frac{k_b}{k_s}\right)\left(1-\frac{s^2}{4n^2}\right)\frac{s^2}{n^2-1}+\frac{k_h}{k_s}\frac{1}{n^2-1}\left(1-\frac{1}{4n^2}\right) \tag{3}$$

式中 n 为井径比，为 r_e/r_w；s 为 r_s/r_w。式（1）、（2）为真空预压下考虑涂抹效应的砂井固结理论解，其可求土体中任一点在特定时刻的超静孔隙水压力 u_s 和 u_h。

2 考虑滤膜淤堵行为的渗透系数修正

在真空预压过程中，由于渗流使排水板滤膜附近土样发生颗粒重分布，其渗透系数与未扰动土样的渗透系数会出现差异，导致其渗透系数随时间增长持续降低。在砂井固结理论中，可将排水板滤膜附近土体的渗透系数降低在涂抹区渗透系数上反映，从而考虑淤堵行为的影响[7-8]。梯度比试验是目前应用较为广泛用于测试滤膜淤堵性能的试验[9-12]，本文亦利用梯度比试验对淤堵滤膜附近土样渗透系数的变化进行探究。

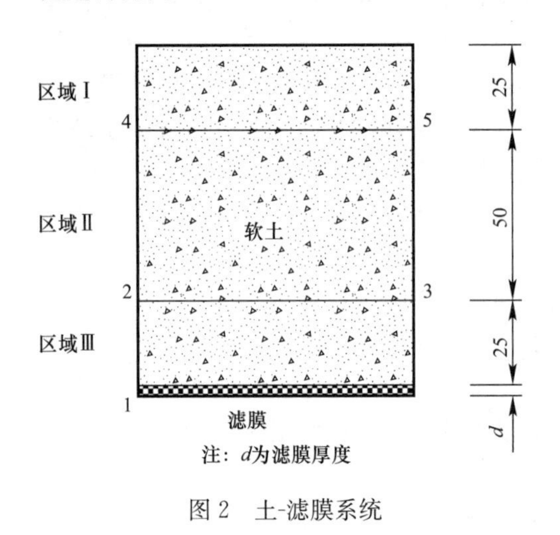

图 2 土-滤膜系统

如图 2 所示，梯度比定义为图示区域Ⅲ与区域Ⅱ的水力梯度之比：

$$GR=\frac{i_{\text{Ⅲ}}}{i_{\text{Ⅱ}}}=\frac{\frac{h_2+h_3}{2}-h_1}{\frac{h_4+h_5}{2}-\frac{h_2+h_3}{2}}\cdot\frac{l_{\text{Ⅱ}}}{l_{\text{Ⅲ}}} \tag{4}$$

式中 GR 为水力梯度比；$i_{\text{Ⅱ}}$、$i_{\text{Ⅲ}}$ 分别为区域Ⅱ、区域Ⅲ的水力梯度；h_1、h_2、h_3、h_4、h_5 分别为图 2 中水位管 1～5 的水位高度；$l_{\text{Ⅱ}}$、$l_{\text{Ⅲ}}$ 分别为区域Ⅱ、区域Ⅲ的厚度。

当滤膜发生淤堵，此时 $GR>1$；当滤膜不能起保土作用，土颗粒随渗流持续流失时，$GR<1$。可以利用涂抹区渗透系数的变化来表达淤堵行为的影响。涂抹区渗透系数的初始值可取各个滤膜梯度比试验中与未扰动土的比值，即：

$$k_s=(GR)k_h \tag{5}$$

本文以广州南沙地区淤泥软土作为试验土样，采用常规热轧无纺布及防淤堵热轧无纺布两种排水板滤膜，在不同水力梯度下进行对比试验。两种滤膜的物理、渗透性质特征及梯度比试验结果见表 1、表 2 及图 3。

排水板滤膜的物理性能特征 表 1

类型	纤维原料	处理方式	纤维密度/(g/cm³)	单位质量/(g/m²)	厚度/mm
常规	PET，长纤	热轧	1.38	90.8	0.357
防淤堵	PET，长纤	热轧	1.38	74.3	0.339

滤膜的孔洞特征及渗透性能 表 2

类型	纤维直径 d_f/μm	纤维层数 m	等效孔径 O_{95}/mm	孔隙率 n_g/%	透水率 ϕ/s⁻¹	渗透系数 kg/(cm/s)
常规	14.2	12	0.047（等效圆形）	76.3	0.248	0.0089
防淤堵	11.5	14	0.049（等效圆形）	79.8	0.738	0.0250

注：纤维层数是根据 ASTM D7/78-06 推荐的公式计算得出。

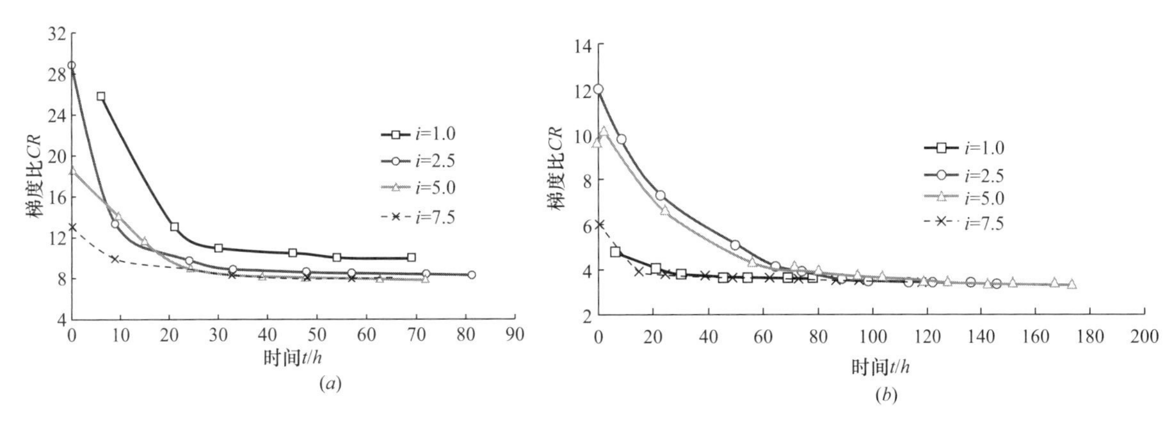

图 3 热轧无纺布梯度比

(a) 常规；(b) 防淤堵

从表 1、表 2 可以看出，虽然两种滤膜的材质相同，等效孔径及孔隙率相近的情况下，常规滤膜在单位质量及厚度上均明显大于防淤堵滤膜，这意味着在单位面积内，常规滤膜的纤维数量要大于防淤堵滤膜；同时，常规滤膜的纤维直径大于防淤堵滤膜，说明了单位面积内，常规滤膜的纤维排列更为“挤迫”，具有比较差的连通性能。这也在图 3 的梯度比试验得到验证，常规滤膜的梯度比高达 8～10，证明其对土体渗流产生了明显的阻碍作用。

3 考虑芯板淤堵行为的真空负压分布模式

3.1 排水板弯曲部位的负压折损程度

本文对 4 种不同类型（图 4）的排水板在不同弯曲程度下的通水能力表现进行试验。试验结果如图 5所示。

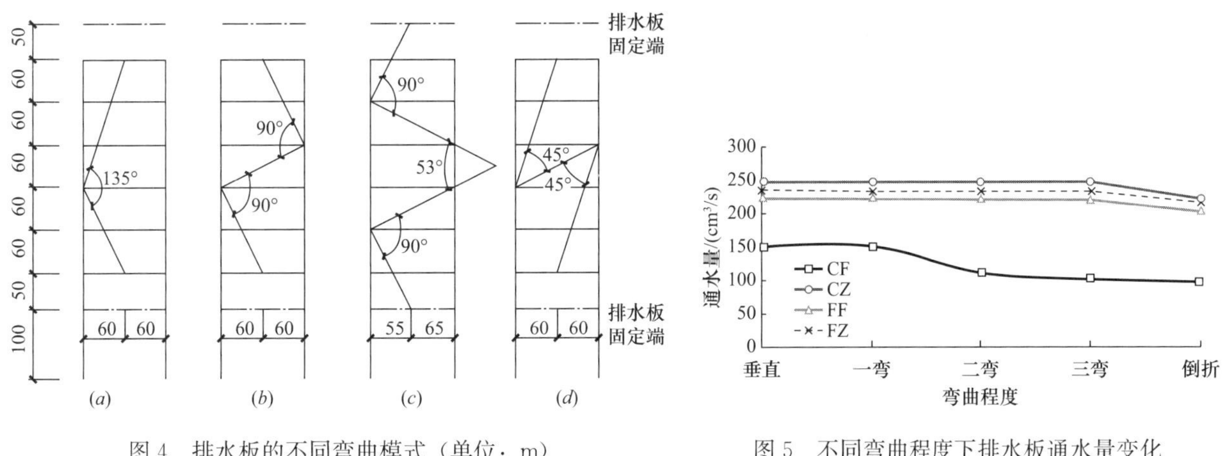

图 4 排水板的不同弯曲模式（单位：m）

(a) 一弯；(b) 二弯；(c) 三弯；(d) 倒折

图 5 不同弯曲程度下排水板通水量变化

试验中采用了 4 种不同类型的排水板，分别为常规分离式（CF），常规整体式（CZ），防淤堵分离式（FF）及防淤堵整体式（FZ）。在一弯的条件下，各排水板通水量几乎没有变化；在二弯和三弯的条件下，常规分离式排水板（CF）通水量较垂直状态下下降了约 33%，其余 3 种板则仍然没有太大变化；在倒折状态下，除常规分离式排水板外，其余 3 种板均有 10%～15%的下降。国内目前常用的排水板为常规分离式，故认为在一般真空预压软基处理工程中，排水板所导致的真空负压折损的最大值在 30%左右，即最终折损系数为 0.7 左右。

3.2 排水板弯曲部位负压折损的分布模式

为探究真空负压折损的分布模式，分别对外包常规滤膜及防淤堵滤膜的排水板开展室内单井模型试验，以模拟单根排水板在实际工程中的工作状态。参考已有研究[13-14]，本文设计的单井模型试验主要由真空泵、气水分离器及模型筒三部分组成（图6）。为模拟现场施工工况，土样顶部设由上下两层织物包裹的5cm厚中细砂垫层，排水板板头与抽真空管均埋于砂垫层内，以其作为真空荷载传递与排水的中间部分。在砂垫层顶部设有真空预压所需的塑料密封膜，其通过密封胶与模型筒容器顶部边缘粘合，使模型筒在试验中可以通过抽真空管有效地在排水板内施加负压。通过放置于不同深度处的真空探头及孔压计，可实时监测单井模型在真空预压过程中排水板的真空负压及土中超孔压。

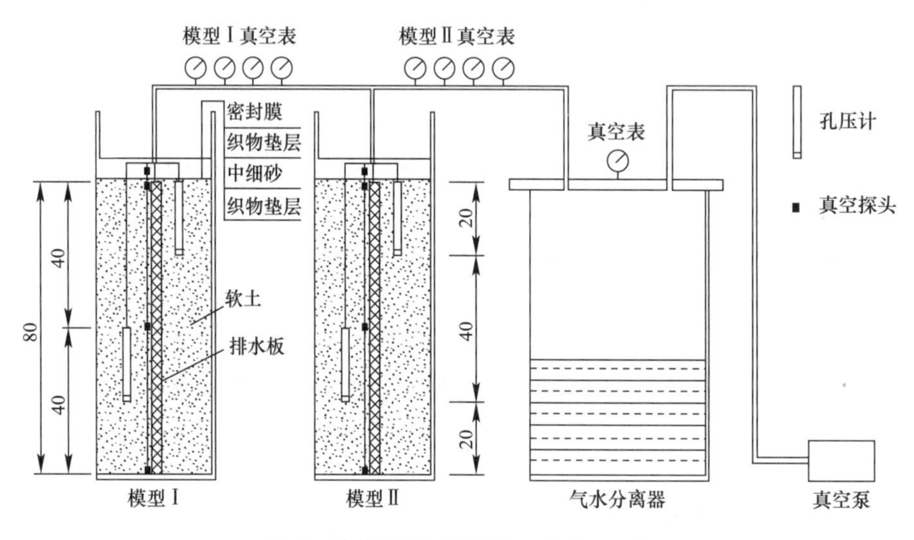

图6　单井模型试验装置（单位：cm）

试验中单井模型历时25d后表面沉降数值稳定，随即停止真空预压，拆除模型筒密封膜进行土体沿深度方向的取样（图7）。从单井模型土样沿深度方向含水率变化曲线（图8）可知，由于存在排水板的弯曲，曲线前半部分呈曲线衰减；至中部以下处由于排水板呈轻微减少，曲线为近似的折线段。根据单井模型试验结果，排水板中部至底部40cm长度内的含水率增加了4.5%～5.5%，说明真空负压即使在排水板的无弯曲段，亦会产生沿程损失，这有可能是水流在向上输运过程中，受到土颗粒与排水板芯板

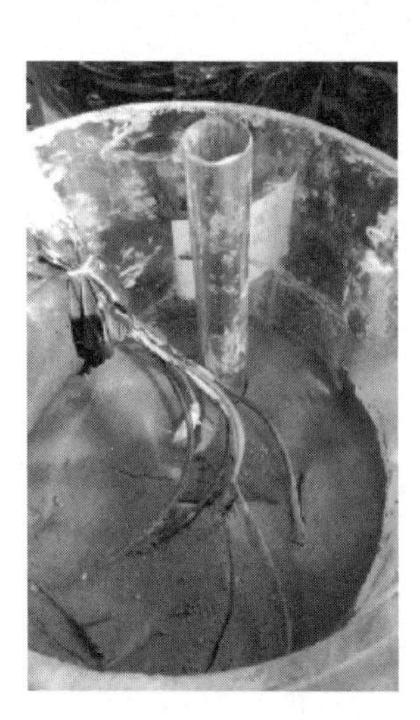

图7　试验后取土

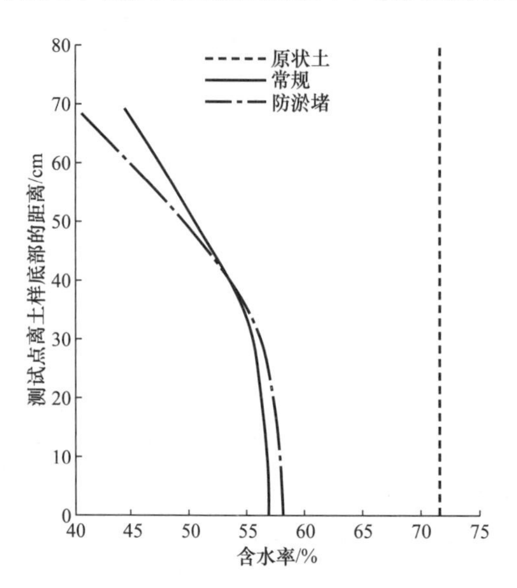

图8　不同深度加固后土样含水率

的黏滞阻力所导致。土体不同深度处的含水率分布模式为：排水板上半部分（0～40cm）为抛物线/指数形式分布，下半部分（40～80cm）为折线/线性形式分布。据此可得出排水板负压折损的分布模式也是此类型。

3.3 排水板弯曲部位负压折损的发展趋势

根据传统固结砂井理论及工程实践经验可知，地基固结度的发展趋势是先快后慢，在相同时间段内，地基前期沉降量要大于后期沉降量，因为随着地基软土水分排出，颗粒逐渐压密，其压缩系数不断减小，即“压硬性”。

同样地，根据单井模型试验，可以得出试验25d过程中土体的表面沉降规律（图9），可见其为指数形式曲线。由于变形协调的关系，排水板随着地基沉降发生弯曲，其发展趋势也应该是先快后慢，类似土中的指数形式。

3.4 排水板负压折损模式公式的提出

通过上述试验及分析，可得3个关键信息：

1）一般排水板弯曲处的负压最终的最大折损量为30%左右。

2）沿排水板深度的负压分布模式为：上半部分为指数型曲线，下半部分为折线型曲线。

3）负压随时间增长的折损规律与地基沉降发展规律有关，根据砂井固结理论，即与时间因子 T_h 有关。

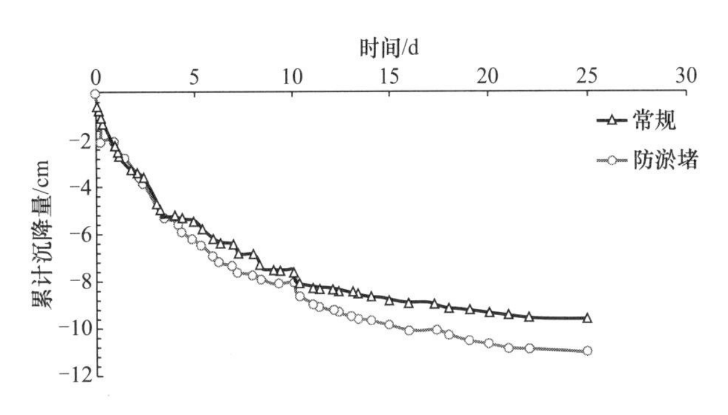

图9 单井模型试验沉降变化

由1）、2）可知，上半部分的指数型曲线与地基竖向沉降有关，即地基的竖向固结度 U_z 有关；随时间增长的负压折损发展模式与地基固结度有关，由于砂井固结理论中仅考虑了砂井轴对称的水平渗流，可以认为其与轴对称环向固结度 U_r 有关。

根据Carrillo的证明，地基总固结度 U 与竖向固结度及环向固结度存在以下关系：

$$U = 1-(1-U_z)(1-U_r) \tag{6}$$

同理，排水板的负压值也应该为此形式：

$$-p_v(z,t) = -p_o[1-(1-f(U_z))(1-f(U_r))] \tag{7}$$

式中 p_o 为原始负压；$f(U_z)$ 及 $f(U_r)$ 分别为竖向固结度及环向固结度的函数。

根据前人有关固结度的研究，一般其解答均为指数形式，为便于运用起见，两个函数的表达式分别为下列形式：

$$f(U_r) = e^{-T_h} \tag{8}$$

$$f(U_z) = e^{\sqrt{\frac{a_1 z}{h}}} \tag{9}$$

式中 a_1 为无量纲系数，为考虑不同类型排水板及土颗粒存在不同最大折损度而设立。代入式（7）中，则可得出上半部分指数型负压分布：

$$-p_v = -\left[1-(1-e^{-T_h})\left(1-e^{-\sqrt{\frac{a_1 z}{h}}}\right)\right]p_o$$

$$\left(0 < \frac{z}{H} \leqslant 0.5\right) \tag{10}$$

对于下半部分，由于为折线形式，可以认为其与地基竖向固结度已经无关，仅与环向固结度有关，其形式为：

$$-p_v(z,t) = K + a_2[1-f(U_r)\cdot f(z)] \tag{11}$$

式中 K 为指数型分布公式在排水板中部的计算值，为：

$$K=-\left[1-(1-e^{T_h})\left(1-e^{-\sqrt{\frac{a_1}{2}}}\right)\right]p_o \tag{12}$$

式中 a_2 为无量纲系数，设立的目的是为了计算不同类型软土的线性折减规律；$f(z)$ 为与计算深度有关的线性等式，可表示为：

$$f(z)=z-0.5H \tag{13}$$

综合上式，可得下半部分的负压分布：

$$-p_v=-\left[1-(1-e^{T_h})\left(1-e^{-\sqrt{\frac{a_1}{2}}}\right)\right]p_o+a_2\quad(z-0.5H)\cdot(1-e^{-T_h})\quad\left(0.5<\frac{z}{H}\leqslant 1\right) \tag{14}$$

综合上述分析，本文提出的排水板负压分布按排水板不同位置分为两类，排水板中部以上为指数型分布，中部以下为折线分布。如下式：

$$\begin{cases}-\left[1-(1-e^{-T_h})\left(1-e^{-\sqrt{\frac{a_1 z}{h}}}\right)\right]p_v & \left(0<\frac{z}{H}\leqslant 0.5\right)\\ -\left[1-(1-e^{-T_h})\left(1-e^{-\sqrt{\frac{a_1}{2}}}\right)\right]p_v+a_2\quad(z-0.5H)\cdot \\ (1-e^{-T_h}) & \left(0.5<\frac{z}{H}\leqslant 1\right)\end{cases} \tag{15}$$

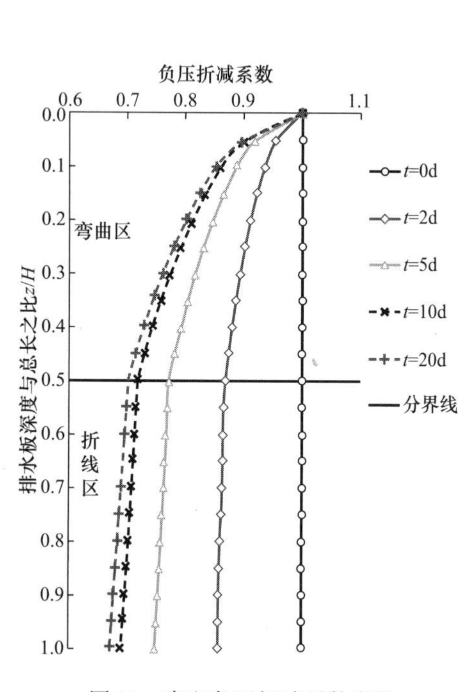

图 10 真空负压折减系数变化

式中 H 为排水板插设深度（m）；a_1 为一无量纲修正系数，对于不同质量的排水板取不同值，范围为 0～1。基于通水量试验数据，对本试验 a_1 取 0.25；a_2 为单位长度真空负压折减系数（kPa/m），对于不同的软土及排水板取不同的值。排水板上半部分弯曲时负压折损量取 30%，膜下真空负压取 85kPa，即排水板下半部分的负压损失量约为 59.5kPa；根据南沙地区实践经验，排水板有效加固深度为 18～20m，即在下半部分 9～10m 长度内，排水板负压沿程损失约为5.95～6.61kPa/m。本试验单位长度真空负压折减系数取为 6.25kPa/m。考虑到排水板的弯曲程度与地基固结沉降相关，故其随时间变化的特征同为砂井固结理论中的时间因素 T_h。试验排水板在不同时刻沿长度方向负压折减系数变化如图 10 所示。

4 修正砂井理论计算值与试验值对比

将式（5）及修正真空负压式（15）代入式（1）、（2）中，即可得到土体任意一点超孔压的理论计算值。本文所用计算参数及模型筒不同深度处超孔压计算值与实测值对比见表 3 及图 11（图 11 中的 20cm 与 60cm 分别代表模型筒内不同深度的位置）。

砂井固结理论计算参数 表 3

滤膜类型	p_v/kPa	直径 d_w/cm	n	s	k_s/k_w	k_h/k_w
常规	−85	3.2	17	3	8.0	4.78×10^{-4}
防淤堵	−85	3.2	17	3	3.4	1.69×10^{-6}

图 12 为两组单井模型试验径向固结度 C_h 与时间因素 T_h 的关系曲线。在理论计算中，常规组土体涂抹区的渗透系数约为防淤堵组的 44%，在固结度增长上两者表现出了明显的差异性，计算结果能有效反映由于滤膜淤堵程度的不同，导致两组试验地基固结的发展趋势的差异。

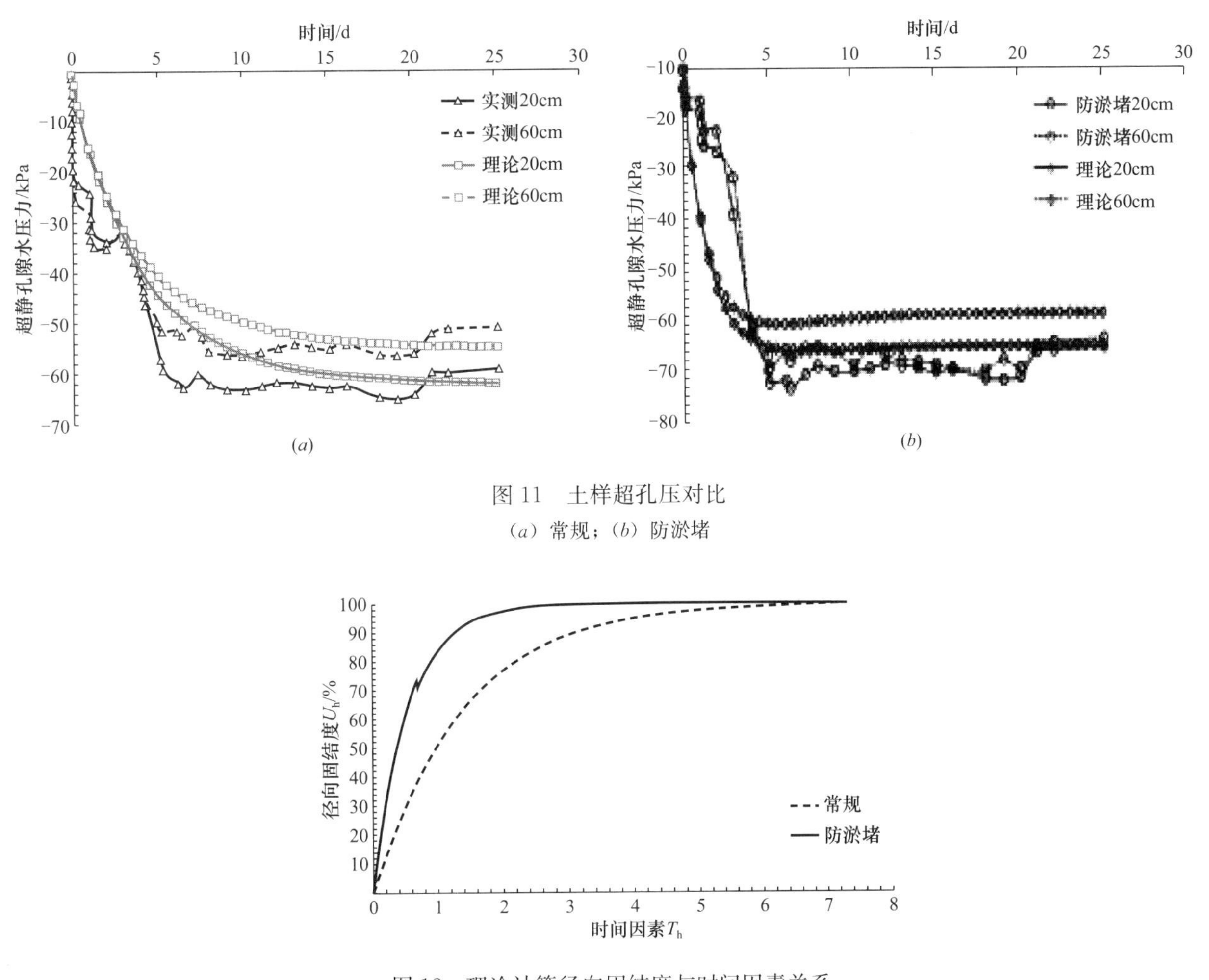

图 11　土样超孔压对比

(a) 常规；(b) 防淤堵

图 12　理论计算径向固结度与时间因素关系

5　结　　论

1）以往的研究中，很多学者对竖向排水通道的负压分布都简化成线性分布模式，从本次单井模型试验的结果来看，负压分布更接近于上半部分为指数型曲线，下半部分折线型曲线的复合型分布。

2）滤膜的防淤堵性能对土体固结度的发展影响明显，建议可以利用涂抹区渗透系数的变化来考虑淤堵行为的影响。

3）通过对比修正理论计算值与实测值，发现两者在超孔压发展上有良好的吻合性；在试验南沙软土土样的条件下，通过本文的修正公式计算，能在一定程度上体现淤堵行为对地基固结度发展的影响。

参考文献（References）

[1] BARRON R A. Consolidation of fine-grained soils by drain wells [J]. Geotechnical special publication, 1948, 74 (118): 324-360.

[2] HANSBO S. Consolidation of fine-grained soils by prefabricated drains [C]. //Proceedings of 10th International Conference on Soil Mechanics and Foundation Engineering. Stockholm: [s. n.], 1981: 677-682.

[3] 谢康和，曾国熙，等应变条件下的砂井地基固结解析理论 [J]. 岩土工程学报，1989，11 (2)：3-17.

[4] INDRARATNA B, RUJIKIATKAMJORN C, SATHANANTHAN I. Analytical and numerical solutions for a single vertical drain including the effects of vacuum preloading [J]. Canadian geotechnical journal, 2005, 42 (4): 994-1014.

[5] 董志良. 堆载及真空预压砂井地基固结解析理论 [J]. 水运工程, 1992 (9): 1-7.

[6] 周琦, 张功新, 王友元, 等. 真空预压条件下的砂井地基 Hansbo 固结解 [J]. 岩石力学与工程学报, 2010, 29 (S2): 3994-3999.

[7] FANNIN R J, VAID Y P, SHI Y. Acritical evaluation of the gradient ratio test [J]. Geotechnical testing journal, 1994, 17 (1): 35-42.

[8] FANNIN R J, VAID Y P, SHI Y C. Filtrationbehaviour of nonwoven geotextiles [J]. Canadian geotechnical journal, 1994, 31 (4): 555-563.

[9] 张达德, 龚国铭, 孙宗圣. 地工织物抗阻塞行为之研究与评估 [C]. //中国土木工程学会. 海峡两岸土力学及基础工程地工技术学术研讨会论文集, 北京: [出版者不详], 1994: 547-554.

[10] 佘巍, 陈轮, 王钊. 土工织物梯度比试验研究的新进展 [J]. 长江科学院院报, 2006, 23 (2): 58-60.

[11] BERGADO D T, MANIVANNAN R, BALASUBRAMANIAM A S. Filtrationcriteria for prefabricated vertical drain geotextile filter jackets in soft bangkok clay [J]. Geosynthetics international, 1996, 3 (1): 63-83.

[12] CHU J, BO M W, CHOA V. Improvement of ultra-soft soil using prefabricated vertical drains [J]. Geotextiles and geomembranes, 2006, 24 (6): 339-348.

[13] 王军, 蔡袁强, 符洪涛, 等. 新型防淤堵真空预压法室内与现场试验研究 [J]. 岩石力学与工程学报, 2014, 33 (6): 1257-1268.

[14] 张诚厚, 王伯衍, 曹永琅. 真空作用面位置及排水管间距对预压效果的影响 [J]. 岩土工程学报, 1990, 12 (1): 45-52.

考虑通水量影响的塑料排水板加固深度的理论研究

高会强[1,2]　莫海鸿[1]
（1. 华南理工大学土木与交通学院，广东 广州　510640；2. 广东交通职业技术学院，广东 广州　510520）

【摘　要】针对新近吹填土淤泥地基处理中加固深度小，土体强度增强有限等问题，提出理论分析加固深度的新思路，即以传统的负压下砂井固结方程的解析解为基础，通过迭代法计算出土体中任意一点的固结度，换算出土体的加固深度，从而分析研究塑料排水板的通水量变化对加固深度的影响，得出加固深度的变化规律。结果表明：在真空预压处理新近吹填土淤泥地基时，排水板的通水量对地基的加固深度有显著的影响；在一定的固结时间（90d）内，排水板之间的土体会形成5～10m的硬壳层，通过延长加固时间可以增加硬壳层的厚度；当通水量减小超过60%时，延长固结时间对改善加固深度作用不大。因此，设计和施工中应充分考虑排水板的通水量影响。

【关键词】地基基础；地基处理；加固深度；通水量；真空预压

1　引　　言

新近吹填淤泥工程特性极差，几乎无承载力，该类地基的处理难度十分大。工程实践表明[1]：在处理新近吹填土淤泥地基时经常出现加固效果不理想，仅仅地基表层的土体或是靠近排水板的土体强度较高，而排水板之间的土体强度很不均匀，土体强度增长有限。如天津临港工业区新近吹填淤泥真空预压处理过程中，加固30d后发现地基表面形成硬壳层，厚度仅为15～30cm，硬壳层以下土体的强度非常低，几乎无法进行相关的原位测试[2]。连云港、惠州荃州湾等地区的新近吹填土淤泥经真空预压处理后也出现这种现象。深入分析上述现象主要是由于新近吹填土淤泥地基处理中更易出现排水板的淤堵、弯折等问题，而研究发现塑料排水板的弯折淤堵会影响土体的固结，进而制约地基的实际加固效果[3-4]。

本文将塑料排水板的加固深度定义为在地基处理中，土体固结度达到80%的土层深度。为了在理论上分析排水板的通水量对加固深度的影响，以负压下砂井地基固结解析理论为基础，综合考虑通水量的影响以及由于地基固结沉降引起的排水板有效长度减少，利用迭代法计算在不同固结时间土层中任意一点的土体固结度，推算出固结度达到80%的土层深度，进而分析新近吹填土淤泥地基中塑料排水板有效加固深度的变化规律。

2　真空预压下加固深度的研究

众多学者对真空预压处理地基的加固深度进行了研究。李就好[5]通过17m袋装砂井真空预压的研究认为加固深度可达砂井以下2～3m；严蕴等[6]通过对不同深度处的强度对比分析认为，当排水板长度在26～33m时，18m范围内的土体具有较好的加固效果；彭劼[7]认为真空预压的加固深度主要在竖向排水体的范围内；李时亮[8]通过真空度测试资料得出真空预压的有效加固深度能达到塑料排水板底部；闫澍旺[9]利用弹簧装置进行室内试验认为真空预压的加固深度与真空度大小无关、与真空度的传递有关，认为真空预压的有效加固深度可超过10m。以上研究达到一定的共识，均认为排水板的加固深度可以达到排水板底部，但都是建立在室内，试验和现场测试的基础上，而理论方面的分析研究仍然比较少报道。

真空预压法处理地基是在淤泥土中设置竖向塑料排水板，通过抽气使排水板中处于部分真空状态，排除土中的水分，使土预先固结以减小地基的后期沉降。有效加固深度的大小主要取决于多大深度的土中水能通过排水板排出来。因此，作为竖向排水通道的塑料排水板的通水量对真空预压的加固效果及加固深度有着重要的影响。

排水板的通水量是指在单位时间和单位水利坡降下，在一定围压条件和作用水头下的流过排水板的通水量。研究表明塑料排水板的淤堵弯折是影响通水量的重要因素。F. H. Ali[10]通过试验认为塑料排水板的变形会对通水性能有很显著的影响，Y. Jeong 和 S. Lee[11]认为通水量随着弯折次数的增多线性减小，从没有弯折到 3 个弯折，其通水量减小 48%；孙立强等[12]挖掘出室内模型试验测试结束后的排水板，根据其裙曲和折断现象推测排水板已失去排水通道作用；J. C. Chai 等[13-14]先后做了一系列测试，发现淤堵效应能使通水量的长期值显著减小。

3 理论分析和计算原理

3.1 负压下砂井地基固结方程的解析解

董志良[15]在前人研究的基础上，推导出了真空预压处理地基中单井的应变解析解，地基中任意深度的平均超孔隙水压力$\bar{u}_r$为

$$\bar{u}_r = \sum_{m=0}^{\infty} \frac{2}{M}\sin\left(\frac{M}{H}Z\right)e^{-\varepsilon t}p_0 - p_0 \tag{1a}$$

其中：

$$\left.\begin{aligned}
&M = \frac{2m-1}{2m} \quad (m=0,1,2,\cdots)\\
&\varepsilon = \frac{\eta^2\lambda}{\eta^2+\lambda}\\
&\eta = \frac{M}{H}\\
&\lambda = \frac{2c_h}{F_a r_e^2}\\
&F_a = \frac{n^2}{n^2-1}\left(\ln\frac{s}{n}+\frac{k_h}{k_s}\ln s-\frac{3}{4}\right)+\frac{s^2}{n^2-1}\left(1-\frac{k_h}{k_s}\right)\left(1-\frac{s^2}{4n^2}\right)+\frac{k_h}{k_s}\frac{1}{n^2-1}\left(1-\frac{1}{4n^2}\right)\\
&n = \frac{r_e}{r_w}\\
&s = \frac{r_s}{r_w}
\end{aligned}\right\} \tag{1b}$$

式中，H 为土层的厚度；Z 为排水板的计算深度，单面排水 $Z=H$；p_0 为土体初始孔压；t 为时间；c_h 为土体固结系数；r_e 为排水板的影响半径；k_h 为地基的水平渗透系数；k_s 为涂抹区土体渗透系数。

地基中任意一点的超孔隙水压力 u_r 表达式为

$$u_r = \begin{cases}
\sum\limits_{m=0}^{\infty} \dfrac{2}{M}\sin\left(\dfrac{M}{H}Z\right)e^{-\varepsilon t}p_0\left[\dfrac{k_h}{k_s F_a r_e^2}\cdot\dfrac{\varepsilon}{\lambda}\left(r_e^2\ln\dfrac{r}{r_w}-\dfrac{r^2-r_w^2}{2}\right)+\dfrac{\rho^2}{\rho^2+\eta^2}\right]-p_0 & (r_w \leqslant r \leqslant r_s)\\
\sum\limits_{m=0}^{\infty} \dfrac{2}{M}\sin\left(\dfrac{M}{H}Z\right)e^{-\varepsilon t}p_0\left[\dfrac{1}{F_a r_e^2}\cdot\dfrac{\varepsilon}{\lambda}\left(r_e^2\ln\dfrac{r}{r_s}-\dfrac{r^2-r_s^2}{2}\right)+\right. & \\
\qquad \left.\dfrac{k_h}{k_s F_a r_e^2}\,\dfrac{\varepsilon}{\lambda}\left(r_e^2\ln\dfrac{r_e}{r_w}-\dfrac{r_s^2-r_w^2}{2}\right)+\dfrac{\rho^2}{\rho^2+\eta^2}\right]-p_0 & (r_s < r \leqslant r_e)
\end{cases} \tag{2a}$$

其中：

$$\rho^2 = \frac{2k_h(r_e^2-r_w^2)}{r_e^2 r_w^2 F_a k_w} \tag{2b}$$

式中 r_w 为塑料排水板的等效半径；k_w 为排水板渗透系数；r，z 分别为径向和竖向坐标；r_s 为涂抹区半径。

上述解析理论是建立在负压砂井地基基础上的，该过程的固结是相对 $-p_0$ 真空条件下的固结。因此，固结度 U_r 的计算如下：

$$U_r = \frac{-u_r}{p_0} \tag{3}$$

负压条件下地基中任意一点固结度的表达式为

$$u_r = \begin{cases} 1-\sum_{m=0}^{\infty}\frac{2}{M}\sin\left(\frac{M}{H}Z\right)e^{-\varepsilon t}\left[\frac{k_h}{k_s F_a r_e^2}\cdot\frac{\varepsilon}{\lambda}\left(r_e^2\ln\frac{r}{r_w}-\frac{r^2-r_w^2}{2}\right)+\frac{\rho^2}{\rho^2+\eta^2}\right] & (r_w\leqslant r\leqslant r_s) \\ 1-\sum_{m=0}^{\infty}\frac{2}{M}\sin\left(\frac{M}{H}Z\right)e^{-\varepsilon t}\left[\frac{1}{F_a r_e^2}\cdot\frac{\varepsilon}{\lambda}\left(r_e^2\ln\frac{r}{r_s}-\frac{r^2-r_s^2}{2}\right)+\right. \\ \left.\frac{k_h}{k_s F_a r_e^2}\cdot\frac{\varepsilon}{\lambda}\left(r_e^2\ln\frac{r_e}{r_w}-\frac{r_s^2-r_w^2}{2}\right)+\frac{\rho^2}{\rho^2+\eta^2}\right] & (r_s\leqslant r\leqslant r_e) \end{cases} \tag{4}$$

负压条件下地基中某深度的平均固结度的表达式为

$$\overline{U}_r = 1-\sum_{m=0}^{\infty}\frac{2}{M}\sin\left(\frac{M}{H}Z\right)e^{-\varepsilon t} \tag{5}$$

负压条件下整个地基的平均固结度的表达式为

$$\overline{U}_{r总} = 1-\sum_{m=0}^{\alpha}\frac{2}{M^2}e^{-\varepsilon\tau} \tag{6}$$

3.2 地基沉降计算

塑料排水板会随着地基的固结沉降发生弯折，使得排水板的有效长度减小。地基的固结沉降一般采用分层总和法来计算。在真空预压加固地基中，其固结沉降不再由附加应力引起的，而是由塑料排水板中负真空压力形成的负压渗流场来决定。有关砂井中真空压力许多学者都进行了研究，沈珠江和陆舜英[16]认为砂井中井底的真空度是顶部的 1/3，中间是按直线变化的；彭劼等[17]根据实测值将真空荷载简化为线性负压，认为顶部取值为 78kPa，25m 砂井底部取 15kPa。因此在进行地基沉降的计算中，取真空压力线性变化，顶部取 80kPa，排水板底部取 20kPa，中间线性变化。则沉降 s 的计算公式为

$$s = \sum_{i=1}^{n}\frac{\Delta p_i}{E_{si}}H_i U_i \tag{7}$$

式中　E_{si} 为第 i 层土体的压缩模量，Δp_i 为第 i 层土体的平均附加负压（真空度），H_i 为第 i 层土体的厚度，U_i 为第 i 层土体的固结度（由式（5）计算）。

3.3 塑料排水板通水量分析

影响塑料排水板通水量变化的主要因素有：（1）地基固结变形引起的排水板的弯曲折叠等变形；（2）排水板的淤积堵塞；（3）水力梯度的影响；（4）排水板耐久性和蠕变等影响。目前，要用准确的描述真空预压中排水板通水量的变化仍然很难。一般来说，排水板的通水量变化是随着固结过程减少，前期较为明显，后期随着固结的发展逐步放缓。因此本文用指数函数来描述通水量减少这一衰减过程。令

$$k_w = k_{w0}e^{-\alpha T_h} \tag{8}$$

式中　k_{w0} 为塑料排水板的初始渗透系数，α 为反映通水量随时间变化大小趋势的系数；T_h 为时间因数，量纲一，计算式为

$$T_h = \frac{c_h}{4r_e^2}t \tag{9}$$

式中　c_h 为土层的水平固结系数（m^2/d），t 为固结历时（d），r_e 为排水板的影响半径（m）。

图 1 中给出了不同 α 取值情况下排水板渗透系数 k_w 随时间变化曲线，由图可看出，当 $\alpha\to 0$ 时，k_w 几乎不变；随着 α 增大，k_w 下降趋势越来越明显。当 $\alpha=1$ 时，k_w 最后趋近于 0，即通水量最终完全终止。由此可见 α 主要反映排水板通水量的变化。目前还无法准确地描述在真空预压处理地基时排水量通水量如何

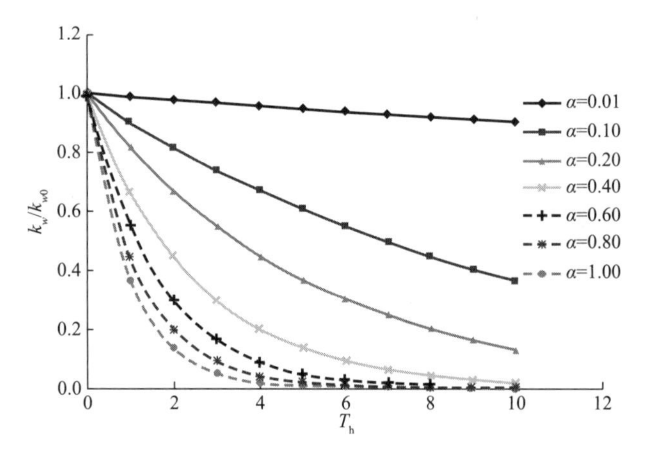

图1 渗透系数 k_w 与系数 α 关系曲线

Fig. 1 k_w-α relationship curves

变化，也就无法准确地对 α 进行取值。本文根据图1，α 取［0，1］范围来表征通水量的变化。

3.4 计算方法

当不考虑排水板的通水量变化时，即取 $\alpha=0$，$k_w=k_{w0}$，用式（4）分别计算不同时刻土体中各个点的固结度进行分析。

当考虑排水板的通水量随时间发生变化时，此时 α 的取值范围为0～1.0。利用迭代法来计算不同时刻土体中任一点的固结度。具体计算方法如下：

（1）用式（7）计算 t 时刻地基的沉降 S_t。相应的 $t+1$ 时刻有排水板的土层厚度 $H_{t+1}=H_t-S_t$；

（2）$t+1$ 时刻排水板渗透系数 $k_{w,(t+1)}$ 用式（8）来计算；

（3）将参数 H_{t+1}，$k_{w,(t+1)}$ 代入式（5）来计算 $t+1$ 时刻土体中各个时刻的土体固结度，同时利用式（6）计算出土体中某一深度的平均固结度；

（4）用土体中某一深度的平均固结度代入式（7）计算 $t+1$ 时刻地基的沉降 S_{t+1}；

（5）再依次进行第（2），（3），（4）步。

上述过程反复迭代，最终可计算出任意时刻土体中任意一点的土体固结度。

4 算例分析

4.1 计算参数

本文吹填土的计算参数选自连云港庙岭吹填土建港指挥部试验区工程，该工程采用真空预压塑料排水板加固吹填淤泥地基。吹填土的参数取值如下：

$k_h=6.91\times10^{-4}$ m/d，$k_s=3.46\times10^{-4}$ m/d，$k_h/k_s=2$，$k_{w0}=86.4$m/d，$H=20$m，$c_h=1.59\times10^{-2}$m^2/d。塑料排水板的参数如下：塑料排水板的间距为1.05m，$r_e=0.525$m，$r_s=0.175$m，$r_w=0.035$m，$n=r_e/r_w=15$，$s=r_s/r_w=5$。

4.2 不考虑通水量影响时加固深度的分析

如图2所示，曲线以上表示土体固结度大于80%，曲线以下表示土体固结度不足80%，当换算出固结度大于80%的深度超过20m时，按20m计。

如图2（*a*）、（*b*）所示，预压时间为90d时，固结度小于80%的只限于距离塑料排水板0.220～0.525m和土体深度15～20m的部分范围内，且计算可知该部分土体的固结度均在78%以上。若继续增加预压时间至120d，在排水板深度范围内土体的固结度都达到80%以上。因此，在不考虑排水板通水量变化时，只要预压时间足够，真空预压下排水板的加固深度可以达到排水板的底部。

4.3 考虑通水量影响时加固深度的分析

在工程实践中预压时间一般为90d，因此这里取固结时间为90d来进行分析。图3为固结时间为90d时，不同通水量影响系数 α 的加固深度曲线。图中曲线以下为固结度小于80%的土体，曲线以上固结度大于80%。当 $\alpha=0.1$ 和0.2时由于90d时固结度达到80%的土体均已达到排水板底部（20m处），因此图中未给出。

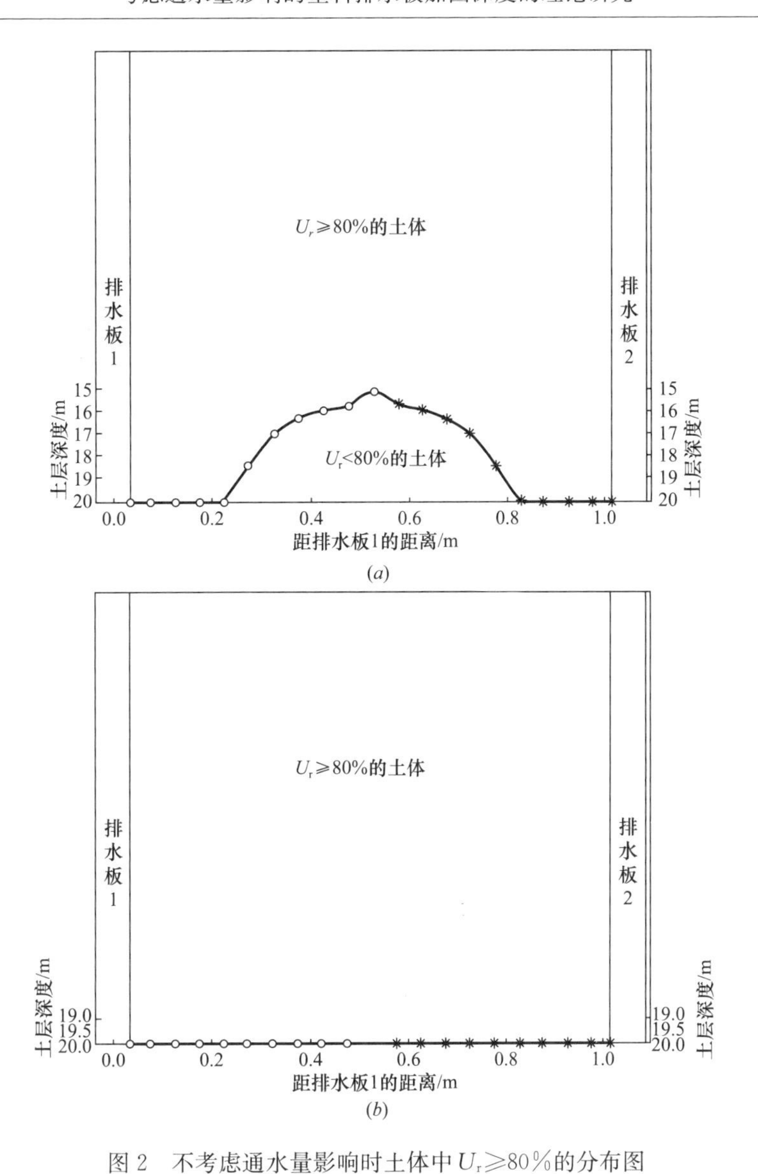

图 2 不考虑通水量影响时土体中 U_r≥80%的分布图

Fig. 2 Distribution of U_r≥80% in soil when influence of water flux is not considered

(a) 时间为 90d；(b) 时间为 120d

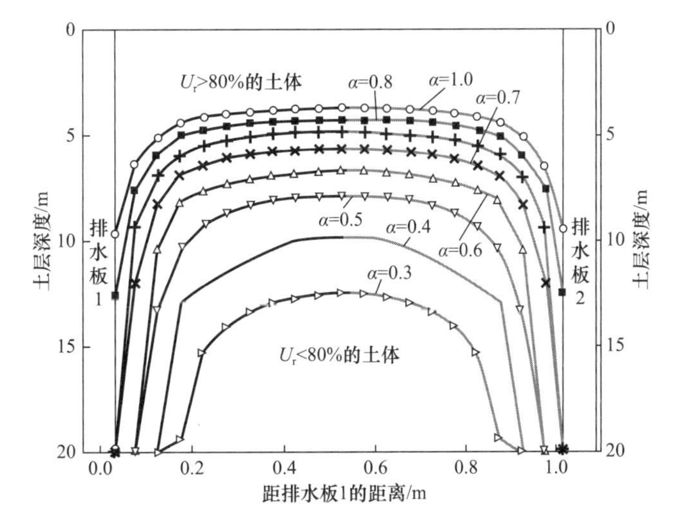

图 3 固结时间为 90d 时通水量影响系数与加固深度的曲线

Fig. 3 Curves of water flux and reinforced depth when consolidation time is 90d

图 3 表明：塑料排水板的通水量对加固深度有显著的影响，随着通水量影响系数 α 的增大，固结度小于 80%的范围越大，排水板的加固深度越浅；预压时间为 90d，排水板中间的加固深度比靠近排水板的加固深度要小，特别 $\alpha=0.5\sim1.0$ 时，由于通水量的降低，在吹填土淤泥地基的表层形成一个 5～10m 的硬壳层，若在地基处理过程中不采取其他有效措施，就会影响真空预压的加固效果。

4.4　考虑通水量影响时预压时间对加固深度的影响分析

图 4 为排水板影响半径 $r_e=0.525$m 处加固深度随固结时间的变化曲线。

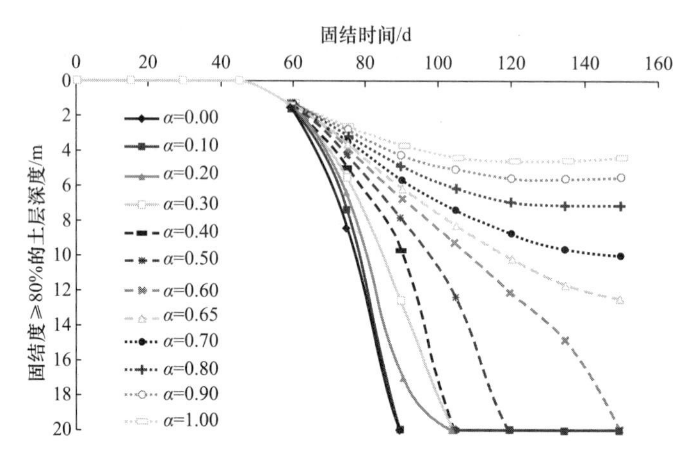

图 4　$r_e=0.525$m 处加固深度随固结时间的变化曲线

Fig. 4　Curves of consolidation time and reinforced depth when $r_e=0.525$m

由图 4 可以看出，当通水量下降超过 60%，此时影响系数 $\alpha\geqslant0.7$，加固深度的变化曲线在固结时间超过 100d 后逐渐趋于平缓，表明增加固结时间而地基的加固深度基本没有变化；当 $\alpha<0.7$ 时，通水量减小不超过 60%，加固深度的变化曲线仍然比较陡，表明延长固结时间可以增加地基的加固深度。同时看到，当 $\alpha\leqslant0.2$ 时，通水量下降小于 20%，在一般的加固时间（90d）内，地基的加固深度可以达到塑料排水板底部，即 20m 处，也就说明当通水量下降超过 20%时，在 90d 的加固时间内，地基的加固效应是不理想的。

5　结　　论

（1）在新近吹填土地基采用真空预压加固时，应该考虑塑料排水板的通水量对真空预压加固深度的影响。

（2）在不考虑排水板的通水量变化时，真空预压的加固深度可以达到塑料排水板底部，并且延长固结时间可以增加加固深度。

（3）排水板的通水量降低会严重影响真空预压的加固深度。特别是塑料排水板之间的土体，其有效加固深度并不会达到排水板的底部，在土体表层 5～10m 范围内加固效果很好，土体强度很高，但该范围以下的土体强度仍然达不到设计要求，其固结度通常小于 80%。

（4）由于排水板淤堵及弯折等引起排水板的通水量降低，若通水量下降不超过 60%时，通过增加预压时间是可以改善地基的加固深度；反之，增加预压时间对改善加固深度的效果就不明显。因此，在工程应用中应充分考虑塑料排水板通水量对加固深度的影响。

参考文献（References）

［1］　董志良，张功新，周琦，等. 天津滨海新区吹填造陆超软土浅层加固技术研发及应用［J］. 岩石力学与工程学报，2011，30（5）：1073-1080.（DONG Zhiliang，ZHANG Gongxin，ZHOU Qi，et al. Research and application of improvement technology of shallow ultra-soft soil formed by hydraulic reclamation in Tianjin Binhai new area [J]. Chinese Journal of Rock Mechanics and Engineering, 2011, 30 (5): 1073-1080. (in Chinese))

[2] 董志良，周琦，张功新，等．天津滨海新区浅层超软土加固技术现场对比试验 [J]．岩土力学，2012，33 (5)：1073-1080. (DONG Zhiliang, ZHOU Qi, ZHANG Gongxin, et al. Field comparison test of reinforcement technology of shallow ultra-soft soil in Tianjin Binhai New Area [J]. Rock and Soil Mechanics, 2012, 33 (5): 1073-1080. (in Chinese))

[3] 王军，蔡袁强，符洪涛，等．新型防淤堵真空预压法室内与现场试验研究 [J]．岩石力学与工程学报，2014，33 (6)：1257-1268. (WANG Jun, CAI Yuanqiang, FU Hongtao, et al. Indoor and field experiment on vacuum preloading with new anti-clogging measures [J]. Chinese Journal of Rock Mechanics and Engineering, 2014, 33 (6): 1257-1268. (in Chinese))

[4] 应舒，陈平山．真空预压法中塑料排水板弯曲对固结的影响 [J]．岩石力学与工程学报，2011，30 (增 2)：3633-3640. (YING Shu, CHEN Pingshan. Effects of bended plastic drainage on consolidation caused by vacuum preloading [J]. Chinese Journal of Rock Mechanics and Engineering, 2011, 30 (Supp. 2): 3633-3640. (in Chinese))

[5] 李就好．真空-堆载联合预压法处理在软基加固中的应用 [J]．岩 土力学，1999，20 (4)：58-62. (LI Jiuhao. The application of vacuum-heaped load combining pre-compression in the consolidation of soft clay [J]. Rock and Soil Mechanics, 1999, 20 (4): 58-62. (in Chinese))

[6] 严蕴，房震，花剑岚．真空堆载预压处理软基效果的室内试验研究 [J]．河海大学学报：自然科学版，2002，30 (5)：118-121. (YAN Yun, FANG Zhen, HUA Jianlan. Experimental study on effect of treatment of soft foundation with vacuum-surcharge preloading [J]. Journal of Hohai University: Natural Science, 2002, 30 (5): 118-121. (in Chinese))

[7] 彭劼．真空-堆载联合预压法现场试验研究及机理探索 [J]．江苏科技大学学报：自然科学版，2006，20 (1)：20-26. (PENG Jie. Field experiment and improvement principle of vacuum combined surcharge preloading method [J]. Journal of Jiangsu University of Science and Technology: Natural Science, 2006, 20 (1): 20-26. (in Chinese))

[8] 李时亮．真空预压加固软土地基作用机理分析 [J]．岩土力学，2008，29 (2)：479-482. (LI Shiliang. Analysis of action mechanism of treating soft foundation with vacuum preloading [J]. Rock and Soil Mechanics, 2008, 29 (2): 479-482. (in Chinese))

[9] 闫澍旺．真空预压有效加固深度的探讨 [J]．水利学报，2007，38 (7)：774-778. (YAN Shuwang. Effective depth of vacuum preloading for reinforcing soft soil [J]. Journal of Hydraulic Engineering, 2007, 38 (7): 774-778. (in Chinese))

[10] ALI F H. The flow behavior of deformed prefabricated vertical drains [J]. Geotextiles and Geomembranes, 1991, 10 (3): 235-248.

[11] JEONG Y, LEE S. Flow capacity reduction of prefabricated vertical drain by kinking deformation [C] // Proceedings of the International Offshore and Polar Engineering Conference. [S. l.]: [s. n.], 2007: 1315-1319.

[12] 孙立强，闫澍旺，李伟，等．超软土真空预压室内模型试验研究 [J]．岩土力学，2011，32 (4)：984-990. (SUN Liqiang, YAN Shuwang, LI Wei, et al. Study on super-soft soil vacuum preloading model test [J]. Rock and Soil Mechanics, 2011, 32 (4): 984-990. (in Chinese))

[13] CHAI J C, MIURA N. Investigation of factors affecting vertical drain behavior [J]. Journal of Geotechnical and Geoenvironmental Engineering, 1999, 125 (3): 216-226.

[14] CHAI J C, MIURA N, NOMURA T. Effect of hydraulic radius on long-term drainage capacity of geosynthetics drains [J]. Geotextiles and Geomembranes, 2004, 22: 3-16.

[15] 董志良．堆载及真空预压砂井地基固结解析理论 [J]．水运工程，1992，(9)：1-7. (DONG Zhiliang. Consolidation theory on heaped load and vacuum preloading of sand drain foundation [J]. Waterway Engineering, 1992, (9): 1-7. (in Chinese))

[16] 沈珠江，陆舜英．软土地基真空排水预压的固结变形分析 [J]．岩土工程学报，1986，8 (3)：7-15. (SHEN Zhujiang, LU Shunying. Analysis on consolidation deformation of soft soil foundation under vacuum drainage preloading [J]. Chinese Journal of Geotechnical Engineering, 1986, 8 (3): 7-15. (in Chinese))

[17] 彭劼，刘汉龙，陈永辉，等．真空-堆载联合预压法软基加固对周围环境的影响 [J]．岩土工程学报，2002，24 (5)：656-659. ((PENG Jie, LIU Hanlong, CHEN Yonghui, et al. Effects of combined vacuum surcharge preloading to surrounding environment [J]. Chinese Journal of Geotechnical Engineering, 2002, 24 (5): 656-659. (in Chinese))

Experimental Research and Analysis on the Maximum Dynamic Shear Modulus and Particle Arrangement Properties of Saturated Soft Clay Soils

Yi Shan[1,2,3]　Hai-hong Mo[1,2]　Shu-man Yu[3]　Jun-sheng Chen[1,2,3]

[1]Civil and Transportation Institute, South China University of Technology, Guangzhou 510641, China, [2] State Key Laboratory of Subtropical Building Science, Guangzhou 510641, China, [3]Departrnent of Civil engineering, Shantou University, Shantou 515063, China

In this paper, using the resonant column test, electron microscope observation, and microscopic structure analysis, the relationship between the maximum dynamic shear modulus and the microscopic particles arrangement of eastern Guangdong remolded clay soil was examined. Focusing on the soil microstructure, this study found that, as the effective consolidation stress increases, the soil particles are rearranged in an orientation parallel to the direction of maximum principal stress and maximum shear stress. The probabilistic entropy of the soil particle arrangement decreases, the mechanical wave velocity in the continuous medium of the soil particles increases, and the maximum dynamic shear modulus increases.

1　Introduction

Stress and strain of soft clay under cyclic loading are of interest in the fields of earthquakes, transportation, and marine engineering. Because the dynamic shear modulus is an important soil parameter in soil-structure dynamic response analysis and the equivalent linearization model, it has been extensively studied. Previous studies obtained the $G-\gamma$ attenuation curve of sand and presented the relationship between the maximum dynamic shear strength and undrained consolidation shear strength[1]. The maximum dynamic shear modulus G_{max} was taken as a fundamental parameter when analyzing the dynamic response of soil. Using the resonant column test, the formula for estimating the shear modulus for normally consolidated soils was established, and 13-15 factors influencing the dynamic shear modulus were derived[2]. By taking these factors into account, many researchers modeled various numerical expressions of G_{max} in which the confining pressure σ_3 appeared as the average principal effective stress σ'_m. Although the confining pressure was treated as a significant component in these numerical expressions, the inherent connection between the confining pressure σ_3 and maximum dynamic shear modulus G_{max} has not been fully studied[3].

Nonetheless, technological progress has made it possible to measure the microstructure of soil samples. Direct observation of the particle arrangement of soils was impossible until the development of suitable electron microscope techniques in the mid-1950s when particle arrangements and the relationships between the particle arrangement and its mechanical properties became central issues for scientist studying soil on a microscopic scale. The improvement of scanning electron microscopy (SEM) and techniques of specimen preparation brought rapid development in the field of soil microanalysis. In the early 70s, electronic imaging technology was used in the study of clay and it was widely accepted that characterization of soil properties must include consideration of the particle arrangement[4]. Subsequently, quantitative processing of saturated clay was carried out and significant progress was made[5]. Based on the study of vacuum preloading in Guangdong (China), the process of macro drainage consolidation using a microscopic method was described and the relationship between micro and macro consolidation was established[6].

Researchrelating soil dynamic characteristics with micro research methods is still in its early stages, with most studies focusing on the dynamic response of soil under high strain conditions. The research presented in this paper investigated eastern Guangdong remolded clay soil using the resonant column test, electron microscope test, and microscopic structure analysis. The low-strain dynamic characteristics of the soil were combined with soil particle microstructure research. The study showed a relationship between the consolidation pressure and the maximum dynamic shear modulus and soil particle arrangement characteristics. The maximum dynamic shear modulus was also explored to reveal the nature of the soil microstructure, providing a theoretical basis for future research.

2 Specimen preparation and test procedures

The Hanjiang river delta is a typical coastal delta in eastern Guangdong, an estuary area formed by interactive fluvial and tidal sedimentation. The morphology of the land where the city of Shantou is located is shaped by fault uplift and tidal action, on the margins of the third island hill that is also a shell sand bar[7]. The soft clay soil samples used in our tests were obtained from an excavation engineering field in the Jinping District of Shantou by exploration drilling. Table 1 presents the average physico-mechanical properties of eastern Guangdong remolded clay soil. X-ray diffraction (XRD) mineral composition analysis was used to obtain the mineral composition of the eastern Guangdong remolded clay soil (Table 2). The particle size distribution curve of the soil samples is shown in Fig. 1.

Average physico-mechanical properties of eastern Guangdong remolded clay soil **Table 1**

Sample type	Water content w [%]	Specific gravity ρ [g · cm^{-3}]	Liquid limit w_L[%]	Plasticity limit w_P[%)	Plasticity index I_P[%]	Cohesion c [kPa]	Friction angle φ [°]
Eastern Guangdong remolded clay soil (CH)	45.46±1	2.671	54.3	21.0	33.3	3.83	11. 89

XRD mineral composition analysis of eastern Guangdong remolded clay soil **Table 2**

Sample type	Quartz [%]	Feldspar [%]	Illite [%]	Chlorite [%]	Kaolinite [%]
Eastern Guangdong remolded clay soil (CH)	20.1	11.5	23.9	23.7	20.8

The slurry deposition method[8] was used for remolding the soil samples. The disturbed natural soil samples were dried, then distilled water (1.5 times liquid limit) was added and mixed with the soil. The mixed slurry was then poured into the mold, and 40kPa of vertical stress force was applied for 30 days for consolidation with two-way drainage. Once the soft clay soil was remolded, it was removed from the mold and cut for test samples, 39.1±1mm in diameter and 80±1mm high. The vacuum suction method was used for saturating the samples to 97% saturation. The specimens were placed in the resonant column apparatus for isotropical consolidation under three confining pressures (100kPa, 200kPa, and 300kPa). A GZZ-10 resonant column test machine was used for the testing in which the dynamic shear modulus was calculated by putting the results of the natural vibration into the wave equation.

To prepare the SEM specimens, a wire saw with lubricant gel was used to cut the soil samples under effective stress conditions (consolidation process) into roughly 7×7×15mm specimens. The surface from the center of the sample was taken for SEM testing. The surface observed by the electron mi-

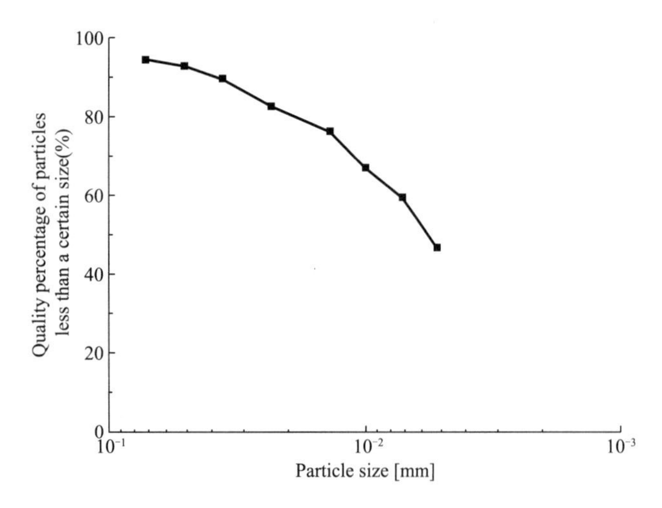

Fig. 1　Particle size distribution of eastern Guangdong remolded clay soil.

croscope should be a fresh vertical surface of the specimen (carefully separated by hand) to eliminate the effect of particles movement caused by the wire saw. A double-sided blade was used for shaping the other surfaces of the soil sample into the final specimens of size 5×5×8mm. To preserve the microscopic characteristics of the soil particles, liquid nitrogen was applied to cool the soil samples, followed by vacuum drying. A JMS-6360LA scanning electron microscope was used to produce the digital photographs of the relatively smooth surfaces. SEM images with ×1000 magnification were observed and selected for further analysis. Figure 2 shows an SEM image of eastern Guangdong remolded clay soil with dashed yellow circles outlining particle aggregations[9].

3　Free vibration column test

According to the stress wave propagation theory, the dynamic compression modulus can be written as

$$E=\rho c_{\mathrm{p}}^{2}=\rho\left(\frac{2\pi f_{\mathrm{n}}L}{\beta_{\mathrm{P}}}\right)^{2},\tag{1}$$

where E=dynamic compression modulus; ρ = density; c_{p}=P-wave velocity; f_{n}=natural frequency of vibration; L= height of the test sample; β_{P}=non-dimensional number related to the vibration frequency equation. The data of the dynamic shear modulus were obtained at the same time by Eq. (2)

$$G=\frac{E}{2(1+\mu)},\tag{2}$$

where μ=Poisson's ratio (herein μ = 0.5 for eastern Guangdong remolded clay soil).

The curve of the free vibration excited by the resonant column apparatus is an attenuation curve. Hence, the natural frequency of vibration (f_{n}) can be determined from the equation of damped free vibration as follows:

$$\ddot{y}(t)+\frac{c}{m}\dot{y}(t)+\frac{k}{m}y(t)=0,\tag{3}$$

where $\ddot{y}(t)$, $\dot{y}(t)$, and $y(t)$ are the acceleration, velocity, and displacement, respectively; c is the damping coefficient, k is the stiffness coefficient, and m represents mass.

Therefore, once the natural frequency of vibration (f_{n}) is acquired from the data of the free vibration column test, the dynamic modulus can be derived.

4　Scanning electron microscopy analysis and the binarization process

In SEM images, different parts of the specimen appear as light or dark areas in accordance with the amount of electron scattering. Eastern Guangdong clay was deposited in the delta under the action of calm or slow-flowing water combined with the action of microorganisms. This process can be observed in Fig. 2; at a confining pressure of 100kPa (Fig. 2*a*), on the upper left side of the figure, the magnified image of humic substances is clearly presented. Circular aggregation assemblages are scattered throughout the rest of the photomicrograph. However, when the confining pressure rose to 200kPa (Fig. 2*b*), oriented aggregations (face-to-face association of several clay particles) are visible, as well as a few small-size circular aggregations.

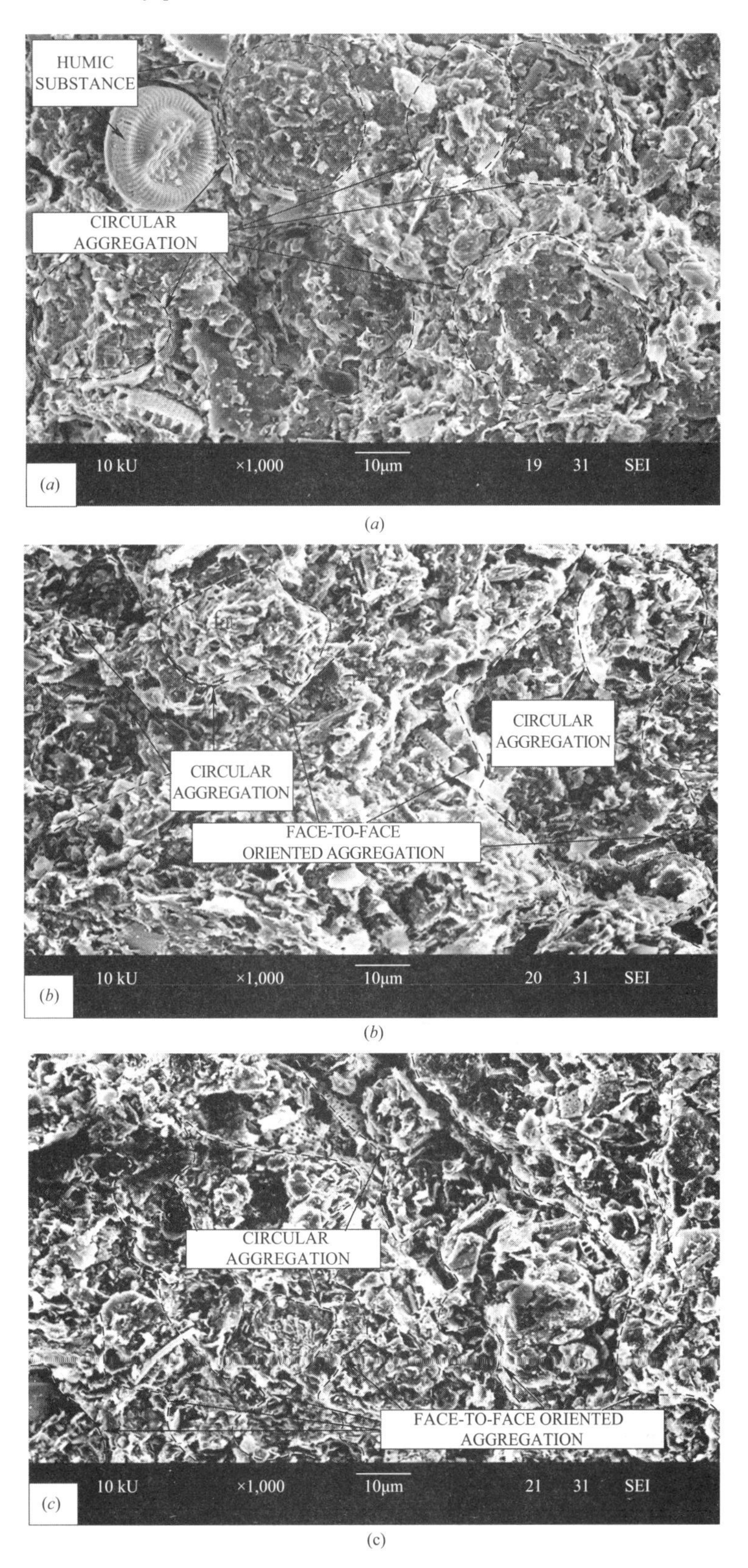

(*a*)

(*b*)

(c)

Fig. 2 SEM images of eastern Guangdong remolded clay soil (×1000 magnification)
(*a*) Test1 (100kPa); (*b*) Test2 (200kPa); (*c*) Test3 (300kPa)

Figure 2*c* (confining pressure of 300kPa) shows mostly-longitudinal oriented aggregations scattered sporadically throughout the image. This indicates that the longitudinal orientation may promote the maximum dynamic shear modulus. This visual analysis of particle arrangement in the sample offers one method of estimating the mechanism of the confining pressure on the maximum dynamic shear modulus.

Because the soil was freeze dried, the three-phase soil consists of soil particles (solid phase) and soil pores (gas phase). At this time, SEM photos from electronic microscope can be processed into binarization photos, such that soil particles or the soil porosity can be isolated from the image and analyzed statistically. The critical step of the binarization process is the selection of the image threshold. Here, we use the image pro plus (IPP) software to manually adjust the threshold value. The gray level of the image demonstrates skewed distribution, which should be modified to normal distribution. In this sense, the average grey value of the normal distribution can be treated as the binarization threshold; thus, the soil particles were observed to be better separated from the pores. The Particles (Pores) and Cracks Analysis System[10] can study pore and grain parameters, such as length, width, shape coefficient, and directional distribution by analyzing binarization photos. Figure 3 shows binarization photos of eastern Guangdong remolded clay soil.

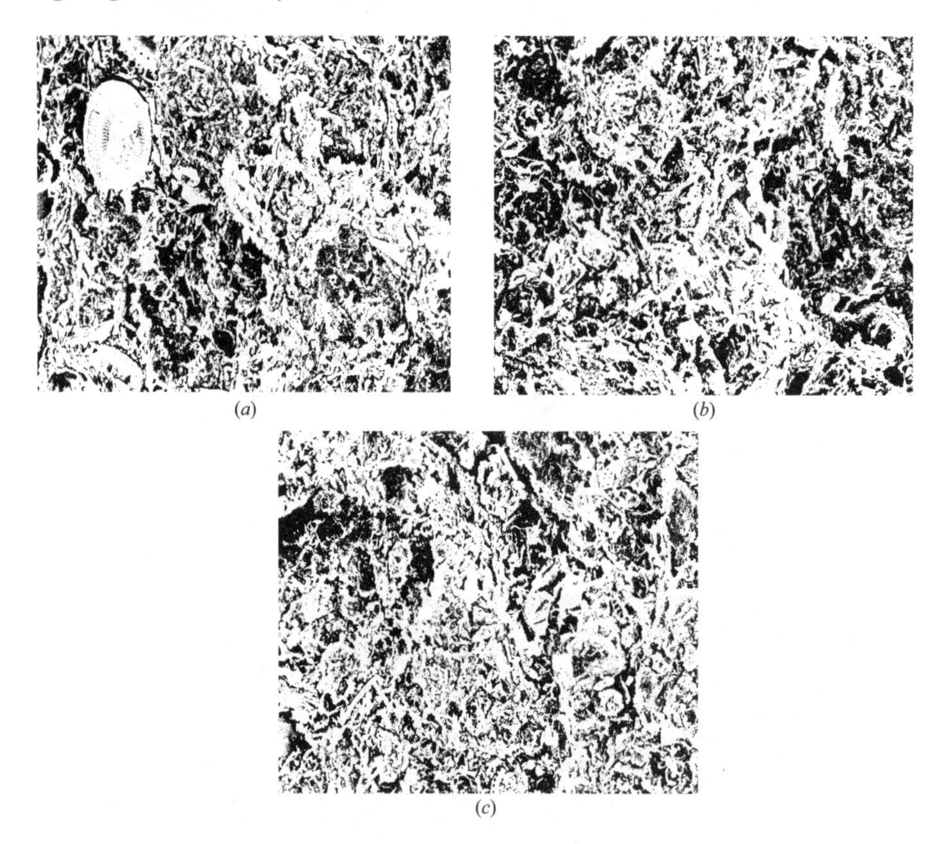

Fig. 3　Binarization images of eastern Guangdong remolded clay soil (×1000 magnification)
(*a*) Test1 (100kPa); (*b*) Test2 (200kPa); (*c*) Test3 (300kPa)

5　The maximum dynamic shear modulus and the orientation arrangement of particles

The hyperbolic form of the maximum dynamic shear modulus is as follows:

$$\tau_{\mathrm{d}} = \frac{\gamma_{\mathrm{d}}}{\dfrac{1}{G_{\max}} + \dfrac{\gamma_{\mathrm{d}}}{\tau_{\mathrm{y}}}}, \tag{4}$$

where τ_d is the cyclic shear stress, γ_d is the cyclic shear strain, G_{max} is the maximum dynamic shear modulus, which corresponds to the initial dynamic shear modulus (when the dynamic shear strain is zero), and τ_y is the limit value of the soil shear strength when γ tends to infinity. Figure 4 shows the hyperbolic curve of the dynamic shear modulus versus the cyclic shear strain, which demonstrates that the maximum dynamic shear moduli are 11.337MPa, 16.506MPa, and 31.707MPa for confining pressures of 100kPa, 200kPa, and 300kPa, respectively, in an increasing trend.

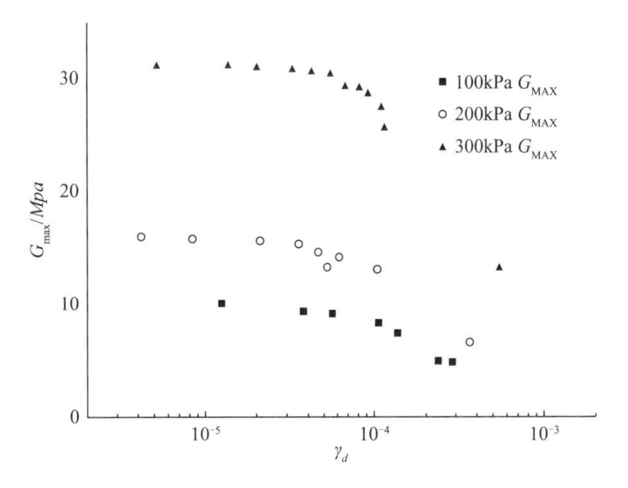

Fig. 4 Hyperbolic curve of the dynamic shear modulus vs. the cyclic shear strain under various confining pressure

Shi[11] defined the probabilistic entropy of soil particle arrangement as

$$H_m = -\sum_{i=1}^{n} P_i \log_n P_i, \tag{5}$$

wheren n is the number of direction zones (here, the clay particles are arranged from 0° to 180° and every zone covers 10°; therefore $n=18$), and P_i is the appearing probability in the i-th zone. H_m varies between zero and one, and the particle arrangement is more random as the value of H_m increases.

The binary images and particle rose diagrams are shown in Fig. 5. With increasing confining pressure, the probabilistic entropy H_m becomes smaller (0.9892, 0.9857, and 0.9799 at $\sigma_3=100$kPa, 200kPa and 300kPa, respectively), which corresponds to the changes in the particle arrangement in the SEM images and explains the well-ordered orientation of the particles under high confining pressures. Moreover, the orientation angles in Fig. 5*a* ($\sigma_3=100$kPa) are around 45° and 135°. After the confining pressure increased, the angles were around 0°, 90°, and 180° (Fig. 5*b*, $\sigma_3=200$kPa; and Fig. 5*c*, $\sigma_3=300$kPa). This is because the orientation arrangement of the particles tends towards the direction perpendicular to the main stress. When the confining pressure was low, the orientation angles were between the horizontal or vertical direction of the soil sample and the maximum shear stresses were in multiples of 45°; when the confining pressure is high enough to form the orientation angles of around 0°, 90°, and 180°, the angles shift and tend to be perpendicular to the confining pressure.

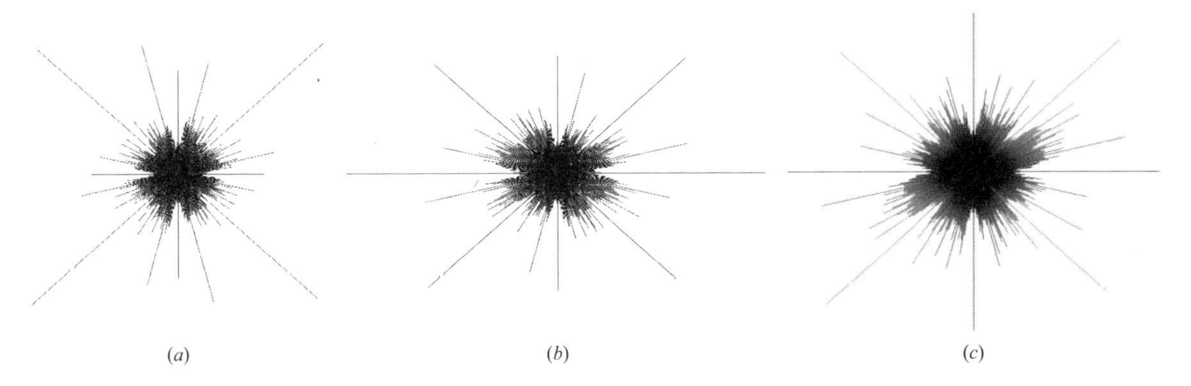

Fig. 5 Binary images and particle rose diagrams of longitudinal sections of soil samples under three confining pressures
(*a*) $H_m=0.9892$ ($\sigma_3=100$kPa); (*b*) $H_m=0.9857$ ($\sigma_3=200$kPa); (*c*) $H_m=0.9799$ ($\sigma_3=300$kPa)

Based on the test results, the parameters of maximum dynamic shear modulus, void ratio, and probabilistic entropy were derived (Table 3). The medium is of vital importance to the wave propagation velocity. Different confining pressure on the clay sample can result in different clay fabric. When the confining pressure is low, the random particle arrangement will dissipate wave energy in a manner that is unfavorable to wave propagation; however, when the confining pressure is high enough to force the formation of oriented aggregation assemblages, the orientation arrangement could offer a relatively favorable medium for wave propagation, thus accelerating the wave propagation velocity. The influence of the confining pressure on the maximum dynamic shear modulus depends largely on the orientation arrangement of the particles: the confining pressure can transform a random particle arrangement into an oriented particle arrangement, thus increasing the speed of the wave propagation and the value of the maximum dynamic shear modulus. It should be noted that that the maximum dynamic shear modulus indicates the initial particles' condition rather than the initial porosity condition. However, the current method of using the macro void ratio to examine the maximum dynamic shear modulus is to some degree an empirical way that roughly changes the study object from particles to void ratio. In this sense, the probabilistic entropy that demonstrates the initial elastic state of the particles is a good solution to this problem.

Summary of tests parameters　　Table 3

Soil sample No.	Maximum dynamic shear modulus (MPa)	Macro void ratio after test e	Relation coefficient of hyperbolic curve R^2	Probabilistic entropy H_m
Test 1	11.337	1.296	0.930	0.9892
Test 2	16.509	1.279	0.955	0.9857
Test 3	31.707	1.114	0.989	0.9799

6　Conclusions

(1) The confining pressure has an important effect on the maximum dynamic shear modulus of clay soil in that it predominantly affects the magnitude of the maximum dynamic shear modulus value by rearranging the soft clay particles.

(2) SEM images of longitudinal sections of eastern Guangdong remolded clay samples under different confining pressures show the oriented particle arrangement that demonstrate circular aggregation assemblages and oriented aggregations. This trending of the particle arrangement enables qualitative analysis of the increases in the maximum dynamic shear modulus.

(3) By introducing the probabilistic entropy of soil particle arrangement H_m and the wave propagation theory, quantitative analysis of the oriented particles arrangement demonstrates that the confining pressure affects the maximum dynamic shear modulus by changing the oriented particle arrangement. The orientation angles are multiples of 45° that are perpendicular to the maximum shear stress or maximum principle stress.

(4) Probabilistic entropy demonstrates the initial particle condition of elastic state while the dimensionless macro void ratio shows a positive relation with the dimensionless probabilistic entropy: $H_m = 0.0447e + 0.93$ (residual sum of the square is 3.7822×10^{-6} and Pearson's R is 0.95618). This demonstrates that the probability entropy can be used to represent the macro void ratio when estimating the maximum dynamic shear modulus.

Acknowledgements

This study was financially supported by the State Key Laboratory of Subtropical Building Science

(2015ZC25). The authors of the paper appreciate the aid of associate professor P. Lin and the Multidisciplinary Research Center of Shantou University.

REFERENCE

[1] H. B. Seed et al., "Moduli and damping factors for dynamic analyses of cohesionless soils," *Journal of Geotechnical Engineering*, 112 (11), 1016-1032 (1986).

[2] B. O. Hardin and V. P. Drnevich, "Shear Modulus and Damping in Soils: Measurement and Parameter Effects (Terzaghi Leture)," *Journal of the soil mechanics and foundations division*, 98 (6), 603-624 (1972).

[3] T. Kokusho, and Y. Esashi, "Cyclic triaxial test on sands and coarse materials," *Proc. Proceedings of the 10th International Conference on Soil Mechanics and Foundation Engineering*, Stockholm, Sweden, 1, 673-679 (1981).

[4] N. K. Tovey and K. Y. Wong, "Some aspects of quantitative measurement from electron micrographs of soil structures," *Proc. Proceedings of the 4th Soil Microscopy Conference*, Kingston, Ontario, Canada, 207-222 (1974)

[5] V. I. Osipov, S. K. Nikolaeva, and V. N. Sokolov, "Microstructural changes associated with thixotropic phenomena in clay soils," *Geotechnique*, 34 (3), 293-303 (1984).

[6] J. Wang, et al., "Effect of Mineral Composition on Macroscopic and Microscopic Consolidation Properties of Soft Soil," *Soil Mech. Found. Eng.*, 50 (6), 232-237 (2014).

[7] P. Li, et al., Hanjiang Delta, Ocean Press, Beijing (1987).

[8] K. Ishihara, M. Sodekawa, and Y. Tanaka, "Effects of overconsolidation on liquefaction characteristics of sands containing fines," *Dynamic geotechnieet testing*, 654, 246 (1978).

[9] J. K. Mitchell, and K. Soga, *Fundamentals of soil behavior (Third Edition)*, John Wiley &Sons, Inc., New York (2005).

[10] C. Liu, et al., "Quantification and characterization of microporosity by image processing, geometric measurement and statistical methods: Application on SEM images of clay materials," *Appl. Clay Sci.*, 54 (1), 97-106 (2011).

[11] B. Shi, S. Li, and M. Tolkachev, "Quantitative study of microstructure of clayed soil using SEM image," *Science in China (Series A)*, 25 (06), 666-672 (1995).

高黏粒含量新吹填淤泥加固新技术室内研发

鲍树峰[1,2,3]　董志良[1,2]　莫海鸿[3]　武冬青[4]

（1. 中交四航工程研究院有限公司，广东　广州　510230；2. 中交集团交通基础工程环保与安全重点实验室，广东　广州　510230；3. 华南理工大学　土木与交通学院，广东　广州　510641；4. 新加坡凯科发展研究院，新加坡　739462）

【摘　要】 新吹填淤泥处于“稀泥汤”状态，工程特性极差，几乎无承载力，现有真空预压技术加固效果不理想，地基有效加固深度小，土体强度增长有限。为此，提出了“真空预压联合化学加固”的新思路。室内采用3种环保型化学加固剂设计了3种真空预压联合化学加固方案（VPCT1、VPCT2、VPCT3）和1种纯化学加固方案（CT），与现行真空预压加固方案（VPT）进行了对比试验研究。研究结果表明：（1）添加有效的化学加固剂后，新吹填淤泥在抽真空前较短的静置时间内就基本完成了自重沉积过程；（2）化学加固剂选取得当能有效提高土体的加固效果；（3）宏观上，VPCT3方案加固效果较均匀，加固后土体中黏粒含量明显降低、湿密度最大，孔隙比降低幅度明显，无侧限抗压强度也最大，为66.7kPa（为VPT方案的3.5倍）；（4）微观上，VPCT3方案加固后，土颗粒之间的孔隙总面积、孔隙平均周长、总孔隙数、孔隙比、孔隙率等最小，单元体之间有良好的定向度、排序性最好，连结方式以面-面为主导，相互之间接触紧密，团聚现象最明显。因此，相对于现行的真空预压技术而言，VPCT3方案土体加固效果非常明显，也较均匀，可以进一步开展现场试验研究，探讨其付诸工程实践的可行性。

【关键词】 吹填淤泥；高黏粒含量；真空预压技术（VPT）；纯化学加固技术（CT）；真空预压联合化学加固技术（VPCT）

1 引　　言

新吹填淤泥处于稀泥汤状态，工程特性极差，几乎无承载力，因此，该类地基的处理难度十分大，目前，主要采用无砂垫层真空预压技术进行加固[1-6]。然而，天津滨海新区新吹填淤泥地基经该技术加固30d后，仅形成了厚度为15～30cm的硬壳层，壳层内土体实测十字板抗剪强度在4.0～9.0kPa，其承载力值也不高，仅为27.3kPa，且硬壳层以下土体的强度十分低，几乎无法进行相关原位测试[5]。鉴于此。中交四航工程研究院有限公司依托天津滨海新区另一新吹填淤泥地基处理工程开展了一系列现场优化试验研究，抽真空时间均为30d。研究结果表明：地基的有效加固深度仍然不大，硬壳层厚度未超过50cm，壳层内土体实测十字板抗剪强度为4.0～9.0kPa，无侧限抗压强度未超过24.2kPa，且其下方土体仍然没什么强度[6]；另外，温州民科基地新吹填淤泥地基经该技术加固120d后，由于加固时间较长，整个加固深度范围内的十字板抗剪强度相对较均匀，平均值为18.4kPa，最低值为13.0kPa，地基承载力特征值为55.0kPa，也仍然不高[7]。因此，现行真空预压技术加固效果不理想，地基有效加固深度小，土体强度增长有限。

为了探讨新吹填淤泥地基真空预压加固效果不理想的原因，对现行真空预压技术的局限性进行分析，提出加固该类地基的新思路，并有针对性地开展室内研发工作。

已有研究成果表明[8-11]：①新吹填淤泥中的黏土颗粒（粒径 $d<0.0075$mm）含量越高，自重落淤越慢，真空预压过程中竖向排水体就越容易出现严重的淤堵现象，从而致使真空固结排水系统排水性能显著降低；②新吹填淤泥中强亲水矿物含量越高，土体所吸附的结合水就越多，真空固结排水越难。因此，新吹填淤泥极差的工程特性是新吹填淤泥地基真空预压加固效果不理想的主要原因之一。

因此，为了提高新吹填淤泥地基的真空预压加固效果，可以改善新吹填淤泥的物理性质：①若施工工期允许，先使新吹填淤泥进行短期自重沉积，以便在淤泥中形成结构性孔隙，从而有效促进真空预压加固时淤泥中自由水的排出；②众所周知，化学加固法能快速改变土体的物理性质，如颗粒的结构性等，因此，若场地急需交付使用，可以尝试采用环保型的化学加固剂进行化学加固的同时，联合真空预压法进行综合加固[13]。

2 新吹填淤泥真空预压联合化学加固机制

新吹填淤泥真空预压联合化学加固法的具体思路为[12]：在疏浚淤泥吹填过程中，采用配套施工工艺加入适宜的化学加固剂溶液（加固剂添加量较低时，将其配置成一定质量比的溶液加入泥浆中搅拌均匀）或化学加固剂粉末（添加量较高时，直接将加固剂粉末与泥浆搅拌均匀）以确保两者充分混合，然后，通过现行真空预压技术对新吹填淤泥地基进行加固。

其加固机制可定性地概括为[12－15]：在化学加固剂与疏浚淤泥充分混合吹填过程中，化学加固剂与土体颗粒发生化学反应；吹填到加固场地后静置期间，固化剂可快速地将细土颗粒胶结变成大颗粒，加快淤泥自重沉积过程，从而使土体颗粒更加紧密；新吹填淤泥地基真空预压初期，固化剂不断地发挥作用，继续加快淤泥的絮凝和沉降速度；随着真空压力的持续作用，土体颗粒和固化剂在水排出的同时更加紧密结合，促进了两者之间发生充分的化学反应，从而大幅度地提高了新吹填淤泥的强度。

3 新吹填淤泥加固新技术室内研发

3.1 试验目的

研发出一种适宜于加固新吹填淤泥地基的真空预压联合化学加固方法。

3.2 试验材料

3.2.1 化学加固剂

本试验采用新加坡凯科研究所研发的 Chemilink SS-330 子系列环保型材料，主要有 3 种：化学加固剂 1（SS-333-1），化学加固剂 2（SS-332-1），化学加固剂 3（SS-331），如图 1 所示。该系列加固剂主要用于加快高含水率淤泥的沉降速度[13]。

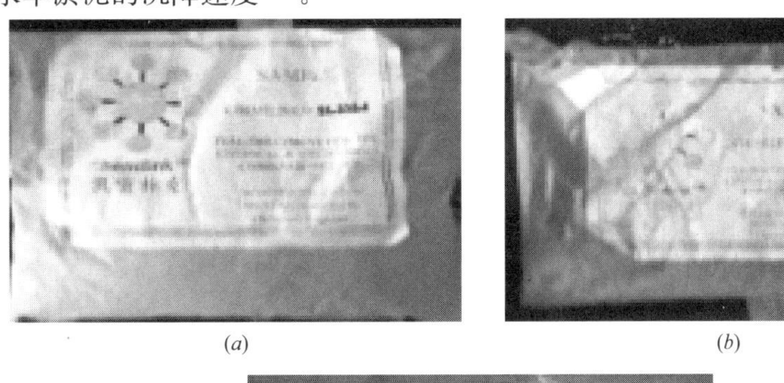

(a) (b)

(c)

图 1 试验用的化学加固剂

Fig. 1 Chemical agents used in test

(a) 加固剂 1：SS-333-1；(b) 加固剂 2：SS-332-1；(c) 加固剂 3：SS-331

3.2.2　试验土样

试验土样为广州市南沙区龙穴岛吹填土，含水率为200%，孔隙比为5.480，湿密度为1.26g/cm^3，液限为47.49%，塑限为24.92%。其粒度组成和矿物成分详见表1和表2。

粒度组成　表1

Gradation of soil particles　Table 1

土类	粒径分布范围/mm	含量/%
砂粒	>0.075	4.9
粉粒	0.075~0.005	42.6
黏粒	0.005~0.002	18.0
胶粒	<0.002	34.5

矿物成分（单位：%）　表2

Soil mineral composition（unit：%）　Table 2

蒙脱石	白云母	绿泥石	石英	长石	方解石	硬水铝石
22.2	22.8	12.1	10.9	19.0	2.0	3.0

3.2.3　真空预压排水材料和密封材料

竖向排水材料为符合现行规范的B型塑料排水板（宽度为1.5cm，厚度为4mm）；水平排水垫层自下而上依次为一层质量为200g/m^{2}编织布+一层质量为200g/m^{2}无纺布+厚10cm中粗砂垫层；密封材料为两层0.12~0.14mm的密封膜。

3.3　试验内容

采用上述3种化学加固剂设计3种真空预压联合化学加固方案（VPCT1、VPCT2、VPCT3）和1种纯化学加固方案（CT），并与现行真空预压技术加固方案（VPT）进行对比。试验均为单井模型试验。试验详细内容见表3。

实验方案　表3

Experimental programs　Table 3

试验方案	静置时间/h	真空预压时间/d	加固剂		备注
			型号	掺量比/%	
CT	504	0	SS-3331	6.0	未进行沉降测试
VPT	4	21			不添加
VPCT1	4	13	SS-333-1	4.5	未进行微观试验
VPCT2	4	21	SS-332-1	1.0	
VPCT3	336	21	SS-332-1	1.0	

注：掺量指加固剂粉末的质量与干燥土样的质量的比值；加固剂SS-332-1加入水，配制成质量配比为3%的溶液后，再加入淤泥中均匀搅拌；而前两种加固剂由于掺量大则直接加入淤泥中均匀搅拌；VPT、VPCT1、VPCT2、VPCT3等4个试验同时抽真空。

3.4　试验装置及监控量测系统

模型试验装置示意图如图2所示。

试验装置主要包括：土样模型槽（直径为150mm、高度为1000mm）、气水分离器（直径为300mm、高度为600mm）和真空泵（水环真空泵）。监控量测系统主要包括：自动数据采集系统（dataTaker Geologger DT80G series2 和 dataTaker CEM20）、台式电脑、孔压计（Roctest Telemac PWS型）、真空表、沉降观测专用尺子和铅锤等。

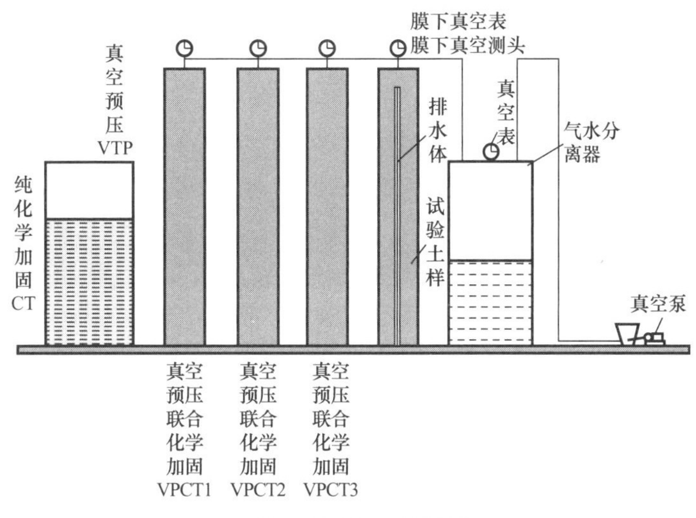

图 2 模型试验装置图

Fig. 2 Schematic diagram of experimental model equipment

3.5 试验结果分析

为了有针对性地对比上述5种方案的加固效果，下面分别从试验土样表面沉降的变化过程、加固后土体宏观试验结果和微观试验结果三方面进行分析。

3.5.1 表面沉降

各方案土样加固过程中的表面沉降大小如图3和表4所示。

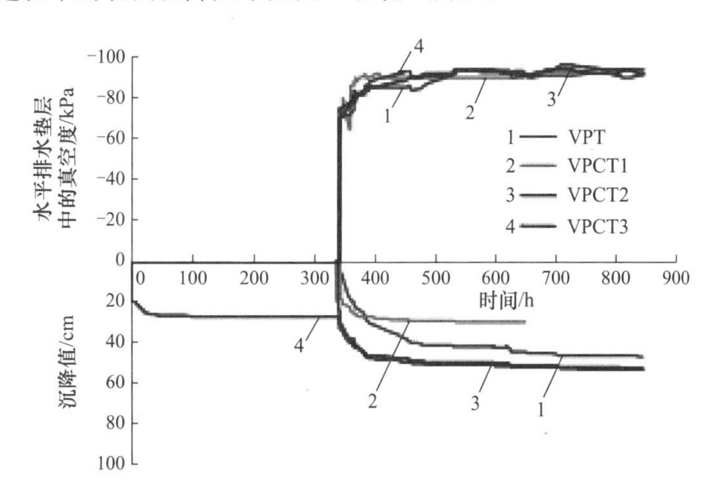

图 3 加固过程中表面沉降曲线

Fig. 3 Surface settlement curves in process of soil improvement

各加固方案土样表面沉降 **表 4**

Detailed of surface settlement for soil improvement programs **Table 4**

试验方案	恒载时真空度/kPa	静置时间/h	静置期间的沉降值/cm	抽真空时间/d	抽真空引起的沉降值/cm	总沉降值/cm
VPT	92	4	3.0	21	43.5	46.5
VPCT1	92	4	5.0	13	29.7	32.7
VPCT2	92	4	24.0	21	29.0	53.0
VPCT3	92	336	27.4	21	25.9	53.3

由图3和表4可知：

(1) 无论是添加还是未添加化学加固剂，抽真空前静置一段时间均能加快淤泥的自重沉积，且若化学加固剂选取得当，能有效缩短淤泥的自重沉积过程，如 VPCT2 方案淤泥中添加加固剂 SS-332-1，静置 4h 后就沉降了 24.0cm。

(2) 不同化学加固剂对新吹填淤泥的加固效果不同，应选取合适的化学加固剂。相对于加固剂 SS-332-1（方案 VPCT2 和 VPCT3）而言，加固剂 SS-333-1（方案 VPCT1）不利于新吹填淤泥的真空固结排水，因为 VPCT1 方案抽真空 13d（312h）后，土样表面沉降趋势就已经稳定了，最终沉降值仅稳定在 32.7cm，反而小于 VPT 方案。究其原因很可能是：真空预压期间，加固剂 SS-333-1 促进了土颗粒之间闭合孔隙的形成，导致一部分水被封存在闭合孔隙中，且真空压力的作用难以排出其中的水分。

(3) 正确选取加固剂，能有效提高新吹填淤泥真空预压联合化学加固的效果。基于沉降变形角度考虑，VPCT2 和 VPCT3 两方案的沉降值明显优于 VPCT1 和 VPT 方案，但两者相近。

3.5.2 加固后的土样状态

考虑到土样模型槽的尺寸较小，采用自制的、内外壁均光滑的不锈钢管（内径为 40mm、长度为 1m）按照相关规范要求的取土步骤获取原状土样。取土的位置位于排水板与模型槽内壁的中间部位。各试验方案加固后的原状土样如图 4 所示。图中原状土样具有以下特点：①土样 VPCT1 孔隙较多，易断裂，浅层与深层土体的硬度较均匀，且表观上含水率也较均匀；②土样 VPT、VPCT2、VPCT3 相对密实，不容易断裂，浅层土体的硬度比深层土体的稍大，但表观湿润度相反；③土样 CT 硬度明显较小，表观湿润度较大。

(*a*)　(*b*)　(*c*)

图 4　各试验方案加固后原状土样图片

Fig. 4　Pictures of undisturbed soil samples after soil improvement from experiment programs

(*a*) VPCT1；(*b*) 从上、左下、右下：VPT、VPCT2、VPCT3；(*c*) CT

3.5.3 加固后土体宏观试验结果分析

主要从粒度组成、界限含水率（液限、塑限、塑性指数）、物理性质（含水率、湿密度、孔隙比）以及无侧限抗压强度四大方面来对比分析不同方案的加固效果，相关试验结果详见表 5。由表可知：

(1) 新吹填淤泥与化学加固剂充分反应后，粒度组成发生明显的改变，粉粒含量明显增多，这主要是淤泥中的黏粒和胶粒与化学加固剂发生强烈的团聚反应所致。CT 方案的化学加固剂 SS-331 的掺量（6.0%）最多、VPCT1（SS-333-1，4.5%）次之，因此，相应的粉粒含量也较 VPCT2 和 VPCT3 多。

各加固方案室内土工试验结果 表 5

Laboratory test results of soil improvement programs Table 5

试验方案	物理性质			界限含水率			粒度组成		无侧限试验抗压强度 q_u/kPa
	含水率 w /%	湿密度 ρ/(g/cm^3)	孔隙比 e/%	液限 W_L /%	塑限 W_p /%	塑性指数 I_p	粉粒 0.05～0.005mm /%	黏粒<0.005 /%	
加固前	200.0	1.26	5.532	47.49	24.92	22.6	39.2	52.2	
CT	136.5	1.36	3.661	48.29	23.38	24.9	57.0	27.4	9.9
VPT	55.0	1.65	1.508	47.86	25.20	22.7	39.6	50.8	19.3
VPCT1	81.3	1.50	2.300	78.50	39.50	39.0	46.9	38.9	26.9
VPCT2	52.9	1.68	1.323	56.27	27.29	29.0	43.3	45.4	53.4
VPCT3	50.5	1.74	1.303	53.76	25.46	28.3	45.2	48.4	66.7

（2）新吹填淤泥与化学加固剂充分反应后，能提高其液限和弱结合水的含量。加固剂 SS-333-1 和 SS-332-1 的提高幅度较加固剂 SS-331 更明显。

（3）土体物理性质的改善效果：VPCT3>VPCT2>VPT>VPCT1>CT，VPCT3 方案土体含水率下降最多，湿密度增长最明显，孔隙比降低幅度最大，因此，VPCT3 方案的物理性质改善效果最佳。

（4）VPCT3 和 VPCT2 两方案加固后土体的无侧限抗压强度明显大于 VPCT1 和 VPT 两方案，其中，VPCT3 方案的无侧限抗压强度值最大，为 66.7kPa，这表明静置稍长一段时间更有利于淤泥的固结；而对于后两个方案而言，尽管 VPCT1 方案对淤泥物理性质和界限含水率的改善效果较 VPT 方案差，但其无侧限抗压强度稍优于 VPT 方案，这很可能是由于加固剂 SS-333-1 促进了粉粒含量的增加、土颗粒之间闭合孔隙的形成、黏结力强度的增长。

综上几方面的分析结果可知，VPCT3 方案加固后土体中黏粒含量明显降低、湿密度最大，孔隙比降低幅度明显，无侧限抗压强度也最大，为 66.7kPa（是 VPT 方案的 3.5 倍），因此，加固效果最优。

3.5.4 加固后土体微观结构显微观测分析

为了验证上述宏观分析结果，运用德国 LEO 公司的扫描电镜装置 LEO 1530 VP 拍摄 VPT、VPCT2、VPCT3 和 CT 等 4 个方案的土样加固后的 ESEM 照片，放大倍数为 10000 倍，如图 5 所示。

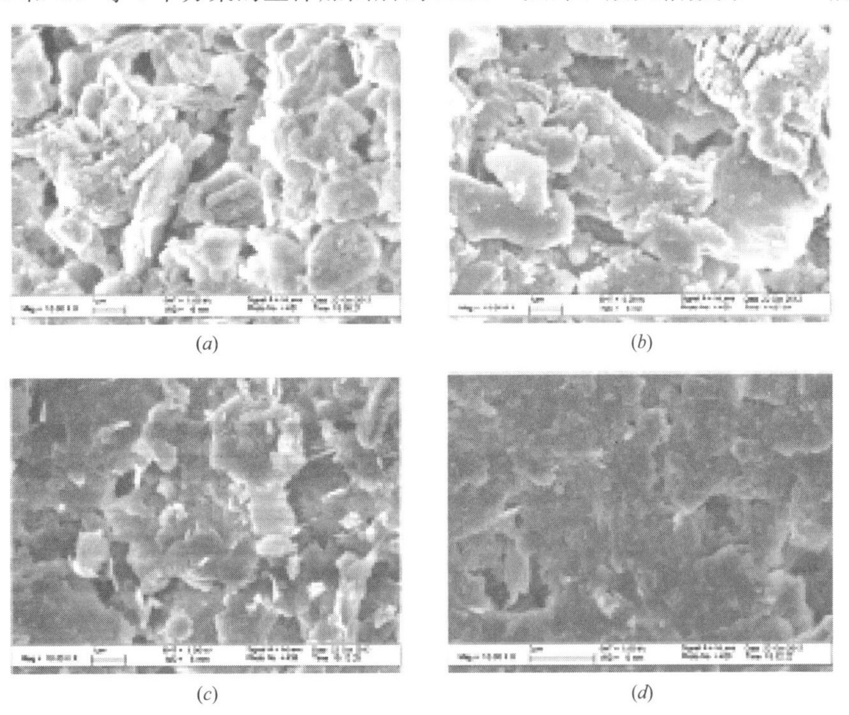

图 5 加固后原状土样 ESEM 照片

Fig. 5 ESEM photos of soil samples after improvements

(*a*) CT；(*b*) VPT；(*c*) VPCT2；(*d*) VPCT3

从定性和定量两方面对各方案加固后土体的微观结构特征进行对比分析，可以对相应的加固效果进行评价，进而得到最优的加固方案。土体的微观结构特征分析主要包括微观图像观测分析、颗粒特征定量分析、结构单元体的定向性分析、颗粒的分布分维等四方面。

（1）微观图像观测分析

由图5可知，CT方案加固后土体颗粒单元体主要以边-边、边-面形式组合成聚合体，呈现明显的蜂窝状结构，颗粒主要由碎屑、集粒组成，无明显的定向性排列；VPT方案较CT方案有所改善；而VPCT3方案加固后，土颗粒之间的团聚现象最明显，单元体之间的连结方式以面-面为主导，相互之间接触紧密，颗粒有非常明显的定向性。因此，定性上来说，VPCT3方案土体加固效果最好。

（2）颗粒特征定量分析

将各方案加固后土体的ESEM图片用南京大学地球物理科学系研发的微观结构处理程序PCAS软件进行处理后，可以获得土体颗粒形状相关参数，详见表6。

各加固方案土体颗粒形状相关参数　表6

Correlated parameters of soil particle shape for improvement programs　Table 6

方案	总颗粒面积/$pixel^2$	总孔隙面积/$pixel^2$	总孔隙数	孔隙比	孔隙率/%	最大孔隙面积/$pixel^2$	平均孔隙面积/$pixel^2$	孔隙平均周长/pixel
CT	400373	386059	198	0.9642	49.09	128709	2608.51	246.86
VPT	460185	326247	185	0.7089	41.48	61093	1763.50	199.23
VPCT2	586831	199601	156	0.3401	25.38	51318	1279.49	174.55
VPCT3	631138	155294	128	0.2756	17.03	49440	1174.79	143.09

由表6可知：VPT和CT方案加固后土体总孔隙面积、总孔隙数、孔隙比、孔隙率、孔隙面积、平均周长等相关参数均比VPCT3方案大许多，这与表5中的孔隙比对比情况一致，因此，从颗粒形状相关参数具体数值可知，VPCT3方案土体加固效果最优，其次为VPCT2方案。

（3）结构单元体的定向性分析

结构单元体的定向性衡量指标主要有两个：土体颗粒的定向度和定向概率熵。各方案加固后土体的定向角分布对比图如图6所示，相应土颗粒的定向概率熵详见表7。

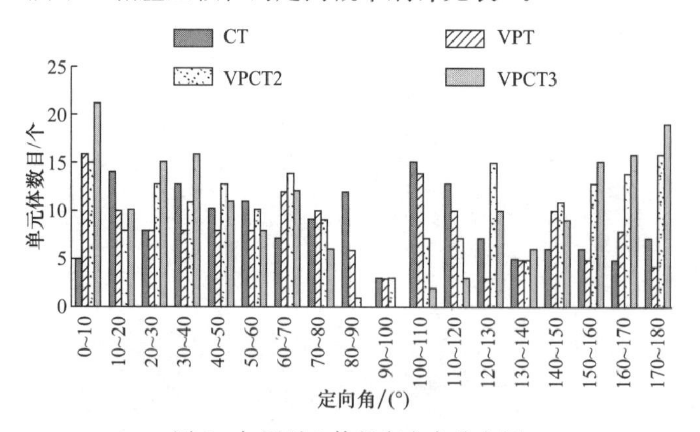

图6　加固后土体的定向角分布图

Fig. 6　Distribution of orientation degree after improvement

土体颗粒定向概率熵及分布分维数　表7

Directional probability entropies and fractal dimensions of soil particles　Table 7

方案	定向概率熵	分形维数
CT	0.9716	1.2892
VPT	0.9683	1.2571
VPCT2	0.9640	1.2349
VPCT3	0.7706	1.1951

由图6可知，土体颗粒定向角的夹角值在10°～40°范围内，CT、VPT、VPCT2、VPCT3的比例分别为41.03%、46.62%、54.59%、67.60%。定向角的夹角值越小，颗粒排列的定向度和有序性越好。由表7可知，CT和VPT方案土体颗粒的定向概率熵均比较大，均大于0.9500，而VPCT3方案的最小。土体颗粒的定向概率熵越大，表示土颗粒的定向度越差、越无序。因此，CT和VPT方案的定向度和有序性最差，而VPCT3加固方案土体颗粒排列的定向度和有序性最好，土体加固效果是最优的。

（4）颗粒的分布分维数

各方案的颗粒分布分维数详见表7。由表可知：CT和VPT方案土体颗粒的分形维数均比较大，均大于1.2500，而VPCT3方案的最小。土颗粒分形维数越小，团聚现象越明显，土体相对越密实，密度越大，土体的凝聚力也越大，因此，VPCT3方案加固后土体相对越密实，密度越大，这也与表5中的密度对比情况一致。

综上4个方面的微观分析结果可知：VPCT3方案加固后，土颗粒之间的孔隙总面积、孔隙平均周长总孔隙数、孔隙比、孔隙率等最小，单元体之间有良好的定向度、排序性最好，连结方式以面-面为主导，相互之间接触紧密，团聚现象最明显，土体压密效果最好，因此加固效果最优。

4 结　　论

（1）无论是添加还是未添加化学加固剂，抽真空前静置一段时间均能加快淤泥的自重沉积，且若化学加固剂选取得当，能有效缩短淤泥的自重沉积过程，如VPCT2和VPCT3方案。

（2）正确选取加固剂，能有效提高加固效果，如加固剂SS-332-1（VPCT2和VPCT3方案）。而加固剂SS-333-1（VPCT1方案）促进了土颗粒之间闭合孔隙的形成，以致一部分水被封存在闭合孔隙中，致使真空压力的作用难以排出其中的水分。

（3）宏观上，VPCT3方案加固效果较均匀，加固后土体中黏粒含量明显降低、湿密度最大，孔隙比降低幅度明显，无侧限抗压强度也最大，为66.7kPa（是VPT方案的3.5倍）。微观上，VPCT3方案加固后，土颗粒之间的孔隙总面积、孔隙平均周长总孔隙数、孔隙比、孔隙率等最小，单元体之间有良好的定向度、排序性最好，连结方式以面-面为主导，相互之间接触紧密，团聚现象最明显，土体压密效果最好。

（4）相对于现行真空预压技术而言，真空预压联合化学加固（VPCT3方案）新吹填淤泥后，土体加固效果非常明显，也较均匀，因此，可以进一步开展现场试验研究以探讨其付诸工程实践的可行性，但进行现场试验研究之前，建议先对化学加固剂与新吹填淤泥的充分混合技术进行深入研究。

致谢：试验过程中得到南京水利科学研究院娄炎教授的帮助与指点，在此表示衷心的感谢！

参考文献（References）

[1] 董志良，郑新亮，戚国庆. 软土地基无砂垫层预压排水固结法：中国，200610033937.4［P］. 2006-09-27.

[2] 董志良，张功新，莫海鸿，等. 超软弱土浅表层快速加固方法及成套技术：中国，200810026168.4［P］. 2008-07-23.

[3] 董志良，张功新，郑新亮，等. 一种超软弱土浅表层快速加固系统：中国，200720050339.8［P］. 2008-02-20.

[4] 张功新，陈平山. 浅表层超软弱土快速加固技术研究［R］. 广州：中交四航工程研究院有限公司，2009：1-9.

[5] 董志良，张功新，周琦，等. 天津滨海新区吹填造陆超软土浅层加固技术研发及应用［J］. 岩石力学与工程学报，2011，30（5）：1306-1312.

DONG Zhi-liang，ZHANG Gong-xin，ZHOU Qi，et al. Research and application of improvement technology of shallow ultra-soft soil formed by hydraulic reclamation in Tianjin Binhai New Area［J］. Chinese Journal of Rock Mechanics and Engineering，2011，30（5）：1073-1080.

[6] 关云飞，唐彤芝，陈海军，等. 超软土地基真空预压浅层加固现场试验研究［J］. 岩土工程学报，2011，33（增刊1）：97-101.

GUAN Yun-fei，TANG Tong-zhi，CHEN Hai-jun，et al. Field tests on shallow treatment of super-soft ground by

vacuum preloading method [J]. Chinese Journal of Geotechnical Engineering，2011，33 (Supp. 1)：97-101.
[7] 董志良，周琦，张功新，等. 天津滨海新区浅层超软土加固技术现场对比试验 [J]. 岩土力学，2012，33 (5)：1073-1080.
DONG Zhi-liang，ZHOU Qi，ZHANG Gong-xin，et al. Field comparison test of reinforcement technology of shallow ultra-soft soil in Tianjin Binhai New Area [J]. Rock and Soil Mechanics，2012，33 (5)：1306-1312.
[8] 董志良，张功新，陈平山. 深厚超软土地基处理关键技术研究 [R]. 广州：中交第四航务工程局有限公司，2013.
[9] 杨静. 高黏粒含量吹填土加固过程中结构强度的模拟实验研究 [D]. 长春：吉林大学，2009.
[10] 宋晶，王清. 真空预压处理高黏粒吹填土的物理化学指标 [J]. 吉林大学学报（地球科学版），2011，41 (5)：1476-1480.
SONG Jing，WANG Qing. Physical and chemical indicators of dredger fill with high clay by vacuum preloading [J]. Journal of Jilin University (Earth Science Edition)，2011，41 (5)：1476-1480.
[11] 周源，刘传俊. 透气真空快速泥水分离技术室内模型试验研究 [J]. 真空科学与技术学报，2010，30 (2)：215-220.
ZHOU Yuan，LIU Chuan-jun. Lab simulation of rapid vacuum consolidated draining of aerated sludge [J]. Chinese Journal of Vacuum Science and Technology，2010，30 (2)：215-220.
[12] 武冬青，董志良，徐文雨. 化学-物理复合法在海底淤泥填海造地工程中的应用 [J]. 岩石力学与工程学报，2013，32 (9)：1779-1784.
WU Dong-qing，DONG Zhi-liang，XU Wen-yu. Application of chemical-physical combined method to land reclamation using seabed marine clay [J]. Chinese Journal of Rock Mechanics and Engineering，2013，32 (9)：1779-1784.
[13] 梁文泉，何真，李亚杰，等. 土壤固化剂的性能及固化机理的研究 [J]. 武汉水利电力大学学报，1995，28 (6)：675-679.
LIANG Wen-quan，HE Zhen，LI Ya-jie，et al. A study on the properties of the soil hardening agent and its hardening mechanism [J]. Journal of Wuhan University of Hydraulic and Electric Engineering，1995，28 (6)：675-679.
[14] 曹玉鹏，卞夏，邓永锋. 高含水率疏浚淤泥新型复合固化材料试验研究 [J]. 岩土力学，2011，32 (增刊 1)：321-326.
CAO Yu-peng，BIAN Xia，DENG Yong-feng. Solidification of dredged sludge with high water content by new composite additive [J]. Rock and Soil Mechanics，2011，32 (Supp. 1)：321-326.
[15] 黄新，许晟，宁建国. 含铝化剂固化软土的试验研究 [J]. 岩石力学与工程学报，2007，26 (1)：156-161.
HUANG Xin，XU Sheng，NING Jian-guo. Experiment research on stabilized soft soils by alumina bearing modifier [J]. Chinese Journal of Rock Mechanics and Engineering，2007，26 (1)：156-161.

Field Behavior of Mixed Slurry Wall (MSW) under Vacuum Preloading

H. H. Mo[1] G. X. Zhang[2] and Z. L. Dong[3]

Abstract

Based on the field test results, the consolidation mechanism of the negative excess pore pressure due to vacuum preloading is presented and analyzed in this paper. The variations in the physical and mechanical properties of soft soil under the mixed slurry wall (MSW) due to vacuum preloading are also analyzed via borehole samples. The test results show that the sealing effect of MSW composed of two-row piles is better than that of single-row piles. According to Darcy's law, the optimal width of the MSW was calculated. It is suggested that a MSW used as the outer boundary of consolidated zone should be constructed using two-row piles when the sand layer is thinner at the deeper positions. However, in order to reduce the hydraulic conductivity of MSW, cement should be added to the MSW when the sand layer is thicker. The dry density, wet density and shear strength increases, while the moisture content, void ratio and compressible coefficient decreases due to vacuum preloading. It was found that soft soil at a depth of 12.0m under the MSW was also be consolidated.

Introduction

Many researchers have studied the vacuum preloading method and obtained significant achievements since it was invented by Kjellman (1952). The vacuum preloading method is widely used to treat soft soil because of its shorter consolidation period, lower construction costs, and easier construction control. Generally, large area treatment by vacuum preloading is divided into several smaller sections. In order to obtain higher vacuity, to improve the consolidation effectiveness, and to reduce the maintenance cost during vacuum preloading, it is necessary to seal the boundary of the single consolidation zone. There are two sealing methods in engineering practice: 1) the trench method and 2) construction of MSW. The trench method is applied in the areas where the boundary of consolidation zone consists only of the clay layer without sand layers at the deeper positions. Construction of the MSW is generally used in the areas where the boundary of consolidation zone consists of the soft subsoil with sand layers at the deeper positions. Now, MSW is widely applied in reclamation treated by vacuum preloading. However, when the MSWs are employed, two problems are encountered: 1) to determine the sealing effect

[1]Professor, Department of Civil Engineering, South-China University of technology, Wushan Road, Guangzhou 510640, P. R. China;. E-mail:cvhhmo@scut. edu. cn

[2]Senior Engineer and Doctoral Candidate, Department of Civil Engineering, South China University of Technology, Wushan Road, Guangzhou 510640, PR China. E-mail: zhanggongxin@126. com

[3]Professor, Guangzhou Sihang Institute of Engineering Technology, 157 Qianjin Road, Guangzhou 510230, P. R. China. E-mail: dzhiliang@gzpcc. com

of the wall during consolidation; and 2) to determine whether the soft soil under the wall can also be consolidated or not. Some investigations on the sealing method of MSW have been reported in the literature (Hu et al. 2005; Lou. 2003; Cai et al. 2005), however, there are few researches on the aforementioned two problems. Based on the field test results of soft soil treated by vacuum preloading at Nansha Port of Guangzhou, the sealing effect of the MSW was analyzed and the variations in the physical and mechanical properties of the soft soil under the MSW were also analyzed through borehole samples. The results are useful for determining the optimal width of the MSW and whether the soft soil under the MSW must dealt with.

Experimental procedure

Field investigation was carried out in a vacuum preloading project, located at Nansha Port, Guangzhou, China. The subsoil was recently reclaimed land. Most of the soil above the depth of −4.5m is a mixture of muddy slurry and sand. The geotechnical profiles are shown in Figure 1 (*a*), while the soil properties at the investigated site are shown in column ZKl in Table 1. The MSWs were composed of mixed slurry piles and were constructed to seal the boundary of the consolidated zone. Two rounds of mixing-down-up and the slurry-injection method were used in the installation of the mixed slurry pile. The downward mixing rate is 1.2m/min and the upward mixing rate is 0.8m/min. The density of the slurry was about 1.35g/cm^3 and the ratio of slurry was about 35%. The hydraulic conductivity of the MSW was about 1×10^{-7}cm/s. Two-row piles of different depths were adopted for the MSW in the outer boundary. The depths of the long and short piles were respectively 6.3m and 5.0m. The diameter of each pile was 700mm with 200mm overlapping between adjacent piles. The distance between the first-row prefabricated vertical drain (PVD) and MSW was 200mm. The shared MSWs were composed of two-row piles with a length of 5.0 m. In order to investigate the efficacy of sealing with MSW, groups of piezometers were installed outside, in the MSW, and inside of the MSW of the consolidating zone. The measuring range of the piezometers is from −100kPa to +100kPa. In order to check the consolidation effectiveness of the soft subsoil under the MSW, soil samples were bored under the wall before (ZKl), during (ZK2), and immediately after (ZK3) vacuum preloading, as illustrated in Figurel (b). The vacuum loading was started on August 12, 2005 and ended on October 27, 2005.

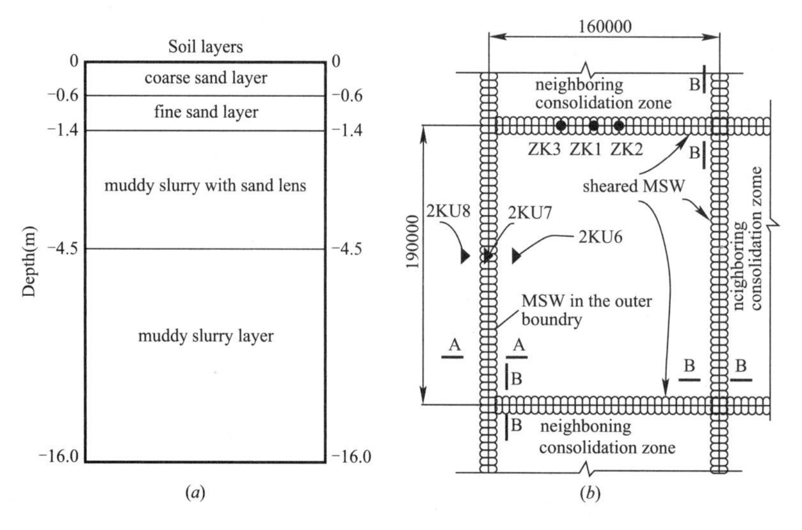

Figure 1 Geotechnical profiles and layout of the test instruments (1)

(*a*) Geotechnical profiles; (*b*) Overall plan

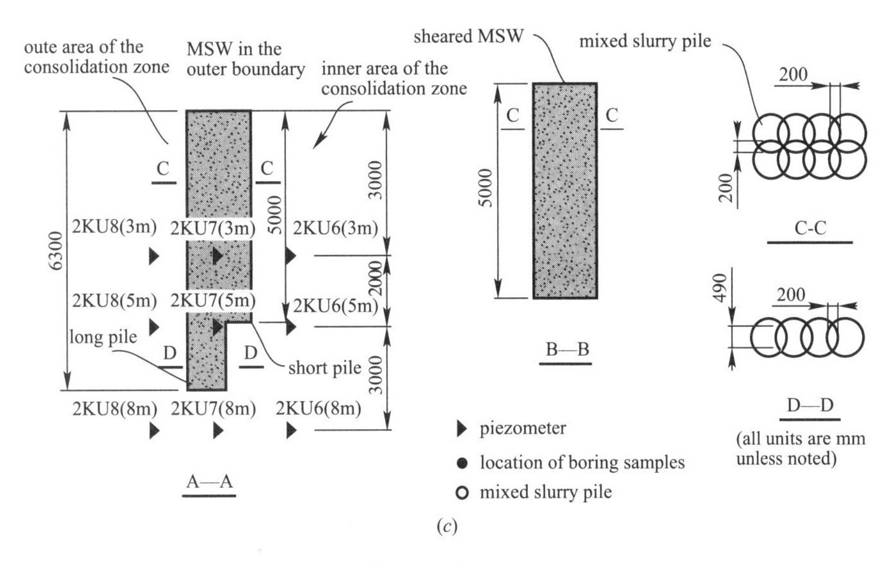

Figure 1 Geotechnical profiles and layout of the test instruments (2)

(*c*) Sectional view

Analysis of the test results

Pore pressure. Figures 2 and 3 plot the measured curves of the dissipation of the negative excess pore pressures of the piezometers during and after vacuum preloading. As shown in Figure 2 (*a*), the curves of the dissipation at all depths are approximately the same. This is because that these piezometers were installed at the midpoints of the MSW and the first-row of PVDs, which are very close to the PVDs.

However, since the dissipation rate is greater in the MSW (Figure 2*b*) and outside the consolidation zone (Figure 2*c*) at the depth of 5.0m, there might exist a sand lens. On another aspect, Figure 3 (*b*) shows at 5.0m the dissipation rates at the inside of the MSW, in the MSW, and outside of the MSW are similar. Therefore, it can be inferred that the sealing effect of a MSW of single-row piles is not good.

Figure 3 (*a*) shows that at the depth of 3.0m, the dissipation rate in the MSW and outside the consolidation zone is much lower than that in the consolidation zone. Comparing 3 (a) and 3 (c), dissipation curves at the depth of 8.0m are similar to those at the depth of 3.0m. This means that the sealing effect of the MSW composed of two-row piles is similar to that of the slurry soil, in which there are no sand layers.

According to Darcy's law and the consolidation theory, the dissipation rate of pore pressure depends on the hydraulic conductivity and the length of flow in the permeable soil. The greater the hydraulic conductivity is and the shorter the length of flow is, the greater the dissipation rate. As seen in Figure 1, the length of flow, or the width of the MSW composed of single-row piles, ranges from 490mm to 700mm and when the MSW is composed of two-row piles, the length of flow ranges from 990mm to 1200mm. On the other hand, the slurry particles will move into the sand layer around the MSW under a vacuum. The smaller the width of the MSW is, the greater the moving speed, that is, the greater the hydraulic conductivity of the MSW (Hu et al. 2005). Therefore, the hydraulic conductivity of a single-row pile MSW increases under a vacuum. However, in the two-row pile MSW, the slurry particles of the inner-row piles move into the sand layer while the slurry particles of the outer-row piles move into

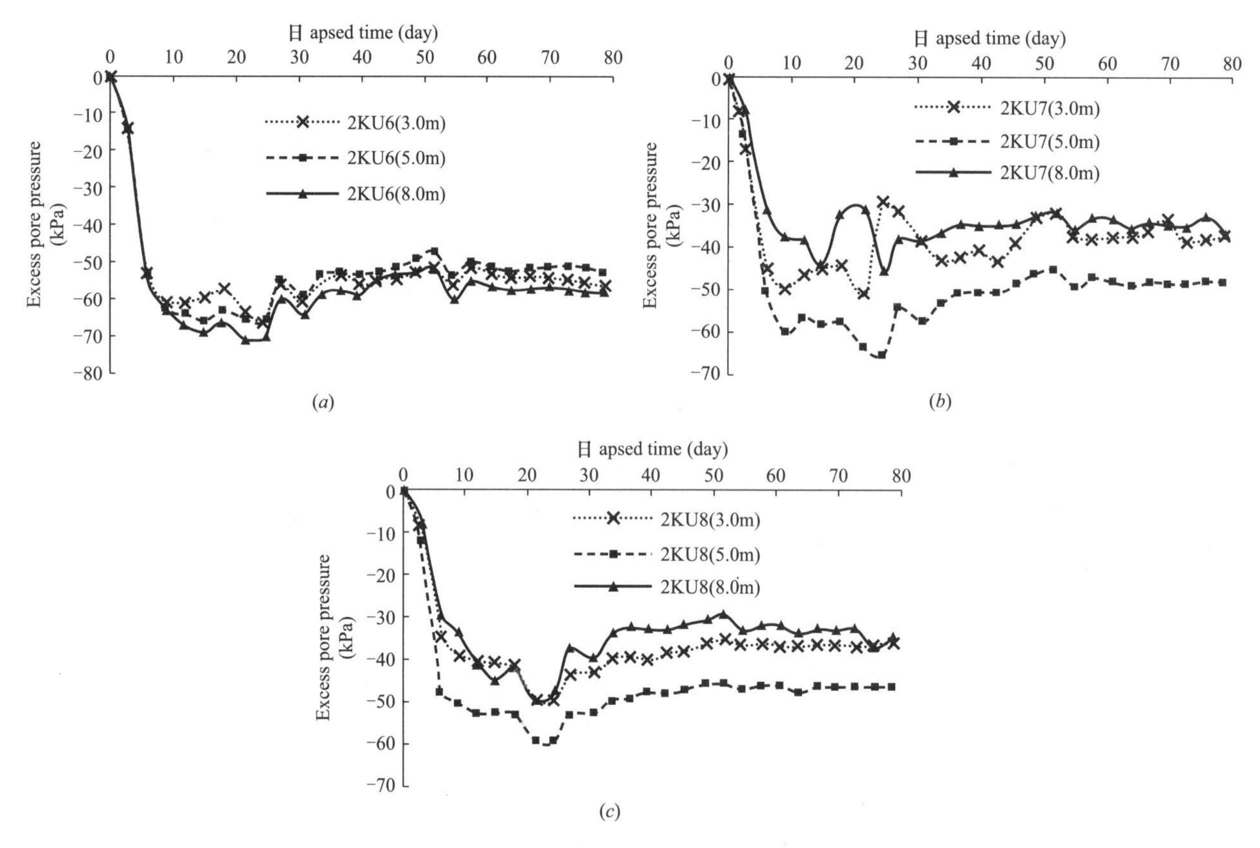

Figure 2 Dissipation of pore pressure at depths of 3m, 5m and 8m with time

(a) 2KU6; (b) 2KU7; (c) 2KU8

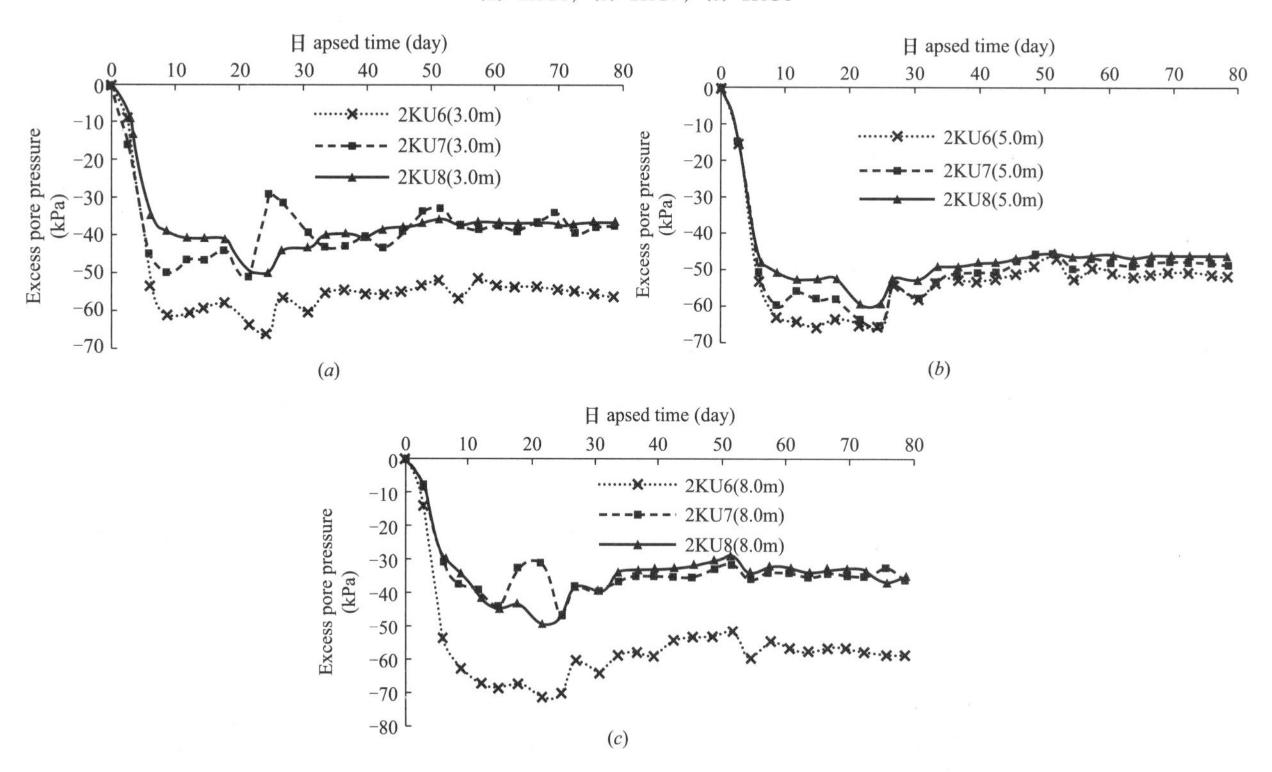

Figure 3 Dissipation of pore pressure at the same depth at different locations

(a) 3.0m; (b) 5.0m; (c) 8.0m

the inner-row piles, so that the hydraulic conductivity of the MSW in the outer-row piles will become greater and greater, but in the inner-row piles may change little. This is consistent with the test results shown in Figure 3. Therefore, the sealing effect of the MSW composed of two-row piles is better than that of single-row piles.

In fact, the optimal width of the MSW can be determined by

$$Q_s = Q_f \tag{1}$$

with Q_s=quantity of flow through the MSW, and Q_f=quantity of flow through the sealed film.

According to Darcy's law, quantity of flows, Q_s and Q_f are given as

$$Q_s = \frac{k_s \Delta_p}{\gamma_w b_s} A \tag{2}$$

$$Q_f = \frac{k_f \Delta_p}{\gamma_w b_f} A \tag{3}$$

where k_s=hydraulic conductivity of the MSW, k_f=hydraulic conductivity of the sealed film, Δ_p= difference in water pressure between the area inside and outside of the MSW, γ_w=unit weight of water, b_s=width of the MSW, b_f=thickness of sealed film, and A =seepage area

The width of the MSW, b_s, is obtained from the equations (1) to (3) as

$$b_s = \frac{k_s b_f}{k_f} \tag{4}$$

In this study, $k_f \approx 1\times10^{-11}$ cm/s, $k_s \approx 1\times10^{-7}$ cm/s, b_f=0.12mm, so that the optimal width of MSW, b_s, is about 1.20m according to the equation (4). This value is approximately equal to the width of a MSW composed of two-row piles. Thus, in order to obtain higher vacuity and a better consolidation effect, a MSW composed of two-row piles should be adopted in the outer boundary of the consolidation zone.

In fact, the hydraulic conductivity of slurry is very small. Its order of magnitude ranges from 10^{-8} cm/s to 10^{-7} cm/s so that the trench method meets sealing requirements when there is no sand layer in the deeper subsoil. The hydraulic conductivity of MSW can reach the order of magnitude of 10^{-7} cm/s when the thickness of the sand layer at the deeper positions is not very great, so that MSW also meets the sealing requirements. However, when the sand layer at the deeper positions is thicker, the hydraulic conductivity of MSW does not reach the order of magnitude of 10^{-7} cm/s (Hu et al. 2005), only reach the order of 10^{-6} cm/s. This means the width of the MSW need to be very great and very wide MSW is uneconomical in practice. In order to get better consolidation and cost efficiency, it is necessary to reduce the hydraulic conductivity of MSW. In order to reduce the hydraulic conductivity, it can be inferred that cement should be added to the MSW by the successful case of sealing in soft soil with rubble-mound foundation using high pressure jet grouting (Cai et al. 2005).

Soft soil properties. Soil samples were bored at a depth of 11.5 to 12.0m under a sheared MSW. ZKl represents the soil samples bored before vacuum preloading, ZK2 represents those obtained the 35th day after the vacuum pressure reached the designated value, and ZK3 represents the present state at the end of vacuum preloading (Figure la). The test results of the soil samples are shown in Table 1.

Variations in the physical and mechanical properties of the subsoil under the MSW **Table 1**

Sample depth (m)	11.5—12.0		
Sample time	ZK1	ZK2	ZK3
Moisture content (%)	52.4	49.7	47.5
Specific gravity	2.68	2.67	2.67
Wet density (g/cm³)	1.69	1.81	1.98
Dry density (g/cm³)	1.11	1.21	1.34
Saturation degree (%)	99.1	100	100

续表

Sample depth (m)	11.5—12.0		
Void ratio	1.417	1.205	0.989
Liquid limit (%)	40.8	42.8	39.7
Plastic limit (%)	24.7	26.1	24.2
Compressible coefficient av_{1-2} (MPa^{-1})	0.916	0.653	0.49
Cq (quick test) (kPa)	16.0	19.8	17.2
ϕ_q (quick test) (°)	3.6	8.5	18.9
Consolidation coefficient (200kPa) $10^{-3}cm^2/s$	2.30	5.60	2.62

Note: The design period after the vacuum pressure became stable was 70 days.

As shown in Table 1, the dry density, wet density and shear strength increased, while the moisture content, void ratio and compression factor decreased in the process of vacuum preloading. Based on these results, it can be inferred that soft soil at a depth of 12.0m under the MSW was also consolidated. Therefore, the vacuum preloading method also has some influence on the soft subsoil under the sheared MSW.

Conclusions

According to the findings of this experimental investigation, the following conclusions can be drawn:

(1) The sealing efficacy of the MSW with two-row piles is better than that of single-row piles.

(2) According to Darcy's law, the optimal width of MSW was calculated. It is suggested that a MSW used as the outer boundary of a consolidated zone should be constructed using two-row piles when the sand layer is thinner at the deeper positions. However, in order to reduce the hydraulic conductivity of MSW, cement should be added to the MSW when the sand layer is thicker.

(3) The dry density, wet density and shearing strength increases, while the moisture content, void ratio, and coefficient of compressibility decreases during consolidation under vacuum preloading. It was found that soft soil at a depth of 12.0m under the MSW can also be consolidated.

Acknowledgments

Financial support for this project was provided by the Guangzhou Sihang Institute of Engineering Technology, Project No. S2004004.

References

Kjellinan, W. (1952). "Consolidation of clay by mean of atmospheric pressure". Conference on soil stabilization, MIT.

Hu, L. W. and Wang Y. P. (2005). "Test study and application technique for airtight of mixed silt wall under vacuum preloading." J. Rock and Soil Mechanics, 26 (3), 427-431 (in Chinese).

Lou, Y. (2002). Technology of consolidation by vacuum preloading, China Communications Press, Beijing. (in Chinese).

Zhang, G. X., Dong, Z. L., Mo, H. H. and Zhao, J. G. (2005). "Measurement and analysis of vacuity under vacuum preloading." J. South China Univ. of Tech., 33 (10), 57-61 (in Chinese).

Cai, N. S., Ke, C. H, Dong, Z. L. Zhang, G. X., Mo, H. H. and Zhang, F. (2005). "Sealing technique of vacuum preloading under special conditions." J. Port and Waterway Engineering, (9), 118-121 (in Chinese).

新近吹填淤泥地基负压传递特性及分布模式研究

鲍树峰[1,2] 莫海鸿[1] 董志良[2] 陈平山[2] 邱青长[2]
（1. 华南理工大学 土木与交通学院，广州 510641；
2. 中交四航工程研究院有限公司 中交交通基础工程环保与安全重点实验室，广州 510230）

【摘 要】为深入了解无砂垫层真空预压技术加固新近吹填淤泥地基过程中的负压传递特性和分布模式，依托珠海港高栏港区某新近吹填淤泥地基处理工程开展了现场试验研究，研究结果表明：(1) 土工合成材料水平排水垫层中的负压损失程度较严重，至少为16%；整个排水系统内的负压损失程度也较严重，最严重的高达57%。(2) 不同深度处土体中的负压传递特性一定程度上受相应位置处淤泥自重沉积规律的影响，粗颗粒含量高的深度位置，其负压衰减程度相应较低；但总体来讲，负压从竖井向土体传递过程中的损失程度很严重，至少67%，这是新近吹填淤泥地基经无砂垫层真空预压技术加固后土体强度增长有限的主要原因。最后，明确给出了该类地基的负压分布模式：水平排水垫层中的负压可考虑为随时间变化的线性衰减模式，而竖向排水体中的负压可考虑为随时间变化的非线性衰减模式。

【关键词】新近吹填淤泥地基；无砂垫层真空预压技术；负压传递特性；负压分布模式

1 引 言

砂料的渗透性相对较好，是围海造陆工程首选的回填料。但是，随着围海造陆工程不断增多及规模不断扩大，砂料日益缺乏，其费用越来越昂贵。鉴于此，近年来，围海造陆工程多采用港池和航道的疏浚淤泥作为吹填土料，经水力吹填后形成陆域。

新近吹填淤泥地基土体工程特性差，几乎无承载力，处理难度非常大。目前常采用无砂垫层真空预压技术进行加固处理[1-6]。然而，许多工程实践均表明[5-18]：新近吹填淤泥地基经该技术加固后，地基表面形成许多以竖向排水井为中心的土柱，不均匀沉降非常明显；竖向排水井的淤堵问题非常严重，排水效率低；竖向排水井之间的土体强度很不均匀，土体强度增长有限。如温州新近吹填淤泥真空预压处理过程中，排水板淤堵现象严重，且在排水板周围形成了一个个10～20cm土柱，柱内强度相对较高，而土柱之间几乎为稀泥状[6]；天津临港工业区新近吹填淤泥真空预压处理过程中，同样出现了上述土柱形象，加固后形成了厚度为15～30cm的硬壳层，但其承载力值不高，仅为27.3kPa，且硬壳层以下土体的强度十分低，几乎无法进行相关原位测试[7]；连云港、惠州荃州湾等地区的新近吹填淤泥经该技术加固后，加固场地内也同样出现了上述土柱现象、排水板系统排水效率低、土体强度增长有限等一系列问题。

深入分析上述几方面的问题可知：负压从排水系统向土体传递过程中产生较大的损失，是新近吹填淤泥真空固结期间土体强度增长有限的主要原因。朱群峰等[19]依托厦门某新吹填淤泥地基处理工程，初步研究了低位真空预压技术加固过程中的负压传递规律，研究结果表明，排水板中负压衰减速度与排水板周围土质存在密切关系，排水板周围为天然土层时，负压的损失也较小（2kPa/m），排水板周围为新吹填淤泥时，负压的损失较大（10kPa/m）；淤泥中负压明显小于排水板中负压，且存在一个启动过程，新吹填淤泥范围内的负压沿深度衰减快（13kPa/m），天然淤泥范围内的负压沿深度衰减明显慢（6kPa/m）。这一定程度上给出了新近吹填淤泥地基中负压随深度的衰减规律，但仍然存在一些不足，如未深入分析负压从排水系统传递到土体中的损失程度、未分析负压的分布模式等。本文依托珠海港高栏港区某新近吹填淤泥地基处理工程开展现场试验，深入研究该类地基真空固结过程中的负压传递特性，并相应提出负压分布模式。

2　现场试验概况

2.1　试验区新近吹填淤泥工程特性

试验区新吹填淤泥厚度为 4.5m 左右，共获取了 12 个原状土样，进行了含水率、界限含水率、颗粒组成及矿物分析等室内土工试验。其工程特性概括如下：

（1）含水率为 164.2%，塑性指数 I_P 为 20.9%，液限指数 I_L 为 6.66，为浮泥，处于流塑状态，因此，淤泥中所吸附的弱结合水比较少，大部分为自由水；

（2）粉粒含量为 60.7%，黏粒含量为 38.1%，粉粒含量大于黏粒含量，因此，淤泥的固结特性不会太差。

（3）黏土矿物（伊利石＋蒙脱石＋绿泥石）含量为 57.3%，其中强亲水矿物含量（伊利石＋蒙脱石）为 29.6%，因此，淤泥的黏性较大。

2.2　试验方案

为了全面、深入地研究新近吹填淤泥地基真空固结期间的负压传递特性，有针对性地设计了不同排水系统的试验方案。

（1）排水系统设计方案

试验区排水系统设计方案详见表 1。

试验区排水系统设计方案　表 1

Design scheme of drainage system　Table 1

竖向通道	不同水平管路下的连接方式		
	HD1	HD2	HD3
VD1	HV1　HV2	HV3	
VD2	HV5		
VD3			HV4

试验区所选的水平排水管路形式如下：

① HD1：软式透水波纹滤管，直径为 40mm，环刚度为 15.6kN/m²，滤布等效孔径为 0.07～0.2mm，渗透系数为 7.1×10^{-3}cm/s，如图 1（*a*）所示，为目前工程上常用的材料。

② HD2：联塑牌 PVC 给水管，直径为 50mm，每隔 5cm 钻一个孔径为 6mm 的洞，且沿母线方向每隔 80cm 开一段长为 12cm、宽为 6～8mm 的槽口，如图 1（*c*）所示。

③ HD3：水平整体式排水板，其排水性能指标与竖向整体式排水板相同，如表 2 所示。宽度为后者的 2 倍，如图 1（*d*）所示。

试验区所选的竖向排水体形式为：①VD1：普通 A 型排水板，为目前工程上常用的材料；②VD2：袋装砂井；③VD3：竖向整体式排水板。主要排水性能指标详见表 2、3。

水平排水管路与竖向排水体的连接方式为：①HV1：绑扎连接，如图 1（*a*）所示，为目前工程上常用的连接方式；②HV2：鸭嘴转换接头连接，如图 1（*b*）所示；③HV3：穿插固定式连接，如图 1（*c*）所示；④HV4：整体板配套接头连接，如图 1（*d*）所示；⑤HV5：三通连接，如图 1（*e*）所示。

（2）试验区概况

现场共设置了 5 个试验区。试验区概况详见表 4。

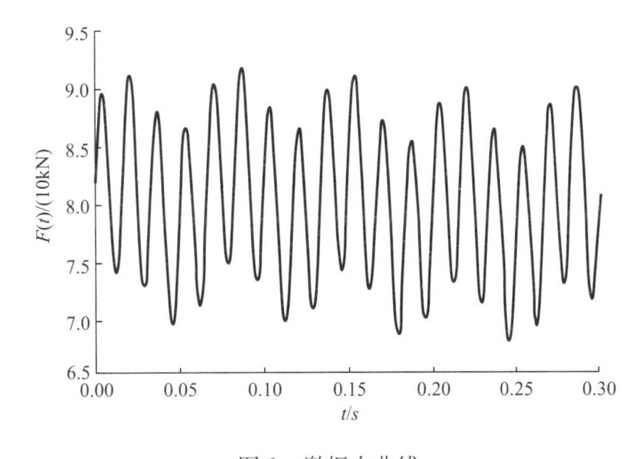

图 2　激振力曲线

Fig. 2　Curve of exciting force

3　计算结果及分析

3.1　管片环动力响应分析

为便于分析管片全环不同部位在地铁列车振动荷载作用下的动力响应状态，计算过程中对某一环管片进行观测。观测点的位置以圆心角 θ 表示，圆心为隧道中心点，拱顶位置为圆心角起点（$\theta=0°$），各观测点所对应圆心角为自拱顶起按逆时针方向旋转至监测点位置所得的圆心角 θ 值。按此观测法，分别得到考虑管片接缝和把管片衬砌当成整体考虑两种情况下某时刻管片环受振位移响应和速度响应曲线，考虑管片接缝与否时管片环动力响应对比曲线如图 3 所示。

由图 3（*a*），（*b*）可知，两种情况下，管片环受振位移响应在拱底处最大，而在拱顶处最小，总体趋势为自环底向环顶逐渐衰减。对于把管片衬砌当成整体来考虑时，管片环动力响应偏小，且几乎完全对称分布。而当考虑管片接缝时，管片环的动力响应受接缝分布的影响明显，由于管片块间接缝位置非水平对称性，致使位移和速度响应均呈非完全对称分布。当针对营运期地铁盾构隧道管片衬砌结构动力响应进行精细分析时，考虑管片接缝与管片衬砌按整体考虑二者的差异较大，应该考虑管片接缝，以免引起过大误差。

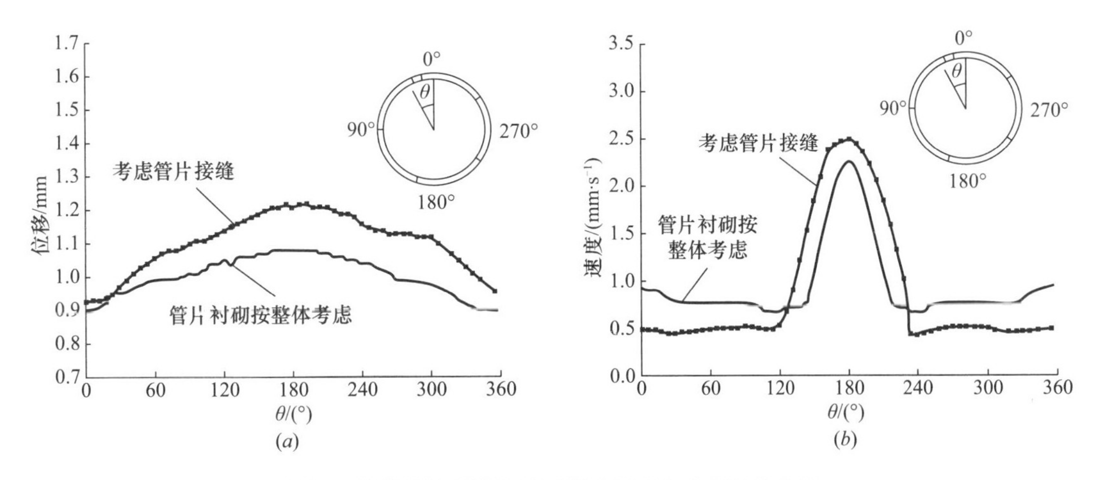

图 3　考虑管片接缝与否时管片环动力响应对比曲线

Fig. 3　Comparative curves of dynamic response of segmentring for joint-considered and non-joint-considered

（*a*）管片环位移响应；（*b*）管片环速度响应

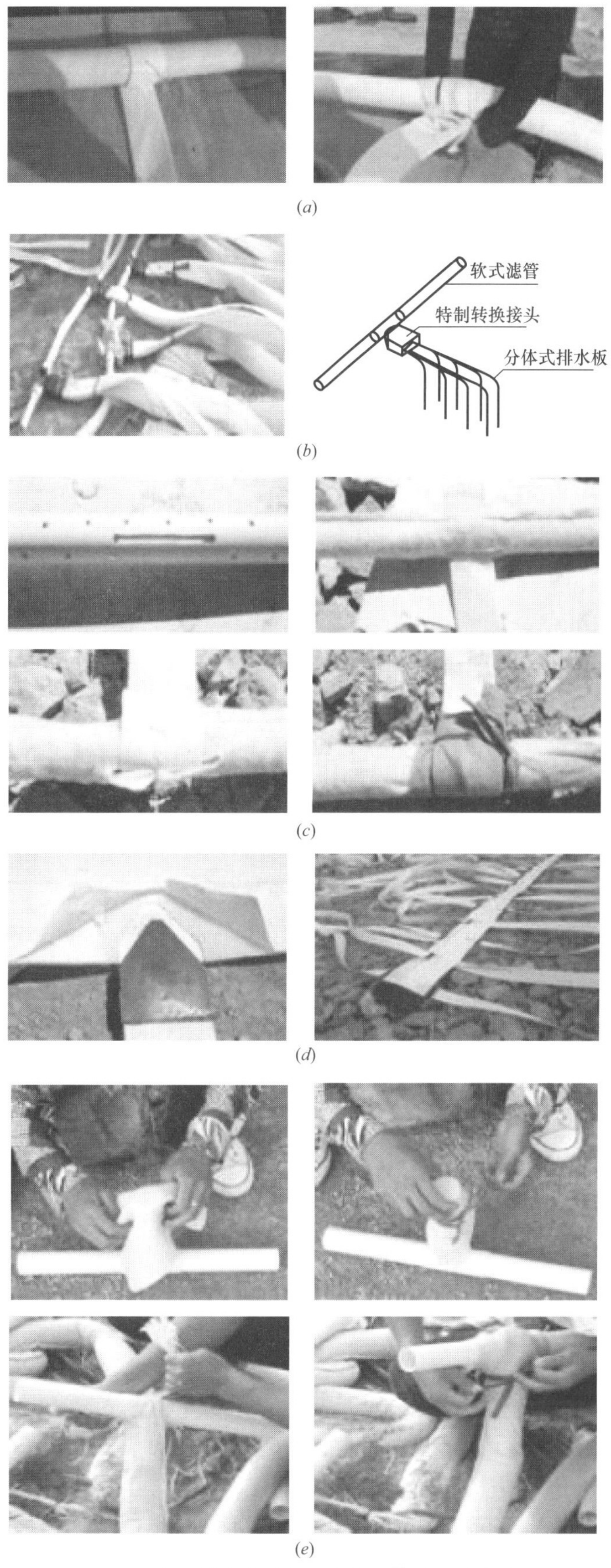

图1 水平排水管路与竖向排水体的连接方式

Fig. 1 Connection types between horizontal and vertical drains

(*a*) HV1 绑扎连接；(*b*) HV2 鸭嘴转换接头连接；(*c*) HV3 穿插固定式连接；(*d*) HV4 整体板配套接头连接；(*e*) HV5 三通连接

不同竖向排水体相关技术指标　　表 2

Related properties of different vertical drainages　　Table 2

竖向排水体	复合体的纵向通水量/(cm^3/s)	滤膜垂直渗透系数 k_{20}/(cm/s)	滤膜等效孔径 O_{95}/mm
普通排水板	30.3	8.50×10^{-3}	<0.068
整体式排水板	98.7	8.65×10^{-3}	0.090
袋装砂井		5.29×10^{-3}	0.204

袋装砂井内砂子的颗粒组成　　表 3

Size composition of filling materials of sand drains　　Table 3

粒径/mm	含量/%	不均匀系数	渗透系/(cm/s)
>10	0.0	3.98	5.1×10^{-3}
5.0～10.0	0.0		
2.0～5.0	4.5		
0.5～2.0	43.2		
0.25～0.5	29.5		
0.075～0.25	20.0		
<0.075	2.8		

试验区概况　　表 4

Summary of field test area　　Table 4

方案号	水平排水管路-连接方式-竖向排水体	尺寸/(m×m)	面积/m^2	竖井间距/m	真空泵数量/台	抽真空天数/d
1	HD1-HV1-VD1	28×16	448	0.8	1	45
2	HD1-HV2-VD1	28×18	504	0.8	1	45
3	HD2-HV3-VD1	28×20	560	0.8	1	45
4	HD3-HV4-VD3	28×18	504	0.8	1	45
5	HD1-HV5-VD2	28×20	560	0.8	1	45

注：各试验区真空泵的功率均为 7.5kW，竖井深度均为 4.5m。

2.3　监测方案

监测项目主要包括：

（1）负压测试：包括水平管路中（下文简称管中）和膜下位于两排水平管路之间的土工合成材料水平排水垫层中（下文简称膜下）的真空压力测试，以及竖向排水通道内 1、2、3、4m 深处（下文简称竖井中）的负压测试。

（2）负超静孔压消散测试：包括不同深度（1、2、3、4m）、与竖井的水平距离为 0.1、0.2、0.4m 处土体中的负超静孔压消散测试。

3　试验结果与分析

主要从对排水系统内、土体中、水平排水管路中、土体中等 3 方面深入地研究新近吹填淤泥地基真空固结期间的负压传递特性。

3.1　排水系统内的负压传递特性

主要从：传递路径①管中→膜下；传递路径②管中→竖井顶部以下 1m 深；传递路径③竖井顶部以下 1m 深→竖井顶部以下 4m 深；传递路径④管中→竖井顶部以下 4m 深等 4 方面对各方案排水系统内的负压传递特性进行分析。

图 2 和表 5 为上述 5 个方案排水系统内的负压传递情况。

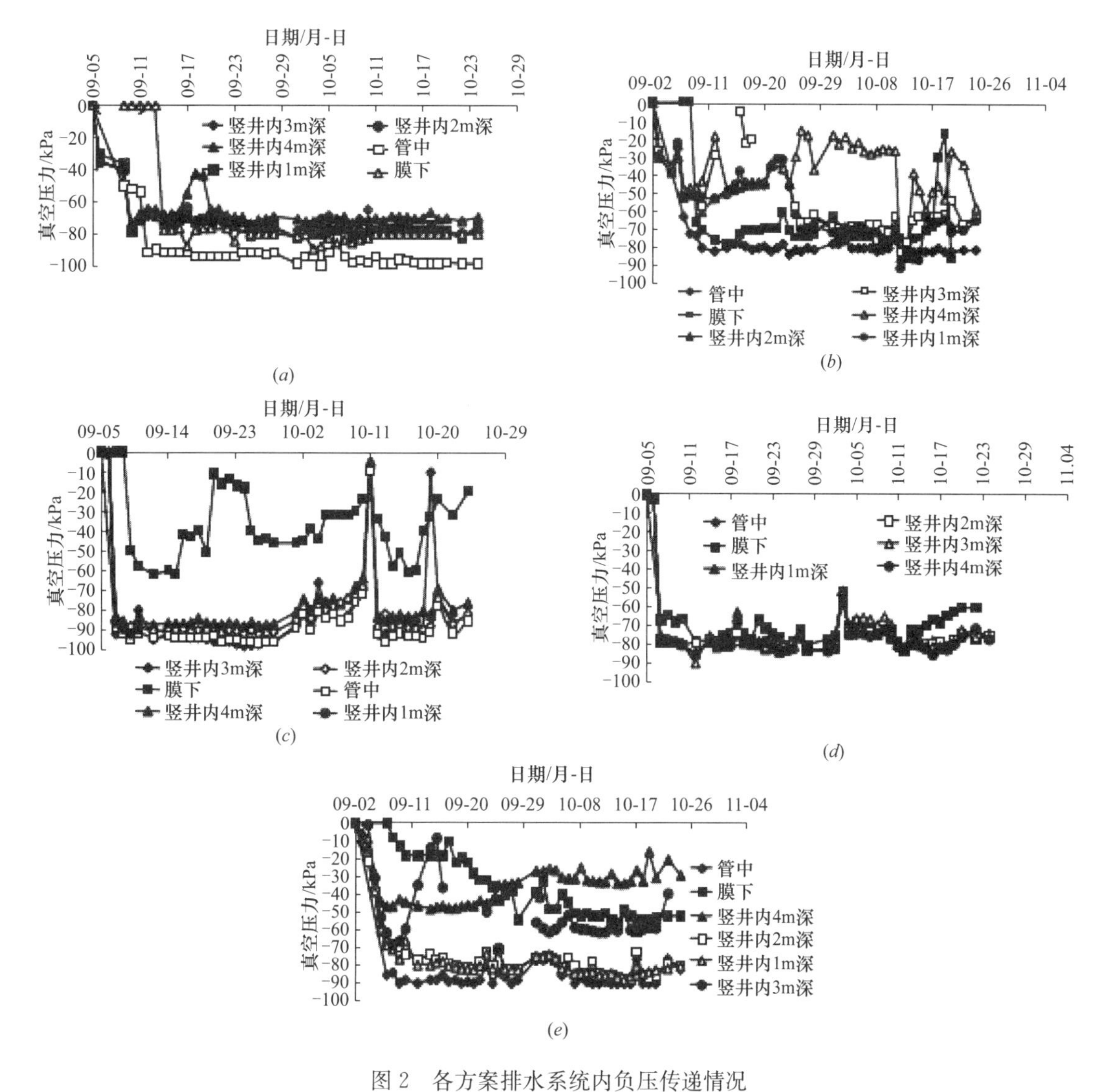

图2 各方案排水系统内负压传递情况

Fig. 2 Transfer properties of vacuum negative pressure in different drainage systems

(*a*) 方案1；(*b*) 方案2；(*c*) 方案3；(*d*) 方案4；(*e*) 方案5

各方案排水系统内负压传递情况 **表5**

Transfer properties of vacuum negative pressure in different drainage system **Table 5**

方案号	水平排水管路-连接方式-竖向排水体	恒载时负压平均损失值/kPa			
		传递路径①管中→膜下	传递路径②管中→竖井顶部以下1m深	传递路径③竖井顶部以下1m深→竖井顶部以下4m深	传递路径④管中→竖井顶部以下4m深
1	HD1-HV1-VD1	16	20	15	28
2	HD1-HV2-VD1	17	25	34	57
3	HD2-HV3-VD1	55	2	10	8
4	HD3-HV4-VD3	16	15	5	11
5	HD1-HV5-VD2	54	9	32	42

由图2可知，①膜下负压的传递均存在一个启动过程，亦即真空压力传至水平排水通道和竖向排水通道的时间较传至膜下土工合成材料水平排水垫层中的时间短。②竖井内的真空压力值随深度递减。

由表 5 可知，(1) 对于无砂垫层真空预压技术而言，膜下土工合成材料水平排水垫层中的负压传递阻力比较大，这导致膜下出现较大的负压沿程损失。其主要原因有两方面：一方面，相对于水平排水砂垫层而言，土工合成材料水平排水垫层的三维透水效果较差，如方案 1（软式透水管-绑扎连接-普通排水板）、方案 2（软式透水管-鸭嘴转换接头-普通排水板）和方案 4（水平整体式排水板-整体板配套接头连接-竖向整体式排水板）在传递路径①中的负压沿程损失为 16%左右；另一方面，土工合成材料水平排水垫层的施工质量较差，往往出现较大的冒泥现象，这也是方案 3（PVC 花管-穿插固定连接-普通排水板）和方案 5（软式透水管-三通接头-袋装砂井）在传递路径①中的负压沿程损失远大于其他方案的主要原因。

(2) 负压在水平排水管路与竖向排水体的连接处均出现不同程度的局部损失。相对而言，在传递路径②中，HV1（绑扎连接）和 HV2（鸭嘴转换接头连接）的负压局部损失最大，高达 20%以上。

(3) 在传递路径③中，方案 4 中竖向整体式排水板内的负压沿程损失值最小，仅为 5%；方案 1、2 和 3 中普通排水板内的负压沿程损失值在 10%～34%之间；而方案 5 中袋装砂井的负压沿程损失也较大，高达 32%，结合表 4 深入分析可知，其主要原因是袋装砂井内砂子的渗透系数偏低，且含泥量偏高所致。

综上所述，无砂垫层真空预压技术加固新近吹填淤泥地基过程中，膜下土工合成材料水平排水垫层中的负压损失程度较严重，至少为 16%；整个排水系统内的负压损失程度也较严重，最严重的高达 57%，如表 5 中的传递路径④所示。

需要说明的是，图 2 中各方案排水系统中的真空压力实测曲线出现突变或不连续现象，主要是由于密封膜拉裂或者密封沟失效而导致的漏气现象、真空泵失常、现场突然停电、真空表性能不稳定等现象，致使真空压力急剧降低或者不稳定造成的。

3.2 土体中的负压传递特性

主要对各方案在传递路径竖井中→土体中的负压传递特性进行分析。

图 3 和表 6 为 5 个方案土体中的负压传递情况。图 3 显示的是每一深度（即 1～4m）、与竖井的水平距离为 0.1、0.2、0.4m 处土体中负超静孔压消散值的平均值。表 6 也是基于每一深度处土体负超静孔压消散的平均值与竖向排水体内相应深度处的负超静孔压消散平均值进行对比。

由图 3 可知：①新近吹填淤泥地基真空固结过程中，各方案不同深度处土体的负超静孔压消散规律不尽相同，有的方案浅层土体负超静孔压消散程度小、深层大，而有的方案浅层土体负超静孔压消散程度大、深层小。其主要原因是：受吹填时的水利条件、沉积形态、沉积时间等多方面因素的影响，新吹填淤泥空间分布的不均性较显著；且新吹填淤泥不同深度处的孔压消散规律一定程度上又取决于其沉积规律，即：粗颗粒含量高的部位土体负超静孔压消散程度高，而细颗粒含量高的部位土体负超静孔压消散程度低。②方案 3、4 土体中的负超静孔压消散程度相对最高，整个深度范围内的平均负超静孔压消散值分别为－16.5kPa 和－24.5kPa，而方案 5 的最低，平均值仅为－11.3kPa，其主要由于袋装砂井内的负压沿程损失大所致。

由表 6 可知：

(1) 新近吹填淤泥地基真空固结过程中，各方案在不同深度处竖井→土体这一传递路径中的负压损失程度不尽相同。其主要原因如上述的第①点。但这一路径中的负压损失值均比较大，超过 55%，这也是目前的工程实践中土体强度增长有限的主要原因。

(2) 相对而言，方案 4 在传递路径竖向排水体→土体中（亦即整个深度范围内，如表 6 最后一列）的平均负压损失值最小，为 67%，而其他几个方案均在 80%左右。但总体来说，损失程度均很严重。这也间接表明了，新近吹填淤泥地基真空固结过程中，各方案竖井周围都不同程度地出现了土柱现象，但相对而言，方案 4 中整体式竖向排水板周围的土柱现象较普通排水板和袋装砂井的轻，亦即前者周围的细颗粒含量较后者稍低。

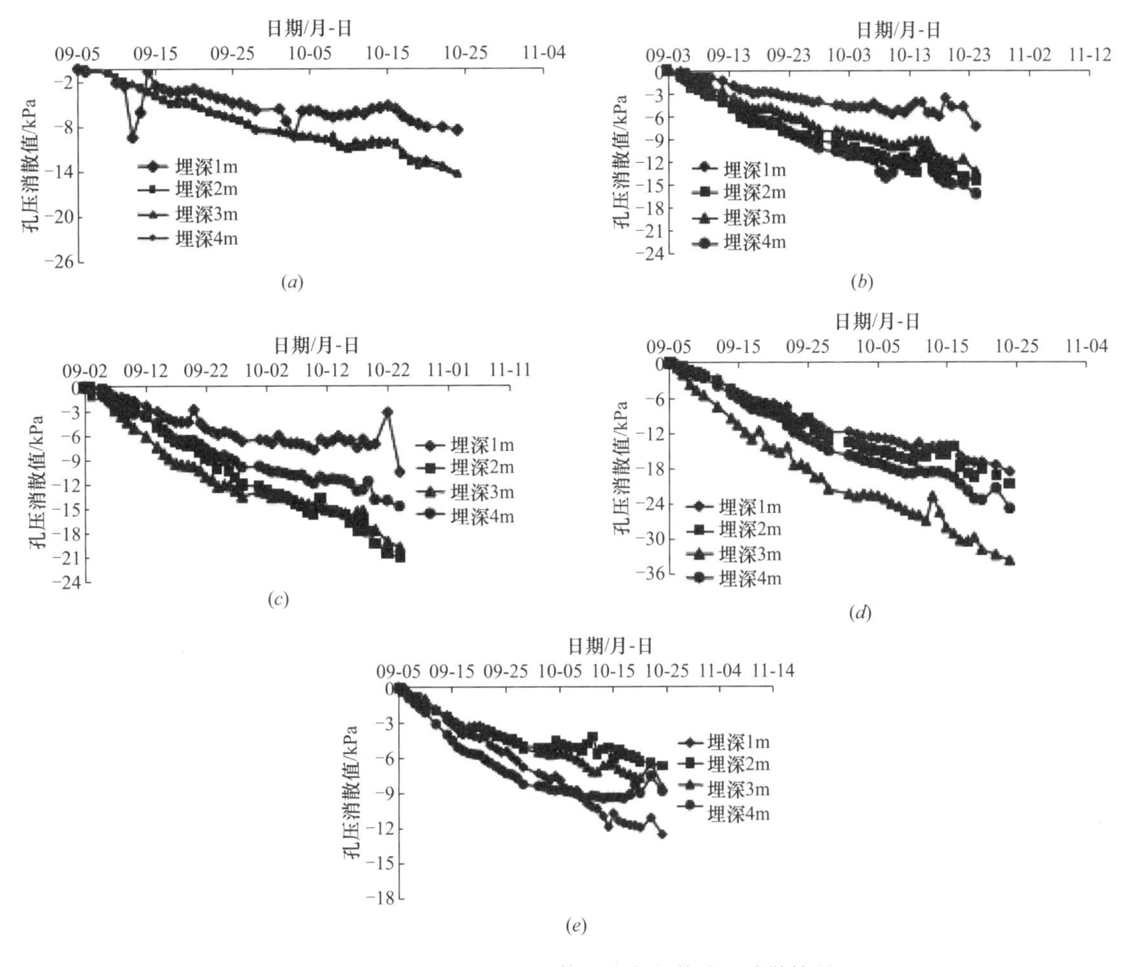

图 3 各方案不同深度土体平均负超静孔压消散情况

Fig. 3 Dissipations of negative super static pore water pressure in soil at different depths

(*a*) 方案 1，不同深度土体平均负超静孔压消散情况；(*b*) 方案 2，不同深度土体平均负超静孔压消散情况；(*c*) 方案 3，不同深度土体平均负超静孔压消散情况；(*d*) 方案 4，不同深度土体平均负超静孔压消散情况；(*e*) 方案 5，不同深度土体平均负超静孔压消散情况

各方案土体中的真空传递情况 **表 6**

Transfer properties of vacuum negative pressure in soil **Table 6**

方案	水平排水管路-连接方式-竖向排水体	恒载时负压平均损失值/kPa				平均值/%
		传递路径① 竖井顶部以下 1m→泥面以下 1m	传递路径② 竖井顶部以下 2m→泥面以下 2m	传递路径③ 竖井顶部以下 3m→泥面以下 3m	传递路径④ 竖井顶部以下 4m→泥面以下 4m	
1	HD1-HV1-VD1	89	81	87	79	84
2	HD1-HV2-VD1	80	77	79	75	78
3	HD2-HV3-VD1	88	74	76	81	80
4	HD3-HV4-VD3	75	73	56	67	67
5	HD1-HV5-VD2	81	90	73	63	77

综上所述，无砂垫层真空预压技术加固新近吹填淤泥地基过程中，不同深度处土体中的负压传递特性一定程度上受相应位置处淤泥真空预压前的自重沉积规律的影响，粗颗粒含量高的深度位置，其负压衰减程度相应较低；然而，总体来讲，传递路径竖井→土体中的负压损失程度都很严重，均在 67%以上。

需要说明的是，图 3 中各方案土体中的孔压消散曲线出现突变或不连续现象与图 2 的解释相同。

3.3 路径管路→土体中负压沿程损失情况

表7为各方案负压在水平管路中→土体路径中的总体损失情况。表中的数值为卸载前整个测试深度范围内土体中负超静孔压消散值的总平均值与管路中的真空压力值的比值。

由表7可知：新近吹填淤泥真空固结过程中，各方案负压在传递路径管路→土体中的损失程度均很严重，均在70%以上。相对而言，方案4的负压沿程损失较小，为72%。这很好地阐释了无砂垫层真空预压技术加固新吹填淤泥后，土体强度增长有限这一常见现象。

各方案管路到土体负压传递情况 表7

Transfer properties of vacuum negative pressure from horizontal drains to soil Table 7

方案	水平排水管路-连接方式-竖向排水体	卸载前负压平均损失值/%
1	HD1-HV1-VD1	88
2	HD1-HV2-VD1	84
3	HD2-HV3-VD1	80
4	HD3-HV4-VD3	72
5	HD1-HV5-VD2	86

4 负压分布模式

负压分布模式包括竖向排水井中的负压分布模式和水平排水垫层中的负压分布模式两方面，亦即砂井地基固结问题中仅考虑径向固结时的孔压边界和初始条件以及仅考虑竖向固结时的孔压边界和初始条件。

根据前述的负压传递特性研究结果可知，新近吹填淤泥地基真空固结过程中，竖向排水井中和水平排水垫层中的负压均会产生一定程度的损失，因此，都是非均匀分布的。

4.1 水平排水垫层中负压分布模式

水平排水垫层中的负压分布模式主要指负压在传递路径水平排水管路→膜下中的传递规律。

由图2可知：在不考虑真空预压期间由于漏气、断电等引起的负压异常的情况下，各方案水平管路中和膜下的负压均随着抽真空的进行逐渐趋于最大值；而且，负压在传递路径水平排水管路→膜下中均存在一定程度的损失（至少损失16%），但由于水平管路之间的距离较小（一般为80cm左右），所以，水平排水垫层中的负压可考虑按线性模式衰减。

因此，仅考虑竖向固结时，水平排水垫层中的孔压边界和初始条件分别可表示如下：

边界条件：

$$\bar{u}_z\,|_{z=0} = P(t)f(r) \tag{1}$$

初始条件：

$$\bar{u}_z\,|_{t=0} = 0 \tag{2}$$

式中：$\bar{u}_z$ 为仅考虑竖向固结时地基中任一深度的平均孔压，$\bar{u}_z=\bar{u}_z(z, r, t)$；$P(t)$ 为水平排水管路中负压随时间变化的函数，工程实践中可根据水平排水管路中的负压实测曲线进行拟合得到，且 $P(t)\,|_{t=0}=0$；$f(r)$ 为从水平排水管路中向周围线性递减的线性函数，函数的变量为径向距离，直线的斜率可根据工程实践中负压在传递路径水平排水管路→膜下中的实测损失程度进行确定。

4.2 竖向排水井中负压分布模式

竖向排水井中的负压分布模式主要指竖向排水井中负压沿深度方向的传递规律。

根据表5传递路径③中的负压损失值可知，整体式排水板、普通排水板和袋装砂井中的负压损失程度依次增加。根据图2可知，真空预压期间不同阶段，方案1（竖井为普通排水板）、方案4（竖井为整体式排水板）和方案5（竖井为袋装砂井）竖向排水井中负压沿深度方向的传递规律如图4所示。

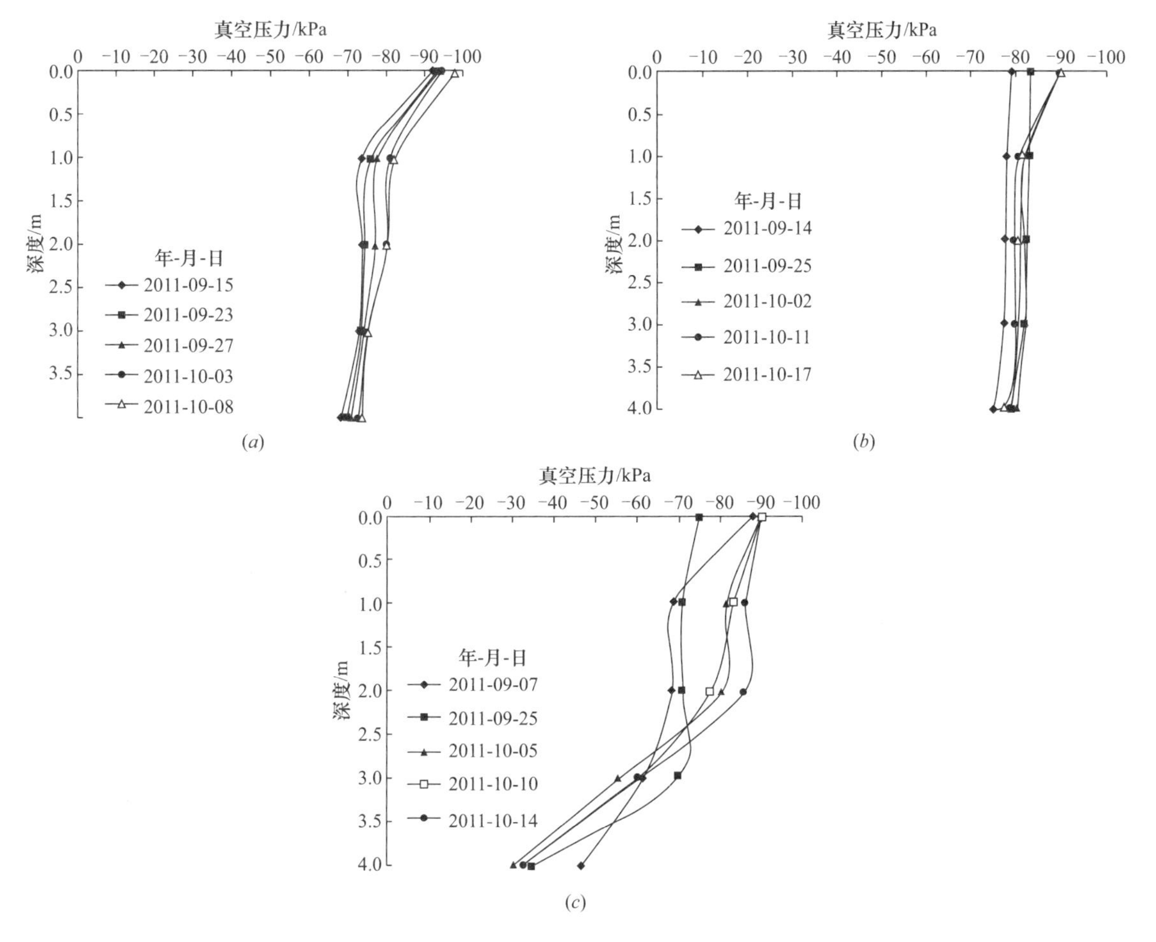

图4 不同竖向排水体中负压的传递规律

Fig. 4 Transfer properties of vacuum negative pressure in different vertical drains

(a) 方案1，普通排水板；(b) 方案4，整体式排水板；(c) 方案5，袋装砂井

由图4可知，不同竖向排水体中的负压随深度的增加而减小，呈非线性衰减模式，且不同时间负压沿深度方向的损失程度不同。

因此，仅考虑径固结时，竖向排水井中的孔压边界和初始条件分别可表示如下：

边界条件：

$$u_w = P(t)f(z) \tag{3}$$

初始条件：

$$\bar{u}_r \big|_{t=0} = 0 \tag{4}$$

式中：u_w 为仅考虑径向固结时，竖井内任一深度的孔压，$u_w = u_w(z, t)$；u_r 为仅考虑径向固结时影响区内土中任一深度的平均孔压，$\bar{u}_r = \bar{u}_r(z, t)$；$P(t)$ 为水平排水管路中负压随时间变化的函数，工程实践中可根据水平排水管路中的负压实测曲线进行拟合得到，且 $P(t)_{t=0} = 0$；$f(z)$ 为深度的函数，工程实践中可根据竖向排水井中负压沿深度方向的实测曲线进行拟合得到。

5 结　　论

(1) 新近吹填淤泥地基真空固结过程中，土工合成材料水平排水垫层中的负压损失程度较严重，至少为 16%；整个排水系统内的负压损失程度也较严重，最严重的高达 57%。

(2) 新近吹填淤泥地基真空固结过程中，不同深度处土体中的负压传递特性一定程度上受相应位置处淤泥真空预压前的自重沉积规律的影响，粗颗粒含量高的深度位置，其负压衰减程度相应较低；然而，总体来讲，土体中的负压损失程度都很严重，均在 67%以上。这是新近吹填淤泥地基经无砂垫层真空预压技术加固后，土体强度增长有限的主要原因。

(3) 新近吹填淤泥地基真空固结过程中，水平排水垫层中的负压可考虑随时间变化的线性衰减模式；而竖向排水体中的负压可考虑随时间变化的非线性衰减模式。

参考文献 (References)

[1] 董志良，郑新亮，戚国庆. 软土地基无砂垫层预压排水固结法：中国，200610033937. 4 [P]. 2006-09-27.

[2] 董志良，张功新，莫海鸿，等. 超软弱土浅表层快速加固方法及成套技术：中国，200810026168. 4 [P]. 2008-07-23.

[3] 董志良，张功新，郑新亮，等. 一种超软弱土浅表层快速加固系统：中国，200720050339. 8 [P]. 2008-02-20.

[4] 张功新，陈平山. 浅表层超软弱土快速加固技术研究 [R]. 广州：中交四航工程研究院有限公司，2009：1-9.

[5] 董志良，张功新，周琦，等. 天津滨海新区吹填造陆超软土浅层加固技术研发及应用 [J]. 岩石力学与工程学报，2011，30 (5)：1306-1312. DONG Zhi-liang，ZHANG Gong-xin，ZHOU Qi，et al.
Research and application of improvement technology of shallow ultra-soft soil formed by hydraulic reclamation in Tianjin Binhai new area [J]. Chinese Journal of Rock Mechanics and Engineering，2011，30 (5)：1073-1080.

[6] 程万钊. 吹填淤泥真空预压快速处理技术研究 [D]. 南京：南京水利科学研究院，2010.

[7] 董志良，周琦，张功新，等. 天津滨海新区浅层超软土加固技术现场对比试验 [J]. 岩土力学，2012，33 (5)：1073-1080.
DONG Zhi-liang，ZHOU Qi，ZHANG Gong-xin，et al. Field comparison test of reinforcement technology of shallow ultra-soft soil in Tianjin Binhai New Area [J]. Rock and Soil Mechanics，2012，33 (5)：1306-1312.

[8] 关云飞. 吹填淤泥固结特性与地基处理试验研究 [D]. 南京：南京水利科学研究院，2009.

[9] 杨静. 高粘粒含量吹填土加固过程中结构强度的模拟实验研究 [D]. 长春：吉林大学，2009.

[10] 丁明武，陈平山，林涌潮. 浅表层加固技术在新吹填淤泥地基处理中的应用 [J]. 水运工程，2011，(10)：120-124.
DING Ming-wu，CHEN Ping-shan，LIN Yong-chao. Application of surface-layer improvement technology for newly-dredged sludge foundation treatment [J]. Waterway Engineering，2011，(10)：120-124.

[11] 应舒，高长胜，黄家青. 新吹填淤泥地基浅层处理试验研究 [J]. 岩土工程学报，2010，32 (12)：1956-1960.
YING Shu，GAO Chang-sheng，HUANG Jia-qing. Experimental study on surface-layer improvement of soft foundation filled by newly dreged silt [J]. Chinese Journal of Geotechnical Engineering，2010，32 (12)：1956-1960.

[12] 张明，赵有明，龚镭，等. 深圳湾新吹填超软土固结系数的试验研究 [J]. 岩石力学与工程学报，2010，29 (增刊 1)：3157-3161
ZHANG Ming，ZHAO You-ming，GONG Lei，et al. Test study of coefficient of consolidation of fresh hydraulic fill ultra-soft soil in Shenzhen Bay [J]. Chinese Journal of Rock Mechanics and Engineering，2010，29 (Supp. 1)：3157-3161.

[13] 宋晶，王清，夏玉斌，等. 真空预压处理高黏粒吹填土的物理化学指标 [J]. 吉林大学学报 (地球科学版)，2011，41 (5)：1476-1480.
SONG Jing，WANG Qing，XIA Yu-bin，et al. Physical and chemical indicators of dredger fill with high clay by vacuum preloading [J]. Journal of Jilin University (Earth Science Edition)，2012，41 (5)：1476-1480.

[14] 杨顺安，张瑛玲，刘虎中. 深圳地区吹填淤泥的工程特征 [J]. 地质科技情报，1997，16 (1)：87-91.
YANG Shun-an，ZHANG Ying-ling，LIU Hu-zhong. Engineering characteristics of blow filled soft clay in shen zhen area [J]. Geological Science and Technology Information，1997，16 (1)：87-91.

[15] 叶国良，郭述军，朱耀庭. 超软土的工程性质分析 [J]. 中国港湾建设，2010，(5)：1-9.
YE Guo-liang，GUO Shu-jun，ZHU Yao-ting. Analysis of engineering property of ultra soft soil [J]. China Harbour Engineering，2010，(5)：1-9.

[16] 李云华，马哲，张季超. 动力排水固结法加固某吹填淤泥地基试验研究 [J]. 工程力学，2010，27 (增刊 1)：

77-80.

LI Yun-hua, MA Zhe, ZHANG Ji-chao. Experimental study on a hydraulic fill mud foundation treated by dynamic drainage consolidation [J]. Engineering Mechanics, 2010, 27 (Supp. 1): 77-80.

[17] 周源，刘传俊. 透气真空快速泥水分离技术室内模型试验研究 [J]. 真空科学与技术学报，2010，30 (2)：215-220.

ZHOU Yuan, LIU Chuan-jun. Lab simulation of rapid vacuum consolidated draining of aerated sludge [J]. Chinese Journal of Vacuum Science and Technology, 2010, 30 (2): 215-220.

[18] 金亚伟，张岩，吴连海，等. 太湖、天津淤泥固结施工中的淤堵问题 [C]//第十一届全国土力学与岩土工程学术会议论文集. 兰州：[出版者不详]，2011.

[19] 朱群峰，高长胜. 超软淤泥地基处理中真空度传递特性研究 [J]. 岩土工程学报，2010，32 (9)：1429-1433.

ZHU Qun-feng, GAO Chang-sheng. Transfer properties of vacuum pressure in treatment of super-soft muck foundation [J]. Chinese Journal of Geotechnical Engineering, 2010, 32 (9): 1429-1433.

Effect Of Mineral Composition On Macroscopic And Microscopic Consolidation Properties Of Soft Soil

Jing Wang[1,2,3] Hai-hong Mo[2] Shu-zhuo Liu[2] Yi-Zhao Wang[2] and Fu-He Jiang[2]
(1 Fourth Harbor Institute of China Communication Construction Company Ltd., 2 Civil Transportation Institute, South China University of Technology, 3 CCCC Key Laboratory of Environmental Protection and Safety in Transportation-Foundation Engineering, Guangzhou, China.)

The influence exerted by mineral composition on physical and mechanical properties of soft soil is analyzed. It is demonstrated on the basis of laboratory tests of structurally undisturbed soils that the content of hydrophilic clay minerals in a soft soil, and its salinity affect the liquid and plastic limits, permeability, and consolidation, as well as characteristics of the pore space.

Introduction

A soft soil is by nature a porous medium with complex physical and mechanical properties. Owing to physical, chemical, and biochemical effects, it is formed in an aqueous medium under a zero or low pressure gradient as an incompletely consolidated fine-grain medium. The clay minerals of soft marine soils are the basis of illites and montmorillonites, whereas soils of continental origin contain illites and kaolinites. The basic properties of soft soil results from the fact that their in-situ moisture contents are higher than the liquid limit, the void ratio is greater than unity, and the density of the skeleton is no more than 0.8—0.9g/cm^3. They are distinguished by high compressibility and low strength. Soft soils can be separated into silts (void ratio $e>1.5$) and muddy soils ($e=1-1.5$). The in-situ structure of these soils is sensitive; having failed, however, the soils exhibit the capacity to recover with appropriate strength indicators (thixotropy)[1]. In the natural state, these soils are not, as a rule, used as a natural bed in connection with nonuniform settlements that lead to tilting and failure of structures. Various methods, including compaction, rolling, and vertical sand drains, are employed to consolidate and improve the properties of soft soils [2,3].

Undisturbed soft-soil specimens extracted from various depths in the same hole were investigated to assess the effect of mineral composition of the soil on its physical and filtration-consolidation properties[4-6].

Effect of mineralogical and grain-size distributions on properties of soft soils

For the tests, soil specimens were extracted from the area surrounding an air base in Guangdong (China), which is located in the Pearl River valley. The landscape of this location includes coastal beaches formed during the Quaternary period with a lithology characteristic of the South China coastline.

No tectonic movements have been recorded in the sampling area, and the sedimentary age of the samples is directly proportional to depth.

Testing was carried out in a laboratory on undisturbed soft-soil samples extracted at depths Z1-4. 1-4. 6, Z2-16. 5-17, and Z3-32. 2-32. 7m from the same hole. The soil is composed of a uniform grayish-black silt with inclusions of mollusk shells and micas.

The mineralogy of the soil was investigated by a monochrome X-ray diffraction (Brucker D8 Advance) unit (Table 1), and the grain-size distribution by the hydrometric method. Figure 1 shows the grain-size distribution, and the correlation coefficient was calculated from data listed in Table 2.

table 1

Sample	Mineral composition, %							
	quartz	feldspar	illite	montmorillonite	kaolinite	pyrite	halite	calcite
Z1	33. 6	6. 6	18. 8	14	18. 9	1. 4	2. 5	4. 3
Z2	40. 5	5. 2	17. 8	11. 9	16. 1	2. 3	2. 5	3. 6
Z3	43. 5	8	16. 6	9. 9	20. 3	1. 7	0	0

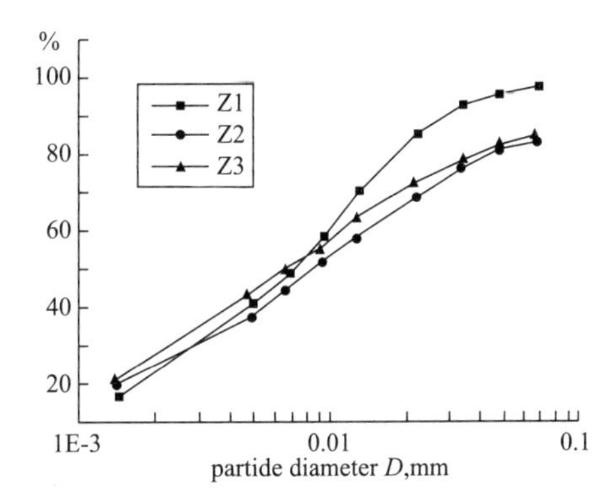

Fig. 1 Curves showing particle-size distribution

table 2

Sample	Sorting coefficient	Skewness	Mean grain size	Kurtosis	Y
Z1	0. 0124	0. 5687	0. 0098	1. 5307	−2. 7073
Z2	0. 1409	0. 8963	0. 0299	10. 9947	−4. 0209
Z3	0. 0614	0. 8845	0. 0243	4. 8903	−4. 1186

51. 7% of the first sample from a depth of 4. 1-4. 6m is comprised of montmorillonite, illite, and kaolinite. The content of the montmorillonite and illite, which have the greatest effect on the clay properties of the soil, is 32. 8%. At the same time, the sample from the depth of 16. 5-17m is comprised of 45. 8% clay minerals, which include 29. 7% of monmorillonite and illite. In the sample from the depth of 32. 2-32. 7m, the overall content of clay minerals is 46. 8%, while the montmorillionite and illite account for 26. 5% of that figure. Thus, the clay properties of the deposits decrease gradually with increasing sampling depth, and, consequently, the age of the deposits.

Proceeding from the particle-size curves, the first soil sample consists primarily of clay (<0. 005mm-42%) and silt (0. 005-0. 075mm-56. 9%) particles, while the second is comprised of 39% clay particles and 57. 7% silt particles. The sample residing at the greatest depth is comprised of 44. 5% clay particles and 49. 1% silt particles. The percent content of particles larger than 0. 075mm is 1. 1, 3. 3, and 6. 4% for the three samples, respectively.

The higher the sorting coefficient, the lower the skewness of the depth of embedment, and the soil is closer to one of coastal sedimentation. If Y is higher than −7. 419, the rocks are classified as sedimentary river delta, and if Y is lower than −7. 419, i. e. , the samples investigated are the result of fluvial sedimentation.

As is apparent from Tables 1 and 2, the Y reading for all three samples is greater than −7.419, i.e., the samples investigated are not the results of fluvial sedimentation. For the first and second samples, the contents of montmorillonite and illite are higher than that of the kaolinite, but there is more of the latter in the third sample, suggesting that the first sample resulted from coastal sedimentation, and the second and third from river-delta sedimentation.

Soil properties

Basic macro-properties of the undisturbed soil investigated were evaluated in the laboratory by determining the density and liquid and plastic limits. It is apparent from Table 3 that the in-situ mois-ture content of the first and second samples is 64.24 and 68.96%, respectively, i.e., greater than that in the third (48.96%). The bonds between the structure-forming elements of the montmorillonite are weak, and water percolates readily between the components, defining its hydrophilic properties. In the kaolinite, the bonds between the two components are stronger.

table 3

Sample	Depth, m	Density of skeleton, g/cm^3	In-situ moisture content, %	Specific weight, g/cm^3	Porosity	Liquid limit, %	Plastic limit, %	Plasticity index, %	Permeability: 10^{-7} cm/sec	Specific surface of soil, m^2/g
Z1	4.1-4.6	0.980	64.24	2.68	1.73	63.97	27.38	36.59	1.08	206.7
Z2	16.5-17.0	0.955	68.96	2.73	1.86	56.11	22.37	33.74	3.29	193.6
Z3	32.2-32.7	1.166	48.86	2.74	1.35	58.43	26.99	31.44	1.04	197.8

The liquid and plastic limits for the first, second, and third specimens are, respectively, 63.97 and 27.38%, 56.11 and 22.37%, and 58.43 and 26.99%; this can be explained by the mineral composition, including the salt content. The third sample contains less montmorillonite and illite than the second sample, but contains no salt (2.8% in the second sample). Salt content affects the concentration of pore water and reduces the thickness of the water film, lowering the liquid limit, which is lowest for the second sample, since it contains less hydrophilic minerals.

Under the action of water, soluble salt ions change the thickness of the water film on the surface of the particles owing to the micro-electric effect. In other words, the thickness of the water film diminishes with increasing density of the pore liquid, whereupon the liquid limit is lowered. The behavior of the minerals will depend on the change in intensity of the micro-electrical field that forms on the surface of the particles. The activity of the montmorillonite is greater than that of the illite, while the kaolinite particles are least active.

The coefficient of filtration of all samples is characteristic of water-confining layers. The coefficient of filtration is maximal for the second sample, since it possesses the lowest adsorption capacity of the particles, and bound water content, and also the minimum liquid limit.

The content of clay particles in the soil also determines the specific surface of the soil, which amounts to 206.7 and 193.6m^2/g for the first and second samples, respectively. This is explained by the fact that for an equal salt content, the amount of montmorillonite, illite, and kaolinite is higher in the first than in the second sample. The specific surface of the third sample is 197.8m^2/g, since it contains less salt than the other samples.

Thus, the mineral composition of the soft soil influences its basic physical and mechanical properties on both the marcro and also microscopic scales.

Consolidation properties

The saturated samples were tested under a stepped loading (12.5, 25, 50, 100, 200, and 400kPa) on a standard oedometer to study the consolidation properties of the soils, including rate of consolidation and final settlement. Each load step was maintained for 24h (Fig. 2).

The coefficient of consolidation under a pressure of 200kPa was $7.54 \cdot 10^{-4}$, $1 \cdot 10^{-3}$, and $7.5 \cdot 10^{-4} cm^2/sec$ for the first, second, and third samples, respectively. The final settlement amounted to 5.6 and 3.5mm for the first and third samples, and 4.6mm for the second. The compression curves (Fig. 3) are rather steep for the first and second samples, and the void ratio drops-off rapidly with increasing pressure; for the curve for the third sample, however, assumes a gentle slope. The coefficient of compress-ibility is 0.5, 0.59, and 0.48 for the first, second, and third samples, respectively, i. e., all soils investi-gated are highly compressible. Moreover, the compressibility of the second sample is highest due to the poor hydrophilic capacity of the clay material and high salt content. As would be expected, therefore, the relationship between the consolidation coefficients is analogous to the relationship between the filtration coefficients, and is determined by mineral composition.

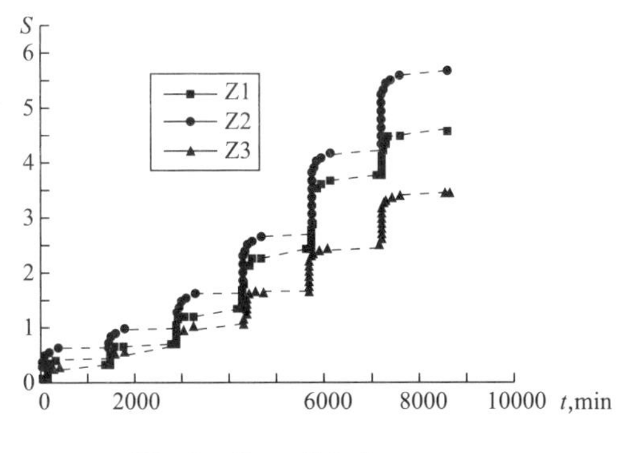

Fig. 2 Consolidation curves.

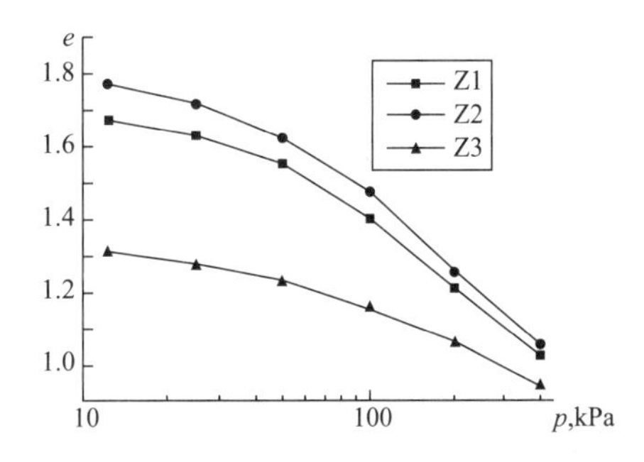

Fig. 3 Compression curves of samples.

The preconsolidation pressure at various depths in the undisturbed soil is determined from the data presented in Fig. 3. It is 38.9, 108.4, and 339.8kPa, respectively, for the first, second, and third samples. The pressure induced by the dead weight of the corresponding layer of the sediments is 66.0, 266.1, and 559.0kPa for the first, second, and third samples in conformity with the depths and density of the soil. This suggests that for all samples, the preconsolidation pressure is lower than the pressure due to the dead weight of the soil in the corresponding layer. This is caused by the fact that the soil samples were extracted from an area located near the Modaomen estuary in the Zhujiang River Delta.

Here, the rate of siltation is rapid, and the conditions for sediment accumulation have caused the soils to exist in a state of under-consolidation.

A porosimeter was used to evaluate such post-consolidation soil characteristics as the size-distribution and total volume of the pores, their average diameter, etc. The samples were fast-frozen in liquid nitrogen (−196℃), and then dried in a vacuum (72h).

Pore-size distribution was evaluated in the range of radii from 360 to 0.003 μm under pressures of up to 414MPa.

Pore-distribution characteristics are analyzed in conformity with the pore-size distribution (Table 4), and the relationship for the post-consolidation permeability of each sample (Fig. 4): fine pores occupied 53.73% and 47.72% of the volume of the first and samples, respectively. Moreover, the average pore radius is largest for the first sample, and is 586.5nm, and is smallest for the second sample (346nm). It follows from the semi-log relationship between permeability and pore size (Fig. 5) that the permeability is 0.57ml/g for a pore size of 677.64 nm in the first sample, 0.52ml/g for a pore radius of 433.33nm in the second sample, and 0.55ml/g for a pore radius of 679.03 nm in the third sample. Figure 6 shows the dependence of the total area of the pores on their radius after consolidation.

table 4

Sample	Pore-size distribution, nm					Average pore radius, nm
	>10000	2500～10000	400～2500	30～40	<30	
Z1	2.91	3.64	53.73	35.18	4.54	586.5
Z2	3.66	5.12	36.83	47.72	6.67	346.0
Z3	4.59	3.58	49.91	36.68	5.24	495.5

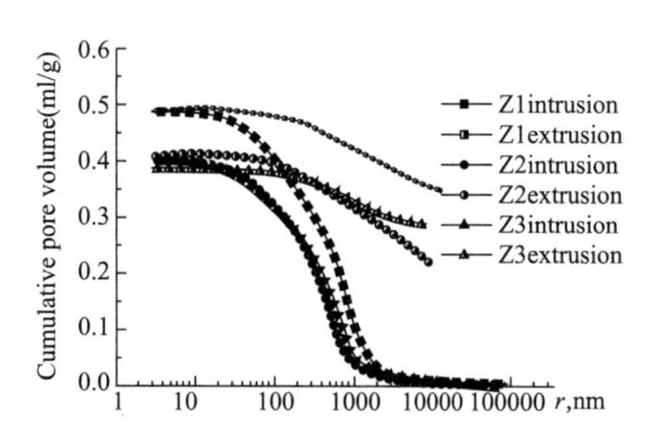

Fig. 4 Integral relationship between volume of pores and their size.

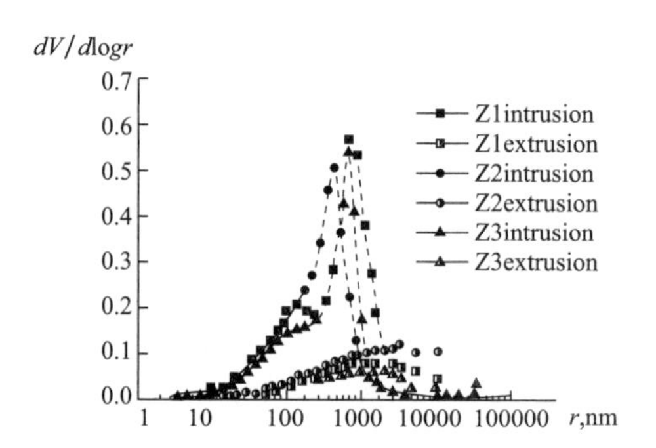

Fig. 5 Dependence of soil permeability on pore size.

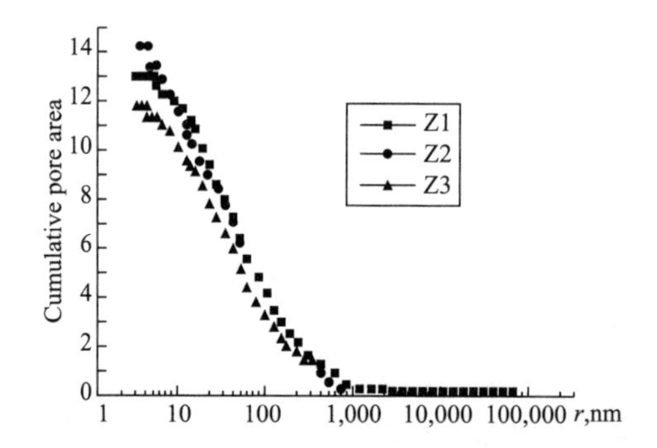

Fig. 6 Dependence of surface of pores on their size after consolidation.

Conclusions

1. The content of montmorillonite, illite, and kaolinite in the mineral composition, particle distribution Y, and grain-size distribution suggest conditions favorable to sedimentary conditions, which determine the properties of the soft soil.

2. The water content in the soil and its liquid limit increase, while the coefficients of filtration and consolidation decrease with increasing hydrophilic capacity of the clay minerals. This same relationship is also manifested with decreasing salt content.

3. The mineral composition affects the bound-water content and pore distribution, and dictates rapid draining of water during consolidation.

References

[1] S. H. Chew, A. H. M. Kamruzzaman and F. H. Lee, Physicochemical and Engineering Behavior of Cement Treated Clays. *ASCE J. of geotechnical and geoenvironmental engineering*, 696-706 (2004).

[2] J. Lewandowska, et al., "Water Drainage in Double-Porosity Soils, Experiments and Micro-Macro Modeling", ASCE *J. of geotechnical and geoenvironmental engineering*, 231-243 (2008).

[3] C. S. Chang, Z. Y. Yin and P. Y. Hicher, "Micromechanical Analysis for Interparticle and Assembly Instability of Sand", ASCE *J. of engineering mechanics*, 155-168 (2011).

[4] C. A. Aggelopoulos, and C. D. Tsakiroglou, "The effect of micro-heterogeneity and capillary number on capillary pressure and relative permeability curves of soils", *Geoderma*, 148, 25-34 (2008).

[5] M. Hajnos, et al., "Complete characterization of pore size distribution of tilled and orchard soil using water retention curve, mercury porosimetry, nitrogen adsorption, and water desorption methods", *Geoderma*, 135, 307-314 (2006).

[6] S. P. Rigbya, R. S. Fletcher and S. N. Riley, "Characterization of porous solids using integrated nitrogen sorption and mercury porosimetry", *Chemical Engineering Science*, 59, 41-51 (2004).

软土真空预压处理有效性的宏微观分析

莫海鸿[1,2]　王　婧[1,2]　林奕禧[3]
(1. 华南理工大学 土木与交通学院，广东 广州　510641；
2. 华南理工大学 亚热带建筑科学国家重点实验室，广东 广州　510641；
3. 珠海市建设工程质量监督检测站，广东 珠海　519015)

【摘　要】 地基处理前分析软土宏微观性质对预测真空预压法处理的有效性具有重要意义。通过室内宏微观试验，对珠海金湾地区软土矿物成分、比表面积，以及固结前后的微观结构、孔隙特征等进行分析和研究，得出土体结合水量、强度指标等影响真空预压法处理效果的关键因素。研究结果表明，珠海金湾软土黏土矿物成分含量不高，且黏胶粒占50%，比表面积较黏土矿物小；颗粒呈曲片絮凝状叠聚体，固结变形后出现团聚现象，孔隙压密，无颗粒破碎形状变化；微孔隙尺寸分布主要为400nm$<r<$2500nm，固结后试样的累积进汞量大幅减小，且大孔隙变成小孔隙。说明土体的结合水量不高，含较多的自由水，且内摩擦角变化不大，而黏聚力有较大的增长，真空预压法处理效果明显。

【关键词】 土力学；软土；宏微观；真空预压；固结

1　引　　言

真空预压法是软土地基加固较为有效的处理方式之一，可以很好地解决地基的稳定问题并能在短期内一次性将荷载加上去而不会失稳从而缩短工期，具有明显的经济和社会效益。

目前对于真空预压法处理后的土体强度变化、孔隙水压力变化、微观对比几种固结法的效果，以及相关理论、技术都有一定的研究[1-3]。但对于真空预压法的加固效果方面的研究仍然存在许多疑问，需要从土体的微观性质角度本质地去认识土体表现出的宏观工程性质[4-5]，同时把握土体基本的沉积条件[6]。

真空预压法属于排水固结法的一种，处理的效果关键取决于软土中自由水的排出，以及土体强度（承载力）的提高。在软土颗粒细小，比表面积大，黏性强，黏聚力很大的性质条件下，真空预压固结法的效果会大大降低，较多强结合水的存在会导致排水效果差，土体强度难以达到要求。因此可以事先通过土体宏微观性质分析去判定真空预压法处理的有效性，从而使从宏微观角度去研究真空预压法处理的有效性具有很强的预见性和实用价值。

2　试样的基本性质

试验土样取自广东省珠海市金湾区珠海航空产业基地三区（典型的珠三角软土区域），该区域位于珠江下游，场地原始地貌单元属滨海滩涂地貌，20世纪50年代填海造地，原为甘蔗地，90年代被征为建设用地。土样较为均匀，为灰黑色淤泥，干强度高，韧性中等，呈饱和，流塑状态，含少量贝壳和云母类物质。其物理力学性质如表1所示。土样天然含水率达58.7%，孔隙比为1.71，垂直渗透系数为1.4×10^{-7}cm/s，且强度特征指标都较小。

对各软土土样进行X射线衍射的物相分析，并用颗粒分析法将软土试样中各粒组分离，测得各深度试样的颗粒大小分布，结果如表2所示。珠海金湾软土的矿物成分以石英为主，占到41.8%，其次为高岭石、伊利石、蒙脱石、长石等，其中蒙脱石含量为8.5%，说明该土样的黏土矿物含量并不高。同时试样颗粒组成主要为黏粒和粉粒，黏粒（粒径<0.005mm）含量达到50%，粉粒（粒径0.075～

0.005mm）含量达到47.1%，其中胶粒（粒径<0.002mm）含量为30%，该软土主要由细粒土组成，较少粗颗粒，且黏胶粒含量比例占到土体的50%。平均比表面积为161.1m^2/g，较纯黏土矿物的比表面积小。由于蒙脱石矿物两结构单元之间没有氢键，相互的联结弱，水分子可以进入两晶胞之间，其亲水性最大；伊利石晶格层组之间具有结合力，亲水性低于蒙脱石；而高岭石晶胞之间的距离不易改变，水分子不能进入，其亲水性最小。因此蒙脱石和伊利石含量越高的软土，对应的天然含水率越大，结合水量越多，真空预压法处理效果越不明显。

黏土矿物蒙脱石颗粒间主要靠黏滞性的结合水膜连接，静吸附力高，颗粒间以润滑摩擦为主，抗剪强度与内摩擦角很低而黏聚力较高；而非黏土矿物，如石英和长石的粒间直接接触较多而吸附水膜很薄，静吸附力非常微弱，主要靠直接摩擦和机械咬合力抵抗颗粒间的滑动，其抗剪强度与内摩擦角较高，但缺乏黏聚力；高岭土的结合水膜厚度有限，颗粒之间也能形成较多的直接接触而具有较高的抗剪强度和内摩擦角，由结合水膜产生的吸附作用和颗粒间直接接触形成的机械咬合力共同提供了可观的黏聚力。其中黏土矿物蒙脱石的含量相对其他非黏土矿物会较大影响整个土体的性质。由珠海金湾软土的黏土矿物成分、颗粒组分以及比表面积等物理力学性质可以看出，该软土的结合水膜具有一定厚度，但自由水的比例仍较大，真空预压法处理的效果应仍比较明显。

软土试样的物理力学性质 表1

Physico-mechanical properties of soft soil sample Table 1

土样名称	天然密度/$(g\cdot m^{-3})$	天然含水率 w/%	相对密度 G_s	孔隙比 e	液限 w_L/%	塑限 w_P/%	塑性指数 I_P/%	压缩系数 a_{1-2}/MPa^{-1}	渗透系统 K/$(10^{-7}cm\cdot s^{-1})$	黏聚力 c/kPa	内摩擦角 φ/(°)	平均比表面积 S/$(m^2\cdot g^{-1})$
淤泥	1.58	58.7	2.67	1.71	46.2	27	19.2	1.59	1.4	3.9	4	161.1

软土试样的矿物成分及颗粒成分 表2

Mineral and particle compositions of soft soil sample Table 2

各矿物成分百分含量/%								颗粒成分/%					
石英	长石	伊利石	蒙脱石	高岭石	黄铁矿	锐钛矿	方解石	<0.002mm	0.002～0.005mm	0.005～0.010mm	0.010～0.050mm	0.050～0.075mm	>0.075mm
41.8	5.9	17.6	8.5	18.8	2.6	1.5	3.3	30	20	13	31.5	2.6	2.9

3 试样固结性质分析

3.1 固结试验分析

开展室内常规固结试验，对珠海金湾软土的压缩固结性质进行分析，固结压力为分级加载（12.5，25.0，50.0，100.0，200.0，400.0kPa），每级荷载持续24h，得出土样的固结压缩曲线，如图1所示。由图1可以看出，随着固结压力的增大，土样的孔隙比有着较大幅度的减小。

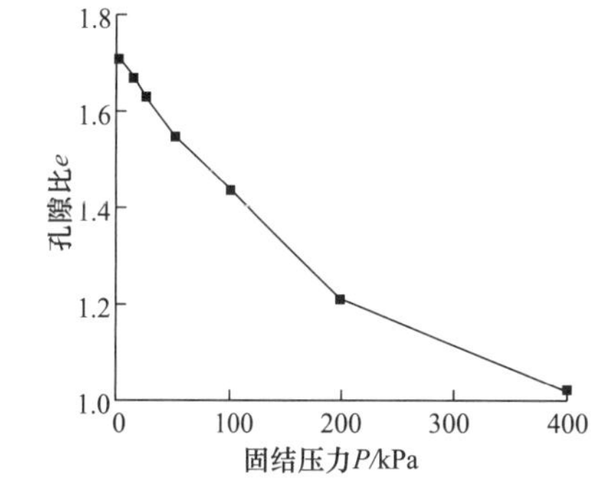

图1 软土试样的固结压缩曲线

Fig.1 Compression curve of soft soil sample

3.2 微观图像分析

利用Quanta 200环境扫描电子显微镜拍摄软土试样固结前、后水平及竖直切面的环境扫描电子显微镜（ESEM）图片，观察软土微观颗粒孔隙在固结前、后的变化，研究其对判定强度指标变化的依据，如图1所示。经计算机图像处理，获得试样的微观结构量化数值和统计特征（表 3～表 5），以及对应的宏观物理力学性质。其中分形维数是反映土体颗粒尺度分布和空间填充性能的尺度，定向概率熵反映土微观结构单元体排列的有序性参数[7-11]。主要得到微观结构参数以及几何形态的变化，研究其颗粒与孔隙的分形特征。

固结前试样颗粒个体普遍较小，无明显棱角，个别颗粒呈片状，基本单元体主要为碎屑、集粒及不规则的曲片状叠聚体，无定向排列，呈随机分布，黏粒含量较多，而片状矿物间多为边-边、边-面结合方式组成的聚合体，微孔隙分布较多。土样的颗粒初始分形维数 D_p 略大于孔隙的初始分形维数，即颗粒分布比较分散，而孔隙分布相对集中。试样经过固结后，密实程度增加，连接强度变大，微观结构由骨架絮凝结构变为絮凝结构、团聚絮凝结构，出现了明显的团聚现象，结构单元体之间以边-边、边-面为主的连结方式向以面-面为主的连结方式转变，如图 2 所示。

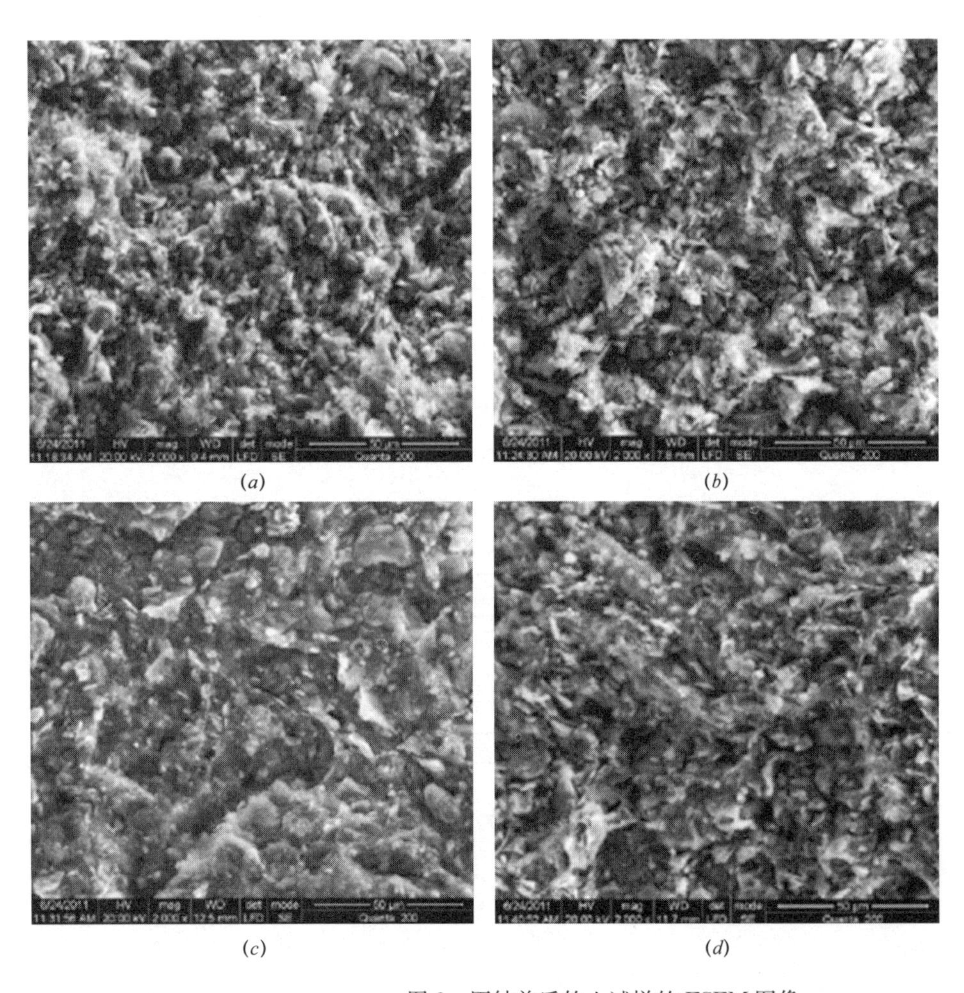

图 2　固结前后软土试样的 ESEM 图像

Fig. 2　ESEM images of soft soil samples before and after consolidation

(*a*) 固结前竖直断面；(*b*) 固结前水平断面；(*c*) 固结后竖直断面；(*d*) 固结后水平断面

软土较大的单元体减少，而小单元体比例增多，等效粒径减小。颗粒初始平均形状系数较小，固结后略微增加，如表 3 所示。说明固结前试样单元体呈狭长状，施加压力后颗粒形状的变化不明显，主要为集合体发生团聚，导致固结后土样密实度增加，孔隙减小，压缩性降低。同样，软土孔隙面积明显减少，在体积收缩过程中大孔隙减少得较多，小孔隙增加变化小，孔隙数量增加，孔隙分布逐步均匀化，粒径分布向＜1μm 区域发展，小孔径孔隙在组分分布越占优势，等效孔径也相应减小，如表 4 所示。说明由于颗粒发展成团粒，粒间孔隙向团聚单元体内部孔隙转变。

软土试样的单元体分布性质　　表 3

Unit distribution properties of soft soil samples　　Table 3

固结状态	等效粒径/μm	颗粒成分/%						颗粒平均形状系数
		<1μm	1～2μm	2～5μm	5～10μm	10～20μm	>20μm	
固结前	3.040	30.2	36.3	21.7	6.5	3.0	2.3	0.440
固结后	2.654	33.0	33.9	22.7	5.4	3.8	1.2	0.478

软土试样的孔隙分布性质　　表 4

Pore distribution properties of soft soil samples　　Table 4

固结状态	等效孔径/μm	颗粒成分/%						孔隙平均形状系数
		<1μm	1～2μm	2～5μm	5～10μm	10～20μm	>20μm	
固结前	2.395	38.2	35.3	19.0	4.4	2.1	1.0	0.495
固结后	1.814	39.8	38.7	16.3	3.2	1.4	0.6	0.490

表 5 中试样经过固结，竖直和水平断面的颗粒和孔隙的分形维数 D_p 值都相应减小，说明固结压缩导致颗粒及孔隙的集团化、压密的过程。土样孔隙的定向概率熵大都较颗粒的定向概率熵小，这是由于孔隙对荷载更加敏感，固结作用下，孔隙相对颗粒更显有序性。

软土试样的分形维数及定向概率熵　　表 5

Fractal dimension and directional probability entropy of soft soil samples　　Table 5

固结状态	切面方向	分形维数 D_P		定向概率熵 H_m	
		颗粒	孔隙	颗粒	孔隙
固结前	竖直	0.987	0.986	0.985	0.970
	水平	0.987	0.987	0.983	0.978
固结后	竖直	0.983	0.980	0.974	0.978
	水平	0.985	0.984	0.964	0.963

因此，由软土固结前、后 ESEM 图像及表中单元图、孔隙性质变化可以看出，软土细颗粒较多，且固结主要发生孔隙变小，以及絮凝团聚现象，无颗粒的破碎形状变化。说明此软土经真空预压处理后的强度指标变化趋势会是，内摩擦角变化较小，而黏聚力会有较大的增长。且从软土微孔隙数量的增多和团聚现象的明显程度可见，真空预压处理该地基效果明显，可以达到密实排水的效果。

3.3　微观孔隙特征分析

采用美国麦克仪器公司生产的 AutoPore Ⅳ 9510 压汞仪，利用压汞法测试软土固结前、后微观孔隙特征的变化。从而进一步分析软土内部的孔隙分布特征，以及微孔隙数量对应结合水量的影响，验证真空预压的有效性。

压汞法[12-14]测定土体孔隙分布的原理是在给定的外界压力下将汞强制压入多孔材料。通常汞不会浸润并平铺于物料表面，只有在外力的作用下，汞才能进入多孔物料的孔隙中，孔径越小所需的压力也就越大。采用压汞法测量多孔物料的孔径分布时，当所加压力一定时，侵入物料内部汞液所能进入的孔隙尺度是一定的。压汞法得出了累积孔隙体积与所加压力的关系函数。

图 3 为试样固结前、后的进汞压力-累积进汞量曲线，曲线越陡，说明该区域进汞压力对应孔径的比分越大。图 4 为各土样固结后的孔径-累积进汞增量曲线。综合图 3 和 4，由不同区段的曲线斜率变化得出试样的孔隙分布特征如下：大孔隙（r>10000nm）分布曲线段变化平缓；中孔隙（2500nm<r<10000nm）分布曲线段较短，曲线斜率略大于大孔隙曲线段；小孔隙（400nm<r<2500nm）分布曲线段的曲线斜率最大；微孔隙（30nm<r<400nm）分布曲线段的变化也较为明显；超微孔隙（r<30nm）分布曲线段的曲线斜率很小。对比固结前、后试样曲线可知，试样固结前在 400nm<r<2500nm 段孔径-

累积进汞量曲线上升较固结后快，说明试样固结前的小孔隙（400nm<r<2500nm）百分含量较多。除此之外，固结后试样的累积进汞量比固结前大幅减小，说明试样孔隙在固结后的压密效果明显。

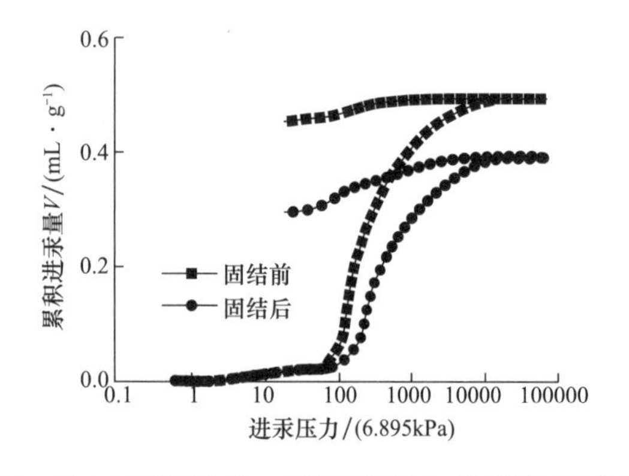

图 3　软土试样固结前、后的进汞压力-累积进汞量曲线

Fig. 3　Mercury pressure-cumulative intrusion curves of soft soil samples before and after consolidation

图 4　试样固结前后的孔径-对数进汞增量曲线

Fig. 4　Pore size-($dV/\mathrm{dlg}r$) curves before and after consolidation

由图 4 可知，固结前土样在孔径为 1051.6nm 时对应的对数进汞增量最大为 0.64mL/g；固结后土样在孔径为 679.0nm 时对应的最大对数进汞增量为 0.55mL/g。由此说明，固结后孔隙分布中占主要含量的孔隙尺寸减小，即大孔隙变成小孔隙。压汞试验得出的微观孔隙分布与 ESEM 图像分析的表 4 结果相吻合，分析得出 400nm<r<2500nm 的微孔隙分布最多，而土体中的结合水量会随着微孔隙的分布区间及数量的变化而改变，孔隙越小而多，则结合水量就越大。因此，由该软土的微孔隙分布可以看出，结合水量并不太多，真空预压法处理的效果应仍比较明显。

4　工程实际效果验证

对于珠海金湾软土区域，经过现场真空预压法地基处理，来验证真空预压法的有效性。初期抽真空时真空度值较低，随着抽真空时间的延长，真空度值逐渐增大，达到设计值 80kPa 并继续抽真空，期间真空度基本保持在设计值 80kPa 及以上。该珠海金湾软土地基固结前、后土样的基本物理力学性质对比，如表 6 所示。

软土试样固结前、后试样的物理力学性质　　表 6

Physico-mechanical properties of soft soil samples before and after consolidation　　Table 6

固结状态	天然含水量/%	孔隙比	塑性指数/%	压缩系数/MPa^{-1}	内摩擦角特征值/(°)	黏聚力特征值/kPa
固结前	58.7	1.71	19.2	1.59	4.0	3.9
固结后	52.2	1.44	18.8	1.09	4.9	11.0

由表 6 可知，固结前、后软土试样的天然含水率减小 11%，孔隙比减小 15.8%，与图 1 的压缩曲线相吻合，塑性指数减少 2.1%，压缩系数减小 31.4%，内摩擦角特征值增加 22.5%，黏聚力特征值增加 182.1%，内摩擦角的小幅增加，与黏聚力值的较大变化也印证了 ESEM 图像分析中得出的强度指标变化规律。

此外，监测数据表明，处理前、后该软土层地基最大沉降为 3809.8mm，平均沉降 3050.2mm，整体处理效果明显。最后 10d 平均沉降速率为 1.68mm/d，达到专家会议确定的停泵、处理终止标准，表明处理达到预期效果。平板载荷试验的承载力特征值也达到设计标准。

由此可见，珠海金湾地区实际的真空预压法处理效果，与处理前对软土性质分析的室内宏微观试验结果相吻合，用真空预压法加固该软土层地基效果明显。因此，可以通过对软土进行宏微观分析来预先分析真空预压等排水固结法处理地基的有效性，从而对实际工程提出指导性的建议。

5 结　　论

（1）珠海金湾软土黏土矿物成分含量不高，且黏胶粒占50%，比表面积较黏土矿物小，结合水量不高，含较多的自由水。

（2）ESEM显微照片显示，软土颗粒呈曲片絮凝状叠聚体，固结变形后，出现了明显的团聚现象，孔隙压密，无颗粒破碎形状变化。得出内摩擦角变化不大，而黏聚力有较大的增长，真空预压法处理效果明显。

（3）压汞微孔隙分析得出，孔隙分布主要为400nm<r<2500nm，固结后试样的累积进汞量大幅减小，且大孔隙变成小孔隙，说明软土结合水量不多，固结过程的压密效果显著。

（4）现场资料验证真空预压法在该珠海金湾软土适用性良好，发生了较大的沉降，排水压密效果显著，承载力都有所增长，与固结性质分析结果相吻合，为真空预压法的有效适用性提供参考。

参考文献（References）

[1] 徐宏，邓学均，齐永正，等. 真空预压排水固结软土强度增长规律性研究［J］. 岩土工程学报，2010，32（2）：285-290.（XU Hong，DENG Xuejun，QI Yongzheng，et al. Development of shear strength of soft clay under vacuum preloading［J］. Chinese Journal of Geotechnical Engineering，2010，32（2）：285-290.（in Chinese））

[2] 牟春梅，刘宝臣，李佰锋. 真空预压与堆载预压加固软基的微观效果评价［J］. 工程勘察，2009，37（5）：1-5.（MU Chunmei，LIU Baochen，LI Baifeng. Micro-structural effect evaluation of the consolidation for soft ground by vacuum preloading and surcharge preloading［J］. Geotechnical Investigation and Surveying，2009，37（5）：1-5.（in Chinese））

[3] 莫海鸿，邱青长，董志良. 软土地基孔隙水压力降低引起的压缩分析［J］. 岩石力学与工程学报，2006，25（增2）：3435-3439.（MO Haihong，QIU Qingchang，DONG Zhiliang. Analysis of soil compression induced by pore water pressure drop in soft soil foundation［J］. Chinese Journal of Rock Mechanics and Engineering，2006，25（Supp. 2）：3435-3439.（in Chinese））

[4] ELLIOT T R，REYNOLDS W D，HECK R J. Use of existing pore models and X-ray computed tomography to predict saturated soil hydraulic conductivity［J］. Geoderma，2010，156（3/4）：133-142.

[5] AGGELOPOULOS C A，TSAKIROGLOU C D. The effect of micro-heterogeneity and capillary number on capillary pressure and relative permeability curves of soils［J］. Geoderma，2008，148（1）：25-34.

[6] 彭立才，蒋明镜，朱合华，等. 珠海地区软土微观结构类型及定量分析研究［J］. 水利学报，2007，（增1）：687-690.（PENG Licai，JIANG Mingjing，ZHU Hehua，et al. Microstructure classification and quantitative study on soft clay in Zhuhai［J］. Journal of Hydraulic Engineering，2007，（Supp. 1）：687-690.（in Chinese））

[7] 周晖，房营光，禹长江. 广州软土固结过程微观结构的显微观测与分析［J］. 岩石力学与工程学报，2009，28（增2）：3830-3837.（ZHOU Hui，FANG Yingguang，YU Changjiang. Micro-structure observation and analysis of Guangzhou soft soil during consolidation process［J］. Chinese Journal of Rock Mechanics and Engineering，2009，28（Supp. 2）：3830-3837.（in Chinese））

[8] 施斌，姜洪涛. 黏性土的微观结构分析技术研究［J］. 岩石力学与工程学报，2001，20（6）：864-870.（SHI Bin，JIANG Hongtao. Research on the analysis techniques for claycy soil microstructure［J］. Chinese Journal of Rock Mechanics and Engineering，2001，20（6）：864-870.（in Chinese））

[9] 张先伟，王常明，李军霞，等. 蠕变条件下软土微观孔隙变化特性［J］. 岩土力学，2010，31（4）：1061-1066.（ZHANG Xianwei，WANG Changming，LI Junxia，et al. Variation characteristic of soft clay micropore in creep condition［J］. Rock and Soil Mechanics，2010，31（4）：1 061-1 066.（in Chinese））

[10] 孟庆山，杨超，许孝祖，等. 动力排水固结前后软土微观结构分析［J］. 岩土力学，2008，29（7）：1759-1763.（MENG Qingshan，YANG Chao，XU Xiaozu，et al. Analysis of microstructure of soft clay before and after its improvement with dynamic consolidation by drainage［J］. Rock and Soil Mechanics，2008，29（7）：1759-1763.（in

Chinese))

[11] 孔令伟，吕海波，汪稔，等. 海口某海域软土工程特性的微观机制浅析 [J]. 岩土力学，2002，23 (1)：36-40. (KONG Lingwei，LU Haibo，WANG Ren，et al. Preliminary analysis of micro-mechanism of engineering properties for soft soil in a sea area of Haikou [J]. Rock and Soil Mechanics，2002，23 (1)：36-40. (in Chinese))

[12] 薛茹，胡瑞林，毛灵涛. 软土加固过程中微结构变化的分形研究 [J]. 土木工程学报，2006，39 (10)：87-91. (XUE Ru，HU Ruilin，MAO Lingtao. Fractal study on the microstructure variation of soft soils in consolidation process [J]. China Civil Engineering Journal，2006，39 (10)：87-91. (in Chinese))

[13] YIN G Z，ZHANG Q G，WANG W S，et al. Experimental study on the mechanism effect of seepage on microstructure of tailings [J]. Safety Science，2011，50 (4)：792-796.

[14] HORPIBULSUK S，YANGSUKKASEAMB N，CHINKULKIJINIWATA，et al. Compressibility and permeability of Bangkok clay compared with kaolinite and bentonite [J]. Applied Clay Science，2011，52 (1/2)：150-159.

不同桩长对无持力层刺入工况下刚性网格-桩加固路基的影响

莫海鸿[1]　黄文锋[1,2]　房营光[1]
（1. 华南理工大学 土木与交通学院，广东 广州 510640；
2. 中国电力工程顾问集团 东北电力设计院南方分院，广东 广州 510655）

【摘　要】 根据刚性桩复合地基和桩承式路堤在有持力层刺入工况下的薄弱部位，分析刚性网格-桩复合地基中张拉网、刚性网格和附加桩对薄弱处的加固作用，研究有、无持力层刺入2种工况下刚性网格-桩复合地基受力和变形在不同桩长影响下的变化特征，对刚性网格-桩复合地基是否适用于无持力层工况进行可行性探讨。研究结果表明：在无持力层刺入工况下，刚性网格-桩复合地基大部分边桩弯矩和剪力较大，当桩长缩小，其分布区域向路堤中心方向扩散；当桩长增加，大部分桩桩体荷载比增大，边桩弯矩及剪力、路堤沉降和路堤外侧竖向变形减小；可通过增加桩长，利用PTC管桩放宽中桩截面，减小附加桩桩径，使刚性网格-桩复合地基实现优化并适用于无持力层刺入工况。

【关键词】 桩基础；复合地基；无持力层刺入工况；比较分析；桩长；张拉网；刚性网格；附加桩

1 引　　言

刚性桩复合地基[1-2]和桩承式路堤[3-5]具有施工方便、水平变形和工后沉降小等优点，近年来在路基工程中得到大量采用，其应用形式也逐渐多元化[6-8]。关于是否可将刚性桩复合路基和桩承式路堤应用于无持力层刺入工况，一直存在不同意见[9]。根据有持力层刺入工况下刚性桩加固路基（图1）的3个薄弱区域[9-10]可知，将刚性桩复合地基和桩承式路堤应用到无持力层刺入工况存在如下主要问题：（1）Ⅰ区：对于路基，整个体系的竖向荷载主要通过深层土内群桩侧摩阻力来支撑，在无持力层刺入工况下，桩端必须刺入一定深度方可满足深层土对桩侧产生足够摩阻力要求，因而需要增加桩长来达到控制目的[11-12]。但过大的长径比造成施工困难，容易超出规范[13]要求。（2）Ⅱ区：和压板荷载不同，路堤荷载具有侧向压力，在有持力层刺入工况下，对路基的水平影响已较为明显，桩身受力特征为：中桩受较大轴力、较小弯矩和剪力，边桩受较小轴力、较大弯矩和剪力，因而在无持力层刺入工况下，堆土侧压力作用对路基的水平影响更为明显。（3）Ⅲ区：通过加筋褥垫层，利用土工格栅的拉膜效应可提高路堤荷载的竖向传递效率，但土工格栅对群桩水平限制作用不强，同时由于路堤两边缘无附加桩设置，造成路堤边缘下陷量较大，进而增大了路堤远处的地基隆起量。

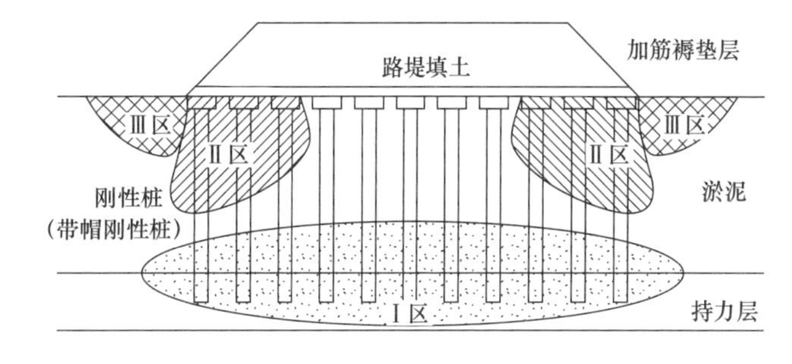

图1　薄弱区域

Fig. 1　Weak regions

以上薄弱部位可利用刚性网格-桩复合地基进行加固。刚性网格-桩复合地基是在刚性桩复合地基的基础上，增加联系梁即刚性网格与桩顶刚性连接，并在桩顶平面上伸出锚固钢筋，焊接张拉网，并将张拉网固定在附加桩外侧而形成的复合体系，如图2，3所示。其加固作用如下：（1）通过张拉网和刚性网格的结合设置，有效缩减了边桩弯矩和剪力，增大了桩体荷载分担比，减小了沉降，但提高了造价；（2）通过设置附加桩，减小了路堤边缘外侧路基的下陷量。由此可知，利用刚性网格-桩复合地基，Ⅱ和Ⅲ区2处薄弱部位可得到有效加固，在无持力层刺入工况下，若桩端刺入一定深度，充分利用Ⅰ区软土对桩侧的摩阻力及水平限制能力，则可认为整个体系的 3 处薄弱区域均得到了有效的加固，因而为刚性网格-桩复合地基适用于无持力层刺入工况提供了一定的可行条件。

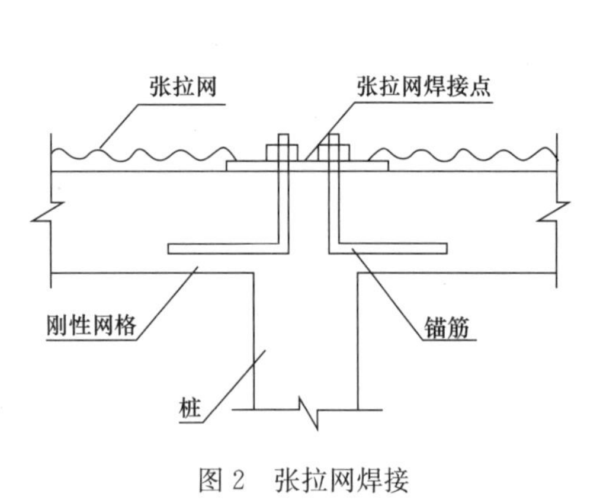

图 2 张拉网焊接

Fig. 2 Stretching net welding

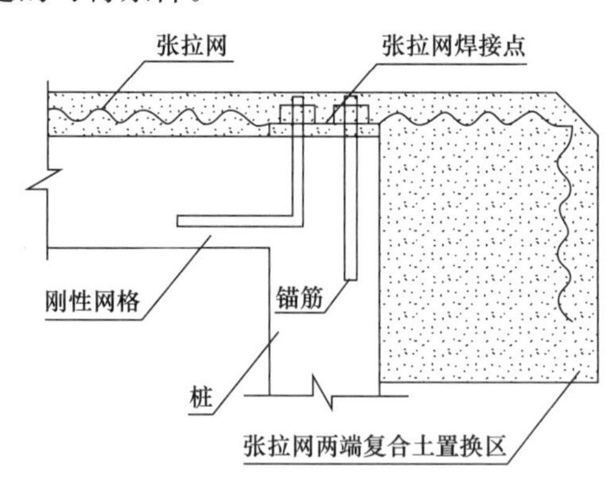

图 3 张拉网端部固定

Fig. 3 Fixing of stretching net at end

2 研 究 对 象

结合相似实例[11,14-15]，取横截面跨度为 150m 的路基，纵向布置 5 排桩，图 4 显示了该路基模型核心部分的横截面形状。其中，群桩呈方形布置，路堤边缘外侧设置 1 排附加桩；按对称条件，在 0，$L_e/4$，$L_e/2$（L_e 为路堤垮度）附近取 3 根桩（1#，2# 和 3# 桩）分别进行分析。为直观比较有、无持力层刺入的区别，桩长分别取 6m，10m，14m，18m，最长 1 根刺入持力层 2m。表 1 列出了内部结构单元的几何参数；利用 Midas/GTS，表 2 列出了单元类型和材料参数；对于刚性网格和群桩，选取了梁单元；对于桩-土接触单元，为了方便计算，选取了两节点单元[10]，表 3 列出了其参数，其中，对于淤泥，桩端弹簧取 1500kN/m；对于黏土，桩端弹簧取 3000kN/m[13]。需指出的是，在纵向 5 排桩中，内力分析中为避免误差，取中间一排桩的计算结果进行分析。

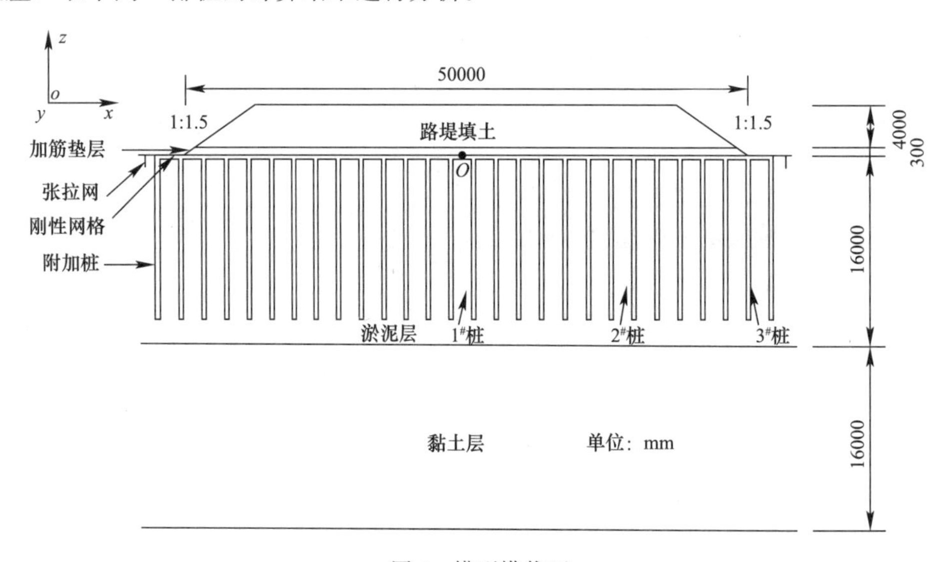

图 4 模型横截面

Fig. 4 Cross-section of model

几何参数 表 1

Geometrical conditions Table 1

刚性网格直径/m	桩径/m	桩距/m	桩长/m
0.3	0.3	2	6，10，14，18

单元类型和材料参数 表 2

Element types and material parameters Table 2

类别	单元划分形式	计算厚度/m	容重/(kN·m^{-3})	弹性模量/kPa	泊松比	黏聚力/kPa	内摩擦角/(°)	本构模型
淤泥	实体	16.000	16	5.00×10^3	0.36	4	3	莫尔-库仑
黏土	实体	16.000	18	1.80×10^4	0.30	25	15	莫尔-库仑
路堤填土	实体	4.000	20	2.00×10^4	0.32	5	30	莫尔-库仑
褥垫层	实体	0.300	25	6.00×10^7	0.29	0	35	莫尔-库仑
张拉网	土工格栅	0.015	78	2.06×10^8	0.20			弹性
土工格栅	土工格栅	0.015	25	3.87×10^7	0.22			弹性

桩-土接触单元参数 表 3

Parameters of pile-soil contact elements Table 3

剪切刚度 k_s/(kN·m^{-2})	法向刚度 k_n/(kN·m^{-3})	桩端弹簧/(kN·m^{-1})
1.3×10^3	9.8×10^8	1.5×10^3 (3.0×10^3)

对于边界条件，以图 1 所示的空间坐标系设置如下：

(1) 对 x 方向施加约束，即空间线位移 $u_x|_{x-0}=u_x|_{x-L/2}=0$，$L$ 为地基横向跨度；绕 y，z 轴的扭转角位移 $R_y|_{x-0}=0$，$R_z|_{x-0}=0$。

(2) 对 y 方向施加约束，即 $u_y|_{y-\pm(S/2)}=0$，s 为路堤填土纵向长度。

(3) 对 z 方向施加约束，即 $u_z|_{z=H}=0$，H 为路基深度。

(4) 因设置桩-土接触单元时造成了桩端与土节点分离，为防止计算发散，对桩端施加扭转约束，即 $R(x_i, y_j, z_k)|_{z--l}=0l$ 为桩长。

(5) 对张拉网两端的 x 方向施加约束，即 $u_x(x)|_{x=le/2}=0$。

3 变形与内力分析

根据刚性桩加固路基的受力特征可知，桩距的加密有利于减小整个体系的受力和变形，但整个体系的竖向荷载主要是依靠深层土对群桩的侧摩阻力来承担的，因而在无持力层刺入工况下，如何通过调整桩长来控制整个体系的受力和变形一直以来是该方向的热点问题[11-12]。下文将对模型在不同桩长下的变形和内力变化特征进行详细分析。

3.1 变形分析

设桩顶平面各点到中心线的距离为 L_x，桩顶平面各点竖向沉降为 w，图 5 为不同桩长下桩顶平面竖向沉降曲线。结果显示：(1) 无持力层刺入工况下，随着桩长由 6m 增大到 18m，桩端逐渐刺入持力层，桩顶平面最大沉降逐渐从 38.6cm 减少到 16.2cm，路堤外侧边缘最大隆起量由 6.8cm 减少至 1.2cm，可见增加桩长可有效减小桩顶平面中心区域的沉降和地基边缘的隆起量。(2) 在路堤边缘地基竖向位移变异处，当桩长较小时，变异值较大，其中最大值为 1.1cm。为减少突变大小，可考虑适当增加桩长或缩小边桩与附加桩之间的桩距，减小该处的变异值。(3) 当桩长较小时，中桩区域沉降较大，在沉降控制等级较高的情况下，应考虑利用 PTC 管桩侧面积较大的优点，适当增加、增大桩径或加密桩距。(4) 桩端直接刺入持力层可加快整个体系的沉降

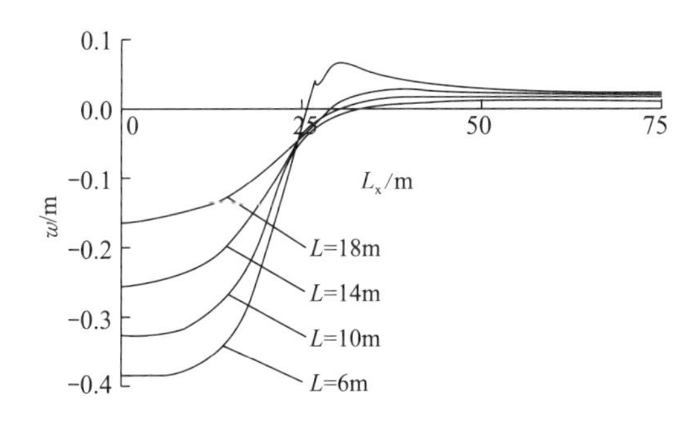

图 5 L_x-w 关系曲线

Fig. 5 L_x-w relation curves

减小，使体系沉降由竖向剪切型部分地向水平扩散型转化。

3.2　群桩内力分析

（1）1#桩

图 6 为 1#桩在不同桩长下轴力、桩侧摩阻力随桩深变化曲线，由图可知：①桩长的增加有利于提高桩体荷载分担比。当桩长较小时，群桩轴力较小，需更多地发挥桩间土的承载能力，使之与图 5 所示的桩顶平面沉降盘相对应，由此可知，桩长较短同时会加大中心区域的沉降。②随着桩长的增加，桩侧摩阻力发挥效率提升，若桩端刺入持力层，能加快桩端附近桩侧摩阻力的利用效率。③对于中心线附近的桩，桩身弯矩及剪力较小，在此不列入分析。

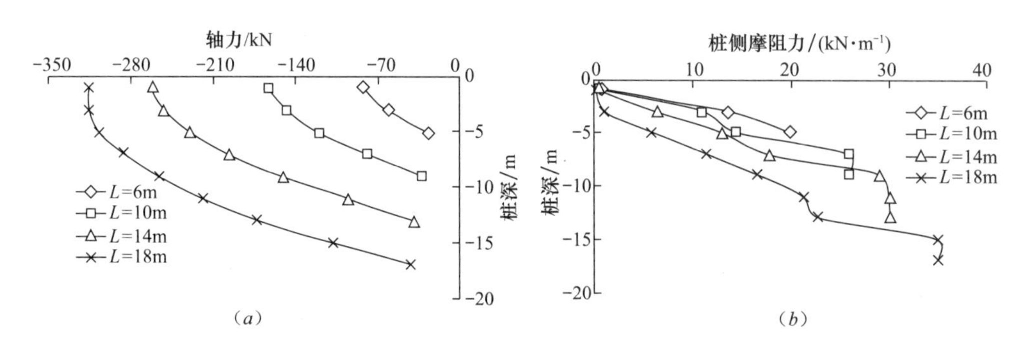

图 6　1#桩轴力及桩侧摩阻力随桩深变化曲线

Fig. 6　Changing curves of axial force and side friction of pile

(*a*) 轴力；(*b*) 桩侧摩阻力

（2）2#桩

图 7 为 2#桩轴力及桩侧摩阻力随桩深变化曲线。计算结果显示：①和 1#桩相比，2#桩侧摩阻力差别不大；②相比 1#桩，2#桩轴力有所减小，减小幅度为 6.2%～10.2%。

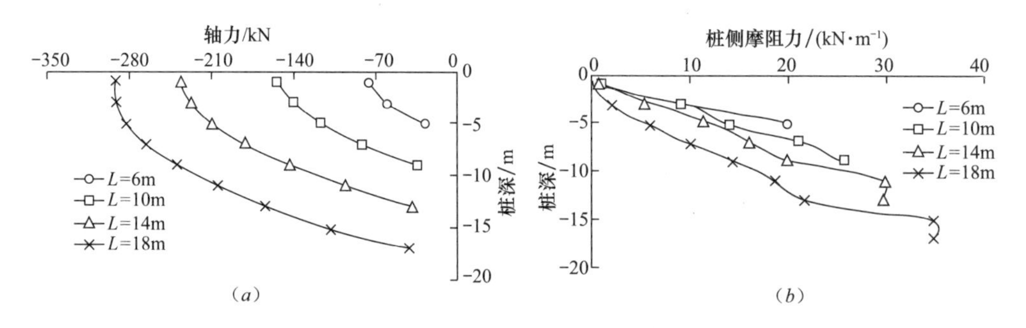

图 7　2#桩轴力及桩侧摩阻力随桩深变化曲线

Fig. 7　Changing curves of axial force and side friction of pile #2 with pile depth

(*a*) 轴力；(*b*) 桩侧摩阻力

图 8 为 2#桩桩身弯矩及剪力随桩深变化曲线。从图中可看出：①无持力层工况下，随着桩长的增加，桩身弯矩和剪力大幅减小，说明在无持力层工况下，可依靠增加桩长来减小路堤填土侧压力对路基的水平影响，桩长越大，影响越小；②当桩端刺入持力层，桩身弯矩和剪力大幅减小；③2#桩弯矩及剪力在有、无持力层刺入工况下的受力特征，和整个体系的沉降特征是相对应的，桩长增加有利于体系的竖向变形从竖向剪切型部分向水平扩散型转化。

（3）3#桩

图 9 为 3#桩轴力、桩侧摩阻力、弯矩及剪力随桩深变化曲线。从图中可以看出：①相比 1#和 2#桩，边桩处路堤填土厚度的减小，使 3#桩的轴力和桩侧摩阻力大幅缩减；②3#桩的弯矩和剪力较大，且随着桩长的增加而减小，其中，当桩端刺入持力层，土层的变异会使桩身弯矩产生峰值，但峰值不大，为−10.4kN·m；

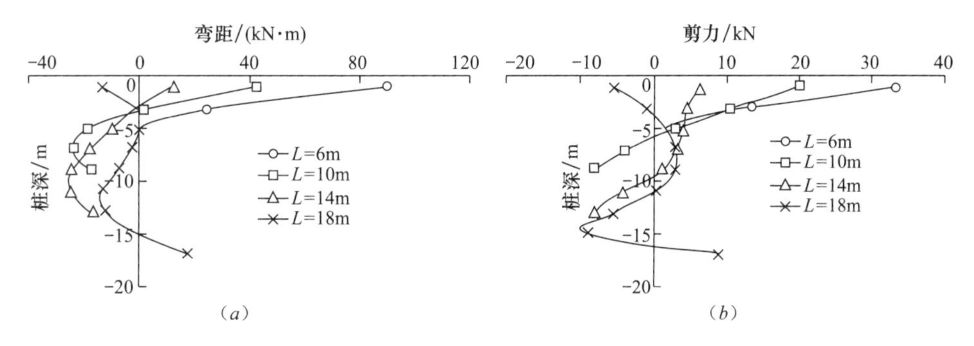

图 8　2# 桩弯矩及剪力随桩深变化曲线

Fig. 8　Changing curves of bending moment and shear force of pile #2 with pile depth

(a) 弯矩；(b) 剪力

③当桩长较短时，边桩弯矩及剪力依然较大，进一步说明路堤填土侧向作用对路基影响较大；④结合 1#，2# 桩的受力特征可知，桩长的增加，均能有效减少群桩内力，对整个体系有利。

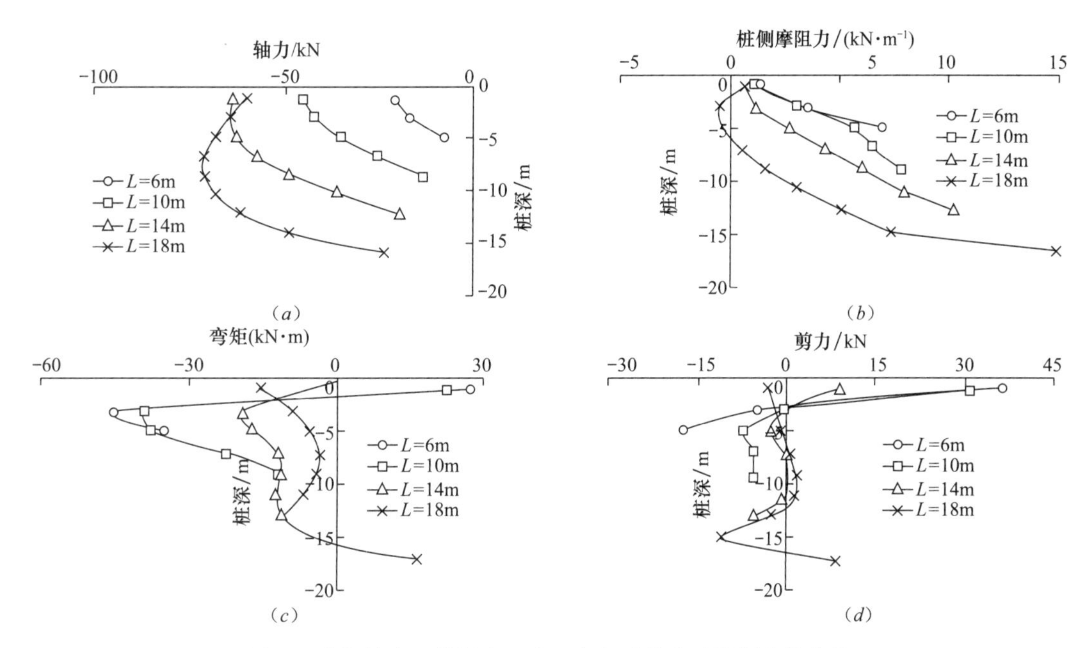

图 9　3# 桩轴力、桩侧摩阻力、弯矩及剪力随桩深变化曲线

Fig. 9　Changing curves of axial force, side friction, bending moment and shear force of pile #3 with pile depth

(a) 轴力；(b) 桩侧摩阻力；(c) 弯矩；(d) 剪力

(4) 附加桩

计算结果显示，附加桩桩身内力较小，由此可知附加桩可作为刚性网格-桩复合地基的构造措施，防止路堤边缘外侧地基突变和隆起量过大而影响周围设施的安全。

4　可行性分析

根据上述分析结果，可根据图 1 所示的 3 个薄弱区域，对有、无持力层刺入工况进行比较分析，确定无持力层刺入工况的可行性。

4.1　Ⅰ区

结合群桩摩阻力分布可知，分析Ⅰ区的桩侧摩阻力分布特征可有效判别群桩对深层土摩擦能力的利用效率。从节 3 可知，当桩长较短时，群桩的桩体荷载分担比较小，群桩侧摩阻力亦较小。结合图 5 所示的桩顶平面沉降曲线可知，桩体荷载分担比的缩小，加大了路堤荷载对桩间土的传递效率，使沉降迅速增加，从而说明了在无持力层刺入工况下，短桩无法发挥桩端附近桩侧摩阻力的利用效率，是桩长较短和土层深度不够 2 种原因所致。

4.2 Ⅱ区

如图 8 所示，根据有持力层刺入工况下Ⅱ区的桩身受力特征可知，该区桩群桩身弯矩和剪力较小，但在无持力层工况下，桩身弯矩和剪力较大，当桩长缩短时，其弯矩和剪力增大较快，说明Ⅱ区边桩的弯矩和剪力的分布范围在桩上部区域向中心线方向扩大；随着向中心线前进，群桩轴力开始增大，从而导致配筋率增加，造价提高。

4.3 Ⅲ区

Ⅲ区位于路堤边缘外侧，属于附加桩控制范围。结合图 5 可知，当桩长较短的，路堤外侧隆起量和地基突变量较大，说明在无持力层工况下，群桩桩长的大小亦会控制Ⅲ区竖向位移。但附加桩内力较小，因而可适当控制中心区域桩长，缩小附加桩桩径，加密附加桩的间距，可有效控制该处薄弱区域的扩散。

4.4 优化

对于刚性网格-桩复合地基，若加大桩长，不仅可充分利用Ⅰ区深层土对群桩的摩擦能力，增大桩体荷载分担比，亦可防止Ⅱ和Ⅲ区的薄弱部位的扩散；另一方面，通过附加桩的构造作用，有效防止Ⅲ区的竖向位移变异过大。此外，若需严格控制沉降，可考虑利用 PTC 管桩截面较宽的优点，适当加大桩径，防止中心区域沉降过大。通过上述优化可知，刚性网格-桩复合地基是适用于无持力层刺入工况的。

4.5 适用范围

桩端刺入足够的深度，是在无持力层刺入工况下使用刚性网格-桩复合地基的显著特征。上文分析表明，无持力层刺入工况下的刚性网格-桩复合地基并不适合如下范围：(1) 当软土厚度较大、桩长较短，会造成群桩桩体荷载分担比过小，沉降过大；(2) 淤泥层深度较浅，此时可直接使用有持力层刺入工况，或者选择使用其他加固方式降低工程造价，比如水泥搅拌桩；(3) 对沉降控制要求较高的工况，比如飞机跑道，虽可同时通过增加桩径和桩长满足设计要求，但造价过高。由此可知，无持力层刺入工况下，刚性网格-桩复合地基适用范围是淤泥层厚度较大且沉降控制要求不高的建筑地基和路基，因而建议该工况下降级使用，否则会造成造价偏高。

5 结　　论

对于无持力层工况下的刚性网格-桩加固路基，增加桩长能增大中桩桩体荷载比，减小边桩上部弯矩及剪力、体系的最大沉降和路堤外侧竖向位移变异，使体系竖向变形由竖向剪切型部分地向水平扩散型转化；当桩在软土中刺入足够深度时，可充分利用深层土对群桩的摩擦能力，同时通过张拉网、刚性网格和附加桩的组合加固路堤和路基；在此基础上，通过增加桩长，利用 PTC 管桩放宽中桩截面，减小附加桩桩径，使刚性网格-桩复合地基实现优化并适用于无持力层刺入工况。

参考文献（References）

[1] 何宁，娄炎. 路堤下刚性 桩复合地基的设计计算方法研究 [J]. 岩土工程学报，2011，33 (5)：797-802. (HE

Ning, LOU Yan. Designand calculation method for rigid pile composite foundation under embankments [J]. Chinese Journal of Geotechnical Engineering, 2011, 33 (5): 797-802. (in Chinese))

[2] 宋二祥，武思宇，刘华北．刚性桩复合地基地震反应的拟静力计算方法 [J]．岩土工程学报，2009，31 (11): 1723-1728. (SONG Erxiang, WU Siyu, LIU Huabei. Quasi-static calculation method for seismic response of rigid pile composite foundation [J]. Chinese Journal of Geotechnical Engineering, 2009, 31 (11): 1723-1728. (in Chinese))

[3] 曹卫平，陈云敏，陈仁朋．考虑路堤填筑过程与地基土固结相耦合的桩承式路堤土拱效应分析 [J]．岩石力学与工程学报，2008，27 (8): 1610-1617. (CAO Weiping, CHEN Yunmin, CHEN Renpeng. Analysis of soil arching in piled embankments considering coupled effect of embankment filling and soil consolidation [J]. Chinese Journal of Rock Mechanics and Engineering, 2008, 27 (8): 1610-1617. (in Chinese))

[4] ZHUANG Y, ELLIS E A, YU H S. Plane strain FE analysis of arching in a piled embankment [J]. Proceedings of the ICE—GroundImprovement, 2010, 163 (4): 207-215.

[5] VAN EEKELEN S J M, BEZUIJEN A, VAN TOL A F. Analysis and modification of the British Standard BS8006 for the design of piled embankments [J]. Geotextiles and Geomembranes, 2011, 29 (3): 345-359.

[6] KOUSIK D. A mathematical model to study the soil arching effect in stone column-supported embankment resting on soft foundation soil [J]. Applied Mathematical Modelling, 2010, 34 (12): 3871-3883.

[7] 娄炎，何宁，娄斌．长短桩复合地基中的土拱效应及分析 [J]．岩土工程学报，2011，33 (1): 77-80. (LOU Yan, HE Ning, LOU Bin. Analysis of soil arching of composite foundations with long and short piles [J]. Chinese Journal of Geotechnical Engineering, 2011, 33 (1): 77-80. (in Chinese))

[8] ZHENG G, JIANG Y, HAN J, et al. Performance of cement-fly ashgravel pile-supported high-speed railway embankments over sof tmarine clay [J]. Marine Georesources and Geotechnology, 2011, 29 (2): 145-161.

[9] 龚晓南．广义复合地基理论及工程应用 [J]．岩土工程学报，2007，29 (1): 1-13. (GONG Xiaonan. Generalized composite foundation theory and engineering application [J]. Chinese Journal of Geotechnical Engineering, 2007, 29 (1): 1-13. (in Chinese))

[10] 张忠苗，喻君，张广兴．根据不同桩长对比试验优化设计桩持力层的研究 [J]．岩石力学与工程学报，2007，26 (增2): 4251-4257. (ZHANG Zhongmiao, YU Jun, ZHANG Guangxing. Study on optimization design of pile bearing layer according to contrastive tests with different pile lengths [J]. Chinese Journal of Rock Mechanics and Engineering, 2007, 26 (Supp. 2): 4251-4257. (in Chinese))

[11] 徐正中，陈仁朋，陈云敏．软土层未打穿的桩承式路堤现场实测研究 [J]．岩石力学与工程学报，2009，28 (11): 2336-2341. (XU Zhengzhong, CHEN Renpeng, CHEN Yunmin. Study of in-situ data of pile-supported embankment with pile partially penetrated in soft soils [J]. Chinese Journal of Rock Mechanics and Engineering, 2009, 28 (11): 2336-2341. (in Chinese))

[12] 杨光华，李德吉，官大庶．刚性桩复合地基优化设计 [J]．岩石力学与工程学报，2011，30 (4): 818-825. (YANG Guanghua, LI Deji, GUAN Dashu. Optimization design of rigid pile composite foundation [J]. Chinese Journal of Rock Mechanics and Engineering, 2011, 30 (4): 818-825. (in Chinese))

[13] 中华人民共和国行业标准编写组．JGJ 94—2008 建筑桩基技术规范 [S]．北京：中国建筑工业出版社，2008. (The Professional Standards Compilation Group of people's Republic of China. JGJ 94—2008 Technical code for building pile foundation [S]. Beijing: ChinaArchitecture and Building Press, 2008. (in Chinese))

[14] 曾革，周志刚．桩承式加筋垫层路堤地基承载力计算方法 [J]．中南大学学报：自然科学版，2010，41 (3): 1158-1164. (ZENG Ge, ZHOU Zhigang. Calculation method for ground bearing capacity of pile-supported reinforced cushion embankment [J]. Journal of Central South University: Science and Technology, 2010, 41 (3): 1158-1164. (in Chinese))

[15] JONES B M, PLAUT R H, FILZ G M. Analysis of geosynthetic reinforcement in pile-supported embankments, part I: 3D plate model [J]. Geosynthetics International, 2010, 17 (2): 59-67.

桩筏基础与地基共同作用分析方法及其应用

黄菊清[1,2] 何春保[3] 莫海鸿[1]
（华南理工大学 建筑学院土木工程系 1，广州 510641；东莞市建设工程质量监督站 2，东莞 523076；
华南农业大学 水利与土木工程学院 3，广州 510642）

【摘 要】 通过离散，将桩筏基础与地基的共同作用化为桩、筏、土的共同作用问题，在土的 Boussinesq 解和 Mindlin 弹性理论解的基础上，推导得到了不同荷载分布情况下的积分解答。同时利用板的弹性理论，得到了地基上筏板的理论解。在此基础上，利用桩、筏、土之间的力与位移协调，采用半解析、半数值方法，给出了桩筏基础与地基共同作用理论推导过程。最后通过工程实例，说明了方法的具体应用，实例表明，方法具有较好的工程实用性。

【关键词】 桩筏地基 共同作用 半解析半数值方法

In recent years, many researchers pay much attention to the interaction between piled raft foundation and ground, and large numbers of research results have been achieved[1-6]. At present, the finite element numerical methods are the main methods in the analysis of piled raft foundation[1-6], and certain hypothesis are also necessary. Such as taking the piled raft foundation as rigid, not considering the non linear and anisotropic of soil. A 3D finite element method which can consider all factors above maybe helpful for the research of interaction mechanism, but the large computational cost of the method makes it can hardly be used in the analysis of the practical engineering problems. In references [1-3, 7], a lot of work has been done on the numerical research of pile raft foundation and a semi-analytical and semi-numerical effective method, which takes the raft as rigid and considers many factors such as the non-homogeneity of layer soil, the nonlinear performance of the piles and the nonlinear displacement field of soil around pile, is developed. Developing an analysis method of pile raft foundation in which the stiffness of the raft can be taken into consideration is theoretically and practically important for the understanding of nonlinear behavior of pile raft foundation and optimum design of pile raft foundations.

On the basis of the elasticity theory solution of slab, reference [8] derives the equations of interaction between rectangular plate with free boundaries and ground.

On the basis of the works mentioned above, a new semi-analytical and semi-numerical method for the interaction analysis of piled raft and foundation is developed which can take the actual stiffness of the raft and the non-homogeneity of layered soil into consideration.

Comparison is made between the behavior of a practical piled raft foundation and the behavior predicted by the new theory. It is found that the results derived from the Nero method agree well with the observed values in the practical piled raft foundation.

1 The stress of soil and displacement solution

Just as Fig. 1 shows, the displacement at any (x, y, z) point due to unit vertical concentrated load acts at point in half space is given by Mindlin

$$(w,x,y)z=\frac{(1+\mu)P}{8\pi E(1-\mu)}\left[\frac{3-4\mu}{R_1}+\frac{5-12\mu+8\mu^2}{R_2}-\frac{(z-c^2)}{R_1^3}+\frac{(3-4\mu)(z+c^2)-6cz}{R_2^3}+\frac{6cz(z+c^2)}{R_2^5}\right] \tag{1}$$

The displacement induced by local uniform load in half space can be derived by integrating equation (1):

$$w(x,y,z)=\frac{q(1+\mu)}{8\pi E(1-\mu)}\int_{\eta_1}^{\eta_2}\int_{\varepsilon_1}^{\varepsilon_2}\left[\frac{3-4\mu}{R_1(xyz\xi\eta)}+\frac{5-12\mu+8\mu^2}{R_2(xyz\xi\eta)}+\frac{(z-\zeta^2)}{R_1\ (xyz\xi\eta)^3}+\frac{6\varepsilon I(z+\zeta^2)}{R_2\ (xyz\xi\eta)^5}+\frac{(3-4\mu)(z+\zeta^2)-2z\xi}{R_2\ (xyz\xi\eta)^3}\right]d\xi d\eta \tag{2}$$

Itegrating the equation above, we can obtain

$$w(x,y,z)=Gw(x,y,z,\xi_1\eta_1)+Gw(x,y,z,\xi_2\eta_2)-Gw(x,y,z,\xi_1\eta_2)-Gw(x,y,z,\xi_2\eta_1)$$

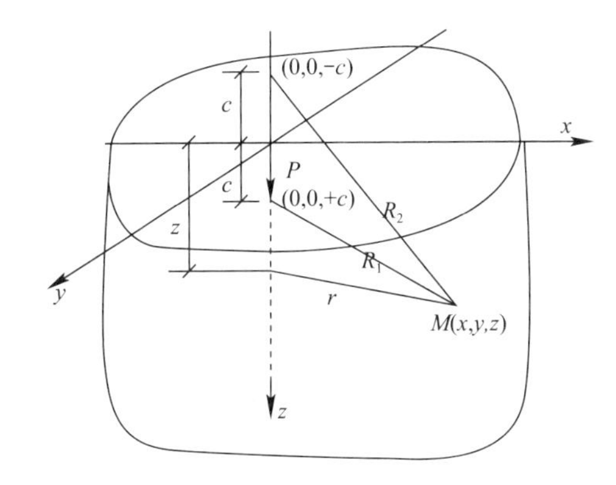

Fig. 1 Model of a vertical point load in an elastic semi-infinite ground

in which

$$Gw(x,y,z,\xi\eta)=\frac{q(1+\mu)}{8\pi E(1-\mu)}\Bigg\{(3-4\mu)(\eta-y)\times\ln(\xi-x+R_1)+\ln(\eta-y+R_1)+(5-12\mu+8\mu^2)\times[(\eta-y)\ln(\xi-x+R_2)+(\xi-x)\ln(\eta-y+R_2)]-2(1-2\mu)(z-\zeta)\arctan\left[\frac{(x-\xi)(y-\eta)}{(z-\zeta)R_1}\right]-[(\eta-y)\ln(\xi-x+R_2)+(\xi-x)\ln(\eta-y+R_2)]-2(1-2\mu)^2(z+\zeta)\arctan\left[\frac{(x-\xi)(y-\eta)}{(z+\zeta)R_2}\right]+\frac{2z\zeta(\xi-x)(\eta-y)}{R_2}\left[\frac{1}{(\xi-x)^2+(z+\zeta)^2}+\frac{1}{(y-\eta)^2+(z+\zeta)^2}\right]\Bigg\}$$

In a same rule, we can also obtain the displacements of any point in soil resulted from the shape uniform distributed load or annular shape uniform distributed load.

2 Theo retical model of interaction between pile raft foundation and soil

2.1 Compatible equation of bottom plate and foundation

The compatible equations of deformation between bottom plate and foundation, and the equilibrium equation sof bottom plate could be written as

$$\begin{bmatrix}\delta_{1,1} & \delta_{1,2} & \cdots & \delta_{1,N} & -1 & -x_1 & -y_1\\ \delta_{2,1} & \delta_{2,2} & \cdots & \delta_{2,N} & -1 & -x_2 & -y_2\\ \vdots & \vdots & \ddots & \vdots & \vdots & \vdots & \vdots\\ \delta_{N,1} & \delta_{N,2} & \cdots & \delta_{N,N} & -1 & -x_N & -y_N\\ 1 & 1 & \cdots & 1 & 0 & 0 & 0\\ y_1 & y_2 & \cdots & y_N & 0 & 0 & 0\\ x_1 & x_2 & \cdots & x_N & 0 & 0 & 0\end{bmatrix}\times\begin{bmatrix}X_1\\ X_2\\ \vdots\\ X_N\\ \Delta_0\\ \tan\alpha_0\\ \tan\beta_0\end{bmatrix}=\begin{bmatrix}\Delta_{1,p}\\ \Delta_{2,p}\\ \vdots\\ \Delta_{N,p}\\ F_z\\ M_x\\ -M_y\end{bmatrix} \tag{3}$$

where $\delta_{i,j}=w_{i,j}+s_{i,j}$; x_i and y_i are the coordinates of mid point of fundation segment. X_i is the reaction force of foundation at segment. Δ_0, α_0, β_0 are the rigid displacement at the corner of plate and the rotational angles at two directions of corner, respectively; F_z, M_x, M_y are the external load on the surface of slab and the bending moments in two directions, respectively;

$\Delta_{i,p}$ is the deflection of slab at i point due to the external load P which include the load of beam; $w_{i,j}$ is the deflection of slab at i point due to unit load acts at j point; $s_{i,j}$ is the settlement of foundation at i point due to unit load acts at j segment.

2.2 Compatible equation of pile-soil

As is shown in Fig. 2, divid each pile into n_z sections, let the skin friction of pile i at element u be $\tau_{u,i}$, and let the pressures of pile-top and pile-bottom of pile i be $P_{t,i}$, $P_{b,i}$.

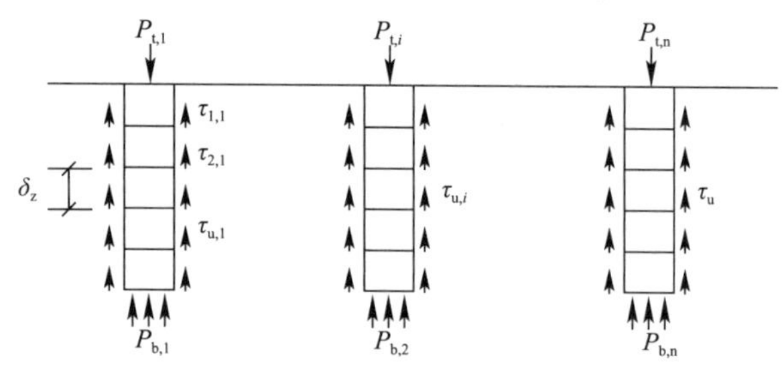

Fig. 2 Force of pile

As each pile is balance when subjected to pressure of pile-top, pile round friction and pressure of pile-bottom, so we can obtain

$$P_{t,i} = \sum_{u=1}^{n_z} \pi d\delta_z \tau_{u,i} + P_{b,i} (i = 1,2,\cdots,n) \quad (4)$$

in which dis the diameter of pile, δ_z is the length of element.

The compressive deformation of pile due to the interaction between pile-top pressure and skin friction of pile maybe

$$\Delta J_{u,i} = \frac{P_i - \sum_{s=1}^{u} \pi d\delta_z \tau_{s,i} + \frac{1}{2}\pi d\delta_z \tau_{u,i}}{E_b A} \quad (5)$$

Where E_p is the elastic modulus of pile, A is the cross section area of pile.

Supposed that the settlement on the bottom of pilei is S_{d0_i}, so the mid-point displacement of segment u is

$$S_{1u,i} = S_{d0_i} + \sum_{s=u}^{n_z} \Delta J_{s,i} - \frac{1}{2}\Delta J_{u,i} \quad (6)$$

As Fig. 3 shows, the displacement of soil induced by interaction between skin friction of pile and pile-top pressure can be calculated by means of the Mindlin solutions, just as the equations shown in section 1.

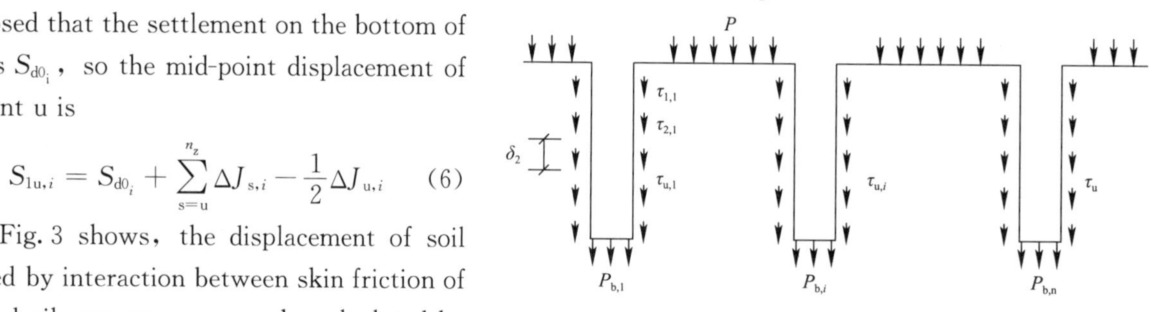

Fig. 3 Force of soil

The soil displacement due to the unit friction of segment v in pile j can be calculated as follows

$$S_\tau(x,y,z,v,j) = \int_0^{2\pi}\int_{z_{v,j}-\frac{1}{2}\cdot\delta_z}^{z_{v,j}+\frac{1}{2}\delta} g_1(x,y,z,\varphi,\zeta)d\varphi d\zeta \quad (7)$$

where

$$g_1(x,y,z,\varphi,\zeta) = \frac{d(1+\mu)}{16\pi E(1-\mu)} \times \left[\frac{3-4\mu}{R_1} + \frac{5-12\mu+8\mu^2}{R_2} + \frac{(z-\zeta)^2}{R_1^3} + \frac{(3-4\mu)(z+\zeta)^2 - 2\zeta z}{R_2^3} + \frac{6\zeta z(z+\zeta)^2}{R_2^5}\right] \quad (8)$$

$$\begin{cases} R_1^2 = \left(x - \frac{d}{2}\cos\varphi\right)^2 + \left(y - \frac{d}{2}\sin\varphi\right)^2 + (z-\zeta)^2 \\ R_2^2 = \left(x - \frac{d}{2}\cos\varphi\right)^2 + \left(y - \frac{d}{2}\sin\varphi\right)^2 + (z+\zeta)^2 \end{cases} \quad (9)$$

So the soil displacement at mid-point of segment u in pile i due to the unit friction of element v in pile j may be

$$S\tau_{u,v,i,j} = S_\tau(x_i, y_i, z_{u,i}, v, j) \quad (10)$$

Where x_i, y_i is the coordinate of pile j, $z_{u,i}$ is the coordinate correspond to the mid-point depth of segment u in pile i.

And the soil displacement at the bottom of pile i due to the unit friction of segment v in pile j is

$$S\tau d_{\mathrm{v},i,j} = S_{\tau}(x_i, y_i, zd_i, v, j) \tag{11}$$

z_{di} is the coordinate correspond to the bottom depth of pile i.

The soil displacement due to the unit pressure at the bottom of pile j can be calculated by the equation as follows:

$$S_J(x,y,z,j) = \int_0^{2\pi}\int_0^{\frac{d}{2}} g_2(x,y,z,\rho,\varphi)d\varphi d\rho \tag{12}$$

in which

$$g_2(x,y,z,\rho,\varphi) = \frac{\rho(1+\mu)}{2\pi^2 E(1-\mu)d^2}\left[\frac{3-4\mu}{R_1} + \frac{5-12\mu+8\mu^2}{R_2} + \frac{(z-zd_j)^2}{R_1^3} + \frac{(3-4\mu)(z+zd_j)^2 - 2zd_j z}{R_2^3} + \frac{6zd_j z(z+zd_j)^2}{R_2^5}\right] \tag{13}$$

$$\begin{cases} R_1^2 = \left(x - \frac{d}{2}\cos\varphi\right)^2 + \left(y - \frac{d}{2}\sin\varphi^2\right) + (z - z_{dj})^2 \\ R_2^2 = \left(x - \frac{d}{2}\cos\varphi\right)^2 + \left(y - \frac{d}{2}\sin\varphi^2\right) + (z + z_{dj})^2 \end{cases} \tag{14}$$

So the soil displacement at mid-point of segment u in pile i due to the unit pressure at the bottom of pile j is

$$S_{J_{\mathrm{u},i,j}} = S_J(x_i, y_i, z_{\mathrm{u},i}, j) \tag{15}$$

And the soil displacement at the bottom of pile i induced by the unit pressure at the bottom of pile j is

$$S_{J\mathrm{d}_{i,j}} = S_{\mathrm{J}}(x_i, y_i, z_{\mathrm{d}_i}, j) \tag{16}$$

Then, the total soil displacement around element u of pile i maybe

$$S_{0_{\mathrm{u},i}} = \sum_{j=1}^{n}\sum_{v=1}^{nz} S_{\tau_{\mathrm{u,v},i,j}}\tau_{\mathrm{v}j} + \sum_{j=1}^{n} S_{J_{\mathrm{u},i,j}} P_{\mathrm{b},j} \tag{17}$$

where $S_{0\mathrm{u},i}$ is the soil displacement around element u of pile i, $\tau_{\mathrm{v},j}$ is the friction between pile element and soil. $P_{\mathrm{b},j}$ is the pressure at the bottom of pile j.

$S_{\mathrm{J}u,\mathrm{i},\mathrm{j}}$ is denoted as the soil displacement coefficient of element u in pile i, which is induced by the unit pressure at the bottom of pile j. So the relative displacement between pile and soil is:

$$\Delta S_{\mathrm{u},i} = S_{1_{\mathrm{u},i}} - S_{0_{\mathrm{u},i}} \tag{18}$$

And the displacement of pile bottom is

$$S_{\mathrm{d}0_i} = \sum_{j=1}^{n}\sum_{v=1}^{nz} S_{\tau\mathrm{d}_{\mathrm{v},i,j}}\tau_{\mathrm{v},j} + \sum_{j=1}^{n} S_{J\mathrm{d}_{\mathrm{u},i,j}} P_{\mathrm{b},j} \tag{19}$$

As for the soil around pile, consider the soil of section i, we supposed that the curve equation of shear stress τ and displacement S is:

$$\tau_i = \frac{(S_{\mathrm{s}})_{ii}}{a_i + b_i\tau_i} \tag{20}$$

in which, $(S_{\mathrm{s}})_{\mathrm{ii}}$ is the self-displacement induced by the shear stress of section i. Deducting the linear component from cqution (16)[9], we can know that the local nonlinear displacement of soil in layer i can be expressed as

$$(S'_{\mathrm{ss}})_i = \frac{a_i b_i \tau_i^2}{1 - b_i\tau_i} \tag{21}$$

The adaptation method of the parameters in equation (17) refers to ref. [9]. So the total displacement of soil along the pile shaft is

$$(S_{\mathrm{u}})_{i,j} = \sum_{j=1}^{n}\sum_{v=1}^{nz}(S_{\tau\mathrm{u,v}})_{ij}\tau_{i,j} + \sum_{j=1}^{n}(S_{\mathrm{J}_{\mathrm{u,v}}})P_{\mathrm{b},j} + (S'_{\mathrm{ss}})_{\mathrm{u}\,i} \tag{22}$$

Due to the assumption of displacement compatibles values of $(S_{ss})_{u,i}$ equal to the pile displacement $(S_p)_{u,i}$at relation pile elements.
namely $(S_a)_{u,i} = (S_p)_{u,i}$
acording to reference [10] $(S_p)_{u,i}$ is

$$(S_p)_{u,i} = \frac{P_i}{EbA}\left(\sum_{t=u}^{nz}\Delta L_t - \frac{1}{2}\Delta L_u\right) - \sum_{i=1}^{nz}(B_2)_{u,t}\tau_{t,i} + (S_b)_i$$

$$(B_2)_{u,v} = \sum_{i=u}^{nz}(B_1)_{t,v} - \frac{1}{2}(B_1)_{u,v}(u,v = 1,2,\cdots,n_z) \tag{23}$$

$$(B_1)_{u,v} = \frac{P_i}{EbA}\begin{bmatrix} \frac{1}{2}\Delta L_1^2 & 0 & \cdots & 0 & \cdots & 0 \\ \Delta L_1\Delta L_2 & \frac{1}{2}\Delta L_2^2 & \cdots & 0 & \cdots & 0 \\ \vdots & \vdots & \ddots & \vdots & \vdots & \vdots \\ \Delta L_1\Delta L_i & \Delta L_2\Delta L_i & \cdots & \frac{1}{2}\Delta L_i^2 & \cdots & 0 \\ \vdots & \vdots & \ddots & \vdots & \vdots & \vdots \\ \Delta L_1\Delta L_n & \Delta L_2\Delta L_n & \cdots & \Delta L_i\Delta L_n & \cdots & \frac{1}{2}\Delta L_n^2 \end{bmatrix}$$

$(S_b)_i$ is the bottom placement of pile.
The placement compatibility equation $(S_a)_{u,i}=(S_p)_{u,i}$ can derive $n_z\ n$ equations.

According to refernce [11], as for the interface of pile-soil, using the rigid-plastic model, the compatible equations of displacement can be expressed as follow:

$$\begin{cases} S_{si} = S_{pi}, & quadwithout\ relative\ slip \\ \tau_i = \tau_{u,i}, & with\ relative\ slip \end{cases} \tag{24}$$

When relatives lip occurs at the interface of pile-soil, equation (23) will not be true. But as we know that any skin friction of sectional pile which makes equation (23) not be true must be the ultimate shear stress, then equation (23) can be substituted by expression as follows

$$\tau_i = (\tau_u)_i \tag{25}$$

so the alternation above does not change the number of equation.

According to the way mentioned above, there are $n(n_z+2)$ unknown data, which are $n\times n_z$ frictions, n pile bottom pressure and n pile bottom displacements. Other unknown data can be calculated by these $n(n_z+2)$ unknown data. And as we had known, there are n balanced equations with n piles, described in equation (4) $n\times n_z$ equations about the relations between pile round friction and the relative displacement of pile soil,and n displacement compatible equations of pile bottom, described in equation (19), so there are also $n(n_z+2)$ equations totally. So the skin friction $\tau_{u,i}$ of pile and the pile bottom displacement S_{d0i} can be calculated by iterative method.

3 Engineering example

The trade center of Dong-Guan located at the new center district of Dong-Guan, surrounding the area of Yuan-Mei road, Yang-Guan groad and Dong- Guan load, and its north is Hong-Fu road. This area is the physiognomy unit belonging to the junction section of erosional mound and alluvial accumulated bill abong, and its total area is 35719m^2. The main building of trade center has 23 storeys, with 1~3 storeys skirt-building and a one-storey basement. The arrangement planar graph of building is shown in Fig. 1.
According to the geologic data, the main stratums of site are the artificial fill, the bearing plant layer,

the slope diluvium of 4th system and residual stratum, the underlying bed rock belonging to granite. The geological condition can be seen in Fig. 5

The depth of raft-slab is 1. 6m. the labour excavated pile isused, and the pile can pass through the plastic soil stratum, deep into the hard plastic soil stratum, the actual length of pile is between 11～14m long with different piled location.

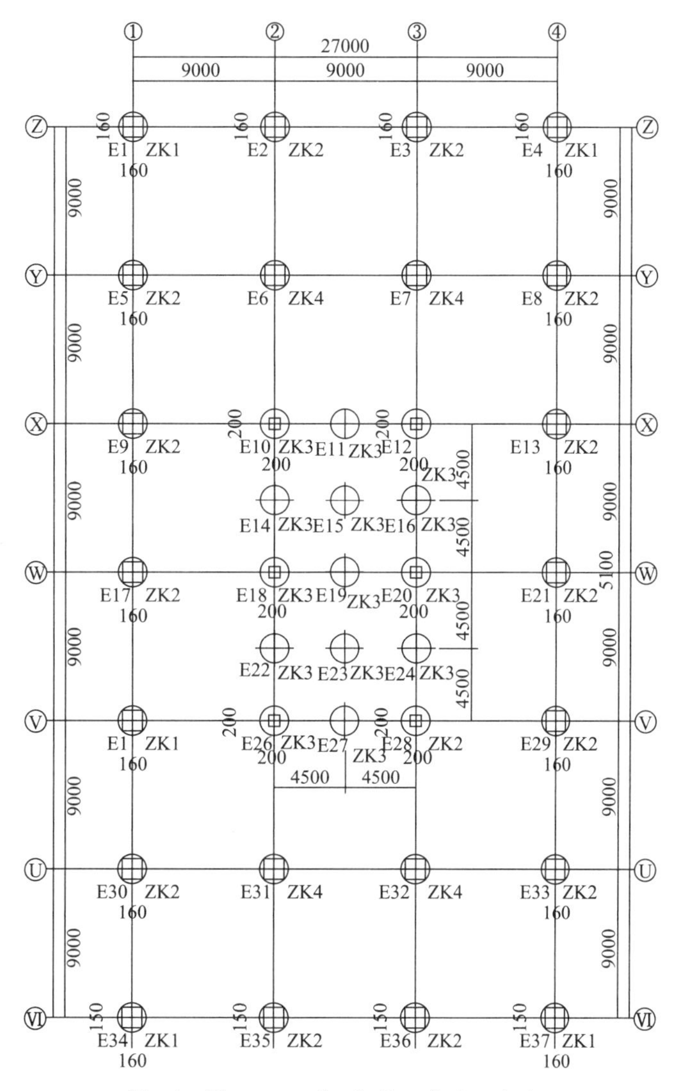

Fig. 4 Planar graph of pile-raft foundation

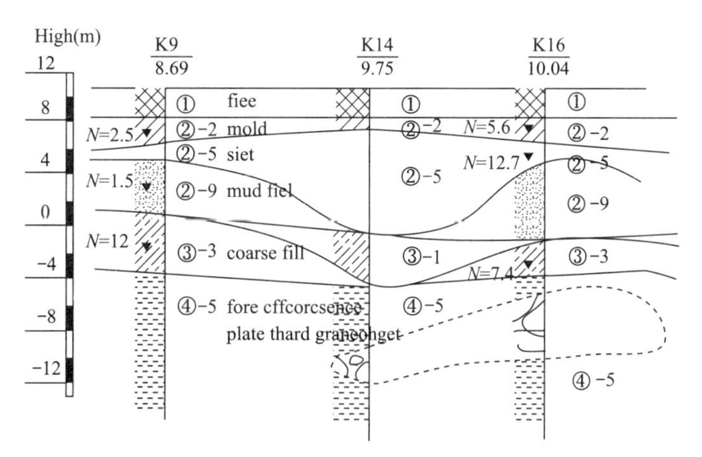

Fig. 5 geological condition

Measure result of settlement　　Table 1

measured Point	Total settlement during renovation	Measurd Point	Total settlement during renovation
E—1#	57.78	E—8#	11.04
E—2#	54.44	E—9#	26.15
E—3#	44.22	E—10#	47.31
E—4#	37.97	E—11#	33.74
E—5#	35.78	E—12#	44.16
E—6#	18.56	E—13#	49.18
E—7#	23.04	E—14#	16.37

calculated result of settlement　　Table 2

settlement	1	2	3	4	5
1	36.6	37.1	36.3	35.9	35.6
2	39.1	39.6	39.4	38.9	38.4
3	42.3	43.6	44.7	44.1	42.5
4	45.0	48.6	51.8	51.2	47.0
5	47.3	52.7	56.6	55.3	50.2
6	49.4	54.8	58.7	57.2	52.3
7	51.1	55.2	58.4	57.3	53.1
8	52.8	54.9	56.5	55.9	53.5
9	54.7	54.9	55.6	55.1	54.0
10	58.7	56.1	55.9	55.7	55.8

4 Conclusion

Based on the theory of Mindlin elastic solution and the elastic theory of slab, using the semi-analyticaland semi-numerical method, analytical method of interaction between the pile-raft foundation between the pile-raft foundation and ground is developed. And the interaction between the pile-raft foundation and ground was analyzed by an engineering example. Engineering example shows that the method developed this paper had good practicality in engineering utility, especially in calculating the settlement of foundation and settlement difference.

Reference

[1] Zhang Jianhui, Deng Anfu, Ding Jixin. New ideas to optimize the piled raft foundation design. Underground Space, 2000; 20 (1): 64-77

[2] Yang Min. The theory and test research on upper structrure and pile raft Interaction. Shanghai: Ph. D. Thesis of Tongji University, 1989

[3] Yang Rongchang, Zai Jinmin, Mechanism of Piles-Soil-Raft Interaction, Journal of Nanjing Architectural and Civil Engineering Institute, 1994; (1): 1-7

[4] Shang Shouping, DuYunxing, Zhou Fen. Study on the Interaction of Subsoil and Piled Box (Raft) Foundation, China Civil Engineering Journal, 2001; 34 (4): 93-97

[5] Zai Jinmin, Ling Hua, Wang Xudong. Numerical analysis of nonlinear interaction of piled raft foundations. Jouranal of Nanjing University of Technology, 2002; 24 (5): 1-6

[6] ChenYun-min, Chen Ren-peng, Ling Dao-sheng. A simplified method to analyze soil-pile-raft interactions. Chinese Journal of Geotechnical Engineering, 2001; (6): 686-691

[7] Cao Zhiyuan, Pan Duozhong. A semi Analytical coupled region method for pile group. Chinese Journal of Geotechnical Engineering, 1996; 18 (6): 77- 83
[8] Ni Guangle, Li Chengming, Su Kezhi. A simple computational method of Interaction between elastic plate and elastic subground. Chinese Journal of Rock Mechanics and Engineering, 2000; 19 (5): 659-665
[9] Lai Qionghua. Calculation procecture for P-S curve of piles. Chinese Journal of Rock Mechanics and Engineerning, 2003; 22 (3): 509-513
[10] Zai Jinzhang, Zai Jinmin. The analysis and design of high-rise building foundation. Beijing: China Architecture and Building Press, 1993 (inChinese))
[11] Foundation design of E tower of Dongguan Economy and Commerce Center. Guangzhou Taiji Engineering CO. LTD. 2003. 8

两种新的沉降推算方法

刘吉福[1,2] 莫海鸿[1] 李 翔[2] 徐小庆[2]
(1. 华南理工大学 建筑学院，广州 510640；2. 广东省航盛工程有限公司，广州 511442)

【摘 要】公路、铁路等工程中通常利用实测沉降资料推算最终沉降，双曲线是最常用的一种沉降推算方法。工程实践表明，常规双曲线法即增量双曲线法推算沉降往往小于实际沉降，且需要较长时间的沉降资料。依托大量监测工程，在增量双曲线法的基础上，提出了全量双曲线法和TS双曲线法。工程实践表明，这两种新的双曲线法推算沉降与增量双曲线法推算沉降基本相同，可用于较短预压时间的沉降推算。

【关键词】沉降推算方法；增量双曲线法；全量双曲线法；TS双曲线法

1 引 言

高速公路和高速铁路等工程对工后沉降要求很高，为了有效地控制工后沉降，需要尽量准确地确定总沉降。确定总沉降的方法有理论计算法、沉降推算法两大类。工程实践表明，理论计算得到的沉降往往与实际沉降差异较大，根据实测沉降资料推算得到的沉降的可靠性、准确性更高，而且不需要地质资料、计算过程简便、易于被工程技术人员掌握和接受。目前，沉降推算法已经在公路、铁路等工程中广泛应用。

目前，沉降推算法有指数法、三点法[1]、Asaoka法[2]、对数法[2,3]、沉降速率法[4]、双曲线法、星野法[5]、神经网络法[6]、泊松法[7]、支持向量机模型[8]、S形曲线法[9]、各种组合方法[10,11]等。工程实践表明，相对其他沉降推算方法，双曲线方法具有适应性强、适用性广、方法简单易懂、推算结果比其他方法更接近实测沉降等优点[12]。但是，双曲线法需要较长的恒载预压时间（一般大于6个月），且推算结果受（t_0，S_0）影响，而且（t_0，S_0）选取任意性较大[12,13]。目前，普遍采用的超载预压工程往往需要利用较短时间内的沉降资料推算最终沉降。为了解决上述问题，在大量监测工程实践和对双曲线法深入研究的基础上，提出了两种新的沉降推算方法：全量双曲线法、TS双曲线法。TS双曲线法是由t，tS_t数列拟合推算最终沉降的方法。

2 三种双曲线法

2.1 增量双曲线法

工程实践表明，恒载预压阶段的沉降-时间曲线自反弯点G开始可以采用式(1)所示双曲线方程拟合（见图1）[1]。

$$xy = k \tag{1}$$

式中：$x=t_a+t$，t_a为时间调整量；$y=S_r=S_\infty-S_t$，S_r为剩余沉降，S_∞为最终沉降，S_t为t时的沉降；k为系数。

$t=t_0$时，$S_t=S_0$，$x=t_a+t_0$，$y=S_\infty-S_0$

由式(1)，可得

$$k=(t_a+t_0)(S_\infty-S_0) \tag{2}$$

由式(1)和式(2)，可得

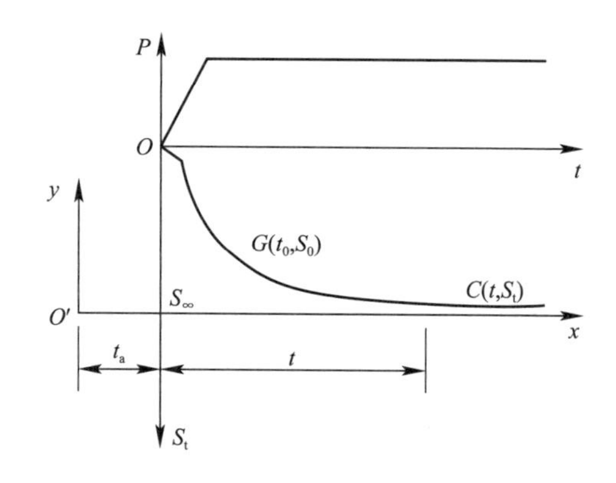

图1 增量双曲线法示意图
Fig. 1 Sketch of incremental hyperbolic method

$$S_{\infty}-S_{t}=\frac{(t_{a}+t_{0})(S_{\infty}-S_{0})}{t_{a}+t} \tag{3}$$

设 $a=(t_a+t_0)/(S_{\infty}-S_0)$，$b=1/(S_{\infty}-S_0)$，由式（3）可得

$$S_{t}-S_{0}=\frac{t-t_{0}}{a+b(t-t_{0})} \tag{4}$$

式（4）是常见的双曲线公式，它可以转变为

$$\frac{t-t_{0}}{S_{t}-S_{0}}=a+b(t-t_{0}) \tag{5}$$

由 $t-t_0$，$(t-t_0)/(S_t-S_0)$数列可以拟合得到式（5）直线，其截距和斜率分别是参数 a，b。

$$t_{a}=a/b-t_{0} \tag{6}$$

当 $t\to\infty$时，由式（4）可得

$$S_{\infty}=S_{0}+1/b \tag{7}$$

由于常规双曲线法利用 $\Delta t=t-t_0$，$\Delta S=S_t-S_0$ 推算沉降，为便于区分其他双曲线法，将其称为增量双曲线法。

2.2 全量双曲线法

恒载预压阶段的沉降-时间曲线自 G 点开始可以采用式（1）拟合。双曲线通过图 2 中的修正点 $A(t_b,0)$。单级等速加荷，t_b 取加荷期的中点；二级荷载可以用式（8）确定 t_b（参见图 3)；对于多级荷载可以采用类似方法确定 t_b。为简便起见，间隔时间相差不大的各层填土可以看作同一级等速加荷；当各层填土间隔时间不是很大时，可以取 $t_b=0$。

$$t_{b}=\frac{P_{1}t_{1}/2+P_{2}(t_{2}+t_{3})/2}{P_{1}+P_{2}} \tag{8}$$

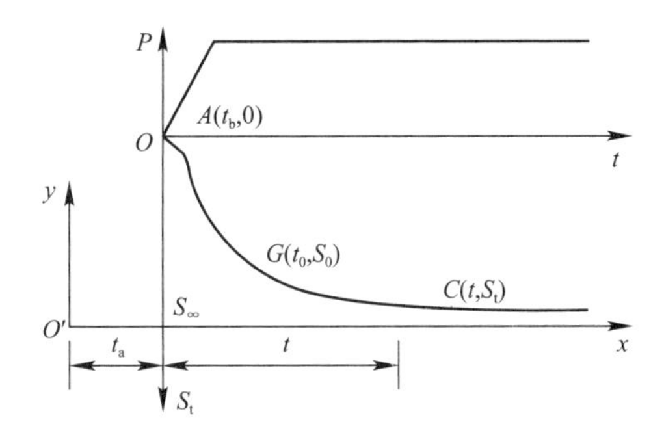

图 2 全量双曲线法示意图

Fig. 2 Sketch of total hyperbolic method

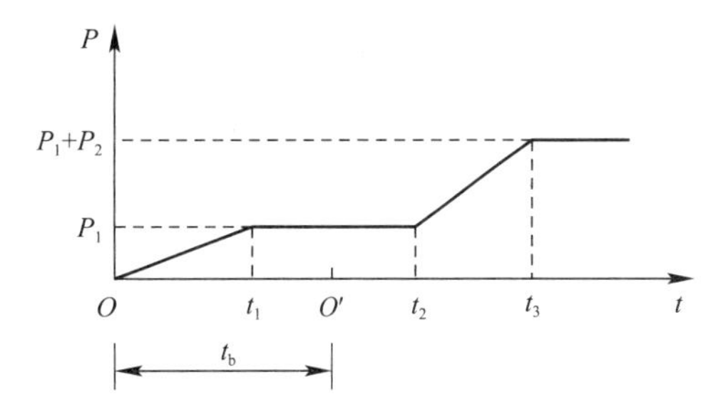

图 3 二级荷载 t_b 确定

Fig. 3 Decision of t_b for two-stage loading

将 $t=t_b$，$S_t=0$ 代入式（1），可得

$$k=(t_{a}+t_{b})S_{\infty} \tag{9}$$

由式（1)、式（9）可得

$$S_{\infty}-S_{t}=\frac{(t_{a}+t_{b})S_{\infty}}{t_{a}+t} \tag{10}$$

设 $a=(t_a+t_b)/S_{\infty}$，$b=1/S_{\infty}$，式（10）可转换为

$$S_{t}=\frac{t-t_{b}}{a+b(t-t_{b})} \tag{11}$$

式（11）可转换为

$$(t-t_b)/S_t = a + b(t-t_b) \tag{12}$$

由 $t-t_b$，$(t-t_b)/S_t$ 数列可以拟合得到式（12）直线，其截距和斜率分别是参数 a，b。当 $t\to\infty$ 时，由式（11）可得

$$S_\infty = 1/b \tag{13}$$

由于该方法采用 $t-t_b$，$(t-t_b)/S_t$ 数列推算沉降，称其为全量双曲线法。大量工程表明，全量双曲线法推算结果与增量双曲线法接近，全量双曲线法拟合曲线的相关系数比增量双曲线法大，需要的沉降监测时间较短。

2.3　TS 双曲线法

大量监测工程表明，式（1）中令 $t_a=0$ 时推算的沉降与增量双曲线法推算沉降接近，相关系数更大，需要的监测时间更短。因此，令 $t_a=0$，式（1）变为

$$t(S_\infty - S_t) = k \tag{14}$$

由式（14）可得

$$tS_t = tS_\infty - k \tag{15}$$

由 t，tS_t 数列可以拟合得到式（15）直线，其斜率和截距分别为 S_∞，k。

3　工 程 实 例

3.1　江（门）-中（山）高速公路试验段

江-中高速公路沿线软基路段约占全长的 50%以上。淤泥层平均厚 12m，淤泥质层平均厚 10m。软土含水率为 50%左右，孔隙比为 1～2，压缩系数为 0.5～2.0MPa^{-1}。对江一中高速公路软基试验段采用不同方法推算沉降的结果见图 4、表 1。

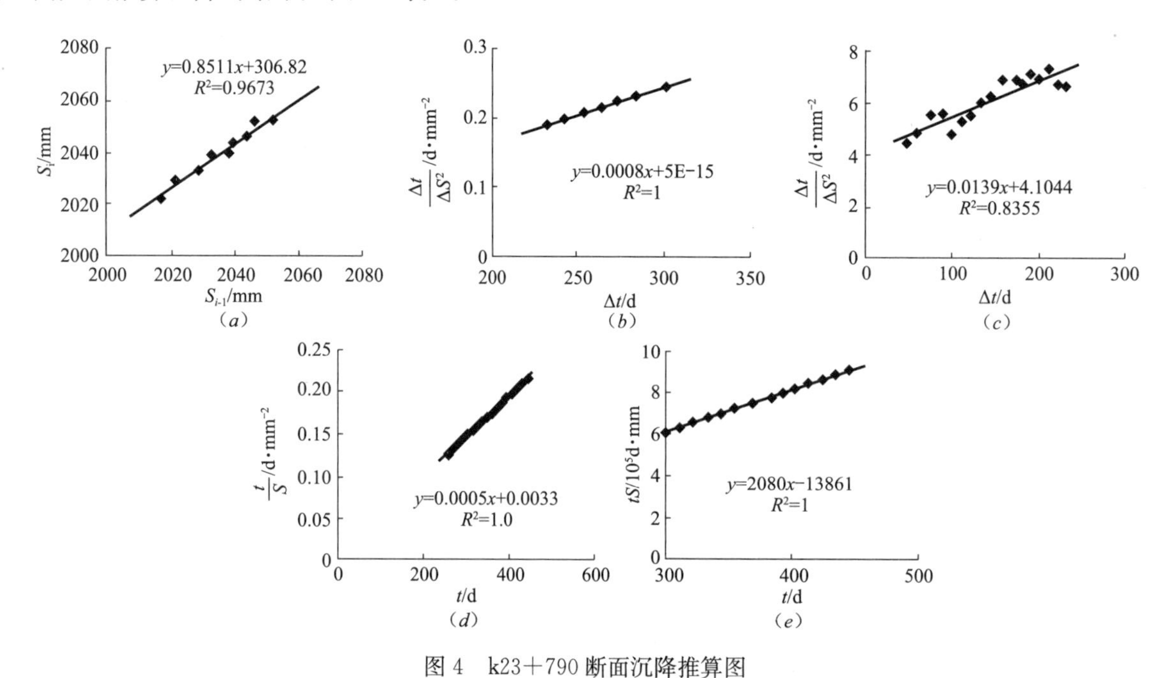

图 4　k23+790 断面沉降推算图

Fig. 4　Sketch of settlement prediction for section k23+790

(a) Asaoka 法；(b) 星野法；(c) 增量双曲线法；(d) 全量双曲线法；(e) TS 双曲线法

江门-中山高速公路试验段不同方法推算的沉降与实测沉降 表 1

Actual settlements and predicted ones of experiment segment of Jiangmen-Zhongshan expressway using different methods of settlement prediction Table 1

沉降	方法	监测断面				
		k23+655	k3+720	k3+790	k3+880	k3+955
推算总沉降/mm	三点法	1888	2384	2076	2364	2770
	Asaoka 法	1868	2351	2060	2346	2836
	星野法	2007	2356	2052	2350	2744
	增量双曲线法	1912	2363	2088	2405	3130
	全量双曲线法	2000	2374	2079	2404	2874
	TS 法	1983	2373	2080	2399	2857
推算卸载时沉降/mm	星野法	2007	2356	2052	2350	2744
	增量双曲线法	1869	2338	2060	2356	2756
	全量双曲线法	1886	2348	2057	2357	2746
	TS 法	1884	2340	2058	2355	2741
卸载时实测沉降/mm		1875	2361	2068	2355	2736

由图 4、表 1 可知，目前常用几种沉降推算方法推算的最终沉降基本相同。但是 Asaoka 法不适用于推算某时刻的沉降；星野法推算的某时刻的沉降与最终沉降相同，不合理；Asaoka 法、三点法需要等时间间隔的沉降监测数据。因此，总体而言，双曲线法适用性最强。

3 种双曲线法推算的沉降基本相同，拟合曲线相关系数由小到大依次为：增量双曲线法、全量双曲线法、TS 双曲线法。全量双曲线法和 TS 双曲线法适应性强于增量双曲线法。

3 种双曲线法利用 k23+790 断面不同预压期的沉降监测资料推算的最终沉降见表 2。可见，3 种双曲线法利用较长预压期监测资料推算的最终沉降基本相同；预压期小于 6 个月时，采用增量双曲线法推算的最终沉降相差很大，相关系数较小；全量双曲线法和 TS 双曲线法利用预压 32d 的沉降资料推算的最终沉降与利用预压 180d 以上的沉降资料推算的最终沉降基本相同，且相关系数大于 0.99。因此，全量双曲线法和 TS 双曲线法可利用较短预压时间的监测资料推算沉降，具有较强的实用性和适应性。

k23+790 断面不同预压时间 3 种双曲线法推算的沉降 表 2

Predicted settlement of section k23+790 using three kind of hyperbolic methods with result of settlement monitoring in different preloading periods Table 2

预压时间/d	增量双曲线法		全量双曲线法		TS 双曲线法	
	沉降/mm	相关系数	沉降/mm	相关系数	沉降/mm	相关系数
32	无法推算	无法推算	2066	0.9999	2065	1
59	2000	0.5121	2088	0.9999	2086	1
89	2517	0.0034	2079	0.9999	2079	1
123	2786	0.004	2083	0.9999	2083	1
158	2113	0.3227	2079	0.9999	2078	1
182	2099	0.5067	2079	0.9999	2077	1
212	2093	0.6733	2079	0.9999	2077	1
243	2107	0.6688	2083	0.9999	2082	1
274	2105	0.7533	2083	0.9999	2082	1
301	2091	0.8994	2083	0.9999	2081	1
334	2085	0.9246	2079	0.9999	2080	1
364	2085	0.9429	2079	0.9999	2080	1
386	2090	0.9195	2083	0.9999	2082	1
440	2100	0.8663	2088	0.9999	2087	1

3.2　广州-珠海东线工后监测

京珠高速公路广州-珠海东线沿线软基广泛分布。该条高速公路于 1999 年底通车，通车后已经进行工后监测接近 6 年。根据施工期沉降监测资料利用增量双曲线法推算得到的工后沉降（通车 20 年产生的沉降）与通车后的实测沉降对比见表 3。可见，利用施工期监测资料采用增量双曲线方法推算得到的工后沉降普遍偏小。

广州-珠海东线高速公路施工期采用增量双曲线法推算工后沉降与实测工后沉降　表 3

Actual settlements after construction and predicted ones of Guangzhou-Zhuhai East Expressway using method of incremental hyperbola in construction period　Table 3

沉降	断面					
	k8＋160	k2＋230	k3＋230	k4＋230	k5＋282	k7＋145
推算工后总沉降/cm	17.81	11.56	12.08	18.27	12.63	11.25
3a 后沉降/cm	15.62	10.43	14.28	31.52	37.29	12.64
5a 后沉降/cm	18.03		18.9	35.69	50.09	16.65

根据部分工后监测资料采用 3 种双曲线法推算得到工后沉降见表 4。可见，几种方法利用工后监测资料推算沉降都不是很理想，这与工后沉降小，测量误差比重大，路面加铺等因素有关。总体而言，全量双曲线法、TS 双曲线法适应性大于增量双曲线法（部分断面无法采用增量双曲线法推算）。

广州-珠海东线高速公路 3 种双曲线法推算的工后沉降与实测工后沉降　表 4

Actual settlements after construction and predicted ones of Guangzhou-Zhuhai East Expressway using three kinds of methods of settlement prediction　Table 4

沉降	方法	监测断面									
		k3＋820	k2＋800	k3＋200	k4＋155	k5＋490	1# 桥头	k7＋010	k5＋335	k5＋430	k7＋060
推算工后总沉降/mm	增量双曲线法	49.3	无法推算	无法推算	118.1	1273.4	184.3	1387.7	324.3	211.6	262.2
	全量双曲线法	75.2	30.5	263.9	165.8	1150.8	196.1	1886.8	312.5	128.2	316.5
	TS 双曲线法	57.3	23.2	178.1	83.8	506.5	95.4	348.9	228.3	96.9	219.8
推算通车 3a 的工后沉降/mm	增量双曲线法	43.9	无法推算	无法推算	75.5	436.9	86.2	333.3	209.5	96.4	192.4
	全量双曲线法	52.7	21.4	159.3	81.8	434.4	87.5	340.2	207.6	89.3	201.8
	TS 双曲线法	49.2	20	146.9	74.6	391.4	76.4	207.8	206.7	83.2	198.1
通车 3a 实测工后沉降/mm		58.5	23.2	164.5	79.1	452.5	87.8	345.3	204.8	91.9	204.1

4　结　　语

（1）双曲线法推算沉降与其他方法推算结果接近。相对其他沉降推算方法，双曲线法具有方法简单、对监测数据适应能力强、相关系数高的特点。

（2）全量双曲线法和 TS 法推算的沉降与增量双曲线法推算结果基本相同。与增量双曲线法相比，全量双曲线法和 TS 双曲线法需要的监测时间短，相关系数大。

参考文献（References）

[1]　龚晓南. 高等土力学 [M]. 杭州：浙江大学出版社，1996：232-234.

[2]　邓永锋，刘松玉，洪振舜. 基于沉降资料反演固结系数的方法研究 [J]. 岩土力学，2005，26（11）：1807-1808. DENG Yong-feng，LIU Song-yu，HONG Zhen-shun. Back analysis of consolidation coefficient with in-situ settlement data [J]. Rock and Soil Mechanics，2005，26（11）：1807-1808.

[3] 地基处理手册编写委员会. 地基处理手册 [M]. 北京：中国建筑工业出版社，1988：73-74.

[4] 广东省公路建设有限公司，广东省航盛工程有限公司. 高速公路建设中软基处理关键问题的深入研究 [R]. 广州：广东省公路建设有限公司，广东省航盛工程有限公司，2005.

[5] 王晓谋，袁怀宇. 高等级公路软土地基路堤设计与施工技术 [M]. 北京：人民交通出版社，2001.

[6] 杨涛，李国维. 高速公路软基陆地沉降预测研究 [A]. 见：广东汕汾高速公路可液化砂土、软土双重地基综合处治实验研究总结报告 [R]. 广州：广东省高速公路有限公司，河海大学，2004.

[7] 潘林有，谢新宇. 用曲线拟合的方法预测软土地基沉降 [J]. 岩土力学，2004，25 (7)：1053-1058. PAN Lin-you，XIE Xin-yu. Observational settlement prediction by curve fitting methods [J]. Rock and Soil Mechanics，2004，25 (7)：1053-1058.

[8] 黄亚东，张土乔，俞亭超，等. 公路软基沉降预测的支持向量机模型 [J]. 岩土力学，2005，26 (12)：1987-1990. HUANG Ya-dong，ZHANG Tu-qiao，YU Ting-chao，et al. Support vector machine model of settlement prediction of road soft foundation [J]. Rock and Soil Mechanics，2005，26 (12)：1987-1990.

[9] 赵明华，刘煜，曹文贵. 软土路基沉降变权重组合 S 形曲线预测方法研究 [J]. 岩土力学，2005，26 (9)：1443-1447. ZHAO Ming-hua，LIU Yu，CAO Wen-gui. Study on variable-weight combination forecasting method of S-type curves for soft clay embankment settlement [J]. Rock and Soil Mechanics，2005，26 (9)：1443-1447.

[10] 肖武权，冷伍明. 软土路基沉降实时建模动态预测 [J]. 岩土力学，2005，26 (9)：1481-1484. XIAO Wu-quan，LENG Wu-ming. Real-time modeling and dynamic predicting of settlement of soft soil roadbeds [J]. Rock and Soil Mechanics，2005，26 (9)：1481-1484.

[11] 彭涛，杨岸英，梁杏，等. BP 神经网络-灰色系统联合模型预测软基沉降量 [J]. 岩土力学，2005，26 (11)：1810-1814. PENG Tao，YANG An-ying，LIANG Xing，et al. Prediction of soft ground settlement based on BP neural network-grey system united model [J]. Rock and Soil Mechanics，2005，26 (11)：1810-1814.

[12] 蒋雪琴. 真空联合堆载预压变形机理研究 [硕士学位论文 D]. 广州：华南理工大学，2001.

[13] 李国维，杨涛，宋江波. 公路软基沉降双曲线预测法的进一步探讨 [J]. 公路交通科技，2003，20 (1)：19-20. LI Guo-wei，YANG Tao，SONG Jiang-bo. Further research on the hyperbolic fitting method for prediction of subgrade settlement [J]. Journal of Highway and Transportation Research and Development，2003，20 (1)：19-20.

长期循环荷载作用下饱和软黏土的应变速率

刘添俊　莫海鸿
（华南理工大学 土木与交通学院，广东 广州　510640）

【摘　要】为探讨长期循环荷载作用下饱和黏土的变形性状，对珠江三角洲的典型淤泥质饱和软黏土进行了室内循环三轴试验，重点研究了饱和黏土的残余应变速率．通过对试验结果的分析发现：在长期循环荷载作用下，黏土的应变速率随时间延长而减小，应变速率对数与时间对数间的关系可用直线描述；初始静偏应力与动偏应力的耦合作用以及不同的排水条件对黏土的残余应变速率有较大影响，文中结果为长期循环荷载作用下饱和黏土变形机理的进一步研究提供了理论基础。

【关键词】长期循环荷载；饱和软黏土；应变速率；残余变形；交通荷载

交通、波浪等引起的荷载一般被认为是长期循环荷载，与短期循环荷载（如地震荷载）相比，长期循环荷载的特点为：作用时间长、频率低、荷载强度小（低于土体的破坏强度）[1]。位于我国东南沿海的珠江三角洲广泛分布着深厚的软黏土层，近年来在这些软黏土地基上兴建了大量的高速公路、铁路和地铁．这些道路的地基不仅受到路面结构和路堤重量产生的静荷载作用，还受到由于车辆运行而传递到地基上的循环动荷载。在这种长期循环动荷载的作用下，软土地基会产生不同程度的沉降，严重的会影响交通安全．日本道路协会对交通荷载作用下低路基软土地基的沉降进行了实测[2]，对比路堤施工期和开放交通期不同位置的沉降仪实测结果，发现开放交通期产生的附加沉降达 10～15cm，约为道路建设期沉降量的一半。凌建明等[3]对上海市外环线北翟路口交通开放两年后的实测结果表明，道路残余变形达 9～10cm。因此，长期循环荷载作用下软土地基的变形问题应引起足够的重视。

国内外的学者对循环荷载作用下软黏土的特性进行了不少研究，但主要是分析不排水条件下软黏土的动偏应力大小与循环次数对残余变形的影响，对循环荷载作用下黏土变形速率的研究还较缺乏。Parr 等[4-5]对黏土进行研究分析，得到了不考虑静偏应力的不排水累积塑性应变速率和循环加载次数的关系；蒋军[6]进行了循环荷载作用下黏土沉降、应变速率的试验研究，考虑了加载速率、动应力比、超固结比对残余应变速率的影响，但研究中也没有考虑静偏应力与动偏应力的不同组合以及不同的排水条件对应变速率的影响。

在实际工程中，土体初始静偏应力以及排水条件对软黏土的循环变形特性影响较大，文中围绕这一课题，采用不同初始静偏应力和动偏应力的组合，分别在排水与不排水条件下对珠三角地区典型的淤泥质黏土进行了循环三轴试验，重点研究长期循环荷载作用下饱和黏土的应变速率，分析了静偏应力与动偏应力的耦合作用以及不同的排水条件对土体应变速率的影响，以加深对循环荷载作用下黏土性状的认识，为进一步的理论研究奠定基础。

1　试验仪器及试验土样

1.1　试验仪器

试验在 CSS-2901TS 型土体三轴流变试验机上进行．试验机由主机、轴向测控系统、围压测控系统、孔隙水流量测量系统、计算机控制系统等部分组成，如图 1 所示。其主要技术参数如下：围压范围为0～2MPa，控制精度为 0.1kPa，轴向最大荷载为 10kN，控制精度为 0.01kN，孔隙水压力测量精度为 0.1kPa，体积变化控制精度为 0.1mL，轴向变形测量精度为 0.01mm。该流变试验机可同时施加静荷载和低频的动荷载，试验时间可以长达 500h。

1.2 试验土样

试验土样为取自珠海的重塑饱和黏土，为典型的珠江三角洲软黏土．根据现行的土样制备方法，制备了尺寸为 ϕ39.1mm×80mm 的试样，然后将试样抽气至饱和．重塑饱和软黏土试样的物理性质指标：含水率为 38.0%，孔隙比为 1.07，比重为 2.67，干密度为 1.34g/cm^3，液限为 47.6%，塑限为 20.3%，塑性指数为 27.3。饱和软黏土粒径级配曲线见图 2。

图 1 CSS-2901TS 型土体三轴流变试验机

Fig. 1 CSS-2901 TS soil triaxialr heometer

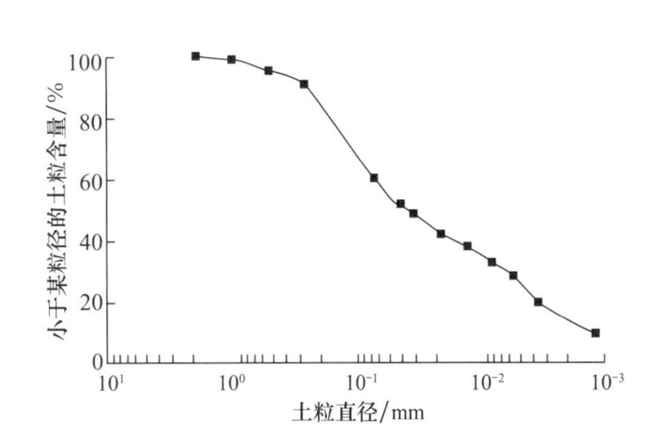

图 2 饱和软黏土的粒径级配累积曲线

Fig. 2 Grain size accumulation curve of saturated soft clay

2 试验方法及试验方案

据文献［7］与［8］的实测结果，交通荷载在路基中引起的附加动偏应力的加载频率一般在 0.5～2.5Hz 之间。根据文献[8]现场试验的结果可以知道，交通荷载作用过程中，路基土体承受的附加动偏应力始终在 0 以上，对地基施加的动偏应力比一般都小于 1。因此模拟交通荷载的循环三轴试验应是无应力反向的循环压缩过程．故试验中动荷载采用单向等幅应力控制的循环加载方式，动偏应力比小于 1。

由上述的实测研究结果可知：行车交通荷载作用的频域比较窄，而且以低频分量为主。已有不少学者对低频循环荷载作用下饱和黏土的残余应变与加荷频率的关系进行了研究，研究[5-6,9-10]表明：在低频长期循环荷载作用下，加载频率对黏土变形性状影响不大。文中结合交通荷载频率的特点与试验仪器的功能特点，为了既尽可能接近作用在地基土体上的行车荷载的真实频率又保证试验结果的准确性，加载频率主要采用 0.5Hz。同时，也选用了 0.1、0.5、0.75 和 1.0Hz 进行对比试验。为了便于比较频率的影响，使用相同的静偏应力比 η_s 和动偏应力比 η_d，具体的试验条件见表 1。

试验控制参数[1)] 表 1

Control parameters of test Table 1

试验编号	η_s	η_d	排水条件（循环加载过程）	频率 f/Hz
0625-1	0.25	0.25	排水	0.5
0806-3	0.25	0.50	排水	0.5
0717-1	0.25	0.75	排水	0.5
0518-3	0.50	0.25	排水	0.5
0717-2	0.50	0.50	排水	0.5
0625-2	0.50	0.75	排水	0.5
0705-1	0.75	0.25	排水	0.5
0806-1	0.75	0.50	排水	0.5
0829-3	0.25	0.25	不排水	0.5
0814-3	0.25	0.50	不排水	0.5
0821-1	0.25	0.75	不排水	0.5

续表

试验编号	η_s	η_d	排水条件（循环加载过程）	频率 f/Hz
0814-1	0.50	0.25	不排水	0.5
0807-2	0.50	0.50	不排水	0.5
0717-3	0.50	0.75	不排水	0.5
0821-3	0.75	0.25	不排水	0.5
0814-2	0.75	0.50	不排水	0.5
0111-1	0.50	0.50	不排水	0.1
0111-2	0.50	0.50	不排水	0.75
0111-3	0.50	0.50	不排水	1.0
0116-1	0.50	0.50	排水	0.1
0116-2	0.50	0.50	排水	0.75
0116-3	0.50	0.50	排水	1.0

1）循环次数均为 10^5。

考虑到实际工程中，软土地基在路面结构和路堤重量产生的静荷载作用下会产生固结效应，一般在地基土基本完成固结后，道路才开始通车运营。文中为了考虑初始静偏应力的影响，采用以下的试验方案：在完全排水条件下施加静偏应力，待土样完全固结后，分别在排水与不排水情况下施加循环应力，循环加载选用三角形波形模拟交通荷载，循环三轴试验控制参数见表 1，其中静偏应力比为静偏应力与围压的比值，动偏应力比为动偏应力与围压的比值。

3 试验结果及分析

文中所研究的应变速率是指饱和软黏土完成偏压固结后，在静偏应力与动偏应力共同作用下所产生的残余应变的速率。图中横坐标为循环次数的对数，纵坐标为轴向应变速率的对数；实线为回归线，其中 $\lg\alpha$ 为直线的截距；初始应变率 α 表示单位时间 $t=1\mathrm{s}$ 时的应变率；为直线的斜率，反映了应变速率随时间的衰减率，即应变速率衰减率；r^2 为回归直线的相关系数，由图中可知均接近于 1。

图 3、图 4 分别为不排水条件和排水条件下不同加载频率 f 时饱和黏土在循环荷载作用下应变速率 ε 与循环次数 N 的关系，静偏应力比和动偏应力比均为 0.5。由图 3 与图 4 可以看到，不同加载频率的

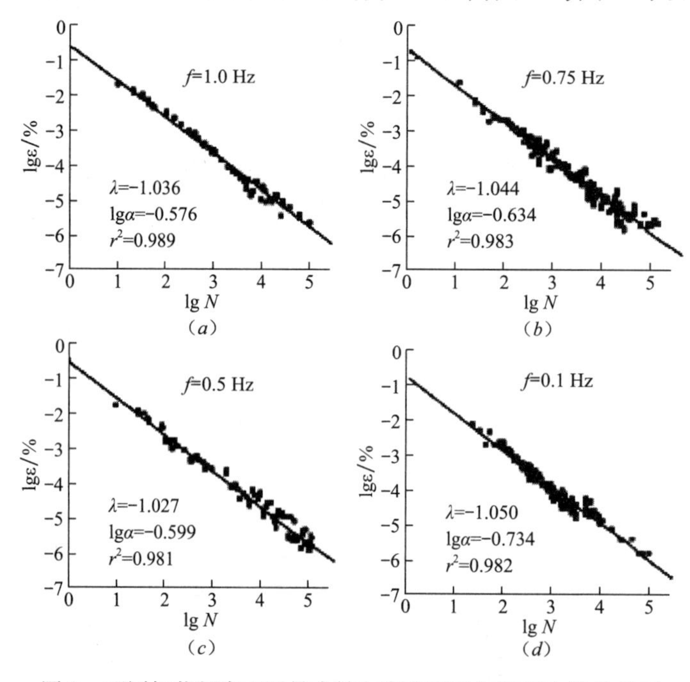

图 3 不同加载频率下不排水轴向应变速率与循环次数的关系

Fig. 3 Relationship between axial strain rate and cyclic number under undrained condition with different loading frequencies

(*a*) 0111-3；(*b*) 0111-2；(*c*) 0807-3；(*d*) 0111-2

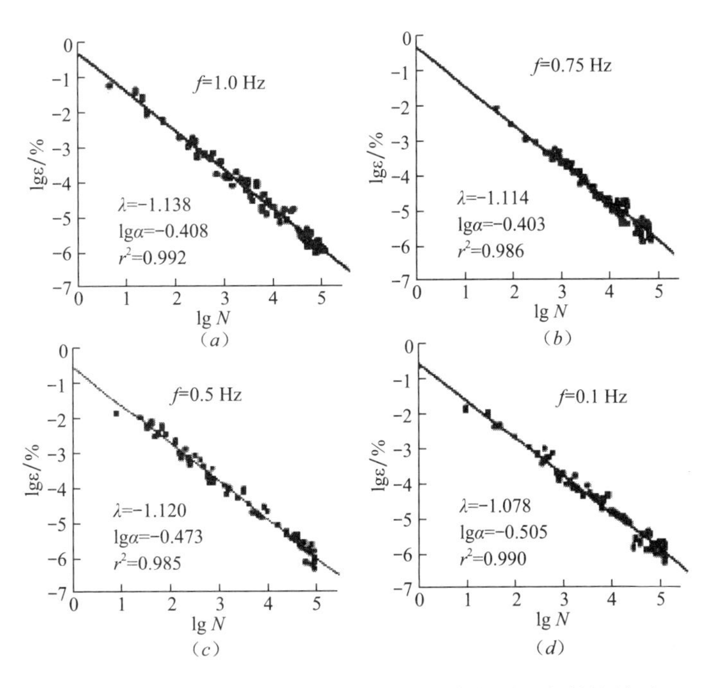

图 4 不同加载频率下排水轴向应变速率与循环次数的关系

Fig. 4 Relationship between axial strain rate and cyclic number underd rained condition with different loading frequencies

(*a*) 0116-3; (*b*) 0116-2; (*c*) 0717-2; (*d*) 0116-1

轴向应变速率随循环次数的变化规律是相同的，即应变速率随时间的增大而减小，且可看出应变速率对数与时间对数间均有较好的线性关系。通过比较还可以知道，在其他试验条件相同的情况下，不同加载频率的应变速率衰减率基本相同，而初始应变率 α 稍有变化，但变化不明显。这表明长期循环荷载作用下饱和软黏土的残余应变速率几乎不受加载频率的影响。

图 5、图 6 分别为不排水条件和排水条件下具有不同初始静偏应力比与动偏应力比组合的饱和黏土在循环荷载作用下应变速率与循环次数的关系，相应的加载频率均为 0.5Hz。为了便于比较，把各组试验所得的应变速率衰减率与初始应变率 α 列于表 2。

不同条件下的值与 α 值 **表 2**

Values of and α indifferent conditions **Table 2**

试验编号	排水条件（循环加载过程）	η_s	η_d	α	
0625-1	排水	0.25	0.25	−1.011	0.052
0806-3		0.25	0.50	−1.055	0.184
0717-1		0.25	0.75	−1.106	0.638
0518-3		0.50	0.25	−1.067	0.112
0717-2		0.50	0.50	−1.120	0.336
0625-2		0.50	0.75	−1.183	0.789
0705-1		0.75	0.25	−1.145	0.179
0806-1		0.75	0.50	−1.168	0.492
0829-3	不排水	0.25	0.25	−0.991	0.047
0814 3		0.25	0.50	−0.980	0.167
0821-1		0.25	0.75	−0.956	0.330
0814-1		0.50	0.25	−1.039	0.097
0807-2		0.50	0.50	−1.027	0.252
0717-3		0.50	0.75	−1.012	0.602
0821-3		0.75	0.25	−1.135	0.159
0814-2		0.75	0.50	−1.110	0.485

图 7 为当排水条件与初始静偏应力比相同时，具有不同动偏应力比的应变速率与时间的关系，图中每条直线是根据相应条件下的试验数据拟合得到的，各直线的斜率与截距见表 2。

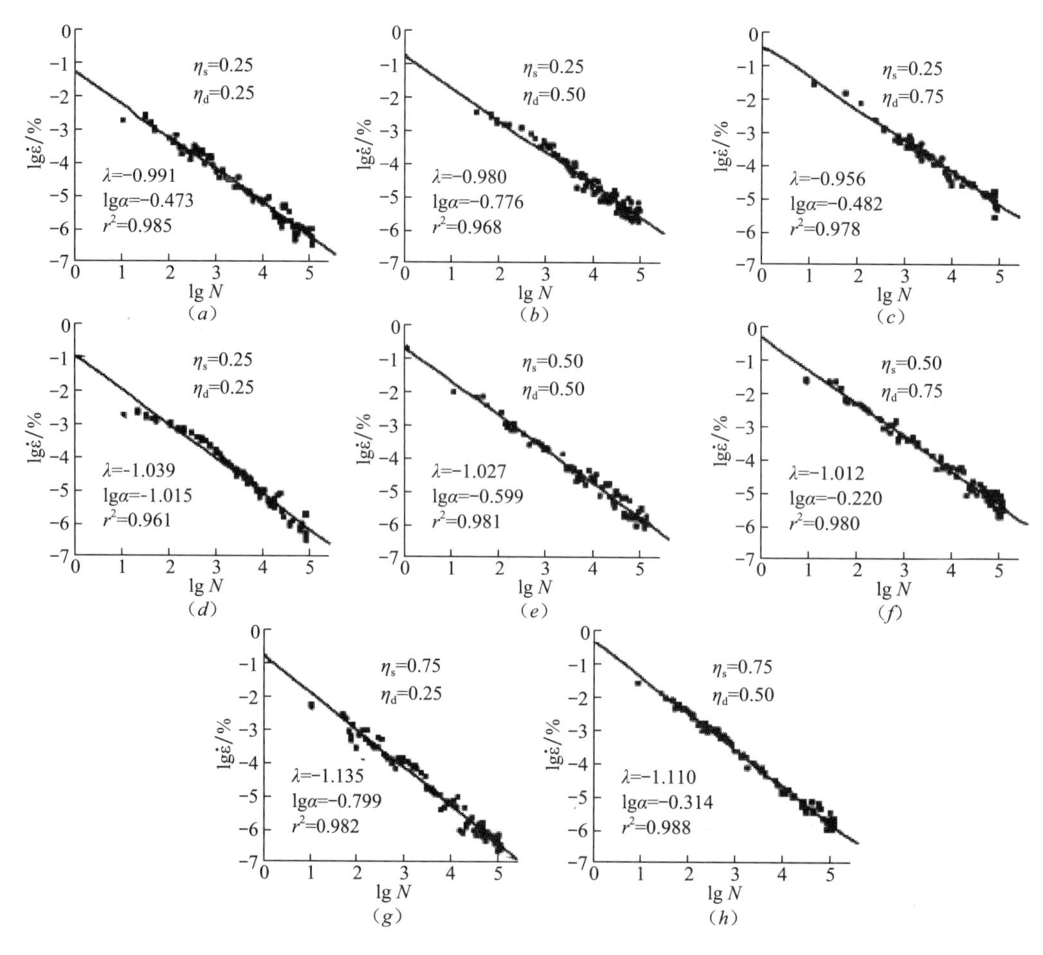

图 5　不排水条件下轴向应变速率与循环次数的关系（f=0.5Hz）

Fig. 5　Relationship between axial strain rate and cyclic number under undrained condition（f=0.5Hz）

（a）0829-3；（b）0814-3；（c）0821-1；（d）0814-1；（e）0807-2；（f）0713-3；（g）0821-3；（h）0814-3

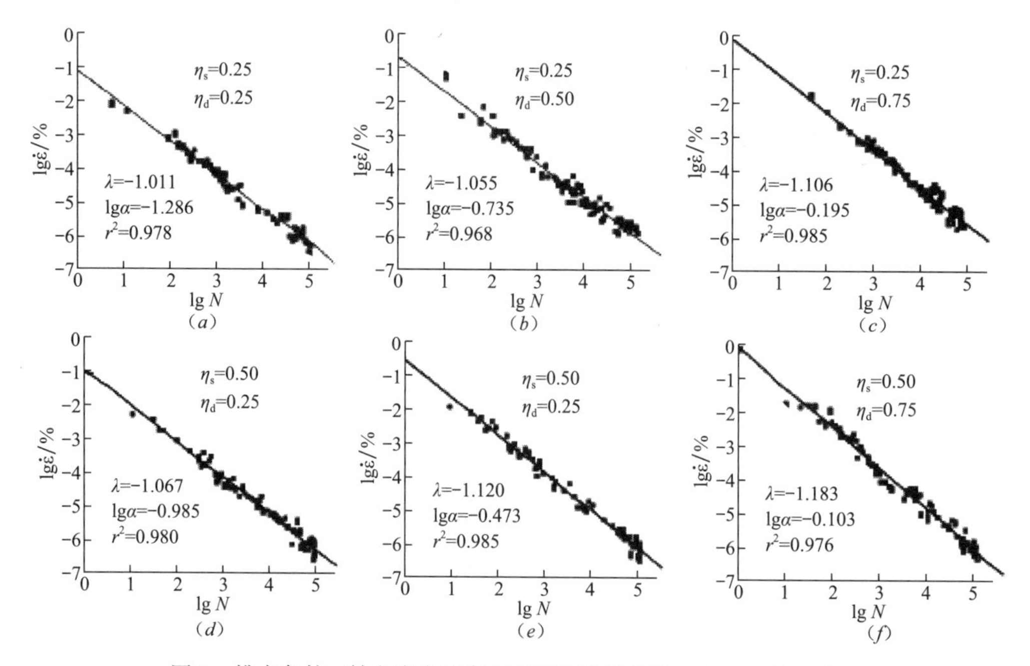

图 6　排水条件下轴向应变速率与循环次数的关系（f=0.5Hz）（一）

Fig. 6　Relationship between axial strain rate and cyclic number under drained condition（f=0.5Hz）

（a）0625-1；（b）0806-3；（c）0717-1；（d）0518-3；（e）0717-2；（f）0625-2

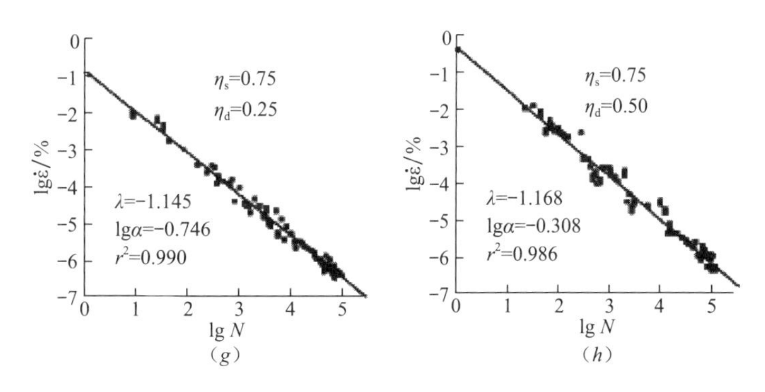

图 6 排水条件下轴向应变速率与循环次数的关系（f=0.5Hz）(二)

Fig. 6 Relationship between axial strain rate and cyclic number under drained condition（f=0.5Hz）

(*g*) 0705-1；(*h*) 0806-1

由图 3、图 4 可知应变速率衰减率（绝对值）随着初始静偏应力比的增大而增大。由图 7 可知，在初始静偏应力比相同的情况下，动偏应力比愈大，应变速率愈大；黏土的应变速率衰减率随动偏应力比的变化较小。可以结合试验荷载的特点对图 5～7 所反映的试验现象进行分析。由于试验荷载是用来模拟交通荷载的，是一种无应力反向、强度较低的低频循环荷载，应力路径只发生在 p'-q 应力空间的压半区（p'为有效平均压力，q 为偏应力）。在这种强度较低的循环压缩荷载作用下，饱和软黏土土体随着循环次数的增加呈现出硬化的特征，故累积应变的增长速率随着循环次数的增加而降低。饱和软黏土的应变速率与应力水平有关，同一状态的土，受到的应力水平越高，应变速率就越大，而饱和软黏土的应变速率随时间变化的规律更多地受土的状态的影响。因此，在静偏应力相同时，即土的初始状态相同时，动偏应力比越大，土中的应力水平就越高，应变速率就越大；而静偏应力比越大，饱和黏土的固结压力就越大，待土体固结完成后，孔隙就越小，土就越密实，在动荷载作用下残余变形就越难发展，应变速率随循环次数下降得越快，也即应变速率衰减率（绝对值）越大。

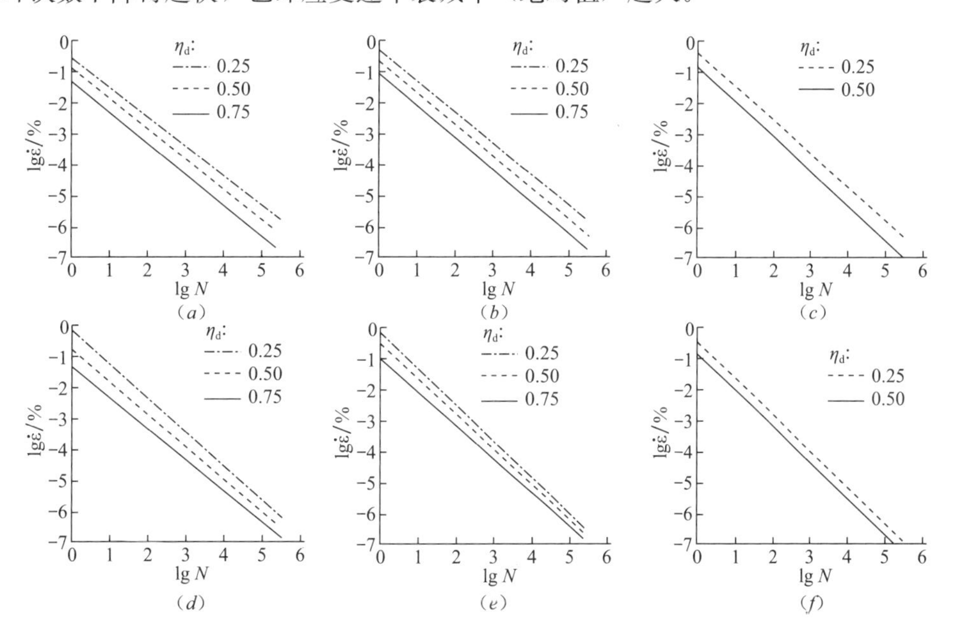

图 7 不同动偏应力比下应变速率与循环次数的关系

Fig. 7 Relationship between axial strain rate and cyclic number at different dynamic deviation stress ratios

(*a*) 不排水 η_s=0.25；(*b*) 不排水 η_s=0.50；(*c*) 不排水 η_s=0.75；(*d*) 排水 η_s=0.25；(*e*) 排水 η_s=0.50；(*f*) 排水 η_s=0.75

由表 2 可知，在初始静偏应力比与动偏应力比相同的情况下，从数量上看（绝对值），排水条件下的应变速率衰减率比不排水条件下的大，即黏土在排水条件下应变速率的衰减要比不排水条件下的快。由图 7 可知，在试验前期，排水条件下的应变速率比不排水条件下的大，这可以从试验机理来分析。在不排水循环三轴试验中，土样在循环荷载作用下没有固结排水的过程，轴向残余变形只包括剪切变形；而对于排水循环三轴试验，土体的轴向残余变形包括剪切变形和孔压消散引起的体积变形。排水条件下，在循环荷载作用下，前期土体由于孔隙水的排出产生了较大的体积变形，使得黏土的应变速率较不排水条件下的大，而孔隙水的排出使得黏土颗粒排列更为紧密，黏土的孔隙变得更小，同时弱结合水膜的厚度变薄，从而大大地抑制了残余变形的发展，即应变速率衰减的速度较快。所以，黏土排水情况下的应变速率衰减率要比不排水情况下的大。

由表 2 还可看出，初始应变速率 α 的变化范围比应变速率衰减率的变化范围大，随着初始静偏应力比和动偏应力比的增大而增大。当初始静偏应力比与动偏应力比相同时，排水条件下的 α 值比不排水条件下的大。

考虑到研究的重点是静偏应力与动偏应力的耦合作用对黏土应变速率的影响，因此文中把应变速率衰减率、初始应变速率 α 表示为初始静偏应力比与动应力的函数，对不同排水条件的各种初始静应力与动应力组合下黏土应变速率的变化规律进行探讨，对于不同围压影响的归一则还需要进一步研究。

由上述试验结果可知，应变速率对数与循环次数对数间的关系可用直线描述，即

$$\lg\varepsilon = \lg\alpha + \lg N \tag{1}$$

式中直线的斜率为应变速率衰减率，直线截距为初始应变速率的对数值 $\lg\alpha$，和 α 与初始静偏应力比、动偏应力比、排水条件有关，在排水条件相同的情况下，可看成是初始静偏应力比、动偏应力比的函数。根据试验所得的数据，采用二元回归技术，利用 Origin 程序拟合得到以下的表达式。

不排水条件下：

$$\lambda = b_0 + b_1\eta_s + b_2\eta_d \tag{2}$$

$$\alpha = c_0 + c_1\eta_s + c_2\eta_d \tag{3}$$

排水条件下：

$$\lambda = d_0 + d_1\eta_s + d_2\eta_d \tag{4}$$

$$\alpha = e_0 + e_1\eta_s + e_2\eta_d \tag{5}$$

式中　b_0、b_1、b_2、c_0、c_1、c_2 为不排水条件下的试验参数；d_0、d_1、d_2、e_0、e_1、e_2 为排水条件下的试验参数。各参数的取值如表 3 所示。

参数取值　　表 3

Values of parameters　　Table 3

参数	取值	参数	取值
b_0	−0.939	d_0	−0.896
b_1	−0.270	d_1	−0.249
b_2	0.074	d_2	−0.199
c_0	−0.365	e_0	−0.441
c_1	0.498	e_1	0.412
c_2	0.851	e_2	1.270

4　结　　论

文中在不同静偏应力和动偏应力组合条件下对珠江三角洲的典型饱和软黏土分别进行了排水与不排水的循环三轴试验，分析了初始静偏应力与动偏应力的耦合作用、排水条件和加载频率等因素对饱和软黏土残余应变速率的影响，得到以下结论：

（1）在长期循环荷载作用下，黏土的应变速率随时间的增大而减小，应变速率对数与时间对数之间的关系可用直线描述。

（2）在低频范围内，加载频率对长期循环荷载作用下饱和软黏土的应变速率影响不明显。

(3) 在初始静偏应力比与动偏应力比相同的情况下，黏土在排水条件下的应变速率衰减率（绝对值）要比不排水条件下的大，即黏土的应变速率在排水条件下衰减得更快。当初始静应力比一定时，动偏应力比愈大，应变速率越大；当动偏应力比一定时，初始静偏应力比愈大，应变速率衰减率（绝对值）愈大。

(4) 初始应变速率 α 随着初始静偏应力比和动偏应力比的增大而增大。当初始静偏应力比与动偏应力比相同时，排水条件下的 α 值比不排水条件下的大。

(5) 采用二元回归技术，应变速率衰减率、初始应变速率 α 可表示为初始静偏应力比与动偏应力比的函数。

参考文献（References）

[1] 黄茂松，李进军，李兴照. 饱和软黏土的不排水循环累积变形特性 [J]. 岩土工程学报，2006，28 (7)：891-895. Huang Mao-song，Li Jin-jun，Li Xing-zhao. Cumulative deformation behaviour of soft clay in cyclic undrained tests [J]. Chinese Journal of Geotechnical Engineering，2006，28 (7)：891-895.

[2] 日本道路协会. 道路土工软土地基处理技术指南 [M]. 蔡思捷，译. 北京：人民交通出版社，1989.

[3] 凌建民，王伟，邬洪波. 行车荷载作用下湿软路基残余变形的研究 [J]. 同济大学学报，2002，30 (11)：1315-1320. Lin Jian-min，Wang Wei，Wu Hong-bo. On residual deformation of saturated clay subgrade under vehicle load [J]. Journal of Tongji University，2002，30 (11)：1315-1320.

[4] Parr G B. Some aspects of the behaviour of London clay under repeated loading [D]. Nottingham：School of Civil Engineering，University of Nottingham，1972.

[5] Hyodo M，Yasuhara K，Hirao K. Prediction of clay behaviour in undrained and partially drained cyclic tests [J]. Soil sand Foundations，1992，32 (4)：117-127.

[6] 蒋军. 循环荷载作用下黏土及砂芯复合试件性状试验研究 [D]. 杭州：浙江大学建筑工程学院，2000.

[7] 边学成，陈云敏. 列车移动荷载作用下分层地基响应特性 [J]. 岩石力学与工程学报，2007，26 (1)：182-189. Bian Xue-cheng，Chen Yun-min. Character is tics of layered ground responses under train moving loads [J]. Chinese Journal and Rock Mechanics and Engineering，2007，26 (1)：182-189.

[8] 徐毅. 交通荷载对高速公路路基影响的试验研究 [D]. 南京：河海大学土木工程学院，2006.

[9] 周建. 循环荷载作用下饱和软黏土的孔压模型 [J]. 工业勘察，2000，4：7-9. Zhou Jian. Pore pressure model of saturated soft clay under cycle loading [J]. Geotechnical Investigation and Surveying，2000，4：7-9.

[10] 朱登峰，黄宏伟，殷建华. 饱和软黏土的循环蠕变特性 [J]. 岩土工程学报，2005，27 (9)：1060-1064. Zhu Deng-feng，Huang Hong-wei，Yin Jian-hua. Cyclic creep behavior of saturated soft clay [J]. Chinese Journal of Geotechnical Engineering，2005，27 (9)：1060-1064.

利用荷载传递法计算扩底抗拔桩的位移

孙晓立[1,2] 杨 敏[2] 莫海鸿[1]
(1. 华南理工大学 土木工程系，广东，广州 510640；2. 同济大学 地下建筑与工程系，上海 200092)

【摘 要】 国内外关于扩底抗拔桩的承载力研究较多，而对扩底抗拔桩的位移研究较少。根据荷载传递理论提出了一个预测扩底抗拔桩非线性变形的分析方法，使用双曲线函数模拟桩侧和桩端反力和位移之间的非线性关系，并给出了详细的分析程序。通过与模型试验和现场试桩试验的结果进行对比，提出的分析方法可以合理地预测扩底抗拔桩的位移，理论预测结果和实测结果是相当吻合的。

【关键词】 扩底抗拔桩；非线性；变形

前 言

随着我国经济建设的飞速发展，城市建设与土地资源紧张的矛盾日益突出。为了充分利用地下空间，地下结构的抗浮问题受到国内学者的重视。由于等截面抗拔桩的抗拔能力有限，扩底抗拔桩在实际工程中应用日益广泛。国内现有研究和工程实践表明扩底抗拔桩可以大幅度提高桩的抗拔能力，且在相同的抗浮要求下，扩底抗拔桩的造价大约为等截面抗拔桩的 1/2～1/3[1-2]。因此，扩底桩在技术、经济上都具有很大的优越性。

目前，国内外对扩底抗拔桩的研究成果较少，且大多限于扩底抗拔桩的极限承载力方面。而工程实践对桩基的允许变形要求较严，不是单纯地以承载力作为控制标准。因此，从理论研究及工程实践需要来看，对扩底抗拔桩的变形进行深入的研究具有现实意义。张尚根和张洁等人对扩底抗拔桩的弹性变形进行了研究[3-4]。在荷载较大时，桩侧土表现为非线性，因此有必要研究预测扩底抗拔桩非线性变形的分析方法。

变形协调法是分析竖向荷载作用下桩体非线性变形的有力工具，已在承压桩变形分析中得到了广泛应用。然而常规变形协调法假定桩端发生微小位移，然后根据桩-土界面的 t-z 曲线，通过迭代的方法得到桩顶单元的荷载和位移。对于荷载较小且桩长较大的扩底抗拔桩，桩的变形可能只传递到桩身的一定深度，而没有传递到桩底，即桩端扩大头没有发挥效用。因此使用常规变形协调法在荷载较小时预测的结果将与实测结果出入较大。为了弥补常规变形协调法的局限性，使用二分法调整桩顶位移，逐段向下推出各单元的轴力和桩侧阻力。采用双曲线荷载传递函数模拟桩侧土的非线性。本文推导了桩端扩大头反力和位移的弹性关系，并在此基础上利用双曲线函数模拟桩端反力和位移之间的非线性关系。

1 扩底抗拔单桩非线性变形分析

1.1 荷载传递函数

荷载传递法自 Seed 和 Reese（1955）提出至今已经有 50 多年的历史了。荷载传递法的关键在于选择能实际反映桩-土共同作用机理的荷载传递曲线。为了合理预测 t-z 曲线，国内外研究人员提出了许多荷载传递函数，其中双曲线函数在工程中应用较广。这是因为双曲线函数中的参数较少，且参数的物理意义明确。本文将采用双曲线函数作为扩底抗拔桩桩侧土的荷载传递函数。Kondner 根据实测试桩试验结果提出了双曲线荷载传递函数[5]。

$$\tau_z = \frac{w(z)}{a_i + b_i w(z)}, \tag{1}$$

$$a_i = \frac{1}{K_i} = \frac{r_0 \ln\left(\frac{r_m}{r_0}\right)}{G_i}, \tag{2}$$

$$b_i = \frac{1}{\tau_{i\max}}。 \tag{3}$$

式中 K_i 为土层 i 的初始刚度；r_0 为桩的半径；G_i 为土层 i 的剪切模量；$\tau_{i\max}$为土层 i 的极限侧阻力；r_m 为剪应力的影响半径，由 Randolph 的研究成果[6]，$r_{\mathrm{m}}=2.5L\rho(1\text{-}V_{\mathrm{s}})$，$L$ 为桩的长度，v_{s} 为土的泊松比，ρ 为非均质参数。

1.2 桩端扩大头反力和位移的关系

承压桩的桩端荷载和位移的关系通常假定为弹性半空间体上作用一个圆形刚性压块，具体表达式为

$$w_{\mathrm{b}} = \frac{P_{\mathrm{b}}(1-v_{\mathrm{b}})}{4G_{\mathrm{b}} r_0}, \tag{4}$$

式中，G_{b}，v_{b} 分别为桩端处土的剪切模量和泊松比，P_{b} 为桩端荷载，r_0 为桩的半径。

同样的方式推导扩底抗拔桩桩端反力和变形间的关系。在上拔荷载作用下，扩底抗拔桩的桩端对土体产生挤压。将桩端投影到平面上，上述传荷方式可简化为一刚性圆环对土体产生挤压。圆环的内半径为桩的半径 r_0，外半径为扩大头半径 r_{b}。半无限弹性体在圆环均布荷载下的变形，需要进行一系列的积分运算。为了简化计算，将半无限弹性体在圆环均布荷载下的变形简化为一个半径为 r_{b} 的大圆荷载下的变形减去一个半径为 r_0 的小圆荷载下的变形。在弹性半空间体表面作用圆形均布荷载下圆中心点的位移[7]

$$w_{\mathrm{yc}} = \frac{2(1-v_{\mathrm{s}}^2)qr}{E}, \tag{5}$$

式中，E，v_{s} 分别为弹性半空间体的弹性模量和泊松比，q 为均布荷载的压强，r 为圆的半径。

由式（5）可以推导出圆环的中心处位移

$$w_{\mathrm{hc}} = \frac{2(1-v_{\mathrm{s}}^2)q(r_{\mathrm{b}}-r_0)}{E_{\mathrm{b}}}, \tag{6}$$

桩端均布荷载 q 和桩端集中荷载 P_{b} 的关系可表示为

$$q = \frac{P_{\mathrm{b}}}{A_{\mathrm{b}}} = \frac{P_{\mathrm{b}}}{\pi(r_{\mathrm{b}}^2-r_0^2)}。 \tag{7}$$

将式（7）代入式（6）可得

$$w_{\mathrm{hc}} = \frac{2(1-v_{\mathrm{s}}^2)P_{\mathrm{b}}}{\pi E_{\mathrm{b}}(r_{\mathrm{b}}+r_0)} = \frac{P_{\mathrm{b}}(1-v_{\mathrm{s}})}{\pi G_{\mathrm{b}}(r_{\mathrm{b}}+r_0)}。 \tag{8}$$

式（5）为圆形分布荷载下中心处的竖向位移。通常用系数$\frac{\pi}{4}$乘以均匀受荷圆柱端中心位移来近似估计桩端刚性的影响。该系数是在半无限体表面上一个刚性圆柱的表面位移与相应的均匀受荷圆的中心位移的比值。同理，为了考虑扩底桩桩端刚性的影响，式（8）乘以系数$\frac{\pi}{4}$，可以得到

$$w_{\mathrm{b}} = \frac{P_{\mathrm{b}}(1-v_{\mathrm{s}})}{4G_{\mathrm{b}}(r_{\mathrm{b}}+r_0)}。 \tag{9}$$

式（9）给出了抗拔扩底桩桩端荷载与土体位移的关系式。可以看出，它的表达式与竖向受荷桩式（4）非常相似，仅在分母中 r_0 变化为 $r_{\mathrm{b}}+r_0$。根据以上推导和文献［8］的研究成果，采用双曲线函数模拟桩端扩大头阻力与位移的非线性关系：

$$P_{\mathrm{b}} = \frac{w_{\mathrm{b}}}{a'+b'w_{\mathrm{b}}}, \tag{10}$$

$$a' = \frac{1}{k_0} = \frac{1-v_{\mathrm{b}}}{4G_{\mathrm{b}}(r_{\mathrm{b}}+r_0)}, \tag{11}$$

$$b' = \frac{1}{P_{bf}}, \tag{12}$$

式中，P_{bf}为桩端极限阻力。

当抗拔桩为有限刚度时，同时将扩大头简化为一个等效弹簧。由 Randolph 提出的桩单元微分方程和抗拔桩的边界条件，容易得到扩底抗拔桩弹性变形的无量纲解析式，具体推导过程可见文献 [9]：

$$\frac{P_t}{G_s r_0 W_t} = \frac{\dfrac{4}{\eta(1-v_s)} + \dfrac{2\pi\tanh(ul)}{\xi r_0 u}}{1 + \dfrac{4}{\eta(1-v_s)}\dfrac{1}{\pi\lambda}\dfrac{\tanh(ul)}{r_0 u}}, \tag{13}$$

式中，$\eta=\dfrac{r_0}{r_0+r_b}$，$\lambda=\dfrac{E_p}{G_s}$，$(ul)^2=\dfrac{2}{\xi\lambda}\left(\dfrac{l}{r_0}\right)^2$，$l$ 为桩长。

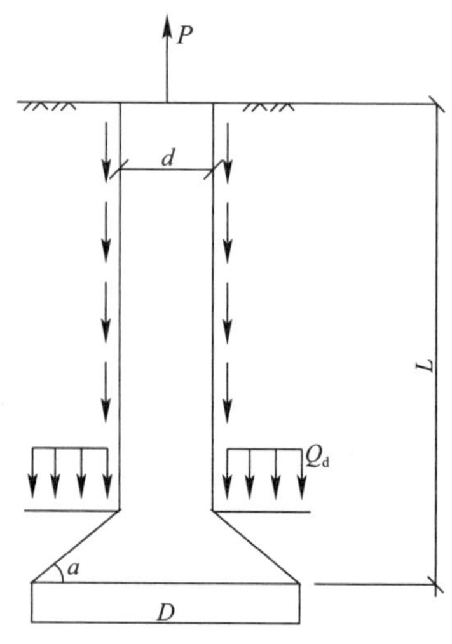

图 1　扩底抗拔桩分析模型示意图

Fig. 1　Sketch of a base-enlarged tension pile

1.3　修正变形协调法的分析流程

上节提出的扩底抗拔桩弹性解析解是将桩端扩大头处的反力简化为作用在桩端的集中力。实际上桩端扩大头除了受到土体阻力外，扩大头表面也会受到侧摩阻力的影响。尤其是当桩端嵌岩时，由于扩底而引起的桩侧剪应力的增长就更不能忽略了。并且桩端扩大头的形状也会对抗拔承载力造成影响[10]。

本文的修正变形协调法将桩划分为若干个单元，通过二分法调整桩顶位移，然后根据桩身轴向变形和桩侧土变形的协调关系，逐段向下推出各单元的轴力和桩侧阻力，直到抗拔桩的总阻力等于桩顶荷载为止。采用双曲线函数模拟桩侧和桩端反力和位移的非线性关系。由于桩端扩大头的高度通常不大，为了简化分析，将扩大头作为一个单元进行分析。

(1) 如图 (1)，可将扩底抗拔桩划分为 n 个单元，最后一个单元为扩底抗拔桩的扩大头。

(2) 桩顶上拔荷载为 P，假定一个较小的桩顶位移 W_t，因此单元 1 的顶部荷载为

$$P_{t1} = P, \tag{14}$$

单元 1 的顶部位移为

$$w_{t1} = w_t。 \tag{15}$$

(3) 假定单元 1 的平均拉力为 P_{t1}，由此可以预估单元 1 的初始弹性变形为

$$e_1 = \frac{P_{t1}\Delta L}{AE}, \tag{16}$$

式中，A 为桩的横截面面积，E 为桩的弹性模量，ΔL 为每个单元的长度。

(4) 单元 1 的中点位移为

$$w_{c1} = w_{t1} - (e_1/2)。 \tag{17}$$

(5) 将单元 1 的中点位移代入式 (1)，从而得到单元 1 的桩侧剪应力 τ_1。

(6) 当确定桩侧剪应力后，单元 1 总的摩阻力

$$T_1 = 2\pi R_0 \Delta L \tau_1, \tag{18}$$

式中，R_0 为扩底桩等截面部分桩身的半径。

(7) 单元 1 的底部荷载为

$$P_{b1} = P_{t1} - T_1。 \tag{19}$$

(8) 单元 1 的平均拉力为

$$P_1 = (P_{t1} + P_{b1})/2 \tag{20}$$

由此，单元 1 的修正弹性变形为

$$e_1' = \frac{P_1 \Delta L}{EA}。 \tag{21}$$

(9) 比较单元 1 的假定弹性变形 e_1 和修正弹性变形 e_1'，如果两者的差值大于限定值（可取为 1×10^{-6}），则假定 $e_1=e_1'$，重复步骤（4）～(8)，直到两者的差值小于限定值。

(10) 单元 1 的底部位移

$$w_{b1} = w_{t1} - e_1'。 \tag{22}$$

(11) 单元 2 的顶部荷载和位移等于单元 1 的底部荷载和位移，

$$P_{t2} = P_{b1}, \tag{23}$$

$$w_{t2} = w_{b1}。 \tag{24}$$

(12) 重复步骤（3）～(10)，可以得到单元 2 的底部位移和拉力。依次类推，计算桩上各单元位移和拉力。中止条件为计算到桩端单元或者某个单元顶部的位移为一指定极小值（可取为 1×10^{-6}m）。

(13) 如果单元 n 的顶部位移大于指定极小值，说明桩端扩大头开始发挥承载效用。预估单元 n 的初始弹性变形

$$e_n = \frac{P_{tn}\Delta L_n}{EA_n} \tag{25}$$

式中，A_n 为扩大头单元 n 的平均横截面面积。

(14) 扩大头单元 n 的中点位移和底部位移为

$$w_{cn} = w_{tn} - (e_n/2), \tag{26}$$

$$w_b = w_{tn} - e_n。 \tag{27}$$

(15) 将扩大头单元 n 的中点位移代入式（1），从而得到扩大头单元 n 的桩侧剪应力 τ_n。由式（28）计算得到单元 n 的侧面积，进而得到总的摩阻力 T_n。

$$S_n = \frac{1}{2}\pi(D+d)f, \tag{28}$$

式中，S_n 为扩大头的侧面积，d 和 D 分别为桩的直径和扩大头直径，f 表示扩大头单元母线长，可以由扩大端的坡角 a 来确定。

将单元 n 的底部位移代入式（10），从而得到桩端扩大头的反力 Q_b。单元 n 的底部荷载

$$P_{bn} = P_{tn} - T_n - Q_b。 \tag{29}$$

(16) 单元 n 的平均拉力

$$P_n = (P_{tn} + P_{bn})/2, \tag{30}$$

由此，单元 n 的修正弹性变形

$$e_n' = \frac{P_n \Delta L_n}{EA}。 \tag{31}$$

(17) 比较单元 n 的假定弹性变形和修正弹性变形，如果两者的差值大于限定值，则假定 $e_n=e_n'$，重复步骤（14）～(16)，直到两者的差值小于限定值。

(18) 单元 n 的底部位移

$$w_{bn} = w_{tn} - e_n' \tag{32}$$

(19) 当 $k<n$ 时，桩侧土承担的总荷载为 $T=T_1+T_2+\cdots+T_k$，当 $k=n$ 时，桩侧和桩端承担荷载为 $T=T_1+T_2+\cdots+T_n+Q_b$。

(20) 再假定一个较大的桩顶位移 w_t'(如 $w_t'=d$)，重复步骤（2）～(19)，得到另一个总荷载 T'。

（21）桩顶的平均位移

$$w_{t}^{mean}=(w_{t}+w'_{t})/2 \tag{33}$$

重复步骤（2）～（19），得到抗拔桩阻力承担的总荷载 T^{mean}。

（22）如果 T^{mean} 与假定桩顶荷载 P 的差值在限定值以内，则 w_{t}^{mean} 即为桩在上拔力 P 下的位移，计算中止。如果两者的差值超过限定值，如果 $(T^{mean}-P)(T-P)<0$，则 $w'_{t}=w_{t}^{mean}$，反之，则 $w_{t}=w_{t}^{mean}$。重复步骤（2）～（21），直至 T^{mean} 与桩顶荷载 P 的差值小于限定值。

（23）对应不同荷载水平，重复步骤（2）～（22），得到相应的抗拔桩位移。由此可以得到扩底抗拔桩的荷载-位移曲线。

2　算例分析

2.1　与模型试验结果的比较

张尚根等人在试验室内做了 6 根扩底桩的抗拔试验[3]。桩身长 1.9m，桩的半径 0.05m，扩大头尺寸分别为 300 和 250mm。模型桩弹性模量为 3.98×10^{4}MPa。一般扩大头直径越大，扩底抗拔桩的承载力应该更大。文献［3］给出了砂土的剪切模量为 6MPa，然而由图 2 和 3 可以看出，扩大头直径为 300mm 的承载力明显小于扩大头直径为 250mm 的承载力。产生这一矛盾的原因可能是土样制备引起土体不均匀和相对密度不同，导致试验中砂土的剪切模量会不相同。笔者通过反分析得到：扩大头直径为 300mm 的抗拔桩试验中砂土的剪切模量为 6MPa；扩大头直径为 250mm 的抗拔桩试验中砂土的剪切模量为 9MPa。

为了便于比较，利用式（13）给出了模型桩的弹性解。由图 2 可知，当荷载较小时弹性理论解和实测结果比较接近。当荷载较大时，弹性理论解和实测结果偏差较大，弹性理论解偏小。根据修正变形协调法得到两个扩底抗拔桩的非线性变形结果。扩底桩桩侧和桩端的荷载传递函数采用双曲线函数。桩侧土和桩端土的双曲线参数 a 可以由式（2）和（11）得到，参数 b 可通过反分析方法得到：扩大头半径为 250mm 的双曲线函数参数 $a=2.4\times10^{-8}\text{m}^{3}/\text{N}$，$b=1.1\times10^{-5}\text{m}^{2}/\text{N}$，$a'=1.27\times10^{-7}\text{m}^{3}/\text{N}$，$b'=4.3\times10^{-5}$（1/N）；扩大头半径为 300mm 的双曲线函数参数 $a=3.6\times10^{-8}\text{m}^{3}/\text{N}$，$b=1.4\times10^{-5}\text{m}^{2}/\text{N}$，$a'=1.67\times10^{-7}\text{m}^{3}/\text{N}$，$b'=2.2\times10^{-5}$（1/N）。由图 3 可知，非线性变形分析得到的理论结果和实测值基本吻合。这说明使用修正变形协调法可以很好地预测扩底抗拔桩的非线性变形。

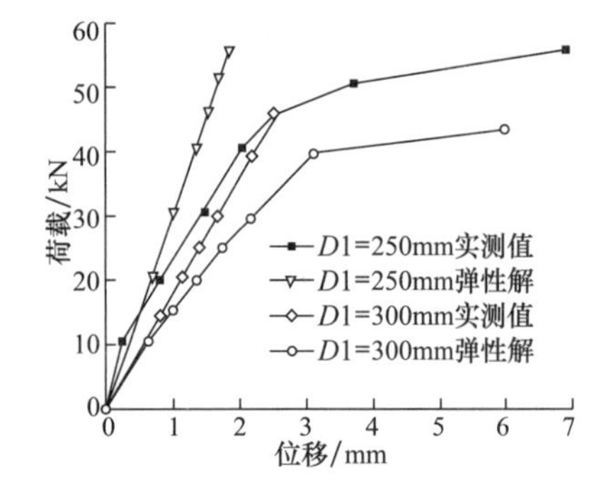

图 2　扩底桩荷载-位移实测值和弹性解的比较

Fig. 2　Comparison between measured and elastic analytical curves of base-enlarged tension piles

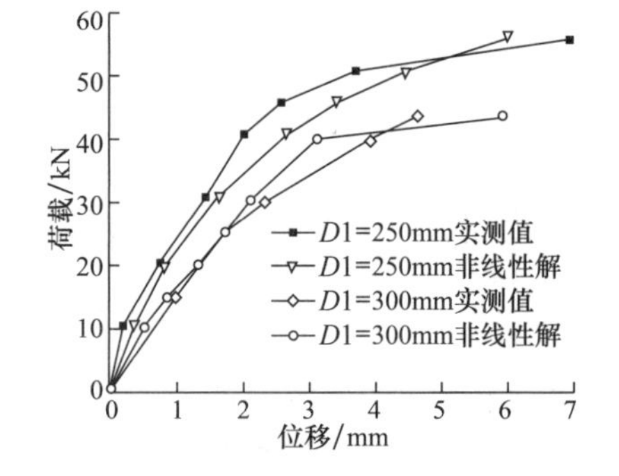

图 3　扩底桩荷载-位移实测值和非线性解的比较

Fig. 3　Comparison between measured and nonlinear analytical curves of base-enlarged tension piles

2.2　与现场试桩试验结果的比较

上海 500kV 地下变电站基坑开挖深度达 38m，根据勘察报告，该工程底板承受的水头高度达 33m，整个工程承受的上拔力标准值达4220000kN[11]。该工程共进行了3个扩底抗拔桩编号为T1～T3的静载荷试验。考虑到地下结构施工完成后，工程桩的实际标高为－33.5m。为了模拟工程桩的实际情况，扩底桩均采用双套管法施工，通过双套管将扩底桩从地面至－33.5m部分桩身与土体分离，即采用套管将开挖段的桩身和土体分离，不考虑该范围内土的侧摩阻力对抗拔桩变形的影响，从而较为准确地确定本工程中抗拔桩都是采用钻孔灌注桩。根据桩身实测轴力计算套管内桩身的弹性变形，然后加上有效桩长的顶部变形，即为扩底桩在桩顶荷载作用下的桩顶位移。各扩底桩的桩身轴力分布图可见文献［11］。

扩底桩有效桩长为48.6m，桩径为0.8m。扩底直径为1.5m，扩大头倾角为76.9°，桩身混凝土强度代表值为42.8MPa，弹性模量代表值为3.5×10^4MPa。考虑到抗拔桩中钢筋笼的存在，将扩底抗拔桩的弹性模量取为4×10^4MPa。杨敏在分析上海地区68根试桩试验结果的基础上，提出上海软土地区土的弹性模量是压缩模量E_{1-2}的2.5～3.5倍[12]。文献［9］提供了试验场地各层土的压缩模量E_{1-2}，本文中各层土的弹性模量取为该层土压缩模量的3.5倍，假定各土层泊松比为0.4。桩侧荷载传递函数采用双曲线函数，各土层的双曲线函数参数a由式（2）确定，b为桩侧土体最大剪应力τ_{max}的倒数。通过埋设应力传感器得到不同上拔荷载下桩侧摩阻力值。为了使理论分析结果更符合实际工程情况，采用对应于最大上拔力8000kN时各抗拔桩的实测桩侧摩阻力作为桩侧的最大剪应力。各土层的弹性模量和双曲线函数参数见表1。根据式（11）和（12）和反分析方法得到桩端双曲线函数参数为：$a'=6.8\times10^{-8}m^3/N$，$b'=2.1\times10^{-7}$（1/N）。当桩和土的参数确定后，就可以使用1.3节提出的分析方法预测扩底抗拔桩的变形。为了便于比较扩底抗拔桩非线性和弹性变形理论解的差异，可以加权平均土体弹性模量，利用式（13）预测扩底抗拔桩的弹性变形。由图4～6可知：当上拔荷载较小时，扩底抗拔桩的弹性变形值与实测值是比较接近的。由图4～6还可看到，使用修正变形协调法可较好地预测扩底抗拔桩的变形值，理论预测结果和实测值很接近。在荷载较小时，本文理论变形值都略大于实测值，这可能是软黏土在小应变条件下刚度很大，随着荷载增大刚度迅速减少的缘故。T1和T2扩底桩在荷载较大时非线性变形值和理论值十分接近。与T1和T2扩底桩不同，T3扩底桩实测值比理论值要小一些，但相差不大。可能是不同试桩所处的地质条件存在较大差异。

各土层的弹性模量和双曲线函数参数 **表1**

Elastic moduli and the hyperbola function factors of foundation **Table 1**

土层	埋深/m	土层弹性模量/MPa	实测桩侧摩阻力/kPa			双曲线函数参数					
						T1桩		T2桩		T3桩	
			T1桩	T2桩	T3桩	a	b	a	b	a	b
⑦1	33.5～37.5	35.4	57	52	66	1.65	0.0175	1.65	0.0192	1.65	0.0152
⑦2	37.5～46.0	54.5	67	56	73	1.07	0.0149	1.07	0.0179	1.07	0.0137
⑧1	46.0～60.0	12.9	40	40	41	4.52	0.025	4.52	0.025	4.52	0.0244
⑧2	60.0～73.0	16.3	51	58	42	3.58	0.0196	3.58	0.0172	3.58	0.0238
⑧3	73.0～77.0	16.3	69	61	53	3.58	0.0145	3.58	0.0164	3.58	0.0189
⑨1	77.0～85.0	53.3	90	92	95	1.09	0.0111	1.09	0.0109	1.09	0.0105

注：参数a的单位为$10^{-7}m^3/N$，b的单位为m^2/kN。

王卫东等人采用有限元软件MARC预测T1～T3扩底抗拔桩的桩顶变形，其有限元模型将单桩抗拔有限元分析简化为轴对称问题，桩与桩周土采用四节点等参实体单元[11]。桩身采用线弹性模型，土体的本构模型采用Mohr-Coulomb理想弹塑性模型。由图7可知，有限元软件MARC的理论预测结果和本文分析方法的预测结果规律性基本相同。对于T1～T3扩底抗拔桩，在荷载不大时，两个方法的预测结果均大于实测结果；在荷载较大时，对于T1～T2扩底抗拔桩，理论结果和实测结果十分接近，而对于T3扩底抗拔桩，理论变形结果要大于实测变形结果。有限元软件预测结果和本文的分析方法比较类似，这说明修正变形协调法可以较好地预测扩底抗拔桩非线性变形。同时该分析方法计算简单，避免了有限元软件需要建模的麻烦，因此有很好的实际应用价值。

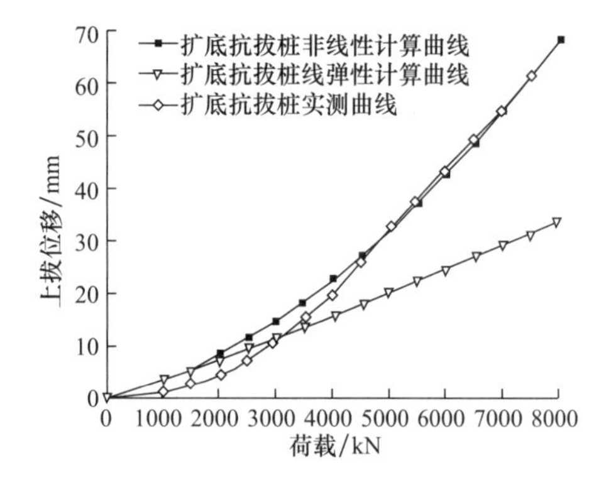

图 4　T1 扩底抗拔桩实测和理论荷载位移曲线

Fig. 4　Comparison between measured and analytical curves of T1 base-enlarged tension piles

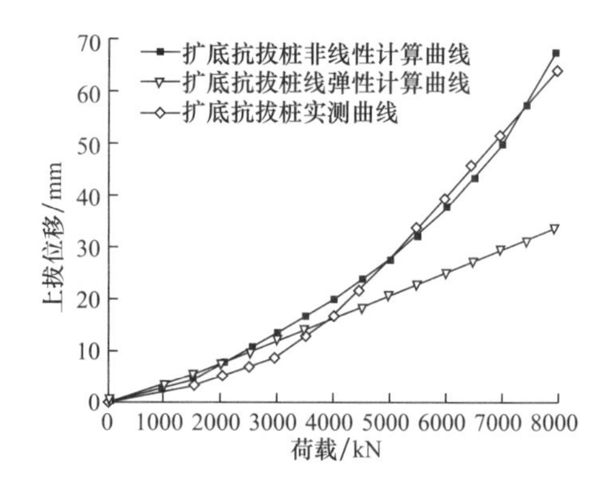

图 5　T2 扩底抗拔桩实测和理论荷载位移曲线

Fig. 5　Comparison between measured and analytical curves of T2 base-enlarged tension piles

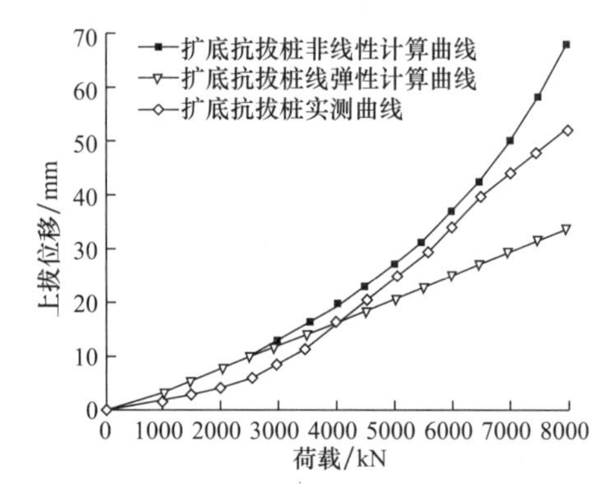

图 6　T3 扩底抗拔桩实测和理论荷载位移曲线

Fig. 6　Comparison between measured and analytical curves of T3 base-enlarged tension piles

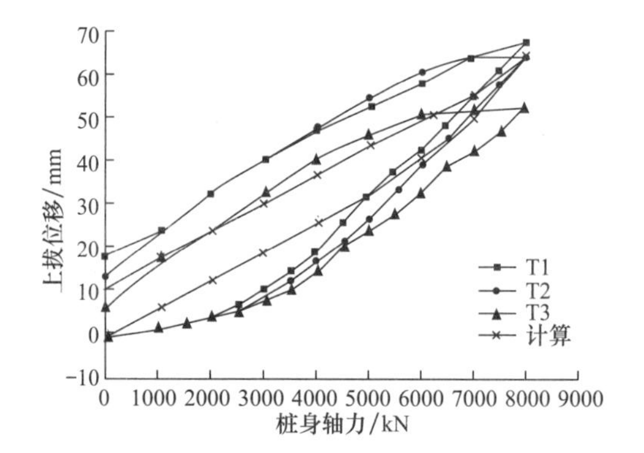

图 7　扩底桩实测曲线与理论曲线比较

Fig. 7　Comparison between measured and analytical curves of the base-enlarged tension piles

3　结　　论

（1）目前，国内外关于扩底抗拔桩变形的研究较少，且大部分为扩底抗拔桩变形的弹性分析。对于扩底抗拔桩变形进行深入的研究具有重要的理论意义和工程应用价值。本文使用修正变形协调法预测扩底抗拔桩的非线性变形。与常规变形协调法不同，该方法首先假定桩顶发生变形，然后根据桩身的轴向变形和桩侧土变形的协调关系，逐段向下推出各单元的变形值。该方法适用于预测荷载较小且桩身长度较大的扩底抗拔桩变形。此外，修正变形协调法应用范围广，可根据工程实际情况选择合适的荷载传递函数预测抗拔桩的非线性变形。

（2）使用双曲线函数来模拟桩身与土体的非线性。同时根据弹性力学原理推导桩端土反力和位移的关系，给出了扩底抗拔桩弹性变形的解析公式。使用双曲线函数模拟桩端反力和位移的非线性关系。在此基础上给出了计算扩底抗拔桩非线性变形的分析步骤。

（3）通过与模型试验和现场试桩试验结果进行比较。在荷载较小时，扩底抗拔桩的弹性解和非线性解与实测值都比较接近。而当荷载较大时，弹性理论解和实测结果相差较大。非线性结果和实测结果相当吻合。这说明只要给出合理的双曲线参数，修正变形协调法可以较好预测扩底抗拔桩的变形。同数值分析方法相比，修正变形协调法避免了建模的复杂性，该方法便于应用于实际工程中。

参考文献（References）

[1]　张栋梁，杨龙才，王炳龙．扩底抗拔桩试验分析与抗拔桩承载力计算方法［J］．地下空间与工程报，2006，2（5）：

775-780.（ZHANG Dong-liang，YANG Long-cai，WANG Bing-long. Experimental analysis and calculation of the uplift resistance bearing capacity of bored cast-in-place pile with enlarged bottom [J]. Chinese Journal of Underground Space and Engineering，2006，2 (5)：775-780.（in Chinese））

[2] 凌辉. 上海软土中单桩抗拔承载机理研究 [D]. 上海：同济大学，2004. （LING Hui. Study of uplift ultimate bearing capacity of single pile in Shanghai [D]. Shanghai：Tongji University，2004.（in Chinese））

[3] 张尚根，李刻铭，吴步旭. 扩底抗拔桩的变形分析 [J]. 工业建筑，2003，33 (6)：40-41.（ZHANG Shang-gen，LI Ke-ming，WU Bu-xu. Analysis of deformation of pedestal tension piles [J]. Industrial Construction，2003，33 (6)：40-41.（in Chinese））

[4] 张洁，尚岳全，林旭武. 扩底抗拔桩荷载变形分析 [J]. 低温建筑技术，2004，102 (6)：75-76.（ZHANG Jie，SHANG Yue-quan，LIN Xu-wu. Load and deformation analysis of pedestal tension piles [J]. Low Temperature Building Technique，2004，102 (6)：75-76.（in Chinese））

[5] KONDNER R L. Hyperbolic stress-strain response：cohesive soil [J]. J Soil Mech Found Div，1963，89 (SM11)：115-143.

[6] RANDOLPH. A theoretical study of the performance of piles [D]. Cambridge：Cambridge University，1977.

[7] 吴家龙. 弹性力学 [M]. 上海：同济大学出版社，1986.（WU Jia-long. Elastic mechanics [M]. Shanghai：Tongji University Press，1986.（in Chinese））

[8] CHOW Y K. Analysis of vertically loaded pile groups [J]. Int J Numer Anal Mech Geomech，1986，10：59-72.

[9] 孙晓立. 抗拔桩承载力和变形计算方法研究 [D]. 上海：同济大学，2007.（SUN Xiao-li. Study of the uplift capacity and deformation of tension pile [D]. Shanghai：Tongji University，2007.（in Chinese））

[10] DICKIN E A，LEUNG C F. The influence of foundation geometry on the uplift behaviour of piles with enlarged bases in sand [J]. Canadian Getechnical Journal，1992，29 (3)：498-505.

[11] 王卫东. 上海世博 500kV 地下变电站超深桩基础的设计与新技术应用 [C] //中国建筑学会地基基础分会 2006 年学术年会，2006.（WANG Wei-dong. The design and application of new technique of pile founelation at 50kV underground electricity station in ShangHai [C] //Chinese architecture institute foundation sub-institute academic annual meeting in 2006.（in Chinese））

[12] 杨敏，赵锡宏. 分层土中的单桩分析法 [J]. 同济大学学报，1992，20 (4)：421-428.（YANG Min，ZHAO Xihong. An approach for a single pile in layered soil [J]. Journal of Tongji University，1992，20 (4)：421-428.（in Chinese））

水泥搅拌桩和砂桩在真空预压防护工程中应用与分析

邱青长[1]　莫海鸿[1]　董志良[2]　张　峰[2]

（1. 华南理工大学 土木工程系，广东 广州　510640；2. 广州四航工程技术研究院，广东 广州　510230）

【摘　要】 基于南沙港区格栅水泥搅拌桩和砂桩联合防护真空预压影响区内高压电缆沟的工程实例，分析了该真空预压影响区的防护方案，对比试验研究影响区防护和未防护断面的表层位移、深层侧向位移和地层中孔隙水压力变化规律；位移测试结果表明该防护方案是有效的，保护了高压电缆沟的安全；地层中孔压变化结果表明深层格栅水泥搅拌桩周围土体有渗流发生，该地层土体中孔隙水压力降低及地下水渗流使土中有效应力改变是周围土体发生变形的主要原因。

【关键词】 软基处理；真空预压；防护工程；水泥搅拌桩；砂桩

0　前　　言

1952年W Kjellman提出真空预压法，国内20世纪80年代试验成功，经过几十年的理论研究和工程实践，在加固机理方面已取得了较多研究成果[1-4]。目前随着真空预压技术的广泛应用，真空预压对周围环境的影响越来越受到关注。余湘娟等[5]通过有限元计算，从侧向位移说明真空预压对周围建筑物影响，当采用搅拌桩的支挡作用和止水作用，可减少其水平位移和不均匀沉降；彭劼等[6]通过真空-堆载联合预压法软基加固对周围环境影响的研究，认为影响范围在加固区外30m左右；陈远洪等[7]通过工程实例中软基的应力、位移、孔隙水压力的变化与周围环境相互影响的计算分析，说明在真空预压法中采取防护措施可以明显减轻对周围环境的影响；于志强等[8]认为真空预压边界的安全距离主要考虑构筑物抵抗变形的能力，其次是地质条件，一般建议在18m左右，不宜小于15m。但广州港南沙港区真空预压加固区边界30m以外的沥青路面出现拉裂现象，远大于上述文献中的影响范围。现有文献中一般提出采取防护措施可以减轻对周围环境的影响，但对真空预压影响区的防护工程具体实例及其防护效果报导较少，尤其对未防护与采取防护措施后典型断面现场对比试验研究甚少。

1　工程概况和试验区地质条件

南沙港区位于广州南沙龙穴岛，该陆域是在原有滩涂地基上吹填形成的，吹填土含水率高、强度和承载力低，而吹填土以下也广泛分布着深厚软土层。目前该区域吹填陆域采用真空预压加固已达几百万平方米，其加固效果良好，施工工艺和施工参数基本相同，施工工序：①铺设土工布、土工格栅；②回填中细砂；③回填中粗砂垫层；④施插塑料排水板；⑤施打泥浆搅拌墙；⑥真空预压。其中①、②步作用是防止淤泥“拱泥”现象和提高地基的承载力，以便施工机械能安全作业。主要施工参数：塑料排水板1m×1m正方形布置，打设深度由设计深度和现场10m×10m网格探摸确定；真空预压边界为两排搭接200mm、ϕ700mm的泥浆搅拌桩，单排桩与桩之间搭接也为200mm，打设深度要求桩深进入淤泥层0.5m，形成1.2m宽泥浆密封墙；真空度稳定要求在85kPa达80～90d，卸载前地基固结度要求达88%以上。

试验区域为南沙港区二期软基处理工程，根据该工程岩土工程勘察报告和仪器埋设钻孔，主要土层从上到下：①回填中细砂，层厚1.8～2.3m，层顶标高+6.0m；②吹填淤泥，含水率高，流动状态，均匀性差，局部沉积有细砂和中砂；③淤泥，层厚2.5～6m，原淤泥面标高+1.0m左右，比较均匀，渗透性差；④粉砂或黏质粉土，层厚2～3m，颗粒分选性好，粒径0.1～0.25mm含量超过40%，渗透性强；⑤淤泥质黏土，夹薄层粉砂，不均匀，局部有中砂，层厚 4～8m，水平向渗透强；⑥含砂、贝壳及有机质等杂质的黏土层，其下为软塑黏土或粉质黏土层。该区域地层具有明显分层特性，各土层渗透系数存在数量级差别。

2 防护方案和试验概况

真空预压法对周围构筑物的影响主要表现在两方面：①真空预压法加固软土地基，加固区周围土体有产生向加固区水平位移的趋势，导致周围构筑物向加固区移位而破坏；②加固区抽真空引起的周围地下水下降，对周围土体有降水预压的加固效果，周围土体产生不均匀沉降而对构筑物造成影响。因此真空预压防护方案选择的原则主要考虑减少影响区土体向加固区的水平位移和受降水预压引起不均匀沉降。

本次防护对象为高压电缆沟，位于真空预压加固区西侧，距加固区边界约 25m。邻近加固区边界泥浆搅拌桩打设深度 7.6m，加固区内塑料排水板打设深度 20～23m，从地层结构上看，排水板打穿第⑤层进入第⑥层，因此抽真空时排水板深度第④、⑤层土与外界形成一较畅通的渗流通道，导致该区域真空预压的影响区较远。抽真空期间为保护电缆沟安全，在高压电缆沟和加固区边界间采取格栅水泥搅拌桩和砂桩联合的防护方案，设计参数：水泥搅拌桩直径 600mm，搭接 200mm，格栅边长 2m×2m，打设深度 18m，防护工程长度为平行加固区边界方向并超过电缆沟端点 20m，总长 60m，中心线离加固区边界 15m；砂桩设计直径 400mm，打设深度 10m，搭接为 0，东排砂桩边长 60m，西排砂桩边长 20m，见图 1。水泥搅拌桩有止水和支护双重作用；砂桩为松散多孔介质，具有应力释放的作用，且沿砂桩开挖排水沟，保持排水沟内水源畅通，因此理论上水泥搅拌桩和砂桩均能减少影响区地基降水预压强度和水平位移传递范围。

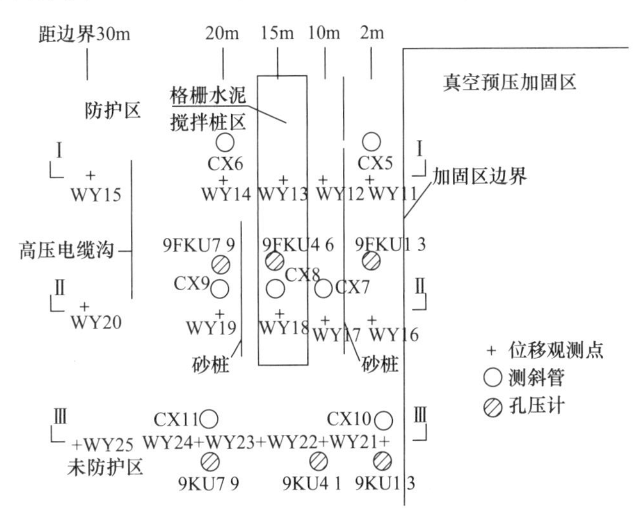

图 1 试验区平面布置示意图

Fig. 1 Layout of test area

为研究该防护方案的防护效果，本试验在防护和未防护区选取典型断面进行对比研究，试验方案如图 1。观测点均布设在平行加固区边界分别为 2、10、15、20 和 30m 的 5 个断面上，试验主要埋设仪器设备：测斜管 7 根，编号 CX5、CX6 和 CX7、CX8、CX9 分别为防护区Ⅰ-Ⅰ和Ⅱ-Ⅱ断面，CX10、CX11 为未防护区Ⅲ-Ⅲ断面，防护和未防护断面各埋设 9 个孔压测头，编号 9FKU1～9FKU9 为Ⅱ-Ⅱ断面，9KU1～9KU9 为Ⅲ-Ⅲ断面，分 3 层埋设，埋深分别在地表下 5、10、18m（编号从上到下排序），位移观测点 15 个，WY11～WY15为Ⅰ-Ⅰ断面，WY16～WY20 为Ⅱ-Ⅱ断面，WY21～WY25 为Ⅲ-Ⅲ断面。

3 试验结果与分析

3.1 表层位移分析

图 2 为断面测点的总沉降比较曲线，可看出格栅水泥搅拌桩内土体的沉降相对较小，采取防护措施后防护断面各测点沉降均减小，防护断面距边界 30m 的 WY15、WY20 测点总沉降为 2.9cm 和 3.3cm，Ⅲ-Ⅲ断面 WY25 测点总沉降为 6.4cm，距预压边界 30m 处采取防护措施后沉降减少约 50%。

图 3 为断面测点表层水平位移比较曲线，距预压边界 30m 处，防护断面的 WY15、WY20 测点水平位

移为 5cm 和 4.9cm，Ⅲ-Ⅲ断面的 WY25 测点水平位移则达 8.3cm，距边界 30m 处防护后最大水平位移减少 40%以上，WY17、WY22 测点水平位移受排水沟影响较大。结合地层中孔压变化结果，测点总沉降与深处最大孔压变化值成比例，地层土体中孔隙水压力降低使土体有效应力改变是发生沉降的主要原因。

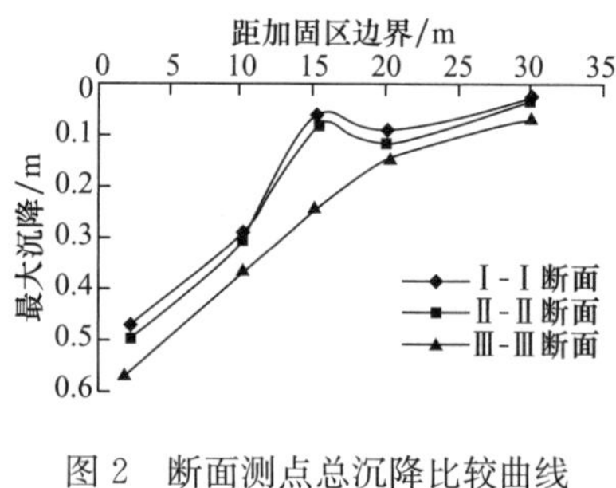

图 2 断面测点总沉降比较曲线

Fig. 2 Comparison of total settlements in different sections

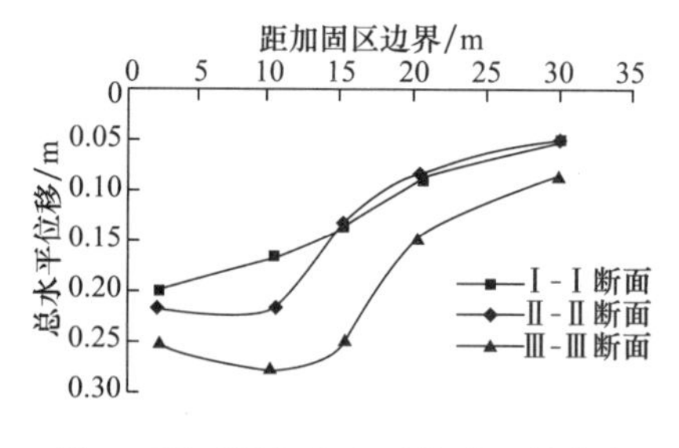

图 3 断面测点总水平位移比较曲线

Fig. 3 Comparison of horizontal displacements in different sections

由图 2、图 3 对比分析，该地层真空预压影响区土体表层水平位移比沉降衰减慢，距边界 2m 测点沉降远大于水平位移，但是 20m 以远测点的水平位移则反过来大于沉降，可推测地层土体水平位移影响范围大于不均匀沉降影响范围。抽真空导致未防护区距边界 30m 处 WY25 测点产生大于 8cm 的水平位移和 6cm 的沉降，这对一般构筑物都会造成破坏性影响，因此该地层真空预压加固对周围环境影响超过 30m，从而为边界 30m 外沥青路面拉裂现象提供数据证明。

本工程通过抽真空期间对电缆沟周围土体变形严密监测和加固区内真空预压信息化施工，保护了高压电缆沟的安全，电缆沟位于 WY14、WY15、WY19、WY20 测点之间，从表层位移曲线推算，高压电缆沟处采取防护后水平位移和沉降均减少了约 40%，仍发生了 7cm 以上水平位移和 5cm 左右的沉降，因此对于严格控制变形的构筑物防护，该方案仍需优化设计。

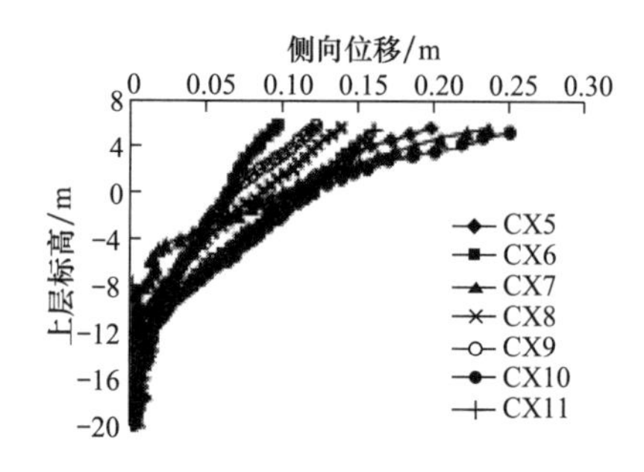

图 4 深层最大侧向位移曲线

Fig. 4 The maximum lateral displacement in deep stratum

3.2 深层侧向位移分析

图 4 为深层最大侧向位移曲线，最大侧向位移均发生于表层，其值与邻近位移测点的表层水平位移结果基本吻合。对比 CX10 和 CX5 曲线，距边界 2m 处的深层侧向位移地表 6m 以下基本吻合，但在地表下 2～6m 则相差较大。对比 CX10 和 CX11 曲线，未防护区断面 2m 处与 20m 处土体深层侧向位移也是在地表下 6m 深度范围内有变化。对比 CX6、CX9 和 CX11 的曲线，距边界 20m 处防护与未防护的深层侧向位移在水泥搅拌桩全长范围侧向位移均减少。比较 CX6 和 CX9 曲线，防护后土层深层侧向位移差别主要表现在地表下 6m 深度范围内。CX7 和 CX8 测斜管水平距离相差 5m，但最大水平位移减少了近 10cm，水泥搅拌桩发挥了有效的支护作用。

3.3 地层中土体的孔压变化分析

图 5 为Ⅲ-Ⅲ断面土体中孔压变化与时间曲线。土体中孔压变化与水头变化相当，孔压降低就是水头降低，数据表明同深度土体中离加固区越近孔压变化越大，如地表下 18m 深处，9KU3 孔压测头最大下降 56.2kPa，9KU6 孔压测头最大下降 40.7kPa，9KU9 孔压测头最大下降 29.3kPa，孔压变化 20m 处仍超过 2m 处的 50%，表明该地层内地下水向加固区内渗流路径长，影响范围大；同位置土层越深，孔压变化值越大，如距边界 2m 处，9KU3 孔压测头最大孔压下降 56.2kPa，9KU2 孔压测头最大孔压下降 51.8kPa，9KU1 孔压测头最大孔压下降只有 35kPa。此现象可从地基的成层特性来分析，5m 深的上部孔压测头有泥浆密封墙遮挡，并受地表水补给和外界条件影响最大，因此孔压降低最小；10m 深的中部孔压测头位于淤泥层或粉砂层内，上覆淤泥隔断了竖向渗流，而含薄层粉砂的淤泥质黏土层为透水和弱透水相间

的“千层糕”地层，粉砂和薄层粉砂中的地下水近似为承压水，不考虑排水板的阻力，抽真空时排水板上下水头下降应相等，地下水以水平渗流为主，因此“千层糕”地层抽真空时影响区地下水运动类似于抽水时地下水向承压完整井的非稳定渗流，排水板深度范围内地层越深受外界影响越小，并且10m处受砂桩的影响大，因此同位置18m处孔压变化值大于10m深处。

图6为防护Ⅱ-Ⅱ断面土体中孔压变化与时间曲线，与图5孔压变化规律基本一致，但水泥搅拌桩外孔压测头9FKU7和9FKU8的孔压变化值较小，说明上层水泥搅拌桩的止水效果好，但18m深处9FKU9的孔压变化较大，与未防护9KU9孔压变化基本一致，可见防护区深层地下水仍有渗流发生，地下水渗流路径是穿透格栅水泥搅拌桩还是通过淤泥质黏土中的薄层粉砂绕流，本研究没有足够的数据说明，但从试验结果可看出，该防护方案在此成层地基中的深层防渗效果不佳，从而导致防护后土体仍产生较大的变形。

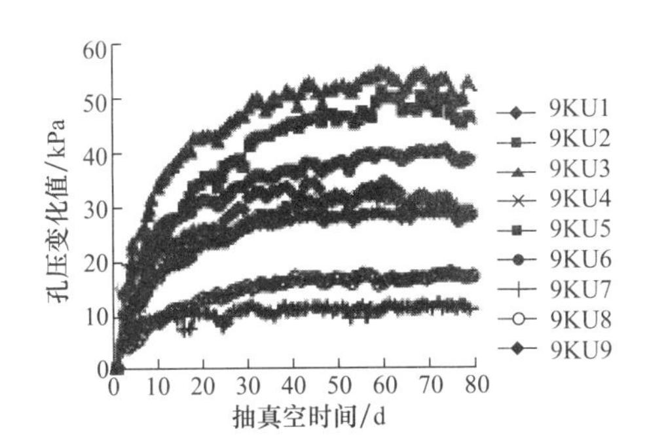

图5 Ⅲ-Ⅲ断面土体中孔压变化与时间曲线

Fig. 5 Variation of pore pressures with time in Ⅲ-Ⅲ section

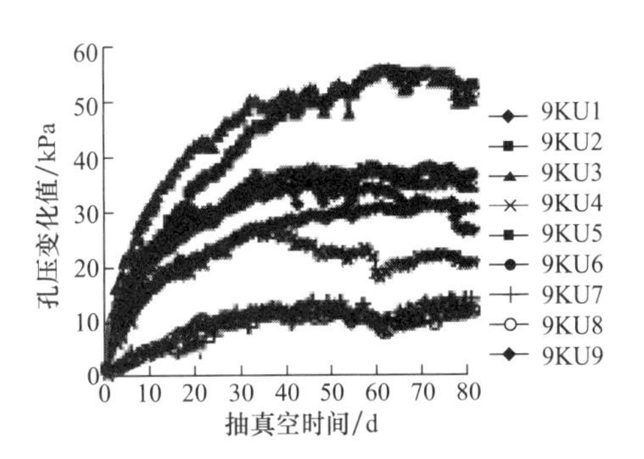

图6 Ⅱ-Ⅱ断面土体中孔压变化与时间曲线

Fig. 6 Variation of pore pressures with time in Ⅱ-Ⅱ section

地层土体中孔压变化测试结果表明，砂桩桩长范围内，地表水通过砂桩补给到土体中，减少了表层土体中的水头降低值。5m深处土体中的孔压变化相对砂桩以下地层减少了20kPa以上，减弱了表层土体中的降水预压强度，由于该地基的成层特性，对砂桩深度以下地层土体中孔压变化影响不明显。

4 结 论

（1）南沙港区真空预压影响区内采取水泥搅拌桩和砂桩联合的防护措施，保护了高压电缆沟的安全，达到了预期防护效果；位移测试结果表明高压电缆沟处的水平位移和沉降均减少约40%，但仍发生了7cm以上水平位移和5cm左右的沉降。

（2）南沙港区真空预压对周围环境影响范围大于30m；地层土体中孔压降低引起土体有效应力增加是真空预压影响区土体发生不均匀沉降的主要原因；砂桩减弱了表层土体中的降水预压强度。

（3）真空预压对周围环境影响主要为降水预压引起的不均匀沉降和真空吸力产生的水平位移；阻止周围地下水向加固区内渗流是减少影响区不均匀沉降的关键，工程实践表明该防护措施在此成层地基中深层防渗效果难以保证，导致土体防护后仍产生较大变形。

参考文献（References）

[1] 陈环，鲍秀清．负压条件下土的固结有效应力［J］．岩土工程学报，1984，6（5）：39-47．（CHEN Huan，BAO Xiu-qing. Consolidation effective stresses in soil under the negative pressure condition［J］. Chinese Journal of Geotechnical Engineering，1984，6（5）：39-47．(in Chinese)）

[2] 沈珠江，陆舜英．软土地基真空排水预压的固结变形分析［J］．岩土工程学报，1986，8（3）：7-15．（SHEN Zhu-jiang，LU Shun-ying. Analysis of consolidation and deformation of soft subsoil under vacuum［J］. Chinese Journal of

Geotechnical Engineering，1986，8（3）：7-15.（in Chinese））

［3］ 高志义．真空预压法的机理分析［J］．岩土工程学报，1989，11（4）：45-56.（GAO Zhi-yi. Analysis on mechanics of vacuunm preloading method［J］. Chinese Journal of Geotechnical Engineering，1989，11（4）：45-56.（in Chinese））

［4］ 龚晓南，岑仰润．真空预压加固软土地基机理探讨［J］．哈尔滨建筑大学学报，2002，35（2）：7-10.（GONG Xiao-nan，CEN Yang-run. Mechanism of vacuum preloading［J］. Journal of Harbin University of Civil Engineering，2002，35（2）：7-10.（in Chinese））

［5］ 余湘娟，吴跃东，等．真空预压法对加固区边界影响的研究［J］．水利学报，2002（9）：123-128.（YU Xiang-juan，WU Yue-dong，et al. Effects of vacuum preloading method on boundary of consolidated soft foundation［J］. Journal of Hydraulic Engineering，2002（9）：123-128.（in Chinese））

［6］ 彭劼，刘汉龙陈永辉，等．真空-堆载联合预压法软基加固对周围环境的影响［J］．岩土工程学报，2002，24（5）：656-659.（PENG Jie，LIU Han-long，CHEN Yong-hui，et al. Effects of combined vacuum surcharge preloading to surrounding environment［J］. Chinese Journal of Geotechnical Engineering，2002，24（5）：656-659.（in Chinese））

［7］ 陈远洪，洪宝宁，龚道勇．真空预压法对周围环境影响的数值分析［J］．岩土力学，2002，23（3）：382-386.（CHEN Yuan-hong，HONG Bao-ning，GONG Dao-yong. Numerical analysis of influence of vacuum preloading method on surrounding environment［J］. Rock and Soil Mechanics，2002，23（3）：382-386.（in Chinese））

［8］ 于志强，朱耀庭，等．真空预压法加固软土地基的影响区分析［J］．中国港湾建设，2001（1）：26-30.（YU Zhiqiang，ZHU Yao-ting，et al. Analysis of affected surrounding area of soft soils improved with vacuum preloading technique［J］. China Harbour Engineering，2001（1）：26-30.（in Chinese））

软土地基孔隙水压力降低引起的压缩分析

莫海鸿[1] 邱青长[1] 董志良[2]
（1. 华南理工大学 土木工程系，广东 广州 510640；2. 广州四航工程技术研究院，广东 广州 510230）

【摘 要】 根据土力学基本原理，分析孔隙水压力降低引起的土体压缩方式，并对真空预压地基的分层沉降现场实测值和理论计算值进行分析；同时，定量分析真空预压地基在不同深处单位压缩量。研究结果表明：（1）若按有效应力原理水土压力分开计算、地基土体中孔隙水压力降低时，土体竖向总应力维持不变而侧向总应力减小；（2）土体中孔隙水压力在相对压强小于0的范围内降低时，将引起土体等向压缩，在相对压强大于0的范围内降低时，将引起土体单向压缩；（3）南沙港区的真空预压地基若其沉降按欠固结计算时，计算值与实测值接近，自重应力欠固结引起的沉降是抽真空期间地基总沉降主要部分；（4）真空预压的加固深度随排水体深度增加而增大，土层压密效果随地层深度增加而减弱，故降低孔隙水压力法在加固软土地基中，设计排水体深度时应考虑最佳加固深度。

【关键词】 土力学；软土地基；孔隙水压力降低；真空预压；压缩；加固深度

1 引 言

软土地基处理中的降水预压[1]、真空预压和电渗预压均属于降低孔隙水压力法[2]，都是根据有效应力原理，利用外力（泵、电流等）做功，降低土体中孔隙水压力相应有效应力增加，导致土体压密和强度增长。目前真空预压在工程中应用最广泛，国内真空预压施工一般采用射流泵。射流泵工作时射流腔内真空吸力引起强制对流抽出流体，导致地基中孔隙水压力降低，孔隙水压力下降值反映真空预压作用强度与效果，因此地基中孔隙水压力变化是真空预压研究和效果检测的重要内容。许多学者研究地基中的孔隙水压力下降规律[3~6]，孔隙水压力实测数据表明，真空预压地基在排水体周围土体中孔隙水压力均能降低，其最大孔隙水压力降低值均小于一个标准大气压。由于土的自重应力随地层深度增加而增大，因此土层越深真空预压对土体压密效果必定越差。真空预压[7]地基排水体普遍打设较深，如广州港南沙港区排水板打设一般超过20m。真空预压对深处土层能产生多大压缩量，目前这方面定量分析较少。至今普遍认为真空预压地基土体受球应力等向压缩，而工程地质分析原理[8]与地下水动力学原理[9]等专著中认为地下水水头降低可引起土体单向压缩。因此，根据土力学基本原理，分析孔隙水压力降低引起土体压缩方式和单元压缩量，通过工程实例对比分析真空预压地基分层压缩量实测值和计算值，运用单位压缩量分析真空预压地基的深层压密效果和加固深度。

2 理论分析与计算原理

2.1 孔隙水压力降低引起土体压缩分析

如图1所示，取地基中任意土体单元进行受力分析，设上覆荷载引起的竖向总应力为 σ_z，静止土侧压力系数为 k_0，竖向有效应力和孔隙水压力分别为 σ_z' 和 u，由有效应力原理有

$$\sigma_z = \sigma_z' + u \tag{1}$$

水压力与侧向土压力之和为总的侧压力，土体侧向总应力在孔隙水压力降低前为

$$\sigma_{x1} = \sigma_x' + u = k_0\sigma_z' + u \tag{2}$$

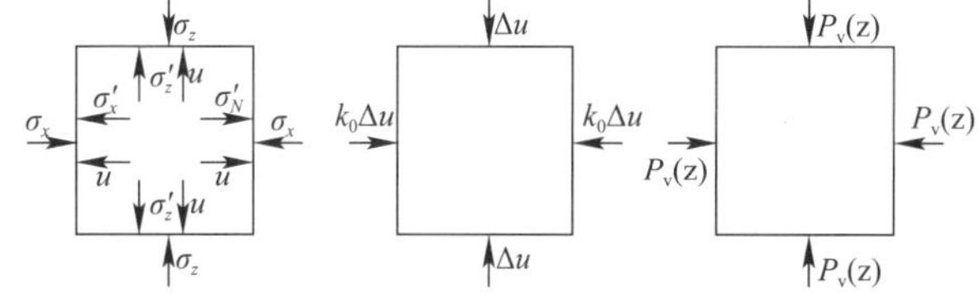

图1 土体单元受力分析
Fig. 1 Analysis of forces acting on soil elements

当土体中孔隙水压力降低 Δu 后，竖向有效应力 相应增加 Δu，设孔隙水压力降低后土中流体压力仍大于或等于当地大气压，即 $u-\Delta u\geqslant 0$ 时，由于作 用力和反作用力相等，即相当于作用土体单元骨架上的荷载增加 Δu，因土体侧向变形受限制，土体只能产生单向压缩，孔隙水压力降低后土体侧向总应力为

$$\sigma_{x2}=k_0(\sigma_z'+\Delta u)+(u-\Delta u) \tag{3}$$

对于正常固结或欠固结土，有 $k_0<1$，因此比较式（2）和（3）就可知：$\sigma_{x1}>\sigma_{x2}$，即孔隙水压力降低过程土体竖向总应力不变、侧向总应力却是减小，土体的竖向和侧向有效应力按 k_0 比例同步增加如图 1（b）所示。

当 $u-\Delta u<0$ 时，土体中流体压力小于当地大气压，流体存在真空或负压，此时土体单元受大气压与孔隙水压力的压差作用，相当于土体等向加载。设真空压力为地层深度 z 的函数，即流体真空度为 $P_v(z)$则土体单元竖向和侧向有效应力均增加 $P_v(z)$，土体单元产生等向压缩如图 1（c）所示。

因此土体中孔隙水压力在相对压强大于 0 范围内降低时，将引起土体单元单向压缩；在小于当地大气压范围内降低时，将引起土体单元等向压缩；当土体中某位置孔隙水压力降低跨越相对压强 0 点时，土体的压缩方式应以相对压强 0 点分段。对于真空预压地基：抽真空前水位以上非饱和土层。在抽真空时就会形成真空，导致土体受真空压力等向压缩；抽真空前地下水位与抽真空过程中地下水相对压强 0 压面之间的土层，土体受真空压力引起等向压缩与孔隙水压力降低引起的单向压缩共同作用；抽真空过程中地下水相对压强 0 压面以下土层，土体仅受孔隙水压力降低而引起的单向压缩。孔隙水压力计读数为相对压强值，因此可用孔隙水压力计测量抽真空过程地基中孔隙水压力相对压强 0 点的变化。

2.2　单向压缩量计算

如图 2 所示为土体压缩分析示意图，考虑土体孔隙水压力在相对压强大于 0 条件下降低，即土体单向压缩，设地下水位下各土层压缩指数分别为 $C_{c1},C_{c2},\cdots,C_{cn}$；各土层的饱和容重分别为 $\gamma_{sat1},\gamma_{sat2},\cdots,\gamma_{satn}$；浮容重分别为 $\gamma_1',\gamma_2',\cdots,\gamma_n'$；厚度分别为 $h_1,h_2,\cdots,h_n$；地下水位以上土层的压缩指数 C_{c0}、天然容重为 γ_0、厚度为 h_0。则第 i 层土 z 深处单元土体 A 的总应力$\sigma(z)$、孔隙水压力 $u(z)$ 和有效应力 $\sigma'(z)$ 分别为

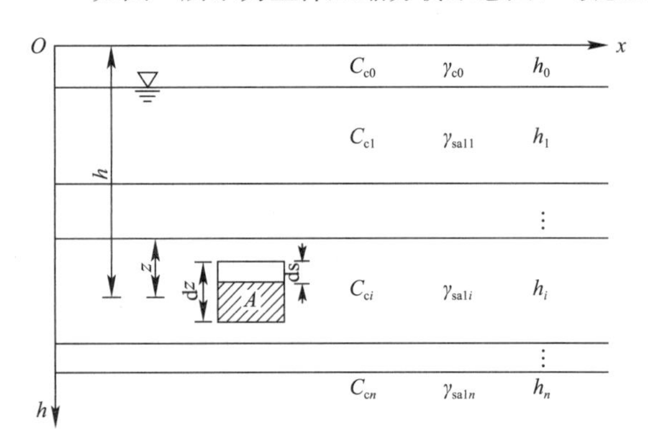

图 2　土体压缩分析示意图

Fig. 2　Schematic diagram for analysis of soil compression

$$\sigma(z)=\gamma_0 h_0+\sum_{m=1}^{i-1}\gamma_{satn}h_m+\gamma_{sati}z \tag{4}$$

$$u(z)=\sum_{m-1}^{i-1}\gamma_w h_m+\gamma_w z \tag{5}$$

$$\sigma'(z)=\gamma_0 h_0+\sum_{m=1}^{i-1}\gamma_m' h_m+\gamma_i' z \tag{6}$$

假定孔隙水压力降低 $\Delta u(z)$，由有效应力原理可知土体有效应力相应增加到 $\sigma'(z)+\Delta u(z)$。设初始孔隙比为 e_0，Δe 为孔隙水压力降低引起土体孔隙变化，用压缩指数表示单元土体压缩性。根据先期固结压力计算压缩量，则孔隙水压力降低引起正常固结和欠固结土体单元的微压缩量计算公式分别为

$$\mathrm{d}s=\frac{C_{ci}}{1+e_0}\lg\left(\frac{\gamma_0 h_0+\sum_{m=1}^{i-1}\gamma_m' h_m+\gamma_i' z+\Delta u(z)}{\gamma_0 h_0+\sum_{m=1}^{i-1}\gamma_m' h_m+\gamma_i' z}\right)\mathrm{d}z \tag{7}$$

$$\mathrm{d}s=\frac{C_{ci}}{1+e_0}\lg\left(\frac{\gamma_0 h_0+\sum_{m=1}^{i-1}\gamma_m' h_m+\gamma_i' z+\Delta u(z)}{p_c}\right)\mathrm{d}z \tag{8}$$

式中：p_c 为先期固结压力。

对式（7），（8）积分，可求得正常固结或欠固结地基因孔隙水压力降低产生的压缩量。

3 实例分析

3.1 地质条件和压缩试验结果

广州港南沙港区吹填陆域真空预压地基，原位土层为河相和海相交错沉积而成，试验区地层分布为：（1）回填中细砂：层厚约2.0m，层顶高程+6.0m；（2）吹填淤泥：含水量高、流动状态、均匀性差，局部沉积有细砂和中砂；（3）淤泥：层厚5m左右，原淤泥面高程+1.0m左右；（4）粉砂：层厚2m左右；（5）淤泥质黏土，夹薄层粉砂，层厚8m左右；（6）黏性土。排水板按1m×1m正方形布置，打设深度22m。原位土层采取薄壁器取土，室内压缩采用高压固结仪，压缩环刀面积为30cm^2、高2cm，试验荷载分别为25，50，75，100，150，200，300，400，600，800和1200kPa等。土的压缩试验结果见表1，典型软土的e-lg$p$压缩曲线见图3，图例中数值为取样深度。由表1和图3可知：淤泥垂直切样、水平切样与重塑样三者的e-lg$p$曲线在加载过程中均近似为直线，可见淤泥具有结构强度差、严重欠固结和高压缩性；粉砂为低压缩性；淤泥质土具有弱欠固结、中等压缩性。

土的压缩试验结果 表1

Results of soil compression tests Table 1

土层	取样深度/m	密度/(g·cm^{-3})	孔隙比 e	压缩指数 C_c	p_c/kPa
淤泥	7.0～7.5	1.61	1.72	0.55	25
淤泥	9.0～9.5	1.57	2.09	0.62	30
淤泥	10.0～10.5	1.71	1.57	0.51	30
粉砂	12.0～12.5	1.97	0.71	0.13	150
淤泥质土	14.5～15.0	1.82	1.02	0.36	80
淤泥质土	17.0～17.5	1.85	1.01	0.36	110
淤泥质土	18.5～19.0	1.85	1.01	0.43	150
黏性土	19.5～20.0	1.94	0.85	0.32	150
黏性土	22.0～22.5	1.95	0.75	0.16	170

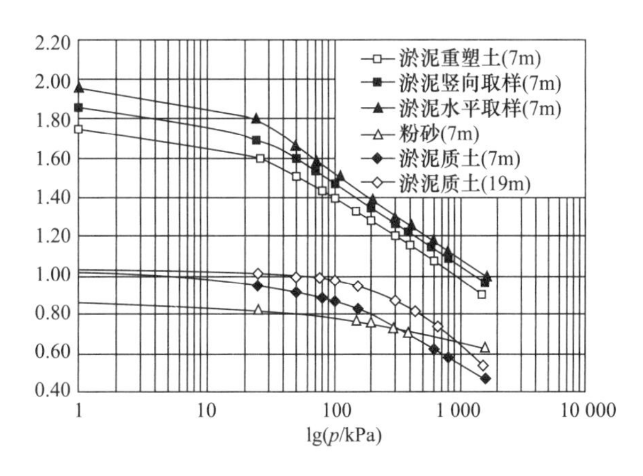

图3 典型软土的e-lg$p$压缩曲线

Fig. 3 Typical curves of e-lg$p$ for soft soil

3.2 现场试验与结果

为研究抽真空期间土中孔隙水压力变化和分层压缩量，本试验在地基不同深度埋设8个孔隙水压力计传感器和1根安装10个磁环的分层沉降管。磁环及孔隙水压力传感器编号和埋深见现场试验断面剖面图，如图 4 所示。

地基不同深度孔隙水压力值与抽真空时间曲线结果见图 5。分层压缩量与抽真空时间曲线见图 6，表示相邻磁环间土层压缩量（以 DM 表示地面）。实测砂垫层中膜下最大真空度与 3m 深处 KU1-1 孔隙水压力计测出的孔隙水压力下降值基本一致。由图 5 可知，地基淤泥中的孔隙水压力下降最慢、压缩量最大，说明淤泥低渗透性、高压缩性和有明显固结阶段；但其他土层中孔隙水压力快速降低，以瞬时沉降为主。数值分析可得出 1m×1m 正方形布置竖向排水体地基，当土的渗透系数大于 1×10^{-6}cm/s 时，排水体中水头降低引起周围土体孔隙水压力变化几天就能稳定，而在渗透系数小于 10^{-7}cm/s 的土中孔隙水压力稳定需要一段较长时间，因此夹薄层粉砂的淤泥质土水平向渗透系数大于 1×10^{-6}cm/s 是导致孔隙水压力快速下降的主要原因。

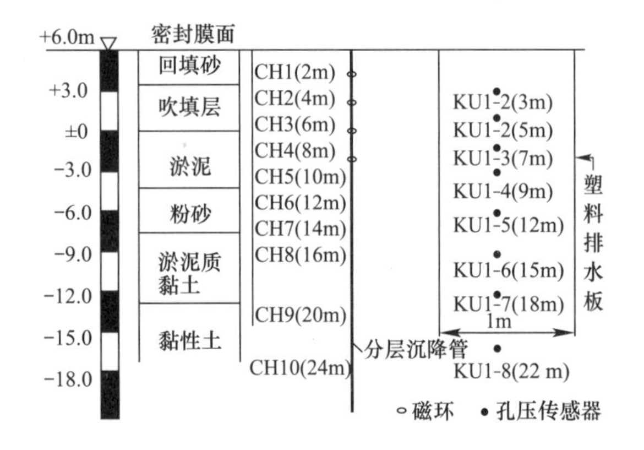

图 4　现场试验断面剖面图

Fig. 4　Cross-section of in-situ testing

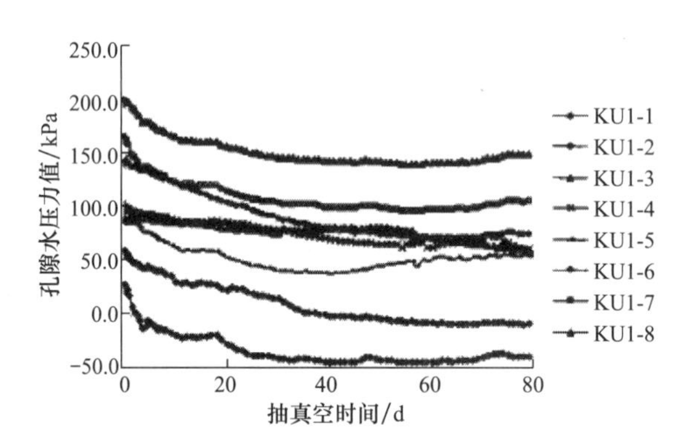

图 5　地基不同深度孔隙水压力值与抽真空时间曲线

Fig. 5　Pore water pressure values vs. time at different depths of foundation

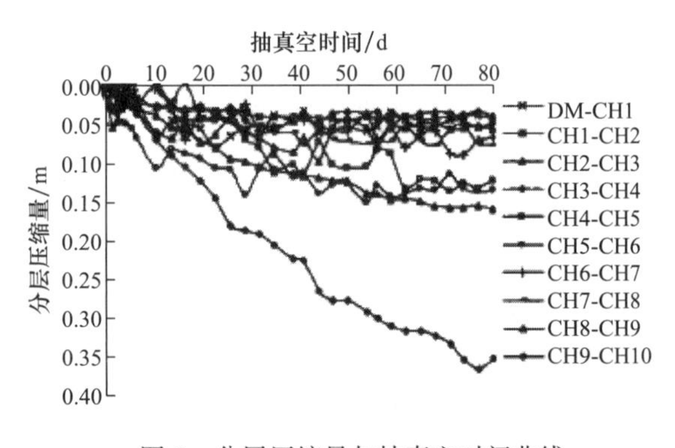

图 6　分层压缩量与抽真空时间曲线

Fig. 6　Soil layer compressions vs. time of vacuum preloading

3.3　地基土层压密效果分析

由图 5 可知，抽真空期间地表 6m 以下，土中孔隙水压力均大于 0，可按单向压缩计算沉降。理论计算时取回填砂容重为 18.3kN/m³，吹填层容重为 17.5kN/m³，初始水位在地表下 0.5m，其他参数见表 1。运用式（7），（8）分别以正常固结和欠固结土计算磁环间土层压缩量，计算压缩量与实测压缩量比较见表 2。由表 2 可知，按欠固结计算的总压缩量与实测值比较接近，而按正常固结计算值远小于实测值，说明真空预压期间地基自重应力欠固结引起的沉降占总沉降主要比例。

计算压缩量与实测压缩量比较　　表 2

Compression values of calculated results vs. measured results　　Table 2

地层深度/m	压缩量实测值/m	最大孔隙水压力降低值/kPa	按正常固结计算值/m	按欠固结计算值/m
6.0～8.0	0.357	35.0	0.060	0.207
8.0～10.0	0.129	40.2	0.057	0.203
10.0～12.0	0.133	59.0	0.044	0.099
12.0～14.0	0.066	70.5	0.036	0.046
14.0～16.0	0.073	73.8	0.047	0.095
16.0～20.0	0.065	70.7	0.085	0.105
20.0～24.0	0.048	61.3	0.034	0.047
合计	0.871		0.363	0.802

图7为不同深度单位压缩量，可看出淤泥中单位深度压缩量按正常固结计算偏小，由于不同深处淤泥中孔隙水压力降低差别较大，粉砂与淤泥质土层不均匀分布，而理论计算中压缩指数、孔隙水压力下降值和先期固结压力等参数只能取部分点进行测试，因此虽按欠固结土计算的总压缩量与实测值比较接近，但单位压缩量却围绕实测值波动较大，地基18m以下单位压缩量的计算值与实测值逐渐吻合。可看出地基的压密效果随地层深度增加而明显减小，淤泥层单位压缩量在10%左右，淤泥质土的单位压缩量为1%～5%，因此可从单位压缩量定量分析真空预压地基深层压密程度和加固深度。

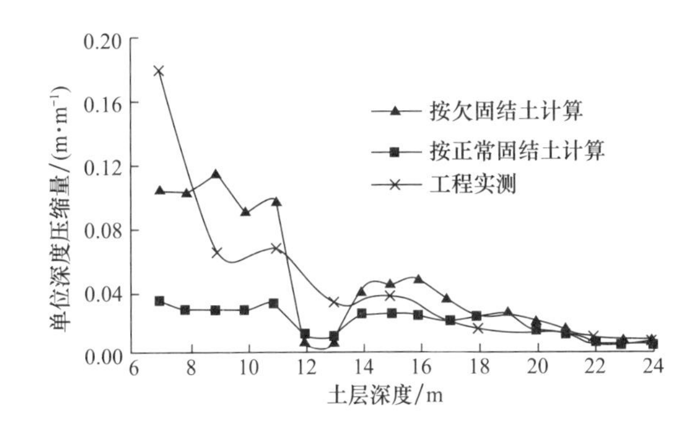

图7　不同深度单位深度压缩量

Fig. 7　Unit compression at different depths

目前一些学者对真空预压加固深度进行研究：张海霞和王保田[10]通过在排水板25m深地基中进行检测，认为地面下40m仍有加固效果；岳红宇[11]通过在20m深袋装砂井地基进行检测，认为加固深度可达23m；严蕴等[7]分析33和26m两个排水板地基，表明18m范围内土体处理效果较好；李就好[12]通过分析长17m袋装砂井地基，认为加固深度可达砂井下2～3m，可见真空预压地基在排水体深度都有加固效果。

理论分析结果表明，正常固结或欠固结软黏土只要有孔隙水压力降低，土体就会产生压缩，而真空预压地基孔隙水压力实测排水体周围土体中孔隙水压力均有下降，因此土体产生压密现象。但理论计算表明其单位压缩量随地层深度增加而减弱，一定深度以下真空预压加固效果对改善土的性质、提高土的抗剪强度和地表建筑物的影响都很小。该实例地表20m以下单位压缩量已小于1%，另取一般中等压缩性土均质地基分析，假设半无限地基中孔隙水压力均降低80kPa、压缩指数C_c为0.3，理论上可估算20m深度以下单位压缩量小于2%，但40m深处单位压缩量仍大于1%，可见真空预压加固深度是不确定的，因此宜从加固地基基础设计要求、土层压缩性估算软土地基最佳加固深度以及从经济上综合考虑真空预压地基排水体深度设计。

4 结　　语

（1）地基土体的侧向总应力随孔隙水压力降低而减小，竖向和侧向有效应力按k_0比例同步增加；孔隙水压力在相对压强小于0范围内降低时，将引起土体等向压缩；大于0范围内降低时，将引起土体单向压缩，孔隙水压力降低经过相对压强0点，土体压缩应以相对压强0点分段；孔隙水压力相对压强0点用孔隙水压力计直接测量。

（2）南沙港区的真空预压地基沉降若按欠固结土计算，则与现场实测基本一致，该地基自重应力欠固结沉降是抽真空期间地基总沉降的主要部分之一；沿地层不同深度的单位压缩量按欠固结计算围绕实测值上下波动，随深度增加计算值与实测值逐渐吻合。

（3）真空预压的加固深度随排水体深度增加而增大，而压密效果随深度增加明显减小，这宜从地基基础设计要求、经济合理和土层压缩性来估算地基最佳加固深度——真空预压地基的竖向排水体深度设计。

参考文献（References）

[1] 吉随旺，张倬元．降水预压软基处理技术中孔隙水压力效应研究［J］．工程地质学报，2001，9（4）：368-372．（Ji Suiwang，Zhang Zhuoyuan. Study on the effect of pore water pressure in technology of dewatering soft soil foundation treatment［J］. Journal of Engineering Geology，2001，9（4）：368-372．（in Chinese））

[2] 高宏兴. 软土地基加固 [M]. 上海：上海科学技术出版社，1990. (Gao Hongxing. Soft Foundation Treatment [M]. Shanghai：Shanghai Scientific and Technical Publishers，1990. (in Chinese))

[3] 娄炎. 负压条件下软土地基的孔隙水压力 [J]. 水利学报，1988，(9)：48-52. (Lou Yan. Pore water pressure under negative pressure in soft foundation [J]. Journal of Hydraulic Engineering，1988，(9)：48-52. (in Chinese))

[4] 孔德金，苗中海. 软基加固检测孔隙水压力分析 [J]. 港工技术，2000，(3)：43-46. (Kong Dejin，Miao Zhonghai. Analysis of the variation of pore water pressure during consolidating soft soil foundation [J]. Port Engineering Technology，2000，(3)：43-46. (in Chinese))

[5] 郑新亮，董志良，杨福麟. 真空联合堆载预压土体孔隙水压力变化规律的研究 [J]. 水运工程，2004，(2)：4-6. (Zheng Xinliang，Dong Zhiliang，Yang Fulin. A study on variation law of pore water pressure in soil reinforced by vacuum and surcharge preloading [J]. Port and Waterway Engineering，2004，(2)：4-6. (in Chinese))

[6] 朱建才，温晓贵，龚晓南. 真空排水预压加固软基中的孔隙水压力消散规律 [J]. 水利学报，2004，(8)：123-128. (Zhu Jiancai，Wen Xiaogui，Gong Xiaonan. Dissipation of pore water pressure in soft foundation reinforced by vacuum drainage preloading [J]. Journal of Hydraulic Engineering，2004，(8)：123-128. (in Chinese))

[7] 严蕴，房震，花剑岚. 真空堆载预压处理软基效果的室内试验研究 [J]. 河海大学学报（自然科学版），2002，30 (5)：118-121. (Yan Yun，Fang Zhen，Hua Jianlan. Experimental study on effect of treatment of soft foundation with vacuum surcharge preloading [J]. Journal of Hehai University (Natural Sciences)，2002，30 (5)：118-121. (in Chinese))

[8] 张倬元，王士天，王兰生. 工程地质分析原理 [M]. 北京：地质出版社，1994. (Zhang Zhuoyuan，Wang Shitian，Wang Lansheng. Principle and Analysis of Engineering Geology [M]. Beijing：Geological Publishing House，1994. (in Chinese))

[9] 薛禹群. 地下水动力学原理 [M]. 北京：地质出版社，1986. (XueYuqun. Principle of Groundwater Hydrodynamics [M]. Beijing：Geological Publishing House，1986. (in Chinese))

[10] 张海霞，王保田. 真空堆载联合预压效果检验 [J]. 岩石力学与工程学报，2002，21 (12)：1873-1876. (Zhang Haixia，Wang Baotian. Effect examinations of the vacuum-mound preloading method [J]. Chinese Journal of Rock Mechanics and Engineering，2002，21 (12)：1873-1876. (in Chinese))

[11] 岳红宇，王良国，杨慧. 真空-堆载联合预压加固高速公路软基效果分析 [J]. 公路交通科技，2001，18 (1)：6-9. (Yue Hongyu，Wang Liangguo，Yang Hui. Analysis of strengthening effect on expressway soft foundation by vacuum preloading method [J]. Journal of Highway and Transportation Research and Development，2001，18 (1)：6-9. (in Chinese))

[12] 李就好. 真空-堆载联合预压法在软基加固中的应用 [J]. 岩土力学，1999，20 (4)：58-62. (Li Jiuhao. Application of vacuum-heaped load combining precompression to the consolidation of soft clay [J]. Rock and Soil Mechanics，1999，20 (4)：58-62. (in Chinese))

孔隙水压力测试和分析中存在的问题及对策

张功新[1,2] 莫海鸿[1] 董志良[2]
（1. 华南理工大学土木工程系，广东，广州 510640；2. 广州四航工程技术研究院，广东，广州 510230）

【摘 要】针对目前几种常用的孔压计封孔方法存在的问题，提出一种新的孔压计封孔技术，并在广州南沙一真空预压加固软基工程中进行对比试验。实测结果表明，采用传统塌孔方式封孔埋设孔压计难于封堵，上下孔压计容易连通，不同深度的孔压差几乎一致，测试结果误差较大；采用新的封孔装置可有效地防止孔压计上下连通，不同深度的孔压差变化呈现明显的差异性，测试结果较为准确，且施工方便，孔压计定位准确。同时，还分析土体压缩和地下水位的变化对孔隙水压力的影响：土体压缩和地下水位变化越大，对孔隙水压力的影响就越大。土体压缩和地下水位变化对孔隙水压力的影响可达 20 kPa，因此在研究孔隙水压力消散规律或超静孔隙水压力分布模式时，须扣除因土体压缩和地下水位的变化而引起的孔隙水压力变化值。

【关键词】土力学；真空预压；孔隙水压力；封孔装置；孔压计

1 引　言

孔隙水压力是岩土工程施工和研究中经常观测的项目之一，然而不同的封孔方法对孔隙水压力测试结果会造成较大的影响[1~4]。同时，在外荷载作用下，一方面土体压缩（沉降）会引起初始孔压计的埋设位置变化，从而引起孔压计水头变化；另一方面，地下水位变化也会引起孔隙水压力的变化。但以上孔隙水压力变化值并不代表通常意义上的超静孔隙水压力[4~8]。为此，结合广州南沙一真空预压加固软基工程，本文分析孔压计传统的封孔技术存在的问题，并对其进行改进。同时对土体压缩和地下水位变化对超静孔隙水压力计算的影响进行对比分析。

2 孔压计传统封孔技术及改进

2.1 传统封孔技术存在的问题

在测试土体内孔隙水压力时，要埋设孔压计进行测量，通常有以下 3 种做法：

第 1 种做法：一孔一般只埋设一个孔压计，通常是用钻机钻至离孔压计设计高程 50cm 处，然后用钻杆将孔压计压入至设计高程，封孔材料使用膨润土制成的泥球。其主要缺点是：(1) 当需要研究土体内孔隙水压力沿深度的变化规律时，往往需要沿深度埋设多个孔压计。为达到要求，工程技术人员和部分研究人员经常钻多个不同深度的孔，一孔一个孔压计，这样会导致在不同深度的孔压计在平面上的距离相差较大。此时土质条件可能发生较大变化，因此得到的孔隙水压力变化规律并不是在同一个竖直平面内不同深度的孔压变化规律，也就是说测试数据会缺乏相比性。(2) 采用钻杆将孔压计压入淤泥中会导致孔压计产生超静孔隙水压力，其消散需要一定的时间。如工期紧张，会出现超静孔隙水压力未消散就进入正式观测，导致测试结果不准确。

第 2 种做法：部分工程技术人员直接钻孔至设计高程，依次将孔压计放至各自设计高程，然后拔管靠塌孔进行封孔。其缺点是：会造成上下孔压计连通，除个别塌孔较好的孔压计外，上下孔压计测试结果容易一致，这显然不是研究人员和工程技术人员所需要的结果。

第 3 种做法：最深的孔压计按第一种做法进行；接着用膨润土做成的泥球进行封孔至第 2 个孔压计

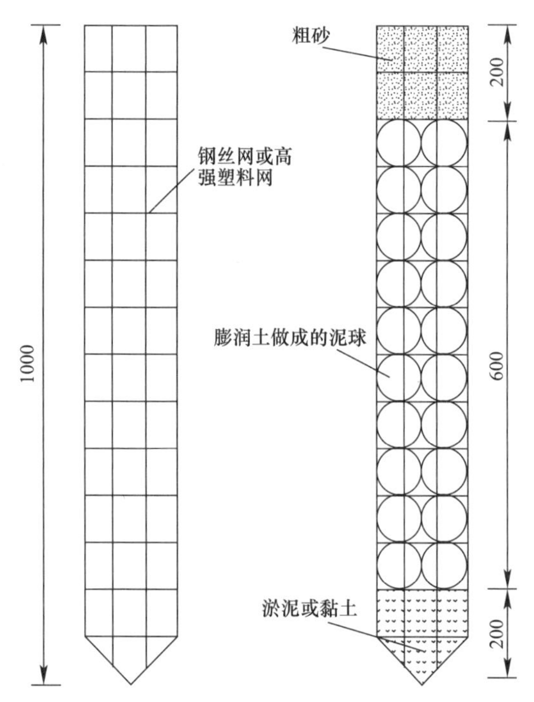

图 1 改进后的孔压计封孔装置（单位：mm）

Fig. 1 Installation of improved hole sealing of piezometers (unit: mm)

的设计高程，依次类推直至所有孔压计埋设完毕。其主要缺点是：(1) 最深的一个孔压计会产生第一种做法中的缺点。(2) 封孔泥球要沉入到指定位置较难控制，很难保证质量，甚至会出现泥球将孔压计包住的情况，导致测试结果不准确。(3) 泥球下沉速度非常慢，在工程上因工期要求往往不允许等待这么长时间。

2.2 改进后的封孔技术

针对传统方法的缺陷，对封孔装置进行改进。改进后的孔压计封孔装置如图 1 所示。

2.2.1 制作过程

制作过程为：(1) 利用铁丝网或高强塑料网制作一个比钻筒直径稍小一点的圆筒，下部做成封闭的圆锥，方便封孔体的下沉。(2) 在铁丝笼的下部装入约 20m 高的硬淤泥或黏土，目的是为隔开泥球与孔压计，防止孔压计被泥球封闭，以致测试不到孔隙水压力。(3) 在铁丝笼的中部（约 60cm 高）装入膨润土做成的泥球，泥球直径应比铁丝网孔眼稍大，这是封孔的核心材料，主要靠泥球进行封孔，其原理和其他封孔方法一致。(4) 在铁丝笼的上部装入部分干净粗砂，其目的是隔开孔压计和泥球同时保证孔压计周边的透水性，保证孔压计能正常的工作。当铁丝笼上下均不接触孔压计时，可全部装入泥球。

2.2.2 本装置优点

本装置优点有：(1) 铁丝笼因周边有许多孔眼，不会阻止泥球的膨胀，故不会影响其封孔效果。(2) 泥球受周边铁丝笼的约束，不会在下沉过程中散开。(3) 铁丝笼（可在工厂利用高强塑料成批生产）装上材料后较重，下沉速度快，因此施工效率高，不会影响现场施工。(4) 容易控制封孔高程。下沉时，铁丝笼用 2 根铁丝吊着，不至于下沉过头，同时，如出现铁丝笼不下沉又未到设计高程时，由于其整体性较好，可通过钻杆将其压至设计高程。利用本装置可有效实现一孔埋设多个孔压计。

施工时，首先用钻机钻孔至最深孔压计的设计高程，然后埋设该孔压计；接着用封孔体进行封孔至第二个孔压计的高程，然后埋设第二个孔压计，依次做法连续将孔内所有孔压计埋设完毕。

2.2.3 本装置的缺点

本装置的缺点主要有：(1) 在封孔体不能大批量生产前，其制作是比较麻烦的。(2) 由于封孔体不易被压缩，在土体压缩过程中，极有可能导致孔压计被损坏，所有采用本装置时应在孔压计位置上下各留有一段空间。

2.3 实测结果对比分析

图 2 为采用传统塌孔技术和本文封孔技术的孔压差实测对比曲线，其中图 2 (*a*) 为采用传统塌孔技术埋设在广州南沙一真空预压加固软基工程加固区内距淤泥搅拌墙约 1m 处的实测孔压差曲线；图 2 (*b*) 为采用本文封孔技术埋设在相邻加固区内距淤泥搅拌墙约 1m 处的实测孔压差曲线，2 个加固区的地质资料和加固区面积及形状基本相近。

采用传统塌孔方式的孔压差从上至下非常接近，均比较接近膜下真空度，说明孔压计极可能上下连通；而采用本文封孔技术的孔压差从上至下相差则较大，均比膜下真空度小较多，还出现 21m 处孔压差远大于 12～18m 处的孔压差的现象，说明孔压计上下没有连通。综上所述，采用传统塌孔方式封孔

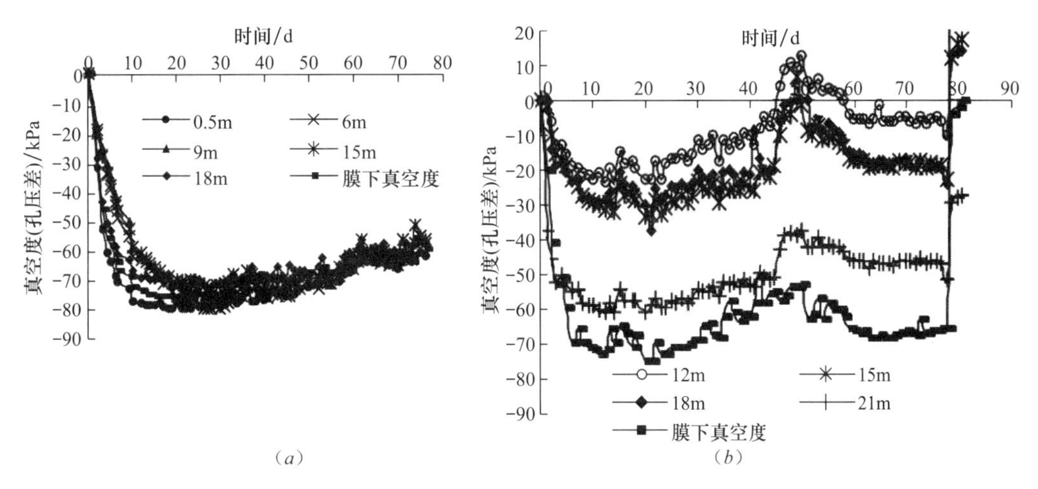

图 2 不同封孔方法的孔压差实测结果对比曲线

Fig. 2 Contrast curves of pore water pressure difference using different plugging techniques

(a) 采用传统塌孔技术的孔压差曲线；(b) 采用本文封孔技术的孔压差曲线

埋设孔压计难于封堵，上下孔压计容易连通，测试结果误差较大；采用本文封孔装置可有效防止孔压计上下连通，能得到较为准确的测试结果。

3 土体压缩和地下水位变化的影响

在外荷载或真空作用下，土体要压缩，从而会引起孔压计空间位置发生改变；另外，地下水位变化也会引起孔隙水压力的变化。现对土体压缩和地下水位变化对超静孔隙水压力影响进行分析。土体压缩和地下水位引起孔压变化示意图如图 3 所示。

根据图 3，可得到

$$P_{w0} = \gamma_w (h_0 - h_{w0}) \quad (1)$$

$$P_{w1} = \gamma_w (h_1 - h_{w1}) \quad (2)$$

$$\Delta s = h_0 - h_1 = s_1 - s_2 \quad (3)$$

式中：P_{w0}，P_{w1}分别为加载前后的孔隙水压力；h_0，h_1分别为加载前后孔压计距离地面的距离；γ_w 为水的重度；h_{w0}，h_{w1}分别为加载前后地下水位距离地面的距离；Δs 为孔压计埋设处至地面土体的压缩量；s_1，s_2 分别为地面和孔压计的下沉量。

图 3 土体压缩和地下水位引起孔压变化示意图

Fig. 3 Schematic diagram of variation of pore water pressure affected by settlement and ground water level

(a) 初始状态；(b) 加载后某状态

根据式（1）～(3) 可得到

$$\Delta P_w = P_{w1} - P_{w0} = \gamma_w (-\Delta s + h_{w0} - h_{w1}) \quad (4)$$

式中：ΔP_w 为因土体压缩和地下水位变化引起孔压变化的变化值。

从式（4）可得知，当地下水位与地面距离保持不变时，土体压缩将引起孔隙水压力减小。值得注意的是，该减小值并不是土体内孔压消散所致。

图 4 即为广州南沙一真空预压加固软基工程加固区中心某塑料排水板内是否考虑土体压缩影响的孔压差对比曲线（未考虑地下水位的影响）。从图 4 可看出，是否考虑土体压缩对孔压差的计算产生较大的影响。从图 4（a）可看出，不考虑土体压缩和地下水位变化时，实测各深度孔压差均比膜下真空度大约 20kPa；而从图 4（b）可看出，扣除土体压缩的影响后，各深度的孔压差比膜下真空度大 2～7kPa，实际上，根据张功新[4]的研究结果，抽真空过程中地下水距离地面的距离约降低 0.2～0.7m，因此若扣除地下水位的影响，各深度的孔压差将和膜下真空度基本一致，这和高志义等[8]对袋装砂井所做的离心模型试验结果接近，说明结果是合理的。

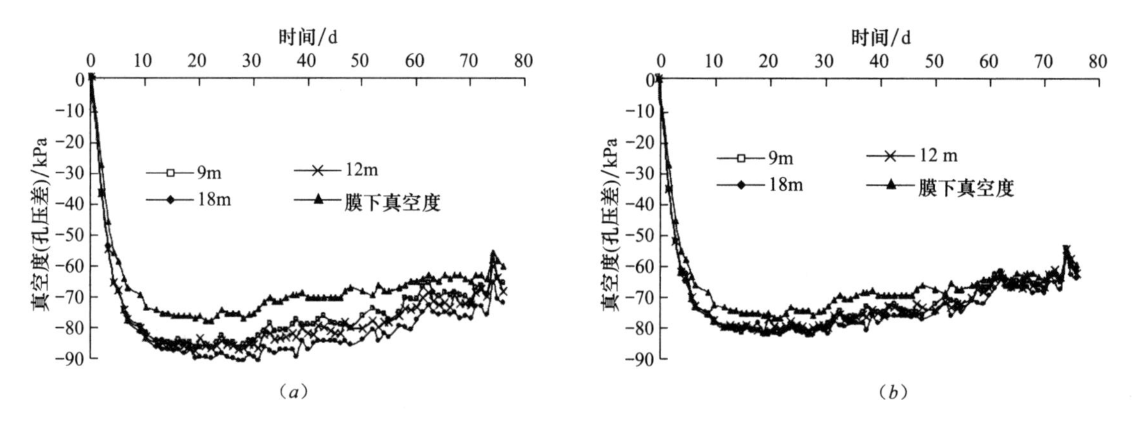

图 4 土体压缩对一真空预压加固区中心塑料排水板内孔压差影响的对比曲线

Fig. 4 Contrast curves of pore water pressure difference of prefabricated strip drain for one PVD in the middle of vacuum consolidation area with/without considering settlement

(*a*) 未考虑土体压缩的孔压差曲线；(*b*) 考虑土体压缩影响的孔压差曲线

4 结 论

主要结论有：(1) 采用传统塌孔方式封孔埋设孔压计难于封堵，上下孔压计容易连通，测试结果误差较大。(2) 采用本文封孔装置可有效防止孔压计上下连通，能得到较为准确的测试结果，且施工方便，孔压计定位准确。(3) 土体压缩和地下水位变化会对超静孔隙水压力计算产生一定的影响，在研究孔隙水压力消散规律时或者超静孔隙水压力分布模式时，必须扣除因土体压缩和地下水位的变化而引起的孔隙水压力变化值。

参考文献（References）

[1] 娄炎. 真空预压法加固技术 [M]. 北京：人民交通出版社，2002. (Lou Yan. Treatment Technology of Vacuum Preloading [M]. Beijing: China Communications Press, 2002. (in Chinese))

[2] 娄炎. 负压条件下软土地基的孔隙水压力 [J]. 水利学报，1988，(9)：48-52. (Lou Yan. Pore water pressure in soft soil ground under the negative pressure condition [J]. Journal of Hydraulic Engineering, 1988, (9): 48-52. (in Chinese))

[3] 朱建才，温晓贵，龚晓南. 真空排水预压加固软基中的孔隙水压力消散规律 [J]. 水利学报，2004，(8)：123-128. (Zhu Jiancai, Wen Xiaogui, Gong Xiaonan. Dissipation of pore water pressure in soft foundation reinforced by vacuum drainage preloading [J]. Journal of Hydraulic Engineering, 2004, (8): 123-128. (in Chinese))

[4] 张功新. 真空预压加固大面积超软弱吹填淤泥土试验研究及实践 [博士学位论文] [D]. 广州：华南理工大学，2006. (Zhang Gongxin. Experimental study and practice on large area super-soft reclamation silt consolidated by vacuum preloading [Ph. D. Thesis] [D]. Guangzhou: South China University of Technology, 2006. (in Chinese)

[5] 张功新，董志良，莫海鸿，等. 真空预压中真空度及其测试和分析 [J]. 华南理工大学学报（自然科学版），2005，33 (10)：57-61. (Zhang Gongxin, Dong Zhiliang, Mo Haihong, et al. Measurement and analysis of vacuity under vacuum preloading [J]. Journal of South China University of Technology (Natural Science), 2005, 33 (10): 57-61. (in Chinese))

[6] 张功新，莫海鸿，董志良，等. 真空预压中真空度与孔隙水压力关系分析 [J]. 岩土力学，2005，26 (12)：1949-1952. (Zhang Gongxin, Mo Haihong, Dong Zhiliang, et al. Analysis of relationship between vacuity and pore water pressure in vacuum preloading [J]. Rock and Soil Mechanics, 2005, 26 (12): 1949-1952. (in Chinese))

[7] Mo H H, Zhang G X, Dong Z L. Field behavior of mixed slurry wall (MSW) under vacuum preloading [A]. In: Proceedings of Ground Modification and Seismic Mitigation [C]. Shanghai: [s. n.], 2006 185-192.

[8] 高志义，张美燕，刘玉钰，等. 真空预压加固的离心模型试验研究 [J]. 港口工程，1988，(3)：18-24. (Gao Zhiyi, Zhang Meiyan, LiuYuyu, et al. Experimental study on eccentric model on vacuum preloading [J]. Journal of Port Engineering, 1988, (3): 18-24. (in Chinese))

基坑与边坡

土工模袋砂竖向抗压强度及其影响因素*

莫海鸿[1] 杨春山[1,2] 陈俊生[1] 张 立[1]
（1. 华南理工大学 土木与交通学院，广东，广州 510641；2. 广州市市政工程设计研究总院，广东，广州 510060）

【摘 要】 开展了不同尺寸、数量及充填度下的模袋砂单轴压缩试验，深入研究模袋砂界面摩擦特性、充填度及尺寸对其抗压强度和破坏机理的影响。基于现有研究成果，推导了综合考虑模袋砂间相互作用和充填度影响的模袋砂抗压强度计算公式。研究结果表明：单个模袋砂试验抗压强度远大于多个模袋砂试验结果，且随充填度的减小愈发显著，因此现有针对单个模袋砂的试验研究存在不足。模袋砂抗压强度随着充填度的增加而减小，尺寸效应对模袋砂受力变形规律影响很小，而对其承载力影响明显。不同充填度模袋砂破坏机理不尽相同，充填度较大时，模袋砂很快进入张拉变形而破坏，破坏主要发生在模袋缝制接口等相对薄弱处；随着充填度的减小，模袋砂破坏主要由砂应变局部化所致，表现为接触界面处的渐进破坏，因破坏不易发现而对实际工程较为不利。与试验结果对比表明，完善后的理论计算方法可用于模袋砂整体张拉破坏时抗压强度预测。

【关键词】 土工模袋砂；抗压强度；轴向压缩试验；界面摩擦；尺寸效应；充填度影响

模袋砂以其诸多优点[1-4]在港口围堰、航道治理工程中得到了广泛的应用，同时相关理论的研究却严重滞后于工程实践，如何合理确定其抗压强度及破坏机理值得探讨。

Mastuoka H 等[5-8]通过单一模袋砂无侧限压缩试验和理论计算研究，得到单个模袋砂轴向受压力学特性，且推导了极限抗压强度计算式。但研究对象限于单个模袋，忽视了模袋间的相互作用，且未考虑充填度的影响。

陈俊生等[9]在 Mastuoka H 的试验研究基础上，进行了多个模袋砂的单轴压缩试验，得到相应的极限抗压强度与合理充填度。然而研究仅针对特定的模袋砂尺寸，且对模袋砂破坏机理未作合理解释。

白福青等[10]在 Mastuoka H 理论研究基础上，推导了土工模袋极限抗压强度计算公式，仍未考虑模袋间的相互作用和充填度的影响，且模袋横向变形后作矩形假定仅适用于充填度较高的情况。

鉴于此，开展了不同尺寸、数量及充填度下模袋砂单轴压缩试验，深入分析了不同试验条件下模袋砂轴向力学特性及破坏机理，探讨了模袋砂间界面特性、充填度及尺寸对模袋砂抗压强度的影响。而后完善了现有模袋砂抗压强度理论计算公式。

1 模袋砂轴向抗压试验

1.1 试验设备和材料

试验以广州洲头咀沉管隧道模袋砂围堰工程为背景，试件所用材料均与实际工程一致。模袋砂压缩试验型微机控制全自动压力试验机见图 1。

图 1 室内加载试验

试验模袋由聚丙烯土工布用尼龙线通过工业缝纫机缝制而成，参数见表 1。模袋内的充填砂采用粒径为 0.1～2mm 的粗颗粒，直剪试验内摩擦角 $\varphi=32.4°$，不均匀系数 $C_u=2.0$，曲率系数 $C_c=0.98$。

表 1 土工模袋材料参数

单位面积质量/(g/m^2)	厚度(2kPa)/mm	纬向断裂强度/(kN/m)	经向断裂强度/(kN/m)	纬向断裂伸长/%	经向断裂伸长/%	CBR 顶破强度/kN
188	1.7	56	52	25	22	4

注：试样数 5 个。

1.2 试验方法与步骤

为了考察不同数量、充填度及尺寸对模袋砂抗压强度和破坏形式的影响，分别设置试验中试样为单个与多个模袋砂，充填度分别为 95%、75%与 60%，模袋砂长×宽×高尺寸则分别取 25cm×25cm×10cm 和 20cm×20cm×10cm。为消除试验的偶然性，同种试件进行 3 组平行试验。试验采用荷载控制方式，加载速率为 2kN/s，通过计算机数据采集及绘图系统记录加载过程中的荷载-变形曲线。

1.3 试验结果与分析

1.3.1 模袋砂极限抗压强度试验结果

图 2~4 为不同试验条件下（表 2）模袋砂荷载-变形曲线。模袋砂充填度为 95%时（接近充满）极限承载力较小，荷载-变形曲线有明显的突变点，该突变点为实际破坏点，对应荷载为极限荷载；而对于 75%和 60%充填度的模袋砂，可承受较大的竖向荷载，且没有明显的突变点，故通过施加不同等级荷载来观察其破坏情况，从而确定其极限荷载。

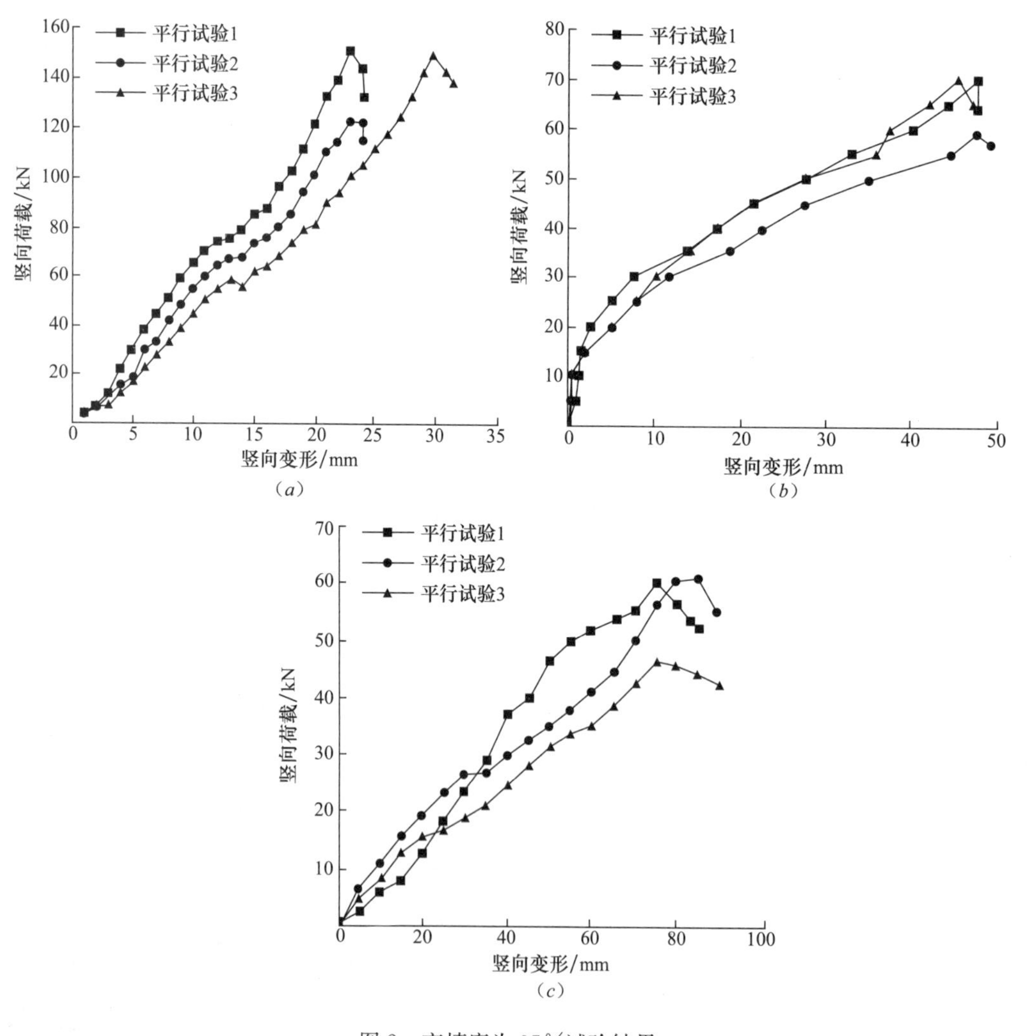

图 2 充填度为 95%试验结果

(*a*) 试验 1、3 组平行试验；(*b*) 试验 4、3 组平行试验；(*c*) 试验 7、3 组平行试验

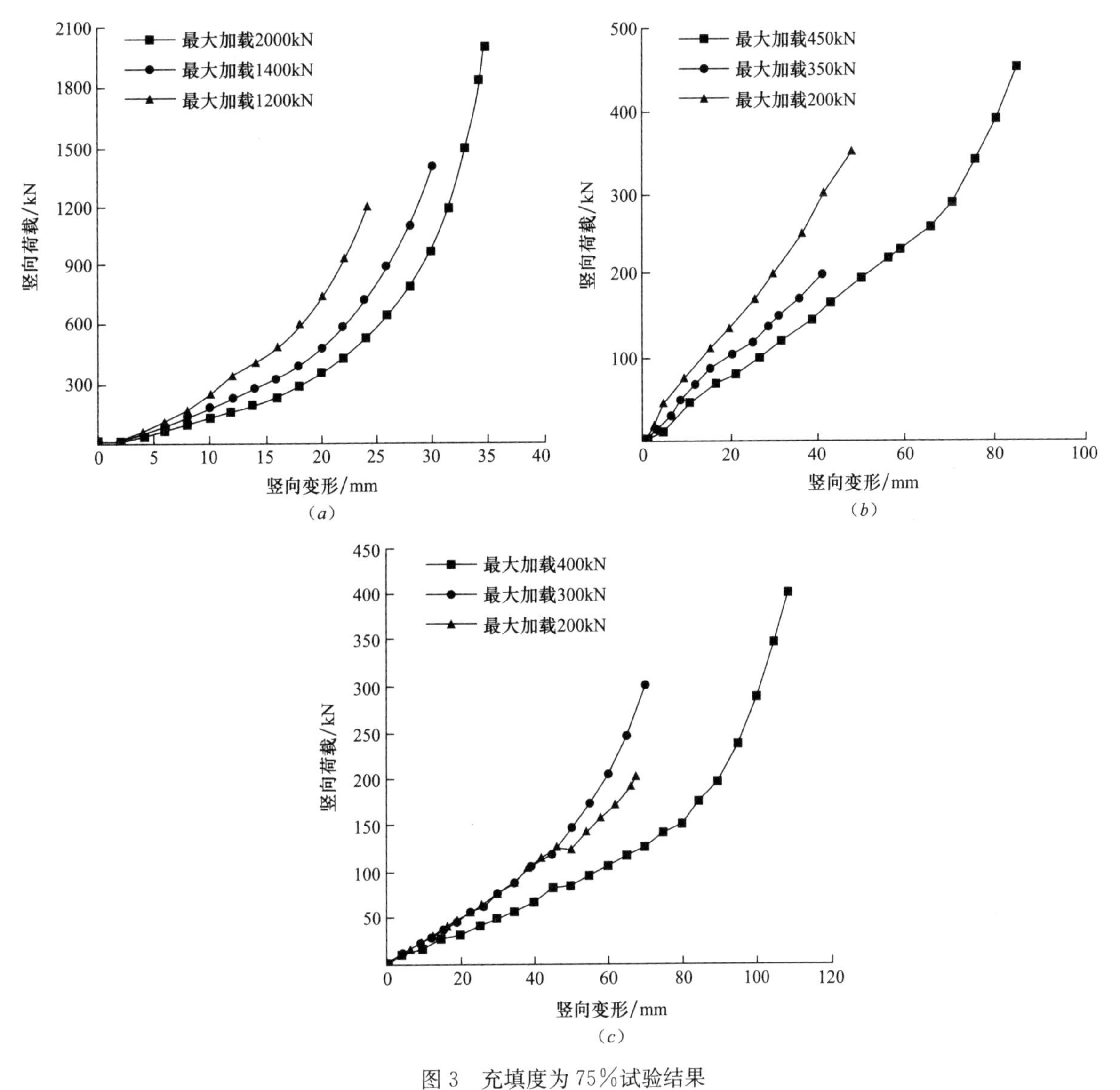

图3　充填度为75%试验结果

(a) 试验2、3组平行试验；(b) 试验5、3组平行试验；(c) 试验8、3组平行试验

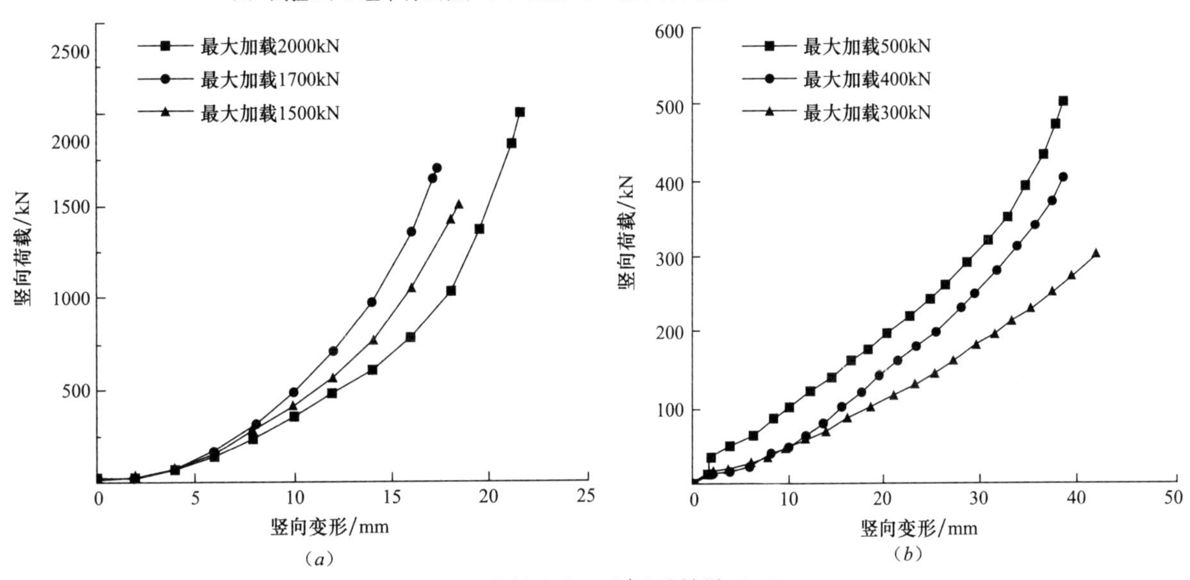

图4　充填度为60%试验结果（一）

(a) 试验3、3组平行试验；(b) 试验6、3组平行试验；

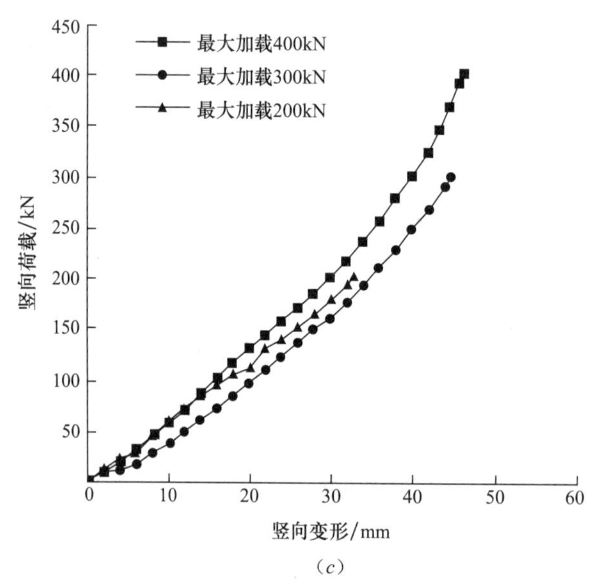

(c)

图4　充填度为60%试验结果（二）

(c) 试验9、3组平行试验

由上述试验结果得到不同试验条件下的模袋砂极限承载力（表2），可得到如下认识：

试验方案与抗压强度　　**表2**

试验编号	数量	充填度/%	尺寸（长×宽×高）/(cm×cm×cm)	极限荷载/kN
1	1	95	25×25×10	80～150
2		75		1200～1400
3		60		1500～1700
4	3	95		60～90
5		75		200～350
6		60		400～500
7	3	95	20×20×10	40～50
8		75		200～300
9		60		300～400

1）尺寸一定时，单个模袋砂试验的极限荷载比多个模袋砂大，且充填度愈小愈发显著；这是因为多个模袋砂试验存在模袋砂之间的界面摩擦，竖向荷载作用下加快了模袋张力的发展并出现破坏。因此针对单个模袋砂的试验研究与实际情况偏差较大。

2）同尺寸模袋砂极限荷载随充填度的增加而显著减小；充填度至95%时，模袋砂荷载-变形曲线有明显的转折点，较小荷载作用下发生破坏，究其原因是充填度的增加使模袋实际受荷面积减小并迅速进入张拉变形，促使应变超过模袋极限拉应变破坏。

3）当充填度一致时，模袋砂尺寸效应对其受力变形规律影响较小，但对其极限荷载影响明显，表现为宽高比越大（扁平状）极限荷载越大，试验宽高比增大25%则相应的极限荷载最大增加约为67%。

4）充填度为75%和60%时，随着竖向荷载的增加，模袋砂竖向逐渐压实，荷载大到一定值后局部砂出现软化引起破坏，破坏前受力-变形曲线斜率存在明显的增大，由此可确定极限荷载。

1.3.2　模袋砂破坏形态影响因素

对于特定模袋与砂，模袋砂尺寸和充填度对其抗压强度的影响可以抽象概括为充填度的影响，故仅分析模袋砂数量（模袋间界面摩擦）和充填度的影响。

图5～图7为不同充填度模袋砂典型破坏形态。从试验过程中模袋砂破坏外观特征来看，单个模袋砂和多个模袋砂的破坏形式存在较大的差异：多个模袋试验破坏主要集中在模袋砂间界面处，而单个模袋破坏则出现在缝纫处，究其原因是多个模袋砂中间试件与两侧模袋砂为柔性接触，发生相对位移，受力也更不均匀，而单个试件仅存在刚-柔接触，受力相对均匀不易破坏。局部接触破坏也从侧面说明试

验所用模袋接缝强度大于模袋强度，可为实际工程提供参考。

(*a*)

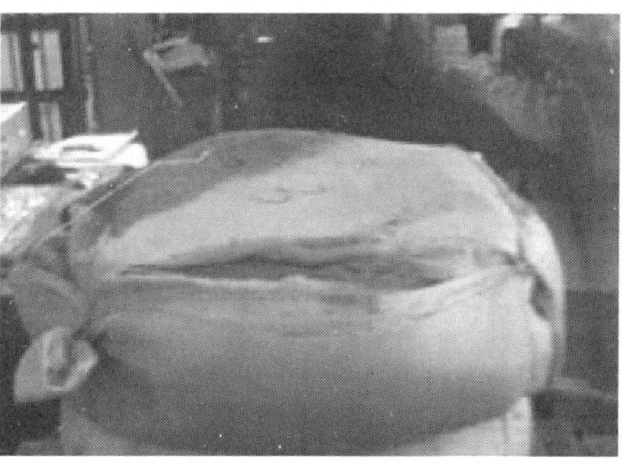

(*b*)

图 5　充填度为 95%模袋砂破坏形态

(*a*) 试验 1 模袋典型破坏模式；(*b*) 试验 4 中间模袋典型破坏模式

(*a*)

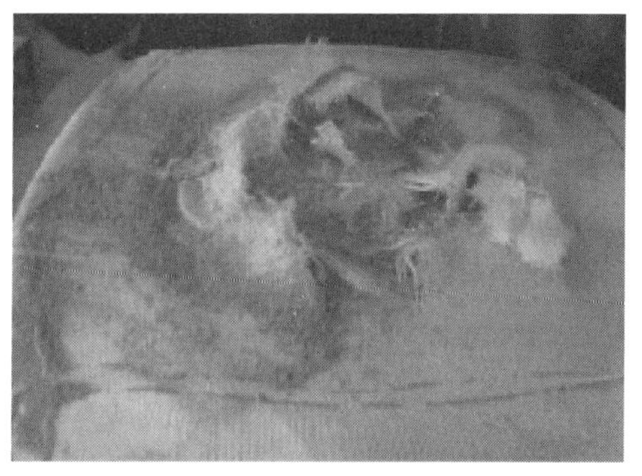

(*b*)

图 6　充填度为 75%模袋砂破坏形态

(*a*) 试验 2 典型破坏模式；(*b*) 试验 5 中间模袋典型破坏模式

(*a*)

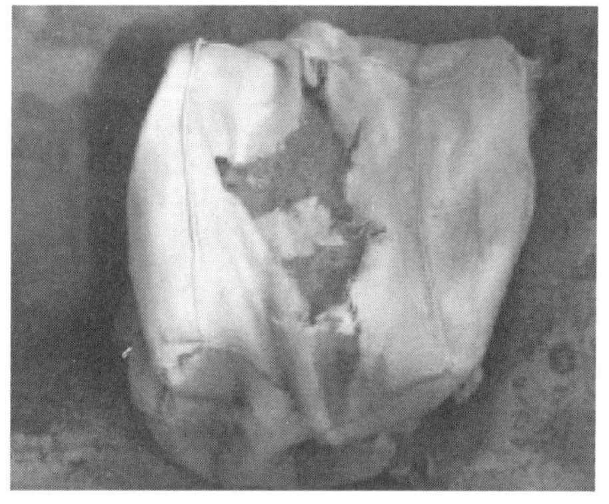

(*b*)

图 7　充填度为 60%模袋砂破坏形态

(*a*) 试验 3 典型破坏模式；(*b*) 试验 6 中间模袋典型破坏模式

模袋砂破坏区域随着充填度的减小而增大，且其破坏机理也不尽相同。充填度为 95%的模袋砂在竖向荷载作用下，模袋张力迅速增大，模袋砂薄弱处率先破坏，如模袋的缝纫接口。而对于充填度为 75%和 60%的模袋砂，竖向荷载作用下模袋内局部砂出现软化引起应变局部化，从而形成剪切带，促使与其接触的模袋破坏；该类破坏大多出现在模袋砂界面处，因看不到而对实际工程较为不利。值得注意的是，现有研究均认为不同充填度模袋砂是模袋整体张拉达到极限拉应变引起的破坏，显然与实际情况不相符，设计施工需引起重视。

2　模袋砂轴向抗压强度理论计算

试验研究与现场经验发现，充填度小于 80％的模袋砂在缝合处出现张拉破坏，此外在接触界面砂出现应变局部化也会引起破坏；考虑到实际工程实践中张开破坏现象相对明显，故本文重点探讨模袋砂发生张拉破坏时极限抗压强度计算。前述分析指出，现有抗压强度理论研究中未考虑模袋间的界面接触和充填度等因素的影响，与实际情况间存在偏差；因此有必要在既有研究成果的基础上，推导考虑模袋间界面摩擦作用和充填度等多因素影响下的模袋砂轴向抗压强度计算公式。

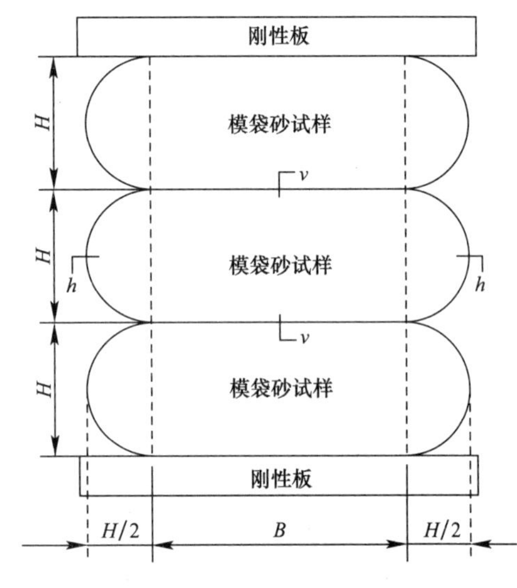

图 8　模袋砂总体计算模型

模袋与砂共同作用的增强机理大致可归纳为两类[11]：一种为摩擦加筋原理，另一种为准粘聚力原理。此处采用准粘聚力原理，视模袋与砂共同作用强度的增加量为砂土额外粘聚力。图 8 为多个模袋砂总体计算模型。

在文献［6］计算模型推导基础上引入模袋之间的界面摩擦力：

$$f=\mu p_{v} \tag{1}$$

式中　μ 为模袋间的摩擦系数，参考文献［11］计算公式计算；p_v 为竖向压应力。

假定充填物的体积是不会发生变化的，且变形后为圆形状。取充填度为 w，完全充满后模袋砂的体积为 V_0，当充填度为 w 时模袋砂体积为：

$$V=V_{0}w \tag{2}$$

模型采用平面单元进行计算，忽略沿长度方向的变形，并且模袋在形体自由变化过程中的周长是不会发生变化的，则有：

$$\begin{cases}V_0=B_0H_0l_0\\ V=BHl+2\dfrac{\pi H^2}{4}l\\ 2(B_0+H_0)=2B+\pi H\end{cases} \tag{3}$$

由此计算得到变形后模袋砂尺寸计算公式：

$$\begin{cases}H=wB_0H_0/(B_0+H_0)\\ B=B_0+H_0-\pi wB_0H_0/[2/(B_0+H_0)]\end{cases} \tag{4}$$

式中　l_0、B_0、H_0 为模袋砂初始长、宽和高；l、B、H 为模袋砂变形后的长、宽与高。通过水平和竖直剖面（图 8）截取中间模袋砂脱离体进行受力分析（图 9）。

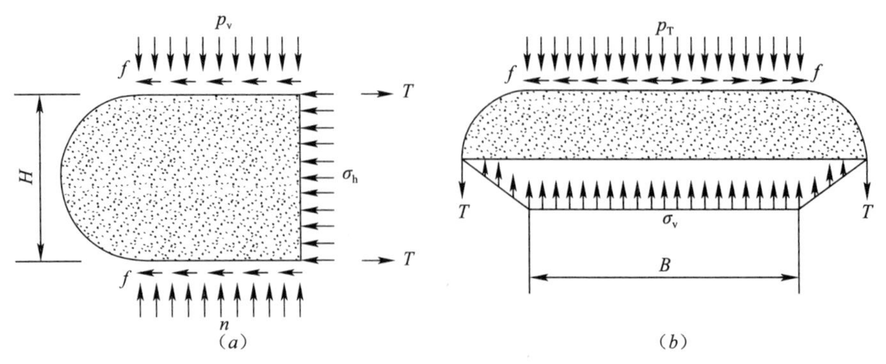

图 9　中间模袋应力状态

（a）竖直截面 v-v；（b）水平截面 h-h

长度方向取单宽模袋砂水平与竖直方向受力平衡有：

$$\begin{cases} \sigma_h H + 2\mu p_v \dfrac{B}{2} - 2T = 0 \\ p_v B - \sigma_v B - \dfrac{\sigma_v H}{2} + 2T = 0 \end{cases} \tag{5}$$

式中　σ_h、σ_v 为水平与竖向应力；T 为模袋产生的拉力，参考文献［6］，通过式（6）计算。

$$T = \frac{E\delta_v(\pi\delta_v + 4B)}{2(H-\delta_v)(2B+\pi H)} \tag{6}$$

当模袋砂达到极限状态时，水平与竖向应力满足：

$$\sigma_v = K_p \sigma_h \tag{7}$$

由 Rankine 土压力理论可知，当模袋包裹的砂达到被动土压力时，即当 $K_p = \dfrac{1+\sin\varphi}{1-\sin\varphi}$时，满足公式：

$$p_v = 2c\sqrt{K_p} \tag{8}$$

则由式（5）、（7）、（8）可得准粘聚力、极限抗压强度及极限承载力分别为：

$$\begin{cases} c = \dfrac{\dfrac{T}{B\sqrt{K_p}}\left(\dfrac{B}{H}K_p + \dfrac{K_p}{2} - 1\right)}{1+\mu\left(\dfrac{B}{H}K_p + \dfrac{K_p}{2}\right)} \\ p_v = \dfrac{\dfrac{2T}{B}\left(\dfrac{B}{H}K_p + \dfrac{K_p}{2} - 1\right)}{1+\mu\left(\dfrac{B}{H}K_p + \dfrac{K_p}{2}\right)} \\ F_v = \dfrac{2Tl\left(\dfrac{B}{H}K_p + \dfrac{K_p}{2} - 1\right)}{1+\mu\left(\dfrac{B}{H}K_p + \dfrac{K_p}{2}\right)} \end{cases} \tag{9}$$

把试验中的模袋砂试样参数代入上式，计算得到尺寸为 25cm、25cm、10cm 时多个模袋砂的竖向极限承载力，与试验结果平均值对比见图 10。由图 10 可知，随着充填度的增大极限荷载计算值越接近试验结果；当充填度为 85％时，两者数值相差约为 8％，而充填度为 95％时，两者数值近乎一致；与之相反，随着充填度的减小，计算值与试验结果的差值越大，主要因其破坏机理不同，充填度较小时发生应变局部化诱发破坏与理论推导前提不符。通过对比分析可知，本文完善后的理论计算方法可用于发生张拉破坏的模袋砂抗压强度预测，该方法具备合理性。

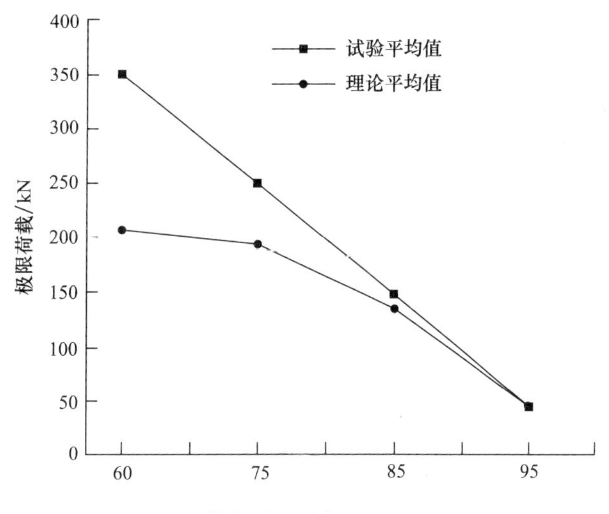

图 10　模袋砂试验与理论抗压强度

3 结　　论

1）单个模袋砂的极限荷载较多个模袋砂大，且随着充填度的减小愈发明显，说明现有针对单个模袋砂的研究存在不足。

2）模袋砂极限荷载随充填度的增加而减小；尺寸效应对模袋砂受力变形分布影响很小，但对其承载力影响显著，表现为宽高比增大、极限承载力增大。

3）充填度较大时，竖向荷载作用下模袋砂很快进入拉伸变形，荷载-位移曲线出现明显的转折点，且在较小荷载作用下模袋缝制接口因整体张拉破坏。

4）不同充填度模袋砂破坏机理不尽相同，充填度较大时主要发生模袋整体张拉破坏；而充填度较小时则由砂应变局部化引起局部模袋破坏，破坏大多出现在模袋砂界面处，实际施工往往不易发现。现有研究认为不同充填度模袋砂均为整体张拉破坏，显然与实际情况不相符，设计施工需引起重视。

5）与试验结果对比表明，修正后的理论计算方法可用于模袋砂整体张拉破坏时抗压强度预测；但抗压强度计算式仅适用于张拉破坏的模袋砂，对于小充填度应变局部化破坏的模袋砂极限抗压强度计算式尚待进一步研究。

参考文献（References）

[1] 邱长林，闫玥，闫澍旺. 泥浆不均匀时土工织物充填袋特性［J］. 岩土工程学报，2008，30（5）：760-763.

[2] Liu S H，Gao J J，Wang Y Q，et al. Experimental study on vibration reduction by using soil bags［J］. Geotextiles and Geomembranes，2014，42（1）：52-62.

[3] Oberhagemann Knut，Makbul Hossain Md. Geotextile bag revetments for large rivers in Bangladesh［J］. Geotextiles and Geomembranes，2011，29（4）：402-414.

[4] 刘斯宏，高军军，王子健，等. 土工袋技术在市政沟槽回填中的应用研究［J］. 岩土力学，2014，35（3）：765-771.

[5] Matsuoka H. Tribology in soilbag［J］. Journal of Japanese Society of Tribologists，2003，48（7）：547-552.

[6] Matsuoka H，Liu S H. New earth reinforcement method by geotextile bag［J］. Soils and Foundation，2003，43（6）：173-188.

[7] Matsuoka H，Nakai T. Stress deformation and strength characteristics of soil under three different principal stresses［C］. Proceedings of Japan Society of Civil Engineering. Japan：［s. n］，1974：59-70.

[8] Matsuoka H，Liu S H，Yamaguchi K. Mechanical properties of soil bags and their application to earth reinforcement［C］. Proceedings of the International Symposiumon Earth Reinforcement. Fukuoka：［s. n］，2001：587-592.

[9] 陈俊生，莫海鸿，刘叔灼，等. 土工模袋砂单轴抗压强度试验研究［J］. 岩石力学与工程学报，2014，33（S1）：2930-2935.

[10] 白福青，刘斯宏，王艳巧. 土工袋加固原理与极限强度的分析研究［J］. 岩土力学，2010，31（S1）：172-176.

[11] 张立. 模袋砂力学特性分析［D］. 广州：华南理工大学，2013.

土岩组合基坑安全风险预警标准探讨

鲍树峰[1,2,3]　莫海鸿[3]　王友元[1,2]　杨春山[3]　黄海滨[3]　侯明勋[3]　陈凌伟[3]
（1. 中交四航工程研究院有限公司，广东，广州　510230；2. 中交交通基础工程环保与安全重点实验室，广东，广州　510230；3. 华南理工大学 土木与交通学院，广东，广州　510641）

【摘　要】土岩组合基坑的安全风险预警标准目前主要沿用现有相关规范中的监控标准，这种做法缺乏针对性。为了更有效地指导土岩组合基坑施工，对土岩组合基坑的破坏模式进行了定性分析，并对依托工程典型施工断面进行了三维有限元分析和现场监测，然后，深入对比分析了有限元分析结果和现场监测结果。研究指出：①围护墙的水平位移可作为主要的安全风险预警指标，支撑/土钉/锚杆轴力可作为辅助指标；②围护墙水平位移最大值、水平位移最大值变化速率、水平位移最大值与基坑开挖深度的比值、支撑/土钉/锚杆轴力值与开挖深度范围内土压力的比值等四个特征参数可作为土岩组合基坑安全风险预警指标特征参数；③建立了相应的安全风险预警标准体系，同时认为该依托工程土岩基坑的设计过于保守，从而导致过高的施工成本，因此有必要进行优化设计。

【关键词】土岩组合基坑；破坏模式；安全风险预警指标；安全风险预警标准

0　引　　言

基坑工程（特别是大型基坑工程）项目的建设，既是传统工程技术的应用，又是现代科学技术的一个重要载体，建设过程中涉及了大量的不确定因素。随着基坑开挖深度的增加、规模的增大，面临的风险也越来越多，而且这些风险因素之间的交叉影响使风险呈现出多层次性，风险所导致的损失规模也越来越大[1]。

基坑工程安全风险预警的关键是获取准确有效的预警指标及其预警值。通过研究基坑工程的失效模式来确定合理的基坑安全风险预警指标，可使风险预警指标满足对风险事故具有指向性、可行性和敏感性的要求[2]。

土岩组合基坑的失效模式不完全相同于一般基坑（包括软土基坑）。然而，目前，对于土岩组合基坑而言，其安全风险预警标准仍然是沿用现有相关规范中的监控标准[3]。工程实践表明：这种做法针对性不强，致使监测工作缺乏重点，从而导致过高的施工成本。

鉴于此，下文先对土岩组合基坑的失效模式进行分析，确定此类基坑工程安全风险指向性最强、可行性最好、最敏感的安全风险预警指标及其特征参数，然后，以贵广铁路佛山隧道为依托工程，对其境内的土岩组合基坑典型断面的施工过程进行三维有限元分析，并结合现场相关监测数据，建立该工程土岩组合基坑的预警标准体系，拟为后续的施工监测工作以及同类工程的施工监测工作提供借鉴。

1　土岩组合基坑安全风险预警指标及其特征参数的确定

1.1　安全风险预警指标的确定

土岩组合基坑一般位于有一定厚度的第四系地层覆盖的基岩区域。地势高的地方，覆盖有薄层的第四系地层；地势低洼处，发育有较厚的第四系地层。其地下水类型一般以基岩裂隙水和第四系潜水为主，水量一般不多。土岩组合基坑开挖至一定深度后，基础持力层为强风化带、中风化带或微风化带岩体，属于岩质基坑。

此类基坑的稳定性主要受以下几方面影响：①上覆土层厚度。②下卧岩体的风化程度和成因类型。当基坑下卧岩体为强风化时，一般接近于散体状态，基坑边坡稳定性较差；当基坑下卧岩体为泥质的碎屑沉积岩或片状的浅变质岩时，如泥岩、黏土岩、千枚岩、片岩、板岩等构成的基坑，边坡稳定性较差，且受地下水的软化影响较大。③基坑支护类型。④止水帷幕施工，尤其是在第四系地层和基岩接触面位置。⑤岩体部分的开挖或爆破方式[4-8]。

基坑可能的破坏模式在一定程度上揭示了基坑的失稳形态和破坏机制，是基坑稳定分析和施工监测的基础[4]。结合上述土岩组合基坑的特点可知，其破坏模式与土质基坑不完全相同，主要有：①支撑/土钉/锚杆的设计强度不够、支撑架设偏心较大、支撑架设不及时或围护墙自由面过大使已加支撑/土钉/锚杆轴力过大，导致围护墙向坑内发生倾倒破坏。②设计不当造成围护墙强度不足而使围护墙发生剪切破坏或折断，导致基坑整体失稳。③高估了基坑下卧岩体的强度，围护墙嵌岩深度不够致使基坑发生踢脚破坏。这3类破坏模式有些是设计不当引起，有些是施工不当造成，但事故的表征均涉及围护墙发生过大变形和支撑/土钉/锚杆轴力过大两个方面。

综上所述，土岩组合基坑围护墙的水平位移对其安全风险状态具有很好的指向性，对风险事故也十分敏感，且工程中对它的测量相对更加普遍和可行，因此，应重点对土岩组合基坑的围护墙水平位移进行分析，了解其变化规律，并以此分析土岩组合基坑的安全性。另外，也需要对敏感性较强的监测项目，如支护结构应力（如支撑/土钉/锚杆轴力），给予适当的关注。

1.2 安全风险预警指标特征参数的确定

围护墙的水平位移可以看成是由整体位移和基本变形两部分复合而成，即为复合变形模式。基本变形模式一般为正三角形、倒三角形或抛物线型，因此，围护墙的水平位移一般符合以下3种复合模式，见图1。

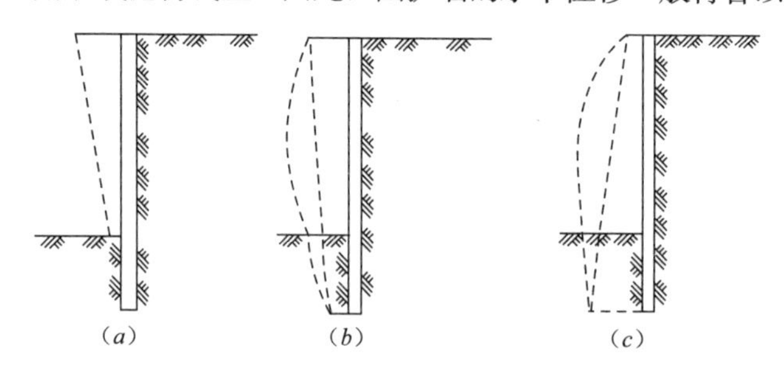

图1 围护墙复合变形模式示意图

Fig. 1 Composite deformation modes of retaining structures

(a) 倒三角形；(b) 倒三角+整体位移+抛物线；(c) 正三角+整体位移+抛物线

然而，实际工程的围护墙变形是很复杂的，它受多种因素的影响，图1只是一种近似的描述。但总体说来，围护墙变形的衡量指标主要包括围护墙的最大水平位移及其位置，以及围护墙顶部和底部的水平位移。

也有很多研究资料表明，基坑失效前进入可预警阶段时，围护墙的变形模式主要反映在围护墙水平位移值较大，或者位移速率突然增大。因此，为了更好地反映围护墙的变形特征，以便及时地了解基坑的安全状态，可将围护墙水平位移最大值 δ_{hm}、水平位移最大值变化速率以及“水平位移最大值 δ_{hm} 与基坑开挖深度 H_e 的比值 δ_{hm}/H_e”3个特征参数作为土岩组合基坑安全风险预警指标特征参数。

另外，基坑开挖过程中支撑/土钉/锚杆轴力的大小与开挖深度密切相关，因此，类似地，可将支撑/土钉/锚杆受力的特征参数定义为“支撑/土钉/锚杆轴力值与开挖深度范围内土压力的比值”，并以此作为土岩组合基坑安全风险的辅助预警指标特征参数。

2 工程应用

2.1 工程概况

贵广铁路佛山隧道基坑里程段DK799+450～DK800+750为土岩组合基坑，采用明挖顺做法进行施工，建筑长度为1300m，开挖深度为7.023～14.642m（未计坑顶以上基坑放坡高度），基岩顶面标高高出坑底标高0.827～15.649m，钻孔灌注桩嵌岩深度5.530～25.960m。

相对而言，上述里程段中DK800+510～DK800+750范围内的工程水文地质较差，其土层分布详见表1。因此，本文选取该里程段中典型施工断面DK800+542.5进行相关分析。

由于现场施工多方面原因，该典型断面钢支撑是在超挖一定深度后进行安装的，未严格按照设计要求进行，表2为支撑安装时现场施工情况和设计要求的对比表。

典型施工断面土层分布及物理力学参数 表1

Soil distribution of typical cross section and physical and mechanical parameters Table 1

土层编号	土层名称	厚度/m	天然重度/(kN·m^{-3})	黏聚力/KPa	内摩擦角/(°)	弹性模量/MPa	泊松比
①$_2$	素填土	2.1	17	12	12	8	0.38
②$_1$	淤泥	3.9	17	8	4	4	0.42
②$_2$-2	粉砂	1.6	18	0	26	22	0.32
②$_2$-2	淤泥质土	0.9	17	12	5	6	0.38
②$_3$-2	粉质黏土	2.3	20	29	16	20	0.34
⑦$_2$-2	强风化泥质粉砂岩	5.6	22	100	32	200	0.28
⑦$_2$-3	微风化泥质粉砂岩	9.8	24	150	34	350	0.25

支撑安装时开挖深度 表2

Depth of excavation of construction for inner bracing Table 2

支撑名称	支撑安装时设计开挖深度/m	支撑安装时实际开挖深度/m
混凝土支撑	0.0	0.0
第一道钢支撑	5.4	6.4
第二道钢支撑	9.9	11.0

注：以混凝土支撑顶面标高为起算点。

2.2 典型施工断面数值模拟分析与现场监测数据对比分析

鉴于基坑开挖施工中许多情况下其周围的土体处于塑性工作状态，土体采用理想弹塑性模型进行模拟。由于Mohr-Coulomb模型参数选取较简单且具有较好的精确性，因此，本文基于有限元程序Midas GTS采用Mohr-Coulomb模型对典型施工断面DK800+542.5进行施工模拟分析。

为了较为真实的模拟基坑开挖的实际情况，采用三维模型进行有限元数值模拟分析，其土层主要物理力学参数见表1。计算所选取的基坑开挖深度为14m（不含2m的基坑放坡高度），计算剖面图见图2。

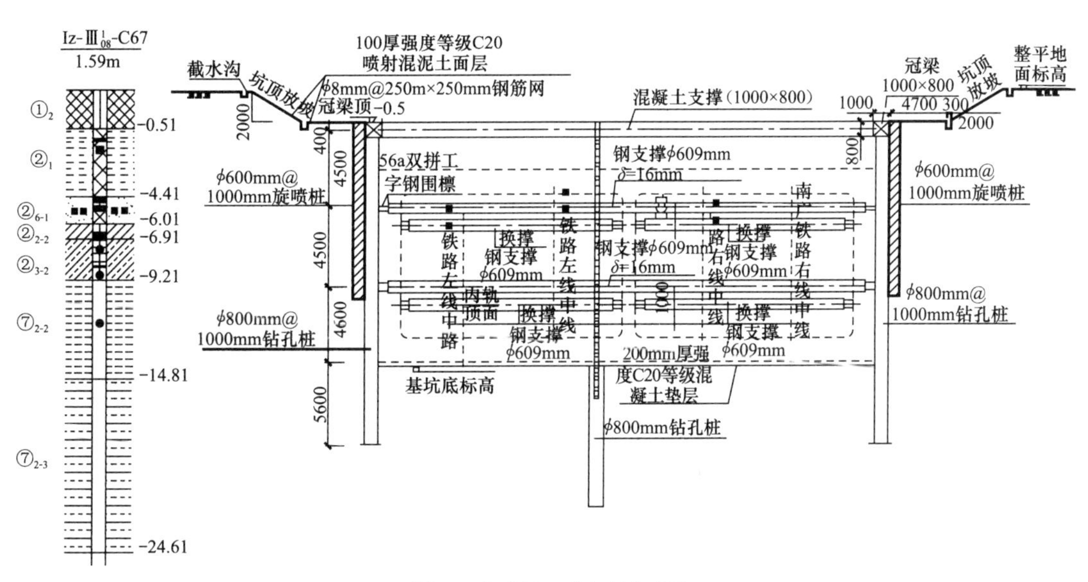

图2 典型施工断面剖面图

Fig. 2 Profile of typical cross section

钻孔灌注桩、钢筋混凝土支撑、混凝土冠梁和混凝土腰梁，均采用C30混凝土浇筑，计算模型和计算参数为：线弹性模型，弹性模量 $E=3.0\times10^4$ MPa，泊松比 $\nu=0.22$。

钢支撑和钢腰梁均采用Q235，计算模型和计算参数为：线弹性模型，弹性模量 $E=2.0\times10^5$ MPa，泊松比 $\nu=0.3$。

（1）不同工况下围护结构水平位移根据表2、图3～图4可知：

a）当“及时安装支撑”时，开挖深度为14.0m时，围护桩桩顶以下5.5m深度处向坑内发生最大水平位移计算值为11.27mm；而根据现场实际施工情况（如表2所示，超挖1.0m左右安装支撑），开挖深度为14.0m时，围护桩桩顶以下6.5m深度处向坑内发生最大水平位移实测值为13.47mm，未超出设计警戒值50mm。

b）当考虑“坑底未进行混凝土垫层施工（即坑底完全暴露）时，突降暴雨致使基坑内积水14m深（即水面与基坑混凝土支撑顶面标高平齐），然后坑内积水完全被抽干”这一最不利工况时，围护桩桩顶以下6.5m深度处向坑内发生的最大水平位移实测值为11.53mm。

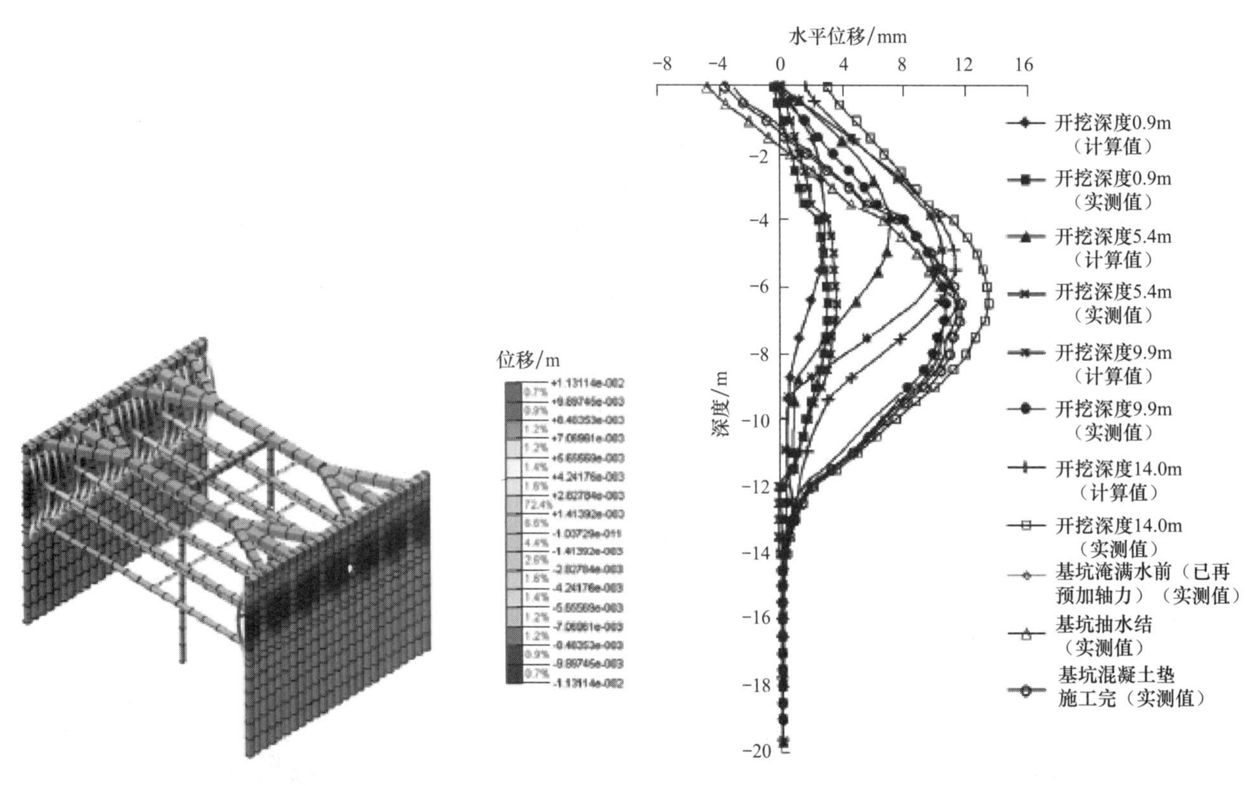

图3 基坑开挖到坑底时，主体结构变形计算结果

Fig. 3 Computed deformation of main structure after excavation of foundation pit

图4 不同工况下围护墙侧向位移对比

Fig. 4 Lateral displacement of guard piles under different working conditions

c）对于“基坑坑底混凝土垫层施工完”这一工况，围护桩桩顶以下6.5m深度处向坑内生的最大水平位移实测值为11.69mm。

（2）不同工况下支撑轴力基坑开挖到坑底，主体结构的受力计算结果如图5所示，不同开挖深度下的支撑轴力如图6所示，不同深度下的支撑轴力（实测值）如图7所示。

根据图5～图7可知：

a）支撑轴力计算值与实测值不是很吻合，主要原因是：实测值反映的是“超挖1.0m左右再安装钢支撑时”的情况，而计算值反映的是及时安装钢支撑时的情况。但二者均表明：该基坑开挖过程中，混凝土支撑和第二道钢支撑的轴力均较第一道钢支撑的大，混凝土支撑和第二道钢支撑起主导作用。

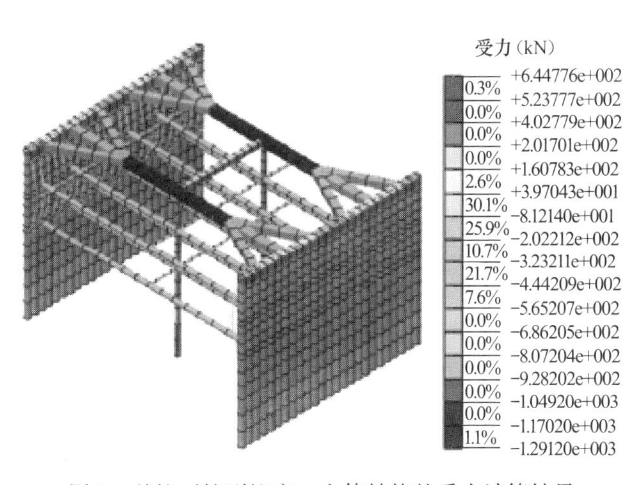

图 5 基坑开挖到坑底，主体结构的受力计算结果

Fig. 5 Computed force condition of main structure after excavation of foundation pit

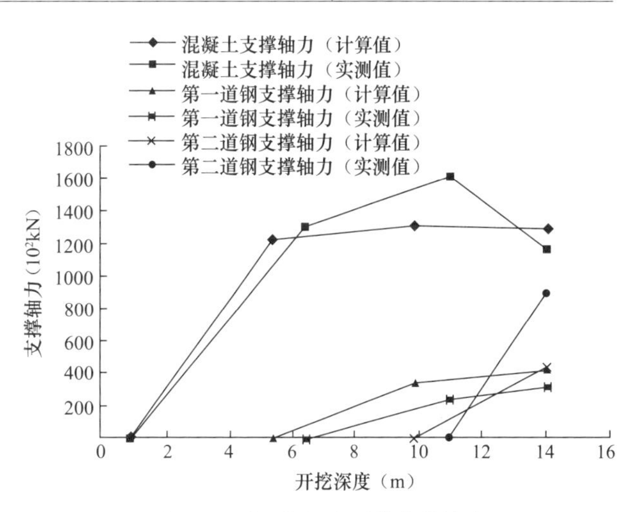

图 6 不同开挖深度下的支撑轴力

Fig. 6 Axial force of inner bracing at different excavation depths

b）当安装混凝土支撑后进行基坑挖方过程中，其支撑轴力随开挖深度增大而增大；但当架设第一道钢支撑后继续进行基坑开挖时，第一道钢支撑分担了混凝土支撑的一部分支撑轴力；在后续支撑施工时，同理类推。

c）基坑底板施工完后，随着基坑主体结构施工的进行，第二道钢支撑先拆除。如图 7 所示，第二道钢支撑拆除后（支撑轴力降为 0kN），混凝土支撑第一道钢支撑的轴力明显有所增长；随着基坑主体结构的继续施工，主体结构分担了一份支撑轴力，2 道支撑轴力的增长趋势逐渐变缓，最后均趋于稳定，而其中几次测试值波动较大主要是由于基坑两侧的施工活动引起的，如机械行走等。

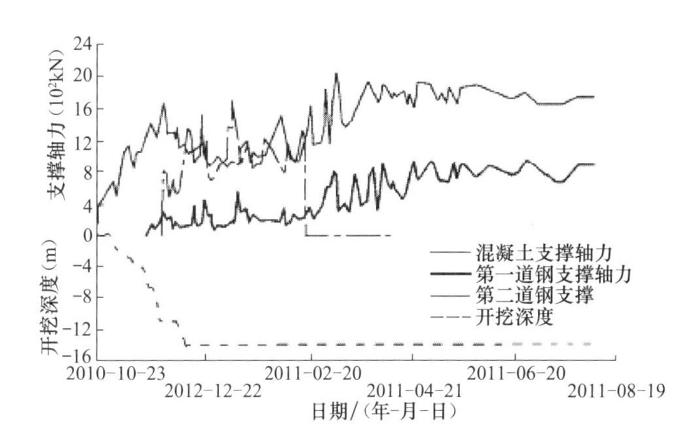

图 7 不同深度下的实测支撑轴力时程曲线

Fig. 7 Time-history curves of measured supporting axial force at different excavation depths

d）2011 年 6 月 13 日～2011 年 6 月 23 日，基坑坑内积满水至基坑坑内抽水结束这一阶段的支撑轴力先是减小，然后，随着坑内积水不断被抽走，支撑轴力又逐渐增大。2011 年 6 月 28 日，基坑底板施工完后，混凝土支撑的轴力显著降低，第一道钢支撑的轴力增长趋势明显变缓。2011 年 7 月 28 日以后，2 根支撑的轴力值趋于稳定，2 根支撑的轴力值分别为 1600 和 813kN，略大于计算值，但均未超出设计警戒值。

2.3 安全风险预警标准探讨

根据第 1.2 节分析可知，基坑安全预警指标的特征参数为围护结构水平位移最大值 δ_{hm}、水平位移最大值变化速率、水平位移最大值 δ_{hm} 与基坑开挖深度 H_e 的比值 δ_{hm}/H_e、支撑轴力值与开挖深度范围内土压力的比值，因此，该典型施工断面 DK800＋542.5 的监测数据可通过这 4 个参数来建立预警标准体系。

根据第 2.2 节的分析，基坑开挖过程中：

（1）围护桩水平位移最大值 δ_{hm} 为 13.47mm（小于现行规范中的规定值和设计值 50mm），位于桩顶以下 6.5m 处；

（2）水平位移最大值 δ_{hm} 与基坑开挖深度 H_e 的比值 δ_{hm}/H_e 为 0.096%（数值计算的比值为 0.081%）；

（3）水平位移最大值 δ_{hm} 的变化速率最大值为 0.81mm/d（12 月 9 日～12 月 12 日，5.57～8.01mm）。

根据图 6～图 7，基坑开挖过程中：

（1）混凝土支撑轴力与开挖深度范围内土压力的比值在 0.70～7.22 之间（数值计算的比值为 1.09～9.06，可作为基坑开挖前的预警标准参考值）；

（2）第一道钢支撑轴力与开挖深度范围内土压力的比值在 0.06～0.81 之间（数值计算的值为 0.34～0.57）；

（3）第二道钢支撑轴力与开挖深度范围内土压力的比值在 0.58～1.47 之间（数值计算的比值为 0.36）。根据《建筑基坑支护技术规程》（JGJ 120—2012）第 4.2.4 条考虑安全系数为 2.0，贵广铁路佛山隧道基坑里程段 DK799＋450～DK800＋750 土岩组合基坑的安全预警标准体系建议为如下：

1）围护桩水平位移①δ_{hm}＜30mm；②δ_{hm}/H_e＜0.20%（数值计算的比值为 0.17%，可作为基坑开挖前的预警标准参考值）；③δ_{hm}的变化速率最大值＜2.0mm/d。

2）支撑轴力

①混凝土支撑轴力与开挖深度范围内土压力的比值＜15（数值计算的比值＜18，可作为基坑开挖前的预警标准参考值）；②第一道钢支撑轴力与开挖深度范围内土压力的比值＜1.6（数值计算的比值＜1.1，可作为基坑开挖前的预警标准参考值）；③第二道钢支撑轴力与开挖深度范围内土压力的比值＜3.0（数值计算的比值＜0.7，可作为基坑开挖前的预警标准参考值）。

不难发现，上述建立的安全预警标准体系中的报警值小于现有规范中相关监测报警值的下限值，换句话说，该依托工程土岩基坑的设计过于保守，从而导致过高的施工成本，因此有必要进行优化设计。

3 结 论

（1）通过对土岩组合基坑的失效模式进行了深入分析，确定了围护墙的水平位移作为此类基坑的主要安全风险预警指标，并以支撑/土钉/锚杆轴力作为辅助指标。

（2）基于土岩组合基坑的安全风险预警指标，确定了“围护墙水平位移最大值 δ_{hm}、水平位移最大值变化速率、水平位移最大值 δ_{hm}与基坑开挖深度 H_e 的比值 δ_{hm}/H_e、支撑/土钉/锚杆轴力值与开挖深度范围内土压力的比值”等 4 个特征参数作为土岩组合基坑

安全风险预警指标特征参数。

（3）对依托工程土岩组合基坑的典型施工断面进行了有限元分析和现场监测，并结合其三维有限元分析结果和现场监测结果建立了该依托工程土岩组合基坑的安全预警标准体系。然后，与现有规范中的相关监测报警值进行了对比，指出：该依托工程土岩基坑的设计过于保守，从而导致过高的施工成本，因此有必要进行优化设计。

参考文献（References）

[1] 张瑾. 基于实测数据的深基坑施工安全评估研究［D］. 上海：同济大学，2008.（ZHANG Jin. Safety evaluation analysis of deep excavating foundation based on the field measured data［D］. Shanghai：Tongji University，2008.（inChinese））

[2] 顾雷雨. 深基坑施工中的安全风险预警研究［D］. 上海：同济大学，2009.（GU Lei-yu. Study on safety riskearly-warning standard during construction of the deep excavation engineering［D］. Shanghai：Tongji University，2009.（in Chinese））

[3] GB 50497—2009《建筑基坑工程监测技术规范》［S］. 北京：中国建筑工业出版社，2009.（GB 50497—2009 Tech-

nical code for monitoring of building foundation pit engineering [S]. Beijing: China Architecture and Building Press, 2009. (in Chinese))

[4] 刘国彬，王卫东. 基坑工程手册 [M]. 2 版. 北京：中国建筑工业出版社，2009. (LIU Guo-bin, WANG Wei-dong. Excavation engineering manual [M]. 2nd ed. Beijing: China Architecture and Building Press, 2009. (in Chinese))

[5] 常士彪，张苏民. 工程地质手册 [M]. 北京：中国建筑工业出版社，2007. (CHANG Shi-biao, ZHANG Su-min. Project geology manual [M]. Beijing: China Architecture and Building Press, 2007. (in Chinese))

[6] 肖树芳，杨淑碧. 岩体力学 [M]. 北京：地质出版社，1987. (XIAO Shu-fang, YANG Su-bi. Rock mechnics [M]. Beijing: Geological Publishing House, 1987. (in Chinese))

[7] 沈明荣，陈建峰. 岩体力学 [M]. 上海：同济大学出版社，2006. (SHEN Ming-rong, CHEN Jian-feng. Rock mechnics [M]. Shanghai: Tongji University Press, 2006. (in Chinese))

[8] 唐大雄，张文殊. 工程岩土学 [M]. 北京：地质出版社 m1999. (TANG Da-xiong, ZHANG Wen-shu. Rock and soil engineering [M]. Beijing: Geological Publishing House, 1999. (in Chinese))

有限元强度折减法中边坡失稳位移突变判据的改进

张爱军[1] 莫海鸿[2]
（1. 广州大学 土木工程学院，广州 510006；2. 华南理工大学 土木与交通学院，广州 510641）

【摘 要】采用有限元强度折减法分析边坡稳定性时，计算所得安全系数依赖于所采用的失稳评判标准。目前边坡失稳判据的多样性及其不确定性，使得计算所得安全系数的合理性及其唯一性受到了质疑，因此如何选择或改进一种既能满足工程需要又易于操作的失稳判定准则显得尤为重要。针对某一典型边坡算例分别按计算收敛性、特征部位位移突变性和塑性区贯通性等3个失稳判据考查判据的合理性及其适用性，对比研究三维与二维数值所得边坡稳安全系数的差异，然后对位移突变失稳判据进行了一种改进，通过绘制位移突变倍率（当前分析步位移与上一分析步位移之比）跟折减系数的关系曲线来确定边坡安全系数，并通过简化的实例模型证明了其适用性。

【关键词】强度折减；失稳判据；安全系数；位移突变倍率

1 引 言

有限元强度折减法经过30多年的研究发展已经成功应用于边坡的稳定性评价，但所得到的安全系数依赖于所采用的失稳判定标准。边坡失稳主要存在以下3种判据：（1）计算不收敛判据[1-8]，即折减后的土体强度参数使得有限元计算在规定的迭代次数内不能收敛；（2）塑性区贯通判据[9-12]，即边坡内部塑性区从坡脚至坡顶贯通；（3）特征点位移陡增判据，即边坡坡面特征节点位移突变[13-15]或强度折减系数与坡顶节点水平位移关系曲线的斜率超过某一固定值[16]。

目前对每种失稳判据的有效性存在不同的看法和解释，由不同的失稳判据所估算的边坡总体安全系数可能有所不同，尚缺乏统一的失稳评判标准。本文基于ABAQUS有限元强度折减数值分析技术结合工程实例建立强度折减法三维及二维数值模型，就上述3种失稳判定标准展开对比研究三维与二维数值模拟所得边坡稳定安全系数的差异，在位移突变失稳判据的基础上提出了一种改进的边坡整体失稳的判定方法。最后，通过与目前已发表文献对某一典型边坡算例计算结果对比，验证了改进方法的正确性及其适用性。

2 不同失稳判据下边坡的安全系数

为了便于讨论，这里选用某一边坡典型稳定性问题算例[17-21]作为计算对象，如图1所示。该边坡坡率为1∶1.5，取$c'/\gamma H=0.05$，坡高为10.0m，材料参数为$\gamma=20\text{kN/m}^3$，$c=10\text{kPa}$，$\phi=20°$，$E=200\text{MPa}$，$v=0.3$。对于土体采用Mohr-Coulomb破坏准则和非关联流动法则的理想弹塑性模型，有限元计算模型采用八节点六面体单元（C38D）单元，约束边界条件为：前、后侧以及两个侧面采用法向约束，底端采用固定约束。

由于建模边界取值对计算结果的影响较大[22-24]，本文有限元建模对坡顶到右端边界的距离取为坡高的2.5倍，坡脚到左端边界的距离取为坡高的1.5倍，上下边界的距离取坡高的3倍，模型宽度取4.0m。

在ABAQUS中提交任务直至计算中止（不收敛），为了研究边坡不同位置的变形特性，从坡脚、坡中、坡顶分别拾取点A、B、C作为观察点（见图1）。A、B、C节点水平位移与安全系数F_s关系曲线绘于图2。

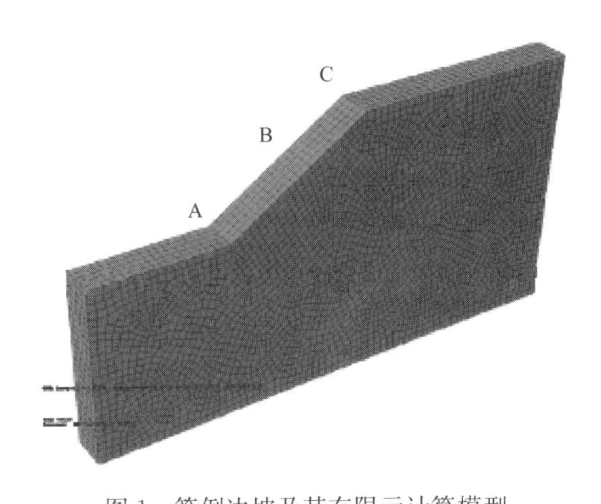

图1 算例边坡及其有限元计算模型

Fig. 1 The FEM model of the example slope

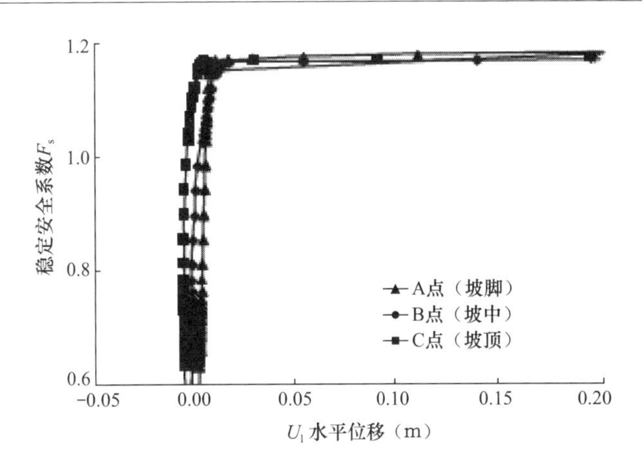

图2 安全系数与位移曲线

Fig. 2 Curves of safety factor and displacement

边坡土体失稳的三种判据（数值计算不收敛标准、位移突变标准、等效塑性应变贯通标准）[25]，在三个观察点（A，B，C）的具体数值为：数值计算不收敛点处 $F_s=1.197$，水平位移分别为 $U_1=(0.743,5.969,4.180)$m；位移突变点处 $F_s=1.167$，水平位移分别为 $U_1=(0.008,0.051,0.027)$m；等效塑性应变贯通点处 $F_s=1.165$，水平位移分别为 $U_1=(0.005,0.012,0.002)$m。由以上可以看出，对于本文算例，3种不同的失稳判据得到的安全系数依次减小，虽然判据之间安全系数相差仅2.7%（$\delta=1.197/1.165$），但是相应的水平位移数值差别较大，对同一观察点而言，边坡失稳时3种方法所得的水平位移依次减小。若按数值计算不收敛标准为判据，会过高估计边坡的稳定性偏于危险，导致过大的水平位移（介于0.743～5.969m），对于岩土材料是不合理的；若按等效塑性应变贯通标准为判据，对边坡的稳定性估计可能偏于保守。因此，以位移突变标准来作为失稳判据具有其合理性。

3 提出一种改进的失稳判定方法

强度折减法的基本实质就是将材料的 c 和 ϕ 逐渐降低，导致单元的应力无法和强度配套（超出了屈服面），不能承受的应力将逐渐转移到周围土体单元中去，当出现连续滑动面（屈服点连成贯通面）之后，土体就将失稳而产生位移突变，因此本文算例得出等效塑性应变贯通（$F_s=1.165$）先于位移突变（$F_s=1.167$）与之是一致的。故本文选择位移突变标准作为失稳判据[13]，对应的折减系数 $F_s=1.167$ 作为边坡的安全系数。

由于位移突变判据需通过绘制观察点场变量-位移（F_s-U_1）曲线，人工观察判断曲线突变点，进而判断边坡是否失稳，这种方法带有较多人为主观性，并不总是能清晰地判断出曲线突变点，而且当场变量-位移（F_s-U_1）曲线较缓时判断更加困难。为了避免这种判断误差，研究边坡不同位置处（坡脚、坡中、坡顶）在位移突变时，水平位移变化情况，确定合理的边坡稳定安全系数，本文提出绘制不同节点位移突变倍率（当前分析步位移与上一分析步位移之比）与安全系数 F_s 关系曲线（图3），由节点位移突变倍率数值大小来判断土体位移突变点。

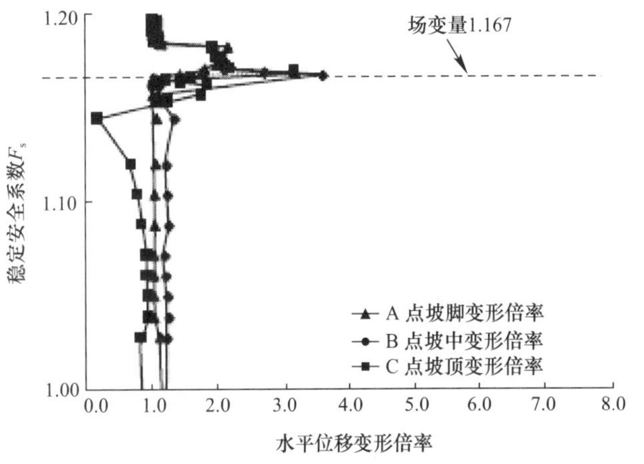

图3 安全系数与位移突变倍率曲线

Fig. 3 Curves of safety factor and displacement power

由图3可见，随着场变量的逐步增加，位移突变倍率变化不大，基本位于1.0左右，然而当场变量介于1.16～1.18之间时，A、B、C 3点位移突变倍率突然增大至2倍之上，表明3点土体位移同时骤然增加，屈服区贯通后土体位移突变失稳破坏并丧失整体稳定性，由于3点位移量级相同（见表1)，本文认为破坏具有刚体转动的特性，图4（*a*）失稳后的位移云图也验证了这一论断。表1列出了场变量为 $F_s=1.167$ 时土体位移在突变前后对比情况，边坡坡中B点无论突变前后土体水平位移均最大，边坡坡中、坡顶土体位移场都大于坡脚土体位移，赵少飞[13]曾得到相似的结论。若按杨光华[27-28]根据位移场判断滑坡破坏类型的理论，可判定该类型边坡破坏类型为推移式滑坡，即边坡上部土体先失稳，下滑力作用于中部土体，然后向下传递，由于边坡上部土体位移垂直分量较大，所以水平位移分量并不比边坡中部大，位移总量还是边坡上部大于中部的（图4（*a*)、(*c*))。

不同节点水平位移 **表1**

Horizontal displacements of different nodes **Table 1**

拾取点	突变前水平位移/mm	突变后水平位移/mm	倍率	场变量
A点坡脚	5.833	8.308	1.42	1.167
B点坡中	14.299	51.098	3.57	1.167
C点坡顶	3.079	27.861	9.04	1.167

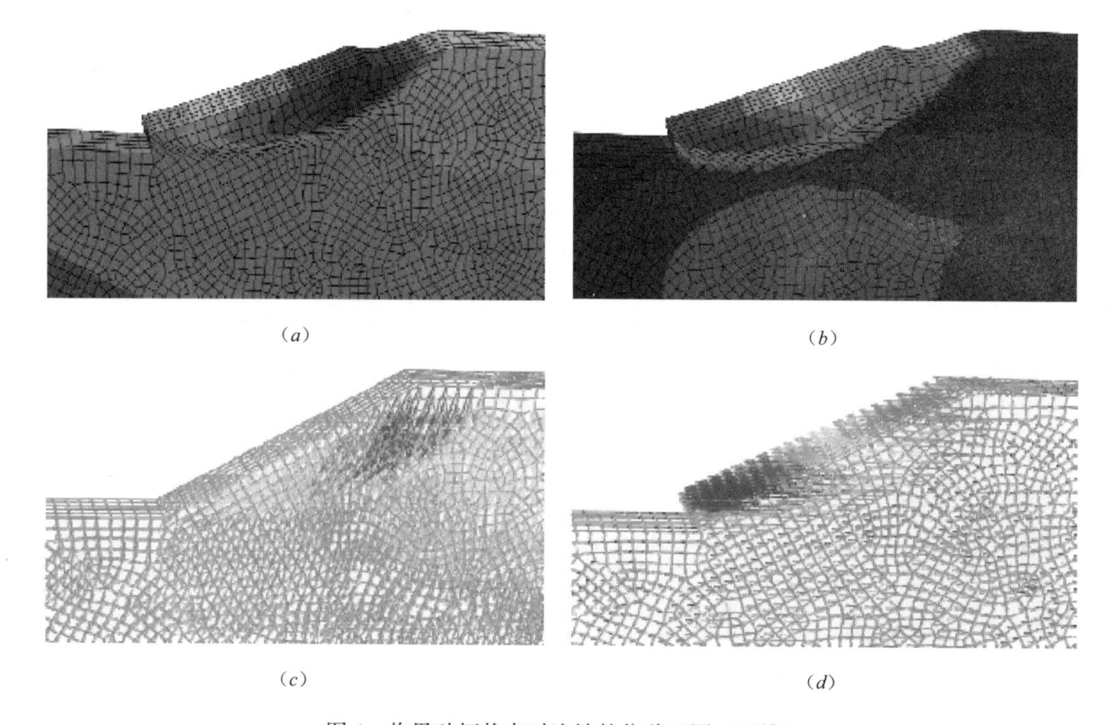

图4 临界破坏状态时边坡的位移云图（三维）

Fig.4 Displacement nephogram of slope failure state (3D)

(*a*) 位移（U-Magnitude）云图；(*b*) 水平位移（U_1）云图；(*c*) 位移（U-Magnitude）矢量图基于未变形网格；(*d*) 水平位移（U_1）矢量图基于未变形网格

4 不同方法所得安全系数 F_s 的比较

滑体尺寸、形态及土体强度参数间的变化规律及形成机制影响着二维与三维边坡稳定性分析结果[29]，为合理地评价边坡稳定性分析提供理论依据，本文同时建立该算例的二维有限元强度折减法ABAQUS计算模型（见图5（*a*)），参照三维模型的分析方法，在坡脚、坡中、坡顶分别拾取点A、B、C作为观察点，绘制水平位移与安全系数 F_s 关系曲线（图5（*c*)）和位移突变倍率与安全系数 F_s 关系曲线（图5（*d*)），以位移突变标准作为失稳判据，同时考虑观察点的位移突变倍率，可以认为该算例二维强度折减法求得的安全系数为 $F_s=1.140$。

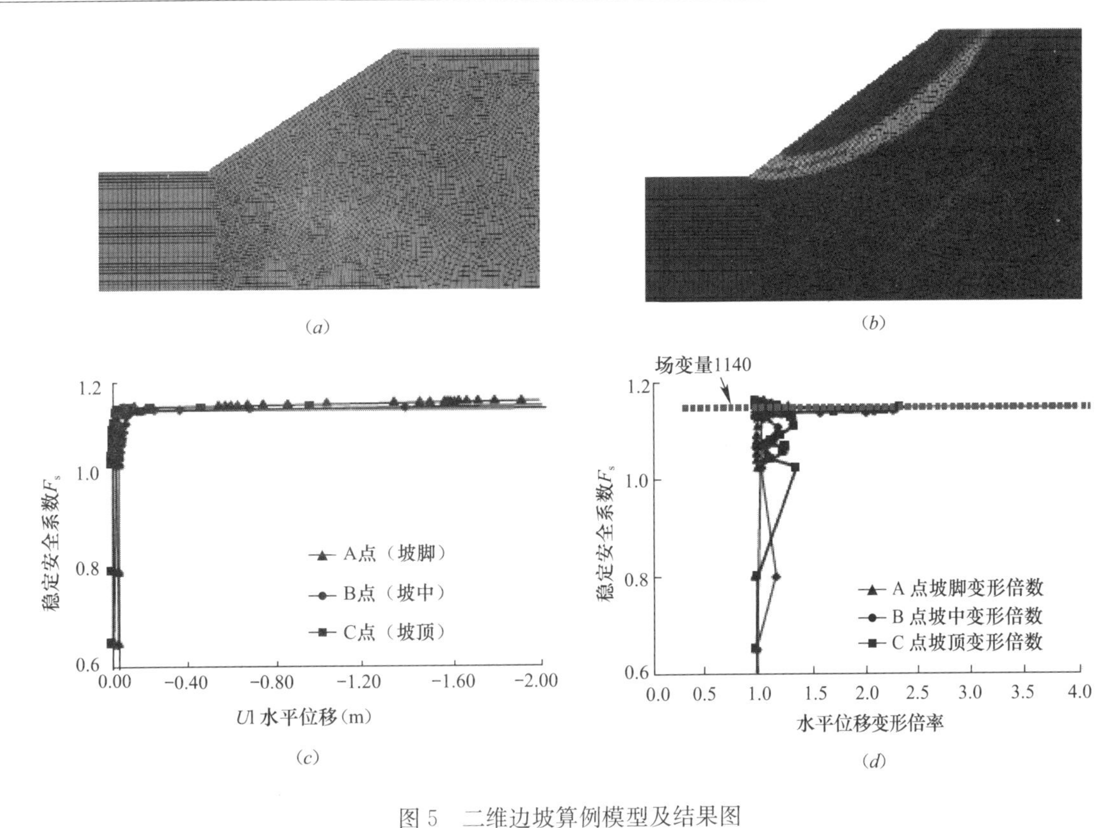

图 5 二维边坡算例模型及结果图

Fig. 5 Two-dimensional slope example model and results

(a) 二维计算模型；(b) 贯通时等效塑性应变云图；(c) 水平位移与安全系数 F_s 关系曲线；(d) 位移突变倍率与安全系数 F_s 关系曲线

从数值大小可看出，采用三维有限元法计算出的边坡稳定性安全系数略高于二维有限元法算出的安全系数 2.3%（$\delta=1.167/1.140$），这与宋雅坤[23]进行的三维与二维数值分析对比结论相同。许多因素（例如有限元网格、数值算法、失稳判据等）均可造成数值上的微小差异[17]，而且如此小的差别在解决工程问题上是可以容忍的。因此，在对常规平面应变边坡进行稳定性分析时，可以优先考虑采用二维有限元模型以获得较快的计算速度，同时可以满足工程精度的要求；然而，在对边坡地形、地质情况复杂的非平面应变边坡进行稳定性分析时，由于二维分析难以选择到一个具有相当代表性的断面，并且二维分析所得的坡体应力、变形分布及发展趋势往往与边坡的实际应力、变形情况不符[7]，此时应采用三维状态下的有限元分析，例如抗滑桩加固边坡使桩-桩之间形成土拱空间效应，应建立三维模型研究该类问题。

Cai[19]、Won[20]、Wei 等[18]、徐海洋[21]分别对本章中的算例采用不同的方法进行过研究（详见表 2)，所得的安全系数介于 1.13～1.20（差异仅为 6%），微小的差别可能源于有限元网格、模型计算宽度、数值算法、失稳判据等因素，基本规律是三维模型所得安全系数大于二维模型、精细三维模型大于粗网格三维模型。

各种分析方法所得边坡稳定性安全系数对比表 **表 2**

Methods of the slope stability safety factor **Table 2**

参考文献	安全系数	计算方法
Bishop	1.13	极限平衡法
Cai[19]	1.14	三维强度折减 FEM
Won[20]	1.15	$FLAC^{3D}$
Wei[18]	1.18～1.20	3D 极限平衡法，精细 $FLAC^{3D}$
徐海洋[21]	1.126～1.198	三维 ABAQUS 有限元（模型宽度 3.0～16.0m）
本文	1.14～1.167	ABAQUS 有限元（二维平面应变及三维 4.0m 宽模型）

5 结　　语

本文基于 ABAQUS 商业软件建立强度折减法三维及二维数值模型，通过对不同失稳判据的对比研究后得出以下结论：

(1) 对于本文算例不同的失稳判据得到的安全系数亦不同，虽然判据之间安全系数相差仅 2.7%，但是相应的位移差别较大，若按数值计算不收敛标准为判据，会过高估计边坡的稳定性偏于危险，导致过大的水平位移，这对于岩土材料是不合理的；若按等效塑性应变贯通标准为判据，对边坡的稳定性估计可能偏于保守；以位移突变作为失稳判据具有明确的物理意义，是合理可行的。

(2) 在场变量-位移曲线变化关系曲线上，绘制场变量-位移突变倍率曲线，以突变倍率急剧增大时所对应的强度折减系数，作为边坡的整体稳定安全系数是比较明确的，由位移场与变形场的分布情况判断，这种方法也是合理的，避免了目前采用数值计算位移突变判据进行判断土坡的极限平衡状态时的人为不确定性等弊端。

(3) 以观察点位移突变倍率为失稳判据，采用三维及二维有限元计算模型求得的安全系数介于 1.140～1.167，与前人研究成果基本一致。进行对比研究后认为在对常规平面应变边坡进行稳定性分析时，可以优先考虑采用二维有限元模型以获得较快的计算速度，同时可以满足工程精度的要求；然而，在对复杂边坡进行稳定性分析时，应采用三维有限元分析，获得满足要求的精度。

(4) 对边坡不同位置（坡脚、坡中、坡顶）土体位移场分析，可根据位移场判断滑坡破坏类型的理论，若边坡坡中、坡顶土体位移场都大于坡脚土体位移，可判定该类型边坡破坏类型为推移式滑坡。

参考文献（References）

[1] ZIENKIEWICZ O C, HUMPHESON C, LEWIS R W. Associated and non-associated visco-plasticity and plasticity in soil mechanics [J]. Geotechnique, 1975, 25 (4): 671-689.

[2] UGAI K. A method of calculation of total factor of safety of slopes by elasto-plastic FEM [J]. Soils and Foundations, 1989, 29 (2): 190-195.

[3] GRIFFITHS D V, LANE P A. Slope stability analysis by finite elements [J]. Geotechnique, 1999, 49 (3): 387-403.

[4] DAWSON E M, ROTH W H, DRESCHER A. Slope stability by strength reduction [J]. Geotechnique. 1999, 49 (6): 835-840.

[5] 赵尚毅，郑颖人，时卫民，等. 用有限元强度折减法求边坡稳定安全系数 [J]. 岩土工程学报，2002，24 (3): 343-346. ZHAO Shang-yi, ZHENG Ying-ren, SHI Wei-ming. Slope safety factor analysis by strength reduction FEM [J]. Chinese Journal of Geotechnical Engineering, 2002, 24 (3): 343-346.

[6] 宋二祥. 土工结构安全系数的有限元计算 [J]. 岩土工程学报，1997，19 (2): 4-10. SONG Er-xiang. Finite element analysis of safety factor for soil structures [J]. Chinese Journal of Geotechnical Engineering, 1997, 19 (2): 1-7.

[7] 马建勋，赖志生，蔡庆娥，等. 基于强度折减法的边坡稳定性三维有限元分析 [J]. 岩石力学与工程学报，2004，23 (16): 2690-2693. MA Jian-xun, LAI Zhi-sheng, CAI Qing-e, et al. 3DFEM analysis of slope stability based on strength reduction method [J]. Chinese Journal of Rock Mechanics and Engineering, 2004, 23 (16): 2690-2693.

[8] 郑颖人，赵尚毅. 有限元强度折减法在土坡与岩坡中的应用 [J]. 岩石力学与工程学报，2004，23 (19): 3381-3388. ZHENG Ying-ren, ZHAO Shang-yi. Appfication of strength reduction FEM to soil and rock slope [J]. Chinese Journal of Rock Mechanics and Engineering, 2004, 23 (19): 3381-3388.

[9] 栾茂田，武亚军，年廷凯. 强度折减有限元法中边坡失稳的塑性区判据及其应用 [J]. 防灾减灾工程学报，2003，23 (3): 1-8. LUAN Mao-tian, WU Ya-jun, NIAN Ting-kai. Acriterion for evaluating slope stability based on development of plastic zone by shear strength reduction FEM [J]. Journal of Disaster Prevention and Mitigation Engineering, 2003, 23 (3): 1-8.

[10] 武亚军. 基坑工程中土与支护结构相互作用及边坡稳定性的数值分析 [D]. 大连：大连理工大学，2003.

[11] 郑宏，李春光，李焯芬，等. 求解安全系数的有限元法 [J]. 岩土工程学报，2002，24 (5)：626-628. ZHENG Hong，LI Chun-guang，LI Zuo-fen，et al. Finite element method for solving the factor of safety [J]. Chinese Journal of Geotechnical Engineering，2002，24 (5)：323-328.

[12] 余神光，别社安，李伟，等. 高桩码头岸坡滑弧模式研究与变形稳定性分析 [J]. 岩土力学，2013，34 (1)：227-234. YU Shen-guang，BIE She-an，LI Wei，et al. Research onslip arc mode and deformation stability of bank slope onhigh-piled wharf [J]. Rock and Soil Mechanics，2013，34 (1)：227-234.

[13] 赵少飞，栾茂田，吕爱钟. 土工极限平衡问题的非线性有限元数值分析 [J]. 岩土力学，2004，25 (增刊 2)：121-125. ZHAO Shao-fei，LUAN Mao-tian，LÜ Ai-zhong. FEM based nonlinear numerical analyses for limit-equilibrium problems in geotechnics considering non-associated flow rule [J]. Rock and Soil Mechanics，2004，25 (Supp. 2)：121-125.

[14] 唐晓松，刘明维，叶海林. 基于 ABAQUS 的抗滑桩三维有限元分析 [J]. 地下空间与工程学报，2010，6 (增刊 2)：1614-1618. TANG Xiao-song，LIU Ming-wei，YE Hai-lin. Three dimensionalFEM analysis of anti-slide piles based on ABAQUS [J]. Chinese Journal of Underground Space and Engineering，2010，6 (Supp. 2)：1614-1618.

[15] 郭明伟，李春光，王水林. 基于有限元应力的三维边坡稳定性分析 [J]. 岩石力学与工程学报，2012，31 (12)：2494-2500. GUO Ming-wei，LI Chun-guang，WANG Shui-lin. Three-dimensional slope stability analysis based on finite element stress [J]. Chinese Journal of Rock Mechanics and Engineering，2012，31 (12)：2494-2500.

[16] 迟世春，关立军. 应用强度折减有限元法分析土坡稳定的适应性 [J]. 哈尔滨工业大学学报，2005，37 (9)：1298-1302. CHI Shi-chun，GUAN Li-jun. Soil constitutive relation for slope stability by finite element method with the discount shear strength technology [J]. Journal of Harbin Institute of Technology，2005，37 (9)：1298-1302.

[17] 年廷凯，徐海洋，刘红帅. 抗滑桩加固边坡三维数值分析中的几个问题 [J]. 岩土力学，2012，33 (8)：2521-2526. NIAN Ting-kai，XU Hai-yang，LIU Hong-shuai. Several issues in three dimensional numerical analysis of slopes reinforced with antislide piles [J]. Rock and Soil Mechanics，2012，33 (8)：2521-2526.

[18] WEI W B，CHENG Y M. Strength reduction analysis for slope reinforced with one row of piles [J]. Computersand Geotechnics，2009，36 (7)：1176-1185.

[19] CAI F，UGAI K. Numerical analysis of the stability of a slope reinforced with piles [J]. Soils and Foundations，2000，40 (1)：73-84.

[20] WON J，YOU K，JEONG S，et al. Coupled effects instability analysis of pile-slope systems [J]. Computersand Geotechnics，2005，32 (4)：304-315.

[21] 徐海洋. 考虑土拱效应的抗滑桩加固边坡数值分析 [D]. 大连：大连理工大学，2012.

[22] 郑颖人，赵尚毅，梁斌，等. 抗滑桩设计新方法—有限元强度折减法 [C]//第十届中国科协年会论文集（四），[S. l.]：[s. n.]，2008，4：230-243.

[23] 宋雅坤，郑颖人，赵尚毅，等. 有限元强度折减法在三维边坡中的应用研究 [J]. 地下空间与工程学报，2006，2 (5)：822-827. SONG Ya-kun，ZHENG Ying-ren，ZHAO Shang-yi，et a1. Application of three dimensional strength reduction FEM in slope [J]. Chinese Journal of Underground Space and Engineering，2006，2 (5)：822-827.

[24] 史恒通，王成华. 土坡有限元稳定分析若干问题探讨 [J]. 岩土力学，2000，21 (2)：152-155. SHI Heng-tong，WANG Cheng-hua. Some problems infinite element analysis of slope stability [J]. Rock and Soil Mechanics，2000，21 (2)：152-155.

[25] 戴自航，徐祥. 边坡抗滑桩设计计算的三维有限元法 [J]. 岩石力学与工程学报，2012，31 (12)：2572-2578. DAI Zi-hang，XU Xiang. 3D finite element method for design computations of anti-slide piles [J]. Chinese Journal of Rock Mechanics and Engineering，2012，31 (12)：2572-2578.

[26] 裴利剑，屈本宁，钱闪光. 有限元强度折减法边坡失稳判据的统一性 [J]. 岩土力学，2010，31 (10)：3337-3341. PEI Li-jian，QU Ben-ning，QIAN Shan-guang. Uniformity of slope instability criteria of strength reduction with FEM [J]. Rock and Soil Mechanics，2010，31 (10)：3337-3341.

[27] 杨光华，钟志辉，张玉成，等. 根据应力场和位移场判断滑坡的破坏类型及最优加固位置确定 [J]. 岩石力学与工程学报，2012，31 (9)：1879-1887. YANG Guang-hua，ZHONG Zhi-hui，ZHANG Yu-cheng，et al. Identification of landslide type and determination of optimal reinforcement site based on stress field and displacement field

[J]. Chinese Journal of Rock Mechanics and Engineering，2012，31 (9)：1879-1887.

[28] 杨光华，张有祥，张玉成，等. 基于边坡变形场的抗滑桩最优加固位置探讨 [J]. 岩土工程学报，2011，33 (增刊1)：1-6. YANG Guang-hua，ZHANG You-xiang，ZHANG Yucheng，et al. Optimal site of anti-landslide piles based on deformation field of slopes [J]. Chinese Journal of Geotechnical Engineering，2011，33 (Supp. 1)：1-6.

[29] 卢坤林，朱大勇，杨扬. 二维与三维边坡稳定性分析结果的比较与分析 [J]. 岩土力学，2012，33 (S2)：150-154. LU Kun-lin，ZHU Da-yong，YANG Yang. Comparison and analysis of 2D and 3D slope stability analysis results [J]. Rock and Soil Mechanics，2012，33 (Supp. 2)：150-154.

受土体侧移作用的单桩的弹塑性地基反力解析法

张爱军[1,2] 莫海鸿[1] 朱珍德[3]
（1. 华南理工大学土木与交通学院，广东 广州 510640；2. 深圳市政府投资项目评审中心，广东 深圳 518036；
3. 河海大学岩土工程科学研究所，江苏 南京 210098）

【摘 要】 不稳定边坡在开挖、降雨影响下会产生较大的土体侧向位移，导致邻近抗滑桩产生附加位移及弯矩。为此，文中基于 Winkler 地基梁模型，采用简化的桩周土体弹塑性本构关系来模拟非线性桩—土的相互作用，提出了抗滑桩与土坡相互作用的弹塑性地基反力法控制方程组，依据桩身响应在滑面处连续条件及桩顶底边界条件求得桩身响应的解析解矩阵表达式。最后，将文中的解析解与已有模型试验实测值进行对比分析，结果验证了文中解析方法的可靠性。

【关键词】 桩—土相互作用；地基反力法；Winkler 地基梁；弹塑性；解析解

路基、堤坝及基坑等边坡工程的稳定性问题是岩土工程领域基本而重要的课题。施工过程中对边坡土体的开挖可以了解滑体情况并及时调整设计，因此，抗滑桩作为一种支挡抗滑结构物已广泛应用于土坡的稳定性治理中。早期抗滑桩的设计主要参照桩基的设计推导演变而来，设计参数大多利用其他工程中所使用的参数，这对抗滑桩设计来说是不尽合适的。

失稳边坡土体在重力作用下往往产生较大的侧向位移，使坡体中的抗滑桩受到水平侧压力的作用而产生响应，属于被动桩的范畴。目前，用于分析被动桩性状的弹性方法主要有基于 Winkler 模型的地基反力法和 Poulos 的弹性理论法[1]。地基反力法通常将桩视为置于弹性地基中的竖直梁，采用相互独立的土弹簧来模拟桩-土之间的相互作用，没有考虑土的连续性；Poulos[2]假定桩周土体为均质弹性介质，以弹性半空间内部水平荷载作用下的 Mindlin 解[3]为基础，建立了桩身竖向各土层与桩的相互作用关系，利用桩-土接触面上的应力平衡和位移协调条件求解桩身变形和桩侧土压力值，比地基反力法更为严密、合理。

地基反力法和 Poulos 的弹性理论法均假定土反力与水平位移呈线性关系，仅适用于小荷载和小位移的情况，不能准确反映桩土接触的非线性问题。许多水平荷载试验证明[4-6]，土反力与水平位移之间呈明显的非线性关系，尤其当土体进入塑性流动状态时，土反力达到极限值后，不再随水平位移的增加而发生变化，只有考虑土体的非线性和塑性屈服才能反映桩的真实响应，采用弹性方法计算将产生较大的误差。文献［7-8］中提出的水平荷载单桩 p-y 曲线法能使计算结果接近于实测值。文献［9-10］中基于 p-y 曲线法利用有限差分法对桩身变形和弯矩进行了分析，提出了相应的设计方法，但所需参数离散性大，计算复杂，可操作性差，因此没有在我国得到广泛的使用。在 p-y 曲线法的基础上，文献［11-14］中假定弹性段土反力与水平位移呈线性关系，塑性段土反力为常数，简化了参数取值并求得水平受荷单桩桩身响应的解析解。上述分析方法各有其适用条件和局限性，随着计算技术的不断发展与完善，这些对桩的非线性研究有一定的指导意义，但目前还没有一个针对失稳边坡土体中抗滑桩性状分析的合适模型。

文中基于地基反力系数法，考虑土体屈服，对抗滑桩以滑动面为界的上下两段建立统一坐标系，提出了被动桩与土坡相互作用的弹塑性地基梁模型控制方程组，依据桩身在滑动面处的连续性条件及桩顶底的边界条件，通过简化的桩侧土体弹塑性本构关系模拟桩侧土体的塑性变形，在地基反力系数为常数情形下（适用于一般超固结黏土和密实的砂土地基），求得桩土相互作用分别为塑性和弹性状态下桩身响应的解析解。采用 Matlab 语言编制了计算程序，并通过模型试验的实测值与解析解的计算值的对比分析验证文中解析方法的可靠性。

1 抗滑桩弹塑性内力分析

1.1 抗滑桩受力分析及计算模型

当滑坡坡体中的抗滑桩不存在时，滑动面以上土体的位移场为 $s(z)$，在抗滑桩的作用下，坡体的自由位移受到约束，设抗滑桩的最终侧向位移为 v，埋设在坡体中的抗滑桩计算模型如图1所示。因此，基于桩—土变形协调，抗滑桩与土体始终接触共同作用时，桩土的相对位移为 $s-v$，桩侧土压力为

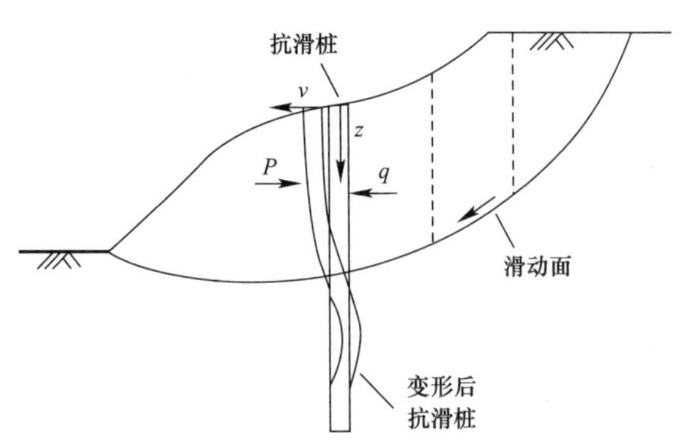

图1 抗滑桩受力简图

Fig. 1 Force diagram for stabilizing pile

$$F = k(s - v) \tag{1}$$

式中 k 为桩周土体的基床反力系数。式(1)实际上等效于地基反力 $p(z)=kv$ 与一个相反方向的外荷载 $q(z)=ks(z)$ 的叠加。这个外荷载是由于桩土发生相对位移后作用于桩上的滑坡推力。

根据静力平衡及材料力学假设[15]，忽略轴力影响，受荷段被动桩的挠曲微分方程为

$$EI\frac{\mathrm{d}^4 v}{\mathrm{d}z^4} = k(s - v) \tag{2}$$

式中 E 为桩的弹性模量；I 为桩的惯性矩；v 为桩的挠度；$k=k_h d$，k_h 为水平地基反力系数，d 为桩径，与文献［11-12］一致，文中假定 k_h 为常数，适用于超固结黏土（超固结比 OCR>1）和密实的砂土地基。

Vesic[16]采用地基反力法分析弹性地基上的无限长梁后，提出了基床反力系数和土体弹性参数之间的关系表达式为

$$k = \frac{0.65E_s}{1-\nu_s^2}\left(\frac{E_s \mathrm{d}^4}{EI}\right)^{\frac{1}{12}} \tag{3}$$

式中 E_s 为土体变形模量，ν_s 为土体泊松比。

土体变形模量 E_s 是在非线性分析中低荷载条件下的割线模量，是进行桩侧向响应分析的一个重要参数。通过大量的试验研究，文献［17-18］中建立了黏土变形模量 E_{s1} 的计算式，分别为

$$E_{s1} = ac_u \tag{4}$$

$$E_{s1} = 2N \tag{5}$$

式中 c_u 为不排水剪强度，系数 a 介于150～400，N 为标贯数。文献［18-19］中建立了砂土变形模量 E_{s2} 的计算式，分别为

$$E_{s2} = N_h z \tag{6}$$

$$E_{s2} = 1.6N \tag{7}$$

式中 z 为埋深；N_h 为土性参数，当砂土为松砂时 $N_h=1.5$，当砂土为中砂时 $N_h=5.0$，当砂土为紧砂时 $N_h=12.5$。

1.2 抗滑桩—土相互作用模型及桩侧土体本构关系

通过水平受荷桩的现场试验研究，文献［7-8］中给出了黏土和砂土的屈服位移的经验计算表达式，分别为

$$v_1^* = 20\varepsilon_c d \tag{8}$$

$$v_1^* = 3d/80 \tag{9}$$

式中，ε_c 为原状土三轴不排水中最大主应力差一半时的应变，对于灵敏土 $\varepsilon_c=0.005$，对于扰动或重塑土 $\varepsilon_c=0.020$，对于正常固结土 $\varepsilon_c=0.010$；文献［20］结合试验数据对式（8）进行了经验修正：

$$v_1^* = 28.48\varepsilon_c d^{0.5} \tag{10}$$

式中，A 为常系数．文献［21］认为计算超软弱土地基的 v_1^* 时，系数 A 需折减后再使用。

文中将抗滑桩视为竖向的 Winkler 地基梁，地基梁与周围土体的相互作用通过设置由弹簧和滑块组成的界面单元实现．如图 2（a）所示，当土体处于弹性状态时，桩土变形协调，滑块不触发位移；当土体作用达到极限抗力 $p_u=kv^*$ 时，土体发生塑性变形，触发滑块位移，滑块承受极限抗力并发生塑性滑动。

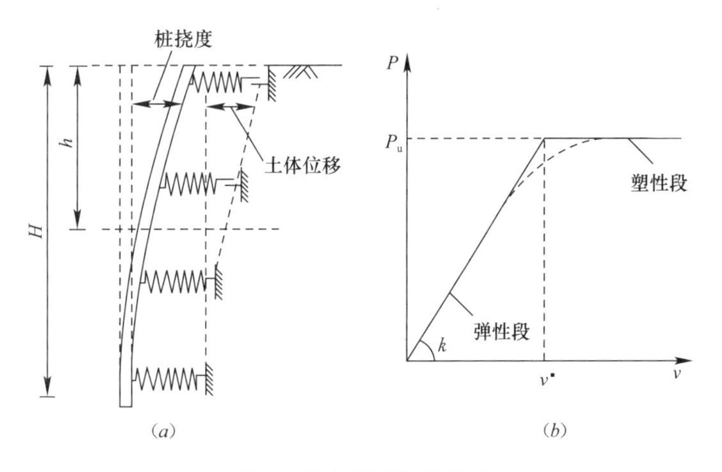

图 2　桩土相互作用模型

Fig. 2　Model of pile-soil interaction

（a）荷载传递模型；（b）土反力与相对位移关系

当桩体发生很小位移（约 10mm）时，地表土体即可能进入塑性状态，因此在计算中非常有必要考虑土体的屈服。Bowles[22] 在弹性地基梁的计算中提出了如图 2（b）实线所示的土抗力与位移的简化弹塑性本构关系，Hsiung 等[11-12] 在水平受荷桩的计算中采用了该简化的本构关系。Poulos 等[23] 认为简化的本构关系既能提供足够的计算精度，又可以获得更高的计算效率。与文献［24-25］通过试验和数值模拟得到的桩侧土体 p-v 非线性曲线（图 2（b）中粗虚线）相比，采用图 2（b）中实线所示土体本构关系进行被动桩的计算是可行的。

1.3　被动桩—土相互作用控制方程及其求解

在实际运用中，以滑动面为界将抗滑桩分为受荷段和锚固段以进行受力和变形分析，基于弹性地基梁理论，文中建立抗滑桩在土体位移 s 作用下全桩长的挠曲控制方程组：

$$EI\frac{\mathrm{d}^4 v}{\mathrm{d}z^4}\begin{cases} k(s-v), & h < z \leqslant 0 \\ -kv, & H < z \leqslant h \end{cases} \tag{11}$$

式中，H 为抗滑桩长，h 为抗滑桩受荷段桩长．根据文献［26］，方程（11）的通解可以写为

$$v = e^{\lambda z}[C_1\cos(\lambda z) + C_2\sin(\lambda z)] + e^{-\lambda z}[C_3\cos(\lambda z) + C_4\sin(\lambda z)] \tag{12}$$

（1）对于稳定滑床内的锚固段（$H<z\leqslant h$，见图 1），微分方程（11）的解是

$$v_1 = e^{\lambda_d z}[C_{11}\cos(\lambda_d z) + C_{12}\sin(\lambda_d z)] + e^{-\lambda z}[C_{13}\cos(\lambda_d z) + C_{14}\sin(\lambda_d z)] \tag{13}$$

式中，$\lambda_d=\sqrt[4]{k_d/(4EI)}$，$k_d$ 为滑床基床反力系数。

（2）对于滑动面以上的受荷段（$h<z\leqslant 0$），承受土体侧向位移作用，在土体弹性变形条件下，微分方程（11）的解是

$$v_2 = e^{\lambda_u z}[C_{21}\cos(\lambda_u z) + C_{22}\sin(\lambda_u z)] + e^{-\lambda_u z}[C_{23}\cos(\lambda_u z) + C_{24}\sin(\lambda_u z)] + V^* \tag{14}$$

式中　$\lambda_u=\sqrt[4]{k_u/(4EI)}$，$k_u$ 为滑体基床反力系数；$V^* = \sum_{n=0}^{\infty} v_n^*$ 为土体侧向位移分布函数 $s(z)$ 对应的特解。

文献［26-27］已对土体弹性变形条件下的桩土相互作用给出了被动桩响应的解析解，取得了一些研究成果。

（3）桩土在其相对位移 s－v 超过土的屈服位移 v^* 时进入塑性屈服状态，且土的屈服自地面开始随荷载的增加而逐渐向下发展，在土体塑性变形条件下，桩土间相互作用力 $k(s-v)$ 变为常数 kv^*，则式（11）变为

$$EI\frac{\mathrm{d}^4 v}{\mathrm{d}z^4}=p_{\mathrm{u}}=kv^* \tag{15}$$

式（15）的解是

$$v_3=Pz^4+C_{31}z^3+C_{32}z^2+C_{33}z+C_{34} \tag{16}$$

式中，$P=k_{\mathrm{u}}v^*EI/24$。文中主要推导桩土体为塑性变形条件下抗滑桩内力及变形响应的解析解。

1.4 边界条件及积分常数的确定

方程（13）、方程（16）有 8 个待定参数（C_{11}、C_{12}、C_{13}、C_{14}、C_{31}、C_{32}、C_{33}、C_{34}），需有 8 个边界条件联立求解。（1）文献［28］中定义了抗滑桩有效长度 $l_{\mathrm{c}}=4\sqrt[4]{El/k}$，当桩长 $H>l_{\mathrm{c}}$ 时，抗滑桩为长桩，此时桩身响应与桩底的支承条件无关，不论桩底的实际约束条件如何，均可按桩底固定端处理，可将被动桩看作半无限长弹性地基梁，即边界条件为：当 $z\to H$、挠度 $v=0$、转角 $\theta=v'=0$ 时，$C_{11}=C_{12}=0$；当 $z\to 0$、弯矩 $M(z)=-EIv''=0$ 时，$C_{32}=0$；当地面土体处于塑性临界状态，即 $z\to 0$、挠度 $v=v^*$ 时，由式（16）得 $C_{34}=v^*$。

（2）根据连续性条件，从上下两端逼近（$z=h$）时，结构的挠度 v、转角 $\theta(\theta=v')$、弯矩 $M(M=-EIv'')$ 和剪力 $Q(Q=-EIv'')$ 满足连续性条件．在滑动面以下的锚固段，由式（13）可以得到

$$\begin{cases}v_{1h}=e^{-\lambda_{\mathrm{d}}h}[C_{13}\cos(\lambda_{\mathrm{d}}h)+C_{14}\sin(\lambda_{\mathrm{d}}h)]\\ v'_{1\mathrm{h}}=\lambda_{\mathrm{d}}e^{-\lambda_{\mathrm{d}}h}\{C_{13}[\cos(\lambda_{\mathrm{d}}h)+\sin(\lambda_{\mathrm{d}}h)]-C_{14}[\cos(\lambda_{\mathrm{d}}h)-\sin(\lambda_{\mathrm{d}}h)]\}\\ v''_{1\mathrm{h}}=2\lambda_{\mathrm{d}}^2\mathrm{e}^{-\lambda_{\mathrm{d}}h}[C_{13}\cos(\lambda_{\mathrm{d}}h)+C_{14}\sin(\lambda_{\mathrm{d}}h)]\\ v'''_{1\mathrm{h}}=-\lambda_{\mathrm{d}}^3\mathrm{e}^{-\lambda_{\mathrm{d}}h}\{C_{13}[\cos(\lambda_{\mathrm{d}}h)-\sin(\lambda_{\mathrm{d}}h)]+C_{14}[\cos(\lambda_{\mathrm{d}}h)+\sin(\lambda_{\mathrm{d}}h)]\}\end{cases}$$

在滑动面以上的受荷段，由式（16）可以得到

$$\begin{cases}v_{2\mathrm{h}}=Ph^4+C_{31}h^3+C_{33}h+v^*\\ v'_{2\mathrm{h}}=4Ph^3+3C_{31}h^2+C_{33}\\ v''_{2\mathrm{h}}=12Ph^2+6C_{31}h\\ v'''_{2\mathrm{h}}=24Ph+6C_{31}\end{cases}$$

由连续性条件 $v_{1\mathrm{h}}=v_{2\mathrm{h}}$、$v'_{1\mathrm{h}}=v'_{2\mathrm{h}}$、$v''_{1\mathrm{h}}=v''_{2\mathrm{h}}$、$v'''_{1\mathrm{h}}=v'''_{2\mathrm{h}}$ 与桩顶底边界条件联立求解，整理后用矩阵形式表示为

$$A_{4\times4}C_{4\times1}=V_{4\times1} \tag{17}$$

求解线性方程组（17），得到待定参数为

$$C_{4\times1}=A_{4\times4}^{-1}V_{4\times1} \tag{18}$$

式中 $C=(C_{13},C_{14},C_{31},C_{33})^{\mathrm{T}}$，

$$A=\begin{bmatrix}\beta_{\mathrm{d}}(h) & \alpha_{\mathrm{d}}(h) & -h^3 & -h\\ -\lambda_{\mathrm{d}}[\beta_{\mathrm{d}}(h)+\alpha_{\mathrm{d}}(h)] & \lambda_{\mathrm{d}}[\beta_{\mathrm{d}}(h)+\alpha_{\mathrm{d}}(h)] & -3h^2 & -1\\ 2\lambda_{\mathrm{d}}^2\alpha_{\mathrm{d}}(h) & -2\lambda_{\mathrm{d}}^2\beta_{\mathrm{d}}(h) & -6h & 0\\ 2\lambda_{\mathrm{d}}^3[\beta_{\mathrm{d}}(h)-\alpha_{\mathrm{d}}(h)] & 2\lambda_{\mathrm{d}}^3[\beta_{\mathrm{d}}(h)+\alpha_{\mathrm{d}}(h)] & -6 & 0\end{bmatrix}$$

$$V=(Ph^4+v^*,4Ph^3,12Ph^2,24Ph)^{\mathrm{T}}$$

$$\alpha_{\mathrm{d}}(z)=e^{-\lambda_{\mathrm{d}}z}\sin(\lambda_{\mathrm{d}}z),\beta_{\mathrm{d}}(z)=e^{-\lambda_{\mathrm{d}}z}\cos(\lambda_{\mathrm{d}}z)$$

由式（18）求出系数 C_{13}、C_{14}、C_{31}、C_{33} 即可得到全部待定系数，将其代入式（13）、式（16）可得抗滑桩各段的挠度方程 $v(z)$，再根据 $\theta(z)=v'(z)$，$M(z)=-EIv''(z)$，$Q(z)=-EIv''_{,}(z)$，可分别计

算抗滑桩的转角、弯矩、剪力，整理后用矩阵形式表示桩—土间相互作用塑性变形条件下抗滑桩响应的解析解为

$$U_{8\times1}=\aleph_{8\times4}C_{4\times1}+\Re_{8\times4} \tag{19}$$

式中：$U=[U_1U_2]^T$，U_1、U_2 分别表示滑动面以上和以下 z 处的变形和内力，$U_1=(u_1,\theta_1,M_1,Q_1)^T$，$U_2=(u_2,\theta_2,M_2,Q_2)^T$；$\Re=(0,0,0,0,P_z^4+v^*,4Pz^3,12Pz^2,24Pz)^T$；$\aleph=\text{diag}(\aleph_1,\aleph_2)$，

$$\aleph_1\begin{bmatrix}\beta_d(z) & \alpha_d(z)\\ -\lambda_d[\beta_d(z)+\alpha_d(z)] & \lambda_d[\beta_d(z)-\alpha_d(z)]\\ -2EI\lambda_d^2\alpha_d(z) & 2EI\lambda_d^2\alpha_d(z)\\ 2\lambda_d^3[\beta_d(z)-\alpha_d(z)] & 2\lambda_d^3[\beta_d(z)+\alpha_d(z)]\end{bmatrix}$$

$$\aleph_2=\begin{bmatrix}-z^3 & -3z^2 & 6EIz & -6\\ -z & -1 & 0 & 0\end{bmatrix}^T$$

2 算例验证

基于文中提出的解析表达式，采用 Matlab 编制了计算程序，用于计算各深度处桩的响应、最大位移和最大弯矩，文中以模型试验数据来验证文中解析解的可靠性。

文献［29］报道了一系列单桩受水平土体位移影响的模型试验结果，其中 TS32-70 桩由合金铝管制成，外径为 32mm，壁厚为 1.5mm，抗弯刚度为 1.7kN·m^2，桩长为 700mm（受荷段长为 200mm，锚固段长为 500mm）。地基土为均质干砂，容重为 16.27kN/m^3，泊松比 $\nu_s=0.35$，相对密实度为 89%，由式（6）计算得出 $E_s=1.25$MPa，代入式（3）可得基床反力系数 $k=16.4$MPa·m^{-4}；基于式（9）计算得到该类砂土的屈服位移 $v_2^*=1.2$mm，桩土间作用力 $p_u=kv_2^*=20$kPa/m。土体位移曲线为倒三角形分布，砂土表面处位移为 70mm，距离砂土表面 200mm 处土体位移为 0mm。铝管桩外设置了 7 组应变片及百分表，用于读取桩、土位移及应力数据，桩底边界条件按自由端考虑，桩顶和桩底均无约束条件．地面以下各深度处桩身弯矩的实测值、文献［26］弹性解析解和文中塑性解析解计算值如图 3 所示．由图 3 可知：对于桩身弯矩，文中塑性解析方法的计算值与实测值线性吻合较好，弯矩最大值位置较实测值略高；对于地面处桩身位移，文中塑性解析方法的计算值和实测值分别为 9.65 和 12.57mm，相差很小，这说明在桩土相对位移较大（如文献［29］中的模型试验）的情况下，桩周土体进入屈服状态，用文中塑性解析解是可靠的，可获得较高的精度。

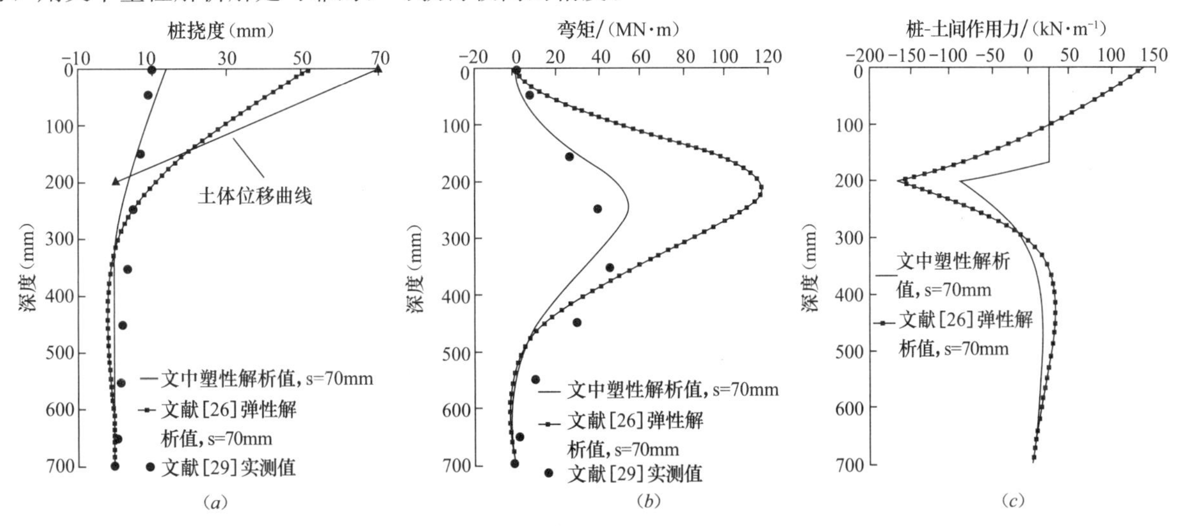

图 3 受侧向土体位移（70mm）模型桩响应的预测值及实测值

Fig. 3 Predicted and measured results of the pile behavior characteristics at 70mm lateral soil movement

(*a*) 桩挠度；(*b*) 弯矩；(*c*) 桩-土间作用力

桩身挠度和弯矩实测值与文中塑性解析方法计算值、文献［26］弹性解析方法计算值的比较如表1所示：文中塑性解析方法计算得到的桩身弯矩与实测数据相差不大，弯矩值相差最大不超过10%；文献［26］弹性解析方法计算得到的挠度和弯矩均远大于实测值及文中塑性解析方法，这是由于桩土相对变形大于屈服位移后，弹性解析方法未考虑砂土屈服，桩土间作用力仍持续加载，此时若按弹性解析方法计算将产生较大的误差。

桩身挠度和弯矩的实测值与弹塑性解析计算结果比较　　表1

Comparison between measured and calculated results of deflection and bending moment of pile　　Table 1

数值类型	桩顶挠度/mm	滑动面处弯矩/(kN·m)	最大弯矩		最大桩-土间作用力	
			数值/(kN·m)	位置/m	数值/($kN \cdot m^{-1}$)	位置/m
实测值	9.65	38.75	46.06	0.285	—	—
文中塑性解析值	12.57	46.64	52.92	0.235	90.43	0.2
文献［26］弹性解析值	51.64	114.87	117.12	0.210	116.91	0.2

3　结　　语

（1）在分析抗滑桩与土体相互作用机理的基础上，文中提出了抗滑桩与土相互作用的塑性地基梁模型控制方程组，并推导出桩身挠度及力学响应的数学解析表达式，可很好地解决桩周土体屈服情况下的非线性桩—土相互作用的力学问题。

（2）编制了Matlab计算程序进行桩内力计算，并与模型试验数据进行比较，结果验证了文中解析方法的可靠性，对抗滑桩的设计计算有较强的指导作用。

（3）通过计算证明当土体进入塑性状态时，桩—土间作用力达到极限值（$p_u = kv^*$）后，不再随水平相对位移的增加而发生变化，只有考虑土体的非线性和塑性屈服才能反映桩的真实响应，若采用弹性解析方法进行计算将产生较大的误差。

参考文献（References）

［1］ Poulos H G. Behavior of laterally loaded piles I: single piles［J］. Journal of the Soil Mechanics and Foundations Division, 1971, 97 (5): 711-731.

［2］ Poulos H G. Analysis of piles in soil undergoing lateral movement［J］. Journal of Soil Mechanics and Foundation Engineering, 1973, 99 (4): 391-406.

［3］ Mindlin R D. Force at a point in the interior of a semi-infinite solid［J］. Physics, 1936, 7: 195-202.

［4］ Frank R, Pouget P. Experimental pile subjected to long duration thrusts owing to a moving slope［J］. Geotechnique, 2008, 58 (7): 645-658.

［5］ White David J, Mark A M, Thompson J, et al. Behavior of slender piles subject to free-field lateral soil movement［J］. Journal of Geotechnical and Geoenvironmetal Engineering, 2008, 134 (4): 428-436.

［6］ Pan J L, Goh A T C, Wong K S, et al. Ultimate soil pressures for piles subjected to lateral soil movements［J］. Journal of Geotechnical and Geoenvironmetal Engineering, 2002, 128 (6): 530-535.

［7］ Matlock H. Correlations for design of laterally loaded piles in soft clay［C］// Templeton J S. Proceedings of the 2nd Annual Offshore Technology Conference. Houston: American Society of Civil Engineers, 1970: 577-588.

［8］ Reese L C, Cox W R, Koop F D. Analysis of laterally loaded piles in sand［C］// Templeton J S. Proceedings of the 2nd Annual Offshore Technology Conference. Houston: American Society of Civil Engineers, 1970: 95-104.

［9］ Byrne P M, Anderson D L, Janzen W. Response of pilesand casings to horizontal free-field soil displacements［J］. Canadian Geotechnical Journal, 1984, 21 (4): 720-725.

［10］ Goh A T C, Wong K S. Analysis of piles subjected to embankment induced lateral soil movements［J］. Journal of Geotechnical and Geoenvironmetal Engineering, 1997, 123 (9): 792-801.

[11] Hsiung Y M. Theoretical elastic-plastic solution for laterally loaded piles [J]. Journal of Geotechnical and Geoenvironmetal Engineering, 2003, 129 (5): 475-480.

[12] Hsiung Y M, Chen S S, Chou Y C. Analytical solution for piles supporting combined lateral loads [J]. Journal of Geotechnical and Geoenvironmetal Engineering, 2006, 132 (10): 1315-1324.

[13] Guo W D. On limiting force profile, slip depth and response of lateral piles [J]. Computers and Geotechnics, 2006, 33 (1): 47-67.

[14] Guo W D. Nonlinear response of laterally loaded piles and pile groups [J]. International Journal for Numericaland Analytical Methods in Geomechanics, 2009, 33 (7): 879-914.

[15] Hetenyi M. Beams on elastic foundation [M]. Baltimore: University of Michigan Press, 1946: 2-14.

[16] Vesic A S. Bending of beams resting on isotropic elasticsolids [J]. Journal of Soil Mechanics and Foundation Engineering, 1961, 87 (2): 35-53.

[17] Poulos H G, Davis E H. Pile foundation analysis and design [M]. New York: John Wiley & Sons, 1980: 311-322.

[18] Decourt L. Load-deflection prediction for laterally loaded piles based on N-SPT values [C]//Proceedings of the 4th International Conference on Piling and Deep Foundations. Stresa: International Society for Soil Mechanics and-Geotechnical Engineering, 1991: 549-556.

[19] Kishida H, Nakai S. Large deflection of a single pile underhorizontal load [C]//Proceedings of the IX International load [C]//Proceedings of the IX International Conference on Soil Mechanics and Foundation Engineering. Tokyo: Japanese Society of Soil Mechanics and Foundation Engineering, 1977: 87-92.

[20] Stevens J B, Audibert J M E. Reexamination of p-y curves formulations [C]//Proceedings of the 11th Annual Offshore Technology Conference. New York: American Institute of Mining, Metallurgical and Petroleum Engineers, 1979: 397-403.

[21] Lee P Y, Gilbert L W. Behavior of laterally loaded pile in very soft clay [C]//Proceedings of the 11th Annual Offshore Technology Conference. New York: American Institute of Mining, Metallurgical and Petroleum Engineers, 1979: 387-395.

[22] Bowles J E. Foundation analysis and design [M]. NewYork: McGraw Hill, 1997: 925-953.

[23] Poulos H G, Hull T S. The role of analytical geomechanics in foundation engineering [C]//Proceeding of the1989 Foundation Engineering Conference. Evanston: American Society of Civil Engineers, 1989: 1578-1606.

[24] Yang Z, Jeremic B. Numerical analysis of pile behaviour under lateral loads in layered elastic-plastic soils [J]. Journal for Numerical and Analytical Methods in Geomechanics, 2002, 26 (14): 1385-1406.

[25] Pan J L, Goh A T C, Wong K S, et al. Model tests on single piles in soft clay [J]. Canadian Geotechnical Journal, 2000, 37 (4): 890-897.

[26] 张爱军，莫海鸿，朱珍德，等. 被动桩与土相互作用解析计算研究 [J]. 岩土工程学报，2011，33（增刊2）：120-127. Zhang Ai-jun, Mo Hai-hong, Zhu Zhen-de, et al. Analytical solution to interaction between passive pile and soils [J]. Chinese Journal of Geotechnical Engineering, 2011, 33 (Supp2): 120-127.

[27] Zhang A J, Mo H H, Li A G. Analytical solution for passive piles subject to lateral soil movement [C]//Proceedings of the 2nd ISRM International Uoung Scholars' Symposium on Rock Mechanics. Beijing: Taylor & Francis Group, 2011: 703-708.

[28] Fleming K, Weltman A, Randolph M, et al. Piling Engineering [M]. New York: Taylor & Francis Group, 2009: 157-159.

[29] Guo W D, Qin H Y. Thrust and bending moment of rigid piles subjected to moving soil [J]. Canadian Geotechnical Journal, 2010, 47 (2): 180-196.

被动桩与土相互作用解析计算研究

张爱军[1,2]　莫海鸿[1]　朱珍德[3]　张坤勇[3]
（1. 华南理工大学 土木与交通学院，广东 广州　510641；2. 深圳市政府投资项目评审中心，广东 深圳　518036；
3. 河海大学岩土工程科学研究所，江苏 南京　210098）

【摘　要】 为解决被动桩-土相互作用的力学问题，基于土体弹性假设及 Winkler 地基模型，分析了抗滑桩与土体相互作用机理，提出被动桩与土相互作用的弹性地基梁模型控制方程组，推导了桩身力学响应的数学解析表达式，编制 MATLAB 计算程序进行桩内力计算，并与现场监测数据进行了对比，结果验证了本文解析方法是可靠的；最后将该模型应用于深圳中荣煜滑坡治理的抗滑桩设计计算中，探讨了地基水平抗力系数，滑坡剩余推力及其分布函数，对抗滑桩内力和挠度的影响，计算结果表明：在滑坡剩余下滑力相同的条件下，各种不同分布形式中三角形分布将产生大的弯矩，抛物线分布次之，均匀分布最小，悬殊比率大，达 47%；相同地基水平抗力条件下，均匀分布桩顶挠度大于三角形和抛物线分布；这些研究成果可为优化抗滑桩的结构设计及内力计算提供理论依据。

【关键词】 弹性地基梁；桩-土相互作用；地基系数；解析解

0 引　言

在路基、堤坝及基坑工程中都会经常碰到土坡，其稳定性问题是岩土工程领域基本而重要的课题。长期以来，抗滑桩作为一种支挡抗滑结构物而广泛应用于土坡的稳定性治理中，是因为在抗滑桩施工过程中对坡体土层的开挖还可以不断了解滑体情况及时调整设计，特别当滑体的滑动面明确，滑动面下覆土层强度较好时更能体现它的优越性[1]：施工简便快捷，加固效果好。

早期的抗滑桩的设计主要参照桩基的设计推导演变而来，设计参数也多利用其他工程中所使用的，这对抗滑桩设计来说，是不尽合适的。20 世纪 70 年代末以来国内外许多研究者对抗滑桩的设计理论、方法、参数和内力计算方法进行了广泛的研究。国外把抗滑桩纳入侧向受荷桩的范畴，对侧向受荷桩研究较多，主要有 Poulus 的弹性理论解及非线性弹塑性地基反力法（p-y 曲线法）[2-5]。我国学者吴恒立[6]提出的计算推力桩的综合刚度原理和双参数法，可考虑桩周土处于线弹性或非线弹性阶段。

然而上述方法主要针对桩顶作用有横向荷载或桩的外露部分作用有分布荷载的主动桩。抗滑桩属于典型的被动桩[7]，是有别于上述主动桩的，问题更为复杂，抗滑桩作用的主动外力-滑坡推力，一般为滑动面以上的分布荷载，因为被动桩桩身的受力和变形一方面取决于桩周土体的位移，另一方面桩又反过来对桩周土体发生作用，即桩与土体的相互作用。

国外采用线弹性地基系数法计算被动桩内力，常将滑面以上受荷段按悬臂桩考虑，按一般静力学方法求解其内力，而滑面以下锚固段采用有限差分法或有限元法求解其内力[8-9]。我国铁道部第二勘测设计院[10]考虑桩周土线弹性阶段提出悬臂桩法和地基系数法在国内实际工程中得到了广泛的应用。

国外采用线弹性地基系数法计算被动桩内力，常将滑面以上受荷段按悬臂桩考虑，按一般静力学方法求解其内力，而滑面以下锚固段采用有限差分法或有限元法求解其内力[8-9]。我国铁道部第二勘测设计院[10]考虑桩周土线弹性阶段提出悬臂桩法和地基系数法在国内实际工程中得到了广泛的应用。

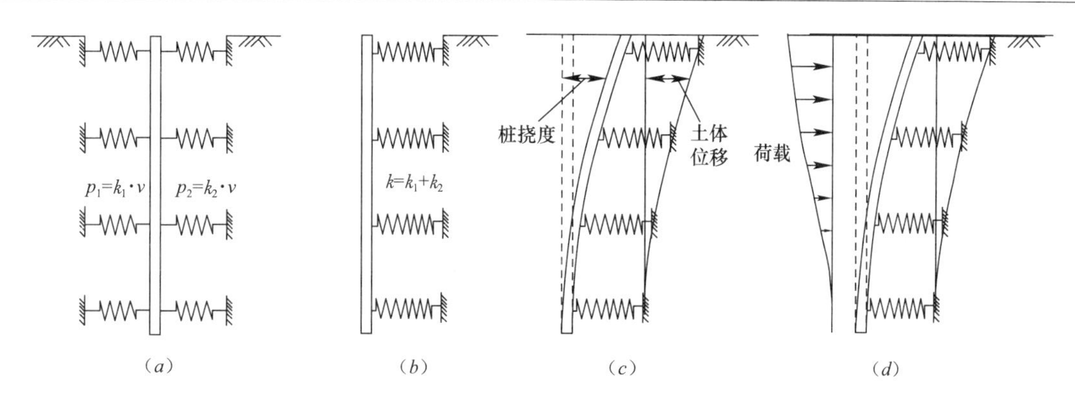

图 1 被动桩-土相互作用模型

Fig. 1 Model of imbedded passive pile-soil interaction

悬臂桩法是最早提出的一种方法，具有简单实用的优点。该方法因将滑动面以上桩段-受荷段视为悬臂梁，滑动面以下锚固段视为 Winkler 弹性地基梁而得名。然而，在抗滑桩施工完毕后，桩与其周围岩土体紧密结合，抗滑桩前稳定坡体对抗滑桩具有支撑力。所以，悬臂桩法由于对桩的实际受力状况作了偏于安全的简化，因而对桩的内力计算结果是相对保守的，导致与抗滑桩的实际工作条件不相吻合。另外，将抗滑桩以滑动面为界，分上下两段以进行受力和变形分析，建立各自的坐标系独立考虑，容易导致桩身位移在滑动面处不连续，与弹性力学理论的基本假设是相悖的。

本文基于 Winkler 地基力学模型，将抗滑桩以滑动面为界的上下两段建立统一坐标系，提出被动桩与土坡相互作用的弹性地基梁模型控制方程组，依据桩身在滑动面处的连续性条件及其他边界条件，求解控制方程组积分系数，并推导出解析解表达式，运用传递系数法计算滑坡剩余推力，选择合理分布图式，分析抗滑桩与土坡相互作用机制，为优化抗滑桩的结构设计及内力计算提供理论依据。

1 抗滑桩与土体相互作用分析

实际上，埋设在坡体中的抗滑桩同时受到左侧土压力 p_1 和右侧土压力 p_2 的作用，其计算模型如图 1 (a)；此时，地基基床系数可以改写为 $k=k_1+k_2$，如图 1 (b)；可以假设若坡体中的抗滑桩不存在时，滑动面以上土体的位移场为 $s(z)$，导致抗滑桩的位移为 v，如图 1 (c) 所示；因此，假设抗滑桩与土体始终接触，共同作用时，土压力的变化可以用下式表示：

$$f=k(v-s) \tag{1}$$

公式 (1) 实际上等效于地基反力 $p(z)=k \cdot v$，加上一个相反方向的外荷载 $q(z)=k \cdot s$。这个外荷载是由于滑坡土体位移导致作用于抗滑桩上的滑坡推力。

根据静力平衡及材料力学假设 [11]，忽略轴力影响，受荷段被动桩的挠曲微分方程为：

$$EI\frac{\mathrm{d}^4 v}{\mathrm{d}z^4}=-k(v-s) \tag{2}$$

式中 E 为桩的弹性模量 (kN/m^2)；I 为桩的惯性矩 (m^4)；v 为桩的挠度 (m)。

在实际运用中，将抗滑桩以滑动面为界，分为受荷段和锚固段以进行受力和变形分析，基于弹性地基梁理论，建立抗滑桩在滑坡剩余下滑力作用下全桩长的挠曲控制方程组：

$$\frac{\mathrm{d}^4 v}{\mathrm{d}z^4}+4\lambda^4 v=\begin{cases}0 & H<z<h, & (3a)\\ q(z)/EI & h<z<0。 & (3b)\end{cases}$$

式中 $\lambda=\sqrt[4]{k/4EI}$，称为桩土相对刚度 (m^{-1})；H 表示抗滑桩长 (m)；h 表示抗滑桩受荷段桩长 (m)。

2　抗滑桩受力分析及解析解的推导

2.1　抗滑桩受力分析及剩余推力分布形式的确定

在抗滑桩工程设计中，抗滑桩宜布置在稳定区域[12]，可以充分利用桩前土体的抗力，减小桩身弯矩，降低工程成本。如图 2 所示，在滑动面以上作用在抗滑桩上的外荷载有：滑坡推力 $qi(z)$ 和滑动面以上桩前滑体的抗力 $p_1(z)$；在滑动面以下作用在抗滑桩上的地基反力有桩前地基抗力 $p_2(z)$ 和桩后地基抗力 $p_3(z)$。

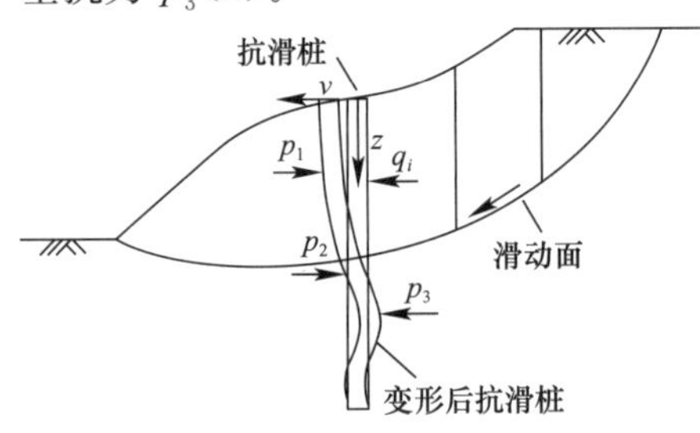

图 2　抗滑桩受力简图

Fig. 2　Loads acting on piles embedded in slope

《建筑边坡工程技术规范》[13]指出传递系数法是工程中应用较多的分析边坡稳定性的极限平衡法之一。可根据传递系数法，按下式求解滑坡推力：

$$Q_i = F_s W_i \sin a_i - (c_i l_i + W_i \cos a_i \tan\varphi_i) + Q_{i-1}\Psi_i \tag{4}$$

$$\Psi = \cos(a_{i-1} - a_i) - \tan\varphi_i \sin(a_{i-1} - a_i)_i \tag{5}$$

式中　Q_i 为 i 分条末端的滑坡推力；F_s 为边坡安全系数；W_i 为第 i 个分条的重力；a_i 为第 i 个分条所在滑面的倾角；c_i，ϕ_i 为第 i 个分条所在滑面上的黏聚力和内摩擦角；Ψ_i 为传递系数。

滑坡推力分布图式的选择是否合理，直接影响着滑动面以上抗滑桩桩身内力的计算准确与否，进而影响滑动面以下桩身内力计算的准确性，影响抗滑桩设计的合理性。由于滑体的土性和厚度等因素不同，决定了抗滑桩上的滑坡推力分布图形的多样性。

戴自航[14]结合模型试验及现场试桩试验的结果，针对滑坡体岩土类型，提出了相应的函数表达式。当滑体是黏土、土夹石、岩石等，黏聚力较大的岩土体时，其推力分布形式可近似按均匀分布考虑，函数表达式为：

$$q(z) = Q/h \tag{6}$$

当滑体为松散介质（如砂土）时，下滑力基本为三角形分布，分布函数的一般表达式为：

$$q(z) = (12m - 6)Qz/h^2。 \tag{7}$$

当滑坡体为抗剪特征以内摩擦角为主的滑体，如堆积层、破碎岩层时，下滑力接近于地表为零、顶点在滑动面略上的抛物线，分布函数的一般表达式为：

$$q(z) = \frac{(36m - 24)Q}{h^3}z^2 + \frac{(18 - 24m)Q}{h^2}z \tag{8}$$

式中　Q 表示设桩位置滑坡推力；q 表示滑坡推力沿桩高的分布集度；h 表示抗滑桩悬臂端桩长；m 表示滑坡推力合力作用点系数。

2.2　基床弹性系数的确定

《建筑基坑支护技术规程》[15]等主要建议采用单参数弹性地基系数 m 法。然而，单参数法计算土压力与实际土压力之间的差异，难以使桩顶的位移、桩身最大弯矩及其所在位置与实测值较好地吻合，对支护结构的位移和内力设计计算的预计值与实测结果间往往存在较大的差异。

为合理地反映桩周地基抗力，吴恒立[6]提出非线性弹性地基的双参数法，设 Winkler 弹性地基系数变化规律按下式：

$$k = mz^n \tag{9}$$

桩顶受集中荷载推力桩的实测结果表明[6]，双参数法能很好地解决单参数法存在的问题。显然，当 $n=$

0，k=常数时的解法即为 k 法；当 $n=1$ 时的解法即为 m 法；当 $n=0.5$ 时的解法即为 C 法。

滑体一般为松散介质、破碎岩层与滑床土性截然不同，为便于推导，假设地基抗力与桩侧地基的弹性压缩成正比，滑体中地基抗力系数 k_u，滑床内地基抗力系数为 k_d，均按常数考虑。

2.3 被动桩-土相互作用控制方程

根据文献 [11]，公式（3）的通解可以写为：

$$v = e^{\lambda z}(C_1\cos\lambda z + C_2\sin\lambda z) + e^{-\lambda z}(C_3\cos\lambda z + C_4\sin\lambda z) \tag{10}$$

（1）对于稳定滑床内的锚固段（$H<z<h$），见图 2，微分方程的解是：

$$v = e^{\lambda_d z}(C_{11}\cos\lambda_d z + C_{11}\sin\lambda_d z) + e^{-\lambda_d z}(C_{13}\cos\lambda_d z + C_{14}\sin\lambda_d z) \tag{11}$$

式中 $\lambda_d = \sqrt[4]{k_d/4EI}$。

（2）对于滑动面以上的受荷段（$h<z<0$），承受滑坡剩余下滑力，微分方程的解是：

$$v = e^{\lambda_u z}(C_{21}\cos\lambda_u z + C_{22}\sin\lambda_u z) + e^{-\lambda_u z}(C_{23}\cos\lambda_u z + C_{24}\sin\lambda_u z) \tag{12}$$

式中 $\lambda_u = \sqrt[4]{k_d/4EI}$；$v_n^* = \sum_{n=0}^{+\infty} = v_n^*$ 是桩后滑坡剩余下滑力分布函数对应的特解。

2.4 边界条件及积分常数的确定

方程（11）～（12）有 8 个待定参数，C_{11}，C_{12}，C_{13}，C_{14}，C_{21}，C_{22}，C_{23}，C_{24}，需要有 8 个边界条件联立求解。

（1）Fleming 等[16]定义了抗滑桩有效长度 $l_c = \sqrt[4]{k/4EI}$，当桩长 H 大于 l_c 时称为长桩，特点是与桩底的支承条件无关，不论桩底的实际约束条件如何，均可按桩底固定端处理。

当被动桩桩长符合 Fleming 条件时，可将其看作半无限长弹性地基梁，即边界条件为，当 $z\to H$，挠度 $v=0$，转角 $\theta=v'=0$，由此得出，$C_{11}=C_{12}=0$；当 $z\to 0$，弯矩 $M=-EIv''=0$，剪力 $Q=-EIv''=0$，由式（3a）可以得到：

$$\begin{cases} 2\lambda_u^2[-e^{\lambda_u h}(C_{21}\sin\lambda_u h - C_{22}\cos\lambda_u h) + e^{-\lambda_u h}(C_{23}\sin\lambda_u h - C_{24}\cos\lambda_u h)] + \left[\left(\sum_{n=0}^{+\infty} v_n^*\right)''\right]_{x=h} = 0 \\ 2\lambda_u^3\{-e^{\lambda_u h}[C_{21}(\cos\lambda_u h + \sin\lambda_u h) - C_{22}(\cos\lambda_u h - \sin\lambda_u h)] + e^{\lambda_u h}/ \\ [C_{23}(\cos\lambda_u h - \sin\lambda_u h) + C_{24}(\cos\lambda_u h + \sin\lambda_u h)]\} + \left[\left(\sum_{n=0}^{+\infty} v_n^*\right)'''\right]_{x=h} = 0 \end{cases}$$

（2）根据连续性条件，从左右两侧逼近 $z=h$ 时，结构的挠度 v、转角 $\theta=v'$、弯矩 $M=-EIv''$和剪力 $Q=-EIV'''$满足连续性条件：

在锚固段，由式（3a）可以得到

$$\begin{cases} v_{1h} = e^{-\lambda_u h}(C_{13}\cos\lambda_d h + C_{14}\sin\lambda_d h) \\ v'_{1h} = -\lambda_d e^{-\lambda_u h}[C_{13}(\cos\lambda_d h + \sin\lambda_d h) - C_{14}(\cos\lambda_d h + \sin\lambda_d h)] \\ v''_{1h} = 2\lambda_d^2 e^{-\lambda_u h}(C_{13}\sin\lambda_d h + C_{14}\cos\lambda_d h) \\ v'''_{1h} = 2\lambda_d^3 e^{-\lambda_u h}[C_{13}(\cos\lambda_d h + \sin\lambda_d h) - C_{14}(\cos\lambda_d h + \sin\lambda_d h)] \end{cases}$$

在滑面以上的受荷段，由式（3b）可以得到

$$v_{2h} = e^{\lambda_u h}(C_{21}\cos\lambda_u h + C_{22}\sin\lambda_u h) + e^{-\lambda_u h}(C_{23}\cos\lambda_u h + C_{24}\sin\lambda_u h) + \left[\left(\sum_{n=0}^{+\infty} v_n^*\right)''\right]_{x=h},$$

$$v'_{2h} = \lambda_u\{e^{\lambda_u h}[C_{21}(\cos\lambda_u h - \sin\lambda_u h) + C_{22}(\cos\lambda_u h + \sin\lambda_u h)] - e^{\lambda_u h}[C_{23}(\cos\lambda_u h + \sin\lambda_u h)$$
$$- C_{24}(\cos\lambda_u h - \sin\lambda_u h)]\} + \left[\left(\sum_{n=0}^{+\infty} v_n^*\right)'\right]_{x=h}$$

$$v''_{2h}=2\lambda_{\mathrm{u}}^{2}\Big[-e^{\lambda_{\mathrm{u}}h}(C_{21}\sin\lambda_{\mathrm{u}}h+C_{22}\cos\lambda_{\mathrm{u}}h)+e^{\lambda_{\mathrm{u}}h}(C_{23}\sin\lambda_{\mathrm{u}}h-C_{24}\cos\lambda_{\mathrm{u}}h)+\Big(\sum_{n=0}^{+\infty}v_n^{*}\Big)'\Big]_{x=h}$$

$$v'''_{2h}=2\lambda_{\mathrm{u}}^{3}\{-e^{\lambda_{\mathrm{u}}h}[C_{21}(\cos\lambda_{\mathrm{u}}h+\sin\lambda_{\mathrm{u}}h)-C_{22}(\cos\lambda_{\mathrm{u}}h+\sin\lambda_{\mathrm{u}}h)]$$

$$[C_{23}(\cos\lambda_{\mathrm{u}}-\sin\lambda_{\mathrm{u}}h)+C_{24}(\cos\lambda_{\mathrm{u}}h+\sin\lambda_{\mathrm{u}}h)]\}+\Big[\Big(\sum_{n=0}^{+\infty}v_n^{*}\Big)''\Big]_{x=h}$$

由连续性条件，$v_{1\mathrm{h}}=v_{2h}$，$v'_{1\mathrm{h}}=v'_{2\mathrm{h}}$，$v''_{1\mathrm{h}}=v''_{2\mathrm{h}}$，$v'''_{1\mathrm{h}}=v'''_{2\mathrm{h}}$，与桩顶底边界条件联立求解，整理后用矩阵形式表示为：

$$A_{6\times6}\cdot A_{6\times1}=V_{6\times1}\tag{13}$$

解线性方程组，求待定参数：

$$C_{6\times1}=A_{6\times1}^{-1}\cdot V_{6\times1}\tag{14}$$

$$A=\begin{bmatrix}
NE_{\mathrm{c}}^{\mathrm{d}}(h) & NE_{\mathrm{s}}^{\mathrm{d}}(h) & -E_{\mathrm{s}}^{\mathrm{u}}(h) & -E_{\mathrm{s}}^{\mathrm{u}}(h) & -NE_{\mathrm{c}}^{\mathrm{u}}(h) & -NE_{\mathrm{s}}^{\mathrm{u}}(h)\\
-\lambda_{\mathrm{d}}[NE_{\mathrm{c}}^{\mathrm{d}}(h)+NE_{\mathrm{s}}^{\mathrm{d}}(h)] & \lambda_{\mathrm{d}}[NE_{\mathrm{c}}^{\mathrm{d}}(h)-NE_{\mathrm{s}}^{\mathrm{d}}(h)] & -\lambda_{\mathrm{u}}[E_{\mathrm{c}}^{\mathrm{u}}(h)-E_{\mathrm{s}}^{u}(h)] & -\lambda_{\mathrm{u}}[E_{\mathrm{c}}^{\mathrm{u}}(h)+E_{\mathrm{s}}^{\mathrm{u}}(h)] & \lambda_{\mathrm{u}}[NE_{\mathrm{c}}^{\mathrm{u}}(h)+NE_{\mathrm{s}}^{\mathrm{u}}(h)] & -\lambda_{\mathrm{u}}[NE_{\mathrm{c}}^{\mathrm{u}}(h)-NE_{\mathrm{s}}^{\mathrm{u}}(h)]\\
2\lambda_{\mathrm{d}}^{2}NE_{\mathrm{s}}^{\mathrm{d}}(h) & -2\lambda_{\mathrm{d}}^{2}NE_{\mathrm{c}}^{\mathrm{d}}(h) & 2\lambda_{\mathrm{u}}^{2}E_{\mathrm{s}}^{\mathrm{u}}(h) & -2\lambda_{\mathrm{u}}^{2}E_{\mathrm{c}}^{\mathrm{u}}(h) & -2\lambda_{\mathrm{u}}^{2}NE_{\mathrm{c}}^{\mathrm{u}}(h) & 2\lambda_{\mathrm{u}}^{2}NE_{\mathrm{c}}^{\mathrm{u}}(h)\\
2\lambda_{\mathrm{d}}^{3}[NE_{\mathrm{c}}^{\mathrm{d}}(h)-NE_{\mathrm{s}}^{\mathrm{d}}(h)] & 2\lambda_{\mathrm{d}}^{3}[NE_{\mathrm{c}}^{\mathrm{d}}(h)+NE_{\mathrm{s}}^{\mathrm{d}}(h)] & 2\lambda_{\mathrm{u}}^{3}[E_{\mathrm{c}}^{\mathrm{u}}(h)+E_{\mathrm{s}}^{\mathrm{u}}(h)] & 2\lambda_{\mathrm{u}}^{3}[E_{\mathrm{c}}^{\mathrm{u}}(h)-E_{\mathrm{s}}^{\mathrm{u}}(h)] & -2\lambda_{\mathrm{u}}^{3}[NE_{\mathrm{c}}^{\mathrm{u}}(h)-NE_{\mathrm{s}}^{\mathrm{u}}(h)] & -2\lambda_{\mathrm{u}}^{3}[NE_{\mathrm{c}}^{\mathrm{u}}(h)+NE_{\mathrm{s}}^{\mathrm{u}}(h)]\\
0 & 0 & 2\lambda_{\mathrm{u}}^{2}E_{\mathrm{s}}^{\mathrm{u}}(h) & -2\lambda_{\mathrm{u}}^{2}E_{\mathrm{c}}^{\mathrm{u}}(h) & -2\lambda_{\mathrm{u}}^{2}E_{\mathrm{s}}^{\mathrm{u}}(h) & 2\lambda_{\mathrm{u}}^{2}NE_{\mathrm{c}}^{\mathrm{u}}(h)\\
0 & 0 & 2\lambda_{\mathrm{u}}^{3}[E_{\mathrm{c}}^{\mathrm{u}}(h)+E_{\mathrm{s}}^{\mathrm{u}}(h)] & -2\lambda_{\mathrm{u}}^{3}[E_{\mathrm{c}}^{\mathrm{u}}(h)-E_{\mathrm{s}}^{\mathrm{u}}(h)] & -2\lambda_{\mathrm{u}}^{3}[NE_{\mathrm{c}}^{\mathrm{u}}(h)-NE_{\mathrm{s}}^{\mathrm{u}}(h)] & -2\lambda_{\mathrm{u}}^{3}[NE_{\mathrm{c}}^{\mathrm{u}}(h)+NE_{\mathrm{s}}^{\mathrm{u}}(h)]
\end{bmatrix}$$

$C=[C_{13}\quad C_{14}\quad C_{21}\quad C_{22}\quad C_{23}\quad C_{24}]^{\mathrm{T}}, V=[V^{*}(h)\quad V^{*\prime}(h)\quad V^{*\prime\prime}(h)\quad V^{*\prime\prime\prime}(h)\quad V^{*\prime\prime}(0)\quad V^{*\prime\prime\prime}(0)]^{\mathrm{T}}$。

式中有 5 个中间变量：

$E_{\mathrm{s}}^{i}(Z)$，$E_{\mathrm{c}}^{i}(Z)$，$NE_{\mathrm{s}}^{i}(Z)$，$E_{\mathrm{c}}^{i}(Z)$和$V^{*}(Z)$

用公式表示为

$$E_s^i(Z)=e^{\lambda_i z}\sin(\lambda_i z), E_s^i(Z)=e^{\lambda_i z}\cos(\lambda_i z), E_s^i(Z)=e^{-\lambda_i z}\sin(\lambda_i z), NE_s^i(Z)=e^{-\lambda_i z}\cos(\lambda_i z), V^{*}(Z)=\Big(\sum_{n=0}^{+\infty}V_n^{*}\Big)_z$$

其中，$i=u,d$。

由式（14）求出系数 C_{13}，C_{14}，C_{21}，C_{22}，C_{23}，C_{24}，即可得到全部待定系数，将其代入式（11）、式（12）可得抗滑桩各段的挠度方程 $v(z)$，根据 $\theta(z)=v(z)'$，$M(z)=-EIv(z)''$，$Q(z)=-EIv(z)'''$，可分别计算抗滑桩的转角、弯矩、剪力。

2.5　非齐次微分方程特解

对于公式（3）四阶微分方程的非齐次项 $q(z)/EI$，其特解直接求解比较困难。理论上，任何形状的滑坡推力分布函数 $q(z)$不管是三角形或梯形、均匀分布、抛物线形式，都可以用多项式逼近，$q(z)=\sum_{i=0}^{n}a_i z^i$，因此公式（3）对应于 $q(z)$的特解形式必定是 $\sum_{j=0}^{n}b_j z^i$，a_i 和 b_j 为常系数。

运用递推法，可以得出 a_i 和 b_i 关系式，

$$当\ n-4<i\leqslant n:\quad\begin{cases}b_n=a_n,\\ b_{n-1}=a_{n-1},\\ b_{n-2}=a_{n-2},\\ b_{n-3}=a_{n-3}。\end{cases}\tag{15}$$

$$\text{当 } i \leqslant n-4: \qquad b_i = a_i + \sum_{j=1}^{k}(-1)^j \frac{\frac{(i+4j)!}{(i)!}a_{i+4j}}{(4\lambda^4)^j} \qquad i+4j<n \tag{16}$$

这样给出任何形式的滑坡剩余推力的分布函数，均可利用公式（15）、（16）得出公式（3）的特解，代入控制方程组（3），得到抗滑桩挠曲近似解析解。

3 算例验证

基于本文提出的解析表达式，采用 Matlab 软件编制了计算程序，并可用于计算各深度处桩的响应及最大位移和最大弯矩，以下验证本文解及所编程序的可靠性。任伟中等[17]于 2008 年报道了一系列抗滑桩的现场监测数据结果，其中 0509 号工点滑坡 50＃桩为钢轨抗滑桩，入土深度为 30m（其中受荷段长 14m，锚固段长 16m），桩截面尺寸为 3m×2.4m，抗弯刚度 $EI=7.1\times 108\text{kN}\cdot\text{m}^2$。文献［17］中韩家垭滑坡滑动面以上为风化极为严重的变质辉绿岩，已成土状，从上至下变形均匀。滑动面以下为风化轻微的变质辉绿岩，可按较坚硬的土层考虑，$k=2.84\times 104\text{kN/m}^4$，抗滑桩前、后滑体厚度基本相同 $h=14$m，滑坡推力 $Q=950\text{kN}\cdot\text{m}^{-1}$，桩前剩余抗滑力 $Q=620\text{kN}\cdot\text{m}^{-1}$，滑坡推力设为均匀分布，桩底边界条件按自由端考虑，桩顶和桩底的约束条件均为自由。实测的及利用本文解析解和 Poulos 弹性解[2]计算出的各深度处桩的水平位移如图 3 所示。

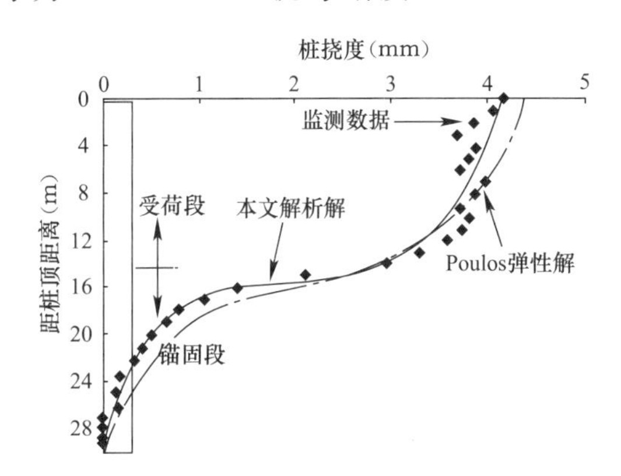

图 3 计算值与现场监测结果

Fig. 3 Comparison between calculated and monitoriung data

由图 4 可见，本文解和 Poulos 弹性解[2]的计算结果均接近监测值；但本文结果更优，尤其对于工程中较为关心的最大桩顶位移，本文计算结果与监测值相差很小。

4 工程计算实例

4.1 工程实例概况

深圳市中荣煜公司东侧边坡为自然山坡，坡体较雄厚，自然山坡总体近南北走向，倾向西，边坡长度为 200m，自然山坡坡度为 25°～35°，坡高 40～55.8m，植被茂盛，覆盖率大于 85％。

边坡中段早期已发生滑坡，主滑方向为 270°（图 4），滑坡体高度 17.6～32.4m，滑体范围（40m×45m）约 1800m²，滑坡后缘壁圆弧形错落高度 0.8～2.9m，滑体厚度 4～6m，滑体方量约 8500m³。由于深圳地区 2005 年 6 月下旬连降大暴雨，大量的地表水渗入老滑坡土体，对土体结构进一步产生破坏，使土体强度降低，饱和后的岩土体在孔隙水压水作用下，迅速向下产生滑动，致使在老滑坡体的中前缘地带又发生滑坡，新滑坡体面积为 30m×35m，滑体方量约 3000～4000m³；滑坡土体挤压坡脚挡墙，并造成长度 24.5m 挡墙倒塌，滑动土体堆积于厂房墙边，边坡滑动后的坡体极不稳定，饱和后的土体不停地向下滑动。

滑坡体主要为第四系所形成的坡积物，松散堆积，含碎石粉质黏土，干燥后坚硬，潮湿时可塑，内摩擦角为 13°，黏聚力为 12kPa。滑体厚度较均匀厚，为残积物，内摩擦角为 18°，黏聚力为 25kPa，重度为 20kN/m³，滑动面摩擦角为 12°，黏聚力为 8kPa。

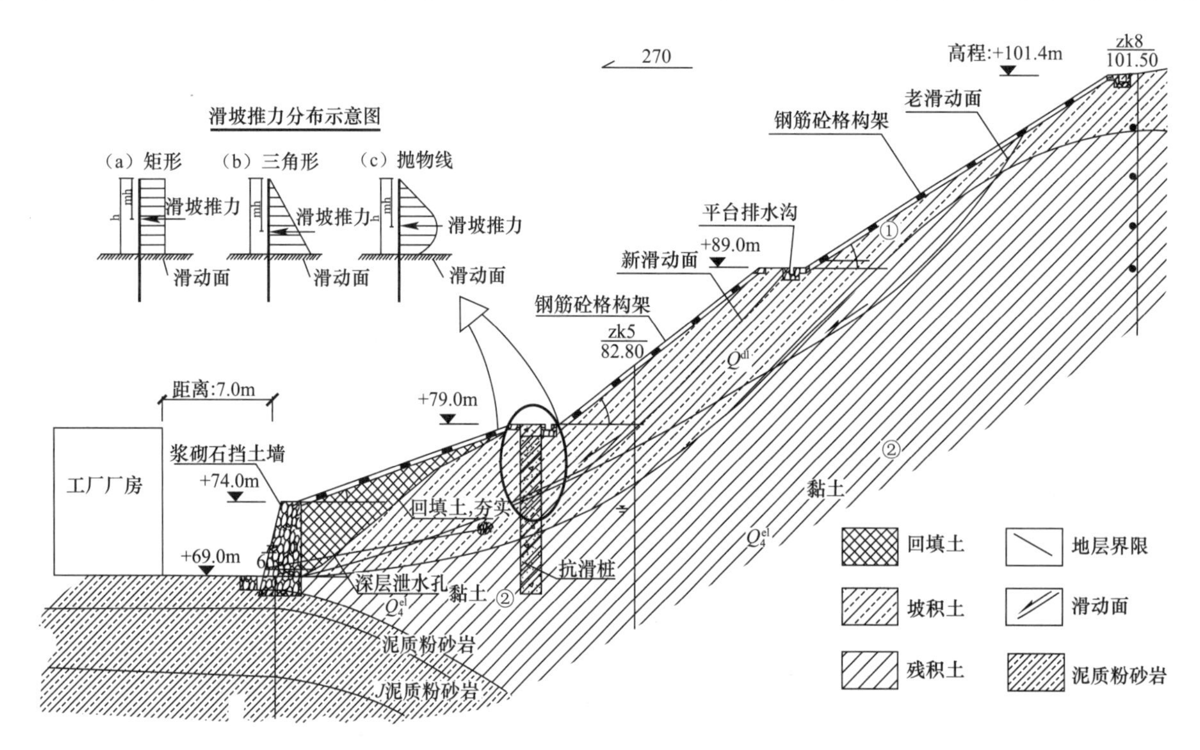

图 4　深圳中荣煜东侧滑坡代表性地质断面

Fig. 4　Gelogical section of landslide at east side of Shenzhen Zhongrongrongyu Industry Co., Ltd.

4.2　计算参数与计算工况

按公式（4）、（5）计算老滑动面上设置抗滑桩处（见图 4）的剩余下滑力为 997kN/m。抗滑桩为 1.5m×1.2m 的桩型，桩间距为 2.0m，桩长 H=10m，其中悬臂桩 h=5m，锚固段 6m；桩的相对刚度系数 $EI=9.45\times10^6$kN·m^2；参照《铁路工程设计技术手册·路基》[18]及同类工程经验类比[19-21]，取滑床地基水平抗力系数 $k_d=200\times10^3$kN/m^3。桩底边界条件采用固定约束，并按“K”法进行计算。

为了研究滑坡剩余下滑力分布形式及水平地基抗力系数对抗滑桩内力状态的影响，选用了 3 种不同的剩余下滑力分布形式：均匀分布、三角形分布及抛物线分布，按公式（6）~（8）计算分布函数，其分布简图如图 4；取 3 种滑体地基水平抗力系数 k_u（60×10^3kN/m^3，130×10^3kN/m^3 及 200×10^3kN/m^3）共 9 种工况进行计算，并与铁道部第二勘测设计院[10]提出的悬臂梁法进行比较，计算所得抗滑桩位移及弯矩结果绘制成图 5 及图 6（图中，抛物线-200 表示滑坡剩余下滑力分布为抛物线函数，滑体地基水平抗力系数为 200×10^3kN/m^3，其他以此类推）。

采用上节介绍的解析解近似解法，编制 Matlab 程序包，可完成全部计算，并绘出内力图形，便于对计算结果进行分析。

4.3　计算结果及其分析

在 9 种工况和悬臂梁法中，见图 5，按悬臂梁法不计桩前土体抗力计算得到桩身最大弯矩最大，为 6104.3kN·m。其余 9 种工况考虑桩前土体抗力，其最大弯矩均有不同程度的减小，幅度到达 30%以上，最大弯矩值介于 3970~580kN·m；最大弯矩产生于滑动面以上 1~2m 范围内，且产生了次大弯矩点，位于滑动面以下 1~2m 范围内；在各种不同分布形式中三角形分布将产生大的弯矩，抛物线次之，均匀分布最小，悬殊比较大，达 47%；同种分布形式下，不同地基水平抗力系数情况下对抗滑桩弯矩影响达 40%~30%。因此，再次证明滑坡推力分布图式的选择是否合理，对抗滑桩桩身内力的计算影响较大。

关于抗滑桩的挠度，依旧是悬臂梁法不计桩前土体抗力计算得到桩身最大挠度，为 43mm，在大的挠度情况下，土体已经达到了塑性屈服，土体抗力会有所调整的问题，不在本文讨论范围内；考虑桩前土体抗力后挠度均有所减小。在各种滑坡剩余下滑力分布形式中，相同地基水平抗力条件下，均匀分布桩顶挠度大于其余三角形和抛物线分布。随着土体抗力系数的增大，抗滑桩的挠度有减小的趋势，见图 6。

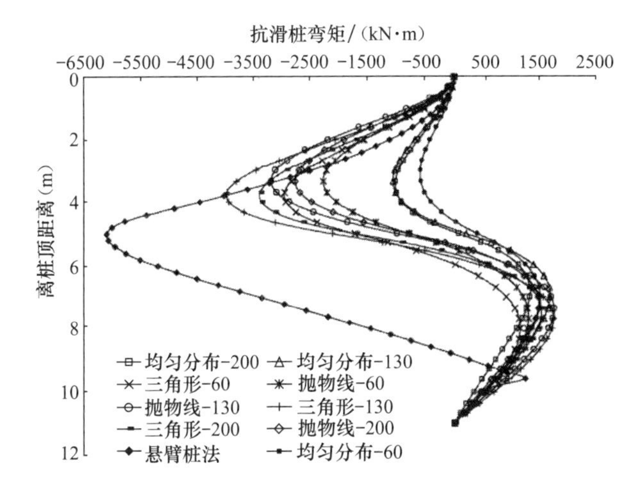

图 5 不同滑坡推力分布函数及地基抗力系数条件下桩弯矩

Fig. 5 Bending moment of anti-sliding piles considering different distribution functions of residual thrust and subgrade modulus

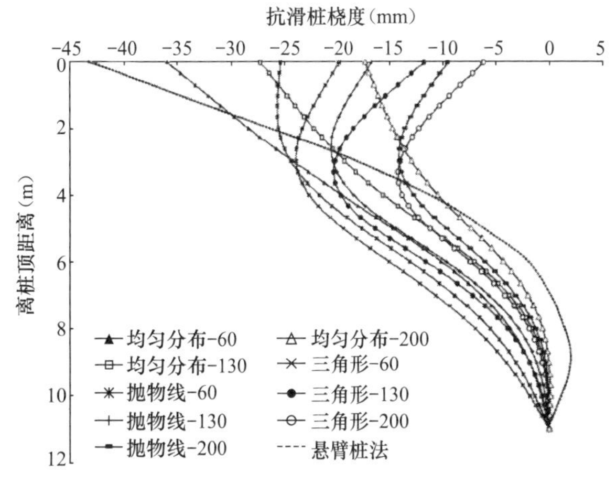

图 6 不同滑坡推力分布函数及地基抗力系数条件下桩挠度

Fig. 6 Displacement of anti-sliding piles considering different distribution functions of residual thrust and subgrade modulus

5 结　论

（1）在分析抗滑桩与土体相互作用机理的基础上，本文提出被动桩与土相互作用的弹性地基梁模型控制方程组，模型概念明确，并推导出了桩身力学响应的数学解析表达式，可很好地解决被动桩-土相互作用的力学问题。

（2）编制了 Matlab 计算程序进行桩挠度及内力计算，并与韩家垭滑坡现场监测数据进行了比较，结果验证了本文解析方法的可靠性，对抗滑桩的设计计算研究有很强的指导作用。

（3）最后将该模型应用于深圳中荣煜滑坡治理的抗滑桩设计计算中，探讨了地基水平抗力系数，滑坡剩余推力及其分布函数，对抗滑桩内力和挠度的影响，得到如下主要结论：通过计算再次证明滑坡推力分布图式对抗滑桩桩身内力的计算影响较大，在工程实际中应合理选择滑坡推力分布图式；在滑坡剩余下滑力相同的条件下，各种不同分布形式中三角形分布将产生大的弯矩，抛物线分布次之，均匀分布最小，悬殊比率大，达 47%；相同地基水平抗力条件下，均匀分布桩顶挠度大于三角形和抛物线分布。

参考文献（References）

[1] 张友良，冯夏庭，范建海. 抗滑桩与滑坡体相互作用的研究 [J]. 岩石力学与工程学报，2002，21（6）：839-842.（ZHANG You-liang，FENG Xia-ting，FAN Jian-hai. Study on the interaction between landslide and passive piles [J]. Chinese Journal of Rock Mechanics and Engineering，2002，21（6）：839-842.（in Chinese）

[2] POULOS H G. Behavior of laterally loaded piles I：single piles [J]. Journal of the Soil Mechanics and Foundations-Division，1971，97（5）：711-731.

[3] BRANSBY M F. Difference between load transfer relationships for laterally loaded pile groups：active p-y or passive p-δ [J]. Journal of Geotechnical Engineering，1996，122（2）：1996-1015.

[4] WON J，YOU K，JEONG S，KIM S. Coupled effects in stability analysis of pile-soil systems [J]. Computers and

Geotechnics，2005，32（4）：304-315.

[5] CHO K H，GABR M A，et al. Field p-y curves in wearthered rock [J]. Canadian Geotechnical Journal，2007，44（7）：753-764.

[6] 吴恒立. 计算推力桩的综合刚度原理和双参数法 [M]. 第二版. 北京：北京人民交通出版社，2000.（WU Heng-li. Composite stiffness principle with biparameter method forlateral loaded pile [M]. 2nd ed. Beijing：Beijing People Transportation Publishing House，2000.（in Chinese）

[7] DE BEER，E E. Piles subjected to static lateral loads，State of the art report [C] //Proceedings of 9th ICSMFE，Specialty Session 10. Tokyo：1977.

[8] KELESOGLU M K，CINICIOGLU S F. Free field measurements to disclose lateral reaction mechanism of piles subjected to soil movements [J]. Journal of Geotechnical and Geoenvironmental Engineering，2010，136（2）：331-343.

[9] CHOW Y K. Analysis of piles used for slope stabilization [J]. International Journal for Numerical and Analytical Methods in Geomechanics，1996，20：635-646.

[10] 铁道部第二勘测设计院. 抗滑桩设计与计算 [M]. 北京：中国铁道出版社，1983.（The Second Survey and Design Institute of Railway Ministry. Design and computation of anti-slide piles [M]. Beijing：China Railway Publishing House，1983.（in Chinese）

[11] HETENYI M. Beams on elastic foundations [M]. Michigan：University of Michigan Press，1946.

[12] 贺建涛，张家生，梅松华. 弹性抗滑桩设计中几个问题的探讨 [J]. 岩石力学与工程学报，1999，18（5）：600-602.（HE Jian-tao，ZHANG Jia-sheng，MEI Song-hua. Inquiring into some questions in designing anti-slide pile [J]. Chinese Journal of Rock Mechanics and Engineering，1999，18（5）：600-602.（in Chinese）

[13] 中华人民共和国国家标准编写组. GB 50330—2002 建筑边坡工程技术规范 [S]. 北京：中国建筑工业出版社，2002.（The National Standards Compilation Group of People's Republic of China. GB 50330—2002 Technical code for building slope engineering [S]. Beijing：China Architecture and Building Press，2002.（in Chinese）

[14] 戴自航. 抗滑桩滑坡推力和桩前滑体抗力分布规律的研究 [J]. 岩石力学与工程学报，2002，21（4）：517-521.（DAI Zi-hang. Study on distribution laws of landslide-thrust and resistance of sliding mass action on anti-slide piles [J]. Chinese Journal of Rock Mechanics and Engineering，2002，21（4）：517-521.（in Chinese）

[15] 中国建筑科学研究院. JGJ 120—99 建筑基坑支护技术规程 [S]. 北京：中国建筑工业出版社，1999.（China Academy of Building Research. JGJ 120—99 Technical specification forretaining and protection of building foundation excavation [S]. Beijing：China Architecture & Building Press，2001.（in Chinese）

[16] FLEMING W G K，WELTMAN A J，RANDOLPH M F，et al. Piling engineering [M]. New York：Wiley，1992.

[17] 任伟中，陈浩，等. 运用钻孔测斜仪监测滑坡抗滑桩变形受力状态研究 [J]. 岩石力学与工程学报，2008，27（增刊 2）：3667-3672.（REN Wei-zhong，CHE Hao，et al. Study on monitoring of deformation and stress state of landslide anti-slide piles using borehole inclinometer [J]. Chinese Journal of Rock Mechanics and Engineering，2008，27（S2）：3667-3672.（in Chinese）

[18] 李毓林. 铁路工程设计技术手册·路基（修订版）[M]. 北京：中国铁道出版社，1992.（LI Su-lin. Railway engineering design technique handbook：roadbed [M]. Beijing：China Railway Publishing House，1992.（in Chinese）

[19] 李爱国，王兰生. 深圳地区水土流失地质灾害 [J]. 中国地质灾害与防治学报，1998，9（增刊 1）：258-262.（LI Ai-guo，WANG Lan-sheng. The soil erosion in Shenzhen Area [J]. The Chinese Journal of Geological Hazard and Control，1998，9（S1）：258-262.（in Chinese）

[20] 丘建金，文建鹏，高伟. 深圳光汇油库边坡稳定性分析及工程治理 [J]. 岩石力学与工程学报，2009，28（11）：2201-2207.（QIU Jian-jin，WEN Jian-peng，GAO Wei. Stability analysis and treatment of Guanghui oil depot slope in Shenzhen [J]. Chinese Journal of Rock Mechanics and Engineering，2009，28（11）：2201-2207.（in Chinese）

[21] 金亚兵，刘祖德. 悬臂支护桩变形计算方法探讨 [J]. 岩土力学，2000，21（3）：217-221.（JIN Ya-bing，LIU Zu-de. Discussion on the deformation computation method of cantilever supporting piles in excavation [J]. Soil and Mechanics，2000，21（3）：217-221.（in Chinese）

双排桩支护结构挠曲理论分析

黄 凭[1] 莫海鸿[1,2] 陈俊生[1,2]
（1. 华南理工大学 土木与交通学院，广东 广州 510640；2. 华南理工大学 亚热带建筑科学国家重点实验室，广东 广州 510640）

【摘 要】通过一假想剪切滑裂面，将双排桩支护结构人为分为上下两部分，并对各部分分别进行受力和变形分析。滑裂面上下两部分分别采用体积比例法和“m”法求解土压力，在此基础上建立各段桩体的挠曲微分方程。根据各段桩体端点在几何变形和内力上的连续性关系以及相应的边界条件可得到各段挠曲微分方程的解。有了各段的挠曲方程的解以后，可以用求导的方法求出双排桩各点的变形及内力情况。

【关键词】桩基工程；双排桩；剪切滑裂面；挠曲微分方程；土压力

1 引 言

随着基坑支护技术的发展，新的支护结构形式不断涌现，双排桩支护结构就是一种新型的支护结构，它是由两排平行的钢筋混凝土桩及桩顶的连梁形成的空间门式刚架支护结构体系[1]。这种结构与普通单排桩相比，具有较大的侧向刚度，受力较合理；与拉锚式支护结构相比，对环境的影响较小，施工方便且造价低[2]。

由于双排桩在工程使用中体现出了诸多的优点，引起了理论界和工程界的重视。何颐华等[3]根据前后排桩之间的滑动土体占桩后滑动土体总的体积比例来确定前后排桩所受的侧土压力，并对不同的布桩形式给出了相关的计算关系式；黄强[4]认为，后排桩的存在改变了土体滑裂面的形态，并运用极限平衡原理计算主动土压力；刘钊[5]采用 Winkler 假定，考虑桩土的共同作用确定出前、后排桩在开挖面以上的土压力荷载及地基土的水平基床系数，按照弹性地基梁和结构力学分析方法求出双排桩支护结构的内力。

本文对双排桩进行分析和计算时，将双排桩看作一门式刚架结构，考虑桩土共同作用。计算土压力时，作一剪切滑裂面，滑裂面以上和以下土体分别以滑动土体和稳定土体处理。根据何颐华等[3]的研究方法确定滑裂面以上土压力，利用“m”法确定滑裂面以下土压力。把双排桩看作一竖放的弹性地基梁，根据弹性地基梁的变形方程分段列出各段桩体挠曲微分方程。由于各段桩体在连接处的变形及受力的协调性和连续性，可建立各相邻段桩体之间的位移及内力关系。根据前、后排桩在桩底为自由端这一边界条件，可求出方程的解，也就得出了桩顶位移及内力值，之后，可得出双排桩各点位移及内力值。

2 双排桩侧向土压力的计算

2.1 基本假定

（1）将双排桩支护结构看作一个底端自由、顶端为直角刚结的刚架结构；

（2）被动土压力用土弹簧反力模拟；

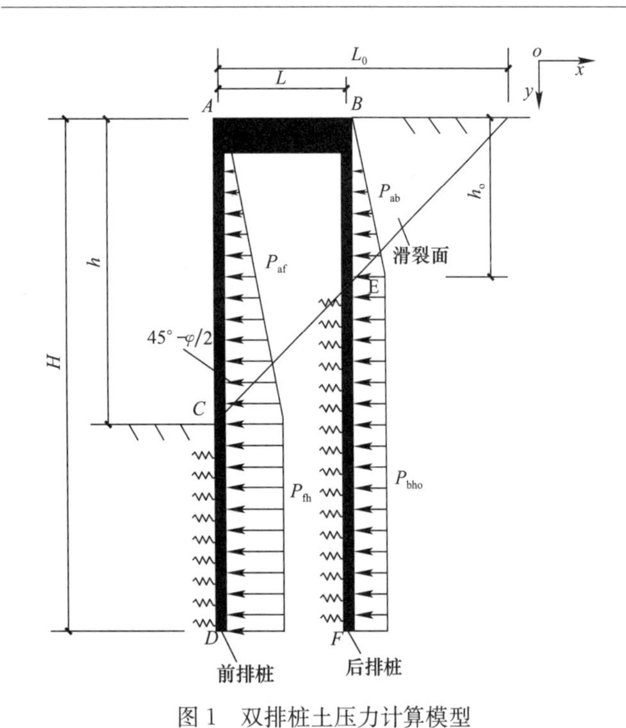

图 1 双排桩土压力计算模型

Fig. 1 Calculational model for earth pressure of double-row piles

(3) 连梁为刚性体，不产生压缩或拉伸变形。经典的土压力理论分析墙后的主动土压力是按土的极限平衡理论而得出的，根据极限平衡理论导出的剪切滑裂面是从坑底开始，且该滑裂面与竖直方向呈$\beta=45°-\varphi/2$的角度展开(图 1)。

由于滑裂面的存在，滑裂面上、下土层受力有所区别。滑裂面以上的桩体主要抵抗土的滑动力作用，受力情况采用何颐华等[3]中的比例系数法。滑裂面以下的桩体主要承受由于桩对周边土的挤压作用而产生的被动土压力，受力情况采用“m”法。

本文未考虑基坑整体空间效应；将连梁以及连梁和排桩的连接视为完全刚性；黄强[4]中提到，双排桩支护结构由于后排桩的存在，改变了土体剪切破坏面，且滑动体的破坏面夹角不再是定值，而是变量。这些会对计算结果产生一定的影响。

2.2 双排桩滑裂面以上侧向土压力的计算

双排桩前后排桩的布置形式一般有矩形布置和梅花形布置。双排桩土压力的传递情况如图 2 所示。

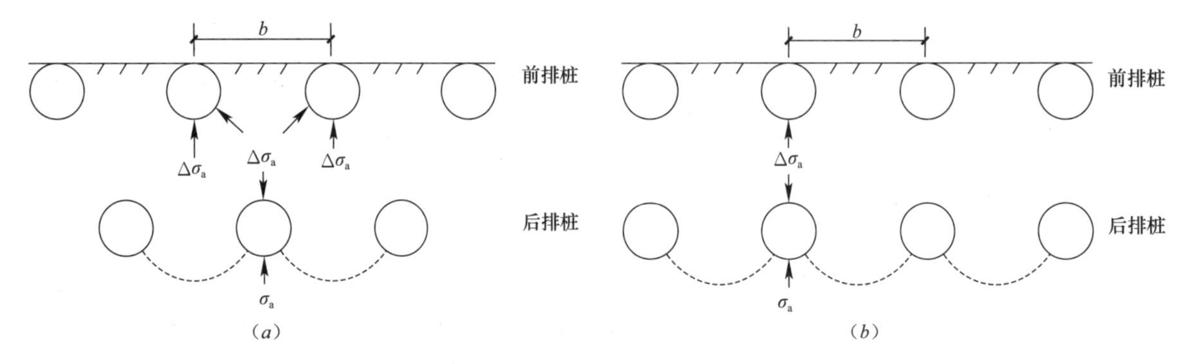

图 2 双排桩土压力的传递

Fig. 2 Transferring earth pressure of double-row piles

(a) 梅花形排列；(b) 矩形排列

基坑开挖后，后排桩的迎土一侧按主动土压力 σ_a 考虑，由于桩间土体对后排桩也会产生作用，其对桩的作用力符号用 $\Delta\sigma_a$ 表示。由于桩间土宽度一般很小，可认为对前后排桩 $\Delta\sigma_a$ 大小相等，方向相反[3]。

前排桩土压力 P_{af} 可表示为

$$P_{af}=\alpha\sigma_a \tag{1}$$

后排桩土压力 P_{ab} 可表示为

$$P_{ab}=(1-\alpha)\sigma_a \tag{2a}$$

其中

$$\sigma_a=(K_a\gamma x-2c\sqrt{K_a})b \tag{2b}$$

式中 α 为体积比例系数，$\alpha=\dfrac{\sigma_a}{\Delta\sigma_a}=\dfrac{2L}{L_0}-\left(\dfrac{L}{L_0}\right)^2$

L 为双排桩排距，L_0 为地面滑裂点距前排桩的距离，$L_0=h\tan(45°-\phi/2)$，h 为基坑挖深，ϕ 为土体摩擦角；c 为黏聚力；b 为排桩的计算宽度。

2.3 双排桩滑裂面以下侧向土压力的计算

双排桩滑裂面以下土侧压力按“m 法”进行计算，求解时把桩作为竖向的弹性地基梁来考虑，受力情况如图 1 所示。

前排桩滑裂面以下土压力为

$$P_{\mathrm{f}}=mby(x-h)-P_{\mathrm{fh}} \tag{3}$$

后排桩滑裂面以下土压力为

$$P_{\mathrm{b}}=mb(X-h_0)Y-P_{b/h_0} \tag{4}$$

m 值通过试验确定是比较复杂的，规程中对土层提供了 m 值计算的经验公式[6]，即

$$m=\frac{1}{\Delta}(0.2\varphi^2-\varphi+c)$$

式中，Δ 为基坑底面处位移量（mm），按地区经验取值，当无经验时可取 10。

3 微分方程的建立与求解

3.1 建立微分方程

双排桩支护结构的前、后排桩受力情况如图 3 所示。根据节 2 对前、后排桩受力特点的分析，可建立双排桩各段的基本挠曲微分方程。

前排桩滑裂面以上桩的挠曲方程为

$$EI\frac{\mathrm{d}^4y}{\mathrm{d}x^4}-\alpha(K_{\mathrm{a}}\gamma x-2c\sqrt{K_{\mathrm{a}}})b=0 \tag{5}$$

前排桩滑裂面以下桩的挠曲方程为

$$EI\frac{\mathrm{d}^4y}{\mathrm{d}x^4}+mb(x-h)y-P_{\mathrm{fh}}=0 \tag{6}$$

其中，

$$P_{\mathrm{fh}}=\alpha(K_{\mathrm{a}}\gamma h-2c\sqrt{K_{\mathrm{a}}})b$$

后排桩在滑裂面以上桩的挠曲方程为

$$EI\frac{\mathrm{d}^4y}{\mathrm{d}x^4}=(1-\alpha)(K_{\mathrm{a}}\gamma X-2c\sqrt{K_{\mathrm{a}}})b=0 \tag{7}$$

后排桩在滑裂面以下桩的挠曲方程为

$$EI\frac{\mathrm{d}^4Y}{\mathrm{d}X^4}+mb(X-h_0)Y-P_{\mathrm{bh_0}}=0 \tag{8}$$

其中，

$$P_{\mathrm{bh_0}}(1-\alpha)(K_{\mathrm{a}}\gamma h_0-2c\sqrt{K_{\mathrm{a}}})b$$

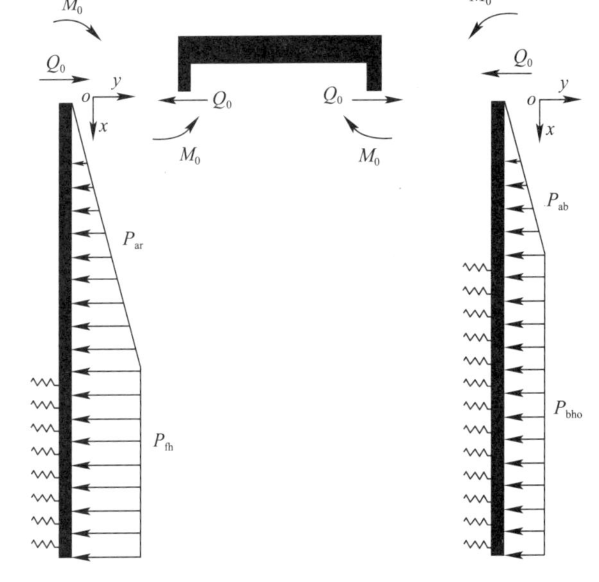

图 3 前、后排桩受力图

Fig. 3 Force diagram of pre and post row piles

3.2 求解微分方程

式 (5)，(7) 用连续积分的方法，可得到解析解。式 (6)，(8) 是一个四阶变系数微分方程，方程没有解析解，为了求解，国内外有关专家曾提出的解法主要有差分法、有限元解及初值法的数值解，但这些解法只能就某一具体问题给出一个解答，无法得到通解[7]。本文用幂级数法求解，得到了满足精度要求的解答。

（1）式（5）求解

引入边界条件，令前排桩桩顶水平位移为 y_0，转角为 ϕ_0，剪力为 Q_0，该处弯矩为 M_0。求解式（5）可得

$$y=\frac{1}{120}\frac{aK_{a}\gamma b}{EI}x^{5}-\frac{1}{24}\frac{2acb\sqrt{K_{a}}}{EI}x^{4}+\frac{1}{6}\frac{Q_0}{EI}x^{3}+\frac{1}{2}\frac{M_0}{EI}x^{2}+\phi_0 x+y_0 \tag{9a}$$

$$\varphi=y' \tag{9b}$$

$$M=EIy'' \tag{9c}$$

$$Q=EIy''' \tag{9d}$$

（2）式（7）求解

由模型基本假设可知，后排桩边界条件与前排桩边界条件关系为：后排桩桩顶水平位移为 $y_0'=y_0$，转角 $\phi_0'=\phi_0$，剪力为 $Q_0'=-Q_0$，弯矩为 $M_0'=-M_0$。解式（7）可得

$$Y=\frac{1}{120}\frac{(1-\alpha)K_{a}\gamma b}{EI}X^{5}-\frac{1}{24}\frac{2(1-\alpha)cb\sqrt{K_{a}}}{EI}X^{4}-\frac{1}{6}\frac{Q_0}{EI}X^{3}-\frac{1}{2}\frac{M_0}{EI}X^{2}+\phi_0 X+Y_0 \tag{10a}$$

$$\phi=Y' \tag{10b}$$

$$M=EIY'' \tag{10c}$$

$$Q=EIY''' \tag{10d}$$

（3）式（6）求解

因为滑裂面处上下的变形是连续的，所以可由式（9）求的滑裂面处水平位移为 y_h，转角为 ϕ_h，剪力为 Q_h 以及弯矩为 M_h。求解式（6）可得

$$y=y_{h}f_0(x)+\phi_{h}f_1(x)+\frac{M_{h}}{2EI}f_2(x)+\frac{Q_{h}}{6EI}f_3(x)+Bf_4(x) \tag{11a}$$

$$\varphi=y' \tag{11b}$$

$$M=EIy'' \tag{11c}$$

$$Q=EIy''' \tag{11d}$$

其中，

$$f_{n}(x)=(x-h)^{n}+\sum_{i=1}^{k}\frac{(-A)^{i}(n!)\prod_{j=1}^{i}(5j+n-4)}{(5i+n)!}(x-h)^{5i+n}$$

$$(n=0,1,2,3,4)$$

$$A=\frac{mb}{EI}$$

$$B=\frac{\alpha(K_{a}rh-2c\sqrt{K_{a}})b}{24EI}$$

这里，k 的值取值越高，结果越精确。

（4）式（8）求解

由于滑裂面处上下的变形是连续的，可由式（10）求的滑裂面处水平位移为 y_{h0}，转角为 ϕ_{h0}，剪力为 Q_{h0} 以及弯矩为 M_{h0}。求解式（8）可得

$$Y=Y_{h0}F_0(x)+\phi_{h_0}F_1(x)\frac{M_{h_0}}{2EI}F_2(x)+\frac{Q_{h_0}}{6EI}F_3(x)+B_0 f_4(x) \tag{12a}$$

$$\varphi=Y' \tag{12b}$$

$$M=EIY'' \tag{12c}$$

$$Q=EIY''' \tag{12d}$$

其中，

$$F_{n}(x)=(X-h_0)^{n}+\sum_{i=1}^{k}\frac{(-A)^{i}(n!)\prod_{j=1}^{i}(5j+n-4)}{(5j+n)!}(x-h_0)^{5j+n}$$

$$(n=0,1,2,3,4)$$

$$B_0=\frac{(1-\alpha)(K_a\gamma h-2c\sqrt{K_a})b}{24EI}$$

同样，k 值取值越高，结果越精确。

3.3 加入边界条件列出方程组

通过基本假设 1 可知，前后排桩在最底端自由，弯矩和剪力为 0，由此可列出以下 4 个方程：

(1) 由于前排桩在 $x=H$ 处弯矩为 0，由式（11c）可得

$$M(x=H)=EI\frac{\mathrm{d}^2y}{\mathrm{d}x^2}=0$$

即

$$M(x=H)=EIyf_0''(H)+EI\phi_h f_1''(H)+\frac{M_h}{2}f_2''(H)+\frac{Q_h}{6}f_3''(H)+EIBf_4''(H)=0 \tag{13a}$$

(2) 由于前排桩在 $x=H$ 处剪力为 0，由式（11d）可得

$$Q(x=H)=EI\frac{\mathrm{d}^3y}{\mathrm{d}x^3}$$

即

$$Q(x=H)=EIy_hf_0'''(H)+EI\phi_h f_1'''(H)+\frac{M_h}{2}f_2'''(H)+\frac{Q_h}{6}f_3'''(H)+EIBf_4'''(H)=0 \tag{13b}$$

(3) 由于后排桩在 $x=H$ 处弯矩为 0，由式（12c）可得

$$M(x=H)=EI\frac{\mathrm{d}^2y}{\mathrm{d}x^2}=0$$

即

$$M(x=H)=EIYf_0''(H)+EI\phi_{h_0}f_1''(H)+\frac{M_{h_0}}{2}f_2''(H)+\frac{Q_{h_0}}{6}f_3''(H)+EIB_0f_4''(H)=0 \tag{13c}$$

(4) 由于后排桩在 $x=H$ 处剪力为 0，由式（12d）可得

$$Q(X=H)=EI\frac{\mathrm{d}^3Y}{\mathrm{d}X^3}=0$$

即

$$Q(X=H)=EIy_{h_0}f_0'''(H)+EI\phi_{h_0}f_1'''(H)+\frac{M_{h_0}}{2}f_2'''(H)+\frac{Q_{h_0}}{6}f_3'''(H)+EIB_0f_4'''(H)=0 \tag{13d}$$

由于前后排桩在滑裂面处位移 y，转角 φ，弯矩 M，剪力 Q 具有连续性，所以，前排桩在滑裂面，也就是 $x=h$ 处，y_h，ϕ_h，M_h，Q_h 可由式（9a）～（9d）求得

$$y_h=\frac{1}{120}\frac{\alpha K_a\gamma b}{EI}h^5-\frac{1}{12}\frac{\alpha cb\sqrt{K_a}}{EI}h^4+\frac{1}{6}\frac{Q_0}{EI}h^3+\frac{1}{2}\frac{M_0}{EI}h^2+\phi_0h+y_0 \tag{14a}$$

$$\phi_h=\frac{1}{24}\frac{\alpha K_a\gamma b}{EI}h^4-\frac{1}{3}\frac{\alpha cb\sqrt{K_a}}{EI}h^3+\frac{1}{2}\frac{Q_0}{EI}h^2+\frac{M_0}{EI}h+\phi_0 \tag{14b}$$

$$M_h=\frac{1}{24}\alpha K_a\gamma bh^3-\alpha cb\sqrt{K_a}h^2+Q_0h+M_0 \tag{14c}$$

$$Q_h=\frac{1}{2}\alpha K_a\gamma bh^1-2\alpha cb\sqrt{K_a}h+Q_0 \tag{14d}$$

后排桩在滑裂面，也就是 $X=h_0$ 处，y_{h0}，ϕ_{h0}，M_{h0}，Q_{h0} 可由式（10a）～（10d）求得

$$Y_{h_0}=\frac{1}{120}\frac{(1-\alpha)K_a\gamma b}{EI}h_0^5-\frac{1}{12}\frac{(1-\alpha)cb\sqrt{K_a}}{EI}h_0^4-\frac{1}{6}\frac{Q_0}{EI}h_0^3-\frac{1}{2}\frac{M_0}{EI}h_0^2+\phi_0h_0+y_0 \tag{15a}$$

$$\phi_{h_0}=\frac{1}{24}\frac{(1-\alpha)K_a\gamma b}{EI}h_0^4-\frac{1}{3}\frac{(1-\alpha)cb\sqrt{K_a}}{EI}h_0^3-\frac{1}{2}\frac{Q_0}{EI}h_0^2-\frac{M_0}{EI}h_0+\phi_0 \tag{15b}$$

$$M_{h_0}=\frac{1}{6}(1-\alpha)K_a\gamma bh_0^3-(1-\alpha)cb\sqrt{K_a}h_0^2-Q_0h_0-M_0 \tag{15c}$$

$$Q_{h_0}=\frac{1}{2}(1-\alpha)K_a\gamma bh_0^2-2(1-\alpha)cb\sqrt{K_a}h_0-Q_0 \tag{15d}$$

将式（14a）～(14d）和（15a)～(15d）代入（15a)～(15d）得到 4 个含参数 y_0，ϕ_0，Q_0 和 M_0 的方程，通过这 4 个方程组成的方程组可解得参数 y_0，ϕ_0，Q_0 和 M_0。然后把这 4 个参数代入（16a)～(16d）中，可求得 y_0，ϕ_0，M_0，Q_0。参数 y_0，ϕ_0，Q_0 和 M_0 代入（17a)～(17d）可求得 y_{h0}，ϕ_{h0}，M_{h0}，Q_{h0}。

求得以上 12 个参数后，把参数 y_0，ϕ_0，Q_0 和 M_0 代入式（9a)～(9d）便是前排桩滑裂面之上的位移方程、转角方程、弯矩方程以及剪力方程；将参数 y_0，ϕ_0，M_0，Q_0 代回式（10a)～(10d）便是后排桩滑裂面之上的位移方程、转角方程、弯矩方程以及剪力方程；将数 y_0，ϕ_0，M_0，Q_0 代回式（11a)～(11d）便是前排桩滑裂面以下的位移方程、转角方程、弯矩方程以及剪力方程；将数 y_{h0}，ϕ_{h0}，M_{h0}，Q_{h0}代回式（12a)～(12d）便是后排桩滑裂面以下的位移方程、转角方程、弯矩方程以及剪力方程。

4　工程实例

南京龙江小区农贸市场位于龙江小区阳光广场南段，占地约 8000m^2，其主体为三～四层钢混框架结构，一层地下室。基坑开挖深度为 6.0m。工程地质条件见表 1[8]。

深基坑土层参数[8]　　表 1

Geotechnical parameters of soil of deep foundation pit[8]　　Table 1

土层名称	厚层/m	容重/(kN·m^{-3})	c/kPa	φ/(°)
杂填土	0.30～2.15	18.0	8.0	20.0
黏土	0.45～1.10	18.8	18.8	8.3
淤泥质粉质黏土	4.20～5.90	18.0	11.4	14.5
淤泥质粉质黏土夹粉土	13.00	18.2	7.9	21.7

基坑支护方式采用梅花形布置的双排钻孔桩，中间设置搅拌桩止水，钻孔桩的直径 0.7m，前排桩长 14m，后排桩长 13.5m，双排桩排距 1.9m，桩间中心距 2.0m，双排桩桩顶有连梁和圈梁连接。

基坑开挖至 6m 时，监测结果为：桩顶位移 36.7mm，坑底水平位移 20.3mm，桩顶弯矩 457.3kN·m。

按本文方法计算，层厚近似取中间值，地面超载取 10kPa，不考虑止水搅拌桩的作用，得到的近似结果为：桩顶位移为 48.6mm，坑底水平位移为 19.2mm，前后排桩桩顶弯矩为 416.5kN·m，桩顶剪力为 173.9kN。

由此可见，本文的计算方法是合理的，但是，计算结果与实际情况还有一定的差异，还需要进一步完善。

5　结　论

本文通过将双排桩分段分析，利用各段端点处在几何变形和内力上的连续协调性及利用连梁完全刚性的假设，建立起各方程之间的相互关系。最后根据前后排桩底部弯矩和剪力为 0 这一边界条件，可解出双排桩各段的挠曲方程，并通过挠曲方程得出各个部位的受力和变形情况。本文虽然用幂级数求解微分方程，但是通过对方程的解进行整理，得出了较为工整和清晰的等式，为求解双排桩的变形和内力提供了一种切实可行的思路。

本文方法综合使用了多位前人的方法与模型，同时与目前很多方法相比，具有以下特点：

(1) 目前大多数双排桩解法假设桩底铰接，桩顶没有转角，本文未对桩底和桩顶进行这样的假设，模型更符合实际工程。

（2）土压力以剪切滑裂面作为分界面，滑裂面以上和以下分别按滑动土体和稳定土体处理，这样符合桩的受力特点，相比没有分段的情况更加合理。

（3）按本文的计算方法，可以求解出双排桩各点的位移和内力，且计算结果逼近解析解。

参考文献（References）

[1] 戴北冰．双排桩数值计算分析及基坑支护软件设计［硕士学位论文］［D］．天津：天津大学，2006．（DAI Beibing. Numerical analysis of double-row piles and development of the software for the design of pitretaining structures [M. S. Thesis] [D]. Tianjin: Tianjin University, 2006. (in Chinese)

[2] 周翠英，刘祚秋，尚伟，等．门架式双排抗滑桩设计计算新模式［J］．岩土力学，2005，26（3）：441-444．（ZHOU Cuiying, LIUZuoqiu, SHANG Wei, et al. A new mode for calculation of portal double row anti-sliding piles [J]. Rock and Soil Mechanics, 2005, 26 (3): 441-444. (in Chinese)

[3] 何颐华，杨斌，金宝森，等．双排护坡桩试验与计算的研究［J］．建筑结构学报，1996，17（2）：56-58．（HE Yihua, YANG Bin, JIN Baosen, et al. A study of the test and calculation of double-row fender piles [J]. Journal of Building Structures, 1996, 17 (2): 58-66. (in Chinese)

[4] 黄强．深基坑支护工程设计技术［M］．北京：中国建筑工业出版社，1995．（HUANG Qiang. Design technology of deep foundation pit support engineering [M]. Beijing: China Architecture and Building Press, 1995. (in Chinese))

[5] 刘钊．双排支护桩结构的分析及试验研究［J］．岩土工程学报，1992，14（5）：76-80．（LIU Zhao. Study of analysis and test of retaining structure with double-row piles [J]. Chinese Journal of Geotechnical Engineering, 1992, 14 (5): 76-80. (in Chinese)

[6] 中华人民共和国行业标准编写组．JGJ 120-99 建筑基坑支护技术规程［S］．北京：中国建筑工业出版社，1999．（The Professional Standards Compilation Group of People's Republic of China. JGJ120-99 Thchnical specifiction for retaining and protection of building foundation excavations [S]. Beijing: China Architecture and Building Press, 1999. (in Chinese)

[7] 朱彦鹏，张安疆，王秀丽．m 法求解桩身内力与变形的幂级数解［J］．甘肃工业大学学报，1997，23（3）：77-82．（ZHU Yanpeng, ZHANG Anjiang, WANG Xiuli. Power series solution of internal force and deformation of piles with m method [J]. Journal of Gansu University of Technology, 1997, 23 (3): 77-82. (in Chinese)

[8] 李家青．双排桩支护结构受力与变形问题研究［硕士学位论文］［D］．南京：东南大学，2000．（LI Jiaqing. Study of force and deformation of double-row piles [M. S. Thesis] [D]. Tianjin: Tianjin University, 2000. (in Chinese))

一种新型的可回收锚索技术

陆观宏[1]　倪光乐[2]　莫海鸿[3]

（1. 广东省工程勘察院；2. 广州市泰基工程技术有限公司；3. 华南理工大学）

【摘　要】 新型的可回收锚索可应用于基坑、边坡临时性支护。当支护功能失效后，锚索可回收重复使用，避免了锚索长期占用地下空间而造成地下环境污染及将来相邻场地开发的处理费用问题。

【关键词】 锚索

临时性支护用普通锚索在支护功能失效后无法回收，与所建的构筑物一起长期埋藏于地下，形成地下垃圾，造成地下环境污染，对相邻地块的桩基施工、基坑开挖、周围的市政施工、地铁施工、城市的长远规划及可持续发展等造成严重影响。临时性支护普通锚杆（索）的使用受到限制将是必然趋势。

1　回收锚索的组成及工作原理

新型可回收锚索命名为LTRA可回收锚索。由回收锚具、钢绞线、塑料管及水泥砂浆体组成。钢绞线中包括工作索及回收索，钢绞线穿越于塑料管内，与水泥砂浆体完成隔离。回收锚具于锚索端部与砂浆体粘结在一起，传递钢绞线的张拉力。LTRA可回收锚索结构如图1所示。

LTRA可回收锚索的工作原理是：工作索的拉力传递给回收锚具，再由回收锚具传到水泥砂浆体，然后传递到周围岩土层中，从而形成端部承压式锚索的受力体系。回收时，通过张拉回收索，使回收锚具失去锚固作用，钢绞线等构件即可拔出，达到回收的目的。回收锚具是LTRA可回收锚索的重要组成部分，结构构成如图2所示。

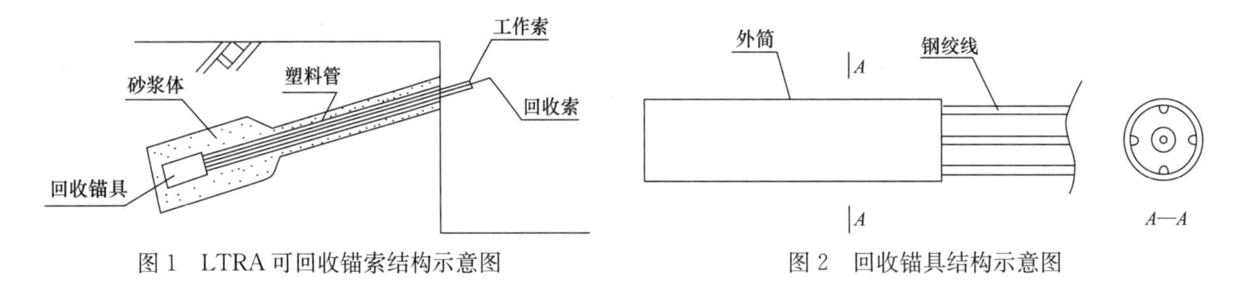

图1　LTRA可回收锚索结构示意图　　图2　回收锚具结构示意图

2　LTRA可回收锚索试验

在进行LTRA可回收锚索现场试验之前，在室内，我们曾多次对二索、三索、四索回收锚具进行回收模拟试验，多次试验全部成功，证明回收锚具工作原理是成功的。为验证前面所述LTRA可回收锚索的可行性，曾于广东省南海某边坡支护工程中，作2根的现场试验，试验场地位于剥蚀残丘脚下，原地形被人工开挖，开挖坡面较陡，约60°～80°，需采取支护措施，设计支护方案为喷锚支护。开挖后，出露于坡面上的地层有砂岩残积土，泥岩全风化，砂岩全风化等，岩性不太

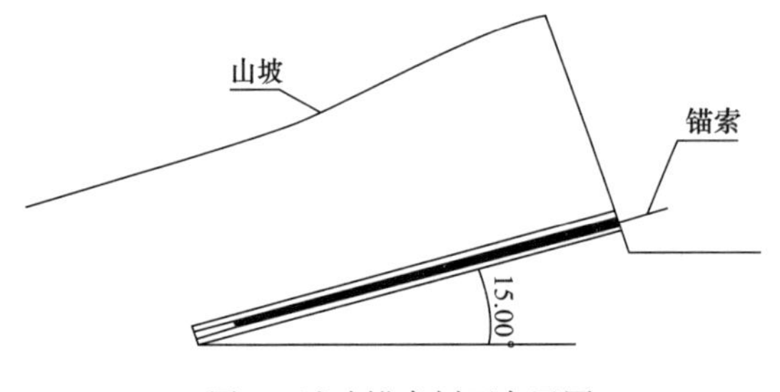

图3　试验锚索剖面布置图

均匀。试验地形及锚索布置如图 3，试验可回收锚索有关参数如表 1 所示。

可回收锚索有关参数表 **表 1**

锚索号	钢绞线数	锚固体直径/mm	塑料管外径/mm	砂浆强度/MPa	锚固体长度/m	锚索倾角/(°)	锚索抗拔力值 kN
1	2	180	75	30	10	15	366
2	2	180	75	30	15	15	366

2.1 LTRA 可回收锚索张拉回收

锚索施工完成 37 天后，进行张拉回收试验。张拉时采用 OVM YCW 100-200 型千斤顶进行，用游标卡尺测读数据，试验结果如下：

1 号锚索试验：张拉荷载达 432kN 并持荷 30min，锚头位移稳定，具体读数如表 2 所示，荷载-位移曲线如图 4 所示。

1 号锚索张拉回收试验记录表 **表 2**

张拉荷载/kN	油压表读数/MPa	测定时间/min	孔口锚头位移读数/mm			备注
36	1.92	5	31.10			张拉前读数 27.94
90	4.72	5	37.85			
180	9.4	5	56.14			
270	14.07	5	77.90			
360	18.74	10	94.81	94.60	94.62	5min 读数一次
432	22.47	15	111.18	111.71	111.84	5min 读数一次
		15	112.00	111.64	111.84	5min 读数一次

锚索张拉荷载 $F=432$kN 时，钢绞线伸长值：$L_1=111.84-27.94=83.9$mm 钢绞线弹性伸长值：

$$L_2=\frac{FL}{AE}=\frac{432000\times 9600}{139\times 2\times 18\times 10^4}=82.88\text{mm}\approx L_1=83.9\text{mm}$$

说明回收锚具基本上没有产生位移。

1 号锚索回收时，放松张拉千斤顶后，张拉回收索，然后再次张拉千斤顶，回收锚具的回收部分从外筒内退出时，压力表读数约 0.5～2MPa，相当张拉荷载为 8.6～37.5kN。当回收锚具完全解除锚定状态后，改用人工将锚索轻易地拔出孔口（图 5）。

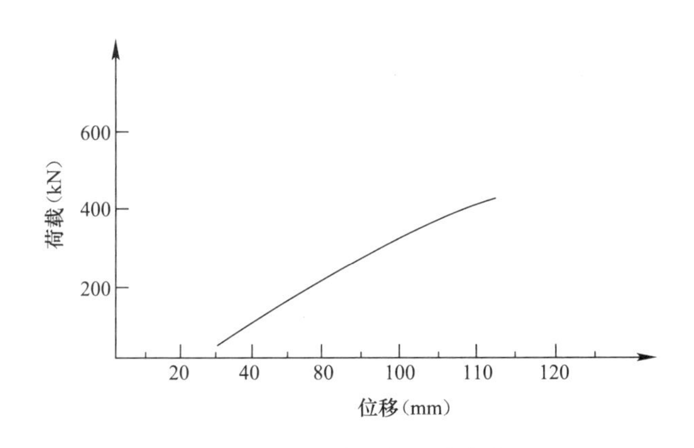

图 4 1 号锚索张拉试验曲线图

图 5 人工将锚索拔出回收

2 号锚索张拉试验记录表 **表 3**

张拉荷载/kN	油压表读数/MPa	测定时间/min	孔口锚头位移读数/mm	备注
0	0—0.5		150	千斤顶回油后重新张拉
36	1.92	5	44.5	
90	4.72	5	52.71	

续表

张拉荷载/kN	油压表读数/MPa	测定时间/min	孔口锚头位移读数/mm		备注
180	9.40	5	75.73	75.63	
270	14.60	10	109.09	112.0	
360	18.74	10	142.02	142.15	
432	22.47	15	200.50		钢绞线断裂、卸载

锚索张拉荷载 $\Delta F=360-36=324\text{kN}$ 时，钢绞线伸长值：

$$L_1 = 142.15 - 44.5 = 97.65\text{mm}$$

钢绞线弹性伸长值：

$$L_2 = \frac{FL}{AE} = \frac{324000 \times 149600}{139 \times 2 \times 18 \times 10^4} = 96.86\text{mm} \approx L_1 = 97.65\text{mm}$$

可以看出回收锚具基本上没有产生位移。2 号锚索回收情况与 1 号锚索基本相同，回收顺利。

2.2　试验结果评价

1 号锚索张拉时，最后持荷 1.2 倍设计荷载达 30 分钟，比规范规定的锚杆张拉验收试验要求的持荷时间多一倍，锚索位移仍保持稳定。2 号锚索张拉到设计荷载 F 值时是保持稳定的。回收过程中，当用千斤顶将回收锚具解除锚定状态后，锚索可用人工轻易拔出，回收速度快。从 1 号、2 号锚索张拉回收情况看，回收锚具工作性能好，回收后，回收锚具未见明显挤压变形。

3　LTRA 可回收锚索经济粗略分析

LTRA 可回收锚索技术中，除塑料管及回收锚具的外筒外，其余的都可回收，回收锚具其余部分可多次重复使用，保护好的钢绞线可重复使用 1～3 次。通过对 LTRA 可回收锚索与普通锚索作比较，两者的成本基本相当。

圆形截面预应力钢筋混凝土悬臂式支护桩的分析与应用

刘力英[1] 莫海鸿[2] 曹 洪[2]
(1. 广州市市政工程设计研究院 510060；2. 华南理工大学建筑学院土木工程系 广州 510640)

【提 要】从悬臂式支护桩的受力特征和预应力钢筋混凝土的工作原理出发，对圆形截面预应力钢筋混凝土悬臂式支护桩的截面特征、强度和构造措施进行分析，推导出单侧配筋公式，提出配筋的合理角度以及极限抗弯强度与桩径的关系。通过工程实例，证实了悬臂式预应力支护桩既可以节省钢筋用量，又可以控制桩顶位移。

【关键词】圆形截面 预应力钢筋混凝土 悬臂式支护桩

一、前 言

文献［1］提出了预应力筋应用到悬臂式支护桩的思想，但只推导了圆形截面单侧配置预应力钢筋的配筋公式和设计计算图表，没有详细讨论合理配筋角度，算例中没有准确计算桩的变形，也没有应用到实际工程中。从悬臂式支护桩的受力特征和预应力钢筋混凝土的工作原理出发，对圆形截面的悬臂式预应力支护桩的截面特征、强度和构造措施进行分析，推导现行规范[2]下的配筋公式，讨论合理的配筋角度和桩的极限抗弯强度，并应用到实际工程中。

二、悬臂式预应力混凝土支护桩分析

1. 构件受力特征和预应力原理

对于悬臂式挖孔灌注桩，支护桩可视为悬臂式受弯构件[1,3]，只受土压力作用，弯矩是定向的，桩身向开挖面弯曲变形，邻土一侧受拉，如图1所示。因此，可只在邻土一侧配置受力钢筋，若配置预应力筋，则应该是直线形的。支护桩在同样荷载作用下配置预应力筋的数量比普通钢筋的少，而且适当的预压力可使桩顶位移控制在限值范围内。

2. 截面特征

为了尽量发挥预应力筋的作用，可以考虑在配筋角度内不均匀布置钢筋，离中和轴越远处，配筋越多。图1（d）为配筋角度范围内均匀配筋，图1（e）为配筋角度范围内不均匀配筋。只有当荷载弯矩较大，桩径较大，所需的预应力筋较多的时候，非均匀配置方式才能节省预应力筋。

3. 强度分析

（1）截面一侧均匀配置预应力筋的计算公式计算简图见图1（a），根据文［2］，［6］推导出以下配筋公式

$$\frac{\alpha\alpha_1 f_c A_c}{2\pi}\left(1-\frac{\sin\alpha}{\alpha}\right)=A_p\sigma_{pu} \tag{1}$$

$$M\leqslant\frac{2}{3}\alpha_1 f_c A_c R\frac{\sin^3(\alpha/2)}{\pi}+2A_p\sigma_{pu}\frac{R_s}{\alpha_s}\left(\frac{\alpha_s}{2}\right) \tag{2}$$

式中 α_1 为系数，当混凝土强度等级不超过C50时，取1.0，当混凝土强度等级为C80时，取0.94，其间按线性内插法确定；R 为圆形截面半径；R_s 为预应力筋重心所在圆周的半径；A_c 为圆形截面面积；A_p 为全部预应力筋的截面面积；σ_{pu} 为预应力筋的极限应力[1]，对有粘结预应力筋取 f_{py}，对无粘结筋取 $0.9f_{py}$，f_{py} 为抗拉强度设计值；α 为对应于受压区混凝土截面面积的圆心角（rad）；α_s 为对应于预应力钢筋分布范围的圆心角（配筋角度，rad）；当 $\alpha_s=\pi/2$ 时，式（2）可简化为

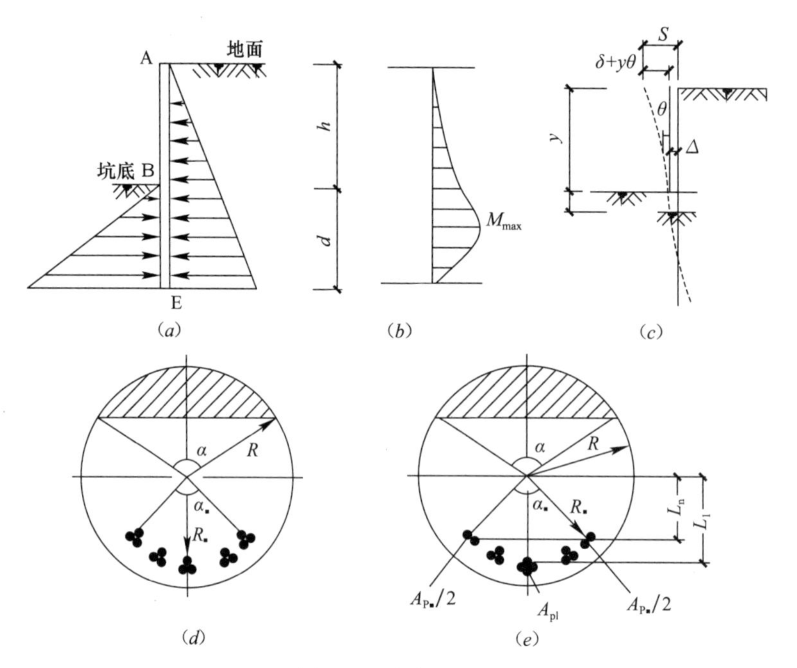

图1 悬臂式支护桩

(a) 土压力分布图；(b) 弯矩图；(c) 变形图；(d) 均匀配筋；(e) 不均匀配筋

$$M \leqslant \frac{2}{3}\alpha_1 f_c A_c R \frac{\sin^3(\alpha/2)}{\pi} + 2\sqrt{2} A_p \sigma_{pu} \frac{R_s}{\pi} \tag{3}$$

其中 M 为弯矩设计值。

(2) 截面一侧非均匀配置预应力筋计算公式计算简图见图 1 (b)，根据文［2］，［6］可推导出配筋公式 (1) 及相对应的算式

$$M \leqslant \frac{2}{3}\alpha_1 f_c A_c R \frac{\sin^3(\alpha/2)}{\pi} + \sigma_{pu} \sum_{t=1}^{\pi} A_{pi} L_i \tag{4}$$

式中 $A_p = \sum A_{pi}$，L_i 为对应于 A_{pi} 的抵抗力臂。

(3) 单侧配筋的合理角度直径为 1.2m 圆形截面在弯矩为 2000kN · m 作用下，在受拉侧配置预应力筋时，所需的 ϕ^j15.24(1×7)预应力钢绞线面积与配筋角度关系曲线如图 2 所示。从图中可见，曲线的整体趋势是上升的，但在 90°范围内较缓，超过 90°后曲线变陡，即张角越大，配筋面积增加得越快。可见配筋角度越小，所需的钢筋面积越少，但考虑到钢筋布置需要一定的距离，配筋角度不宜很小，经统计分析，把张角控制在 90°左右是比较合理的。

(4) 不同直径截面的极限抗弯强度分别以 C25，C30，C35 混凝土圆形截面支护桩，在受拉侧 90°范围内均匀配置预应力钢绞线（每束 3 根 ϕ^j15.24，间距为 200mm）为例计算极限抗弯强度，得到图 3 所示曲线。

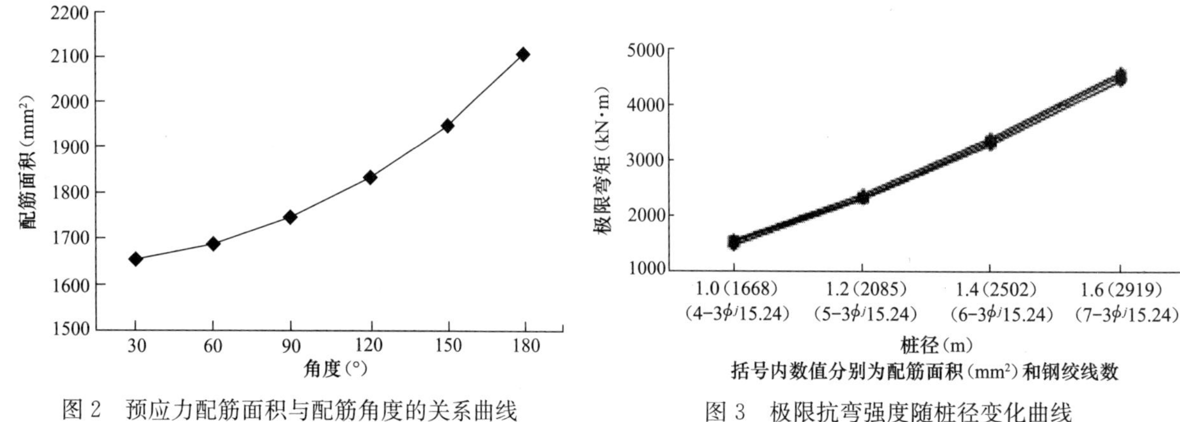

图 2 预应力配筋面积与配筋角度的关系曲线

图 3 极限抗弯强度随桩径变化曲线

从曲线图可以看出，随着支护桩截面的增大，桩所能承受的极限弯矩明显增大，但随着混凝土强度的提高，桩所能承受的极限弯矩增加很少（三条曲线基本重合）。因此，当需要承担较大弯矩时，可以考虑增大桩的截面，另外也可以考虑增加每束钢绞线的根数。

值得注意的是，很多时候支护桩的配筋量往往不由强度控制，而由变形控制，即需要通过调整预应力筋的多少来控制桩顶位移。

4. 构造措施

在预应力支护桩中一般配置无粘结预应力钢绞线，采用后张法施工。无粘结预应力混凝土中，外荷载作用引起的预应力筋的变化全部由锚具承担[7]。钢绞线无粘结预应力筋常采用夹片式锚具作为张拉端，采用挤压锚具作为非张拉端，并配置螺旋钢筋。但对于支护桩，若嵌固深度较大，并且桩底距离桩身弯矩最大处截面仍有足够的距离，可不采用机械锚具作为非张拉端，而剥掉桩底一定长度范围内的套管，清除无粘结筋的防护涂料，使钢绞线与浇注的混凝土形成粘结而作为非张拉端。当然，混凝土必须有足够的粘结强度才能形成可靠的锚固。钢绞线与混凝土的粘结长度根据有粘结预应力筋锚固长度 l_a 决定，l_a 按现行混凝土结构设计规范[2]式（9.3.1-2）计算

$$l_a = \alpha \frac{f_{py}}{f_t} d \tag{5}$$

式中：l_a 为受拉钢筋的锚固长度；f_{py} 为预应力钢筋的抗拉强度设计值；f_t 为混凝土轴心抗拉强度设计值；当混凝土强度等级高于 C40 时，按 C40 取值；d 为钢筋的公称直径；α 为钢筋的外形系数。

桩身除了配置预应力筋外，仍需要根据最小配筋率（0.42%）沿周边均匀配置钢筋笼的竖向构造钢筋[8]，保护层不应小于 50mm。箍筋宜采用 ϕ6～8 螺旋筋，间距一般为 200～300mm，每隔 1500～2000mm 应布置一根直径不小于 12mm 的焊接加强箍筋，以增加钢筋笼的整体刚度，有利于钢筋笼的吊放。

三、计 算 实 例

东莞某基坑开挖深度为 8m，土层参数见表 1，采用人工挖孔灌注桩，直径 1.0m，桩距 1.1m，超载 q=48kN/m。基坑三侧周边空旷，采用悬臂式普通钢筋混凝土支护桩，另一侧有邻近建筑物，必须严格控制该侧桩顶位移，故采用悬臂式预应力钢筋混凝土支护桩。

经计算分析，桩嵌固深度为 7m，最大弯矩设计值为 905kN · m。

1. 配筋计算

土层参数 **表 1**

层号	土类型	厚度（m）	重度（kN/m³）	黏聚力（kPa）	内摩擦角（°）	比例系数 m（MN/m⁴）
①	素填土	1.2	18.0	10.0	15.0	4.00
②	黏性土	7.0	18.0	26.0	23.0	10.88
③	强风化岩	7.3	20.0	45.0	36.0	26.82

支护桩采用 C25 混凝土，f_c=11.9N/mm²；当采用 HRB335 级普通钢筋时，f_y=300N/mm²；当采用预应力钢绞线 ϕ^j15.24（1×7）时，f_{ptk}=1860N/mm²，f_{py}=1320N/mm²，单根钢绞线公称面积为 139mm²。采用以下两种配筋方案。

（1）单侧配置普通钢筋按基坑工程手册[8]，结合现行规范[2]计算得，A_s=3774.7mm²，配置 8⌽25（A_s=3928mm²），如图 4（a）所示。

（2）单侧配置预应力筋按式（1），（2）计算得 A_p=953.2mm²，配置 3-3ϕ^j15.24（A_p=1251mm²），如图 5（b）所示。

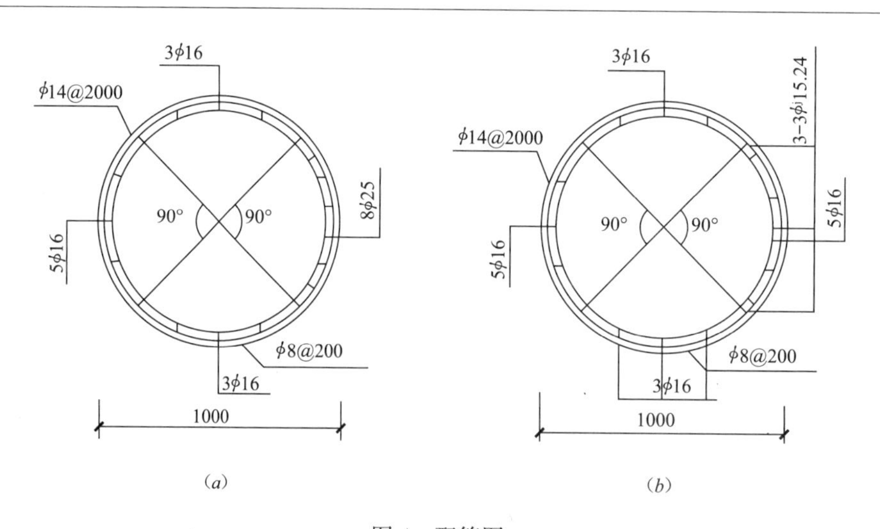

图 4　配筋图

(a) 单侧配置普通钢筋；(b) 单侧配置预应力筋

2. 变形计算

图 5 桩顶位移计算简图根据基坑工程手册[8]的附录"弹性地基梁 m 法计算表"计算桩顶位移，比例系数 $m=26.82\text{MN/m}^4$，计算简图见图 5，$l_0=8.0\text{m}$，$h=7.0\text{m}$，经计算，$q_1=14.2\text{kN/m}$，$q_2=54.6\text{kN/m}$。

（1）当配置普通钢筋时，桩顶的 $H_A=0$，$M_A=0$，经计算得桩顶位移 $x_A=37.4\text{mm}$。

（2）当配置预应力钢绞线时，桩顶 $H_A=0$，$M_A=-M_{pe}$。其中 M_{pe} 为预应力钢绞线引起的有效偏心弯矩，经计算得 $M_{pe}=505.5\text{kN}\cdot\text{m}$，桩顶位移 $x_A=12.2\text{mm}$。

该基坑工程预应力支护桩试验区的测斜数据见图 6，可看出平均桩顶位移为 11.9mm；另对采用普通钢筋混凝土支护桩的非试验区测得平均桩顶位移为 35mm。计算值与实测值接近。

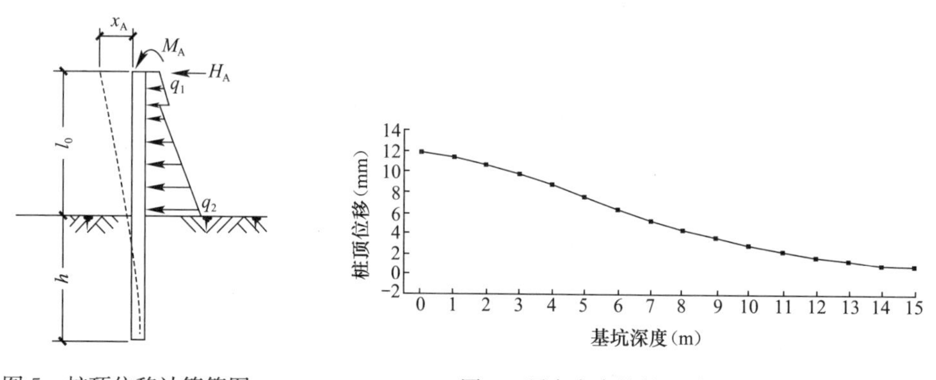

图 5　桩顶位移计算简图　　　　图 6　预应力支护桩试验区的测斜数据

3. 两种方案比较

两种方案的比较见表 2。可见，受拉侧采用预应力钢绞线，用钢量减少 27.2%，位移减少 23.1mm。当然，相对于普通钢筋混凝土支护桩，预应力支护桩在施工上增加一些工作量（钢绞线放置、张拉等），但由于用钢量减少，因而并不会因增加工作量而增加工程造价，并且它能控制桩顶位移的优点是悬臂式普通钢筋混凝土支护桩无法比拟的。

两种方案的配筋和桩顶位移比较　　　　**表 2**

方案	实际配筋	钢筋截面面积（mm²）	桩顶位移（mm）
单侧配置普通钢筋	8Φ25+11 Φ16	6139	35.0
单侧配置预应力钢绞线	$9\phi^j1524+16$ Φ16	4467	11.9

四、结　　语

（1）在桩的受拉侧配筋，其配筋角度控制在90°左右比较合理；桩的极限抗弯强度与混凝土强度等级关系不大，而随桩径的加大明显增加。该结论也适用于圆形截面普通钢筋混凝土受弯构件。

（2）在悬臂式支护桩中配置预应力筋，既可提高桩身强度，又可减小桩顶位移。在基坑开挖深度较大或土质条件较差的条件下，可代替内支撑或锚杆的作用，既不影响邻近建筑物，又不影响基坑开挖和基坑中作业，支护结构也不伸入到邻近区域。

参考文献（References）

[1] 孙宝俊，殷惠光. 圆形截面单侧配筋预应力钢筋混凝土支护桩的配筋计算. 建筑结构，1998，(3).
[2] 混凝土结构设计规范（GB 50010—2002）. 中国建筑工业出版社，2002.
[3] 陈忠汉，程丽萍. 深基坑工程. 机械工业出版社，1999.
[4] 杜拱辰. 现代预应力混凝土结构. 中国建筑工业出版社，1998.
[5] 王祖华，陈眼云等. 混凝土与砌体结构. 华南理工大学出版社，1992.
[6] 蓝宗建，梁书亭，孟少平. 混凝土结构设计原理. 东南大学出版社，2002.
[7] 谢尊渊，郭正兴，叶作楷. 建筑施工（第三版）. 中国建筑工业出版社，1998.
[8] 刘建航，侯学渊等. 基坑工程手册. 中国建筑工业出版社，1997.

观光塔边坡的稳定性分析与治理措施

莫海鸿[1]　朱玉平[2]

（1. 华南理工大学 土木工程系，广东 广州　510640；2. 广东省地质勘查局勘察施工管理处，广东 广州　510080）

【摘　要】 分析了观光塔边坡的失稳破坏机制，并应用不确定性方法对该边坡进行了稳定性分析，结果表明，坡脚陡倾岩层是阻止该边坡继续滑移的有利因素，地下水是控制该边坡稳定的主导因素。最后，基于机制分析提出了针对性的治理措施。

【关键词】 边坡；机制分析；稳定性分析；治理措施

1　工程概况

1.1　工程概况

广州某豪苑小区三面环山，中间为人工湖泊，住宅群分布于人工削坡的坡脚位置，边坡坡度 35°～45°，坡高 70～130m，坡面为人工种植林。2001 年 7 月，该区连下暴雨，小区北侧和东北两侧边坡相继发生滑塌。东北侧边坡自坡顶向坡脚滑动，并在坡体中下部形成隆起和横向裂缝，边坡有从坡脚剪切滑出的趋势，直接威胁到坡脚的建筑群（图 1）。由于适值雨季，需马上决定要不要采取加固措施和采取何种有效的加固措施。

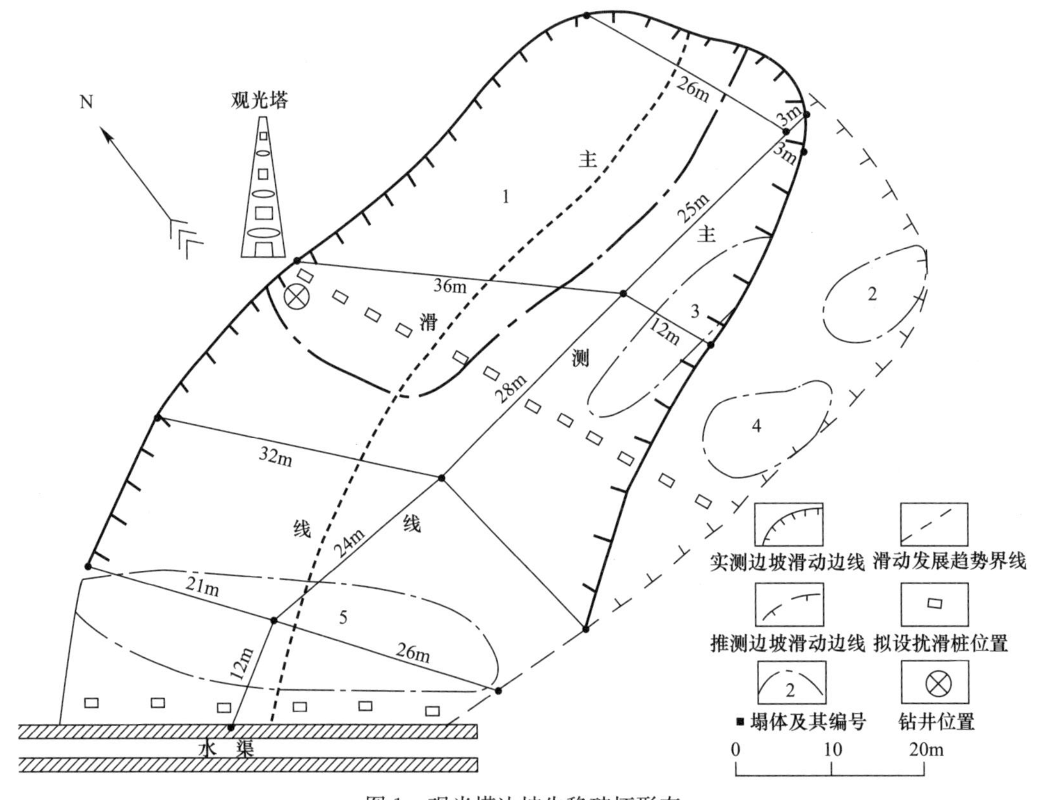

图 1　观光塔边坡失稳破坏形态

Fig. 1　The failure and sliding plane form of Sighting Tower slope

1.2 地层结构特征

滑区勘查和取样调查分析结果表明，滑坡区内构造简单，岩层为石炭系地层组成的单斜构造层，区内无明显的断裂构造。滑坡区地层自上而下为第四系残坡积层（Q_{el}）和石炭系孟公坳组（$C1_{ym}$）：

（1）第四系残坡积层：由于该边坡为人工开挖后形成的边坡，因此第四系残坡积层不发育，只在边坡山脊分水岭处发育，以松散状、硬塑状黄色黏土为主，局部夹强风化岩石碎块，厚度 20～60cm。植物根系发育。

（2）石炭系孟公坳组：上部为灰白色强—中风化厚层状中—细粒石英砂岩，厚层—中厚层块状构造。薄片镜下鉴定结果表明岩石的碎屑矿物成分主要为石英，少量白云母，泥质物填充；下部为中厚层状—薄层状紫红色泥质粉砂岩与棕红色粉砂质泥岩互层，中间为相对较为软弱的灰色片理化泥质粉砂岩和泥岩，岩层产状 280°～300°∠28°～45°，层理构造发育。区内发育 350°∠70°，102°∠61°和 222°∠67°三组典型节理。

1.3 边坡形态特征

边坡总体走向 225°，边坡坡度：上部约 35°，下部 42°，坡高约 80m（图 1）。

边坡后缘：位于坡顶，可见平直拉裂面，顺边坡走向连续总长 30 余米；后缘滑移水平距离 10～16m，垂直距离 10 余米。

边坡前缘：坡脚无滑移，边坡中下部隆起，并见沿边坡走向的不连续水平裂缝；边坡下部树木外倾。

边坡边缘：滑动带左侧受 350°∠70°的节理组控制，右侧总体受坡脊控制；滑动带中部宽 66m。滑动深度：据边坡钻孔揭露分析，滑动带上部滑动深度约 10m，下部滑动深度约 22m。

2 边坡滑动破坏过程与机制分析

通过对边坡岩层结构和边坡形态特征进行分析，因岩层倾向与坡面倾向基本一致，该边坡是典型顺层边坡；根据钻探资料分析，泥质粉砂岩、泥岩层有明显挤压破碎迹象，由于片理化泥质粉砂岩、泥岩为相对软弱层，强度低，遇水软化，因此上部中厚层状石英砂岩沿着该软弱层发生了顺层滑动；根据已发生滑动破坏的边坡形态分析，由于边坡后缘有顺边坡走向连续总长达 30 余米的平直拉裂面，坡脚无滑动，边坡中下部隆起，有不连续水平裂缝，树木外倾，也可以推断边坡已产生了顺层滑动，因坡脚受阻而产生了隆起和开裂。因此，该边坡的形成和滑动破坏经历了如下过程：

（1）在长期的内外动力地质引力作用下，自然斜坡通过坡形调整而达到其原始平衡状态，见图 2（*a*）。

（2）自然斜坡因人工开挖坡脚，边坡系统原有的平衡状态被破坏。但边坡岩体通过自身应力调整，总体上仍能维持开挖后的暂时稳定，见图 2（*b*）。

（3）边坡开挖完成，边坡坡面岩体在以自重应力为主的坡体应力作用下，具有向临空方向缓慢而持续蠕滑的趋势，同时由于边坡开挖卸荷，使边坡表层岩体沿层面的“面接触”脱离而成“点接触”，使结构面的总粘聚力降低，岩体在层面上的剪应变累计起来，在顶部形成拉裂；另一方面，由于边坡开挖卸荷、边坡的直接暴露和长期的风化作用导致表层岩体产生张拉裂隙，坡顶的拉裂和坡面发育的张拉裂隙为降雨下渗提供了直接通道，石炭系孟公坳组较为软弱的灰色片理化泥质粉砂岩和泥岩遇水浸泡，力学性质大大降低，边坡岩体下滑力接近或超过软弱层（层面）的长期抗剪强度，从而导致上覆岩层沿该软弱层（层面）产生顺层滑动，在边坡后缘产生平直拉裂面，而在滑动带下部，由于在坡脚部位滑动受阻，因此，产生挠曲隆起和开裂，见图 2（*c*）。从边坡应力状态变化的角度来分析，边坡岩体已完成两种应力状态的调整：一是应力椭圆由垂直过渡到倾斜，最大主应力平行于坡面，最大剪应力与坡面的夹角愈近坡面愈小；二是在坡脚处形成应力集中。

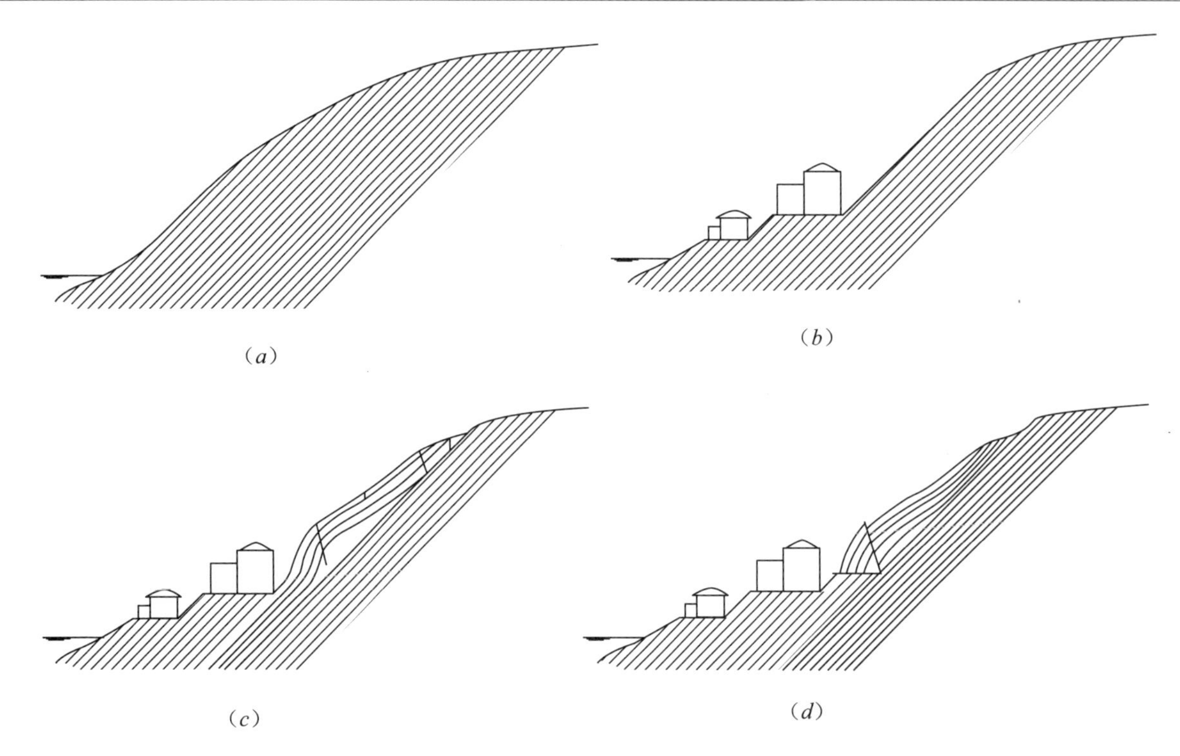

图 2　观光塔边坡滑动失稳过程分析

Fig. 2　Analysis schematic diagram of Sighting Towerslope′s sliding

(*a*) 原始边坡；(*b*) 人工开挖坡角；(*c*) 边坡滑移弯曲；(*d*) 边坡剪切滑移

由上述分析可以发现，边坡的顺倾结构特征与坡脚开挖为边坡蠕滑提供了应力条件与几何边界条件；而软弱层面的存在是该顺层边坡蠕滑的物质基础；坡脚陡倾岩层是阻止该边坡继续滑移的有利因素。

3　基于不确定性方法的边坡稳定性分析

边坡安全系数是影响边坡稳定性各因素的函数，为了确定边坡安全系数的分布函数，理论上必须找出影响边坡稳定性的各因素的分布形式。但在实际工程中，要找出全部影响因素的分布形式是不可能的，也是没有必要的，边坡稳定性可靠性计算中最关心的是哪些数据离散性大，但对稳定性计算结果影响又非常重要的参数。因此，边坡的几何参数，如坡角、坡高可以取为定值。室内试验结果统计分析表明，岩体重度的变异性较小，根据文献［2］，重度对边坡破坏概率的影响相对内聚力的内摩擦角较小，本文在可靠性计算中将岩体重度 γ 也视为常量。

边坡稳定性计算采用基于 Monte Carlo 模拟的改进 Sarma 法，并通过自编 Fortran 程序 SP2K 计算实现。分析计算流程见图 3。

计算数据通过野外调查和室内试验获得的。选取内聚力和内摩擦角为基本变量，并认为二者是相互独立的变量[1]，其主要统计量见表 1。

该边坡在不同饱水状态下的安全系数均值 λ_F 和破坏概率 P_f 计算结构详见表 2。图 4 直观地反映了安全系数均值 λ_F 和破坏概率 P_f 随边坡饱水状况的变化关系。

计算结果表明，当边坡地下水水位低，排水疏干比较理想时，边坡安全系数虽然小于 1.2，但边坡失稳的破坏概率尚小，在这种情况下，边坡稳定尚有保证，但当边坡地下水水位较高时，边坡失稳的破坏概率将达 30%以上，工程上是根本不能接受的，该边坡若不进行加固治理，受暴雨影响，极有可能破坏失稳，因此，必须采取治理措施。

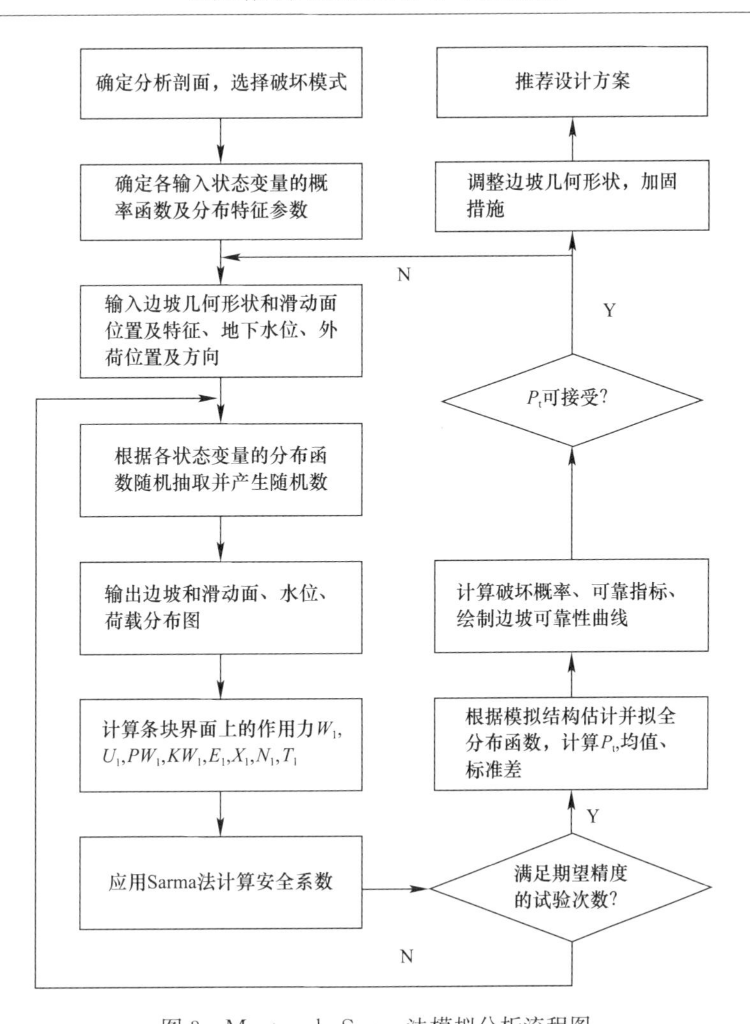

图 3　Mont carlo-Sarma 法模拟分析流程图

Fig. 3　The flow diagram of Mont carlo-Sarma approach

边坡稳定性计算强度参数统计表　　表 1

Strength parameters used in analysis of slopestability　　Table 1

类型	内聚力		内摩擦角	
	μ_c/kPa	σ_c	μ_ϕ/(°)	σ_ϕ
岩体	320	10.0	28	3.6
滑面	50	2.5	18	2.2

边坡稳定性计算结果　　表 2

Results calculated of slope stability　　Table 2

饱水程度 w/%	模拟次数 N	破坏概率 p_f/%	安全系数均值 μ_F	定值法计算安全系数 F
0	200	0.80	1.1549	1.1487
20	3000	5.97	1.0919	1.0868
40	9000	29.36	1.0285	1.0248
60	9000	75.07	0.9669	0.9650
80	9000	93.18	0.8943	0.9091
100	10000	94.75	0.8402	0.7621

由于边坡暴露在自然环境中，影响边坡坡体饱水程度的主要因素是降雨。图 4 所示的计算结果表明：边坡地下水水位的增加除了能降低边坡的安全系数外，还导致边坡的破坏概率显著成倍增加。对 20%和 40%两种饱水情况进行比较，后者安全系数只降低了约 6.2%，但破坏概率却增大了约 5 倍。这就说明了为什么边坡破坏失稳往往伴随暴雨或在暴雨之后发生：暴雨导致大量雨水渗入到坡体内，边坡

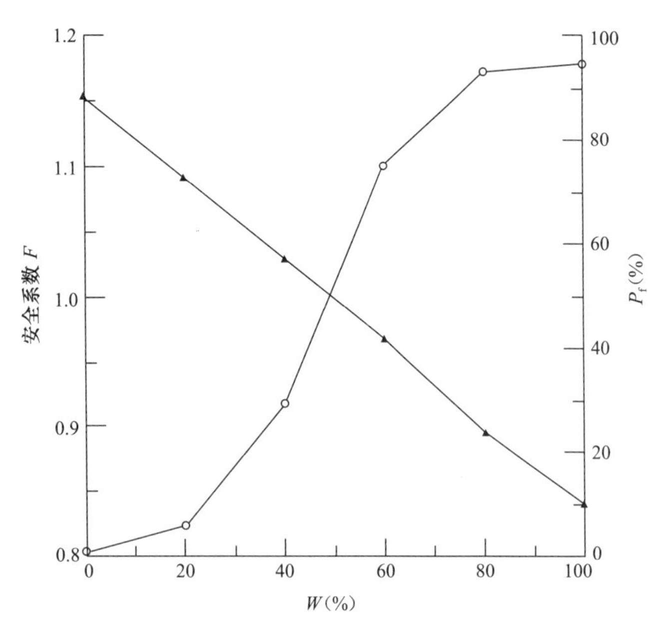

图 4　安全系数与破坏概率

Fig. 4　The factor of safety and failure probability

地下水水位显著升高，边坡的破坏失稳概率成倍增加。

从边坡破坏失稳机制上总体分析：暴雨造成大量雨水直接入渗到坡体，坡体地下水水位升高，使边坡裂隙水压力和孔隙水压力升高，有效应力降低，浮托力增加，降低滑动面上的法向应力，并导致抗滑力降低。地下水水位的增加一方面使滑动力增加，另一方面又使抗滑力降低，从而，大大增加了边坡破坏失稳的可能性。

对 20%和 40%两种饱水情况进行比较，安全系数分别为 1.09 和 1.03，数值上二者很接近，但后者的破坏可能性是否也与前者很接近呢？仅对安全系数数值的大小进行比较是无法得出正确结论的。而应用上述可靠性计算结果，后者的破坏概率达到了 29.36%，约为前者的 5 倍。可见，用破坏概率比用安全系数作为评价指标能更客观、定量地反映边坡的安全性，因而，也更具有实用价值。

另外，由图 4 可以看出，安全系数 $F=1$ 时，相应的破坏概率为 50%，从安全系数的定义来分析，此时滑动力等于抗滑力，边坡处于临界平衡状态，与预计值相同。

从上述分析可以发现，该边坡目前的稳定是基于坡脚岩层的约束，挠曲的最终破坏是受岩体的抗拉和抗折强度决定的，一旦折断破坏，岩层就会发生突然的剧烈滑动，其后部顺层滑移，前缘沿弯折破碎带剪出，坡体发生整体破坏而直接威胁坡脚的建筑群。而稳定性计算结果表明，大气降水沿松散破碎的坡面大量入渗，将大大增加边坡失稳破坏的可能性，因此，在目前的情况下，地下水就成了控制该边坡稳定的主导因素。

4　边坡治理措施分析

应该说，边坡治理是针对边坡岩体自身所存在的某些缺陷而采取的工程措施，边坡治理必须应尽量避免对岩体产生新的破坏或扩大其原有的缺陷，以减小治理工程的难度和节省费用。观光塔边坡的失稳破坏机理是层状岩体在自重作用下沿层面滑移，在坡脚位置滑动受阻而隆起，失稳破坏的前提是坡脚岩层折断并与原滑动层面形成完整的剪切滑移面，从而，形成整个坡体的滑动失稳。

通过上述机制分析与稳定性计算，可以得出观光塔边坡治理的方向性结论：（1）该边坡必须立即治理；（2）坡体前缘的陡倾岩层是阻滑段，因此，采用常规的坡体前缘设抗滑桩的治理方式是不适宜的；（3）根据文献［3］的研究结论，该单斜构造边坡的加固治理宜优先采用锚固措施。

5　结　　语

由于岩体结构的高度复杂性、岩土力学参数的不确定性、边坡边界条件的模糊性、影响因素的多样性、可变性以及人类认识问题的局限性，岩石边坡稳定性分析迄今为止仍很不成熟，因此，基于边坡失稳破坏机制分析，进行概念设计仍然是很有必要的。上述观光塔边坡加固的措施中仅从技术角度进行了方向性探讨，实际工作中尚需进一步考虑经济和社会等方面的因素，因为岩质边坡加固和治理本身就是一项综合性的系统工程。

参考文献（References）

[1] 祝玉学. 边坡可靠性分析［M］. 马鞍山：冶金工业出版社，1993. 50-51.
[2] 姚振武，陈世伟. 土坡稳定可靠性分析［J］. 岩土工程学报. 1994. 16（2）：80-87.
[3] 朱玉平. 软岩边坡系统的稳定性研究［D］. 广州：华南理工大学，2004. 58-63.

基坑支护桩结构优化设计

莫海鸿[1]　周汉香[1]　赖爱平[2]

（1. 华南理工大学 建筑学院土木工程系，广东 广州　510640；2. 广州市自来水公司设计室，广东 广州　510160）

【摘　要】采用弯曲剪切扭转有限元模式计算圈梁，采用杆系有限元增量法分析支护桩。通过变形协调条件求解二者的相互作用，以各工况开挖深度、各支撑施工位置和圈梁截面为优化变量，以支护桩变形曲线面积建立优化目标，研究了多支点支护结构中圈梁和施工工艺的优化准则，并通过复合形法求解，形成了比较完整的支护桩结构优化设计体系。

【关键词】支护桩结构；圈梁；施工工艺；复合形法；最优化设计

1　前　　言

深基坑支护结构优化设计具有显著的技术经济意义，国内以往的研究主要基于等值梁法基础上的支护体系的经济性优化分析[1]。不精确力学模型基础上的优化分析是粗糙的，在变形控制成为深基坑支护设计主要考虑因素的情况下，有必要首先从计算模型入手，采用能考虑施工全过程的杆系有限元增量法进行结构优化分析[2]。在该法中，通常将圈梁作为安全储备，计算时不考虑其作用。这种状况一方面使得圈梁作用机理不清晰，从而圈梁的设计缺乏指导与依据；另一方面，可能使得支护桩偏于不安全。本文采用弯剪扭有限元模式计算圈梁，采用杆系有限元增量法计算支护桩，在地层损失法的基础上[3]，根据施工工况，分别独立优化圈梁截面和施工工艺（开挖与支撑位置），根据变形协调条件计算圈梁效应并协调二者的优化，形成以支护桩变形曲线面积为基础的优化模型并由复合形法求解，实现对支护桩结构的优化设计。

2　圈梁效应计算模型

设基坑某边边长为 L，支护桩数量为 n，取第 i 根考察。在任一工况，设第 i 根桩的桩顶位移为 U_i，转角为 θ_i，是由土压力 E_i、圈梁对桩的水平力 T_i、弯矩 M_i 共同作用下产生的。假设桩是线弹性的，则由叠加原理得到

$$U_i = U_i(\mathrm{E}_i, \mathrm{T}_i, \mathrm{M}_i) = U_{\mathrm{E}_i} - \delta^U_{\mathrm{PT}ii} T_i - \delta^U_{\mathrm{PM}ii} M_i \tag{1}$$

$$\theta_i = \theta_i(\mathrm{E}_i, \mathrm{T}_i, \mathrm{M}_i) = \theta_{\mathrm{E}_i} - \delta^\theta_{\mathrm{PT}ii} T_i - \delta^\theta_{\mathrm{PM}ii} M_i \tag{2}$$

式中　U_{E_i}，θ_{E_i} 分别为不考虑圈梁作用时，土压力单独作用下桩顶在垂直轴线方向发生的水平位移和转角；$\delta^U_{\mathrm{PT}ii}$，$\delta^\theta_{\mathrm{PT}ii}$ 分别为桩顶作用单位水平力，桩顶在垂直轴线方向发生的水平位移和转角；$\delta^U_{\mathrm{PT}ii}$，$\delta^\theta_{\mathrm{PT}ii}$ 分别为桩顶作用单位力矩时，桩顶在垂直轴线方向发生的水平位移和转角。以上效应系数采用增量法计算[2]。

在任一工况，设 n 根桩对圈梁作用的水平力分别为 T_1，T_2，…，T_n，扭转力矩分别为 M_1，M_2，…，M_n。在水平力和扭矩的作用下，圈梁发生弯剪扭变形。圈梁一般采用矩形截面，它具有 2 个对称轴，截面形心与扭转中心重合。圈梁扭转变形和弯剪变形可看作相互独立，可以分别计算。由叠加原理，圈梁在第 i 点处产生的水平位移和扭转角分别为

$$U_i = \sum_{j=1}^{n} \delta^U_{\mathrm{B}ij} T_j \tag{3}$$

$$\theta_i = \sum_{j=1}^{n} \delta_{Bij}^{\theta} M_j \tag{4}$$

式中 δ_{Bij}^{U} 为第 j 个单位水平力（$T_j=1$）单独作用下，圈梁在第 i 点产生的水平位移；δ_{Bij}^{U} 为第 j 个单位扭矩（$M_j=1$）单独作用下，圈梁在第 i 点产生的扭转角。本文采用 3 节点铁摩辛柯梁单元计算圈梁的弯曲和剪切变形，采用 2 节点扭转单元计算圈梁的扭转变形[4]。土压力空间分布及其他基本假定则仍采用文献[5,6]建议的模式。

由变形协调原理，在第 i 点处，桩顶位移与圈梁水平位移，桩顶转角和圈梁的扭转角相等，即

$$U_{E_i} - \delta_{PTii}^{U} T_i - \delta_{PMii}^{U} M_i = \sum_{j=1}^{n} \delta_{Bij}^{U} T_j \tag{5}$$

$$\theta_{E_i} - \delta_{PTii}^{\theta} T_i - \delta_{PMii}^{\theta} M_i = \sum_{j=1}^{n} \delta_{Bij}^{\theta} T_j \tag{6}$$

移项并整理成矩阵形式为

$$AT + BM = U \tag{7}$$

$$CM + DT = \theta \tag{8}$$

式中 T，M 分别为待求的水平力矩阵和扭矩矩阵；其他为对应的已知系数矩阵。由于 B，D 为对角阵，应优先考虑。经矩阵运算后，得

$$T = [D - CB^{-1}A]^{-1}(\theta - CB^{-1}U) \tag{9}$$

$$M = B^{-1}U - B^{-1}AT \tag{10}$$

求出桩顶水平力 T 和力矩 M 后，即可分别代入支护桩和圈梁模型进行计算分析。

3 同步优化基本思路

地层损失法的基本理论认为[3]，支护结构变形量与开挖面的隆起量及非开挖侧的沉降量之间存在相关性。据此建立多支点支护桩结构优化模式，即支护桩变形曲线面积最小的方案对周围环境影响最小，并作为基本优化目标。假定初步方案已知，开挖步数与支撑数量满足一撑一挖模式，即支护桩刚度、嵌固深度、开挖步数与支撑数量、支撑刚度与预应力等已知，需要优化计算的是各步开挖深度、各支撑位置和圈梁截面尺寸。

优化模式的待求参数与优化目标间不存在显函数关系式，且无导数信息可以利用并为一个有约束的非线性离散变量优化问题。因此采用复合形法（complex method）进行求解[7,8]。计算难点在于：①为保证优化解的精度，支护桩单元长度应尽可能小，有限元运算量大；②变量数目较多，以 4 步开挖 3 道支撑为例，加上圈梁长宽，共 9 个，而现有的任何约束非线性优化解法，尚无法有效地解决如此多变量的优化问题，计算效率将明显受到制约；③由圈梁计算模型求得的支护桩和圈梁之间的相互作用力，对支护桩而言，在增量法计算模式中，该法求得的是各工况作用于桩顶的附加荷载，称之为附加荷载法。

由式（9）可知，计算时各工况均有多项矩阵求逆过程，运算量大，因此难点是如何处理众多的优化变量。首先将支护桩结构分为圈梁和施工工艺两个部分，分别研究其优化方法，优化计算时侧重于保证有限元精度。其次，对施工工艺优化，当考虑圈梁效应时，将圈梁等效为一个支撑弹簧和一个扭转弹簧，参与支护桩计算，称之为附加刚度法。一般结构计算对应的是基坑边的中部桩，因此可以由圈梁计算模式求出圈梁对应位置的抗推（侧移）和扭转柔度系数，取其倒数作为支撑弹簧和扭转弹簧的刚度 K_{bh} 和 $K_{b\theta}$。最后，通过圈梁效应联系二者。

若研究表明，不考虑和考虑圈梁效应得到相同的施工工艺优化解，不考虑和考虑施工工艺优化得到相同的圈梁截面优化解，相同计算参数下，附加荷载法和附加刚度法得到相同的支护桩计算结果。则此先分解后综合的方法可以有效地优化降维，实现圈梁截面和施工工艺的同步优化。

4 圈梁优化设计

将求解出的各桩顶的水平力和弯矩作为荷载，代入圈梁弯剪扭模型进行圈梁结构计算。设梁宽为 b，梁高为 h，桩径为 d。

计算表明，在其他条件不变时，随着圈梁刚度增加，支护桩变形逐步减少，但刚度超过一定数值后，变形趋于稳定，而圈梁内力则继续增加，且计算出的截面内力分布呈现显著的区域性。因此，其截面优化设计应着重：①优化目标是变形曲线面积值趋于收敛，以选择合适的截面，将圈梁分段，根据内力包络值分段配筋；②规范中的受扭计算公式，只适用于平衡扭矩，而本文模型所求得的是附加扭矩，由于圈梁一般满足 $b/h<6$ 的条件且计算表明圈梁以弯剪变形为主，扭转变形占一定的比例，本文仍参照平衡扭矩方法考虑；③基坑施工通常采用分段分块开挖，基坑计算边长是动态调整的，这对圈梁优化设计必然会产生影响。本文采用改变计算模型中参与计算的支护桩数量的方法对此进行研究。

实际工程中，圈梁截面（$b\times h$）组合有限。本文取 $b=(1.0\sim2.0)$d，循环增量为 $0.1d$，$h=(0.3\sim1.0)b$，循环增量为 0.1b。组合数量可以满足工程需要。本文以支护桩变形稳定，即最后工况支护桩变形曲线面积值收敛为目标函数，逐一计算圈梁截面组合。对收敛对应的截面，采用弯剪承载力进行截面校核。若满足在经济配筋率范围内，则取之为最优截面，并按同步优化思路，比较施工工艺优化前和优化后的圈梁优化截面。对悬臂支护桩结构，只有圈梁起唯一调整作用，则优化时还要综合考虑支护桩配筋减少与圈梁配筋增加、所允许的支护桩最大变形量、经济配筋率等因素。

5 施工工艺优化设计

5.1 优化目标

优化目标是支护桩变形曲线面积值 A 最小。分 3 种情况：

目标 1，在初步方案下，实现对周围环境的扰动最小，即支护桩变形曲线面积值 A 最小。

目标 2，当地基条件较好时，探讨能否通过优化计算减少一道或多道支撑，可以结合信息化施工反演分析以指导此设计。

目标 3，在深厚软土地基中，在满足抗隆起验算和开挖侧土弹簧未全部屈服（摩尔-库伦准则）的极限条件下，比较增加支撑与增加嵌固深度两方案，作出优化设计。

5.2 约束条件

设撑锚数量为 n 道，则施工总工况为 $2n+1$ 步。

（1）几何约束[2]

单步开挖深度值 C_{min}，C_{max}，如机械开挖时，单步开挖深度通常需要大于 4m；支撑开挖相互约束值 Δ1，支撑位置在相应的开挖步深度范围内变化，距离开挖面要保证施做的需要；支撑与主体结构约束值 Δ2，支撑与地下室楼板、梁的施工要互不干扰；支撑间约束值 Δ3，一般上下层支撑间距人工挖土时宜大于 3m，机械挖土时宜大于 4m。

（2）变形约束[3]

参照有关规程，由基坑变形控制保护等级决定，如特级时，取围护桩允许最大水平位移 $[\delta]=0.14\%H_c$，H_c 为基坑开挖总深度。

（3）内力约束

支护桩刚度已知，可以通过限制抗弯抗剪配筋率 ρ_b 和 ρ_v 确定支护桩的允许承载力 $[M]$ 与 $[V]$，并以之考虑经济性。对撑锚，通过屈曲和弯压计算确定允许承载力，建立如下数学模型：

目标函数

$$\min A_j \quad j=2n+1 \tag{11}$$

约束条件

$$\max\delta_i \leqslant [\delta] \quad i=1,2,\cdots,2n+1 \tag{12}$$

$$\max M_i \leqslant [M] \quad i=1,2,\cdots,2n+1 \tag{13}$$

$$\max V_i \leqslant [V] \quad i=1,2,\cdots,2n+1 \tag{14}$$

$$\max N_{ij} \leqslant [V] \quad i=1,2,\cdots,n; j=1,2,\cdots,2n+1 \tag{15}$$

$$h_{pi}+\Delta_1 \leqslant h_{ci} \quad i=1,2,\cdots,n \tag{16}$$

$$\Delta_1 \leqslant |h_{pi}-h_{fi}| \quad i=1,2,\cdots,n \tag{17}$$

$$C_{\min} \leqslant h_c(i+1)-h_{ci} \leqslant C_{\max} \quad i=1,2,\cdots,n \tag{18}$$

$$\Delta_1 \leqslant h_{pi}-h_{p(i-1)} \quad i=1,2,\cdots,n \tag{19}$$

$$|H_c-h_{ci}| \leqslant E_L \quad i=n+1 \tag{20}$$

式中 A 为变形曲线面积积分值；δ，M，V 分别为支护桩位移、弯矩、剪力值；N 为支撑轴力值；方括号内为允许限值；h_p，h_c，h_f 分别为支撑、开挖、楼板的位置，E_L 为有限元桩单元计算长度，本文取 0.2m。复合形法求得的变量连续解代入有限元计算前必须取为 E_L 的倍数。

5.3 优化设计过程

优化计算时，随着变量和约束的增多，复合形法的计算效率显著降低，尤其是约束数比变量数更制约寻优效率。此外同任何其他约束直接搜索法一样，该法也存在着无法证明收敛于全局最优的问题。为解决这两个问题，采用如下策略：根据式（18），可以预计可能的开挖组合相对而言是有限的，通过调整 $C_{\min}$ 和 $C_{\max}$ 来实现；求出所有开挖组合后，即可只以支撑为待优化变量，循环对每一组合用复合形法优化计算支撑位置；同时，将变形、内力约束（隐约束）与目标函数相结合，与几何约束（显约束）相分离。显然即使求得的为局部最优解，由于有很多种开挖组合，因此可以求出足够多的可选优化方案。按照不同目标的要求选择可选方案中最好的一种，作为最后的优化方案。从而一方面大为减小待优化变量和显约束数量，另一方面较好地解决了局部最优问题。计算图示见图 1，具体计算过程如下：

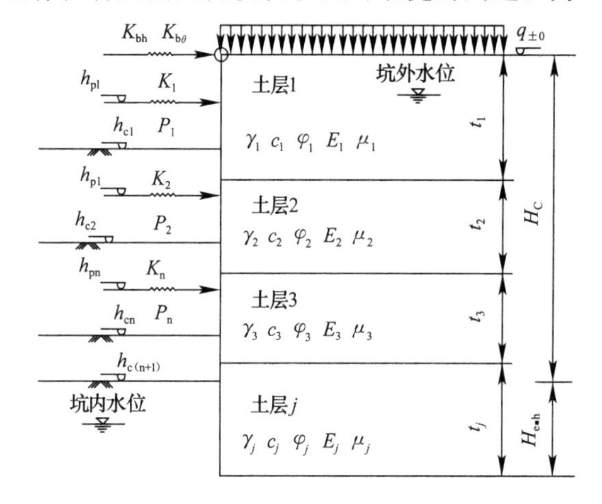

图 1　施工工艺优化计算图示

Fig. 1　The optimal calculation of construction

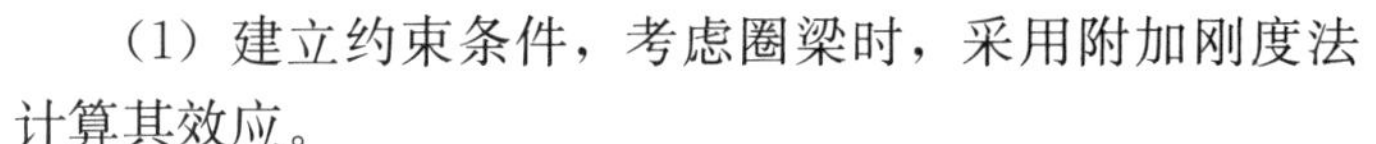

（1）建立约束条件，考虑圈梁时，采用附加刚度法计算其效应。

（2）运用穷举计算所有可能的开挖组合数，对每一组合计算以下（3）～（7）。

（3）用增量法计算各工况；检查所有的约束条件，对满足约束者计算挠曲线与初始轴线间的总变形面积。

（4）将面积分为开挖段与嵌固段两部分，考虑各种因素作适当的修正并模拟沉降面积和隆起面积。

（5）根据最后工况支护桩变形面积最小的原则，采用复合形法寻找每一开挖组合下最优支撑位置。

（6）循环（2）～（5）。

（7）输出最终优化结果。

（8）改变开挖工艺，减少支撑数量，结合信息化施工反演分析，重复（1）～（7），探讨减少支撑的可行性，进行目标 2 的优化分析。

（9）根据最后工况变形面积最小和开挖侧被动区土弹簧全部屈服的极限条件以及抗隆起计算的要求，重复（1）～（8），探讨深厚软土层情况下，增加嵌固深度与增加支撑数量两种方案的可行性，进行目标 3 的优化分析。

（10）改变初步方案中已知条件，选择优化目标，重复（1）～（10），直至得到需要的优化解。

6 算 例

某采用挖孔桩加两道锚杆支护基坑，初步方案和地质参数见文献[9]。按照本文优化方法，进行圈梁和施工工艺优化设计，并验证同步优化方法的可行性。

最后工况各输出表中，p 表示桩，b 表示圈梁，M，V，N，T 分别表示弯矩、剪力、轴力、扭矩最大值，A 表示变形曲线面积值，δ 表示桩身最大位移，圈梁两端边界取为固定。约束条件为$[\delta]=0.3\%H_c=28.8\text{mm}$，$\Delta_1=0.0\text{m}$，$\Delta_3=3.0\text{m}$，承载力限值为$[N]=720\text{kN}$，$[M]=1400\sim1600\text{kN}\cdot\text{m}$，$[V]=800\sim1000\text{kN}$。目标 1 时取 $C_{\min}=2.0\text{m}$，$C_{\max}=5.0\text{m}$。还考虑了减少一道锚杆的方案，在目标 2 时取 $C_{\min}=4.0\text{m}$，$C_{\max}=6.0\text{m}$。

根据支护桩变形曲线面积收敛这一判据，初步方案下（见表 1，未考虑施工工艺优化）圈梁优化解为 $b=1.0d$，$h=0.3b$。同理，在目标 1 优化施工方案下（见表 2），圈梁优化解仍为 $b=1.0d$，$h=0.3b$。表 3 表明，目标 1 实现，目标 2 由于轴力和弯矩超出限值而没有优化解，所得的施工工艺优化解见后 5 列，考虑和不考虑圈梁效应差别很小。表 4 给出在求得的优化圈梁截面下考虑圈梁效应时，支护桩采用附加荷载和附加刚度法计算的比较。表 5 给出初步方案时，不同基坑边长下圈梁效应的差异。

初步施工方案下不同圈梁截面的支护桩和圈梁计算 **表 1**

The calculated output of different ring beam section before optimization **Table 1**

b/d	h/b	$A_p/(10^{-1}\text{m}^2)$	$M_P/(\text{kN}\cdot\text{m})$		V_P/kN		N_1/kN	N_2/kN	$M_b/(\text{kN}\cdot\text{m})$		V_b/kN		$T_b/(\text{kN}\cdot\text{m})$	
			正值	负值	正值	负值			正值	负值	正值	负值	正值	负值
1.0	0.3	1.108	788	661	561	491	652	506	234	379	141	80	21	0.5
1.0	0.4	1.098	787	655	561	488	651	505	282	499	171	112	36	0.2
1.0	0.5	1.084	785	647	563	485	648	504	329	614	201	142	52	0.1
1.1	0.3	1.098	787	654	561	488	651	505	301	545	173	116	29	0.2
1.1	0.4	1.075	786	642	565	483	647	504	366	710	213	157	48	0.2

优化施工方案下不同圈梁截面的支护桩和圈梁计算 **表 2**

The calculated output of different ring beam section after optimization **Table 2**

b/d	h/b	$A_p/(10^{-1}\text{m}^2)$	$M_P/(\text{kN}\cdot\text{m})$		V_P/kN		N_1/kN	N_2/kN	$M_b/(\text{kN}\cdot\text{m})$		V_b/kN		$T_b/(\text{kN}\cdot\text{m})$	
			正值	负值	正值	负值			正值	负值	正值	负值	正值	负值
1.0	0.3	0.649	879	1281	649	372	543	515	214	103	128	16	26	3.9
1.0	0.4	0.645	873	1298	651	370	543	515	256	149	155	30	44	6.6
1.0	0.5	0.637	870	1311	653	368	542	514	298	193	181	43	63	9.5
1.1	0.3	0.644	872	1295	650	369	543	515	272	157	156	30	35	4.8
1.1	0.4	0.631	870	1315	653	367	541	513	332	219	192	46	59	8.0

考虑与不考虑圈梁效应下施工工艺优化解与支护桩输出 **表 3**

The calculated output of the optimal construction and soldier pile with and without ring beam **Table 3**

项目	δ/mm	$A_p/(10^{-1}\text{m}^2)$	$M_P/(\text{kN}\cdot\text{m})$		V_P/kN		N_1/kN	N_2/kN	h_{c1}/m	h_{c2}/m	h_{c3}/m	h_{p1}/m	h_{p2}/m
			正值	负值	正值	负值							
原设计	21.03	1.60	591	1085	550	561	697	540	2.6	6.6	9.6	2.0	6.0
优化目标 1b	8.09	0.64	927	1352	693	372	543	508	2.2	5.0	9.6	0.0	3.2
优化目标 1	17.71	0.95	1395	912	562	486	547	574	2.2	5.0	9.6	0.2	3.2
优化目标 2b	16.45	2.42	1231	957	701	492	936	—	4.2	9.6	—	2.8	—
优化目标 2	37.27	4.14	1031	1863	710	528	999	—	4.2	9.6	—	2.8	—

注：1b，2b 表示采用圈梁优化截面 $b=1.0d$，$h=0.3b$ 后的结果，1，2 表示不考虑圈梁作用的结果。

初步方案下附加荷载法与附加刚度法圈梁效应的比较　　表 4

The comparison of ring beam effect obtained from load and stiffness method　　Table 4

方法	δ/mm	$A_p/(10^{-1}m^2)$	$M_P/(kN \cdot m)$		V_P/kN		N_1/kN	N_2/kN
			正值	负值	正值	负值		
荷载法	10.5	1.23	8.11	722	565	509	666	506
刚度法	9.2	1.11	788	661	561	491	652	506
（百分比）	(88%)	(90%)	(97%)	(92%)	(99%)	(97%)	(98%)	(99%)

初步方案下不同基坑边长下的圈梁效应的比较　　表 5

The comparison of ring beam effect with variable pit length　　Table 5

桩数/根	δ/mm	$A_p/(10^{-1}m^2)$	$M_P/(kN \cdot m)$		V_P/kN		N_1/kN	N_2/kN	$M_b/(kN \cdot m)$		V_b/kN		$T_b/(kN \cdot m)$	
			正值	负值	正值	负值			正值	负值	正值	负值	正值	负值
30	8.99	1.077	783	643	562	483	644	504	256	385	141	82	26	0.5
35	9.35	1.112	788	644	560	491	652	506	251	382	141	81	16	0.1
40	9.16	1.108	788	661	561	491	652	506	234	379	141	80	22	0.5
45	9.26	1.119	790	667	561	493	655	506	234	379	141	79	27	0.1

7 结　语

(1) 将多支点支护桩结构体系优化设计分成施工工艺和圈梁截面优化两部分，以支护桩变形面积为基础进行了初步研究，探讨了同步优化的必要性。算例表明，不考虑和考虑圈梁效应得到基本相同的施工工艺优化解，不考虑和考虑施工工艺优化得到相同的圈梁截面优化解，附加荷载法和附加刚度法得到基本相同的支护桩计算结果。同步优化思路是可行的，能够有效解决优化变量和约束过多的难题，但所提的同步模式的严密性有待理论上的进一步论证。

(2) 所提出的圈梁和施工工艺优化方法与策略能够有效地对支护桩结构进行系统性的优化设计，优化策略能够较好地发挥复合形法（或其他直接搜索法）的求解优势，使该模型适用于支撑数目不大于 5 道的优化问题。模型适用性广，改换该模型中的目标函数和约束函数，则适用于如内力最小等优化问题。

(3) 设计时宜考虑圈梁效应，对多支点支护，可以采用附加荷载或附加刚度法计算，结果相差不大；对悬臂支护结构，应按附加荷载法计算。如果不考虑圈梁效应，则支护桩宜按对称配筋，否则抗弯可能偏于不安全。杆系有限元增量法可以和圈梁效应相结合。优化圈梁设计将提高整个支护桩结构的安全性和经济性。

(4) 多支点支护时，圈梁效应与圈梁截面尺寸不存在线性递增关系，可以根据支护桩变形面积值收敛来优化截面设计。悬臂支护时，圈梁效应与圈梁截面尺寸存在近似线性递增关系，但圈梁内力亦持续增加，其优化设计要综合考虑各种因素，宜按控制变形量并使得支护桩和圈梁配筋在经济配筋率范围内来确定。

(5) 只考虑弯曲效应时，圈梁所受水平力偏小，求得内力亦偏小。圈梁内力分布呈现显著的区域性，受力以弯曲和剪切为主，扭转效应导致的剪力不大，宜计算和分段配筋。对封闭式圈梁，控制截面是圈梁两端，需采取相应的措施。

(6) 同一圈梁截面下，基坑计算边长短时的圈梁效应比计算边长长时显著。圈梁最大内力随基坑计算边长的增加而减小并趋于一恒定值，该临界边长值约为基坑开挖总深度的 5 倍。

参考文献 (References)

[1] 龚晓南，杨晓军，俞建霖. 基坑围护设计若干问题 [A]. 基坑支护技术进展，基坑工程学术讨论会论文集 [C].

建筑技术，1998（增刊）：94～101.
[2] YB 9258—97，建筑基坑工程技术规范［S］.
[3] 刘建航，侯学渊. 基坑工程手册［M］. 北京：中国建筑工业出版社，1997.212～217.
[4] 冯紫良，戴仁杰. 杆系结构的计算机分析［M］. 上海：同济大学出版社，1991.69～73.
[5] 曾庆义，刘明成. 支护桩圈梁的作用机理与计算分析［J］. 岩土力学，1995，16（2）：74～82.
[6] 曹俊平，平扬，等. 考虑圈梁空间作用的深基坑双排桩支护计算方法研究［J］. 岩石力学与工程学报，1999，18（6）：709～712.
[7] 薛履中. 工程最优化技术［M］. 天津：天津大学出版社，1988.
[8] 韦鹤平. 最优化技术应用［M］. 上海：同济大学出版社，1988.
[9] 王小文，钱春阳. 深基坑支护结构变形及内力有限元分析［A］. 广州地区岩土工程青年专家学术论坛文集［C］. 广州建筑，1999（增刊）：54～61.

悬臂支护结构嵌固深度的可靠性优化分析

周汉香　莫海鸿
（华南理工大学 建筑学院，广东 广州　510640）

【摘　要】在可靠性分析的基础上，提出了悬臂式支护嵌固深度的二阶矩优化设计方法，论证了重力式挡土墙和排桩支护结构嵌固深度设计的各自不同的控制因素。

【关键词】 惫嘴式支护；嵌固深度；可靠性穗定分析；最优化设计；二阶拒法

桩墙式支护挡土结构通常包括自立式（悬臂）、单层支锚式和多层支锚式三类。确定合理的嵌固深度对确保此类支护结构的稳定具有特别重要的意义。常规定值法设计要验算抗倾覆、抗滑移、抗隆起、抗管涌和土体整体稳定等条件。各项验算的最小安全系数不同，且同一项验算其安全系数取值也难以合理确定，因而需要反复繁杂的计算。从工程实践经验和定值土性参数计算的角度出发，对非软土地基在不考虑渗流时，已有文献[1,2]指出：悬臂式结构是依靠嵌固段提供抗力以保持稳定，因此应以抗倾覆条件控制，抗滑移、抗隆起和土体整体稳定一般均能满足要求，不必验算。其中重力式挡墙嵌固深度宜按整体稳定条件确定。定值法是以确定性的岩土参数加安全系数的概念来取代岩土本身所固有的随机性和模糊性。它主要存在两方面的问题：其一，按目前岩土工程勘察规范取得的岩土参数难以满足失效概率的要求，岩土空间分布不具有重复性，而实际勘探取样却很有限；其二，存在着具有相同安全系数的嵌固深度而实际安全度差距迥异的情况。考虑天然材料所固有的随机性、离散性和非确定性，本文拟用结构可靠性分析的一次二阶矩法，对非软土地基悬臂式支护嵌固深度的计算进行优化分析。

1　二阶矩公式

取功能函数 $g(\mathrm{x})=R(\mathrm{x})-S(\mathrm{x})$，$R(\mathrm{x})$，$S(\mathrm{x})$分别为抗滑力（或抗滑力矩）和滑动力（或滑动力矩），x 为土性参数。由悬臂式支护各验算条件的定值法分析模型，分别求得 $R(\mathrm{x})$、$S(\mathrm{x})$和极限状态方程 $Z=g(\mathrm{x})=R(\mathrm{x})-S(\mathrm{x})=0$ 的具体表达式，然后由一次二阶矩法，讨论各基本变量的参数分布和变异性情况，以之求解可靠度指标 β。根据 β 值来评判控制因素、确定嵌固深度。岩土随机场及空间变异分布已有较多研究成果。`参照文献［3，4］，本文只考虑 C，φ 的变异并按正态分布计算。以下各稳定验算的计算图式将土划分为基坑开挖以上（1）和以下（2）两区。为与定值分析相对应，采用各段土性参数加权平均的方法，在求得 C_1，φ_1，C_2，φ_2 的均值从 μ_{c_1}，μ_{ϕ_1}，μ_{c_2}，μ_{ϕ_2} 均方差 σ_{c_1}，σ_{ϕ_1}，σ_{c_2}，σ_{ϕ_2} 之后，即可代人下式求解可靠性指标 β

$$\mu_g = g(R,S)\mid_{(\mu_{c_1},\mu_{\phi_1},\mu_{c_2},\mu_{\phi_2})} \tag{1}$$

$$\sigma_g = \sqrt{\left(\frac{\partial g}{\partial C_1}\sigma_{C_1}\right)^2 + \left(\frac{\partial g}{\partial \phi_1}\sigma_{\phi_1}\right)^2 + \left(\frac{\partial g}{\partial C_2}\sigma_{C_2}\right)^2 + \left(\frac{\partial g}{\partial \phi_2}\sigma_{\phi_2}\right)^2} \tag{2}$$

$$\beta = \frac{\mu_g}{\sigma_g} \tag{3}$$

以下各验算公式推导中均有：K_{A1}、K_{A2} 分别为（1）区和（2）区主动土压力系数，K_{P2} 为（2）区被动土压力系数，F 为定值安全系数。

1.1　抗倾覆分析

对一般的排桩和地下连续墙支护结构，可以不考虑自重抵抗矩 M_w 的有利作用。对重力式挡土墙等结构，则必须考虑自重抵抗矩 M_w 的有利作用。

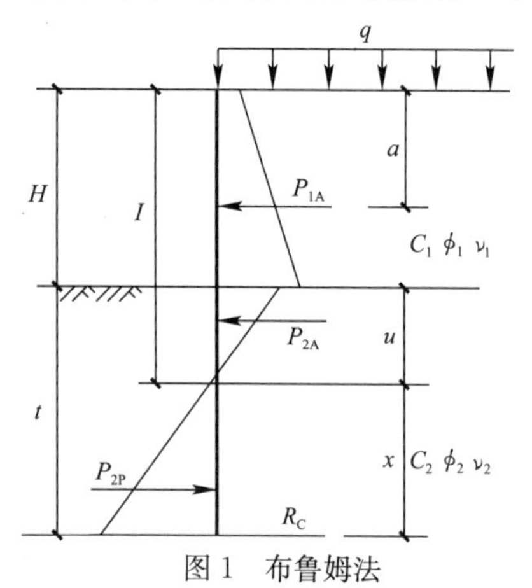

图 1　布鲁姆法

Fig. 1　Blum Method

（1）视嵌固段的土质状况，对一般土，考虑 C，φ 的作用，采用朗金土压力分布，根据 Blum 建议的计算方法[5]，求出支护结构的嵌固深度。其中 x 为零土压力点以下的嵌固长度。如图 1 所示。考虑可靠度分析的过程如下：

$$g(R,S)=P_{2P}\times\frac{x}{3}-P_{2A}\times\left(x+\frac{2u}{3}\right)-P_{1A}\times(L+x-a) \tag{4}$$

$$F=\frac{P_{2P}\times\frac{x}{3}}{P_{2A}\times\left(x+\frac{2u}{3}\right)+P_{1A}\times(L+x-a)} \tag{5}$$

P_{2P}，P_{2A}，P_{1A}，L，x，a，u 如图所示。其中：a 是 C_1，φ_1 的函数；L，u 是 C_2，φ_2 的函数；P_{1A}是 C_1，φ_1 的函数；P_{2A}是 C_2，φ_2 的函数；P_{2P}是 φ_2 的函数。公式推导从略。

$$\frac{\partial g}{\partial C_1}=-\frac{\partial P_{1A}}{\partial C_1}(L+x-a)+P_{1A}\frac{\partial a}{\partial C_1} \tag{6}$$

$$\frac{\partial g}{\partial \phi_1}=-\frac{\partial P_{1A}}{\partial \phi_1}(L+x-a)+P_{1A}\frac{\partial a}{\partial \phi_1} \tag{7}$$

$$\frac{\partial g}{\partial C_2}=-\frac{\partial P_{2A}}{\partial C_2}\left(x+\frac{2u}{3}\right)-P_{2A}\frac{2}{3}\frac{\partial u}{\partial C_2}-P_{1A}\frac{\partial L}{\partial C_2} \tag{8}$$

$$\frac{\partial g}{\partial \phi_2}=\frac{\partial P_{2P}}{\partial \phi_2}\frac{x}{3}-\frac{\partial P_{2A}}{\partial \phi_2}\left(x+\frac{2u}{3}\right)-P_{2A}\frac{2}{3}\frac{\partial u}{\partial \phi_2}-P_{1A}\frac{\partial L}{\partial \phi_2} \tag{9}$$

当 $qK_{A1}-2C_1\sqrt{K_{A1}}>0$，则

$$P_{1A}=\frac{1}{2}H[(r_1H+2q)K_{A1}-4C_1\sqrt{K_{A1}}] \tag{10}$$

$$a=\frac{3(qK_{A1}-2C_1)H^2+2r_1H^3K_{A1}}{6P_{1A}} \tag{11}$$

当 $qK_{A1}-2C_1\sqrt{K_{A1}}\leqslant 0$ 则

$$P_{1A}=\frac{1}{2}\left(H+\frac{q}{r_1}-\frac{2C_1}{r_1\sqrt{K_{A1}}}\right)[(r_1H+q)K_{A1}-2C_1\sqrt{K_{A1}}] \tag{12}$$

$$Z_0=\frac{1}{r_1}\left(\frac{2C_1}{\sqrt{K_{A1}}}-q\right) \tag{13}$$

$$a=\frac{2H+Z_0}{3} \tag{14}$$

（2）当嵌固段为软黏土时，则还考虑另外一种土压力分布模式，即在满足一定的约束条件的情况下，只考虑 C_2 的作用[6]，求出支护结构的嵌固深度。其中 x 为嵌固深度，如图 2 所示。约束条件为：$4C_2-(q+r_1H)\gg 0$，否则应采用（1）的模式计算。

$$g(R,S)=P_{2P}\times\frac{x}{2}-P_{1A}\times(H+x-a)+M_w \tag{15}$$

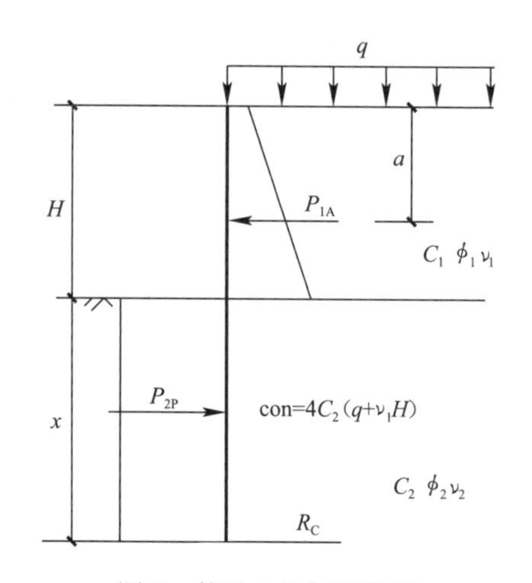

图 2　软黏土抗倾覆分析

Fig. 2　Resist over tuming analysis for soft clay

$$F=\frac{P_{2P}\times\frac{x}{2}}{P_{1A}\times(H+x-a)} \tag{16}$$

$$P_{2P}=[4C_2-(q+r_1H)]x \tag{17}$$

P_{1A}，$\frac{\partial g}{\partial C_1}$，$\frac{\partial g}{\partial \phi_1}$表达式同上，且有$\frac{\partial g}{\partial \phi_2}=0$

$$\frac{\partial g}{\partial C_2}=2x^2 \tag{18}$$

1.2 抗滑移分析

总体上与抗倾覆分析相对应，主要区别在于抗倾覆分析考虑力矩平衡，抗滑移分析考虑力平衡。后者一般要考虑自重 W 的作用。μ 为支护结构基底与土的摩擦系数。

（1）视嵌固段的土质状况，对一般土，考虑 C，φ 的作用，如图 3 所示。

$$g(R,S)=P_{2P}+\mu W-P_{2A}-P_{1A} \tag{19}$$

$$F=\frac{P_{2P}+\mu W}{P_{2A}+P_{1A}} \tag{20}$$

$\frac{\partial g}{\partial C_1}$，$\frac{\partial g}{\partial \phi_1}$参照 1.1（1）对应项去除（$L+x-a$）即可，且有

$$\frac{\partial g}{\partial C_2}=-\frac{\partial P_{2A}}{\partial C_2}+\frac{\partial P_{2P}}{\partial C_2}=2x(\sqrt{K_{P2}}+\sqrt{K_{A2}}) \tag{21}$$

$$\frac{\partial g}{\partial \phi_2}=-\frac{\partial P_{2A}}{\partial \phi_2}+\frac{\partial P_{2P}}{\partial \phi_2}=\frac{1}{2}x\left\{\sec^2\left(45+\frac{\phi_2}{2}\right)(2C_2+r_2x\sqrt{K_{P2}})-\sec^2\left(45-\frac{\phi_2}{2}\right)[2C_2-(2r_1H+2q+r_2x)\sqrt{K_{A2}}]\right\} \tag{22}$$

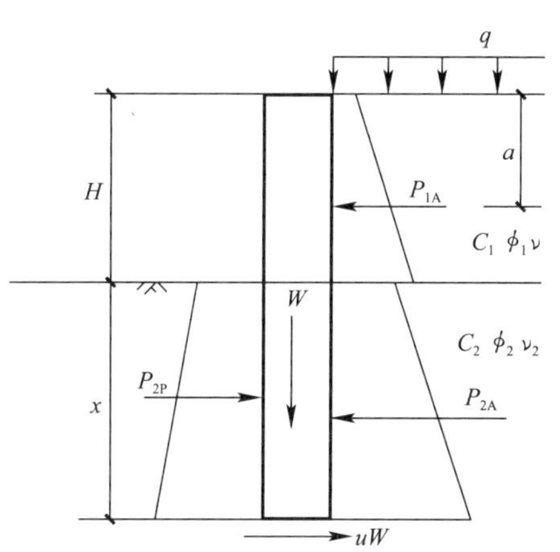

图 3 抗滑移分析

Fig3 Resist-silde analysis

（2）当嵌固段为软黏土时，约束条件同 1.1（2），否则应采用（1）的模式计算

$$g(R,S)=P_{2P}-P_{1A}+\mu W \tag{23}$$

$$F=\frac{P_{2P}+\mu W}{P_{1A}} \tag{24}$$

$\frac{\partial g}{\partial C_1}$，$\frac{\partial g}{\partial \phi_1}$或参照 1.1（1）应项去除（$L+x-a$）即可，且有

$$\frac{\partial g}{\partial \phi_2}=0,\quad \frac{\partial g}{\partial C_2}=4x \tag{25}$$

1.3 抗隆起分析

常用的抗隆起定值分析方法主要考虑的是软土。定值分析中，文献［7］建议对一般土，考虑 C，φ 的作用，采用 Prandtl-Terzaghi 方法。对中等强度土和软弱土，采用计入墙体入土段极限弯矩 M_h 作用的验算方法。在进行可靠性分析时，应采用能同时考虑 C，φ 参数影响的稳定验算方法。本文以上述方法为依据，建立抗隆起可靠性分析计算公式。

（1）Prandtl-Terzaghi 法：C，φ 为支护结构嵌固末端以下土的粘聚力和内摩擦角。$r_1>r_2$ 分别为非开挖侧和开挖侧土的容重。其中 x 为嵌固深度，如图 4 所示。

$$g(R,S)=(r_2xN_q+CN_c)-[r_1(H+x)+q] \tag{26}$$

$$N_q=\tan^2\left(45+\frac{\phi}{2}\right)e^{\pi\tan\phi} \tag{27}$$

$$N_c = \frac{N_q - 1}{\tan\phi} \tag{28}$$

$$F = \frac{(r_2 x N_q + C N_c)}{r_1 (H + x) + q} \tag{29}$$

$$\frac{\partial g}{\partial C} = N_c = \frac{\tan^2\left(45 + \frac{\phi}{2}\right) e^{\pi \tan\phi} - 1}{\tan\phi} \tag{30}$$

$$\frac{\partial g}{\partial \phi} = r_2 x \frac{\partial N_q}{\partial \phi} + \frac{\partial N_c}{\partial \phi} \tag{31}$$

（2）考虑墙体入土段极限弯矩 M_h 法：可靠性分析时，将土划分为基坑开挖以上和以下两段，如图 5 所示。则抵抗短相应的按此划分为两段。墙体入土段极限弯短 M_h 在可靠性分析中为常数，其值可由配筋计算设计。

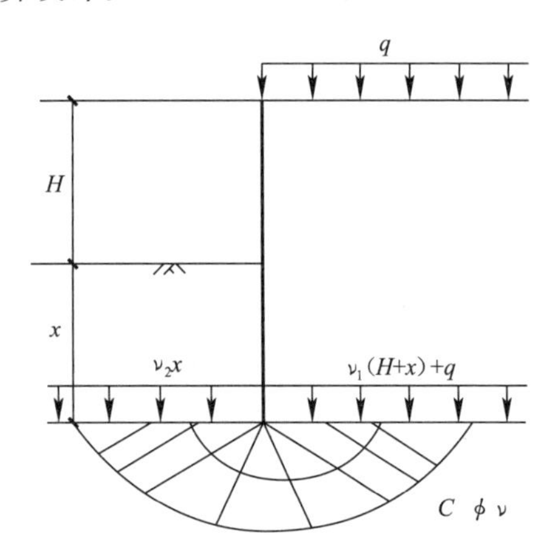

图 4 Prandtl-Terzghi 法

Fig. 4 Parndtl-Terzgih method

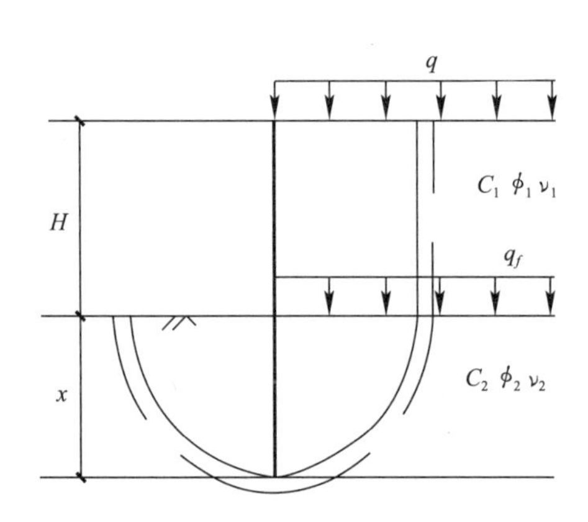

图 5 抵抗矩法

Fig. 5 Resist moment method

令

$$q_f = r_1 H + q, K_1 = \left(\frac{1}{2} r_2 H^2 + qH\right) x + \frac{2}{3} r_2 x^3, K_2 = \frac{1}{4} \pi q_f x^2 + \frac{4}{3} r_2 x^3$$

$$g(R, S) = M_R - M_S \tag{32}$$

$$M_R = \frac{1}{2} q_f x^2 K_{A1} \tan\phi_1 + C_1 H x_h + K_{A2} \tan\phi_2 K_1 + \tan\phi_2 K_2 + C_2 \pi x^2 + M_h \tag{33}$$

$$M_S = \frac{1}{2} q_f x^2 \tag{34}$$

$$\frac{\partial g}{\partial \phi_2} = K_1 \left[K_{A2} \sec^2\phi_2 - \sqrt{K_{A2}} \tan\phi_2 \mathrm{sce}^2\left(45 - \frac{\phi_2}{2}\right) \right] + K_2 \sec^2\phi_2 \tag{35}$$

$$\frac{\partial g}{\partial \phi_1} = \frac{1}{2} q_f x^2 \left[K_{A1} \sec^2\phi_1 - \sqrt{K_{A1}} \tan\phi_1 \sec^2\left(45 - \frac{\phi_1}{2}\right) \right] \tag{36}$$

$$\frac{\partial g}{\partial C_1} = Hx \tag{37}$$

$$\frac{\partial g}{\partial C_2} = \pi x^2 \tag{38}$$

1.4 整体稳定分析

（1）可靠性分析中，简化 Bishop 模型能够做到在运算量较小的前提下，达到采用更精确模型进行分析的精度[3]因此，对一般考虑 C，φ 的土，采用这一模型并结合基坑支护结构的实际，滑弧半径要求满足：圆心到支护结构嵌固末端的距离≤滑弧半径。均值和均方差，通过增加“土坡各几何特征点下各层的 C_i、ϕ_i、r_i”输入数据加权平均求得。式中各符号意义详见文献［8］。

$$g(R,S)=R-S=\sum_{i=1}^{n}\frac{1}{m_{ai}}\left[C_i b_i+\left(W_i\left(1\pm\frac{1}{3}K_H C_Z\right)-u_i b_i\right)\tan\phi_i\right]-\sum_{i=1}^{n}W_i\left(1\pm\frac{1}{3}K_H C_Z\right)\sin a_i+\sum_{i=1}^{n}K_H C_Z W_i\frac{l_i}{R} \tag{39}$$

$$\frac{\partial g}{\partial C_i}=\sum_{i=1}^{n}\frac{1}{m_{ai}}b_i \tag{40}$$

$$\frac{\partial g}{\partial \phi_i}=\sum_{i=1}^{n}\frac{1}{m_{ai}^2}\left\{\sec^2\phi_i\left(W_i\left(1\pm\frac{1}{3}K_H C_Z\right)-u_i b_i\right)m_{ai}-\left[C_i b_i+\left(W_i\left(1\pm\frac{1}{3}K_H C_Z\right)-u_i b_i\right)\mathrm{tg}\phi_i\right]\frac{\sin ai\times\sec^2\phi_i}{F_S}\right\} \tag{41}$$

(2) 对于软黏土，只考虑 C 的作用时，可以按照极限地基承载力的方法进行计算[7]

$$g(R,S)=\frac{1}{2}r_2xB^2+2.75CB^2-\frac{1}{2}[r_1(H+x)+q]B^2 \tag{42}$$

$$\mu_g=\frac{-1}{2}[r_1(H+x)+q]B^2+\frac{1}{2}r_2xB^2+2.75CB^2\ |_{\mu_C} \tag{43}$$

$$\sigma_g=\sqrt{\left(\frac{\partial g}{\partial C}\sigma_C\right)^2}=2.75B^2\sigma_C \tag{44}$$

以上公式中各参数符号意义详见文献 [7]。

2 算　例

工程 1：某悬臂单排桩基坑[9]，开挖深度 $H=6.3$m，地面超载 $q=20$kN/m，采用直径 1.0m 间距 1.1m 的悬臂钻孔灌注排桩支护。四层土，前三层厚度分别为 4.1，12.2 和 2.1m，第四层土以下很厚；重度均取为 18.0kN/m^3；C 分别为 10.0，9.10，11.9 和 31.1kPa；φ 分别为 15.0°，10.0°，16.8°和 17.9°。

工程 2：浙海大厦基坑[9]，采用双头水泥搅拌桩，直径为 0.7m，相互搭接 0.2m。桩位按格栅状布置为 9 排和 11 排。设计按重力式挡土墙计算，支护宽度 4.7m，开挖深度 $H=5.7$m，其中放坡 1m。地面超载 20kN/m，设计超载 $q=38$kN/m. 三层土，土层厚度分别为 1.16，13.93 和 1.89m；重度分别为 18.8，17.6 和 19.4kN/m^3；C 分别为 29.9，12.0 和 14.2kPa；φ 分别为 17.8°，13.5°和 28.9°。

排桩计算和挡土墙计算，其结果见表 1 和表 2。

排桩计算结果 **表 1**

The calculation results of soldier pile **Table 1**

抗倾覆			抗滑移			抗隆起			整体稳定		
t	β	F	t	β	F	t	β	F	t	β	F
12.70	−0.029	0.662	3.78	−0.019	0.840	3.15	0.0343	2.287	1.00	−0.913	0.873
13.33	−0.018	0.768	4.41	−0.006	0.947	4.41	0.0346	2.449	2.00	−0.913	0.873
13.96	−0.008	0.883	5.04	0.005	1.045	5.67	0.0348	2.580	3.21	−0.913	0.873
14.59	0.001	1.006	5.67	0.013	1.134	6.93	0.0349	2.688	3.22	1.405	1.399
15.22	0.008	1.138	6.30	0.020	1.216	8.19	0.0351	2.778	4.00	1.914	1.802

挡墙计算结果 **表 2**

The calculation results of retain wall **Table 2**

抗倾覆			抗滑移			抗隆起			整体稳定		
t	β	F	t	β	F	t	β	F	t	β	F
8.40	0.784	5.20	5.17	−0.027	0.93	2.35	0.345	1.60	0.30	3.025	1.564
8.87	0.778	5.16	5.64	−0.005	0.98	3.29	0.382	1.77	2.35	6.524	2.387

续表

抗倾覆			抗滑移			抗隆起			整体稳定		
t	β	F	t	β	F	t	β	F	t	β	F
9.34	0.774	5.12	6.11	0.018	1.04	4.23	0.407	1.91	4.70	7.004	2.623
9.18	0.770	5.10	6.58	0.039	1.09	5.17	0.424	2.02	7.05	8.130	2.889
10.28	0.768	5.09	7.05	0.061	1.14	6.11	0.437	2.12	9.40	9.369	3.263

3 结　论

(1) 嵌固深度增加，各种验算对应的可靠性指标β一般随着增加，这是与工程实践相一致的，从本质上讲，可靠性分析适用于考虑变异性，变异性越大，则β值越小。

(2) 整体稳定验算的简化 Bishop 模型对可靠性分析敏感：即对应不同安全系数的嵌固深度，存在嵌固深度彼此相差很小，而可靠性指标β却差异很大的突变情况。而其他三项验算对可靠性分析不敏感：一方面，β的值本身不大，另一方面，不存在嵌固深度彼此相差很小，而对应的可靠性指标β差异很大的突变情况。计算表明这一结论对变异性较小和变异性较大的情况都成立。对岩土等天然材料而言，当参数变异性小时，则定值法可靠性完全可以保证，过大的安全系数保证是多余的，当参数变异性大时，定值法可靠性未必能够保证，为此需要采用很大的安全系数。

(3) 在本文的基础上，可以$\beta\geqslant0$为依据进行悬臂式支护结构嵌固深度的可靠性优化设计。研究表明，采用-定区域范围内的按土层厚度拥权平均化的土性参数进行可靠性计算，$\beta\geqslant0$对应的优化设计嵌固深度是适合的。一般土质情况下，各项验算中，β值均有从正到负渐变的分布规律。因而只要四项验算指标$\beta\geqslant0$，即可满足可靠性分析的要求。这一判据简明扼要。显然在设计方法上可采用可靠性分析。

(4) 排桩支护，抗倾覆和整体稳定起控制作用。重力式支护结构，抗滑移和整体稳定起控制作用。之所以要考虑整体稳定分析，在于其验算还受各种因素，如坡角堆载、软弱夹层的影响，只考虑整体范围内的C，φ的变异是不够的。因此在分别满足抗倾覆与抗滑移$\beta=0$的嵌固深度下，验算整体稳定的β值，如果亦满足$\beta\geqslant0$，安全。否则，要增加嵌固深度，使二者均满足$\beta\geqslant0$。

(5) 对重力式支护结构，其材料、自重和尺寸会对抗倾覆和整体稳定产生很大的影响。重力式支护结构的嵌固深度的优化控制因素与排桩支护结构的截然不同。若剔除材料，自重和尺寸的影响，则二者是完全一致的。

参考文献 (References)

[1] 陈如桂，唐孟雄.〈广州地区建筑基坑支护技术规定〉热点问题 [J]. 广州建筑（增刊），1999，1-9.
[2] 杨斌，黄强，杨生贵. 基坑支护结构嵌固深度分析 [A].《岩土工程青年专家学术论坛文集》编委会. 岩土工程青年专家学术论坛文集 [C]. 北京：中国建筑工业出版社，1998. 215-219.
[3] 姚耀武，陈东伟. 土坡稳定可靠度分析 [J]. 岩土工程学报，1994，16 (2)：80-87.
[4] 陈谦应. 堤坡可靠性设计极限状态方程及参数敏感性分析 [J]. 岩土力学，1995，16 (3).
[5] 余志成，施文华编著. 深基坑支护设计与施工 [M]. 北京：中国建筑工业出版社，1997. 62-68.
[6] Bowles J E 著，唐念慈译. 基础工程分析与设计 [M]. 北京：中国建筑工业出版社，1987. 352-379.
[7] 刘建航，侯学渊主编. 基坑工程手册 [M]. 北京：中国建筑工业出版社，1997. 125-131.
[8] 江见鲸，宋昆仑，傅德炫编. 土建工程实用计算程序汇编 [M]. 北京：地震出版社，1992. 165-173.
[9] 宁波市城乡建设委员会编. 软土地区深基坑支护工程实例 [M]. 北京：中国建筑工业出版社，1997.

应用模式搜索法寻找最危险滑动圆弧*

莫海鸿　唐超宏　刘少跃
（华南理工大学 建筑工程系，广州　510640；广东省水利水电机械施工公司，广州　510370）

【摘　要】 基于圆弧滑动面的假定，提出了一种运用模式搜索法确定边坡最危险滑动面及其对应的最小安全系数的方法，突破了传统方法在搜索最危险滑动面时必须划定圆心搜索范围的束缚，从而提高了边坡稳定性分析的可靠性。

【关键词】 模式搜索法；边坡稳定性；最危险滑动面；最小安全系数

1 前　　言

由凝聚性土类组成的均质或非均质土坡，一般假定它的稳定问题是平面应变问题，滑裂面是个圆柱面[1]。用极限平衡理论分析边坡稳定性，无论用 Bishop 法，Janbu 法或 Spencer 法，关键在于确定最危险滑动面及其对应的最小安全系数。如何较快地确定最危险滑动面圆心的大概位置，国内外的许多学者都作了大量细致的研究。费伦纽斯（Fellenius）提出的经验方法[2]得出对于均匀黏性土，最危险滑动面一般通过坡脚。在国内，成都科技大学水利系的张天宝[3]在瑞典法的基础上，通过数学推导，建立了简单土坡稳定安全系数 F_s 与圆心坐标 x，y 及滑弧半径 r 之间的函数关系，又根据多元函数的极值条件，导出了使 F_s 值为极小时需要满足的极值条件方程组 $\frac{\partial F_s}{\partial x}=0$，$\frac{\partial F_s}{\partial y=0}$ 及 $\frac{\partial F_s}{\partial r}=0$。用数值解法解算这组方程组，即可求出最危险滑动面的位置和相应的 F_{smin}。此外，大量的研究结果表明，均质边坡的最危险滑动面圆心一般位于过边坡中点的铅直线和坡面中垂线之间。搜索最危险滑动面圆心、半径，最早使用图解法，计算机出现后，最初采用穷举法，后来采用二分法[4]，最近又出现了遗传进化算法[5]等方法。虽然这些方法都有一定理论依据，在工程实践中也得到了广泛的应用，但这些方法的局限性也是显而易见的。

穷举法受列举圆心、半径的数量多少的影响。列举数量少，精度就低，列举数量多，则计算次数会大得惊人，况且，要实现真正的穷举也是不可能的；二分法有可能陷入局部极小值；遗传进化算法的理论则较为复杂。而且，虽然二分法及遗传进化算法较之穷举法有了很大改进，但仍需要计算者给定圆心搜索区域。当给定的圆心搜索区域不准确，不包含真正的最危险滑动面圆心时，以上方法均不能在给定的圆心搜索区域以外进行搜索，也就无法求出真正的最危险滑动面及其对应的最小安全系数。这正是以上方法的最大缺陷。为此，本文提出用模式搜索法[6]搜索最危险滑动面及其对应的最小安全系数。该方法采用最优化技术，无需计算者给定圆心搜索区域，即可由初值开始自动搜索最危险滑动面及其对应的最小安全系数，初值由程序自动给出。此法所求的结果为全局最优解。

2 模式搜索法

模式搜索法[6]是一种最优化计算方法，用于求 n 元函数 $f(x_1,x_2,\cdots,x_n)$ 的极小值或极大值，也称步长加速法。这个方法由两类“移动”所构成：一类是“探索性”移动，目的是揭示目标函数变化规律，探测函数 $f(x)$ 的下降方向；另一类是“模式性”移动，目的是利用发现的函数变化规律沿着有利方向寻找更好的点，可以看成是一种加速。迭代过程如下：

给定初始点 $x^{(0)}=(x_1^{(0)},x_2^{(0)},\cdots,x_n^{(0)})$ 和步长 $\alpha_0>0$。

探测性移动（Exploratory Move）：从迭代点 $x^{(k)}$ 出发，依次沿坐标方向找下降点，用记号 $\hat{x}^{(k,i)}$ 表示第 $k+1$ 次迭代按坐标方向 e_i 在探测性移动时得到的点。以第一个坐标方向为例，取 $\hat{x}^{(k,0)}=x^{(k)}$。首先取 $\tilde{x}=\hat{x}^{(k,0)}+\alpha_1 e_1$，其中 e_1 为第一个分量为 1 的单位向量，即 $e_1=(1,0,\cdots,0)^T$。若 $f(\tilde{x}^{(k,1)})<f(\hat{x}^{(k,0)})$，则这一维的探测完成，取 $\hat{x}^{(k,1)}=\tilde{x}^{(k,1)}=\hat{x}^{(k,0)}+\alpha_1 e_1$，开始对第二个分量探测。若 $f(\tilde{x}^{(k,1)})\geqslant f(\hat{x}^{(k,0)})$，则取 $\tilde{x}^{(k,1)}=\hat{x}^{(k,0)}-\alpha_1 e_1$，再判定，若 $f(\tilde{x}^{(k,1)})<f(\hat{x}^{(k,0)})$，则这一维的探测完成，取 $\hat{x}^{(k,1)}=\tilde{x}^{(k,1)}=\hat{x}^{(k,0)}-\alpha_1 e_1$，开始对第二个分量探测。此时若 $f(\tilde{x}^{(k,1)})\geqslant f(\hat{x}^{(k,0)})$，也认为这一维的探测完成，但取 $\hat{x}^{(k,1)}=\hat{x}^{(k,0)}$。将上述处理施于一般情况，可列出以下公式

$$\hat{x}^{(k,i)}=\begin{cases}\tilde{x}^{(k,i)}=\hat{x}^{(k,i-1)}+\alpha_i e_i,\text{若 } f(\hat{x}^{(k,i)})<f(\hat{x}^{(k,i-1)})\\ \bar{x}^{(k,i)}=\hat{x}^{(k,i-1)}-\alpha_i e_i,\text{若 } f(\bar{x}^{(k,i)})<f(\hat{x}^{(k,i-1)})\leqslant f(\tilde{x}^{(k,i)})\\ \hat{x}^{(k,i-1)},f(\bar{x}^{(k,i)})\geqslant \text{若 } f(\hat{x}^{(k,i-1)})\leqslant f(\tilde{x}^{(k,i)})\end{cases}$$

其中 $\hat{x}^{(k,0)}=x^{(k)}$，上式对 $i=1,2,\cdots,$n 进行，求出 $\hat{x}^{(k,n)}$，此时若 $\hat{x}^{(k,n)}=\hat{x}^{(k,0)}$，则缩小步长，使 $\beta\alpha=\alpha$，再进行探测移动，仍有 $\hat{x}^{(k,n)}=\hat{x}^{(k,0)}$ 时再缩小步长，再进行探测移动，直至 $\|\alpha\|\leqslant\varepsilon$ 时，则 $\hat{x}^{(k,0)}$ 为近似极小值点；若 $\hat{x}^{(k,n)}\neq\hat{x}^{(k,0)}$，则完成了探测移动，下面开始模式移动。

模式移动（Pattern Move）：记 $\hat{x}^{(k+1)}=\hat{x}^{(k,n)}$ 从 $\hat{x}^{(k+1)}$ 出发，沿方向 $P_k=\hat{x}^{(k+1)}-\hat{x}^{(k)}$ 以步长 $\lambda_k=1$ 求出新试验点 $\ddot{x}^{(k+1)}$，即

$$\begin{aligned}\ddot{x}^{(k+1)}&=\hat{x}^{(k+1)}+\lambda_k P_k=\hat{x}^{(k+1)}+(\hat{x}^{(k+1)}-\hat{x}^{(k)})\\&=2\hat{x}^{(k+1)}-\hat{x}^{(k)}\end{aligned}$$

然后从 $\ddot{x}^{(k+1)}$ 出发再进行一次探测性移动，得到点 $\hat{y}^{(k+1)}$ 这时有两种情况：

i）若 $f(\hat{y}^{(k+1)})<f(\hat{x}^{(k+1)})$，则令 $x^{(k+1)}=\hat{y}^{(k+1)}$，一次迭代完成，得到新迭代点 $x^{(k+1)}$。

ii）若 $f(\hat{y}^{(k+1)})\geqslant f(\hat{x}^{(k+1)})$，则令 $x^{(k+1)}=\hat{x}^{(k+1)}$，并将步长 α 缩小，重新从探测性移动开始，如果步长 α 足够小，则迭代结束。

3　边坡最危险滑动面的模式搜索法

克列因在《散体结构力学》[7]中已指出，边坡稳定安全系数 F_s 是滑弧圆心位置（坐标 x，y）和半径 r 的函数。张天宝给出了以瑞典法为基础的简单土坡稳定安全系数 F_s 与圆心坐标 x，y 及滑弧半径 r 之间的函数的表达式[3]。求最危险滑动面所对应的最小安全系数 $F_{s\min}$ 即是求目标函数 $F_s(x,y,r)$ 的最小值。为此，可将 F_s 作为上节的目标函数 f，即可按上节模式搜索法的步骤求 $F_{s\min}$ 及其对应的最危险滑动面（坐标 x，y 和半径 r）。

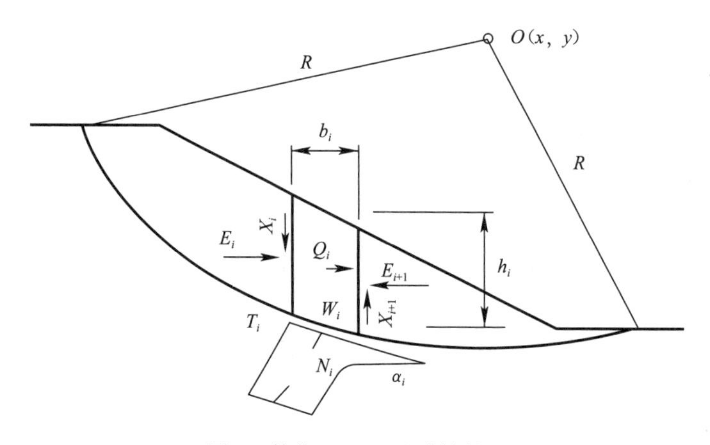

图 1　简化 Bishop 法计算简图

Fig. 1　Simplified Bishop method

本文主要研究如何有效地寻找最危险滑动圆弧，计算时考虑土条条间力的作用，按照条分法中的简化 Bishop 法的计算公式[8]，采用替代重度法，考虑地震惯性力以后的安全系数公式[9]为：

$$F_s=\frac{\sum_{i=1}^{n}\frac{1}{m_{\alpha i}}\{c_il_i+[(W_i\pm Q_i')-u_il_i\tan\varphi_i]\}}{\sum_{i=1}^{n}[(W_i\pm Q_i')\sin\alpha_i+M_c/R]} \tag{1}$$

$$m_{\alpha i}=\cos\alpha_i+\frac{\tan\varphi_i\sin\alpha_i}{F_s}$$

式中 F_s 为土坡抗滑稳定安全系数；W_i 为土条自重；b_i 为土条宽度；α_i 为土条底边倾角；c_i 为土的有效粘聚力；φ_i 为土的有效内摩擦角；R 为圆弧滑动半径；Q_i 为土条水平地震惯性力；Q_i'为土条竖向地震惯性力；l_i 为土条滑动面弧长；u_i 为作用于土条底边上的孔隙水压力；M_c 为水平惯性力 Q_i 对圆心的矩。上述各符号的物理意义可参阅图 1。

用模式搜索法推求最危险滑弧的圆心和半径，圆心的位置是任意的，但对半径的范围有一定的约束。半径太小，圆弧与土坡可能不相交。因此在计算时，不对圆心和半径同时进行搜索，而是分别进行搜索。具体的做法是先给定圆心，然后给出合理的半径的范围，搜索出使 F_s 最小的半径；再给出新的圆心，求出新的使 F_s 最小的半径。按此步骤，反复求圆心和半径，直到找出最小的 F_s。

本文的方法还可以应用到其他的计算方法，如 Spencer 法等。

4 计算实例以及与二分法的比较

现以文献[4]中图 5-15 的算例为例进行计算分析。土坡的参数及荷载如图 2 所示，各土层计算参数如表 1。

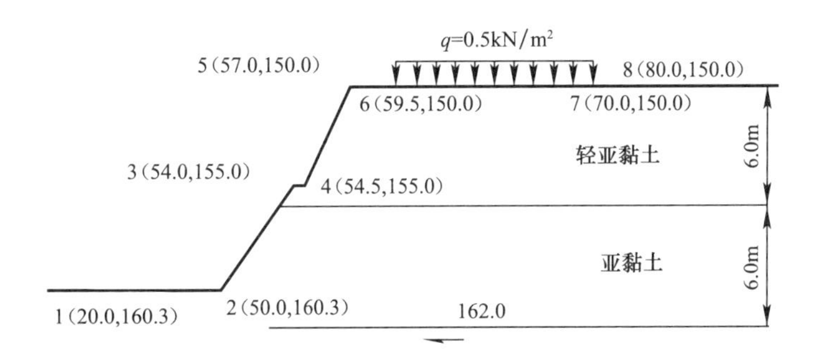

图 2 边坡及地基剖面图

Fig. 2 Section of slope and foundation

各土层计算参数 表 1

Parameters of soil layers Table 1

土层	土类	重度 γ/(kN·m^{-3})	黏聚力 c/kPa	内摩擦角 φ/(°)
Ⅰ	轻亚黏土	19.9	28.0	18.0
Ⅱ	亚黏土	20.0	25.0	22.0

本例在文献[4]中原以简化 Bishop 法计算，为便于对比分析，本文也以简化 Bishop 法进行计算。分别用模式搜索法及二分法进行搜索，采用二分法时，给出 3 个不同的圆心搜索范围（第 1 个圆心搜索范围与文献[4]相同）；采用模式搜索法时，给出 8 个不同的圆心坐标初值，计算结果分别列于表 2 和表 3。

二分法计算结果　表 2

Results computed with the equinox method　Table 2

圆心搜索范围/m				危险滑弧圆心横坐标 $X_{G/m}$	危险滑弧圆心纵坐标 $Y_{G/m}$	危险滑弧半径 $R_{G/m}$	安全系数 F_s
X_{min}	X_{max}	Y_{min}	X_{max}				
10.0	60.0	50.0	120.0	45.938	117.813	46.46	2.53
20.0	55.0	70.0	110.0	40.234	99.375	63.86	2.80
00.0	70.0	40.0	155.0	48.125	133.438	64.45	2.38

由表 2 可见，对于不同的圆心搜索范围，二分法的计算结果，最危险滑动面及其对应的最小安全系数变化较大，说明该法计算结果与圆心搜索范围有很大关系，而且当圆心搜索范围没有包含真正的最危险滑动面圆心时，由于无法在给定的圆心搜索范围以外搜索，因而不能得到真正的最危险滑动面及其对应的最小安全系数。

模式搜索法计算结果　表 3

Results computed with the pattern search method　Table 3

编号	圆心初始坐标/m		危险滑弧圆心横坐标 $X_{G/m}$	危险滑弧圆心纵坐标 $Y_{G/m}$	危险滑弧半径 $R_{G/m}$	安全系数 F_s
	X_0	Y_0				
1	48.0	138.0	48.457	137.664	29.15	2.37
2	48.0	110.0	48.457	137.664	29.15	2.37
3	48.0	160.0	48.457	137.664	29.15	2.37
4	35.0	138.0	48.457	137.664	29.15	2.37
5	65.0	138.0	48.457	137.664	29.15	2.37
6	30.0	40.0	48.457	137.664	29.15	2.37
7	65.0	35.0	48.457	137.664	29.15	2.37
8	35.0	158.0	48.457	137.664	29.15	2.37

用模式搜索法计算无需给定圆心搜索范围，即可以自动搜索最危险滑动面及其对应的最小安全系数。为了验证本方法的有效性，给出 8 个不同的圆心初值，从表 3 的计算结果可以看到，无论初始点在最终结果附近（见表中的 1 点），还是在最终结果的上、下、左或右（见表中的 2，3，4，5 点），均可以找到最佳的结果。即使给出的初始点离最佳点较远，是一些极不合理的点（见表中的 6，7，8 点），用本文的方法同样可以找出最危险的滑动圆弧，说明用本文的方法不会陷入局部极小值中。

从以上的计算结果，可以看到本文方法的合理性和优越性。为了使用方便和减少迭代计算次数，笔者根据前人的研究成果给定圆心的初值，并编在计算程序中。计算时只需输入边坡参数和土层参数即可。本例给出若干圆心初值，仅为验证圆心初值与最终计算结果无关。另外，通过计算分析，发现计算结果与分条数有关。只有当分条数达到某一数值时，安全系数才能够收敛于同一点，此时的分条数才是恰当的。分条数太少时，有可能求出安全系数 F_s 值相同的若干对圆心和半径。当分条数足够多时，本文的方法求出的圆心和半径是唯一的，也就是说，一定能搜索出最危险滑动面。具体的分条数，应根据具体土坡的几何参数和土层参数确定。在上面的例子中，当整个计算域分条数为 100 时（最危险滑动圆弧段内分条数为 75 条），即可得到唯一的全局最优解；而当计算域分条数为 20 条时，不同的初始点会求得具有相同最小安全系数 F_s 的若干对圆心和半径，这些圆弧的位置与唯一解非常接近，安全系数与唯一解的安全系数相差不到百分之五。

考察土层情况较复杂的边坡，各土层计算参数见表 4，计算结果如图 3 所示。

各土层计算参数 **表 4**

Parameters of soil layers **Table 4**

土层	土类	重度 $\gamma/(kN\cdot m^{-3})$	粘聚力 c/kPa	内摩擦角 $\varphi/(^\circ)$
Ⅰ	粉土	19.6	12.0	22.4
Ⅱ	粉土	19.8	17.0	25.8
Ⅲ	粉质黏土	19.6	15.0	29.2
Ⅳ	粉土	20.1	21.0	31.3
Ⅴ	粉土	20.0	18.0	32.8

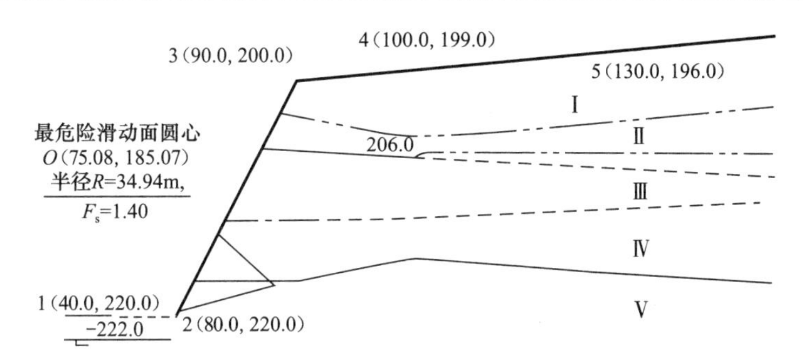

图 3 边坡及土层剖面图

Fig. 3 Section of slope and soil layers

本例中仍以简化 Bishop 法计算稳定安全系数，采用模式搜索法搜索最危险滑动面。计算时圆心初值分别选取 A（75，185），B（75，160），C（75，200），D（95，185）及 E（55，185）等数个较离散的点，整个计算域分条数为 200 时（最危险滑动圆弧段内分条数为 61 条），可以得到唯一的最小安全系数及其对应的滑动圆弧。从计算结果来看，即使对于如此复杂的土层分布情况，用本文的方法同样可以搜索出唯一的全局最优解。

5 结　　语

本文引入了模式搜索法来确定边坡最危险滑动面及其对应的最小安全系数。模式搜索法是一种成熟的最优化计算技术，可用于求解 n 维极值问题。笔者把安全系数视为圆心坐标和滑弧半径的函数，将圆弧滑动法与模式搜索法结合，用求函数极小值的方法来推求最危险滑动圆弧的圆心和半径。文中通过一个实例将模式搜索法与二分法进行了比较，说明了用模式搜索法无需给定圆心搜索范围，即可自动搜索出最危险滑动面的位置，突破了传统方法在搜索最危险滑动面时必须划定圆心搜索范围的束缚。最重要的是，提高了边坡稳定性分析的可靠性。

参考文献（References）

[1] 华东水利学院土力学教研室. 土工原理与计算. 北京：水利电力出版社，1979.

[2] FelleniusW. Calculation of stability of earth dams. In：Transactionsof the 2nd Congress on Large Dams. Washington D C，1936，4.

[3] 张天宝. 土坡稳定分析圆弧法的数值解研究. 成都工学院学报，1978（1，2）.

[4] 江见鲸，宋昆仑，傅德炫等. 土建工程常用微机程序汇编. 北京：地震出版社，1992.

[5] 肖专文，张奇志，梁力等. 遗传进化算法在边坡稳定性分析中的应用. 岩土工程学报，1998，20（1）：44～46.

[6] 席少霖，赵凤治等. 最优化计算方法. 上海：上海科学技术出版社，1983.

[7] 克列因 · Γ K. 散体结构力学. 北京：人民铁道出版社，1960.

[8] Bishop A W. The use of the slip circle in the stability analysis ofslope. Geotechnique，1955，5（1）.

[9] Bishop A W，Morgenstern N R. Stability coefficients for earthslope. Geotechnique，1960，10（4）.

渡槽的动力性能

渡槽内流速对其结构静力响应的影响分析

徐梦华　莫海鸿
（华南理工大学 土木与交通学院，广州　510640）

【摘　要】采用三维有限元模型，通过对比计算，研究了渡槽内流速对其横、竖向结构静力响应的影响。研究表明：流速对渡槽横向位移以及横向弯矩的静力响应虽然有比较明显的影响，且随着槽内流速的增大，影响也在加大，但是，在1.0～2.5m/s的流速范围内，影响很小，不会产生危害；高流速对渡槽竖向位移以及竖向弯矩影响要比低流速大，但是，在1.0～2.5m/s的范围内，对渡槽的竖向位移及竖向弯矩的影响也很有限。

【关键词】渡槽；流速；静力；响应

1　概　　述

渡槽设计时，根据尽量减小水头损失的要求，渡槽内的平均流速一般规定在1.0～2.5m/s的范围内[1]。在以往对渡槽结构的流固耦合分析研究中[2-6]，无论是试验研究还是计算分析，都是针对槽内水流速为零的情况，也就是不考虑流速的影响，这一方面是受到试验和计算条件的制约，因为在试验中给渡槽加上纵向流速条件不仅是难度较大，而且需要的试验成本也会大幅提高。在数值模拟计算方面，三维有限元模型计算规模过大，再加上纵向流速的条件，进一步加大计算难度，一般计算机条件难以完成；另一方面，现有的各种简化模型都是针对无流速情况的，无法模拟有流速的渡槽。但实际上渡槽在有水的情况下，一般都处于渡槽在输水的工作状态，是有相应流速存在的。因此，在这种背景下，探明在有流速的情况下，渡槽结构的流固耦合响应特点，以及流速的影响大小，一方面为渡槽在有流速情况下的结构分析提供依据，同时也为现有的各种简化计算模型以及模型试验是否该提供反映流速因素的参照，是非常有意义的。

本文拟就槽内流速对渡槽流固耦合静力横、竖向响应的影响开展研究，计算中采用三维流固耦合有限元方法，在高性能计算机上采用多核并行，用大型有限元软件ADINA来完成三维流固耦合有限元的计算。

2　渡槽三维流固耦合有限元模型[4]

2.1　结构部分的动力控制方程

结构部分的动力控制方程如下，

$$[M]\{\ddot{u}\}+[C]\{\dot{u}\}+[K]\{u\}=\{F_s(t)\} \tag{1}$$

式中　$\ddot{u}$、$\dot{u}$、u分别为二维渡槽结构部分的加速度、速度和位移列向量；$F_s(t)$为渡槽结构部分承受的瞬态荷载向量，包括流体作用在渡槽槽身上的水压力，由流体运动方程决定；M为渡槽结构部分的质量矩阵；K为渡槽结构刚度矩阵；C为渡槽结构阻尼矩阵。

2.2　流体域控制方程

在一般情况下，流体域的求解采用的是欧拉描述，但是当求解区域存在自由液面或者随结构运动而运动的流固耦合边界时，就必须采用拉格朗日描述来跟踪边界的运动，从而欧拉描述的坐标系不再是固定区域，而是在不断变化的区域，但是在整个流体区域内，仍是采用欧拉描述来求解流体域的方程，此即为任意拉格朗日-欧拉描述（ALE 描述）。已有的研究表明，ALE 运动学描述非常适用于求解含自由液面的液体大幅晃动问题[7,8]，任意拉格朗日描述下的 N-S 方程和连续性方程为

$$\begin{cases}\{\rho\ddot{u}\}+\rho a\ \nabla\dot{u}-\nabla\tau-f=0\\ \nabla\dot{u}=0\end{cases} \tag{2}$$

式中 ρ 为质量密度；u 为位移；$\dot{u}$ 和 $\ddot{u}$ 分别为对时间的一阶和二阶导数；a 为对流速度，$a=\dot{u}_{\mathrm{mat}}-\dot{u}_{\mathrm{ref}}$，$\dot{u}_{\mathrm{mat}}$为材料的运动速度，$\dot{u}_{\mathrm{ref}}$为欧拉网格的运动速度；$f$ 为外界施加力，对于耦合界面上节点，f 包括耦合力，τ 为流体的应力张量。

2.3 流体自由液面

渡槽中水体的自由液面 $S(x_i,t)$ 在这里是不穿透边界，需要满足下面的运动边界条件和动力边界条件：

$$\partial S/\partial t+\nu_i S,\quad i=0 \tag{3}$$

$$\tau_{ij}n_j=[-P_0+\sigma(1/R_1+1/R_2)]n_i \tag{4}$$

式中，ν_i 为液面的速度向量，P_0 为外界施加在自由液面的压力，σ 为表面张力，n_i 为自由液面的单位法向量，R_1 和 R_2 为自由液面曲面在两个水平坐标轴方向的曲率半径。

2.4 耦合条件

槽身内水体和槽身通过相互作用面进行耦合，耦合边界面上速度和相互作用是连续的，满足以下连续条件：

$$\dot{u}_{\mathrm{f}}=\dot{u}_{\mathrm{s}} \tag{5}$$

$$s_{\mathrm{f}}\cdot n_{\mathrm{f}}=s_{\mathrm{s}}\cdot n_{\mathrm{s}} \tag{6}$$

式中 s_{f} 和 s_{r} 分别为耦合面上水体和槽体结构的应力；n_{f} 和 n_{s} 分别为水体和槽体结构耦合面的法向量，方向向外。

3 流固耦合分析

以东深供水大跨度 U 型简支渡槽的某段为例，见图 1。该段的结构特征与参数为：主跨长 24m，U 型内断面，侧壁厚 30cm，槽底厚 75cm，槽顶设有截面为矩形的拉杆（宽×高＝40cm×50cm，间距 2m），两端为简支。槽墩尺寸为宽×高×厚＝7m×15m×1m。

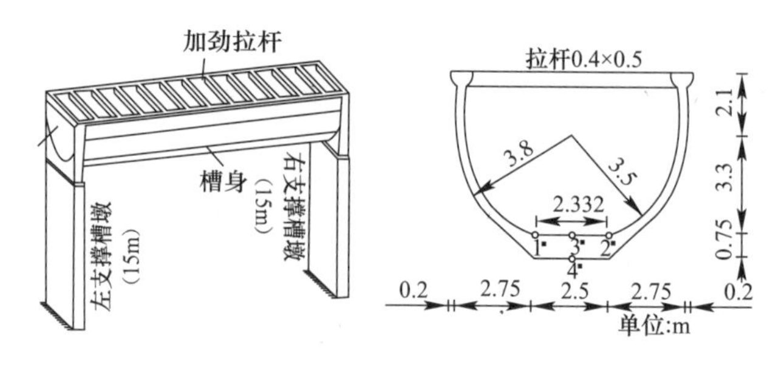

图 1 大跨度简支渡槽及槽身截面尺寸

Fig. 1 Large-span simply supported aqueduct and its section

力学参数取值如下。

槽身钢筋混凝土：混凝土强度等级 C40，密度 2450kg/m；弹性模量 35.00GPa，泊松比 0.167；

槽墩钢筋混凝土：混凝土强度等级为 C25，密度 2450kg/m；弹陛模量 28.00GPa，泊松比 0.167；

水体：密度 1000kg/m^3，粘滞系数 0.00105kg/m^2 · s，为不可压缩液体，槽内设计水深 4.7m。

本次计算中分别取 1.0，1.5，2.0，2.5，3.0m/s 流速，并与流体静止（0.0m/s）时静力状态下的计算结果进行对比分析流速的影响。槽身跨中截面底部中点（4＃，见图 1）侧移以及槽身跨中截面的水平向弯矩过程线对比分别见图 2、图 3。

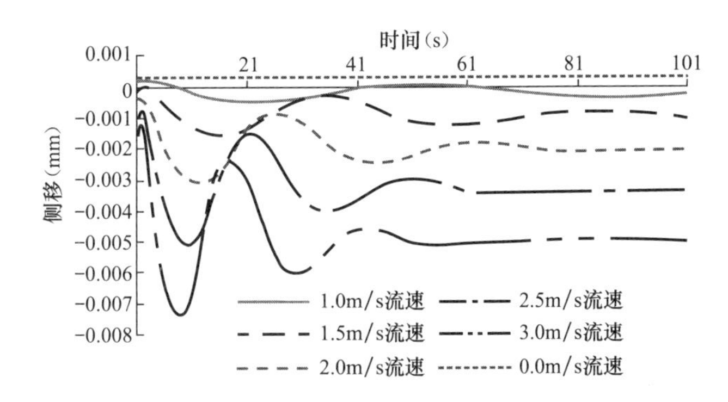

图 2 槽身跨中截面底部中点侧移过程线

Fig. 2 Lateral displacement hydrograph of the mid-point at the bottom of the mid-section of the aqueduct body

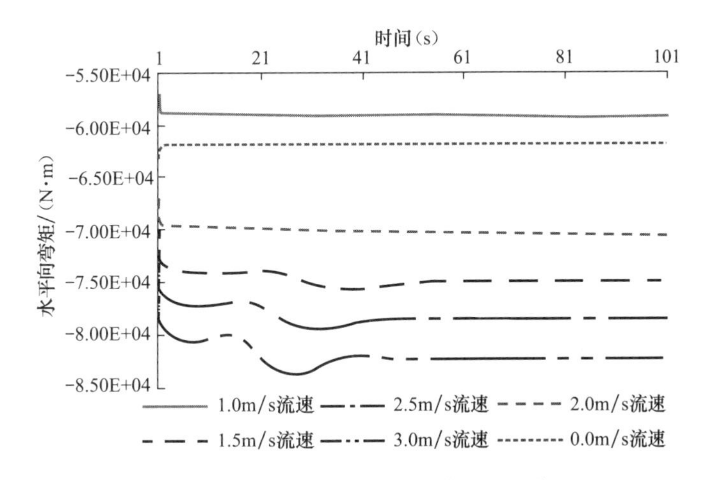

图 3 槽身跨中截面的水平弯矩过程线

Fig. 3 Horizontal moment hydrograph of the mid-cross-section the aqueduct body

由图 2、图 3 可以看出，槽内水的流速对渡槽槽身跨中截面的侧移以及弯矩有比较明显的影响，随着槽内流速的增大，影响也在加大。虽然流速使侧移和水平向弯矩增加，但是侧移和水平向弯矩的数值本身很小，并且振幅也很小。因此在限定的 1.0～2.5m/s 的范围内，在没有地震荷载作用下，流速对渡槽侧移和水平向弯矩的影响不会产生过大的危害。槽身跨中截面底部中点（1＃，见图 1）竖向位移以及槽身跨中截面的竖向弯矩过程线对比分别见图 4、图 5。

由图 4、图 5 可以看出，槽内水体在高流速时对渡槽槽身跨中截面竖向移以及竖向弯矩影响要比低流速大，但是各个流速情况下渡槽的竖向位移及竖向弯矩振动都很小；在槽内 1.0～2.5m/s 的平均流速范围内，竖向位移的增加值在 0.003～0.017m/s 之间，增加幅度为 0.08%～0.52%；竖向弯矩的增加值在 2.34×10^4～1.69×10^5kN · m，增加幅度为 0.08%～0.55%。由此可见，流速对竖向位移以及竖向弯矩的影响也很有限。

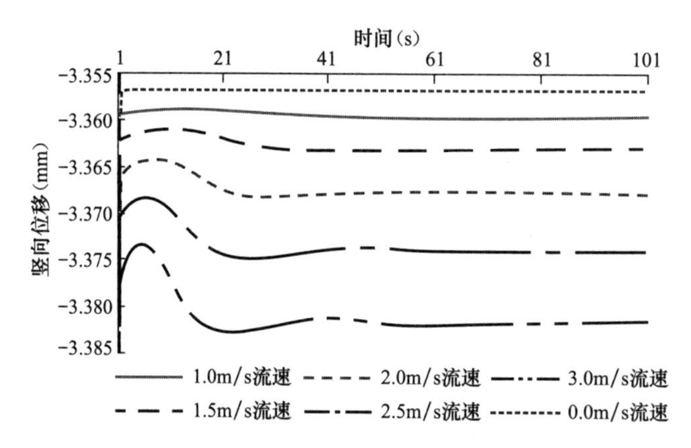

图 4　槽身跨中截面底部中点竖向位移过程线

Fig. 4　Vertical displacement hydrograph of the mid-point on the bottom of the mid-section of the aqueduct body

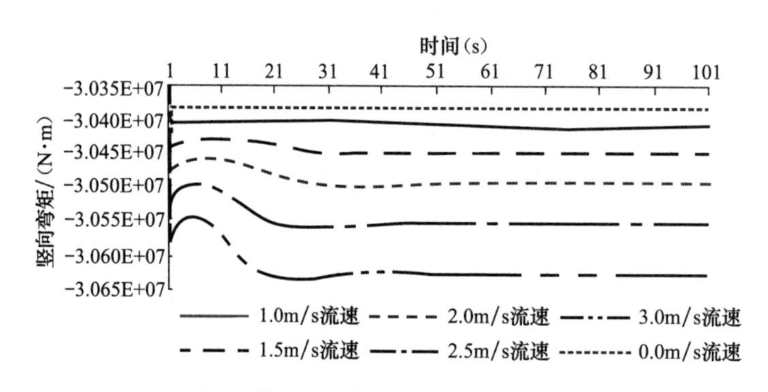

图 5　槽身跨中截面的竖向弯矩过程线

Fig. 5　Vertical moment hydrograph of the mid-cross-section the aqueduct body

4　结　　论

本文采用三维有限元方法，通过对比计算，分析了大型渡槽内的流速对渡槽静力响应的影响，主要得到以下结论：

（1）槽内水的流速对渡槽槽身跨中截面的结构静力侧移以及结构静力弯矩有比较明显的影响，随着槽内流速的增大，影响也在加大。虽然流速使侧移和水平向弯矩增加，但是由于侧移和水平向弯矩的增加幅度很小，因此在 1.0～2.5m/s 的设计流速范围内，流速对渡槽结构的水平向安全及稳定不会产生危害。

（2）槽内水体在高流速时对渡槽槽身跨中截面竖向位移以及竖向弯矩影响要比低流速大，但是在槽内平均流速为 1.0～2.5m/s 的范围内，竖向位移的增加值在 0.003～0.017m/s 之间，增加幅度为 0.08%～0.52%；竖向弯矩的增加值在 2.34×10^4～1.69×10^5kN·m，增加幅度为 0.08%～0.55%。由此可见，流速对竖向位移以及竖向弯矩的影响也很有限。

参考文献（References）

〔1〕 竺慧珠，陈德亮，管枫年渡槽 〔M〕 北京：中国水利水电出版社，2005.（ZHU Hui-zhu，CHEN De-lung，GUANG Feng-nian. Aqueducts 〔M〕 Beijing；China Wa-ter Power Press，2005（in Chinese））

〔2〕 徐建国大型渡槽结构抗震分析方法及其应用 〔D〕. 大连：大连理工大学，2005.（XU Jian-guo. Method and Application of Aseismic Analysis for Large-Scale Aqueduct 〔D〕 Dalian：Dalian University of Technology，2005（in Chi-

nese))
[3] 张述琴，张晖刁河板梁式渡槽仿真模型试验研究［J］长江科学院院报，2002，19（9）：7s-77（ZHANG Shu-qin，ZHANG Hui. Emulation Model Test of Plank-beam Style Aqueduct of Diaohe River［J］Journal of Yangtze River Scientific Research Institute，2002，19（9）：75-77（in Chinese））
[4] 吴轶大型梁式渡槽地震反应分析及设计方法研究［D］. 广州：华南理工大学，2004.（WU Yi. Study on Seismic Response and Design Method of Large Beam Aqueduct［D］Guangzhou：South China University of Technology，2004（in Chinese））
[5] 王博大型渡槽结构地震反应分析理论与应用［D］上海：同济大学，2000.（WANG Bo. Theory and Application of Earthquake Response Analysis for Large-scale Aqueduct［D］. Shanghai：Tongji University，2000（in Chinese））
[6] 张俊发，刘云贺，王颖，等渡槽-水体系统的地震反应分析［J］西安理工大学学报，1999，15（4）；46-51（ZHANG Jun-fa，LIU Yun-he，WANG Ying，es al. A Seismic Response Analysis of ater-Aqueduct-Pier System［J］Journal of Xi'an University of Technology，1999，(4)：46-51（in Chinese））
[7] LIU W K. Finite Element Procedure for Fluid-Structure Interactions and Application to Liquid Storage Tanks［J］. Nuclear Engineering and Design，1981，65 ；221-238
[8] HIRT GW，AMSDEN A A，COOK J L. An Arbitrary Lagrangian-Eulerian Computing Method for All Flow Speeds［J］. J. Comp Phys，1974，14（3）；227-253

大跨度梁式渡槽改进拟三维流固耦合模型的三维模拟效果分析

徐梦华　莫海鸿

（华南理工大学土木与交通学院，广州　510640）

【摘　要】 针对作者提出的大跨度梁式渡槽改进拟三维流固耦合模型，分析了该模型的三维模拟效果。分析结果显示，采用大跨度梁式渡槽的改进拟三维流固耦合模型不仅能很好地反映出三维耦合效应，而且可以有效降低计算成本，大大提高了计算效率。因此，改进拟三维流固耦合模型可以用于大型梁式渡槽多跨联合的复杂三维动力流固耦合分析计算。

【关键词】 大跨度梁式渡槽；改进拟三维模型；流固耦合；三维地震响应；模拟效果

大型技槽结构的考虑流固耦合的建模方法，是大型渡槽结构计算分析的基础，尤其对于动力分析，如何考虑渡槽中水体的动力特性，建立合理、便于工程人员应用的动力分析模型更是大型渡槽结构抗震设计的关键。基于结构动力分析理论和流固耦合分析理论，本文对吴轶[1,2]的拟三维模型进行了改进，提出了大跨度梁式渡槽改进拟三维流固耦合建模方法。改进拟三维模型与现有模型相比，不仅计算效率高，而且能实现渡槽与大晃动水体的双向同步耦合，可以更精确地模拟水体大晃动耦合效应，同时还可以用于计算槽身带有加劲结构型式的渡槽[1-5]。当大跨度梁式渡槽两端支撑不同高时（该种情况普遍存在），在地震作用下，渡槽的动力响应将呈现比较明显的三维耦合效应，因此，所采用的计算模型能对三维效应有可靠的模拟是非常重要的。本文旨在对大跨度梁式渡槽改进拟三维流固耦合模型的三维动力模拟效果进行分析，以评价其对三维耦合效应模拟的有效性。

1　渡槽拟三维流固搞合模型

针对大跨度梁式渡槽，吴轶在文献[1,2]中提出了拟三维模型。该模型种槽身是采用梁来模拟计算的，与支撑一起构成支撑-梁体系。水体对渡槽结构的影响一方面采用附加质量法来考虑惯性效应，另二方面通过设置水阻尼来考虑水的晃动减震效应。同时，根据计算需要把梁划分为若干个空间梁单元，每个梁单元节点连接一个二维渡槽-水耦合体系来计算流固耦合响应，梁单元节点与二维渡槽截面形心重合，该耦合体系按平面问题计算，二维体系的计算长度根据节点的设置具体确定。流体采用黏性流体的 N-S 理论，渡槽截面采用二维实体单元，其材料特性与梁结构相同。其外激励荷载为梁节点的在该相合体系平面内的二维位移向量。但是，该耦合体系的反应不传递给支撑-梁体系，二维渡槽-水耦合体系与支撑-梁体系是分开求解的。

1.1　支撑-梁体系的动力控制方程

支撑-梁体系的动力控制方程如下：

$$[M+M_{\alpha}][\ddot{u}]+[C+C_{a}][\dot{u}]+[K+K_{\alpha}]u=\{F_{s}(t)\} \tag{1}$$

式中　$\ddot{u}$、$\dot{u}$、u 分别为体系的加速度、速度和位移列向量；$F_{s}(t)$ 为体系承受的瞬态荷载向量；M 为结构质量矩阵，M_{α}，为水体附加的质量矩阵；K 为结构刚度矩阵，K_{α} 为水体对结构形成的刚度矩阵，一般相对于 K 很小，因此可以忽略；C 为结构阻尼矩阵，C_{a} 为水阻尼。

1.2 二维渡槽-水耦合体系的控制方程

1.2.1 结构控制方程

二维渡槽-水耦合体系是与支撑-梁体系是分开求解的，其中二维结构部分的控制方程为：

$$[M][\ddot{u}]+[C][\dot{u}]+[K][u]=\{F_s(t)\} \tag{2}$$

式中：$\ddot{u}$、$\dot{u}$、u 分别为二维渡槽结构部分的加速度、速度和位移列向量；$F_s(t)$ 为二维渡槽结构部分承受的瞬态荷载向量，包括渡槽计算平面内的梁节点的二维位移向量、流体作用在渡槽槽身上的水压力，由流体运动方程决定；M 为二维渡槽结构质量矩阵；K 为二维渡槽结构刚度矩阵；C 为二维渡槽结构阻尼矩阵。

1.2.2 流体域控制方程

在一般情况下，流体域的求解采用的是欧拉描述，但是当求解区域存在自由液面或者随结构运动而运动的流固耦合边界时，就必须采用拉格朗日描述来跟踪边界的运动，从而欧拉描述的坐标系不再是固定区域，而是在不断变化的区域，但是在整个流体区域内，仍是采用欧拉描述来求解流体域的方程，此即为任意拉格朗日——欧拉描述（ALE 描述）。已有的研究表明，ALE 运动学描述非常适用于求解含自由液面的液体大幅晃动问题[6,7]，任意拉格朗日描述下的 N—S 方程和连续性方程为：

$$\begin{cases}\rho\ddot{u}+\rho a\cdot\nabla\dot{u}-\nabla\tau-f=0\\ \nabla\cdot\dot{u}=0\end{cases} \tag{3}$$

式中：ρ 为质量密度；u 为位移；$\dot{u}$ 和 $\ddot{u}$ 分别为对时间的一阶和二阶导数；a 为对流速度，$u=\dot{u}_{mat}-\dot{u}_{ref}$，$\dot{u}_{mat}$ 为材料的运动速度，$\dot{u}_{ref}$ 为欧拉网格的运动速度；f 为外界施加力，对于耦合界面上节点，f 包括耦合力，τ 为流体的应力张量。

1.2.3 流体自由液面

渡槽中水体的自由液面 $S(x_i,t)$ 在这里是不穿透边界，需要满足下面的运动边界条件和动力边界条件：

$$\begin{cases}\partial S/\partial t+v_iS, \quad i=0\\ \tau_{ij}n_j=[-P_0+\sigma(1/R_1+1/R_2)]n\end{cases} \tag{4}$$

式中，v_i 为液面的速度向量，P_0 为外界施加在自由液面的压力，σ 为表面张力，n_i 为自由液面的单位法向量，R_1 和 R_2 为自由液面曲面在两个水平坐标轴方向的曲率半径。求解中考虑了自由液面的大晃动非线性特性。

1.2.4 耦合条件

槽身内水体和槽身通过相互作用面进行耦合，耦合边界面上速度和相互作用是连续的，满足以下连续条件：

$$\begin{cases}\dot{u}_f=\dot{u}_s\\ s_f\cdot n_f=s_r\cdot n_s\end{cases} \tag{5}$$

式中 s_f 和 s_r 分别为耦合面上水体和槽体结构的应力；n_f 和 n_s 分别为水体和槽体结构耦合面的法向量，方向向外。

由此看出，该模型中水体对支撑一梁体系的影响采用附加质量法，虽然该模型引入了“水阻尼”来考虑水体大晃动的减震效应，但是“水阻尼”的引进并不完全符合实际情况，且“水阻尼”的确定也缺少理论依据。另外该模型分为两个分开的体系，实际计算时比较麻烦，并且二维渡槽——水耦合体系是相互独立的，因此无法计算各二维渡槽-水耦合结构体系的相互影响，不能反映三维耦合效应，且一般不适用槽身带加紧结构的梁式渡槽，本文对该模型在以上各个不足之处进行了改进。

2 对渡槽拟三维模型的改进

对拟三维模型的改进如下：（1）二维渡槽整个截面与梁结点设置六向位移全约束连接条件，由于梁采用了平面假定，而二维渡槽截面实际是槽身截面，也必须满足平面假定，因此，该约束连接条件是合适的。耦合效应虽然是在二维渡槽内进行的，当梁的节点有纵向以及竖向的位移时，耦合已经不再是平面问题，可以反映空间耦合效应。(2) 结构部分为支撑——梁——二维渡槽体系，流体为二维渡槽内的水体，流体的影响通过二维渡槽的耦合面传给支撑——梁——二维渡槽体系，而支撑——梁——二维渡槽体系对流体的影响也是通过二维渡槽的耦合面传递。水体与支撑——梁——二维渡槽体系之间的相互耦合影响计算是同步进行的，建模与计算将更加简便；并且各二维渡槽一水体耦合体系之间的影响可以通过梁反应传递，可以反映三维耦合响应。(3) 对于加劲结构，如拉杆、加劲肋等，可在加劲位置设置二维渡槽，并在该二维渡槽结构体上加上相应的拉杆、加劲肋，通过双向耦合效应起到加劲结构的加强作用。加劲结构在计算中可以根据需要采用相应的单元形式，一般采用三维梁单元等即可。改进的渡槽拟三维流固耦合计算模型如图 1 所示。

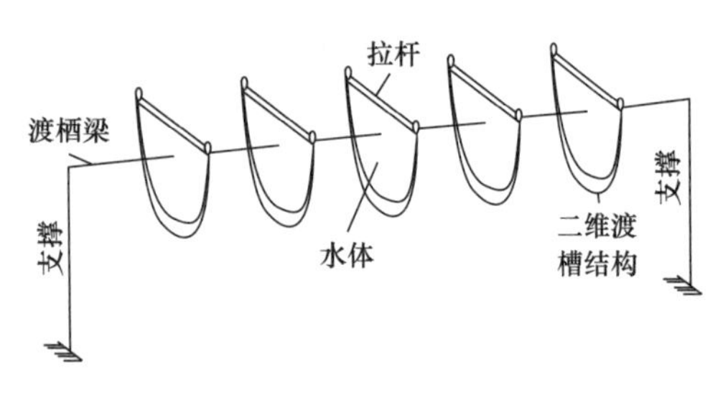

图 1 梁式渡槽改进的拟三维流固耦合模型

2.1 支撑——梁——二维渡槽体系的动力控制方程

支撑——梁体——二维渡槽体系的动力控制方程如下：

$$[M][\ddot{u}]+[C][\dot{u}]+[K]u=\{F_s(t)\}$$

式中：$\ddot{u}$、$\dot{u}$、u 分别为体系的加速度、速度和位移列向量；$F_s(t)$ 为体系承受的瞬态荷载向量，其中包括流体作用在二维渡槽槽身上的水压力，由流体运动方程决定；M 为结构质量矩阵；K 为结构刚度矩阵；C 为结构阻尼矩阵。采用 Newmark 法求解支撑——渡槽梁——二维渡槽结构动力方程组。

2.2 流体域控制方程、自由液面、流固耦合条件

流体域的控制方程、流体自由以及流固耦合条件分别见式 (3)～式 (5)。

3 算例计算分析

以东深供水 U 型渡槽的某段为例，该段的结构特征与参数为：主跨长 24m，U 型内断面，侧壁厚 30cm，槽底厚 75cm，槽顶设有截面为矩形的拉杆（宽×高=40cm×50cm，间距 2m），两端为简支。槽身断面尺寸见图 2，左端槽墩尺寸为宽×高×厚=7m×7.5m×1m，右端槽墩尺寸为宽 X 高 X 厚=7m×15m×1m。力学参数取值：

槽身钢筋混凝土：混凝土强度等级为 C40，密度 2450kg/m^3，弹模 35.00GPa，泊松比 0.167；

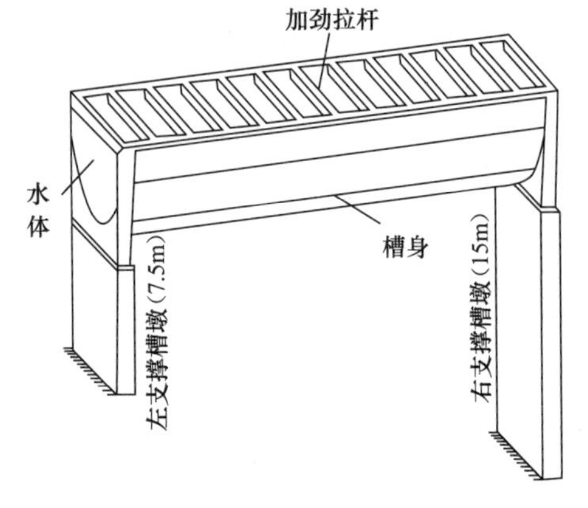

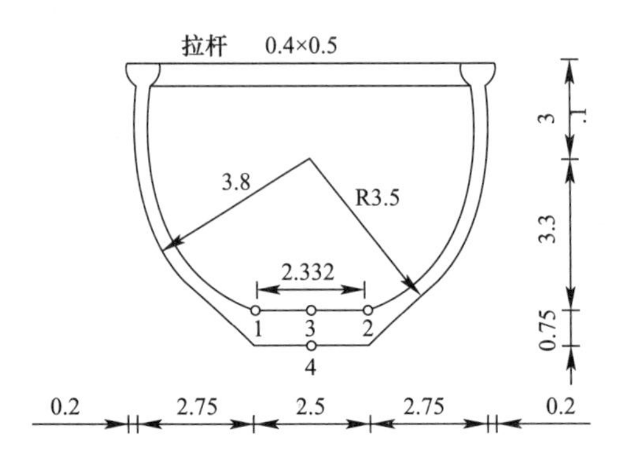

图 2 大跨度简支梁式渡槽及槽身截面尺寸图

槽墩钢筋混凝土：混凝土强度等级为 C25 密度 $2450kg/m^3$，弹模 28.00GPa，泊松比 0.167；

水体：密度 $1000kg/m^3$，黏滞系数 $0.00105kg/m^2 \cdot s$，为不可压缩液体，槽内设计水深 4.7m。

以本文的改进拟三维流固耦合分析方法对渡槽结构进行地震时程分析，与采用三维模型进行的地震时程分析结果进行对比。用改进拟三维模型计算时，在有拉杆处均设置二维渡槽结构，二维渡槽结构采用二维实体单元，其计算长度为 2m，拉杆采用梁单元，槽墩采用三维实体单元。外界激励选用 EL Centro（南北向）强震激励，记录最大峰值加速度为 $3.417m/s^2$，地震输入时间长度取为 16S，时间步为 0.1s。在同一台四核的小型工作站计算机上计算，改进拟三维模型耗时约为 0.5h，三维模型耗时约为 24h，由此可见，改进拟三维模型可明显提高计算效率。槽身跨中截面底部中点（点 4，见图 2）以及槽墩墩顶侧移过程线对比分别见图 3～图 5，槽身跨中截面以及槽墩墩底截面的弯矩过程线对比分别见图 6～图 8，侧移以及弯矩最大值的对比见表 1。

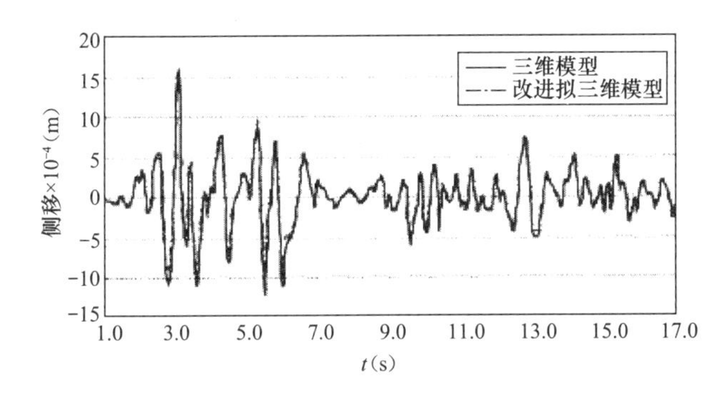

图 3 改进拟三维模型、三维模型槽身跨中截面底部中点侧移过程线对比

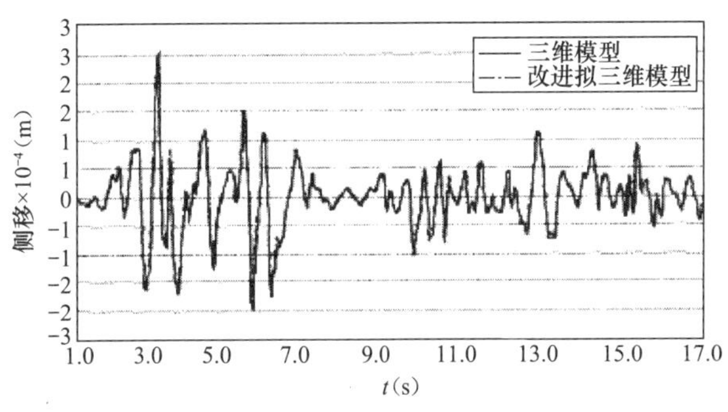

图 4 改进拟三维模型、j 维模型左槽墩墩顶侧移过程线对比

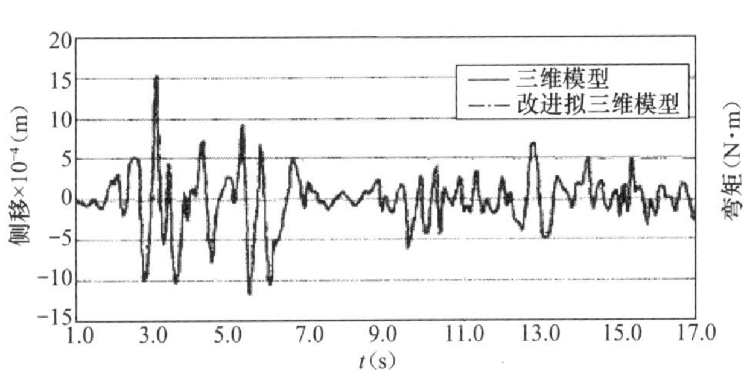

图 5 改进拟三维模型、三维模型右槽墩墩顶侧移过程线对比

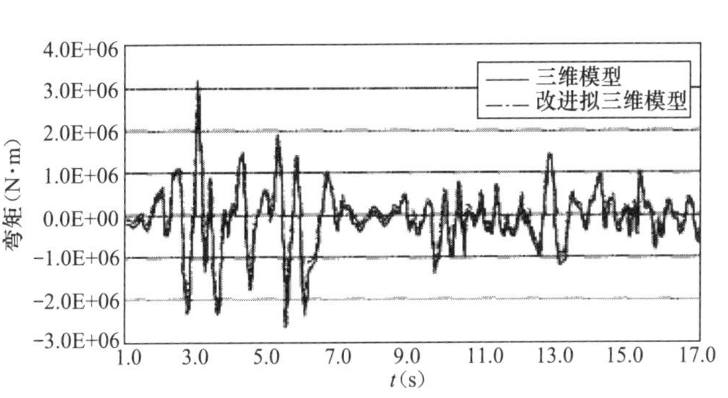

图 6 改进拟三维模型、三维模型槽身跨中截面的弯矩过程线对比

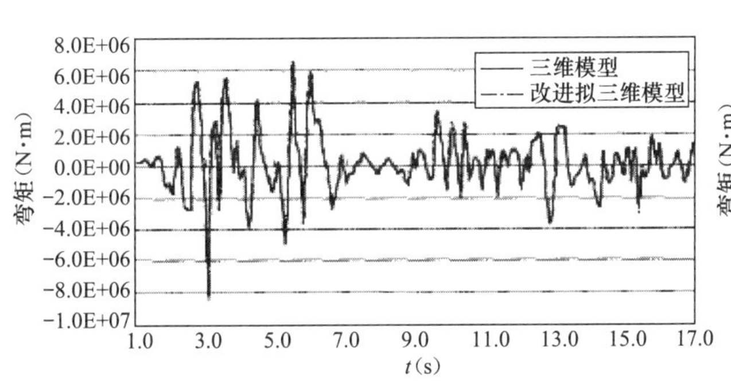

图 7 改进拟三维模型、三维模型左槽墩墩底截面的弯矩过程线对比

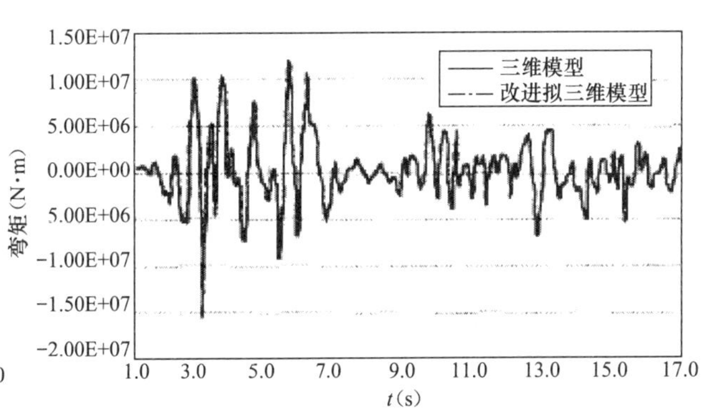

图 8 改进拟 j 三维模型、三维模型右槽墩墩底截面的弯矩过程线对比

侧移最大值及弯矩最大值的对比 表1

部位	槽身跨中截面底部中点侧移最大值/m	左槽墩墩顶侧移最大值/m	右槽墩墩顶侧移最大值/m	跨中截面弯矩最大值/N·m	左槽墩墩底截面弯矩最大值/N·m	右槽墩墩底截面弯矩最大值/N·m
改进拟三维模型	0.00163	0.00024	0.00147	3.08E+06	−8.34E+06	−1.49E+07
三维模型	0.00160	0.00025	0.00153	3.16E+06	−8.15E+06	−1.54E+07
误差比/%	1.6	2.15	3.63	2.74	2.32	3.33

由以上结果可以看出，采用改进拟三维模型与采用三维模型计算的槽身跨中截面底部中点侧移过程线、槽墩墩顶的侧移过程线以及槽身跨中截面弯矩侧移过程线和槽墩墩底截面弯矩过程线都吻合良好，相位差和数值之差均很小。两种模型计算的跨中截面底部中点最大侧移值之间的误差以及槽墩墩顶侧移最大值之间的误差都在4%之内，两种模型计算的跨中截面最大弯矩之间的误差以及槽墩墩底截面最大弯矩之间的误差也都在4%之内。说明采用改进拟三维流固耦合计算模型，可以较精确地计算槽身与槽墩的三维效应下的侧移与内力，满足槽身以及下部支撑三维动力设计的安全要求。

4 结 论

本文对大跨度梁式渡槽的改进拟j维流固耦合动力模型的三维动力模拟效果进行了分析研究。本文计算结果显示，改进的拟三维模型能很好地反映渡槽的三维耦合效应，除此之外，该模型大大提高了计算效率，以文中渡槽模型为例，采用三维模型在进行流固耦合动力分析耗时为24小时，而采用拟三维模型进行分析仅需要0.5个小时，即采用改进拟三维简化模型不仅能很好地反映出j维耦合效应，而且可以大大降低计算成本。因此，大跨度梁式渡槽拟三维流固耦合模型可以作为大型梁式渡槽三维效应动力分析计算的实用方法。

参考文献（References）

[1] 吴轶，莫海鸿，杨春. 大型渡槽动力设计方法研究 [J]. 计算力学学报，2006，23（6）：778-782.
[2] 吴轶. 大型梁式渡槽地震反应分析及设计方法研究 [D]. 广州：华南理T大学，2004.
[3] 张俊发，刘云贺，王颖，等. 渡槽——水体系统的地震反应分析 [J]. 西安理T大学学报，1999（4）：46-51.
[4] 王博. 大型渡槽动力建模研究 [J]. 计算力学学报，2000，17（4）：468-474.
[5] 吴轶，莫海鸿，杨春. 排架——渡槽——水三维耦合体系地震响应分析 [J]. 水利学报，2005（3）：280-285.
[6] 李遇春，楼梦麟. 强震下流体对渡槽槽身的作用 [J]. 水利学报，2000（3）：46-52.
[7] Bathe K J. Finite Element Procedures [M]. Prentice Hall，Englewood Cliffs，NJ，1995.

流固耦合对大型渡槽纵向地震响应的影响分析

徐梦华 莫海鸿

（华南理工大学土木与交通学院，广州 510640）

【摘 要】 以大跨度简支梁式渡槽为对象，研究了流固耦合对其纵向地震响应的影响。试验表明流固耦合对渡槽纵向位移地震响应影响明显，说明纵向流固耦合作用不可忽视。其次，在渡槽有水的情况下，采用附加水质量方法的计算结果会有比较大的误差，应该充分考虑到流固耦合的影响。另外，在设计中可用无水情况作为渡槽纵向抗震的控制工况。

【关键词】 渡槽；流固耦合；纵向地震；响应

我国的水资源存在时间上和空间上的双重不均匀性特点，渡槽作为一种重要的过水建筑物，在我国水资源的合理调度中，有着广泛的应用，到现在为止，我们国家已经修建了许多大型渡槽来输水。近些年来，随着我国南水北调工程的陆续上马开工建设，已经修建了一批用于南水北调的大型渡槽，并将还有一批大型渡槽需要修建。此外，我国也是一个多地震的国家，要求水工建筑物在地震中“小震不坏，中震可修，大震不垮”，因此如何搞好渡槽设计，提高其抗震安全性，是十分必要的。但是，在渡槽设计中，对于渡槽涉及的动力问题，目前尚缺乏明确的规范参考依据[1]。在此背景下，国内学者对渡槽结构开展了较多的研究工作，但是，针对渡槽在纵向地震波作用下的动力响应问题，目前的研究比较少，主要有张华忠等针对简支梁式渡槽，槽身和槽墩都采用梁单元来模拟，进行了多跨联合跨间止水的张开变位分析[2]，计算中考虑了行波效应，水体的影响采用质量全部附加在结构之上的附加质量法，实际上，水体和槽身之间耦合以纵向摩擦耦合为主，而纵向的惯性运动耦合作用不明显，因此这种做法未必合适；冯领香等针对简支梁式渡槽，槽身和槽墩都采用三维实体单元，进行了多跨联合纵向地震动力分析[3]，计算中也考虑了行波效应，但是没有考虑流体作用。在此背景下，以简支梁式渡槽为研究对象，就槽中水体在耦合情况下对渡槽整体纵向地震响应的影响进行研究，研究中采用的是三维实体有限元流固耦合模型，用大型有限元软件 Adina 来计算。

1 控 制 方 程[1,4]

1.1 结构控制方程

整体计算中支撑槽墩与槽身均采用三维实体单元，渡槽模型见图 1，结构部分动力平衡方程为

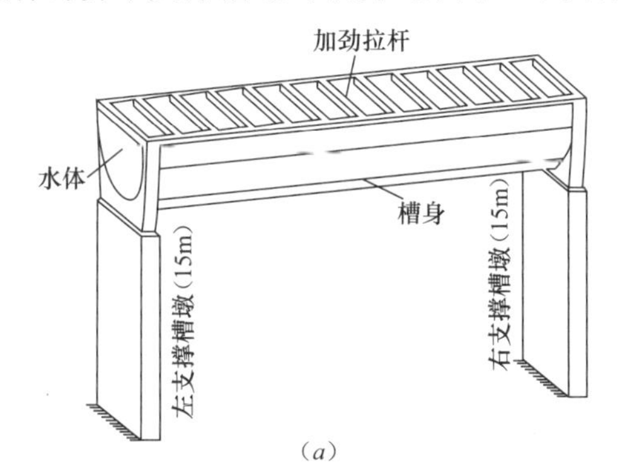

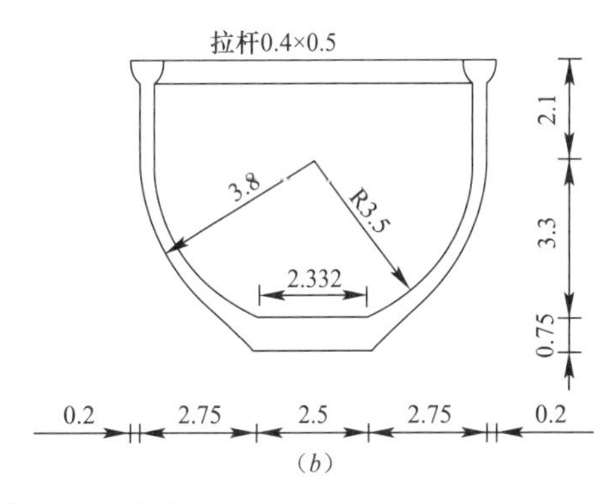

图 1 简支梁式渡槽及槽身截面尺寸图

$$M\ddot{u}+C\dot{u}+Ku=F_s(t) \tag{1}$$

式中，$\ddot{u}$、$\dot{u}$、u 分别为渡槽结构的加速度、速度和位移列向量；$F_s(t)$ 为渡槽结构承受的瞬态荷载向量，包括流体作用在渡槽槽身上的水压力，由流体运动方程决定；M 为质量矩阵；K 为刚度矩阵；C 为阻尼矩阵。采用 Newmark 法求解结构动力方程组。

1.2　流体域控制方程

在一般情况下，流体域的求解采用的是欧拉描述，但是当求解区域存在自由液面或者随结构运动而运动的流固耦合边界时，就必须采用拉格朗日描述来跟踪边界的运动，从而欧拉描述的坐标系不再是固定区域，而是在不断变化的区域，但是在整个流体区域内，仍是采用欧拉描述来求解流体域的方程，此即为任意拉格朗日-欧拉描述（ALE 描述）。已有的研究表明，ALE 运动学描述非常适用于求解含自由液面的液体大幅晃动问题[5,6]，任意拉格朗日描述下的 N-S 方程和连续性方程为

$$\begin{cases}\rho\ddot{u}+\rho a\cdot\nabla\dot{u}-\nabla\tau-f=0\\ \nabla\cdot\dot{u}=0\end{cases} \tag{2}$$

式中：ρ 为质量密度；u 为位移；$\dot{u}$ 和 $\ddot{u}$ 分别为对时间的一阶和二阶导数；a 为对流速度，$u=\dot{u}_{mat}-\dot{u}_{ref}$，$\dot{u}_{mat}$为材料的运动速度，$\dot{u}_{ref}$为欧拉网格的运动速度；$f$ 为外界施加力，对于耦合界面上节点，f 包括耦合力，τ 为流体的应力张量。

1.3　流体自由液面

渡槽中水体的自由液面 $S(x_i, t)$ 在这里是不穿透边界，需要满足下面的运动边界条件和动力边界条件

$$\partial S/\partial t+v_iS_{,i}=0 \tag{3}$$

$$\tau_{ij}n_j=[-p_0+\sigma(1/R_1+1/R_2)]n_i \tag{4}$$

式中，v_i 为液面的速度向量，P_0 为外界施加在自由液面的压力，σ 为表面张力，n_i 为自由液面的单位法向量，R_1 和 R_2 为自由液面曲面在两个水平坐标轴方向的曲率半径。

1.4　耦合条件

槽身内水体和槽身通过相互作用面进行耦合，耦合边界面上速度和相互作用是连续的，满足以下连续条件

$$\dot{u}_f=\dot{u}_s \tag{5}$$

$$s_f\cdot n_f=s_r\cdot n_s \tag{6}$$

式中　s_f 和 s_r 分别为耦合面上水体和槽体结构的应力；n_f 和 n_s 分别为水体和槽体结构耦合面的法向量，方向向外。

2　算例计算分析

以东深供水 U 型渡槽的某段为例，该段的结构特征与参数为：主跨长 24m，U 型内断面，侧壁厚 30cm，槽底厚 75cm，槽顶设有截面为矩形的拉杆（宽×高=40cm×50cm，间距 2m），两端为简支，其中左端槽身与墩顶之间是 3 向位移全约束条件，而右端槽身与墩顶之间是释放了纵向约束的两向位移约束条件。

槽身断面尺寸见图 1，槽墩尺寸为宽×高×厚=7m×15m×1m。力学参数取值：

槽身钢筋混凝土：混凝土强度等级为 C40，密度 2450kg/m³，弹模 35.00GPa，泊松比 0.167；

槽墩钢筋混凝土：混凝土强度等级为 C25 密度 2450kg/m³，弹模 28.00GPa，泊松比 0.167；

水体：密度 1000kg/m³，黏滞系数 0.00105kg/m²·s，为不可压缩液体，槽内设计水深 4.7m。

选用EL-Centro（N-S）和Taft（N-E）强震波作为纵向外界激励地震，采用位移记录为激励荷载，分别见图2、图3。EL-Centro（N-S）记录的地面位移峰值为0.1086m，Taft（N-E）记录的地面位移峰值为0.0669m，地震输入时间长度均取为16s，时间步为0.1s。

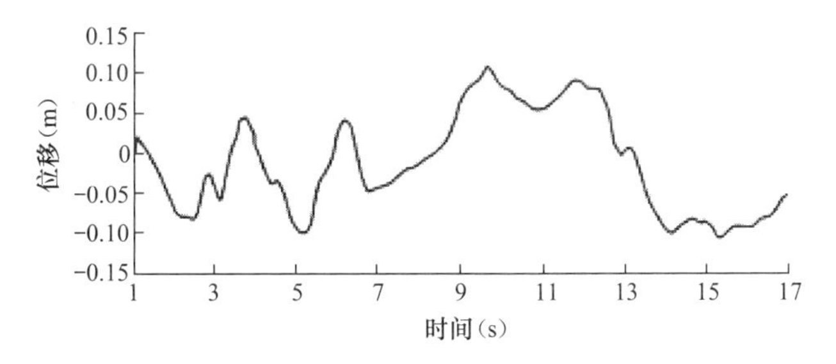

图2 EL-centro（N-S）位移地震波记录

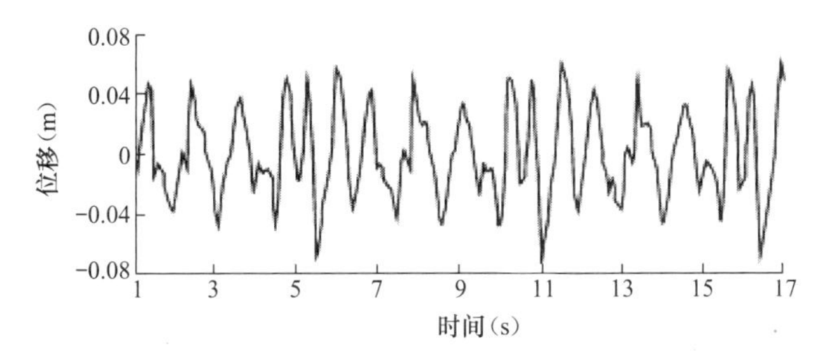

图3 Taft（N-E）位移地震记录

以上2种地震激励下均同时计算了附加水体质量以及不考虑水体的情况作为对比来分析流固耦合效应对渡槽纵向地震响应的影响。渡槽两端墩顶以及跨中截面底部中点的纵向最大位移值（相对于地面）见表1和表2，跨中截面底部中点纵向位移过程线（相对于地面）分别见图4、图5（由于变化规律相似，左右墩顶的纵向位移过程线未附图）。

纵向最大位移值（相对于地面）统计表（EL-centro地震波）/m **表1**

位置	计算情况	纵向最大位移（正向）	纵向最大位移（负向）
左端墩顶	流固耦合	0.02177	−0.02440
	无水	0.05969	−0.06389
	附加水质量	0.07460	−0.06835
跨中底部	流固耦合	0.02226	−0.02497
	无水	0.06068	−0.06617
	附加水质量	0.07364	−0.07110
左端墩顶	流固耦合	0.00563	−0.00868
	无水	0.02255	−0.02181
	附加水质量	0.02283	−0.02229

纵向最大位移值（相对于地面）统计表（Taft地震波）/m **表2**

位置	计算情况	纵向最大位移（正向）	纵向最大位移（负向）
左端墩顶	流固耦合	0.05369	−0.05152
	无水	0.15673	−0.12053
	附加水质量	0.13044	−0.10691
跨中底部	流固耦合	0.05486	−0.05258
	无水	0.15795	−0.12617
	附加水质量	0.13320	−0.11600

续表

位置	计算情况	纵向最大位移（正向）	纵向最大位移（负向）
左端墩顶	流固耦合	0.02289	−0.01701
	无水	0.10606	−0.10539
	附加水质量	0.10577	−0.10537

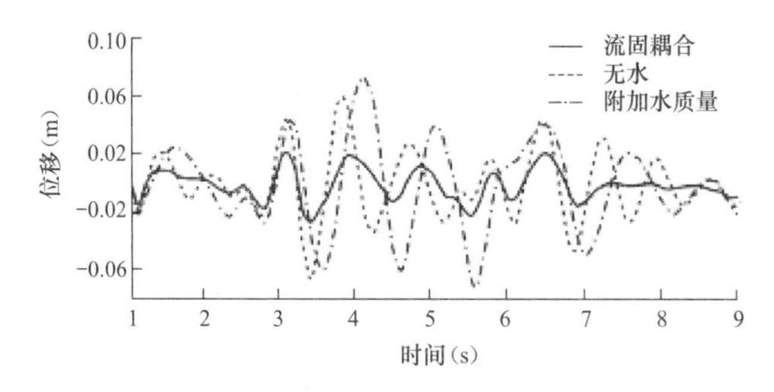

图 4 跨中截面底部中点纵向位移过程线对比分析（EL-centro 地震波）

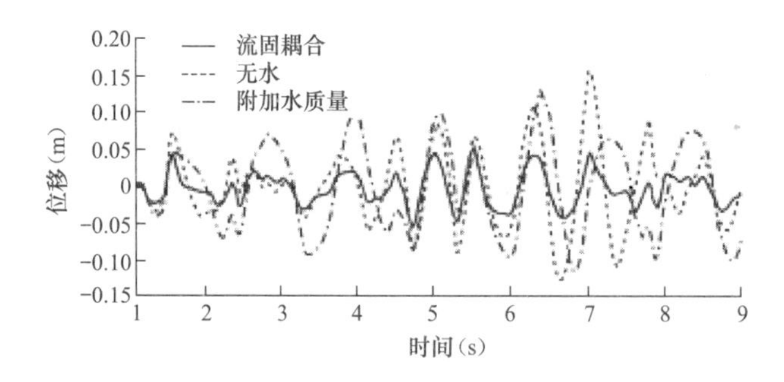

图 5 跨中截面底部中点纵向位移过程线对比分析（Taft 地震波）

由表 1、表 2 以及图 4、图 5 结果可以看出，首先，2 种地震激励都显示考虑流固耦合的渡槽纵向位移地震响应要明显小于附加水质量以及无水情况的地震响应，这说明，在纵向地震作用下虽然没有像在横向地震作用下存在比较明显的惯性耦合作用，而是以摩擦耦合为主，但是耦合作用却不可忽视；其次，在槽中有水的情况下，附加水质量情况下计算得到的响应要远远大于流固耦合的计算结果，由此可见在有水的情况下，采用附加水质量的结果会有比较大的误差，因此，有水时必须充分考虑流固耦合的影响。再者，对比以上 3 种计算情况的结果，在设计中可用无水情况为控制工况来分析渡槽的纵向抗震。

3 结 论

主要研究了在纵向地震作用下，流固耦合对大跨度的简支梁式渡槽纵向地震相应的影响，采用 ADINA 软件进行了流固耦合、无水以及附加水质量 3 种情况的有限元计算，其结果：

a. 考虑流固耦合的渡槽纵向位移地震响应要明显小于附加水质量以及无水情况的地震响应，这说明，在纵向地震作用下虽然是以摩擦耦合为主，但是耦合作用却不可忽视。

b. 在有水的情况下，采用附加水质量的方法计算，结果会有比较大的误差，应该充分考虑到流固耦合的影响。

c. 在设计中可用无水情况作为渡槽纵向抗震的控制工况。

参考文献（References）

[1] 吴铁. 大型梁式渡槽地震反应分析及设计方法研究 [D]. 广州：华南理工大学，2004.

[2] 张华忠，莫海鸿，刘春洋. 大型梁式渡槽止水带纵轴向张开变位分析 [J]. 广东土木与建筑，2003 (1)；24-28.
[3] 冯领香，魏建国，白永兵，等. 渡槽结构多点输入的抗震分析 [J]. 河北农业大学学报，2007 (3)；104-107.
[4] 吴轶，莫海鸿，杨春. 排架渡槽币水三维耦合体系地震响应分析 [J]. 水利学报，2005 (3)；280-285.
[5] Liu W K. Finite Element——Procedure for Fluid-structure Interactions and Application to Liquid Storage Tanks [J]. Nuclear Engineering and Design，1981 (65)：221-238.
[6] Hirt G W，Amsden A A，Cook J L. An Arhitary Lagrangian Eulerian Computing Method for All Flow Speeds [J]. J ComPhys，1974，14 (3)；227-253.

大型渡槽动力设计方法研究

吴　铁　莫海鸿　杨　春
（1. 广州大学 土木工程学院，广东 广州　510006；2. 华南理工大学 土木系，广东 广州　510640）

【摘　要】 根据大型渡槽结构的特点，在缺乏适用的抗震分析模型前提下，提出支撑-渡槽-水伪三维流固耦合动力分析方法。模型基于结构动力分析理论和流固耦合分析理论，整体结构分析采用Newmark方法进行动力时程分析，分析中考虑渡槽结构整体受力性能，包括下部支撑结构、地基等多种因素的影响作用；渡槽——水耦合体子结构分析采用任意拉格朗日-欧拉（ArbitraryLagrangianEulerian，ALE）有限元方法进行动力分析，考虑渡槽——水的耦合相互作用，模拟渡槽中水体的大幅晃动作用，相应得出渡槽中动力压力值及其分布。以某排架支撑矩形渡槽为例，采用本文提出的伪三维模型进行地震时程分析，计算结果与三维模型计算结果吻合良好。本文提出的伪三维动力分析方法计算效率高，满足渡槽结构抗震设计要求，便于工程应用，是大型渡槽结构动力分析研究和抗震设计的实用静、动力分析方法。

【关键词】 渡槽结构；伪三维；任意拉格朗日-欧拉（ALE）；流固耦合；地震响应

1　引　　言

大型渡槽结构抗震设计分析时，如何考虑装载在渡槽中与渡槽结构自重相当或几倍渡槽结构自重的水体的动力特性，建立合理、便于工程人员应用的动力分析模型是大型渡槽结构抗震设计的关键。目前常用的方法有：附加重量法无法考虑渡槽中水体晃动作用对渡槽结构的影响[1]；二维渡槽模型无法考虑渡槽整体结构的反应，包括下部支承、基础形式的影响；工程结构设计方法无法考虑地震或风引起的动水压力作用，忽略大型渡槽结构的三维受力效应及水体的晃动作用；利用ALE非线性有限元程序考虑流固耦合的渡槽结构地震响应三维仿真分析方法可以得到计算精度高的结果，但结构分析模型自由度太大，给计算和分析造成一定困难，工程人员难于掌握[2]；空间薄壁渡槽结构的简化动力模型方法[3]，简化了复杂的三维渡槽模型，但是没有考虑渡槽中水体的晃动作用的影响。本文在此背景下提出支撑一渡槽一水伪三维流固耦合分析方法。

2　支撑一渡槽一水伪三维流固耦合分析方法

根据渡槽的运行环境、工程的重要性和渡槽的预应力混凝土结构特点，渡槽上部结构为严格要求不出现裂缝的构件，裂缝控制标准为一级，构件受拉边缘混凝土不应出现拉应力，即渡槽上部槽身结构刚度较大，在任何条件下，渡槽槽体各截面的应变均为小应变。对于与渡槽结构类似的长条形结构，截面均匀，问题的关键集中在某二维体系，另一维的影响作用相对较次要，但又不可以忽略其影响作用，为了减少计算工作量和计算时间，便于简化分析，三维结构分析问题可以简化为二维半分析问题。本文针对这种以大位移小应变为主的排架支撑长条形渡槽结构体系，三维分析问题简化为二维半分析问题，整体计算把渡槽槽身结构视为架设在排架支撑上刚度很大的梁结构，渡槽槽体的刚度相对较大，三维的渡槽槽体——水流固耦合体可以离散简化成若干二维渡槽——水流固耦合子结构体，外激励作用通过整体渡槽梁体系的结点传递给二维渡槽——水流固耦合体。在排架——渡槽梁整体计算中，考虑水体晃动对排架支撑渡槽结构的TLD减震作用[2]，引入水阻尼以考虑水体晃动对排架——渡槽体系的减震作用。

在此构思的引导下，本文研究中提出按平面问题与空间问题有限元方法相结合的支撑——渡槽——水伪三维流固耦合分析方法。整体计算中把渡槽槽身视为空间U形或矩形截面梁，根据计算需要把梁

划分为 N 个空间梁单元，每个梁单元节点连接一个二维渡槽一水耦合子结构体，梁单元节点与二维渡槽截面形心重合，外界地震对结构的作用通过梁节点传递给二维渡槽——水耦合体，由此可以计算出任一 t 时刻渡槽中水体的晃动作用，相应可以求得任一时刻水体作用在渡槽结构中的动水压力及动应力值和分布。其中整体计算中可以考虑下部支撑、地基等多种因素的影响；在渡槽——水体耦合振动子结构计算中，可以模拟渡槽——水的流固耦合作用，渡槽中水体的大幅晃动作用，得到外激励引起的动水压力值及其分布。计算模型如图 1 所示。支撑——渡槽——水伪三维流固耦合分析方法步骤如下。应该指出本文计算中尚未能考虑二维渡槽结构动力性能对整体三维渡槽梁的影响作用。

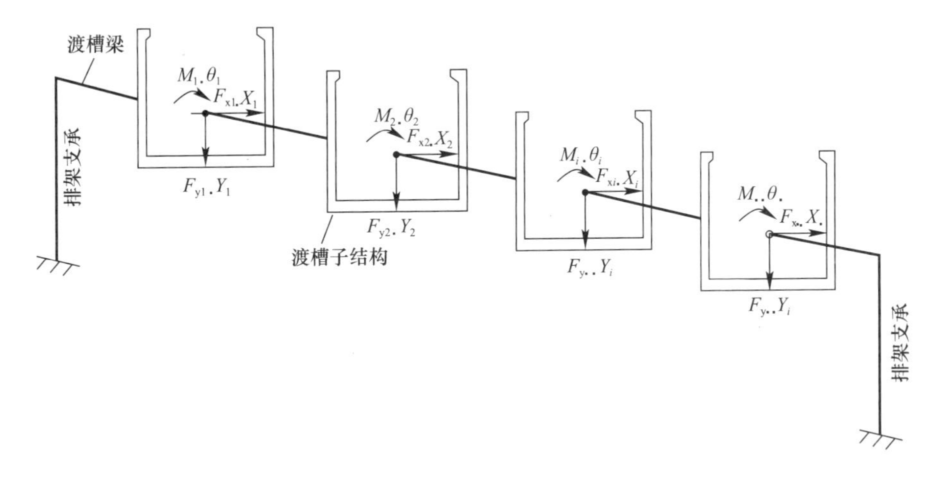

图 1 排架一渡槽一水伪三维流固耦合分析模型

Fig. 1 Model ofpseudo three dimensional dynamic analysis method

2.1 排架——渡槽整体结构分析

整体计算中槽壳结构和下部支撑结构均采用空间梁单元离散，忽略空间薄壁梁结构的弯扭作用，计算模型见图 1，动力平衡方程为[4,5]

$$[M]\{\ddot{u}(t)\}+[C]\{\dot{u}(t)\}+[K]\{u(t)\}=\{P(t)\} \tag{1}$$

式中 $[M]$ 明为系统质量矩阵，$[C]$ 为系统阻尼矩阵，$[K]$ 为结构刚度矩阵，$\{P(t)\}$ 为结点荷载向量。采用 Newmark 法求解排架——渡槽梁结构动力方程组[2]。

2.2 二维渡槽——水子结构流固耦合分析

将渡槽梁 i 节点第 $t+\Delta t$ 时刻位移向量 $\{X, Y, \theta\}$ 作为第 i 截面二维渡槽水耦合体系的外界激励如图 2 所示；k_1，k_2 和 k_3 分别为 X，Y，θ 方向的约束刚度。二维渡槽——水子结构流固耦合分析采用 ALE 有限元方法求解该时刻水体的晃动及水体作用在渡槽槽体上的动水压力，第 i 截面二维渡槽——水流固耦合子结构计算模型如图 2 所示。

图 2 二维渡槽一水耦合体计算模型

Fig. 2 Computing model of 2D aqueduct water coupling system

2.2.1 流体控制方程

基于 ALE 描述的流体控制方程为[6-9]

$$\begin{cases}\rho\ddot{u}+\rho a\cdot\nabla\dot{u}-\nabla\cdot\tau-f=0\\ \nabla\cdot\dot{u}=0\end{cases} \tag{2}$$

式中 ρ 为质量密度，u 为位移，$\dot{u}$ 和 $\ddot{u}$ 分别为对时间的一阶和二阶导数，f 为外界施加力，a 为对流速度，$a=\dot{u}_{mat}-\dot{u}_{ref}$，$\dot{u}_{mat}$ 为材料的运动速度，$\dot{u}_{ref}$ 为网格的参考坐标系运动速度，τ 为应力张量。

2.2.2 基于ALE描述的流固耦合面

渡槽内水体和槽体通过相互作用面进行耦合，耦合边界面上速度和相互作用是连续的，满足以下连续条件：

$$\dot{u}_{\mathrm{f}} = \dot{u}_{\mathrm{s}}, s_{\mathrm{f}} \cdot n_{\mathrm{f}} = s_{\mathrm{s}} \cdot n_{\mathrm{s}} \tag{3,4}$$

式中 S_f 和 S_s 分别为耦合面上水体和槽体结构的应力；n_f 和 n_s 分别为水体和槽体结构耦合面的法向量，方向向外。

2.2.3 基于ALE描述的自由液面

渡槽中水体的自由液面的追踪是研究渡槽水体大幅晃动的关键，自由液面 S(xit,) 上的网格点必须满足一定的运动边界条件和动力边界条件：

$$\partial S/\partial t + v_i S_{,i} = 0 \tag{5}$$

$$\tau_{ij} n_j = [-P_0 + \sigma(1/R_1 + 1/R_2)] n_i \tag{6}$$

式中 P_0 为外界施加在自由液面的压力，σ 为表面张力，n_i 为自由液面的单位法向量，R_1 和 R_2 分别为自由液面曲面的曲率半径。

2.2.4 结构控制方程

采用有限元方法，建立在拉格朗日坐标系统下的渡槽结构的运动方程可以表示为

$$M\ddot{u} + C\dot{u} + Ku = F_s(t) \tag{7}$$

式中，$\ddot{u}$、$\dot{u}$ 和 u 分别为渡槽槽体加速度、速度和位移列向量，$F_s(t)$ 为渡槽结构承受的瞬态荷载向量，包括流体作用在渡槽槽体上的水压力，由流体运动方程决定。M 为质量矩阵，K 为刚度矩阵，C 为阻尼矩阵。

3 工 程 应 用

以广东东深供水改造工程中某单跨排架支撑——矩形渡槽为例（计算模型见图3），矩形渡槽截面尺寸为：渡槽槽深 $H_1=5.6$m；槽体的净宽 $B=7.0$m，矩形渡槽长度 $L=10.0$m，壁厚 $t=0.5$m，根据可能出现的工作流量，取渡槽水深分别为 $h=3.654$m，2.749m，渡槽支撑排架高分别为 $H=18.0$m，21.0m，24.0m，排架柱截面为0.8m×0.8m，横梁截面为0.6m×0.8m。外界激励选用EL Centro（南北向）强震激励，记录最大峰值加速度为 3.417m/s^2，地震输入时间长度取为20S。以本文提出的支撑-渡槽水伪三维流固耦合分析方法对渡槽结构进行地震时程分析，与采用三维模型[2]进行的三维时程分析结果进行对比。

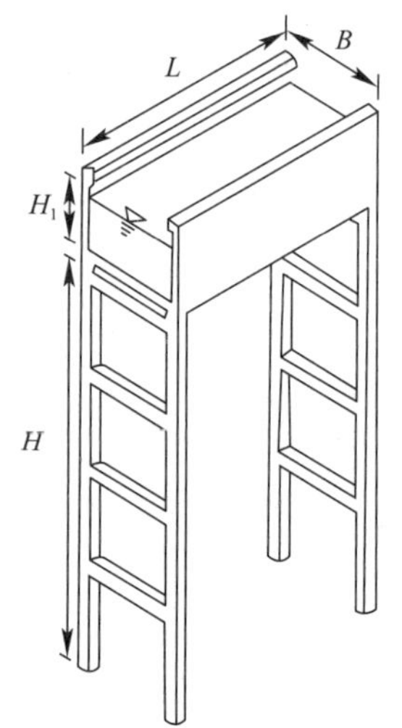

图3 计算模型

Fig. 3 Computing model

根据已有研究[2]，水体的晃动作用对渡槽结构起到减震作用。因此在支撑-渡槽整体分析中引入“水阻尼”以模拟渡槽中水体的大幅晃动作用对结构产生的阻尼作用。水阻尼 $[C]_水$ 的定义参照实际工程分析中常用的瑞雷阻尼，其计算方法为

$$[C] = \alpha_0[M] + \alpha_1[K], \quad 2\zeta_i\omega_i = \alpha_0 + \alpha_1\omega_i^2 \tag{8,9}$$

式中 $[M]$ 和 $[K]$ 分别为体系的质量矩阵和刚度矩阵，ζ_i 为与第 i 个振型相应的阻尼比，s_i 为体系的第 i 阶圆频率，本文计算中阻尼比 ζ 取0.05。

图4和图5为矩形截面渡槽，水深 h 分别为2.749m和3.654m，排架高 $H=24$m，采用支撑——渡槽水伪三维模型、三维模型在EL Centro强震激励下的排架顶点侧移时程曲线。在EL Centro强震激励下，采用伪三维模型和采用三维模型计算的排架顶点侧移时程曲线规律吻合良好，排架侧移时程曲线的侧移差较小，排架最大顶点侧移值的比值主要介于1.1～1.3倍之间，详见表1排架最大顶点侧移对比表。说明采用支撑——渡槽水伪三维流固耦合计算模型，可以较精确地计算支撑排架的侧移，满足下部支撑设计的安全要求。

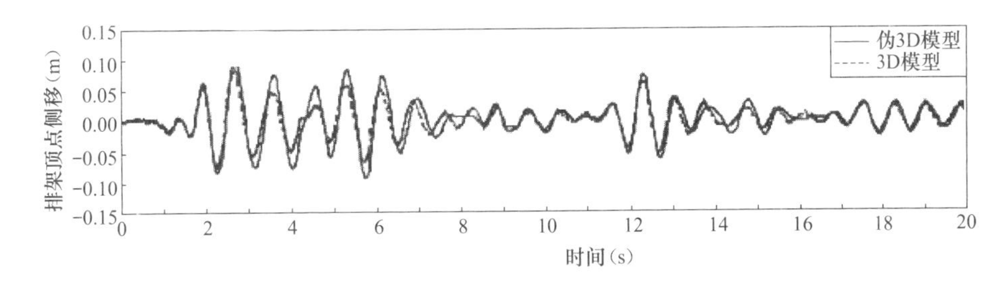

图 4 伪三维模型、三维模型排架顶点侧移对比分析（h=2.749m，H=24m）

Fig. 4 Comparison of top side displacement of frame using pesudo 3D method and 3D（h= 2.749m，H=24m）

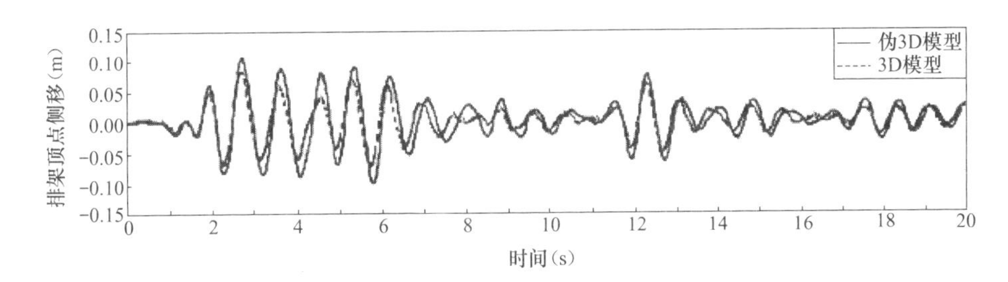

图 5 伪三维模型、三维模型排架顶点侧移对比分析（h：3.654m，H=24m）

Fig. 5 Co mparison of top side displacement of frame using pesudo 3D method and 3D（h：3.654m，H ：24m）

采用伪三维模型、三维模型排架最大顶点侧移对比表 **表 1**

Table of maximum side displacements employing pseudo 3 D method and 3 D **Tab. 1**

h（m）	H（m）	伪 3D 模型（m）	3D 模型（m）	伪 3D 模型/3D 模型
2.749	18	0.080	0.067	1.19
	21	0.086	0.075	1.15
	24	0.102	0.083	1.23
3.654	18	0.082	0.065	1.26
	21	0.085	0.064	1.33
	24	0.105	0.082	1.28

图 6 给出在 EL Centro 地震波激励下矩形截面渡槽，水深 h=2.749，3.654m 工况下跨中截面渡槽槽底的动、静水压力分布图。表 2 给出采用两种计算模型计算的最大动水压力值及比值。由图和表可以看到，采用伪三维模型计算的动水压力分布曲线与采用三维模型计算的动水压力分布情况十分接近。但是当水深 h=2.749m 时，采用伪三维模型计算的最大动水压力分布比采用三维模型计算最大动水压力

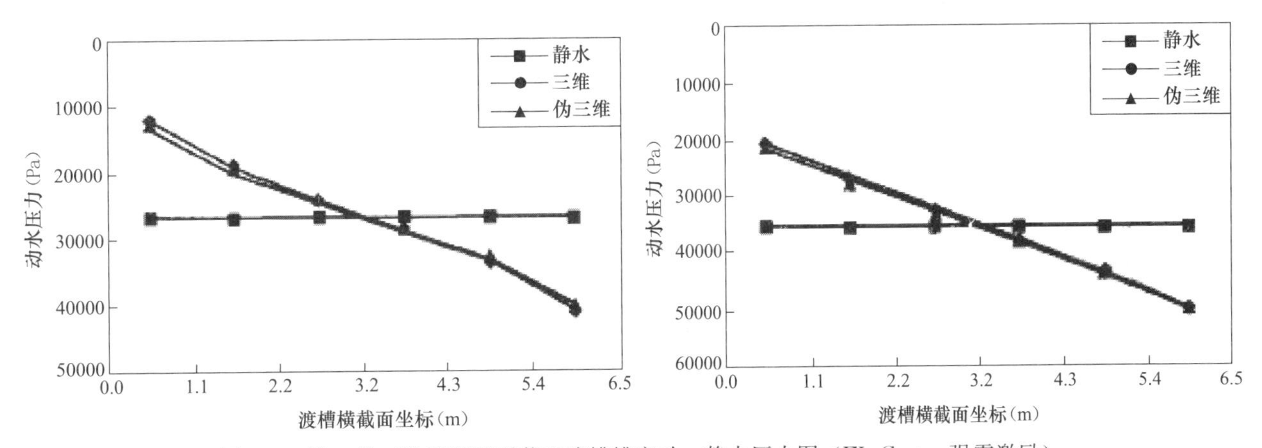

图 6 三维、伪三维模型矩形截面渡槽槽底动、静水压力图（EL Centro 强震激励）

Fig. 6 H ydrodynamic pressure along the bottom of the aqueduct employing 3D and pseudo 3D method

分布相比偏小，偏差为2，通过大量的例题分析[2]，偏差在±5%范围内，因此，采用伪三维模型计算动水压力时可以引入1.1的安全修正系数，以满足渡槽槽壳的安全性要求。可见，采用渡槽水伪三维简化模型可以较精确的模拟外激励作用下水体大幅晃动产生的动水压力分布情况，作为主要外荷载应用于渡槽抗震设计中。

采用三维、伪三维模型计算最大动、静水压力对比表（H-24m） **表2**

Table of maximum hydrodynamic and hydraulic pressure employing pseudo 3D method and 3D **Tab. 2**

水深工况	最大静水压力（Pa）	最大动水压力（三维）（Pa）	最大动水压力（伪三维）（Pa）	$P_{伪三维}/P_{三维}$
水深 h=2.749m	26940	40849	39942	0.9778
水深 h=3.654m	35809	50005	50035	1.0006

3 结　论

本文基于结构动力分析理论和二维流固耦合分析理论提出的支撑——渡槽——水伪三维流固耦合分析方法与目前已有的计算方法相比较，在渡槽结构抗震设计中既可以考虑外激励引起的渡槽水体的晃动作用和渡槽一水的耦合相互作用，又可以考虑下部支撑结构、地基等的影响作用，而且大大提高了计算效率，便于工程设计人员应用。以文中渡槽模型为例，采用三维模型进行分析耗时为两天，而采用伪三维模型进行分析仅需要1.5个小时，即采用渡槽——水伪三维耦合体简化模型虽然牺牲了一点计算精度，但是可以大大降低计算机时，满足工程设计要求，简单易用，便于实际工程广泛应用，是适于大型渡槽结构动力分析研究和抗震设计的实用静、动力分析方法。

参考文献（References）

[1] 张俊发，刘云贺，王颖，等. 渡槽——水体系统的地震反应分析［J］. 西安理工大学学报，1999,(4)：46-51.（ZHANG Jun-fa，LIU Yun-he，et al. A seismic response analysis of water-aqueduct—pier system［J］. J of Xi'an University of Technology，1999，(4)：46-51.（in Chinese））

[2] 吴轶. 大型梁式渡槽地震反应分析及设计方法研究［D］. 华南理工大学，2004.（WU Yi. Study on Seis—mic Response and Design Method of Large Beam Aqueduct［D］. South China University of Technology，2004.（in Chinese））

[3] 王博. 大型渡槽动力建模研究［J］. 计算力学学报，2000，17（4）：468-474. （WANG 13o. Dynamic modeling study of large scale aqueduct［J］. Chinese Journal of Computation Mechanics，2000，17（4）：468-474.

[4] BATHE K J. Finite Element Procedures［M］. Pren—rice Hall，Englewood Cliffs，NJ，1995.

[5] WEAVER W，J OHNSTON P R. Structural Dynamics by Finite Elements［M］. Prentice—Hall，En—glewood Cli7s，NJ，1987.

[6] RAMASWAMY B，KAW AHARA M. Arbitrary Lagrangian-Eulerian finite element method for unsteady，convective，incompressible viscous free surface fluid flow［J］. Int J Numer Methods Fluids，l987，7：1053-1075.

[7] LIU Z，HU ANG Y. A new method for large amplitude sloshing problems［J］. J Sound& Vib，1994，175（2）：185-195.

[8] LIU W K. Finite element procedure for fluid-structure interactions and application to liquid storage tanks［J］. Nuclear Engineering and Design，1981，65：221-238.

[9] HIRT G W，AMSDEN A A，C00K J L. An arbitary Lagrangian-Eulerian computing method for all flow speeds［J］. J Comp Phys，1974，14（3）：227-253.

Study on dynamic performance of a three-dimensional high frame supported U-shaped aqueduct

Yi Wu[a] **Hai Hong Mo**[b, *] **Chun Yang**[b]
a Department of Civil Engineering of Guangzhou University, Guangzhou 510405, PR China
b Department of Civil Engineering, South China University of Technology, Guangzhou 510640, PR China Received 8 October 2004; received in revised form 21 June 2005; accepted 15 August 2005 Available online 13 October 2005

【Abstract】 In this paper, the dynamic characteristics of a three-dimensional high frame supported U-shaped aqueduct are studied, in which the Arbitrary Lagrangian Eulerian (ALE) method is applied to simulate the interaction effects, the large amplitude sloshing effects of water and effects on the aqueduct structure, coupling effects between the 3D high frame-supported aqueduct and water in it. Results of researches show that external actions induced large water sloshing effects will greatly change the distribution and the value of hydrodynamic pressures and stresses in the aqueduct. Especially for the prestressing aqueduct structures, strong water sloshing in the aqueduct will not only greatly affect the effectiveness of the arrangement of prestressing steel bars, but also lead to crack or fatigue crack in the aqueduct. Therefore hydrodynamic pressure should be included as an important external load in the aseismatic design of a large-scale aqueduct structure, which has been neglected in normal design and seismic analysis of aqueduct structures because of limited dynamic researches.

C 2005 Elsevier Ltd. All rights reserved.

【Keywords】 Aqueduct structure; Arbitrary Lagrangian Eulerian (ALE); Fluid-structure interaction (FSI); Dynamic characteristics

1 Introduction

Huge hydraulic engineering, the South-to-North Water Convey projects, has been started in 2003 in China. As an important structure, many large aqueducts have been and will be built in China. Actually an aqueduct structure is in fact a bridge for water conveyance, a kind of bridge for different functions. When an aqueduct is built in an earthquake-prone area, the safety of the aqueduct structure become of utmost importance, because post-earthquake disaster may greatly threaten human life and lead to large amount of economic loss[1-4]. Earlier built aqueducts are much smaller in scale and external actions will not arouse significant sloshing of water, which will not affect the structure of the aqueduct and substructure; however, with the scale of aqueducts becoming larger and larger, the weight of water is nearly 2 times the weight of the aqueduct structure or more, such as the Zhangyang aqueduct in Fig. 1, which was built in water conveyance projects from the east Pearl River in GuangDong province to Hong Kong. Under such situations, external action will arouse large amplitude sloshing of water in the aqueduct, which may significantly change the behavior of the aqueduct structure; furthermore, center-of-gravity shift of the huge amount of water in the aqueduct may lead to the instability of

Fig. 1 Zhangyang beam aqueduct.

the aqueduct or failure of the substructure. Therefore hydrodynamic pressure generated by large amplitude sloshing of water in the aqueduct may cause cracks, instability or failure of the aqueduct, and the consequent water flood will have a tremendous impact on the surrounding area.

Although large aqueduct structures are commonly used and are important in hydraulic engineering, researches on their dynamic performances, especially the dynamic characteristics of the huge amount of water in the aqueduct, are limited. The effects of parameters such as water level, external actions, and frame height on the dynamic performances of aqueduct-water coupling systems are important problems in seismic design of aqueduct structures, which have not been studied before.

In fact, the sloshing of water caused by vibration in the aqueduct can be seen as a problem of flow with free surface. From the viewpoint of numerical analysis, the solution of the large amplitude sloshing effect of water in the aqueduct is carried out by a numerical computation based on the finite element method. The proper approach is to analyze the incompressible Navier-Strokes equations considering nonlinearity. In this paper, to simulate problems of fluid-structure interaction and large amplitude sloshing effects of water in aqueduct structures, the Arbitrary-Langrangian-Eulerian (ALE) method[5,6], which can express the moving boundary easily and adjust the distortion of the mesh and widely applied to many fields, such as nuclear industry, aerospace industry, etc., is now adopted to researches of aqueduct structure for the reference of practical designs. And a large U-shaped aqueduct, one of most often-used crosssections, is selected.

2　Fundamental equations

2.1　Governing equations for aqueduct structure

The dynamic equilibrium equation of the aqueduct structures under earthquake excitation can be written as[7]

$$M\ddot{u} + C\dot{u} + Ku = F_s(t) \tag{1}$$

where $\ddot{u}$, $\dot{u}$, u are the acceleration, velocity, displacement vector, respectively, $F_s(t)$ is the transient load vector, including external dynamic loading and the hydrodynamic force defined for the structure, M is the mass matrix, K is the stiffness matrix, and C is the damping matrix. The damping matrix C is assumed:

$$C = \alpha_r M + \beta_r K \tag{2}$$

where α_r and β_r are the proportional damping constants ofmass and stiffness.

2.2　ALE equations for fluid

In general, the structural model is based on a Lagrangian coordinate system and the displacements are the primary unknowns, while a pure fluid model is always analyzed using a Eulerian coordinate system. However, for problems of fluid-structure interaction and free surface sloshing met in the aqueduct structure-water coupling system, the fluid model must be based on an arbitrary-Lagrangian-Eulerian coordinate system since the fluid-structure interface and the free surface boundary are deformable. An ALE formulation contains both pure Lagrangian and pure Eulerian formulations. In a Langrangian description, themeshmoveswith thematerial, making it easy to track free surfaces and applied boundary conditions, but in an Eulerian description, the mesh is fixed while the material passes through it. Employing this approach, free surfaces and boundary conditions are difficult to track; however, the mesh will not distort because the mesh never changes. So in this study, the ALE method is applied to carry out analysis of large amplitude sloshing of water, and the rewritten Navier-Stokes equations in the ALE system are as follows[8,9]:

$$\{\rho\ddot{u} + \rho a \cdot \nabla \dot{u} - \nabla \cdot \tau - f = 0 \tag{3}$$

$$\nabla \cdot \dot{u} = 0 \tag{4}$$

where ρ is the fluid density, u is the displacement, $\dot{u}$, $\ddot{u}$ is the time derivative, f is external force, a is convective velocity, and $a=\dot{u}_{mat}-\dot{u}_{ref}$, where $\dot{u}_{mat}$ is the material velocity, and $\dot{u}_{ref}$ is the velocity of the referential coordinate. The case $\dot{u}_{ref}=0$ corresponds to a purely Eulerian description, while $\dot{u}_{mat}=\dot{u}_{ref}$ corresponds to a purely Lagrangian description. τ is stress tensor, which can be written as

$$\tau_{ij} = -P\delta_{ij} + 2\mu e_{ij} \tag{5}$$

where P is pressure, μ is the fluid kinematic viscosity, δ_{ij} is the Kronecker delta, and e_{ij} is the strain rate tensor defined as

$$e_{ij} = (v_{i,j} + v_{j,i})/2 \tag{6}$$

2.3 ALE equations for fluid structure interface

The water in the aqueduct and the wall of aqueduct is coupled along the interface; that is, the displacements as well as the fluid velocity are determined by the solution of the solid model on the interface. This condition is called the kinematic condition of the fluid model, defined in Eq. (7). On the other hand, the fluid force must be applied to the interface of solid model to ensure the balance of forces on the interface; this condition is called the dynamic condition of the solid model, defined in Eq. (8).

$$\dot{u}_f = \dot{u}_s \tag{7}$$

$$s_f \cdot n_f = s_s \cdot n_s \tag{8}$$

where S_f, S_s are the stress of fluid and structure on the interface respectively, and n_f, n_s are the unit outward normal vectors of fluid and structure on the interface.

2.4 ALE equations for free surface boundary condition

A free surface is a moving boundary; then two conditions must be applied: the kinematic and dynamic conditions. The kinematic condition of a free surface is that the fluid particle cannot move out of the surface or the normal velocity of the free surface must be the same as the normal velocity of the fluid, and the kinematic boundary condition of a free surface $S(x_i, t)$ is:

$$\frac{\partial S}{\partial t} + v_i S_{,i} = 0 \tag{9}$$

while the dynamic boundary condition on the free surface is the ambient pressure together with the surface tension

$$\tau_{ij} n_j = \left[-P_0 + \sigma\left(\frac{1}{R_1} + \frac{1}{R_2}\right)\right] n_i \tag{10}$$

where P_0 is the externally applied pressure on the surfaces, σ is the surface tension, ni denotes the components of the unit vector normal to the free surface and R_1 and R_2 denote the radii of curvature of the free surface.

3 Mesh update

In order to keep an undistorted mesh even after large displacement of the structure, the fluid mesh must be updated, which is dealt with in the ALE mesh of the fluid. The mesh movement on the moving boundaries is prescribed to follow the physical conditions and the mesh can be adjusted automatically o preserve a reasonable mesh quality, and nodes inside the luid domain are also adjusted in their positions. The new odal positions $(x(I,J),\ y(I,J))$ are calculated by solving the aplace equation (11) and (12) for the boundary, then for the odes in the fluid domain.

$$L^2(x) = -\frac{\partial^2 x}{\partial I^2} + \frac{\partial^2 x}{\partial J^2} = 0 \tag{11}$$

$$L^2(y) = -\frac{\partial^2 y}{\partial I^2} + \frac{\partial^2 y}{\partial J^2} = 0 \tag{12}$$

where $(x(I,J),\ y(I,J))$ are the coordinates of node position (I,J) in solution space of the Laplace equation. Each time he just calculated information is used as boundary conditions or the next Laplace equation to obtain an improved nodal osition. So the movement in the nodal positions results in the esh velocity vm, which enters the calculation of the total time erivatives of all solution variables given by:

$$\frac{\mathrm{d}(\cdot)}{\mathrm{d}t} = \frac{\delta(\cdot)}{\delta t} + (v - v_{\mathrm{m}}) \cdot \nabla(\cdot) \tag{13}$$

where $\delta(\cdot)/\delta_{\mathrm{t}}$ is the transient term at the mesh position with velocity v_{m}, which is calculated for the positions in the fluid domain using the prescribed or calculated boundary motion.

4 Method for solving equations

Suppose the solution vector of the fluid-aqueduct coupling system be $X=(X_{\mathrm{f}}, X_{\mathrm{s}})$, where X_{f} and X_{s} are the solution vectors of the fluid and aqueduct structure defined at the nodes of the fluid and structure respectively, and the subscripts f and s denote fluid and structure. If the fluid equation and structure equation are unified, then the finite element equation of the coupled fluid-structure system can be expressed as:

$$\begin{bmatrix} A_{\mathrm{ff}} & A_{\mathrm{fs}} \\ A_{\mathrm{sf}} & A_{\mathrm{ss}} \end{bmatrix} \begin{bmatrix} \Delta X_{\mathrm{f}}^{k} \\ \Delta X_{\mathrm{s}}^{k} \end{bmatrix} = \begin{bmatrix} B_{\mathrm{f}} \\ B_{\mathrm{s}} \end{bmatrix} \tag{14}$$

The coupling system is solved at each instant of time using the incremental Newton-Raphson solution method; the step $k+1$ in the solution procedure at time $n+1$ can be written as:

$$\begin{bmatrix} J_{\mathrm{FF}}^{k} & 0 & J_{\mathrm{FI}}^{k} \\ 0 & J_{\mathrm{SS}}^{k} & J_{\mathrm{SI}}^{k} \\ J_{\mathrm{IF}}^{k} & J_{\mathrm{IS}}^{k} & J_{\mathrm{II}}^{k} \end{bmatrix}_{n+1} \begin{bmatrix} \Delta x_{\mathrm{F}}^{k} \\ \Delta x_{\mathrm{S}}^{k} \\ \Delta x_{\mathrm{I}}^{k} \end{bmatrix}_{n+1} = - \begin{bmatrix} R_{\mathrm{F}}^{k} \\ R_{\mathrm{S}}^{k} \\ R_{\mathrm{I}}^{k} \end{bmatrix}_{n+1} \tag{15}$$

The variables of state xF includes all variables of nodes such as velocity and pressure in the fluid domain, x_{S} includes all variables in structure domain except displacements of nodes on the interface, while xI includes all variables on the interface. The Jacobian matrix can be written as $J=\partial R(X)/\partial X$, and the matrix $J_{\mathrm{FI}}^{\mathrm{k}}$ represents the change in integration over the fluid domain and the change in the ALE velocity due to the movement of the interface nodes, that is the movement of a interface node may potentially move the entire fluid mesh and change the ALE velocity at each node.

The equation is highly nonlinear and must be solved by an incremental scheme. In this scheme, decoupled the equations of the coupling system to linearized fluid Eq. (16) and structural Eq. (17) under fluid loading, which makes it possible to use different time step sizes in the two domains or different methods of integration. For each time step, the fluid mesh is updated based on the displacements of the fluid structure interface.

$$J_{FF}^{k}\Delta x_{F}^{k}=-R_{F}^{k} \tag{16}$$

$$\begin{bmatrix} J_{SS}^{k} & J_{SI}^{k} \\ J_{IS}^{k} & J_{II}^{k} \end{bmatrix}_{n+1} \begin{Bmatrix} \Delta x_{S}^{k} \\ \Delta x_{I}^{k} \end{Bmatrix}_{n+1} = -\begin{Bmatrix} R_{S}^{k} \\ R_{I}^{k}+J_{IF}^{k}\Delta u_{F}^{k} \end{Bmatrix}_{n+1} \tag{17}$$

Criteria that are based on stress and displacement were used to check for convergence of the iterations. The stress criterion is defined as:

$$r_{\tau}\equiv\frac{\left\|\tau_{f}^{k}-\tau_{f}^{k-1}\right\|}{\max\{\left\|\tau_{f}^{k}\right\|,\varepsilon_{0}\}}\leqslant\varepsilon_{\tau} \tag{18}$$

and the displacement criterion is defined as:

$$r_{d}\equiv\frac{\left\|d_{s}^{k}-d_{s}^{k-1}\right\|}{\max\{\left\|d_{s}^{k}\right\|,\varepsilon_{0}\}}\leqslant\varepsilon_{d} \tag{19}$$

where ε_{τ} and ε_{d} are tolerances for stress and displacement convergence, respectively, which are determined as 10^{-5}.

5 Verification

To verify the validity of the method mentioned above, a model the same as that in Hyun Moo Koh's experiments[10] is adopted to compare the numerical results with experimental results. The parameters of the three-dimensional rigid tank are listed as follows: the length, $L=2.2$m; the width, $W=1.15$m; the height, $H=0.9$m; the thickness, $t=0.035$mm; the height of water, $h=0.7$m; and the material properties for the tank are: the density, $\rho=1200\text{kg/m}^3$; the Poisson's ratio, $\nu=0.35$; the Young's modulus, $E=2.9\times10^9\text{N/m}^2$. The El Centro (N-S) earthquake wave is selected as external action, whose peak acceleration is 0.22g.

The time history of the sloshing motion at the middle cross section of the long sidewall calculated using the ALE FEM is presented in Fig. 2, which proves to be very satisfactory by comparison with the experimental results. Therefore, the comparison confirms that the present method can be used with confidence for the dynamic analysis of an aqueduct taking into account sloshing motion.

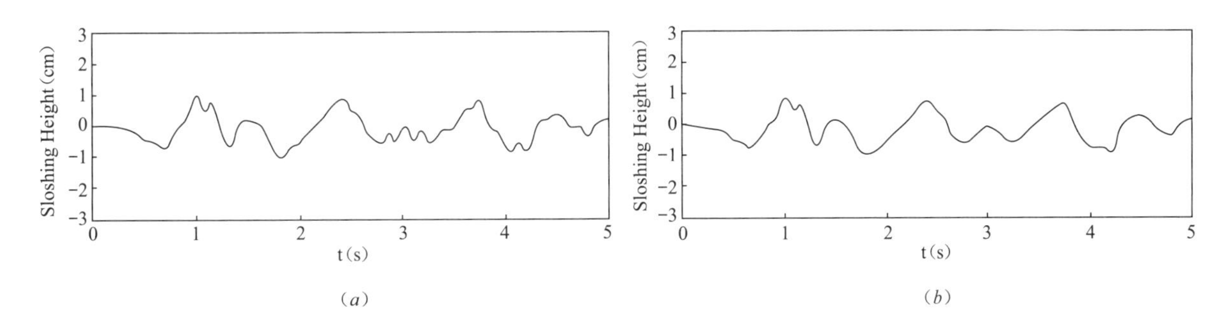

Fig. 2 Time history of sloshing height of the free surface on the right side in the mid-span.
(a) Experiment; (b) ALE FEM.

6 Numerical analysis of an aqueduct

A large frame-supported U-shaped aqueduct, shown in Fig. 3, in the East Pearl River to Hong Kong Water Convey Projects is analyzed using the ALE FEM to study the dynamic performances of the 3D aqueduct-water coupling system. The length L of the U-shaped aqueduct is 10m; the thickness t of the U-shaped aqueduct shell is 0.25m; the width B is 7.0m; and the depth H_1 of the aqueduct shell is

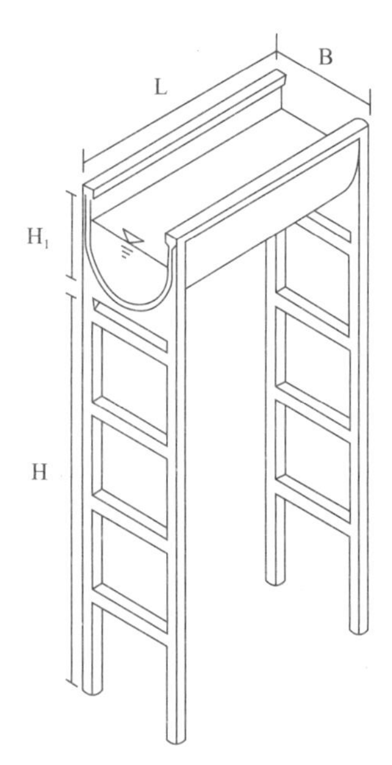

Fig. 3　Diagram of frame-supported aqueduct structure.

6. 1m. The U-shaped aqueduct is simply supported on an H-shaped frame fixed on the bottom, with the height of 18, 21m and 24m for detailed study. According to possible working flux in the aqueduct, the depth of water, h=4. 405m and 3. 5m, in the aqueduct structure is selected.

El Centro and Mexico recorded strong earthquake waves are employed as earthquake excitations to the aqueduct structure in the transverse direction.

6. 1　Sloshing effect of aqueduct-water system under earthquake actions

Time histories of the height of the sloshing wave at the upper right point of the free surface of water in the middle cross section of the aqueduct model with water depth, h=3. 5m, and frame height, H=18m, 21m and 24m, are presented and compared in Fig. 4 under El Centro earthquake action and in Fig. 6 under Mexico earthquake action, respectively; and those of same models with water depth, h=4. 405m, are presented in Fig. 5 under El Centro earthquake action and in Fig. 7 under Mexico earthquake action. As can be seen, significant sloshing effects arise from strong external earthquake action. With the increase of the height of the frame, the amplitude of the sloshing wave increases, which can reach 0. 1m to 0. 15m maximally, and the sloshing wave lags behind successively. By analyzing the shape of the sloshing wave of the free surface, the peak of the water wave always lags behind the peak of the earthquake wave; when the earthquake action reaches a peak, the amplitude of the sloshing water may reach a maximum

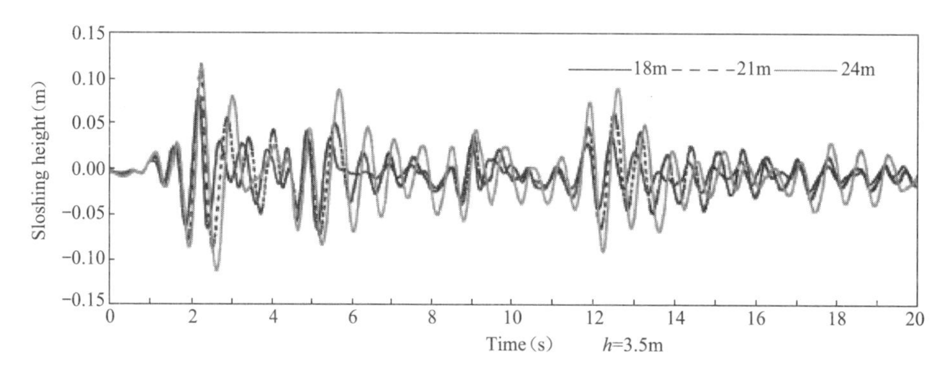

Fig. 4　Time histories of the height of the sloshing wave at the upper right point on the free surface of the aqueduct model with water depth, h=3. 5m, and frame height, H=18m, 21m and 24m, under El Centro earthquake wave.

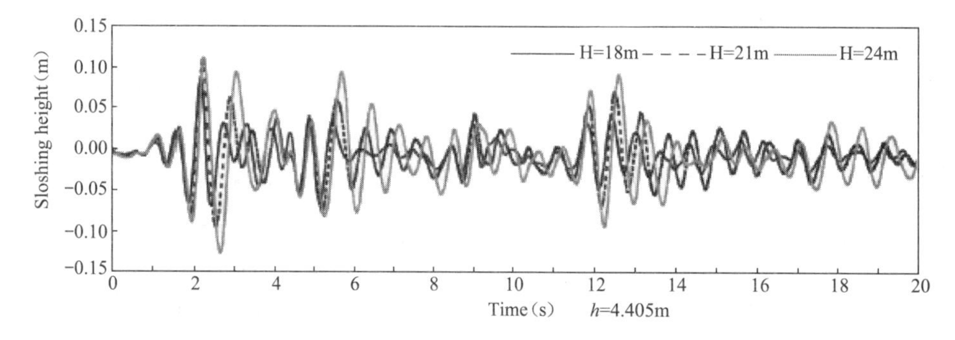

Fig. 5　Time histories of the height of the sloshing wave at the upper right point on the free surface of the aqueduct model with water depth, h=4. 405m, and frame height, H=18m, 21m and 24m, under EL Centro earthquake wave.

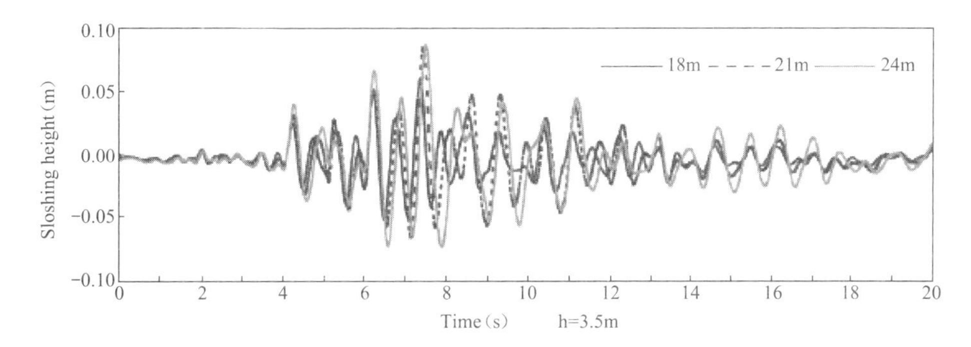

Fig. 6 Time histories of height of the sloshing wave at the upper right point on the free surface of the aqueduct model with water depth, $h=3.5$m, and frame height, $H=18$m, 21m and 24m, under Mexico earthquake wave.

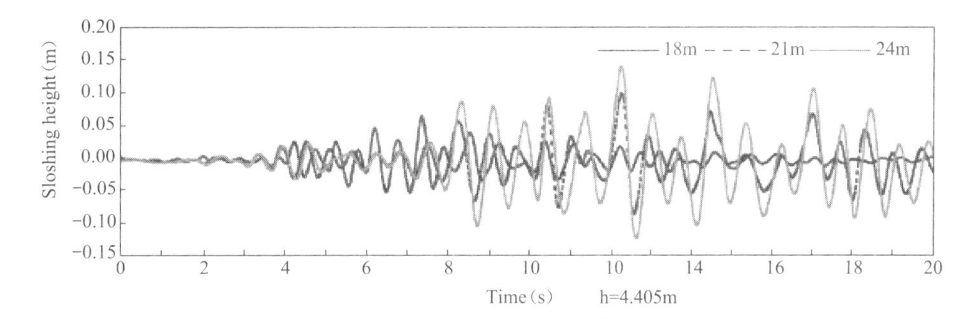

Fig. 7 Time histories of the height of the sloshing wave at the upper right point on the free surface of the aqueduct model with water depth, $h=4.405$m, and frame height, $H=18$m, 21m and 24m, under Mexico earthquake wave.

after several periods of water sloshing; what is more, the lagging time become longer with the increase of the height of frame. During 20s time history, the free surface of the water appears multi-wave shape; when the water waves are superimposed under external action, then significant sloshing effects occur.

Under Mexico earthquake action, for the aqueduct with water depth of 3.5m, the sloshing effect is very limited: the maximal amplitude of sloshing height is less than 0.1m, which is smaller than that under El Centro earthquake action. In contrast, for the aqueduct with water depth of 4.405m, the sloshing effect is very significant, especially for the aqueducts with frame height of 24m; the large amplitude sloshing effects last nearly 10s after the peak acceleration of earthquake action, which show that long-period external actions are unfavorable for the frame supported aqueduct structure, which may arouse resounding reaction.

Making a comparison of the maximum amplitude of the sloshing wave of aqueducts with different frame heights, with the increase of the frame height, under El Centro strong earthquake action, the maximal amplitude of the sloshing wave on the free surface is very close for aqueducts with water depth, $h=3.5$m, and $h=4.405$m, shown in Fig. 8. However, under the Mexico earthquake wave, the maximal sloshing height of the aqueduct with water depth, $h=3.5$m, is very close for aqueducts with frame heights of 21 and 24m, and is much larger than that of the aqueduct with frame height of 18 m; while for the aqueduct with water depth, $h=4.405$m, the maximal sloshing height increases nearly linearly, the amplitude is very remarkable, as is shown in Fig. 9. All prove that the dynamic performances and sloshing effects f aqueducts depend on the natural vibration of the frame supported aqueduct coupling system.

Fig. 10 shows the time history of the wave height of sloshing water of a U-shaped aqueduct with water depth of 3.5m and frame height of 24m under El Centro earthquake action and Mexico earthquake action; Fig. 11 shows that of an aqueduct with water depth of 4.405m and frame height of 24m. As for an

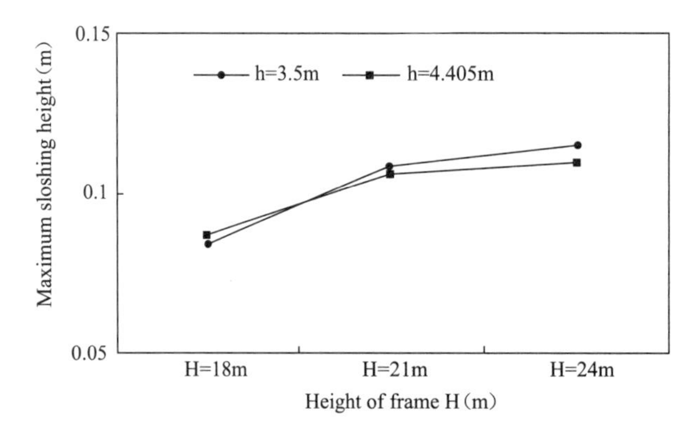

Fig. 8　Relation curve of maximum sloshing height and height of frame under El Centro earthquake wave.

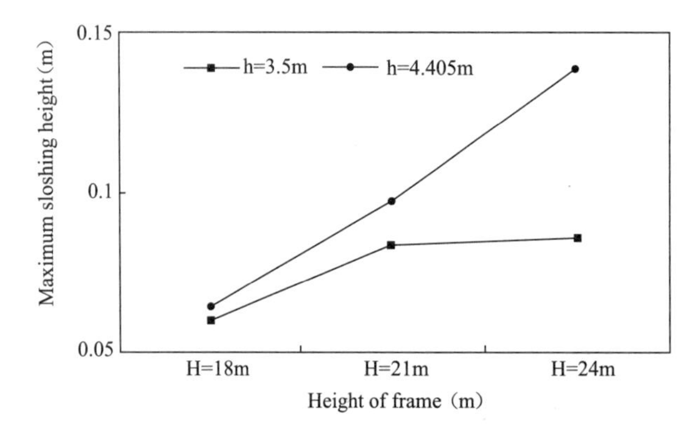

Fig. 9　Relation curve of maximum sloshing height and height of frame under Mexico earthquake wave.

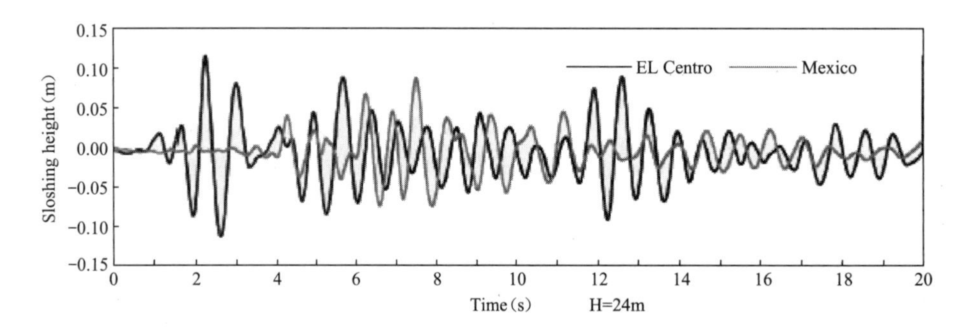

Fig. 10　Curves of time history of water sloshing height of point A on the free surface of a U-shaped aqueduct with water height $h=3.5$m under El Centro and Mexico earthquake wave.

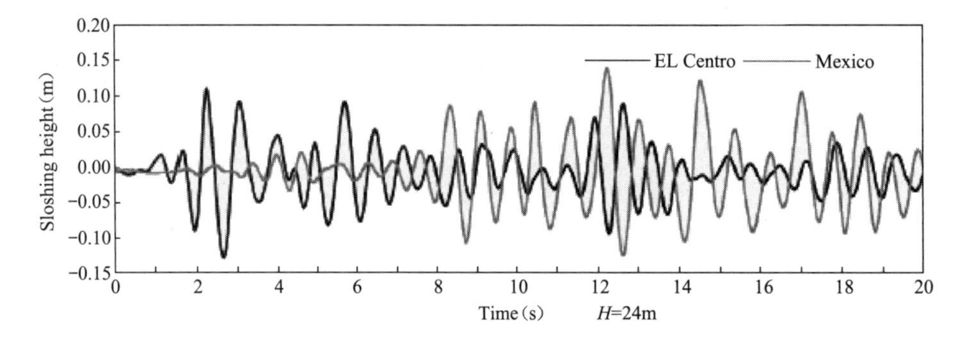

Fig. 11　Curves of time history of water sloshing height of point A on the free surface of a U-shaped aqueduct with water height $h=4.405$m under El Centro and Mexico earthquake wave.

aqueduct with water depth of 3.5m, the amplitude of water in the aqueduct under El Centro earthquake action is larger than that under Mexico earthquake action, even if the maximum ground acceleration of the Mexico earthquake wave is larger than that of El Centro. For an aqueduct with water depth of 4.405m, both of the sloshing effects of water under EL Centro and Mexico earthquake waves are remarkable, but under Mexico earthquake action, large amplitude sloshing of water lasts for nearly 10s after the external action reaches peak acceleration; even small external action will arouse a much larger amplitude sloshing effect, and the sloshing effect decays slowly. Based on researches at present[11,12], limited amplitude water sloshing will be aroused in aqueducts with designed full water depth under external actions; excessive water sloshing may lead to overflow of water. In contrast, for an aqueduct half full of water, under resounding actions, a large sloshing effect will arise, which may greatly change the distribution of stress in the aqueduct structure, and affect the arrangement of reinforcement.

6.2 Distribution of hydrodynamic pressures in aqueduct under earthquake action

The main function of the aqueduct is diverting water, but because of limited researches on the dynamic performance of aqueduct structures, now aseismic design of an aqueduct structure is always referred to the Bridge Code in China. However, the dynamic performances of an aqueduct structure are very different from those of a bridge. The huge weight of water supported by an aqueduct is much larger than loads supported by a bridge. What is more, earthquake-induced as well as strong wind-induced liquid motion in an aqueduct will significantly change the distribution of hydrodynamic pressure and stresses of an aqueduct structure. Those more complex and different characteristics compared with bridges have not been included in the aseismic design of aqueduct structures now, which may greatly threaten the safety of built aqueduct structures. Therefore, studies on distributions of hydrodynamic pressure and stress will be given below for the reference of practical design.

U-shaped aqueducts with water depth, $h=3.5$m, 4.405m, and frame height, $H=24$m, are selected as models to study the distribution and value of hydrodynamic pressure. Fig. 12 shows the distribution of hydrostatic and hydrodynamic pressure along the bottom of the middle cross section of a U-shaped aqueduct structure under El Centro strong earthquake wave, and Fig. 13 shows that under the Mexico strong earthquake wave. Under earthquake actions, the distribution and the value of hydrodynamic pressure are greatly changed because of the water sloshing effects in the aqueduct. With the change

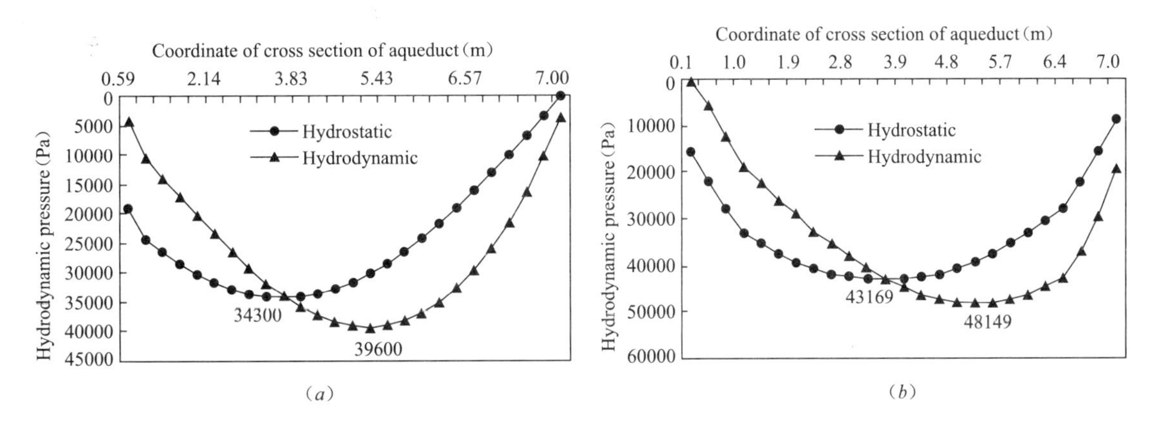

Fig. 12 Hydrodynamic pressure and hydraulic pressure along the bottom of a U-shaped aqueduct under El Centro strong earthquake wave.

(*a*) Water depth $h=3.5$m; (*b*) Water depth $h=4.405$m.

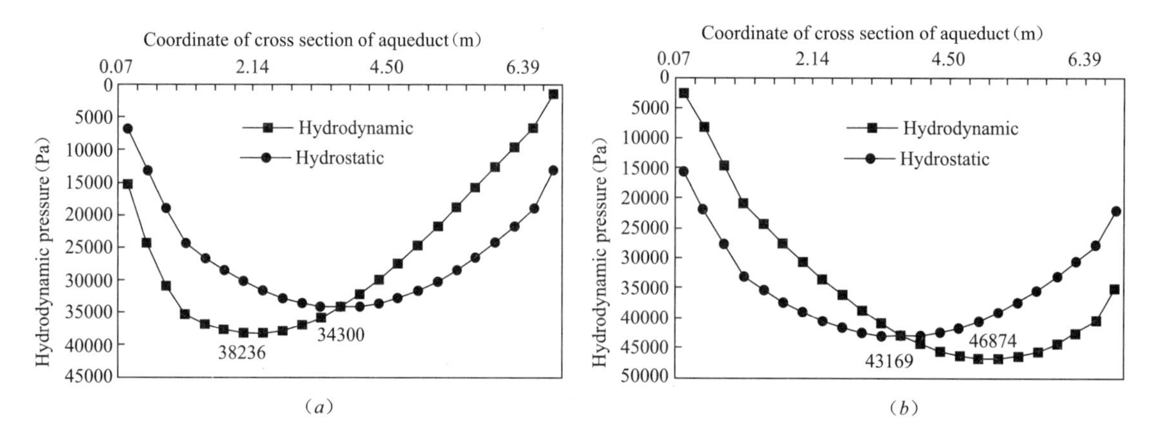

Fig. 13 Hydrodynamic pressure and hydraulic pressure along the bottom of a U-shaped aqueduct under Mexico strong earthquake wave.
(*a*) Water depth h=3.5m; (*b*) Water depth h=4.405m.

of water depth and external actions, the maximum hydrodynamic pressure is about 1.1 times the maximum hydrostatic pressure, shown in Table 1. The location of maximum hydrodynamic pressure now shifts about 25 degrees from the bottom of the U-shaped aqueduct, where normally the maximum hydrostatic pressure is located. The shifts of hydrodynamic pressure will greatly affect the effectiveness and arrangement of reinforcement designed in the aqueduct, which is especially important for prestressed aqueduct structures. This is because, under strong external actions, the change of distribution and value of hydrodynamic pressure in the aqueduct, which is not considered in the conventional design of aqueducts, may lead to failure of prestressing steel bars, or the prestressing steel bars may have counteractions on the aqueduct structure, which may in the end lead to cracking of the aqueduct. Therefore, hydrodynamic pressure should be as an important external load in aseismic design of aqueduct structures.

Table of comparison of maximum hydrodynamic and hydraulic pressure in the middle cross-section along the bottom of a U-shaped aqueduct structure **Table 1**

Water depth (m)	Maximum hydrostatic pressure P_S (Pa)	Maximum hydrodynamic pressure under El Centro strong earthquake wave P_D (Pa)	$\frac{P_D}{P_S}$	Maximum hydrodynamic pressure under Mexico strong earthquake wave P_D (Pa)	$\frac{P_D}{P_S}$
h=3.5	34300	39600	1.155	38236	1.115
h=4.405	43169	48149	1.115	46874	1.086

6.3 Distribution of hydrodynamic stresses in the aqueduct under earthquake actions

The requirements of cracking are strictly controlled for aqueducts, so studying the changes of distributions of stress aroused by external actions or changing hydrodynamic pressure on the aqueduct becomes the key problem for aqueduct structures, especially for prestressed aqueduct structures.

Figs. 14 and 15 respectively show the distribution of hydrodynamic stresses of the middle cross-section of U-shaped aqueduct structures under El Centro strong earthquake wave and Mexico strong earthquake wave, in which Figs. 14 (*a*) and 15 (*a*) give that of an aqueduct with water depth of 3.5m, while Figs. 14 (*b*) and 15 (*b*) give that of an aqueduct with water depth of 4.405m. External earthquake actions significantly change the distribution and value of the hydrodynamic stress comparing with that of stress under hydrostatic pressure; the region of compressive stress under hydrostatic pressure may become a region of tensile stress under hydrodynamic pressure. The maximum tensile stress locates

15 degrees to 20 degrees away from the bottom of the aqueduct, which may reach up to 2 times the maximum stress under hydrostatic pressure, as detailed in Table 2. If external action can induce resonant vibration of the aqueduct-water FSI system, the change of distribution and the value of hydrodynamic pressures and stresses induced by the sloshing effect will be more significant. For prestressing aqueduct structures, the change of distribution and value of stresses in the aqueduct structure will greatly affect the effectiveness of the arrangement of prestressing steel bars according to design[11,12]. However, even if the values of hydrodynamic stresses do not exceed the tensile strength of concrete, under the reciprocal water sloshing effect, fatigue cracking will occur. Therefore the interaction between the aqueduct structure and the water is of utmost importance, and should be calculated in the aseismic design.

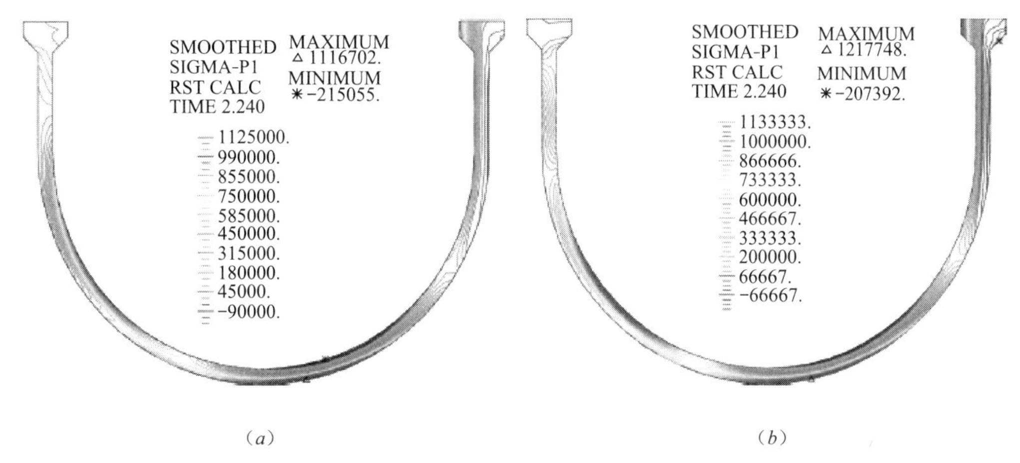

Fig. 14 Figure of stress of middle cross-section of U-shaped aqueduct under maximum hydrodynamic pressure under El Centro strong earthquake wave.

(a) $h=3.5$; (b) $h=4.405$.

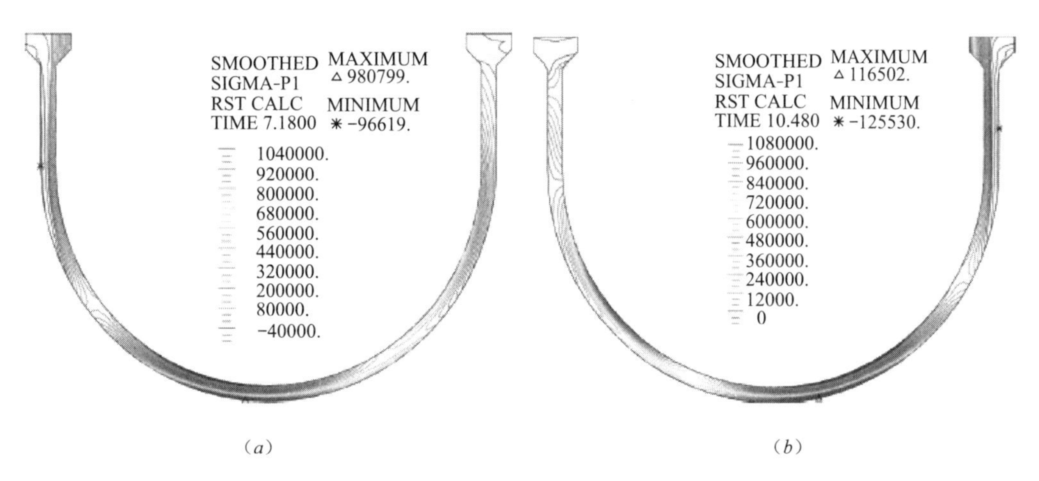

Fig. 15 Figure of stress of middle cross-section of U-shaped aqueduct under maximum hydrodynamic pressure under Mexico strong earthquake wave.

(a) $h=3.5$; (b) $h=4.405$.

Table of maximum stress of middle-cross section along the aqueduct structure **Table 2**

Water depth	Maximum stress under hydraulic pressure σ_S (N/mm²)	Maximum hydrodynamic stress under EL Centro earthquake actions σ_D (N/mm²)	$\frac{\sigma_D}{\sigma_S}$	Maximum hydrodynamic stress under Mexico earthquake actions σ_D (N/mm²)	$\frac{\sigma_D}{\sigma_S}$
$h=3.5$	0.59	1.12	1.90	0.98	1.75
$h=4.405$	0.62	1.22	1.97	1.12	1.81

7 Conclusions

(1) The interaction effect between the 3D frame-supported aqueduct structure and the water is of utmost importance, which should be considered in the aseismic design. Through interaction between the aqueduct structure and water, the structure induced water sloshing, while the sloshing water counteracts on the aqueduct wall, and affects the characteristics of the structure.

(2) Under strong earthquake actions, significant sloshing effects arise; the maximum amplitude of the sloshing wave increases with the increase of the height of the frame. The more flexible the frame is, the longer the period of water sloshing is; the larger the working flux of aqueduct is, the more significant the amplitude of water sloshing is.

(3) The distribution and the value of hydrodynamic pressures and stresses in the aqueduct will be greatly changed by external induced large water sloshing effects. For prestressing aqueduct structures, the effectiveness of the arrangement of prestressing steel bars will be greatly affected by the change of distribution and value of stresses in the aqueduct structure. Therefore hydrodynamic pressure should be included as an important external load in the aseismatic design of aqueduct structures.

References

[1] Eidinger JM, Avila EA. Seismic evaluation and upgrade of water transmission facilities. In: Proceedings of the fifth US conference on lifeline earthquake engineering: Optimizing post-earthquake lifeline system reliability, no. 15. Reston (VA, USA): ASCE; 1999. p. 1-195.

[2] Davis CA, Cole SR. Seismic performance of the Second Los Angeles Aqueduct at Terminal Hill. In: Proceedings of the fifth US conference on lifeline earthquake engineering: Optimizing post-earthquake lifeline system reliability, no. 16. Reston (VA, USA): ASCE; 1999. p. 452-61.

[3] Zarghamee MS, Rao RS, Kan FW, Keller TO, Yako MA, Iglesia GR. Seismic risk analysis of Hultman Aqueduct. In: Proceedings of the speciality conference on infrastructure condition assessment: Art, science, practice. 1997, p. 346-55.

[4] Drei A. Linear and non-linear modelling of the seismic behaviour of the stone masonry aqueduct of 'Aguas Livres' in Lisbon. Proceedings of the first international conference on earthquake resistant engineering structures, vol. 2. Southampton (England): Computational Mechanics Publications; 1996. p. 545-60.

[5] Ramaswamy B, Kawahara M. Arbitrary Lagrangian-Eulerian finite element method for unsteady, convective, incompressible viscous free surface fluid flow. Internat J Numer Methods Fluids 1987; 7: 1053-75.

[6] Liu Z, Huang Y. A new method for large amplitude sloshing problems [J]. J Sound Vib 1994; 175 (2): 185-95.

[7] Weaver W, Johnston PR. Structural dynamics by finite elements. Englewood Cliffs (NJ): Prentice-Hall; 1987.

[8] Liu WK. Finite element procedure for fluid-structure interactions and application to liquid storage tanks. Nucl Eng Des 1981; 65: 221-38.

[9] Hirt GW, Amsden AA, Cook JL. An arbitrary Lagrangian-Eulerian computing method for all flow speeds. J Comput Phys 1974; 14 (3): 227-53.

[10] Koh HM, Kimt JK, Park [J] J-H. Fluid-structure interaction analysis of 3-D rectangular t anks by a variationally coupled BEM-FEM and comparison with test results. Earthq Eng Struct Dyn 1998; 27: 109-24.

[11] Wu Y, Mo HH. Modal analysis of large-scale arch braced U-shape aqueduct. J South China Univ Tech 2003; 31 (3): 72-6.

[12] Wu Y, Mo HH, Yang C. ALE simulation of large sloshing for U-shaped aqueduct. J South China Univ Tech 2003; 31 (9): 90-3.

排架-渡槽-水三维耦合体系地震响应分析

吴　铁[1]　莫海鸿[2]　杨　春[2]
（1. 广州大学 土木工程学院，广东 广州　510405；2. 华南理工大学 建筑学院，广东 广州　510640）

【摘　要】 本文应用任意拉格朗日——欧拉（AIJE）方法，针对不同的水位、不同支撑高度，研究渡槽结构在EL cennD地震波激励下的振动反应。研究表明，矩形渡槽中水体的晃动幅度十分显著，水体晃动呈多波振荡；排架高度越大，水体的晃动幅度越大，水体晃动反应越滞后于地震输入；外激励引起的动水压力对渡槽槽身应力的影响不可忽视；三维排架一渡槽一水耦合体的自振特性、排架高度、外激励等是影响渡槽中水体振荡反应和耦合体动力性能的重要参数，二维渡槽模型刚化了渡槽结构，不能真实反映三维耦合体的动力性能。

【关键词】 渡槽结构；任意拉格朗日一欧拉（ALE）方法；流固耦合；地震响应

渡槽中的水体在外界激励（地震或风）作用下会产生大幅晃动，其产生的动水压力将成为渡槽结构承受的主要外力之一，极有可能导致结构破坏，尤其是渡槽中水体重量往往达到结构自重的1.5～2.0倍，水体的振荡会影响结构稳定和内力分布，因此，渡槽结构的抗震、抗风问题尤为突出。目前已有的研究对渡槽中水体的晃动作用均简化为二维模型[1-4]，与实际工程有较大差异，不能真实反映三维渡槽结构——水耦合体系的动力性能。渡槽一水耦合体系在外激励的作用下的耦联振动反应，实际是类流固耦合问题，求解流固耦合问题的关键在于两相界面处不同运动描述方式的相互协调，以及流固耦合问题的明显非线性特征。目前对这类问题成功的解决方法是采用任意拉格朗日——欧拉（Arbitrary lagrangian. Eu-1erian，简称ALE）有限元方法，大量的实践表明，ALE有限元方法非常适用于求解具有自由液面的流体大幅晃动问题[5-6]。本文以三维排架支撑大型矩形渡槽结构为研究对象，采用任意拉格朗日——欧拉（ALE）有限元方法模拟排架——渡槽——水耦合体系的动力性能，考虑横向地震激励方式，假设流体是不可压缩、无旋的，针对不同的水位、不同排架高度，研究排架——渡槽——水在强地震激励下的振动反应。

1　控制方程

1.1　ALE描述的流体方程

求解自由边界问题常采用三种运动学描述关系：拉格朗日描述、欧拉描述和任意拉格朗日一欧拉描述。任意拉格朗日——欧拉坐标系统实际是拉格朗日坐标系和欧拉坐标系的组合，独立于材料和有限元网格区域的坐标系统，有限元的网格和材料允许在该坐标系统下任意移动，当采用完全的拉格朗日描述时，网格随着材料移动，便于追踪自由表面的变化和施加的边界条件，但是材料变形过大会导致网格出现畸变；采用完全欧拉系统描述时，网格固定不动，而材料运动通过网格，这种方法很难追踪自由表面和施加的边界条件，但是可以避免网格畸变导致计算无法收敛。因此在求解固液耦合问题时，针对变形的流场，引入任意拉格朗日一欧拉参考坐标系。已有的研究表明，ALE运动学描述非常适用于求解含自由液面的液体大幅晃动问题[7-8]。任意拉格朗日描述下的Navie-Stokes方程为

$$\begin{cases}\rho\ddot{u}+\rho a\cdot\nabla\dot{u}-\nabla\cdot\tau-f=0\\ \nabla\cdot\dot{u}=0\end{cases}\tag{1}$$

式中：ρ 为重度；u 为位移；$\dot{u}$ 和 $\ddot{u}$ 分别为随时间的一阶和二阶微分；f 为外界施加力；a 为对流速度，$u=\dot{u}_{mat}-\dot{u}_{ref}$，$\dot{u}_{mat}$为材料的运动速度，$\dot{u}_{ref}$为网格的参考坐标系运动速度；$\tau$ 为流体的应力张量，可以表示为

$$\tau_{ij}=-P\delta_{ij}+2\mu e_{ij} \tag{2}$$

式中：P 为压力；μ 为流体的运动粘度；δ_{ij}为 Kronecker delta，$\delta_{ij}=1(i=j)$，$\delta_{ij}=0(i\neq j)$；e_{ij}为速度应变张量 e 的分量，$e_{ij}=(v_{i,j}+v_{j,i})/2$。如果网格的速度等于零，那么参考坐标系为欧拉坐标系统，当网格的速度随着材料域速度变化，则参考坐标系为拉格朗日坐标系统。

1.2 ALE 描述的流固耦合面

渡槽内的水体和槽体通过相互作用面进行耦合，即耦合面上渡槽槽体的运动引起水体运动，相反，耦合面上水体以应力的形式反作用在耦合面上，改变渡槽槽体变形和应力分布。因此，耦合边界面上速度和相互作用是连续的，满足以下连续条件

$$\dot{u}_f=\dot{u}_s, s_f\cdot n_f=s_s\cdot n_s \tag{3}$$

式中 s_f 和 s_r 分别为耦合面上水体和槽体结构的应力；n_f 和 n_s 分别为水体和槽体结构耦合面的法向量，方向向外。

1.3 ALE 描述的自由液面

渡槽中水体的自由液面的追踪是研究渡槽水体大幅晃动的关键，采用 ALE 描述，允许网格节点按照任意速度运动，但一方面要求可以跟踪变化的自由液面，另一方面也要求边界上的网格点保持在边界上，因此，自由液面 $S(x_i,t)$ 上的网格点必须满足一定的运动边界条件和动力边界条件

$$\frac{\partial S}{\partial t}+v_iS_i=0;\quad \tau_{ij}n_j=\left[-P_0+\sigma\left(\frac{1}{R_1}+\frac{1}{R_2}\right)\right]n_i \tag{4}$$

式中：P_0 为外界施加在自由液面的压力，σ 为表面张力，n_i 为自由液面的单位法向量，R_1 和 R_2 为自由液面曲面的曲率半径。

1.4 结构状态方程

渡槽结构的状态方程仍然在常规的拉格朗日坐标系统下建立，由于渡槽结构工作时不允许开裂，因此，本文分析中不考虑结构的材料非线性，只考虑结构的几何非线性，分析中考虑所有的外力作用，包括外部施加的作用力、惯性力、阻尼力等。采用有限元方法建立的在拉格朗日坐标系统下的渡槽结构的运动方程可以表示为

$$M\ddot{u}+C\dot{u}+Ku=F_s(t) \tag{5}$$

式中 $\ddot{u}$、$\dot{u}$、u 分别为渡槽槽体的加速度、速度和位移列向量；$F_s(t)$ 为渡槽结构承受的瞬态荷载向量，其中包括流体作用在渡槽槽体上的水压力，由流体运动方程决定；M 为结构质量矩阵；K 为刚度矩阵；C 为阻尼矩阵 $C=\alpha_r M+\beta_r K$，α_r 和 β_r 分别为质量和刚度比例阻尼常数。

2 数值求解方法

假设耦合体系的求解向量是 $X=(X_f,X_s)$，其中 X_f 和 X_s。分别为定义在水体和渡槽槽体节点上的水体和槽体的求解向量，下标 f、s 分别代表流体和结构。将流体方程和渡槽结构方程统一到一个体系中，该流固耦合体系的方程可以写为

$$\begin{bmatrix} A_{ff} & A_{fs} \\ A_{nf} & A_{ns} \end{bmatrix}\begin{bmatrix} \Delta X_f^k \\ \Delta X_s^k \end{bmatrix}=\begin{bmatrix} B_f \\ B_s \end{bmatrix} \tag{6}$$

采用增量牛顿-拉普森方法求解固流耦合方程，对节点位移 u_0 的当前值的残值进行泰勒展开，并设计算的残值等于零，得：

$$R(u_0+\Delta u)=R(u_0)+\frac{\partial R(u_0)}{\partial u}\Delta u=0 \tag{7}$$

方程第 $n+1$ 时间步中第 $k+1$ 迭代步的求解公式可以表达如下

$$\frac{\partial R(u_{n+1}^k)}{\partial u}\Delta u_{n+1}^k=J_{n+1}^k\Delta u_{n+1}^k=\begin{bmatrix}J_{\mathrm{FF}}^k & 0 & J_{\mathrm{FI}}^k\\ 0 & J_{\mathrm{SS}}^k & J_{\mathrm{SI}}^k\\ J_{\mathrm{IF}}^k & J_{\mathrm{IS}}^k & J_{\mathrm{II}}^k\end{bmatrix}_{n+1}\begin{bmatrix}\Delta x_{\mathrm{F}}^k\\ \Delta x_{\mathrm{S}}^k\\ \Delta x_{\mathrm{I}}^k\end{bmatrix}_{n+1}=-\begin{bmatrix}R_{\mathrm{F}}^k\\ R_{\mathrm{S}}^k\\ R_{\mathrm{I}}^k\end{bmatrix}_{n+1} \tag{8}$$

$$u^{k+1}=u^k+\lambda\Delta u^k$$

式中：状态变量 u 分为 u_{F}（包括所有流体变量即所有流体节点的速度和压力）、u_{s}（包括所有结构体变量即除耦合面外所有节点的位移）、U_{I}（包括捐合面上的变量）三部分，F、S、I 分别代表流体、渡槽结构、耦合接触面；矩阵 J_{FI}^k 反应流体域随时间的变化和耦合接触面节点运动引起的 ALE 坐标系统移动速度改变，即接触面上的一个节点的运动可以改变整个流体域产生运动并且改变每个节点处的 ALE 坐标系统的移动。

把式（8）解耦为线性化的流体求解问题和流体荷载作用下的结构体求解问题，每一个时间步长流体网格随着流固耦合接触面的位移而变化

$$J_{\mathrm{FF}}^k\Delta x_{\mathrm{F}}^k=-R_{\mathrm{F}}^k \tag{9}$$

$$\begin{bmatrix}J_{\mathrm{SS}}^k & J_{\mathrm{SI}}^k\\ J_{\mathrm{IS}}^k & J_{\mathrm{II}}^k\end{bmatrix}_{n+1}\begin{Bmatrix}\Delta x_{\mathrm{S}}^k\\ \Delta x_{\mathrm{I}}^k\end{Bmatrix}_{n+1}=-\begin{Bmatrix}R_{\mathrm{S}}^k\\ R_{\mathrm{I}}^k+J_{\mathrm{IF}}^k\Delta u_{\mathrm{F}}^k\end{Bmatrix}_{n+1} \tag{10}$$

分别求解渡槽结构方程和流体方程，得到渡槽和流体边界面上的水压力分布和自由液面的晃动幅值随时间的变化曲线，即可以确定渡槽结构所承受的动水荷载。

网格更新技术是计算流体力学的一个重要组成部分，它直接关系到计算的效率、解的精度和稳定性。当流体的边界出现显著移动时，网格必须根据新的位置进行调整，以避免局部网格单元畸变。本文采用 Laplace 方法进行网格重新划分，ALE 节点位置的确定是通过找到满足拉普拉斯方程的空间点 (x,y)。首先求解锢合边界或自由液面边界上的拉普拉斯方程，以求得节点的新位置，然后求解得到流体域内节点的新位置，每次求解结果将作为下一个拉普拉斯方程的边界条件。节点位置的移动产生了网格速度 v_{m}，把它引入积分的求解计算中

$$\mathrm{d}(\cdot)/\mathrm{d}t=\delta(\cdot)/\delta t+(v-v_{\mathrm{m}})\cdot\nabla(\cdot) \tag{11}$$

式中：$\delta(\cdot)/\delta t$ 为网格速度为 v_{m} 时的瞬态项。

应该指出的是，移动边界上的网格移动是按照实际的物理边界移动确定的，流体域内的节点位置随边界移动进行调整。

3 算例分析

为了验证本文方法的正确性，采用文献[9]试验模型作为算例，并与其试验结果进行比较。三维槽体计算模型长度 $L=2.2\mathrm{m}$，宽度 $W=1.15\mathrm{m}$，高度 $H=0.9\mathrm{m}$，壁厚 $t=0.035\mathrm{mm}$，槽中水深 $h=0.7\mathrm{m}$。输入激励采用 EL-Centro（南北向）地震激励，峰值加速度取为 0.22g。槽体材料属性为：$\rho=1200\mathrm{kg/m^3}$；$v=0.35$；$E=2.9\times10^6\mathrm{MPa}$。图 1 给出了采用 ALE 有限元方法计算的槽体沿纵向跨中右侧壁自由液面泼溅高度时程曲线（图 1（b））及文献[9]的试验曲线（图 1（a）），从图 1 可以看到，本文的数值模拟结果与文献［9］的试验结果吻合良好

矩形截面是常用的渡槽横截面形式，深宽比一般取 $H_1/B=0.6-0.8$，对于大流量、大跨度渡槽，或者为了满足槽身横向稳定时，断面深宽比可以适当加大，本文取 $H_1/B=0.8(H_1=5.6\mathrm{m}，B=7.0\mathrm{m})$。计算简图见图 2，其中 H_1 按照满槽水深计算，B 为槽体的净宽，渡槽长度 $L=5.0\mathrm{m}$，壁厚 $t=$

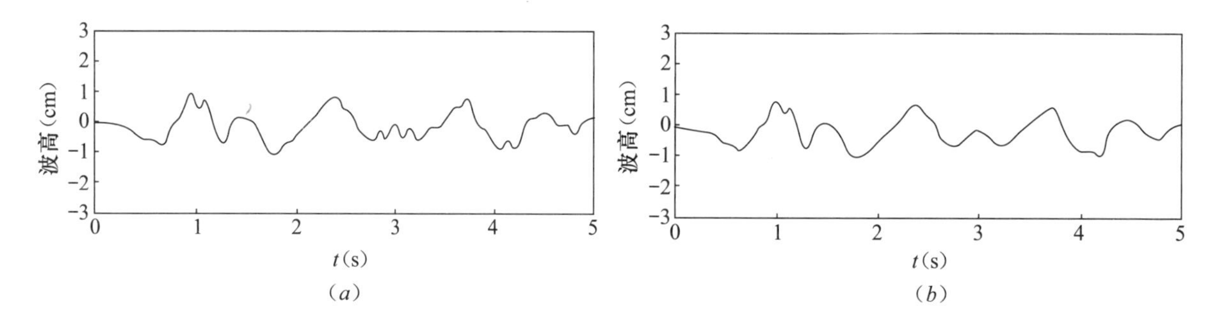

图 1　槽跨中右侧壁自由液面泼溅高度

(a) 试量结果；(b) ALE 方法计算结果

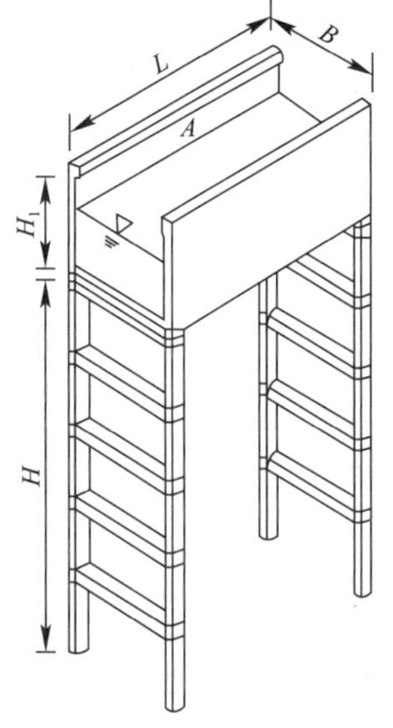

图 2　排架-渡楠-水模型

0.5m。根据可能出现的工作流量，取渡槽水深为 $h=3.654$m、2.749m。渡槽支撑排架高分别为 $H=18.0$、21.0、24.0m，排架柱截面为 0.8m×0.8m，横梁截面为 0.6m×0.8m。

计算分析中排架-渡槽结构网格划分为 3180 个 8 结点等参块体单元，6079 个结点；流体网格划分为 36000 个 4 结点四面体等参单元，7161 个结点。

外界激励选用 EL Centro（南北向）强震激励，记录最大峰值加速度为 3.417m/s^2，地震输入时间长度取为 20s。

在强地震外激励作用下 A 点的晃动幅度最显著。图 3 为水深 $h=2.749$m、排架支撑高度 H 分别为 18m、21m、24m 时自由液面 A 点的波高时程曲线。在 EL Centro 强震激励下，渡槽中水体的晃动幅度十分显著，三种排架高度工况下，水体的最大晃动幅度介于 0.1－0.15m 之间。图 4 为水深 $h=3.654$m、排架支撑高度 H 分别为 18、21、24m 时自由液面 A 点的波高时程曲线。在 EL Centro 强震激励下水体的动力反应规律和水深 $h=2.749$m 工况类似，20s 时间历程，水体晃动幅度比 $h=2.749$m 工况均略有增长。

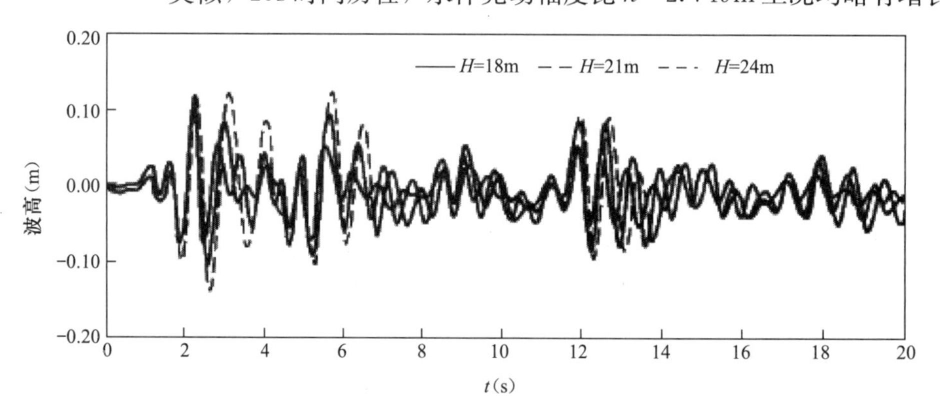

图 3　水深 $h=2.749$ 跨中自由液面 A 波高时程曲线

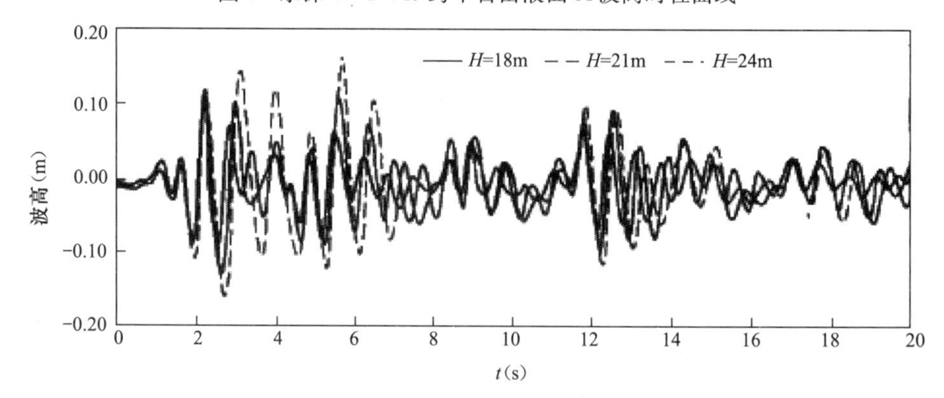

图 4　水深 $h=3.654$ 跨中自由液面 A 波高时程曲线

图 5 为水深 h=3.654m、排架高 H=24m 时自由液面 A 点晃动幅度达到最大值时渡槽跨中水体瞬态晃动波形图。图 6 为水深 h 分别为 3.654m 和 2.749m、排架高 H=24m 时自由液面 A 点晃动幅度分别达到最大值时自由液面的瞬态变形图。分析渡槽中水体晃动的波形，水体波高晃动反应均滞后于地震输入，地震达到峰值时，渡槽中水体波高需经过若干次晃动才能达到较大的幅值，在 20s 的地震激励下，水体多呈多波振荡，自由液面 A 点的晃动需经过多波的迭加才可达到峰值，而且排架高度越大，水体波高晃动反应越滞后于地震输入。

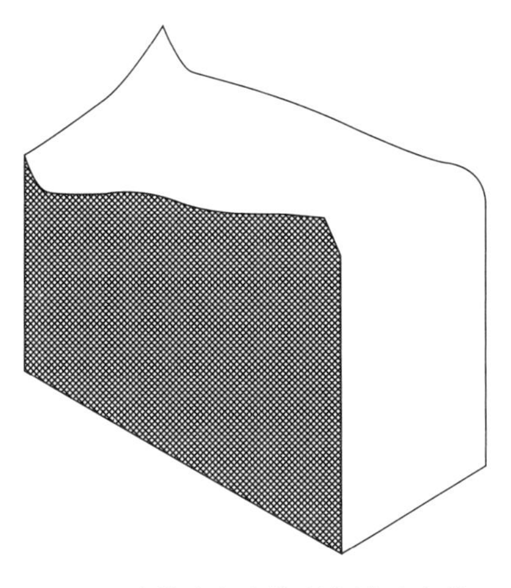

图 5 渡槽跨中水体瞬态晃动波形

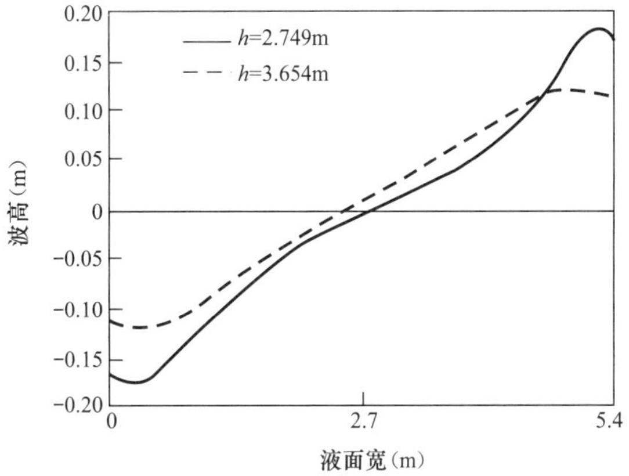

图 6 渡槽跨中瞬时自由液面变形

对比排架——渡槽——水耦合体和刚性槽——水（见图 1 和文献［9］）自由液面晃动，在 EL-Centro 地震波激励下，排架渡槽耦合体中水体的晃动较刚性槽中水体晃动显著，排架渡槽中水体多呈多波晃动，而刚性槽体中水体晃动出现明显的碎波现象，在二维渡槽——水体自由液面晃动分析中也存在类似现象[10]，说明简化的二维渡槽模型更加接近刚性槽体结构，而且不能考虑支撑——渡槽——水的耦合作用，与渡槽结构实际的振动有较大差异。

图 7 为水体晃动最大波高与排架高度的关系曲线，由图 7 可见，随着排架高度的增高，水深 h=2.749m 工况下，自由液面水体的晃动幅度近似呈线性增大。水深 h=3.654m 工况下，排架高 H=18、21m 时，水体晃动最大幅值增长幅度较为平缓，H=24m 时水体最大晃动幅值较其他工况有较大幅度的增大。由此可以得出，排架渡槽结构体系越柔，渡槽中水体的晃动周期越长，渡槽中工作流量越大，水体的晃动幅度越大。

为了进一步研究耦合体的动力特性，对排架——渡槽——水耦合体进行模态分析。分析耦合体前十阶振型，仅水深 h=3.654m、排架高 H=24m 工况下一阶振型呈现为排架和水共同变形（见图 8（a）），其余五种工况下耦合体的振型均为水体晃动（见图 8（b）），表 1 为耦合体一阶频率。说明在外激励作用下，水深 h：3.654m、排架高 H=24m 工况下，排架——渡槽——水耦合体的变形一阶振型占比重较大，因此引起的水体晃动也更显著，与图 7 中现象符合。

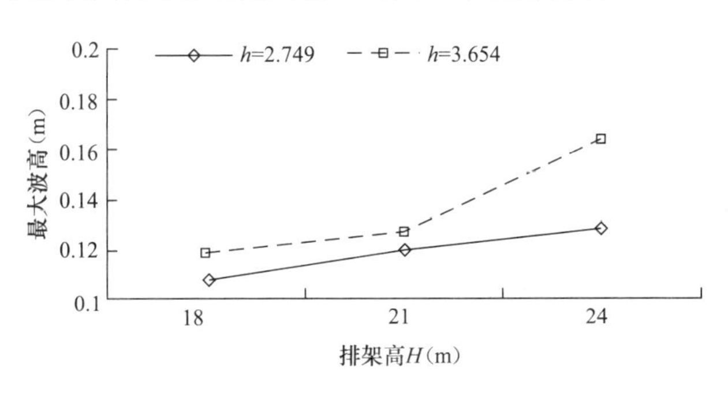

图 7 最大波高与排架高关系曲线

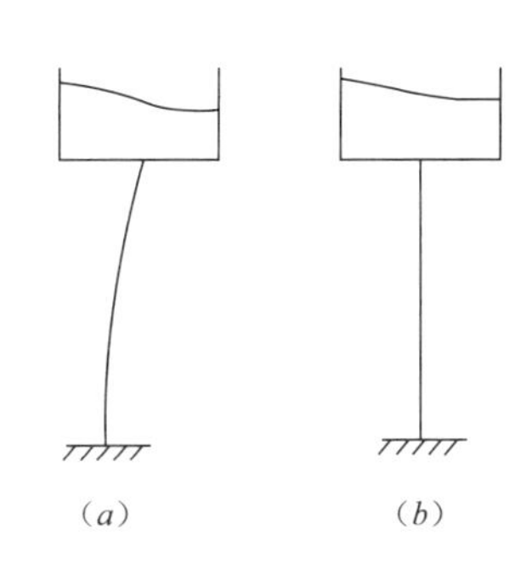

图 8 耦合体一阶振型

排架——渡槽——水耦合体系一阶频率（单位：Hz）　**表 1**

水位 h/m	排架高 H/m		
	18	21	24
2.749	0.387	0.386	0.384
3.654	0.396	0.395	0.377

由图 3、图 4 可见，水体的最大晃动幅度均大于 10cm，引起的附加动应力在水深 $h=2.749$m 时最大可达 0.1MPa、h：3.654m 时最大可达 0.3MPa，当在外激励作用下排架——渡槽——水耦合体系产生共振，附加动应力更大。所以，水体大幅晃动产生的动水压力对渡槽槽身应力有显著的影响，尤其是对大型预应力矩形渡槽结构，槽身应力分布的改变直接影响预应力钢筋布置的有效性，最终可能导致渡槽槽体出现开裂。因此，大型渡槽结构设计中应充分考虑水体晃动产生的动水压力作用。

4 结　　论

（1）在 EL Centro 强震激励下，矩形渡槽中水体的晃动幅度十分显著，水体晃动呈多波振荡，且排架越高，水体的晃动幅度越大，水体晃动反应越滞后于地震输入。（2）地震激励引起的动水压力对渡槽槽身应力的影响不可忽视，尤其对大型预应力渡槽结构，将直接影响预应力钢筋的有效性，最终可能导致渡槽结构失效。（3）排架——渡槽——水耦合体的自振特性、排架高度、外激励等参数直接影响渡槽中水体的振荡反应，二维渡槽模型刚性化渡槽结构，与实际渡槽结构体系的动力性能有较大差异

参考文献（References）

[1] 张俊发，刘云贺，王颖，于泳波. 渡槽——水体系统的地震反应分析 [J]. 西安理工大学学报，1999，(4)：46-51.

[2] 李遇春，楼梦麟. 强震下流体对渡槽槽身的作用 [J]. 水利学报，2000，(3)：46-52.

[3] 刘云贺，胡宝柱，闫建文，王克成. Housner 模型在渡槽抗震计算中的适用性 [J]. 水利学报，2002，(9)：94-99.

[4] 李遇春，楼梦麟. 渡槽中流体非线性晃动的边界元模型 [J]. 地震工程与工程振动，2002，(2)：51-56.

[5] Ramaswamy B，Kawahara M. Arbitrary Lagrangian-Eulerian finite element method for unsteady，convective，incompress—ible viscous free surface fluid flow [J]. Int. J. Numer. Methods fluids，1987，7：1053-1075.

[6] Liu Z. Huang Y. A new method for large amplitude sloshing problems [J] J. Sound&Vib，1994，175 (2)：185-195.

[7] Liu W K. Finite element procedure for fluid-structure interactions and application to liquid storage tanks [J]. Nuclear En—gineering and Design，1981，65：221-238.

[8] Hirt G W。Amsden A A，Cook J L. An arbitary Lagrangian—Eulerian computing method for all flow speeds [J]. J. CompPhys，1974，14 (3)：227-253.

[9] Hyun M K，et a1. Fluid-structure interaction analysis of 3-D rectangular tanks by a variationally coupled BEM—FEM and comparison with test results [J]. Earthquake Engineering And Structural Dynamics，1998，27：109-124.

[10] 吴铁. 大型梁式渡槽地震反应分析及设计方法研究 [D]. 广州：华南理工大学，2004.

特殊混凝土

混凝土抗氯盐性能的尺寸效应研究

杨医博[1,2] 莫海鸿[1,2] 周贤文[1] 梁 松[1] 陈尤雯[1,2]
(1. 华南理工大学 土木工程系，广州 510640；2. 华南理工大学 亚热带建筑科学国家重点实验室，广州 510640)

【摘 要】 混凝土的抗氯盐性能评价方法是评价氯盐环境下混凝土耐久性的重要手段。由于受到试件尺寸的限制，常规的电量法和RCM法适宜用于最大骨料粒径不超过25mm的混凝土。为解决最大骨料粒径为40mm和63mm的混凝土抗氯盐性能的评价方法问题，采用不同水胶比、不同骨料粒径的混凝土进行了对比试验研究。文中是上述研究的第一部分，研究了采用不同试件尺寸时，最大骨料粒径为20mm的混凝土抗氯盐性能。通过对试验结果的分析，确定了最大骨料粒径为20mm时不同尺寸试件的混凝土抗氯盐性能的评价指标。

【关键词】 氯离子；混凝土；电量法；尺寸效应

目前国内外混凝土的抗氯离子性能快速实验方法主要是电场法，其中最为常用的ASTM C1202快速电量测定方法（简称电量法）和快速电迁移法（国内称RCM法）。

在沿海的水闸等水利工程中的闸底板、闸墩等部位中，由于混凝土体积较大，为降低混凝土温升，防止混凝土裂缝，通常采用二级配和三级配的混凝土，骨料最大粒径可达63mm。华南理工大学土木工程系在普通水工二级配和三级配混凝土的基础上，采用大掺量矿渣微粉等技术措施，制备了大粒径骨料抗氯盐高性能混凝土[1-3]。但现有的电量法和RCM法（含改进的电量法和RCM法），均是针对使用较小骨料混凝土设计的，通常限定骨料最大粒径为25mm，不适用于骨料最大粒径为25mm以上的混凝土，这对推广应用大粒径骨料抗氯盐高性能混凝土造成了很大障碍。

为解决最大骨料粒径为40mm和63mm的混凝土抗氯盐性能的评价方法问题，华南理工大学土木工程系在电量法的基础上，采用不同水胶比、不同骨料粒径的混凝土进行了对比试验研究[4]，并在上述研究的基础上，提出了适用于大粒径骨料混凝土的抗氯离子性能快速实验的电量综合法[5]。笔者研究了采用不同试件尺寸时，最大骨料粒径为20mm时混凝土的抗氯盐性能尺寸效应问题。

1 原 材 料

实验采用的原材料为：广州市珠江水泥厂生产的“粤秀牌”P°Ⅱ42.5硅酸盐水泥。福建永定县电化矿渣微粉厂生产的“意宝”牌S95级粒化高炉矿渣粉，比表面积为420kg/m²。广州黄埔粤和公司生产的“粤和牌”粉煤灰。挪威埃肯公司生产的硅灰。河砂，细度模数2.3，中砂。花岗岩碎石，5—20mm连续级配。减水剂采用75%FDN-1萘系高效减水剂复合25%开山屯木钙，粉剂。

2 实 验 方 法

混凝土所用骨料均为5—20mm碎石，通过调整减水剂掺量使混凝土坍落度为50—70mm。按使用的胶凝材料分为纯水泥混凝土（胶凝材料中仅为水泥）和复合胶凝材料混凝土（胶凝材料中加有矿物掺合料）2组。

混凝土强度采用150mm立方体试块测定。混凝土电量值采用3种尺寸的试件进行测定。每种配合比成型100mm、150mm、200mm 3种型号的立方体试块，分别用于制备S型、M型和L型的电量值测试试件，其中S型试件的尺寸为100mm×100mm×50mm，M型试件的尺寸为150mm×150mm×

75mm，L型试件的尺寸为200mm×200mm×100mm。

电量值试验设备为通用的电量法测试设备，但对于不同大小的试样采用不同的试验夹具。小池的深度均为40mm，对于不同尺寸混凝土试样，采用不同的小池直径。对于S型试件，小池的标准直径为95mm；对于M型试件，小池的标准直径为130mm；对于L型试件，小池的标准直径为180mm。

电量值试验步骤与电量法近似，电压采用60V，通电时间为6h；在通电结束后，参照RCM法，测定氯离子显色渗透深度，具体步骤见参考文献［5］。

3 纯水泥混凝土抗氯盐性能尺寸效应研究

试验选取具有代表性的4种水灰比，分别为0.6、0.5、0.4、0.3，混凝土配合比见表1，混凝土性能见表2。

纯水泥混凝土配合比 **表1**

编号	水胶比	砂率/%	胶凝材料掺量/%				配合比/(kg·m^{-3})				坍落度/mm
			水泥	矿渣	粉煤灰	硅灰	胶凝材料	水	砂	石	
W1	0.6	35	100	0	0	0	310	186	666	1238	61
W2	0.5	35	100	0	0	0	350	175	656	1219	62
W3	0.4	35	100	0	0	0	400	160	644	1196	59
W4	0.3	35	100	0	0	0	460	138	631	1170	55

纯水泥混凝土试验结果 **表2**

编号	水胶比	胶凝材料/(kg·m^{-3})	砂率/%	56d强度/MPa	56d电量值/C			氯离子渗透深度/mm		
					S型试样	M型试样	L型试样	S型试样	M型试样	L型试样
W1	0.6	310	35	30.5	4217	5857	8346	21.3	26.0	17.8
W2	0.5	350	35	42.9	3209	4406	6353	12.2	14.0	10.0
W3	0.4	400	35	60.9	2544	3246	4006	7.5	7.0	6.8
W4	0.3	460	35	70.9	1565	2133	2787	6.0	5.7	5.3

由表2可见，随着水胶比的降低，各种尺寸试样的电量值均逐渐降低；在同样水胶比时，随着试样尺寸的增加，电量值逐渐增加。进行完电量法测定的氯离子渗透深度表明，随着水胶比的降低，氯离子渗透深度也逐渐降低；在同样水胶比时，试样尺寸变化对氯离子渗透深度有一定影响，L型试件的氯离子渗透深度最低，S型和M型试件的渗透深度关系与水胶比有关，在较低水胶比时，S型试件的氯离子渗透深度最高。

用最小二乘法对不同尺寸试件的电量值进行线性拟合，得到了同一混凝土配合比时S型试样与M型试样6h库仑电量的线性模型。公式判定系数R_2=0.994；相关系数R=0.997，与1接近，说明自变量和因变量之间的线性关系很强。同理，得出S型与L型2种尺寸混凝土试件6h库仑电量的线性模型。公式判定系数R_2=0.97；相关系数R=0.985，与1接近，说明自变量和因变量之间的线性关系很强。

4 复合胶凝材料混凝土抗氯盐性能尺寸效应研究

试验选取具有代表性的3种水灰比，分别为0.40、0.36、0.32。每种配合比均掺有一定量的矿物掺合料（单掺或复掺），混凝土配合比详见表3，混凝土性能见表4。

复合胶凝材料混凝土配合比 表 3

编号	水胶比	砂率/%	胶凝材料掺量/%				配合比/(kg·m^{-3})				坍落度/mm
			水泥	矿渣	粉煤灰	硅灰	胶凝材料	水	砂	石	
K1	0.40	35	50	50	0	0	400	160	644	1196	59
K2	0.36	35	65	35	0	0	410	147.6	645	1198	54
K3	0.36	35	50	50	0	0	410	147.6	645	1198	65
K4	0.36	35	35	65	0	0	410	147.6	645	1198	54
K5	0.36	35	65	0	35	0	410	147.6	645	1198	54
K6	0.32	35	50	50	0	0	420	134.4	646	1200	61
KF	0.36	35	35	50	15	0	410	147.6	645	1198	58
KG	0.36	35	65	0	30	5	410	147.6	645	1198	61
KFG	0.36	35	35	45	15	5	140	147.6	645	1198	59

复合胶凝材料混凝土实验结果 表 4

编号	水胶比	胶凝材料/(kg·m^{-3})	砂率/%	56d 强度/MPa	56d 电量值/C			氯离子渗透深度/mm		
					S 型试样	M 型试样	L 型试样	S 型试样	M 型试样	L 型试样
K1	0.40	400	35	55.2	1383	2199	1900	7.8	7.6	5.3
K2	0.36	410	35	59.1	1573	2022	2038	7.5	7.8	4.5
K3	0.36	410	35	66.3	951	1181	1358	5.3	4.8	3.8
K4	0.36	410	35	56.5	962	991	1148	5.5	5.3	2.3
K5	0.36	410	35	63.7	664	822	1053	5.0	5.3	2.8
K6	0.32	420	35	74.0	936	908	924	6.0	4.3	2.8
KF	0.36	410	35	64.5	1238	1292	1230	4.8	4.0	3.8
FG	0.36	410	35	71.2	316	380	474	2.8	2.5	1.3
KFG	0.36	410	35	69.5	390	390	396	3.5	3.3	2.3

由表 4 可见，影响电量值和氯离子渗透深度很多，下面分别进行分析。

1）水胶比的影响。对比表 4 中 K1、K3、K6 可见，3 个混凝土配合比的胶凝材料组成相同，均是采用矿渣微粉取代 50%的水泥，但其水胶比不同，其中 K1 水胶比为 0.4，K3 水胶比为 0.36，K6 水胶比为 0.32。对比图 3 和图 4 中实验结果可见，对于同一尺寸的试件，混凝土 6h 电量值均随着水胶比的降低而降低，氯离子渗透深度多随着水胶比的降低而降低；对于同一配合比的不同尺寸的试件，混凝土 6h 电量值变化规律性不强，氯离子渗透深度随着试件尺寸的增加而降低。

2）矿渣掺量的影响。对比表 4 中 K2、K3、K4 可见，3 个混凝土配合比的水胶比相同，胶凝材料种类相同，均是采用矿渣微粉取代水泥，但其取代量不同。对比图 3 和图 4 中实验结果可见，对于同一尺寸的试件，混凝土 6h 电量值均随着矿渣掺量的增加而降低，氯离子渗透深度多随着矿渣掺量的增加而降低；对于同一配合比的不同尺寸的试件，混凝土 6h 电量值随试件尺寸增加而增加，氯离子渗透深度多随着试件尺寸的增加而降低。

3）胶凝材料组成的影响。对比表 4 中 K2、K5、FG 可见，3 个混凝土配合比的水胶比相同，胶凝材料用量相同，均采用 35%矿物掺合料取代水泥，但其掺合料品种不同。对比图 3 和图 4 中实验结果可见，对于同一尺寸的试件，混凝土 6h 电量值随矿物掺合料品种的不同而差异较大，其中掺有硅灰混凝土的电量值最小，氯离子渗透深度的规律与电量值规律相同；对于同一配合比的不同尺寸的试件，混凝土 6h 电量值随试件尺寸增加而增加，氯离子渗透深度多随着试件尺寸的增加而降低。

对比表 4 中 K4、KF、KFG 可见，3 个混凝土配合比的水胶比相同，胶凝材料用量相同，均采用 65%矿物掺合料取代水泥，但其掺合料品种不同。对比图 3 和图 4 中实验结果可见，对于同一尺寸的试件，混凝土 6h 电量值随矿物掺合料品种的不同而差异较大，其中掺有粉煤灰混凝土的电量值最大，掺有硅灰混凝土的电量值最小，氯离子渗透深度的规律性不明显；对于同一配合比的不同尺寸的试件，混凝土 6h 电量值多随试件尺寸增加而增加，氯离子渗透深度随着试件尺寸的增加而降低。

综上所述，在复合胶凝材料混凝土中，由于水胶比、胶凝材料种类和掺量的变化，混凝土的电量值和氯离子渗透深度均有较大变化；但对于同一混凝土配合比，混凝土 6h 电量值多随试件尺寸增加而增加，氯离子渗透深度多随着试件尺寸的增加而降低。

使用最小二乘法对不同尺寸试件的电量值进行线性拟合，得到了同一混凝土配合比时 S 型试样与 M 型试样 6h 库仑电量的线性模型。公式判定系数 $R_2=0.8874$；相关系数 $R=0.942$，与 1 接近，说明自变量和因变量之间的线性关系很强。同理，得出 S 型与 L 型 2 种尺寸混凝土试件 6h 库仑电量的数学模型。公式判定系数 $R_2=0.8828$；相关系数 $R=0.94$，与 1 接近，说明自变量和因变量之间的线性关系很强。综上所述，对于同一配比的复合胶凝材料混凝土，采用不同尺寸试件测定的 6h 电量值具有明确的线性关系。

根据中国土木工程学会标准《混凝土结构耐久性设计与施工指南》（CCES 01—2004）（2005 修订版）S 型试件的电量值分级指标，结合纯水泥混凝土和复合胶凝材料混凝土的拟合曲线，得到了不同设计使用年限和环境条件下 M 型和 L 型试件的分级电量值，见表 5。

不同尺寸试块的混凝土抗氯盐性能分级标准 **表 5**

设计使用年限	环境作用等级	56d 电量值/C		
		S 型试样	M 型试样	L 型试样
100 年	D	<1200	<1500	<1500
	E	<800	<950	<1000
50 年	D	<1500	<1900	<1850
	E	<1000	<1200	<1250

5 试件尺寸对混凝土抗氯盐性能影响的机理分析

由表 2 和表 4 可见，试件尺寸变化使得其电量值和氯离子渗透深度均有所变化。随着试件尺寸增大，电量值有增大的趋势，而氯离子渗透深度有降低的趋势。

造成这种现象的原因是不同试件的通电面积和试件厚度不同所致。3 种试件的通电面积比为 1∶1.87∶3.59，3 种试件的厚度比为 1∶1.5∶2。通电面积增大，使混凝土电量值有增大的趋势，但这不会对氯离子渗透深度产生影响。试件厚度增加，一方面降低了电场力，这使得电量值和氯离子渗透深度均有降低的趋势；另一方面，使得试件本身含有的其他离子量增加，而这些离子与氯离子的扩散性能不同，也不能显色，这也将会对电量值和氯离子渗透深度产生影响，其影响的程度与采用的胶凝材料种类、水胶比和混凝土配合比等因素有关。

随着试件尺寸增加，单位面积电量值比降低，但不同原材料和配合比其降低数值不同。M 型试件和 L 型试件的单位面积电量平均值分别为 S 型试件的 0.66 倍和 0.40 倍，但其厚度分别为 S 型试件的 1.5 倍和 2 倍，二者的乘积分别为 0.99 和 0.80。这也说明，扣除截面积和厚度的直接影响后，M 型试件电量值的尺寸效应不明显，而 L 型试件电量值就具有明显的尺寸效应，使得电量值降低 20%左右。不同原材料和配合比混凝土的尺寸效应也有所不同。

S 型试件和 M 型试件的氯离子渗透深度接近，而 L 型试件的氯离子渗透深度降低，不同原材料和配合比对其氯离子渗透深度也有影响。由于通电后氯离子浓度在混凝土中的分布是一条曲线，实验得到的氯离子渗透深度对应的是一个特征值，当试件厚度增加后，其单位厚度方向上的电压也随之降低，这就会降低电量值，同时也会改变氯离子的浓度分布曲线，从而影响氯离子渗透深度测定值。M 型试件和 L 型试件的氯离子渗透深度平均值为 S 型试件的 0.97 倍和 0.68 倍。这也说明，M 型试件氯离子渗透深度的尺寸效应不明显，而 L 型试件氯离子渗透深度就具有明显的尺寸效应，使得氯离子渗透深度降低 32%左右。

综上所述，扣除截面积和厚度的直接影响后，M 型试件电量值的尺寸效应不明显，而 L 型试件电量值就具有明显的尺寸效应；M 型试件氯离子渗透深度的尺寸效应不明显，而 L 型试件氯离子渗透深度就具有明显的尺寸效应。至于 M 型和 L 型试件的电量值和氯离子渗透深度具有不同尺寸效应的原因，还需进行进一步的研究才能确定。

6 结 论

a. 在纯水泥混凝土中，S 型试样的电量值与 ASTM C1202 关于混凝土抗氯盐性能的分级标准完全吻合。对于同一配合比的混凝土而言，不同尺寸试件的电量值之间存在明显的线性关系，并据此推出了适用于纯水泥混凝土的 M 型和 L 型试样的抗氯盐性能分级标准。

b. 在复合胶凝材料混凝土，由于水胶比、胶凝材料种类和掺量的变化，混凝土的电量值和氯离子渗透深度均有较大变化；但对于同一混凝土配合比，混凝土 6h 电量值多随试件尺寸增加而增加，氯离子渗透深度多随着试件尺寸的增加而降低，不同尺寸试件的电量值之间存在较明显的线性关系，并据此推出了适用于复合胶凝材料混凝土的 M 型和 L 型试样的抗氯盐性能分级标准。

c. 综合纯水泥混凝土和复合胶凝材料混凝土的不同尺寸试件的抗氯盐性能分级标准，参考 ASTM C1202 和中国土木工程学会标准《混凝土结构耐久性设计与施工指南》（CCES 01—2004）（2005 修订版），推导出了不同设计使用年限和环境条件下 M 型和 L 型试件的抗氯盐性能分级电量指标，确定了混凝土抗氯盐性能的尺寸效应，为进一步研究和确定最大骨料粒径为 40mm 和 63mm 的混凝土的抗氯盐性能分级标准奠定了基础。

d. 扣除截面积和厚度的直接影响后，M 型试件电量值的尺寸效应不明显，而 L 型试件电量值就具有明显的尺寸效应，使得电量值降低 20%左右。M 型试件氯离子渗透深度的尺寸效应不明显，而 L 型试件氯离子渗透深度就具有明显的尺寸效应，使得氯离子渗透深度降低 32%左右。不同原材料和配合比对试件的尺寸效应程度也有较明显影响。

参考文献（References）

[1] 杨医博，梁松，莫海鸿. 抗海水腐蚀混凝土在外砂桥闸工程中的应用 [J]. 人民长江，2004 (2)：44-45，50.

[2] 莫海鸿，梁松，杨医博，等. 大掺量矿渣微粉抗海水腐蚀混凝土的研究 [J]. 水利学报，2005，36 (7)：876-879、885.

[3] 杨医博，梁松，莫海鸿，等. 抗氯盐高性能混凝土技术手册 [M]. 北京：中国水利水电出版社、知识产权出版社，2006.

[4] 周贤文. 混凝土抗氯盐性能电量评价方法研究 [D]. 广州：华南理工大学，2007.

[5] 杨医博，梁松，莫海鸿，等. 大粒径骨料混凝土抗氯离子性能快速实验的电量综合法 [J]. 水利学报，2007，38 (S1)：658-662.

钢纤维掺入对混凝土管片局部力学性能的改善

莫海鸿　陈俊生　梁　松　杨医博　苏　铁

（华南理工大学 建筑学院，广东 广州　510640）

【摘　要】 为评价钢纤维掺入对盾构隧道混凝土管片局部力学性能的改善情况，采用通用有限元软件 ADINA，分别对盾构隧道钢纤维混凝土管片在千斤顶顶力作用及管片接头在正常运营阶段的开裂荷载、应力分布及裂缝分布进行了三维有限元数值试验。结果表明：掺入钢纤维能有效改善管片表面、手孔和螺栓孔部位的局部力学性能；钢纤维混凝土管片的初裂荷载比普通混凝土管片提高 13.3%～22.7%，说明管片的抗裂性能有较大提高。

【关键词】 钢纤维；混凝土；盾构隧道；管片；力学性能

盾构隧道管片在运输、安装及正常运营过程中出现的局部开裂、破损或裂缝等问题，都会使管片结构的整体性被破坏、发生渗漏和腐蚀现象，对隧道结构的安全性和耐久性产生不利影响[1-2]从文献［2］的研究成果可知，钢筋混凝土管片的破损大多发生在管片表层，并没有深入管片内部。当管片出现裂缝时，钢筋的应力仍处于较低的水平。

从文献［3］对管片局部破损产生机理的讨论可知，管片表面混凝土在各种施工作用荷载下产生较大的拉应变是当前钢筋混凝土管片破损的主要原因。钢纤维掺人能明显提高混凝土的抗折、抗拉和抗冲击能力[4]。因此，在钢筋混凝土管片中掺入钢纤维，可望能改善混凝土管片素混凝土保护层的局部力学性能，降低损坏率，提高管片的抗裂性能。国外已有应用钢纤维混凝土制造管片的成功实例[5-6]。在国内，尽管钢纤维混凝土材料的研究与应用已相当成熟，但钢纤维混凝土材料在盾构隧道管片中的应用仍处于起步阶段，仅在广州进行了钢纤维混凝土管片的材料试验[7]，在上海轨道交通 M6 号线建立了钢纤维少筋混凝土管片试验段，但缺乏完整、可靠的试验数据及资料[8]。

本研究在前人研究的基础上，以广州地铁盾构隧道管片为对象，利用通用有限元软件 ADINA，采用简化的钢纤维混凝土计算方法，探讨钢纤维的加入对混凝土管片局部力学性能的改善，以期为后续的钢纤维混凝土管片试验提供参考，也为钢纤维混凝土管片在实际工程中的应用提供依据。

1　钢纤维混凝土简化计算方法

1.1　简化计算方法的理论基础

从已有的研究成果可知，钢纤维混凝土的本构特征决定于基体混凝土的性质，钢纤维的掺入并没有显著地改变钢纤维混凝土的宏观变形、损伤和破坏的本质特征。因此，只需将普通混凝土本构的参数进行修改就可以采用已有的混凝土本构模型来描述钢纤维混凝土的本构行为[4]。

1.2　混凝土本构模型

ADINA 软件的混凝土模型有三个基本特性[9]：①利用非线性应力～应变关系反映材料在上升压应力下的软化特性；②用破坏包络线定义材料在拉应力下开裂及压应力下压碎的特性；③能模拟材料在开裂及压碎后的特性。典型的单轴应力一应变关系曲线如图 1 所示，只需要在钢纤维混凝土计算中按照文献［5］所述的简化方法，根据 ρ（钢纤维体积率）、λ_f（纤维特性参数，$\lambda_f=\rho_f l_f/d_f$）修改相应的参数，就能比较准确地模拟钢纤维混凝土的力学行为。

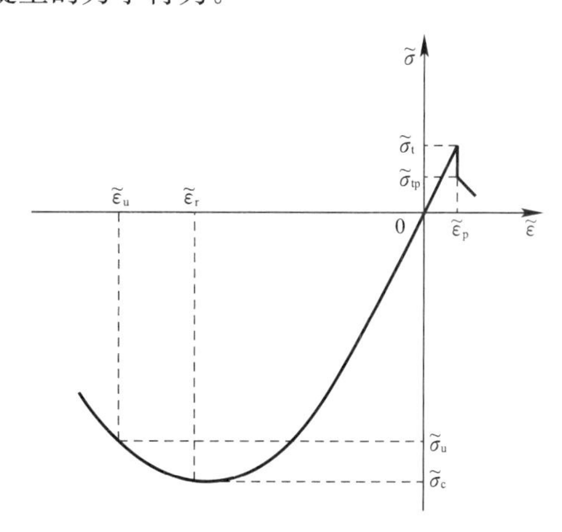

图 1 ADINA 中混凝土的单轴应力-应变关系

Fig. 1 Uniaxial stress-strain relation in ADINA concrete model

$\tilde{\sigma}_c$—最大单轴压应力；$\tilde{\sigma}_u$—单轴极限压应力；$\tilde{\varepsilon}$—单轴应变；$\tilde{\varepsilon}_c$—相应于 $\tilde{\sigma}_c$ 的单轴应变；

$\tilde{\varepsilon}_u$—单轴极限应变；$\tilde{\sigma}_t$—单轴开裂应力；$\tilde{\varepsilon}_t$—单轴开裂应变；$\tilde{\sigma}_{tp}$—断裂瞬时减低后的拉应力

2 计算方法的验证

利用文献［7］中钢纤维混凝土梁三分点弯曲韧性试验结果，对比有限元简化计算方法的结果与试验数据，以验证简化计算方法的可靠性。

2.1 试验方法及材料参数

文献［7］中试验所用设备为美国 MTS 公司的 Flex ET 伺服液压万能试验机，试件尺寸为 150mm×150mm×500mm，支座距离为 450mm。有限元计算所用模型如图 2 所示

本文取文献［7］其中两个试验作为计算方法及参数输入的验证：①普通素混凝土梁：基体混凝土为 C50，立方体抗压强度 60.6MPa；②钢纤维混凝土梁：基体混凝土为 C50，钢纤维采用上海贝卡尔特一二钢公司生产的佳密克斯钢纤维，属带端钩的高强钢丝切断型钢纤维，型号为 RC-80/60-BN，纤维长度为 60mm，长径比为 80，单根钢丝最低抗拉强度为 1100MPa，钢纤维掺量为 40kg/m^3 即体积率为 0.51%，立方体抗压强度 64.4MPa，劈裂抗拉强度为 6.1MPa。数值计算的输入参数如表 1 所示。

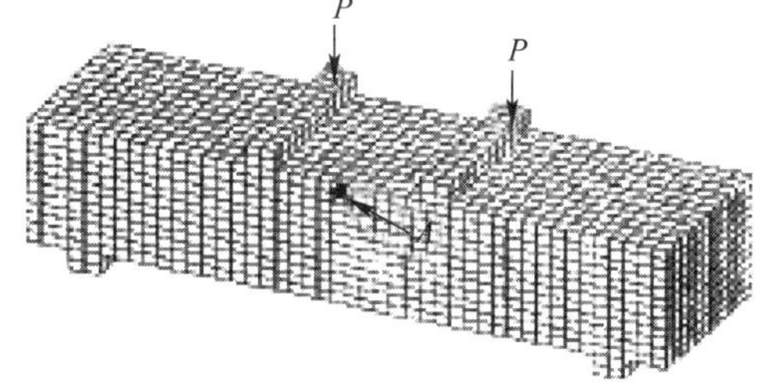

图 2 三分点弯曲韧性试验数值模型

Fig. 2 Numerical model of third—point bending toughness test

三分点梁数值计算输入参数 表 1

Input parameters of numerical computation of third—point beam Table 1

梁类型	弹性模量/MPa	泊松比	受拉开裂应力/MPa	受拉软化模量/MPa	受压开裂应变
普通素混凝土梁	3.45×10^4	0.2	4.0	25465.1	0.00177
钢纤维混凝土梁	3.55×10^4	0.2	5.2	4350.7	0.00180

2.2 试验与数值计算的结果对比

表 2 是试验结果与有限元计算结果的对比。从表中可知，利用简化方法的有限元计算结果与试验数

据的误差在 9%以内，作为初步应用研究，具有一定的准确性。

混凝土梁的试验结果与有限元计算结果的对比　表 2
Comparison between test results and finite element reckoning for concrete beam　Table 2

结果比较	普通素混凝土梁		钢纤维混凝土梁	
	平均极限荷载/kN	A 点平均竖向位移/mm	平均极限荷载/kN	A 点平均竖向位移/mm
试验值	26.25	0.82	28.77	0.86
计算值	28.20	0.89	31.20	0.93
误差/%	7.5	9.0	8.5	8.7

3　钢纤维混凝土管片的数值试验

3.1　管片尺寸及材料

广州地铁采用的管片外径 6m，内径 5.4m，管片宽度 1.5m，厚度 0.3m。衬砌环由 1 块封顶块、2 块邻接块和 3 块标准块组成。本研究采用标准块为研究对象，标准块的圆心角 72°。钢纤维混凝土管片采用表 1 所示计算参数。

3.2　施工阶段局部应力分析

3.2.1　计算工况及计算模型

在施工阶段，管片环缝面承受的千斤顶顶力通常为 1600kN/m[10]，即每块传力垫承受顶力为 680kN。千斤顶顶力作用于传力垫，通过传力垫将顶力传递给管片，管片再传递给背千斤顶环缝面传力垫，从而构成完整的受力体系。当管片背千斤顶环缝面与传力垫之间存在初始间隙时，管片所传递的顶力因不同量值的千斤顶顶力及初始间隙而不同。采用接触算法在管片环缝面与传力垫之间建立接触面能真实地模拟以上情况。在实际施工和运营中，管片是通过环向螺栓连接在一起的环状结构。为模拟管片之间的相互约束而不会大大增加模型的复杂程度，各用一垫块模拟与被分析管片相邻的两块管片，并利用 ADINA 软件的接触分析功能模拟垫块与管片纵缝之间的相互挤压和相对错动。

管片采用三维 8 节点实体单元，管片的环向主钢筋利用 ADINA 软件的 Rebar 单元模拟[3]。管片在千斤顶顶力作用下的计算工况分为三种情况（表 3），并建立如图 3，4 所示的有限元模型。

施工阶段局部应力分析的计算工况　表 3
Work conditions of local stress analysis in construction　Table 3

工况	制作或施工误差情况	管片边界条件	千斤顶力	对应模型
1	没有误差	管片与传力垫间紧密接触，没有间歇	每块传力垫 680kN	图 3
2	双千斤顶对应位置处管片存在施工误差	双千斤顶对应位置处管片与传力垫间有 1.0mm 的初始间隙	每块传力垫 680kN	图 3
3	侧边单千斤顶及双千斤顶对应位置处管片存在施工误差	侧边单千斤顶对应位置处管片与传力垫有 1.0mm 的初始间隙，相邻的双千斤顶处管片与传力垫间有 0.5mm 的初始间隙	每块传力垫 680kN	图 4

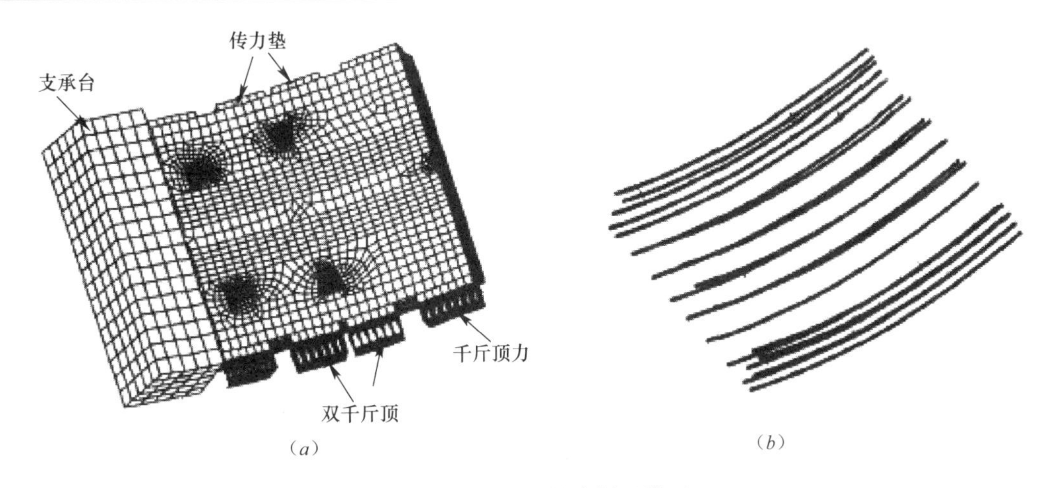

图 3　工况 1，2 的有限元模型

Fig. 3　Finite element models of work condition 1 and 2

(a) 管片网格；(b) 钢筋模型

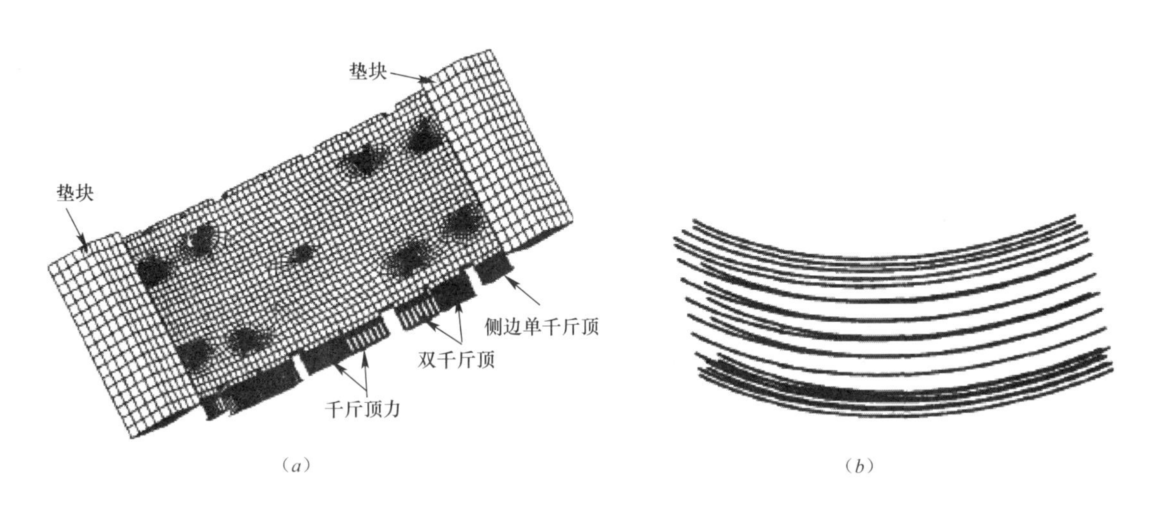

图 4　工况 3 的有限元模型

Fig. 4　Finite element model of work condition 3

(a) 管片网格；(b) 钢筋模型

3.2.2　计算结果

上述三种工况的有限元分析结果分别见表 4 和图 5-7，其中图 6（a）和图 7（a）的上、下云图分别为管片迎千斤顶面和背千斤顶面的最大主拉应力。

施工阶段局部应力分析结果　表 4

Results of local stress analysis in construction stage　Table 4

工况	初裂荷载/kN	裂缝分布情况	承载力变化	应力及裂缝分布
1	340	只有零星闭合裂缝	与普通混凝土管片相比，初裂荷载和极限荷载并无明显提高	图 5
2	340	闭合裂缝增多	与普通混凝土管片相比，初裂荷载和极限荷载有一定提高	图 6
3	272	裂缝以张开裂缝为主	与普通混凝土管片相比，初裂荷载和极限荷载有一定提高	图 7

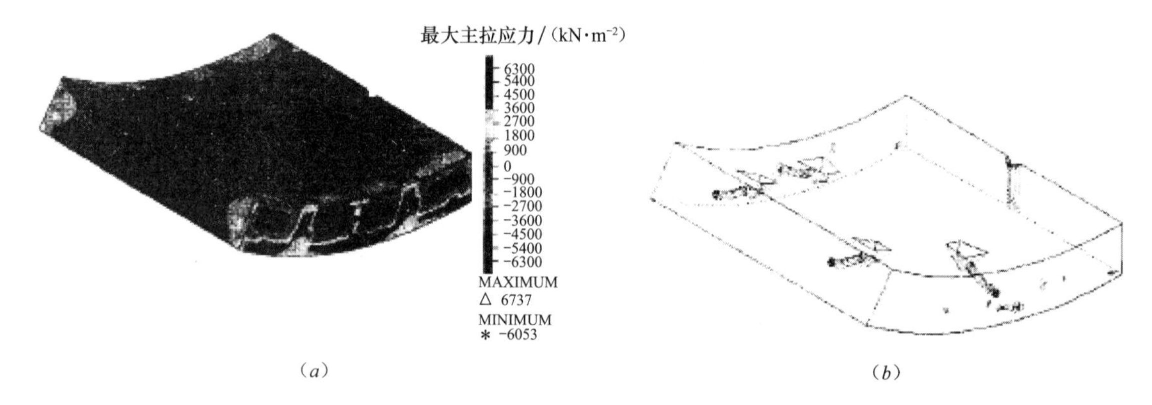

图 5　工况 I 计算结果

Fig. 5　Computational results of work condition 1

(a) 最大主拉应力；(b) 裂缝分布（透明显示）

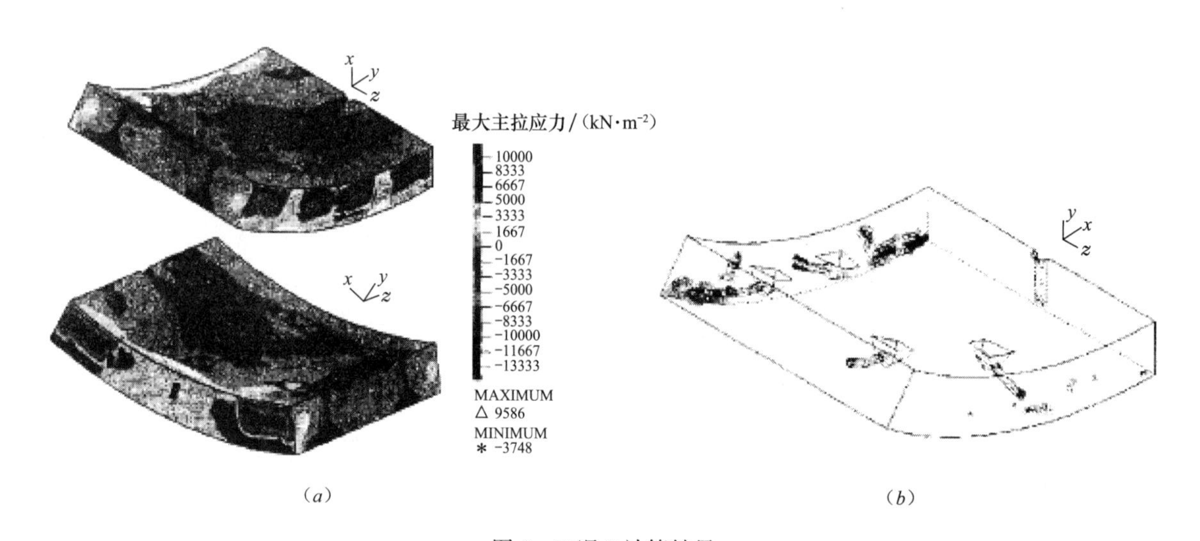

图 6　工况 2 计算结果

Fig. 6　Computational results of work condition 2

(a) 最大主拉应力；(b) 裂缝分布（透明显示）

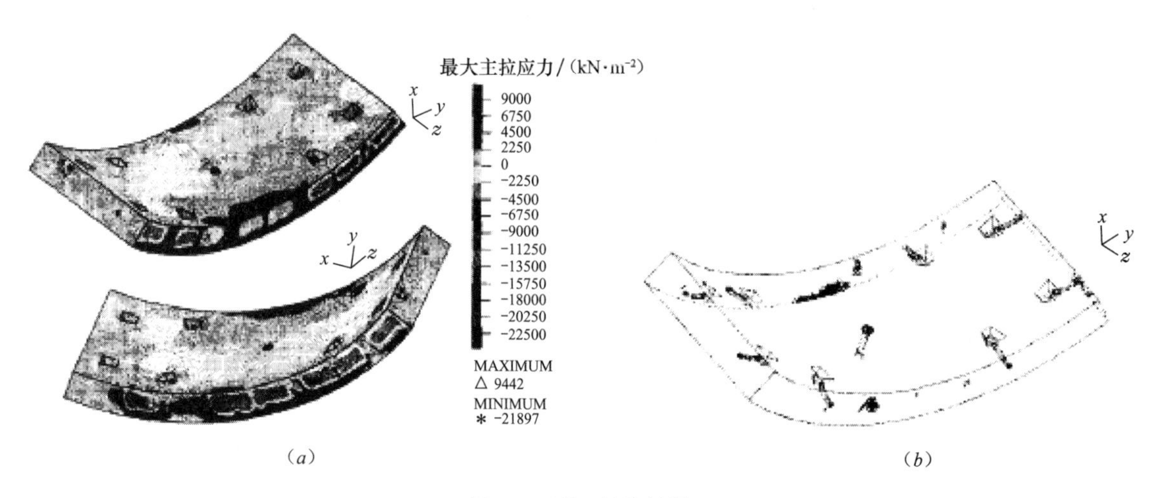

图 7　工况 3 计算结果

Fig. 7　Computational results of work condition 3

(a) 最大主拉应力；(b) 裂缝分布（透明显示）

3.3　运营阶段接头局部应力分析

3.3.1　加载模式与边界条件

接头荷载使用一般是按偏心距分组进行，偏心矩定义为接头弯矩与轴力之比，即 $e=M/N$. 习惯上约定：使管片内弧面（手孔所在面）受拉的弯矩为正弯矩，对应的偏心距为正偏心距，反之为负偏心距。图 8 为接头试验的加载方法，图中 N 为水平力，P 为竖向力，M 为接头弯矩，模型中忽略管片自重。

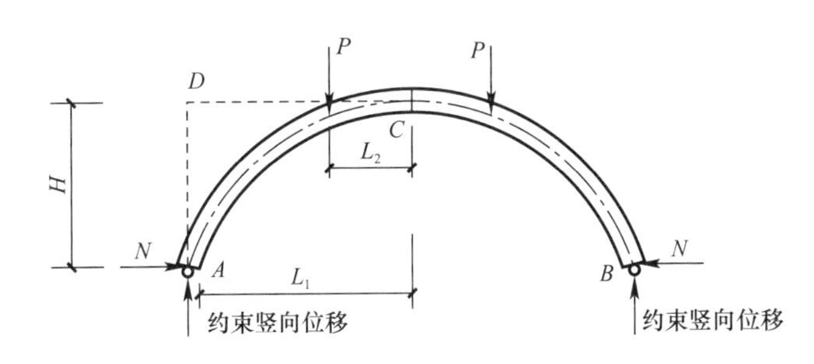

图 8　接头受力不均图

Fig. 8　Schematic diagram of loadings of joint

偏心距事先确定，每组试验的偏心距保持不变，目的是为了使增大荷载过程中接头的弯矩和轴力按同一比例增加。通过调整 N 和 P，可以使接头的内力达到设计受力组合，即 $N=400$kN，M：70kN·m。

在正弯矩荷载时，首先确定 N 的加载等级，对图 8 中 D 点取力矩平衡得

$$NH+M=P(L_1-L_2) \tag{1}$$

由此解得竖向力的表达式为

$$P=\frac{NH+M}{L_1-L_2}=\frac{NH+Ne}{L_1-L_2} \tag{2}$$

同理可以求得负弯矩荷载下竖向力的表达式为

$$P=\frac{NH-M}{L_1-L_2}=\frac{NH-Ne}{L_1-L_2} \tag{3}$$

容易知道，在偏心距最大的情况下接头应力也达到最大，因此，计算中采用了正偏心距为 0.225m 的荷载，并在设计受力组合的基础上把荷载的量值扩大 2 倍。加载制度如表 5 所示。

接头试验加载等级表　　表 5

Loading steps of joint test　　Table 5

加载等级	N/kN	P/kN	加载等级	N/kN	P/kN
1	100	118.0	5	500	590.0
2	200	236.0	6	600	708.0
3	300	354.0	7	700	826.0
4	400	472.0	8	800	944.0

3.3.2　有限元计算模型

计算模型中，接头各部分均采用 8 结点三维实体单元划分网格。钢纤维混凝土管片采用表 1 所示参数；螺栓的弹性模量 2.06×10^8kPa，泊松比 0.3；橡胶止水条（三元乙丙橡胶，硬度为（邵尔 A）68°）采用 Mooney—Rivlin 一阶本构模型，$C_1=561$kPa，$C_2=225$kPa；加载支座的弹性模量为 2.06×10^8kPa，泊松比 0.167。管片与螺栓之间、止水条之间设置接触面，考虑两者的相互挤压、相互滑动和摩擦作用。对模拟螺栓的三维实体单元施加初始应变，以模拟实际工程中对管片螺栓所施加的 300N·m 预紧扭矩。同样利用 ADINA 软件提供的 Rebar 单元模拟管片中的环向主钢筋。模型有限元网格划分如图 9 所示。

3.3.3　计算结果及分析

图 10 列出了接头在极限荷载状态下应力及裂缝分布情况。应力集中主要出现在螺帽与手孔端面接触的部位。随着外荷载的增大，接头向内张开，弯曲螺栓对管片的约束越来越大，螺帽与手孔端面之间的接触力也随之增大，最终螺帽压碎手孔端面的混凝土，裂缝也集中在螺帽与手孔端面接触的部位。接头初裂荷载为 $N=50$kN，$P=59$kN，$M=11.3$kN·m；极限荷载为 $N=380$kN，$P=448.4$kN，$M=85.5$kN·m。

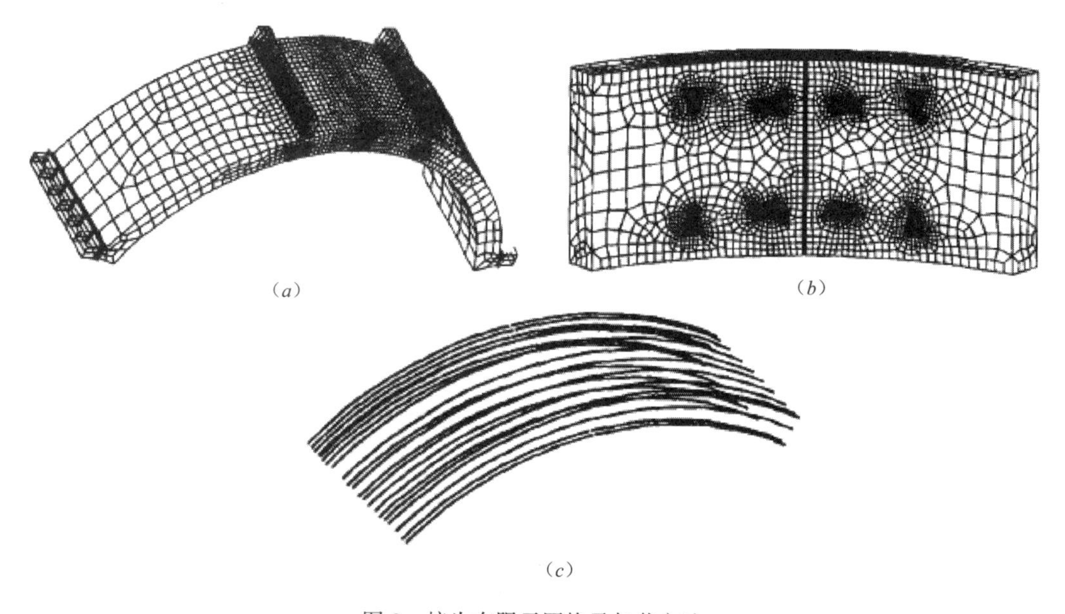

(a)　(b)　(c)

图 9　接头有限元网格及加载方法

Fig. 9　Finete element mesh of joint and method of loading

(a) 整体模型有限元网格；(b) 接头部分有限元网格；(c) 钢筋

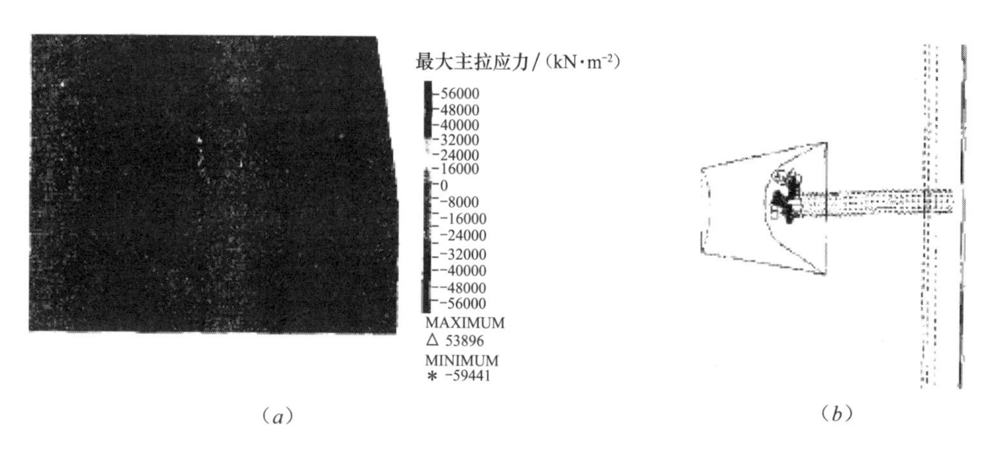

(a)　(b)

图 10　接头在极限状态下的应力及裂缝分布

Fig. 10　Distribution of joint stress and crack under ultimate condition

(a) 最大主拉应力；(b) 裂缝分布（透明显示）

4 讨　　论

通过钢纤维混凝土管片一系列的数值试验，其结果如表 6 所示。

钢纤维混凝土管片数值试验结果　　**表 6**

Results of numerical tests of steel fiber reinforced concrete　　**Table 6**

荷载类型	荷载形式	初裂荷载		极限荷载	
		量值	与普通混凝土管片比较	量值	与普通混凝土管片比较
施工阶段	千斤顶顶力（工况 1）	340kN	无明显提高	大于 1360kN	无明显提高
	千斤顶顶力（工况 2）	340kN	提高 13.3%	1326kN	提高 18.2%

续表

荷载类型	荷载形式	初裂荷载		极限荷载	
		量值	与普通混凝土管片比较	量值	与普通混凝土管片比较
施工阶段	千斤顶顶力（工况 3）	272kN	提高 15.2%	1594kN	提高 20.1%
正常运营	接头弯矩及轴力	N=50kN P=59kN M=11.3kN·m	提高 22.7%	N=380kN P=448.4kN M=85.5kN·m	提高 35.7%

从表 6 和 3.2～3.3 的计算结果以及文献［8］的研究成果可知，管片的破损和裂缝大多出现在手孔、螺栓孔和管片外表面，均属于素混凝土保护层部分。钢纤维的掺人使得管片裂缝分布的部位减少，裂缝出现的情况也较轻，较大地改善了管片表面、手孔和螺栓孔部位的局部力学性能，有效提高了管片的局部抗拉强度及抗裂性能，并提高了管片的初裂荷载。

5 结　论

通过对钢纤维混凝土管片、施工阶段及正常使用阶段的数值模拟试验和讨论，得到如下结论：

（1）钢纤维混凝土良好的抗冲击性能和较高的抗拉强度使钢纤维混凝土管片在局部抗裂性能和极限强度方面均优于钢筋混凝土管片，使得管片表面、手孔和螺栓孔部位的局部力学性能得到改善。

（2）钢纤维掺入有效提高了管片在施工状态时千斤顶顶力、正常使用状态时螺栓对管片挤压力作用下的初裂强度，其提高幅度为 13.3%～22.7%，对管片的抗裂性能有较大提高。

（3）由于实际盾构施工及运营过程中受力的复杂性，理论计算和数值分析不能完全且非常准确地反映管片的应力水平和裂缝开展方式，在广泛应用钢纤维混凝土管片前，应结合不同盾构隧道的特点，利用隧道试验段进行现场试验。

参考文献（References）

［1］ 晏浩，朱合华，傅德明．钢纤维混凝土在盾构隧道衬砌管片中应用的可行性研究［J］．地下工程与隧道，2000（1）：13-16.

［2］ 吴铭泉．钢纤维砼盾构管片在地铁隧道工程的应用研究［J］．广东建材，2004（3）：6-8. Wu Ming-quan. Application study on SFRC segm ent inmetro tunnel engineering［J］. Guangdong Building Material，2004（3）：6-8.

［3］ 陈俊生，莫海鸿，梁仲元．盾构隧道施工阶段管片局部开裂原因初探［J］．岩石力学与工程学报，2006，25（5）：906-910. Chen Jun-sheng，Mo Hai-hong，Liang Zhongyuan. Studyon local cracking of segm ents in shield tunnel during con-strnction［J］. Chinese Journal of Rock Mechanics and Engineering，2006，25（5）：906-910.

［4］ 程庆国，高路彬，徐蕴贤．钢纤维混凝土理论及应用［M］．北京：中国铁道出版社，1999.

［5］ Wallis S. Steel fiber development in south africa［J］. Tunnels and Tunnelling，1995，27（3）：22-24.

［6］ Mahimo H，Isago N，Kitani T. Numerical approach for design of tunnel concrete lining considering effect of fiberre-inforcements［J］. Tunnelling and Underground SpaceTechnology，2004，13：454-155.

［7］ 莫海鸿，梁松，杨医博．钢纤维混凝土管片材料试验研究报告［R］．广州：华南理工大学建筑学院，2004.

［8］ 廖少明，闫治国，宋博，等．钢纤维管片接头局部应力的数值模拟试验［J］．岩土工程学报，2006，28（5）：653-659. Liao Shao-ming，Yan Zhi-guo，Song Bo，et al. Numericalmodeling tests on local stress of SFRC tunnel segm entjoints［J］. Chinese Journal of Geotechnical Engineering，2006，28（5）：653-659.

［9］ ADINA R&D Inc. Theory and modeling guide volume I：ADINA solids&structures［M］. Watertown：ADINA R&D Inc，2005.

［10］ 李志南．关于地铁盾构隧道管片制作误差的讨论［C］//中国土木工程学会快速轨道交通委员会学术交流会地下铁道专业委员会第十四届学术交流会论文集．北京：［s. n.］，2001.

抗氯盐高性能混凝土在东里桥闸重建工程中的应用

杨医博[1,2] 梁 松[1,2] 莫海鸿[1,2] 陈尤雯[1,2]
（1. 华南理工大学 建筑学院，广东 广州 510640；2. 华南理工大学亚热带建筑国家重点实验室，广东 广州 510640）

【摘 要】 抗氯盐高性能混凝土由于低水胶比和高掺量矿物掺合料的原因，混凝土易于出现开裂现象，这种情况在大体积混凝土中更易出现，从而严重阻碍了抗氯盐高性能混凝土的推广应用。在东里桥闸重建工程中，为解决抗氯盐高性能混凝土在大体积混凝土中应用的难题，采用大掺量矿渣微粉、大粒径骨料、低砂率和低坍落度混凝土的技术措施进行了工程实践。工程实践表明：采用上述技术措施配制的抗氯盐高性能混凝土适宜用于大体积混凝土，在东里桥闸重建工程中共使用抗氯盐高性能混凝土4.7万/m^3，采用抗氯盐高性能混凝土的工程部位未出现开裂现象，工程分部验收质量优良。

【关键词】 大体积混凝土；高性能混凝土；矿渣微粉

1 研究背景

抗氯盐高性能混凝土属于高性能混凝土的范畴，是为了适应海洋工程以及沿海地区工程建设需要而应用的特种混凝土。与普通混凝土不同的是，抗氯盐高性能混凝土采用较低的水胶比（水胶比通常不高于0.40）和掺加矿物掺合料，通过这些技术手段提高混凝土的抗氯离子侵蚀能力，从而提高钢筋混凝土建筑物在氯离子侵蚀环境下的耐久寿命。

根据抗氯盐高性能混凝土中矿物掺合料种类的不同，可将其分为大掺量矿渣微粉抗氯盐高性能混凝土、粉煤灰抗氯盐高性能混凝土、硅灰抗氯盐高性能混凝土以及复合掺合料抗氯盐高性能混凝土等[1]。传统的抗氯盐高性能混凝土通常采用小尺寸骨料（最大骨料粒径通常为25mm）和大坍落度（通常为180mm以上），这种混凝土往往由于骨料较小，为保证混凝土的工作性和耐久性，其中胶凝材料用量通常在430kg/m^3以上，用于实际工程中容易出现开裂现象[2~4]，严重影响建筑物的耐久性。

为提高沿海水工建筑物的耐久性，受广东省水利厅的委托，自1999年起华南理工大学建筑学院进行了抗氯盐高性能混凝土的研究，经历了室内实验室研究、3年野外试验研究等阶段，研究出了大掺量矿渣微粉抗氯盐高性能混凝土[5~8]。

在汕头市澄海东里桥闸重建工程中，为提高建筑物耐久寿命，采用了大掺量矿渣微粉抗氯盐高性能混凝土。由于东里桥闸的底板和桥墩等部位均属于大体积混凝土，为避免混凝土出现开裂现象，采取了大掺量矿渣微粉、大粒径骨料、低砂率、低坍落度的技术路线配制抗氯盐高性能混凝土，并成功应用于工程中。本文对这一典型工程中抗氯盐高性能混凝土的研究和应用情况进行介绍。

2 工程概况

广东省汕头市澄海东里桥闸位于韩江下游5个出海口之一的义丰溪上游，北溪、南溪河汇合口的下游，东至下游出海口约10km，是一宗御咸蓄淡，集防潮、灌溉、供水，兼有发电、航运、交通等效益的综合大型水利工程。它与汕头市区的下埔桥闸、梅溪桥闸和澄海的外砂桥闸、莲阳桥闸一起，构成了韩江下游以城市供水、防洪、灌溉为主要效益的水利系统工程。澄海东里桥闸重建工程选于原桥闸处拆除重建，工程属大（2）型Ⅱ等工程，工程主要建筑物3级。工程防洪标准按30年一遇洪水设计，100年一遇洪水校核。东里桥闸枢纽工程主要由拦河闸、水电站、船闸及交通桥组成。其中拦河闸为闸门控制的平底开场式水闸，共18孔，每孔净宽10m。东里桥闸重建工程于2004年10月开始，水下工程部分于2005年4月完工，2006年完工进行试运行。

3 实验研究

为提高混凝土的耐久性，华南理工大学建筑学院受汕头市澄海区东里桥闸重建工程指挥部的委托，进行了抗氯盐高性能混凝土配比优化研究。

3.1 实验用原材料

试验所选用的材料是当地市场易购，来源有保证，品质较好的建筑材料。

3.1.1 水泥

采用两种水泥进行实验室试验，分别为：（1）广东省梅州市塔牌集团有限公司产“塔牌”P·O 32.5R水泥，旋窑产。（2）广东省梅州锦发公司大埔县水泥厂产“西岩”P·O 32.5水泥，立窑产。

两种水泥的性能指标见表1。

水泥的物理性能 表1

项目		塔牌水泥	西岩水泥
密度	g/cm^3	3.05	3.06
堆积密度	g/cm^3	1.05	1.04
标准稠度用水量	%	27.3	27.0
凝结时间	初凝	3h20min	4h35min
	终凝	4h05min	5h25min
体积安定性		合格	合格
抗折强度	3d，MPa	5.3	5.1
	28d，MPa	8.0	7.1
抗压强度	3d，MPa	29.5	26.3
	28d，MPa	44.0	37.9

3.1.2 矿渣微粉

采用两种矿渣微粉（以下简称矿粉）进行实验室试验，分别为：（1）潮州市凤武水泥粉磨厂产“意宝”牌粒化高炉矿渣粉，S75级。（2）广州思科达八宝新型材料厂产“思科达”牌粒化高炉矿渣粉，S75级。两种矿粉的性能指标见表2。

矿粉的物理性能 表2

矿粉种类	密度/(g/cm^3)	比表面积/(m^2/kg)	流动度比（%）	活性指数（%）	
				7d	28d
意宝矿粉	2.96	460	103	66	89
思科达矿粉	2.96	440	103	68	86

3.1.3 砂

河砂，2区中砂，细度模数213。

3.1.4 石

花岗岩碎石，粒径为：10～20mm、20～40mm和40～80mm三种规格，Ⅱ类石子。

3.1.5 减水剂

采用山西格瑞特化工有限公司产的FDN-1型萘系高效减水剂和开山屯木钙复合而成的缓凝高效减水剂，水剂，固含量为30%。

3.1.6 水

采用自来水。

3.2 混凝土实验室配合比

为确保工程进度不受原材料供应和特殊气候条件影响，根据工程需要，分别利用两种水泥和矿粉进行了C20、C25和C30三个强度等级的一级配、二级配和三级配混凝土室内实验，混凝土坍落度控制在50～70mm。另外，还利用塔牌水泥和意宝矿粉进行了C25泵送混凝土的室内实验。为提高混凝土的抗氯离子侵蚀能力，采用低水胶比和大掺量矿粉的技术措施配制混凝土，根据原材料情况，本工程中混凝土采用的水胶比为0.4，矿粉取代水泥量为50%。共进行混凝土配合比实验37个，采用塔牌水泥和意宝矿粉时混凝土的实验室配合比见表3。

采用塔牌水泥和意宝矿粉时混凝土的实验室配合比　　表3

混凝土配合比编号	混凝土中原材料用量/(kg/m³)							
	水	水泥	矿粉	砂	石/mm			减水剂
					10～30	20～40	40～60	
T-20-1	151.7	200	200	617	1197	—	—	13.3
T-20-2	138.5	183	183	578	450	836	—	12.2
T-20-3	129.1	170	170	513	416	554	416	11.3
T-25-1	154.4	205	205	594	1207	—	—	13.7
T-25-2	144.6	190	190	545	454	843	—	12.7
T-25-3	132.8	175	175	528	407	543	407	11.7
T-30-1	159.2	210	210	590	1197	—	—	14.0
T-30-2	146.9	195	195	541	451	837	—	13.0
T-25-B	158.1	210	210	687	447	830	—	16.9

混凝土的工作性能和力学性能见表4。

采用塔牌水泥和意宝矿粉时混凝土性能　　表4

混凝土配合比编号	混凝土坍落度/mm	抗压强度/MPa			试配强度要求/MPa
		3d	7d	28d	
T-20-1	58	21.6	34.0	49.2	28.2
T-20-2	62	22.0	40.7	54.5	28.2
T-20-3	59	24.8	35.3	43.7	28.2
T-25-1	58	22.0	31.1	49.6	33.2
T-25-2	58	27.0	35.5	54.9	33.2
T-25-3	52	26.2	33.5	45.7	33.2
T-30-1	60	24.6	37.9	52.3	38.2
T-30-2	68	27.5	36.0	55.7	38.2
T-25-B	160	23.0	37.8	55.5	33.2

由表4可见，混凝土拌合物流动性满足要求；混凝土3d抗压强度均大于20MPa，均能满足水利工程3d后拆模的强度要求；混凝土的28d强度均达到设计要求。进行混凝土实验时观察发现，混凝土的保水性和粘聚性良好，未出现泌水和离析现象。这些情况说明，设计的混凝土配方已满足设计和施工和易性要求。

4 工 程 应 用

为了提高钢筋混凝土抗海水腐蚀性能，在东里桥闸重建工程的水闸、电站及船闸水下部位采用了抗氯盐高性能混凝土技术，累计使用混凝土 4.7 万/m^3。施工中主要选用了塔牌水泥和意宝矿粉进行混凝土的生产，混凝土以 C20 和 C25 三级配混凝土为主。

由于抗氯盐高性能混凝土的水胶比低，矿粉掺量大，如养护不良容易出现开裂现象，严重影响建筑物的耐久性。故在施工中必须非常重视混凝土的养护工作，本工程中要求混凝土的湿养护时间不少于 5，大体积混凝土湿养护时间不少于 21d。

施工单位广东水电二局股份有限公司对施工过程中留样的混凝土强度统计分析数据如下（1）水闸工程水下部分成型混凝土试件 170 组。混凝土抗压强度最大值 45.2MPa，最小 26.7MPa，平均值 36.9MPa。经数理统计分析，强度标准差 3.4MPa，离差系数 0.10，保证率 99.8%。质量评定为优良。（2）电站结构水下部分成型混凝土试件 55 组。混凝土抗压强度最大值 42.8MPa，最小值 30.1MPa，平均值 35.5MPa。经数理统计分析，标准差 3.3MPa，离差系数 0.09，保证率 99.5%，质量评定为优良。（3）船闸结构水下部分成型混凝土试件 158 组。混凝土抗压强度最大值 40.6MPa，最小值 28.4MPa，平均值 34.6MPa。经数理统计分析，标准差 218MPa，离差系数 0.08，保证率 97.5%。质量评定为优良。通过混凝土原材料的优选和配合比的优化设计，以及良好的混凝土施工和养护，大掺量矿渣微粉抗氯盐高性能混凝土在澄海东里桥闸重建工程的应用取得了成功，大体积混凝土部位（如闸墩、闸底板等）均未出现收缩裂缝，且混凝土表面光滑，色泽一致，采用抗氯盐高性能混凝土的工程分部验收质量优良。

5 结　　语

以低水胶比和大掺量矿物掺合料为主要技术特征的抗氯盐高性能混凝土在海洋工程和沿海工程中的推广应用是提高海洋工程和沿海工程耐久寿命的重要技术措施。但传统的以小粒径骨料和大流动度为特征的抗氯盐高性能混凝土在工程中应用时易出现开裂，这对建筑物的耐久性有非常不利的影响，也阻碍了抗氯盐高性能混凝土的推广应用。

为改变这一状况，促进抗氯盐高性能混凝土的推广应用，在东里桥闸重建工程中采用了大掺量矿渣微粉、大粒径骨料、低砂率和低坍落度的三级配抗氯盐高性能混凝土。工程实践表明，采用三级配抗氯盐高性能混凝土，加之以良好的养护措施，可以得到满足设计和施工要求且质量优良的抗氯盐高性能混凝土。

东里桥闸重建工程的实践表明，在大体积混凝土中应用三级配抗氯盐高性能混凝土，是解决普通混凝土耐久性不良和传统抗氯盐高性能混凝土易出现干缩开裂问题的重要途径，应予以大力推广，以促进我国水利工程的现代化。

由于目前我国对混凝土抗氯离子性能的快速评价方法只能适用于最大骨料粒径为 25mm 的混凝土，而对大骨料的抗氯盐高性能混凝土尚无相关标准，这对推广应用大骨料抗氯盐高性能混凝土非常不利。为解决这一问题，华南理工大学建筑学院在电量综合法[9]的基础上进行了相关研究，进一步将电量综合法扩展到最大骨料为 63mm（或 80mm）的混凝土中，并将其列入了正在参与主编的广东省地方标准《广东省抗海水腐蚀混凝土施工导则》中，具体内容另文详述。

参考文献（References）

[1] 杨医博，梁松，莫海鸿，等. 抗氯盐高性能混凝土技术手册 [M]. 北京：中国水利水电出版社、知识产权出版社，2006.

[2] 马颖增. 高性能混凝土在东海大桥工程中的应用 [J]. 上海公路，2005，(3)：25-28.

[3] 沈阳云. 高性能混凝土预制箱梁裂纹成因分析与处理 [J]. 铁路标准设计，2005，(12)：64-66.

[4] 单炜，李敏. 杭州湾跨海大桥桥墩高性能混凝土裂纹成因及控制措施 [J]. 森林程，2007，23 (3)：58-61.

[5] 杨医博，梁松，莫海鸿，等. 海洋环境下大掺量矿渣微粉混凝土的实验研究 [J]. 武汉理工大学学报，2005，27

(3)：34-36、40.
[6] 梁松，杨医博，莫海鸿，陈尤雯. 潮汐环境下大掺量矿渣微粉抗海水腐蚀混凝土的野外实验 [J]. 华南理工大学学报（自然科学版），2005，33 (7)：88-91.
[7] 莫海鸿，梁松，杨医博，陈尤雯. 大掺量矿渣微粉抗海水腐蚀混凝土的研究 [J]. 水利学报，2005，36 (7)：876-879，885.
[8] 杨医博，梁松，莫海鸿，陈尤雯. 复合矿渣微粉对混凝土抗氯离子侵蚀性能影响的野外试验研究 [J]. 土木工程学报，2006，39 (4)：92-94，109.
[9] 杨医博，梁松，莫海鸿，陈尤雯混凝土抗氯离子侵入性能的电量综合法 [J] 东南大学学报（自然科学版），2006. 36 (supⅡ)：180-184.

掺矿渣微粉砂浆和混凝土的抗硫酸盐侵蚀性能

梁 松[1] 莫海鸿[1] 陈尤雯[1] 茹建辉[2]
(1. 华南理工大学 建筑学院，广东 广州 510640；2. 广东省水利厅，广东 广州 510150)

【摘 要】 通过实验研究了水胶比和矿渣微粉掺量对砂浆抗硫酸盐侵蚀能力的影响，并进一步研究了掺加矿渣微粉对混凝土抗硫酸盐侵蚀能力的影响。结果表明：普通磨细矿渣微粉只有在掺量大于65%（质量分数，下同）时，才能提高砂浆的抗硫酸盐侵蚀能力；而含激发剂的矿渣微粉掺量在50%以下时，便可提高砂浆的抗硫酸盐侵蚀能力；掺加65%的普通磨细矿渣微粉或者掺加50%的含激发剂的矿渣微粉，均能提高混凝土的抗硫酸盐侵蚀能力。

【关键词】 矿渣；砂浆；混凝土；抗硫酸盐侵蚀

掺加矿渣微粉是制备高耐久性混凝土的有效途径之一。矿渣磨细后加到混凝土中，一方面矿渣微粉粒子本身填充孔隙，堵塞连通孔道，使混凝土的密实性提高，同时矿渣微粉水化产生的C-S-H凝胶也使混凝土结构进一步密实；另一方面，由于矿渣取代了部分水泥熟料，对混凝土中C_3A（铝酸三钙）的总量有稀释作用，从而减少了钙矾石等膨胀性产物的生成，增强了混凝土的抗硫酸盐侵蚀能力。

但文献［1］指出，同一种矿渣微粉，尤其是氧化铝含量高的矿渣微粉，达到一定掺量（以质量分数计，下同）时能改善混凝土的抗硫酸盐侵蚀性能，而掺量较低时对该性能影响甚微甚至会产生不利影响。一般而言，矿渣微粉掺量达65%以上时混凝土是抗硫酸盐侵蚀的，低于这一数值混凝土抗硫酸盐侵蚀的能力则在很大程度上取决于矿渣微粉本身的氧化铝含量。在矿渣微粉掺量不超过50%的情况下，如果矿渣微粉中氧化铝含量（以质量分数计，下同）很高（大于18%），则对混凝土的抗硫酸盐侵蚀性不利，如果氧化铝含量较低（小于11%），则对抗硫酸盐侵蚀性有改善作用。而矿渣微粉掺量高时混凝土的早期强度较低。那么，能否通过对矿渣进行处理，从而在较低矿渣微粉掺量下配制出抗硫酸盐侵蚀性强的混凝土呢？本研究中，笔者通过砂浆和混凝土试验对这一问题进行了探讨。

1 实验部分

1.1 原材料及配合比

（1）水泥 采用珠江水泥厂生产的525#硅酸盐水泥，其化学成分见表1。

（2）矿渣微粉 矿渣微粉有两种，分别如下：矿渣微粉A由广州番禺凤山水泥厂生产，其比表面积为350m²/kg；矿渣微粉B为广州云浮水泥厂生产的含某种激发剂（主要成分为硫酸盐）的矿渣微粉，其比表面积为600m²/kg，其化学成分见表1。

（3）减水剂 采用广州花王化学有限公司生产的MD150减水剂。

（4）砂石 砂浆实验采用标准砂；混凝土用砂为猎德砂场普通河砂；混凝土用石为广州岑村石场花岗岩碎石，平均粒径为31.5mm。

（5）配合比 砂浆的配合比见表2，混凝土的配合比见表3。

水泥和矿渣微粉的化学成分（质量分数） 表 1

Chemical component of cement and slag (mass fraction) Table 1

试样	化学成分/%										
	SiO_2	Al_2O_3	Fe_2O_3	CaO	MgO	SO_3	K_2O	Na_2O	Mn_2O_3	烧失量	合计
水泥	19.56	4.78	4.68	62.16	2.77	2.74	—	—	—	2.54	99.23
矿渣微粉 A	32.88	15.82	1.47	35.76	10.80	0.03	0.42	0.20	1.34	−0.30	98.72
矿渣微粉 B	32.83	15.74	2.31	34.51	8.15	2.00	—	—	—	1.49	97.03

砂浆的配合比 表 2

Mix proportion of mortar Table 2

编号	水泥质量/g	水质量/g	水胶比	矿渣微粉质量/g		编号	水泥质量/g	水质量/g	水胶比	矿渣微粉质量/g	
				矿渣微粉 A	矿渣微粉 A					矿渣微粉 A	矿渣微粉 B
1	540	184	0.34	0	0	12	351	184	0.38	0	189 (35%)
2	351	184	0.34	189 (35%)	0	13	270	184	0.38	0	270 (50%)
3	270	184	0.34	270 (50%)	0	14	189	205	0.38	0	351 (65%)
4	189	184	0.34	351 (65%)	0	15	540	227	0.42	0	0
5	351	184	0.34	0	189 (35%)	16	351	184	0.42	189 (35%)	0
6	270	184	0.34	0	270 (50%)	17	270	184	0.42	270 (50%)	0
7	189	184	0.34	0	351 (65%)	18	189	227	0.42	351 (65%)	0
8	540	205	0.38	0	0	19	351	184	0.42	0	189 (35%)
9	351	184	0.38	189 (35%)	0	20	270	184	0.42	0	270 (50%)
10	270	184	0.38	270 (50%)	0	21	189	227	0.42	0	351 (65%)
11	189	205	0.38	351 (65%)	0						

注：每个矿浆配比中砂的用量为 1350g；括号内数值为胶凝材料中矿渣微粉的质量分数。

混凝土的配合比 表 3

Mix proportion of concl～tC Table 3

编号	水泥用量/($kg \cdot m^{-3}$)	砂用量/($kg \cdot m^{-3}$)	石用量/($kg \cdot m^{-3}$)	水用量/($kg \cdot m^{-3}$)	水胶比	砂率	矿渣微粉用量1)/($kg \cdot m^{-3}$)		减水剂掺量2)/%
							矿渣微粉 A	矿渣微粉 B	
1	450	629	1168	153	0.34	0.36	0	0	2.0
2	157	647	1150	153	0.34	0.36	293 (65%)	0	1.6
3	225	647	1150	153	0.34	0.36	0	225 (50%)	1.2

1) 括号内数值为胶凝材料中矿渣微粉的质量分数，余同；2) 减水剂掺量为减水剂质量与水泥和矿渣微粉质量和的比值。

1.2 实验方法

砂浆抗硫酸盐侵蚀实验方案参考了国内有关资料，并根据国家标准中的水泥抗硫酸盐侵蚀实验方法（GB 749—65）及水泥抗硫酸盐侵蚀快速实验方法（GB 2420—81），最后选定为将砂浆试件在 50℃水中养护 7d 后再进行盐的侵蚀。养护后的硫酸盐侵蚀实验，参考昆明铁路局科学研究所在成昆铁路工程混凝土硫酸盐侵蚀破坏研究中采用的方法[2]。将 4cm×4cm×16cm 的棱柱体试件于室温下浸泡 16h（一组浸泡在 20℃水中，另两组分别浸泡在 0.3%（质量分数，下同）Na_2SO_4 和 3%Na_2SO_4 溶液中侵蚀），于 75℃烘 7h，冷却 1h，以此作为一个循环，共进行 28 个循环，然后测试矿浆的抗折强度，并按下式计算其相对抗折强度：

$$K = \frac{\text{砂浆在硫酸盐溶液中侵蚀后的抗折强度}}{\text{砂浆空白对照组的抗折强度}}.$$

混凝土抗硫酸盐侵蚀实验采用 15cm×15cm×15cm 的立方体试件，养护 28d 后将试件放在含有 3% Na_2SO_4 的溶液以及自来水中浸泡半年，然后测定其抗压强度，并按下式计算其相对抗压强度，以评价混凝土抵抗硫酸盐侵蚀的能力：

$$K' = \frac{\text{混凝土在硫酸盐溶液中侵蚀后的抗压强度}}{\text{混凝土空白对照组的抗压强度}}.$$

2 结果与讨论

2.1 砂浆的抗硫酸盐侵蚀性能

砂浆的抗硫酸盐侵蚀实验结果见表 4、图 1 和 2。

砂浆的抗硫酸盐侵蚀实验结果 表 4

Experimental results of sulfate resistance of mortar Table 4

编号	相对抗折强度		编号	相对抗折强度	
	0.3%Na_2SO_4	3%Na_2SO_4		0.3%Na_2SO_4	3%Na_2SO_4
1	1.11	1.05	12	1.10	1.10
2	1.10	1.03	13	1.14	1.11
3	1.07	1.00	14	1.04	0.96
4	1.24	1.17	15	1.04	1.05
5	1.14	1.07	16	1.00	1.01
6	1.17	1.09	17	0.89	0.92
7	1.11	1.01	18	1.13	1.11
8	1.05	1.02	19	1.03	1.04
9	1.02	1.10	20	1.10	1.08
10	0.95	0.99	21	1.03	1.09
11	1.09	1.21			

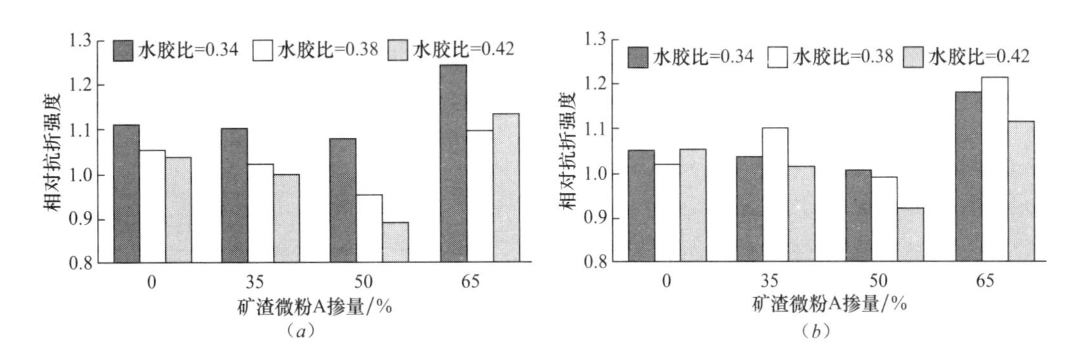

图 1 掺矿渣微粉 A 砂浆的抗硫酸盐侵蚀结果

Fig. 1 Sulfate resistance results of mortar、with slag A addition

(*a*) 0.3%Na_2SO_4 溶液侵蚀；(*b*) 3%Na_2SO_4 溶液侵蚀

2.1.1 水胶比的影响

由图 1 (*a*) 和图 2 (*a*) 可见，砂浆抗 0.3%Na_2SO_4 溶液侵蚀的能力与水胶比有关。随水胶比的增加，砂浆的相对抗折强度基本上逐渐减小，这说明无论是否掺有矿渣微粉，砂浆抗 0.3% Na_2SO_4 溶液侵蚀的能力均随水胶比的减小而逐渐增强。由图 1 (*b*) 和图 2 (*b*) 可见，砂浆抗 3%Na_2SO_4 溶液侵蚀的能力与水胶比关系不太明显，不过基本上仍是水胶比为 0.42 的砂浆具有最低的抗硫酸盐侵蚀能力。因此在满足和易性要求的前提下，尽量降低水胶比以提高矿浆的抗硫酸盐侵蚀能力是必要的。

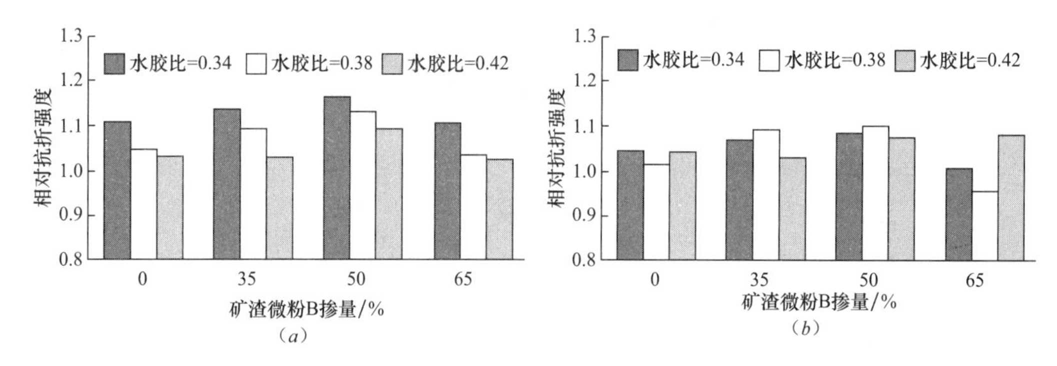

图 2　掺矿渣微粉 B 砂浆的抗硫酸盐侵蚀结果

Fig. 2　Sulfate resistance results of mortar with slag B addition

(*a*) 0.3%Na_2SO_4 溶液侵蚀；(*b*) 3%$NaSO_4$ 溶液侵蚀

2.1.2　矿渣微粉掺量的影响

从图 1 可以看出：矿渣微粉 A 掺量为 35%时，砂浆的抗硫酸盐侵蚀能力略有下降；掺量为 50%时，砂浆的抗硫酸盐侵蚀能力进一步下降；当掺量达 65%时，砂浆的抗硫酸盐侵蚀能力提高，这与文献[1] 和 [3] 的结果是一致的。这种现象可以用以下原理来解释：在砂浆中掺入矿渣微粉后，砂浆抗硫酸盐侵蚀能力的改变主要是由于 C—S—H 凝胶组成的不同所造成的。研究表明[1]，能够被束缚到水化 C—S—H 结构中，若以 Al/Ca 比和 Si/Ca 比来表示 C—S—H 的组成，则 Al/Ca 比随 C—S—H 中 Si/Ca 比的增加而增加。矿渣微粉掺量较低时，砂浆中水化 C—S—H 结构内的 Si/Ca 比和 Al/Ca 比与普通砂浆中的比值相差不大，C—S—H 吸附的 Al 少，若矿渣微粉中氧化铝含量高，则会释放大量的 Al 到砂浆的毛细孔溶液中，从而对砂浆的抗硫酸盐侵蚀能力产生不利影响；矿渣微粉掺量较高时，水化 C—S—H 结构内的 Si/Ca 比和 Al/Ca 比增大，从而将大量的 Al 束缚在水化 C—S—H 结构中，提高了砂浆的抗硫酸盐侵蚀能力。

由图 2 可见，掺矿渣微粉 B 的砂浆的抗硫酸盐侵蚀能力随矿渣微粉掺量的增加而增强，掺量为 50%时具有较高的抗硫酸盐侵蚀能力；随着矿渣微粉 B 掺量的继续增加，砂浆的抗硫酸盐侵蚀能力反而降低。这是因为矿渣微粉 B 中的激发剂以硫酸盐为主要成分，当在砂浆中掺矿渣微粉 B 时，硫酸盐起激发作用，并在凝结阶段消耗较多的铝，降低了砂浆中铝酸钙和单硫型水化硫铝酸钙的含量，从而提高了砂浆的抗硫酸盐侵蚀能力。当矿渣微粉 B 掺量进一步提高时，部分硫酸盐不能在凝结阶段与 Al 反应生成钙矾石，而在砂浆凝结以后才与发生反应，从而降低了砂浆的抗硫酸盐侵蚀能力。

2.2　混凝土的抗硫酸盐侵蚀性能

混凝土的抗硫酸盐侵蚀实验结果　　表 5

Experimental results of sulfate resistance of concrete　　Table 5

编号	28d 抗压强度/MPa	相对抗压强度
1	39.0	0.92
2	42.7	0.98
3	50.2	1.20

根据砂浆的抗硫酸盐侵蚀实验结果，选择矿渣微粉的最佳掺量配制混凝土，进行了混凝土抗硫酸盐侵蚀的实验，结果见表 5。由表 5 可知：掺入 65%的矿渣微粉 A 后，混凝土的 28d 抗压强度和抗硫酸盐侵蚀能力提高；掺入 50%的矿渣微粉 B 后，混凝土具有更好的抗硫酸盐侵蚀能力；经硫酸盐侵蚀后混凝土抗压强度不但未下降，反而比空白对照组的高。

3 结 论

（1）普通磨细矿渣微粉只有在大掺量（大于65%）时，才能提高砂浆的抗硫酸盐侵蚀能力。

（2）含激发剂的矿渣微粉掺量在50%以下时，均能不同程度地提高砂浆的抗硫酸盐侵蚀能力；当含激发剂的矿渣微粉掺量超过50%后，砂浆的抗硫酸盐侵蚀能力降低。

（3）普通磨细矿渣微粉在大掺量（65%）时，能提高混凝土的抗硫酸盐侵蚀能力。

（4）含激发剂的矿渣微粉掺量在50%时，能提高混凝土的抗硫酸盐侵蚀能力。

参考文献（References）

[1] 胡曙光，覃立香，丁庆军. 矿渣对混凝土抗硫酸盐侵蚀性的影响［J］. 武汉工业大学学报，1998，20（1）：1-3.

[2] 昆明铁路局科学研究所. 主要水泥抗硫酸盐侵蚀性试验报告［R］. 昆明：昆明铁路局科学研究所，1984.

[3] M angat P S，Khatib J M . Influence of fly ash，silicafUl～e，and slag on sulfate resistance of concrete［J］. ACI Materials Journal，1995（5）：542-552.

岩石力学

流形法在岩石力学研究中的应用

莫海鸿　陈尤雯
（华南理工大学 建筑工程系，广州　510641）

【摘　要】 简要地介绍了流形法的基本概念、基本方程、广义结点和广义单元、非连续变形问题的双重网格描述、覆盖、星、星的构造、单元与物理边界的识别．文中给出了一个算例，并对流形法作了一些评论。

【关键词】 流行；覆盖；岩石力学；数值方法；不连续变形

岩体中隐含着许多微裂隙和断层，在人类工程活动及自然条件变迁的影响下，岩体的断裂及非连续变形使岩体遭受破坏．导致滑坡、隧洞崩塌等，这是一直困扰着研究者和工程技术人员的问题．当岩体内的应力未超过某一临界值时．岩体不会产生明显的断裂，此时，应用连续介质力学方法可以求得问题的解．而当岩体内的应力超过这一临界值时．裂隙的控制作用变得十分明显，连续介质力学方法已不适用。各国研究者为解决这个问题做了大量的工作，并取得了长足的进步，带界面单元的有限元法、离散元法以及不连续分析（DDA）法等应运而生，使问题的解决迈进了一大步。90 年代以来、国外一些研究者提出了几种没有单元而仅利用一些特征点进行分析的计算方法，如扩散单元法(Diffuse Element Method)[1]、无单元伽辽金法[2]等，在连续变形的计算方面取得了很大的进展，1992 年，美国有研究者提出用流形法来研究岩体的非连续变形[3]。之后，不少研究者对这个课题进行研究[4]。

拓扑学是几何学的一个分支，它研究连续变换下几何图形的性质。流行是它研究的重要的几何图形之一。简单地说，一个流行就是一个物体的几何，一个工程分析区域（Domain）其实也可视为一个流行。例如，对一流行进行复杂变换，通常可以将其分解为一些简单的图形，如三角形或多边形，然后用一些易于分析的图形来覆盖这些简单的图形，这样，对一个复杂问题的研究就可转变为对较小的和较简单的覆盖问题的研究。对于我们所研究的一般工程问题来说，这些覆盖的数量是有限的。

1　非连续变形问题的双重网格描述

用双重网格描述来研究不连续变形问题的概念也许是流形法最具创造性的方面，双重网格中，第一重网格为物理网格，它是问题的物理性质包括岩石的节理裂隙的唯一描述；另一重网格为数学网格，它可以是一些规则的图形，也可以是任意图形的组合，物体在受载过程中会产生变形，因此，物理网格会发生变化，而相当于大地坐标的数学网格则保持不变。网格可以按照物体的几何尺寸、要求的解的精度和物理性质来分区划分。数学网格用以构造覆盖，它必须大得足以覆盖物理网格的每一个点。

以一面挡土墙为例来描述双重网格的概念。假设挡土墙后的土是一份层结构并有沿层面下滑的趋势，可以用一个以几组薄片组成的模型来模拟这一特性，由求解精度定义的物理网格见图 1（*b*）。如图 1（*a*）所示，用一个任意的三角形网格来作为数学网格。将两层网格叠置，如图 1（*c*）所示，就得到该问的覆盖的流形。应该注意的是，流形法并不要求数学网格确认问题的物理边界。

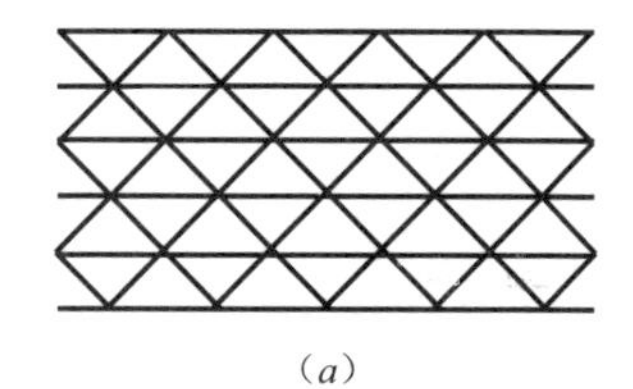

(*a*)

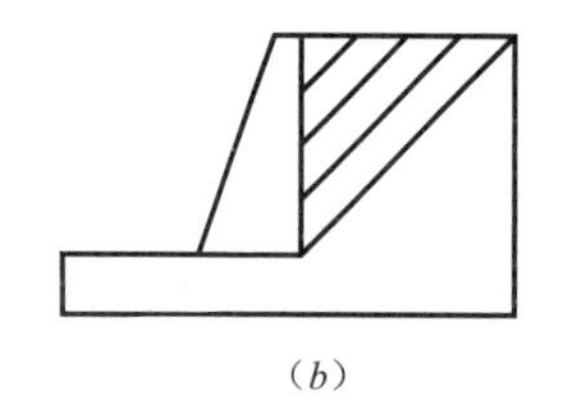

(*b*)

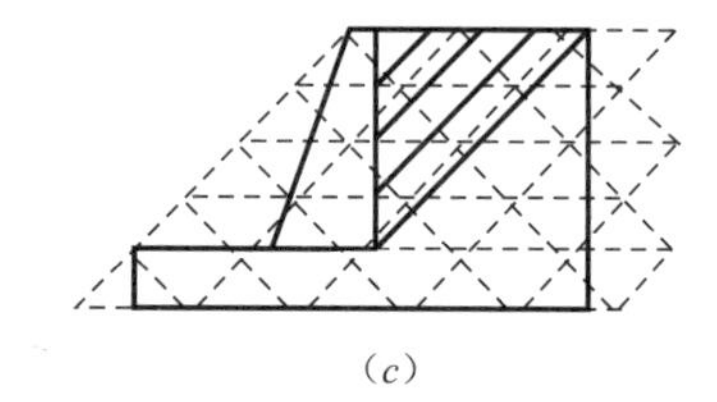

(*c*)

图 1　流形的例子

Fig. 1　A manifold example

(*a*) 一个任意的三角形数学网格；(*b*) 一个挡土墙的物理描述；(*c*) 流形覆盖

从这个例子可以看出，流形法可视为有限元法和离散元法的结合。因此，有限元和离散元的许多特征，特别是不连续变形分析（DDA）的特征，都已纳入现在的流形法的公式里。

2　广义结点和广义单元

作为一种分析方法，流形法的关键在于广义化的结点和单元。流形法不要求数学网格与物理边界重合，这是它与有限元法和离散元法的不同之处。广义化使得运用流形法时有可能选择比较任意的数学网格，可以构造一个以数学为基础的插值函数，然后用权函数来描述问题的物理边界。

为不失一般性，在下面的讨论中将位移视为唯一的独立变量。本文采用三角形网格作为数学网格，基本三角形内的位移是线性的。为了避免混淆，称物理网格的插值点为顶点，而数学网格中的交点为结点。在一个结点为 0，1 和 2 的三角形内，由线性位移的假设，可以得出基本三角形内的位移函数为：

$$\begin{bmatrix} u(x,y) \\ v(x,y) \end{bmatrix} = \begin{bmatrix} N_0(x,y) & 0 & N_1(x,y) & 0 & N_2(x,y) & 0 \\ 0 & N_0(x,y) & 0 & N_1(x,y) & 0 & N_2(x,y) \end{bmatrix} \begin{bmatrix} u_0 \\ v_0 \\ u_1 \\ v_1 \\ u_2 \\ v_2 \end{bmatrix} \tag{1}$$

式中，$N_1(x,y)$ 是插值函数，或称为在 i 点的形函数，在 i 点其值为 1，而在其他点值为 0；$u(x,y)$ 和 $v(x,y)$ 分别为三角形内的点 (x,y) 在 x 方向和 y 方向的位移。

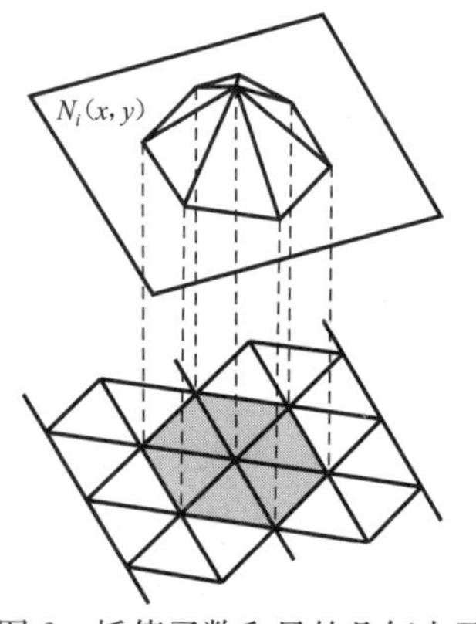

图 2　插值函数和星的几何表示

Fig. 2　A geometric view of an interpolation function and the star it covers

图 2 表示插值函数 $N_i(x,y)$ 及其影响区域。这个由结点 i 影响的面积是由所有具有共同结点 i 的三角形组成的。在拓扑学里，这样一个面积称为一个星或一个临域星。结点的响应（如 u_i 和 v_i）仅仅是属于星的插值函数的比例因数。根据这个几何观点，流形法将星视为广义结点。当遇到不连续面时，这种观点的好处就变得十分明显。

因此，在流形法中，广义化单元可定义为“被一定数量的星覆盖的物理区域”。所需要的覆盖星的数量取决于所应用的插值函数的类型。任意被星覆盖的物理区域均具有本书的位移域。显然，在这样一个任意的物理区域中，应变、应力和应变能均可由所定义的位移域计算出来，因此，一般的力学原理（如最小能量原理）在此区域上都可以应用。

3　不连续性、权函数和单元的基本公式

为了进行连续-非连续分析，首先要清楚连续面和非连续面的含义。用“连通性”的概念可轻易解决这个问题。在各类连通性概念中，路径连通性的概念是特别有用的。如果一个区域的两个点可以用一

条路径连同，则这个区域称为路径连通的区域。另外，不连续面在二维情况下可以是一个图形或一条曲线，它使得一个区域不能成为路径连通的。因此，不连续面总可以把一个区域分为两个路径连通的子区域，没有任何两个处于不同子区域的点能不通过不连续面而连接的。

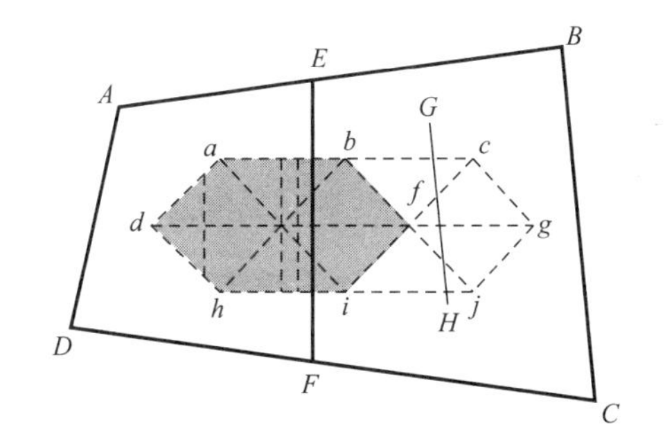

图 3　物理不连续面与星不连续面

Fig. 3　Physical discontinuities and star discontinuities

图 3 表示一个物理区域 $ABCD$，它含有一个物理不连续面，这个不连续面把物理区域分成两个子区域 $AEFD$ 和 $EBCF$。图上画出了部分数学网格、阴影表示与结点 e 有关的星覆盖了多边形 $abfihd$，被 EF 分为两个子区域，这反映了一个事实：一个物理不连续面总是使通过它的星不连续；另一方面，曲线 GH 和 MN 并非不连续面，因为它们所在的子区域是路径连通的。在与结点 f 有关的覆盖多边形 $bcgjie$ 中，GH 不引入不连续面，在星 f 覆盖的多边形中，MN 也不引入不连续面、数学网格的选择反映了尺寸效应的观点。因此，应选择适合不连续面尺寸的数学网格。

流形法用权函数和插值函数来模拟星的不连续性。本文用结点号和子区域号来表示星。对图 3 中的结点 e，由于涉及两个子区域，故需要两个独立的子区域，对于结点 e 的两个星，e_1 代表 EF 左边的子区域，而 e_2 代表 EF 右边的子区域。e_1 和 e_2 采用相同的由式（2）定义的插值函数，并引入不同的权函数 $w_{e_1}(x,y)$ 和 $w_{e_2}(x,y)$ 来描述它们对位移的贡献。在相应的子区域上，权函数的值为 1；在其他子区域其值为 0。实际分析中用的插值函数是由结点的插值函数与权函数相乘得到的。由结点 e 的两个星 e_1 和 e_2 构成的多边形 $abfihd$ 内的位移为

$$u(x,y) = w_{e_1}(x,y)N_e(x,y)u_{e_1} + w_{e_2}(x,y)N_e(x,y)u_{e_2} \tag{2}$$

它在 e_1 和 e_2 内是连续的，但通过 EF 时就变为不连续的了。一般地，单元内的位移可写为

$$u(x,y) = \sum_i \sum_j w_{j_i}(x,y)N_1(x,y)u_{j_j} \tag{3}$$

式中，i 为单元内星的数量，j 为一个星内子区域的数量。

图 4 进一步描述了如何把星和不连续面组合成可识别的广义单元。为了表示选择数学和网格的自由，本例采用矩形网格，每个星的插值函数是双线性的。除了结点 b，每个结点仅与一个星有关。两个星覆盖的四边形 $acfd$ 被 MN 分为两个子区域。星 b_1 记录 MN 左边区域的覆盖，而 b_2 记录右边的覆盖。因此本例有 10 个星：a_1，b_1，c_1，d_1，e_1，f_1，g_1，h_1 和 i_1。本例中每个广义单元是一块由 4 个星覆盖的面积。因此，本例共有 5 个广义单元，如图 4（c）所示。

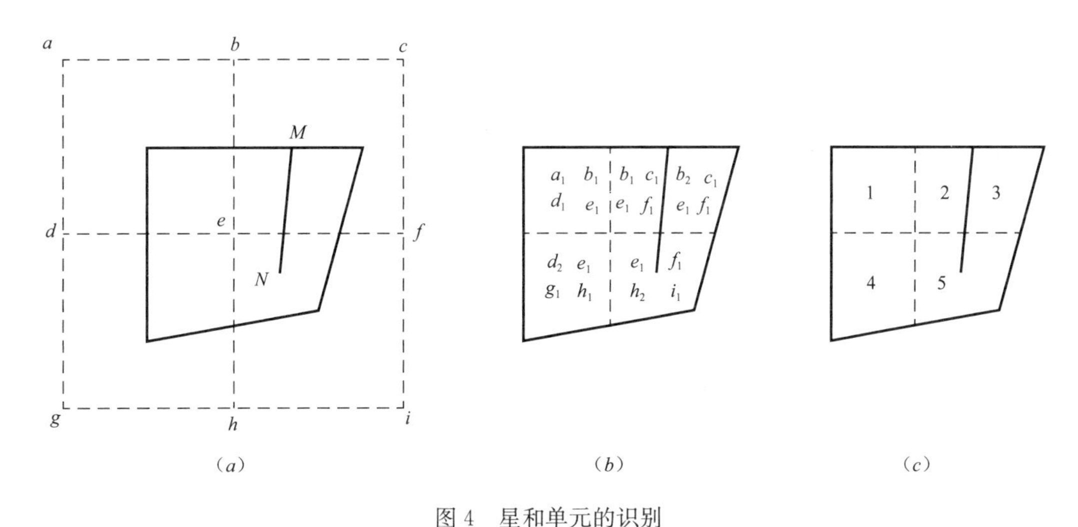

图 4　星和单元的识别

Fig. 4　Identification of stars and elements

在平面应变小变形问题中，应变能密度 $\Gamma_0(x,y)$ 可表示为

$$\Gamma_0(x,y)=\frac{1}{2}[\varepsilon]^{\mathrm{T}}[\sigma]=\frac{1}{2}[u_i]^{\mathrm{T}}[B(x,y)]^{\mathrm{T}}[D][B(x,y)][u_i] \tag{4}$$

式中，$[B(x,y)]$ 是 $[N(x,y)]$ 的线性导数，ε 和 σ 分别表示应变和应力，$[D]$ 表示本构关系矩阵。通过积分可以求得整个单元的总应变能。引入权函数来计算广义单元的物理面积，单元真实的总应变能为

$$U=\int_{\mathrm{A}} w(x,y)\Gamma_0(x,y)\mathrm{d}A \tag{5}$$

应用最小势能原理，刚度矩阵与单元应变的关系为

$$[K]=\int_{\mathrm{A}} w(x,y)[B(x,y)]^{\mathrm{T}}[D][B(x,y)]\mathrm{d}A \tag{6}$$

式中，$[K]$ 为刚度矩阵，A 为单元面积。刚度矩阵的其他分量和力矢量可以用类似的方法求得。其他要考虑的因素是初始应变、初始应力、体积力、接触引起的相互作用力和其他结构分量如土锚或岩石锚杆等。

假设不连续面受到两个限制。首先，物体不会穿过分开他们的不连续面互相嵌入。其次，一个物体沿不连续面相对于相邻物体的运动受不连续面的表面强度特征影响，在流形法中，第一个限制用一个罚函数来模拟，亦即在接触点中插入一个刚度很大的法向弹簧，任何嵌入的趋势均由弹簧的刚度加以约束；第二个限制通过插入一个剪切弹簧来模拟，该弹簧的强度符合摩尔-库仑定律。接触弹簧上的应变能是整个系统势能的一部分，这就导致了接触单元的刚度矩阵的耦合。其相互作用一旦产生，这些限制就会产生作用，因此，刚度矩阵的耦合是非常重要的。

4 构造单元的物理边界

计算几何在流形法中发挥了重要的作用，下面描述如何从一个覆盖的流形构造单元的物理边界。

1）首先，找出包括边界块和不连续块的物理边界

2）可以选择同时对所有单元工作或一次对一个单元进行工作。例如，图 5（a）是一个一般的块体。用一个矩形来覆盖这个块体，矩形的左下角为（$X_{\min},Y_{\min}$），右上角为（$X_{\max},Y_{\max}$）。

3）根据所选择的物理网格的尺寸，从（$X_{\min},Y_{\min}$）开始产生数学网格，直到覆盖（$X_{\max},Y_{\max}$）为止。

4）找出数学网格中落在块体内的点和块体外与块体边界最临近的点，用这些点构造星。在图 5（b），保留了 12 个点，这意味着起码需要 12 个星来覆盖这个块体。

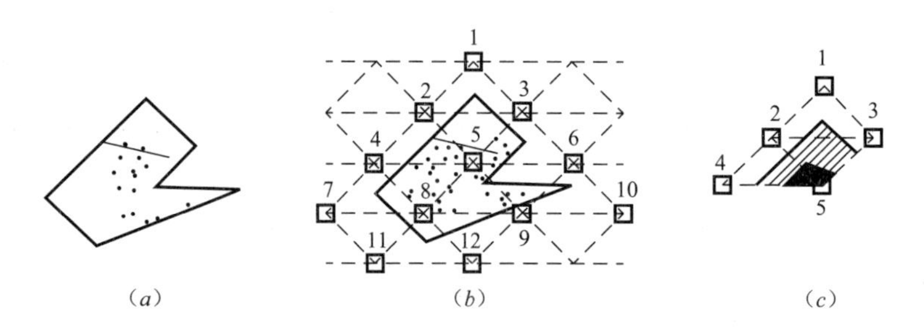

图 5 单元物理边界的构造

Fig. 5 Construction of physical boundaries of elements

（a）典型的物体；（b）识别相关的节点；（c）构造性

5）对每一个保留的点构造相应的星。如果一个星完全落在块体内，就不需要进行进一步的处理；如果一个星与块体相交，相交的区域是一个真实的星；如果一个星被不连续面分开，则需要确定分量的数目，例如，如图 5（c）所示，不连续面把星分成了两块。

6）求出单元总数及物理边界。

5 算　例

下面通过一个算例来说明流形法的原理[4]。由于仅仅是用来演示，所以这些例子经过了很多的简化，如使用了较大尺寸的数学网格和线性插值函数，密度为 1.8Mg/m³，单位重量为 18kN/m³，弹性模量为 4000kPa，泊松比均为 0.3，裂缝表面的摩擦角为 5°。这个例子主要用来显示流形法模拟非连续变形的能力，因此，假定裂缝前缘不会传播，但即使作了这样的简化，这仍然是一个非常复杂的问题。从两边压缩这个试样，这组裂缝表现出非常复杂的变形。在这个算例中，两边的刚性块的表面假设是光滑无摩擦的。经历 20.8%的水平应变后物体的变形如图 6（*b*）所示。

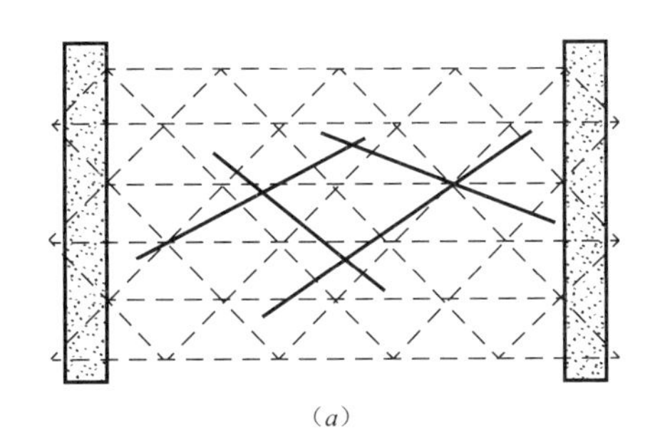

（*a*）

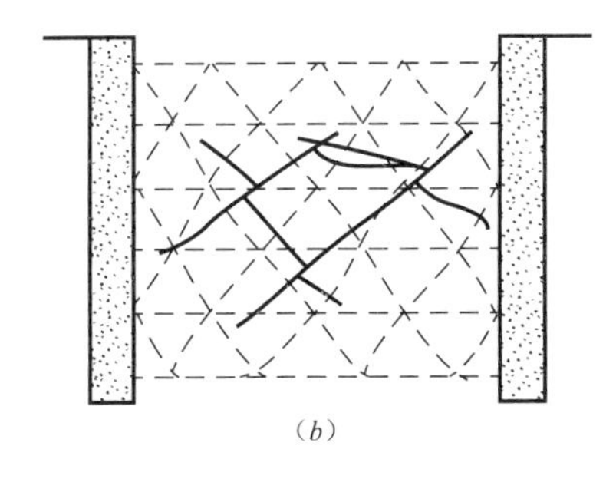

（*b*）

图 6　裂缝不传播的弹性介质

Fig. 6　An elastic medium with non-propagating fissures

（*a*）覆盖的流形；（*b*）变形后的图形

为了更清楚地表示物体的变形特征，图中没有画出数学网格。由于使用了较粗糙的网格，得到的结果仅仅是一个近似的结果。虽然作了一些简化，这个例子仍然显示出流形法在各种范围内解决涉及非连续族的问题的潜能。

6 结　束　语

本文叙述了流形法的基础，流形法有几个不同的特征，从工程的观点来看，这些特征是很重要的。首先，流形法为连续和非连续分析方法开辟了一条新路子。其次，它在全局上满足最小能量原理，无论在单元内还是在单元之间。除了对于离散化简化以外，整个过程在解析上和在数值上都是严格的。再次，统一的基本公式允许以一致的方式引入某些扩展，例如包含一些刚体等。

本文所列举的公式，是在小变形的假定下推导的，但由于引入了刚体运动，因此足以应付一般的岩土工程问题的需要，除非是遇到软土的情形。本文所介绍的方法，在效率方面仍有一些值得改进的地方，在进行不连续分析时，仍有遇到不收敛情况的可能。

用流形法分析岩石力学问题，有几种不同的观点，限于篇幅，这里就不一一列举和讨论。

参考文献（References）

[1] Nayrole B，Touzot G，Villon P，Generating the finite element method：diffuse approximation and diffuse elements. Comput Mech，1992（10）：307-318

[2] Belyschko T，Lu Y Y，Gu L. Element-free Galerkin methods. Int for Methods in Eng，1994，73：229-256

[3] Shi G W. Modeling rock points and blocks By manifold method. Proceeding of the 33th US Symposium on Rock Mechanics. San Ta Fe，1992. 639-648

[4] Lin J S. Continuous and discontinuous analysis using the manifold methoud. Proceedings of the first International Conference on Analysis of Discountinuous Deformation，Taiwan，1995. 223-241

Study of flow and transport in fracture network using percolation theory

Haihong Mo[a]　Mao Bai[b,*]　Dezhang Lin[b]　Jean-Claude Roegiers[b]

[a] Department of Civil Engineering, South China University of Technology, Guangzhou, China

[b] Rock Mechanics Institute, The University of Oklahoma, Norman, OK 73019, USA

Received 27 August 1996; received in revised form 3 February 1998; accepted 3 February 1998

【Abstract】 A fracture network model based on algebraic topology theory has been developed to study fluid flow and solute transport in fracture dominant media. The discrete fracture network is generated stochastically while the flow and transport in each individual fracture are solved using a continuum approach. Alternative to the traditional formulations, the fracture geometries, connectivities and flow characteristics follow a topological structure appropriate to the class of fracture networks or systems. The innovative natures also include the development of a transport mechanism in which dispersive-convective solute migration through discrete fracture network can be evaluated. ©
1998 Elsevier Science Inc. All rights reserved.

【Keywords】 Percolation; Fractures; Topology; Flow; Transport

1　Introduction

In the fractured dominant media, fluid flows mainly through fractures. Since the hydraulic behavior of a rock mass is largely determined by the geometry of the fracture system, the field investigations of flow in fractured rock have clearly demonstrated that modeling the rock as a homogeneous continuum can create serious simplifications. Goodness-of-fit statistics show that the semi-analytic models do not calibrate as well to measured heads as do the continuum models. A porous media modeling approach is restricted because of the heterogeneities, such as fractures, which cannot be explicitly included in the modeling. Thus, in order to analyze the hydraulic behavior of massive rocks, the necessary step includes a detailed description of the characteristics and geometries of individual discontinuities and of the discontinuity system.

The discrete approach involves modeling fluid flow and mass transport in a network intended to quantify hydrogeological factors such as storativity and conductivity in complex domains. Due to the importance and practicality of the subject, numerous discrete fracture network models have been developed and tested [1-7]. Using topology as a framework for the fracture system refers that the topological information is explicitly available and that it serves as the organizing factor in the data structure used in the presentation of flow and transport systems. The advantage of using this approach is to provide a unified total structure where all topological information is associated in a concise form. In view of topological approaches, Barker [8] provided a proof that the reciprocity principle applies to Darcian flow in a network of heterogeneous branches. Lin and Fairhurst [9] are among the first to apply algebraic topological theory to describe the flow in the network.

Dershowitz and Einstein [7] provided a comprehensive discussion to characterize the natural fractures by their shapes, roughness, sizes, locations, spacings, density and orientations. Among these factors, the fracture lengths and orientations may be more critical in the determination of the induced parametric anisotropy. Although the fracture system plays a dominant role in the flow and transport process [10], significant testing efforts still focus on the characteristics of a single fracture due to experimental constraints [11].

Many properties of a macroscopic system are determined by the connectivity of the system elements. The special properties of a system, emerging at the onset of macroscopic connectivity within it, are known as percolation phenomena [12]. It is a misconception that all fractures in a system contribute to the total flow. Only those fractures, which are connected from initial to terminal points of interest, are contributing to the total flow (i. e. , percolating fractures). More representative work in applying the percolation theory to hydrology can be referred to Jerauld et al. [13], Charlaix et al. [14], Sahimi [15], Silliman and Wright [16], Sahimi and Imdakm [17], Renault [18], Balberg et al. [19], and Kueper and McWhorter [20].

Topological concepts may appear rather abstract. However, the steps to accomplish the topological approaches are in fact quite simple. When the network elements may be characterized by linear equations (algebraic or differential) with constant coefficients, a network formulation can be conveniently derived essentially via purely algebraic steps. In this paper, topological aspects of networks composed of fracture branches and sources or sinks are introduced, followed by the algebraic definitions of differential operators involved in the characterization of flow and transport systems. Rules of flow and transport in the fracture network are established to depict critical flow paths while ignoring the nonpercolating dead-end fractures. The tasks are minimized through producing an effcient computer program. Examples are given to illustrate the changing pressure and concentration profiles due to fluid flow and solute transport from a stochastically generated fracture network.

2 Topological presentation of fracture network

A computer-generated sample of randomly aligned line segments is illustrated in Fig. 1 Then line segments may be considered as fractures embedded in a rock with very low matrix permeability (e. g. , granite). The terms network and one-dimensional complex are synonymous. They both refer to a mathematical structure that consists of the various interconnections of the branches from a fracture network. This structure is constructed in such a form that allows the study of fluid flow in somewhat abstract manner. The topology concept of a network is important for the systematic formulation. One of the essential topological properties of a network is to use simple line segments to obtain the graph of the network.

2.1 Oriented graph for fracture flow network

An oriented graph G (N, E) consists of a set, N (elements of nodes), and a set E of ordered pairs of the forms (n_i, n_j), while $n_i, n_j \in N$ (oriented edge of $G(N, E)$ or branches). n_i and n_j are the initial and terminal nodes (end points).

The branch is the connection in an orientated path. The simple rule is that when the branch is connected from its initial point to its final point, the mark +1 is given. The connection with the opposite direction is marked −1. Thus each path determines a vector $e=(e_1, e_2, \cdots, e_k, \cdots)^T$ with integer coefficients, where the coordinates of the vector $\boldsymbol{e}$ are labeled by the branches of the graph; with $e_k=+1$, for example, the branch is indicated in the positive direction. Similarly, $e_k=-1$ marks a branch with a negative direction.

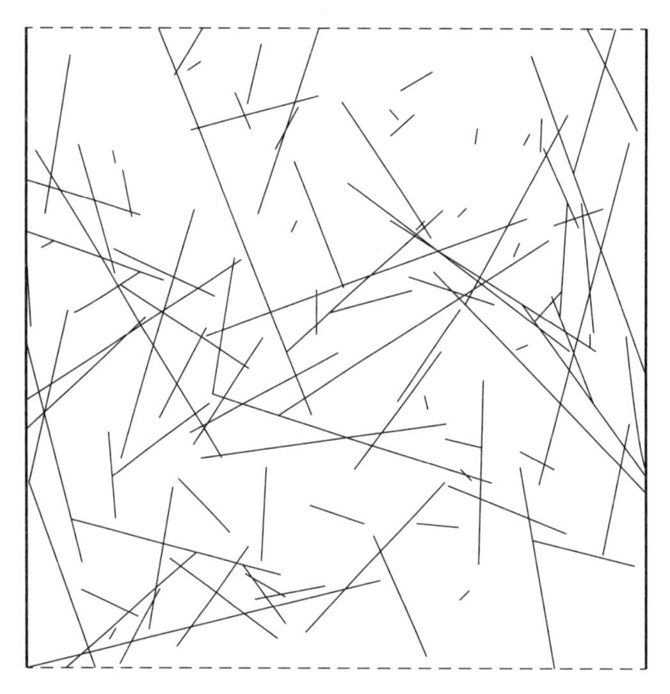

Fig. 1　Stochastically generated fracture network.

A flow rate distribution of the network can be viewed as a vector $\boldsymbol{q}=(q_{e_1}, q_{e_2}, \cdots, q_{e_i} \cdots)^{\mathrm{T}}$ whose coordinates are labeled by the branches, where $\boldsymbol{q}$, for example, is the real number related to the flow rate through the branch e_i while assuming that the one-dimensional fracture network is the complex of branches of a two-dimensional fracture system. In other words, the fractures are located in a 2-D domain where the flow in the individual fracture is in 1-D setting.

2.2　Basic topological concepts

A one-dimensional network is a collection consisting of two sets: a set of nodes (zero-dimension) and a set of branches (one-dimension). The 'chain' denotes a vector space. The vector space, C_0, whose components are indexed by the nodes, are called zero-chains. Similarly, C_1, with components being indexed as branches, denotes one-chains. A branch is an element of the space C_1. Each node i is identified with a vector that has one in its position and zero elsewhere. Thus, $e_1=(1, 0, 0, \cdots)^{\mathrm{T}}$, $e_2=(0, 1, 0, \cdots)^{\mathrm{T}}$, etc. More specifically, a branch vector space $\boldsymbol{S}=(S_1, S_2, \cdots, S_i, \cdots)^{\mathrm{T}}$ can be expressed with components indexed by the branches. It is defined that dim C_1 is the number of branches and dim C_0 the number of nodes.

The boundary map, $\boldsymbol{\partial}$, is defined as a linear map from C_1 to C_0. To define the map $\boldsymbol{\partial}$ it is sufficient to prescribe its values on each of the branches, since the branches form a basis for C_1. Each branch has an initial point and a terminal point and a branch is equal to the subtraction between the terminal and initial nodes. Thus, for example, if a branch goes from n_i to n_j, $e_k=n_j-n_i$.

The above concept can be illustrated by Fig. 2. Considering an oriented graph G (N, E) of fracture network, one has

$$N=\{n_1, n_2, n_3, n_4\}, \tag{1}$$

$$E=\{e_1, e_2, e_3, e_4\}. \tag{2}$$

It is clear that the path $\boldsymbol{S}=e_1+e_2+e_3+e_4$ which is obtained by joining together the four branches, i. e., $e_1=(n_2, n_1)$, $e_2=(n_3, n_2)$, $e_3=(n_1, n_3)$ and $e_4=(n_4, n_1)$ (Fig. 2).

Applying the boundary operator to $\boldsymbol{S}$ leads to

$$\partial S = \partial(n_2, n_1) + \partial(n_3, n_2) + \partial(n_1, n_3) + \partial(n_4, n_1) \tag{3}$$
$$= (n_2 - n_1) + (n_3 - n_2) + (n_1 - n_3) + (n_4 - n_1) \tag{4}$$
$$= n_4 - n_1 \tag{5}$$

Further rules are set as: the elements of boundary operator $\boldsymbol{\partial}$ are (a) set to 0 if the branch j is not associated with node k; (b) set to $+1$ if fluid in branch j flows toward associated node k; and (c) set to -1 if fluid in branch j flows away from associated node k. Since each branch leaves a single node, each column of matrix $\boldsymbol{\partial}$ contains a single $+1$ and a single -1, with all other elements being equal to zero. For a connection with four nodes and four branches, this relationship can be expressed in a matrix form as

$$\partial = \begin{pmatrix} -1 & 0 & +1 & -1 \\ +1 & -1 & 0 & 0 \\ 0 & +1 & -1 & 0 \\ 0 & 0 & 0 & +1 \end{pmatrix} \tag{6}$$

2.3 Connectivity of a network

Recall that a path joins the node $\boldsymbol{n}_a$ to the node $\boldsymbol{n}_b$ if $\boldsymbol{n}_a$ is the initial point of the first segment of the path and $\boldsymbol{n}_b$ is the final point of the last segment of the path. If $\boldsymbol{w}$ is the one-chain with integer coefficients corresponding to this path, then it is clear that $\boldsymbol{\partial w} = \boldsymbol{n}_b - \boldsymbol{n}_a$. Since we can compute $\boldsymbol{\partial q}$ by adding the boundaries of all the individual branches, all the intermediate nodes vanish. This is the essence of the topological concept.

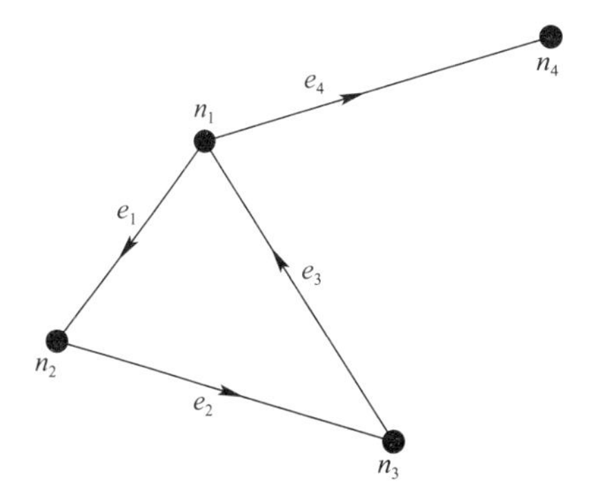

Fig. 2 A network mesh and oriented graph.

2.4 Meshes for the network

If the subspace of C_1 consists of one-chains satisfying $\boldsymbol{\partial Z}_1 = 0$, $\boldsymbol{Z}_1$ is called the one-dimensional cycle. A closed path $(n_0, n_1, \cdots, n_r)$ is the one with properties that $n_0 = n_r$ and the branch $(n_0, n_1), \cdots (n_{r-1}, n_r)$ are pairwise distinct. A simple closed path is called a mesh $\boldsymbol{M}$. Clearly, each the meshes has no boundary, or $\boldsymbol{\partial M} = \boldsymbol{0}$. For example, in the complex shown in Fig. 3, it is possible to define three meshes: $M_1 = e_1 + e_4 + e_5$, $M_2 = e_2 + e_3 - e_5$, and $M_3 = e_1 + e_2 + e_3 + e_4$. However, only two of these meshes are independent because $M_3 = M_1 + M_2$. Each mesh determines an element, $\boldsymbol{M}$, of C_1, whose coordinate is $+1$, -1 or 0, and $\boldsymbol{\partial M} = \boldsymbol{0}$. Every mesh is a cycle, but not every cycle is a mesh.

A connected complex containing no meshes is called a tree. In a tree there exists at least one node which is a boundary point of only one branch. Thus, in a tree, the number of nodes is exactly one more than the number of branches: if N_b denotes the number of branches and N_p denotes the number of nodes, then in any tree: $N_p = N_b + 1$ (see Fig. 4).

2.5 Structure of co-chains

Up to now, only spaces C_0 and C_1 are introduced. Because the nodal pressure p_n may be considered as the quantities of another but related space, thus a pressure vector $\boldsymbol{p} = (p_1, p_2, \cdots)$, and is assumed to lie within the 'dual space' of the space C_1. This dual space is called space of one-cochain, and denoted by C_1, which is also the space of linear functions on C_1. Similarly, the space C_0 of linear functions on C_0 can be introduced as the space of zero-cochains. The adjoint boundary operator, which is denoted by $\mathbf{d}$, is a linear map from C_1 to C_0, and is defined as coboundary operator. Since e is a branch and $\partial e =$

$n_2 - n_1$, there exists a function, p_n, on the nodes, i. e., a zerocochain, such that $p_b = p_{n_2} - p_{n_1}$. For the network shown in Fig. 2, the coboundary operator **d** has the following matrix representation:

$$d = \begin{pmatrix} -1 & +1 & 0 & 0 \\ 0 & -1 & +1 & 0 \\ +1 & 0 & -1 & 0 \\ -1 & 0 & 0 & +1 \end{pmatrix} \tag{7}$$

Recall Eq. (6), it can be seen that **d** is the transpose of the $\boldsymbol{\partial}$.

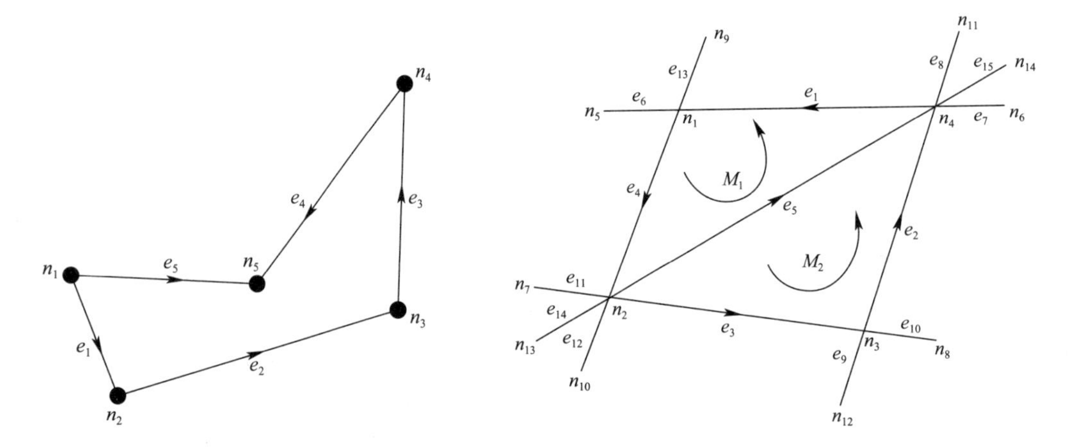

Fig. 3 A closed path. Fig. 4 A family of two meshes.

2.6 Matrix form of restrict boundary operators and restrict coboundary operator

When evaluating fluid flows through a network, a reference nodal pressure must be known. The restricted boundary operator $\boldsymbol{\partial}^*$ can be obtained by simply deleting components corresponding to prescribed nodes from expression as a vector in C_0. For the network shown in Fig. 2, one can eliminate one row from the matrix expressed in Eq. (6), since this row is the negative sum of all the other rows. Thus, $\boldsymbol{\partial}^*$ becomes

$$\boldsymbol{\partial}^* = \begin{pmatrix} -1 & 0 & +1 & -1 \\ +1 & -1 & 0 & 0 \\ 0 & +1 & -1 & 0 \end{pmatrix} \tag{8}$$

The mapping $\mathbf{d}^*$, induced from a map **d**, is defined as the restricted coboundary map, whose adjoint is the map $\boldsymbol{\partial}^*$. The matrix representing $\mathbf{d}^*$ is just the transpose of $\boldsymbol{\partial}^*$, or,

$$\mathbf{d}^* = \begin{pmatrix} -1 & +1 & 0 \\ 0 & -1 & +1 \\ +1 & 0 & -1 \\ -1 & 0 & 0 \end{pmatrix}. \tag{9}$$

3 Modeling flow and transport in the fracture network

3.1 Steady state flow

Under creeping-flow conditions the equations governing the flow in the network are linear. Assuming quasi-steady state, the problem for a certain flow situation is reduced to solving a system of linear algebraic equations.

The nodes of the network (excluding the boundary ones) are numbered in a convenient but arbitrary manner by assigning indices $k=1,2,\cdots,N_p$, where N_p is the number of interior nodes. The branches of the network are given indices, $j=1,2,\cdots,N_b$, where N_b is the total number of branches. The 'positive' flow direction on each branch can be chosen arbitrarily. The flow rates and pressures for the network are defined as: (a) q_{bk} and p_{bk} are the flow rate and pressure across branch k; and (b) q_{sk} and p_{sk} are the independent flow rate source and pressure in branch k.

If $\boldsymbol{q}_b$ is a one-chain describing the flow rate distribution of a network, then

$$\boldsymbol{\partial}^* \boldsymbol{q}_b + \boldsymbol{q}_s = 0, \tag{10}$$

where $\boldsymbol{\partial}^*$ is given in Eq. (8), and $\boldsymbol{q}_s$ is the node flow-source vector, which has N_p elements.

Let $\boldsymbol{p}_n$ be the vector of node pressure, i. e., a zero-cochain, the branch pressures $\boldsymbol{p}_b$ is designated by the relationship

$$\boldsymbol{p}_b = \mathbf{d}^* \boldsymbol{p}_n \tag{11}$$

where $\mathbf{d}^*$ is described by Eq. (9).

The sum of pressure drop around each mesh, due to both the mesh flow rates and the sources, is zero as required by Kirchhoff' s law. The relationship between branch flow rate $\boldsymbol{q}_b$, branch pressure $\boldsymbol{p}_b$ and the branch source pressure $\boldsymbol{p}_s$ can be represented by

$$\boldsymbol{q}_b = \mathbf{G}(\boldsymbol{p}_b - \boldsymbol{p}_s), \tag{12}$$

where $\mathbf{G}$ is the branch conductivity matrix. For the chosen oriented graph of the network, $\mathbf{G}$ has the dimension $N_b \times N_b$, and is of isotropic nature.

Substituting Eqs. (11) and (12) into Eq. (10), yields,

$$(\boldsymbol{\partial}^* \mathbf{G}\mathbf{d}^*)\boldsymbol{p}_n = \boldsymbol{\partial}^* \mathbf{G}\boldsymbol{p}_s - \boldsymbol{q}_s. \tag{13}$$

Each diagonal entry in $\boldsymbol{\partial}^* \mathbf{G}\mathbf{d}^*$ is the sum of the conductivities of all the branches connected to a node. The component of $(\boldsymbol{\partial}^* \mathbf{G}\mathbf{d}^*)\boldsymbol{p}_n$ represents the net flow rate which would flow out of each node if there were no sources. The components of $(\boldsymbol{\partial}^* \mathbf{G}\boldsymbol{p}_s - \boldsymbol{q}_s)$ are the net flow rates which would flow into each node if all node potentials were equal to zero.

The node pressure $\boldsymbol{p}_n$ can thus be determined from the expression

$$\boldsymbol{p}_n = (\boldsymbol{\partial}^* \mathbf{G}\mathbf{d}^*)^{-1}(\boldsymbol{\partial}^* \mathbf{G}\boldsymbol{p}_s - \boldsymbol{q}_s) \tag{14}$$

Boundary conditions at the inlet and outlet of the network can be prescribed. In our calculation, constant pressure boundary are assumed.

For convenience and simplicity, adding boundary conditions to Eq. (13), the following formulae may be obtained:

$$\sum a_{ij} p_j = Q_i, \tag{15}$$

where

$$a_{ij} = -g_{ij}, i \neq j, \tag{16}$$

$$a_{ii} = -\sum_{k \neq i} a_{ik}, \tag{17}$$

where g_{ij} are conductivity of branch ij. With the help of Eq. (15), an efficient computer program can be easily developed.

3.2 Unsteady state flow

Each branch of the network is bounded by two nodes i and j, and there is a flow along the branch which is characterized by a diffusivity tensor k_{ij}^*. A one-dimensional flow equation is applied to each fracture branch of the network, i. e.,

$$\frac{\partial p_{ij}}{\partial t} = k_{ij}^{*} \frac{\partial^2 p_{ij}}{\partial x^2}. \tag{18}$$

In the fracture network, the drawdown p_{ij} in each branch obeys the flow equation, with the initial condition $p_{ij}(x,0)=0$ and two boundary conditions described as

$$p_{ij}(0,t) = p_i(t), \tag{19}$$

$$p_{ij}(L_{ij},t) = p_j(t). \tag{20}$$

where L_{ij} is the length of the fracture being examined.

The flux at each node i from branch ij, or Darcy's law, can be described as

$$q_{ij} = -k_{ij}^{*}(0) \frac{\partial p_{ij}(0,t)}{\partial x} \tag{21}$$

and, similarly,

$$q_{ji} = -k_{ij}^{*}(L_{ij}) \frac{\partial p_{ij}(L_{ij},t)}{\partial x}. \tag{22}$$

For any node i the flux is described by

$$\sum_{i \neq j} q_{ij}(t) = Q_i(t). \tag{23}$$

Through substituting Darcy's law into flow equation, the pressure in Laplace space can be solved as

$$\bar{p}_{ij}(x,s) = A_{ij}\exp(\alpha_{ij}x) + B_{ij}\exp(\beta_{ij}x), \tag{24}$$

where

$$\alpha_{ij}, \beta_{ij} = \pm\sqrt{\frac{s}{k_{ij}^{*}}}, \tag{25}$$

where A_{ij} and B_{ij} are determined from the above boundary conditions and s is the Laplace transform parameter.

After the determination of A_{ij} and B_{ij}, the solution is

$$\bar{p}_{ij}(x,s) = \bar{p}_i(s)\cosh(h_{ij}x) + [\bar{p}_j(s) - \bar{p}_i(s)\cosh(h_{ij}L_{ij})]\frac{\sinh(h_{ij}x)}{\sinh(h_{ij}L_{ij})}, \tag{26}$$

where

$$h_{ij} = \sqrt{\frac{s}{k_{ij}^{*}}} \tag{27}$$

The nodal drawdowns can be expressed as

$$\sum_{j} a_{ij}\bar{p}_j(s) = \bar{Q}_i(s), \tag{28}$$

where

$$a_{ij} = -k_{ij}^{*}h_{ij}\operatorname{csch}(h_{ij}L_{ij}), i \neq j, \tag{29}$$

$$a_{ij} = \sum_{k \neq i} k_{ik}^{*}h_{ik}\coth(h_{ik}L_{ik}) = -\sum_{k \neq i} a_{ik}\cosh(h_{ik}L_{ik}). \tag{30}$$

$\bar{p}_j(s)$, can be obtained by solving Eq. (28). Then this function can be inverted into real space by means of algorithm described by Stehfest [21]. The solution for the drawdown at the nodes for the entire network can be completed by summing up all paths from the inlet to the outlet of the network.

3.3 Solute transport

The developed mechanism can be applied to the analysis of solute transport using conventional dispersion-convection concept. For the radial flow geometry, the following equation can be given

$$\frac{\partial c}{\partial t} + \bar{v}\nabla c = D_{\mathrm{r}}\frac{\partial^2 c}{\partial r^2}, \tag{31}$$

where r is the distance from the source/sink (e. g. , a well), $\bar{v}$ the average flow velocity, c the mean concentration, and Dr the radial dispersion coefficient.

For the fracture network, initial and boundary conditions can be expressed as

$$c_{ij}(x_{ij},0)=0, \tag{32}$$

$$c_{ij}(0,t)=c_i(t), \tag{33}$$

$$c_{ij}(L_{ij},t)=c_j(t). \tag{34}$$

The flux at node i for branch ij is

$$q_{ij}^{*}(t)=-S_{ij}D_{\mathrm{r}}\frac{\partial c_{ij}(0,t)}{\partial r_{ij}}, \tag{35}$$

where L_{ij} is the fracture length, and S_{ij} is the fracture cross-section area.

Assuming that there is no storage in the nodes, mass balance for any node i is described by

$$\sum_{i\neq j}q_{ij}^{*}(t)=Q_i^{*}(t). \tag{36}$$

Using Laplace transform, the nodal concentration can be expressed as

$$\bar{c}_{ij}(x,s)=A_{ij}\exp(\alpha_{ij}x)+B_{ij}\exp(\beta_{ij}x), \tag{37}$$

$$\alpha_{ij},\beta_{ij}=(0.5D_{\mathrm{r}})[v_{ij}\pm(v_{ij}^2+4D_{\mathrm{r}}s)^{0.5}], \tag{38}$$

where v_{ij} is the velocity at the node, A_{ij} and B_{ij} are determined from the above boundary conditions Eqs. (33) and (34). The solution can be finally derived as

$$\bar{c}_{ij}(x,s)=\frac{[\bar{c}_j-\bar{c}_i\exp(\beta_{ij}L_{ij})]\exp(\alpha_{ij}x)+[\bar{c}_i\exp(\alpha_{ij}L_{ij}-\bar{c}_j)]\exp(\beta_{ij}x)}{\exp(\alpha_{ij}L_{ij})-\exp(\beta_{ij}L_{ij})}. \tag{39}$$

From Eqs. (35), (36) and (39), gives

$$\sum_j a_{ij}\bar{c}_j(s)=\bar{Q}_i^{*}(s), \tag{40}$$

where

$$a_{ij}=\frac{-S_{ij}D_{\mathrm{r}}(\alpha_{ij}-\beta_{ij})}{\exp(\alpha_{ij}L_{ij})-\exp(\beta_{ij}L_{ij})},i\neq j, \tag{41}$$

$$a_{ii}=\sum_{k\neq i}\frac{-S_{ik}D_{\mathrm{r}}[\beta_{ik}\exp(\alpha_{ik}L_{ik})-\alpha_{ik}\exp(\beta_{ik}L_{ik})]}{\exp(\alpha_{ik}L_{ik})-\exp(\beta_{ik}L_{ik})}, \tag{42}$$

Real solutions can be obtained by numerical inversion of solutions of Eq. (40). Again, the concentrations at the nodes for the entire network are obtained by summing all paths from the inlet to the outlet of the network.

4 Illustrative examples

The discrete fractures are stochastically generated. For a specific single fracture, its central location, rotation, and radius are determined by Poisson, circular-normal, and exponential distributions, respectively.

4.1 Fluid flow

The presented percolation method is evaluated through examining a scenario where fluid flow across a domain exposed in the vertical cross-section, as shown in Fig. 5. Within the rectangular domain, upper and lower boundaries are assumed to be impermeable. The flow direction is primarily in the horizontal direction starting from the right-hand side where the constant flux is specified. Fluid exits from the left side boundary where the constant pressure is applied. Fractures dominate the domain, and distribute in a random fashion. The fractures are individually identified and each branch and node are numbered by means of a self-developed computer program. In the analysis, dead-end branches (fractures) are allowed and cannot be ignored in the unsteady state flow analysis due to the existence of their storage capacity. However, these branches can be omitted in the steady state flow analysis.

By evaluating the fluid pressure variations, Fig. 5 shows the temporal evolution of fluid front from the initial stage at $t=0$h till reaching steady state flow at $t=20000$h. Initially, there is no flow due to pressure equilibrium. As a result of fluid injection through the right-side boundary, pressure equilibrium breaks down. Then fluid begins to penetrate into the fractured domain, as shown by the thick lines annotated by the arrows which mark the flow directions (refer to the time at $t=1$h). The fluid penetration apparently is not uniform due to the random distribution of the fractures. Flow inception mainly occurs towards the lower portion of the domain, with partial penetration in the upper portion of the domain. The flow develops slowly in the vertical orientation initially, and then spreads in the primary horizontal direction until it reaches the right-side boundary at about $t=25$h. The fluid fills majority part of the domain between $t=25$h and $t=1000$h (thick lines). During this period, the fluid flow is maintained across the domain due to the pressure difference between the right-and left-side boundaries, while the pore pressure attempts to equalize within individual fractures. Once the equilibrium reaches, flow ceases within that particular fracture (dead-end branch).

Disregarding those fractures no longer contributing to the total fluid flow, it appears that primary flow paths narrow to the lower central part of the domain, as shown for the $t=5000$h in Fig. 5. The critical paths, which are defined as the only fluid-conducting channels, can be identified as a few thick lines in the middle portion of the domain when $t=20\,000$h in Fig. 5.

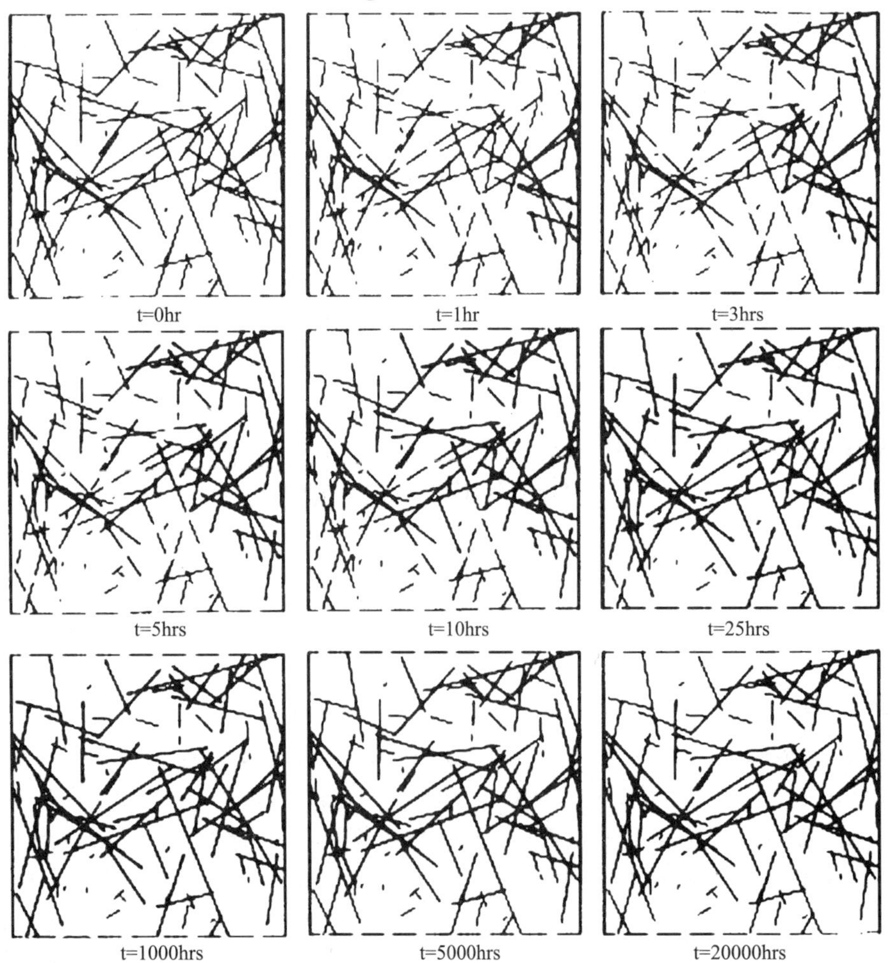

Fig. 5　Linear flow in fracture network.

4.2 Solute transport

Fig. 6 provides a scenario where fluid is injected from a well to expel the contaminant to more remote locations. The pressures at all four outer boundaries are assumed to be at initial values.

Fig. 6 Radial transport in fracture network.

The solution is uniquely determined for the steady state flow analysis irrespective the existence of dead-end branches. After obtaining the pressure at nodes, the flow velocity in each branch is obtained by means of Darcian law. Then the dispersion-convection problem can be solved via equations derived in the previous section. It is interesting to note that the transport process in the fracture network is different from that in the homogeneous media. As $v \rightarrow 0$, molecular diffusion dominates the process and D_r tends to be a constant, reflecting the confined geometry of network. For high velocity, D_r is controlled by mechanical mixing: different tracer particles are convected along different fluid streamlines, each characterized by a distinct transit time across the system. With respect to the average flow, the tracer particle, therefore, performs a random walk between pores, because the tracer is moving sometimes faster, and sometimes slower than the average flow.

By assuming the average dispersion coefficient of fracture network to be $1.5 m^2/h$, Fig. 7 depicts the solute breakthrough curves at the locations A, B, and C which are aligned from the injection well. The flow velocities are designated for each location only, which are in the magnitudes of 0.19, 0.09, and 0.05m/h for the points A, B and C, respectively. The curves are quite similar for points B and C and exhibit less dispersive natures compared with the curve for point A. Because the average velocity in dead-end fractures is equal to zero so that the concentration in these branches does not vary. Only the flow in the percolating fractures contribute to the total concentration changes.

For larger dispersion coefficients $[D_r = 50, 100, 150\ (m^2/h)]$ at three different times $[t_a = 1\times 10^2, t_b = 1\times 10^3, t_c = 1\times 10^4\ (h)]$, Fig. 8 shows the development of the plume fronts in a dominant vertical direction (concentration magnitude change only), except at largest D_r ($150 m^2/h$) and t (10000h). It should be emphasized that the results represent the spatial variations of solute concentration only along the sampling line (O-A-B-C) and along the designated direction. It appears that the concentration changes are maintained within the line over a larger span of time. The radial confinement is primarily due to the lateral solute spreading in the region.

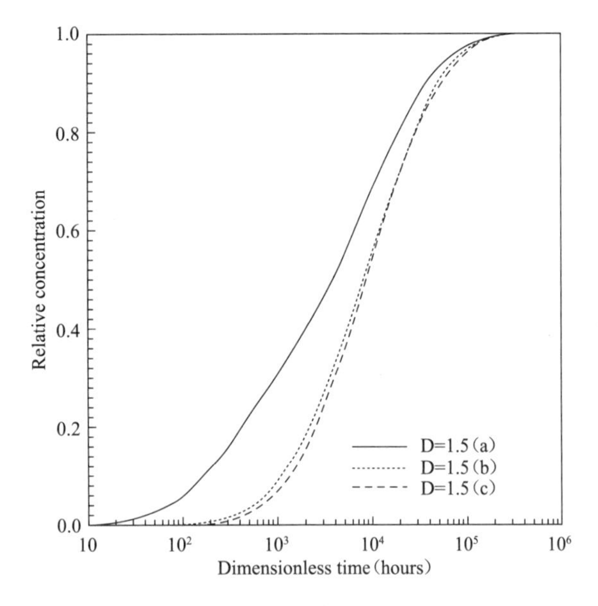

Fig. 7 Breakthrough curves at locations A, B and C.

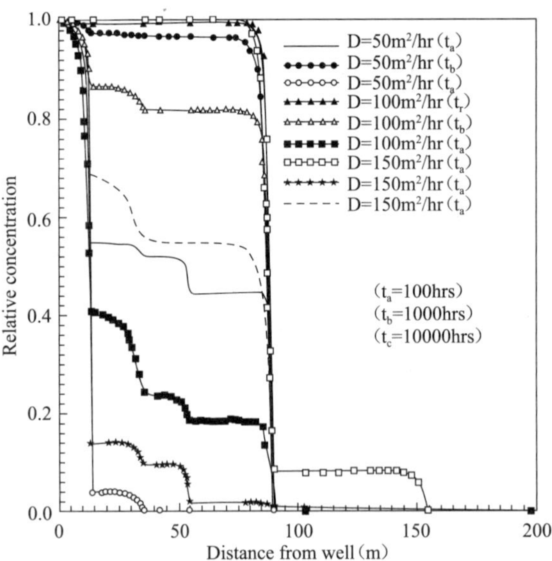

Fig. 8 Spatial concentration with larger D_r.

5 Conclusions

The analysis of fluid flow and solute transport in the fracture network using the percolation theory has been presented. Different from the conventional approaches, the present study adopts a topological method which provides an abstract but more general mathematical formulation in terms of fracture geometries, connectivities, and flow characteristics. Based on the assumptions of single channel between two nodes and no capacity in the nodes, the algebraic topology theory can be used to construct a framework for analyzing fluid flow through the fracture network. Discrete fracture network is generated stochastically which can be varied in accordance with the local conditions. The flow and transport in each individual fracture are derived analytically and solved in Laplace spaces. The real solutions are obtained through numerical inversion. The modeling efforts include the analyses of steady and unsteady fluid flow along with solute transport. Examples of applying the percolation theory are given for both flow and transport cases. The results provide more transparent views on: (a) the preferred flow routes such as the critical paths controlled by the fracture distribution and percolating conditions, (b) flow characteristics in the fracture dominated media, (c) importance of the fracture connectivities, (d) specific natures of breakthrough curves (e) spatial concentration variations for each sampling locations, and (f) particular concentration evolution channeled by the flow in the fractures.

Acknowledgements

Support of the National Science Foundation, Oklahoma State and Industrial Consortium under contract EEC-9209619 is gratefully acknowledged.

References

[1] L. Smith, F. W. Schwartz, Mass transport, Water Resour. Res. 16 (2) (1980) 303-313.

[2] J. C. S. Long, Verification and characterization of fracture rock at AECL underground research laboratory, BMI/OCRD-17, Office of Crystalline Repository Development, Battelle Memorial Inst. 1983, p. 239.

[3] F. W. Schwartz, L. Smith, A. S. Crowe, A stochastic analysis of macroscopic dispersion in fracture media, Water Resour. Res. 19 (5) (1983) 1253-1265.

[4] P. C. Robinson, Connectivity of fracture systems: a percolation theory approach, J. Phys. A 16 (1983) 605-614.

[5] J. Andersson, B. Dverstorp, Conditional simulations of fluid flow in three dimensional networks of discrete fractures, Water Resour. Res. 23 (10) (1987) 1876-1886.

[6] J. C. S. Long, D. M. Billaux, From field data to fracture network modeling: an example incorporating spatial structure, Water Resour. Res. 23 (7) (1987) 1201-1216.

[7] W. S. Dershowitz, H. H. Einstein, Characterizing rock joint geometry with joint system models, Rock Mechanics and Rock Engineering 21 (1988) 21-25.

[8] J. A. Barker, The reciprocity principle and an analytical solution for Darcian flow in a network, Water Resour. Res. 27 (5) (1991) 743-746.

[9] D. Lin, C. Fairhurst, The topological structure of fracture systems in rock, rock mechanics as a multidisciplinary science, in: J. C. Roegiers (Ed.), Proceedings of 32nd US Symposium on Rock Mechanics, Norman, Oklahoma, 1991, pp. 1155-1163.

[10] X. Zhang, R. M. Harkness, N. C. Last, Evaluation of connectivity characteristics of naturally jointed rock masses, Engrg. Geo. 33 (1992) 11-30.

[11] J. S. Y. Wang, Flow and transport in fractured rocks, Rev. Geophy. (suppl.) (1990) 254-262.

[12] B. Berkowitz, I. Balberg, Percolation theory and its application to groundwater hydrology, Water Resour. Res. 29 (4) (1993) 775-794.

[13] G. R. Jerauld, J. C. Hatfield, L. E. Scriven, H. T. Davis, Percolation and conduction on Voronoi and triangular networks: a case study in topological disorder, J. Phys. Solid State Phys. 17 (9) (1984) 1519-1529. 290 H. Mo et al. /Appl. Math. Modelling 22 (1998) 277-291

[14] E. Charlaix, E. Guyon, S. Roux, Permeability of a random array of fractures of widely varying apertures, Transp. Porous Media 2 (1987) 31-43.

[15] M. Sahimi, Hydrodynamic dispersion near the percolation threshold: scaling and probability densities, J. Phys. A Math. Gen. 20 (18) (1987) 1293-1298.

[16] S. E. Silliman, A. L. Wright, Stochastic analysis of paths of high hydraulic conductivity in porous media, Water Resour. Res. 24 (11) (1988) 1901-1910.

[17] M. Sahimi, A. O. Imdakm, The e ect of morphological media, J. Phys. A Math. Gen. 21 (19) (1988) 3833-3870.

[18] P. Renault, The effect of spatially correlated blocking-up of some bonds or nodes of a network on the percolation threshold, Transp. Porous Media 6 (1991) 451-468.

[19] I. Balberg, B. Berkowitz, G. E. Drachsler, Application of a percolation model to flow in fractured hard rock, J. Geophys. Res. 96 (B6) (1991) 10015-10021.

[20] B. H. Kueper, D. B. McWhorter, The use of macroscopic percolation theory to construct large-scale capillary pressure curves, Water Resour. Res. 28 (9) (1992) 2425-2436.

[21] H. Stehfest, Algorithm 358-Numerical inversion of Laplace transforms, Communications of ACM 13 (1970) 47-49.

裂隙介质网络水流模型的拓扑研究

莫海鸿　　林德彰
（华南理工大学 广州　510641）（俄克拉荷马大学 美国　OK73072）

【摘　要】提出一个基于代数拓扑理论的裂隙网络中流体分布的离散模型。用拓扑理论给出一个框架，使其起一个数据结构组织者的作用，而网络中每个分支上压降的解均为解析解。因此，整个网络解的精度是很高的。对于网络中的稳定流，可直接解出各点的压降；而对于非稳定流，可求出各点压降在拉氏变换空间的解，然后用数值拉氏反变换转回实空间。

【关键词】代数拓扑，裂隙网络，水流分布，压降，数值拉氏反变换

1 引　言

裂隙岩石中，水流总是沿裂隙流动。岩体的水力性质一般由裂隙系统的几何性质决定。裂隙岩石水流的野外调查研究表明将岩石视为均质连续介质过于简化。而半解析法、孔隙模型和统计模型在校正水头时有时甚至还不如连续介质模型。因此，有必要研究裂隙介质的水流模型以满足工程及研究的需要。

一些研究者在这方面做过有意义的工作。Smith 和 Schwartz[1]，Long[2]，Schwartz 等[3]，Robinson[4]，Anderson 和 Dverstorp[5]，Long 和 Billaux[6]，以及 Dershowitz 和 Einstein[7] 对离散网络进行过试验并导出相应的模型。Barker[8] 给出了在非均质网络分支应用达西定律的对应性原理的证明。Lin 和 Faihurst[9] 曾应用拓扑理论描述裂隙岩石网络。

本文所研究的模型建立在下面假定的基础上：两个结点之间只有唯一的通道；结点上无容量；以及网络分支上的水流满足达西定律。文中首先叙述构成网络分支的拓扑描述及其矩阵描述，然后给出稳定流和非稳定流的公式，最后给出一个算例。

2 裂隙网络的拓扑表示

2.1 有向图

有向图 $G(N, E)$ 由一个元素称为结点的集合 N 和一个型（n_i，n_j），n_i，$n_j \in N$ 的有序对的集合 E 组成。这个有序对称为分支，它是有方向的。如果分支从它的起点连结它的终点，记为 $+1$，反之，记为 -1。

有向图也可称为一维复合形。如果不考虑分支的性质而仅考虑它的几何方面，有向图表示了一个由分支集和结点集组成的数学结构。分支集是一维集，记为 $S_1=(B_1, B_2, \cdots\cdots)$。结点集是零维集，记为 $S_o=(N_1, N_2, \cdots)$。一条路径由若干分支组成，并可以用一个矢量 e 表示，而这个矢量由分支索引，记为 $e=(e_1, e_2, \cdots, e_k, \cdots)$。在这个定义下，矢量 e 的坐标以整数表示，其符号由分支的方向决定。在一条路径中，从分支 k 的起始点指向它的终点，符号为正，即 $e_k=+1$；反之为负。假定一维网络是二维裂隙系统的分支的复合形，网络中流量的分布可视为一个实数矢量 $q=(q_{e1}, q_{e2}, \cdots, q_{ek}, \cdots)^T$，其坐标以分支编号。例如，$q_e$ 表示通过分支 e_i 的流量，它是一个实数。

2.2　边界算子

一个矢量定义为一个“链”。分量由结点索引的矢量空间称为零链，记为 C_0。类似地，分量为分支的矢量空间称为一链空间，记为 C_1。每一分支是空间的一个元素。每个结点 i 可用一个矢量辨识，该矢量的第 i 个位置为 1 而其他位置上的数为 0。例如，$e_1=(1,0,0,\cdots)^T$，$e_2=(0,1,0,\cdots)^T$，等等。

边界算子 ∂ 定义为从 C_1 到 C_0 的线性映射。由于分支构成 C_1 的一组基，因此线性影射可以充分描述每一分支的值。每个分支都有起点和终点，边界算子就是求分支的端点的运算。例如，如果分支 k 是从 n_i 到 n_j，则 $\partial e_k=n_j-n_i$。如图 1 所示，由 4 个分支组成的路径为 $S=e_1+e_2+e_3+e_4$，而 $e_1=(n_2,n_1)$，$e_2=(n_3,n_2)$，$e_3=(n_1,n_3)$，和 $e_4=(n_4,n_1)$。对 S 求边界，有

$$\begin{aligned}\partial S&=\partial e_1+\partial e_2+\partial e_3+\partial e_4\\&=(n_2-n_1)+(n_3-n_2)+(n_1-n_3)+(n_4-n_1)\\&=n_4-n_1\end{aligned}\tag{1}$$

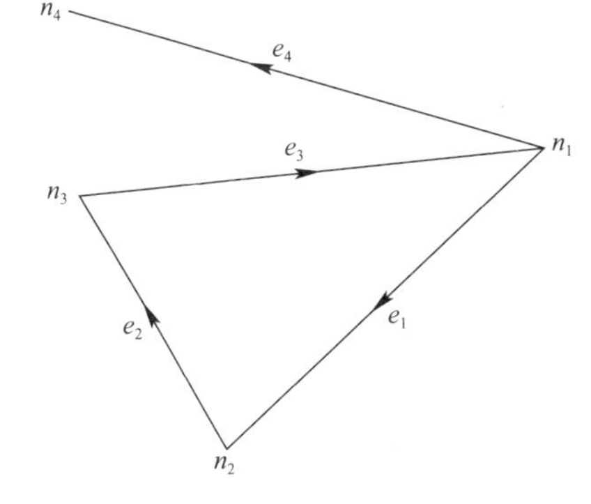

图 1　有向图

Fig. 1　A n oriented graph

边界算子也可以用矩阵表示。如果分支 j 与结点 k 无关，第 k 行第 j 列的元素为 0；如果水流从分支 j 流向结点 k，则第 k 行第 j 列的元素为+1；如果水流离开结点 k 流入分支 j，第 k 行第 j 列元素为−1。依照这个规则，对于图 1 所示的路径，边界算子的矩阵表达式为

$$\partial=\begin{bmatrix}-1&0&+1&-1\\+1&-1&0&0\\0&+1&-1&0\\0&0&0&+1\end{bmatrix}\tag{2}$$

2.3　上链

到目前为止仅引入了 C_0 和 C_1。而结点水头被视为相关空间的量，因此设水头矢量为 C_1 空间的对偶空间。这个空间称为上链，记为 C_1^*，它也是 C_1 上的线性函数的空间。类似地，引入 C_0 上的线性函数的空间 C_0^*，该空间称为零上链。伴随边界算子 d 是从 C_1^* 到 C_0^* 线性映射。由于在分支 e 上有 $\partial e=n_2-n_1$，则在相同结点上必存在一个函数 $p_e=p_{n2}-p_{n1}$。这个函数是零上链。对图 1 所示的网络，上边界算子有下面的矩阵表达式：

$$d=\begin{bmatrix}-1&+1&0&0\\0&-1&+1&0\\+1&0&-1&0\\-1&0&0&+1\end{bmatrix}\tag{3}$$

2.4　约束边界算子和约束上边界算子的矩阵表示

观察式（2），可以发现它是线性相关的，应用时应删去一行。事实上，在计算网络中的水流时，必须已知至少一个参考点的水头。因此，要求水头的结点数应少于结点总数。约束边界算子用于求这些要求水头的结点。约束边界算子可以简单地从边界算子中删去一行得到。对于图 1 所示的网络，可从表达式（2）中删去一行得到

$$\partial^*=\begin{bmatrix}-1&0&+1&-1\\+1&-1&0&0\\0&+1&-1&0\end{bmatrix}\tag{4}$$

同理，约束上边界算子亦可简单地从上边界算子中删去一列得到。不难看出，它是约束边界算子 ∂^* 的转置：

$$d^* = \begin{bmatrix} -1 & +1 & 0 \\ 0 & -1 & +1 \\ +1 & 0 & -1 \\ -1 & 0 & 0 \end{bmatrix} \tag{5}$$

3　裂隙网络中的水流模型

3.1　稳定流

在低速流的情况下，网络中流体的基本方程是线性的。在稳态或准稳态的情况下，问题可变为一个线性代数方程系统的问题。

网络中的结点可以任意方式编号，如 $k=1$，2，…，N_p，这里 N_p 是内结点的数量。而网络的分支脚标可记为：$j=1$，2，…，N_b，这里 N_b 是网络中分支的总数量。通过各分支的流体的正负流向可任意选择。网络中的流量和压力定义为：q_{bk}和 p_{bk}分别为通过分支 k 的流量和压力；q_{sk}和 p_{sk}分别为分支 k 的源流量和源压力。

如果 q_b 是一个单链，它表示网络上的流量分布，那么

$$\partial^* q_b + q_s = 0 \tag{6}$$

式中　q_b 为结点的源流量矢量，它有 N_p 个元素。

结点压力矢量 p_n 是一个零上链，它与分支压力的关系为

$$p_b = d^* p_n \tag{7}$$

分支流量 q_b，分支压力 p_b 以及分支源压力 p_s 之间的关系为

$$q_b = G(p_b - p_s) \tag{8}$$

式中　G 为分支传导系数矩阵，它有 $N_b \times N_b$ 个元素，其非对角线元素均为零，对角线元素 Gj 为分支 j 上的传导系数。把方程（7）和（8）代入方程（6），并加以整理，可以得到

$$(\partial^* G d^*) p_n = \partial^* G p_s - q_s \tag{9}$$

方程（9）的左边，$(\partial^* G d^*) p_n$ 的各分量，表示无源条件下从网络结点中流出的流量；而方程的右边，$\partial^* G p_s - q_s$ 的各分量表示结点的势为零时流入各结点的流量。不难证明，$\partial^* G d^*$ 是对称的，并且它的逆是存在的。因此，结点的压降可表示为

$$p_n = (\partial^* G d^*)^{-1} (\partial^* G p_s - q_s) \tag{10}$$

网络边界条件已预先给出。边界条件可以是流量边界条件，也可是压力边界条件，但至少要给定一点的压力值。为便于表达和编制计算机程序，对方程（9）作整理，可得

$$\sum_j a_{ij} p_j = Q_i \tag{11}$$

式中：

$$a_{ij} = -g_{ij} i \neq j \tag{12}$$

$$a_{ii} = -\sum_{i \neq k} a_{ik} \tag{13}$$

方程（12）中的 g_{ij}是分支 ij 的传导系数。方程（11）是用拓扑理论给出的一个框架。

3.2　非稳定流

对网络中任一分支 ij，一维传导方程为

$$\frac{\partial p_{ij}}{\partial t} = k_{ij} \frac{\partial^2 p_{ij}}{\partial x^2} \tag{14}$$

式中的 k_{ij} 随裂隙的饱和状态变化。当裂隙处于非饱和状态时，k_{ij} 很小；随着裂隙由非饱和变为饱和状态，k_{ij} 逐渐增大最后达到一稳定值。对上述方程给出初始条件 $p_{ij}(x, 0)=0$ 及两个边界条件 $p_{ij}(0, t)=0$ 和 $p_{ij}(L_{ij}, t)=0$ 即可求出结点的压降 p_{ij}。

应用达西定理，从分支 ij 流入结点 i 的流量为：

$$q_{ij} = -C_{ij}(0)\frac{\partial p_{ij}(0,t)}{\partial x} \tag{15}$$

同样地，

$$q_{ij} = -C_{ij}(0)\frac{\partial p_{ij}(L_{ij},t)}{\partial x} \tag{16}$$

上二式中的 C_{ij} 是分支 ij 的传导系数。

对任意结点 i，与结点 i 相连的分支流入结点 i 的流量为

$$\sum_{i \neq j} q_{ij}(t) = Q_i(t) \tag{17}$$

一维传导方程进行拉氏变换后的一般解为

$$\bar{p}_{ij}(x,s) = A_{ij}\exp(a_{ij}x) + B_{ij}\exp(\beta_{ij}x) \tag{18}$$

式中

$$a_{ij}, \beta_{ij} = \pm\sqrt{\frac{s}{k_{ij}}} \tag{19}$$

式（18）中的 A_{ij} 和 B_{ij} 可由初始条件和边界条件确定

$$\bar{p}_{ij}(x,s) = \bar{p}_i(s)\cosh(h_{ij}x) + [\bar{p}_j(s) - \bar{p}_i(s)\cosh(h_{ij}L_{ij})]\frac{\sinh(h_{ij}x)}{\sinh(h_{ij}L_{ij})} \tag{20}$$

式中：

$$h_{ij} = \sqrt{\frac{s}{k_{ij}}} \tag{21}$$

将式（20）代入方程（15），（16）的拉氏变换中。然后再代入方程（17）的拉氏变换中，可以得到

$$\sum_j a_{ij}\bar{p}_j(s) = \bar{Q}_i(s) \tag{22}$$

式中：

$$a_{ij} = -C_{ij}h_{ij}\operatorname{csch}(h_{ij}L_{ij})\, i \neq j \tag{23}$$

$$a_{ii} = \sum_{i \neq k} C_{ik}h_{ik}\coth(h_{il}L_{ik}) = -\sum_{i \neq k} a_{ik}h_{ik}\cosh(h_{il}L_{ik}) \tag{24}$$

解方程（22），即可求得拉氏空间中结点压降 $p_j(s)$。该组函数可用数值方法[10]转回实空间中。由于在整个计算过程中 k_{ij} 随裂隙的饱和状态变化，因此，方程（22）在形式上看是在时间上是连续的，但实际上每步计算都有赖于前面的结果，每个时步的 k_{ij}，均根据上一步的计算结果确定。

4 算　　例

图（2）所示的算例中的裂隙分布按现场试验统计数据为：裂隙中心位置为正态分布；方向角为泊松分布；裂隙半径为指数分布。裂隙的识别及分支和结点的编号均由作者所开发的计算机程序完成。图（2）的上下端的实线表示区域是封闭的。

计算域的左边界为零压力边界条件，右边界为一个流量的流量边界条件。将边界条件及几何和物理数据代入上节所推导的方程中，可以求出各个结点在某时刻的压力，因而求得整个网络的水流情况。本文的目的是研究用拓扑理论构造一个计算框架，为计算简便，简单地设饱和时稳定值为 k_{ij}，

非饱和时为 $0.1k_{ij}$。这样处理，对最终的结果没有影响。假设初始时刻网络是空的，从计算结果中可以看出随着时间的变化，网络的裂隙逐渐被充满，裂隙中的压力逐渐增加。裂隙中的压力增加到一定时就不再变化，即网络水流变成稳态的。这个稳态的结果与直接用方程（11）求得的结果是相同的。直接用方程（11）求解时应删去非连通的裂隙，因为这些非连通裂隙的存在会导致方程（11）无法求解。

图（2）中的细实线表示裂隙，带箭头的粗实线表示水流的方向，无箭头的粗实线表示充满水的死水末端。从图中可以看到，随时间的变化，水逐渐充满裂隙，裂隙中的水流方向有时会变化。譬如死末端，开始时，水流流向末端，然后反向流动，最后停止流动。当水流达到稳态时，水流仅沿水流构架流动。

5　讨论和结语

上述的讨论表明：当网络的元素可由常参数线性方程（代数或微分）描述时，有可能用纯代数的步骤来构造一般网络公式。当各网络分支的自然性质可被忽略时，它们均表示代表网络各相交的网络分支的数学结构。这个结构可使我们以比较抽象的方式研究网络水流的性质和各分支的性质是如何影响网络问题的解的。网络的拓扑理论在公式的系统化方面是很重要的。它使我们可用线段来表示网络的分支以便得到网络图。

本文的公式是建立在两结点间只有一个分支连接的假设上的，因此不包含两个以上分支连接两个结点的情况。若遇到这种情况，可用增加额外结点的办法使其符合本文假设所要求的条件。死水末端的存在是允许的。在稳定流分析中，死水末端分支可被忽略。而在非稳定流分析中，因为有一定的容量，这些死水末端不能被忽略。

本文用代数拓扑理论构造了一个框架，只要各分支上的物理问题可用线性（代数的或微分的）方程描述，均可用本文的方法求解。本文的解可应用于岩土工程、化工、环保等领域。

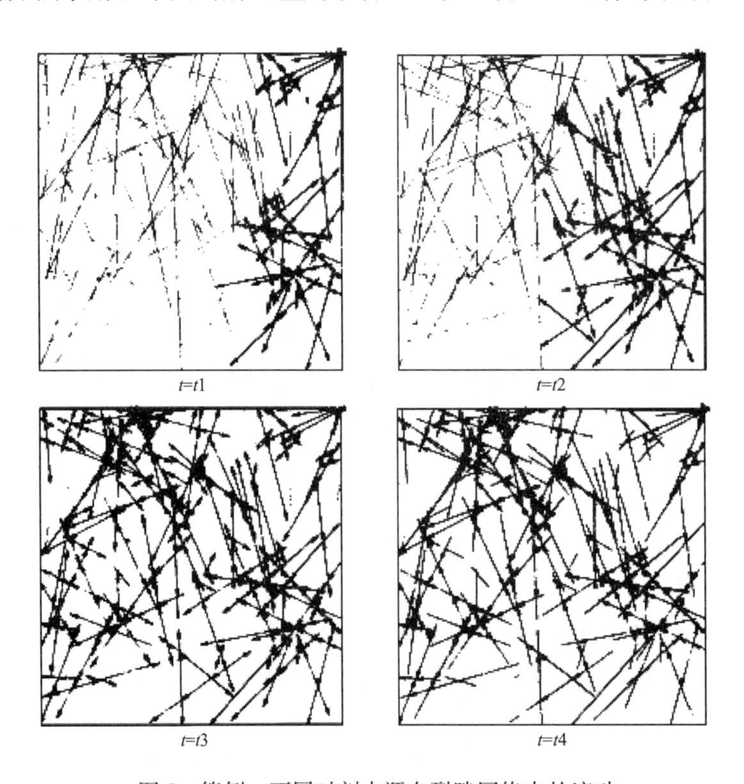

图 2　算例：不同时刻水源在裂隙网络中的流动

Fig. 2　An illustrafive example fluxl flow through the network at different time

参考文献（References）

[1] Smith L and Schwartz F W. Mass transport. Water Resour. Res. 1980，16（2）：303～313
[2] Long J C S. Verification and characterization of fracture rock at A ECL underground research loboratory. BM I. OR2CD-17，Office of Crystalline Respository Development，Battelle Memorial Inst.，1983，239～239
[3] Schw artz F W，Smith L and Crowe A S. A stochastic analysis of macroscopic dispersion in fracture media. Water Resour. Res.，1983，19（5）：1553～1265
[4] Robinson P C. Connectivity of fracture system：a percolation theory approch. J Phys. A Math. Gen. 1983，16：605～614
[5] Anderson J and Dverstorp B. Conditional simulations of fluid flow in three dimensional networks of discrete fractures. W ater Resour. Res. 1987，23（10）：1876～1886
[6] Long J C and Billaux D M. From fiels data to fracture net work modeling：an example incorporating spatial structure. W ater Resour. Res. 1987，23（7）：1201～1216
[7] Dershowitz W S and Einstein H H. Characterizing rock joint geometry with joint system models. Rock M ech. and Rock Engng.，1988，21：21～25
[8] Barker J A. The reciprocity principle and an analytical solution for Darcian flow in a network. Water Resour. Res. 1991，27（5）：743～746
[9] Lin D and Fairhurst C. The topological structure of fracture system in rock. In：*Rock Mechanics as a Multid isciplinary Science*，*Proc. 32nd U. S. Symp. On Rock Mechamics*，*Edited by J. C. R oegiers*，Norm an，O k lahoma：1991，1155～1163
[10] Stehfest H. Algorithm 358—numerical inversion of La lace transforms. Communications of A CM 1970，13：47～49

类岩石材料的本构方程

莫海鸿　陶振宇
（武汉水利电力学院）

【摘　要】 本文叙述了内时理论的基本概念及方程，并将其与经典理论作了比较．在此基础上，导出了适用于类岩石材料的本构方程。研究结果表明：导出的本构方程能够很好地描述诸如围压对峰值强度及应变软化和硬化的影响、剪胀、静水压力敏感以及循环硬化和软化等典型的变形特征。计算结果与实验资料的吻合程度是相当好的。

类岩石材料具有颗粒性和原生及次生微结构等缺陷。这类材料的非弹性变形一般是一个渐进的过程，并无明显的应力台阶。结构特征决定了这类材料具有静水压力敏感性、峰值强度及应变软化及硬化受围压的影响循环硬化及软化特性和时间相关性等独特的变形特性，经典塑性和粘塑性理论并不能恰当地反映这类材料的变形特性，在实际应用中往往会遇到困难。

屈服面先验存在的假设是经典塑性力学的基本前提，经典塑性理论描述在加载伊始就出现塑性变形的类岩石材料的变形特性是有相当大的偏差的。

1971，K. C. Valanis 提出了被称之为“内时理论”的新的粘塑性理论，这个理论是建立在不可逆热力学及内变量理论的基本概念的基础上的。它与经典理论最大的区别在于它不需要屈服面的概念作为其发展的前提，也无需加载函数来区分加载和卸载。内时理论以材料的变形历史为依据来描述当前的应力状态，这一点恰恰是经典理论所不及的。内时理论对复杂变形历史条件下材料的应力响应的描述是相当精确的。这个理论自出现以来，已经在描述金属、复合材料混凝土及土的塑性性质循环荷载下的力学响应以及波在塑性区的传播等方面得到应用

1　内时理论的基本观点及基本方程

内时理论最基本的观点是内蕴时间的引入，这种引入是在应变空间进行的，应变空间中的每个点都表示一种应变状态。一个材料单元在变形过程中经历了一系列变形状态，相应地就在该空间划出了一条路径，沿该路径相邻 2 点的距离由下式决定；

$$d\xi^2 = P_{ij\mathrm{kl}} \cdot d\varepsilon_{ij} \cdot d\varepsilon_{\mathrm{kl}} \tag{1}$$

式中：$P_{ij\mathrm{hr}}$是一个取决于材料的四阶正定张量：$d\xi_{ij}$，是小变形应变。这意味着即使应变状态的改变完全相同，对不同的材料，这个距离的变化是不同的。由于在应变路径中相继的应变状态是不同的，并且总是正的，这个距离就定义为材料的内蕴时间。这个时间与以时钟量度的外部时间没有直接关系，它完全是由变形决定的。

如果被研究材料的力学响应除了与变形历史有关外，与时间因素也有关连，则可以引入一个与外部时间有关的内蕴时间 t 来构成粘塑性理论

$$d\xi^2 = \alpha^2 d\xi^2 + \beta^2 dt^2 \tag{2}$$

式中；α 和 β 为标量的材料参数；$d\xi$ 称为内时量度。式（1）和式（2）的内时量度可通过一个材料函数 f 转化为一个自然标度 dZ（$dZ=d\xi/f$）。$z(\xi)$ 在 $dZ/d\xi>0$（$0\leqslant\xi<\infty$）时称为内时标度。这个把应力视为由内蕴时间定义的应变历史的函数的理论，称为内时粘塑性理论。

在等温和小变形条件下，各向同性材料的内时塑性本构方程具有以下形式：

$$S_{ij} = 2\int_0^y \bar{G}(Z-Z')\frac{\partial e_{\mathrm{sj}}}{\partial Z'}dZ', \quad \sigma_{\mathrm{kk}} = 3\int_0^z \bar{K}(Z-Z')\frac{\partial \varepsilon_{\mathrm{kk}}}{\partial Z'}dZ' \tag{3}$$

式中；S_{ij}、e_{ij}分别是应力和应变偏张量；σ_{kh}、ε_{kh}分别为体积应力和应变；$\bar{G}(Z)$ 和 $\bar{K}(Z)$ 是核函数；Z 是内时标度．这 2 个方程的推导与 z 的定义无关。因此，可以根据不同材料定义 Z。文献 [9] 发展了 Valanis“材料本构不变性的概念”的思想，在以内变量理论中的方法和概念为其重要组成的不可逆热力学基础上提出了一个本构方程的形式不变性定律，并在数学上作出了严格的证明。按照这个定律，如果能够恰当地定义某些内蕴时闷标度 Z，以使得广义的内摩擦力正比于相应的内变量对 Z 的变化率，则所研究的耗散材料的本构方程的形式就与其内摩擦力正比于相应的内变量速率的黏弹性材料的本构方程形式完全一致。事实上，Valanls 为了避免金属卸载时出现虚假的内摩擦力在内时量度增量的定义中只包含塑性应变增量：而 Bazant 在描述混凝土和河砂的本构关系时仍然采用式（1）的定义；而在研究土的性质时采用的又是另外一种定义。他们都取得了相当好的结果。

当 $d\xi$ 的定义中只包含出 de_{ij} 方程（3）具有弱奇异性，并且在卸载时，应力应变关系是线性的，这不符合类岩石材料的变形特性。因此我们仍然采用式（1）的定义。在这种条件下，若 $\bar{G}$ 和 $\bar{K}$ 均取为指数函数的形式：

$$\bar{G} = G_0 \cdot \exp(-\alpha Z); \bar{K} = K_0 \cdot \exp(\beta Z) \tag{4}$$

将式（4）代入方程（3），并微分，可以得到增量形式的内时本构方程，

$$\mathrm{d}S_{ij} = 2G_0 \mathrm{d}e_{ij} - \alpha S_{ij} Z, \mathrm{d}\sigma_{kk} = 3K_0 \mathrm{d}s_{kk} + \beta\sigma_{kk}\mathrm{d}Z_0 \tag{5}$$

式中

$$\mathrm{d}Z = \mathrm{d}\xi / f, \mathrm{d}\xi = \| \mathrm{d}e_{ij} \| \tag{6}$$

其中‖ ‖为欧几里得模。

2 类岩石材料的内时本构方程

如上节所述，各种材料在不同条件下的本构方程的获得，关键在于内时标度 Z 的选取和由此引起的核函数的选取问题。当内时量度增量只包含塑性应变增量时，材料函数 f 可取为 1 或 $1+b\xi$ 的形式，其核函数可取为含弱奇异性的幂函数的和的形式。这样做法对描述金属的本构关系是合适的，但不能反映类岩石材料的变形特性，因为这类材料的性质比金属要复杂得多。当采用式（1）定义内时量度，并采用方程（5）作为本构方程时，决定材料函数就成为一个重要且关键的问题。

类岩石材料最明显和最独特的力学特点是峰值强度及应变硬化或软化受围压的影响，此外是其剪胀特性以及非线性卸载特性。材料函数 f 应当使本构方程反映出这些特点和变形历史的影响。因此 f 应是内时量度 ξ，应变状态 J 和最小主应力 σ_s 的函数。通过对一些函数和试验资料的分析和反复试算，选取 f 为下列形式是较佳的；

$$f = (1 + b_1\xi^2) / \exp(b_2 + b_2 J_2) \tag{7}$$

式中：$b_1 - b_s$ 是 σ_s 的函数，当描述单一曲线可取为常数；$J_2 = \sqrt{e_{ij} \cdot e_{ij}/2}$；$1+b\xi^2$ 是单调增函数，它使得本构方程反映在小应变下的循环硬化现象；而 $\exp(b_2+b_3J_2)$ 是关于 J_2 的单调增函数，它使得本构方程能够描述围压对峰值强度及破坏后区的软化或硬化现象这 2 个函数组合而成的，使得单调加载时 $\mathrm{d}Z$ 为正，而卸载时 $\mathrm{d}Z$ 为负值，并使本构方程大应变对能适应循环软化现象。

方程（5）中的 K_0 可视为体积弹模当体积是不可压缩时，K_0 可取为常数。类岩石材料的体积是静水压力感敏的，因此 K_0 应取为 σ_{kk}的函数：

$$K_0 = \alpha_1 + \alpha_2 \exp(-\alpha_2 \sigma_{kk}) \tag{8}$$

方程（5）中的 G_0 可取为常量。如果将方程中的 α 归并到 f 中，则可重写式（5）如下：

$$\mathrm{d}S_{ij} = 2G_0 \mathrm{d}e_{ij} - S_{ij}\mathrm{d}Z, \mathrm{d}\sigma_{kk} = 3K_0 \mathrm{d}e_{kk} + A\sigma_{kk}\mathrm{d}Z \tag{9}$$

式中：$A=\beta/\alpha$ 方程（6）～(9）组成了类岩石材料的内时本程方程，它适用于等温、小变形及与时间无关的条件下描述材料的应力应变关系。

在单轴及常规三轴条件下，若以主应力方向作为坐标轴方向，并令 Z 为轴向，则 $\sigma=\sigma_y=$围压。其

余应力分量为零，则方程（9）可化为

$$dS_0 = 2G_0 de_z - S_z dZ, d\sigma_0 = 3K_4 d\varepsilon_v + A\sigma_k dZ \tag{10}$$

式中　$\sigma_k = \sigma_x + \sigma_y + \sigma_z$；$\varepsilon_k = \varepsilon_x + \varepsilon_y + \varepsilon_z$

为了方便结构计算，对方程（9）进行一些代数运算，可以得到矩阵形式的本构方程：

$$\{d\sigma\} = [D]\{d\varepsilon\} - \{dF\} \tag{11}$$

式中

$$[D] = \begin{bmatrix} K_0 + 4G_0/3 & K_0 - 2G_0/3 & K_0 - 2G_0/3 & & & \\ K_0 - 2G_0/3 & K_0 + 4G_0/3 & K_0 - 2G_0/3 & & 0 & \\ K_0 - 2G_0/3 & K_0 - 2G_0/3 & K_0 + 4G_0/3 & & & \\ & & & G_0 & & \\ & & & & G_0 & \\ & & 0 & & & G_0 \end{bmatrix}$$

$$\{dF\} = \{(A+1)\sigma - \sigma_z, (A+1)\sigma - \sigma_y, (A+1) - \sigma_z, \tau_{xy}, \tau_{yz}, \tau_{zx}\}^T dZ$$

这里 $\sigma = (\sigma_x + \sigma_y + \sigma_z)/3$；$A$ 为常数

可以看出，新的本构方程与传统力学模型的形式是相近的，当 $\{dF\} = \{0\}$ 时，即为弹性本构方程，$\{dF\}$ 类似于结点力，但它是由变形历史决定的。方程（11）易于编制有限元程序，应用上是很方便的。

3 算　　例

文中对几组岩石及混凝土的试验资料进行了计算，选用资料基本体现了类岩石材料的变形特性。2组常规三轴试验资料引自文献［11］和日本电力研究所，2组循环试验资料则是作者在MTS电液伺服刚性压力机上的试验结果。

本构方程中的参数是分步拟合部分试验数据得到的，首先用方程（10）求出 G_1 和 b_1，b_2 和 G_2。然后求出 K_0 中的系数和 A。对几个围压的情况，K_q 中的参数可由静水压力试验资料求得。参数的拟合可选用有关的参数优选程序，本文所用的是求无约束极值的模式搜索法。目标函数是使试验资料与计算结果的距离之平方和为最小。

图1是辉长岩的试验结果与计算结果的比较，图1（a）是应力—应变曲线，图1（b）是体积应力—体积应变曲线。这是一组典型的岩石常规三轴试验结果[11]，所用的计算参数为：

$$2G_4 = 132.33, A = 0.66, K_c = 192.539 - 53.847\exp(-0.0853\sigma_s),$$

σ_{ep}(MPa)	b_1	b_1	b_1
50	0.0347	−1.256	0.180
100	0.0146	−1.862	0.152

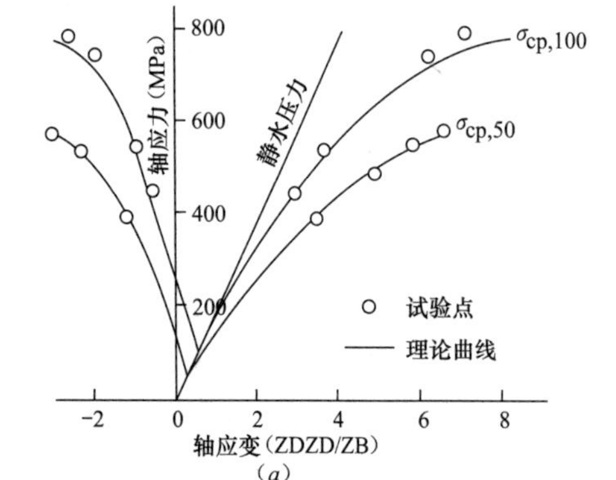

(a)

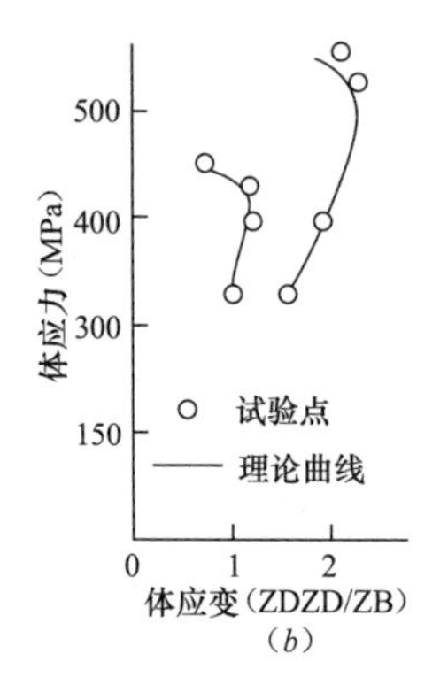

(b)

图1

图 2 是根据日本电力中央研究所关于混凝土的三轴试验资料的计算。取 $\sigma=5$，10，20 和 30MPa4 组试验数据求得参数为：$2G_0=27.678$，$b_1=0.5459+7.76\exp(-0.630\sigma_s)$，$b_2=-0.2431\log(\sigma_s)-0.4169$，$b_3=0.276l/\sigma_s+0.0577$。图中的 8 条曲线中有 4 条是拟台曲线，4 条是计算预测曲线。计算结果与实验数据的吻台程度相当好。这也说明本文所给出的本构方程不但能很好地拟合试验数据，而且它的预测能力也是很好的。

图 3 是太理岩试件 MC1 的循环试验结果与计算结果的比较。这个试验的循环加载是在破坏后区进行的，加载及数据采集均由轴向应变控制。在破坏后区施加循环荷载，卸载与重新加载沿不同的应力路径，重新加载时的峰值强度不大于单调加载的破坏后曲线。每经过一个循环，试件的刚度总要减小，并且横向变形比轴向变形要大。试件的弹模及泊松比随变形的发展在不断改变。图中所用的计算参数为 $2G_0=38.241$，$b_1=0.022$，$b_2=-1.5016$，$b_3=0.3215$。从图中可看出，计算结果基本反映了实际试验的发展趋势。

在循环疲劳试验中，由于加载峰值应力小于试件的峰值强度，为了获得相同的峰值及谷值应力，加载及数据采集均由轴向应力控制。加载率控制在准静态范围内，加载波形为正弦波。由于试验采用应力控制，故计算时以应力增量为自变量。所用的公式可从方程（11）中简化而来：

$$\begin{aligned} d\sigma_1 &= D_1 d\delta_1 + 2D_2 d\delta_2 + (A-2)\sigma_1 dZ/3 \\ 0 &= D_1 d\varepsilon_1 + (D_1+D_2) d\varepsilon_2 + (A+1)\sigma_1 dZ/3. \end{aligned} \tag{12}$$

对于给定的每个 $d\sigma_1$，可由上两式中解出 $d\varepsilon_1$ 和 $d\varepsilon_2$。迭加这些增量值，即可得到相应的应力和应变。图 4 是红砂岩试件 DC7 的试验结果与计算结果的比较，其中左图是应力一应变曲线，右图是轴向应力一轴向应变关系循环部分的放大。所用的计算参数为，$K_0=48.158-44.347\exp(-0.01940\sigma_1)$，$2G_0=20.748$，$b_1=5.3649$，$b_2=4.9956$，$b_3=2.8643$，$A=3.8783$。计算结果反映了每个循环后峰值应变增量不断减小的循环硬化的趋势。事实上，一这个试件在循环了 100 多次以后达到了完全硬化，即变为线弹性，试件投有破坏。

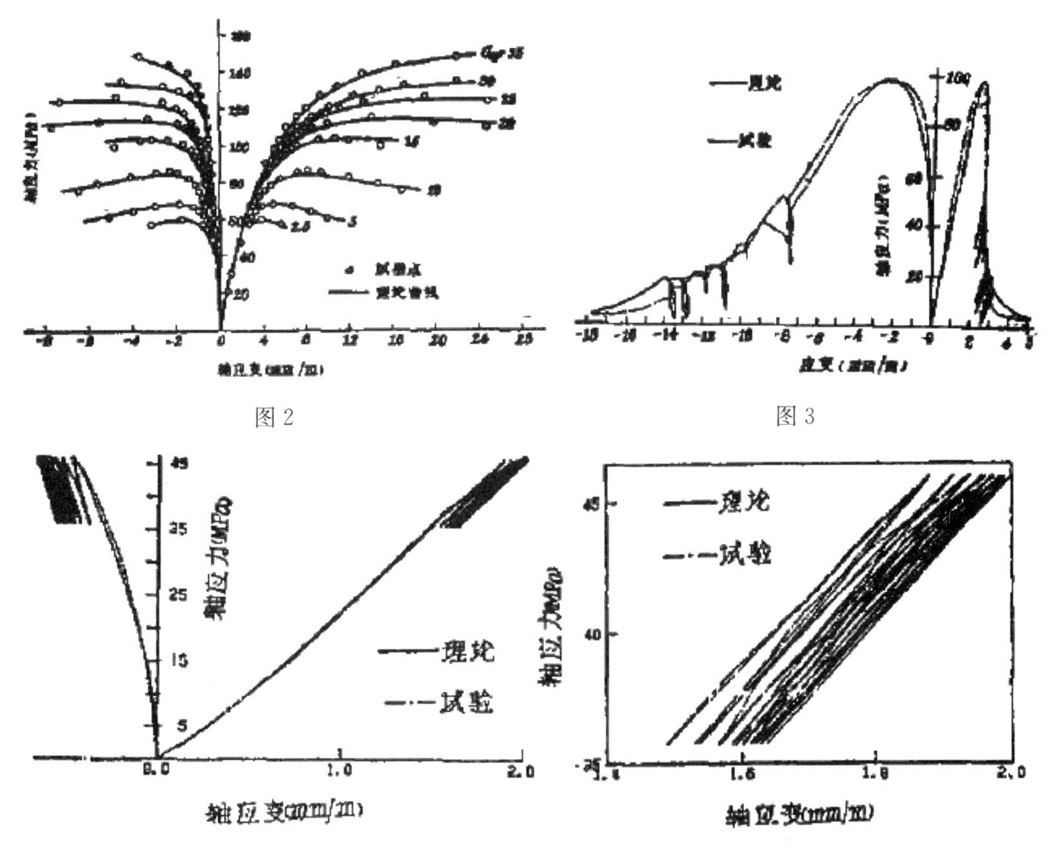

图 2

图 3

图 4

这几组试验资料基本上表现了类岩石材料在等温及与时间无关条件下的典型的变形特性。前 2 组资料表现了材料的静水压力敏感性，非线性体积膨胀，围压对峰值强度及变形特性的影响；而在后 2 组资料中则表现了材料在循环荷载作用下的变形特性。从计算结果来看，本文所给出的本构方程能够很好地描述这些变形特性，而以往的经典模型则难以做到这一点。因此，可以说本文给出的本构方程具有表现力强，应用面广和计算简便等优点。

4 讨论和结论

建立在不可逆热力学基本原理和内变量理论。基本概念上的内时理论在理论上可以描述各种耗散材料的本构关系。它可以同时考虑与时间相关及温度变化时的本构关系，这是经典模型所不能计及的。内时理论突破了传统的塑性理论不能考虑时间因素的缺陷而又可以克服黏弹性理论中难以解决的弹塑性变形问题。因而它既可以包含经典理论模型，又在更高的观点上包含了更多的因素。本文主要讨论与时间和温度无关的本构关系，因而在本构方程中未包含这些因素。

内蕴时间是材料的特性之一，完全是由材料和变形历史决定的。它与牛顿时间并不一定存在直接的联系，牛顿时间是外部时间，即使材料没有变形，它仍然在流逝。两种时间的共同属性是具有单向性，即时间是不可重复的。

1980 年以来，Valanis[2] 把内蕴时间重新定义在塑性应变空间，避免了金属卸载时出现虚假的内摩擦力。从这个定义出发，可以把式（3）ds_{ij} 分为 2 部分，其中第 1 部分可视为屈服面，并且这屈服面是可变的，因而可以表示各种现象的屈服，如各向同性硬化或随动硬化等。这也就更加直观地说明内时理论可以把屈服面的存在作为它的一个特例。而当这个屈服面为零时，即可表示加载伊始就出现塑性的现象。但是，这样的定义在描述类岩石材料的非线性卸载现象所出现的偏差是相当大的。同时在有限元计算时会引起很大的困难，使得复杂的结构计算无法进行。因此，本文仍把内时量度定义在应交空间上，这样既有利于描述类岩石材料的力学性质，同时又使有限元计算格式大为简化。本文所给的模型，在格式上接近于以往的非线性模型，因而在编制计算过程时是很方便的。

本文的几个算倒表明，文中所给出的本构方程能够相当精确地描述各种复杂加载条件下类岩石材料的应力—应变关系。对于诸如围压对峰值强度及应力—应变曲线的影响应变软化及硬化、静水压力敏感性、循环特性等典型的类岩石材料的变形特性的描述相当接近试验结果。这是以往的经典理论模型所不能及的。算例 2 中预测曲线与试验资料有相当好的一致性，更加证明了这个模型的实用性和合理性。但是，应当指出的是，算例只是几个典型的情况，对于复杂三轴应变路径下的描述，特别是真三轴条件下的应力响应的描述，还应做进一步的研究。此外，材料函数中 b 与围压的关系，还有待于更多三轴试验资料的验证。

总而言之，内时理论作为一个完整的理论体系，它的应用有着美好的前景，目前由于条件的限制，只能对一些典型问题给出计算模型，如果多结合工程问题开展研究计算，必将使其更趋完善并开拓更广泛的用途。

参考文献（References）

[1] Valanis，K C，A theory of viseo plasticity w ithout 8 yield surface- Arch-M ech.，VoI-23，No. 10，1971

[2] Valanis，K. C and Read，H，New endochronic pla8t ity m odel for soils. Soil M Pc 口" cs l’ rens～ent and CycI～ Loads Ed by C-N Pandy et al，W it。New Yock，1982

[3] Valanis，K. C. and Fan，J.，Endochronic analysis of cyclic elastoplastics strain field in a notched plate J App/. M ech.，V Dl. 50，No. 12，1988.

[4] Vala～ s，K. C. an d W u，H. C.，Endochronic representation of cyclic creep and relaxation of metals. J App/. M ech.，V 01. 42，No. 1，1975.

[5] W u, H. C. and Lin, H C., rain-rate effect in the endochronic theory on viscoplastict Jy. J. App/M ech., Vol. 43, No. 2'1976.

[6] Bazant, Z. P. and Krizek, R. J., EndockroniC constitutive law for liquefationof san d. J. E g. M ech. D 矿., SCE, Vol. 102, No. EM 2, 1976.

[7] Bazant, Z. P. and Bhat, P D., Endochronic theo ry of in elast, city andfailure of concrete. J-Eng. Mech- Div., ASCE, Vol. 102, 1 976, PP. 701-722.

[8] Bazant ZP. and Shieh C-L., Hysteretic fracturing endochronic theoryfor concrete. J. F. ng. M ech. Div., ASCE, Vol. 106, No. EM 5, 1980.

[9] 范镜泓，耗散型材料本构方程的形式不变性定律，重庆大学学报，1985年第6期.

[10] Valan is. K. C., On the subs+ance of Rivlin s rem arks on the endochronictheory Int. J. Solids Structures, Vol. J7, No. 2, 1981

[11] 陈顾、姚孝新、耿乃光，应力途径，岩石的强度和体积膨胀. 中国科学，1979年第2卷第Ⅱ期，

[12] Valanis, K. C., Fundamental consequences of a new Intrinsic time measure: plasticity as a limit of the endochronic theo ry. Arch. Mech., Vol. 32, No. 2, 1980.

岩石的循环试验及本构关系的研究

莫海鸿
(武汉水利电力学院)

【摘　要】 本文讨论红砂岩和大理岩的循环加载试验结果及本构关系的研究，在研究中进行了应变控制的应变逐渐增加循环试验和应力控制的疲劳试验；在疲劳试验中又分别以正弦波和锯齿波进行加载，并且根据不可逆热力学及内变量的基本概念，给出了岩石的内时本构方程及材料函数的形式，这个方程可以很好地描述岩石在循环加载条件下的应力-应变关系。

一、引　言

在岩石力学领域内，岩石在单轴及常规三轴条件下的强度及变形特性的研究较多，并且提出了相应的计算模型，但是对岩石的一个重要力学特性——疲劳特性的研究却不多，以往的本构模型也不能很好地描述在这种条件下的应力—应变关系。实际上循环荷载是岩体工程常见的荷载形式之一，在循环荷载作用下，岩体不仅有静载变形，并且还有其他的附加变形，从而降低了岩石的强度和工作寿命，如水工隧道、坝基所承受的水位变动荷载、桥梁基础的荷载等，反复加载对建筑物的安全和基岩稳定的影响是不容忽视。因此，揭示循环荷载下岩石的力学特性，对岩体工程设计和施工管理均有重要的实用价值。

在循环加载试验研究方面，Scholz 等人对循环荷载下岩石的非均质膨胀的研究[1]；Akai 等人对岩石的蠕变、循环荷载及常应变率试验的对比研究[2]；Haimson 关于全过程曲线与循环及蠕变试验的对比研究[3]，等等，从不同侧面揭示了岩石在循环荷载条件下的力学特性，Muller 等结合日本黑部川第四号拱坝大型原位试验，特别是对于反复加载卸载情况下，原位大型三轴试验的结果的讨论[4]，得到了第五届国际岩石力学大会的肯定，但是，上述研究的荷载形式单一，尤其是很少，甚至没有对横向变形进行测量，因此揭示的力学特性并不充分，这不能不说是一个缺陷，本文的试验结果，采用了两种控制方式和两种波形加载，同时由于测量手段的改进，弥补了上述的不足。

屈服面的先验存在的假设，是经典塑性力学的基本前提。由于塑性应变增量应垂直于屈服面，那么塑性应变增量分量的方向可由屈服面的形状所决定。按照这个概念，如果开始加载，材料就出现塑性变形的话，屈服面所围区域将会收缩成一个点，这就使得塑性应变增量的方向变得不确定，因此，经典理论在描述开始加载就出现塑性变形的材料变形性质，以及卸载-重加载等复杂变形路径的力学响应方面是相当粗糙，甚至是无能为力的。Valanis 在 1971 年提出了建立在不可逆热力学及内变量理论的基本概念的基础上的内时理论[5][6]。它与经典理论最大的区别在于它不需要屈服面的概念作为发展的前提，也无需“加载函数”来区分加载和卸载。因此它在描述负载变形历史的应力响应方面是十分有效的，本文应用内时理论的基本公式，推导了适用于岩石的本构方程。计算结果表明，这个方程可以描述岩石在循环加载条件下的力学特性。

二、试验条件

试验是在 MTS815.03 型电液伺服控制控制刚性压力机上进行的。试件的位移及荷载的测量及记录由该机的传感器～计算机系统完成，试验分为两类：应变控制的应变逐渐增加循环加载试验和应力控制的疲劳试验（简称为Ⅰ型和Ⅱ型试验）。

Ⅰ型试验的加载及数据采集均以轴向变形控制，加载和卸载均为斜波，当加载频率与卸载频率一致时为三角波，否则为锯齿波。卸载可按预先给定的范围进行；或由人工中断加载程序由卸载程序按给定的频率及范围进行，卸载完毕后自动转回，加载程序继续加载。

Ⅱ型试验的加载及数据采集由轴向应力控制。这种控制方式使试件严格地受到相同的峰谷值荷载的作用，并保证采样点正好落在峰谷值上，以避免采样失真。锯齿波加载的特点是加卸载均为斜波，是严格等应力率的。正弦波加载的特点是峰谷值及其邻域的应力率变小，一个循环内的应力率是个变量。

作者为这两类试验编制了相应的计算机控制和数据采集程序，以及数据处理和绘图程序，各种控制方式和采样方式的比较，编程要点及机器的参数详见文献［7］。

试验所用的岩样为鄂城红砂岩和大冶大理岩，鄂城红砂岩属中细砂岩，结构较均匀致密，无节理，无风化，静力强度约为 40～65MPa。大冶大理岩为全白色，结构致密，无明显节理，无风化，静力强度约为 90～115MPa，全部岩样加工成直径 5cm，长 10cm 的圆柱体，试件端面经过磨光处理，其不平整度小于 5‰mm，试验时试件处于自然风干状态。

三、试验结果及分析

部分试验结果列于表 1。试件编号以 M 为首的是大理岩，D 为首的是红砂岩。表中试验类型一栏中：SGI 指Ⅰ型试验，CF 指Ⅱ型试验。波形一栏中：TRI 指锯齿波（或三角波）；SIN 指正弦波；S_c 指静力强度，它是由弹性极限推算的。

部分试验结果 **表 1**

A part of test data **Tab. 1**

试件编号 No.	试验类型 Type	加载波形 Wave	静力强度 S_e MPa	峰值 S_p MPa	谷值 S_v MPa	振幅 A MPa	S (=σ_p/σ_c) %	A_1 (=A/s_p) %	循环次数 N	破坏时间 T sec	频率 f
MC1	SG1	TR1	98.15							320t	
MC2	CF	SIN	105	92.14/97.15/102	71.59/76.7	20.45/25.56	87.6/92.5/97.2	22/25	6/16/3	5117	.005
MC4	CF	SIN	105	96.77/101.86	71.3/76.39	25.47	92/97	28/25	28/8	7624	.005
DC1	SG1	TRI	58.21							8814	
DC2	SG1	TRI	51.69							7557	
DC4	SG1	TRI	44.61							5544	
DC5	CF	TRI	64.38	56.2	45.98	10.22	87	18	150	未破坏	.005
DC6	CF	TRI	53.06	51.54	25.28	25.26	97	47	32	33294	.0025
DC7	CF	TRI	54.1	46.99	35.77	10.22	85	22	300	未破坏	.005
DC9	CF	SIN	44.1	42.88	20.18	22.77	97.2	53	2/16	3670	.005
D12	CF	SIN	51.24	50.73	0	50.73	99	100	6	3320	.0019

1. 变形基本规律

图 1 是试件 DC9 的应力应变曲线，可以看出：岩石的总变形由三个部分组成，静力加载时引起的初始变形，渐进的蠕变变形和循环本身造成的损伤引起的附加变形。相应地，存在着应力诱发，应力腐蚀及疲劳三种扩裂形式，初始变形在加载至第一个峰值应力时便完成了，后两种变形则是在循环过程中逐渐发展和积累的。

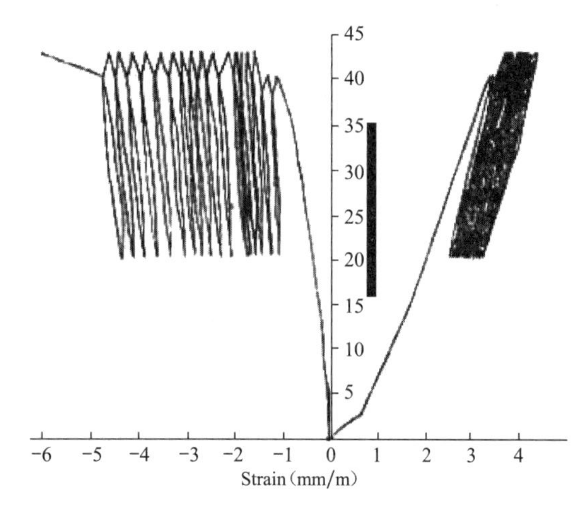

图 1　红砂岩试件 DC9 的应力-应变曲线

Fig. 1　Stress-strain curve of sandstone sample DC9

由于循环加载过程中存在三种变形，而蠕变过程只有两种，因而循环试验的破坏时间比蠕变试验要短得多，当振幅大时这一特点将更为明显，如果设法把蠕变变形与疲劳损伤变形分离，从总变形中扣除疲劳损伤变形，则有希望从耗时较少的循环试验中求得蠕变长期强度，但目前要做到这一点困难较大，而问题的另一个方面，如果从同等应力水平的循环和蠕变试验的对比中，求相应的疲劳损伤变形，或者考虑不同振幅的影响，则有可能求出疲劳损伤变形。

2. 应力水平的影响

图 2 和图 3 分别为 DC9 的轴向应变—时间和轴向应变—循环次数曲线，这些曲线与静态蠕变曲线十分相似。因此也可以分为瞬变、等速和加速变形三段。

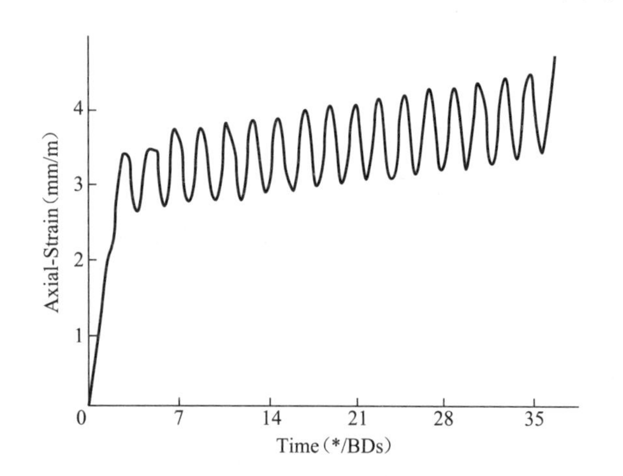

图 2　红砂岩试件 DC9 的轴向应变-时间曲线

Fig. 2　Axial strain-time curve of sandstone Sample DC9

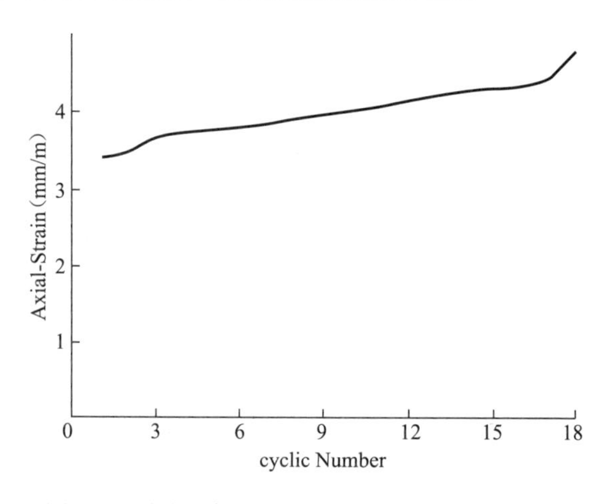

图 3　红砂岩试件 DC9 的轴向应变-循环次数曲线

Fig. 3　Axial strain-cyclic number curve of sandstone sample DC9

若应力低于某一水平，第三段将不会出现，而应力水平较高时，第二变形段将不存在或很短，试件 DC7 和 D12 的实验结果证实了这一点[7]。试件 MC4 保持振幅不变，峰值应力从 96.77MPa 提高到 101.86MPa，即 S 从 92%提高到 97%时，后面 8 个循环的变形之和大于前面 28 个循环的变形之和（图 4）。从文献［1］、［8］所给出的 S-N 曲线可以证实应力水平的影响。并且可以得出这样的结论：应力水平存在一个临界值，当应力超过这个值时，试件在循环荷载作用下将会破坏：小于这个值，变形将趋于稳定。这个应力临界值与加载率，加载波形及振幅等因素有关。

3. 加载波形的影响

在以往的文献中，未见关于加载波形对变形影响的报道，试验往往是以单一波形加载的。从这次试验的结果上看，锯齿波加载时第一个滞环最大，然后依次递减，最后趋于稳定（图 5），直至试件破坏，未见滞环增大。这一结果与文献［1］是一致的。正弦波加载时滞环的变化是从大到小，循环到一定次数时又逐渐变大，直至试件破坏（图 1）；若滞环不重新变大，则试件不会破坏，

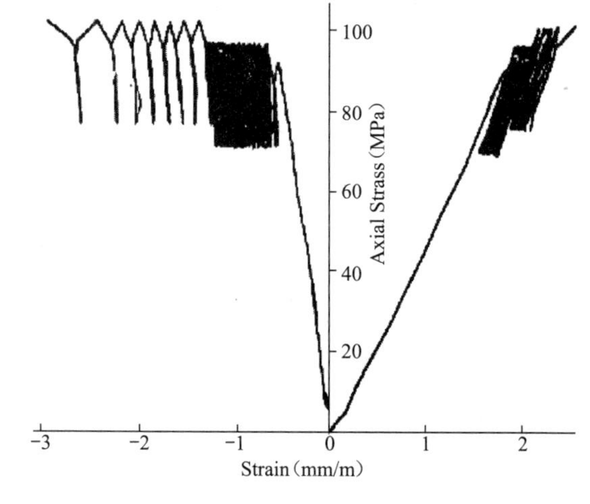

图 4　大理岩试件 MC4 的应力-应变曲线

Fig. 4　Stress-atrain curve of marble sample MC4

文件［8，9］的结果也是如此。正弦波加载时，由于在峰谷值及其邻域加载率变慢，转折点处应力被保持一段时间，使得应力水平的影响及蠕变效应增大，故峰值的应变增加较大。在其他条件相同的情况下，如果要到达某个应变值才能使试件破坏的话，那么到达这个值所需的时间及循环次数正弦波加载比锯齿波加载要少。例如，DC9 与 DC6 的参数相近，但 DC6 的破坏时间要长些。

4. 振幅的影响

振幅是影响变形的重要因素。在峰值相等时，缩小振幅意味着平均应力的提高，从而增加了应力腐蚀扩裂而减小了疲劳损伤扩裂。但这并不表明试件会加速破坏。实际上损伤变形比蠕变的影响要大。比按 DC9 和 D12 的结果，可以看出振幅小则滞环窄；振幅大则滞环大。滞环的大小意味着一个循环中微裂隙闭合和张开的程度以及损伤量及能量耗散量，因此，振幅大则工作寿命短。但目前还未能定量求出振幅与寿命的关系。

5. 加载率的影响

众所周知，在单轴加载试验中，加载率的影响是明显的，那么在循环试验中，加载率的影响又怎样呢？从作者所作的单轴加载试验中，加载率的影响是存在的，但不是十分敏感，要相差两个数量级以上才显示出来。这次循环试验的加载率也相差不大，未能观察到加载率的影响程度。从由于应力腐蚀使得岩石的强度与变形跟时间相关的观点来看，加载率的影响应当是存在的，上面谈到的加载波形不同引起变形的差异，也从侧面反映了加载率的影响。

6. 关于横向变形

以往的研究对横向变形注意是不够的，可能是测量方面的原因造成的。事实上，横向变形往往表征时间内部裂纹发展的情况。试验结果表明：S 值相当大时，轴向初始变形大于轴向循环变形；S 值较小时，轴向初始变形小于轴向循环变形，而横向循环变形始终大于其初始变形，总的趋势是横向变形的发展比轴向变形的发展要快，若峰值间两个方向的变形都很大，而卸载时横向变形恢复较慢或不可恢复，则预示着试件即将破坏。

传统理论中，泊松比是个小于 0.5 的常数，是根据体积不变的假设得到的。但这在岩石力学领域中并不完全适用。从试验中可以看到，泊松比往往是个变量，它与应力水平有关，在发生剪胀的情况下，有可能得到大于 0.5 的泊松比，特别是在破坏后区，这个特点更加显著。

7. 两种循环试验的比较

Ⅰ型试验是应变控制加载的，因而是等应变率的，它可以得到破坏前区和后区的应力-应变关系，但难以得相同峰值、谷值的疲劳特性曲线。Ⅱ型试验是应力控制的，因而是等应力率的，它可以严格控制加载峰谷值，但无法得到破坏后区曲线。两种试验适用于不同的要求。在破坏前区，两类试验的结果是相近的，即滞环的大小与应力水平和振幅有关，并且试件刚度变化不大。而在破坏后区循环加载时，加载峰值总是小于或等于其全过程曲线，并且其刚度在不断减小；比较图 4 和图 6，可以看到同种大理岩在破坏前和后区滞环及刚度的变化情况。这种变化可能是由于时间内部裂纹的扩展所引起，红砂岩的实验结果也表现出同样的特征。可见，传统的本构模型中线性卸载及沿原路径加载的假定显然是不合适的。

四、内时本构方程

内时理论的基本点是内蕴时间的引入。这种引入是在应变空间进行的，应变空间中每一个点都表示一种应变状态。一个材料单元在变形过程中经历了一系列变形状态，相应地就在该空间中划出了一条路径，该路径上相邻两点的距离就定义为内蕴时间。这个时间与以时钟度量的外部时间没有直接的关系，它完全是由变形决定的。

范镜泓发展了 Valanis 的“材料本构不变形的概念”[9],[10]，在以内变量理论中的方法和概念为其重要组成的不可逆热力学基础上，他提出了一个本构方程的形式不变性定律。并在数学上作出了严格的证明[9]。按照这个规律，研究本构方程的关键是选取内蕴时间的形式。事实上，在研究金属和土在循环荷载条件的响应时，Valanis，Wu，和 Bazan 选取了不同的内蕴时间的定义，但都取得了令人满意的结果[11-16]。

按照内时理论的概念[5]，内时本构方程的形式为：

$$S_{ij}=2\int_0^2\bar{G}(z-z')\frac{\partial e_{ij}}{\partial z'}\mathrm{d}z' \tag{1}$$

$$\sigma_{kk}=3\int_0^2\bar{K}(z-z')\frac{\partial \varepsilon_{kk}}{\partial z'}\mathrm{d}z' \tag{2}$$

式中　S_{ij} 和 e_{ij} 分别为应力和应变偏张量，σ_{kk} 和 ε_{kk} 分别为体积应力和应变，z 为内时标度，$\bar{K}$ 和 $\bar{G}$ 分别为核函数。我们定义内时标度 z 和内时量度 ξ 为：

$$\mathrm{d}z=f(e_{ij},\sigma_{ij},\xi)\mathrm{d}\xi \tag{3}$$

$$\mathrm{d}\xi=\| de_{ij}\| \tag{4}$$

式中　f 称为硬化—软化函数，$\|\ \|$ 为欧几里得模。

当核函数 $\bar{K}$ 和 $\bar{G}$ 取为一项指数函数时：

$$\bar{K}(z)=K_0c^{\mathrm{d}z} \tag{5}$$

$$\bar{G}(z)=G_0c^{-\beta z} \tag{6}$$

将（5）和（6）式代入（1）和（2）式，并微分，可得：

$$\mathrm{d}s_{ij}=2G_0\mathrm{d}e_{ij}-\beta s_{ij}\mathrm{d}z \tag{7}$$

$$\mathrm{d}\sigma_{kk}=3K_0\mathrm{d}\varepsilon_{kk}+2\sigma_{kk}\mathrm{d}z \tag{8}$$

将常数 β 归并到 dz 中，则上两式可改写为：

$$\mathrm{d}s_{ij}=2G_0\mathrm{d}e_{ij}-s_{ij}\mathrm{d}z \tag{9}$$

$$\mathrm{d}\sigma_{kk}=3K_0\mathrm{d}\varepsilon_{kk}+A\sigma_{kk}\mathrm{d}z \tag{10}$$

式中　$A=\alpha/\beta$。上两式即为内时本构方程的微分形式，可以根据需要将其简化或改写成矩阵形式。

五、计算结果

在单轴及常规三轴条件下，若以主应力方向作为坐标轴方向，并令 σ_{11} 为轴向应力，则 $\sigma_{22}=\sigma_{33}=$常数，其余应力分量为零。则式（9）和（10）可简化为：

$$\mathrm{d}s_{11}=2G_0\mathrm{d}\varepsilon_{11}-s_{11}\mathrm{d}z \tag{11}$$

$$\mathrm{d}o_{kk}=3K_0\mathrm{d}\varepsilon_{kk}+A\sigma_{kk}\mathrm{d}z \tag{12}$$

在单轴条件下可将上两式改写为主应力与主应变的关系：

$$\mathrm{d}\sigma_1=D_1\mathrm{d}\varepsilon_1+2D_2\mathrm{d}\varepsilon_3+(A-2)\frac{\sigma_1}{3}\mathrm{d}z \tag{13}$$

$$0=D_2\mathrm{d}\varepsilon_1+(D_1+D_2)\mathrm{d}\varepsilon_3+(A+1)\frac{\sigma_1}{3}\mathrm{d}z \tag{14}$$

式中　$D_1=K_0+4G_0/3$，$D_2=K_0-2G_0/3$。

为了反映岩石在静水压力下体积的非线性变化，k_0 取为：

$$k_0=a_1+a_2e^{-a_3\sigma_{kk}} \tag{15}$$

而 G_0 可近似地取为常数。

被称为硬化—软化函数的材料函数 f，应能反映岩石的特点：（1）反映小应变时循环过程中的硬化；（2）在大应变时抵消这种硬化效果；（3）静水压力及三轴加载时的效应。经过反复试算，认为 f 取为下面的形式是合适的。

$$f=\exp(b_2+b_3J_2)/(1+b_1\xi^2) \tag{16}$$

式中 $J_2=\left(\frac{1}{2}e_{km}\cdot e_{km}\right)^{1/2}=$应变密度；$\xi$ 为内时量度，它是单调增加的。

对于Ⅱ型试验，加载和数据采集均由应力控制，计算时取应力增量为自变量。对于每个 $\mathrm{d}\sigma_1$，可通过解方程（13）和（14）得到 $d\varepsilon_1$ 和 $d\varepsilon_3$，对 DC7 的部分试验数据拟合得：$k_0=48.158-44.347e^{-0.0194\sigma_1}$，$2G_0=20.748$，$b_1=5.3649$，$b_2=-4.9956$，$b_3=2.8643$，$A=3.8783$。图 5 是计算结果与试验数据的比较，其中图 5b 是轴向应力—轴向应变循环部分的放大，从图中可以看到循环硬化的趋势。事实上这个试件在循环加载一百次后达到了完全硬化，试件没有破坏。

Ⅰ型试验的加载及数据采集均由轴向应变控制。计算时用（11）式以应变增量求应力增量。对于每个 $d\varepsilon_1$ 和$d\varepsilon_3$，可以由（11）式求得$d\sigma_1$，图 6 是时间 MC1 的计算结果与试验数据的比较。计算所用的参数为：$2G=38.241$，$b_1=0.02212$，$b_2=-1.5016$，$b_3=0.3215$。

图 5 和图 6 所示的计算结果，基本反映了循环荷载作用下岩石变形的趋势。事实上用本文所给的材料函数描述三轴试验，同样可以取得满意的结果。这组本构方程避免了人为预先确定屈服面，并弥补了传统模型不能精确反映岩石在循环荷载作用下的力学特性，以及破坏后区特性的缺陷。

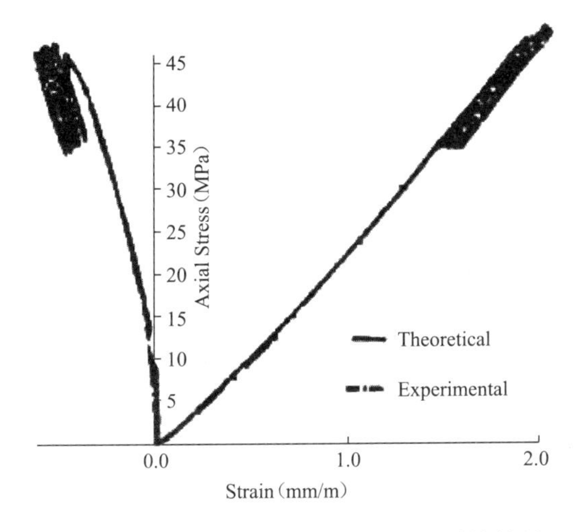

图 5（a） 红砂岩试件 DC7 的试验及计算结果

Fig. 5 (a) Stress-strain curve of sandstone sample DC7 from experiment and calculation

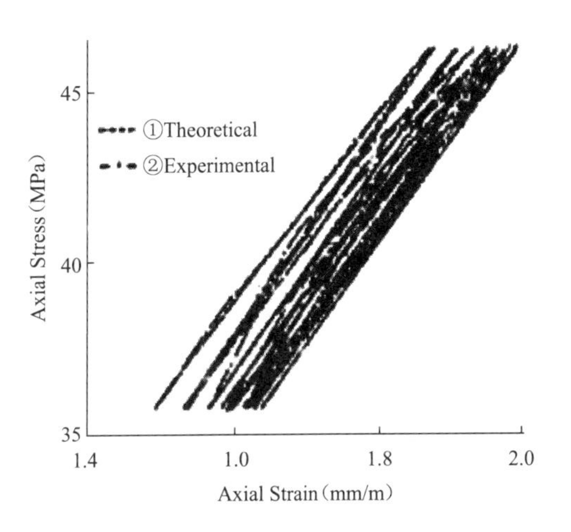

图 5（b） 图 5（a）中循环部分的放大图

Fig. 5 (b) Enlargement of cyclic section in Fig. 5a

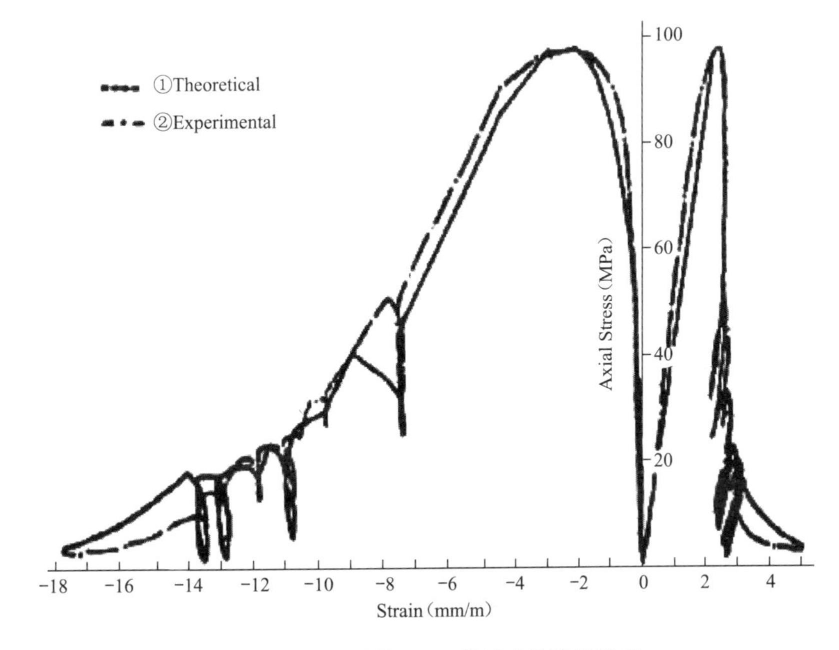

图 6 大理岩试件 MC1 的试验及计算结果

Fig. 6 Stress-strain curve of marble sample MC1 from experiment and calculation

六、结　　论

1. 在循环加载过程中，岩石的变形由初始变形、蠕变变形及疲劳损伤变形三部分组成。要振幅不是很小，那么损伤变形是导致试件破坏的主要因素，岩石的总变形与蠕变试验的变形有相似之处，同样可以分为瞬变、等速及加速三个阶段。

2. 加载波形，振幅和加载率对岩石的变形均有影响。在每个循环中，正弦波加载引起的变形大于锯齿波加载；振幅越大，损伤越大，岩石的工作寿命越短。

3. 由于损伤变形的存在，循环试验的破坏时间比静态蠕变试验要短得多。

4. 在循环过程中，横向变形比轴向变形发展得快，显示了岩石的剪胀特性。

5. 在破坏前区和后区进行循环加载，岩石表现出不同的变形特性。

6. 本文给出的本构模型能够很好地描述岩石在循环荷载作用下的力学特性，弥补了传统力学模型的不足。

本文是在指导教师陶振宇教授指导下完成的，中国科学院武汉岩土所的吴玉山副研究员和林卓英同志在试验方面给予了很大的帮助，在此一并致谢。

参考文献（References）

[1] Schilz C H and Koczynski T A. Dilatancy anisotropy and the response of rock to large cyclic loads. J. Geophys. Res.，1979；34（1310）：5525-5534

[2] Akai K and Ohnishi Y. Strength and deformation charactistics of soft sedimentary rock under repeated and creep loading. Proc. 5th ISRM，1983；A121-A124

[3] Haimson R E. Mechanical behavior of rock under cyclic loading. Proc. 3rd ISRM，(1974)

[4] Leopold Muller（Salzburg）and Ge Xiurun. Untersucnunggen Zum Mechanischen Verhaiten Geklufteten Gebirges Unter Wechsellasten. Proc. 5th ISRM，(1983)

[5] Valanis K C. A theory of viscoplasticity without a yield surface：Part I，General Theory，Arch Mech.，1971；23 (4)：517-533

[6] Valanis K C. A theory of viscoplasticity without a yield surface：Part II，Application to Mechanical Behavior of Metals，Arch. Mech. 1971；23 (4)：534-551

[7] 莫海鸿，陶振宇，林卓英，吴玉山. 在循环荷载下岩石的变形特征. 岩土工程学报

[8] Homand-Etienne，F，Mora S and Houpert R. Strain and fatigue behavior of rock. Proc. 5th ISRM，1983；A129-A132

[9] 范镜泓. 耗散型材料本构方程的形式不变性定律. 重庆大学学报，1985；8：42-48

[10] Valanis K C. On the substance if rivlin' s remarks on the endochronic theory. Int. J. Solid Structures，1981；17：249-265

[11] Valanis K C and Wu H C. Endochronic representation of cyclic creep and relaxation of metals. J. Appl. Mech. 1975；42：67-73

[12] Valanis K C and Fan J. Endochronic analysis of cyclic elastoplastic strain field in a notched plate. J. Appl. Mech. 1983；50：789-793

[13] Valanis K C and Read H E. A new endochronic plasticity model for soils. Soil Mechanics—Transient and Cyclic Loads，Ed. by Pande and Zienkiewicz，1982；375-417

[14] Wu H C and Yip M C. Endochronic description of cyclic hardening behavior for metallic materials. J. Engng. Master. Tech.，ASME，1981，103：212-217.

[15] Wu H C and Wang T P. Loading and unloading of drained sand-An endochronic theory. Proc. Int. Const. Laws for Engng. Master.，1983，31-329

[16] Bazant Z P，Ansal A W and Krizek R J. Endochronic model for soils. Soil Mechnics-Tran-sient and Cyclic Loading，Ed. By Pande and Zienkiewiez，1982，419-439

岩石强度准则的探讨

陶振宇　莫海鸿
（武汉水利电力学院）

岩石强度理论是岩石本构关系的一部分，是岩石力学的基本问题之一。因此，岩石强度理论在岩石力学的研究中一直占有相当重要的地位．曾有许多准则被提出过。Nadai[1]，Jaeger[2-4]，Marin[5]和Hoskins[6]都曾对岩石常用的强度准则作过回顾和评述。他们认为以往常用的准则只能在一定程度上或某些方面反映岩石的破坏条件。

Freudenthal[7]，Breler 和 Pister[8]，采用八面体法向应力和剪应力之间的线性关系

$$\tau'_{\mathrm{oct}} = A\sigma_{\mathrm{oct}} + B \tag{1}$$

来描述摩擦材料的试验结果，取得了较满意的成果。但对于某些组合应力仍然是不适合的。这个关系式在岩土力学中都得到了应用[9-10]。陶振宇把我国一些岩石三轴试验结果在这个平面上进行整理时，发现绝大多数试验结果并非像（1）式所预示的那样呈线性关系，而是一条曲线[11]。考虑到同一组试验数据中包含的三向受压（C-C-C）和两向受压一向受拉（C-C-T）状态下的破坏以及曲线的形状．取下式来描述试验结果是合理的。

$$\bar{\sigma} = c_0 + c_1 I_1 + c_2 I_1^2, \tag{2}$$

式中

$$\bar{\sigma} = \sqrt{\frac{1}{2}[(\sigma_1 - \sigma_2)^2 + (\sigma_2 - \sigma_2)^2 + (\sigma_3 - \sigma_1)^2]}, \tag{3}$$

$$I_1 = \sigma_1 + \sigma_2 + \sigma_3, \tag{4}$$

c_0，c_1 和 c_2 是由试验确定的材料参数。

应用（2）式描述文献［6，11-13］的岩石三轴试验资料，表明它能很好地代表试验结果．试验数据与理论曲线的相对误差一般小于5%，个别点在5%～10%之间。而对同一资料方程（1）的相对误差最大可达70%. 计算所得的 c_0，c_1 和 c_2 值见表1。

方程（2）在主应力空间中是以某个轴为对称轴的空间曲面．为方便起见，可对方程（2）进行坐标旋转变换，变换后的坐标系以静水压力轴为 z 轴。具体的方法是将 σ_3 转动 $\arccos(1/\sqrt{3})$ 度后与静水压力轴重合，而 σ_1 和 σ_2 轴在空间上相应地旋转45°以保持三条轴的正交．设新坐标系为 $OXYZ$，则 $o\sigma_1\sigma_2\sigma_3$ 坐标系与 $OXYZ$ 坐标系的关系为：

$$\begin{bmatrix}\sigma_1\\ \sigma_2\\ \sigma_3\end{bmatrix} = \begin{bmatrix}\dfrac{1+1/\sqrt{3}}{2} & -\dfrac{1-1/\sqrt{3}}{2} & 1/\sqrt{3}\\ -\dfrac{1-1/\sqrt{3}}{2} & \dfrac{1+1/\sqrt{3}}{2} & 1/\sqrt{3}\\ -1/\sqrt{3} & -1/\sqrt{3} & 1/\sqrt{3}\end{bmatrix}\begin{bmatrix}X\\ Y\\ Z\end{bmatrix}, \tag{5}$$

变换式（5）中的系数方阵中，每行或每列各元素自乘的和等于1，各行对应元素相乘的和为零。即方阵的逆矩阵等于其转置矩阵，这个变换是正交的。方阵的元素所组成的行列式的值等于1，说明新坐标系仍为右手系。从（5）式可得：

$$\begin{aligned}\sigma_1 + \sigma_2 + \sigma_3 &= \sqrt{3}Z,\\ \sigma_1 - \sigma_2 &= X - Y\end{aligned} \tag{6}$$

$$\left.\begin{aligned}\sigma_3-\sigma_1&=-\frac{1-\sqrt{3}}{2}X-\frac{1+\sqrt{3}}{2}Y\\ \sigma_3-\sigma_1&=-\frac{1+\sqrt{3}}{2}X+\frac{1-\sqrt{3}}{2}Y\end{aligned}\right\},\tag{7}$$

将（6）式及（7）式代入（2）式，即得（2）式在 $OXYZ$ 中的表达式：

$$\sqrt{\frac{3}{2}}.\sqrt{X^2+Y^2}=c_0+\sqrt{3}c_1Z+3C_2Z^2.\tag{8}$$

当 $Z=k$，k 为任一使方程（8）右端大于或等于零的常数，则所得到的是一个圆。即用八面体平面去截方程（2），所得的截面是圆，圆心在静水压力轴上。这说明方程（2）是以静水压力轴为中心轴的旋转曲面。显然，研究方程（8）在 $OXYZ$ 空间的图像比研究方程（2）在 $o\sigma_1\sigma_2\sigma_3$ 空间的图像要简单和直观．

在 $Y=0$ 的截面上，方程（8）的截面方程为

$$\pm\sqrt{\frac{3}{2}}X=c_0+\sqrt{3}c_1Z+3c_2Z^2,\tag{9}$$

它表示两条关于 Z 轴对称的抛物线．抛物线的形状及位置由 c_0，c_1 和 c_2 决定。在 $X=0$ 截面上有相同的结果。

从（7）式可见，若 $\sigma_1=\sigma_2$，则 $X=Y$. 即用 $\sigma_1=\sigma_2$ 平面去截方程（2），相当于用 $X=Y$ 平面去截方程（8），截面方程分别为

$$\pm(\sigma_1-\sigma_3)=c_0+c_1(2\sigma_1+\sigma_3)+c_2(2\sigma_1+\sigma_3)^2,\tag{10}$$

$$\pm\sqrt{3}X=c_0+\sqrt{3}c_1Z+3c_2Z^2,\tag{11}$$

截面仍为两条对称的抛物线．

当 $\sigma_2=\sigma_3$ 时，也有类似的结果：

$$\pm(\sigma_1-\sigma_3)=c_0+c_1(\sigma_1+2\sigma_3)+c_2(\sigma_1+2\sigma_3)^2.\tag{12}$$

方程（8）的右端表示圆的半径 $\sqrt{2/3}$，故 Z 的取值范围只能是使方程（8）右端大于或等于零的数的集合。判别式

$$\triangle=c_1^2-4c_0c_2\tag{13}$$

大于或等于零时，曲面与 Z 轴有两个或一个交点。下面简要叙述 c_0，c_1 和 c_2 的不同组合时，方程（8）的图像。

1. 当 $c_2<0$ 时；

a）若 $\triangle>0$，则方程（8）所表示的曲面为一个封闭曲面，这个曲面的两个顶点是使方程

（8）右端为零的 Z_1 和 Z_2；

b）若 $\triangle=0$，则表示 Z 轴上的一个点。

2. 当 $c_2>0$ 时，

a）若 $\triangle<0$，则方程（8）所表示的曲面为一个由方程（9）绕 Z 轴旋转而成的旋成面，这个曲面是开放的；

b）若 $\triangle\geqslant0$，曲面由方程（9）靠近 Z 轴正向的那一半绕 Z 轴旋转而成，这个曲面也是开放的。

由表 1 可以看出，无论是室内常规三轴试验还是三轴水压致裂试验，在加载试验中，c_2 值总是负的，卸载试验时，c_2 总是正的，但野外试验的加载试验的 c_2 值却是正的，与室内试验不同（关于这一点在后面还将作些说明）。这意味着室内加载试验曲线是一条向上凸的曲线，室内卸载试验与野外加载试验是向上凸的曲线。在 $o\sigma_1\sigma_2\sigma_3$ 主应力空间中，室内加载试验所得的曲面是一个封闭曲面，此时判别式（13）被满足；室内卸载试验得到的曲面是一个开口的曲面，其形状如导轮状，此时判别式（13）不能得到满足，故曲面与静水压力轴无交点。因此，室内试验的加载和卸载所遵循的规律是不同的，其强度也不一样。

岩石的 c_0，c_1 及 c_1 的值 表 1

编号	岩石	试验方式	c_0（MPa）	c_1	c_2（1/MPa）	资料来源
1	大	恒侧压	56.5	0.36	-5.55×10^{-4}	[12]
2	理	反复加压	48.1	0.44	-1.99×10^{-4}	
3	岩	卸荷	118.8	−0.31	1.85×10^{-3}	
4	济南	恒侧压	48.6	0.82	-1.61×10^{-4}	[11]
5	辉长岩	卸荷	258.7	−0.19	2.40×10^{-4}	
6	昌平花岗岩	恒侧压	69.3	0.68	-9.76×10^{-5}	
7	掖县大理岩	恒侧压	41.1	0.71	-3.06×10^{-4}	
8	房山	恒侧压	49.9	0.82	-3.34×10^{-4}	
9	大理岩	卸荷	282.8	−0.085	5.50×10^{-4}	
10	粗面岩	水压致裂	46.3	0.72	-2.47×10^{-4}	[6]
11	大理岩	水压致裂	21.4	0.60	-2.45×410^{-4}	
12	花岗片麻岩	野外恒侧压	0.23	0.67	8.66×10^{-3}	[13]

因此，可以推断，在主应力空间中，加载情况下应力点随着八面体平面沿静水压力轴正向运动时背向静水压力轴向外运动，当应力点落在强度曲面时，试件发生破坏。这个强度包络面是封闭的，预示着曲面与静水压力轴有两个交点：

$$\sigma_1=\sigma_2=\sigma_3=\frac{-c_1\pm\sqrt{c_1^2-4c_0c_2}}{6c_2} \tag{14}$$

从表 1 可见，室内加载试验 $c_2<0$，$c_0>0$，$c_1>0$，且$\triangle>0$。故（14）式有两个符号不同的根．正号的根预示静水压力作用下试件破坏的值，负号的根为张拉破坏的值。表 2 为（15）式所预示的破坏值，这是本文所建议的准则的理论预示值，显然有待进一步试验的验证。

卸载试验的应力点运动是从外向里的，当应力点落到强度曲面上时，试件破坏。由于曲面与静水压力轴无交点，所以，如果卸载是按静水压力规律进行，破坏将不会发生。

从所获得的结果上看，仅就加载或卸载而论，加载方式（应力途径）的不同对岩石强度的影响是不大的，但将加载与卸载比较，则影响就不能小看了，因为两者有质的差别。

室内加载情况下三个主应力相等时的破坏值 表 2

编号	岩石名称	$\sigma_1=\sigma_2=\sigma_3$（MPa）		附注
		张拉破坏	压缩破坏	
1	大理岩	−51.8	2183.2	
2		−34.6	777.1	
4	济南辉长岩	−21.8	1716.4	
6	昌平花岗岩	−3.4	2346.7	
7	掖县大理岩	−18.8	794.1	
8	房山大理岩	−16.4	831.4	
10	粗面岩	−20.8	998.0	水压致裂法
11	大理岩	−11.8	826.5	水压致裂法

注：编号同表 1，并且拉为负，压为正。

前已指出，室内加载试验曲线与野外加载试验曲线相异，这可能包含了其他因素的影响。首先是试件内部应力状态的差别，野外试件可能包含较多未被释放的内应力；其次是试验条件的不同，室内试件两端均为刚性接触，野外试验一端为承压板，另一端为地基原岩，室内试件的围压是流体压力，野外试件则是通过钢枕施加围压的；再次是试件的完整性及均匀性不一样，野外试件包括较多的节理裂隙。如果今后证明这些因素的影响不是很大或不起决定性影响的话，则用室内试验来研究天然岩石的力学性状将具有非常大的局限性。这是需要认真研究的，目前由于这方面的资料缺乏，还未能做到这一点。

参考文献（References）

[1] Nadai, A., *Theory of Fracture and Flow of Solid*, Vol. 1, McGraw-Hill, 1950.
[2] Jaeger, J. C., *Elasticity, Fracture and Flow*, London, Methuen, 1962.
[3] Jaeger, J. C, *Tewsbury Symp. on Frac.*, Engineering Faculty, University of Melbourne, 1963, 268-283.
[4] Jaeger, J. C., *Proc. of the 8th Symp. on rock Mech.*, University of Minnesota, 1966.
[5] Marin, J., *Proc. Exp. Stress Analysis*, 23 (1966), 1: 162-170.
[6] Hoskins. E. R., *Int. J. Rock Mech. Min. Sci.*, 6 (1969), 99-125.
[7] Freudenthal, A., *Proc. 1st U. S. Nat. Congress of Appl. Mech.*, Illinois Institute of Technology, 1951, 641-646.
[8] Bresler, B. and Pister, K. S., *Trans. Am. Soc. Civ. Engrs.*, 122 (1957), 1049-1O68.
[9] Poscoe, K. H., *Schofield, A. N. and Wroth, C. P.*, *Geotechnique*, 8 (1958), 1: 22-53.
[10] Geroiannopoulos, N. G. and Brown, E. T., *Int. J. Rock Mech. Min. Sci.*, 15 (1978), 1: 1-10.
[11] 陶振宇，岩土工程学报，5 (1983), 3; 76-87.
[12] 陈旦熹、戴冠一，岩土力学，3 (1982), 1: 27-44.
[13] 梁超海，岩石力学，3 (1982), 5: 61-79.

水压致裂试验中岩石的破坏特性及判据

陶振宇　莫海鸿
（武汉水利水电学院）
吴景浓
（广东地震研究所）

【摘　要】 本文研究了水压致裂试验中试件破坏时围压与内压的关系及其对试件破坏形式的影响，并提出了一个以等效应力及应力不变量的第一和第二不变量表示的破坏判据。这个判据对岩石试验结果吻合得很好。

一、前　　言

大多数建设工程，无论是大跨度的地下洞室，高边坡，抑或是各类基础工程所处的岩体应力状态都是相当复杂的。单轴和双轴试验往往不能反映真实的结果。因此，岩石力学工作者们一直致力于三轴试验，以求获得比较接近真实情况的结果。

以往的三轴试验是多种多样的，这些试验包括了不同的加载路径对应力～应变关系、强度及破坏机制的影响．有的研究者还作了恒侧压、反复加压、等比加压、应力常量及卸荷等试验研究。此外，还有人作过无侧向应变及静水压等研究，由于这些都是三向受压试验（简称 *C-C-C*，*C* 表示压缩—Compression），其所得到的规律及破坏判据只能反映 *C-C-C* 状态下的规律，不能完全反映甚至不能反映 *C-C-T* 和 *C-T-T* 状态下的规律（*T* 表示拉伸—Tension）。而在工程实践中，这种应力组合都是有可能出现。因此，仅仅研究 *C-C-C* 是不全面的，还需对 *C-C-T* 和 *C-T-T* 作系统的研究。

对空心圆柱体试件施加轴压、围压及内水压力的所谓水压致裂试验，为研究 *C-C-T* 状态下岩石的破坏规律，提供了一条方便的途径。这种试验方法同样可用于研究 *C-C-C* 状态的破坏规律，并实现 *C-C-T* 到 *C-C-C* 的转换和研究它们之间的关系。不少研究者应用过这种方法，亚当斯（Adams）[1]，金（King）[2]，布瑞茨曼（Bridgman）[3]，罗伯逊（Robertson）[4]，奥伯特和史蒂芬逊（Obert and Stephenson）[5]，耶格和霍斯金斯（laeger aed　Hoskins）[6]，霍斯金斯[7]，克海尔和哈地（Khair and Hardy）[8] 等对岩石作了研究，霍布斯[9]，波麦罗依和霍布斯（Pomery and Hobbs）[10] 对煤作了研究，比拉米（Bellamy）[11]，吴景浓[12] 等对混凝土和泥浆作了类似的试脸，布罗斯（Broms）[13]，吴（Wu）[14] 对土也作过类似的试验。但是，以上的试验均未讨论破坏形式与应力组合的关系，也没有找到一个破坏判据来描述试件的破坏。本文试图在前人工作的基础上，对一些试验结果进行分析、整理，对不同的应力组合下试件的破坏形式进行描述，并提出一个破坏判据。

二、试件的应力分析

为了研究方便，假设试件是均质、各向同性、连续和完全弹性的。这样就可以应用弹性力学中有关的公式来计算试件内部的应力，令试件的内外半径分别为 R_i，R_e；轴压为 P_s，围压为 P_e，内压为 P_i，根据弹性理论，有

$$\sigma_r = \frac{P_e R_e^2 - P_i R_i^2}{R_e^2 - R_i^2} - \frac{R_i^2 R_e^2 (P_e - P_i)}{r^2 (R_e^2 - R_i^2)} \tag{1}$$

$$\sigma_\theta = \frac{P_z R_e^2 - P_i R_i^2}{R_e^2 - R_i^2} + \frac{R_i^2 R_e^2 (P_e - P_i)}{r^2 (R_e^2 - R_i^2)} \tag{2}$$

$$\sigma_s = P_s \tag{3}$$

以上的公式及以后的叙述中，以压应力为正，拉应力为负；r 表示研究的点至圆心的径向距离。

无论怎样组合轴压、围压和内压，破坏总是从孔壁开始的，以往的试验都证明了这一点，耶格[15]对此问题作过理论上的论证。因此，研究试件破坏时的应力状态主要是研究孔壁的应力状态，今公式（I）和（2）中的，$r=R_i$，即得：

$$\sigma_r = P_i \tag{4}$$

$$\sigma_\theta = [2P_c R_e^2 - (R_e^2 + R_i^2) P_i] / (R_e^2 - R_i^2) \tag{5}$$

从上式可以看出：当 $P_i = P_e$ 时，$\sigma_r = \sigma_\theta = P_i$，试件任一横截面的应力都是均匀分布的；当 $P_i = \frac{2R_e^2}{R_e^2 + R_i^2}$时，$\sigma_\theta(Ri) = 0$。如果在加载时按这个比例施加 Pt 和 Pe，则试件孔壁上总是处于两向受压状态，最小主应力为 $\sigma_r = 0$；若 $P_i > -\frac{2R_e^2}{R_e^2 + R_i^2} P_e$，孔壁的应力状态为 C-C-T，反之，处于 C-C-C 状态。

三、围压与内压的关系

文献〔12〕中曾提到，当轴压不很大时，试件的破坏主要取决于围压和内压。后来的试验也证实了这一点。所以，研究破坏时外荷载之间的关系就可简化为研究某一截面上围压和内压间的关系。图 1 是水泥砂浆试件（a）、新丰江花岗岩（饱水，b）和花岗岩（c）破坏时的围压～内压曲线．试验是在广东省地震科研所的 HF-1 型三轴仪上完成的。由于设备的限制，围压只达到 30MPa。虽然试件的材料不同，但试验结果却呈同一形态的抛物线。

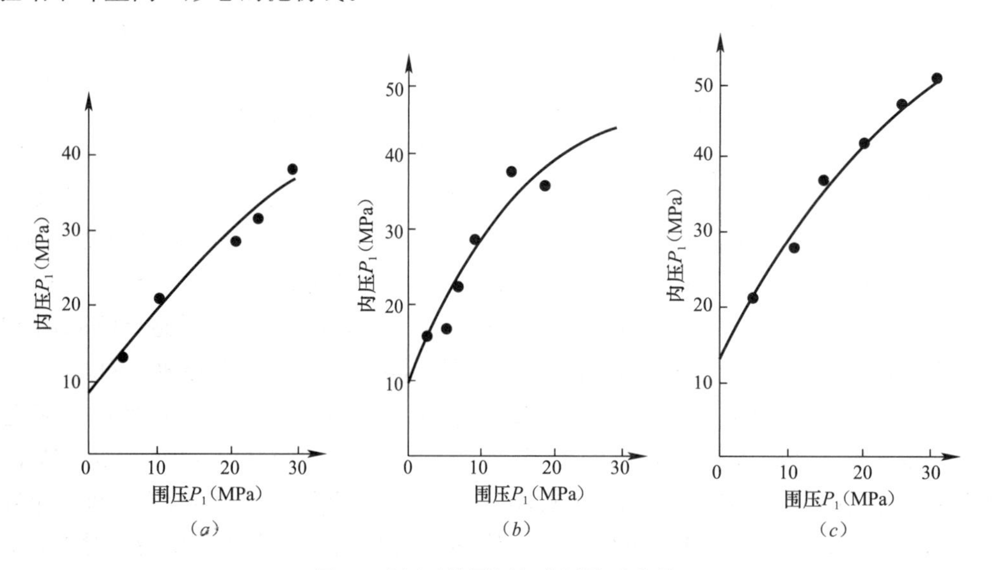

图 1　破坏时的围压与内压关系曲线

（a）水泥砂浆；（b）新丰江花岗岩；（c）花岗岩

因此，根据现有的试验结果和认识水平，我们对在一定的轴压下，内压（P_i）和围压（P_e）的关系作如下的推断：

（1）当 $P_e=0$，则加大内压 P‘可以使试件拉裂破坏（图 2 中的 A 点）；

（2）当 $P_i=0$，在一定的轴压和围压下试件也将剪切破坏（图 2 中的 E 点）；

（3）随围压 P_e 的增加，使试件拉破的 P_i 也将增加，如图 1 所示，但 P_i 的增加是有限度的，现有的资料表明，大约可达 $P_i \approx (2 \sim 4) R_t$，其中 R_t 为单轴抗拉强度。在此之后，随着 P_e 的增加，在较低的 P_i 作用下也会破坏的，这就是拉剪破坏的情况。因此 $P_i \sim P_e$ 关系组成的 $\widehat{AE}$ 曲线估计是一条抛物线，它有一个顶点。目前的试验资料还得不到此顶点的位置，但图 1（b）所示的 $P_i \sim P_e$ 曲线逐渐变平的图形给我们一个启示，也许就在 $P_i \approx P_e$ 处．这一点显然有待于试验的证实．

（4）因为图 2 中的 A 相应于拉伸破坏，而 E 点相应于剪切破坏，故 $\widehat{AE}$ 曲线在破坏形态上是由拉伸过渡到剪切破坏的过程曲线。对应试件破坏情况，可以得到不同的线段相对应．关于这方面我们在以后将会详细讨论到。在 $\widehat{AE}$ 曲线中，轴压力是一个隐性因素。实际上，从文献［7］的结果看，当围压很大时，轴压也会相应增加，但影响的主要因素仍然是围压 P_e 和内压 P_i。

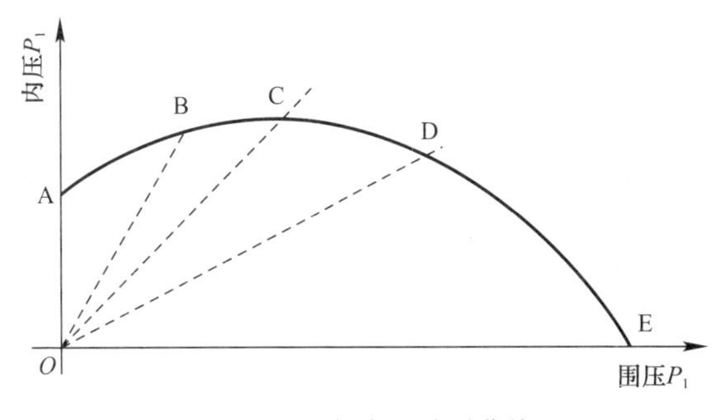

图 2　围压与内压关系曲线

四、外荷载的不同组合对试件破坏形式的影响

在常规三轴试验中，若 $\sigma_1 > \sigma_2 > \sigma_3$，破坏是压（剪）性的，$\sigma_1 = \sigma_2 > \sigma_3$，则破坏却呈张性[16]。在真三轴试验中，试件的破坏性质是由 σ_2/σ_3 决定的。随着 σ_2/σ_3 的改变（由小至大），破坏性质由剪性逐渐变为拉剪性而后变为张性[17]。三轴水压致裂试验也有类似的结果，表 1 是某些试件破坏时的荷载及孔壁的主应力及破坏性质。

一些试验结果　　**表 1**

类别	试件编号	荷载（MPa）			孔壁的主应力（MPa）			破坏性质
		轴压（P_z）	围压（P_s）	内压（P_i）	σ_z	σ_r	σ_θ	
水泥砂浆	Ⅲ-3	29.42	24.52	32.36	29.42	32.36	16.06	剪
	Ⅲ-4	29.42	19.61	27.46	29.42	27.46	11.16	剪
	Ⅲ-6	9.81	0	7.85	9.81	7.85	8.46	张
花岗岩	W-4	20.5	9.81	26.77	20.5	26.77	−8.05	张
	W-8	25.6	14.71	44.72	25.16	44.72	16.88	张
	W-13	40.99	29.42	38.25	40.99	38.25	10.84	张剪

表 1 中以Ⅲ为字首的对应于图 1 中的（a）曲线，W 为字首的对应于（b）曲线。

从上述结果中可以看出：在水压致裂试验中当三个主应力中有一个为负值时，破坏性质总是张性的，三个主应力均为正值时，破坏性质可以是张性的、张剪性的或是剪性的，主要取决于 σ_2/σ_3。

因此，改变外荷载的组合，使试件处于不同的应力状态，试件就会表现出不同的破坏形式．根据试验结果以及文献［7］、［15］的数据及分析，可以对 $P_i \sim P_e$ 曲线进行下列的划分：在平面上以 P_e 为横轴，P_i 为纵轴，做出 $P_i \sim P_e$ 曲线 AE，分别作 $P_i = \dfrac{2R_e^2}{R_e^2 + R_i^2}$交 AE 于 B；$P_i = P_e$ 交 AE 于 C；$P_i = \dfrac{1}{2}P_e$ 交 AE 于 D，将 AE 分为 AB，BC，CD 和 DE 四段（图 2）。上述四段曲线所对应的应力状态及破坏形式如下：

（1）AB 段：试件孔壁上的应力状态为 C-C-T。

$$P_i > \frac{2R_e^2}{R_e^2 + R_i^2} P_e$$

$$\sigma_z > 0, \sigma_r > 0, \sigma_\theta < 0$$

破坏是张性的，破坏面平行于 Z 轴，通常呈平面径向拉伸破裂。这种破坏形式与仅有轴压和内压作用时试件的破坏形式是一样的，但所表现的抗拉强度不同（图 3a）。

（2）BC 段：试件孔壁上的应力状态为 C-C-C。

$$P_e < P_i < \frac{2R_e^2}{R_e^2 + R_i^2} P_e$$

$$\sigma_z > 0, \sigma_r > 0, \sigma_\theta > 0 \text{ 且 } \sigma_r > \sigma_\theta$$

破坏形式由张性逐渐变为张剪性或剪性的，对应该段曲线较左一端的破坏面通常呈平面径向拉伸破坏或平行于 Z 轴的径向破裂加与 Z 轴同轴的圆锥形破裂（图 3*b*），靠右端，破坏有时为平行于 Z 轴的径向破裂加圆锥形破裂，有时为平行于 Z 轴和中主应力方向的螺线面（图 3*c*）.

（3）*CD* 段：试件孔壁上的应力状态仍为 *C-C-C*，但主应力的方向有所改变。

$$\frac{1}{2} P_e < P_i < P_e$$

$$\sigma_z > 0, \sigma_r > 0, \sigma_\theta > 0 \text{ 但 } \sigma_\theta > \sigma_r$$

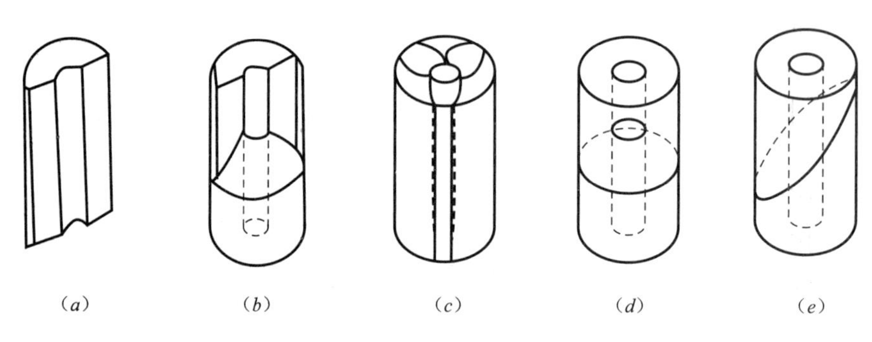

图 3　不同荷载组合下试件破坏形式

当 $P_i = P_e$ 时，试件内部应力是均匀的，破坏面为螺线面或径向破裂加圆锥面，但材料强度较低时也会出现破碎性破坏。当 $P_i \neq P_e$ 时，破坏面通常为错断面加径向破裂或径向破裂加圆锥面。

（4）*DE* 段：应力状态及主应力方向与 *CD* 段相同，但由于此时 P_i 与 P_e 相差较大，σ_r 与 σ_e 亦相差较大，所以试件的破坏形式有所改变，当 $P_i \neq 0$。时呈圆锥面，$P_i = 0$ 时则往往为圆锥面或椭圆面（图 3*d*，3*e*）。

五、破坏判据

在岩石力学的研究中，提出过各种各样的破坏判据。那达依（Nadai）[18]，耶格（laeger）[19-21]和马尔林（Marin）[22]曾对各种常用的脆性材料破坏判据作 T 回顾和评价．默雷尔（Murrell）[23,24]，已经给出了三维格里菲茨理论的研究。黑姆和累德（Him and Lade）[25]根据混凝土及砂浆等材料的试验所得的判据，对三十六组岩石试验结果进行了模拟，提出了一个通用的三维破坏判据，弗鲁登舌尔（Freudenthal）[26]。布列斯勒和皮斯特（Bresler and Pister）[27]采用八面体法向应力和剪应力之间的线性关系描述试验结果，也获得较好的效果。但是，这些判据并不能很好地描述三轴水压致裂试验的结果。

三轴水压致裂试验一个很大的特点是，抗拉强度在某一范围内随着围压的增加而增加，若超过该范围以后，则随围压的增加而降低。在克海尔和哈地的试验中，岩石的单轴抗拉强度为－3.04MPa，而用同样材料作水压致裂试验时，抗拉强度可达－8.35MPa，两者相差竟达 2.74 倍[8]。霍斯金斯的试验也有类似的结果，当 $\sigma_1 = 153$MPa，$\sigma_2 = 134$MPa 时，粗面岩的 $\sigma_3 = -47.7$MPa，而同种材料的巴西试验的结果是 $\sigma_1 = 39.4$MPa，$\sigma_2 = 0$，$\sigma_3 = -12.9$MPa，两者的抗拉强度相差达 3.7 倍。笔者对新丰江花岗岩（饱水）作水压致裂试验时，无围压的抗拉强度为－8.56MPa，围压为 9.81MPa 时，抗拉强度为－10.21MPa，但围压为 19.61MPa 时，抗拉强度则为－2.16MPa. 因此，一个合适的破坏判据应该能够反映出这种个性．

比较上述文献中的各种判据的优缺点，结合水压致裂试验结果，可设破坏判据为下列的形式：

$$\sigma = \left[aExp\left(b\frac{I_2}{I_1} \right) + c \right] I_1 \tag{6}$$

式中：

$$\sigma = \sqrt{\frac{1}{2}[(\sigma_1-\sigma_2)^2+(\sigma_2-\sigma_3)^2+(\sigma_3-\sigma_1)^2]}$$

$$I_1 = \sigma_1+\sigma_2+\sigma_3$$

$$I_2 = \sigma_1\sigma_2+\sigma_2\sigma_3+\sigma_3\sigma_1$$

（6）式中的参数 a 和：应符合下式：

$$a+c=1 \tag{7}$$

当 $\sigma_1=\sigma_3=0$ 时，（6）式变为 $\sigma=\sigma_1$，仍可成立。当 $\sigma_3=0$ 时，（6）式也是成立的。于是公式（6）无论对二维或三维应力状态，均可以模拟。

笔者曾对几种材料的水压致裂试验结果作了计算，效果很好。图 4 是对花岗岩（4*a*）和粗面岩（4*b*）进行模拟的结果，其中花岗岩是图 1b 的试验结果．粗面岩是文献［7］所列的试验结果。其中的试验数据与模拟结果的相对误差小于 5%，有时往往只有千分之几。

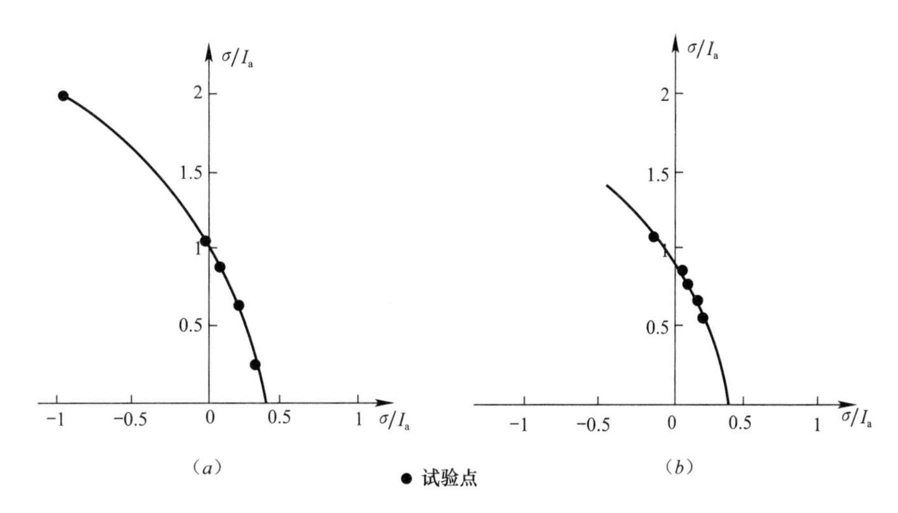

图 4　试验数据与破坏判据的比较

（*a*）花岗岩；（*b*）粗面岩

$a=-1.225233$　$a=-0.620125$

$b=1.502184$　$b=2.341465$

$c=2.252928$　$c=1.62254$

六、讨论与评价

上述试验结果及理论分析表明，三轴水压致裂法为研究三个主应力不相等条件下岩石的强度和破裂提供了最方便的手段，特别值得提到的是主应力可以是负值，这在一般常规三轴试验中是难以做到的，其次，改变试件的内外半径的比例，可以直接观察到应力梯度的影响。在不同的荷载组合下，可以得到不同的应力状态，因而可以观察到岩石材料的不同破坏形式。这样就有可能在实验室里再现野外水压致裂试验，为研究地应力提供一个有效的手段。

但是，这种试验方法的试件应力分布是沿径向变化的，这意味着试件内部的应力从某种意义上来说是非均匀的。在 *C-C-T* 状态下，某一范围内岩石的抗拉强度随压应力提高而提高，这种现象与试件的应力分布是否有直接联系，尚难作出明确的判断。当破坏是作为拉伸破裂而发生时，可以求得异常高的抗拉强度值，而且对于 R_e/R_i 的比值分别大于 3 和小于 3 时，罗伯逊曾观察到不同的破坏形式[4]。所有这些试验结果多少都受不均匀应力的影响，因此对它们的解释应持谨慎态度。因为，弹性理论只是在破坏开始前的弹性阶段才能满足。

关于破坏机制，试验中观察到的应变都很小而且是呈脆性破坏状态，但当孔壁开始出现初始破裂后，裂缝尖端前缘的应力是否产生应力转化？而应力又是如何重新分布的？至今未能作出满意的解释。

本文所提出的破坏判据是用应力不变量表示的，适用于任何能测量全部应力的试验，其优点是可以满足两轴应力和三轴应力的情况．由于水压致裂试验的结果中包含了 *C-C-T* 和 *C-C-C* 两种状态，故这个判据可用于一般三轴试验。但是，在研究中应选用的数据相应于加载速率和温度都是常数的试验结果，这样就可以不考虑加载速率和温度的影响。从计算结果上看，计算数据与试验数据的相对误差，两头是负差，中间是正差，这说明破坏判据不会全部大于或小于实测数据。而且在交界点附近能相当精确地描述实测值。破坏判据不能完全等同于试验数据，原因是多方面的，只能把它们的相对误差控制在尽量低的水平上。

七、结　　论

1. 三轴水压致裂法是一种研究不同应力组合下岩石破坏的方法，它的优点是可以方便地使试件处于 *C-C-C* 和 *C-C-T* 状态，并能研究这两种状态下岩石破坏情况的变化。

2. 在三轴水压致裂试验中，岩石破坏时所对应的围压 P_e 与内压 P_i；呈抛物线关系。

3. 应力组合条件的改变将导致不同的破坏形式并表现出不同的强度。

4. 一个以应力不变量表示的破坏判据能够相当准确地描述岩石的破坏。

参考文献（References）

[1] Adems F. D.，An experimental contribution to the question of the depth of the gone of flow in the earth's crust，J. Geol. 20，97-118（1912）

[2] King L. V.，On the limiting strength of rocks under conditions of stress existing in the earth's interior，J. Geol. 20，119-138（1912）

[3] Bridgman P. W.，The failure of cavities in crystals and rocks under pressure，Am. J. Sci. Ser. 4，No. 28，234-268（1968）

[4] Robertson E. C.，Experimental study of the strength of rocks，Bull. Geol. Soc. Am. 66，1276-1314（1955）

[5] Obert L. and Stephenson D. E.，Stress conditions under which core disking occurs，Soc. Min. Engrs.，AIME 232，237-244（1965）

[6] Jaeger J. C. and Hoskins E R.，Rock failure under the confined Brasilian test，J. Geophys. Res.，71（10），2651-2659（1966）

[7] Hoakins E. R.，The failure of thick-walled hollow cylinders of isotropic rock，Int. J. Mech. Min Sci.，Vol. 6，99-125（1969）

[8] Khair A. W. and Hardy H. R.，Failure of Indians Limestone under a tension-tension-compression stress state，Proc. 18th Symp. on Rock Mech，Keystone，Colorado，Paper No，3 B13B9（1977）

[9] Hobba D. W.，The strength of coal biaxial compression，Colliery Engrs.，39，285-290（1962）

[10] Pomeroy C. D. and Hobbs D. W.，The fracture of coal specimens subjects to complex stresses，Steel and Coal，1124-1135（1962）

[11] Bellamy C. J.，On the strength of concrete under combined stress，University of Sydney，School of Civil Engineering，Research Report No. R-23（1960）

[12] 吴景浓、李健康、颜玉定、廖远群，室内水压致裂的初步实验研究，水利学报，No. 7，52-57（1982）

[13] Broms B. B.，Casbarian A. O.，Broms B. B. and Jamal A. K.，Triaxial tests on thinwalled tubular samples，Proc. of the 6th Int. Conference on Soil Mech，and Foundation Engineering，Vol. 1，179-187（1965）

[14] Wu T. H.，Loh A. and Malvern L.，Study of the failure envelope of soil. J. Soil Mech Fdns. Div，Am. Soc. Civ. Engng.，89，(S. M. I) 159-181（1963）

[15] Jaeger J. C. and Cook N. G. W.，岩石力学基础，科学出版社（1981）

[16] Mogil.，Effect of intermediate principal stress on rock failure，J Geophys. Res.，72，5117（1967）

[17] 三三〇设计院实验室，中细砂岩不等压三轴的初步试验研究，岩石力学，No. 1，水利水电岩石力学情报网，(1979)

[18] Nadai A.，Theory of fracture and flow of solid，Vol. 1，Mcgraw-Hill (1950)

[19] Jaeger J. C.，Elasticity，Fracture and Flow，Methuen (1962)

[20] Jaeger J. C.，Fracture of rocks in Tewabury Symposium on Fracture，1963，268-283，Engineering Fracture，Univercity of Melboun (1965)

[21] Jaeger J. C.，Brittle fracture of rocks，proc. of the 8th Symposium on Rock Mech.，Univercity of Minneasota (1966)

[22] Marin J.，New evaluations for multiaxial stresses properties of ceramic materials，Proc. Exp. Stress Analysis，23. (1). 162-170 (1966)

[23] Murrell S. A. F.，A criterion for brittle fracture of rocks and concrete under triaxial stress and the effect of pore pressure on the criterion in Rock Mechanics，(C. Faichurst Ed.) 563-577 Pergamon Press (1963)

[24] Murrell S. A. F.，The effect of triaxial stress system on the strength of rocks at atmospheric temperatures，Geophys. J.，10，231-282 (1962)

[25] Kim M. K. and Lade P. V.，Modelling rock strength in three dimensions. Int. J. Rock Mech. Sci. and Geomech. Abstr. Vol. 21，No. 1，21-33 (1984)

[26] Freudentbal A.，The inelastic behaviour and failure of concrete，Proc. 1st U. S. Nat. Congress of appl. Mech.，Illinois Institute of Technology，641 646 (1951)

[27] Bresler B. and Pister K. S.，Failure plan concrete under combined stresses，Trans. Am. Soc. Civ. Engrs.，122，1049-1068 (1957)

附录：

以专注的心态做学问，以随意的心态生活

——记华南理工大学土木与交通学院教授、博士生导师莫海鸿

人生就像一座纵横交错的立交桥，假如你不被那些霓虹灯闪烁的路边风景所诱惑，不被那些车来车往的危险所吓退，专注于自己既定的目标和前进的方向，成功的喜悦就会在你不经意之间悄然降临。

采访莫海鸿教授是在华南理工大学古朴而又宁静的办公室里，从他讲述的人生经历和工作历程中，让我见识到了一个真正以专注的心态做专业事情的学者风范。

莫海鸿教授，华南理工大学土木与交通学院教授、博士生导师，一直以来从事岩土工程的科研与教学，研究方向是地下工程结构分析、岩土工程材料基本力学性质、新型建筑材料等，无论是教学还是科研，他都是以一种专注的心态做着专业的事情。

机遇，总是垂青于有准备的人

每次谈及人生经历中的转折时，莫海鸿教授总是轻描淡写地说："那只是我运气好！"其实，运气有多好，关键在于你做了多少准备。曾经有人说：机遇最公平，从不偏爱任何人；机遇也最不公平，却只垂青有准备的人。

莫海鸿就是一个善于做准备的人，所以每到关键时候，机遇总能垂青于他。

1955年，莫海鸿出生于广州，由于他中学成绩特别突出，被留下来到师范（中专）读书，而其他大多数同学都响应国家号召浩浩荡荡的上山下乡了。莫海鸿在师范读了二年后，被分配到广州，担任中学数学老师。在教学的业余时间，他一直坚持自学，因为他坚信，多学知识，总是有用的。

1977年，在邓小平亲自过问和布置下，关闭十年之久的高考考场大门终于重新打开。570万考生走进了考场，录取人数为27万，录取率仅为4.7%。莫海鸿也成为这"万人挤独木桥"中的一员，由于他在教学时有自学基础，当大多数人被挤下"独木桥"时，莫海鸿却顺利地考上了武汉水利电力学院（现武汉大学）水利水电工程建筑专业。

1982年，大学毕业后，莫海鸿被分配到广东省水利水电勘测设计院工作，在短短几个月的工作中，他认识到这行业高深莫测，应该进一步提高自己的理论水平。经过几个月的复习准备，他考上了武汉水利电力学院的研究生，专攻岩石力学专业。研究生毕业后，又继续在武汉水利电力学院岩土工程专业攻读博士学位。

在读研究生期间，莫海鸿的论文《岩石强度准则的探讨》发表在1986年的《科学通报》中文版上，论文《An Approach to Criterion of Rock Strength》发表在1987年《科学通报》的英文版上。《科学通报》是中国科学杂志社出版的学术期刊，是我国自然科学基础理论研究领域里权威性的学术刊物，在国内外都有着长期而广泛的影响，在我国科技界享有很高声誉，同时也被国际学术界认可。其中英文版均被国内外重要的科技文献数据库收录，英文版各辑为SCI收录期刊。该期刊刊载了大量中国科学家的原创性重大成果，一直以来，许多科技工作者以能在《科学通报》上发表论文为荣。

读博士期间，他写的一篇论文《An Experimental Study and Analysis of the Behaviour of Rock Under Cyclic Loading》被选刊在1990年的国际岩石力学大会会刊《国际岩石力学与采矿科学》上，这是一本具有国际先进水平的专业技术刊物，当时只有几个中国人在此刊物上发表论文，莫海鸿就是其中一位。

能在如此权威杂志上发表学术论文，莫海鸿成了学校小有名气的人物。用他自己的话说，是他运气好，论文被选上了。如果没有他这么多年对专业理论学习与研究的专注与执着，即使运气再好，论文水平不够，怎么能被选上？所以说，机会是留给有准备的人。

1988 年，博士毕业后，莫海鸿入选到同济大学土木、水利博士后流动站，在著名岩石力学专家、中国科学院院士孙钧教授的麾下，从事博士后研究。他是当时同济大学的第四个博士后。他以专注的心态，学习和研究岩土工程专业先进的理论。曾获国家教委科学技术进步三等奖。

专注教学：致力于培养专业人才

1990 年，莫海鸿调入华南理工大学土木工程系任教。

1993 年，国家为“21 世纪学术人才留学计划”选拔人才。拟在中科院及全国各高校选拔 100 人出国留学，华南理工大学选报了二人，莫海鸿就是其中一人。因各方条件均符合，莫海鸿入选。

入选的人员必须要先考试，然后再根据考试成绩决定去留。一般有三种结果：一是直接出国留学；二是培训后再出国留学；三是不能出国留学。当时的考试在西安外语学院举行，全英文的笔试和口试，有着扎实基础且有丰富考试经验的莫海鸿轻松应对，笔试和口试都顺利过关，特别是在口语考试时给主考官留下了深刻印象。当主考官问他业余时间做什么时，莫海鸿毫不犹豫地回答：“moonlight job（月光下的工作，即炒更）”，主考官十分惊讶莫海鸿连这么偏门的英文译法都知道，即使是专业的英语翻译也不一定知道炒更就是“moonlight job”。结果，莫海鸿不用参加培训就可以直接出国留学。

1994～1996 年，莫海鸿在美国俄克拉荷马大学岩石力学研究所做高级访问学者。在这二年期间，他接触到了国际岩土工程前沿的理论和技术。在计算机控制试验设备方面更是受益匪浅，自己编写计算机程序，几千行的程序他都能一字不漏地背下来。

从美国回来后，莫海鸿回到华南理工大学土木工程系任教，致力于培养专业技术人才。主讲土木工程概论、专业英语、非线性有限元、地下结构、岩石力学、深基坑工程等课程。1995 年晋升为教授，2000 年被聘为博士生导师。由他主编的本科教材《基础工程》被收进教育部《21 世纪系列教材》和《教学指导委员会推荐教材》，被多间大学选为必修课用书，已销售 10 万余册。曾在《水利学报》、《岩石力学与工程学报》、《岩土工程学报》、《岩土力学》、《建筑结构学报》、《工程勘察》、《International Journal of rock Mechanics and Mining & Geomechanics Abstract》、《Applied Mathematical Modeling》等国内外学术刊物发表论文 180 余篇，其中被 SCI、EI、ISTP 收录 50 余篇。

除了每届本科生外，经莫海鸿教授指导过的硕士研究生 50 余名、博士研究生 10 余名。

专注科研：在脚踏实地中出成果

在科研方面，莫海鸿专注于岩土工程材料基本力学性质和新型建筑材料的研究。主要科研成果包括水泥土的研究与应用、抗海水腐蚀混凝土的研究与应用等。

一、水泥土的研究与应用

水泥搅拌桩是一种非常有效的软基处理方法，在我国国家和广东省地方规范中均有明文规定，但这一方法在实际应用中仍存在许多问题。为解决这些问题，莫海鸿从 2004 年开始参与了水泥土方面的实验研究。

针对水泥土早期强度低、抗侵蚀性能差、高有机质含量淤泥土中难以应用水泥搅拌桩技术等问题莫海鸿进行了深入研究，研究的具体内容包括：

早强剂对水泥土强度性能的影响。研究结果表明，在水泥土中掺加早强剂必须非常慎重，掺加早强剂并不一定能增加水泥土早期强度，有时候反而有可能降低早期强度。这一成果在广东杭萧钢构股份有限公司珠海平沙厂区得到应用；

纳米硅粉和含砂量对水泥土强度性能的影响。研究结果表明，在水泥土中掺加纳米硅粉能够提高水泥土的后期强度；在硫酸盐侵蚀环境下，掺加纳米硅粉能够明显改善水泥土的抗侵蚀能力，并能大幅提高水泥土的强度。另外，淤泥土中含有少量细砂时可显著增加水泥土的强度；

抗地下水侵蚀搅拌桩的研制。研究结果表明，掺加一定量的矿渣微粉可大幅提高水泥土的后期强度，并能有效提高水泥土的抗硫酸盐侵蚀能力。这一成果在珠海市广东省珠江河口整治工程指挥部规划场区得到应用；

有机质含量对水泥土强度的影响。研究结果表明，有机质含量增加，则水泥土强度降低；通过掺加矿渣微粉等技术措施，可大幅提高有机质水泥土的强度，在同样水泥掺入比的情况下，可将9%有机质含量的水泥土90d强度由1.3MPa提高到4.5MPa。

为了获取准确的数据，莫海鸿和同事们总是不厌其烦地做试验，在研究早强剂对水泥土强度性能的影响中，为实验共制备了1476个试件；在研究纳米硅粉和含砂量对水泥土强度性能的影响中，制备了120组360个试件；在抗地下水侵蚀搅拌桩的研制中，制备了2952个试件，试验期最长达5年。

二、抗海水腐蚀混凝土的研究与应用

在沿海地区，影响混凝土结构耐久性的主要因素是海水、海风和海雾中携带的氯离子。氯离子对混凝土本身性能有一定影响，但主要是氯离子达到一定浓度时，可破坏钢筋的钝化膜，导致钢筋严重锈蚀。钢筋锈蚀后，一方面体积膨胀导致混凝土保护层开裂和剥落，影响建筑物外观，混凝土保护层开裂和剥落也为氯离子和其他化学物质的进入开辟了快速通道，从而加速钢筋锈蚀和混凝土破坏；另一方面钢筋的直径减少，钢筋的承载力以及钢筋与混凝土的粘结力均降低，从而影响结构的安全性和使用寿命。

当采用常规混凝土时，由于氯离子扩散速度快，导致钢筋混凝土结构和预应力混凝土结构中的钢筋很快锈蚀，建筑物的使用寿命通常只有20～30年，有些甚至不足10年，远不能达到使用寿命50年以上的要求。如广东省湛江市沿海水闸由于受到海水、海雾的作用，部分水闸建成后几年就出现裂缝，使用十几年后就不得不关闭。

究其原因，在于以往的混凝土是以强度进行设计，在设计时对混凝土的耐久性考虑不足所致。建筑物的过早破坏，一方面造成了巨大的经济损失，另一方面也造成了严重的资源浪费。为解决这一问题，必须采用新材料和新技术。

为解决沿海水工建筑物过早破坏的问题，莫海鸿参与的华南理工大学土木工程系课题组从1999年3月开始受广东省水利厅的委托进行了抗海水腐蚀混凝土的研究。

通过砂浆和混凝土试验，初步确定了抗海水腐蚀混凝土所用的材料和配制方法。鉴于室内试验的结果很好，又立项进行了野外试验；

通过广东省吴川市海边的三年野外试验以及同时进行的实验室内模拟海水环境下的混凝土试验，确定了抗海水腐蚀混凝土的材料组成和配合比设计方法；

在室内研究的基础上，开展了抗海水腐蚀混凝土试点工程应用。通过在5个试点工程（工程投资累计3.72亿元人民币，抗海水腐蚀混凝土浇筑量达11万立方米）的应用，确定了抗海水腐蚀混凝土的施工工艺。试点工程基本情况如下：

2001年7月，江门市电化厂工业盐池工程，未采用抗海水腐蚀混凝土配方，8～9年完全损坏；2001年6月，吴川市吴杨镇低涌水闸（闸门外即是海水）钢筋混凝土闸门重建工程，未采用抗海水腐蚀混凝土配方，使用7～8年完全损坏；2002年1月，广东省澄海市外砂桥闸重建工程，投资1.8亿元，主体结构均采用约6万方的抗海水腐蚀混凝土；2003年底，广东省饶平县澄饶联围高沙水闸除险加固工程，所有主体结构均采用抗海水腐蚀混凝土；2004年底，广东省澄海市东里桥闸重建工程，投资1.6亿元，水下部分均采用抗海水腐蚀混凝土，其用量约5万方。

抗海水腐蚀混凝土技术还在广州新光大桥、广东海上丝绸之路博物馆、湛江某军用码头等工程中得到应用。8项工程合计抗海水腐蚀混凝土用量约19万方。

2005年2月21日，由广东省科技厅组织、广东省水利厅主持的《抗海水腐蚀混凝土的研究及应用》科研项目鉴定会在广州召开，与会专家一致认为：抗海水腐蚀混凝土具有良好的抗氯盐和硫酸盐侵蚀能力，能够大幅度提高海工钢筋混凝土建筑物的耐久寿命，具有显著的经济效益和社会效益。该项目的研究成果，总体上达到了国内领先水平。

抗海水腐蚀混凝土项目通过鉴定后，被列入2006年度广东省水利厅《水利科技推广指南》，在沿海水利工程中推广应用。

基于上述研究成果，广东省质量技术监督局将《广东省抗海水腐蚀混凝土施工导则》列为2006年第一批地方标准修订计划项目，由广东省水利水电建设管理中心和华南理工大学土木工程系共同主编，目前《广东省抗海水腐蚀混凝土施工导则（送审稿）》已经报送广东省质量技术监督局。

在实验研究及工程应用的基础上，课题组撰写了多篇科技论文，在《水利学报》、《土木工程学报》、《水利水电技术》等期刊发表相关论文17篇，相关论文被评为中国水利学会2003学术年会优秀论文，并撰写专著《抗海水腐蚀混凝土技术手册》（中国水利水电出版社、知识产权出版社，2006年）。

采用抗海水腐蚀混凝土，可大幅降低氯离子在混凝土中的扩散速度，至少可提高氯盐环境下建筑物使用寿命3～4倍，虽然建筑物初期投资略有增加，但从长期（如100年）来看，由于减少了建筑物拆除重建的次数，其经济效益和社会效益显著。

以低涌水闸为例，其6扇采用抗海水腐蚀混凝土技术制作的钢筋混凝土闸门已使用4～5年，仍完好无损，且未有耐久性破坏的迹象，而原普通混凝土制作的闸门使用5年左右即出现裂缝，使用8年即报废。以闸门的使用寿命为普通混凝土的3.5倍计算，采用抗海水腐蚀混凝土制作闸门的费用小于采用普通混凝土时的40%。

一直以来，莫海鸿都专注于建筑材料的研究，他始终脚踏实地，无论是多么繁琐的试验，他都细心去做，以求得尽量准确的参数，根据参数进行细节分析，再综合成结论，这样的成果才经得住实践的检验。

专注实践：把工程当作研究项目

除了教学和科研外，莫海鸿还注重实践。他说理论研究必须为实践服务，理论的正确与否必须经过实践的检验，所以要坚持理论与实践相结合。将理论用于实践并不是简单地将书本上学到的理论知识生硬地搬到实践中去，而是针对某个工程的实际情况选择性地将理论用于实践，并在实施的过程中进行必要的改进与创新，只有这样才能获得最好的处理效果甚至是最大的经济效益。同时实践中的改进与创新，还能推进理论水平的提升。

莫海鸿主要参与了地下结构工程的设计与咨询，包括基坑工程设计、电力隧道设计、边坡设计等。由于他对岩土结构的透彻了解，虽然在基坑工程设计中应用的都是常规技术，如土钉墙、连续墙、连续墙加锚索等，但他的设计更精确，使施工更简便，且节约成本。

由莫海鸿参与的设计与咨询项目无以数计，但无论是设计，还是技术咨询，每一个项目，他都坚持研究与工程相结合，把工程当作研究项目一样对待。

如杭萧钢构公司珠海厂房设计项目，该厂房平面面积约 6 万平方米。由于场地靠近山坡，场地大部分有厚度不均的淤泥，原设计采用桩基础。由于地基承载力不足，无法施工管桩，改采用水泥搅拌桩复合地基。厂房内有天车，对地基沉降比较敏感，要求基础的不均匀沉降控制在相当小的范围内。莫海鸿和同事没有直接进行设计，而是提出先从珠海取原状土回华南理工大学做试验，了解土的特性，并且通过实验寻找合适的配方和施工参数。从未见过这么较真的业主方当时对这一做法很不理解。

通过数百个试件的试验，确定了一个合理的和经济的水泥土配方。并且发现，该处的淤泥与早强剂不相容，因此，取消了采用早强剂的打算。在近两个月的试验后，制定了该工程水泥搅拌桩的施工参数，计算出水泥搅拌桩的强度和单桩承载力，并且对基础进行了设计。该工程完工后，整个厂房的沉降仅有几个毫米，业主对他们的工作非常满意，最终明白了原来取土样做试验并非多此一举。

在地下工程处理中，有很多技术看上去很容易，但实际做起来却很难，如重力式桩怎么咬合，搅拌桩参数很多都是抄来抄去。有些项目按常规操作方法也能完成，但在实际操作中造成了很多过程浪费等等。针对这些存在的问题，莫海鸿教授在工程实践中，细致认真地将每一个实践项目当作课题来研究，解决每一个环节可能出现的问题，将过程浪费降到最低，最终达到理想效果。

由于莫教授对待学术认真细致的态度，很多业主都乐意找他咨询或处理实际问题。除日常工作外，他的社会工作也很多，特别是参与项目审查。兼任广东省政协第八、九、十届委员会常务委员，广东省土木建筑学会理事兼土力学与地基基础学术委员会副主任委员等。无论他工作多忙，只要是广东省土木建筑学会承接的有关咨询项目需要他参加时都会抽空参加。

学校放暑假了，莫教授仍然在办公室忙碌，办公桌上堆满了需要翻阅的项目审查资料，他下一周的日程安排都排满了。当问及他有什么业余爱好时，他说："我有很多爱好，喜欢音乐，也喜欢运动，但是我的时间几乎都被工作占满，爱好只能放在一边了。"的确，工作时间莫教授忙于教学、科研和项目实践，休息时间在家看看专业书、审阅研究生论文，他还兼任《岩石力学与工程》、《岩土工程学报》等学术杂志的审稿人，业余时间几乎都花在审阅论文中了。

在随意中生活

随意，是生活的一种心态，是一种高层次的境界。

专注于做学问的莫海鸿教授，在生活中却崇尚随意。在顺其自然中把握机缘，以一颗恬静随意的心轻松地面对生活。

认识他的人都这么说：莫海鸿教授对待学术的态度非常认真、细致、严谨，但为人随和，说话风趣幽默。的确，莫教授无论谈到什么话题他都能妙语连珠，让人在浮想联翩后会心一笑，回味无穷。

1994 年，莫海鸿带着妻子、儿子去美国做访问学者。当时很多人猜测他不会回国，在他之前的几位同学也都一去不回。但二年后莫海鸿还是如期回国了，当问及他回国的原因时，他说："美国的生活条件、工作条件确实比国内好很多；但再好，却不是自己的地方。我觉得还是适合回国发展"。这种感觉来源于在美国居住期间的一次交通意外，发生交通意外后一切进入司法程序，所有的证据都充分显示他们有百分之百的胜诉机会。但最后他们的律师说：直接经济损失都能得到赔偿，但可惜你们不是美国人，所以能够得到精神赔偿的几率几乎为零。

在美国旅居时莫海鸿的儿子才 11 岁，他很快就融入了当地的生活环境。可后来，莫海鸿渐渐发现儿子的英语说得越来越流利，中文却越讲越不顺畅。有一次当他听到儿子用英式语法的中文跟妈妈说："请抓一块纸给我"时，他心里就开始拟定回国的时间表。

工作之余，莫海鸿自己开车走遍了大半个美国。行万里路犹如读万卷书，不仅开阔了视野，而且心态变得更加平和。他说："上帝太厚爱美国了，到处都是平原、肥土，种什么都是高产量。如果咱们国家有这么好的自然条件，发展也不会比美国差。"

尽管莫海鸿谈起这些回忆时说得很随意，但一种似深似浅似浓似淡的爱国情愫却一直暖暖地围绕着旁听者。

莫海鸿的父母都是从事音乐工作，从小在音乐的熏陶下长大的他一直偏爱音乐，特别是古典音乐和民族音乐。在谈及北京奥运会主题歌《you and me》时，很多人认为这种风格不适合奥运会这样恢宏的场面，而莫海鸿的见解却很独到，他说："这首歌一改以前气壮山河的风格，以舒缓而温情的方式，在天籁之音中感受地球村的和谐之美。这种出人预料并且超乎想象的主题和旋律，反而更能出奇制胜，给全世界带来惊喜和震撼。"他说以前他听过不少沙拉布莱曼的歌，但唯有这首最能打动他，让人如沐月光清风。

生活中任何一个随意的细节，都能彰显出他的博学。

专注，是莫教授的一贯工作特点；随意，是他生活的一种态度。无论是教学，还是科研，亦或是工程实践，他都以一种细致、认真的态度对待。在这个追求速度的年代，他专注于自己既定的目标和前进的方向，始终坚持以专注的心态做他专业的事情。认真严谨地工作，轻松随意地生活，就是他真实的写照。

撰稿：柯梅丽

审稿：陈之泉、王　离

（此文于2008年9月26日发表于《广东建设报》）